地表水水质模型
Surface Water-Quality Modeling

［美］史蒂文·C.查普拉(Steven C. Chapra)　著

尹海龙　黄静水　译

同济大学 出版社
TONGJI UNIVERSITY PRESS
·上海·

内 容 提 要

流域管理与水环境治理是一个系统工程,我国传统的治理模式以末端治理为主,无法从根本上解决水污染问题。建立流域水环境模拟与调控系统,构建控制断面与源强之间的响应关系,是实现流域水环境保护与水污染防控高效、精准决策的关键所在。地表水水质模型是建立水环境模拟与调控系统的核心理论和工具手段,为水环境治理和水质管理、水生态安全保障提供重要的理论和技术支撑。本书译自国外经典著作 *Surface Water-Quality Modeling*,全书分为七个部分,每一部分又分为若干讲并配有习题,共计 45 讲,系统、全面地介绍了地表水水质模型的基本理论。本书可供环境、水利专业本科生和研究生学习使用,也可作为水环境治理和水环境规划与管理专业技术人员的参考用书。

图书在版编目(CIP)数据

地表水水质模型 /(美)史蒂文·C. 查普拉
(Steven C. Chapra)著;尹海龙,黄静水译. —上海:同济大学出版社,2023.7
书名原文:Surface Water-Quality Modeling
ISBN 978-7-5765-0236-7

Ⅰ.①地… Ⅱ.①史… ②尹… Ⅲ.①地面水—水质模型 Ⅳ.①P343

中国版本图书馆 CIP 数据核字(2022)第 118454 号

地表水水质模型

[美]史蒂文·C. 查普拉(Steven C. Chapra) 著

尹海龙 黄静水 译

责任编辑 翁 晗 **助理编辑** 王映晓 **责任校对** 徐春莲 **封面设计** 张 微

出版发行	同济大学出版社 www.tongjipress.com.cn	
	(地址:上海市四平路 1239 号 邮编:200092 电话:021-65985622)	
经 销	全国各地新华书店	
排 版	南京文脉图文设计制作有限公司	
印 刷	江阴市机关印刷服务有限公司	
开 本	787 mm×1092 mm 1/16	
印 张	51.5	
字 数	1 285 000	
版 次	2023 年 7 月第 1 版	
印 次	2023 年 7 月第 1 次印刷	
书 号	ISBN 978-7-5765-0236-7	

定 价 328.00 元

作 者 简 介

史蒂文·C. 查普拉(Steven C. Chapra)任教于美国塔夫茨大学(Tufts University)土木与环境工程系,并受聘计算与工程方向的 Louis Berger 讲席教授[①]。他的其他著作包括《数值计算方法的工程师读本》(*Numerical Methods for Engineers*)以及《基于 MATLAB 的应用数值计算方法》(*Applied Numerical Methods with MATLAB*)。

查普拉教授获美国曼哈顿学院和密歇根大学的工程学位。在塔夫茨大学任教之前,他先后在美国国家环保局、美国国家海洋和大气管理局工作,后任教于德克萨斯农商大学和科罗拉多大学。他的主要研究兴趣是地表水质模型和环境工程中的先进计算机求解方法应用。他的研究工作为许多决策的制定提供了支持,包括 1978 年"大湖水质协定"(GLWQA, The Great Lakes Warer Quality Agreement)。

他在美国、墨西哥、加拿大以及欧洲、南美洲和大洋洲开展了超过 65 场次的水质模型专题讲座,并获得了诸多表彰其学术贡献的奖项,包括 1993 年 Rudolph Hering 奖章(美国土木工程师协会)和 1987 年 Meriam/Wiley 杰出作者奖(美国工程教育协会)。他还获得过德克萨斯农工大学(1986 年 Tenneco 奖)和科罗拉多大学(1992 年 Hutchinson 奖)的教学奖项,一直被认为是工程领域教员的杰出代表。

查普拉教授对水质模型领域研究的投入,最初源于他对户外运动的热爱。他着迷于钓鱼和徒步旅行。作为一个痴迷学习的"书呆子",他与计算的结缘始于 1966 年本科在读期间对 FORTRAN 编程语言的最初接触。如今,他把对数学、科学和计算的喜爱与对自然环境的热情融合了起来,对此他深感愉悦。此外,通过教学和写作与他人分享研究成果,他还获得了回报!

除了专业方面的兴趣外,他喜欢艺术、音乐(尤其是古典音乐、爵士乐和蓝草音乐),以及阅读历史书籍。如果想联系查普拉教授或者想对他的工作有更多了解,可发送邮件至 steven. chapra@tufts. edu 或访问他的网页 http://engineering. tufts. edu/cee/people/chapra/index. asp。

---

① 译者注:讲席教授是国外大学颁发授予全职教学人员中拥有崇高学术地位或重大研究成就的教席名衔。Louis Berger 讲席教授是美国塔夫茨大学设立的讲席教授职位之一。

序

当我在 1995 年写这本书的时候,我还没有访问过中国这个伟大的国家。从 1998 年开始,我多次访问并目睹了中国令人难以置信的经济增长。同时,我也意识到随着经济的快速发展以及城市化进程的加快,水污染也在日益加剧。

2015 年和 2016 年,我先后两次受尹海龙教授邀请访问上海同济大学。访问期间,我给同济大学的研究生开设了专题讲座,帮助他们提升水质建模的专业知识和能力。在此期间,尹教授和他的团队萌生了将我的这部著作翻译成中文的想法,希望以此能够帮助更多的中国读者学习水质模型的专业知识、领悟数学和数学建模之美。其后,黄静水博士(当年参加专题讲座的研究生之一,现为德国慕尼黑工业大学水文与流域管理教席讲师)与我就该书的出版进行了多次沟通。这些讨论的最终结果就是你们现在手中拿着的这本书。

我很高兴这个才华横溢、勤奋工作的团队将我的书呈现给中文读者。同济大学是翻译这本书的理想地点。正如她的校徽和校训所示,"同舟共济"的智慧是对这本书所提倡的可持续环境建模和管理理念的完美诠释。

我真诚地希望这本书的中文翻译能够帮助中国的教授、学生和专业工程师掌握和应用水质建模这一专业领域。从长远来看,我也希望这将有助于培养一代水质建模工作者,他们将带头以可持续和兼顾成本效益的方式管理和控制中国的水质。

在未来的几十年中,世界面临着与气候变化、超大城市化和疾病相关的巨大潜在环境挑战。与此同时,经济的发展提高了中国人民的生活质量,而清洁的空气和水正是高生活质量的标志和关键目标。在过去的十年里,我目睹了中国人民渴望改善空气和水质的迫切愿望,也看到了中国政府通过支持更多的研究、工程项目、投资以及专业知识投入来积极鼓励追求这一目标。如果这本书的中文翻译有助于实现这个目标,我们将给后代留下一个能够享受美好生活的世界。

史蒂夫·查普拉

美国马萨诸塞州韦斯顿

2022 年 5 月 11 日

When I wrote this book in 1995, I had yet to visit the great nation of China. Starting in 1998, I have visited many times and witnessed first—hand the country's incredible economic growth. At the same time, I also became aware that both water and air pollution were increasing in the wake of this rapid economic development as well as by increasing urbanization.

In 2015 and 2016, Professor Hailong Yin invited me to visit Tongji University in Shanghai twice. During my visits, I gave special lectures to postgraduates of Tongji University to help them improve their professional knowledge and ability of water quality modeling. During this period, Professor Yin and his team came up with the idea of translating my book into a Chinese version, hoping to help more Chinese readers learn the professional knowledge of water quality models and understand the beauty of mathematics and mathematical modeling. Afterwards, Dr. Jingshui Huang (a talented graduate student who attended the special lectures and is now a lecturer at the Chair of Hydrology and River Basin Management at the Technical University of Munich in Germany) communicated with me many times about the publication of this book. The result is the book that you now hold in your hands.

I am pleased that this talented and hard—working group has made my book accessible to a Chinese language readership. Tongji is the perfect place for this translation as exemplified by the University's logo and motto. The wisdom that we are all "together in the same boat" is the perfect metaphor for the sustainable environmental modeling and management that my book promotes.

It is my sincere hope that the translation will help Chinese professors, students, and professional engineers to master and apply the expertise of the professional field of water quality modeling. In thelong term, I also hope that it will help create a generation of water—quality modelers who will lead efforts to manage and control China's water quality in a sustainable and cost—effective manner.

In the coming decades, the world faces formidable and potentially existential environmental challenges related to climate change, mega—urbanization, and disease. At the same time, economic development of China has improved the quality of life for the Chinese people. Clean air and water are key features and an essential goal of a high quality of life. Over the past decade, I have witnessed the Chinese people's determination to improve air and water quality and that the government is actively encouraging this goal by supporting more research, engineering projects, investment, and professional knowledge. If the Chinese translation of this book helps to achieve this goal, we will leave future generations with a world worth living in.

Steven Chapra

Weston, Massachusetts, USA

May 11, 2022

译者序

当前,我国水环境治理已经进入攻坚克难阶段,尤其是在持续的高速经济发展和全球气候变化双重压力下,水资源保障、水生态环境保护之间的矛盾日益突出。创新流域管理是破解这些矛盾的关键,也是支撑长江、黄河流域生态保护等国家战略的重要抓手。

地表水水质模型是流域水质管理的重要工具,广泛地用于流域规划、水环境整治工程方案论证、水体使用功能达标分析、环境影响评价、水环境容量和允许排污量核算等诸多领域。虽然在流域统筹治理与管理的背景下,水质模型的应用越来越得到重视,但是系统性、全面性和深入浅出介绍地表水水质模型的专门教材和参考用书却仍然缺乏。水质模型建模是一项专业性强的工作,若不能系统掌握水质模型的基本理论,对其一窥究竟,而只是利用操作便捷和界面友好的专业软件或者模型工具进行运算,水质模拟极有可能会陷入"数据游戏"的困境并产生不可靠的结论,这就失去了采用水质模型解决水环境系统工程问题的初衷。翻译出版本书即为高校学生及专业技术人员系统和全面学习水质模型提供指引。

本书有三大特色:深入浅出的讲述、全面的知识体系和丰富的案例介绍。第一,本书并不是直接进入专业知识的讲授,而是首先介绍了建模的基础知识,包括数学原理、数值计算方法、反应动力学等。不仅如此,在水质模型的介绍过程中本书还融入了对水动力学基本理论的介绍;本书的最后还通过附录形式补充了若干基础知识。这些内容将相关专业课程的知识以一种高度凝练的方式展现出来,不仅能够提高读者的学习效率,也使得读者能够在打好基础的前提下学习后面的内容。正如书中反复提到的"水质模型如大象"的生动形象比喻,一个好的水质建模专业人员也应该具备整合多方面知识的能力。第二,本书涉及水质模型相关的全面知识体系。在水体环境方面,涉及河流、湖泊水库、港湾、沉积物和"建模"环境;在关注的水质问题方面,涉及耗氧有机污染、水体富营养化、水化学、毒性物质污染和食物链等方面。未来我国升级版的流域管理将不仅重视水质改善,也将关注流域水生态安全,本书为此提供了丰富的理论知识储备,是一个知识和经验的宝库。第三,本书每个讲座均提供了例题和大量的习题,还包括一些专栏内容介绍。这些内容源于美国流域水环境治理的大量案例和现场实测数据。正如书中引用的一句谚语:"不闻不若闻之,闻之不若见之,见之不若知之,知之不若行之。"这些例题和习题非常有助于读者强化在水质模型方面的训练和实践,加深对本书知识体系的理解。为此,译者在最后还给出了习题的简要参考答案。

本书也是国外高校广泛采用的教材,已在世界范围内100多所大学的研究生授课中采用。译者长期从事环境流体力学的教学工作,感到现如今的我国流域水环境治理对环境流体力学教学提出了新的要求,但是有关水质模型的教学内容却亟待丰富完善。因此,希望本书的翻译出版能够为进一步推动国内环境流体力学教学以及培养流域水环境治理与管理领域的后备人才尽一份绵薄之力。

在此感谢国家自然科学基金项目(编号51979195)和徐祖信院士领衔的同济大学水环境综合整治研究所对本书翻译出版的支持。本书翻译过程中,课题组研究生葛佳宁、张惠瑾、林夷媛、王静怡、王思玉、巨梦蝶、郑琼琪、吴玟萱、刘淑雅等为本书的翻译出版付出了大量辛勤劳动,在此表示衷心感谢。

译者尽最大可能忠于本书原文的内容,但疏漏和不当之处,恐怕难免。敬请专家学者和读者不吝赐教。

译　者

2021 年 11 月 2 日

前　言

　　如今是水质模型发展让人激动的时刻。当前国内外对环境问题日益关注,但国家和地方在预算上却并不充裕。因此,人们对合理可行和经济性的水质管理方案越来越感兴趣。与此同时,硬件和软件的发展也使得计算机模型框架更加综合全面和易于使用。

　　从积极的方面来看,这些趋势使得模型能够更有效地提高水质管理水平。而从另一方面来看,模型的广泛使用和易操作性特点,会导致人们对其不加理解而作为"黑箱"来使用。

　　本书的主要论点是,模型必须在被理解和认识到其潜在假设的前提下使用。本书的许多方面都旨在最大化地讲述水质模型的"白箱"方法,包括:

　　·讲座形式。采用这种设计主要有两个原因。首先也是显而易见的原因,是为了提供一种有助于水质建模课程学习的形式。该形式对于首次授课的人来说可能特别有用。第二个原因与学生吸收信息的方式有关。在教学中我发现学生喜欢在看得见的目标范围内接受新知识。通过将讲授内容限制在较短的讲－章节形式,学生在一到两节课中就能学习到关键性的知识。此外,这种形式对于想在课堂外自学的人来说也非常有用。

　　·理论与应用。书中给出的大多数公式和方法都有相应的起源介绍和(或)理论基础解释。虽然本书面向计算机的数值模拟应用,但只要有可能,仍尽量使用解析解来阐明计算机算法背后的原理。此外,本书还使用大量的例题将理论与应用联系起来,并以此阐明模型计算的机制和精妙之处。

　　·强烈的计算机导向。正文和附录中提供了模型算法和数值计算方法的细节。

　　为了与讲座的形式保持一致,我试图像在课堂上那样直接与学生对话。此外,虽然我避免使用编者式的"我们",但我使用了交互式的"我们"以试图在讲座中激发参与的积极性。虽然可能会冒着疏远那些思想传统读者的风险,但我觉得为了更好地与学生们交流,冒这种风险是值得的。

　　本书分为七个主要部分。前两部分涵盖建模的基础知识,包括数学原理、数值计算方法、反应动力学、扩散等背景知识。在课程的开端复习基础知识有两个目的。第一,这些数学和一般性建模知识的回顾能够使得大家站在一个起跑线上,在此基础上可以学习课程的其他内容。因此,这可以让学生以一种更有效的方式和基于数学直觉的共同思维方式来学习之后的课程。第二,有助于引导土木和化学工程以外学科的理工科学生理解质量平衡、化学动力学和扩散等新概念。

　　第三部分旨在向学生介绍一些在水质建模中常见的环境场景:溪流、河口、湖泊和沉积物。大部分内容与这些环境场景的物理特性有关。此外,该部分的最后一讲涉及模型应用中的常见问题。对"建模环境"的描述包括模型率定、验证和灵敏度分析方面的信息。

接下来的四个部分讲解了主要的水质建模问题:溶解氧/细菌、富营养化/温度、化学/pH 和毒性物质。

值得注意的是,虽然本书后面的部分更多是以问题为导向,但这些部分并不缺乏理论研究进展方面的内容。然而,这些理论是以一种"恰如其时"的方式介绍的,此时学生更容易被特定的问题情境激发出学习兴趣。例如,在溶解氧模型的讲座中引入了气体传质理论,以及在营养物质/食物链模型的讲座中引入了捕食者-被捕食者动力学。

总之,这本书在写作时主要是面向学生的。他们是水质模型在将来是否被更有效使用的决定性力量。如果这本书能够真正对他们起到培养作用,那么水质管理的科学化发展就是可以期待的。

目 录

第二部分   不完全混合系统

第三部分　水质环境

第四部分　溶解氧和病原体

第七部分　毒性物质

第一部分 完全混合系统

第一部分旨在介绍模型的基本知识。为了便于理解,讲解聚焦于连续搅拌反应器系统(continuously stirred tank reactors, 或 CSTR)。第 1 讲综述了水质模型的发展历程,并介绍了物理量定量表征和单位的基本知识。第 2 讲讲解了反应动力学,特别介绍了反应速率估算的方法。

接下来的两讲给出了针对 CSTR 的解析解求解的基本知识。第 3 讲展示了如何针对该类反应器建立质量平衡方程,并阐述了如何推导出稳态解及其具体含义。该讲还给出了最简单的非稳态解——通解,并阐述了度量反应器系统时间响应特性的概念,即特征值和响应时间。第 4 讲探究了若干理想化负荷函数驱动情形下的 CSTR 非稳态解。这些输入负荷形式包括阶跃、脉冲、线性、指数和正弦负荷。

第 5 讲和第 6 讲开始介绍如何基于一组 CSTR 对更复杂的系统予以模拟。第 5 讲介绍了串联式反应器系统。第 6 讲阐述了反馈式反应器系统,并介绍了提高反应器系统计算效率的矩阵代数法,尤其是用于分析与解释此类系统的稳态系统响应矩阵。

至此所有内容都是在讨论封闭式的解析解。第 7 讲旨在介绍基于计算机的模型数值求解方法。该讲的重点是单个和串联式 CSTR 中水质非稳态模拟的三种技术:欧拉法、亨氏法和四阶龙格-库塔法。

第 1 讲

概　　述

简介: 本讲对水质模型进行了介绍,首先,在回顾供水和污水工程历史起源的基础上,简要介绍了主要变量和单位;然后,定义了水质模型的基本概念并讨论了水质模型应用的一些情景;最后,回顾了水质模型的发展历程,并对本书的其余讲座内容进行了概述。

一天,一位国王与他的部队带着一头大象来到了盲人们居住的小镇。小镇里几个盲人居民参观了国王的营地,触摸了这头大象的一些部位。当他们返回后,聚集在一起讨论大象的样子和形状。摸过象鼻的人说:"大象又长又粗,还很灵活柔软,像一条蛇。"摸过尾巴的人反驳道:"不,它是细的,像一条绳子。"另一个摸过象腿的人说:"它坚固而结实,像一个树干。"最后,一个爬过象背的人说:"你们都错了,大象很粗糙,像一把刷子。"每个人都被自己摸过的大象的某一部分而误导,从而产生了不正确的想象。这是因为他们没有感知到整头大象。

摘自《苦行僧的传奇故事》(*Tales of the Dervishes*)

沙赫(Shah, 1970)

除了大象会产生大量固体废物外,这个寓言故事似乎与水质模型没有任何关系。但实际上,它与我们接下来要讨论的内容息息相关。从后面的讲座内容中我们会清楚地看出,模型最初是作为解决问题的工具而开发的。除此之外,模型还能帮助我们从"全局"的角度看待问题。除了用于特定的污染问题治理与修复外,模型还具有更广泛的功能,即给我们提供认识"大图像"的方式方法。本质上,数学模型提供了一个定量框架,可以将各种物理、化学和生物信息相互整合起来。作为一个帮助我们更深入理解环境作为一个整体工作的工具,模型在研究和管理过程中都具有很大的价值。本书借助大象寓言来强调这一点,若读者在学习过程中一直记住"整头大象",则可从阅读本书中收获更多。

1.1　工程师和水质

工程师,尤其是土木工程师,一直是水质模型领域的主要开发者。这似乎有些奇怪,因为土木工程师一般从事与结构设计和运输等相关的领域。人们对他们的传统印象不是解决环境问题,而是戴着安全帽的工作人员:他们开着皮卡车,向车窗外扔出饮料瓶,并试着碰撞穿过马路的小动物。

这种模式化的印象显而易见是过于片面的(如许多土木工程师不开皮卡车),但反映了人们的一种印象:更希望像化学家、生物学家和生态学家这样的科学家能走在水质模型领域的前沿。即使在工程领域,化学工程等学科看起来也与环境更为相关。事实上,在历史发展的过程中,环境问题引发了人们的密切关注,为土木工程师大力参与解决环境问题提供了现实条件。

工程师最早分为两种:军事工程师和民用工程师。顾名思义,军事工程师关注战争技术,例如建造防御工事、海军舰只和武器。除此之外的所有其他技术问题如道路和住房建设,通常都属于民用工程师的领域。

随着工业革命爆发和新技术的发展,一些专门的工程技能面临迫切需求。因此,电气、机械和化学工程等学科日趋成熟,并从土木工程中分离出来。到 20 世纪初,土木工程师主要负责建筑建造、运输系统以及大型公共工程项目,如水坝和渡槽等。

19 世纪末,在人们意识到水中病原体是引发公共卫生疾病的一种主要原因之后,土木工程师开始设计规划城市供排水系统,并投身于污水处理厂、配水管网和污水收集系统的建设。这些项目的设计目标非常明确和直截了当,就是为城市居民供给清洁、充足的饮用水,并使得污水得到安全处理(图 1-1)。

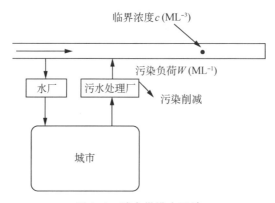

图 1-1 城市供排水系统

水厂净化河水供人们使用,污水处理厂去除污水中污染物,保护受纳水体

与直接供应清洁饮用水不同,摆在人们面前的问题是如何处置污水。最初市政部门将未经处理的原生污水直接排放至受纳水体中,但人们很快发现,这样做最终会将河流、湖泊和河口变成大型下水道。于是,工程师们开始修建污水处理厂,以降低排放到河道中的污染负荷。然而,污水可以仅做简单的沉淀处理,也可以采取更昂贵的物理化学处理手段。虽然后者可以得到相对更为清洁的出水,但是开销巨大。于是人们开始寻找这两者之间的平衡点,即找到一个既能有效削减污染又经济可行的处理方案。

人们给出的解决方案是,污水处理厂出水排入水体后引起的水质变化需在一个水体可承受的合理范围内。为了确定污水的合理处理水平,有必要建立水体水质响应与污染负荷排放之间的函数关系。如图 1-1 所示,需要在污染排放负荷 W 与受纳水体水质响应浓度 c 之间建立起联系。为此,土木工程师开始了数学模型的研发工作。

现今,水质管理已经远超出了城市点源问题,涵盖了许多其他类型的污染。除生活污水外,我们还需处理其他类型点源污染如工业废水等,以及非点源污染如农业径流等。如图 1-2 所示,对于上述污染问题,水质模型均可帮助建立污染负荷排放与受纳水体水质响应浓度之间的基本联系。

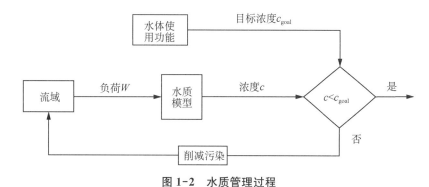

图 1-2　水质管理过程

1.2　定量的基本方法

前面的部分介绍了浓度和负荷的概念。在进一步学习之前,还需对它们如何基于数学方法进行定量表征进行介绍,并对水质模型中涉及的其他一些基本量进行定义。

1.2.1　质量和浓度

在水质模型中,系统中污染物的数量用它的质量表示。质量和其他参数,如热量、体积一样具有广延属性,即具有可加和性。与之相对应,单位系统尺寸中的质量被称为强度属性,例如温度、密度和压强。基于此,质量浓度属于强度属性,定义如下:

$$c = \frac{m}{V} \tag{1-1}$$

式中, m 为质量(mg); V 为体积(L)。浓度和其他强度变量一样,代表污染物的"强度"而不是"数量"。据此,浓度是表征环境影响的合适指标。

采用一个生活化的例子来帮助理解广延属性和强度属性二者之间的差异。喝咖啡的时候可以根据杯子的大小,加入不同数量的方糖使得咖啡甜度不同。方糖的数量相当于质量,甜度相当于浓度。作为"有机生命体",我们通常更关注的是甜度而不是加了几块方糖。

浓度通常用公制单位表示。式(1-1)中的质量通常以克为基本单位,并用表 1-1 中的前缀表示,即:

$$1 \times 10^{3} \, \text{mg} = 1 \, \text{g} = 1 \times 10^{-3} \, \text{kg}$$

表 1-1   水质模型中常用的 SI(国际单位制)前缀*

前缀	符号	值
kilo-	k	10^3
heclo-	h	10^2
deci-	d	10^{-1}
cenli-	c	10^{-2}
milli-	m	10^{-3}
micro-	μ	10^{-6}
nano-	n	10^{-9}

*附录 A 中包含完整的前缀列表

体积单位相对复杂一点,通常采用升或立方米表示。根据体积单位选择的不同,为避免引起混淆,需进行定量换算。例:

$$\frac{mg}{L} \cdot \frac{10^3 \; L}{m^3} \cdot \frac{g}{10^3 \; mg} = \frac{g}{m^3}$$

因此,单位 $mg \cdot L^{-1}$ 等同于 $g \cdot m^{-3}$。

这个问题有时更为复杂:对于大多数地表水中溶质的稀释水溶液,浓度有时是建立在质量基础上的。具体来说,单位换算建立在水的密度约为 $1 \; g/cm^{3①}$ 基础上,即:

$$\frac{g}{m^3} = \frac{g}{m^3 \times (1 \; g/cm^3)} \cdot \frac{m^3}{10^6 \; cm^3} = \frac{g}{10^6 \; g} = 1 \; ppm$$

式中,ppm 代表"百万分之一"。其他换算关系如表 1-2 所示。

表 1-2   一些水质变量及其典型单位

变量	单位
总溶解性固体物质,盐度	$g \cdot L^{-1} \Longleftrightarrow kg \cdot m^{-3} \Longleftrightarrow ppt$
氧,BOD,氮	$mg \cdot L^{-1} \Longleftrightarrow g \cdot m^{-3} \Longleftrightarrow ppm$
磷,叶绿素 a,有毒物质	$\mu g \cdot L^{-1} \Longleftrightarrow mg \cdot m^{-3} \Longleftrightarrow ppb$
有毒物质	$ng \cdot L^{-1} \Longleftrightarrow \mu g \cdot m^{-3} \Longleftrightarrow pptr$

【例 1-1】　**质量和浓度**　如果将 2×10^{-6} 磅(lb)盐加入 $1 \; m^3$ 蒸馏水中,以 ppb 为单位表示的浓度是多少?

【求解】　根据式(1-1),查附录 A 获得从磅到克的单位转换因子(1 lb=453.6 g),得到

$$c = \frac{2 \times 10^{-6}}{1 \; m^3} \times \frac{453.6 \; g}{lb} = 9.072 \times 10^{-4} \; g \cdot m^{-3}$$

---

① 之后整本书的单位都将用指数形式表示。如 mg/L 表示为 $mg \cdot L^{-1}$,g/m^3 表示为 $g \cdot m^{-3}$,依此类推。

进一步转换为所要求的单位：

$$c = 9.072 \times 10^{-4}\ \mathrm{g \cdot m^{-3}} \left(\frac{10^3\ \mathrm{mg}}{\mathrm{g}} \frac{\mathrm{ppb}}{\mathrm{mg \cdot m^{-3}}} \right) = 0.907\ 2\ \mathrm{ppb}$$

如例 1-1 所示，浓度大小通常表示为 $0.1 \sim 999$ 的区间。据此，表 1-2 列出了水质变量及其对应的典型单位。

1.2.2　速率

某属性单位时间内的变化量称为速率。接下来介绍几种对理解水质模型至关重要的速率(图 1-3)。

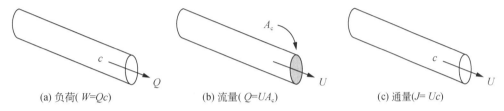

(a) 负荷($W=Qc$)　　　(b) 流量($Q=UA_c$)　　　(c) 通量($J=Uc$)

图 1-3　水质模型中广泛使用的三个基本速率

质量负荷速率　如图 1-1 所示，污水排放通常用质量负荷率 W 表示。若在时间段 t 内排放了总量 m 的污染物，则负荷率可以简单表示为：

$$W = \frac{m}{t} \tag{1-2}$$

许多污染负荷是通过管渠，如管道或沟渠，以点源形式进入受纳水体的。这种情况下，负荷率实际上是通过监测浓度和管渠中水的体积流量 $Q(\mathrm{L^3 \cdot T^{-1}})$ 来确定的，计算公式如下[图 1-3(a)]：

$$W = Qc \tag{1-3}$$

体积流量　对于恒定流动，通常使用连续性方程来计算流量[图 1-3(b)]：

$$Q = UA_c \tag{1-4}$$

式中，U 为管渠中的水流速度($\mathrm{L \cdot T^{-1}}$)；A_c 为管道的横截面面积($\mathrm{L^2}$)。

质量通量　术语"通量"代表某属性量(如质量或热量)流经某单位面积的速率。例如通过管渠的质量通量可表示为

$$J = \frac{m}{tA_c} = \frac{W}{A_c} \tag{1-5}$$

将式(1-3)和式(1-4)代入式(1-5)，则质量通量也可以用流速和浓度表示[图 1-3(c)]：

$$J = Uc \tag{1-6}$$

【例 1-2】　负荷和通量　某封闭池塘体积恒定,其表面积 A_s 为 10^4 m^2,平均深度 H 为 2 m,初始浓度为 0.8 ppm。两天后,监测结果表明浓度已上升至 1.5 ppm。(a)这段时间内的质量负荷率是多少?(b)假设这种污染物的唯一可能来源是大气沉降,请估算其通量。

【求解】

（a）池塘的总体积为：

$$V = A_s H = 10^4 \text{ m}^2 \times (2 \text{ m}) = 2 \times 10^4 \text{ m}^3$$

初始时间($t=0$)的污染物质量为：

$$m = Vc = 2 \times 10^4 \text{ m}^3 \times (0.8 \text{ g} \cdot \text{m}^{-3}) = 1.6 \times 10^4 \text{ g}$$

$t=2$ d 时,质量为 3.0×10^4 g。因此,质量增加了 1.4×10^4 g,则质量负荷率为：

$$W = \frac{1.4 \times 10^4 \text{ g}}{2 \text{ d}} = 0.7 \times 10^4 \text{ g} \cdot \text{d}^{-1}$$

（b）污染物的通量为：

$$J = \frac{0.7 \times 10^4 \text{ g} \cdot \text{d}^{-1}}{1 \times 10^4 \text{ m}^2} = 0.7 \text{ g} \cdot (\text{m}^2 \cdot \text{d})^{-1}$$

有时,变化率的概念也会和数量(此处为质量或浓度)相混淆。专栏 1.1 提供了一个示例来描述这种情况。

【专栏 1.1】　北美五大湖(Great Lakes)水域：变化率与数量

20 世纪 80 年代初,美国西部地区干旱严重促使政府努力寻找其他水源。此时政府试图修建一条管道,将劳伦提安大湖(the Laurentian Great Lakes)和西部地区相连。

从表面上看,这个计划似乎很行得通。五大湖包含 21.71×10^{12} m^3 的淡水储量,约占世界地表水淡水总量的 20%! 因此,五大湖拥有足够的可供给水资源,这似乎也成了"常识"。

人们开始只是争论抽水成本过高(沿落基山脉铺设上升和下降管道非常困难)。但其实该计划还存在着一个根本性的缺陷,涉及水量和流量之间的区别。

尽管五大湖的淡水含量占全球地表水淡水资源的 20%,但该数字并不能有效衡量其可供给水量。实际上有效的可供给水量是通过系统的出流流量来确定的。有趣的是,最西边的密歇根湖(Michigan)和苏必利尔湖(Superior)的出流流量很小(合计仅约 100×10^9 m^3 · yr^{-1})。只有东边最下游的安大略湖(Ontario)流入圣劳伦斯河(St. Lawrence River)的出流量才能达到 212×10^9 m^3 · yr^{-1}。这种出流水量规模可确保湖泊的水力交换达到冲刷污染物和清洁湖泊的目的。从这个角度来看,五大湖引水计划似乎并不那么吸引人,所以该计划就此终止了。

本质上,该计划的支持者混淆了水量规模和流量的概念。尽管五大湖拥有大量淡水(正如它们的体积所反映的),但它们却不能腾出大量的库容,提供大量的出流水量。如果建造一条管道以大于平均出流量的流量抽水,那么五大湖将很快变成"大泥滩"。

　　这告诉了我们什么道理呢? 正如爱因斯坦所说,常识会让你认为世界是平的。对于一些人来说,"变化率"不是"常识"概念,因此会造成不合理的主观判断。要学习本书其余部分的模型,理解变化率与数量之间的区别至关重要,故借助这个故事来帮助读者加深理解。

1.3　数学模型

　　在定义了一些基本量的基础上,现在可以开始讨论数学模型了。根据《美国传统词典》(1987 年),模型是按比例构建的小物件,用来代表另一个较大的物件。因此,模型通常代表一个易于测试的现实事物的简化版本。

　　在本书介绍的案例中没有构建物理模型,而是用数学模型来表示现实事物。因此,我们可以将数学模型定义为:表示物理系统对外界刺激响应的理想化公式。因此,对于图 1-1,可以建立一个数学模型来确定受纳水体(系统)中的水质(响应)和污水处理厂出水(刺激)的函数关系。该模型可概化表示为:

$$c = f(W; 物理, 化学, 生物) \tag{1-7}$$

　　根据式(1-7),负荷和浓度之间的因果关系取决于受纳水体的物理、化学和生物特性。

　　本书的其余章节对式(1-7)给出了不同的表示形式。一个最简单的方法是采用线性公式表示,即:

$$c = \frac{1}{a}W \tag{1-8}$$

式中,a 为表征受纳水体物理、化学和生物特性的同化因子($L^3 \cdot T^{-1}$)。

　　式(1-8)为"线性"公式,原因是 c 和 W 成正比。因此,若 W 加倍,则 c 加倍;同样,若 W 减半,则 c 减半。

1.3.1　模型实现

　　式(1-8)可进一步表示成以下几种形式。

　　(1) 模拟模式。如式(1-8)所示,该模式用来模拟系统响应(浓度)与系统外来输入(污染负荷)及系统特性(同化因子)之间的函数关系,或者说,针对特定系统特性(同化因子),在系统接受外来输入(污染负荷)的情形下,系统产生的内在响应(浓度)。

　　(2) 设计模式 I(同化能力或环境容量)。式(1-8)可以转化为:

$$W = ac \tag{1-9}$$

　　这种形式被称为"设计"模式,因为它提供了直接用于系统工程设计的信息。该公式也称为"同化能力/环境容量"的计算公式,可用来估算满足期望水质浓度或者水质标准的允许污染物排放量。因此,该式构成了污水处理厂设计的基础。这也可以解释 a 为什么被称为"同化因子"。

（3）设计模式Ⅱ（环境改造）。第二种设计模式的计算公式为：

$$a = \frac{W}{c} \tag{1-10}$$

在这种情形下，如何提高环境自身的净化能力成了关注焦点。式（1-10）表示在给定的污染负荷率下，达到设定的水质标准需要进行的环境改造程度。若在可承受的成本范围内开展污染治理（即削减负荷 W）仍不能达到水质标准时，则可采用此公式评估如何提高环境自身的净化能力。例如，可采取的环境改造方法包括底泥疏浚、人工曝气、增加来水流量等。

【例 1-3】 同化因子 20 世纪 70 年代初，安大略湖的入湖总磷负荷约为 10 500 吨/年（1 吨等于 1 000 kg），湖内磷的浓度为 21 $\mu g \cdot L^{-1}$（Chapra & Sonzogni，1979）。1973 年，纽约州和安大略省要求降低洗涤剂中磷酸盐的含量。此命令颁布后入湖总磷负荷减少到 8 000 吨/年（mta）。

（a）计算安大略湖的同化因子。

（b）降低洗涤剂磷酸盐的命令实施后，湖内磷的浓度是多少？

（c）若水质目标是将湖中的磷水平降到 10 $\mu g \cdot L^{-1}$，则需要再额外减少多少入湖磷负荷？

【求解】

（a）同化因子的计算公式为

$$a = \frac{W}{c} = \frac{10\ 500\ \text{mta}}{21\ \mu g \cdot L^{-1}} = 500\ \frac{\text{mta}}{\mu g \cdot L^{-1}}$$

（b）根据式（1-8），降低洗涤剂磷酸盐后，湖内磷浓度为：

$$c = \frac{W}{a} = \frac{8\ 000\ \text{mta}}{500\ \dfrac{\text{mta}}{\mu g \cdot L^{-1}}} = 16\ \mu g \cdot L^{-1}$$

（c）根据式（1-9），

$$W = ac = 500\ \frac{\text{mta}}{\mu g \cdot L^{-1}}\ 10\ \frac{\mu g}{L} = 5\ 000\ \text{mta}$$

因此，必须额外再减少 3 000 吨/年的磷负荷。

无论采用哪种计算方法，模型的有效性都与同化因子的准确性密切相关。例 1-3 提供了一种估算同化因子的数学方法。后续章节的一个主要目标是如何确定同化因子，为此首先简要介绍支撑确定同化因子的主要原理——质量守恒定律。

1.3.2 质量守恒定律和质量平衡

传统上，可采用两种方法来估算同化因子：经验模型和机理模型。

经验模型是一种基于归纳或数据的方法，如例 1-3 中用于单个湖泊的计算方法。多数情况下，需要通过从与所研究受纳水体相似的大量系统中获得 W 和 c 的值，然后利用回归方法从统计学角度估算同化因子(图 1-4)。

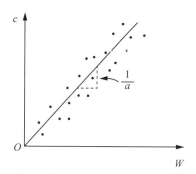

图 1-4 基于许多水体采集数据建立的经验水质模型,用于从统计学角度估算污染负荷和水质浓度之间的因果关系

机理模型建立在对理论关系或者内部机制认识和应用的基础上,是一种基于推理(演绎)或理论的方法。正如许多经典工程理论都基于牛顿定律,尤其是牛顿第二定律:$F = ma$。此外守恒定律也是许多工程的基本依据。

尽管经验模型在一些特定的水质问题场景如湖泊富营养化(可参考综述 Reckhow & Chapra,1983;第 29 讲)中展现出价值,但也存在局限性。因此,本书的主要部分是介绍机理模型。

机理水质模型基于质量守恒定律,也就是说,对于一个确定体积的水体,质量既不会增加也不会减少。物质在系统边界上发生的流入和流出以及在系统内部发生的所有转化,都可用质量平衡方程来定量表示。在给定时间段内,该方程表示如下:

$$累计项 = 负荷 \pm 输移项 \pm 反应项 \tag{1-11}$$

图 1-5 描述了两种假定物质的质量守恒,即在一定体积水体中,流入、流出和内部反应过程之间的质量平衡关系。

物质随水流运动,从一个地方运移到另一个地方称为输移。此外,物质在水体中发生转化或反应也会导致质量的增加或减少。当另一种物质转化成该物质时,质量增加;当该物质转化为另一种物质时,质量减小。如图 1-5 所示,物质 X 通过反应转化为物质 Y。最后,外部负荷的输入也会导致其质量增加。

将以上因素用方程的形式表示出来,则构成了模型中某特定物质的质量平衡方程。如源大于汇,则系统内该物质质量增加;如汇大于源,则质量减小;如源等于汇,则质量保持不变,此时称该系统处于平衡状态或保持动态平衡。因此,质量平衡方程提供了计算水体对外部影响产生响应的基本框架。

由于图 1-5 的体系中包括 X、Y 两种物质,因此需分别针对两种物质建立质量平衡方程。每一种物质的质量平衡方程均需考虑流入、流出系统的数学表达项。此外,X 的平衡方程中需添加一项来表示 X 通过反应转化为 Y 造成的部分质量损失;同理,Y 的平衡方程中也应包含此项,并用正号表示 Y 由此导致的质量增加。X 的平衡方程中还需包含一项表示因外部负荷导致的质量增量。

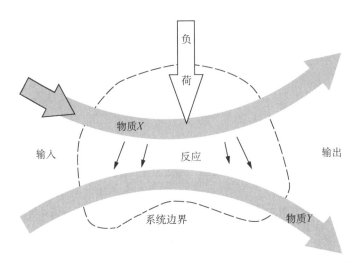

图 1-5   在一定体积水体中,描述两种物质输入负荷、输移和转化的示意图

对于两种以上物质相互作用的体系,则需建立更多方程式。如果我们还想了解系统内部不同位置的物质浓度水平,则需依据同样的方法建立方程式。此时,可将该体系划分为多个子区域,分别建立质量平衡方程;另外可通过添加输移项,表示各子区域之间的质量传递。这种空间和物质在数学上的划分称为分割,是将质量守恒应用于水质问题的基础。

本书其余部分将会介绍如何利用质量平衡方程(1-11),发展出不同形式的水质模型方程。在此过程中,将介绍如何利用数学公式表示输移和反应过程,以及如何进行分段的质量平衡表征。为了使读者对后续章节内容有一个基本的印象,在此简要回顾一下水质模型的发展历程。

1.4   水质模型的发展历程

水质数学模型自 20 世纪初被创建至今,已取得了长足的发展。如图 1-6 所示,总体上水质模型的发展可以分为 4 个主要阶段。水质模型的发展既和社会关注问题有关,也和每个时期的计算能力有关。

如图 1-6 所示,早期水质模型主要关注城市污染负荷的分配问题。在这一阶段,影响最深远的工作是 Streeter 和 Phelps(1925)针对美国俄亥俄河(Ohio River)构建的水质模型(S-P 模型)。这一工作和之后开展的相关调查为评估河流、河口等水体的溶解氧水平提供了方法学依据(如 Velz,1938,1947;O'Connor,1960,1967)。与此同时,表征河道卫生状况的细菌模型也建立起来(O'Connor,1962)。

由于在此期间没有计算机可以利用,只能获得模型的闭式解(即解析解)。这意味着水质模型还只适用于解决线性、河道形状规则和稳态的水质问题。模型求解问题的范围受到了计算工具的限制。

进入 20 世纪 60 年代,随着数字计算机的出现,无论是模型本身还是模型的应用途

1925—1960 年 (Streeter-Phelps模型)
面临的问题: 污水未经处理排放/
污水经简单的一级处理后排放
污染物: 生化需氧量(BOD) /溶解氧(DO)
系统: 河流/河口(一维)
动力学: 线性、前馈
解决方案: 解析法

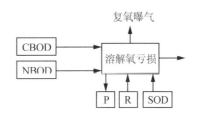

CBOD: 碳质生化需氧量 NBOD: 氮质生化需氧量
P: 光合作用 R:呼吸作用 SOD: 底泥耗氧量

1960—1970 年(计算机开始在模型中应用)
面临的问题:污水经一、二级处理后排放
污染物: 生化需氧量(BOD)/溶解氧(DO)
系统: 河口/河流(一维/二维)
动力学: 线性、前馈
解决方案: 解析法、数值法

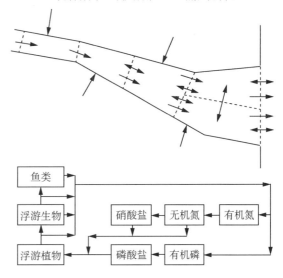

1970—1977 年 (生物过程被添加至模型中)
面临的问题: 富营养化
污染物: 营养盐
系统: 湖泊/河口/河流(一维/二维/三维)
动力学: 非线性、反馈
解决方案:数值法

1977年—现在(研究有毒物质在水体中的转化)
面临的问题: 有毒物质排放
污染物: 有机物、金属
系统: 沉积物和水体的相互作用/
食物链间的相互作用
(湖泊/河口/河流)
动力学: 线性、吸附与解吸平衡
解决方案:解析法、数值法

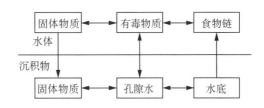

图 1-6　水质模型的四个发展阶段

径都得到了重要发展。其中,第一个模型进展是采用数值求解方式来模拟分析之前采用解析解描述的问题(例如 Thomann,1963)。尽管仍然关注溶解氧问题,但是计算机使得人们可以分析更为复杂的地形形状,并从稳态模拟拓展到非稳态模拟。尤其是从一维尺度系统拓展到了二维尺度系统,例如宽阔的河口和海湾等。

20 世纪 60 年代计算机的发展也带来了模型应用方式上的变化,尤其是模型能够更全面地求解水质问题。人们不仅可以关注单点源污染排放的局部影响,还开始分析流域尺度上的问题。编程开发工具和模型的结合,为开展环境治理方案的技术经济最优分析提供了可能(Thomann 和 Sobal,1964;Deininger,1965;Ravelle 等人,1967)。尽管此阶段的关注焦点仍然为点源污染,但在计算机的帮助下可以从整体角度分析水质问题。

进入 20 世纪 70 年代，人们对水环境关注的焦点发生了变化。人们从单纯关注点源污染排放和水体溶解氧问题，拓展到对环境问题的全面关注，生态环保意识和生态运动兴起，在一些地区，生态环境修复成为人们高度关注的问题。

这一阶段主要关注的水质问题是富营养化。与之相应，模型开发者在模型中考虑了更多的有关生物机理过程的数学表征。借鉴海洋学研究成果（例如 Riley，1946；Steele，1962），环境工程师开发了详细的营养盐/食物链耦合模型（Chen，1970；Chen 和 Orlob，1975；Di Toro 等人，1971；Canale 等人，1974，1976）。借助于现阶段计算机计算能力的发展，还在模型中引入了反馈和非线性动力学方法。

需要指出的是，在这一阶段人们的主要工作仍然是持续推动点源污染排放的削减，为此美国大部分污水厂都采用了二级处理工艺。这项措施不仅缓解了许多地区由于点源污染导致的溶解氧不足问题，还将人们的视线转移到了非点源排放控制上。由于非点源成了营养物质的主要来源，对富营养化问题的关注也强化了非点源污染控制。

表面上看，公众于 20 世纪 70 年代早期觉醒的环保意识，应该让人们更加依赖于系统方法解决水质管理问题。然而事实并非如此，有以下三点原因。第一，富营养化涉及植物的季节性生长，相比于城市化地区点源污染排放控制，其动态变化更为强烈。尽管系统分析方法可用于此类动态问题的最优化求解，但是相对于之前的线性、稳态和点源问题更为复杂、计算量更大。第二，社会上掀起的环保运动营造出一种刻不容缓治污的氛围，人们"不惜一切代价"修复环境的决心和信念，催生出诸如"零排放"的概念，并明确成为一种国家层面上的目标。第三，这一阶段恰逢经济高速增长，人们对"零排放"这一策略的经济可行性毫不怀疑，而利用水质模型平衡水质目标、成本和效益，最终得出一个经济的解决方案，显然不被当时的人们所认同。立法而不是可靠合理的工程项目成了大多数污染控制方案的立足点。尽管在这一阶段水质有所改善，但人们不切合实际的目标却从未实现。

模型的新近发展阶段源于 20 世纪 70 年代中期的能源危机。能源危机连同增加的财政赤字，使得人们重新将污染控制和经济成本的可行性联系起来。公众以及他们的代表不再一味追求"不惜一切代价"削减污染，而开始重新关注有限投资能够取得的环境修复成效究竟如何。与此同时，关注点被转移到了有毒物质排放对水生态和人类健康的影响，而这在当时的政府部门和政治圈内也是能够得到有效认可的议题。

这一阶段模型发展的主要成就是认识到了颗粒态物质在毒性污染物迁移转化中所扮演的重要角色（例如 Thomann 和 Di Toro，1983；Chapra 和 Reckhow，1983；O'conner，1988）；尤其是发现颗粒物质的沉降和再悬浮是天然水体中毒性污染物迁移转化的主要作用机制。人们还进一步发现，微小的有机颗粒如浮游植物和碎屑，能够沿食物链被摄取和传递到更高级的生物体内（Thomann，1981）。这种食物链之间的相互作用，让模型的开发者们审视自然界有机碳循环背后的深层含义：不仅仅是物质循环本身，食物链也是污染物传递和富集的重要途径。

如今，水质模型的发展和应用又在发生新的变化。与 20 世纪 60 年代末和 70 年代初一样，人们强烈意识到环境保护对于维持高质量生活至关重要，并且这种认识在持续加深。当时,在未来的发展中仍然存在着与过去时期不同的四个因素。

(1) 20 世纪 90 年代以来面临的经济压力比 20 世纪 70 年代末还要严重。因此,人们对一个经济有效的水环境治理解决方案的需求,比以往任何时候更加迫切。例如在美国,一个已经普遍达成的共识就是采用最小成本的点源污染治理技术方案。如图 1-7 所示,当前采用的处理技术正对应点污染源治理成本曲线上最陡峭的部分。此外,非点源或者分散点源的治理,相对于点源污染控制需要花费更多的费用。现如今我们需要开发更好的模型来避免决策失误造成的不必要经济代价。

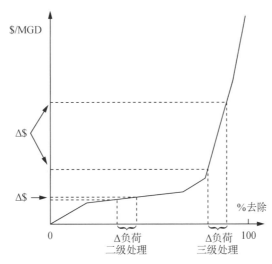

图 1-7　污水厂建设费用和市政污水处理程度之间的关系

目前大多数决策是采用污染去除率高的三级处理工艺。因此,现如今一个不科学的决策,
相比于以初级处理和二级处理为主的早期年代,会造成更大的经济负担

(2) 世界范围内的发展中国家开始意识到环境保护必须与经济发展水平相适应。对这些国家而言,基于模型方法确定经济有效的控制策略,既可以在控制污染的同时维持高质量生活,又能保持经济的增长。

(3) 在过去的若干年中计算机硬件和软件经历了一场革命,尤其是图形用户界面和决策支持系统的发展,为模型输出结果生成和可视化提供了便利,这一成就可与在 20 世纪 60 年代取得的进展相媲美。同时,随着计算机硬件的发展,模型的计算求解再也不受硬件的限制。现如今我们能够以合理的成本模拟复杂的二维和三维非稳态水质问题。

(4) 水质模型的研究已取得了重大进展。尤其是在沉积物-水相之间相互作用和水动力学方面取得的突破,已被有效集成到水质模型框架中。随着计算机技术的发展,机理研究方面的科学进展被集成在模型系统中,推动了从理论到实际模拟应用的转变。

总的来说,历史上水质模型的发展,构建了一个包含传统污染物和有毒污染物在内的理论框架体系。计算机编程为实现基于理论框架体系的水质模型模拟运算提供了支持。最后要说的是,尽管系统分析技术的应用还不是那么普遍,但是系统分析技术与水质模型的集成,能够为工程方案的技术经济最优化论证提供解决方案。如果进一步考虑社会对环境问题的强烈关注,将水质模拟、经济因素和社会因素有机结合,则可以从一个新视角建立以管理为导向的计算机辅助水质模型。

如本书前言中所述,如果出于容易使用的考虑将水质模型简单理解为"黑箱模型"并将其广泛应用,则水质模型的发展可能会停滞不前。因此,本书的主旨是模型应用应建立在认知系统及其基本假设的基础上,并尽最大可能将水质模型"透明化"。为此介绍本书的撰写架构。

【专栏 1.2】 文献阅读

本节除了介绍水质模型的发展历程外,还想特别提出一点建议:如果读者想成为水质模型专家,请务必关注以上讲述内容中列出的参考文献(及本书其余部分引用的参考文献)。尽管教科书中讲述了大量的知识,但由于篇幅有限,无法对某一特定主题展开深入讨论。而文献是一座丰富的"金矿",会介绍更加深入和全面的知识,并帮助了解前沿领域。因此,希望读者意识到本书只是一个起点,仅占丰富多彩的文献知识中的冰山一角。

1.5 本书概况

本教材分为七个部分,大致遵循前文介绍的水质模型发展历程。第一部分和第二部分讲述水质模型的基础知识。第一部分介绍了完全混合系统模型,包括解析解和计算机数值求解方法概述以及反应动力学。其中,解析解方法关注早期水质模型的理论基础——线性模型;计算机数值求解方法则拓展到更为复杂系统的定量分析。第二部分基于相似的方法介绍了不完全混合系统,并包括了扩散问题的介绍。

第三部分介绍了水质模型通常应用的水环境:溪流、河口、湖泊和沉积物。介绍了这些系统的背景信息,并特别强调了如何定量描述其输移机制。此外,还设计了一个针对"模型"环境的讲座,讨论模型的率定和验证等问题。

第四部分着眼于水质模型先驱者们关注的第一个问题:溶解氧和细菌。首先介绍了研究溶解氧问题的背景。在此基础上详细讨论了 Streeter-Phelps 模型。接下来介绍了水质模拟的更多"现代化"知识点,例如硝化作用、植物光合作用和底泥耗氧等。之后介绍了基于计算机的模型,具体包括了一个针对 QUAL2E 软件包的讲座。

第五部分介绍水质模型的另一个重要方面:水体富营养化。在对富营养化问题和一些简单的模型方法进行介绍的基础上,其余部分内容关注季节性营养盐/食物链模型。考虑到热分层对此类模型具有重要影响,用两个讲座分别介绍了热量收支与温度模型。最后详细介绍了浮游植物和食物链的模拟方法。

接下来的部分聚焦于 20 世纪 80 年代以来水质模型领域取得的重大进展。第六部分介绍了天然水体中水化学模拟方法。第七部分介绍了毒性污染物质模型。

需要指出的是,每个讲座都包括详细的算例并附有一系列习题。这些习题用于帮助读者加深对知识的理解,并将知识面拓展到本书未涉及的领域。在此强烈建议读者求解所有这些习题,正如古谚语云:"不闻不若闻之,闻之不若见之,见之不若知之,知之不若行之。学至于行之而止矣。"这句谚语也非常适用于模型领域。经常会有这样一种情况,新手在理解和能写出研究问题对应模型方程式的时候,就总感觉自己"知道"如何建模。很显然这是建模的必要先决条件,但是只有基于数据的实际建模经验才能加深对模型的认识。这种实操经验很难通过教科书传授。为此,本书通过习题集来强化读者在这方面的训练。若读者再进一步强化建模实践和加深对系统和水质问题科学理论的学习理解,就会在水质模型领域熟能生巧、学有所成。

习 题

1-1 从河口中取出 2.5 L 水样,水中盐的浓度为 8.5 ppt。请问该水样的含盐量是多少(以 g 为单位)?

1-2 某城市有 100 000 人口,平均每人每天排放 650 L 污水和 135 g 生化需氧量(BOD)。

(a) 该城市每天产生的污水水量($m^3 \cdot s^{-1}$)和 BOD 的质量负荷速率($\times 10^6$ 吨/年)各是多少?

(b) 计算污水的 BOD 浓度($mg \cdot L^{-1}$)。

1-3 某溪流长度为 3 km,宽度为 35 m。此时,溪流上游水文观测站测得的溪流平均流速为 3 $m^3 \cdot s^{-1}$。若将一个漂浮物投入溪流中,该漂浮物大约需要 2 个小时才能穿过该河段。请计算该河段的平均速度($m \cdot s^{-1}$),河段横截面面积(m^2)和水深(m)。为方便计算,假设该河段为矩形形状(图 1-8)。

L—长度;B—宽度;H—平均深度

图 1-8　理想化的矩形溪流河段

1-4 20 世纪 70 年代初,美国密歇根湖的总磷负荷为 6 950 mta,湖内磷的浓度为 8 $\mu g \cdot L^{-1}$(Chapra 和 Sonzogni,1979)。

(a) 计算该湖的同化因子($km^3 \cdot yr^{-1}$)。

(b) 将湖内的浓度水平降低到约 5 $\mu g \cdot L^{-1}$,入湖磷负荷速率大约为多少?

(c) 基于(b)计算污染负荷削减率,即:

$$削减量 \% = \frac{W_{削减前} - W_{削减后}}{W_{削减前}} \times 100\%$$

1-5 如图 1-9 所示,某污染源排放入河流中。

（a）以 $m^3 \cdot s^{-1}$ 为单位计，该河流的流量是多少？

（b）若污染物排入河流后在横断面上瞬时完全混合，以 ppm 为单位计的河流浓度是多少？

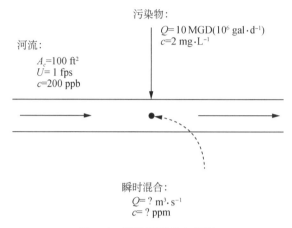

污染物：
$Q = 10$ MGD(10^6 gal$\cdot$d^{-1})
$c = 2$ mg$\cdot$L^{-1}

河流：
$A_c = 100$ ft^2
$U = 1$ fps
$c = 200$ ppb

瞬时混合：
$Q = ?$ m$^3\cdot$s^{-1}
$c = ?$ ppm

图 1-9　污染源排放入河流

1-6　将具有以下特性的两种溶液混合：

	溶液 1	溶液 2
体积	1 gal	2 L
浓度	250 ppb	2 000 mg $\cdot$ m^{-3}

（a）计算混合物的浓度（mg $\cdot$ L^{-1}）。

（b）计算每种溶液及最终形成的混合物质量，以克为单位计。

1-7　某灌溉水的流量为 4 m$^3 \cdot$ s^{-1}，含盐浓度为 0.1 g $\cdot$ L^{-1}。现在从两个水库中抽水（图 1-10）。水库 A 的浓度为 500 ppm，水库 B 的浓度为 50 ppm。为满足灌溉用水的含盐量要求，需要从两个水库中各抽取多少流量？

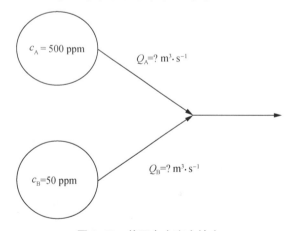

$c_A = 500$ ppm

$Q_A = ?$ m$^3\cdot$s^{-1}

$c_B = 50$ ppm

$Q_B = ?$ m$^3\cdot$s^{-1}

图 1-10　从两个水库中抽水

1-8　将 10 mL 葡萄糖溶液加入 300 mL 的瓶子中,然后在瓶子中加满蒸馏水。若葡萄糖溶液的浓度为 100 mg · L^{-1},

（a）瓶子装满时的葡萄糖浓度是多少?

（b）瓶子中含有多少克葡萄糖?

1-9　如图 1-11 所示,温带地区的许多湖泊都是热分层的,由上层(变温层)和下层(均温层)组成。

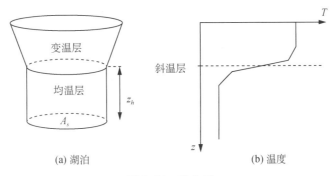

(a) 湖泊　　　　　　　　　　(b) 温度

图 1-11　热分层

夏天结束的时候,纽约锡拉丘兹(Syracuse)的奥农达加(Onondaga)湖具有以下特征:

	体积(m^3)	溶解氧浓度(mg · L^{-1})
变温层	12×10^6	8.3
均温层	9×10^6	1.0

若某场暴雨过后湖泊上下两层产生均匀混合,试计算湖水的溶解氧浓度。

1-10　根据要求需要测量一条小溪的流量。但由于小溪形状不规则且水深较浅,无法测量速度和横截面面积。因此,以 1 L · min^{-1} 的恒定速率向小溪中投入浓度为 100 mg · L^{-1} 的保守示踪剂(注:示踪剂在溪流系统中不发生自然转化)。在下游测量到示踪剂的浓度为 5.5 mg · L^{-1}。试估算这条小溪的流量是多少(用 m^3 · s^{-1} 表示)?

1-11　当固体物质进入湖泊或蓄水塘时,部分固体会沉淀并聚集在某个区域,该区域称为沉积区。这种累计速率通常用通量来表示,并称为湖泊的沉降速率。沉降速率定义为单位时间内通过沉积区面积的固体物质量。例如,每年大约有 500 万吨的沉积物沉积在安大略湖的底部。沉积区的面积约为 10 000 km^2。

（a）以 g · m^{-2} · yr^{-1} 为单位计算沉积速度。

（b）假设固体不发生再悬浮,若水中的悬浮固体浓度为 2.5 mg · L^{-1},试计算从水面到沉积物的沉降速度。

（c）假设沉积物本身的孔隙率为 0.90(即水占体积的 90%),且单个沉积物颗粒的密度为 2.5 g · cm^{-3}。计算沉积物的埋藏速率(即湖泊底部被填充时的速率)。

1-12 在温暖季节,一些湖泊会产生热分层现象(图 1-11)。实地观测发现均温层的总磷浓度在一个月内从 20 $\mu g \cdot L^{-1}$ 增加到了 100 $\mu g \cdot L^{-1}$。若湖泊底面积为 1 km^2、均温层平均深度为 5 m,试计算观测时间段内的磷沉降通量,以 $mg \cdot m^{-2} \cdot d^{-1}$ 为单位表示。此处假设温跃层是一个分隔上下层的密闭屏障。(注:尽管温跃层很大程度上减少了交换,但实际上仍存在一定程度的传输过程。后续讲座将会讲解如何将其考虑到计算中。)

1-13 美国科罗拉多州博尔德(Bauder)市的某污水处理厂尾水排放到博尔德河中。排放点的下游有一个美国地质调查局的测流站。

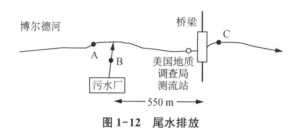

图 1-12 尾水排放

1994 年 12 月 29 日上午 8:00,在 A、B、C 三处分别测量到电导率为 170 $\mu mho \cdot cm^{-1}$、820 $\mu mho \cdot cm^{-1}$ 和 6 390 $\mu mho \cdot cm^{-1}$(注:电导率通过测量物体传导电流的能力来估计溶液中的总溶解性固体物质)。若测流站测得的流量为 0.494 $cm^3 \cdot s^{-1}$,试分别估算污水处理厂和河流的流量。

1-14 沉积物捕获器(图 1-13)是一种悬挂在水体中的小型收集设备,用来测量固体物质的沉降通量。

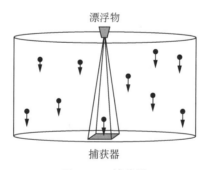

图 1-13 捕获器

假设在某一水层中悬挂了一个矩形捕获器(1 m×1 m)。10 天后取出捕获器,发现捕获器表面收集了 20 g 有机碳。

(a) 计算有机碳的沉降通量。

(b) 若水层中有机碳浓度为 1 $mgC \cdot L^{-1}$,计算有机碳的沉降速度。

(c) 若该水层的底表面积为 105 m^2,计算 1 个月内有多少千克有机碳穿过该层水体(kg)?

第 2 讲

反 应 动 力 学

简介:首先,本讲介绍了天然水体中反应过程的表征方法。然后,列出了用于确定反应级数和反应速率的若干图示法和计算机求解方法。此外,综述了反应计量学以及温度对反应速率的影响。

图 1-5 显示,污染物进入水体后会发生很多变化过程,其中一些变化过程与输移有关。例如,污染物会随着系统内的水流运动发生输移并随之分散开来。此外,污染物会通过挥发、沉淀或出流的方式离开系统。所有这些机制都是在不改变污染物化学成分的情况下发生的。污染物也可能通过化学反应和生化反应转化为其他化合物。本讲重点讨论这些反应过程。

假设你想开展一个实验来确定污染物进入天然水体后如何发生反应,一种简单的方法是将污染物放入一系列装满水的瓶子中,每个瓶子内安装一个搅拌器,以确保瓶内物质充分混合。这种容器通常被称为**间歇反应器**。通过测量一段时间后每个瓶子中的污染物浓度,则可以得出污染物浓度随时间的变化(图 2-1)。

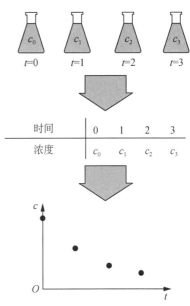

图 2-1 用于确定天然水体中污染物降解速率的一个简单实验

本讲的目的是探索如何利用这些数据来表征污染物的反应过程。也就是说,我们将探究如何定量表示(模拟)反应过程。

2.1 反应基础知识

在讨论如何量化反应之前,首先对一些定义和术语做出规定。

2.1.1 反应类型

非均相反应涉及多个相,通常发生在相之间的界面上。相比之下,均相反应只涉及单一的相(即液相、气相或固相)。考虑到均相反应是水质模型中最基本的反应类型,本讲着重介绍液相中发生的均相反应。

可逆反应是指可以朝任一方向进行的反应,具体方向取决于反应物和产物的相对浓度:

$$aA + bB \rightleftharpoons cC + dD \tag{2-1}$$

式中,小写字母表示化学计量系数,大写字母表示反应化合物。当正向反应和逆向反应处于平衡时,该反应趋向于接近平衡状态。式(2-1)是化学反应平衡的基础。当我们在本书后面部分讨论 pH 时,将回到这种类型的反应上。

尽管可逆反应在水质模型建模中很重要,但我们更多关注不可逆反应。不可逆反应朝单一方向进行,并一直持续到反应物耗尽为止。在这些情况下,我们关注的是参与反应的一种或多种物质的消耗速率。比如,对于不可逆反应:

$$aA + bB \longrightarrow cC + dD \tag{2-2}$$

我们可能会对如何确定 A 物质的消耗速率感兴趣。

不可逆反应的一个常见例子是有机物的分解,通常可以表示为:

$$C_6H_{12}O_6 + 6O_2 \longrightarrow 6CO_2 + 6H_2O \tag{2-3}$$

式中,$C_6H_{12}O_6$ 是葡萄糖,可以视为有机物的简单表示。当污水排放至受纳水体时会发生该种反应,此时污水中的有机物在有氧条件下被细菌分解成二氧化碳和水。虽然光合作用(即植物生长)代表了一种产生有机物和氧气的逆向反应,但它通常不会与有机物分解反应发生于同一区域。此外,由于分解和光合作用相对较慢,因此在大多数水质问题中,它们不会在所关注的时间尺度上达到平衡。所以,分解通常被描述为一个单向过程。

2.1.2 反应动力学

反应动力学或速率可以用质量作用定律定量地表示,即反应速率与反应物的浓度成正比。反应速率通常可以表示为:

$$\frac{dc_A}{dt} = -kf(c_A, c_B, \cdots) \tag{2-4}$$

式(2-4)称为速率定律。该定律规定反应速率取决于常数 k 和反应物的浓度函数 $f(c_A, c_B, \cdots)$。

函数关系式 $f(c_A, c_B, \cdots)$ 通常通过实验确定,其通用表示形式为:

$$\frac{dc_A}{dt} = -kc_A^\alpha c_B^\beta \tag{2-5}$$

浓度项的幂次被称为反应级数。式(2-5)中,α,β 分别是对应于反应物 A 和 B 的反应级数,相应的反应总级数为:

$$n = \alpha + \beta \tag{2-6}$$

　　无论是反应总级数,还是单个组分的反应分级数,都不是必须为整数。然而,水质建模中采用的几个最重要反应通常是以整数级数形式呈现的。

　　本讲中,我们只关注单一组分的情况。在该情况下,式(2-5)可以简化为:

$$\frac{\mathrm{d}c}{\mathrm{d}t} = -kc^n \tag{2-7}$$

式中,c 为某一反应物的浓度;n 为反应级数。

2.1.3　零级、一级和二级反应

　　尽管有无数种表征反应的方法,但是对于天然水体,通常采用式(2-7)中 $n=0$、1、2 时的情况对其进行表征。

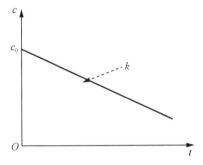

图 2-2　零级反应的浓度与时间关系图　　图 2-3　一级反应的浓度与时间关系图

　　(1) 零级反应

　　对于零级反应,反应速率方程表示为:

$$\frac{\mathrm{d}c}{\mathrm{d}t} = -k \tag{2-8}$$

式中,k 的量纲为 $M \cdot L^{-3} \cdot T^{-1}$,如果 $t=0$ 时,$c=c_0$,那么通过分离变量法对方程进行积分后得到:

$$c = c_0 - kt \tag{2-9}$$

　　如式(2-9)和图 2-2 所示,该模型描述了单位时间内反应物的恒定消耗率。因此,如果浓度对时间作图是一条直线,则可以推断该反应是零级反应。

　　(2) 一级反应

　　对于一级反应,反应速率方程表示为:

$$\frac{\mathrm{d}c}{\mathrm{d}t} = -kc \tag{2-10}$$

式中,k 的量纲为 T^{-1}(详见专栏 2.1)。如果 $t=0$ 时,$c=c_0$,那么通过分离变量法对方程进行积分后得到:

$$\ln c - \ln c_0 = -kt \tag{2-11}$$

改写为指数式：

$$c = c_0 e^{-kt} \tag{2-12}$$

如式(2-12)所示，该模型描述了反应物浓度呈指数降低的趋势。正如图2-3所示，随着时间推移，反应物浓度逐渐趋近于零。

【专栏2.1】 一阶速率常数的"意义"

你可能已经注意到，反应速率的单位取决于反应级数。对于零级反应，速率及其单位很容易解释。如果说零级反应的速率为 $0.2 \ \text{mg} \cdot \text{L}^{-1} \cdot \text{d}^{-1}$，这直接意味着某种物质以每天 $0.2 \ \text{mg} \cdot \text{L}^{-1}$ 的速度消失。

相比之下，一级反应速率(如 $0.1 \ \text{yr}^{-1}$)就没那么简单了。这个单位的"意义"是什么呢？对此，指数函数形式的麦克劳林(Maclaurin)展开近似提供了一种理解方法：

$$e^{-x} = 1 - x + \frac{x^2}{2!} - \frac{x^3}{3!} + \cdots$$

如果麦克劳林展开在一阶项之后被截断，那么：

$$e^{-x} \cong 1 - x$$

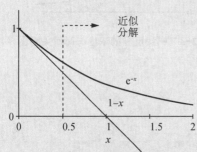

图2-4 指数函数的曲线图和一阶麦克劳林级数近似

如图2-4所示，我们看到当 x 值很小时，一阶近似可以很好地描述衰减速率。当 $x < 0.5$ 时，偏差小于20%。x 值越大，近似值就会越偏离真实值。

这使我们对一阶速率的"意义"有如下解释。如果反应速率小于0.5，则可以粗略地将其解释为单位时间内损失的污染物比例。因此，速率常数 $0.1 \ \text{yr}^{-1}$ 意味着一年损失10%。如果反应速率大于0.5，则可以通过改变单位来解释。例如，速率常数为 $6 \ \text{d}^{-1}$ 显然不能解释为每天损失600%。然而，如果将其转化成按小时单位计：

$$k = 6 \ \text{d}^{-1} \left(\frac{1 \ \text{d}}{24 \ \text{h}} \right) = 0.25 \ \text{h}^{-1}$$

我们可以说，每小时减少25%。

式(2-12)中所用的衰减速率称为"e底数"速率，因为它是采用指数函数描述浓度随时间的损耗。需要指出的是，以e为底的对数或纳氏对数与以10为底的对数可以相互转换，即：

$$\lg x = \frac{\ln x}{\ln 10} = \frac{\ln x}{2.302 \ 5} \tag{2-13}$$

将其代入式(2-11)得到:

$$\lg c - \lg c_0 = -k't \tag{2-14}$$

式中 k' 与 k 的关系为:

$$k' = \frac{k}{2.3025} \tag{2-15}$$

取式(2-14)的反对数,得:

$$c = c_0 10^{-k't} \tag{2-16}$$

该方程式可得出与式(2-12)相同的浓度随时间变化计算结果。

虽然大多数一阶速率都写成以 e 为底数的对数形式,但也有一些用以 10 为底的对数来表达。因此,重要的是要理解正在使用的是哪一个对数形式。错误的理解会导致使用错误的速率常数:如式(2-15)所示,两者之间相差 2.3025 倍。

(3) 二级反应

对于二级反应,反应速率方程表示为:

$$\frac{\mathrm{d}c}{\mathrm{d}t} = -kc^2 \tag{2-17}$$

式中,k 的量纲为 $L^3 \cdot M^{-1} \cdot T^{-1}$。如果 $t=0$ 时,$c=c_0$,那么通过分离变量法对方程进行积分后得到:

$$\frac{1}{c} = \frac{1}{c_0} + kt \tag{2-18}$$

因此,如果反应级数是二级,那么 $1/c$ 对 t 作图会呈一条直线。式(2-18)也可以用浓度随时间的函数来表示:

$$c = c_0 \frac{1}{1 + kc_0 t} \tag{2-19}$$

因此,如同一级反应,浓度以曲线渐近的方式趋近于零。

最后,显而易见的是,可以推导出可用于模拟更高阶反应的方程。也就是说,对于 n 为正整数,且 $n \neq 1$ 的情况,可以得出:

$$\frac{1}{c^{n-1}} = \frac{1}{c_0^{n-1}} + (n-1)kt \tag{2-20}$$

或:

$$c = c_0 \frac{1}{\mid 1 + (n-1)kc_0^{n-1}t \mid^{1/(n-1)}} \tag{2-21}$$

2.2　反应速率数据分析

对于图 2-1 所示的间歇反应器数据,可以采用多种分析方法。在本节中,我们将介绍其中的几种方法。尽管我们是以式(2-7)为基础来解释这些方法的,但其中许多一般性的思路也适用于其他速率模型。

2.2.1 积分法

积分法包括猜测 n 的值并对式(2-7)进行积分,在此基础上获得函数 $c(t)$。然后采用图解法来确定模型是否与数据充分吻合。

图解法以潜在模型的线性化为基础。如式(2-9)所示,对于零级反应,直接绘制 c 与 t 的关系即可得出一条直线。对于一级反应,式(2-11)则展示了半对数曲线图。表 2-1 对这些模型以及其他常用模型进行了总结。

表 2-1 积分法应用于不可逆、单分子反应的图解法总结

级数	k 单位	因变量(y)	自变量(x)	截距	斜率
零级($n=0$)	$M \cdot L^{-3} \cdot T^{-1}$	c	t	c_0	$-k$
一级($n=1$)	T^{-1}	$\ln c$	t	$\ln c_0$	$-k$
二级($n=2$)	$L^3 \cdot M^{-1} \cdot T^{-1}$	$1/c$	t	$1/c_0$	k
一般($n \neq 1$)	$(L^3 \cdot M^{-1})^{n-1} \cdot T^{-1}$	c^{1-n}	t	c_0^{1-n}	$(n-1)k$

【例 2-1】 **积分法** 用积分法确定以下数据(表 2-2)求得的反应是零级、一级还是二级反应,并针对确定的反应动力学模型,估计其 k 和 c_0 的值。

表 2-2 数据

t(d)	0	1	3	5	10	15	20
c(mg·L^{-1})	12	10.7	9	7.1	4.6	2.5	1.8

【求解】 图 2-5 显示了评估反应级数的各种图形。每张图中都包括数据以及通过线性回归建立的最佳拟合线。显然,$\ln c$ 与 t 之间最接近于一条直线。最适合该情况的直线方程为:

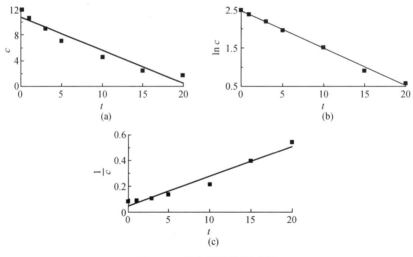

图 2-5 反应级数绘图,假定

(a)零级反应;(b)一级反应;(c)二级反应

$$\ln c = 2.47 - 0.097\ 2t \quad (r^2 = 0.995)$$

因此,对应两个模型参数的估计值为:

$$k = 0.097\ 2\ \mathrm{d}^{-1}$$

$$c_0 = \mathrm{e}^{2.47} = 11.8\ \mathrm{mg \cdot L}^{-1}$$

进而得出反应动力学模型表达式:

$$c = 11.8\mathrm{e}^{-0.097\ 2\ t}$$

根据公式(2-15)可将其改写为以 10 为底的对数表达形式:

$$k' = \frac{0.097\ 2}{2.302\ 5} = 0.042\ 2$$

代入式(2-16),得到:

$$c = 11.8 \times (10)^{-0.042\ 2t}$$

两个表达式的等价性可以通过在相同的时间值下计算 c 值来说明:

$$c = 11.8\mathrm{e}^{-0.097\ 2 \times (5)} = 7.26$$

$$c = 11.8 \times (10)^{-0.042\ 2 \times (5)} = 7.26$$

由此可见,两式的计算结果是相同的。

2.2.2 微分法

采用微分法对式(2-7)进行对数变换,得到:

$$\lg\left(-\frac{\mathrm{d}c}{\mathrm{d}t}\right) = \lg k + n\lg c \tag{2-22}$$

因此,如果式(2-7)成立,则 $\lg\left(-\dfrac{\mathrm{d}c}{\mathrm{d}t}\right)$ 对 $\lg c$ 作图应该得出一条斜率为 n,截距为 $\lg k$ 的直线。

微分法的优点在于可以自动估算反应级数,而其缺点是依赖于对导数的数值估计。对此可以通过几种方式实现,其中最常见的一种是基于数值微分。

数值微分使用有限差分近似来估计导数(Chapra 和 Canale,1988)。例如,可以采用中心差分表示(图 2-6):

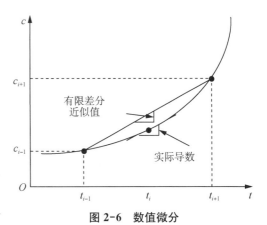

图 2-6 数值微分

$$\frac{\mathrm{d}c_i}{\mathrm{d}t} \simeq \frac{\Delta c}{\Delta t} = \frac{c_{i+1} - c_{i-1}}{t_{i+1} - t_{i-1}} \tag{2-23}$$

尽管这确实是一个有效的近似值,但数值微分本身是一种不稳定的运算:也就是说,它可能会将误差放大。如图 2-7 所示,由于有限差分[式(2-23)]是以两个时刻的数值相减形式表示的,不可避免地会带来数据中的随机正、负误差。如以下示例所述,一种称为等面积微分的方法可以减缓这种误差效应(Fogler,1986)。

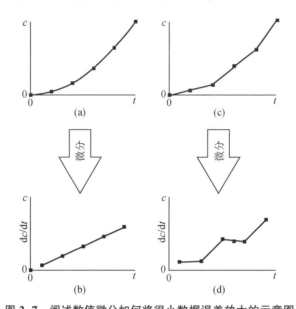

图 2-7　阐述数值微分如何将很小数据误差放大的示意图

(a)真实数据;(b)数值微分结果;(c)略做修改的数据;
(d)由此产生的数值微分结果的变异性(转载于 Chapra 和 Canale,1988)

【例 2-2】　微分法　使用微分法计算例 2-1 中数据的反应级数和速率常数。使用等面积微分法来平滑导数估计。

【求解】　可以对例 2-1 中的数据进行数值差分,得出表 2-3 中的估计值。导数估计值可以用条形图表示,如图 2-8 所示。然后可以画出一条最接近直方图面积的平滑曲线。换句话说,我们要试图通过这条平滑曲线来平衡曲线上方和下方的直方图区域。然后,可以直接从曲线上读取数据点处的导数估计值,并将其列于表 2-3 的最后一列中。

表 2-3　基于浓度时间序列确定导数估计值的数据分析

t(d)	$c(\mathrm{mg \cdot L^{-1}})$	$-\dfrac{\Delta c}{\Delta t}$	$-\dfrac{\mathrm{d}c}{\mathrm{d}t}$
		$(\mathrm{mg \cdot L^{-1} \cdot d^{-1}})$	
0	12.0		1.25
		1.3	
1	10.7		1.1
		0.85	
3	9.0		0.9
		0.95	
5	7.1		0.72
		0.50	
10	4.6		0.45
		0.42	
15	2.5		0.27
		0.14	
20	1.8		0.15

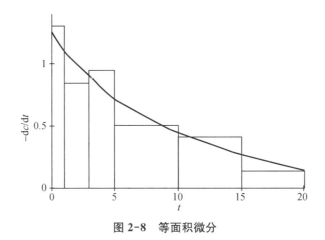

图 2-8　等面积微分

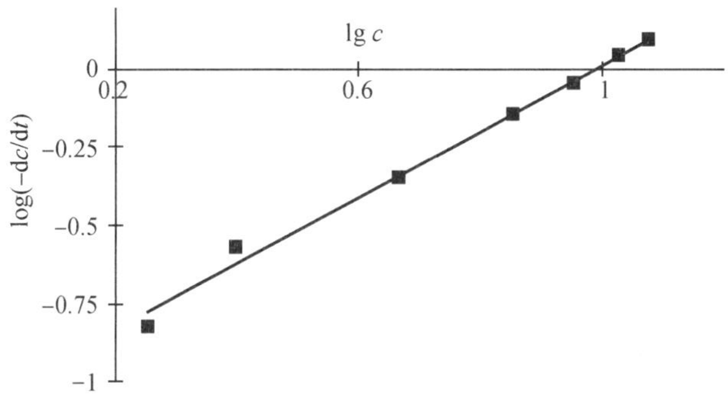

图 2-9　$\lg\left(-\dfrac{\mathrm{d}c}{\mathrm{d}t}\right)$ 对 $\lg c$ 作图

图 2-9 显示了负导数对数与浓度对数的关系。因此得到拟合方程为：

$$\lg\left(-\frac{\mathrm{d}c}{\mathrm{d}t}\right) = -1.049 + 1.062\lg c\,(r^2 = 0.992)$$

因此，模型参数的估计值为：

$$n = 1.062$$
$$k = 10^{-1.049} = 0.089\ \mathrm{d}^{-1}$$

可见，微分法结果显示一级反应模型可对数据结果进行有效的近似。

2.2.3　初始速率法

在有些情形下，随时间进行的反应过程中会产生并发效应。例如，可能会有显著的可逆反应发生。另外，有些反应非常缓慢，导致完成整个实验所需的时间难以想象。对于这些情形，可采用初始速率法，即利用实验开始阶段的数据来确定速率常数和反应级数。

该方法是在不同的初始浓度 c_0 下进行一系列实验。对于每个实验，初始速率 $\dfrac{\mathrm{d}c}{\mathrm{d}t}$

是通过微分数据并外推到零时刻来确定的。对于速率定律符合式(2-7)的情形,可以用微分法[即 $\lg\left(-\dfrac{\mathrm{d}c}{\mathrm{d}t}\right)$ 与 $\lg c$ 的关系图]来估计 k 和 n 的值,即对式(2-7)取负对数:

$$\lg\left(-\frac{\mathrm{d}c_0}{\mathrm{d}t}\right)=\lg k + n\lg c_0 \tag{2-24}$$

这样就可通过斜率估算反应级数,以及通过截距估算对数形式的速率常数。

2.2.4 半衰期法

反应的半衰期是指反应物浓度下降到初始值一半时所需要的时间,即

$$c(t_{50})=0.5c_0 \tag{2-25}$$

式中,t_{50} 表示半衰期。再回到速率定律模型式(2-7),如果初始时刻 $t=0$,浓度 $c=c_0$,那么对式(2-7)积分得到:

$$t=\frac{1}{kc_0^{n-1}(n-1)}\left[\left(\frac{c_0}{c}\right)^{n-1}-1\right] \tag{2-26}$$

将式(2-25)与式(2-26)联立,得出:

$$t_{50}=\frac{2^{n-1}-1}{k(n-1)}\frac{1}{c_0^{n-1}} \tag{2-27}$$

对式(2-27)两边取对数,得到如下的线性关系式:

$$\lg t_{50}=\lg\frac{2^{n-1}-1}{k(n-1)}+(1-n)\lg c_0 \tag{2-28}$$

因此,当式(2-7)成立时,半衰期的对数对初始浓度的对数作图将产生一条斜率为 $1-n$ 的直线。然后,可以估算 n 值,并进一步结合 n 值来估算 k 值。

需要说明的是,半衰期的选择只是一种表达方式。事实上,我们可以选择其他任何的响应时间 t_ϕ,其中 ϕ 表示反应物浓度下降到初始值的百分比。这种普遍情况下,式(2-27)变为:

$$t_\phi=\frac{[100/(100-\phi)]^{n-1}-1}{k(n-1)}\frac{1}{c_0^{n-1}} \tag{2-29}$$

2.2.5 过量法

当一个反应涉及许多反应物时,除其中一种反应物外,其他反应物通常可能会添加过量。在这种情况下,反应将完全取决于某单一稀有反应物。例如,某些有毒物质的分解反应(例如生物降解和水解)有时可以表示为:

$$A+B\longrightarrow 产物 \tag{2-30}$$

式中,A 表示有毒化合物;B 表示另一种参与反应的物质(如细菌或氢离子)。通常用下

面的简单速率表达式来模拟反应：

$$\frac{\mathrm{d}c_A}{\mathrm{d}t} = -kc_A c_B \tag{2-31}$$

式中，c_A、c_B 分别表示两种反应物的浓度。如果 B 的初始浓度 (c_{B0}) 远大于 A 的初始浓度 (c_{A0})，则随后反应对 A 物质浓度有较为明显的影响，而 B 物质几乎不受其影响。因此，式(2-31)可以改写为：

$$\frac{\mathrm{d}c_A}{\mathrm{d}t} = -(kc_{B0})c_A = -k_{B2}c_A \tag{2-32}$$

式中，$k_{B2} = kc_{B0} =$ 准一级反应速率。可采用前几节中讲述的方法来估算反应速率。

2.2.6　数值法和其他方法

除了上述方法，还可采用计算机求解方法来评估反应速率。积分/最小二乘法在一个方法中同时展现了积分和微分的优点。在这种方法中，通过对参数 (n 和 k) 设定数值，可采用式(2-7)求解 $c(t)$。然而，$c(t)$ 不是通过手工计算求得的，而是通过计算机数值求解方式自动获得的。该解由一张与实测值相对应的预测浓度表表示。这种情况下可以计算出实测值和预测浓度之间的残差平方和。然后调整 n 和 k 的取值，直至达到测量值和预测值之间误差最小或最小二乘条件。这可以通过计算机运算的试错法来实现。由于电子表格程序等现代软件工具中包括了非线性优化算法，因此可以自动实现上述目标。

最终参数值表示与最佳拟合结果相对应的 n 和 k 值。因此，该方法具有积分法的优点，因为它不会对数据误差过于敏感。此外，它还具有微分法的优点，即不需要对反应级数进行先验假设。

【例 2-3】　积分最小二乘法　使用积分最小二乘法对例 2-1 中的数据进行分析。使用电子表格进行计算。

【求解】　该问题的求解方法如表 2-4 所示，使用 Excel 电子表格进行计算，也可使用其他流行的软件包进行求解，如 Quattro Pro 和 Lotus123。

将反应速率和反应级数的初始猜测值分别输入单元格 B3 和 B4 中，并将数值计算的时间步长输入单元格 B5 中。本例中，在 A 列中输入计算时间：从 0（单元格 A7）开始，到 20（单元格 A27）结束。然后在单元格 B7～E27 中计算四阶龙格-库塔法（关于此方法的描述见第 7 讲）的 k_1 至 k_4 系数。用这些系数确定 F 列中的预测浓度（c_P 值）；将测量值（c_m）输入对应预测值旁边的 G 列中。然后根据预测值和实际值计算平方残差，输入 H 列中，并在单元格 H29 中求和。

关于这一点，每个电子表格程序计算最佳匹配的方式略有不同。在本书出版时，图 2-10 是在 Excel(v5.0)、Quattro Pro(v4.5)和 Windows(v4.0)的 Lotus123 上进行的：

Excel or 123：求解器　　QP：优化器

一旦你选择了求解器或优化工具，就会在单元格(H29)处出现提示。这里会询问你是想要最大化还是最小化目标单元格,并提示输入要分析的数据集单元格(B3,B4)。然后激活算法,得到计算结果如图 2-10 所示。如表格所示,数据输入单元格 B3,B4 后,预测数据与实测数据之间的残差平方和最小化结果为 SSR=0.155。请注意将这些系数值与例 2-1 和例 2-2 对比,看一下有何不同。

除了本讲描述的方法之外,还有许多其他分析反应速率的方法。此外,除了水质模型中使用的反应式(2-7)之外,还有其他的反应过程表达式。读者可以阅读由 Fogler(1986)以及 Grady 和 Lim(1980)撰写的经典出版物。在本书的后续各讲中也会补充介绍一些其他的反应速率定律。评估反应速率的方法今后将会予以及时总结评述。

表 2-4 应用积分最小二乘法确定反应级数和反应速率(本应用程序基于 Excel 电子表格执行)

	A	B	C	D	E	F	G	H
1	反应速率拟合							
2	积分/最小二乘法所用数据							
3	k	0.091528						
4	n	1.044425						
5	dt	1						
6	t	k_1	k_2	k_3	k_4	c_p	c_m	$(c_p-c_m)\hat{}2$
7	0	-1.22653	-1.16114	-1.16462	-1.10248	12	12	0
8	1	-1.10261	-1.04409	-1.04719	-0.99157	10.83658	10.7	0.018653
9	2	-0.99169	-0.93929	-0.94206	-0.89225	9.790448		
10	3	-0.89235	-0.84511	-0.84788	-0.80325	8.849344	9	0.022697
11	4	-0.80304	-0.76127	-0.76347	-0.72346	8.002317		
12	5	-0.72354	-0.68582	-0.68779	-0.65191	7.239604	7.1	0.019489
13	6	-0.65198	-0.61814	-0.61989	-0.5877	8.552494		
14	7	-0.58766	-0.55739	-0.55895	-0.53005	5.933207		
15	8	-0.53011	-0.50283	-0.50424	-0.47828	5.374791		
16	9	-0.47833	-0.45383	-0.45508	-0.43175	4.871037		
17	10	-0.4318	-0.40978	-0.4109	-0.38993	4.416389	4.6	0.033713
18	11	-0.38997	-0.37016	-0.37117	-0.35231	4.005877		
19	12	-0.35234	-0.33453	-0.33543	-0.31846	3.635053		
20	13	-0.31849	-0.30246	-0.30326	-0.28798	3.299934		
21	14	-0.28801	-0.27357	-0.2743	-0.26054	2.996949		
22	15	-0.26056	-0.24756	-0.24821	-0.23581	2.7229	2.5	0.049684
23	16	-0.23583	-0.22411	-0.22469	-0.21352	2.474917		
24	17	-0.21354	-0.20297	-0.20349	-0.19341	2.250426		
25	18	-0.19343	-0.18389	-0.18436	-0.17527	2.047117		
26	19	-0.17529	-0.16668	-0.16711	-0.1589	1.862914		
27	20	-0.15891	-0.15115	-0.15153	-0.14412	1.695953	1.8	0.010826
28								
29							SSR=	0.155062

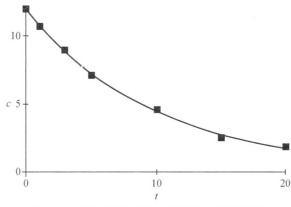

图 2-10　基于积分/最小二乘法生成的拟合图

2.3　化学计量学

在上一讲中我们引入了质量浓度的概念,以此量化某种化合物在水中的强度。对于我们正在讨论的反应情形,几种化合物可能会发生反应,并生成其他的化合物。那么,我们可能想知道在反应过程中有多少反应物消耗或多少生成物生成。要回答这一问题,就要讨论化学计量学,或者说参与反应的摩尔数。

例如,式(2-3)中葡萄糖的分解或氧化可表示为

$$C_6H_{12}O_6 + 6O_2 \longrightarrow 6CO_2 + 6H_2O \qquad (2-33)$$

该反应式表示 6 mol 氧气与 1 mol 葡萄糖发生反应后,生成 6 mol 二氧化碳和 6 mol 水。在后面的讲座中,当我们用数学方法表达这些反应式以求解化学平衡问题时,将直接采用摩尔浓度。在此,根据上一讲座的知识我们从质量浓度的角度来解释式(2-33)。

首先,我们讨论如何用质量单位表示式(2-33)中的葡萄糖。通常有两种方法。最直接的方法是以整个葡萄糖分子为基础来表示浓度。例如,我们可以说一个烧杯装有浓度为 100 g・m^{-3} 的葡萄糖,通常可写为 100 g 葡萄糖・m^{-3}。该溶液中葡萄糖的摩尔数可用葡萄糖的克分子量来确定。克分子量可按表 2-5 计算。

表 2-5　葡萄糖克分子量的计算

	摩尔数		摩尔质量	
6×C=	6	×	12 g	=72 g
12×H=	12	×	1 g	=12 g
6×O=	6	×	16 g	=96 g
			克分子量	=180 g

据此可以计算摩尔浓度:

$$100\ \frac{\text{g 葡萄糖}}{\text{m}^3}\left(\frac{1\ \text{mol}}{180\ \text{g 葡萄糖}}\right)=0.556\ \text{mol}\cdot\text{m}^{-3} \tag{2-34}$$

另一种方法是用葡萄糖中某一种成分的质量来表示浓度。由于葡萄糖是一种有机碳化合物,故其可以用 $\text{gC}\cdot\text{m}^{-3}$ 来表示,例如:

$$100\ \frac{\text{g 葡萄糖}}{\text{m}^3}\left(\frac{6\ \text{mol C}\times12\ \text{g C/mol C}}{180\ \text{g 葡萄糖}}\right)=40\ \text{gC}\cdot\text{m}^{-3} \tag{2-35}$$

因此,$100\ \text{g}\cdot\text{m}^{-3}$ 葡萄糖相当于 $40\ \text{g}\cdot\text{m}^{-3}$ 有机碳,即 $40\ \text{gC}\cdot\text{m}^{-3}$。

这种换算通常用化学计量比表示。例如,单位质量葡萄糖中的含碳量可表示为

$$a_{\text{cg}}=\frac{6\ \text{mol C}\times12\ \text{g C/mol C}}{180\ \text{g 葡萄糖}}=0.4\ \text{gC}\cdot\text{g 葡萄糖}^{-1} \tag{2-36}$$

式中,a_{cg} 为碳和葡萄糖的化学计量比。基于该比值计算式(2-35)可重新表达为:

$$c_{\text{c}}=a_{\text{cg}}c_{\text{g}}=0.4\ \frac{\text{g C}}{\text{g 葡萄糖}}\left(100\ \frac{\text{g 葡萄糖}}{\text{m}^3}\right)=40\ \text{gC}\cdot\text{m}^{-3} \tag{2-37}$$

式中下标 c 和 g 分别表示碳和葡萄糖。

除了计算分子中单种元素的含量外,化学计量转换还经常用于确定反应中反应物的消耗量或生成物的产生量。例如,根据式(2-33),$40\ \text{gC}\cdot\text{m}^{-3}$ 的葡萄糖发生反应会消耗多少氧气? 首先我们可以计算出单位质量葡萄糖碳分解所消耗的氧气量:

$$r_{\text{oc}}=\frac{6\ \text{mol O}_2\times32\ \text{g O/mol O}_2}{6\ \text{mol C}\times12\ \text{g C/mol C}}=2.67\ \text{g O}\cdot\text{gC}^{-1} \tag{2-38}$$

式中,r_{oc} 表示每克碳分解所消耗的氧气质量。进一步可得到:

$$2.67\ \frac{\text{g O}}{\text{g C}}\left(40\ \frac{\text{g C}}{\text{m}^3}\right)=106.67\ \text{g O}\cdot\text{m}^{-3} \tag{2-39}$$

因此,如果 $40\ \text{gC}\cdot\text{m}^{-3}$ 的葡萄糖(或 $100\ \text{g 葡萄糖}\cdot\text{m}^{-3}$)被分解,那么需要消耗 $106.67\ \text{g O}\cdot\text{m}^{-3}$ 的氧气。

【例 2-4】 化学计量比   除了含碳化合物(例如葡萄糖)分解外,其他反应也会消耗天然水体中的氧气。其中一个过程叫作硝化作用,可将 NH_4^+ 转化成 NO_3^-(将在第 23 讲更详细阐述)。硝化反应可表示为

$$\text{NH}_4^+ + 2\text{O}_2 \longrightarrow 2\text{H}^+ + \text{H}_2\text{O} + \text{NO}_3^-$$

假设一个烧杯中装有 $12\ \text{g}\cdot\text{m}^{-3}$ 的氨,并且烧杯中的硝化反应遵循一级反应动力学模式,则:

$$\frac{\text{d}n_{\text{a}}}{\text{d}t}=-k_{\text{n}}n_{\text{a}}$$

式中,n_{a} 表示 NH_4^+ 浓度;k_{n} 表示硝化反应一级速率常数。

(a) 将浓度单位转换为 $\text{g N}\cdot\text{m}^{-3}$;

（b）确定硝化反应完成时消耗的氧气量；

（c）计算反应开始时的氧气消耗速率（$k_n = 0.1 \ d^{-1}$）。

【求解】　（a）$12 \ \dfrac{g \ NH_4^+}{m^3} \left[\dfrac{1 \times 14 \ g \ N}{(1 \times 14 + 4 \times 1) \ g \ NH_4^+} \right] = 9.33 \ g \ N \cdot m^{-3}$

（b）$r_{on} = \dfrac{2 \times 32}{1 \times 14} = 4.57 \ g \ O \cdot gN^{-1}$

因此，每硝化 1 g N，消耗 4.57 g O。在本例中，

$$9.33 \ \frac{g \ N}{m^3} \left(4.57 \ \frac{g \ O}{g \ N} \right) = 42.67 \ g \ O \cdot m^{-3}$$

（c）在实验开始时，NH_4^+ 浓度为 $9.33 \ g \ N \cdot m^{-3}$。根据氧氮比，可以计算出初始耗氧速率：

$$\frac{dO}{dt} = -r_{on} k_n n_a = -4.57 \ \frac{g \ O}{g \ N} (0.1 \ d^{-1}) \left(9.33 \ \frac{g \ N}{m^{-3}} \right) = -4.264 \ g \ O \cdot m^{-3} \cdot d^{-1}$$

2.4　温度效应

天然水体中，大多数反应的反应速率随温度升高而增加。一个通常的经验法则是：温度每升高 10 ℃，反应速率将大约提高 1 倍。

阿伦尼乌斯（Arrhenius）方程对反应速率与对温度的关系进行了更精确的量化：

$$k(T_a) = A e^{\frac{-E}{RT_a}} \tag{2-40}$$

式中，A 为指前因子或频率因子；E 为活化能（$J \cdot mol^{-1}$）；R 为气体常数（$8.314 \ J \cdot mol^{-1} \cdot K^{-1}$）；$T_a$ 为绝对温度（K）。

式（2-40）常用来比较两种不同温度下的反应速率常数。可以采用以下公式对不同温度下的反应速率进行比较：

$$\frac{kT_{a2}}{kT_{a1}} = e^{\frac{E(T_{a2} - T_{a1})}{RT_{a2} T_{a1}}} \tag{2-41}$$

式（2-41）可进一步简化，原因在于：

（1）大多数水体的温度变化范围很窄（273～313 K），因此 T_{a1} 和 T_{a2} 相对稳定；

（2）无论使用绝对温度还是摄氏温度，温差（$T_{a2} - T_{a1}$）都是相同的。

由此可以定义常数：

$$\theta \equiv e^{\frac{F}{RT_{a2} T_{a1}}} \tag{2-42}$$

相应的，式（2-41）可重新表示为：

$$\frac{k(T_2)}{k(T_1)} = \theta^{T_2 - T_1} \tag{2-43}$$

式中,温度的单位为 ℃。

水质模型中,许多反应在温度为 20 ℃ 的情形下发生(见习题 2-16)。因此,式(2-43)通常表示为:

$$k(T) = k(20)\theta^{T-20} \tag{2-44}$$

表 2-6 总结了一些常用的 θ 值;图 2-11 展示了在自然水域常见的温度范围内,不同 θ 取值时反应速率随温度变化的函数关系。

表 2-6　水质模型中 θ 的经典数值

θ	Q_{10}	反应
1.024	1.27	复氧反应
1.047	1.58	BOD 降解
1.066	1.89	浮游植物生长
1.08	2.16	底泥耗氧(Sediment Oxygen Deamnd, SOD)

对于生物作用引发的诱导反应,其对温度的依赖性通常表示为 Q_{10}。定义为:

$$Q_{10} = \frac{k(20)}{k(10)} \tag{2-45}$$

将式(2-45)代入式(2-44),得到:

$$Q_{10} = \theta^{10} \tag{2-46}$$

请注意:基于式(2-46),当 Q_{10} 等于 2 时(回顾本节开头的介绍),θ 值为 $2^{0.1}=1.072$。因此,$\theta = 1.072$ 对应于温度从 10 ℃ 上升到 20 ℃ 时,反应速率加倍。

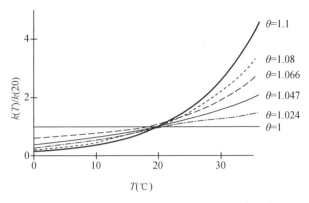

图 2-11　不同 θ 取值时温度对反应速率的影响

【例 2-5】　**反应的温度依赖性评估**　某实验测定的反应结果如下:

$$T_1 = 4 \text{ ℃} \qquad k_1 = 0.12 \text{ d}^{-1}$$
$$T_2 = 16 \text{ ℃} \qquad k_2 = 0.20 \text{ d}^{-1}$$

（a）求该反应的 θ 值；

（b）求 20 ℃时的反应速率常数。

【求解】　（a）为求 θ 的值，需对式(2-43)两边同时取对数，并转换成如下形式：

$$\theta = 10^{\frac{\lg k(T_2) - \lg k(T_1)}{T_2 - T_1}}$$

代入实验数据，得出：

$$\theta = 10^{\frac{\lg 0.12 - \lg 0.20}{4 - 16}} = 1.043\ 5$$

（b）可用式(2-43)计算：

$$k(20) = 0.20 \times 1.043\ 5^{20-16} = 0.237\ \text{d}^{-1}$$

最后需要指出的是，有些反应并不遵循阿伦尼乌斯方程。例如，某些生物作用引发的反应在非常高和非常低的温度下会停止。在这种情况下适用的公式将在后续讲座中介绍。

习　题

2-1　通过在间歇反应器中开展一系列实验，得到以下数据：

t(h)	0	2	4	6	8	10
c(μg·L^{-1})	10.5	5.1	3.1	2.8	2.2	1.9

确定潜在反应的反应级数(n)和反应速率常数(k)。

2-2　试推导出一种确定反应是否为三级反应的图解方法。

2-3　为研究溴水的光降解，我们将少量的溴水溶解在水中。然后将溴水溶液放在一个清洁的广口瓶，并将其暴露在阳光下。实验获得的数据如下：

t(min)	10	20	30	40	50	60
c(ppm)	3.52	2.48	1.75	1.23	0.87	0.61

判断该反应是零级、一级还是二级反应，并估计反应速率常数。

2-4　实验室实验给出了相比例 2-5 更加完整的实验数据：

T(℃)	4	8	12	16	20	24	28
k(d^{-1})	0.120	0.135	0.170	0.200	0.250	0.310	0.360

请用该数据估计 20 ℃时 θ 和 k 的值。

2-5　一篇发表在《湖沼学》杂志上的文章报道了浮游植物的 Q_{10} 增长率为 1.9。如果温度为 20 ℃时植物的生长速率为 1.6 d^{-1}，试求温度为 30 ℃时的生长速率。

2-6　准备好一系列 300 mL 的瓶子，然后在每个瓶子里加入 10 mL 的葡萄糖溶液。注意到葡萄糖溶液的浓度为 100 mgC·L^{-1}。在每个瓶子里添加少量细菌(即与葡萄糖相比,碳的含量微不足道),然后把瓶内剩余的体积灌满水。最后,密封每个瓶子,并在 20 ℃下培养。在不同的时间,打开其中一个瓶子并测量溶液中的氧气含量,得到数据如下:

t(d)	0	2	5	10	20	30	40	50	60	70
c(mgO$_2$·L^{-1})	10	8.4	6.5	4.4	2.3	1.6	1.3	1.2	1.1	1.1

(a) 试建立一个概念模型来描述瓶子中发生的反应;

(b) 根据本讲知识,试估计葡萄糖的降解速率常数。

2-7 1972 年秋,Larsen 等人(1979)测量了美国明尼苏达州沙加瓦(Shagawa)湖的总磷浓度。具体数据如下:

天	mg·m^{-3}	天	mg·m^{-3}	天	mg·m^{-3}
250	97	270	72	290	62
254	90	275	51	295	55
264	86	280	57	300	46

已知在此期间湖内总磷浓度下降的主要原因是颗粒态磷的沉降。如果假定湖泊是一个间歇反应器,并且沉降遵循一级反应过程,试计算湖泊总磷的去除速率。如果湖泊平均深度为 5.5 m,试计算总磷的沉降速率。

2-8 人口动态变化在预测人类发展对流域水质的影响方面具有重要意义。其中一个最简单的模型是:假设在任一时间 t,人口 p 的变化速率与现有人口数量成比例,

$$\frac{\mathrm{d}p}{\mathrm{d}t} = Gp \tag{2-47}$$

式中,G 为增长速率(yr^{-1})。人口普查数据提供了一个小镇 20 年来的人口趋势,如下所示:

t	1970	1975	1980	1985	1990
p	100	212	448	949	2 009

如果式(2-47)成立,估计 G 值及 1995 年的人口数量。

2-9 世界人口从 5 亿增长到 40 亿,用了大约 300 年的时间。假设人口增长遵循一级动力学模式,确定增长速率常数。如果按这个速度继续下去,试估计 22 世纪的人口数量。

2-10 温带地区的许多湖泊在夏季处于热分层状态,即由上层(变温层)和下层(均温层)组成。一般来说,表层溶解氧浓度接近饱和。如果植物生长旺盛,则植物会沉降到湖泊下层。这些物质的分解会导致底部水体中氧气的严重消耗。当秋季发生翻转时(即由于温度下降和风力增加而产生的垂直混合),两层的混合会导致湖中的溶解氧浓

度远低于饱和值。以下数据来自美国纽约州锡拉丘兹的奥内达加湖：

日期	09.30	10.03	10.06	10.09	10.12	10.15	10.18	10.21
O_2 浓度($mg \cdot L^{-1}$)	4.6	6.3	7.3	8.0	8.4	8.7	8.9	9.0

如果饱和溶解氧浓度是 $9.2\ mg \cdot L^{-1}$，使用该数据来评估湖泊的一级复氧速率（单位为 d^{-1}）。假设该湖为开放的间歇反应器；也就是说，除了湖面上的大气复氧，不考虑溶解氧随水流的流入和流出。同样，估算溶解氧的传质速率（单位为 $m \cdot d^{-1}$）。（注：奥内达加湖的表面积为 $11.7\ km^2$，平均深度为 $12\ m$。）

2-11　某反应的 Q_{10} 为 2.2，如果 $25\ ℃$ 时该反应的速率常数为 $0.853\ wk^{-1}$，试求 $15\ ℃$ 时的反应速率。

2-12　一种常用的麻醉剂被人体器官吸收的速度与其在血液中的浓度成正比。假设病人每千克体重需要 10 毫克麻醉剂才能维持手术需要的麻醉水平。计算一名 50 千克的病人必须使用多少毫克麻醉剂才能维持 2.5 小时手术。假设麻醉剂以脉冲形式进入病人的血液，并以每分钟 0.2% 的速度衰减。

2-13　估计骨骼化石的年龄，其碳-14 含量只有原来的 2.5%。（注：碳-14 的半衰期是 5 730 年。）

2-14　1828 年 Friedrich Wohler 发现无机盐氰酸铵（NH_4OCN）可以转化为有机化合物尿素（NH_2CONH_2），如下式所示：

$$NH_4OCN(aq) \longrightarrow NH_2CONH_2(aq)$$

该反应的发生标志着现代有机化学和生物化学的开始。已知含有纯氰酸铵溶液的反应过程实验数据如下：

t(min)	0	20	50	65	150
NH_4OCN ($mol \cdot L^{-1}$)	0.381	0.264	0.180	0.151	0.086

试确定反应级数和反应速率常数。

2-15　通过一个批量实验得到如下数据：

t	0	2	4	6	8	10
c	10.0	8.5	7.5	6.7	6.2	5.8

根据已有经验，该反应遵循三级反应。试利用这些数据和积分法确定反应速率常数。

2-16　假设反应速率与温度的函数关系基于其在 $25\ ℃$ 时的数值（注意，这是化学工程等领域的惯例），即：

$$k(T) = 0.1(1.06)^{T-25}$$

试根据 $20\ ℃$ 时的反应速率，重新表示此关系。

2-17 以下是不同初始条件下一系列批量实验测定的浓度数据：

t	c			
0	1.00	2.00	5.00	10.00
1	0.95	1.87	4.48	8.59
2	0.91	1.74	4.04	7.46

假设式(2-7)成立，试用初始速率法计算反应级数和反应速率。

2-18 假设式(2-7)成立，基于一系列批量实验得出的初始浓度和对应的半衰期如下：

c_0	1	2	5	10
t_{50}	16	11	7	5

使用半衰期法确定反应级数和反应速率。

2-19 假设式(2-7)成立，基于批量实验测定的浓度数据如下，使用最小二乘法确定反应级数和反应速率。

t	0	2	4	6	8	10
c	10	7.5	5.8	4.6	3.8	3.1

2-20 天然水体中无机磷的浓度通常用磷(P)表示。然而，有时也会用磷酸盐(PO_4)表示。某文献报道的某河口无机磷浓度为 $10 \ mg \cdot m^{-3}$。关于如何表达磷的浓度，有时候并没有确切的规定。如果以磷酸盐浓度($mgPO_4 \cdot m^{-3}$)表示，河口的磷浓度是多少？

2-21 有机物分解反应的更完整表示形式如下：

$$C_{106}H_{263}O_{110}N_{16}P_1 + 107O_2 + 14H^+ \longrightarrow 106CO_2 + 16NH_4^+ + HPO_4^{2-} + 108H_2O$$

与式(2-3)的简化版相比，该反应表明有机质中还含有氮(N)、磷(P)营养物质。根据该反应式，若 $10 \ gC \cdot m^{-3}$ 的有机质被分解，并计算：

(a) 单位碳分解消耗溶解氧量的化学计量比 r_{oc}($gO \cdot gC^{-1}$)；

(b) 溶解氧的消耗量($gO \cdot m^{-3}$)；

(c) 铵氮的释放量(以 $mgN \cdot m^{-3}$ 表示)。

质量守恒、稳态解和响应时间

简介： 本讲介绍了水质模型建模的基本原则——质量守恒，并将其用于推导简单的连续搅拌反应器或 CSTR 水质模型。推导和解释了水质模型的稳态解，给出了传递函数和停留时间的概念。还推导了质量守恒模型的一般形式非稳态解，并计算得出了响应时间，以此量化此类系统水质恢复所需时间。

前面我们已经学习了一些基本概念，下面将把这些知识结合起来并实际开发出水质模型，然后对模型进行求解，以回答水质模型中最关心的两个问题：若实施一个污水治理项目，

- 水体水质将会有多大程度改善？
- 需要多长时间水体水质才能得到改善？

3.1 完全混合湖泊的质量守恒

完全混合系统或 **连续搅拌反应器(CSTR)系统**，是用于模拟天然水体的最简单系统之一。该系统适用于受纳水体中物质充分混合并均匀分布的情形。通常基于这一特点对天然湖泊和一些水库进行模拟。

假设某完全混合的湖泊系统如图 3-1 所示。注意，图中包含了一些在水质模型建模时会遇到的典型源项、汇项。在有限的时间段内，该系统的质量守恒方程可以表示为：

$$累积＝流入－流出－反应－沉降 \tag{3-1}$$

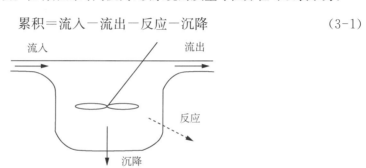

图 3-1 完全混合系统中的质量守恒示意图

虚线箭头表示反应项，以将其与输移机制相关的其他源项、汇项区分开来

方程中包含了一个贡献物质输入的源项(负荷)和消耗系统内物质的三个汇项(流出、反应和沉降)。需要指出的是,方程还可能包括其他源项和汇项。例如,湖表面可能会发生挥发损失(即污染物从水相转移到气相)。为简化起见,此处仅限于讨论图 3-1 所示的源项和汇项。

式(3-1)虽然描述了质量守恒关系,但并不能用于水质预测。为此,必须将每一项表示为可测量变量和参数的函数。

累积量   累积量表示系统质量 M 随时间 t 的变化:

$$累积量 = \frac{\Delta M}{\Delta t} \tag{3-2}$$

根据式(1-1),质量与浓度有如下关系:

$$c = \frac{M}{V} \tag{3-3}$$

式中,V 表示系统的体积(L^3)。对式(3-3)求解后得到:

$$M = Vc \tag{3-4}$$

将其代入式(3-2)得到:

$$累积量 = \frac{\Delta Vc}{\Delta t} \tag{3-5}$$

假设系统体积是恒定的[①],那么可将 V 项移到差分符号的外面:

$$累积量 = V\frac{\Delta c}{\Delta t} \tag{3-6}$$

最后,当 Δt 非常小时,式(3-6)变为:

$$累积量 = V\frac{dc}{dt} \tag{3-7}$$

因此,当浓度随时间增大$\left(\frac{dc}{dt}\text{为正值}\right)$时,系统内质量累积;当浓度随时间减小$\left(\frac{dc}{dt}\text{为负值}\right)$时,系统内质量减小。稳态情况下,质量保持恒定$\left(\frac{dc}{dt}=0\right)$。注意到累积量的单位(如同方程中的其他项)为 $M \cdot T^{-1}$。

入流负荷   物质以不同的来源和不同的方式进入湖泊。例如,污水处理厂出水和支流携带的物质从湖泊周边某一点排放。而大气源如降水和干沉降,则以分散源的形式降落到湖泊表面的气-水界面。对于溪流和河口等非完全混合系统而言,污染负荷输入位置和输入方式至关重要;但对于完全混合系统就不那么重要了。因为根据定义,所

---

①   虽然在许多情况下该假设成立,但其并不一定总是适用的。例如,美国西部的许多湖泊和水库被用于发电和供水,其中一些湖泊、水库在相对较短时间内表现出显著的体积变化。我们将在第 16 讲学习如何针对此类系统进行建模。

有输入物质可瞬间在空间上分布均匀。因此,可将所有入流负荷归为一项,如式(3-8)所示:

$$入流量 = W(t) \tag{3-8}$$

式中,$W(t)$ 为质量负荷率(单位:$M \cdot T^{-1}$);(t) 表示输入负荷是关于时间的函数。

需要指出的是,本讲后面部分将采用一种新的方法来对入流负荷进行描述。与式(3-8)中采用的单个值 $W(t)$ 不同,该方法将入流负荷表示为乘积的形式,即:

$$入流负荷 = Q c_{in}(t) \tag{3-9}$$

式中,Q 为进入系统的总入流量($L^3 \cdot T^{-1}$);$c_{in}(t)$ 为入流污染物的平均浓度($M \cdot L^{-3}$)。注意,我们假设流量是恒定的,因此入流负荷随着入流浓度的变化而变化。另外,通过联立式(3-8)和式(3-9),可求得入流平均浓度为:

$$c_{in}(t) = \frac{W(t)}{Q} \tag{3-10}$$

出流量　在图 3-1 所示的简单系统中,质量随出流被带出系统。质量输送速率可以量化为体积流量 Q 和出流浓度 c_{out} 的乘积。由于假设该系统为完全混合系统,因此出流浓度应等于湖内浓度($c_{out} = c$),相应出流负荷量可表示为

$$出流量 = Qc \tag{3-11}$$

反应量　虽然有很多种方式用来描述天然水体中的净化反应,但目前最常用的还是一级反应动力学形式[参考式(2-10)]:

$$反应量 = kM \tag{3-12}$$

式中,k 表示一级反应速率(T^{-1})。式中假定污染物去除速率与现存污染物质量之间呈线性比例关系。

将式(3-4)代入式(3-12),可将上式以浓度形式表示:

$$反应量 = kVc \tag{3-13}$$

沉降量　沉降损失量可以表示为穿过沉积物-水界面的质量通量(图 3-2)。因此,质量守恒方程中的沉降项可以表示为单位面积沉降通量乘以面积的形式:

$$沉降量 = v A_s c \tag{3-14}$$

式中,v 为表观沉降速度($L \cdot T^{-1}$);A_s 为沉降物的表面积(L^2)。之所以被称为"表观"沉降速度,因为它表示了将污染物输送到湖底沉积物的各种过程的净效应。例如有些污染物可能以溶解形式存在,因此不会沉降。相应"真实"沉降速度不能用来表示这种机制的净效应。

由于体积等于平均深度 H 与湖泊表面积 A_s 的乘积,故式(3-14)也可以写成类似于一级反应的形式,即:

$$沉降量 = k_s V c \tag{3-15}$$

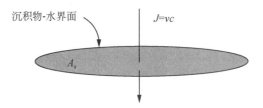

图 3-2　沉降损失量示意图(采用沉积物-水界面的质量通量表示)

式中, k_s 为一级沉降速率, $k_s = v/H$。注意到比值 v/H 的单位与反应速率 k 的单位相同。该公式成立的前提是:假设湖泊表面积与湖底沉积物面积相等。式(3-14)在形式上优于式(3-15),因为前者能更准确地反映沉降机制也就是通过水体表面的质量传质效应(见专栏 3.1)。

　　总质量平衡　将以上各项合并到一个方程中,得到完全混合系统的质量守恒方程,如式(3-16)所示:

$$V \frac{\mathrm{d}c}{\mathrm{d}t} = W(t) - Qc - kVc - vA_s c \tag{3-16}$$

　　在求解式(3-16)之前,需要介绍一些术语。浓度 c 和时间 t 分别是因变量和自变量,因为模型旨在预测浓度随时间的变化。入流负荷 $W(t)$ 被称为模型的驱动函数,因为它表示外部"世界"影响或"驱动"系统的方式。V, Q, k, v 和 A_s 被称为参数或系数。在给定这些参数值的基础上,就可以针对特定的湖泊来模拟污染物浓度变化。

【专栏 3.1】　参数化

　　如本节所述,沉降损失可以表示为沉降速度、表面积和浓度的乘积 ($vA_s c$)。然而,如式(3-15)所示,沉降机制也可以通过"参数化"的形式表示为一级反应速率。将沉降速度乘以 H/H 并对各项归并后得到:

$$vA_s c \frac{H}{H} = \frac{v}{H}(AH)c = k_s Vc$$

式中, k_s 为一级沉降速率常数(T^{-1}),即:

$$k_s = \frac{v}{H}$$

这种替换方式已广泛用于水质模型中。

　　由此产生一个问题:哪种表达方式更好呢?从严谨的数学角度来看,它们是相同的。然而,考虑到沉降速率是一个更基本的参数, $vA_s c$ 的表示形式更具有优越性。本质上是因为其能够更直接地表示模型所包含的过程。也就是说, $vA_s c$ 中的每一项都代表一个可独立测量的特征参数;相比之下, k_s 则混淆了两个独立的属性:沉降和深度。

为什么会出现这个问题呢？首先，k_s 是因不同系统而异的（因为其中隐含了与特定系统相关的属性，即平均深度），因此很难将其外推动到其他系统中。如果在某个特定系统中测得了 k_s，那么只能将其用于其他具有相同深度的系统中。而要外推到另一个不同深度的系统，就必须回到基于沉降速率的表达形式（vA_sc）。这种情况下，k_s 显然就不适用了。

那么，采用项变换表达方式的优势在哪里呢？首先，在对特定系统进行数学计算时，项变换便于运算。其次，项变换能够将不同过程以相同单位进行大小比较。例如，采用 v/H 的形式和 k 对比，就可以评估沉降和反应的相对大小。最后，在某些情况下我们可能会混淆一些参数，原因是有时一个或多个参数在系统之间没有变化且/或很难进行测量。

在本书的后续各讲，当我们试图量化在自然水体中观察到的过程时，如何进行合理参数化的问题将不断出现。届时，将进一步讨论不同参数化方式之间的细微差别。

3.2　稳态解

如果系统接纳恒定速率的入流负荷 W，那么经历足够长的时间后系统将达到动态平衡，或称之为稳态。从数学角度，这意味着累积量为 $0\left(即\dfrac{\mathrm{d}c}{\mathrm{d}t}=0\right)$。在此情况下，式（3-16）的解析解为：

$$c = \frac{W}{Q + kV + vA_s} \tag{3-17}$$

或采用式（1-8）的形式：

$$c = \frac{1}{a}W \tag{3-18}$$

其中，同化因子定义为：

$$a = Q + kV + vA_s \tag{3-19}$$

稳态解的表达形式首先向我们展示了机理方法的优势。也就是说，利用该方法可以成功得到一个建立在同化因子基础上的公式，而同化因子可以通过反映系统中有关物理、化学和生物特征的可测变量予以计算。

【例 3-1】　质量守恒
某湖泊具有以下特征：

体积＝50 000 m³

平均深度＝2 m

入流量＝出流量＝7 500 m³·d⁻¹

温度＝25 ℃

该湖泊的受纳污染物有三个来源：某工厂点源排放速率为 50 kg·d^{-1}；大气通量为 0.6 g·m^{-2}·d^{-1}，入流浓度为 10 mg·L^{-1}。如果污染物在 20 ℃时以 0.25 d^{-1} 的速度衰减($\theta=1.05$)，

（a）试计算同化因子；

（b）试计算湖泊稳态浓度；

（c）计算质量守恒方程中每一项的质量速率，并将计算结果绘制成图。

【求解】 （a）污染物衰减速率首先须根据温度进行校正[式(2-44)]：

$$k=0.25\times1.05^{25-20}=0.319 \text{ d}^{-1}$$

由此计算出同化因子为：

$$a=Q+kV=7\ 500+0.319(50\ 000)=23\ 454 \text{ m}^3\cdot\text{d}^{-1}$$

可以看到同化因子的单位与流量相同（即单位时间的体积）。原因是分子和分母都包含了质量单位，因此可以相互抵消，即：

$$\frac{\text{g}\cdot\text{d}^{-1}}{\text{g}\cdot\text{m}^{-3}}\rightarrow\text{m}^3\cdot\text{d}^{-1}$$

（b）为计算大气负荷，首先需要计算出湖泊表面积：

$$A_\text{s}=\frac{V}{H}=\frac{50\ 000}{2}=25\ 000 \text{ m}^2$$

由此计算出大气负荷为：

$$W_\text{atmosphere}=JA_\text{s}=0.6\times(25\ 000)=15\ 000 \text{ g}\cdot\text{d}^{-1}$$

进一步可计算出入流负荷：

$$W_\text{inflow}=7\ 500(10)=75\ 000 \text{ g}\cdot\text{d}^{-1}$$

因此，总负荷为：

$$\begin{aligned}W&=W_\text{factory}+W_\text{atmosphere}+W_\text{inflow}\\&=50\ 000+15\ 000+7\ 500\\&=140\ 000 \text{ g}\cdot\text{d}^{-1}\end{aligned}$$

相应湖泊稳态浓度为[式(3-18)]：$c=\dfrac{1}{a}W=\dfrac{1}{23\ 454}\times140\ 000=5.97 \text{ mg}\cdot\text{L}^{-1}$

（c）由于湖泊出流产生的质量损失可以计算为：

$$Q_c=7\ 500\times(5.97)=44\ 769 \text{ g}\cdot\text{d}^{-1}$$

以及反应项造成的质量损失为：

$$kVc=0.319\times(50\ 000)\times5.97=95\ 231 \text{ g}\cdot\text{d}^{-1}$$

计算结果以及各种入流负荷如图 3-3 所示。

图 3-3 的表述可以和"盲人和大象"的寓言故事联系起来。每个箭头代表一种源或汇,类似于大象的各个部分。只有当它们通过质量平衡联系在一起时,才能评估其综合效果。因此,该模型提供了系统的综合视图。

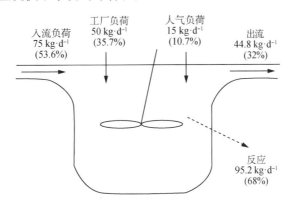

图 3-3　例 3-1 所示的完全混合系统质量平衡

箭头表示污染物的主要源和汇,图中还包括了质量传质速率以及每一项入流负荷的占比

【专栏 3.2】"意识流"与"卡通"模型

"意识流"是心理学家威廉·詹姆斯(William James)创造的一个心理学术语。他将个体的意识体验描述为一系列在时间上不断前进的状态。这种观念已经以"意识流"的写作表达出现在文学中。一个人内心独白的最好表达方式是能够呈现其性格和讴歌生活,而最糟糕的方式则是自我放纵的精神倾诉。

然而,恰恰相反,后一种方式才可以激发出许多创造性的成就。例如,计算机程序往往是在没有事先思考的情况下随灵感编写的。当人们坐在电脑控制台前敲击键盘时,最终的结果(以及最终投入的时间)往往是在缺乏固定式方法和事先设计情况下达成的。

数学模型也可以通过意识流的方式开发。人们通常在没有足够预见性的情况下就开始写质量平衡。不出所料,结果往往是不正确或不完整的。只有经过多次耗时的修改才能得出正确和最符合预期的模型。

可以采用一些简单的步骤来提高模型开发的效果:

绘制架构图。对于目前讲述的简单完全混合模型而言,仅仅描绘了所模拟污染物的主要源和汇。虽然这看起来不那么重要,但架构图驱使我们描绘出与污染物动态演变相关的机制。在后面的各讲中,当模拟分段系统中的多种污染物耦合关系时,绘制架构图将变得非常重要。美国地质调查局的鲍勃·布罗希尔斯(Bob Broshears)博士称其为"卡通模型"。尽管此术语听起来有些轻率,但事实并非如此。经验丰富的建模者能够给出一个经过深思熟虑的架构图,从而能够反映复杂模型中所有涉及的变量和过程。

写出方程式。在绘制出架构图或原理图之后,就可以将其以模型方程的形式表示。对于目前讨论的简单情况,每个箭头代表质量守恒方程中的一个项。在后面的各讲中,将会有许多过程(箭头)将许多变量(方框)连接起来。因此,架构图或原理图有助于确保数学表达式的完整性。

求解。可以用代数方法或计算器对解析解进行精确求解,也可用数值方法进行近似求解。对于较复杂的系统,计算机数值求解则是必不可少的。

检验。最后一步有时会被建模新手忽略。如果模型输出结果"看起来很合理",那么会有很多人相信模型。随着计算机在模型建模中的普及应用,人们越来越相信模型的价值。如果模拟结果能够以多颜色的高分辨率图形显示,一些人会对模型深信不疑。因此,无论是检查作业答案还是大型专业代码,都需要进行充分的测试以确保模型结果的可靠性。除了明显和容易辨认的错误(例如负浓度),最简单的出发点是检查质量是否守恒。除此之外,还需要更复杂的测试。第18讲讲述模型开发时,将会涉及此方面的内容。

3.2.1 传递函数和停留时间

除了同化因子外,还有许多其他描述稳态系统中污染物同化能力的方法。

传递函数 可采用其他方式对式(3-17)进行重新表达。基于式(3-9)的表达形式,稳态情况下入流负荷表示为:

$$W = Qc_{in} \tag{3-20}$$

将式(3-20)代入式(3-17),并将等式两边同时除以 c_{in} 后得到:

$$\frac{c}{c_{in}} = \beta \tag{3-21}$$

式中 β 为传递函数,可表示为

$$\beta = \frac{Q}{Q + kV + vA_s} \tag{3-22}$$

式(3-22)被称为传递函数[①],因为它表示了有多少系统输入 (c_{in}) 转换或"传输"到系统输出 (c)。式(3-22)也提供了认识模型"工作原理"的视角。如果 $\beta \ll 1$,那么湖泊中的各种去除机制将在水质恢复方面起到决定性作用。也就是说,此类湖泊具有很大的同化能力。反之,如果 $\beta \to 1$,则湖泊的去除机制(分母)相对于其供给机制(分子)较弱。这种情况下,湖泊中的污染物浓度水平与入流浓度接近。换句话说,湖泊的同化能力非常有限。

因此,可以用无量纲常数 β 来评价湖泊的同化能力。从式(3-22)中可以看到,对于图3-1所示的简单模型,同化作用随反应速率、沉降速率、体积和面积的增加而增大。需要指出的是,出现在分子和分母中的流量项既会增加也会减弱同化作用。当它表示污染物随出流水量流出湖泊时,Q 会增强同化;而当它反映污染物随入流水量流入湖泊时,Q 会减弱同化。

停留时间 E 物质的停留时间 τ_E 表示 E 物质的分子或粒子在系统中停留或者"驻留"的平均时间。对于稳态和体积恒定的系统,停留时间定义为(Stumm 和 Morgan,

---

① 术语"传递函数"在线性系统分析中有一个相关但更复杂的定义。

1981）：

$$\tau_E = \frac{E}{|\, dE/dt \,|_{\pm}} \qquad (3\text{-}23)$$

式中，E 表示单位体积中 E 物质的量（M 或 M·L^{-3}）；$|\, dE/dt \,|_{\pm}$ 表示源或汇项的绝对值（M·T^{-1} 或 M·T^{-3}·T^{-1}）。

式（3-23）的一个简单应用是确定湖泊的水力停留时间。由于水的密度约为 $1\ \text{g·cm}^{-3}$，所以湖泊中的水量等于其体积。简单的情形是湖水的汇项可通过其出流量来测定（假设蒸发＝降水）。将出流水量代入式（3-23）中，得到水力停留时间：

$$\tau_w = \frac{V}{Q} \qquad (3\text{-}24)$$

该关系式有助于理解停留时间的一般概念，因为它具有直接的物理意义——指湖泊中水量通过出流完全被交换所需要的时间。因此，它是衡量湖泊水量交换速率的一个指标。如果湖泊体积大而流量小，那么湖泊的停留时间会较长；也就是说，它的水量交换速度比较慢。反之，湖泊的停留时间会较短（大流量、小体积）；相应水量交换速度会比较快。

式（3-23）也可用于计算"污染物停留时间"。例如，对于图 3-1 所示的系统，基于质量平衡可将汇项表示为：

$$\left| \frac{dM}{dt} \right|_{\pm} = Qc + kVc + vA_s c \qquad (3\text{-}25)$$

将该式及式（3-4）代入式（3-23）中可得到：

$$\tau_c = \frac{V}{Q + kV + vA_s} \qquad (3\text{-}26)$$

注意，式（3-24）和式（3-26）的形式相似；不同之处在于污染物停留时间除了受出流水量的影响外，还受到反应和沉降的影响。

【例 3-2】　传递函数和停留时间

对于例 3-1 所示的湖泊，计算：（a）入流浓度；（b）传递函数；（c）湖水停留时间；（d）污染物停留时间。

【求解】　（a）入流浓度计算如下：

$$c_{\text{in}} = \frac{W}{Q} = \frac{140\ 000}{7\ 500} = 18.\,67\ \text{mg·L}^{-1}$$

（b）传递系数的计算结果如下：

$$\beta = \frac{c}{c_{\text{in}}} = \frac{Q}{Q + kV} = 0.\,32$$

因此，由于湖泊中污染物的去除作用，湖水浓度仅为入流浓度的 32%。

（c）湖水停留时间的计算结果如下：

$$\tau_w = \frac{V}{Q} = \frac{50\ 000}{7\ 500} = 6.\,67\ \text{d}$$

(d) 污染物停留时间为:

$$\tau_c = \frac{V}{Q + kV} = \frac{50\,000}{7\,500 + 0.319(50\,000)} = 2.13 \text{ d}$$

由于增加了衰减项,污染物的停留时间约为湖水停留时间的 1/3。

【专栏 3.3】 **基于稳态 CSTR 模型的反应动力学参数估算**

Grady 和 Lim(1980)提出了一种利用间歇反应器实验来估算反应动力学参数的方法,并将其称之为"代数法"。当反应器运行至稳定状态时,质量平衡可以写为:

$$Qc_{in} - Qc - rV = 0 \tag{3-27}$$

式中,r 表示反应物消耗速率($M \cdot L^{-3} \cdot T^{-1}$)。如果式(3-27)中的其他项均已测得,那么可以求出消耗速率为:

$$r = \frac{Qc_{in} - Qc}{V} = \frac{1}{\tau_w}(c_{in} - c) \tag{3-28}$$

假设式(2-7)成立,即:

$$r = kc^n \tag{3-29}$$

参数 k 和 n 可以通过取自然对数来确定:

$$\ln r = \ln k + n\ln c \tag{3-30}$$

因此,如果 $\ln r$ 对 $\ln c$ 的关系图为一条直线[即式(2-7)成立],那么通过直线的斜率和截距可计算出 k 和 n 的值。本讲习题 3-5 提供了该方法的练习。

3.3 污染物削减的水质动态响应

以上我们关注的是稳态问题求解方法。如果负荷排放在足够长时间内保持恒定,那么可以采用该方法对平均水质进行估算。除了稳态水质预测外,水质管理者也对天然水体中的水质随时间动态响应问题感兴趣。

假设系统已经处于稳定状态。在某个时期实施了污水治理工程后,污染排放量得以削减(图 3-4)。由此出现了两个相互关联的问题:

· 需要多长时间才能达到水质的最终改善效果?

· 水质恢复过程过程曲线呈现什么形式?

为了回答以上问题,我们从质量守恒模型[式(3-16)]开始讨论,即:

$$V\frac{dc}{dt} = W(t) - Qc - kVc - vA_s c \tag{3-31}$$

在求解方程之前,将方程式两边同时除以体积:

$$\frac{dc}{dt} = \frac{W(t)}{V} - \frac{Q}{V}c - kc - \frac{v}{H}c \tag{3-32}$$

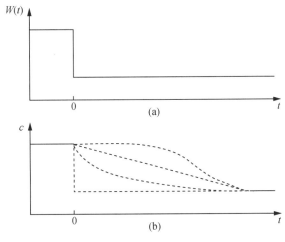

图 3-4　污染排放量消减

(a) 污染负荷削减；(b) 四种可能的水质恢复过程线

进一步合并项后得到：

$$\frac{\mathrm{d}c}{\mathrm{d}t} + \lambda c = \frac{W(t)}{V} \tag{3-33}$$

式中，

$$\lambda = \frac{Q}{V} + k + \frac{v}{H} \tag{3-34}$$

λ 被称为特征值。

若所有参数 (Q, V, k, v, H) 均为常数，那么式(3-33)为非齐次、线性、一阶常微分方程。该式的解由以下两部分组成：

$$c = c_{\mathrm{g}} + c_{\mathrm{p}} \tag{3-35}$$

式中，c_{g} 为 $W(t) = 0$ 时的通解；c_{p} 为针对 $W(t)$ 具体形式的特解。

由于通解对应于污染排放终止的情况，因此它提供了系统恢复时间的理想表示方法。以下将对系统的水质恢复过程曲线进行讨论。

3.3.1　通解

如果 $t = 0$ 时 $c = c_0$，那么可以通过分离变量法对 $W(t) = 0$ 时的式(3-33)进行求解［参见式(2-10)的求解］：

$$c = c_0 \mathrm{e}^{-\lambda t} \tag{3-36}$$

该公式描述了当污染物排放终止时，湖泊浓度随时间的变化。

显然，式(3-36)呈现指数函数的形式。如图 3-5 所示，当函数自变量(即指数级数 x)为零时，指数函数的值为 1。此后，如果自变量为正值，则函数会加速增长；也就是说，函数值会在 $x = 0.693$ 的区间内翻倍。相反，如果自变量为负值，函数值会在相同的区间内减半并渐近趋近于零。

据此可对式(3-36)进行解释。如图 3-6 所示,自变量为负值表示浓度减小并逐渐趋近于零。此外,衰减速率由特征值 λ 的大小决定。如果 λ 很大,湖泊浓度会迅速下降;如果 λ 比较小,则湖泊的水质恢复响应会变慢。

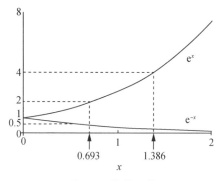

图 3-5 指数函数

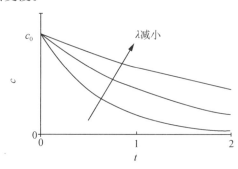

图 3-6 当 $t=0$ 时污染排放终止后,基于完全混合模型的湖泊水质浓度随时间响应

【例 3-3】 通解

在例 3-1 的稳态问题求解中,湖泊具有以下特征:

体积=50 000 m³

温度=25 ℃

平均深度=2 m

污染物负荷=140 000 g·d⁻¹   入流=出流=7 500 m³·d⁻¹

衰减速率=0.319 d⁻¹

如果初始浓度等于稳态浓度(5.97 mg·L⁻¹),试给出其通解。

【求解】 特征值计算如下:

$$\lambda = \frac{Q}{V} + k = \frac{7\ 500}{50\ 000} + 0.319 = 0.469\ \mathrm{d}^{-1}$$

因此,通解为:

$$c = 5.97\mathrm{e}^{-0.469t}$$

对应的图形解见图 3-7。

可以看到 $t=5$ d 时,浓度降低到其原始值的 10% 以下;$t=10$ d 时,其值已经趋近于零。

通解有一个有趣的性质:即使入流负荷降为零,浓度也永远不会达到零。由此在分析中引入了含糊不清的元素。接下来,我们将尝试通过引入响应时间的概念来解决这种模糊性问题。

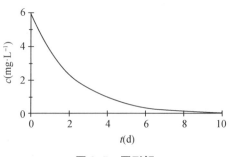

图 3-7 图形解

3.3.2　响应时间

虽然参数组 λ 明确阐述了湖泊的时间响应特征,但是它在用于与决策者沟通方面存在缺陷。第　,当 λ 变大时,湖泊的水质恢复响应时间就会变短。这一点和我们的自觉认识相反。第二,正如前面所提到的,它所反映出的含义具有模糊性:从严格的数学角度,污染物的去除过程永远不会完成。如果告诉一位政治家,说是理论上水体中污染物的去除永远不会结束,那么他往往不会支持这种直至下次选举还在渐进式改善的水质管理方案。

针对以上两点,可以基于通解推导出的一组新的参数来加以纠正。该参数组称为响应时间,即表示湖泊水质改善至一定百分比所需的时间。因此,可以设定一个水质恢复的满意度;当达到这个预期恢复比例时就认为措施是有效的。这样就能够解决认识上的模糊性。例如,我们可以做出一个经验性的设定,即湖泊水质改善百分比的预期值是 95%。相应的,只要水质改善措施的实施效果能够达到这一目标,就认为采取的措施是成功的。

就式(3-36)而言,50% 的响应时间意味着浓度降低到初始值的 50% 所需时间,表示为:

$$0.50c_0 = c_0 e^{-\lambda t_{50}} \tag{3-37}$$

式中,t_{50} 为 50% 响应时间(T)。将 0.50 和 $-\lambda t_{50}$ 分别移至等式的右边和左边,可以得到:

$$e^{\lambda t_{50}} = 2 \tag{3-38}$$

表 3-1　水质恢复的响应时间

响应时间	t_{50}	$t_{63.2}$	t_{75}	t_{90}	t_{95}	t_{99}
公式	$0.693/\lambda$	$1/\lambda$	$1.39/\lambda$	$2.3/\lambda$	$3/\lambda$	$4.6/\lambda$

将公式两边取自然对数,可以求得响应时间 t_{50}:

$$t_{50} = \frac{0.693}{\lambda} \tag{3-39}$$

由此可见,我们之前观察到的 0.693(图 3-5)实际上是 2 的自然对数。注意到 t_{50} 通常也称为半衰期(见第 2.2.4 节)。

上述推导可以推广到任意响应时间的计算。可通过以下公式计算:

$$t_{\phi} = \frac{1}{\lambda} \ln \frac{100}{100 - \phi} \tag{3-40}$$

式中,t_{ϕ} 为 ϕ% 的响应时间。例如,如果我们想知道水质最终恢复比例达到 95% 所需的时间,那么对应的计算公式为:

$$t_{95} = \frac{1}{\lambda} \ln \frac{100}{100 - 95} = \frac{3}{\lambda} \tag{3-41}$$

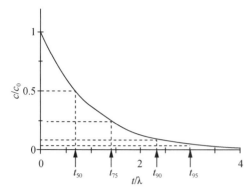

图 3-8　基于通解的典型水质恢复时间图

表 3-1 和图 3-8 展示了其他水质恢复比例对应的响应时间。正如所预期的那样：水质恢复百分比越高，则响应时间就越长。

【例 3-4】　响应时间

针对例 3-3 描述的湖泊，计算 75％、90％、95％ 和 99％ 响应时间。

【求解】　计算得出 75％ 响应时间为：

$$t_{75} = \frac{1.39}{0.469} = 2.96 \text{ d}$$

同理可求得 $t_{90} = 3.9$ d，$t_{95} = 6.4$ d，$t_{99} = 9.8$ d。

例 3-4 中，在判断"多少"为"足够"时存在一定的主观因素。一般来说，推荐使用 t_{90} 或 t_{95}。它们既不宽松也不严格，也是大多数人可接受的恢复水平。

【专栏 3.4】　72 法则

在手持计算器和计算机出现之前，银行家和金融家们需要一种快速评估投资的方法。为此，他们提出了一种命名为"72 法则"的启发式方法。根据该法则，资金翻倍所需的时间约为：

$$翻倍时间 \cong \frac{72}{利率（％）}$$

例如，如果以 6％ 的年利率投资一笔钱，大约 12 年内会翻一番。也可以用该公式来评估钱会如何因通货膨胀而贬值。例如，如果通货膨胀率是 3％，藏在床垫里的钱在 24 年内就会贬值一半。

该公式是从半衰期的概念衍生出来的。事实上，根据公式(3-39)，更准确的表达方式会是"69.3 法则"，即：

$$翻倍时间 \cong \frac{69.3}{利率（％）}$$

之所以选择 72 作为分子，是因为它更容易除以整数利率。例如：

72/1 = 72 yr　　　　72/5 ≅ 14 yr　　　　72/9 = 8 yr

72/2 = 36 yr　　　　72/6 = 12 yr　　　　72/10 ≅ 7 yr

72/3 = 24 yr　　　　72/7 ≅ 10 yr

72/4 = 18 yr　　　　72/8 = 9 yr

由此，可以快速计算出钱翻倍或减半所需的时间。

除了提供评估投资的便捷手段外，该专栏讨论想说明一级反应和复利是如何基于类似的数学基础的。

习　题

3-1　某池塘接纳一条溪流的来水,且具有以下特征参数:

平均深度＝3 m

表面积＝$2×10^5$ m^2

停留时间＝2 周

入流 BOD 浓度＝4 mg · L^{-1}

一个 1 000 人规模小区产生的污水,未经处理直接排放至该系统。已知每人每天产生的污水量为 150 加仑(1 加仑＝3.785 412 升);每人每天产生的 BOD 排放量为 0.25 磅(1 磅＝0.453 59 千克)。

(a) 试计算污水的 BOD 浓度,以 mg · L^{-1} 为单位。

(b) 如果 BOD 的衰减速率为 0.1 d^{-1},以及沉降速率为 0.1 m · d^{-1},试计算小区建造前的池塘同化因子。哪种净化机制最有效? 将其按照效果递减的次序依次列出。

(c) 计算小区建造后的传递函数系数。

(d) 分别计算小区建造前后的池塘稳态浓度。

3-2　某湖泊接纳一条溪流的来水,且具有以下特征参数:

平均深度＝5 m

表面积＝$11×10^6$ m^2

停留时间＝4.6 yr

现状条件下某工厂向该湖泊中排放马拉硫磷($W＝2\,000×10^6$ g · yr^{-1})。此外,上游入流中也含有马拉硫磷($c_{in}＝15$ mg · L^{-1})。 已知湖泊入流和出流水量相等,且假设马拉硫磷的衰减可用一级反应动力学表示($k＝0.1$ · yr^{-1})。

(a) 写出该系统中马拉硫磷的质量守恒方程。

(b) 如果湖泊处于稳态,计算湖内马拉硫磷的浓度。

(c) 如果湖泊处于稳态,工厂的排放负荷必须削减到多少水平以使得湖泊稳态浓度降低到 30 ppm? 将结果以削减比例的形式表示。

(d) 评估以下工程方案,并确定哪种方案对降低稳态浓度最有效:

(i) 通过增设污水处理设施,将工厂的马拉硫磷排放负荷削减 50%。

(ii) 通过疏浚使得湖泊的水深增加一倍。

(iii) 将附近一条未受马拉硫磷污染的溪流引流到该湖中,从而使得湖泊的出流量 Q 增加一倍。

(e) 在"现实世界"中,除了降低入流浓度外,还有哪些对降低湖内稳态浓度也非常有效?

(f) 计算(d)中每个选项的 95% 响应时间。

3-3　回顾例 1-3:20 世纪 70 年代早期安大略湖的入湖总磷负荷约为 $10\,500×10^6$ t · yr^{-1},且湖中磷浓度为 21 μg · L^{-1}(Chapra 和 Sonzogni,1979)。已知湖泊总磷的损失途径为沉降作用和湖泊出流导致的水力交换作用。假设出流流量为 212 km^3 · yr^{-1},且湖底面积为 10 500 km^2。

（a）假设入流量等于出流量，计算系统的入流浓度。

（b）利用质量守恒公式来估算湖泊中总磷的直观沉降速度。

3-4 某湖泊具有以下特点：

体积 $=1 \times 10^6$ m^3

表面积 $=1 \times 10^5$ m^2

湖水停留时间 $=0.75$ yr

一种可溶性杀虫剂以 10×10^6 mg $\cdot$ yr^{-1} 的速度输入该湖泊中。已知湖内浓度为 0.8 μg $\cdot$ L^{-1}。

（a）假设入流量等于出流量，计算入流浓度。

（b）确定传递函数。

（c）如果去除杀虫剂的唯一机制（而不是出流）是挥发，试计算杀虫剂从湖面到大气的通量。

（d）将（c）的计算结果表示为挥发速率。

3-5 在一个容积为 1 L 的完全混合反应器中开展反应速率实验。入流浓度稳定在 100 mg $\cdot$ L^{-1}。随着流量的变化，测得的湖泊出流浓度如下：

Q(L $\cdot$ h^{-1})	0.1	0.2	0.4	0.8	1.6
c(mg $\cdot$ L^{-1})	23	31	41	52	64

试使用代数方法计算反应速率和反应级数。

3-6 试推导式（3-40）。

3-7 某池塘接纳一条溪流的来水，且具有以下特征参数：

平均深度 $=3$ m

表面积 $=2 \times 10^5$ m^2

停留时间 $=2$ 周

某小区将未经处理的污水排放到该系统。如果 BOD 的衰减速率为 0.1 d^{-1}、沉降速率为 0.1 m $\cdot$ d^{-1}，分别计算该池塘 75%、90% 和 95% 的响应时间。

3-8 试计算二级衰减反应的间歇式反应器中的半衰期。

3-9 计算下列物质的一级反应速率：

铯-137（半衰期为 30 年）；

碘-131（半衰期为 8 天）；

氚（半衰期为 12.26 年）。

3-10 某湖泊（体积为 10×10^6 m^3，湖水停留时间为 2 个月）位于一条运输大量化学品的铁路线旁。现在你作为顾问，负责对湖泊的潜在泄漏风险进行评估。假设湖泊是完全混合的，且泄漏物会立即分布到整个水体中，因此湖泊浓度是 $c_0 = m/V$，其中 m 表示泄漏污染物的质量。此后湖泊的水质恢复响应将遵循通解的表达形式。

（a）试绘制 t_{75}、t_{95}、t_{99} 与污染物半衰期的关系图；可采用对数刻度形式的图形。

（b）配合该图制作一个简要的"用户手册"，以方便管理者使用和理解。

第 4 讲

特　解

> **简介：**本讲针对特殊形式的负荷函数包括脉冲、阶跃、线性、指数和正弦负荷等，给出了相应的特解。之后重点介绍了如何利用一些简单的"形状参数"对每种情形的解析解予以表征。

至此我们已经推导出了 CSTR 稳态情形下的通解，该解是建立在一级反应的质量守恒方程基础上的，即：

$$\frac{\mathrm{d}c}{\mathrm{d}t} + \lambda c = \frac{W(t)}{V} \tag{4-1}$$

式中，λ 为特征值。针对此处的模型，λ 值为：

$$\lambda = \frac{Q}{V} + k + \frac{v}{H} \tag{4-2}$$

现在我们来转向研究特解。特解与特殊形式 $W(t)$ 的闭式解有关。正如所预期的那样，只有理想形式的负荷函数输入才能获得解析解，而不是任意形式的负荷函数输入都能得到解析解。图 4-1 总结了一些常用的理想负荷函数形式。

虽然这些负荷函数看起来过于理想化从而显得不切实际，但它们在水质模型建模中具有重要作用。有如下三个原因：

第一，在相当多的水质问题场景中，这些负荷函数能够提供负荷变化趋势的充分近似。

第二，模型经常用于预测对未来的影响。对于这些情况，我们不知道未来负荷变化的确切方式。因此，理想化负荷变得非常有用。

第三，理想化的负荷函数有助于我们更好地理解模型工作原理。这是因为使用实际负荷函数[图 4-1(f)]通常难以辨别模型的行为。相比之下，理想化的解析解则能够提供对模型的简单解释。

在下面的章节中，将讨论每一种负荷函数对应的解析解。除了给出数学表示之外，还将介绍每个解析解的特征形状参数，从而对该解的特点予以进一步解释。这些参数类似于上一讲中提到的响应时间，使我们能够巧妙地总结上一讲中的通解。强调这些形状参数的目的，也旨在帮助读者建立认识这些简单解的数学视角。希望通过对这些潜在模式的介绍，能使读者更直观地理解自然水体如何对外部负荷作出响应。

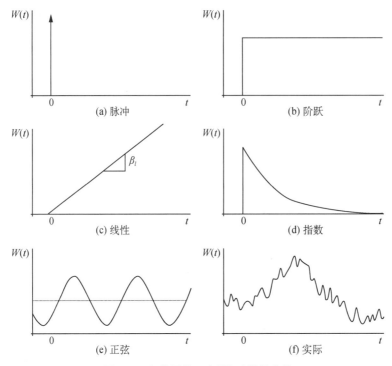

图 4-1   负荷函数 $W(t)$ 随时间的变化

4.1   脉冲负荷(泄漏排放)

作为一种最基本的负荷形式,脉冲负荷表示相对较短时间内污染物的排放。污染物意外泄漏到水体中就是这种情况。数学上,可采用狄拉克函数(或脉冲函数)$\delta(t)$ 来表示这种现象。δ 函数可以被看作是一个以 $t=0$ 为中心的无限细小脉冲,且具有单位面积。它具有以下性质[图 4-2(a)]:

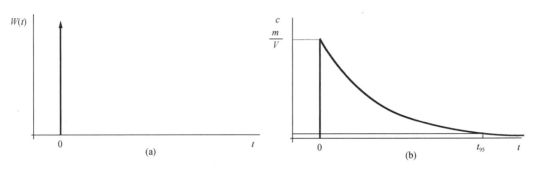

图 4-2   负荷(a)以及对脉冲负荷的响应(b)

$$\delta(t) = 0 \quad t \neq 0 \tag{4-3}$$

$$\int_{-x}^{x} \delta(t) \mathrm{d}t = 1 \tag{4-4}$$

进入水体的质量脉冲负荷可以用 δ 函数表示为:

$$W(t) = m\delta(t)$$

式中,m 表示泄漏排放的污染物质量(M);δ 函数的单位为 T^{-1}。将其代入式(4-1)中得到:

$$\frac{\mathrm{d}c}{\mathrm{d}t} + \lambda c = \frac{m\delta(t)}{V} \tag{4-5}$$

方程(4-5)的特解为:

$$c = \frac{m}{V} \mathrm{e}^{-\lambda t} \tag{4-6}$$

该解表明泄漏物瞬间分布在整个湖泊中,且其初始浓度为 m/V。此后,水质变化与通解一致,即污染物浓度以衰减速率 λ 呈指数下降[图 4-2(b)]。

由此可见脉冲响应可由两个形状参数予以概括。其中,初始浓度决定了响应的最大值:

$$c_0 = \frac{m}{V} \tag{4-7}$$

响应时间决定了污染物在水中衰减一定比例的持续时间。如果选择 95% 响应,那么有

$$t_{95} = \frac{3}{\lambda} \tag{4-8}$$

4.2　阶跃负荷(新的连续源)

如果 $t=0$ 时入湖负荷提升到一个新的恒定水平,那么该驱动函数称为阶跃输入。这种现象的数学表达形式称为阶跃函数,其本质上是一个在 $t=0$ 处具有跳跃不连续性的"开-关"函数。对于图 4-3(a)所示情况,在 $t=0$ 时负荷由 0 跳跃到 W,相应可以表示为:

$$W(t) = 0 \qquad t < 0 \tag{4-9}$$

$$W(t) = W \qquad t \geqslant 0$$

式中,W 表示新的恒定负荷水平(M·T^{-1})。该情况下的特解为:

$$c = \frac{W}{\lambda V}(1 - \mathrm{e}^{-\lambda t}) \tag{4-10}$$

如图 4-3(b)所示,该解析解从零开始趋近到一个新的稳态浓度。随着时间的推移,指数项将变得非常小,相应 $t=\infty$ 时,式(4-10)与式(3-17)的稳态解相等。

由此可见,通过两个参数可以概括阶跃响应特点。其中,稳态浓度决定了响应的最大值:

$$\bar{c} = \frac{W}{\lambda V} \qquad\qquad (4\text{-}11)$$

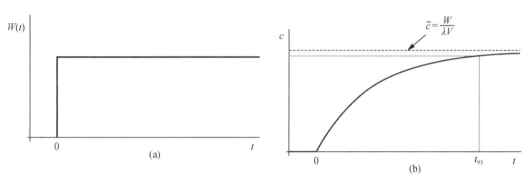

图 4-3   负荷(a)以及对阶跃负荷的响应(b)

响应时间定义了污染物在水中衰减一定比例所需的时间。如果选择 95% 响应,那么可按照式(4-8)计算相应的响应时间。

【例 4-1】 阶跃负荷

起始时刻某污水处理厂开始向一个小型滞留池(体积为 20×10^4 m³)排放浓度为 200 mg·L^{-1} 的废水;排放量为 10 MGD(1 个 MGD 等于百万加仑·d^{-1},流量单位)。如果废水进入水体后的衰减速率为 0.1 d^{-1},试计算排放前两周蓄水池的浓度。另外确定形状参数,以评估该污水处理厂对水体产生的最终影响。

【求解】 首先将流量转换为适当的单位:

$$10 \text{ MGD} \frac{1 \text{ m}^3 \cdot \text{s}^{-1}}{22.824\,5 \text{ MGD}} \left(\frac{86\,400 \text{ s}}{\text{d}} \right) = 37\,854 \text{ m}^3 \cdot \text{d}^{-1}$$

特征值可以确定为:

$$\lambda = \frac{37\,854}{20 \times 10^4} + 0.1 = 0.289\,27 \text{ d}^{-1}$$

由此可根据式(4-10)计算出蓄水池中的浓度为:

$$c = \frac{W}{\lambda V}(1 - e^{-\lambda t}) = \frac{200 \times (37\,854)}{0.289\,27 \times (20 \times 10^4)}(1 - e^{-0.289\,27 t}) = 131(1 - e^{-0.289\,27 t})$$

前两周的浓度计算结果见表 4-1。

表 4-1   结果

t(d)	0	2	4	6	8	10	12	14
c(mg 周$^{-1}$)	0	57.48	89.72	107.79	117.92	123.61	126.79	128.58

上述结果绘制如图 4-4 所示。

本例中形状参数包括:最终稳态浓度为 131 mg·L^{-1},并且将在 3/0.289 27≅10.4 d 时达到 95% 的恢复率。

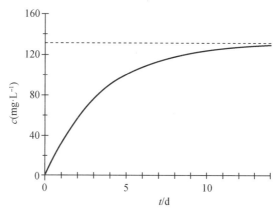

图 4-4 排放前两周蓄水池浓度变化

4.3 线性("斜坡")负荷

线性负荷的最简单表示形式是一条斜率非零的直线。据此污染负荷输入通常可以表示为:

$$W(t) = \pm \beta_l t \tag{4-12}$$

式中,β_l 则表示污染负荷随时间的变化速率或斜率(M·T^{-2})。注意到趋势的变化值可以是正值,也可以是负值。针对这种情况下的特解为:

$$c = \pm \frac{\beta_l}{\lambda^2 V}(\lambda t - 1 + e^{-\lambda t}) \tag{4-13}$$

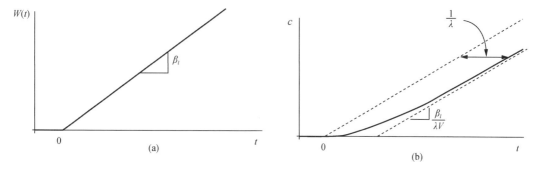

图 4-5 负荷(a)以及基于线性负荷的水质响应(b)

在水质模拟中,污染负荷随时间正增长的情况更为常见[图 4-5(a)]。有时候污染负荷与人口增长之间的正比关系也可用这种方式近似描述。对于这种情况,在经历初始启动时间之后(可以通过 95% 响应时间定义,即 3/λ)之后,解析解为:

$$c = \frac{\beta_l}{\lambda V}\left(t - \frac{1}{\lambda}\right) \tag{4-14}$$

因此，如图 4-4b 所示，该解最终以恒定的斜率增加：

$$\beta'_l = \frac{\beta_l}{\lambda V} \tag{4-15}$$

其中水质对于污染负荷输入的滞后响应时间为：

$$t_l = \frac{1}{\lambda} \tag{4-16}$$

4.4 指数负荷

另一种表征负荷变化趋势的标准方法是指数函数[图 4-6(a)]：

$$W(t) = W_e e^{\pm \beta_e t} \tag{4-17}$$

式中，W_e 表示 $t = 0$ 时的负荷量，单位为 $M \cdot T^{-1}$；β_e 表示负荷的增长率（正值）或衰减率（负值），单位为 T^{-1}。

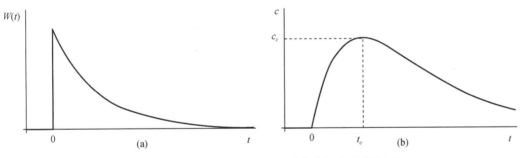

图 4-6 负荷(a)以及基于指数衰减负荷的水质响应(b)

该函数表明污染负荷的增加和衰减与其自身大小成比例。该情况下的特解为：

$$c = \frac{W_e}{V(\lambda \pm \beta_e)}(e^{\pm \beta_e t} - e^{-\lambda t}) \tag{4-18}$$

该解析解在水质模型中具有广泛的应用。正向指数函数用于模拟人口增长导致的污染负荷排放增加情形（见例 4-4）；指数衰减则更为常见，因为它适用于一系列水体中的一级衰减过程（该情况见例 4-2）。图 4-6(b)显示了指数衰减负荷的水质响应模拟结果。注意到水质浓度首先达到峰值，然后开始指数下降。

由此我们可以看出两个形状参数：峰值大小和出现时间。对公式(4-18)进行微分并令其等于零，就可以容易地求得峰值浓度出现的时间。经过代数运算可以求得峰值时间为：

$$t_c = \frac{\ln\left(\dfrac{\beta_e}{\lambda}\right)}{\beta_e - \lambda} \tag{4-19}$$

式中下标 c 表示"临界"浓度的时间。将式(4-19)代入式(4-18)后,即可确定峰值浓度的大小。另一种方法是将式(4-17)(公式中取负指数)代入式(4-1)中,并令 $dc/dt = 0$ 求得峰值浓度。将临界时间代入 $dc/dt = 0$ 的式(4-1)中,可以得到:

$$c_c = \frac{W_e}{\lambda V} e^{-\beta_e t_e} \tag{4-20}$$

进一步将式(4-19)代入式(4-20)后得到:

$$c_c = \frac{W_e}{\lambda V}\left(\frac{\beta_e}{\lambda}\right)^{\frac{\beta_e}{\lambda - \beta_e}} \tag{4-21}$$

【例 4-2】　指数驱动函数

在一个间歇反应器中发生了以下系列性的一级反应:

$$A \xrightarrow{\ k_1\ } B \xrightarrow{\ k_2\ }$$

这些反应的质量守恒方程可写为:

$$\frac{dc_A}{dt} = -k_1 c_A$$

$$\frac{dc_B}{dt} = k_1 c_A - k_2 c_B$$

假设实验开始时的初始浓度为 $c_{A0} = 20\ \mathrm{mg \cdot L^{-1}}$, $c_{B0} = 0\ \mathrm{mg \cdot L^{-1}}$。 如果 $k_1 = 0.1\ \mathrm{d^{-1}}$, $k_2 = 0.2\ \mathrm{d^{-1}}$, 计算反应物 B 浓度随时间的变化。同时确定形状参数。

【求解】　反应物 A 的浓度可以通过对第一个微分方程积分得到:

$$c_A = c_{A0} e^{-k_1 t}$$

将其代入第二个微分方程,得到:

$$\frac{dc_B}{dt} + k_2 c_B = k_1 c_{A0} e^{-k_1 t}$$

因此,质量守恒表现为带有指数驱动函数的一阶微分方程形式。方程的解析解为:

$$c_B = \frac{k_l c_{A0}}{(k_2 - k_1)}(e^{-k_1 t} - e^{-k_2 t})$$

将已知参数值代入上式中得到:

$$c_B = 20(e^{-0.1t} - e^{-0.2t})$$

对 c_A 与 c_B 浓度求解结果绘图,如图 4-7 所示。

该情况下的形状参数计算为：

$$c_c = \frac{0.1(20)}{0.2}\left(\frac{0.1}{0.2}\right)^{\frac{0.1}{0.2-0.1}} = 5 \text{ mg} \cdot \text{L}^{-1}$$

由此进一步得到：

$$t_c = \frac{\ln(0.1/0.2)}{0.1-0.2} = 6.93 \text{ d}$$

这些形状参数值与下图所示一致。

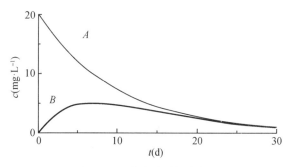

图 4-7　浓度随时间变化

4.5　正弦负荷

最简单的周期输入呈正弦函数形式[图 4-8(a)]，在数学上可以表示为：

$$W(t) = \overline{W} + W_a \sin(\omega t - \theta) \tag{4-22}$$

式中：$\overline{W}$ ——平均负荷，$\text{M} \cdot \text{T}^{-1}$；

　　　W_a ——负荷变化幅度，$\text{M} \cdot \text{T}^{-1}$；

　　　θ ——相移，radians；

　　　ω ——振荡角频率，radians $\cdot \text{T}^{-1}$，可定义为：

$$\omega = \frac{2\pi}{T_p} \tag{4-23}$$

式中，T_p 表示振荡周期(T)。振荡频率可采用下式计算：

$$f = \frac{1}{T_p} \tag{4-24}$$

f 的单位为 T^{-1}。

在计算特解之前，需要注意的是式(4-22)本身有四个形状参数，分别是 ω（正弦波的振荡频率）、$\overline{W}$（正弦波的平均值）、W_a（振荡的垂直幅度）以及 θ（相对于标准正弦波的水平位移）。相应，这些参数为表征正弦负荷提供了很大的灵活性。

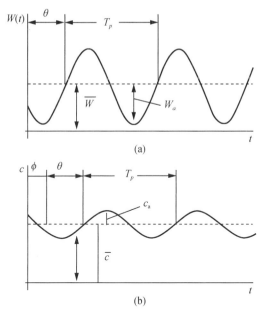

图 4-8　正弦负荷输入(a)和对正弦负荷函数的水质响应(b)

图中还显示了恒定平均负荷输入及其水质响应

对应于式(4-22)形式正弦波输入的特解为:

$$c = \frac{\overline{W}}{\lambda V}(1 - e^{-\lambda t}) + \frac{W_a}{V\sqrt{\lambda^2 + \omega^2}} \sin[\omega t - \theta - \phi(\omega)]$$

$$- \frac{W_a}{V\sqrt{\lambda^2 + \omega^2}} \sin[-\theta - \phi(\omega)]e^{-\lambda t} \qquad (4-25)$$

式中,$\phi(\omega)$ 为附加相移(弧度),是频率的函数:

$$\phi(\omega) = \tan^{-1}\left(\frac{\omega}{\lambda}\right) \qquad (4-26)$$

从式(4-25)可以看出:解析解的第一部分最终趋近于稳态浓度,而解析解的最后一部分在经历足够长时间后将会消失(因为它表现为指数衰减形式,所以可以通过响应时间来参数化)。因此,经过初始启动阶段后,解析解变为:

$$c = \frac{\overline{W}}{\lambda V} + \frac{W_a}{V\sqrt{\lambda^2 + \omega^2}} \sin[\omega t - \theta - \phi(\omega)] \qquad (4-27)$$

从式(4-27)中可以得出一个有趣且显而易见的结论:污染物浓度也是呈正弦波动的,并且与污染负荷振荡的频率相同。因此浓度实际上只有两个形状参数,且随模型参数的改变而变化。这两个形状参数是浓度变化的振幅[式(4-28)]以及式(4-26)定义的附加相移。

$$c_a = \frac{W_a}{V\sqrt{\lambda^2 + \omega^2}} \qquad (4-28)$$

特别地,当 $\theta=0$ 和入流量等于出流量时,正弦负荷可以表示为:

$$W(t)=Qc_{a,in}\sin(\omega t) \tag{4-29}$$

式中, $c_{a,in}$ 为入流浓度的变化幅度。该情况下的特解为(经过初始启动阶段后):

$$c=c_{a,in}A(\omega)\sin[\omega t-\phi(\omega)] \tag{4-30}$$

其中, $A(\omega)$ 为振幅衰减系数:

$$A(\omega)=\frac{Q/V}{\sqrt{\lambda^2+\omega^2}} \tag{4-31}$$

根据振荡频率的不同(以 ω 表示),解析解的振幅将会发生衰减(与 A 有关)和移动(与 ϕ 有关)。对此将通过以下案例予以解释。

【例 4-3】 正弦驱动函数　某种保守性物质排入一个完全混合的湖泊系统。已知入流量等于出流量,且入流浓度呈正弦变化:

$$c_{in}=\bar{c}_{in}+c_{a,in}\sin(\omega t)$$

式中　$\bar{c}_{in}$ ——平均入流浓度;

　　　$c_{a,in}$ ——入流浓度的变化幅度;

　　　ω ——角频率($=2\pi/T_p$),其中 T_p 为振荡周期。

若湖泊体积为 2.5×10^6 m³,以及入流流量=出流流量=9×10^6 m³·yr⁻¹,分别计算振荡周期为 10 年、1 年、0.1 年的情况下,湖泊水质响应对输入负荷正弦分量的灵敏度。

【求解】　特征值可以计算为:

$$\lambda=\frac{Q}{V}=\frac{9\times10^6}{2.5\times10^6}=3.6\ \text{yr}^{-1}$$

当湖泊入流浓度振荡周期为 10 年时, $\omega=2\pi/10=0.628$ yr⁻¹,

$$\phi(0.628)=\tan^{-1}\left(\frac{0.628}{3.6}\right)=0.172\ 7radian\left(\frac{10\ \text{yr}}{2\pi\ radians}\right)=0.275\ \text{yr}(100\ \text{d})$$

以及 $A(0.628)=\dfrac{3.6}{\sqrt{3.6^2+0.628^2}}=0.985$

因此,湖内浓度的解析解与入流浓度驱动函数几乎相同。振幅仅减少 1.5%,且相移仅为 100 天(与 10 年的振荡周期相比非常小)。然而,如表 4-2 所示,这种近似一致性会随着驱动函数频率的增加而发生改变:

表 4-2　近似一致性

周期(yr)	f(循环次数·yr⁻¹)	$A(\omega)$	$\phi(\omega)$(d)	$[\phi(\omega)/T_p]\times100\%$
10	0.1	0.985	100	2.8%
1	1	0.573	61	16.7%
0.1	10	0.057	8.8	24.1%

随着频率的增加,湖内保守物质浓度的解析解表现出两种效应。第一,振幅减小并趋近于零。第二,如表中的归一化相移所示,湖内水质响应越来越滞后于驱动函数。本质上,这两种效应都反映了一个事实:即系统响应变得过于迟缓(如其特征值 λ 所示),无法"跟上"驱动函数。

需要指出的是,有一种称为波德图的正式方法可用来展示本案例中的信息。波德图表示振幅和相位特性随频率的变化,通常是通过振幅或相移与角频率(ω)关系图予以表示。如图 4-9 所示,图中振幅和相位特性表达为随驱动函数周期的变化,并将相移采用度数表示。就目前讲述的内容而言,这两种修改使得图形更容易被理解。

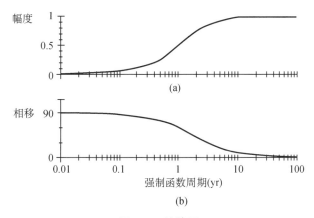

图 4-9　波德图

虽然相移能够很好地度量解析解随时间的位移,但还有一个形状参数可以达到同样的效果,即相对于时间零点的峰值浓度出现时间。通过对式(4-30)求导并令其等于零,可以求得峰值时间为:

$$t_{\max} = \frac{(\pi/2) + \phi}{\omega} \tag{4-32}$$

式(4-32)很有用,因为我们经常会关注水质模拟中的最大浓度。

4.6　综合解:线性和时间平移

图 4-10 总结了前面介绍的几种特定情形解析解。它们既可以单独使用,也可以结合使用以评估几种负荷排放趋势同时存在时的水质响应。也就是说,如果我们已推导出多个特解 c_{pi} 且 a_i 为任意常数,那么可以简单地将通解和特解相加来求得综合解:

$$c = c_g + \sum_{i=1}^{n} a_i c_{pi} \tag{4-33}$$

只有当使用的模型是线性模式时,这种处理方式才是可行的。

此外,仅通过解析解时间平移的方式,就可以处理不同时刻发生的外部负荷输入。如果想将驱动函数 $c(t)$ 滞后 a 个时间单位,那么只需从时间变量中减去 a,将其变为

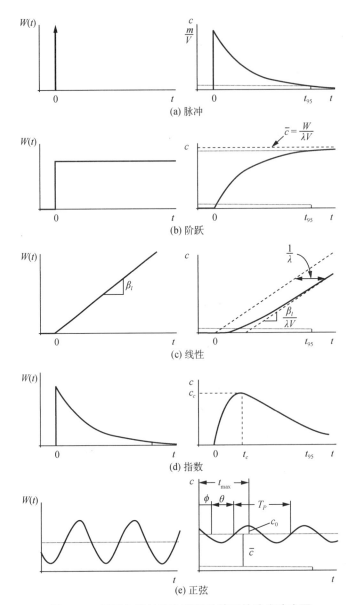

图 4-10   基于各种特定负荷排放情形的浓度响应图

其中污染物在水中降解遵循一级反应。形状参数也显示在浓度响应图上

$c(t-a)$ 即可。例如,假设有两个脉冲负荷,其中一个发生于 0 时刻,另一个发生于 a 时刻。水质响应可以用式(4-6)计算,即:

$$c = \frac{m_1}{V} e^{-\lambda t} \qquad 0 \leqslant t < a \tag{4-34}$$

$$c = \left(\frac{m_1}{V} e^{-\lambda a}\right) e^{-\lambda(t-a)} + \frac{m_2}{V} e^{-\lambda(t-a)} \qquad t \geqslant a \tag{4-35}$$

其中下标 1 和 2 分别表示在 $t=0$ 和 $t=a$ 时排放到水体中的脉冲负荷。对于更复

杂的情形,可参见下面的计算案例。

【例 4-4】 线性和指数负荷

O'Connor 和 Mueller(1970)使用线性和指数驱动函数来表征保守性物质-氯化物向密歇根湖的排放。例如,他们使用线性模型表征道路溶盐产生的氯化物负荷:

$$W(t) = 0 \qquad\qquad\qquad t < 1\ 930$$
$$W(t) = 13.2 \times 10^9 (t - 1\ 930) \qquad 1\ 930 \leqslant t \leqslant 1\ 960$$

式中,$W(t)$ 的单位为 $g \cdot yr^{-1}$。他们还使用指数模型来表征与流域内人口增长相关的其他氯化物来源(例如市政源和工业源):

$$W(t) = 0 \qquad\qquad\qquad\qquad t < 1\ 900$$
$$W(t) = 229 \times 10^9 e^{0.015(t - 1\ 900)} \qquad 1\ 900 \leqslant t \leqslant 1\ 960$$

最后他们认为湖泊中的本底氯化物浓度为 $3\ mg \cdot L^{-1}$。

根据 O'Connor 和 Mueller 的研究,密歇根湖 1900—1960 年的平均特征参数如下:出流流量为 $49.1 \times 10^9\ m^3 \cdot yr^{-1}$,湖泊体积为 $4\ 880 \times 10^9\ m^3$。计算 1900 年到 1960 年间的密歇根湖氯化物浓度。

【求解】 因为氯化物是一种保守性物质,所以其特征值就是水力停留时间的倒数:

$$\lambda = \frac{Q}{V} = \frac{49.1 \times 10^9}{4\ 880 \times 10^9} = 0.01\ yr^{-1}$$

因此可以求得湖内氯化物浓度如下。

从 1900 年到 1930 年:

$$c = 3 + \frac{229 \times 10^9}{4\ 880 \times 10^9 \times (0.01 + 0.015)} \left[e^{+0.015(t - 1\ 900)} - e^{-0.01(t - 1\ 900)} \right]$$

从 1930 年到 1960 年:

$$c = 3 + \frac{229 \times 10^9}{4\ 880 \times 10^9 \times (0.01 + 0.015)} \left[e^{+0.015(t - 1\ 900)} - e^{-0.01(t - 1\ 900)} \right]$$
$$- \frac{13.2 \times 10^9}{(0.01)^2 \times 4\ 880 \times 10^9} \left[1 - e^{-0.01(t - 1\ 930)} - 0.01(t - 1\ 930) \right]$$

注意,初始条件反映在 $3\ mg \cdot L^{-1}$ 的恒定本底浓度中,因此没有再额外给出。计算结果和测量数据如图 4-11 所示。

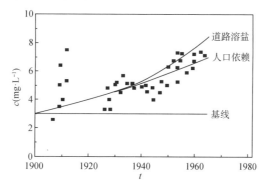

图 4-11　计算结果和测量数据

【专栏 4.1】　粗略估算法

很多水质模型建模是基于数字计算机的大型、精细化计算。不可否认这样的计算会非常有用,但是许多技术人员还是会经常使用所谓的"粗略估算"(back-of-the-envelop)模型。

顾名思义,这种方法是在一张不超过信封背面大小的纸上进行粗略求解。尽管这看起来有点"低技术含量",但很多有用的模型都是通过这种方式建立的。

之前两讲就是关于这样的计算方法。在第 3 讲中,介绍了稳态情形下完全混合系统的通解,以便快速估计水体最终的水质水平和所需要的时间。在本讲中,针对各种形式的负荷输入,形状参数提供了一种快速表达浓度响应内在特征的方法。这些情况下,采用铅笔、便笺簿和袖珍计算器等即可完成快速计算。

在一些研究中,这种"快捷"的估计对于水质管理问题而言就已经足够了,或者是成本上可以负担的。此外,即使不可避免地要进行大型计算,粗略估算法也能够对问题分析提供有价值的借鉴,并对数值计算结果的校核提供参考。

最后,粗略估算法表达出的简洁结果有时能为决策者的管理决策提供直截了当的信息。在有经验的建模者手中,该方法的运用能够完美提炼出水质模拟结果背后的关键要素。因此,它是一种以清晰易懂方式表达复杂模型结果的工具。

本书后面的许多章节都涉及大规模的数值计算。然而,对于存在简明的解析解的情况,本书都会进行讨论以便于读者更好地运用粗略估算法。尤其是每一讲最后的许多习题,在设计上都是简明扼要的。通过这样的方式,旨在为读者运用该方法提供充足的实践和经验积累,从而为水质建模提供快速和适用性广的解决方案。

4.7　傅里叶级数(高级主题)

除了第 4.5 节介绍的正弦负荷输入外,还有其他的周期性输入方式(图 4-12)。此类函数可以用傅里叶级数表示:

$$W(t) = a_0 + \sum_{k=1}^{x} \left[a_k \cos(k\omega t) + b_k \sin(k\omega t) \right] \qquad (4\text{-}36)$$

式中,$\omega = 2\pi/T_p$ 被称为基本频率,其常数倍数 $2\omega_0$、$3\omega_0$ 等称为谐波。公式中的系数可通过下式计算:

$$a_0 = \frac{1}{T_p} \int_0^{T_p} W(t)\,dt \qquad (4\text{-}37)$$

$$a_k = \frac{2}{T_p} \int_0^{T_p} W(t)\cos(k\omega t)\,dt \qquad k = 1, 2, \cdots \qquad (4\text{-}38)$$

$$b_k = \frac{2}{T_p} \int_0^{T_p} W(t)\sin(k\omega t)\,dt \qquad k = 1, 2, \cdots \qquad (4\text{-}39)$$

傅里叶级数将负荷表示为一系列正弦函数的加和。据此可以依据式(4-1)对分量分别进行求解,然后再对各个单独解(例如,利用式(4-27)计算正弦负荷输入的水质)进行加和从而求得水质响应。下面的示例详细说明了这一计算过程。

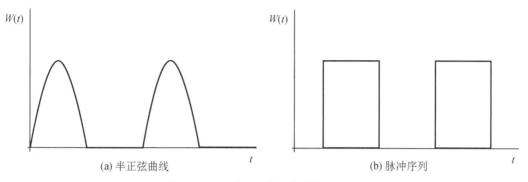

(a) 半正弦曲线　　　　　　　　(b) 脉冲序列

图 4-12　两种常用的周期性输入方式

【例 4-5】　半正弦驱动函数

半正弦曲线[图 4-12(a)]可用于许多水质模型的建模场景中。例如,它已成功地用于模拟植物光合作用日变化对溪流溶解氧水平的影响。

另一个例子与调蓄池的设置有关。假设夏季期间某公司向一条较大河流的支流中排放高浓度污染物,排放流量相对于支流流量较低,排放时间为 18:00 到第二天 6:00。在支流河口的测量结果表明,排放周期内的浓度时间序列能够通过半正弦波予以有效估计,即:

$$c_{in}(t) = c_a \sin(\omega t) \qquad\qquad 0 \leqslant t \leqslant \frac{T_p}{2}$$

$$c_{in}(t) = 0 \qquad\qquad \frac{T_p}{2} \leqslant t \leqslant T_p$$

式中,$c_{in}(t)$ 表示支流河口入流浓度的时间序列($\mu g \cdot L^{-1}$);c_a 表示半正弦曲线的振幅($\mu g \cdot L^{-1}$)。公式中的时间零点为晚 6 点。

为减缓污染排放对河流的影响,建议该公司在支流入口处修建一个调蓄池。支流流量(包括公司的排放水量)可以认为是恒定值 $Q = 1 \times 10^6$ $m^3 \cdot d^{-1}$。此外,调蓄池的体积为 1×10^6 m^3;入流浓度变化幅度为 10 $\mu g \cdot L^{-1}$。如果不考虑污染物的损失,使用完全混合模型[式(4-1)]以及二次谐波的半正弦负荷傅里叶级数近似,确定调蓄池中的长期浓度响应。

【求解】　调蓄池内的质量平衡可以写为:

$$\frac{dc}{dt} + \lambda c = \lambda c_{in}(t)$$

本例中,特征值为 $Q/V = 1$。半正弦曲线的傅里叶级数近似系数计算如下:

$$a_0 = c_a \frac{1}{1} \int_0^{1/2} \sin(2\pi t)\,\mathrm{d}t = c_a \frac{1}{\pi}$$

$$a_1 = c_a \frac{2}{1} \int_0^{1/2} \sin(2\pi t)\cos(2\pi t)\,\mathrm{d}t = 0$$

$$b_1 = c_a \frac{2}{1} \int_0^{1/2} \sin(2\pi t)\sin(2\pi t)\,\mathrm{d}t = c_a\left(\frac{1}{2}\right)$$

$$a_2 = c_a \frac{2}{1} \int_0^{1/2} \sin(2\pi t)\cos(4\pi t)\,\mathrm{d}t = c_a\left(-\frac{2}{3\pi}\right)$$

$$b_2 = c_a \frac{2}{1} \int_0^{1/2} \sin(2\pi t)\sin(4\pi t)\,\mathrm{d}t = 0$$

因此，负荷函数可以近似为（其中 $c_a = 10$）：

$$c_{\text{in}}(t) = \frac{10}{\pi} + 5\sin(2\pi t) - \frac{20}{3\pi}\cos(4\pi t)$$

注意到最后一项可以用相位移为 π/2 的正弦曲线表示：

$$\sin\left(4\pi t + \frac{\pi}{2}\right) = \cos(4\pi t)$$

因此负荷函数表示为：

$$c_{\text{in}}(t) = \frac{10}{\pi} + 5\sin(2\pi t) - \frac{20}{3\pi}\sin\left(4\pi t + \frac{\pi}{2}\right)$$

该近似值如[图 4-13(a)]所示。尽管该函数并不完美（甚至有些负值），但是傅里叶级数仍然提供了半正弦曲线的合理近似。

将入流浓度傅里叶近似值代入质量平衡方程中，可以得到：

$$\frac{\mathrm{d}c}{\mathrm{d}t} + \lambda c = \frac{10\lambda}{\pi} + 5\lambda\sin(2\pi t) - \frac{20\lambda}{3\pi}\sin\left(4\pi t + \frac{\pi}{2}\right)$$

由此可以计算出调蓄池中的水质响应为：

$$c = \frac{10}{\pi} + \frac{5\lambda}{\sqrt{\lambda^2 + (2\pi)^2}}\sin(2\pi t - \theta_1) - \frac{20\lambda}{3\pi\sqrt{\lambda^2 + (4\pi)^2}}\sin\left(4\pi t + \frac{\pi}{2} - \theta_2\right)$$

其中，

$$\theta_1 = \tan^{-1}\left(\frac{2\pi}{1}\right) = 1.413\,radians\,(= 5.5\ \text{h})$$

$$\theta_2 = \tan^{-1}\left(\frac{4\pi}{1}\right) = 1.491\,radians\,(= 5.7\ \text{h})$$

计算结果表明，调蓄池改变了排入河流的浓度变化趋势[图 4-13(b)]。调蓄池的

入流浓度在 $0 \sim 10~\mu g \cdot L^{-1}$ 之间波动,而出流浓度在 $2.4 \sim 4.1~\mu g \cdot L^{-1}$ 之间波动。此外,峰值出现在凌晨 4 点左右,而不是午夜。

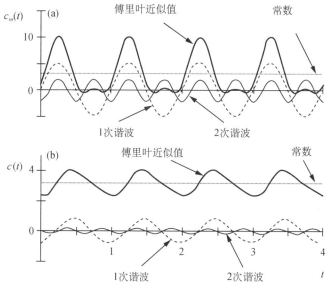

图 4-13　调蓄池的负荷输入与浓度响应

(a)近似半正弦波的入流浓度;(b)调蓄池内的浓度响应

【专栏 4.2】　Donald O'Connor 和闭式解

读者可能想知道,为什么在计算机时代,本讲(以及本书其他部分)依然对解析解或闭式解的学习情有独钟。事实上,1960 年以前,这种解是解决复杂数学问题的唯一方法(图 1-6)。

当时建立解析解或闭式解求解方法主要有两个原因。一方面,通过一些数学推导可以明确地给出待求解的表示形式。在电气工程中,使用"等效电阻"来简化电路分析就是一个例子。在水质模型中,经常使用线性化方式来对一些难以求解的问题进行概化。如今,随着计算机的普及,其中的一些数学运算方式已较少使用而是更具有历史意义。

使用解析解的第二个原因是便于对问题的深入理解。闭式解计算可以简洁清晰地概括和阐明模拟系统的本质要素。一个典型的例子是使用无量纲常数来表征系统的流体动力学特征。这样的运算方式远没有过时,并且在所有工程领域都具有很好的适用性。

在水质模型领域,曼哈顿学院的 Donald O'Connor 教授一直以来都是"以洞察能力为导向"的解析解的主要创新者和倡导者。虽然他的前辈有很多(特别是 Harold W. Streeter,Gordon Fair 和 Clarence J. Velz),但 O'Connor 教授通常被认为是水质模型之父。从 20 世纪 50 年代关于河流大气复氧的博士研究工作(O'Connor 和 Dobbins,1958)开始,他在过去的 40 年里持续发表的一系列重要论文,推动并指导了该领域的发展。一方面所有这些研究工作都涉及了定量的研究结果,更重要的是这些工作反映出的基本见解。

　　除了要感谢 Donald O'Connor 教授的贡献之外,在此还想强调一下闭式解的重要性。现如今,读者可以在计算机上进行几乎任何水质模型的计算,但这恰恰说明了闭式解的重要性。正如本书中反复强调的那样,将计算机模型当作"黑箱"使用可能会导致错误的结果。"以洞察力为导向"的解析解对形成建模直觉是一种重要和有效的方法,并有助于对计算机模拟结果的校核和更深入的分析挖掘。

习　题

4-1　试利用微积分推导出式(4-6)。

4-2　试利用微积分推导出式(4-18)。

4-3　对于 $\theta=0$,$W=0$ 和达到稳态的情形,利用微积分推导出式(4-27)。提示:如果使用拉普拉斯变换,可使用以下的部分分式展开:

$$\frac{(W/V)\omega}{(s^2+\omega^2)(s+\lambda)}=\frac{As+B}{s^2+\omega^2}+\frac{D}{s+\lambda}$$

4-4　5 吨可溶性杀虫剂泄漏到某完全混合的湖泊中。已知杀虫剂易挥发,其挥发通量可用一级传质反应表示:

$$J=v_v c$$

式中,v_v 为挥发传质系数($v_v=0.1\ \mathrm{m\cdot d^{-1}}$)。该湖泊其他参数如下:

$$表面积=0.1\times10^6\ \mathrm{m^2}$$
$$平均深度=5\ \mathrm{m}$$
$$出流量=1\times10^5\ \mathrm{m^3\cdot d^{-1}}$$

(a) 预测湖泊浓度随时间的变化;

(b) 确定系统的 95% 响应时间;

(c) 计算湖内浓度降低到 $0.1\ \mathrm{\mu g\cdot L^{-1}}$ 所需的时间。

4-5　某完全混合湖泊的总磷稳态浓度为 $5\ \mathrm{\mu g\cdot L^{-1}}$。1994 年初一家化肥加工厂建成后,该湖泊额外接纳了 $500\ \mathrm{kg\cdot yr^{-1}}$ 的负荷量。已知湖泊具有以下特征:

$$入流量=出流量=5\times10^5\ \mathrm{m^3\cdot yr^{-1}}$$
$$体积=4\times10^7\ \mathrm{m^3}$$
$$表面积=5\times10^6\ \mathrm{m^2}$$

如果总磷的沉降速度为 $8\ \mathrm{m\cdot yr^{-1}}$,计算 1994—2010 年间的湖内浓度。

4-6　对于习题 4-5 中的湖泊,假设 1997 年湖边建起了一个小型社区,而不是建成了一个化肥厂。社区的人口数可用指数模型表示:

$$p=200\mathrm{e}^{G_p t}$$

式中,G_p 表示一级人口增长速率,$G_p=0.2\ \mathrm{yr^{-1}}$。如果每人的总磷排放量为 $0.5\ \mathrm{kg\cdot yr^{-1}}$,

计算 1997—2010 年的湖内总磷浓度。

4-7　假设湖边同时建设了化肥厂和居住社区，并向湖中排放总磷。针对习题 4-5 和 4-6 所述湖泊，计算 1994—2010 年间的湖内总磷浓度。

4-8　某湖泊有以下特征：

$$入流量＝出流量＝20×10^6 \ m^3 \cdot yr^{-1}$$
$$平均深度＝10 \ m$$
$$表面积＝10×10^6 \ m^2$$

一家罐头厂向该湖泊排放污染物，且污染物在湖中的衰减速率为 $1.05 \ yr^{-1}$。由于罐头产品生产的季节性特征，废水排放量峰值出现在秋季（10 月 1 日），而排放量最小值出现在春季（4 月 1 日）。已知排放量的平均值为 $30×10^6 \ g \cdot yr^{-1}$，且最大变化范围为 $30×10^6 \ g \cdot yr^{-1}$。如果 $t＝0$ 时 $c＝0$，

（a）计算 0～10 年间的湖内浓度；

（b）在经历足够长的时间后，湖内浓度将达到稳定状态。至此，湖内浓度将在一年中的哪一天达到最大值？

4-9　若设定污染物以 $0.1 \ d^{-1}$ 的一级降解速率在调蓄池内发生反应，重新计算例题 4-5。在此基础上解释污染物降解如何影响水质响应的平均值、振幅和滞后幅度。

4-10　试推导出式(4-32)。

4-11　某一小型的高山湖泊中，太阳能的季节性循环数据如下：

月份	1	2	3	4	5	6	7	8	9	10	11	12
太阳能($cal \cdot cm^{-2} \cdot d^{-1}$)	73	157	278	406	505	549	527	443	322	194	95	51

根据这些数据生成下面的拟合函数（即估计参数值）：

$$J(t)＝\overline{J}+J_{amp}\sin(\omega t-\theta)$$

假设一年为 360 天。

4-12　某完全混合湖泊受纳以下的脉冲式负荷（图 4-14）：

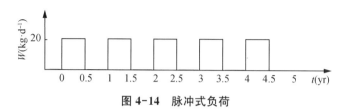

图 4-14　脉冲式负荷

在这种情形下，完全混合系统的浓度响应可以用阶跃排放的特解和通解来表示。计算某一小型池塘在 0～5 年间的浓度响应。初始条件为 $t＝0$ 时 $c＝0$。已知该池塘的水力停留时间为 2 年，体积为 100 000 m^3，污染物反应速率 $k＝0.25 \ yr^{-1}$。

4-13　使用傅里叶级数方法重新计算习题 4-12。注意，图 4-14 中脉冲波的傅里叶级数为：

$$W(t) = 10 + \frac{40}{\pi}\left[\sin(2\pi t) + \frac{1}{3}\sin(6\pi t) + \frac{1}{5}\sin(10\pi t) + \cdots\right]$$

使用三个级数来求解该问题,并将其与习题 4-12 中得到的解进行对比。

4-14 某放射性物质按一级反应动力学衰变并生成新的化合物。新物质也按一级反应动力学衰变:

$$c_1 \xrightarrow{k_1} c_2 \xrightarrow{k_2}$$

将第一种化合物放置于间歇反应器中,开展衰变实验。随着反应的进行,测得如下数据:

$t(d)$	0	20	40	60	80	100
$c_1(nCi \cdot L^{-1})$	10	6.3	4.0	2.5	1.6	1.0

此外,第二种化合物的峰值浓度出现在第 35 天。利用这些数据计算化合物的半衰期。

第 5 讲

前馈式反应器系统

> **简介：** 本讲推导了无反馈的耦合反应器中稳态和非稳态解，并将其应用于由一系列湖泊组成的反应器系统的水质模拟。此外，还将分析扩展到单个反应器中的链式一级反应。

至此，我们已经学习了单个 CSTR 中的水质稳态解和非稳态解。接下来我们尝试模拟由多个反应器组成的更为复杂系统。

图 5-1 显示了连接 CSTR 的两种一般方式：前馈[图 5-1(a)]和反馈[图 5-1(b)]。这两种连接方式的区别在于，在前馈式系统中，水流永远不会两次流过同一个反应器。这一点大大简化了稳态问题和非稳态问题的求解。

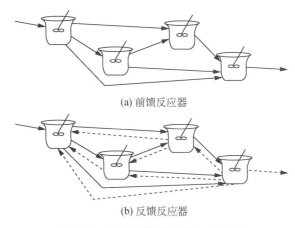

(a) 前馈反应器

(b) 反馈反应器

图 5-1　连接反应器的两种一般方式

(b)中的虚线箭头代表反馈

除了作为反应器系统的模型表达外，前馈式框架也可用于表征天然水系统。例如它可以用来模拟一连串的湖泊或河流。此外，它还可用于模拟一系列反应。

5.1　质量平衡与稳态解

串联反应器模型适用于环境工程中的许多问题场景。其中最为直接的是由若干较短河流连接起来的一系列湖泊。

如图 5-2 所示,为简化推导过程,我们将研究问题限于两个湖泊串联的情况。这些反应器中的质量平衡可以写为:

$$V_1 \frac{\mathrm{d}c_1}{\mathrm{d}t} = W_1 - Q_{12}c_1 - k_1 V_1 c_1 \tag{5-1}$$

$$V_2 \frac{\mathrm{d}c_2}{\mathrm{d}t} = W_2 + Q_{12}c_1 - Q_{23}c_2 - k_2 V_2 c_2 \tag{5-2}$$

在此假设两个湖泊的体积都是恒定的。为简单起见,没有明确标识进入第一个反应器的入流。

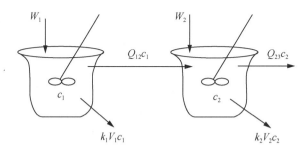

图 5-2 串联湖泊

$Q_{12}c_1$ 项表示从第一个湖泊流出的污染物质量,在两个质量平衡方程中都有体现。因为污染物从湖泊 1 流向湖泊 2,所以湖泊 2 的解析解依赖于湖泊 1 的解。

稳态条件下,将方程中的各项归并后得到:

$$a_{11}c_1 = W_1 \tag{5-3}$$

$$-a_{21}c_1 + a_{22}c_2 = W_2 \tag{5-4}$$

其中,

$$a_{11} = Q_{12} + k_1 V_1 \tag{5-5}$$

$$a_{21} = Q_{12} \tag{5-6}$$

$$a_{22} = Q_{23} + k_2 V_2 \tag{5-7}$$

由此可以看到这种系统的优势。因为反应器是串联的,所以可以串联求解方程。也就是说,可以先对第一个方程求解,求得 c_1;然后将结果代入第二个方程,求得 c_2。因此式(5-3)的解析解为:

$$c_1 = \frac{1}{a_{11}} W_1 = \frac{1}{Q_{12} + k_1 V_1} W_1 \tag{5-8}$$

将该结果代入式(5-4)中可以求得:

$$c_2 = \frac{W_2 + a_{21}c_1}{a_{22}} = \frac{1}{Q_{23} + k_2 V_2} W_2 + \frac{Q_{12}}{Q_{23} + k_2 V_2} \frac{1}{Q_{12} + k_1 V_1} W_1 \tag{5-9}$$

从式(5-9)中可以清楚地看到,湖泊 2 的浓度既取决于自身的负荷输入,也取决于湖泊 1 的负荷。因为模型表达式是线性的,所以两个负荷对湖泊水质的影响是相互独立的。如下例所示,该方法可以容易地扩展到更多反应器组成的系统。

【例 5-1】　串联湖泊系统

假设三个串联的湖泊(图 5-3)具有如表 5-1 所示特征。

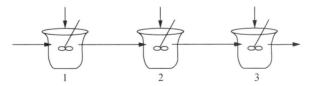

图 5-3　串联湖泊

表 5-1　特征数据

序号	1	2	3
体积(10^6 m^3)	2	4	3
平均深度(m)	3	7	3
表面积(10^6 m^2)	0.667	0.571	1.000
负荷($kg \cdot L^{-1}$)	2 000	4 000	1 000
流量(10^6 $m^3 \cdot yr^{-1}$)	1.0	1.0	1.0

如果污染物沉降速率为 $10\ m \cdot yr^{-1}$,

(a) 计算每个湖泊的稳态浓度;

(b) 计算第二个湖泊负荷输入对第三个湖泊浓度的贡献。

【求解】

(a) 每一个反应器的浓度计算如下:

$$c_1 = \frac{W_1}{Q_{12} + vA_1} = \frac{2 \times 10^9}{1.0 \times 10^6 + (10 \times 0.667 \times 10^6)} = 260.76\ \mu g \cdot L^{-1}$$

$$c_2 = \frac{W_2}{Q_{23} + vA_2} + \frac{Q_{12}c_1}{Q_{23} + vA_2}$$

$$= \frac{4 \times 10^9}{1.0 \times 10^6 + (10 \times 0.571 \times 10^6)} + \frac{1.0 \times 10^6 (260.76)}{1.0 \times 10^6 + (10 \times 0.571 \times 10^6)}$$

$$= 596.13 + 38.86 = 634.99\ \mu g \cdot L^{-1}$$

$$c_3 = \frac{W_3}{Q_{34} + vA_3} + \frac{Q_{23}c_2}{Q_{34} + vA_3}$$

$$= \frac{1 \times 10^9}{1 \times 10^6 + (10 \times 1 \times 10^6)} + \frac{1.0 \times 10^6 (634.99)}{1 \times 10^6 + (10 \times 1 \times 10^6)}$$

$$= 148.64\ \mu g \cdot L^{-1}$$

(b) 通过求得的 c_2,可以确定第二个湖泊负荷输入对第三个湖泊浓度的贡献大小。可以看出, c_2 中 596.13 $\mu g \cdot L^{-1}$ 来自直接负荷输入(即 W_2),而 38.86 $\mu g \cdot L^{-1}$

来自第一个湖泊中的负荷输入。因此，第二个湖泊对第三个湖泊的浓度贡献为：

$$c_3' = \frac{1.0 \times 10^6 (596.13)}{1 \times 10^6 + (10 \times 1 \times 10^6)} = 54.19 \ \mu g \cdot L^{-1}$$

5.1.1 梯级模型

关于串联反应器的一个特殊情形是反应器的尺寸和流量都是相同的。这种情形有时被称为梯级完全混合反应器，如图 5-4 所示。

图 5-4　梯级完全混合反应器

该情况下方程可以简化为：

$$c_1 = \frac{Q}{Q + kV} c_0 \tag{5-10}$$

$$c_2 = \frac{Q}{Q + kV} c_1 = \frac{Q}{Q + kV} \frac{Q}{Q + kV} c_0 \tag{5-11}$$

$$\vdots$$

$$c_n = \left(\frac{Q}{Q + kV} \right)^n c_0 \tag{5-12}$$

由此可见，括号中的项总是小于 1，相应每个反应器中的浓度都以恒定比例衰减。

【例 5-2】　细长型水槽的梯级模型

采用梯级模型对细长水槽内的稳态浓度分布进行模拟（图 5-5）。

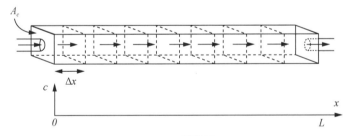

图 5-5　模拟图

已知水槽的横截面积为 $A_c = 10 \ m^2$，长度 $L = 100 \ m$，速度 $U = 100 \ m \cdot h^{-1}$，一级反应速率 $k = 2 \ h^{-1}$。水槽入流浓度为 $1 \ mg \cdot L^{-1}$。若将其分成 n 个反应器，分别绘制 $n = 1, 2, 4, 8$ 时的水槽浓度分布图。

【求解】　如式(5-12)所示，该类梯级系统的解析解为：

$$c_n = \left(\frac{Q}{Q + kV} \right)^n c_0$$

因此,将水槽认为是一个反应器时($n=1$):

$$c(50) = \left[\frac{1\,000}{1\,000 + 2(1\,000)}\right]1 = 0.333\,3 \text{ mg} \cdot \text{L}^{-1}$$

其中, $Q = UA = 100(10) - 1\,000$。 类似地,对于 $n-2$,有:

$$c(25) = \left[\frac{1\,000}{1\,000 + 2(500)}\right]1 = 0.5 \text{ mg} \cdot \text{L}^{-1}$$

$$c(75) = \left[\frac{1\,000}{1\,000 + 2(500)}\right]^2 1 = 0.25 \text{ mg} \cdot \text{L}^{-1}$$

其他情况也可以用类似的方式计算。从图 5-6 中可以看出:随着划分的反应器越来越多(相应反应器尺寸越来越小),水槽浓度分布也越来越趋近于指数衰减模式。在第 9 讲中讲述细长型反应器模型时,将对此予以更充分讨论。

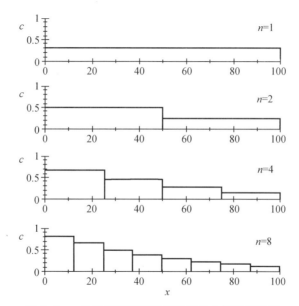

图 5-6　n 个反应器串联组成的细长水槽浓度计算

5.2　非稳态解

当输入负荷为零时,式(5-1)和式(5-2)可以写为:

$$\frac{\mathrm{d}c_1}{\mathrm{d}t} = -\lambda_{11}c_1 \tag{5-13}$$

$$\frac{\mathrm{d}c_2}{\mathrm{d}t} = \lambda_{21}c_1 - \lambda_{22}c_2 \tag{5-14}$$

式中,

$$\lambda_{11} = \frac{Q_{12}}{V_1} + k_1 \tag{5-15}$$

$$\lambda_{21} = \frac{Q_{12}}{V_2} \tag{5-16}$$

$$\lambda_{22} = \frac{Q_{23}}{V_2} + k_2 \tag{5-17}$$

正如稳态问题求解一样,以上方程组可以依次求解。如果 $t=0$ 时 $c_1 = c_{10}$, $c_2 = c_{20}$,那么式(5-13)的通解为:

$$c_1 = c_{10} e^{-\lambda_{11}t} \tag{5-18}$$

将式(5-18)代入式(5-14)后求出:

$$c_2 = c_{20} e^{-\lambda_{22}t} + \frac{\lambda_{21} c_{10}}{\lambda_{22} - \lambda_{11}} (e^{-\lambda_{11}t} - e^{-\lambda_{22}t}) \tag{5-19}$$

可以看到该解与单个湖泊在指数负荷输入条件下的解析解[公式(4-18)]是相同的。

现假设还串联有第三和第四个湖泊。这种情况下对应的解析解为(O'Connor 和 Mueller,1970;Di Toro,1972):

$$
\begin{aligned}
c_3 = {}& c_{30} e^{-\lambda_{33}t} + \frac{\lambda_{32} c_{20}}{\lambda_{33} - \lambda_{22}} (e^{-\lambda_{22}t} - e^{-\lambda_{33}t}) + \\
& \frac{\lambda_{32} \lambda_{21} c_{10}}{\lambda_{22} - \lambda_{11}} \left(\frac{e^{-\lambda_{11}t} - e^{-\lambda_{33}t}}{\lambda_{33} - \lambda_{11}} - \frac{e^{-\lambda_{22}t} - e^{-\lambda_{33}t}}{\lambda_{33} - \lambda_{22}} \right)
\end{aligned} \tag{5-20}
$$

$$
\begin{aligned}
c_4 = {}& c_{40} e^{-\lambda_{44}t} + \frac{\lambda_{43} c_{30}}{\lambda_{44} - \lambda_{33}} (e^{-\lambda_{33}t} - e^{-\lambda_{44}t}) + \\
& \frac{\lambda_{43} \lambda_{32} c_{20}}{\lambda_{33} - \lambda_{22}} \left(\frac{e^{-\lambda_{22}t} - e^{-\lambda_{44}t}}{\lambda_{44} - \lambda_{22}} - \frac{e^{-\lambda_{33}t} - e^{-\lambda_{44}t}}{\lambda_{44} - \lambda_{33}} \right) + \\
& \frac{\lambda_{43} \lambda_{32} \lambda_{21} c_{10}}{(\lambda_{22} - \lambda_{11})(\lambda_{33} - \lambda_{11})} \left(\frac{e^{-\lambda_{11}t} - e^{-\lambda_{44}t}}{\lambda_{44} - \lambda_{11}} - \frac{e^{-\lambda_{33}t} - e^{-\lambda_{44}t}}{\lambda_{44} - \lambda_{33}} \right) - \\
& \frac{\lambda_{43} \lambda_{32} \lambda_{21} c_{10}}{(\lambda_{22} - \lambda_{11})(\lambda_{33} - \lambda_{22})} \left(\frac{e^{-\lambda_{22}t} - e^{-\lambda_{44}t}}{\lambda_{44} - \lambda_{22}} - \frac{e^{-\lambda_{33}t} - e^{-\lambda_{44}t}}{\lambda_{44} - \lambda_{33}} \right)
\end{aligned} \tag{5-21}
$$

观察式(5-18)～式(5-21)可以发现一种潜在的求解模式。O'Connor 和 Mueller (1970)首先发现了该模式,并将其用于模拟串联湖泊。Di Toro(1972)进一步深入研究发现该模式可以用递推关系来表示(专栏5.1)。

【专栏5.1】 计算串联系统浓度的有效方案

Di Toro(1972)将式(5-18)～式(5-21)体现出的模式表示为递推关系。例如,对于只有第一个湖泊具有初始条件 c_{10} 的情况,水质响应方程可以重新表示为:

$$c_1(t, \lambda_{11}) = c_{10} e^{-\lambda_{11}t} \tag{5-22}$$

$$c_2(t, \lambda_{11}, \lambda_{22}) = \frac{\lambda_{21}}{\lambda_{22} - \lambda_{11}} [c_1(t, \lambda_{11}) - c_1(t, \lambda_{22})] \tag{5-23}$$

$$c_3(t, \lambda_{11}, \lambda_{22}, \lambda_{33}) = \frac{\lambda_{32}}{\lambda_{33} - \lambda_{22}} [c_2(t, \lambda_{11}, \lambda_{22}) - c_2(t, \lambda_{11}, \lambda_{33})] \quad (5\text{-}24)$$

$$c_4(t, \lambda_{11}, \lambda_{22}, \lambda_{33}, \lambda_{44}) = \frac{\lambda_{43}}{\lambda_{44} - \lambda_{33}} [c_3(t, \lambda_{11}, \lambda_{22}, \lambda_{33}) - c_3(t, \lambda_{11}, \lambda_{22}, \lambda_{44})]$$

$$(5\text{-}25)$$

上述解析解序列表达可以进一步推广到第 n 个反应器:

$$c_n(t, \lambda_{11}, \cdots, \lambda_{n-1,n-1}, \lambda_{n,n}) = \frac{\lambda_{n,n-1}}{\lambda_n - \lambda_{n-1}} [c_{n-1}(t, \lambda_{11}, \cdots, \lambda_{n-2,n-2}, \lambda_{n-1,n-1}) \\ - c_{n-1}(t, \lambda_{11}, \cdots, \lambda_{n-2,n-2}, \lambda_{n,n})]$$

$$(5\text{-}26)$$

Di Toro(1972)进一步指出,式(5-26)需要对 c_1 函数[式(5-22)]进行 2^{n-1} 次求值。因为该函数有 n 个独立的值,所以其效率较低。于是他提出了一个基于部分分式展开的更有效版本,其一般形式为:

$$c_n(t, \lambda_{11}, \cdots, \lambda_{n-1,n-1}, \lambda_{n,n}) = \prod_{j=1}^{n-1} \lambda_{j+1,j} \sum_{i=1}^{n} \frac{c_1(t, \lambda_{i,i})}{\prod\limits_{j=1, j\neq i}^{n} (\lambda_{j,j} - \lambda_{i,i})} \quad (5\text{-}27)$$

【例 5-3】　串联湖泊的非稳态响应

20 世纪 50 年代末和 60 年代初,核武器试验向大气中释放了大量放射性物质。如图 5-7 所示,最终这些物质会沉降到地球表面。

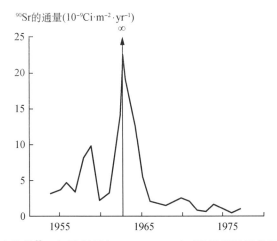

图 5-7　进入五大湖的 ^{90}Sr 沉降通量(Lerman, 1972)以及用于近似外部输入的脉冲负荷

1963 年放射性物质沉降通量峰值达到最大化,之后沉降仍在继续。基于此可将沉降负荷理想化为脉冲函数的表达形式:

$$W(t) = J_{sr} A_s \delta(t - 1\,963)$$

式中，$J_{sr} = 70 \times 10^9$ Ci·m^{-2}（Ci 表示放射性单位，居里）；A_s 表示湖泊表面积（m^2）；$\delta(t - 1\,963)$ 表示基于 1963 年的单位脉冲函数。

如果 ^{90}Sr 的半衰期约为 28.8 年（$k = 0.024\,1$ yr^{-1}），预测放射性物质沉降造成的五大湖水质响应。

【求解】 五大湖可以用一系列的反应器来概化表示（图 5-8）。

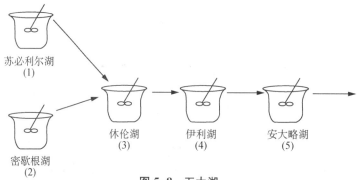

图 5-8　五大湖

苏必利尔湖和密歇根湖都是"源头湖"。它们的出流会流入休伦湖（Huron），再进入伊利湖（Erie）。安大略湖是该链条上的最后一个湖。五大湖系统的参数见表 5-2。

表 5-2　五大湖系统参数

参数	单位	苏必利尔湖	密歇根湖	休伦湖	伊利湖	安大略湖
平均深度	m	146	85	59	19	86
表面积	10^6 m^2	82 100	57 750	59 750	25 212	18 960
体积	10^9 m^3	1 200	4 900	3 500	468	1 634
出流流量	10^9 m^3·yr^{-1}	67	36	161	182	212

1963 年每个湖泊的初始浓度可以用以下公式计算：

$$c_0 = \frac{J_{Sr}}{H}$$

式中，H 表示平均深度（m）。计算结果见表 5-3。

表 5-3　计算结果

	单位	苏必利尔湖	密歇根湖	休伦湖	伊利湖	安大略湖
c_0	10^{-9}Ci·m^{-3}	0.479	0.824	1.186	3.684	0.814

然后，可以利用式（5-18）～式（5-21）计算每个湖泊的水质响应，其中包括将各个浓度分量相加得到最终解。如式（5-18）所示，苏必利尔湖的模型为：

$$c_1 = 0.479 e^{-0.029\,68t}$$

对于密歇根湖，则：

$$c_2 = 0.824 e^{-0.031\,45t}$$

式(5-18)也可用于预测休伦湖如何消除其初始浓度。为了计算总响应,采用式(5-19)计算苏必利尔湖和密歇根湖对休伦湖浓度的影响:

$$c_3 = 1.186e^{-0.070\,1t} + \frac{0.019\,14(0.479)}{0.070\,1\;\;0.029\,68}(e^{-0.029\,68t} - e^{-0.070\,1t}) +$$

$$\frac{0.010\,29(0.824)}{0.070\,1 - 0.031\,45}(e^{-0.031\,45t} - e^{-0.070\,1t})$$

其他湖泊的浓度也可以用类似方式确定,计算结果和实测数据如图 5-9 所示。模拟结果总体上能够反映实测数据的变化趋势,不同之处在于模拟结果的衰减速度快于实测数据。这在一定程度上与使用脉冲驱动函数来对连续负荷输入进行理想化表征有关。

从上述分析得出两个结论:

(1) 如果两个湖泊接受同样大小的污染物脉冲通量,那么水质响应与湖泊水深成反比。这就是较浅的伊利湖初始浓度比其他湖泊高 4 倍左右的原因。

(2) 对于像[90]Sr 这样缓慢衰减的污染物,上游的湖泊对下游湖泊水质响应有显著的影响。对安大略湖的影响尤其明显,以至于其峰值浓度并没有发生在 1963 年,而是因上游湖泊影响滞后了 2~3 年。

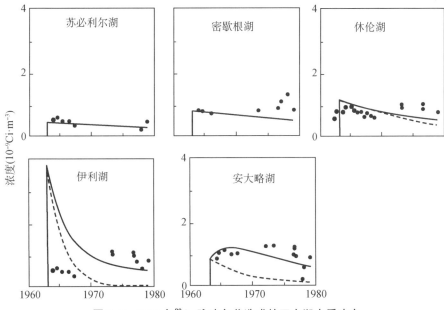

图 5-9　1963 年[90]Sr 脉冲负荷造成的五大湖水质响应

数据(用黑点表示)来源于 Lerman(1972)、Alberts 和 Wahlgren(1981)以及国际联合委员会(1979)。虚线表示湖泊对自身负荷输入的响应,并不包括上游湖泊的影响

5.3　前馈反应

虽然本讲强调的是串联反应器,但本讲中开发的模型也同样可以方便地应用于单

个反应器内发生的一系列反应。例如,如果有下列一系列反应遵循一级动力学,那么前面描述的数学方法是完全适用的。

$$A \rightarrow B \rightarrow C \rightarrow D \rightarrow \cdots \tag{5-28}$$

虽然环境反应确实会像式(5-28)那样进行,但它们并不会一直无限地持续连锁反应。以下是一个典型的连锁反应情形:

$$A \xrightarrow{k_{ab}} B \xrightarrow{k_{bc}} C \tag{5-29}$$

该情况与前者的不同之处在于,化合物 C 不会发生进一步的反应。事实上反应到此结束了。这种系列反应存在于许多水质模拟场景中,其中最为典型的案例是铵硝化生成亚硝酸盐,再通过反应生成硝酸盐。

假设以上反应为一级反应,质量平衡可以写为:

$$\frac{dc_a}{dt} = -k_{ab}c_a \tag{5-30}$$

$$\frac{dc_b}{dt} = k_{ab}c_a - k_{bc}c_b \tag{5-31}$$

$$\frac{dc_c}{dt} = k_{bc}c_b \tag{5-32}$$

如果 $t = 0$ 时 $c_a = c_{a0}$, $c_b = c_c = 0$,那么方程的解析解为:

$$c_a = c_{a0}e^{-k_{ab}t} \tag{5-33}$$

$$c_b = \frac{k_{ab}c_{a0}}{k_{ab} - k_{bc}}(e^{-k_{bc}t} - e^{-k_{ab}t}) \tag{5-34}$$

$$c_c = c_{a0} - c_{a0}e^{-k_{ab}t} - \frac{k_{ab}c_{a0}}{k_{ab} - k_{bc}}(e^{-k_{bc}t} - e^{-k_{ab}t}) \tag{5-35}$$

基于以上方程的模拟案例如图 5-10 所示。注意到这三种物质的浓度总和须等于反应物 A 的初始浓度。也可以观察到,反应物 C 的浓度为 $c_c = c_{a0} - c_a - c_b$ [见式(5-35)]。

现在我们来讨论一个感兴趣的话题:这一话题与中间反应产物有关。既然中间反应物是同时生成和消耗的,那么它的浓度什么时候会很显著呢? 反之,有没有可能会出现这样的情况:从物质 B 到物质 C 的反应比从物质 A 到物质 B 的反应快得多,以至于物质 B 永远不会达到显著的高浓度水平而其浓度因此可以被忽略不计?

图 5-11 所示的三角形或相图可用来回答这个问题。相图法通常用于化学工程等领域,以描绘系统中存在的三种相态。图 5-11 的示例中,每个顶点分别代表反应物 A、B、C 的纯溶液。如果实验开始时的初始条件为 $c_a = c_{a0}$, $c_b = c_c = 0$,那么初始状态将从顶点 A 开始。之后随着时间的推移,反应会向右上方移动从而生成物质 B,然后再生成物质 C。经过一段时间后,物质 B 浓度会达到峰值,之后浓度开始下降。在此之后曲线

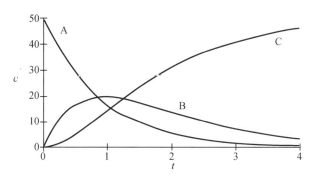

图 5-10　系列反应物 A、B、C 浓度变化，其中在物质 C 处反应终止

会向右下顶点移动，直至反应器中的物质完全转化为物质 C 的纯溶液。曲线的高度表示生成了多少 B 物质，其与 k_{ab} 和 k_{bc} 值的相对大小有关。如果 $k_{bc} \ll k_{ab}$，那么第二个反应成为限速环节，相应就会生成大量的 B 物质。反之，如果 $k_{bc} \gg k_{ab}$，B 物质的生成量可以忽略不计。

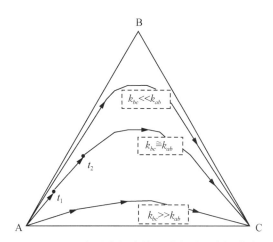

图 5-11　三角形空间中的三种序列反应物浓度

基于 Fogler（1986）的图形重新绘制

　　另外一种有效解释上述前馈式系列反应随时间变化的方法是无量纲分析法。在这种分析方法中，会通过建立无量纲组，以将系统参数和变量之间建立联系。如果运用得当，可以将待求解概化为若干无量纲参数组的函数。

　　针对上述情形，可以进行定义如下的无量纲数：

$$t^* = k_{ab}t \tag{5-36}$$

$$c_a^* = \frac{c_a}{c_{a0}} \quad c_b^* = \frac{c_b}{c_{a0}} \quad c_c^* = \frac{c_c}{c_{a0}} \tag{5-37}$$

$$k^* = \frac{k_{bc}}{k_{ab}} \tag{5-38}$$

基于式(5-36)和式(5-37)可以求出无量纲时间和浓度。进一步将其代入式(5-30)和式(5-32),得到:

$$\frac{\mathrm{d}c_a^*}{\mathrm{d}t^*} = -c_a^* \tag{5-39}$$

$$\frac{\mathrm{d}c_b^*}{\mathrm{d}t^*} = c_a^* - k^* c_b^* \tag{5-40}$$

$$\frac{\mathrm{d}c_c^*}{\mathrm{d}t^*} = k^* c_b^* \tag{5-41}$$

如果初始条件为 $c_a^* = 1$, $c_b^* = c_c^* = 0$,那么式(5-39)~式(5-41)的解析解为:

$$c_a^* = \mathrm{e}^{-t^*} \tag{5-42}$$

$$c_b^* = \frac{1}{1-k^*}(\mathrm{e}^{-k^* t^*} - \mathrm{e}^{-t^*}) \tag{5-43}$$

$$c_c^* = 1 - \mathrm{e}^{-t^*} - \frac{1}{1-k^*}(\mathrm{e}^{-k^* t^*} - \mathrm{e}^{-t^*}) \tag{5-44}$$

与式(5-33)~式(5-35)相比,上式看起来简单得多。图 5-12 显示了基于无量纲方法的浓度和幂值相关关系。该图显示了不同 k^* 值条件下 c_b^* 的变化,从中可以清楚地看到:当 $k^* > 5$ 时,第二个反应物的浓度永远不会达到很高的水平。换句话说,如果第二个反应比第一个反应快 5 倍(或者更多),那么第二个反应物完全可以被忽略。因此,无量纲分析能够用来判断在何种情形下状态变量可以被忽略,从而实现对问题的简化分析。也就是说,无量纲分析能够直观地表达状态变量的存在与反应速率之间的关系。

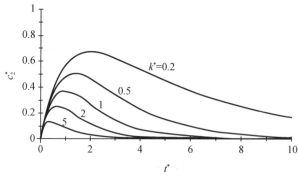

图 5-12　三种反应物中的第二种反应物无量纲浓度与无量纲时间关系图

不同的浓度线对应不同无量纲反应速率的结果

图 5-13 进一步强调了目前分析得出的结论,并显示了 $k^* = 5$ 和 $k^* = \infty$ 情况下的无量纲结果。对于 $k^* = \infty$ 的情形,B 物质可以被忽略。该图显示两种情况下的 C^* 十分接近,这表明无论出于何种考虑,B 物质都是可以被忽略的。

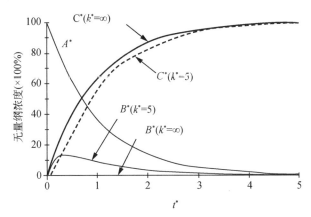

图 5-13　反应物 A、B、C 的无量纲浓度与无量纲时间关系图

最后生成的反应物为物质 C

习　题

5-1　有两个串联湖泊组成的湖泊系统。其中第一个湖泊内发生了 5 公斤可溶性杀虫剂泄漏。已知杀虫剂易挥发，且其挥发特征可用一级传质通量 $J = v_v c$ 表征。式中 v_v 表示挥发传质系数，$v_v = 0.01$ m · d^{-1}。湖泊的其他参数如下：

	湖泊 1	湖泊 2
表面积(m^2)	0.1×10^6	0.2×10^6
平均深度(m)	5	3
出流流量(m^3 · yr^{-1})	1×10^6	1×10^6

（a）预测两个湖泊浓度随时间的变化，并将结果绘图表示；

（b）第二个湖泊被用作供水水库。因此，确定第二个湖泊达到最大浓度所需的时间至关重要。试推导峰值浓度出现时间的解析解公式，并将计算结果与问题（a）的绘图结果进行比对。

5-2　1970 年五大湖的入湖总磷负荷如下（Chapra 和 Sonzogni，1979）：

	单位	苏必尔尔湖	密歇根湖	休伦湖	伊利湖	安大略湖
W	t · yr^{-1}	4 000	6 950	4 575	18 150	6 650

使用例 5-3 中的参数，并假设总磷以大约 16 m · yr^{-1} 的速度沉降，

（a）计算每个湖泊的稳态浓度；

（b）试确定上游湖泊对下游湖泊的浓度贡献量。

5-3　假设由于一次核事故，有 5 000 Ci 的 ^{137}Cs（$t_{50} \cong 30$ yr）泄漏到休伦湖中。计算休伦湖、伊利湖和安大略湖对此次泄漏事件的响应。

5-4　重新计算例 5-2，但不局限于 $n \leqslant 8$。将结果绘制于半对数坐标纸上。随着

n 值的增加,图形应接近一条直线。对比计算其斜率。

5-5 现需要建造一个滞留池,以在小溪流流入池塘之前,将其中的可沉降固体去除。已知池塘水深为 2 m,溪水流量为 20 立方英尺/秒,固体沉降速率为 0.2 m·d^{-1}。目标是要实现稳定去除 60% 的固体。

(a) 计算能够满足去除效果的单个滞留池尺寸;

(b) 计算能够满足去除效果的两个串联式且大小相同的滞留池尺寸;

(c) 哪一种方案相对最优? 解释其原因。

5-6 开发一个计算机程序,对 Di Toro 提出的前馈式一级反应系统进行模拟。利用程序重新计算例 5-3,以对程序进行检验。

5-7 通过本讲的介绍,读者已经对五大湖有所了解。然而并不是每个人都知道大湖系统中还存在第六个湖——圣克莱尔(St. Clair)湖。该湖位于连接休伦湖和伊利湖的河流上。按照其他大多数湖泊的标准,它的相关参数远达到"湖泊"的要求($V=6.6$ km^3, $A_s=1\,114$ km^2, $H=5.9$ m, $Q=170.5$ km^3·yr^{-1})。然而,同五大湖相比,它充其量只能算是"还不错的湖"。

(a) 计算休伦湖的锶脉冲通量(见例 5-3)造成的休伦湖自身以及圣克莱尔湖、伊利湖水质响应。也就是说,认为其他湖的水质响应只与休伦湖上发生的锶沉降有关。

(b) 使用本讲末尾讲述的无量纲分析证明:将圣克莱尔湖从五大湖中忽略是合理的。

第6讲

反馈式反应器系统

> **简介：** 本讲推导了带有反馈的耦合反应器稳态和非稳态解。对于稳态情形，介绍了如何利用矩阵来简明表示耦合反应器系统；引入了逆矩阵以厘清反应器之间的相互作用。对于非稳态情形，推导出了通解和引入特征值法来理解系统的动态过程。除了反应器系统之外，本讲还介绍了单个反应器中耦合反应的模拟。

上一讲介绍了串联式反应器模型。现在我们在这些系统中增加反馈流。虽然这一改进显著扩大了串联系统模型的应用范围，但也使得模型求解复杂化。事实上，除了最简单的系统（即两个或三个反应器组成的系统）之外，所有其他系统都必须依赖于计算机进行模拟求解。

6.1 两个反应器的稳态解

如图 6-1 所示，带有反馈的两个完全混合系统质量平衡可以写为：

$$V_1 \frac{\mathrm{d}c_1}{\mathrm{d}t} = W_1 + Q_{01}c_0 - Q_{12}c_1 - k_1 V_1 c_1 + Q_{21}c_2 \tag{6-1}$$

$$V_2 \frac{\mathrm{d}c_2}{\mathrm{d}t} = W_2 + Q_{12}c_1 - Q_{21}c_2 - Q_{23}c_2 - k_2 V_2 c_2 \tag{6-2}$$

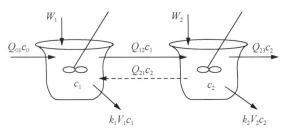

图 6-1 反应器系统

虚线箭头表示反馈

对于稳态情况，将方程式中的各项进行归并后得到：

$$a_{11}c_1 + a_{12}c_2 = W_1 \tag{6-3}$$

$$a_{21}c_1 + a_{22}c_2 = W_2 \tag{6-4}$$

其中，

$$a_{11} = Q_{12} + k_1 V_1 \tag{6-5}$$

$$a_{12} = -Q_{21} \tag{6-6}$$

$$a_{21} = -Q_{12} \tag{6-7}$$

$$a_{22} = Q_{21} + Q_{23} + k_2 V_2 \tag{6-8}$$

另外，须对进入第一个反应器的负荷进行修改，以包括入流作用，即：

$$W_1 \leftarrow W_1 + Q_{01}c_0 \tag{6-9}$$

这样，我们得到了包含两个未知数的两个方程式(6-3)和式(6-4)。对于该方程组有很多求解方法，其中一种简便方法是适用于少量方程的克莱姆法则(Cramer's rule)。该法则规定线性代数方程组中的每个未知数可以表示为两个行列式的分数，其中分母作为系统行列式。例如，对于两方程系统，分母表示为：

$$D = \begin{vmatrix} a_{11} & a_{12} \\ a_{21} & a_{22} \end{vmatrix} = a_{11}a_{22} - a_{12}a_{21} \tag{6-10}$$

用常数 W 替换 D 中未知数的系数列可得到分子。例如，c_1 可以计算为：

$$c_1 = \frac{\begin{vmatrix} W_1 & a_{12} \\ W_2 & a_{22} \end{vmatrix}}{D} = \frac{a_{22}W_1 - a_{12}W_2}{a_{11}a_{22} - a_{12}a_{21}} \tag{6-11}$$

同理，可以计算出第二个未知数为：

$$c_2 = \frac{\begin{vmatrix} a_{11} & W_1 \\ a_{21} & W_2 \end{vmatrix}}{D} = \frac{a_{11}W_2 - a_{21}W_1}{a_{11}a_{22} - a_{12}a_{21}} \tag{6-12}$$

通过代数运算可以求得：

$$c_1 = \frac{1}{a_{11} - \left(\dfrac{a_{21}a_{12}}{a_{22}}\right)} W_1 + \frac{1}{a_{21} - \left(\dfrac{a_{11}a_{22}}{a_{12}}\right)} W_2 \tag{6-13}$$

$$c_2 = \frac{1}{a_{12} - \left(\dfrac{a_{11}a_{22}}{a_{21}}\right)} W_1 + \frac{1}{a_{22} - \left(\dfrac{a_{21}a_{12}}{a_{11}}\right)} W_2 \tag{6-14}$$

从中可以看出浓度表达为式(1-8)的形式。然而上述解的表达形式比式(1-8)复杂得多。在式(6-13)和式(6-14)中，同化因子表达为诸多参数组的组合形式。但是由于原始模型是线性的[见式(6-3)和式(6-4)],这些解析解结果为了解反应器系统如何运行提供了很好的视野。特别要注意的是,每个方程是由两个独立的部分组成:其中一部分完全依赖于第一个反应器的输入负荷 W_1,而另一部分依赖于第二个反应器的输入负荷 W_2。这一现象是模型的线性导致的,使得我们能够分别评估各个输入负荷对水质的影响。

需要指出的是,克莱姆法则不适用于三个以上的方程。因为随着方程数量的增加,行列式的计算愈发耗时,无法手工计算。(如果是通过展开余子式计算的话,只能通过计算机计算!)这种情况下,就需要使用更有效的方法,如下文所述。

6.2　大型反应器系统求解

可以直接将质量平衡扩展到两个以上反应器组成的系统。例如,对于具有反馈的三个耦合反应器,可以产生具有三个未知数的三个方程:

$$a_{11}c_1 + a_{12}c_2 + a_{13}c_3 = W_1 \tag{6-15}$$

$$a_{21}c_1 + a_{22}c_2 + a_{23}c_3 = W_2 \tag{6-16}$$

$$a_{31}c_1 + a_{32}c_2 + a_{33}c_3 = W_3 \tag{6-17}$$

式中:a ——反映系统参数(即 Q,V,k 等)的常数;

　　　W ——恒定输入负荷;

　　　c ——待求浓度。

需要指出的是,未知数均为一次幂乘以常数的形式。具有该特征的方程称为线性代数方程。

上一节中,利用克莱姆法则对含有两个未知数的两个方程进行了求解。对于两个以上的方程,该计算方法会变得非常繁琐。因此,在这种情况下必须使用计算机的数值计算方法。附录 E 和相关文献(Chapra 和 Canale,1988)中详细介绍了几种数值计算方法。

除了可阐述求解原理外,很难采用简单代数方法对大型方程组进行表征和运算。基于此,以下将讨论矩阵代数运算。

6.2.1　矩阵代数

矩阵是指若干元素所组成的矩形阵列,可由单个符号表示。例如:

$$[\boldsymbol{A}] = \begin{bmatrix} a_{11} & a_{12} & a_{13} \\ a_{21} & a_{22} & a_{23} \\ a_{31} & a_{32} & a_{33} \end{bmatrix} \tag{6-18}$$

式中,$[\boldsymbol{A}]$ 表示整个矩阵的简写形式;a_{ij} 表示矩阵中的单个元素。

矩阵中元素的水平集合称为行,垂直集合称为列[①]。第一个下标 i 表示指定元素所在的行,第二个下标 j 表示指定元素所在的列。例如,a_{23} 表示该元素位于矩阵的第

---

① 简单的记忆方法可以想象为剧院中的水平"行(排)"和庙宇中的垂直"列(柱子)"。

二行第三列。

矩阵也可以用它的维数进行表征。如果一个矩阵有 n 行、m 列,则称其维数为 n 乘以 m(或 $n \times m$)。此类矩阵通常被称为 $n \times m$ 矩阵。

列数 $m = 1$ 的矩阵例如:

$$\{\boldsymbol{B}\} = \begin{Bmatrix} b_1 \\ b_2 \\ b_3 \end{Bmatrix} \tag{6-19}$$

称之为列向量。为简单起见,删除了每个元素的第二个下标。此外,为将列向量与其他类型的矩阵区分开来,使用专门的大括号{}将元素值包括起来。

对于式(6-18)形式的矩阵,当 $n = m$ 时,该类矩阵称为方阵。在联立求解线性方程组时,方阵尤为重要。对于线性方程组系统,方程的个数(对应矩阵行数)和未知数的个数(对应矩阵列数)必须相等,从而才能得到唯一解。因此,在求解线性方程组时经常会遇到系数方阵。

方阵有许多类型,其中最重要的是单位矩阵。单位矩阵中,除了由1组成的对角线之外,其他所有元素均为零。对于 3×3 矩阵的情况,则有:

$$[\boldsymbol{I}] = \begin{bmatrix} 1 & 0 & 0 \\ 0 & 1 & 0 \\ 0 & 0 & 1 \end{bmatrix} \tag{6-20}$$

该矩阵的性质类似于单位1。正如简单代数运算中 $a \times 1 = a$,矩阵运算中:

$$[\boldsymbol{A}] \times [\boldsymbol{I}] = [\boldsymbol{A}] \tag{6-21}$$

矩阵代数运算遵循与简单变量的代数运算相同的规则。其中两个最重要的运算规则是矩阵乘法和矩阵求逆。

矩阵乘法　两个矩阵的乘积可以表示为 $[\boldsymbol{C}] = [\boldsymbol{A}][\boldsymbol{B}]$,其中矩阵 $[\boldsymbol{C}]$ 中的元素定义为:

$$c_{ij} = \sum_{k=1}^{n} a_{ik} b_{kj} \tag{6-22}$$

式中,n 表示矩阵 $[\boldsymbol{A}]$ 的列维度和矩阵 $[\boldsymbol{B}]$ 的行维度。也就是说,元素 c_{ij} 是通过将矩阵 $[\boldsymbol{A}]$ 的第 i 行中各个元素和矩阵 $[\boldsymbol{B}]$ 的第 j 列中各个元素分别相乘后再加和得到的。专栏6.1介绍了展示矩阵乘法运算机制的简单方法。

【专栏6.1】　两个矩阵相乘的简单方法

虽然式(6-22)非常适合采用计算机运算,但它并不是展示两个矩阵乘法机制的最简单方法。接下来的内容以更直观易懂的方式阐述了计算过程。

假设将 $[\boldsymbol{X}]$ 乘以 $[\boldsymbol{Y}]$ 得到 $[\boldsymbol{Z}]$:

$$[\boldsymbol{Z}] = [\boldsymbol{X}][\boldsymbol{Y}] = \begin{bmatrix} 3 & 1 \\ 8 & 6 \\ 0 & 4 \end{bmatrix} \begin{bmatrix} 5 & 9 \\ 7 & 2 \end{bmatrix}$$

展示$[Z]$计算过程的一种简单方法是将$[Y]$移到上面,如下所示:

$$\begin{array}{c} \Uparrow \\ \begin{bmatrix} 5 & 9 \\ 7 & 2 \end{bmatrix} \leftarrow [Y] \\ [X] \rightarrow \begin{bmatrix} 3 & 1 \\ 8 & 6 \\ 0 & 4 \end{bmatrix} \begin{bmatrix} \quad ? \quad \end{bmatrix} \leftarrow [Z] \end{array}$$

现在可以在$[Y]$腾出的空间中计算出$[Z]$。上述格式具有实用价值,因为它对齐了需要相乘的对应行和列。例如,根据式(6-22),元素Z_{11}是通过$[X]$的第一行乘以$[Y]$的第一列得到的,这相当于将x_{11}、y_{11}的乘积与x_{12}、y_{21}的乘积相加,即:

$$\begin{bmatrix} \mathbf{5} & 9 \\ \mathbf{7} & 2 \end{bmatrix}$$
$$\downarrow$$
$$\begin{bmatrix} \mathbf{3} & \mathbf{1} \\ 8 & 6 \\ 0 & 4 \end{bmatrix} \rightarrow \begin{bmatrix} \mathbf{3 \times 5 + 1 \times 7 = 22} \end{bmatrix}$$

因此元素$Z_{11}=22$。同理,元素Z_{21}可计算为:

$$\begin{bmatrix} \mathbf{5} & 9 \\ \mathbf{7} & 2 \end{bmatrix}$$
$$\downarrow$$
$$\begin{bmatrix} 3 & 1 \\ \mathbf{8} & \mathbf{6} \\ 0 & 4 \end{bmatrix} \rightarrow \begin{bmatrix} 22 \\ \mathbf{8 \times 5 + 6 \times 7 = 82} \end{bmatrix}$$

在行和列对齐之后,可以用这种方式继续计算,最终得出结果:

$$[Z] = \begin{bmatrix} 22 & 29 \\ 82 & 84 \\ 28 & 8 \end{bmatrix}$$

可以看到,这个简单的方法清楚地说明了为什么第一个矩阵的列数须等于第二个矩阵的行数,否则就无法将两个矩阵相乘。还要注意到乘法的顺序也是很重要的(也就是说,矩阵乘法顺序是不可互换的)。

由此可见,矩阵为联立线性代数方程提供了一种简洁的表示方法。例如式(6-15)～式(6-17)可以简洁地表示为:

$$[A]\{C\} = \{W\} \tag{6-23}$$

其中,矩阵$[A]$为系数矩阵:

$$[\boldsymbol{A}] = \begin{bmatrix} a_{11} & a_{12} & a_{13} \\ a_{21} & a_{22} & a_{23} \\ a_{31} & a_{32} & a_{33} \end{bmatrix} \tag{6-24}$$

向量 $\{\boldsymbol{C}\}$ 为未知数矩阵:

$$\{\boldsymbol{C}\} = \begin{Bmatrix} c_1 \\ c_2 \\ c_3 \end{Bmatrix} \tag{6-25}$$

右侧向量 $\{\boldsymbol{W}\}$ 为常数或者驱动函数矩阵:

$$\{\boldsymbol{W}\} = \begin{Bmatrix} W_1 \\ W_2 \\ W_3 \end{Bmatrix} \tag{6-26}$$

至此,根据矩阵乘法法则,可以认为式(6-23)与式(6-15)～式(6-17)是等同的。

矩阵求逆 虽然矩阵乘法是可行的,但矩阵除法却不是一种具有明确定义的运算。然而,如果一个矩阵 $[\boldsymbol{A}]$ 为方阵,则通常存在另一个矩阵 $[\boldsymbol{A}]^{-1}$,对此称之为矩阵 $[\boldsymbol{A}]$ 的逆矩阵,满足:

$$[\boldsymbol{A}][\boldsymbol{A}]^{-1} = [\boldsymbol{A}]^{-1}[\boldsymbol{A}] = [\boldsymbol{I}] \tag{6-27}$$

因此,矩阵与它的逆矩阵相乘类似于除法,即一个数除以其自身等于 1。也就是说,矩阵乘以它的逆矩阵便得到单位矩阵。

二维方阵的逆矩阵可通过下面的简单计算方式求出:

$$[\boldsymbol{A}]^{-1} = \frac{1}{a_{11}a_{22} - a_{12}a_{21}} \begin{bmatrix} a_{22} & -a_{12} \\ -a_{21} & a_{11} \end{bmatrix} \tag{6-28}$$

对于高维矩阵,类似的公式要复杂得多。对此通常需要采用计算机数值求解算法。一种简单的方法是标准的计算机求解算法如高斯消元法。在这种情况下,逆矩阵的每一列 j 可以通过将单位向量(第 j 行为 1,其他元素为 0)作为驱动函数向量(即右侧常量)来确定。更多的详细信息请参阅附录 E。

求得逆矩阵后,一种正式的求解方法是将等式(6-23)的两边同时乘以 $[\boldsymbol{A}]$ 的逆矩阵,即:

$$[\boldsymbol{A}][\boldsymbol{A}]^{-1}\{\boldsymbol{C}\} = [\boldsymbol{A}]^{-1}\{\boldsymbol{W}\} \tag{6-29}$$

由于 $[\boldsymbol{A}][\boldsymbol{A}]^{-1}$ 等于单位矩阵,方程可变为:

$$\{\boldsymbol{C}\} = [\boldsymbol{A}]^{-1}\{\boldsymbol{W}\} \tag{6-30}$$

因此,如果把系数矩阵的逆矩阵 $[\boldsymbol{A}]^{-1}$ 乘以常数矩阵 $\{\boldsymbol{W}\}$,就可以求得未知数矩阵 $\{\boldsymbol{C}\}$。这里从另外一个方面展示了逆矩阵的作用,即逆矩阵如何在矩阵代数运算中起到类似于除法的作用。也就是说,正如 $c = \left(\dfrac{1}{a}\right)W$ 表示了单个完全混合反应器的稳态解一样,式(6-30)表示了完全混合反应器系统的稳态解。

需要指出的是,矩阵求逆并不是一种求解方程组的非常有效方式。因此,在数值计算中通常会使用其他方法,例如附录 E 中介绍的消元法和迭代法。然而,矩阵求逆在此类系统的工程分析中具有重要价值,如下所述。

6.3　稳态系统响应矩阵

在初步学习矩阵代数运算的基础上,本节进一步探究基于一级反应动力学的耦合反应器稳态求解。如前一节所述,利用矩阵求逆可以获得稳态解。此外式(6-30)中的各项有明确的物理含义。例如,{C}的元素是反应器浓度表征的系统响应。右侧向量{W}包含了系统激励或驱动函数值,即输入负荷。最后,逆矩阵[A]$^{-1}$包含了表征系统各部分之间如何耦合和自我净化的参数。因此,式(6-30)可重新表达为:

$$\{响应\}=[交互作用]\{激发\} \tag{6-31}$$

可以看到,式(6-31)其实是式(1-8)的多维度表现。通过将矩阵乘法运算应用于式(6-30),可以得出:

$$c_1 = a_{11}^{(-1)}W_1 + a_{12}^{(-1)}W_2 + a_{13}^{(-1)}W_3 \tag{6-32}$$

$$c_2 = a_{21}^{(-1)}W_1 + a_{22}^{(-1)}W_2 + a_{23}^{(-1)}W_3 \tag{6-33}$$

$$c_3 = a_{31}^{(-1)}W_1 + a_{32}^{(-1)}W_2 + a_{33}^{(-1)}W_3 \tag{6-34}$$

式中,$a_{ij}^{(-1)}$ 表示逆矩阵中第 i 行、第 j 列的元素。从中可以发现,逆矩阵除了可以用来求解外,还具有非常有用的属性,即它的元素代表了系统某一单个部分对任何部分单位负荷刺激的响应。

【例 6-1】　带有反馈的湖泊系统稳态解

例 5-1 中,我们计算了三个串联湖泊中的污染物稳态浓度分布。本例中的系统与之相似,不同之处在于第三个湖泊的一部分流量(α)回流到第一个湖泊,如图 6-2 和表 6-1 所示。

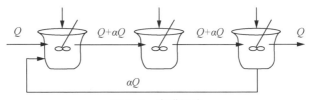

图 6-2　串联湖泊

表 6-1　湖泊数据

	1	2	3
体积(10^6 m^3)	2	4	3
平均深度(m)	3	7	3
表面积(10^6 m^2)	0.667	0.571	1.000
负荷(kg · yr^{-1})	2 000	4 000	1 000

(1) 如果 $Q=1\times10^6$ m^3·yr^{-1}，$\alpha=0.5$，污染物沉降速率为 10 m·yr^{-1}，计算每个反应器中的浓度。

(2) 通过矩阵求逆，确定第三个反应器中有多少浓度是由第二个反应器输入负荷贡献的。

(3) 针对 $\alpha=0$ 的情况，求逆矩阵。

【求解】 (1)三个反应器中的稳态质量平衡可以写为：

$$0=W_1-(Q+\alpha Q)c_1-vA_1c_1+\alpha Qc_3$$
$$0=W_2+(Q+\alpha Q)c_1-(Q+\alpha Q)c_2-vA_2c_2$$
$$0=W_3+(Q+\alpha Q)c_2-(Q+\alpha Q)c_3-vA_3c_3$$

代入参数值后，三个联立方程可以用矩阵形式表示为：

$$\begin{bmatrix} 8.17\times10^6 & 0 & -0.5\times10^6 \\ -1.5\times10^6 & 7.21\times10^6 & 0 \\ 0 & -1.5\times10^6 & 11.5\times10^6 \end{bmatrix}\begin{Bmatrix} c_1 \\ c_2 \\ c_3 \end{Bmatrix}=\begin{Bmatrix} 2\times10^9 \\ 4\times10^9 \\ 1\times10^9 \end{Bmatrix}$$

可以求得逆矩阵为：

$$\begin{bmatrix} 1.23\times10^{-7} & 1.11\times10^{-9} & 5.33\times10^{-9} \\ 2.55\times10^{-8} & 1.39\times10^{-7} & 1.11\times10^{-9} \\ 3.33\times10^{-9} & 1.81\times10^{-8} & 8.71\times10^{-8} \end{bmatrix}$$

将其乘以 $\{W\}$ 得到：

$$\begin{Bmatrix} c_1 \\ c_2 \\ c_3 \end{Bmatrix}=\begin{Bmatrix} 255 \\ 608 \\ 166 \end{Bmatrix}$$

(2) 第二个反应器输入负荷对第三个反应器浓度的影响与 $a_{32}^{-1}=1.81\times10^{-8}$ μg·$\dfrac{\text{L}^{-1}}{\text{mg}}$·yr^{-1} 有关。由于第二个反应器输入负荷为 4×10^9 mg·yr^{-1}，由此计算出：

c_3（由第 2 个反应器负荷输入的浓度贡献）$=1.81\times10^{-8}(4\times10^9)=72.5$ μg·L^{-1}

(3) 当 $\alpha=0$ 时，三个方程式的矩阵表示形式为：

$$\begin{bmatrix} 7.67\times10^6 & 0 & 0 \\ -1\times10^6 & 6.71\times10^6 & 0 \\ 0 & -1\times10^6 & 11.0\times10^6 \end{bmatrix}\begin{Bmatrix} c_1 \\ c_2 \\ c_3 \end{Bmatrix}=\begin{Bmatrix} 2\times10^9 \\ 4\times10^9 \\ 1\times10^9 \end{Bmatrix}$$

可以求得逆矩阵为：

$$\begin{bmatrix} 1.30\times10^{-7} & 0 & 0 \\ 1.94\times10^{-8} & 1.49\times10^{-7} & 0 \\ 1.77\times10^{-9} & 1.35\times10^{-8} & 9.09\times10^{-8} \end{bmatrix}$$

注意到忽略反馈项时,超对角项变为零。

在进一步讨论非稳态解之前,有必要进一步了解逆矩阵的结构。如图 6-3 所示,逆矩阵$[A]^{-1}$的各个区域具有特定的物理含义。对角项表示某一特定部分对直接负荷输入的响应;超对角项反映了下游段反馈对上游段的影响;次对角项则反映了上游段前馈对下游段的影响。因此,正如上例的(c)部分,前馈式串联系统的超对角项为零。

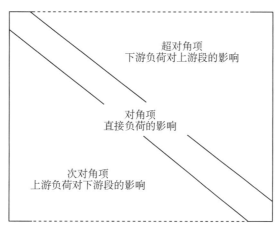

图 6-3　逆矩阵$[A]^{-1}$中的各区域物理含义解释

【专栏 6.2】　输入-输出模型与特拉华河口研究[①]

　　本讲所述的稳态系统响应矩阵其实是输出—输出模型的一个案例。该方法最初是由 1973 年诺贝尔经济学奖获得者 W. W. Leontiff 提出的。Leontiff 推导出的线性方程组与本讲介绍的方程组非常相似。然而,他设计的线性模型是用以将经济投入(例如经济部门的商品生产)与产出(其他部门的商品消费)联系起来,而不是将污染负荷与浓度联系起来。

　　在水质模型领域,针对特拉华河口的研究首次展示了该方法的应用。特拉华河口位于美国费城附近,是美国东部人口密集地区的重要水源。在 20 世纪 60 年代开展了特拉华河口综合研究(FWPCA,1966),该研究是面向计算机的水质模型建模和系统分析的首批应用之一(图 1-6)。尽管该研究发生在 30 多年前,但它仍是同类研究中最全面和创新的研究之一(见 Thomann 在 1972 年的深刻总结)。

　　在这项研究的诸多贡献中,与水质模型最为相关的是控制体积模型方法(见本讲的介绍)。这一框架(Thomann,1963)来自该研究技术总监 Bob Thomann 的博士期间研究工作,他现在是曼哈顿学院的一名教授。在这一工作基础上,Thomann 博士还发展了基于稳态系统响应矩阵的输入—输出的数学表达方法。

---

① 专栏 6.2 中关于时间的表述均是指原书写作时,即 20 世纪 90 年代。

本讲展示了矩阵如何以简洁的方式将负荷与响应联系起来。需要指出的是，Thomann 博士和他的团队（包括 Matt Sabol 和 Dave Marks，现在分别是美国纽约州立大学石溪分校和麻省理工学院的教授）还对该方法的应用进行了拓展。尤其是他们通过计算机程序开发了水污染控制策略，从而实现以最低的控制成本达到预期水质目标（Thomann 和 Sobal，1964）。具体来说，他们采用了一种称为线性规划的系统分析方法，旨在优化受约束条件作用的目标函数。在特拉华河口处的应用中，目标函数表示为治理成本，是关于水污染治理水平的函数。约束条件则规定河口浓度应等于或低于设定的浓度标准。系统响应矩阵用于将输入负荷与河口的响应浓度联系起来。在此基础上，线性规划提供了在满足约束条件（即水体响应浓度应符合水质标准）的前提下，优化系统目标函数（即治理成本最小化）的方法。

然而，正如在第 1 讲水质模型发展历史中所提及的，这种经济有效的方法从未得到广泛应用。如今，随着经济压力的增大，该方法的应用可能迫在眉睫。30 年前在特拉华州研究中开发的因果关系模型和系统分析方法，无疑为实现这一点提供了很好的范例。

6.4 两个反应器的非稳态响应

无外来负荷输入时式(6-1)和式(6-2)可写为：

$$\frac{\mathrm{d}c_1}{\mathrm{d}t} = -\alpha_{11}c_1 + \alpha_{12}c_2 \tag{6-35}$$

$$\frac{\mathrm{d}c_2}{\mathrm{d}t} = \alpha_{21}c_1 - \alpha_{22}c_2 \tag{6-36}$$

其中，

$$\alpha_{11} = \frac{Q_{12}}{V_1} + k_1 \tag{6-37}$$

$$\alpha_{12} = \frac{Q_{21}}{V_1} \tag{6-38}$$

$$\alpha_{21} = \frac{Q_{12}}{V_2} \tag{6-39}$$

$$\alpha_{22} = \frac{Q_{23} + Q_{21}}{V_2} + k_2 \tag{6-40}$$

如果 $c_1 = c_{10}$，$c_2 = c_{20}$，那么方程组的通解为：

$$c_1 = c_{1f}\mathrm{e}^{-\lambda_f t} + c_{1s}\mathrm{e}^{-\lambda_s t} \tag{6-41}$$

$$c_2 = c_{2f}\mathrm{e}^{-\lambda_f t} + c_{2s}\mathrm{e}^{-\lambda_s t} \tag{6-42}$$

式中，λ 为特征值，定义为：

$$\frac{\lambda_f}{\lambda_s} = \frac{(\alpha_{11} + \alpha_{22}) \pm \sqrt{(\alpha_{11} + \alpha_{22})^2 - 4(\alpha_{11}\alpha_{22} - \alpha_{12}\alpha_{21})}}{2} \tag{6-43}$$

各项系数表示为：

$$c_{1f} = \frac{(\lambda_f - \alpha_{22})c_{10} - \alpha_{12}\alpha_{20}}{\lambda_f - \lambda_s} \tag{6-44}$$

$$c_{1s} = \frac{\alpha_{12}\alpha_{20} - (\lambda_s - \alpha_{22})c_{10}}{\lambda_f - \lambda_s} \tag{6-45}$$

$$c_{2f} = \frac{-\alpha_{21}\alpha_{10} + (\lambda_f - \alpha_{11})c_{20}}{\lambda_f - \lambda_s} \tag{6-46}$$

$$c_{2s} = \frac{-(\lambda_s - \alpha_{11})c_{20} + \alpha_{21}\alpha_{10}}{\lambda_f - \lambda_s} \tag{6-47}$$

同稳态解相比,无论是对于单个完全混合湖泊还是串联反应器,非稳态问题求解都要复杂得多。除了系数本身的复杂性之外,主要区别是每个反应器中的水质恢复都同时依赖于两个指数衰减过程。

总体的水质恢复情况取决于特征值的相对大小。注意,λ_f 总是大于 λ_s,因此通常将 λ_f 和 λ_s 分别称为"快"特征值和"慢"特征值。这种命名法与它们的衰减速度有关。以下案例展示了快特征值远大于慢特征值的情形。

【例 6-2】 带反馈的湖泊系统(非稳态求解)

以下的两个湖泊包括了反馈,即一部分流量 (α) 从第二个湖泊回流至第一个湖泊(图 6-4 和表 6-2)。

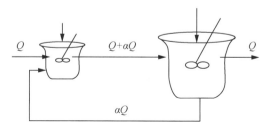

图 6-4 带反馈的湖泊系统

表 6-2 湖泊数据

	1	2
体积(10^6 m³)	0.2	10
平均深度(m)	4	20
表面积(10^6 m²)	0.05	0.5
负荷(kg·yr⁻¹)	2 000	4 000

注意,本例中第二个湖泊比第一个湖泊大得多。

(a) 如果 $Q = 1 \times 10^6$ m³·yr⁻¹,$\alpha = 0.5$,污染物沉降速率为 10 m·yr⁻¹,计算每个反应器的稳态浓度;

（b）将（a）中计算的稳态浓度作为初始条件，如果 $t=0$ 时刻污染排放终止，计算每个湖泊的水质响应。

【求解】 （a）采用与例 6-1 中相同的方法，求出两个反应器的稳态浓度为：

$$\{c\}=\begin{Bmatrix} 1\,224.5 \\ 898 \end{Bmatrix}$$

（b）将以上参数值代入式（6-41）和式（6-42）中，可以确定每个湖泊的水质非稳态响应：

$$c_1=981.24\mathrm{e}^{-10.04t}+243.25\mathrm{e}^{-0.61t}$$

$$c_2=-15.67\mathrm{e}^{-10.04t}+913.63\mathrm{e}^{-0.61t}$$

计算结果如图 6-5 所示。第一个反应器受快特征值控制，因此在起始阶段浓度急剧下降。在经历起始阶段的快速下降之后，第一个反应器中的水质恢复速度减慢，原因是它的水质响应开始受到第二个反应器中更缓慢的水质恢复影响。

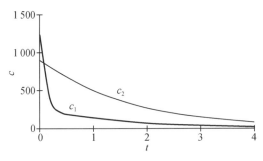

图 6-5　湖泊水质响应

尽管上述分析可以扩展到许多耦合反应器组成的系统，但这类系统的大多数分析都是借助数值计算方法实现的。我们将在下一讲中学习这些技术方法。尽管如此，两个耦合反应器的解析解在水质分析中还是具有普遍实用价值的，这是因为若干重要的问题都可以概化为两个耦合反应器的水质模拟（图 6-6）。例如当我们模拟有毒物质时，湖泊及其底层沉积物可以表征为两个耦合反应器[图 6-6(c)]。在这种情况下，沉积物的水质响应通常比上覆水中水慢得多。当外来负荷输入减少时，随着沉积物中的有毒物质扩散进入水中，湖泊的水质恢复速度将会减缓。以上介绍的特征值法可用于分析此类情况。

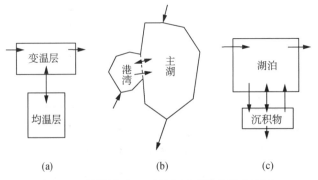

图 6-6　可概化为一对耦合反应器的三个系统

(a)分层湖泊的变温层(表层)和均温层(底层)；(b)带有一个港湾的湖泊；(c)具有底部沉积层的湖泊

6.5 带有反馈的反应

除了应用于耦合反应器外,本讲介绍的模型也适用于单个反应器中发生的可逆反应。例如,如第 2 讲中所阐述,简单的可逆反应可以表示为:

$$A \underset{k_{ba}}{\overset{k_{ab}}{\rightleftharpoons}} B \tag{6-48}$$

式中,k_{ab} 与 k_{ba} 分别表示正向和反向反应速率。接下来将介绍如何在封闭式(间歇)和开放式(完全混合)反应器中模拟此类反应。

6.5.1 封闭系统(间歇反应器)

假设在间歇反应器中发生一级反应,那么可以写出以下平衡方程式:

$$\frac{\mathrm{d}c_a}{\mathrm{d}t} = -k_{ab}c_a + k_{ba}c_b \tag{6-49}$$

$$\frac{\mathrm{d}c_b}{\mathrm{d}t} = k_{ab}c_a - k_{ba}c_b \tag{6-50}$$

对于稳态问题情形,由于导数项为零,可以联立方程组求得:

$$\frac{c_b}{c_a} = \frac{k_{ab}}{k_{ba}} = K \tag{6-51}$$

式中 K 为平衡常数。由此可以得到一个熟悉的结果,即:当化学反应达到平衡时,产物与反应物的比例为常数。

为确定 c_a 和 c_b 的大小,定义:

$$c = c_a + c_b \tag{6-52}$$

式中,c 表示物质 A 和 B 的总质量。因为系统是封闭的,所以总质量 c 为常数。因此,可利用式(6-51)求出 c_b,并将其代入式(6-52)中得到:

$$c = c_a + Kc_a \tag{6-53}$$

进一步可得到:

$$\bar{c_a} = F_a c \tag{6-54}$$

式中设置上划线是为了表明该解为平衡解。F_a 表示物质 A 在总质量中所占比例,与平衡常数的关系如下:

$$F_a = \frac{1}{1+K} \tag{6-55}$$

再将该结果代入式(6-52)中,可以得到:

$$\bar{c_b} = F_b c \tag{6-56}$$

F_b 表示物质 B 在总质量中所占的比例,与平衡常数的关系为:

$$F_b = 1 - F_a = \frac{K}{1+K} \tag{6-57}$$

由于化学反应处于平衡状态,物质 A 和 B 的浓度占总浓度的比例是固定的。

接下来介绍非稳态问题的求解。尽管这种情形可以用本讲前面介绍的方法进行求解,但也可以使用另一种替代方法。这种方法是首先通过求解式(6-52)得到 c_b,然后将其代入式(6-49)中得到:

$$\frac{\mathrm{d}c_a}{\mathrm{d}t} = -k_{ab}c_a + k_{ba}(c - c_a) \tag{6-58}$$

合并同类项后得到:

$$\frac{\mathrm{d}c_a}{\mathrm{d}t} + (k_{ab} + k_{ba})c_a = k_{ba}c \tag{6-59}$$

因此,该方程是具有恒定驱动函数的一阶常微分方程(参考第 4.2 节)。如果 $t=0$ 时 $c=c_{a0}$,那么方程的解析解为:

$$c_a = c_{a0}\mathrm{e}^{-(k_{ab}+k_{ba})t} + \bar{c_a}(1 - \mathrm{e}^{-(k_{ab}+k_{ba})t}) \tag{6-60}$$

式中,$\bar{c_a}$ 表示 c_a 最终达到的稳态浓度,根据式(6-54)计算。

将式(6-60)代入式(6-52)中可进一步求得 c_b 浓度。通过一系列数学运算后得到:

$$c_b = c_{b0}\mathrm{e}^{-(k_{ab}+k_{ba})t} + \bar{c_b}(1 - \mathrm{e}^{-(k_{ab}+k_{ba})t}) \tag{6-61}$$

式中,c_{b0} 为物质 B 的初始浓度;$\bar{c_b}$ 表示 c_{ab} 最终达到的稳态浓度,根据式(6-56)计算。

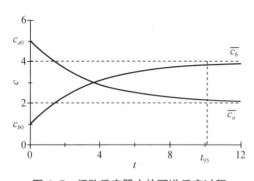

图 6-7 间歇反应器中的可逆反应过程

如图 6-7 所示,解析解逐渐趋于稳态条件。已知特征值 $k_{ab} + k_{ba}$ 时,可以估算出 $t_{95} = \dfrac{3}{k_{ab} + k_{ba}}$。

上述分析的重要意义不仅在于求得解析解。特别是,特征值提供了认识求解方法的数学视角。如果我们对小于 t_{95} 的时间尺度感兴趣,那么可以直接求解微分方程来得到浓度随时间的动态变化。这种方法称之为动力学方法,因为我们感兴趣的是污染物组分的非稳态或动态变化。然而,如果不关注较短时间尺度内的水质变化,稳态解[式(6-54)和式(6-56)]就足够了。相应这种方法称之为平衡方法,因为我们感兴趣的是反应物的平衡状态,而不是反应物达到平衡态的过程。

6.5.2　开放系统

现在我们来讨论如何将上述分析用于开放系统。如图 6-8 所示,假设在完全混合反应器中发生了可逆反应。物质 A 和 B 都通过水流流入和流出反应器。此外,假设物质 B 的降解还受到其他反应的影响。这种情况下质量平衡可以写为:

$$\frac{\mathrm{d}c_a}{\mathrm{d}t} = \frac{Q}{V}c_{a,\,in} - \frac{Q}{V}c_a - k_{ab}c_a + k_{ba}c_b \tag{6-62}$$

$$\frac{\mathrm{d}c_b}{\mathrm{d}t} = \frac{Q}{V}c_{b,\,in} - \frac{Q}{V}c_b + k_{ab}c_a - k_{ba}c_b - k_b c_b \tag{6-63}$$

上述方程组可以用本讲前面介绍的方法进行求解。然而此处我们要讨论一个特殊情况。这种情况是耦合反应速率 k_{ab} 和 k_{ba} 远快于输入-输出速率 Q/V 或去除速率 k_b。例如,如果 k_{ab} 和 k_{ba} 约为 $1\ \mathrm{h}^{-1}$,而污染物去除速率为 $1\ \mathrm{yr}^{-1}$,那么在每年甚至每天的时间尺度上,耦合反应总是处于局部平衡状态。针对这种情形,Di Toro(1976 年)通过将式(6-62)与式(6-63)相加,得出:

$$\frac{\mathrm{d}c}{\mathrm{d}t} = \frac{Q}{V}c_{in} - \frac{Q}{V}c - k_b c_b \tag{6-64}$$

式中,总浓度 $c = c_a + c_b$;总入流浓度 $c_{in} = c_{a,\,in} + c_{b,\,in}$。

注意到在将两个方程相加的过程中,代表快速反应的项被去掉了。这是可以解释的,因为当反应处于平衡状态时,$k_{ab}c_a$ 与 $k_{ba}c_b$ 两项相等从而会相互抵消。

推导至此,虽然式(6-64)的质量平衡表达形式更为简单,但并不能直接求解,原因是一个方程中包含了两个未知数 c 和 c_b。然而,代入式(6-56)后可以将 c_b 消除,从而得到:

$$\frac{\mathrm{d}c}{\mathrm{d}t} = \frac{Q}{V}c_{in} - \frac{Q}{V}c - k_b F_b c \tag{6-65}$$

这样一来,原始的微分方程组已被一个单一的质量平衡方程所取代,根据这个平衡方程可以求解出反应器中总物质浓度随时间的变化。之后针对每一个时间步长,可利用式(6-54)和式(6-56)分别计算两种交互作用物质的浓度。

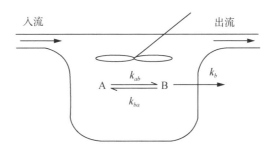

图 6-8　完全混合反应器中的耦合反应质量平衡关系

习 题

6-1 有以下三个矩阵:

$$[\boldsymbol{X}] = \begin{bmatrix} 2 & 6 \\ 3 & 10 \\ 7 & 4 \end{bmatrix} \quad [\boldsymbol{Y}] = \begin{bmatrix} 6 & 0 \\ 1 & 4 \end{bmatrix} \quad [\boldsymbol{Z}] = \begin{bmatrix} 2 & 1 \\ 6 & 8 \end{bmatrix}$$

试列出这些矩阵之间的所有可能乘法计算。

6-2 1970 年,五大湖的总磷输入负荷如下(Chapra 和 Sonzogni,1979):

	单位	苏必利尔湖	密歇根湖	休伦湖	伊利湖	安大略湖
W	t·yr^{-1}	4 000	6 950	4 575	18 150	6 650

(a) 如果总磷的沉降速率约为 16 m·yr^{-1},使用矩阵求逆方法计算每个湖泊的稳态浓度;

(b) 利用矩阵求逆来确定休伦湖的总磷负荷输入对安大略湖的浓度贡献量;

(c) 如果伊利湖的总磷负荷减少 25% 以及休伦湖的总磷负荷减半,利用矩阵求逆方法确定安大略湖的总磷浓度削减水平。

6-3 利用拉普拉斯变换求解式(6-35)和式(6-36),以求出式(6-41)和式(6-42)。

6-4 如图 6-9 所示,某湖泊及其底部沉积物部分可以概化为带有反馈的两个完全混合反应器模型。

相关参数如下:

入流=出流=20×10^6 m^3·yr^{-1}

湖泊面积=沉降层面积=2.5×10^6 m^2

湖泊体积=150×10^6 m^3

沉积层体积=100×10^4 m^3

沉降速率=10 m·yr^{-1}

再悬浮速率=1 mm·yr^{-1}

埋藏速率=2 mm·yr^{-1}

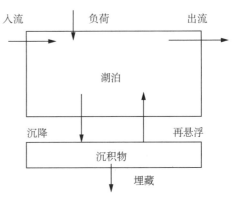

图 6-9 完全混合反应器模型

(a) 如果入流浓度恒定为 100 μg·L^{-1},且污染物不发生反应但是发生沉降,计算沉积物和湖水中的稳态浓度。使用矩阵求逆的方法确定浓度。

(b) 如果沉积层中的污染物浓度保持在 100 000 μg·L^{-1},利用矩阵求逆得出对应的入流浓度。

(c) 假设有 20 kg 污染物泄漏到湖泊中,计算在接下来的若干年中,湖泊和沉积物中的浓度随时间动态变化。

6-5 假设有 5 kg 杀虫剂泄漏到习题 6-4 描述的湖泊中。假定 50% 的杀虫剂与固体物质结合并沉降,但是不挥发(即不会进入大气中);另外 50% 是可溶的、易挥发(但

不沉降),挥发通量可用一级反应动力学表征:

$$J = v_v F_d c$$

式中,v_v 表示挥发传质系数,$v_v = 0.01 \text{ m} \cdot \text{d}^{-1}$;$F_d$ 表示杀虫剂以溶解态存在的比例,$F_d = 0.5$。试计算杀虫剂泄漏造成的湖泊水质响应,以及沉积物中峰值浓度出现时间。注意,在泄漏发生之前,湖泊的杀虫剂本底浓度为零。

6-6　假设在某一间歇反应器中发生下列一级反应:

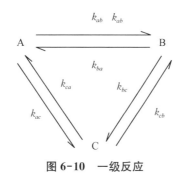

图 6-10　一级反应

相关参数和初始条件如下:

$k_{ab} = 0.1 \text{ d}^{-1}$	$k_{ba} = 0.2 \text{ d}^{-1}$
$k_{bc} = 0.4 \text{ d}^{-1}$	$k_{cb} = 0.5 \text{ d}^{-1}$
$k_{ac} = 0.3 \text{ s}^{-1}$	$k_{ca} = 0.6 \text{ d}^{-1}$
$c_{a0} = 10 \text{ mg} \cdot \text{L}^{-1}$	$c_{b0} = 20 \text{ mg} \cdot \text{L}^{-1}$
$c_{c0} = 70 \text{ mg} \cdot \text{L}^{-1}$	

(a) 计算三种反应物的稳态浓度;

(b) 计算 10 天内三种反应物浓度随时间的变化。

6-7　重新计算习题 6-6,不同的是反应器变为完全混合反应器,且其水力停留时间为 1 d。已知三种反应物的入流浓度与习题 6-6 的初始条件相同。

6-8　图 6-11 为科罗拉多河水系简化示意图,表 6-3 总结了该水系中的各蓄水水库和湖泊参数。

(a) 计算每个水库或湖泊中的氯化物浓度;

(b) 确定稳态系统响应矩阵;

(c) 如果鲍威尔湖的负荷减半,利用(b)给出的响应矩阵重新计算哈瓦苏湖的浓度;

(d) 假设全球变暖导致所有出流量减少了 20%,重新计算各水库或湖泊中的氯化物浓度;

(e) 如果 1 t(1 000 kg)的保守污染物泄漏到火焰谷水库中,计算其对鲍威尔湖水质的影响;

(f) 假设污染物的半衰期为 2 年,重新计算(c)。

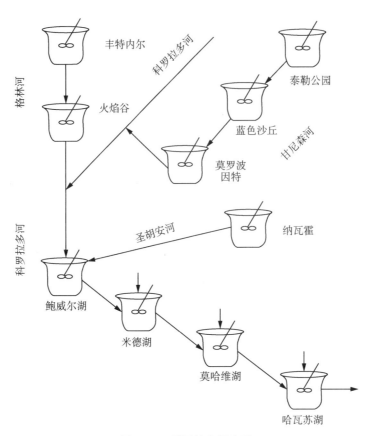

图 6-11　科罗拉多河水系

表 6-3　科罗拉多河水系中的各蓄水水库和湖泊参数

蓄水水库/湖泊	出流流量(10^6 m³ · yr⁻¹)	体积(10^6 m³)	氯化物负荷(10^6 g · yr⁻¹)
泰勒公园(Taylor Park)	226	602	900
蓝色沙丘(Blue Mesa)	853	4 519	4 000
莫罗波因特(Morrow Point)	914	851	400
丰特内尔(Fontenelle)	1 429	2 109	5 700
火焰谷(Flaming Gorge)	1 518	19 581	20 000
纳瓦霍(Navajo)	1 250	9 791	5 000
鲍威尔(Powell)	13 422	150 625	714 500
米德(Mead)	12 252	180 750	300 000
莫哈维(Mohave)	12 377	12 050	102 000
哈瓦苏(Havasu)	11797	4 142	30 000

第7讲

计算机求解方法:完全混合反应器系统

> **简介:**本讲介绍了如何使用计算机对单个反应器和反应器系统的水质问题进行求解。具体介绍了三种数值计算方法:欧拉法、亨式法和四阶龙格-库塔法。

之前的讲座中,我们已经采用微积分方程为许多理想情况提供了解析解。虽然这些解析解对于从根本上理解自然水体中污染物的归趋非常有用,但是在表征实际问题的能力方面存在一定的局限性。解析解方法使用受限的原因有四个。

· 非理想化的负荷函数。为了求得闭式解,必须采用理想化的负荷函数。例如,负荷必须通过第4讲中所述的脉冲、阶跃、线性、指数或正弦形式来表示。虽然有时可以用上述方式表示实际负荷,但它们通常是任意的,并没有明显的潜在模式[参见图4-1(f)]。

· 非恒定参数。到目前,我们假设所有模型参数(即 Q、V、k、v 等)是恒定的。但实际上,它们可能会随时间变化。

· 多单元系统。正如前面两讲所提及的,超过两个单元的系统需要借助计算机来提供有效解。

· 非线性动力学。到目前我们一直强调一级反应动力学。这意味着我们将研究局限于线性微分方程。虽然一级反应很重要,但是许多水质问题是建立在非线性反应基础上的,而大多数非线性问题无法获得解析解。

以上所有四个方面都表明了使用计算机进行数值求解的重要性。因此,我们必须学习如何使用计算机来求解微分方程。

7.1 欧拉法

欧拉(Euler)法是求解常微分方程的最简单数值方法。欧拉法的一种应用是求解完全混合湖泊模型:

$$\frac{\mathrm{d}c}{\mathrm{d}t} = \frac{W(t)}{v} - \lambda c \tag{7-1}$$

式中

$$\lambda = \frac{Q}{V} + k + \frac{v}{H} \tag{7-2}$$

计算机求解数学问题的基本方法是将问题重新表述，以便于通过算术运算求解。求解方程式(7-1)的难点在于导数项 dc/dt。但是，正如在第 2 讲中所介绍的，通过不同的近似方法可将导数项以算数形式表示。例如，通过采用前向差分法，可将浓度对时间的一阶导数近似表示为：

$$\frac{dc_i}{dt} \cong \frac{\Delta c}{\Delta t} = \frac{c_{i+1} - c_i}{t_{i+1} - t_i} \tag{7-3}$$

式中，c_i 和 c_{i+1} 分别表示当前时刻 t_i 和未来时刻 t_{i+1} 的浓度。将式(7-3)代入式(7-1)中得到：

$$\frac{c_{i+1} - c_i}{t_{i+1} - t_i} = \frac{W(t)}{V} - \lambda c_i \tag{7-4}$$

由此可以求出：

$$c_{i+1} = c_i + \left[\frac{W(t)}{V} - \lambda c_i\right](t_{i+1} - t_i) \tag{7-5}$$

注意，方括号中的项是微分方程本身[式(7-1)]，它提供了一种计算 c 的变化率或斜率的方法。这样，微分方程就被转换为代数方程，从而可使用斜率和已知 c 值确定 t_{i+1} 处的浓度。如果在某个时间 t_i 给出浓度的初始值，则可以很容易地推导出 t_{i+1} 时刻的浓度。而 t_{i+1} 时刻的浓度值 c 又可以用于推导 t_{i+2} 时刻的浓度值 c，以此类推。因此，任一时刻都适用于：

$$新值 = 旧值 + (斜率)(步长) \tag{7-6}$$

该方法通常可以表示为：

$$c_{i+1} = c_i + f(t_i, c_i)h \tag{7-7}$$

式中 $f(t_i, c_i) = dc_i/dt = $ 在 t_i 和 c_i 处对应的微分方程估算值；$h = $ 步长($= t_{i+1} - t_i$)。此公式称为欧拉法(或点斜率)(图 7-1)。

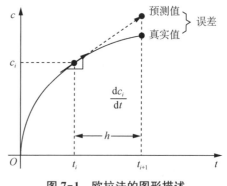

图 7-1 欧拉法的图形描述

【例题 7-1】 欧拉法

某完全混合的湖泊具有以下特征：

$Q = 10^5 \text{ m}^3 \cdot \text{yr}^{-1}$ $V = 10^6 \text{ m}^3$

$z = 5 \text{ m}$ $k = 0.2 \text{ yr}^{-1}$

$v = 0.25 \text{ m} \cdot \text{yr}^{-1}$

$t = 0$ 时，湖泊的阶跃负荷为 $50 \times 10^6 \text{ g} \cdot \text{yr}^{-1}$，初始浓度为 $15 \text{ mg} \cdot \text{L}^{-1}$。采用欧拉法模拟 $t = 0$ 到 20 年的湖内浓度(计算时间步长为 1 年)，并将数值解与解析解进行比较：

$$c = c_0 e^{-\lambda t} + \frac{w}{\lambda V}(1 - e^{-\lambda t})$$

【求解】 首先,计算特征值:

$$\lambda = \frac{10^5}{10^6} + 0.2 + \frac{0.25}{5} = 0.35 \ \text{yr}^{-1}$$

计算开始时刻($t_i = 0$)湖内浓度为 15 mg $\cdot$ L^{-1},入湖负荷为 50×10^6 g $\cdot$ yr^{-1}。基于该信息和参数值,使用式(7-5)计算 t_{i+1} 时的浓度:

$$c(1) = 15 + \left[\frac{50 \times 10^6}{10^6} - 0.35(15)\right]1.0 = 59.75 \ \text{mg} \cdot \text{L}^{-1}$$

对下一个间隔($t = 1 \sim 2$ 年),进行重复计算得到

$$c(2) = 59.75 + \left[\frac{50 \times 10^6}{10^6} - 0.35(59.75)\right]1.0 = 88.837\ 5 \ \text{mg} \cdot \text{L}^{-1}$$

以此类推,求得其他时间的湖内浓度。数值解与解析解比较见表 7-1。

表 7-1 比较

| t(yr) | c(mg $\cdot$ L^{-1}) | | t(yr) | c(mg $\cdot$ L^{-1}) | |
	数值解	解析解		数值解	解析解
0	15.00	15.00	6	133.21	127.20
1	59.75	52.75	7	136.59	131.82
2	88.84	79.37	8	138.78	135.08
3	107.74	98.12	9	140.21	137.38
4	120.03	111.33	10	141.14	139.00
5	128.02	120.64	∞	142.86	142.86

数值解和解析解的比较见图 7-2。可以看出,数值解准确地捕捉到了准确解的主要特征。但是,由于使用了直线段来近似表示连续曲线函数,因此两个结果之间存在一些差异。最小化这种差异的一种方法是使用较小的步长。例如,基于式(7-5),以 0.5 年为计算时间间隔可以进一步减小误差,从而使得直线段轨迹更接近真实解。

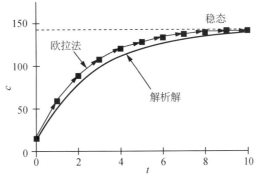

图 7-2 阶跃负荷输入的完全混合湖泊中解析解和欧拉法数值解的比较

在手工计算中,步长越小,则数值求解越繁琐,甚至无法实现。相比之下,计算机可以容易地进行大量计算。因此,即使不能获得微分方程的解析解,也可以使用数值计算方法来精确地模拟浓度。

欧拉法是一种一阶方法。这意味着如果微分方程的解为线性多项式或直线,使用欧拉法将会产生理想的结果。使用较小的时间步长能够提高欧拉法的准确度。另一种提高准确度的方法是改进用于外推的斜率估计(请参阅 Chapra 和 Canale,1988)。以下各节将介绍其中的一些方法。

7.2　亨氏法

欧拉法中误差的一个基本来源是假设区间起始点处的导数适用于整个区间。一种改进斜率估计的方法是在整个区间上求导数值,即同时确定为区间上起始点和终点的导数,然后取这两个导数的平均值。这种方法称为亨氏(Heun)法,如图 7-3 所示。

已知在欧拉法中,起始点的斜率为:

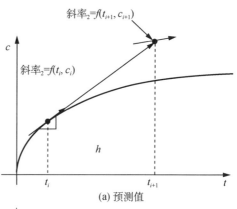

$$\frac{\mathrm{d}c_i}{\mathrm{d}t} = f(t_i,\ c_i) \qquad (7-8)$$

将其线性外推到 C_{i+1}:

$$c_{i+1}^0 = c_i + f(t_i,\ c_i)h \qquad (7-9)$$

对于标准欧拉法,计算可以就此停止。但是,在亨氏法中,式(7-9)计算出来的 c_{i+1}^0 不是最终结果,而是中间预测值。这就是为什么本书用上标 0 来对 c_{i+1} 进行区分。公式(7-9)给出的 c_{i+1} 估计值,可用于计算终点处的斜率:

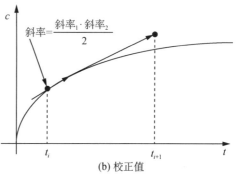

图 7-3　亨氏法的图形描述

$$\frac{\mathrm{d}c_{i+1}}{\mathrm{d}t} = f(t_{i+1},\ c_{i+1}^0) \qquad (7-10)$$

由此,将两个斜率[式(7-8)和式(7-10)]组合来获得区间的平均斜率:

$$\overline{\frac{\mathrm{d}c}{\mathrm{d}t}} = \frac{f(t_i,\ c_i) + f(t_{i+1},\ c_{i+1}^0)}{2} \qquad (7-11)$$

利用该平均斜率值,进一步从 c_i 线性外插值推导出 c_{i+1}:

$$c_{i+1} = c_i + \frac{f(t_i, c_i) + f(t_{i+1}, c^0_{i+1})}{2} h \tag{7-12}$$

亨氏法又被称为预测-校正法。如上所述，该方法可简明地表示为：

预测值：

$$c^0_{i+1} = c_i + f(t_i, c_i)h \tag{7-13}$$

校正值：

$$c_{i+1} = c_i + \frac{f(t_i, c_i) + f(t_{i+1}, c^0_{i+1})}{2} h \tag{7-14}$$

注意，由于式(7-14)的等号两边均有 c_{i+1}，因此 c_{i+1} 可以通过反复迭代求解来获得更精确的结果。也就是说，可以重复利用旧的估计值来改进 c_{i+1} 的估计值。需要说明的是，这样的迭代过程不意味着数值计算的最终结果收敛于真实解，而是会收敛于具有有限截断误差的估计值。然而，基于亨氏法数值计算截断误差将小于基于欧拉法等更粗略方法的截断误差。

与其他迭代方法一样，校正值收敛的终止标准下：

$$误差\% = \left| \frac{c^j_{i+1} - c^{j-1}_{i+1}}{c^j_{i+1}} \right| (100\%) \tag{7-15}$$

式中，c^{j-1}_{i+1} 和 c^j_{i+1} 分别是前后两次迭代的计算结果。

【例题 7-2】　亨氏法

针对例题 7-1，重新采用亨氏法求解。本题中不对校正值进行迭代计算。

【求解】　已知计算开始时刻 $(t_i = 0)$，浓度为 15 mg·L^{-1}，入湖负荷为 50×10^6 g·yr^{-1}。使用该条件和参数值，基于式(7-1)可计算出 t_i 处的斜率估计值：

$$f(0, 15) = 50 - 0.35(15) = 44.75$$

由此计算出计算区间终点处的浓度：

$$c(1) = 15 + (44.75)1.0 = 59.75 \text{ mg·L}^{-1}$$

基于该值进一步计算出区间终点处的斜率：

$$f(1, 59.75) = 50 - 0.35(59.75) = 29.087\ 5$$

将两个斜率值取平均后求得校正斜率，从而得出最终结果为：

$$c(1) = 15 + \frac{1}{2}(44.75 + 29.087\ 5)1 = 51.918\ 75 \text{ mg·L}^{-1}$$

与欧拉法获得的结果相比，基于亨氏法的结果更接近真实值。以此类推，继续计算其他时刻的湖内浓度值。数值解与解析解的对比见表 7-2。

表 7-2 对比

| t(yr) | $c(\text{mg} \cdot \text{L}^{-1})$ | | t(yr) | $c(\text{mg} \cdot \text{L}^{-1})$ | |
	数值解	解析解		数值解	解析解
0	15.00	15.00	6	126.30	127.20
1	51.92	52.75	7	131.08	131.82
2	78.18	79.37	8	134.48	135.08
3	96.85	98.12	9	136.90	137.38
4	110.14	111.33	10	138.62	139.00
5	119.58	120.64	∞	142.86	142.86

　　亨氏法是一种二阶方法。这意味着如果微分方程的解是二次多项式,该方法将产生理想的结果。因此,亨氏法优于欧拉法。但是,由于亨氏法需要对每个时间步长进行两次导数评估,故数值解准确性的提高是以增加计算量为代价的。

7.3　龙格-库塔法

　　龙格-库塔(Runge-Kutta)法或 RK 法是一类广泛应用于水质模拟的数值计算方法。RK 法的通用表示形式为:

$$c_{i+1} = c_i + \phi h \tag{7-16}$$

式中,ϕ 为斜率估计值(又称增量函数)。比较式(7-16)和式(7-7)可知,欧拉法实际上是 $\phi = f(t_i, c_i)$ 的一阶 RK 法。而亨氏法(无二次校正过程)是二阶 RK 算法(Chapra 和 Canale,1988)。

　　最常用的 RK 法是经典的四阶方法:

$$c_{i+1} = c_i + \left[\frac{1}{6}(k_1 + 2k_2 + 2k_3 + k_4)\right]h \tag{7-17}$$

式中,

$$k_1 = f(t_i, c_i) \tag{7-18}$$

$$k_2 = f\left(t_i + \frac{1}{2}h, c_i + \frac{1}{2}hk_1\right) \tag{7-19}$$

$$k_3 = f\left(t_i + \frac{1}{2}h, c_i + \frac{1}{2}hk_2\right) \tag{7-20}$$

$$k_4 = f(t_i + h, c_i + hk_3) \tag{7-21}$$

式中,函数只是在特定 t 和 c 值下的原始导数值,即:

$$f(t, c) = \frac{\mathrm{d}c}{\mathrm{d}t}(t, c) \tag{7-22}$$

四阶 RK 法与亨氏法相似，即都是对斜率进行了多次估计，以获得计算区间上的改进平均斜率。如图 7-4 所示，每个 k 代表一个斜率，而后通过式(7-17)计算出这些斜率的加权平均数，从而得到改进的斜率值。

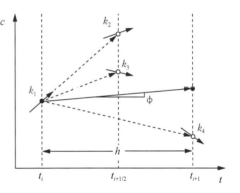

图 7-4　四阶 RK 法的图形表示

【例题 7-3】　四阶 RK 法

针对例题 7-1，重新使用经典的四阶 RK 法求解。

【求解】　已知计算开始时刻($t_i = 0$)，浓度为 15 mg·L^{-1}，入湖负荷为 50×10^6 g·yr^{-1}。使用该条件和参数值，根据式(7-17)～式(7-21)可计算出 t_{i+1} 处的浓度：

$$k_1 = f(0, 15) = 50 - 0.35 \times (15) = 44.750$$

$$k_2 = f\left[0 + \frac{1}{2}(1), 15 + \frac{1}{2}(1)44.750\right]$$

$$= f(0.5, 37.375) = 50 - 0.35 \times (37.375) = 36.919$$

$$k_3 = f\left[0 + \frac{1}{2}(1), 15 + \frac{1}{2}(1)36.919\right]$$

$$= f(0.5, 33.459) = 50 - 0.35 \times (33.459) = 38.289$$

$$k_4 = f[0 + 1, 15 + 1(38.289)] = f(1.0, 53.289)$$

$$= 50 - 0.35 \times (53.289) = 31.349$$

$$c(1) = 15 + \left[\frac{1}{6}(44.750 + 2(36.919 + 38.289) + 31.349)\right](1)$$

$$= 52.75 \text{ mg·L}^{-1}$$

对于下一个时间步长($t = 1 \sim 2$ 年)，重复计算得出：

$$c(2) = 52.75 + \left[\frac{1}{6}(31.537 + 2(26.018 + 26.984) + 22.092)\right](1) = 79.36 \text{ mg·L}^{-1}$$

$$(7-16)$$

以此类推，继续计算其他时刻的值。数值解与解析解的对比见表 7-3。

表 7-3　对比

t(yr)	c(mg·L^{-1})		t(yr)	c(mg·L^{-1})	
	数值解	解析解		数值解	解析解
0	15.00	15.00	6	127.19	127.20
1	52.75	52.75	7	131.82	131.82
2	79.36	79.37	8	135.08	135.08
3	98.11	98.12	9	137.38	137.38
4	111.32	111.33	10	138.99	139.00
5	120.63	120.64	∞	142.86	142.86

可以看出,在该实例中数值解非常逼近解析解,差异仅限于小数点后的第二位数。

7.4 多方程系统

上述方法还可直接用于模拟计算多个微分方程组成的方程组:

$$\frac{\mathrm{d}c_1}{\mathrm{d}t} = f_1(c_1, c_2, \cdots, c_n) \tag{7-23}$$

$$\frac{\mathrm{d}c_2}{\mathrm{d}t} = f_2(c_1, c_2, \cdots, c_n) \tag{7-24}$$

$$\vdots$$

$$\frac{\mathrm{d}c_n}{\mathrm{d}t} = f_n(c_1, c_2, \cdots, c_n) \tag{7-25}$$

方程组的求解需要已知起始点的 n 个初始条件。分别利用式(7-23)~式(7-25)来为每个未知数提供数值迭代计算所需的斜率估计值。利用这些斜率估计值,可以预测下一时刻的浓度。重复该过程可依次计算下一个时间步长的浓度值。

【例 7-4】 **两个串联湖泊系统的污染泄漏模拟** 5 kg 的可溶性杀虫剂发生泄漏后,排放入两个串联湖泊的第一个湖泊。注意,两个湖泊均完全混合,且除水力交换外,农药没有任何损失。湖泊的参数见表 7-4。

表 7-4 参数

	湖泊 1	湖泊 2
体积(m³)	0.5×10^6	0.6×10^6
出流量(m³ · yr⁻¹)	1×10^6	1×10^6

使用欧拉法预测两个湖泊中的农药浓度随时间变化,并以图表的形式比较数值解和解析解。

【求解】 首先,建立湖泊系统的质量平衡方程:

$$\frac{\mathrm{d}c_1}{\mathrm{d}t} = -\lambda_{11}c_1 \qquad\qquad \frac{\mathrm{d}c_2}{\mathrm{d}t} = \lambda_{21}c_1 - \lambda_{22}c_2$$

式中,

$$\lambda_{11} = \frac{Q_{12}}{V_1} \qquad \lambda_{21} = \frac{Q_{12}}{V_2} \qquad \lambda_{22} = \frac{Q_{23}}{V_2}$$

将上述参考代入公式中得到

$$\frac{\mathrm{d}c_1}{\mathrm{d}t} = -2c_1$$

$$\frac{\mathrm{d}c_2}{\mathrm{d}t} = 1.667c_1 - 1.667c_2$$

如果 $c_1 = 10\ \mu g \cdot L^{-1}$，$c_2 = 0$，则方程式的解析解为

$$c_1 = 10e^{-2t}$$

$$c_2 = \frac{1.667(10)}{1.667 - 2}(e^{-2t} - e^{-1.667t})$$

现在使用欧拉法进行求解。首先，使用微分方程来计算 $t = 0$ 时的斜率：

$$\frac{dc_1}{dt}(0) = -2(10) = -20$$

$$\frac{dc_2}{dt}(0) = 1.667(10) - 1.667(0) = 16.667$$

然后基于上述斜率估计值外推得到 $t = 0.1$ yr 的浓度：

$$c_1(0.1) = 10 - 20(0.1) = 8\ \mu g \cdot L^{-1}$$

$$c_2(0.1) = 0 + 16.667(0.1) = 1.667\ \mu g \cdot L^{-1}$$

对于下一个时间步长（$t = 0.1 \sim 0.2$ 年），重复计算。首先，确定 $t = 0.1$ yr 处斜率值：

$$\frac{dc_1}{dt}(0.1) = -2(8) = -16$$

$$\frac{dc_2}{dt}(0.1) = 1.667(8) - 1.667(1.667) = 10.556$$

同样，基于上述斜率估计值外推得到 $t = 0.2$ yr 的浓度：

$$c_1(0.2) = 8 - 16(0.1) = 6.4\ \mu g \cdot L^{-1}$$

$$c_2(0.2) = 1.667 + 10.556(0.1) = 2.723\ \mu g \cdot L^{-1}$$

以此类推，继续计算其他时刻的湖内浓度值。数值解与解析解的对比表 7-5。

表 7-5 对比

t(yr)	$c_1(\mu g \cdot L^{-1})$		$c_2(\mu g \cdot L^{-1})$	
	数值解	解析解	数值解	解析解
0.0	10.00	10.00	0.00	0.20
0.1	8.00	8.19	1.67	1.39
0.2	6.40	6.70	2.72	2.31
0.3	5.12	5.49	3.35	2.89
0.4	4.10	4.49	3.63	3.20
0.5	3.28	3.68	3.71	3.34
0.6	2.62	3.01	3.64	3.33
0.7	2.10	2.47	3.47	3.24
0.8	1.68	2.02	3.24	3.09
0.9	1.34	1.65	2.98	2.89
1.0	1.07	1.35	2.71	2.68

　　解析解和数值解的绘制见图 7-5。与针对单个方程求解的情形一样(例 7-1)，为了减小误差，应采用较小的时间步长。

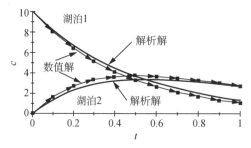

图 7-5　两个完全混合湖泊组成的湖泊系统中，解析解和欧拉法数值解的对比

　　亨氏法和四阶龙格-库塔法也可以用于模拟常微分方程系统。但是，如例 7-5 所示，在得到下一时刻的浓度之前，应首先求得一系列斜率值。

【例 7-5】　基于四阶 RK 法的常微分方程系统求解

　　针对例 7-4，重新采用经典的四阶 RK 法求解。

　　【求解】　该计算过程的一个重要特点是，在求得该系统的下一时刻浓度之前，必须计算出整个常微分方程组的 k 值。例如：

$$k_{1.1} = -20 \qquad k_{2.1} = -18 \qquad k_{3.1} = -18.2 \qquad k_{4.1} = -16.36$$
$$k_{1.2} = 16.667 \qquad k_{2.2} = 13.611 \qquad k_{3.2} = 14.032 \qquad k_{4.2} = 11.295$$

据此计算出两个湖泊的增量函数：

$$\phi_1 = \frac{1}{6}\left[-20 + 2(-18 - 18.2) - 16.36\right] = -18.127$$

$$\phi_2 = \frac{1}{6}\left[16.667 + 2(13.611 + 14.032) + 11.295\right] = 13.875$$

进一步计算出两个湖泊的浓度：

$$c_1(0.1) = 10 - 18.127(0.1) = 8.19 \text{ mg} \cdot \text{L}^{-1}$$
$$c_2(0.1) = 0 + 13.875(0.1) = 1.39 \text{ mg} \cdot \text{L}^{-1}$$

　　以此类推，继续计算其他时刻的两个湖泊浓度值。数值解与解析解的差别在于小数点后两位。因此，在该案例中，数值解与解析解十分吻合。

习　题

　　7-1　人口增长动力学在各种工程规划研究中都很重要。其中一个最为简单的模型是假设人口 p 的变化率与现有人口成正比：

$$\frac{\mathrm{d}p}{\mathrm{d}t} = Gp \tag{7-26}$$

其中 G 为增长率(yr^{-1})。该模型直观地告诉我们:人口数越大,人口增长也就越快。

在 $t=0$ 时刻,某岛上有 10 000 个居民。如果 $G=0.075\ yr^{-1}$,请使用欧拉法预测 $t=20$ 年时的人口;取时间步长为 0.5 年。请在标准和半对数方格纸上绘制 p 与 t 的关系图,并确定半对数图的斜率。最后对结果进行讨论。

7-2 虽然在人口增长不受限制的情况下,习题 7-1 中的模型可以有效发挥作用,但是在粮食短缺、环境污染和空间不足等因素的影响下,该模型无法发挥作用。在这种情况下,可以认为增长率本身与人口数量成反比,可以用下面模型表示:

$$G=G'(p_{max}-p) \tag{7-27}$$

式中,G' 为基于人口的增长率[(人-年)$^{-1}$];p_{max} 为最大可持续人口。因此,当人口数量较小($p \ll p_{max}$)时,增长率为很大的恒定值 $G'p_{max}$。在这种情况下,增长是无限的,且式(7-27)与式(7-26)相同。但是,随着人口增长(即当 p 接近 p_{max} 时),G 将逐渐下降直至 G 为 0(此时 $p=p_{max}$)。因此该模型表示当人口达到最大可持续水平时,人口将不再增长,相应系统处于稳态。将式(7-27)代入式(7-26)中得到:

$$\frac{\mathrm{d}p}{\mathrm{d}t}=G'(p_{max}-p)p$$

据此,再次对习题 7-1 的岛屿人数进行预测。请使用欧拉法预测 $t=20$ 年时的人口数量(取时间步长为 0.5 年)。其中 $G'=10^{-5}$ 人$^{-1}$·年$^{-1}$,$p_{max}=20\ 000$,$t=0$ 时该岛的人口为 10 000。绘制 p 与 t 之间的关系图并解释曲线的形状。

7-3 回顾习题 4-8。在 4-8 中我们研究了具有以下特征的湖泊:

入流=出流=$20 \times 10^6\ m^3 \cdot yr^{-1}$

平均水深=10 m

表面积=$20 \times 10^6\ m^2$

某罐头厂向该湖泊系统中排放污染物;污染物的降解速度为 $1.05\ yr^{-1}$。在习题 4-8 中,罐头厂的季节性污染负荷输入近似表示为正弦函数形式。以下测量值可以更好地估计一年中不同月份的入湖污染负荷。

月份	1	2	3	4	5	6	7	8	9	10	11	12
负荷(mta)	29	26	11	0	0	9	23	43	44	64	53	50

如果初始条件为在 $t=0$ 时刻,$c=0$,

(a) 选择一种数值计算方法来计算该系统在 $t=0 \sim 10$ 间的浓度;

(b) 经过足够长的时间后,湖中污染物浓度将达到动态平衡。在此情形下。请问在一年中的哪一天,湖内浓度达到最大值?

7-4 一个小型池塘具有以下特征:

表面积=$0.2 \times 10^6\ m^2$

平均水深=5 m

出流$=1\times10^{6}$ m^3·d^{-1}

池塘内的温度变化如下所示：

时间	午夜	2:00	4:00	6:00	8:00	10:00
温度(℃)	21	20	17	16	18	21
时间	正午	2:00	4:00	6:00	8:00	10:00
温度(℃)	25	27	28	26	23	21

如果将 2 kg 污染物排入池塘，且污染物以 $k=2$ d^{-1} 的速率衰减，试计算池塘中的污染物浓度随时间响应：溢流排放发生在(a)午夜，(b)中午，将两种情况的计算结果绘制在同一张图上。注意，该反应速率随温度变化，其温度修正系数为 $\theta=1.08$。

7-5 华盛顿湖位于华盛顿西雅图。该湖泊具有以下特征：

体积$=2.9\times10^{9}$ m^3

平均水深$=33$ m

出流量$=1.25\times10^{9}$ m^3·yr^{-1}

在 1950 年代和 1960 年代，由于入湖营养物磷的增加，华盛顿湖水质开始恶化。1960 年代后期，入湖污水量大大减少。下表总结了从 1930 到 1970 年代后期的入湖磷负荷：

年	负荷(mta)	年	负荷(mta)	年	负荷(mta)
1930	40	1961	137.4	1972	103.4
1940	40	1962	148.5	1973	42.9
1941	55	1963	156.5	1974	58.5
1949	55	1964	204.2	1975	99.3
1950	84.8	1965	142.8	1976	42.9
1951	81	1966	124.8	1977	60.3
1956	81	1967	54.3	1978	48.6
1957	93.2	1968	59.1	1979	60.5
1958	104.3	1969	48.2	≥1980	60.5
1959	115.3	1970	59.0		
1960	126.4	1971	53.8		

总磷的沉降速率约为 12 m·yr^{-1}。

(a) 使用亨氏法计算从 1930 到 1990 年间的湖泊中磷浓度随时间变化。注意：1930 年的湖内磷浓度初始条件为 17.4 μg·L^{-1}；

(b) 将亨氏法计算结果与欧拉法进行比较；

(c) 将亨氏法计算结果与四阶 RK 法进行比较。

7-6 5 kg 的可溶性农药瞬时排入由两个湖泊串联组成的湖泊系统中。其具体排放位置为第一个湖泊。农药易挥发，且在两个湖泊中的一阶衰减速率分别为 $k_1 = 0.002\ \mathrm{d^{-1}}$，$k_2 = 0.003\ 33\ \mathrm{d^{-1}}$。湖泊的其他参数如下表所示：

	湖泊 1	湖泊 2
表面积(m²)	0.1×10^6	0.2×10^6
平均水深(m)	5	3
出流量(m³·yr⁻¹)	1×10^6	1×10^6

试使用四阶 RK 法，

（a）预测两个湖泊的农药浓度随时间变化，并用图形表示计算结果；

（b）计算第二个湖泊达到最大浓度所需的时间。

7-7　除亨氏法外，还有一种求解常微分方程的二阶方法，称为中点法或改进的多边形法。该方法表示为：

$$c_{i+\frac{1}{2}} = c_i + f(t_i,\ c_i)\frac{h}{2}$$
$$c_{i+1} = c_i + f(t_{i+\frac{1}{2}},\ c_{i+\frac{1}{2}})h$$

其中，第一个方程使用欧拉法对计算区间中点的浓度 c 进行预测。然后，该值将用于生成中心斜率估计值，并将该估计值代入第二个方程式，预测区间终点处的浓度。采用该方法来求解例题 7-2 中的常微分方程。

第二部分 不完全混合系统

　　第二部分旨在介绍不完全混合系统模拟的基本知识。第 8 讲将介绍输移,重点放在扩散这样一个重要主题。引入扩散之后,可以针对多个 CSTR 构成的系统,计算系统单元之间通过开边界的质量传质。以带有港湾的大型湖泊为例,展示了此类系统的质量传质计算方法。

　　接下来的两讲旨在针对理想的狭长式反应器,给出水质问题的闭式解。这些内容是学习溪流(推流反应器)和河口(混合流动反应器)水质模型解析解的基础。第 9 讲推导了这些系统的质量平衡方程和稳态解。第 10 讲介绍了非稳态解。

　　这一部分的其余三讲聚焦于不完全混合系统的计算机求解方法。首先,第 11 讲给出了一个通用的稳态方法,即控制体积法。除此之外,这一讲还探究了该稳态方法的两个约束因素,即模型正值性质和数值离散。第 12 讲将这一稳态方法拓展至非稳态模拟,有关模拟精度和稳定性的问题也在本讲进行介绍和讨论。最后,第 13 讲介绍了几种先进的非稳态数值求解方法。

第 8 讲

扩　散

简介: 扩散对于通过开边界的质量传质发挥着作用。为了将建立的模型框架拓展至不完全混合系统,本讲介绍了扩散的机理。之后针对一个简单的非完全系统——带有港湾的湖泊,建立了质量平衡方程。针对该系统推导出了稳态解和非稳态解。

回顾第 1 讲的内容,天然水体中污染物的迁移转化主要受两个作用的影响——反应动力学和输移。之后在第 2 讲中介绍了反应动力学知识,列出了不同类型的反应,并讲述了如何对反应动力学参数进行测量。

随后的讲座以相对简单的方式介绍了另外一个过程——质量输移。因为这些讲座内容基本上是针对完全混合反应器系统,所以只考虑反应器之间水流流动引起的质量传递。这种通过河流或管道的单向物质输移可以直接用流量和浓度的乘积表示。

本讲将理论框架进一步拓展到不完全混合系统,包括化学性质不均一的河流、河口、港湾和近岸海域等系统。因此,我们必须讨论系统内部的质量输移问题,即通过开边界的质量通量。

8.1　对流和扩散

天然水体中,有许多类型的水流运动对物质输移产生影响。风能和重力作用造成水流运动,并由水流携带物质输移。本讲中系统内的质量传递总体上可以分为两大类:对流和扩散。

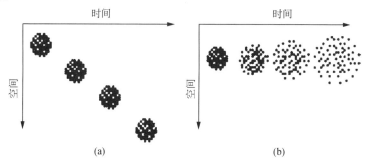

图 8-1　对流(a)和扩散(b)作用下的染料浓度时空分布

对流是指由水流单向流动引起的物质传输现象，并且物质的性质在随水流传输过程中不发生改变。如图 8-1(a)所示，对流作用将物质从空间中某一位置移动至另外一个位置。主要受对流作用影响的简单例子包括：湖泊出流以及由河流或河口中的流动导致的物质向下游运输现象等。

扩散是指由于水的随机运动或混合而引起的质量传输。如图 8-1(b)所示，扩散作用导致图中的染料块随着时间的推移扩展开并稀释，但其质心的净移动可忽略不计。在微观尺度上，分子扩散是由水分子的随机布朗运动产生的。类似的随机运动还会由于紊流作用在较大尺度上发生，对此称之为紊流扩散。两者具有相同的特性，即都是通过将物质从高浓度区域输送到低浓度区域而使得浓度梯度（即浓度差异）最小化。

将物质输移分解为对流和扩散两种理想化形式受到模拟现象的尺度影响。例如，在较短时间尺度上，涨落潮导致河口中的水流往复流动，相应的物质运动主要受到对流作用影响。如果模拟问题涉及短历时初期雨水溢流的细菌污染，那么需要将污染物质输移过程表征为对流作用。然而，在更长的时间尺度上，潮汐水流以周期性的规律往复流动，相应物质输移主要被归为扩散作用。另外，在许多情况下，物质的输移受到扩散和对流的共同作用，而哪一种作用占据主导取决于研究问题的尺度。

天然水体中的水流运动是一个复杂的过程。与任何理想化情形一样，以上概念主要是简单介绍物质输移的基本特征。在以下各讲中，我们将关注一个最简单的不完全混合系统，即附属有一个港湾的湖泊。在利用这个例子介绍扩散之后，接下来的内容将专门介绍有关物质输移的其他信息。

8.2 实验

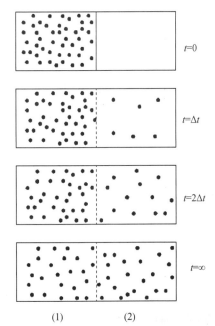

图 8-2 展示了一个扩散作用引起质量传输的实验。采用可移动隔板将水箱分成两半，其中水箱左侧放入了许多微小的悬浮颗粒物。在实验开始时($t=0$)，将隔板轻轻地移开，以使得所有颗粒物保留在左侧部分。经过一段时间（$t = \Delta t$）后观察水箱，可以发现一些颗粒物移动到了水箱右侧。而后（$t = 2\Delta t$）更多颗粒物迁移到水箱右侧。经过足够长的时间，水箱两侧的颗粒浓度将保持相等。

物质从水箱左边到右边的扩散速度与混合作用力的强度有关。如果将水箱盖住，虽然布朗运动将提供足够的能量来推动颗粒物向右侧移动，但粒子的移动速度较慢。若采用机械混合的方式如利用空气吹过水箱表面，则可以加速扩散过程。无论如何，随着时间的推移，更多的颗粒将会出现在水箱右侧直到颗粒物均匀分布在整

(1)   (2)

图 8-2 物质在水箱两侧区域之间的扩散

个水箱中。

如上所述,由于水流随机运动或混合作用而引起的质量运移现象称为扩散。针对图 8-2 所示的实验,可以建立数学模型来量化扩散过程。如果将水箱的左侧和右侧分别标记为 1 和 2,则左侧的质量守恒方程可写为:

$$V_1 \frac{dc_1}{dt} = D'(c_2 - c_1) \tag{8-1}$$

式中,V_1 为左侧水箱体积;c_1 和 c_2 分别为左侧和右侧水箱中颗粒物的浓度;D' 为扩散流($m^3 \cdot yr^{-1}$)。

因此,扩散表示为连接两侧体积的等量双向"流动"模型(图 8-3)。

注意,水箱两侧的扩散传质与三种因素有关。首先,混合流 D' 反映了混合强度。因此,如果水箱仅受到微弱混合作用例如布朗运动的影响,那么 D' 会很小。但是,如果受到剧烈的物理混合作用,D' 会很大。

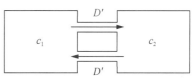

图 8-3　物质扩散的双向流动模型

其次,质量传质与界面面积成正比。因此,如果界面面积增加一倍,迁移的粒子数目也将增加一倍。D' 的大小也会反映出这种影响。

最后,扩散传质与水箱两侧的浓度差成正比。这种浓度差或梯度会影响颗粒物迁移的方向和数量。就迁移方向而言,如果 $c_1 > c_2$,那么粒子将从左向右移动。产生这一现象的原因是从左侧向右侧移动的粒子数量要比从右侧向左侧移动的数量要多,因此净迁移方向是从左向右。针对这一现象,式(8-1)将出现负值;也就是说,水箱左侧产生了质量损失。相反,如果 $c_2 > c_1$,那么物质将会从右向左迁移。

就扩散传质通量大小而言,较大的浓度差意味着迁移粒子数目将会按比例增加。如果不存在浓度差($c_1 = c_2$),那么左右两侧的传质处于平衡状态,相应净迁移量为 0。对于这种情形,相应方程式(8-1)的右边等于 0。

【例 8-1】　水箱两侧体积之间的质量扩散

针对图 8-2 所示实验,计算完成 95% 的完全混合所需要的时间。

【求解】　回顾第 6 讲,6.5.1 节针对间歇式反应器中发生的可逆反应,模拟了两种反应物浓度随时间的变化。在此也可以采用类似的方法。首先,如果水箱两侧的体积相等,那么左侧的质量平衡可表示为:

$$\frac{V}{2} \frac{dc_1}{dt} = D'(c_2 - c_1)$$

式中,V 为水箱总体积。

进一步,由于水箱两侧体积相等,因此两侧的浓度总和与水箱左侧的初始浓度相等,即:

$$c_{10} = c_1 + c_2$$

根据上式可求出 c_2 的表达式,并将其代入质量守恒方程式后得到:

$$\frac{\mathrm{d}c_1}{\mathrm{d}t} = \frac{4D'}{V}c_1 = \frac{2D'}{V}c_{10}$$

由此可以解出:

$$c_1 = c_{10}\mathrm{e}^{-\frac{4D'}{V}t} + \frac{c_{10}}{2}\Big(1 - \mathrm{e}^{-\frac{4D'}{V}t}\Big)$$

将该结果代入 c_{10} 的计算公式,得到:

$$c_2 = \frac{c_{10}}{2}\Big(1 - \mathrm{e}^{-\frac{4D'}{V}t}\Big)$$

因此,如图 8-4 所示,c_1 与 c_2 曲线逐渐重合并接近平衡浓度 $c_{10}/2$,此时对应的特征值为 $4D'/V$。相应达到 95% 完全混合所需要的时间为 $3V/(4D')$。

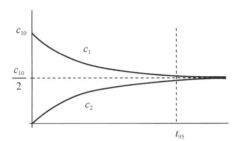

图 8-4　反应物浓度随时间的变化

8.3　菲克第一定律

在对扩散过程形成直观认识和初步学习其数学表达的基础上,接下来探讨科学家和工程师如何对扩散过程予以更为正式的表征。1855 年,生理学家阿道夫·菲克(Adolf Fick)提出了如下的扩散模型:

$$J_x = -D\frac{\mathrm{d}c}{\mathrm{d}x} \tag{8-2}$$

式中,J_x 为在 x 方向上的质量通量($\mathrm{M \cdot L^{-2} \cdot T^{-1}}$);$D$ 为扩散系数($\mathrm{L^2 \cdot T^{-1}}$)。该模型被称为菲克第一定律,指的是质量通量与浓度梯度(即浓度的导数或变化率)成正比。如图 8-5 所示,公式中的负号引入是为了确保质量通量为正值。因此,菲克定律与热传导的傅立叶定律或电传导的欧姆定律等基本定律相似。例如,傅里叶定律指出热量从温度高的区域向温度低的区域传递;类似地,菲克定律则指出物质从浓度高地区域向浓度低地区域传质。

扩散系数 D 是用于量化扩散过程速率的参数。正如上一节中实验所讨论的,如果将水箱盖住,则扩散系数很小,扩散速率较低;如果采用机械混合的方法,则扩散系数会变大。

现在采用菲克定律对图 8-2 中所示的情形进行模拟。为此针对反应器左侧建立质量守恒方程如下：

$$V_1 \frac{\mathrm{d}c_1}{\mathrm{d}t} = -JA_c \qquad (8\text{-}3)$$

式中，A_c 为水箱两侧之间交界面的横截面面积(m^2)；J 为水箱两侧之间的通量。

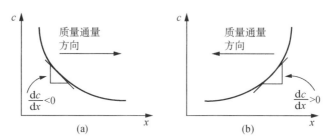

图 8-5　浓度梯度对质量通量影响的图形描述

因为物质从高浓度处向低浓度处做"下坡"运动，所以图(a)中的质量流动是沿 x 的正方向，即从左到右流动。但是，由于笛卡尔坐标系也是从左到右的方向，这种情况下斜率是负值，因此，须在梯度前面增加一个负号以保证通量为正值。这是菲克第一定律中负号的由来。在(b)中描述了相反的情况，其中正梯度导致从右到左的负质量流动

可以采用有限差分法近似来估计水箱两侧交界面处的导数：

$$\frac{\mathrm{d}c}{\mathrm{d}x} \cong \frac{c_2 - c_1}{l} \qquad (8\text{-}4)$$

式中 l 为混合长度(L)，即扩散混合发生的长度。将式(8-2)和式(8-4)代入式(8-3)中得到：

$$V_1 \frac{\mathrm{d}c_1}{\mathrm{d}t} = \frac{DA_c}{l}(c_2 - c_1) \qquad (8\text{-}5)$$

通过将式(8-5)与式(8-1)对比，可以得出更为基本的扩散流动参数表示形式：

$$D' = \frac{DA_c}{l} \qquad (8\text{-}6)$$

根据菲克定律，扩散流 D' 由三个部分组成。扩散系数 D 反映了混合过程的力度。面积 A_c 说明了这样一个事实，即传质与发生混合的界面面积大小成正比。最后，混合长度 l 定义了混合发生的距离。

扩散系数 $D(L^2 \cdot T^{-1})$ 是量化扩散过程的基本参数。然而需要指出的是，有时使用的其他参数表达和命名方法，可能会与扩散系数产生混淆。

例如，我们经常需要对分子扩散和紊流扩散进行区分。虽然两者在数学上采用相同的表达形式，但是仍用不同的术语来对其命名：D 代表分子扩散系数，而 E 代表紊动扩散系数。

除了术语外,为方便起见经常会对参数进行合并。在难以估计混合长度的情况下,通常将混合长度与扩散系数结合后形成一个单独的参数。对于分子扩散,参数定义为:

$$v_{\mathrm{d}} = \frac{D}{l} \tag{8-7}$$

式中,v_{d} 为扩散传质系数($\mathrm{L \cdot T^{-1}}$)。

此外,为了数学上的方便,也经常使用体积扩散系数 D' 或 E'。如式(8-6)所示,这种参数化意味着将面积、混合长度与扩散系数结合在一起。例如对于紊流扩散情形,从便于建模的角度经常会引入体积扩散系数:

$$E' = \frac{EA_c}{l} \tag{8-8}$$

8.4 港湾模型

图 8-6 给出了一个简单的非完全混合系统情形,即一个完全混合港湾与一个大型湖泊相连的系统(Chapra, 1979)。我们可以将这个非完全混合系统与之前讲座介绍的完全混合湖泊模型进行直接对比,从而得到一些启发。

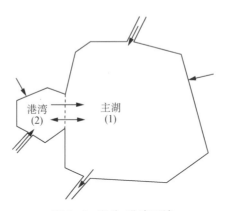

图 8-6 湖泊-港湾系统

湖泊和港湾的质量守恒方程分别建立如下:

$$v_1 \frac{\mathrm{d}c_1}{\mathrm{d}t} = W_1 - Q_1 c_1 - k_1 V_1 c_1 + Q_2 c_2 + E'(c_2 - c_1) \tag{8-9}$$

$$v_2 \frac{\mathrm{d}c_2}{\mathrm{d}t} = W_2 - Q_2 c_2 - k_2 V_2 c_2 + E'(c_1 - c_2) \tag{8-10}$$

下标 1 和 2 分别表示湖泊和港湾。

8.4.1 扩散估计

对于湖泊和港湾之间存在保守物质(即 $k=0$)浓度梯度的情形,可借助湖泊-港湾模型来估算体积扩散系数。保守性物质的质量守恒方程表示为:

$$V_2 \frac{\mathrm{d}s_2}{\mathrm{d}t} = W_2 - Q_2 s_2 + E'(s_1 - s_2) \tag{8-11}$$

式中,s 表示保守物质的浓度($M \cdot L^{-3}$)。稳态条件下可以求得公式(8-11)的解析解为:

$$E' = \frac{W_2 - Q_2 s_2}{s_2 - s_1} \tag{8-12}$$

【例 8-2】 使用天然示踪剂来估算扩散系数

对于萨吉诺(Saginaw)湾,可以通过保守物质氯化物的浓度梯度来估算体积扩散系数。估算氯化物传输过程中的扩散系数和扩散传质系数。

表 8-1 萨吉诺湾-休伦湖系统的参数值

参数	符号	取值	单位
萨吉诺湾:			
体积	V_2	8	$10^9 \ m^3$
水深	H_2	5.81	m
表面积	A_2	1 376	$10^6 \ m^2$
出流量	Q_2	7	$10^9 \ m^3 \cdot yr^{-1}$
氯化物浓度	s_2	15.2	$g \ m^{-3}$
氯化物负荷	W_{s2}	0.353	$10^{12} g \cdot yr^{-1}$
磷负荷	W_{p2}	1.42	$10^{12} mg \cdot yr^{-1}$
休伦湖:			
体积	V_1	3 507	$10^9 \ m^3$
水深	H_1	60.3	m
表面积	A_1	58 194	$10^6 \ m^2$
出流量	Q_1	161	$10^9 \ m^3 \cdot yr^{-1}$
氯化物浓度	s_1	5.4	$g \ m^{-3}$
磷负荷	W_{p1}	4.05	$10^{12} mg \cdot yr^{-1}$

【求解】 将表 8-1 中的值代入式(8-12)中:

$$E' = \frac{0.353 \times 10^{12} - [7 \times 10^9 (15.2)]}{15.2 - 5.4} = 25.2 \times 10^9 \ m^3 \cdot yr^{-1}$$

注意到扩散速度远大于港海湾的出流速度 7×10^9 m$^3 \cdot$ yr^{-1}。

萨吉诺湾和休伦湖之间的交界面面积约为 0.17×10^6 m^2，混合长度约为 10 km。因此，计算出传质系数为：

$$v_d = \frac{E'}{A_c} = \frac{25.2 \times 10^9}{0.17 \times 10^6} = 1.48 \times 10^5 \text{ m} \cdot \text{yr}^{-1}$$

扩散系数为：

$$E = v_d l = 1.48 \times 10^5 (10 \times 10^3) = 1.48 \times 10^9 \text{ m}^2 \cdot \text{yr}^{-1}$$

或将扩散系数转化为更常见的单位：

$$E = 1.48 \times 10^9 \text{ m}^2 \cdot \text{yr}^{-1} \times \left(\frac{10^4 \text{ cm}^2}{\text{m}^2} \frac{\text{yr}}{365 \text{ d}} \frac{\text{d}}{86\,400 \text{ s}} \right) = 4.7 \times 10^5 \text{ cm}^2 \cdot \text{s}^{-1}$$

8.4.2 稳态解

对于稳态情形，可采用第 6 讲中所述方法来确定港湾和湖泊中的浓度。

【例 8-3】 稳态条件下休伦湖和萨吉纳瓦湾总磷浓度计算

表 8-1 总结了休伦湖/萨吉诺湾系统的特征。总磷的沉降损失可以使用表观沉降速度 v 来表征，约为 16 m $\cdot$ yr^{-1}(Chapra，1977)。采用第 6 讲中讲述的模型来确定(a)入流浓度和(b)稳态浓度。

【求解】

(a) 为了计算湖泊中总磷的入流浓度，必须先确定其入流流量。湖泊入流流量是通过其出水流量和萨吉诺湾出流流量的差值而求得的：

$$Q_{1,\text{in}} = Q_1 - Q_2 = 161 \times 10^9 - 7 \times 10^9 = 154 \times 10^9 \text{ m}^3 \cdot \text{yr}^{-1}$$

然后使用表 8-1 给出的其他参数值来求得入流浓度：

$$c_{1,\text{in}} = \frac{4.05 \times 10^{12}}{154 \times 10^9} = 26.3 \text{ } \mu\text{g} \cdot \text{L}^{-1}$$

$$c_{2,\text{in}} = \frac{1.42 \times 10^{12}}{7 \times 10^9} = 202.9 \text{ } \mu\text{g} \cdot \text{L}^{-1}$$

由此可见萨吉诺湾中的入流浓度很高。

(b) 根据式(6-13)和式(6-14)，稳态条件下的解析解为：

$$c_1 = \frac{1}{1.102 \times 10^{12}} W_{p1} + \frac{1}{1.857 \times 10^{12}} W_{p2} = 3.671 + 0.768 = 4.44 \text{ } \mu\text{g} \cdot \text{L}^{-1}$$

$$c_2 = \frac{1}{2.373 \times 10^{12}} W_{p1} + \frac{1}{5.345 \times 10^{10}} W_{p2} = 1.705 + 26.658 = 28.36 \text{ } \mu\text{g} \cdot \text{L}^{-1}$$

图 8-7 显示了稳态条件下总磷质量收支平衡以及各项所占比例，其中约 87% 的总磷最终沉降到底部沉积物，表明了沉降机制的重要性。此外，扩散也是重要的质量传质

机制,表现在约 42% 总磷通过扩散作用离开萨吉诺湾进入休伦湖中。

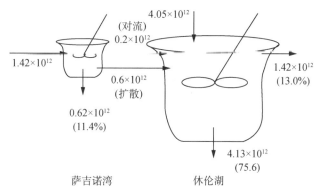

图 8-7 基于例 8-3 得出的休伦湖和萨吉诺湾中总磷收支平衡

图中所示百分比是指占总输入负荷的比例

8.4.3 非稳态求解

港湾和湖泊中总磷浓度随时间变化,可利用第 6 讲中所述方法确定。

【例 8-4】 休伦湖和萨吉纳瓦湾总磷浓度的非稳态解

计算在总磷负荷排放终止后,萨吉诺湾/休伦湖系统的总磷浓度随时间变化。假设系统初始条件为例 8-3 中计算的稳态浓度。

【求解】 可以计算出特征值为[公式(6-43)]:

$$\frac{\lambda_f}{\lambda_s} = 3.545(1 \pm \sqrt{1 - 0.169\,3}) = \frac{6.777}{0.314\,1} \text{ yr}^{-1}$$

基于上述结果以及表 8-1 中的其他参数值,可求出总磷浓度的通解为:

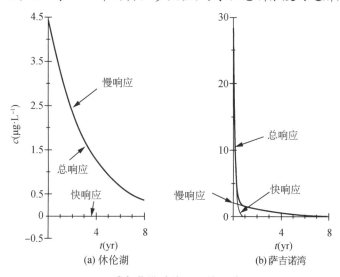

图 8-8 总磷负荷排放终止后的总磷浓度通解

$$c_1 = -0.037e^{-6.777t} + 4.476e^{-0.3141t}$$

$$c_2 = 26.18e^{-6.777t} + 2.18e^{-0.3141t}$$

将时间代入上述方程中,得到结果如图8-8所示。此外,图8-9给出了水质随时间响应的半对数图。休伦湖水质响应由慢特征值决定,表明萨吉诺湾对休伦湖的水质影响很小。萨吉诺湾的快特征值导致其污染物浓度在初始阶段就快速下降,因此该港湾水质在不到1年的时间就得到了实质性的改善。然而一年之后,受休伦湖水质恢复缓慢的影响,萨吉诺湾的水质改善也开始放慢。

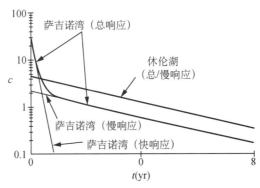

图8-9　总磷排放终止后休伦湖和萨吉诺湾的浓度响应通解

图中水质浓度以半对数形式表示,以使得特征值更加明显

【专栏8.1】　混合长度(关于扩散问题的困惑)

河口是第一个将扩散机制纳入水质模型的系统。将河口模型理论应用于其他不完全混合系统时,存在着如何正确选择混合长度的问题。

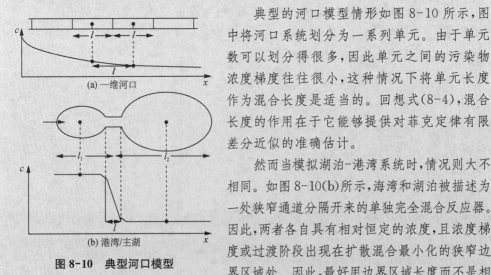

图8-10　典型河口模型

典型的河口模型情形如图8-10所示,图中将河口系统划分为一系列单元。由于单元数可以划分得很多,因此单元之间的污染物浓度梯度往往很小,这种情况下将单元长度作为混合长度是适当的。回想式(8-4),混合长度的作用在于它能够提供对菲克定律有限差分近似的准确估计。

然而当模拟湖泊-港湾系统时,情况则大不相同。如图8-10(b)所示,海湾和湖泊被描述为一处狭窄通道分隔开来的单独完全混合反应器。因此,两者各自具有相对恒定的浓度,且浓度梯度或过渡阶段出现在扩散混合最小化的狭窄边界区域处。因此,最好用边界区域长度而不是相邻单元的平均长度来表示混合长度。

当使用体积扩散系数 E' 或传质系数 v_d 时,由于混合长度是其中的组成部分,是否需要选择混合长度有待讨论。但是,如果水质模型需要用到扩散系数 E,混合长度的选择则至关重要。在本书后续介绍分层湖泊中温度的垂向分布模拟时,将介绍相关案例。

总之,在完全混合模型中加入港湾无疑是增加了模型的复杂程度。如果湖泊带有两个港湾,则解析解将变得更加困难(对应三个方程和三个未知数)。因此,对于更加复杂的不完全混合系统,几乎都是利用计算机进行数值求解(详见第 11~13 讲)。

虽然大多数非完全混合系统模型都采用计算机进行求解,但是支撑这些模型的基础概念是很直观的。如图 8-11 所示,河口经常被视为一系列耦合且充分混合的反应器。这些反应器中的质量守恒方程推导,与此处所强调的湖泊-港湾系统方程推导原理是相似的;在此基础上,采用数值分析方法联立求解方程。

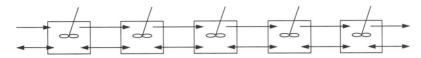

图 8-11　诸如河口等的复杂不完全混合系统可以表示为一系列耦合的完全混合系统

8.5　其他输移机制

至此,本节已简要介绍了扩散原理,接下来将介绍有关输移的其他知识。首先,我们来讨论天然水体中各种扩散系数的大小。

8.5.1　紊动扩散

物质除了可以通过分子随机运动传输,在天然水体中也会受到较大尺度涡流或涡旋作用而发生混合。如果观测时间和空间尺度足够长,可将紊流混合认为是随机运动,并在数学上用扩散方程表示。虽然针对分子运动建立的方程式可用于表征紊流传质,但是仍有必要阐明两个重要的区别。

第一,因为紊流强度远大于分子随机运动,紊流扩散的混合效应远大于分子扩散。如图 8-12 所示,紊动扩散系数比分子扩散系数大几个数量级。注意,水平扩散系数通常远

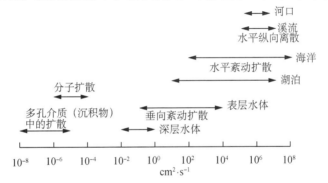

图 8-12　天然水体和沉积物中扩散系数的典型范围

大于垂向扩散系数。此外,通过多孔介质(如底部沉积物)的有效扩散要小于自由溶液中的分子扩散,原因是多孔介质中的溶质扩散无法直接通过颗粒物,而必须围绕着颗粒物进行。

第二,分子扩散的随机运动尺度可以假定为相同的;但是紊流则是由一系列范围较广的漩涡尺寸所组成的。由此可以推测,紊动扩散引起的物质输移与尺度有关。有研究指出,紊动扩散系数 E 是关于长度尺度 4/3 次方 的函数(Richardson,1926)。在海洋和湖泊中的观测结果也证实了这种相关关系(图 8-13)。

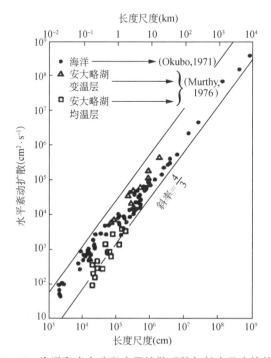

图 8-13　海洋和安大略湖水平扩散系数与长度尺度的关系

图中海洋实测数据附近的包围直线斜率为 4/3(Okubo,1971;Murthy,1976)

紊动扩散系数随空间特征长度尺度而发生的变化,对模拟天然水体中污染物的输移具有重要的实际意义。对于污染物快速排入小范围水体的情形(即泄漏),污染物的扩散速度可能会随着污染云团的变大而加快。这与污染云团扩展的同时,紊动漩涡尺寸也越来越大有关。当泄漏污染物的扩展范围大于最大涡流尺度时,可使用恒定扩散系数来近似模拟随后的混合作用。有关此种现象的模型讲述可参阅其他文献(Fischer 等人,1979)。

8.5.2　离散

至此我们讨论了水的随机运动引起的扩散现象[图 8-14(a)]。离散也是一个引起污染物扩散的相关过程。但是,与时间上的随机运动不同,离散是空间上速度差异化的结果。例如,如图 8-14(b)所示,假设将染料投放到管道水流中。这种情况下,由于速度梯度或剪切力作用,靠近管壁的染料分子移动速度要慢于靠近管道中心线的分子。这种管道实际水流速度与平均水流速度之间差异导致的污染物传输净效应,就是将染料沿管道轴线方向分散开来。值得关注的是,已有研究表明扩散导致的管道径向随机运动与离散引起的管道纵向污染物扩展(若给定充足时间),可综合采用菲克定律表征(Taylor,1953;Fischer 等人,1979)。

在实际环境中,紊流扩散和离散可单独或共同引起物质的混合。例如在河流和河口中,由于平均水流速度较快(与重力流动和潮汐作用有关)及河道受限的原因,导致水中的剪切力较强,这使得离散通常占有主导地位。在强对流作用的河流型水库中,弥散也可能具有重要作用。此外,对于所有类型的水体而言,在较小的时间和空间尺度上离散对污染物扩展通常都具有重要的影响;尤其是在系统边界处如海岸线和水体底部附近可以产生剪切力,相应离散作用明显。

对于湖泊和海湾等宽阔水域,扩散作用往往占主导地位。对于这些水体,风是导致水流随机运动的主要因素。尤其是对于长历时模拟,风应力混合是一个随机过程,因此应作为紊动扩散考虑。

在本书后续各讲中,当涉及狭长型的流动水体(例如一维河流和河口)时,将使用术语"离散";而对于湖泊、海湾和垂直输移,将通常采用"扩散"。

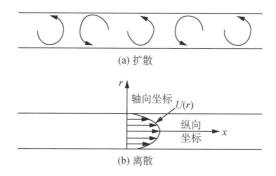

图 8-14 扩散和离散的对比

两者都倾向于"分散"污染物;扩散是由于时间尺度上水的随机运
动引起的,而离散是水体流速的空间差异化引起的

8.5.3 传导/对流

最后,其他一些与水质模型建模相关的机制和术语也应给予关注。这里要介绍的是来自热力学和空气动力学的传导和对流两个过程,它们大致类似于扩散和平流。

传导是指通过分子运动将热量从一种物质传递到另一种物质的现象。因为传导与物质的分子扩散相似,所以经常会互换使用这两个术语。有时甚至会随意扩展"传导"这一名词的含义,将其用来指代紊动扩散。本书仅在第 30 讲介绍表面传热时,才会用到这一概念。

对流通常是指导致流体输移和混合的运动现象,具体分为两种形式。**自由对流**是指加热或冷却流体浮力引起的大气垂向运动。例如,气象学中将地表空气加热后的上升和高处空气冷却后的下沉称为"自由对流"。术语"对流"常常隐含着自由对流的含义〔如在气象学中(Ahren,1988)〕。相反,**强制对流**是由外力的推动引起的,例如风引起的热量或物质横向运动。因此,强迫对流类似于平流(advection)。在本书中,仅在讨论与热分层有关的自由对流时，才使用对流一词。

总之，天然水体中的水流运动是一个复杂的过程。与任何理想化表征一样，以上概念旨在简明扼要介绍水流运动的一些基本特征及其术语。有关混合作用（Fischer 等人，1979）和湖泊水动力学（Hutchinson，1957；Mortimer，1974；Boyce，1974）细节方面的深入讨论可阅读其他文献。此外，本书第 14 至 17 讲对诸多天然水体中的输移过程也进行了更为详细的讨论。

【专栏 8.2】　鸡尾酒会上的建模事件

想象一下，你出现在有一群环境工程师参加的鸡尾酒酒会上。正如你事先可能会想到的那样，他们正在小范围谈论污染问题。此时你插话发言，大声提到自己正在针对一个水平紊动扩散系数约 10^{-6} cm$^2 \cdot$ s^{-1} 的湖泊开展研究。突然房间内变得异常安静。一位工程师向你翻了个白眼，另外有两位工程师在相互对视、窃笑。而其他人则避免目光接触，一个接着一个离开。不知不觉间，就只有你一个人站着。当你反应过来后，你的心情一落千丈。你意识到自己在建模上犯了大错，变得脸颊蹿红、汗水直下，因为你刚刚阐述的扩散系数比实际值至少小 6 到 8 个数量级（见图 8-12 和图 8-13）。你躲躲闪闪向门口走去，且内心失落。你就像被遗弃一样，没有人和你说再见。

显然，经验丰富的建模者的一个重要特征是具备识别常用模型参数和变量是否合理的能力。这不仅能避免社交尴尬，这种知识能力对职业生涯也非常宝贵。

例如，你可能被邀请作为专家来评价他人的模型，那么识别出不合理的参数和变量是从事这类活动的重要能力。此外，当你自己开发模型时，通常无法直接计算出所有的模型参数，此时必须做出合理的猜测。最后，有时看似奇怪的参数计算值可为模型开发提供有价值的线索，如模型中可能忽略了某个重要反应机制，或者研究的系统具有非典型特征。这些线索会反映出研究和数据上的欠缺。

在任何情况下，识别模型参数和变量典型范围的能力对专业建模人员而言，都是一笔宝贵的财富。本书接下来的各讲将尽可能全面地介绍模型参数和变量取值范围的知识，以帮助读者形成这种专业能力。

习　题

8-1　某完全混合的潮汐海湾通过渠道与海洋相连（图 8-15）。

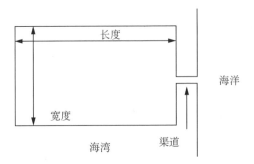

图 8-15　潮汐海湾与海洋相连

已知海湾和渠道具有以下特征：

	海湾	渠道
长度（m）	1 000	100
宽度（m）	500	10
水深（m）	5	2

在 $t=0$ d 时，100 kg 的保守性染料瞬时投入整个海湾中，并在瞬间达到完全混合。随后在不同的时间段测得染料浓度如下：

t（d）	20	40	60	80	100	120
c（ppb）	32	29	23	20	17	16

（a）海湾与海洋之间物质交换的扩散系数是多少？用 $m^2 \cdot d^{-1}$ 表示计算结果；

（b）若稳态条件下该系统中允许的非保守性物质（$k=0.01$ d^{-1}）浓度为 1 ppm，那么可向该系统投加多大量的污染物？用 $g \cdot d^{-1}$ 表示结果。注意：保守染料和非保守性污染物在海洋中的浓度均可忽略不计。另外，与海湾中的水力停留时间相比，连接渠道中的水力停留时间也可以忽略不计。

8-2 某完全混合的潮汐海湾与海洋相邻（图 8-16）。已知海湾直径为 1 km，深度为 5 m。连接两个水体的渠道长 50 m、宽 10 m、深 2 m。海湾与海洋之间质量传质的紊流扩散系数为 105 $m^2 \cdot d^{-1}$。若某物质突然泄漏到海湾中且其沉降速率为 0.1 m · d^{-1}，计算泄漏物质的 95% 响应时间。

图 8-16　海湾与海洋相邻

8-3 格林湾（Green Bay）是与密歇根湖相连的港湾，相应的，可以将格林湾-密歇根湖系统概化为三个反应器（图 8-17）。

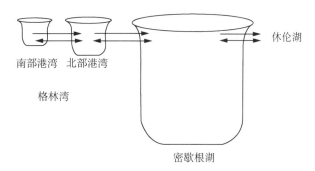

图 8-17　三个反应器

流量,$km^3 \cdot yr^{-1}$	5.4	10.8	36
体积扩散系数,$km^3 \cdot yr^{-1}$	20	30	70
体积,km^3	7.5	55.4	4 846
表面积,km^3	953	3 260	53 537
磷负荷,mta	1 200	200	5 500

若磷的沉降速率约为 $12 \ m \cdot yr^{-1}$,采用逆矩阵法计算稳态浓度(假设休伦湖中磷的浓度恒定在 $4.4 \ \mu g \cdot L^{-1}$)。

8-4　一场降雨径流事件导致污染物进入港湾中(图 8-18),且污染物以 $1 \ m \cdot d^{-1}$ 的速率挥发。假设径流事件过程中入流量＝出流量,且湖泊中的污染物本底浓度可以忽略不计。已知港湾具有以下特征:

体积＝$10 \times 10^6 \ m^3$,水深＝$3 \ m$,正常出流量＝0,界面扩散系数＝$1 \times 10^5 \ m^2 \cdot d^{-1}$,界面横截面面积＝$1 \ 500 \ m^2$,界面混合长度＝$100 \ m$。

(a) 计算污染物在港湾中的峰值浓度;

(b) 计算污染物浓度降至峰值浓度 5% 时所需的时间。

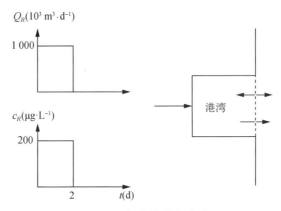

图 8-18　污染物进入港湾

8-5　一完全混合的圆形港湾与一个大型湖泊相连。由于湖泊远大于港湾,故可将其假定为"海洋",即港湾对湖泊的影响可忽略不计。稳态条件下,港湾和湖泊中的氯化物浓度分别为 $30 \ mg \cdot L^{-1}$ 和 $7 \ mg \cdot L^{-1}$。已知该海湾具有以下特征:

半径 $r = 0.25 \ km$,入流流量 $Q_入$＝出流流量 $Q_出$＝$5 \times 10^6 \ m^3 \cdot yr^{-1}$,入流氯化物浓度 $c = 70 \ mg \cdot L^{-1}$,水深 $h = 5 \ m$,港湾-湖泊交界面面积 $A = 500 \ m^2$,港湾和湖泊过渡区之间的混合长度 $L = 0.1 \ km$。

(a) 计算表征两个水体之间交换的紊动扩散系数,用 $cm^2 \cdot s^{-1}$ 表示计算结果;

(b) 若将氯化物浓度保持在 $10 \ mg \cdot L^{-1}$,可向港湾中排入多少高浓度污染物(其流量可以忽略不计)?假设湖泊中污染物本底浓度为零,用 $kg \cdot yr^{-1}$ 表示结果。注意到污染物以 $1 \ yr^{-1}$ 的一级降解速率衰减;

(c) 计算港湾对该污染物的 95% 响应时间,计算结果以 d 表示。

第 9 讲

分布式系统(稳态)

> **简介:**本讲转向分布式系统。首先,介绍了模拟这类系统的两种理想化反应器——推流式反应器和混流反应器。之后,展示了如何使用这些反应器模型来模拟溪流和河口中的污染物稳态浓度分布。

本书至此,我们都是关注完全混合反应器(或称之为 CSTR)。第 8 讲阐述了如何模拟不完全混合系统,即将其分解为一系列耦合的完全混合反应器来实现(回顾图 8-11)。由于每个反应器都有自己特定的一组参数,因此采用这种方法表征的系统称为**集总参数系统**。这种情况下,即使系统是连续的,我们仍将其近似为"分块"。

实际上,在保持系统连续性性质的同时,对此系统进行模拟是可能的。这种表征方法被称为**分布式参数系统**。本讲将介绍这类系统,具体将聚焦两类理想化反应器——推流式反应器和混合流动反应器。在此基础上,本讲将介绍如何使利用这类反应器模型来模拟溪流和河口中的污染物稳态浓度分布。

9.1 理想反应器

如图 9-1 所示,推流式反应器和混合流动反应器均为细长的矩形渠道。假设污染物浓度在横向(y)和垂直(z)上都均匀混合,那么只需考虑纵向(x)的浓度变化。

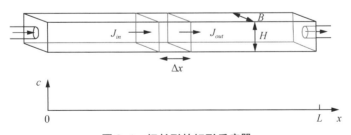

图 9-1　细长形的矩形反应器

针对长度为 Δx 的微元建立质量守恒方程:

$$\Delta V \frac{\partial c}{\partial t} = J_{in} A_c - J_{out} A_c \pm 反应 \tag{9-1}$$

式中，ΔV 为微元体积(L^3)，$\Delta V = A_c \Delta x$；A_c 为反应器的横截面面积(L^2)，$A_c = BH$；B 为渠道宽度(L)；H 为水深；J_{in} 和 J_{out} 分别为输移作用导致的流入和流出该单元的物质通量($M \cdot L^{-2} \cdot T^{-1}$)；反应项为微元内反应作用导致的物质产生或损失量($M \cdot T^{-1}$)。

9.1.1 推流反应器

在推流式(Plug-flow reactor, PFR)反应器中，对流占主导地位。如图 9-2 示，"一注"保守性染料由反应器一端进入后，将原封不动地通过整个反应器。也就是说，物质进出反应器的次序完全相同。

PFR 中，将进入微元的通量定义为：

$$J_{in} = Uc \tag{9-2}$$

式中，U 为速度($L \cdot T^{-1}$)，$U = Q/A_c$。流出反应器的通量采用一阶泰勒展开估算：

$$J_{out} = U\left(c + \frac{\partial c}{\partial x}\Delta x\right) \tag{9-3}$$

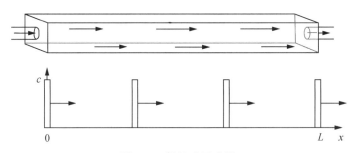

图 9-2 推流式反应器

最后，假设反应器内物质衰减遵循一级反应：

$$反应 = -k\Delta V\bar{c} \tag{9-4}$$

式中，c 上的横线表示微元内的平均浓度值。将上述各项代入式(9-1)中得到：

$$\Delta V\frac{\partial c}{\partial t} = UA_c c - UA_c\left(c + \frac{\partial c}{\partial x}\Delta x\right) - k\Delta V\bar{c} \tag{9-5}$$

将各项归并可得：

$$\Delta V\frac{\partial c}{\partial t} = -UA_c\frac{\partial c}{\partial x}\Delta x - k\Delta V\bar{c} \tag{9-6}$$

将上式两边除以 $\Delta V = A_c\Delta x$ 并取极限($\Delta x \to 0$)，得到：

$$\frac{\partial c}{\partial t} = -U\frac{\partial c}{\partial x} - kc \tag{9-7}$$

稳态条件下式(9-7)变为：

$$0 = -U\frac{\mathrm{d}c}{\mathrm{d}x} - kc \tag{9-8}$$

若在 $x=0$ 处 $c=c_0$,式(9-8)的解析解为

$$c = c_0 \mathrm{e}^{-\frac{k}{U}x} \tag{9-9}$$

【例 9-1】 PFR

例 5-2 采用了梯级模型模拟细长形水池中的稳态浓度分布(图 9-3)。

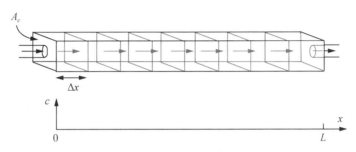

图 9-3 细长形水池中的稳态浓度分布

水池横截面面积 $A_c = 10\ \mathrm{m}^2$,长度 $L = 100\ \mathrm{m}$,速度 $U = 100\ \mathrm{m}\cdot\mathrm{h}^{-1}$,一级反应速率 $k = 2\ \mathrm{h}^{-1}$。入流浓度为 $1\ \mathrm{mg}\cdot\mathrm{L}^{-1}$。采用推流模型计算水池中的稳态浓度分布。将模拟结果与例 5-2 中对应 $n=4$ 和 $n=8$ 的 CSTR 的计算值绘制在同一图中。

【求解】 推流模型为

$$c = 1\mathrm{e}^{-\frac{2}{100}x} = 1\mathrm{e}^{-0.02x}$$

因此,该方程式可用于计算浓度分布。基于该方程式和例 5-2 的计算结果如图 9-4 所示。

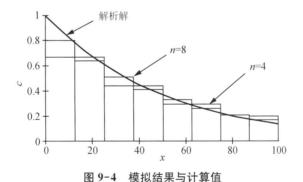

图 9-4 模拟结果与计算值

随着反应器数量的增加,梯级模型的计算结果将逼近解析解。事实上,可以证明解析解是梯级模型逼近的极限值。

9.1.2 CSTR 和 PFR 的比较

对 CSTR 和 PFR 的性能进行比较,一个较好的方法是比较达到相同污染物去除效

率所需的停留时间。例如，我们已经推导出一级反应条件下的 CSTR 中浓度稳态解为：

$$c = c_{in} \frac{Q}{Q + kV} \tag{9-10}$$

反应器污染物去除效率可采用传递函数表示[见式(3-22)]：

$$\beta \equiv \frac{c}{c_{in}} = \frac{Q}{Q + kV} \tag{9-11}$$

将上式的分子和分母同除以 Q，得到：

$$\beta = \frac{1}{1 + k\tau_w} \tag{9-12}$$

式中，τ_w 为水力停留时间，$\tau_w = V \cdot Q^{-1}$。据此可以求出水力停留时间为：

$$\tau_w = \frac{1}{k} \frac{1 - \beta}{\beta} \tag{9-13}$$

基于相似的分析方法，PFR 的污染物去除效率可以定义为：

$$\beta \equiv \frac{c}{c_{in}} = e^{-\frac{k}{U}x} \tag{9-14}$$

由于 PFR 的水力停留时间为 $L \cdot U^{-1}$，因此式(9-14)进一步变为：

$$\beta = e^{-k\tau_w} \tag{9-15}$$

根据式(9-15)也可以反求出水力停留时间：

$$\tau_w = \frac{1}{k} \ln\left(\frac{1}{\beta}\right) \tag{9-16}$$

可以绘制出两种类型反应器水力停留时间的比值与反应器污染物去除效率的关系图，如图 9-5 所示。该图表明要达到相当的污染物去除效果，CSTR 所需的水力停留时间相对更长。因此对于一级反应情形，PFR 比 CSTR 在污染物去除方面效率更高。

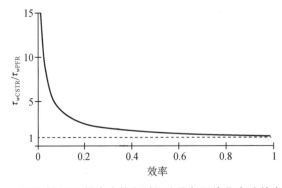

图 9-5 CSTR 与 PFR 的水力停留时间比值与污染物去除效率关系图

9.1.3　混合-流动反应器(MFR)

混合-流动反应器(Mixed-flow reactor，MFR)是指对流和扩散/离散作用都很重要的系统。如图 9-6 所示，"一注"保守性染料由反应器一端进入后，流出反应器时会发生"扩展"。

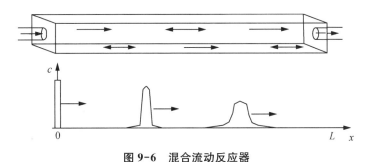

图 9-6　混合流动反应器

MFR 中，通量定义为：

$$J_{in} = Uc - E\frac{\partial c}{\partial x} \tag{9-17}$$

式中，E 为紊流扩散系数。注意：第二项是菲克第一定律[见式(8-2)]。流出反应器的物质通量为：

$$J_{out} = U\left(c + \frac{\partial c}{\partial x}\Delta x\right) - E\left[\frac{\partial c}{\partial x} + \frac{\partial}{\partial x}\left(\frac{\partial c}{\partial x}\right)\Delta x\right] \tag{9-18}$$

将上述各项代入式(9-1)中，得到：

$$\Delta V\frac{\partial c}{\partial t} = UA_c c - UA_c\left(c + \frac{\partial c}{\partial x}\Delta x\right)$$
$$- EA_c\frac{\partial c}{\partial x} + EA_c\left[\frac{\partial c}{\partial x} + \frac{\partial}{\partial x}\left(\frac{\partial c}{\partial x}\right)\Delta x\right] - k\Delta V\,\bar{c} \tag{9-19}$$

归并各项后得到：

$$\Delta V\frac{\partial c}{\partial t} = -UA_c\frac{\partial c}{\partial x}\Delta x + EA_c\frac{\partial^2 c}{\partial x^2}\Delta x - k\Delta V\,\bar{c} \tag{9-20}$$

将上式两边除以 $\Delta V = A_c\Delta x$ 并取极限($\Delta x \rightarrow 0$)，得到：

$$\frac{\partial c}{\partial t} = -U\frac{\partial c}{\partial x} + E\frac{\partial^2 c}{\partial x^2} - kc \tag{9-21}$$

稳态条件下，上式变为：

$$0 = -U\frac{dc}{dx} + E\frac{d^2 c}{dx^2} - kc \tag{9-22}$$

该式的通解可以通过多种方式获得。一种简单的方法是假定解析解具有如下形式：

$$c = e^{\lambda x} \tag{9-23}$$

将式(9-23)代入式(9-22)，得到如下特征方程：

$$E\lambda^2 - U\lambda - k = 0 \tag{9-24}$$

对应的解析解为：

$$\frac{\lambda_1}{\lambda_2} = \frac{U}{2E}\left(1 \pm \sqrt{1 + \frac{4kE}{U^2}}\right) = \frac{U}{2E}(1 \pm \sqrt{1 + 4\eta}) \tag{9-25}$$

式中，$\eta = kE/U^2$。

因此，得到反应器中水质浓度的通解为：

$$c = F e^{\lambda_1 x} + G e^{\lambda_2 x} \tag{9-26}$$

式中，F 和 G 为积分常数。

积分常数可在给定边界条件的情况下求得。对于图 9-1 的反应器，边界条件可表达为针对入流的质量平衡关系，即：

$$Q c_{\text{in}} = Q c(0) - E A_c \frac{\mathrm{d}x}{\mathrm{d}x}(0) \tag{9-27}$$

将上式两边除以 A_c 并将其代入式(9-26)，得到：

$$(U - E\lambda_1)F + (U - E\lambda_2)G = U c_{\text{in}} \tag{9-28}$$

第二个边界条件建立在反应器出口处，认为出口处没有物质扩散，相应反应器末端浓度梯度为零：

$$\frac{\mathrm{d}c}{\mathrm{d}x}(L) = 0 \tag{9-29}$$

对式(9-26)求导得到：

$$(\lambda_1 e^{\lambda_1 L})F + (\lambda_2 e^{\lambda_2 L})G = 0 \tag{9-30}$$

以上两个边界条件是由化学工程师皮特·维克多·丹克瓦茨(P. V. Danckwerts)首先提出的(Danckwerts，1953)，因此通常将其称为**丹克瓦茨边界条件**。

式(9-28)和式(9-30)表示了两个未知数组成方程组系统。该方程组的解析解为：

$$F = \frac{U c_{\text{in}} \lambda_2 e^{\lambda_2 L}}{(U - E\lambda_1)\lambda_2 e^{\lambda_2 L} - (U - E\lambda_2)\lambda_1 e^{\lambda_1 L}} \tag{9-31}$$

$$G = \frac{U c_{\text{in}} \lambda_1 e^{\lambda_1 L}}{(U - E\lambda_2)\lambda_1 e^{\lambda_1 L} - (U - E\lambda_1)\lambda_2 e^{\lambda_2 L}} \tag{9-32}$$

将上述常数代入式(9-26)后,可以计算出沿反应器长度方向的浓度分布。

【例 9-2】　**MFR**　对于例 9-1 所示系统,采用 MFR 模型分别计算扩散系数 $E=2\,000$ 和 $10\,000\ \mathrm{m^2 \cdot h^{-1}}$ 时的反应器中浓度分布,并将结果与基于 PFR 和 CSTR 的计算结果在同一张图中表示。

【求解】　计算结果见表 9-1。

表 9-1　计算结果

	$E=0$(PFR)	$E=2\,000$	$E=10\,000$	$E=\infty$(CSTR)
λ_1	∞	0.065 3	0.02	0.0
λ_2	-0.02	$-0.015\ 3$	-0.01	0.0
F	0	5.66×10^{-5}	0.012 6	0.166 7
G	1	0.765 6	0.506 3	0.166 7
$x=0$	1.000 0	0.765 6	0.518 9	0.333 3
$x=20$	0.670 3	0.563 8	0.433 3	0.333 3
$x=40$	0.449 3	0.415 7	0.367 4	0.333 3
$x=60$	0.301 2	0.308 3	0.319 7	0.333 3
$x=80$	0.201 9	0.235 4	0.289 9	0.333 3
$x=100$	0.135 3	0.204 4	0.279 4	0.333 3

结果如图 9-7 所示:

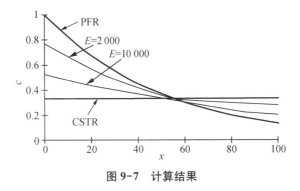

图 9-7　计算结果

因此,当扩散系数等于零时,混合-流动模型趋近于推流反应器模型;而随着扩散系数的增加,混合-流动模型则趋近于 CSTR 模型。

【专栏 9.1】　佩克莱数

针对式(9-22)的无量纲分析,有助于深入了解例 9-2 的结果。为此,定义以下无量纲参数组:

$$x^* = \frac{x}{L} \tag{9-33}$$

$$c^* = \frac{c}{c_{\mathrm{in}}} \tag{9-34}$$

根据上式建立 x、c 和无量纲参数的关系后,将其代入式(9-22)后得到:

$$0 = -\frac{U}{L}\frac{dc^*}{dx^*} + \frac{E}{L^2}\frac{d^2c^*}{dx^{*2}} - kc^* \tag{9-35}$$

将上式两边乘以 L/U,得到:

$$0 = -\frac{dc^*}{dx^*} + \frac{E}{UL}\frac{d^2c^*}{dx^{*2}} - \frac{kL}{U}c^* \tag{9-36}$$

或

$$0 = -\frac{dc^*}{dx^*} + \frac{1}{P_e}\frac{d^2c^*}{dx^{*2}} = D_ac^* \tag{9-37}$$

式中,P_e 被称为佩克莱数(Peclet Number):

$$P_e = \frac{LU}{E} = \frac{对流输移速率}{扩散/离散速率} \tag{9-38}$$

D_a 被称为达姆科勒数(Damkohler Number):

$$D_e = \frac{kL}{U} = \frac{衰减导致的物质损失速率}{对流输移速率} \tag{9-39}$$

因此,若 P_e 较大(>10),则系统趋近于推流式反应器,原因是式(9-37)中的一阶导数相对于二阶导数占主导地位。反之,若 P_e 较小(<0.1),则纵向混合起主导作用,相应系统则更接近于完全混合反应器。若 P_e 处于中间值范围,则需要采用混合-流动反应器模型进行模拟。

9.2 推流反应器模型在溪流中的应用

正如完全混合反应器模型是湖泊水质模拟的基本模型,推流反应器模型是河流水质模拟的基本模型。本节主要介绍如何将推流模型应用于两种类型的污染排放分析:点源负荷和分布源负荷排放(图 9-8)。

9.2.1 点源

以下分析针对水文地形参数恒定的渠道中点源负荷排放情形。这种情形下采用式(9-9)进行求解。

初始浓度 c_0 可以通过投加点处的质量守恒方程计算。如图 9-9 所示,假设横向和垂向完全混合。流量守恒方程为

$$Q = Q_w + Q_r \tag{9-40}$$

进一步建立质量守恒方程:

$$0 = Q_w c_w + Q_r c_r - (Q_w + Q_r) c_0 \tag{9-41}$$

由此可以解出:

$$c_0 = \frac{Q_w c_w + Q_r c_r}{Q_w + Q_r} \tag{9-42}$$

或(因为 $Q_w c_w = W$):

$$c_0 = \frac{W + Q_r c_r}{Q_w + Q_r} \tag{9-43}$$

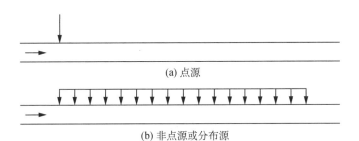

(a) 点源

(b) 非点源或分布源

图 9-8 一维系统中的点源和非点源排放

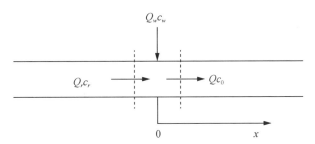

图 9-9 推流系统中点源排放情形的质量守恒方程

某些情况下,污染源的流量远小于河流的流量,而其浓度远高于河流的浓度,也就是说:

$$Q_r \gg Q_w \tag{9-44}$$

$$c_r \ll c_w \tag{9-45}$$

针对这种情形,式(9-43)可近似写成:

$$c_0 = \frac{W}{Q} \tag{9-46}$$

【例 9-3】 PFR 中的点源排放模拟

污染物以点源排放形式进入河流。已知,该河流具有以下特征:$Q_r = 12 \times 10^6 \ \mathrm{m^3 \cdot d^{-1}}$,$c_r = 1 \ \mathrm{mg \cdot L^{-1}}$,$Q_w = 0.5 \times 10^6 \ \mathrm{m^3 \cdot d^{-1}}$,$c_w = 400 \ \mathrm{mg \cdot L^{-1}}$。

(a)假定污染物进入河流后在垂向和横向完全混合,计算排放点对应的河流断面初始浓度。评价式(9-46)对该情形是否适用。

（b）计算排放点下游 8 km 处的污染物浓度。注意，河流横断面面积为 2 000 m^2，且污染物在河流中发生一级降解反应（$k = 0.8$ d^{-1}）。

【求解】 （a）首先，利用式（9-42）计算排放点对应的河流横断面初始浓度：

$$c_0 = \frac{0.5 \times 10^6 (400) + 12 \times 10^6 (1)}{0.5 \times 10^6 + 12 \times 10^6} = 16.96 \text{ mg} \cdot \text{L}^{-1}$$

利用式（9-46）得出的计算结果为：

$$c_0 = \frac{0.5 \times 10^6 (400)}{0.5 \times 10^6 + 12 \times 10^6} = 16 \text{ mg} \cdot \text{L}^{-1}$$

式（9-42）与式（9-46）的计算结果之间误差为 5.7%。由于误差值较大，因此式（9-46）不适合这种情况。

（b）计算出河流水流速度为：

$$U = \frac{Q}{A_c} = \frac{12.5 \times 10^6}{2\,000} = 6\,250 \text{ m} \cdot \text{d}^{-1}$$

基于式（9-9）得出：

$$c = 16.96 \text{ e}^{-\frac{0.8}{6\,250}x}$$

代入 x，结果如表 9-2 所示。

表 9-2　结果

x(km)	0	1.6	3.2	4.8	6.4	8
c(mg·L^{-1})	16.96	13.82	11.26	9.18	7.48	6.09

因此，污染物浓度在向下游输移的过程中呈指数型衰减。

9.2.2　分布源

分布源是一种以分散形式进入水体的污染源[①]。本节中分布源沿着渠道长度方向排放。最简单的形式为空间上的均匀分布源排放（图 9-10）。

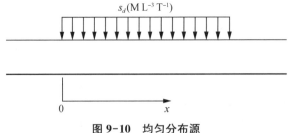

图 9-10　均匀分布源

---

① 注意到此处描述的分布源只具有质量但不具有流量。第 22 讲中将模拟同时具有质量和流量的分布源排放情形。

将分布源加入稳态质量平衡方程中,得到:

$$0 = -U\frac{dc}{dx} - kc + S_d \tag{9-47}$$

若 $x = 0$ 时 $c = c_0$,那么:

$$c = c_0 e^{-\frac{k}{U}x} + \frac{S_d}{k}\left(1 - e^{-\frac{k}{U}x}\right) \tag{9-48}$$

【例 9-4】 PFR 中的分布源排放模拟

仍针对例 9-3 的问题进行求解。假设从点源排放口下游 8 km 的断面开始,发生了流量可忽略不计的均匀分布源排放。分布源排放强度为 $15\ \text{g·m}^3 \cdot \text{d}^{-1}$ 且沿程排放长度达 8 km。此后所有污染排放终止,计算点源排放口下游 24 km 河段的污染物浓度分布。注意:在点源排放口下游 8 km 处,河道横断面面积增加到 $3\ 000\ \text{m}^2$。

【求解】 例 9-3 中的计算方法适用于点源排放处下游 8 km 河段的浓度分布计算,并能够为下一个河段的浓度计算提供边界条件。对于 8~16 km 河段,由于河流横断面面积增加,须重新计算水流速度:

$$U = \frac{12.5 \times 10^6}{3\ 000} = 4\ 167\ \text{m·d}^{-1}$$

进一步采用式(9-48)计算第二个 8 km 河段的浓度分布:

$$c = 6.09 e^{-\frac{0.8}{4\ 167}(x - 8\ 000)} + \frac{15}{0.8}\left(1 - e^{-\frac{0.8}{4\ 167}(x - 8\ 000)}\right)$$

代入 x,见表 9-3。

表 9-3　结果

x(km)	8	9.6	11.2	12.8	14.4	16
c(mg·L^{-1})	6.09	9.44	11.90	13.71	15.05	16.03

最后采用式(9-9)计算第三个 8 km 河段的浓度分布:

$$c = 16.03 e^{-\frac{0.8}{4\ 167}(x - 16\ 000)}$$

代入 x,见表 9-4。

表 9-4　结果

x(km)	16	17.6	19.2	20.8	22.6	24
c(mg·L^{-1})	16.03	11.79	8.67	6.38	4.69	3.45

整个计算结果如图 9-11 所示。

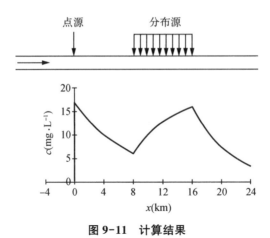

图 9-11   计算结果

9.3   混合-流动模型在河口中的应用

MFR 模型是一维河口水质模拟的基本模型。本节介绍如何将 MFR 模型应用于河口中点源和分布源排放模拟。

9.3.1   点源

以下分析针对水文地形参数恒定的渠道中点源负荷排放情形。离散对点源排放口断面处的初始浓度的影响，可通过在排放口处断面建立质量守恒方程予以计算。如图 9-8 所示，假设污染物在河口横向和垂向上完全混合。为简单起见，假定点源排放流量相对于河口流量可以忽略。习题 9-8 另外讨论了点源排放造成了河口流量显著增加的情形。

采用与求解方程式(9-22)相同的分析方法。该情况下的通解为：

$$c = F e^{\lambda_1 x} + G e^{\lambda_2 x}$$

式中，λ 为：

$$\frac{\lambda_1}{\lambda_2} = \frac{U}{2E}(1 \pm \sqrt{1 + 4\eta})$$

积分常数可以通过边界条件计算。边界条件为：

$$c = 0 \qquad @ x = -\infty \tag{9-49}$$

$$c = 0 \qquad @ x = \infty \tag{9-50}$$

已知上述边界条件后，只剩下一个待求参数 c_0，

$$c_1 = c_0 e^{\lambda_1 x} \qquad \text{fox } x \leqslant 0 \tag{9-51}$$

$$c_2 = c_0 e^{\lambda_2 x} \qquad \text{fox } x > 0 \tag{9-52}$$

接下来可以利用图 9-12 所示的质量平衡关系来求得 c_0。由于此处假定点源排放流量可忽略不计,质量守恒方程为

$$W + UAc_1(0) - EA\frac{\mathrm{d}c_1}{\mathrm{d}x}(0) - UAc_2(0) + EA\frac{\mathrm{d}c_2}{\mathrm{d}x}(0) = 0 \qquad (9\text{-}53)$$

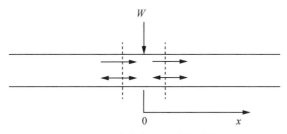

图 9-12　MFR 系统中点源排放的质量平衡关系

将式(9-51)和式(9-52)代入上式中,得到:

$$W + UAc_0 - EA\lambda_1 c_0 - UAc_0 + EA\lambda_2 c_0 = 0 \qquad (9\text{-}54)$$

可以解出:

$$c_0 = \frac{W}{Q}\frac{1}{\sqrt{1+4\eta}} \qquad (9\text{-}55)$$

式中,$\eta = kE/U^2$。因此最终的解析解为

$$c = \frac{W}{Q\sqrt{1+4\eta}}\mathrm{e}^{\frac{U}{2E}(1+\sqrt{1+4\eta})x} \qquad x \leqslant 0 \qquad (9\text{-}56)$$

$$c = \frac{W}{Q\sqrt{1+4\eta}}\mathrm{e}^{\frac{U}{2E}(1-\sqrt{1+4\eta})x} \qquad x \geqslant 0 \qquad (9\text{-}57)$$

注意到当 E 接近 0 时,该模型趋近于推流模型(参见习题 9-9)。此外,可以看到式(9-55)与(1-8)的形式相同,即将临界浓度 c_0 与负荷输入 W 之间建立起关联。据此,下面的例题提供了一种计算河口中污染物同化能力的方法。

【例 9-5】　MFR 系统中的点源排放模拟

污染物以点源形式排放到河口中。该河口具有如表 9-5 所示特征:

表 9-5　特征

	取值	单位
离散系数	80×10^6	$\mathrm{m}^2 \cdot \mathrm{d}^{-1}$
流量	12×10^3	$\mathrm{m}^3 \cdot \mathrm{d}^{-1}$
宽度	0.5	m
水深	8	m

河口中污染物以 $v = 1\ \mathrm{m} \cdot \mathrm{d}^{-1}$ 的速度沉降,并以一级反应动力学($k = 0.2\ \mathrm{d}^{-1}$)过程衰减。若稳态条件下排污口处断面的允许浓度为 10 ppm,则可以向该系统中排入多

少污染物? 用 $\text{kg} \cdot \text{yr}^{-1}$ 表示计算结果。假设排污口处断面处,污染物在横向和垂向上发生完全混合。

【求解】 可计算出水流速度为:

$$U = \frac{12 \times 10^3}{0.5 \times 8} = 3\,000\ \text{m} \cdot \text{d}^{-1}$$

基于式(9-55)可计算出:

$$W = Qc_0 \sqrt{1 + \frac{4\left(k + \dfrac{v}{H}\right)E}{U^2}}$$

$$= 12 \times 10^3 (10) \sqrt{1 + \frac{4\left(0.2 + \dfrac{1}{8}\right)80 \times 10^6}{(3\,000)^2}} = 425\,206\ \text{g} \cdot \text{d}^{-1}$$

转换为要求的单位:

$$W = 425\,206\ \text{g} \cdot \text{d}^{-1} \left(\frac{365\ \text{d}}{\text{yr}}\frac{\text{kg}}{10^3\ \text{g}}\right) = 155\,200\ \text{kg} \cdot \text{yr}^{-1}$$

9.3.2 分布源

若对流-离散系统中污染物遵循一级降解反应,Thomann 和 Mueller(1987)给出了分布源排放情形的解析解(图 9-13):

$$c = \frac{S_d}{k}\left(\frac{\sqrt{1+4\eta}-1}{2\sqrt{1+4\eta}}\right)\left(1 - \text{e}^{-\frac{U}{2E}(1+\sqrt{1+4\eta})a}\right)\text{e}^{\frac{U}{2E}(1+\sqrt{1+4\eta})x} \quad x \leqslant 0 \qquad (9\text{-}58)$$

$$c = \frac{S_d}{k}\left[1 - \frac{\sqrt{1+4\eta}-1}{2\sqrt{1+4\eta}}\text{e}^{\frac{U}{2E}(1+\sqrt{1+4\eta})(x-a)} - \frac{\sqrt{1+4\eta}+1}{2\sqrt{1+4\eta}}\text{e}^{\frac{U}{2E}(1-\sqrt{1+4\eta})x}\right] \quad 0 \leqslant x \leqslant a$$

$$(9\text{-}59)$$

$$c = \frac{S_d}{k}\left(\frac{\sqrt{1+4\eta}+1}{2\sqrt{1+4\eta}}\right)\left(1 - \text{e}^{\frac{U}{2E}(1-\sqrt{1+4\eta})a}\right)\text{e}^{\frac{U}{2E}(1-\sqrt{1+4\eta})(x-a)} \quad x \geqslant a \qquad (9\text{-}60)$$

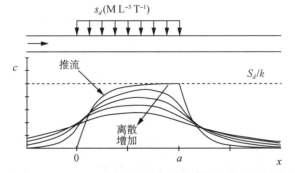

图 9-13　MFR 系统中的均匀分布源排放模拟结果

图中给出了几种不同离散系数的浓度分布以及与推流模型解析解的对比

如图 9-9 所示,当 E 值较小时,模拟结果趋近于推流式模型的解析解。随着 E 值的增加,模型结果最终接近于一个分布源中心点两边对称的浓度钟形分布。

习 题

9-1 对于 MFR 模型,需注意到 $c(0) \leqslant c_{in}$,即反应器内的浓度小于或等于入流浓度(图 E9-2 示)。何时反应器内部浓度将等于入流浓度?用数学和物理理论来阐述两者为何不同。

9-2 计算例 9-2 中所述四种情形的佩克莱数。

9-3 专栏 9.1 末尾部分指出了佩克莱数的范围。针对例 9-2,计算佩克莱数为 0.1 和 10(即通过改变 E 实现)时的反应器中浓度分布,以此来验证佩克莱特数取值范围所表征的含义。将该计算结果和基于完全混合反应器、推流反应器模型的结果,在同一张图上展示。

9-4 如图 9-14 所示,计算该系统在 $x = 0$ 到 32 km 范围内的污染物稳态浓度分布($k = 0.1 \text{ d}^{-1}$)。注意到紧邻分布源的上游断面浓度为 $5 \text{ mg} \cdot \text{L}^{-1}$。计算在分布源排放点下游多远处,河流中污染物浓度为 $5 \text{ mg} \cdot \text{L}^{-1}$?

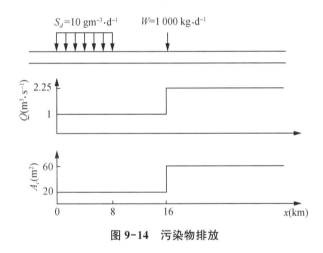

图 9-14 污染物排放

9-5 污染物以点源形式排放到河口中。该河口具有以下特征:

	取值	单位
离散系数	10^5	10^5 s^{-1}
流量	5×10^4	$\text{m}^3 \cdot \text{d}^{-1}$
宽度	100	m
水深	2	m

已知河口中污染物以 $v = 0.11 \text{ m} \cdot \text{d}^{-1}$ 的速度沉降。若稳态条件下排污口处断面的允许浓度为 10 ppb,则可以向该系统输入多少污染物?用 $\text{kg} \cdot \text{d}^{-1}$ 表示计算结果。

假定排污口处污染物在横向和纵向完全混合。

9-6 污染物以点源形式排放到河口中。该河口具有以下特征：

20 ℃时污染物的衰减速率为时 $0.2\ \mathrm{d}^{-1}$，且 $Q_{10}=1.7$。河口温度为 27.5 ℃。

（a）计算该温度下的反应速率；

（b）若稳态条件下排污口处断面的允许浓度为 20 ppb，则可以向该系统排入多少污染物？用 $\mathrm{kg\cdot d}^{-1}$ 表示计算结果。假定排污口处污染物在横向和纵向上发生完全混合。

9-7 如图 9-15 所示，一条河流中同时接纳点源和分布源排放。

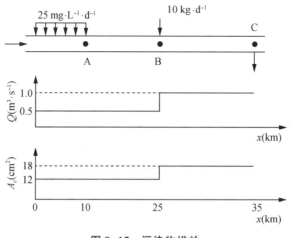

图 9-15　污染物排放

边界条件（$x=0$ 处）为 $c=10\ \mathrm{mg\cdot L}^{-1}$。如果污染物以 $0.2\ \mathrm{d}^{-1}$ 的速度衰减，计算 A、B 和 C 点处的稳态浓度。

9-8 对于排入河口的污水量很大的情形，重新推导式(9-56)和式(9-57)。

9-9 对于离散作用较弱的情形，重新推导式(9-57)以使其趋近于推流模型的解。推导过程中需利用以下公式来计算平方根(Chapra 和 Canale，1988)：

$$x=\dfrac{-c}{b\pm\sqrt{b^2-4ac}}$$

第 10 讲

分布式系统(非稳态)

简介:本讲继续讨论分布式系统模拟,具体将学习推流式系统和混合-流动系统的非稳态特征,其中重点关注一维渠道中的瞬时排放问题。这类模型对于溪流和河口中的溢流排放模拟与示踪剂研究都有价值。

现在介绍一些分布式系统中非稳态问题模拟的模型。如前面讲座中所述,此处讨论仅限于水文地形条件恒定的一维系统中的污染物瞬时排放问题。

这些模型在环境工程中非常有用,特别是模拟溪流或河口中突发污染的情形。此外还可应用于示踪剂研究,例如有时需要专门将示踪剂(如染料)投入水体中以估算水体的一些特征(例如流速、离散系数、反应速率)。

10.1 推流

非稳态条件下推流系统(图 10-1)的质量守恒方程表示为式(10-1)。

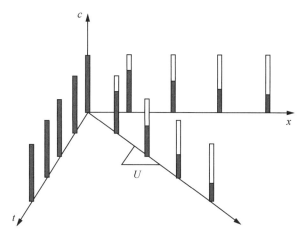

图 10-1 推流式系统中染料的时空运动描述

从图中可以看到污染物的整体运动;阴影部分为以一级反应动力学衰减后的物质

$$\frac{\partial c}{\partial t} = -U \frac{\partial c}{\partial x} - kc \tag{10-1}$$

　　如专栏 10.1 的推导,若产生泄漏排放后 $t=x=0$ 处的浓度为 c_0,则式(10-1)的解析解为:

$$c = c_0 e^{-kt} \qquad \text{满足 } t = x/U$$
$$c = 0 \qquad\qquad \text{其他情形} \tag{10-2}$$

此外,可通过流速建立起时间和空间之间的直接联系:

$$t = \frac{x}{U} \tag{10-3}$$

因此解析解可以变为:

$$c = c_0 e^{-\frac{k}{U}x} \text{,满足 } x = Ut$$
$$c = 0 \qquad\qquad \text{其他情形} \tag{10-4}$$

【专栏 10.1】　推流系统方程求解的特征线法

非稳态条件下推流系统的质量守恒方程为:

$$\frac{\partial c}{\partial t} + U \frac{\partial c}{\partial x} = -kc \tag{10-5}$$

假设可以沿着 x-t 平面中的任意曲线找到上述方程的解(图 10-2)。从 A 点到 B 点的 c、$\mathrm{d}c$ 变化可以表示为:

$$\mathrm{d}c = \frac{\partial c}{\partial t}\mathrm{d}t + \frac{\partial c}{\partial x}\mathrm{d}x \tag{10-6}$$

将方程两边同时除以 $\mathrm{d}t$ 得到:

$$\frac{\mathrm{d}c}{\mathrm{d}t} = \frac{\partial c}{\partial t} + \frac{\partial c}{\partial x}\frac{\mathrm{d}x}{\mathrm{d}t} \tag{10-7}$$

式中,$\mathrm{d}x/\mathrm{d}t$ 是 x-t 平面上曲线 AB 的斜率。方程式左边的 $\mathrm{d}c/\mathrm{d}t$ 表示观察者移动过程中测得的变化率,$\partial c/\partial t$ 表示在某一固定位置上 t 的变化率,$\dfrac{(\mathrm{d}x/\mathrm{d}t)}{(\partial c/\partial x)}$ 表示观察者进入可能不同的 c 值区域而引起的变化。

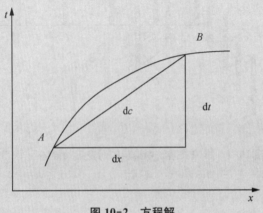

图 10-2　方程解

假设某一选定曲线的斜率为 U,即:

$$\frac{\mathrm{d}x}{\mathrm{d}t}=U \tag{10-8}$$

或者说假设观察者以恒定速度 U 运动,那么式(10-7)变为:

$$\frac{\mathrm{d}c}{\mathrm{d}t}=\frac{\partial c}{\partial t}+U\frac{\partial c}{\partial x} \tag{10-9}$$

这样一来式(10-9)的右侧等于式(10-5)的左侧,故:

$$\frac{\mathrm{d}c}{\mathrm{d}t}=-kc \tag{10-10}$$

以上得出了一个很好的结果。从本质上讲,已将原始的偏微分方程转换为一对常微分方程[式(10-8)和式(10-10)]。式(10-8)表示 x-t 平面上的曲线,称之为特征线。对于此处讨论的情形,特征线是一条斜率为 U 的直线。假设 $x=0$ 处 $t=0$(即定义了观察者以某一速度运动的起始坐标),将式(10-8)积分后得到:

$$x=Ut \tag{10-11}$$

因此速度定义了时间和空间之间的线性关系,即时间 t 内观察者将向下游移动 Ut 的距离。

沿这条曲线对式(10-10)进行积分,即可求得观察者看到的浓度。例如,若 $t=0$ 时 $c=c_0$,那么有:

$$c=c_0\mathrm{e}^{-kt} \tag{10-12}$$

因此,图 10-2 中,原始偏微分方程的解析解沿着式(10-11)定义的直线发生指数型衰减。

【例 10-1】　推流系统中的泄漏排放模拟

在大约 5 min 内,有 5 kg 保守污染物泄漏排放到河流中。该河流具有以下特征:流量 $Q=2$ m³·s⁻¹,横截面积 $A_c=10$ m²。计算泄漏点处断面的污染物浓度、泄漏排放结束时污染物向下游运动的距离以及到达下游 6.48 km 处取水口所需要的时间。

【求解】　(a)泄漏点处河流断面的污染物浓度计算如下:

$$W_{\mathrm{spill}}=\frac{5\ \mathrm{kg}}{5\ \mathrm{min}}\left(\frac{1\ 000\ \mathrm{g}}{\mathrm{kg}}\cdot\frac{440\ \mathrm{min}}{\mathrm{d}}\right)=1.44\times10^6\ \mathrm{g}\cdot\mathrm{d}^{-1}$$

$$Q=2\ \mathrm{m}^3\cdot\mathrm{s}^{-1}\left(\frac{86\ 400\ \mathrm{s}}{\mathrm{d}}\right)=0.172\ 8\times10^6\ \mathrm{m}^3\cdot\mathrm{d}^{-1}$$

$$c=\frac{W_{\mathrm{spill}}}{Q}=\frac{1.44\times10^6}{0.172\ 8\times10^6}=8.33\ \mathrm{g}\cdot\mathrm{m}^{-3}$$

(b)泄漏排放结束时污染物向下游的运动距离为(注意到 $U=2/10=0.2$ m·s⁻¹)

$$x_{\text{spill}} = 5 \text{ min}(0.2 \text{ m} \cdot \text{s}^{-1})\left(\frac{60 \text{ s}}{\text{min}}\right) = 60 \text{ m}$$

（c）泄漏污染物前锋到达进水口的时间为

$$t = \frac{6\ 480 \text{ m}}{0.2 \text{ m} \cdot \text{s}^{-1}}\left(\frac{\text{h}}{3\ 600 \text{ s}}\right) = 9 \text{ h}$$

再经过 5 min，这部分污染物将流过取水口。

以上例子中，观察者在距泄漏点下游 x 处的固定位置观察。在 $t = x/U$ 之前，该观察者看不到任何东西。而在 t 时刻，泄漏污染物会通过观察点。污染物在流动过程中不断衰减，其浓度呈现指数型衰减特征[式（10-2）]。

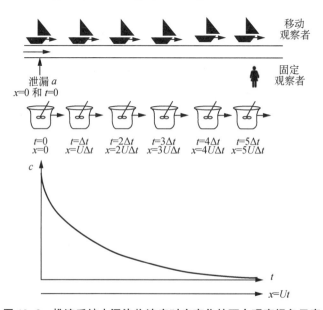

图 10-3   推流系统中污染物浓度时空变化的两个观察视角示意

如图 10-3 所示，另外一个分析该问题的角度是观察者以与污染物运移相同的速度向下游移动。图中，观察者将会观察到污染物浓度呈现指数型衰减，正如在间歇反应器中发生的过程一样。

时间和空间之间建立的联系也适用于稳态问题求解。例如前面讲座中，给出了恒定排放条件下的推流式系统中稳态解为：

$$c = c_0 \text{e}^{-\frac{k}{U}x} \tag{10-13}$$

基于时空关联关系，该公式也可以写为

$$c = c_0 \text{e}^{-kt} \tag{10-14}$$

式中，t 为污染物自排放点处向下游断面的运动时间。本书后续各讲在推流式系统的讨论中，还会再次用到时间和空间之间的互换关系。

显然作为一种高度理想化的情形，以上讨论只是考虑了对流对污染物输移的作用。

然而即使是在最高度对流的系统中,也会发生一定程度的离散。在介绍如何模拟离散过程之前,首先介绍关于扩散/离散过程的随机漫步模型。

10.2　随机游走(或"醉汉漫步")

　　随机游走或"醉汉漫步"是一个术语,用于描述在许多扩散过程中出现的随机运动。"醉汉漫步"的名称由来,是因为污染物随机运动方式与醉汉的随机跌跌撞撞行走行为很相似。

　　如图 10-4 所示,假设一群粒子被限定于沿着一条一维直线运动,且每个粒子在时间间隔 Δt 内向左或向右移动微小距离 Δx 的可能性相等。在 $t=0$ 时,所有粒子都聚集在 $x=0$ 处,并允许在任一方向上移动一个随机步长。经过 Δt 之后,约一半的粒子向右移动(Δx),其余一半粒子向左移动($-\Delta x$)。再经过一个时间步长(即 $2\Delta t$ 之后),大约四分之一粒子移动 $-2\Delta x$,四分之一移动 $2\Delta x$,其余二分之一退回到原点。

　　再经过一段时间后,粒子将分散开来。注意,粒子并不是均匀分布的,其中起点处粒子密度较大,而终点处粒子密度为零;这是因为粒子必须在单个方向上连续运动很多次才能达到最远处。图 10-4,在 $4\Delta t$ 时间内,一个粒子必须连续向右移动 4 次才能到达 $4\Delta x$。但是由于每个时间间隔内粒子左右移动的可能性均为 50%,因此粒子更有可能在原点附近徘徊。所有粒子随机运动的"净结果"是粒子分布总体呈钟形扩展。值得注意的是,这种扩展趋势相当于粒子从浓度高处向浓度低处的总体移动。

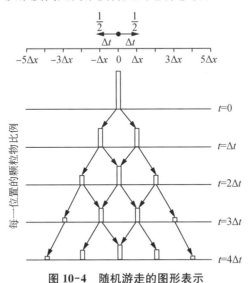

图 10-4　随机游走的图形表示

在 $t=0$ 处,所有粒子都聚集在原点处($x=0$)。每经历一个时间步长 Δt,每个位置处有一半粒子向左移动,另一半粒子向右移动。经历一段时间后粒子逐渐蔓延开来,呈现钟形分布形状。

　　随机游走过程用数学模型表示如下(有关细节见专栏 10.2):

$$p(x,\ t)=\frac{1}{2\sqrt{\pi Dt}}\mathrm{e}^{-\frac{x^2}{4DT}} \tag{10-15}$$

式中，$p(x, t)$ 表示经过一段时间 t 后粒子位于 x 处的概率；D 为扩散系数，定义如下：

$$D = \frac{\Delta x^2}{2\Delta t} \tag{10-16}$$

若所有粒子在 $t=0$ 时聚集在原点处，则在随后的时间 t 时，位置 x 处的粒子数量将与单个粒子在 x 处的概率成正比。因此，式(10-15)可以表示为关于质量和浓度的形式，即：

$$c(x, t) = \frac{m_p}{2\sqrt{\pi D t}} e^{-\frac{x^2}{4DT}} \tag{10-17}$$

式中，m_p 为单位横截面面积上的粒子质量(M·L^{-2})[①]。因此，粒子数量分布可由不同时刻的一系列围绕原点对称的钟形曲线描述。随着时间增加，钟形曲线逐渐向四周扩展、峰值降低(图 10-5 所示)。

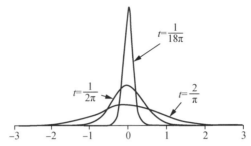

图 10-5 基于正态或"钟形"分布的随机游走表征

需要指出的是，只有当时间步长和空间步长的数量远大于 1 时，才可以使用式(10-15)～式(10-17)。换句话说，观测的时间尺度 t 和空间尺度 x 必须远大于时间步长 Δt 及空间步长 Δx 的大小。若采用随机游走模拟扩散过程，现实场景中扩散模型的应用则必须满足上述条件。也就是说，无论是对于分子扩散还是紊动扩散，只有当随机运动的时间和空间尺度小于建模问题的尺度时，以上模型才能够成立。

【专栏 10.2】 随机游走的数学模型

随机游走可由数学中的二项式分布表示。二项式分布或伯努利分布描述的是某一仅有两个互斥结果的事件发生概率。如果 p 是事件发生的概率，则 $q=1-p$ 是事件不会发生的概率，那么该事件在 n 次试验中恰好发生 x 次的概率为：

$$p(x, n) = \binom{n}{n-x} p^x q^{n-x}$$

式中，括号中的运算为事件在 n 次试验中可能发生 x 次的数量，即：

$$\binom{n}{n-x} = \frac{n!}{x! (n-x)!}$$
$$n! = n(n-1)(n-2)\cdots 1$$

---

① 注意 m_p 的正式名称是平面源，因为它是通过一个平面(即横断面面积)进入系统的。

　　在随机游走中,粒子仅有向左或向右这两种运动方式。因此,二项式分布可用于计算在 n_t 个时间步长之后,粒子与原点之间距离为 n_x 个空间步长的概率。为此,将总步数分为向右步数 n_r 和向左步数 n_t-n_r。若与原点之间的间距为 n_x 步,左右步长之差 $n_r-(n_t-n_r)$ 必须等于 n_x。相应向右步数为 $n_r=(n_t+n_x)/2$,而向左步数为 $(n_t-n_r)=(n_t-n_x)/2$。在 n_t 个时间步长之后,粒子与原点的距离为 n_x 个空间步长时的概率可以表示为(记住向左或向右移动的可能性相同,即 $p=q=0.5$):

$$p(n_x,\,n_t)=\left(\begin{array}{c}n_t\\\dfrac{n_x+n_t}{2}\end{array}\right)\left(\dfrac{1}{2}\right)^{\frac{n_t+n_x}{2}}\left(\dfrac{1}{2}\right)^{\frac{n_t-n_x}{2}}$$

或

$$p(n_x,\,n_t)=\left(\dfrac{1}{2}\right)^{n_t}\dfrac{n_t}{\left(\dfrac{n_t+n_x}{2}\right)!\,\left(\dfrac{n_t-n_x}{2}\right)!}$$

　　当间隔的数量很大时,二项式分布接近正态分布。若定义连续变量 $x=n_x\Delta x$ 和 $t=n_t\Delta t$,则粒子在时间 t 时位于距离 x 处的概率可以用均值为 0、方差为 $t(\Delta x)^2/\Delta t$ 的正态分布表示(Pielou, 1969):

$$p(x,\,t)=\dfrac{1}{2\sqrt{\pi Dt}}\mathrm{e}^{-\frac{x^2}{4Dt}}$$

式中,$p(x,\,t)$ 为粒子在经过时间 t 后位于 x 处的概率;D 为扩散系数,以极限形式定义为(当 Δx 和 Δt 很小时):

$$D=\dfrac{\Delta x^2}{2\Delta t}$$

10.3　泄漏模型

　　在学习了随机游走模型的基础知识后,进一步将离散模型用于均匀一维渠道中的瞬时排放模拟。首先介绍一个瞬时点源排放模型,然后再介绍一个连续排放模型。

10.3.1　瞬时或"脉冲"泄漏源

　　瞬时泄漏是指在很短的时间内空间某个点向水体中大量排入污染物。很多泄漏场景可以用瞬时泄漏来近似描述。在以下内容中,将在方程中依次加入各项作用机制,分别来探讨其相应的解析解。首先,研究水体中仅存在离散或紊流扩散作用的情形。

　　扩散/离散　如第 9 讲所述,离散作用下一维渠道中的质量守恒方程表示为[见式(9-21),其中 $k=U=0$]:

$$\dfrac{\partial c}{\partial t}=E\,\dfrac{\partial^2 c}{\partial x^2} \tag{10-18}$$

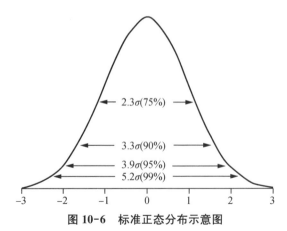

图 10-6　标准正态分布示意图

图中显示了不同倍数标准差对应的曲线包围面积概率(以百分比表示),例如,3.9σ 对应的曲
线包围面积占总面积的 95%

上式有时被称为菲克第二定律。对起始时刻物质在 $x=0$ 处瞬时集中排入的情形,方程的解析解为:

$$c(x,\ t)=\frac{m_p}{2\sqrt{\pi Et}}\mathrm{e}^{-\frac{x^2}{4Et}} \tag{10-19}$$

式(10-19)与随机游走数学模型的解析解相同[见式(10-17)],因此式(10-19)的解析解为钟形曲线,其均值为 0,方差为 $2Et$。

由于方差是扩展程度的度量,因此上式可以作为简单工程问题计算的基础,用来评估离散对污染物泄漏的影响。例如,如果将保守性物质一次性排放到水体中,则物质从质心向外扩展的趋势可用图 10-6 所示的标准偏差或标准偏差倍数表示。其中标准偏差表示为:

$$\sigma=\sqrt{2Et} \tag{10-20}$$

例如,95% 和 99% 的扩展范围分别近似等于 4σ 和 5σ。

【例 10-2】　水流静滞渠道中的保守性物质泄漏模拟

一驳船在水流静滞不动的运河中心,释放了大量难降解的污染物。若离散系数为 $10^5\ \mathrm{m^2\cdot d^{-1}}$,则污染物在 1 d 和 2 d 内能够扩展多远的距离?假设 95% 区间能够近似表示泄漏扩展程度。

【求解】 采用式(10-20)计算满足 95% 区间的标准偏差倍数(图 10-6),得到:

$$x(1\ \mathrm{d})=3.9\sqrt{2(10^5)1}=1\ 744\ \mathrm{m}$$

$$x(2\ \mathrm{d})=3.9\sqrt{2(10^5)2}=2\ 466\ \mathrm{m}$$

离散/对流　现在进一步向模型中添加对流过程。这种关系式有时被称为对流扩散(或对流离散)方程:

$$\frac{\partial c}{\partial t}=-U\frac{\partial c}{\partial x}+E\frac{\partial^2 c}{\partial x^2} \tag{10-21}$$

对起始时刻物质在 $x=0$ 时处瞬时集中排入的情形,方程的解析解为:

$$c(x,t)=\frac{m_p}{2\sqrt{\pi Et}}e^{-\frac{(x-Ut)^2}{4Et}} \tag{10-22}$$

注意,与式(10-19)相比,对流的作用是使溶质以速度 U"移动"到下游(图 10-7)。

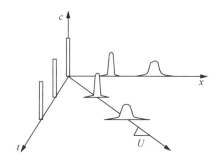

图 10-7   混合-流动系统中保守性染料的时空运动

【例 10-3】 混合-流动系统中泄漏问题模拟

在例 10-1 中增加离散效应,重新计算溢流事件后的污染物浓度和扩展范围。假设整个河段的离散系数为 $0.1\ \mathrm{m^2 \cdot s^{-1}}$,并且污染物排入水体后在横断面上瞬时完全混合。

【求解】 将泄漏污染物表示为横断面上均匀分布的平面源,则

$$m_p=\frac{5\times10^3\ \mathrm{g}}{10\ \mathrm{m^2}}=500\ \mathrm{g \cdot m^{-2}}$$

由此渠道中污染物浓度分布可按照下式计算:

$$c(x,t)=\frac{500}{2\sqrt{\pi(0.1)t}}e^{-\frac{(x-0.2t)^2}{4(0.1)t}}$$

计算结果如图 10-8 所示。该结果与例 10-1 的结果有明显不同。虽然污染云团到达取水口的时间是相同的,但由于离散效应,污染物峰值浓度逐渐减小。同时,在向下游流动的过程中污染物扩展范围也会进一步增加。计算结果总结见表 10-1。

表 10-1   结果

	$t=3\ \mathrm{h}$	$t=6\ \mathrm{h}$	$t=9\ \mathrm{h}$
泄漏扩展范围(m)	181	256	314
峰值浓度(mg·L^{-1})	4.29	3.03	2.48

表中泄漏污染物扩展范围定义为包含 95% 质量的距离。

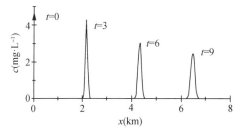

图 10-8   结果

离散/对流/衰减　最后,再将一级反应加入模型中,即:

$$\frac{\partial c}{\partial t}=-U\,\frac{\partial c}{\partial x}+E\,\frac{\partial^2 c}{\partial x^2}-kc \tag{10-23}$$

对起始时刻物质在 $x=0$ 时处瞬时集中排入的情形,式(10-23)的解析解为:

$$c(x,\,t)=\frac{m_p}{2\sqrt{\pi E t}}\mathrm{e}^{-\frac{(x-Ut)^2}{4Et}-kt} \tag{10-24}$$

与式(10-22)相比,衰减作用导致钟形曲线包围面积随水流向下游移动而逐渐减小(图 10-9)。

固定观察者与全局观察者　注意:公式(10-24)是关于两个独立变量 x 和 t 的函数,因此可以从两个角度对其进行讨论。如例 10-3 所示,可以计算出某一固定时间的浓度空间分布。相应可以给出图 10-9 所示的钟形曲线空间全局分布示意图。

反之,可以计算空间中某一固定点的浓度随时间分布,这是固定观察者看到的情形。随着钟形曲线继续在空间中扩展,观察者看到的曲线可能会偏斜(图 10-10)。

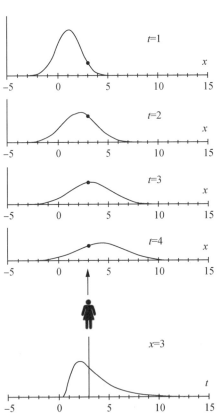

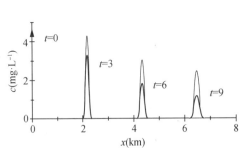

图 10-9　污染物衰减对泄漏模拟的影响

细线是例 10-3 的计算结果;粗线同样针对例 10-3 的情形,但是 $k=2\,\mathrm{d}^{-1}$

图 10-10　污染物泄漏后的浓度空间分布

虽然污染物泄漏后的浓度空间分布呈现钟形,但随着钟形曲线的持续扩展,固定观察者会"看到"偏斜形的浓度随时间变化曲线

10.3.2　连续排放源

在一些示踪剂研究和泄漏事件中,外界输入会跃升至恒定水平。如图 10-11 所示,可针对两种理想化情形进行建模。第一种情况是起始断面浓度增加到恒定值后,一直持续无限长时间[图 10-11(a)]。这种情况下,式(10-23)中各项系数恒定时的解析解表达为(O'Loughlin 和 Bowmer,1975):

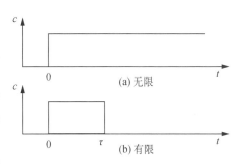

图 10-11　两种连续输入情况

$$c(x,\,t)=\frac{c_0}{2}\left[\mathrm{e}^{\frac{Ux}{2E}(1-\Gamma)}\,\mathrm{erfc}\!\left(\frac{x-Ut\Gamma}{2\sqrt{Et}}\right)+\mathrm{e}^{\frac{Ux}{2E}(1+\Gamma)}\,\mathrm{erfc}\!\left(\frac{x+Ut\Gamma}{2\sqrt{Et}}\right)\right] \tag{10-25}$$

式中,

$$\Gamma=\sqrt{1+4\eta} \tag{10-26}$$

$$\eta=\frac{kE}{U^2} \tag{10-27}$$

式中补余误差函数 $\mathrm{erfc}(x)$ 等于 1 减去误差函数,即 $\mathrm{erfc}=1-\mathrm{erf}$。此外 $\mathrm{erf}(-x)=-\mathrm{erf}(x)$。误差函数是有限区间上的简单积分运算形式,定义如下:

$$\mathrm{erf}(b)=\frac{2}{\sqrt{\pi}}\int_0^b \mathrm{e}^{-\beta^2}\,\mathrm{d}\beta \tag{10-28}$$

式中,β 为虚拟变量。附录 G 中给出了误差函数的一些选定值。需要指出的是,误差函数已包括在一些标准软件库中[例如国际数学和统计数据库(IMSL)和数值计算方法库(Press 等,1992;其他),并作为许多软件包的内嵌函数(如 Excel,Mathematica 等)]。

基于式(10-25)的模拟结果如图 10-12 所示。该曲线称为穿透曲线,在地表水和地下水水质问题模拟中得到了广泛应用。

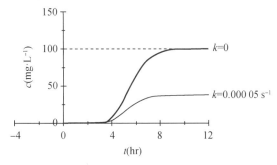

图 10-12　"穿透"曲线模拟

在 $t=0$ 时,$x=0$ 处断面污染物浓度突然跃升至 100 mg·L^{-1}。本图显示了在下游 2 000 m 的采样点上,保守物质和非保守物质的浓度变化。本例中 $U=0.1$ m·s^{-1} 和 $E=5$ m^2·s^{-1}

第二种理想化情况是阶跃输入持续一段时间后终止(图 10-9b)。此时解析解分为两部分。对于 $t < \tau$,式(10-25)仍然成立,而 $t \geq \tau$ 时则需采用以下公式(Runkel,1996):

$$c(x,t) = \frac{c_0}{2}\left\{ e^{\frac{Ux}{2E}(1-\Gamma)}\left[\text{erfc}\left(\frac{x-Ut\Gamma}{2\sqrt{Et}}\right) - \text{erfc}\left(\frac{x-U(t-\tau)\Gamma}{2\sqrt{E(t-\tau)}}\right) \right] + \right.$$

$$\left. e^{\frac{Ux}{2E}(1+\Gamma)}\left[\text{erfc}\left(\frac{x+Ut\Gamma}{2\sqrt{Et}}\right) - \text{erfc}\left(\frac{x+U(t-\tau)\Gamma}{2\sqrt{E(t-\tau)}}\right) \right] \right\} \tag{10-29}$$

采用式(10-29)的模拟结果如图 10-13 所示。注意随着污染物在向下游移动的过程中,解析解是如何接近钟形曲线。

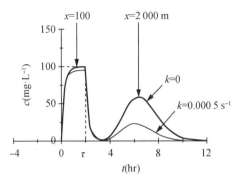

图 10-13　染料或泄漏物质有限排放时间的浓度模拟——"穿透"曲线

在 $t=0$ 时,$x=0$ 处断面污染物浓度突然跃升至 100 mg·L^{-1},并持续了 $\tau=2$ h。图中显示了 $x=0$ 处的污染物浓度分布(虚线)以及 $x=100$ 和 2 000 m 处保守性物质(粗线)和非保守性物质(细线)的浓度曲线。本例中 $U=0.1$ m·s^{-1} 和 $E=5$ m^2·s^{-1}

10.4　示踪剂研究

除了意外泄漏的影响范围模拟外,上述介绍的瞬时排放模型也可用于示踪研究用途。这种情况下基于排放点下游的浓度分布可推求如水流速度、离散系数和衰减速率等关键参数。

为此,有必要基于浓度数据对几个基本量进行估计。这些数据通常是由空间不同点位浓度随时间变化曲线的实测结果构成的(图 10-14)。

在这种情况下,可以采用以下公式:

平均浓度

$$\bar{c} = \frac{\sum\limits_{i=0}^{n-1}(c_i+c_{i+1})(t_{i+1}-t_i)}{2(t_n-t_0)} \tag{10-30}$$

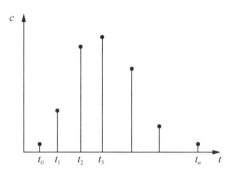

图 10-14　利用空间上某点采集的浓度数据来表征示踪剂分布

质量：

$$M = Q\bar{c}(t_n - t_0) \tag{10-31}$$

流经时间：

$$\bar{t} = \frac{\sum_{i=0}^{n-1}(c_i t_i + c_{i+1} t_{i+1})(t_{i+1} - t_i)}{\sum_{i=0}^{n-1}(c_i + c_{i+1})(t_{i+1} - t_i)} \tag{10-32}$$

时间方差：

$$s_t^2 = \frac{\sum_{i=0}^{n-1}(c_i t_i^2 + c_{i+1} t_{i+1}^2)(t_{i+1} - t_i)}{\sum_{i=0}^{n-1}(c_i + c_{i+1})(t_{i+1} - t_i)} - (\bar{t})^2 \tag{10-33}$$

若从位于 x_1 和 x_2 的两个采样点获得了数据,那么可通过下式计算平均流速：

$$U = \frac{x_2 - x_1}{\bar{t}_2 - \bar{t}_1} \tag{10-34}$$

获得流速后可进一步用来计算离散系数(Fischer,1968)：

$$E = \frac{U^2(s_{t2}^2 - s_{t1}^2)}{2(\bar{t}_2 - \bar{t}_1)} \tag{10-35}$$

【例 10-4】　基于示踪剂试验的参数估算

在一条溪流中进行了示踪剂试验。已知该河流流量 $Q = 3 \times 10^5$ m$^3 \cdot$ d^{-1},河宽 $W = 45$ m。在 $t = 0$ 时,$x = 0$ 处瞬时投入 5 kg 保守性物质锂。下游两个站点测得的浓度见表 10-2 和表 10-3。

表 10-2　$x = 1$ km

t(min)	30	40	50	60	70	80	90	100	110	120
锂(μg $\cdot$ L^{-1})	0	100	580	840	560	230	70	15	3	0

表 10-3 $x = 8$ km

t(min)	370	400	430	460	490	520	550	580	610
锂(μg·L^{-1})	0	10	80	250	280	140	35	5	0

计算(a)水流速度(m·d^{-1})和(b)离散系数(cm^2·s^{-1})。

【求解】 （a）通过计算保守性物质在两个站点之间的流经时间,来确定水流速度:

$$\bar{t}_1 = \frac{2\,982\,600}{47\,960} = 62.2 \text{ min}$$

$$\bar{t}_8 = \frac{23\,133\,000}{48\,000} = 481.9 \text{ min}$$

因此水流速度为:

$$U = \frac{(8-1) \text{ km}}{(481.9 - 62.2) \text{min}} \left(\frac{1\,000 \text{ m}}{\text{km}}\right) = 16.67 \text{ m} \cdot \text{min}^{-1} \left(\frac{1\,440 \text{ min}}{\text{d}}\right) = 24\,014 \text{ m} \cdot \text{d}^{-1}$$

（b）离散系数可由两个站点的锂浓度随时间变化数据方差求得:

$$s_{t1}^2 = \frac{1.92 \times 10^8}{47\,960} - 62.2^2 = 137 \text{ min}^2$$

$$s_{t2}^2 = \frac{1.12 \times 10^{10}}{48\,000} - 481.9^2 = 1\,043 \text{ min}^2$$

然后利用式(10-35)计算出:

$$E = \frac{(16.67 \text{ m} \cdot \text{min}^{-1})^2 (1\,043 \text{ min}^2 - 137 \text{ min}^2)}{2(481.9 \text{ min} - 62.2 \text{ min})}$$

$$= 300 \text{ m}^2 \cdot \text{min}^{-1} \left(\frac{10^4 \text{ cm}^2}{\text{m}^2} \frac{\text{min}}{60 \text{ s}}\right) = 50.019 \text{ cm}^2 \cdot \text{s}^{-1}$$

染料试验还可以用于确定一级反应速率。对于这种情况,首先计算出两个站点浓度-时间曲线所包围的质量,然后通过下面公式计算出反应速率:

$$k = \frac{1}{\bar{t}_2 - \bar{t}_1} \ln \frac{M_1}{M_2} \tag{10-36}$$

式中,水流流经时间和物质质量分别根据式(10-32)和式(10-31)求得。本书后续讲座(第20讲)在介绍大气复氧速率测量时,将详细介绍基于示踪剂试验的反应速率估算方法。

10.5 河口数

通过对式(10-23)进行无量纲分析,可评估对流和离散的相对重要性:

$$\frac{\partial c}{\partial t} = -U \frac{\partial c}{\partial x} + E \frac{\partial^2 c}{\partial x^2} - kc$$

定义三个无量纲参数组成的参数组如下:

$$c^* = \frac{c}{c_0} \tag{10-37}$$

$$x^* = \frac{kx}{U} \tag{10-38}$$

$$t^* = kt \tag{10-39}$$

上述公式分别建立了与 c、x 和 t 之间的关系。将其代入式(10-23)后得到

$$\frac{\partial c^*}{\partial t^*} = \eta \frac{\partial^2 c^*}{\partial x^{*2}} - \frac{\partial c^*}{\partial x^*} - c^* \tag{10-40}$$

式中 η 为**河口数**,即

$$\eta = \frac{kE}{U^2} \tag{10-41}$$

从式(10-40)中可以清楚地看到,η 的大小决定了微分方程中二阶导数项相对于其他项是否更为重要。因此建立了准则(表 10-4)。

表 10-4   准则

		建议取值范围
$\eta \gg 1$	扩散占主导	$\eta > 10$
$\eta \approx 1$	对流/扩散都有重要作用	$0.1 < \eta < 10$
$\eta \ll 1$	对流占主导	$\eta < 0.1$

【例 10-5】 河口数

对于半衰期为 1d 的非保守性示踪剂,计算例 10-4 中溪流的河口数。

【求解】 将各项参数以常见单位表示:

$$E = 50\,000 \text{ cm}^2 \cdot \text{s}^{-1} \left(\frac{\text{m}^2}{10\,000 \text{ cm}^2} \frac{86\,400 \text{ s}}{\text{d}} \right) = 432\,000 \text{ m}^2 \cdot \text{d}^{-1}$$

$$U = 24\,000 \text{ m} \cdot \text{d}^{-1}$$

$$k = \frac{0.693}{1 \text{ d}} = 0.693 \text{ d}^{-1}$$

河口数计算如下:

$$\eta = \frac{0.693(432\,000)}{(24\,000)^2} = 5.2 \times 10^{-4}$$

该数值明确地表明该溪流是一个高度对流的系统。

习　题

10-1　某一维河口具有以下的恒定参数和入流水量：

宽度 $=1\,000$ ft，水深 $=10$ ft，流量 $=500$ ft^3 · s^{-1}，离散系数 $=1\times10^6$ m^2 · d^{-1}。

（a）若除草剂在河口中以 0.05 d^{-1} 的一级反应速率衰减且其挥发速率为 0.3 m · d^{-1}，计算除草剂的河口数；

（b）假设在距离起始点 2 英里处，有 10 kg 除草剂排入河口中。绘制距起始点 10 英里处的某取水口浓度随时间变化曲线。

10-2　在某一河流中开展了示踪剂试验。该河流流量为 3.7×10^5 m^3 · d^{-1}，河宽为 60 m。$t=0$ 时，在 $x=0$ 处瞬时投入 5 kg 的保守性物质锂。在下游两个站点测得的锂浓度过程线如下。

$x=1$ km

t(min)	60	80	100	120	140	160	180	200	220	240	260
锂(μg · L^{-1})	0	2	24	78	108	89	52	23	9	3	0

$x=5$ km

t(min)	550	600	650	700	750	800	850	900	950
锂(μg · L^{-1})	0	7	26	47	43	23	8	2	0

计算：

（a）水流速度，单位为 m · d^{-1}；

（b）水深，单位为 m；

（c）离散系数，单位为 cm^2 · s^{-1}。

10-3　$t=0$ 时，将 10 g 保守杀藻剂投入 $V=2\,500$ m^3 的鳟鱼孵化塘中。如图 10-15 所示，渠道和河流中的水流以推流形式运动，且孵化塘内处于完全混合。渠道的尺寸为 $B=2$ m，$H=1$ m 和 $L=0.5$ km。河流上游来水量为 20 000 m^3 · d^{-1}，其中 2 000 m^3 · d^{-1} 被分流到孵化塘中。

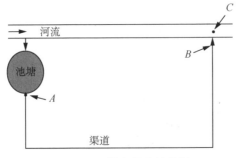

图 10-15　投入保守杀藻剂

（a）计算 A,B 和 C 点的浓度如何随时间变化，以 ppb 为单位表示浓度并将计算结果绘图表示；

（b）若河流中杀藻剂浓度不能超过 10 ppb，则最多可以使用多少杀藻剂？

10-4　在 $t=0$ 时，将 10 g 保守杀藻剂投入 $V=2\,500\ m^3$ 的鳟鱼孵化塘中。渠道和河流中的水流以推流形式运动，且孵化塘内处于完全混合状态。渠道的尺寸为 $B=2\ m$，$H=1\ m$ 和 $L=0.5\ km$。河流上游来水量为 20 000 $m^3 \cdot d^{-1}$，其中 2 000 $m^3 \cdot d^{-1}$ 被分流到孵化塘中。河水和池塘出水最终都流入一个体积为 $V=10\,000\ m^3$ 的完全混合湖泊（图 10-16）。计算湖泊中最高杀藻剂浓度的出现时间。

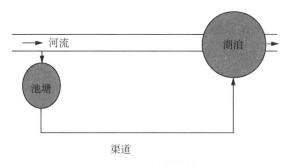

图 10-16　流入湖泊

10-5　假设将污染物注入深度 10 cm 处的沉积层中（图 10-17）。若扩散系数为 10^{-6} $cm^2 \cdot s^{-1}$，$m_p=1\ g \cdot cm^{-2}$，则：

（a）污染物到达沉积物-水界面需要多长时间？将前锋定义为包含 99% 污染物质量的空间位置点；

（b）计算此时进入上覆水的质量通量。

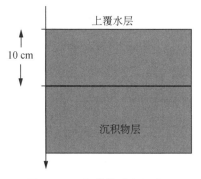

图 10-17　污染物注入沉积层

第 11 讲

控制体积法:稳态解

简介:本讲介绍了利用计算机模拟分布式系统的控制体积法。之后推导出了一种稳态求解方法,并给出了系统响应矩阵。讨论了与控制体积法相关的一些重要问题:数值离散和数值解的正值性质。本质上,这些问题代表了保证数值计算准确性和稳定性的约束条件,这在高度对流系统中尤为重要。本讲还阐述了这两类约束条件可以最终合并为关于计算单元尺寸的单一约束条件;随着模拟系统的对流性不断提高,约束条件将变得更加严格。

在之前的讲座中,我们已经学习了如何通过微积分运算来求得分布式系统的解析解。现在介绍一种利用计算机模拟此类系统的方法。本讲直接切入主题来介绍一些有关这种方法的简单运算,之后归纳了该方法的特点并探讨了其局限性。

11.1 控制体积法

如图 11-1 所示,应用该方法时需要把水体划分成多个有限河段或"控制体积",其中河段 0 和 $n+1$ 代表边界处的河段。因此对应该情形有 n 个未知数需要确定:c_1,c_2,$\cdots$,c_n,相应必须同时建立 n 个方程以获得未知数的解。

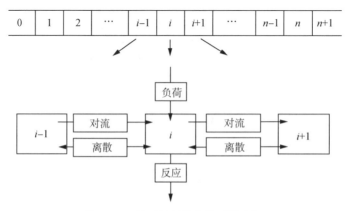

图 11-1 针对控制体积的质量守恒

对于其中的河段 i，稳态情形下的质量守恒方程表示为：

$$0 = W_i + Q_{i-1,i}c_{i-1,i} - Q_{i,i+1}c_{i,i+1} + E'_{i-1,i}(c_{i-1} - c_1) + E'_{i,i+1}(c_{i+1} - c_i) - k_iV_ic_i$$

$$(11\text{-}1)$$

式中，公式符号的双下标是指河段之间的连接处。如 $Q_{i-1,i}$ 指河段 $i-1$ 和 i 之间的流量。

注意到方程(11-1)的求解需要知道 $c_{i-1,i}$ 和 $c_{i,i+1}$，即 i 河段与其相邻的上下游河段交界面处的浓度。虽然上述浓度的引入具有物理意义，但是也会使方程式增加两个未知数。为了消除这两个未知数，必须将其重新表达为其他的模型未知参数。一种处理方法是后向差分或上游差分法，即假设交界断面处的浓度近似等于"上游"河段浓度。据此，可将式(11-1)转化为：

$$0 = W_i + Q_{i-1,i}c_{i-1} - Q_{i,i+1}c_i + E'_{i-1,i}(c_{i-1} - c_i) + E'_{i,i+1}(c_{i+1} - c_i) - k_iV_ic_i$$

$$(11\text{-}2)$$

这样，待求项全部是河段内的污染物浓度。将各项整理后得到：

$$-(Q_{i-1,i} + E'_{i-1,i})c_{i-1} + (Q_{i,i+1} + E'_{i-1,i} + E'_{i,i+1} + k_iV_i)c_i - (E'_{i,i+1})c_{i+1} = W_i$$

$$(11\text{-}3)$$

或：

$$a_{i,i-1}c_{i-1} + a_{i,i}c_i + a_{i,i+1}c_{i+1} = W_i \qquad (11\text{-}4)$$

式中，

$$a_{i,i-1} = -Q_{i-1,i} - E'_{i-1,i} \qquad (11\text{-}5)$$

$$a_{i,i} = Q_{i,i+1} + E'_{i-1,i} + E'_{i,i+1} + k_iV_i \qquad (11\text{-}6)$$

$$a_{i,i+1} = -E'_{i,i+1} \qquad (11\text{-}7)$$

如图 11-1 所示，若将式(11-4)分别应用于河段 1～n，则会形成包括 $n+2$ 个未知变量(c_0 到 c_{n+1})的 n 个方程。因此，还需要通过边界条件来抵消其中两个未知数。

11.2　边界条件

水质模型中使用的边界条件有两种基本类型：

1. **狄利克雷**(Dirichlet)边界条件：设定边界处的浓度。

2. **诺依曼**(Neumann)边界条件：设定边界处的浓度导数。

此外，有时需要将两者结合以生成其他适合的边界条件。由于狄利克雷边界条件的应用最为广泛，本节将介绍如何将其应用于模型求解。有关诺依曼边界条件的一些案例，将在本讲习题和后续讲座中予以探讨。

图 11-2 表示了两种类型的狄利克雷条件。图 11-2a 中，边界是敞开的，如同渠道中的情形。对此情形可以直接应用式(11-4)。例如针对河段 1 的方程为：

$$W_1 = a_{1,1}c_1 + a_{1,2}c_2 \tag{11-8}$$

式中,对负荷进行了修正以反映河段 0 入流的影响:

$$W_1 \leftarrow W_1 - a_{1,0}c_0 \tag{11-9}$$

同样,河段 n 的质量平衡关系中 c_{n+1} 是已知数:

$$W_n = a_{n,n-1}c_{n-1} + a_{n,n}c_n \tag{11-10}$$

式中,对负荷进行了修正以考虑对河段 $n+1$ 的影响:

$$W_n \leftarrow W_n - a_{n,n+1}c_{n+1} \tag{11-11}$$

对于上述两种情况,系数 a 均由公式(11-5)~式(11-7)定义。

当物质以推流方式进入和离开反应器时,将会出现不一样的情况。例如对于河段 $i(i=1)$ 存在入流的情形,原先的质量守恒方程变为:

$$0 = W_1 + Q_{0,1}c_0 - Q_{1,2}c_1 + E'_{1,2}(c_2 - c_1) - k_1 V_1 c_1 \tag{11-12}$$

(a)

(b)

图 11-2 一维系统中的两类狄利克雷(固定浓度)边界条件

(a)开放边界的对流/离散;(b)管道中的对流边界

注意到方程中只是省略了入流交界面处的离散项。整理后的最终方程形式如下:

$$W_1 = a_{1,1}c_1 + a_{1,2}c_2 \tag{11-13}$$

式中,

$$W_1 \leftarrow W_1 - a_{1,0}c_0 \tag{11-14}$$

$$a_{1,0} = -Q_{0,1} \tag{11-15}$$

$$a_{1,1} = Q_{1,2} + E'_{1,2} + k_1 V_1 \tag{11-16}$$

$$a_{1,2} = -E'_{1,2} \tag{11-17}$$

上式中对负荷项进行了修正以包括入流浓度,并调整了 a 项以忽略入流交界面的离散效应。

以此类推,出流口的方程式如下:

$$W_n = a_{n,n-1}c_{n-1} + a_{n,n}c_n \tag{11-18}$$

式中,

$$a_{n, n-1} = -(Q_{n-1, n} + E'_{n-1, n}) \tag{11-19}$$

$$a_{n, n} = Q_{n, n+1} + E'_{n-1, n} + k_n V_n \tag{11-20}$$

注意到由于缺少离散项,负荷项不受 c_{n+1} 的影响。类似地,由于出口交界面上没有离散作用,因此对角线项 $a_{n,n}$ 中不包括 $E'_{n, n+1}$。

11.3 稳态解

待求解的整个方程组表示如下:

$$a_{1, 1}c_1 + a_{1, 2}c_2 = W_1 \tag{11-21}$$

$$a_{2, 1}c_1 + a_{2, 2}c_2 + a_{2, 3}c_3 = W_2 \tag{11-22}$$

$$a_{3, 2}c_2 + a_{3, 3}c_3 + a_{3, 4}c_4 = W_3 \tag{11-23}$$

$$\vdots$$

$$a_{n-1, n-2}c_{n-2} + a_{n-1, n-1}c_{n-1} + a_{n-1, n}c_n = W_{n-1} \tag{11-24}$$

$$a_{n, n-1}c_{n-1} + a_{n, n}c_n = W_n \tag{11-25}$$

也可以用矩阵形式表示:

$$[A]\{c\} = \{W\} \tag{11-26}$$

式中,

$$[A] = \begin{bmatrix} a_{11} & a_{12} & 0 & \bullet & \bullet & \bullet & 0 \\ a_{21} & a_{22} & a_{23} & 0 & \bullet & \bullet & 0 \\ 0 & a_{32} & a_{33} & a_{34} & 0 & \bullet & 0 \\ \vdots & & & & & & \vdots \\ 0 & \bullet & \bullet & 0 & a_{n-1, n-2} & a_{n-1, n-1} & a_{n-1, n} \\ 0 & \bullet & \bullet & \bullet & 0 & a_{n, n-1} & a_{n, n} \end{bmatrix} \tag{11-27}$$

$$\{c\} = \begin{Bmatrix} c_1 \\ c_2 \\ c_3 \\ \vdots \\ c_{n-1} \\ c_n \end{Bmatrix} \qquad \{W\} = \begin{Bmatrix} W_1 \\ W_2 \\ W_3 \\ \vdots \\ W_{n-1} \\ W_n \end{Bmatrix} \tag{11-28}$$

如之前在第 6 讲中所述,可以采用多种方法来求解上述方程组。下面的例题给出了其中的一种方法。

【例 11-1】 基于控制体积法的完全混合反应器水质模拟

例 5-2 采用了梯级模型来模拟细长形反应器中的稳态浓度分布。本例在该系统模型中进一步加入了离散作用项,如图 11-3 所示。

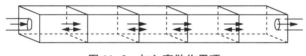

图 11-3   加入离散作用项

该反应器横截面面积 $A_c = 10\ \text{m}^2$,长度 $L = 100\ \text{m}$,速度 $U = 100\ \text{m} \cdot \text{h}^{-1}$,一级反应速率 $k = 2\ \text{h}^{-1}$,$E = 2\ 000\ \text{m}^2 \cdot \text{h}^{-1}$,入流浓度为 $1\ \text{mg} \cdot \text{L}^{-1}$。令 $n = 5$,计算反应器中的浓度分布并与例 9-2 的解析解结果进行比较。

【求解】   该系统水质模型方程组的矩阵表示形式如下:

$$\begin{bmatrix} 2\ 400 & -1\ 000 & 0 & 0 & 0 \\ -2\ 000 & 3\ 400 & -1\ 000 & 0 & 0 \\ 0 & -2\ 000 & 3\ 400 & -1\ 000 & 0 \\ 0 & 0 & -2\ 000 & 3\ 400 & -1\ 000 \\ 0 & 0 & 0 & -2\ 000 & 2\ 400 \end{bmatrix} \begin{Bmatrix} c_1 \\ c_2 \\ c_3 \\ c_4 \\ c_5 \end{Bmatrix} = \begin{Bmatrix} 1\ 000 \\ 0 \\ 0 \\ 0 \\ 0 \end{Bmatrix}$$

基于上式可求出反应器中每一段的物质浓度。数值计算结果和例 9-2 中解析解的对比,如图 11-4 和表 11-1 所示。

表 11-1   对比

距离(m)	解析解	数值解
0	0.765 63	
10	0.657 00	0.609 19
30	0.484 01	0.462 06
50	0.357 53	0.352 61
70	0.267 60	0.274 76
90	0.213 19	0.228 97
100	0.204 41	

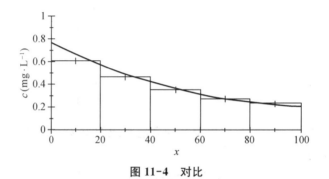

图 11-4   对比

数值解总体上遵循了精确解的趋势。若采用更小的空间分割(即较小的 Δx),则数值解更加接近解析解。

虽然上面例题的结果看起来是可以接受的,但仔细观察图 11-4 可以发现,整个系统的计算结果与实际值都存在差异。例如,在反应器前端数值解低于解析解,而在末端数值解较高。另外,在反应器前端梯度最陡的地方,差异性最为明显。因此,如果数值计算时离散系数太高,就可能会发生这种错误。实际上,对诸如此处采用的后向差分计算方法,将会存在这"数值"离散问题,对此将在第 11.6 节讲述。

11.4 系统响应矩阵

可采用多种方式求解例题 11-1,例如迭代和消元法(见附录 E)。此外,也可以利用逆矩阵求得物质浓度:

$$\{c\} = [A]^{-1}\{W\} \tag{11-29}$$

虽然这逆矩阵法并不是获得模型解的最有效方法,但是逆矩阵一方面能够提供模型解的向量表达,另一方面还可以计算出某一特定河段接纳的污染负荷对其他任意河段的影响。如之前在第 6.3 节中所述,逆矩阵元素 $a_{i,j}^{-1}$ 表示河段 j 中单位负荷变化造成的河段 i 浓度改变。下面的例题对此进行了更深入探讨。

【例 11-2】 混合-流动反应器的逆矩阵分析

针对例 11-1 的混合-流动反应器,采用逆矩阵来评估下列污染负荷排放情形的水质响应。

(a) 若反应器的出流浓度要降低至 $0.1\ \text{mg} \cdot \text{L}^{-1}$,则入流浓度应降低多少?

(b) 如果在反应器中部注入 $2\,000\ \text{g} \cdot \text{h}^{-1}$ 负荷,以及在末尾注入 $1\,000\ \text{g} \cdot \text{h}^{-1}$ 负荷,计算反应器中的浓度分布情况。假设入流浓度为 0。

【求解】 (a) 计算出该系统的逆矩阵为

$$\begin{bmatrix} 0.000\,609\,2 & 0.000\,231\,0 & 0.000\,088\,2 & 0.000\,034\,3 & 0.000\,014\,3 \\ 0.000\,462\,1 & 0.000\,554\,5 & 0.000\,211\,6 & 0.000\,082\,4 & 0.000\,034\,3 \\ 0.000\,352\,6 & 0.000\,423\,1 & 0.000\,543\,0 & 0.000\,211\,6 & 0.000\,088\,2 \\ 0.000\,274\,8 & 0.000\,329\,7 & 0.000\,423\,1 & 0.000\,554\,5 & 0.000\,231\,0 \\ 0.000\,229\,0 & 0.000\,274\,8 & 0.000\,352\,6 & 0.000\,462\,1 & 0.000\,609\,2 \end{bmatrix}$$

若出口浓度降至 $0.1\ \text{mg} \cdot \text{L}^{-1}$,则负荷减少量为:

$$c_5 = a_{51}^{-1} W_1 = a_{51}^{-1} Q c_0$$

由此可求得:

$$c_0 = \frac{c_5}{a_{51}^{-1} Q} = \frac{0.1\ \text{g} \cdot \text{m}^{-3}}{0.000\,229\,0 [\text{g} \cdot \text{m}^{-3} (\text{g} \cdot \text{h}^{-1})^{-1}](1\,000\ \text{m}^3 \cdot \text{h}^{-1})}$$

$$= 0.436\,7\ \text{g} \cdot \text{m}^{-3}$$

因此,入流浓度的削减比例为:

$$\text{reduction}\% = \frac{1-0.436\ 7}{1}(100\%) = 56.3\%$$

（b）将逆矩阵中特定列的元素代入公式中，可评价反应器中段和末端污染负荷输入对整个反应器的影响，如下所示：

$$c_1 = 2\ 000(0.000\ 088\ 2) + 1\ 000(0.000\ 014\ 3) = 0.176\ 4 + 0.014\ 3$$
$$= 0.190\ 7\ \text{mg} \cdot \text{L}^{-1}$$
$$c_2 = 2\ 000(0.000\ 211\ 6) + 1\ 000(0.000\ 034\ 3) = 0.423\ 2 + 0.034\ 3$$
$$= 0.457\ 5\ \text{mg} \cdot \text{L}^{-1}$$
$$c_3 = 2\ 000(0.000\ 543\ 0) + 1\ 000(0.000\ 088\ 2) = 1.086\ 0 + 0.088\ 2$$
$$= 1.174\ 2\ \text{mg} \cdot \text{L}^{-1}$$
$$c_4 = 2\ 000(0.000\ 423\ 1) + 1\ 000(0.000\ 231\ 0) = 0.846\ 2 + 0.231\ 0$$
$$= 1.077\ 2\ \text{mg} \cdot \text{L}^{-1}$$
$$c_5 = 2\ 000(0.000\ 352\ 6) + 1\ 000(0.000\ 609\ 2) = 0.705\ 2 + 0.609\ 2$$
$$= 1.314\ 4\ \text{mg} \cdot \text{L}^{-1}$$

计算结果如图 11-5 所示。

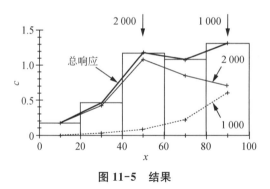

图 11-5　结果

11.5　中心差分法

需要指出的是，前面章节介绍的后向差分法只是近似表示对流项的一种方法。另一种方法是用两个相邻河段的平均浓度来表示交界面浓度。当各河段体积相等时，质量平衡方程如下：

$$0 = W_i + Q_{i-1,i}\left(\frac{c_{i-1} + c_i}{2}\right) - Q_{i,i+1}\left(\frac{c_i + c_{i+1}}{2}\right) + \tag{11-30}$$
$$E'_{i-1,i}(c_{i-1} - c_i) + E'_{i,i+1}(c_{i+1} - c_i) - k_i V_i c_i$$

对方程各项归并后得到：

$$a_{i,i-1}c_{i-1} + a_{i,i}c_i + a_{i,i+1}c_{i+1} = W_i \tag{11-31}$$

式中,

$$a_{i,\,i-1} = -\frac{Q_{i-1,\,i}}{2} - E'_{i-1,\,i} \tag{11-32}$$

$$a_{i,\,i} = -\frac{Q_{i-1,\,i}}{2} + \frac{Q_{i,\,i+1}}{2} + E'_{i-1,\,i} + E'_{i,\,i+1} + k_i V_i \tag{11-33}$$

$$a_{i,\,i+1} = -E'_{i,\,i+1} + \frac{Q_{i,\,i+1}}{2} \tag{11-34}$$

【例 11-3】　中心差分法模型

采用中心差分法,重新计算例 11-1。

【求解】　采用中心差分法,可以针对该系统建立以下的矩阵表达形式。需要注意的是,在中心差分计算模式下入流和出流河段的处理方法与式(11-13)和式(11-18)不同(见习题 11-1)。

$$\begin{bmatrix} 1\,900 & -500 & 0 & 0 & 0 \\ -1\,500 & 2\,400 & -500 & 0 & 0 \\ 0 & -1\,500 & 2\,400 & -500 & 0 \\ 0 & 0 & -1\,500 & 2\,400 & -500 \\ 0 & 0 & 0 & -1\,500 & 1\,900 \end{bmatrix} \begin{Bmatrix} c_1 \\ c_2 \\ c_3 \\ c_4 \\ c_5 \end{Bmatrix} = \begin{Bmatrix} 1\,000 \\ 0 \\ 0 \\ 0 \\ 0 \end{Bmatrix}$$

基于上面的矩阵方程可以求出各河段或计算单元的浓度。计算结果和例 9-2 的结果对比如图 11-6 和表 11-2 所示。

表 11-2　对比

距离(m)	解析解	数值解
0	0.765 63	
10	0.657 00	0.653 38
30	0.484 01	0.482 84
50	0.357 53	0.357 48
70	0.267 60	0.267 41
90	0.213 19	0.211 11
100	0.204 41	

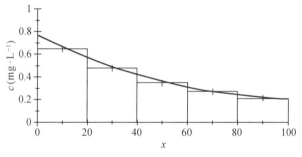

图 11-6　对比

可以看出相对于例 11-1,例 11-3 数值解和精确解的吻合程度更高。

在例 11-3 中,中心差分法不存在例 11-1 中由后向差分法引起的"数值离散"现象。在此,读者可能会疑惑为什么首先使用了后向差分法。简要来说,虽然本例中中心差分法给出了理想的结果,但是有些情况下该方法也会产生不具有实际物理意义的结果,这种情况下后向差分法就成为了一种选择。接下来的章节将讨论这些问题。

另外需要指出的是,中心差分法和后向差分法实际上是更为通用的加权差分法的两个具体表现形式,其作用是对水质模型中的对流项进行处理。加权差分法如专栏 11.1 中的介绍。

【专栏 11.1】 加权差分公式

在建立中心差分法和后向差分法的基础上,可以将两者提升到通用的加权差分法。为此,将两个相邻河段交界面处的浓度以加权平均值表示:

$$c_{j,k} = \alpha_{j,k} c_j + \beta_{j,k} c_k$$

式中,

$$\alpha_{j,k} = \frac{\Delta x_k}{\Delta x_j + \Delta x_k}$$

和

$$\beta_{j,k} = 1 - \alpha_{j,k} = \frac{\Delta x_j}{\Delta x_j + \Delta x_k}$$

将上述表达式代入式(11-1),得到:

$$0 = W_i + Q_{i-1,i}(\alpha_{i-1,i} c_{i-1} + \beta_{i-1,i} c_i) - Q_{i,i+1}(\alpha_{i,i+1} c_i + \beta_{i,i+1} c_{i+1}) + E'_{i-1,i}(c_{i-1} - c_i) + E'_{i,i+1}(c_{i+1} - c_i) - k_i V_i c_i$$

α 和 β 有两个作用。首先,如图 11-7 所示,它们为不等距河段的中心差分法提供了实现途径。除了解决不等距河段的数值计算问题外,它们还能够表达后向差分和中心差分近似之间的转换。注意到当 $\alpha = 1$ 和 $\beta = 0$ 时,方程以后向差分法表示;当 $\alpha = \beta = 0.5$ 时(或对不等距河段采用上述的加权计算方法),方程以中心差分法表示。

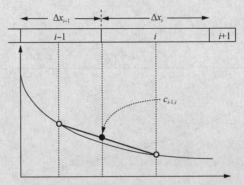

图 11-7　基于相邻河段之间浓度线性插值的中心差分法图形描述

11.6 数值离散、正值性质和计算单元尺寸

在前面各讲中，已经建立了分布式系统中稳态浓度模拟的一种简单数值计算方法。从例题 11-1 中可以看到基于后向差分法的数值解与解析解之间存在差异。针对这一现象，我们将更系统地研究两个基础问题。第一，控制体积法是否一直会产生有意义的结果？第二，当可以采用控制体积法时，计算结果的准确性如何？首先我们来讨论数值解的准确性问题。

11.6.1 数值离散

在例 11-1 中，针对下面的质量守恒方程进行了数值计算求解：

$$0 = -U \frac{dc}{dx} + E \frac{d^2 c}{dx^2} - kc \tag{11-35}$$

回想一下，后向差分法的数值计算结果会呈现很明显的离散性。为了对其进行深入了解，可以阅读专栏 11.2。从中不难理解，恒定参数的系统中控制体积法等同于偏微分方程的有限差分法。

可利用泰勒展开式来分析有限差分法的误差。例如，可将浓度扩展表示为后向泰勒级数的形式：

$$c_{i-1} = c_i - \frac{dc}{dx} \Delta x + \frac{d^2 c}{dx^2} \frac{\Delta x^2}{2!} - \cdots \tag{11-36}$$

若将泰勒级数在二阶导数处截断，则可以得出：

$$\frac{dc}{dx} \cong \frac{c_i - c_{i-1}}{\Delta x} + \frac{\Delta x}{2} \frac{d^2 c}{dx^2} \tag{11-37}$$

若以上式中的有限差分项代替公式(11-35)中的一阶导数项，得到：

$$0 = E \frac{d^2 c}{dx^2} - U \left(\frac{dc}{dx} - \frac{\Delta x}{2} \frac{d^2 c}{dx^2} \right) - kc \tag{11-38}$$

整理可得：

$$0 = \left(E + \frac{\Delta x}{2} U \right) \frac{d^2 c}{dx^2} - U \frac{dc}{dx} - kc \tag{11-39}$$

由此可以看出，实际物理离散效应被表征为模型计算离散系数和一个增量的形式，其增量如下：

$$E_n = \frac{\Delta x}{2} U \tag{11-40}$$

式中，E_n 被称为数值离散系数。

【专栏 11.2】 有限差分法

有限差分法是分布式系统数值模拟的更为常用方法（虽然不一定是性能最优的方法）。该方法将下面基本方程中的导数项用有限差分近似表示：

$$0 = -U\frac{dc}{dx} + E\frac{d^2c}{dx^2} - kc$$

例如，一阶导数项可以用后向差分近似表示：

$$\frac{dc}{dx} \cong \frac{c_i - c_{i-1}}{\Delta x}$$

二阶导数项可以用中心差分近似表示：

$$\frac{d^2c}{dx^2} \cong \frac{\dfrac{c_{i+1} - c_i}{\Delta x} - \dfrac{c_i - c_{i-1}}{\Delta x}}{\Delta x} = \frac{c_{i+1} - 2c_i + c_{i-1}}{\Delta x^2}$$

将上述表达式代入质量平衡方程式中得到：

$$0 = E\frac{c_{i+1} - 2c_i + c_{i-1}}{\Delta x^2} - U\frac{c_i - c_{i-1}}{\Delta x} - kc_i$$

对方程各项进行归并并将两边同乘以 $V_i = A_c\Delta x$，得到：

$$-(Q + E')c_{i-1} + (Q + 2E' + kV_i)c_i - E'c_{i+1} = 0$$

上式与式(11-3)的形式相同。因此，对于恒定参数系统来说，控制体积法和有限差分法最终得出相同的公式。

若利用中心差分近似代替一阶导数：

$$\frac{dc}{dx} \cong \frac{c_{i+1} - c_{i-1}}{2\Delta x}$$

则可以得出与式(11-30)相同的形式。习题(11-4)涉及该方法的应用。

【例 11-4】 数值离散的修正

针对例 11-1 计算数值离散系数。然后降低数值离散系数的值来观察数值解的变化。

【求解】 可通过式(11-40)计算出数值离散系数，如下所示：

$$E_n = \frac{20\ \text{m}}{2}(100\ \text{m} \cdot \text{h}^{-1}) = 1\ 000\ \text{m}^2 \cdot \text{h}^{-1}$$

因此，模型计算离散系数将从 2 000 减小到 1 000 $\text{m}^2 \cdot \text{h}^{-1}$，对应的系统矩阵表示形式如下：

$$\begin{bmatrix} 1\,900 & -500 & 0 & 0 & 0 \\ -1\,500 & 2\,400 & -500 & 0 & 0 \\ 0 & -1\,500 & 2\,400 & -500 & 0 \\ 0 & 0 & -1\,500 & 2\,400 & -500 \\ 0 & 0 & 0 & -1\,500 & 1\,900 \end{bmatrix} \begin{Bmatrix} c_1 \\ c_2 \\ c_3 \\ c_4 \\ c_5 \end{Bmatrix} = \begin{Bmatrix} 1\,000 \\ 0 \\ 0 \\ 0 \\ 0 \end{Bmatrix}$$

注意,该系统矩阵与例 11-3 中采用中心差分法得到的矩阵相同。相应计算结果也与基于中心差分法的结果相同。因此修正模型计算离散系数或采用中心差分法将会得到相同的结果。

根据上述讨论,读者可能会疑惑——为什么一开始不直接使用中心差分法? 对此读者将在另外一个问题——数值解的正值性质中得到答案。

11.6.2　正值性质

可以证明,随着系统对流程度的增加,数值解可能会变为负数(Hall 和 Porsching,1990)。以下例题对此进行了阐述。

【例 11-5】 高度对流系统的负值解

重复计算例 11-3,但将反应器中的流速增加到 $400\ \mathrm{m \cdot h^{-1}}$。假设入流浓度为 0,且在反应器中部以 $4\,000\ \mathrm{g \cdot h^{-1}}$ 的速率投加污染负荷。此外,与例 11-3 一样,采用中心差分法进行数值计算。

【求解】 该系统的矩阵表示形式为:

$$\begin{bmatrix} 3\,400 & 1\,000 & 0 & 0 & 0 \\ -3\,000 & 2\,400 & 1\,000 & 0 & 0 \\ 0 & -3\,000 & 2\,400 & 1\,000 & 0 \\ 0 & 0 & -3\,000 & 2\,400 & 1\,000 \\ 0 & 0 & 0 & -3\,000 & 3\,400 \end{bmatrix} \begin{Bmatrix} c_1 \\ c_2 \\ c_3 \\ c_4 \\ c_5 \end{Bmatrix} = \begin{Bmatrix} 0 \\ 0 \\ 4\,000 \\ 0 \\ 0 \end{Bmatrix}$$

基于以上矩阵方程可以求出反应器中的浓度分布。数值计算结果及其与解析解的对比,如图 11-8 和表 11-3 所示。

表 11-3　对比

距离	解析解	数值解
0	0.000 03	
10	0.000 26	0.084 77
30	0.015 84	−0.288 23
50	0.953 46	0.946 08
70	0.864 83	0.864 70
90	0.786 65	0.762 97
100	0.764 79	

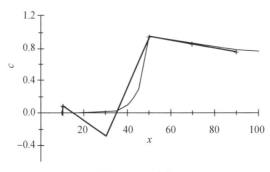

图 11-8　对比

　　虽然污染物投加点下游的数值计算结果与真实值相符，但是上游的结果显然是错误的。事实上负浓度值是没有物理意义的。

　　需要注意的是，例 11-5 中给出的矩阵与本讲中其他矩阵不同。在其他所有的矩阵中，非对角线项与主对角线项的符号不同。具体来说，主对角线项为正值，而非对角线项为负值。而在前面的例子中超对角项线为正，这是产生负浓度值的根本原因[如 Hall 和 Porsching(1990)的推导证明]。为此需要重新指定超对角线项使其为负值，从而产生正的数值计算结果。回顾先前讲过的内容，量化这一约束条件的超对角线项通用公式(即常数乘以 c_{i+1})为：

$$-E' + 0.5Q < 0 \tag{11-41}$$

代入 $E' = EA_c/\Delta x$ 和 $Q = A_c U$，得到：

$$-\frac{EA_c}{\Delta x} + 0.5UA_c < 0 \tag{11-42}$$

由此可以解出：

$$\Delta x < \frac{E}{0.5U} \tag{11-43}$$

　　因此，若采用中心差分法，则空间离散程度必须低于式(11-43)的限定值，以保证数值计算结果为正浓度值。注意到该限制条件通常表述为：

$$P_e = \frac{U\Delta x}{E} < 2 \tag{11-44}$$

式中，P_e 是计算单元的佩克莱数或雷诺数(见专栏 9.1)。

表 11-4　基于后向差分和中心差分法求解对流-离散-反应方程的数值离散和正值性质限制条件

	数值离散	正值性质
后向差分($\alpha=1$；$\beta=0$)	$E = 0.5U\Delta x$	$\Delta x < \infty$
中心差分($\alpha=0.5$；$\beta=0.5$)	$E = 0$	$\Delta x < \dfrac{E}{0.5U}$

11.6.3　限制条件的含义

至此我们来重新整理和理解刚刚学到的知识。这些知识点与两个限制条件有关：

$$E_n = U\Delta x(\alpha - 0.5) \quad \text{数值离散} \tag{11-45}$$

和

$$\Delta x < \frac{E}{(1-\alpha)U} \quad \text{正值性质} \tag{11-46}$$

注意到上述两个限制条件是建立在专栏 11.1 中加权差分公式基础上的[比较公式(11-45)、(11-46)与公式(11-40)、(11-43)]。

表 11-4 总结了基于后向差分和中心差分的数值计算限制条件。若采用中心差分法，则不需要考虑数值离散问题。但是，对于对流高于离散的系统，则必须采用较小的计算单元尺寸以获得物理意义上可行的数值解。相比之下，若采用后向差分法，则数值计算结果始终是正数，但会受到数值离散的影响。

那么最基本的约束是什么呢？仔细观察式(11-45)和式(11-46)可以发现，数值离散和正值浓度约束条件的表达式在结构上是相同的。究其原因，尽管两者之间存在差异，但最终都是整合在一个共同的目标：

$$E_p = E_m + E_n \tag{11-47}$$

真实的"物理"离散　　"模型"计算中采用的离散数据　　差分近似过程中产生的"数值"离散

换句话说，我们希望模型结果与现实中实际离散相匹配。

将式(11-45)代入式(11-47)中并重新整理，得到：

$$E_m = E_p - U\Delta x(\alpha - 0.5) \tag{11-48}$$

然后将以上表达式代入式(11-46)，得到：

$$\Delta x < \frac{E_p - U\Delta x(\alpha - 0.5)}{U(1-\alpha)} \tag{11-49}$$

将方程右侧进行代数运算后得到：

$$\Delta x_c < \frac{E_p}{0.5U} \tag{11-50}$$

此时 α 被去掉了，并且可以发现，数值离散和正值性这两个限制条件归结到与计算单元尺寸相关的单一限制。因此，式(11-50)中隐含了对临界计算单元尺寸的定义，即采用 Δx_c 表示。

本质上若采用后向差分法，则临界计算单位尺寸对应数值离散完全等同于物理离散的一种场景。这时模型离散系数 E_m 为 0，后向差分项恰好等于一阶导数项和数值离散系数的差值而不需再考虑另外的离散效应。反之,若设定模型离散等同于物理离散,则对应中心差分条件下的数值离散为 0 情形;相应的,式(11-50)也表示了正值浓度约束条件的临界点。

上述结果在实际河流和河口中有什么意义呢?图 11-9 显示了一系列河流和河宽度与计算单元临界长度的关系。由于河口主要是离散作用主导的系统,因此河口的计算单元临界长度可以超过 1 km。对于大型的河流也是如此。但是对于较小和高度对流的河流,计算单元的临界长度将降低到 0.1 km 以下,这意味着需要划分更多的计算单元或者河段来准确模拟此类系统。

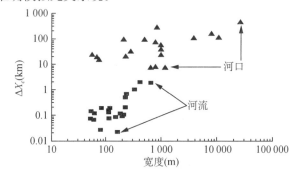

图 11-9   若干河流和河口宽度与计算单元临界长度关系图

原始数据来自 Hydroscience(1971)和 Fischer 等人(1979)

总之,河口水质的数值模拟通常可采用中心差分法,此时模型离散系数等于测得的物理离散系数。若采用后向差分法,则应减小模型计算采用的离散系数以考虑数值离散作用的影响。对于河流,则通常需要采用较小的计算单元尺寸以保证浓度正值解,并避免过度的数值离散。

在此还有必要指出另一个实际模拟工作中遇到的问题。虽然受物理离散系数的影响,河流的计算单元尺寸通常较小;但另一方面离散相对于对流作用也不明显。因此,尤其是对于水质浓度梯度变化不明显的稳态问题模拟而言,可以放宽公式(11-50)的限制条件,这并不会对数值解的准确度造成明显的影响。对此可进行案例的测试计算以检验数值解和解析解的吻合程度。但是应该强调的是,非稳态水质模拟如突发排放问题可能对数值离散非常敏感。我们将在第 12 讲和第 13 讲中进一步讨论这个问题。

11.7   点源排放附近的计算单元划分

如果要精确捕捉点源排放附近河段的陡峭浓度梯度变化,则需要划分更精细化的计算单元。针对这一问题的解释如图 11-10 所示。当采用精细的计算单元分割方案时[图 11-10(a)],数值计算的误差会小于 5%。相比之下,图 11-10(b)中较粗的计算单元分割方案会使得排放点处的浓度值比实际值小 30%。Mueller(1976)以及 Thomann和 Mueller(1987)建立了一些技术准则来阐述计算单元划分与可接受误差之间的关系。

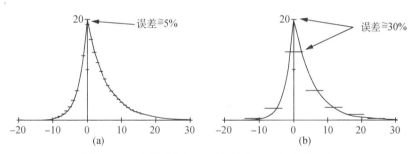

图 11-10　点源排入河口时的数值解和解析解对比

(a)精细化的分割方案比(b)较粗的分割方案产生了更好的模拟结果

Mueller 基于后向差分法开发了一组公式,用来计算峰值浓度可接受误差对应的计算单元尺寸。对于对流系统($\eta > 1$):

$$\Delta x_0 = \frac{U}{k}\left[\sqrt{\frac{1+\eta}{(1-\varepsilon)^2} - \eta} - 1\right] \qquad (11\text{-}51)$$

式中,U 为速度;k 为反应速率;η 为河口数,$\eta = kE/U^2$;ε 为允许的相对误差。

对于扩散系统($\eta > 1$),计算公式为:

$$\Delta x_0 = \sqrt{\frac{4E\left[\sqrt{\frac{1+(1/\eta)}{(1-\varepsilon)^2} - 1} - \frac{1}{\sqrt{\eta}}\right]^2}{k}} \qquad (11\text{-}52)$$

上述公式为确定排放点附近计算单元尺寸提供了依据。相关推导过程可以查阅 Thomann 和 Mueller(1987)的文献。

11.8　二维和三维系统

本讲介绍的方法可以直接扩展应用到二维和三维系统。大多数情况下对于对流项可采用后向差分近似,原因在于数值离散相比于物理离散而言,通常不明显。只有当数值离散对求解精度产生负面影响时,才考虑使用中心差分法。

图 11-11 中的四段系统可以对适用于两维和三维系统的方法予以简单说明。基于

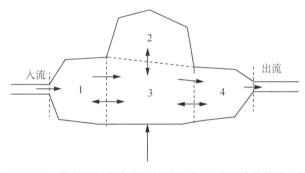

图 11-11　带有侧向港湾的细长型湖泊:二维系统的简单示例

后向差分法,可以建立稳态系统的质量守恒方程:

$$0 = Q_{0,1}c_{in} - Q_{1,3}c_1 + E'_{1,3}(c_3 - c_1) - kV_1c_1 \tag{11-53}$$

$$0 = E'_{2,3}(c_3 - c_2) - kV_2c_2 \tag{11-54}$$

$$0 = Q_{1,3}c_1 - Q_{3,4}c_3 + E'_{1,3}(c_1 - c_3) + E'_{2,3}(c_2 - c_3) + E'_{3,4}(c_4 - c_3) - kV_3c_3 \tag{11-55}$$

$$0 = Q_{3,4}c_3 - Q_{4,out}c_4 + E'_{3,4}(c_3 - c_4) - kV_4c_4 \tag{11-56}$$

因此产生了含有四个未知数的四个方程。

三维问题也可以用类似方式处理。如图 11-12 所示,假设第四段在垂向上分为上层和下层,则第四段的质量守恒方程修改为:

$$0 = Q_{3,4}c_3 - Q_{4,out}c_4 + E'_{3,4}(c_3 - c_4) - kV_4c_4 + E'_{4,5}(c_5 - c_4) \tag{11-57}$$

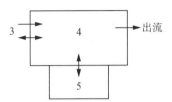

图 11-12 图 11-11 中最右边单元的垂向分割示意图

第五段的质量守恒方程为:

$$0 = E'_{4,5}(c_4 - c_5) - kV_5c_5 \tag{11-58}$$

习 题

11-1 当采用对流-离散-反应方程对反应器进行模拟时,针对反应器入口($i=1$)和出口($i=n$)单元建立质量守恒方程。其中方程中的导数项采用中心差分近似,且假设水流通过管道流入和流出反应器。结果以式(11-13)~式(11-20)的形式表示。

11-2 (a) 采用更精细的计算单元分割($n=10$),重新计算例 11-1;

(b) 比较(a)以及较粗糙方案($n=5$)计算结果与解析解之间的相对误差,并对计算结果进行讨论。

11-3 采用 $n=10$ 的分割方案来重新计算例 11-2(a)。讨论为何更精细的分割方案会影响计算结果,并相应计算入流浓度应控制在多少水平,以满足出流浓度控制在 $0.1 \text{ mg} \cdot \text{L}^{-1}$ 的目标。

11-4 采用专栏 11.2 中描述的有限差分法,推导参数恒定的一维对流-离散-反应方程的中心差分近似表达形式。

11-5 (a) 针对图 11-13 所示系统,采用后向差分法($\Delta x = 0.5$ km)计算 $x = 0 \sim 32$ km 河段的污染物稳态浓度分布。已知污染物的一级降解速率为 $k = 0.1 \text{ d}^{-1}$。注意

到紧邻分布式排放负荷的上游断面浓度为 $5\ \mathrm{mg\cdot L^{-1}}$;

（b）估计后向差分近似法对应的数值离散系数;

（c）将计算结果与习题 9-4 中的解析解进行比较。

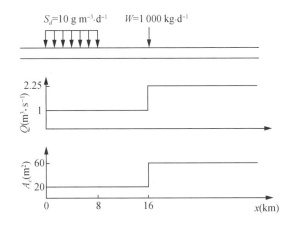

图 11-13　系统

11-6　某一维河口具有以下特征:

	取值	单位
离散系数	10^5	$10^5\ \mathrm{s^{-1}}$
流量	5×10^4	$\mathrm{m^3\cdot d^{-1}}$
宽度	100	m
水深	2	m

已知河口中污染物的沉降速率为 $v=0.11\ \mathrm{m\cdot d^{-1}}$。若污染负荷排放速率为 $2\ \mathrm{kg\cdot d^{-1}}$,以及边界条件为:

$$c_0=0$$

$$\frac{\mathrm{d}c_{18-19}}{\mathrm{d}x}=0$$

采用中心差分法和图 11-14 所示的分割方案来模拟河口中污染物的分布,并将数值计算结果与解析解进行比较。

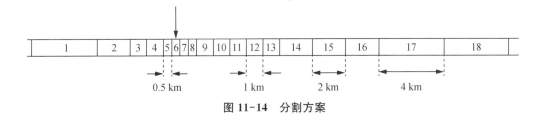

图 11-14　分割方案

11-7　某潮汐河流具有以下特征:

$E=1\times10^6\ \mathrm{m^2\cdot d^{-1}}$,$U=250\ \mathrm{m\cdot d^{-1}}$,$A_c=1\,000\ \mathrm{m^2}$

某点源以 $12 \times 10^6 \ g \cdot d^{-1}$ 的速率排放入河,且污染物在河流中的一级降解速率为 $k = 0.075 \ d^{-1}$。

(a) 计算污染物在排放点处断面完全混合后的断面浓度;

(b) 计算河口数;

(c) 根据(b)中结果,采用适当的公式[式(11-51)或(11-52)]来确定计算单元长度,以使得排放点处断面浓度模拟值与实际值的误差在 5% 以内($\varepsilon = 0.05$);

(d) 采用后向差分法对该系统进行数值模拟,以验证上述结果的可靠性。

11-8 如图 11-15 所示,某湖泊的入湖污染物以 $20 \ m \cdot yr^{-1}$ 的速度沉降。利用以下数据,计算:

段	A_s (km²)	z (m)	V (km³)	W ($10^3 \ kg \cdot yr^{-1}$)	l (km)
1	280	4.3	1.2	500	16.7
2	280	4.3	1.2	2 000	16.7
3	280	4.3	1.2	300	16.7

界面	Q (km³·yr⁻¹)	E (km²·yr⁻¹)	A_c (km²)	宽度 (km)	E' (km³·yr⁻¹)	c_0 (μg·L⁻¹)
进口-1	170					10
1-2	170	1 500	0.072	16.7	6.5	
2-3	10	1 500	0.072	16.7	6.5	
2-出口	180					

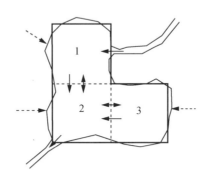

图 11-15 污染物沉降

(a) 计算该系统对受纳负荷的水质响应;

(b) 若将第 2 段的负荷减少 50%,计算第 3 段的水质改善效果。

11-9 某混合-流动反应器为 10 m 长、2 m 宽、1 m 深,且具有以下水力特性: $E = 2 \ m^2 \cdot h^{-1}$ 和 $U = 1 \ m \cdot h^{-1}$。该反应器的某化学品恒定入流浓度为 $c_{in} = 100 \ mg \cdot L^{-1}$,且其一级衰减速率 $k = 0.2 \ h^{-1}$。计算沿反应器长度方向的化学品稳态浓度分布。

第 12 讲

非稳态问题的简单数值求解

简介：本讲在介绍了非稳态问题的简单数值求解原理基础上，讨论了数值求解的稳定性这一重要问题，以及非稳态问题求解过程中的数值离散。

现在我们来转向分布式系统的非稳态计算机求解。本讲除了对数值求解方法本身的描述外，还强调了数值求解的稳定性和准确性问题。稳定性意味着数值求解方法不会将误差放大，即不会由于误差"淹没"了真实解而导致数值求解出现发散。准确性是指微分方程数值解与真实解之间的符合程度。

12.1 显式算法

为了简化分析，推导出了如下的非稳态质量平衡方程：

$$\frac{\partial c}{\partial t} = E \frac{\partial^2 c}{\partial x^2} \tag{12-1}$$

可见方程中忽略了对流和反应项，并假设离散系数恒定。

用有限差分近似代替导数，可以得到该方程的数值解。与先前讲座中有关稳态解的情形不同，这里我们必须同时在时间和空间上进行离散化。图 12-1 展示了一维空间问题的计算网格。

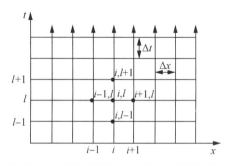

图 12-1　表征空间和时间维度的计算网格

基于图 12-1 所示网格，对式(12-1)进行离散的一种简单方法是：对空间导数采用

中心差分;对时间导数采用前向差分。分别表示如下:

$$\frac{\partial c}{\partial t} \cong \frac{c_i^{l+1} - c_i^l}{\Delta t} \tag{12-2}$$

$$\frac{\partial^2 c}{\partial x^2} \cong \frac{c_{i+1}^l - 2c_i^l + c_{i-1}^l}{\Delta x^2} \tag{12-3}$$

式中,上标用于表示时间。引入上标的目的是在空间二维数值求解时,能够使用第二个下标来指定第二个空间维度。

将上述差分表示形式代入方程式(12-1)得到:

$$\frac{c_i^{l+1} - c_i^l}{\Delta t} = E \frac{c_{i+1}^l - 2c_i^l + c_{i-1}^l}{\Delta x^2} \tag{12-4}$$

这种方法有时被称为前向时间-中心空间差分方程。对方程式(12-4)的各项归并后,可以进行简化,进而求得下一时间步长的浓度:

$$c_i^{l+1} = c_i^l + E \frac{c_{i+1}^l - 2c_i^l + c_{i-1}^l}{\Delta x^2} \Delta t \tag{12-5}$$

观测该方程可以发现,式(12-5)实际上是欧拉法的一种形式,即符合如下的表达形式:

$$新解＝旧解＋斜率×时间步长 \tag{12-6}$$

这种方法被称为显格式方法。之所以这样命名是因为每个差分方程都有一个在等号左边被分离出来的未知数(即下一个时间步长的浓度)。构成这种显格式方法的时间和空间差分节点如图 12-2 所示。

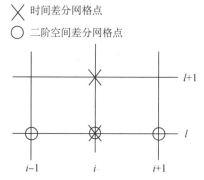

图 12-2　基于前向时间-中心空间差分近似的简单显格式方法计算网格点

我们还应该认识到,用有限差分代替式(12-1)右边,可以有效地将偏微分方程转化为常微分方程。这样,利用欧拉法对常微分方程系统进行积分,其实质是采用式(12-2)替换式(12-1)的左侧项,从而能够以最直接的方式求得数值解。

12.2　稳定性

为了研究式(12-5)的稳定性,我们首先将式中各项进行归并,即:

$$c_i^{l+1} = \lambda c_{i-1}^l + (1 - 2\lambda) c_i^l + \lambda c_{i+1}^l \tag{12-7}$$

式中,

$$\lambda = \frac{E\Delta t}{\Delta x^2} \tag{12-8}$$

λ 被称为**扩散数**(diffusion number)。

现在我们来检验式(12-7)的稳定性。**稳定性**意味着误差不会随着计算的持续进行而放大。从式(12-7)可以得出,当对角线项为正值时,将会产生稳定的结果。此时,$1 - 2\lambda > 0$,即:

$$\lambda < \frac{1}{2} \tag{12-9}$$

此外,需要注意的是:$\lambda < \dfrac{1}{2}$ 能够保证误差不会增长,但数值可能会产生振荡。若设定 $\lambda < \dfrac{1}{4}$ 可以保证数值解不会振荡;设定 $\lambda = \dfrac{1}{6}$,可使截断误差趋向于最小化(Carnahan 等人,1969)。

虽然式(12-9)保证了解的稳定性,但它对显格式方法给予了很大限制。对于这一点,将式(12-8)和式(12-9)联立后可以得到:

$$\Delta t < \frac{1}{2} \frac{\Delta x^2}{E} \tag{12-10}$$

式(12-10)可以让我们看到 Δt 是如何随着空间步长 Δx 而发生改变的。该方程对认识约束性的重要性提供了一个很好的视角。假设我们对数值解的空间精度不满意,并将空间网格的数量增加了一倍,也就是,我们将原来的 Δx 细分成两份。根据方程式(12-10),必须将原来的时间步长细分为四份以维持计算的稳定性。因此,数值计算中,时间步长的数量须变为原来的 4 倍。此外,由于将 Δx 减半会使空间步长数量变为原来的 2 倍,每个时间步长的计算将花费原来两倍的时间。因此对于一维问题情形,将 Δx 减半会导致计算量增加至原来的 8 倍,带来很大的计算工作量。

对于二维和三维问题,稳定性的约束更为苛刻。例如,对于二维问题,将空间网格减半会导致计算量增加至 16 倍。尽管简单的显格式方法受到稳定性约束的严格限制,但由于它非常易于编程,因此仍广泛用于水质建模。在处理非线性动力学时,这一优势尤其重要(将在下一讲中详细介绍)。

12.3　控制体积法

现在,将介绍如何将上一讲中针对稳态问题的通用控制体积方法,应用于非稳态问题求解。使用时间前向差分和空间加权差分,则可以建立段 i 的质量平衡:

$$V_i \frac{c_i^{l+1} - c_i^l}{\Delta t} = W_i^l + Q_{i-1,i}(\alpha_{i-1,i} c_{i-1}^l + \beta_{i-1,i} c_i^l) - Q_{i,i+1}(\alpha_{i,i+1} c_i^l + \beta_{i,i+1} c_{i+1}^l) +$$

$$E'_{i-1,i}(c_{i-1}^l - c_i^l) + E'_{i,i+1}(c_{i+1}^l - c_i^l) - k_i V_i c_i^l$$

$$(12-11)$$

方程两边同除以 V_i,重新整理得到:

$$c_i^{l+1} = c_i^l + \frac{\Delta t}{V_i}[W_i^l + Q_{i-1,i}(\alpha_{i-1,i} c_{i-1}^l + \beta_{i-1,i} c_i^l) - Q_{i,i+1}(\alpha_{i,i+1} c_i^l + \beta_{i,i+1} c_{i+1}^l) +$$

$$E'_{i-1,i}(c_{i-1}^l - c_i^l) + E'_{i,i+1}(c_{i+1}^l - c_i^l) - k_i V_i c_i^l]$$

$$(12-12)$$

将各项整理得到:

$$c_i^{l+1} = \frac{W_i^l}{V_i} \Delta t - \frac{\Delta t}{V_i}(-Q_{i-1,i} \alpha_{i-1,i} - E'_{i-1,i}) c_{i-1}^l +$$

$$\left[1 - \frac{\Delta t}{V_i}(-Q_{i-1,i} \beta_{i-1,i} + Q_{i,i+1} \alpha_{i,i+1} + E'_{i-1,i} + E'_{i,i+1} + k_i V_i)\right] c_i^l -$$

$$\frac{\Delta t}{V_i}(Q_{i,i+1} \beta_{i,i+1} - E'_{i,i+1}) c_{i+1}^l$$

$$(12-13)$$

根据 α 的值,此等式可以代表不同的情形。$\alpha = 1$ 表示前向时间-后向空间差分;$\alpha = 0.5$ 表示前向时间-中心空间差分。

与第一部分中描述的简单模型一样,如果对角线项为正,那么该方程的数值解将是稳定的。对于所有参数是常数的情况,有:

$$1 - \frac{\Delta t}{V}(-QB + Q\alpha + 2E' + kV) > 0 \qquad (12-14)$$

可以解出:

$$\Delta t < \frac{V}{Q(\alpha - \beta) + 2E' + kV} \qquad (12-15)$$

若将分子和分母同时除以横截面积,得到:

$$\Delta t < \frac{(\Delta x)^2}{U \Delta x(\alpha - \beta) + 2E + k(\Delta x)^2} \qquad (12-16)$$

仔细观察式(12-15)式(12-16),可以发现,除了矩阵对角元素必须为正值之外,稳定性判断准则还具有实际物理意义。也就是说，时间步长不能超过该段的污染物停留时间（请参阅第 3.2.1 节）。这一点可以清晰地从后向差分的单纯对流方程中看出，（$\alpha = 1$，$k = E = 0$）。对于此情况，稳定性判据为：

$$\Delta t < \frac{V}{Q} \tag{12-17}$$

式（12-17）表示计算单元的停留时间。此外，还可以将等式的分子和分母同时乘以横截面积得到：

$$\Delta t < \frac{\Delta x}{U} \tag{12-18}$$

该结果表明：稳定性的另一种解释是时间步长不能太大，即在给定的流速 U 下，时间步长不能大于水流流经 Δx 长度所需的时间。换句话说，稳定性准则意味着如果计算"超前于自我"，它将会"爆炸"。

方程式（12-18）被称作**库朗条件（Courant condition）**。通常表示为 $\gamma < 1$，其中 $\gamma = U \Delta t / \Delta x$，被称为**对流数**或**库朗数**。

12.4　数值离散

在第 11 讲中，对采用后向空间差分近似对流项的情形，我们使用泰勒级数展开估算了对应的数值离散数。现在我们拓展到前向时间差分的数值离散估计。这种情况下数值离散项可以表示为（详见专栏 12.1）：

$$E_n = U \Delta x \left[(\alpha - 0.5) - \frac{U \Delta t}{2 \Delta x} \right] \tag{12-19}$$

【专栏 12.1】　误差分析与数值离散估计

为简易起见，我们分析对流方程的截断误差：

$$\frac{\partial c}{\partial t} = -U \frac{\partial c}{\partial x} \tag{12-20}$$

回顾第 11 讲，对于空间导数项，采用后向泰勒级数展开并取截断误差后得到[方程式（11-37）]：

$$\frac{\partial c}{\partial x} \cong \frac{c_i^l - c_{i-1}^l}{\Delta x} + \frac{\Delta x}{2} \frac{\partial^2 c}{\partial x^2} \tag{12-21}$$

类似地，对于时间导数项，采用前向泰勒级数展开并取截断误差后得到：

$$\frac{\partial c}{\partial t} \cong \frac{c_i^{l+1} - c_i^l}{\Delta t} - \frac{\Delta t}{2} \frac{\partial^2 c}{\partial t^2} \tag{12-22}$$

将式(12-21)、(12-22)与式(12-20)合并后得到：

$$\frac{\partial c}{\partial t} = -U\frac{\partial c}{\partial x} + U\frac{\Delta x}{2}\frac{\partial^2 c}{\partial x^2} - \frac{\Delta t}{2}\frac{\partial^2 c}{\partial t^2} \tag{12-23}$$

对式(12-20)取时间偏导数分，可将二阶时间导数转换为空间导数，即：

$$\frac{\partial^2 c}{\partial t^2} = -U\frac{\partial^2 c}{\partial t\partial x} \tag{12-24}$$

接下来对式(12-20)取空间偏导数，即：

$$\frac{\partial^2 c}{\partial x\partial t} = -U\frac{\partial^2 c}{\partial x^2} \tag{12-25}$$

由此，将式(12-24)和(12-25)合并后得到：

$$\frac{\partial^2 c}{\partial t^2} = U^2\frac{\partial^2 c}{\partial x^2} \tag{12-26}$$

代入式(12-23)得到：

$$\frac{\partial c}{\partial t} = \left(\frac{\Delta x}{2}U - \frac{U^2\Delta t}{2}\right)\frac{\partial^2 c}{\partial x^2} - U\frac{\partial c}{\partial x} \tag{12-27}$$

因此数值离散项表示为：

$$E_n = \frac{\Delta x}{2}U - \frac{U^2\Delta t}{2} \tag{12-28}$$

仔细观察该公式可以发现：式中有两个独立的数值离散项，分别表示空间和时间离散效应。

$$E_n = U\Delta x(\alpha - 0.5) - \frac{U^2\Delta t}{2} \tag{12-29}$$

空间离散   时间离散

有趣的是，式(12-29)中时间步长对数值离散具有负面影响。换句话说，随着时间步长的增加，数值离散数会减小。极端情况下，甚至可以认为：如果时间步长足够大，则可能导致负离散。这在物理上显然是不现实的。(这意味着物质从低浓度转移到高浓度，明显违反了热力学第二定律！)对此我们必须仔细审视该公式以真正理解含义。

为此，首先确定式(12-29)中数值离散数为零时对应的时间步长。对于后向差分($\alpha=1$)情形，将方程式(12-29)设为 0，由此得到：

$$\Delta t = \frac{\Delta x}{U} \tag{12-30}$$

将该式与式(12-18)进行比较,可以看出该时间步长对应一个会违反稳定性条件的临界点。因此,由于稳定性的限制,时间步长不可能取的过大,也就是说不应该产生负离散。

式(12-29)的第二个含义是,总数值离散数随着时间步长的减小而增加。为什么会发生这种情况呢? 以前向时间-后向空间差分为例,其图形描述如图 12-3 所示。在图 12-3(a)中,在 Δx 的距离中给定了初始浓度。这种情况下经过一个时间步长[对应式(12-30)给出的数值],浓度将向下游输移。可以看出,该段中的全部质量将在没有混合的情况下向下游平移。如式(12-29)所示,这是因为正的空间数值离散被负的时间离散抵消了。

在图 12-3(b)中重复进行了数值实验,但使用的时间步长仅为式(12-30)中临界值的一半。这种情况下,一半质量将向下游运移,而另一半保留在原处。由于时间离散仅抵消了部分空间离散,因此得到了净数值扩散。当 $\Delta t \to 0$ 时,时间离散项将趋近于零,相应总离散将接近空间离散项。

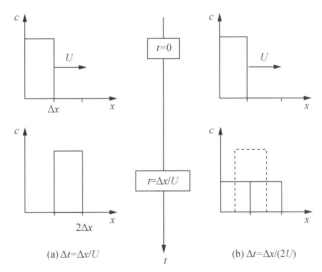

图 12-3　前向时间-后向空间差分近似离散的数值描述

(a)中计算使用的时间步长与稳定性判断的临界值相等(在这种情况下不会发生数值离散);(b)中使用一个相对较小的时间步长(这种情况下产生浓度离散效应)

现在我们来看前向时间-中心空间差分方法。该方法不产生空间数值离散项,相应,式(12-29)简化为:

$$E_n = -\frac{U^2 \Delta t}{2} \tag{12-31}$$

由此,产生了负的数值离散效应。这种情况下,式(12-31)的绝对值将会与实际的物理离散项加和,作为模型计算离散项。以下案例阐述了这一校正方法。

【**例 12-1**】　泄漏问题数值模拟

某一河流具有如下特征:

深度＝1 m	流量＝144 000 $m^3 \cdot h^{-1}$
宽度＝60 m	离散＝150 000 $m^2 \cdot h^{-1}$
流速＝2 400 $m \cdot h^{-1}$	横截面积＝60 m^2

在城市下游约 0.5 km 处,发生了 5 kg 保守污染物泄漏。使用(a)解析解和(b)中心差分数值解分别模拟泄漏发生 0.2、0.4 和 0.6 小时后的污染物浓度分布。

【求解】　(a) 基于式(10-22)的解析解,计算浓度分布:

$$c(x,\ t)=\frac{5\times 10^3/60}{2\sqrt{\pi(150\ 000)t}}e^{-\frac{(x-500-2\ 400t)^2}{4(150\ 000)t}}$$

将时间和空间值代入该公式,生成图 12-4 中实线所示的浓度分布。正如所预料的那样 0.6 h 后泄漏物输移到下游 2 400 $m \cdot h^{-1} \times 0.6\ h=1\ 440\ m$,对应的扩展范围为

$$x_{99}=5.2\sqrt{2(150\ 000)0.6}=2\ 206\ m$$

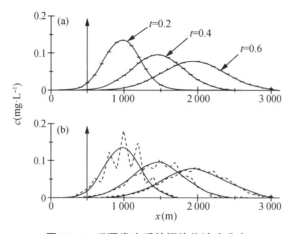

图 12-4　泄漏发生后的污染物浓度分布

(a) 泄漏发生 $\Delta t=0.01$ h 后的河流中污染物浓度分布。实线表示解析解;水平短横杠表示数值解。(b) $\Delta t=0.022\ 5$ h 时的不稳定结果。注意到虚线表示数值模拟结果,以此显示数值解的不稳定性。

(b) 数值求解的第一步是确定临界空间步长,根据式(11-50):

$$\Delta x_c<\frac{150\ 000}{0.5(2\ 400)}=125\ m$$

保守起见,此处取 $\Delta x=100$ m。

接下来利用式(12-16)来确定满足数值计算稳定性的时间步长:

$$\Delta t<\frac{(100)^2}{2(150\ 000)}=0.033\ h(=2\ min)$$

同样,为保守起见,取步长为 0.01 h。

数值离散值由式(12-31)确定:

$$E_n=-\frac{(2\ 400)^2 0.01}{2}=-28\ 800\ m^2 \cdot h^{-1}$$

这意味着值 150 000＋28 800＝178 800 m^2 · h^{-1} 会被用于模型数值求解中。

在开展模拟之前,我们还必须解决考虑初始条件。解析解的初始条件是脉冲函数,即假定泄漏在空间和时间上是瞬时发生的。由于控制体积法将时间和空间进行了离散化,因此尤法在控制体积法中准确表示这种函数。一种近似方法是计算开始时将质量分布在单个计算体积单元上。对此,在发生泄漏的体积单元段中浓度表示为:

$$c(500) = \frac{m}{B\Delta x H} = \frac{5\,000}{60(100)1} = 0.833 \text{ mg · L}^{-1}$$

在其他的体积单元中,浓度的初始值设定为零。

图 12-4a 给出了基于该方法的数值解,以及和解析解的对比。数值解展示了浓度峰值的小幅减少和浓度曲线尾部的小幅延伸。这表明同解析解相比,数值解表现出更大的离散性。但是,总体上数值解是合理的;数值解总体上符合精确解的趋势。如果计算单元的划分更为精细(即更小的 Δt 和 Δx),数值解将逼近解析解。

然而,需要指出的是,求得数值解所需的总计算次数为:

$$n = \frac{x_{\text{total}}}{\Delta x}\frac{t_{\text{total}}}{\Delta t} = \frac{3\,000}{100}\frac{0.6}{0.01} = 1\,800$$

如果空间步长更为细化,计算量将以式(12-10)所示的形式快速增加。

图 12-4b 显示了 $\Delta t = 0.022\,5$ h 的结果。可以看出,数值解开始变得不稳定。如果使用更大的步长,数值解的振荡将更加剧烈。因此显格式方法由于收到稳定性限制,无法进一步增加时间步长。

现在需要考虑的另一个问题是:对于中心差分的情况,是否会产生负离散? 对流作用明显系统可能就是这种情况;也就是说,相对于对流而言,物理性的离散作用相对较弱。在这种情况下,可能没有足够的实际物理扩散来补偿数值离散。

如同前面的案例,回答这个问题的第一步是确定计算单元的临界长度[式(11-50)]:

$$\Delta x_c = \frac{2E_p}{U} \tag{12-32}$$

其次,必须满足稳定性准则。对于没有反应项的情形,依据中心差分[回顾式(12-16)]得到:

$$\Delta t < \frac{(\Delta x)^2}{2E_p} \tag{12-33}$$

将式(12-32)代入式(12-33)得到:

$$\Delta t < \frac{(2E_p/U)^2}{2E_p} = \frac{2E_p}{U^2} \tag{12-34}$$

最后将时间步长代入数值离散估计公式中[式(12-31)]:

$$E_n = -\frac{U^2(2E_p/U^2)}{2} = -E_p \tag{12-35}$$

在这种情况下,稳定点代表了一个临界条件,即负数值离散正好与物理离散相等。如果采用一个超越稳定点的更大 Δt 值,将产生一个不稳定的数值解,这时相应的负数值离散值也不具有意义。

综上,针对分布式系统中的污染物非稳态模拟问题,我们已经成功地开发了一种简单的数值求解方法。由于该方法非常直接明了,因此在水质模拟中具有实用性。但是,由于其稳定性的限制,需要发展出更多改进的方法。下一讲将讨论其中的一些方法。

习 题

12-1 假设对于例 12-1,将其空间步长减小至 $\Delta x = 25$ m。计算(a)确保稳定性,(b)避免振荡和(c)截断误差最小化的时间步长。对于(c),确定满足与案例相同的计算情形需要多少次计算(即从 $t = 0$ 至 0.6 小时)。

12-2 博尔德河(Boulder Creek)有如下特征:

参数	取值
宽度	12 m
深度	0.3 m
流量	1.7 m³·s⁻¹
离散系数	4.5 m²·s⁻¹

如果某污染物以一级动力学反应衰减 $(k = 1 \text{ d}^{-1})$,

(a) 计算河口数并据此解释该系统是对流为主,离散为主,还是对流/离散的共同作用?

(b) 对稳态解的情形,确定其临界空间步长;

(c) 基于以上空间步长,如果采用中心差分的显格式(即欧拉法),试确定保证数值计算稳定性的时间步长;

(d) (c)中数值离散数将是多少?

(e) 若 2 kg 保守物质泄漏排入河流中,试计算在 20 km 长的河段中污染物浓度分布。

12-3 某河口具有如下特征:

深度$=4$ m   流量$=100\,000$ m³·h⁻¹

流速$=250$ m·h⁻¹   截面面积$=400$ m²

宽度$=100$ m   离散$=1\,000\,000$ m²·h⁻¹

10 kg 非保守性污染物$(k = 0.1 \text{ d}^{-1})$发生泄漏后排入该水体。同时使用(a)解析解与(b)中心差分数值模型来模拟水体中污染物浓度分布。

12-4 混合流反应器长 10 m,宽 2 m,深 1 m,并具有以下水力特性:$E = 2$ m²·h⁻¹、$U = 1$ m·h⁻¹。最初反应器中仅含有纯净水。在 $t = 0$ 时,一种 $c_{in} = 100$ mg·L⁻¹ 的化学物质以阶梯式负荷投入反应器中;该化学物质以 $k = 0.2 \text{ h}^{-1}$ 的一级反应衰减。试利用显格式和中心空间差分法,确定不同时刻的化学物质浓度沿反应器分布。

12-5 对于习题11.8中描述的湖泊,假设 20 kg 保守性的有毒化合物泄漏排入其第 1 段水体中。试利用后向空间差分的显格式方法,计算污染物排入湖泊后的浓度时空分布。

第 13 讲

非稳态问题的高级数值求解

简介：本讲提出了两种模拟渠道中污染物浓度非稳态变化的高级数值求解方法。第一种被称为隐格式方法，因其提高了数值计算稳定性而闻名。具体介绍了两种隐格式的方法：后向时间/中心空间和克兰克-尼科尔森方法。之后介绍了一种高级的显格式方法——麦科马克方法。该算法是一种预估—校正方法，其优点是非常适合于求解非线性系统。

上一讲中描述的简单显格式有限差分公式涉及与稳定性和数值离散有关的问题。本讲所述的两种算法包括隐格式算法和预估—校正算法，都试图克服这些缺陷。

13.1　隐式算法

至此所描述的数值计算方法，其问题根源如图 13-1 所示，即它们排除了与解有关的信息。也就是说，下一时间某一网格点的浓度值只受前一个时间该网格点和前后两个邻近网格点的影响。显然，它还受到时空域内其他计算网格点浓度的影响。

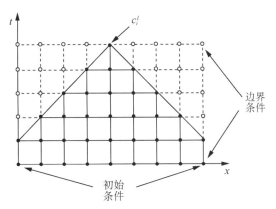

图 13-1　显式差分法中，对节点(i, l)产生影响的其他计算节点示意图

实心点表示对节点(i, l)有影响，而对节点(i, l)实际有影响的空心点则被排除

隐格式方法以较复杂的算法为代价克服了这一问题。本讲将介绍两种常用的隐格式方法。

13.1.1 简单隐格式或"后向时间"算法

显式近似和隐式近似之间的根本差异如图 13-2 所示。对于显式格式,我们在时间 l 处进行了空间导数的近似(图 13-2a)。回顾之前的讲座内容,当将此近似值代入偏微分方程后,就会获得一个只有单一未知数的差分方程。因此,我们可以直接求出这个未知数。

在隐格式方法中,我们是在下一时刻进行空间导数近似的。例如,一阶和二阶导数可以通过下一时间 $l+1$ 处的中心差分来近似(图 13-2b):

$$\frac{\partial c}{\partial x} \cong \frac{c_{i+1}^{l+1} - c_{i-1}^{l+1}}{2\Delta x} \tag{13-1}$$

$$\frac{\partial^2 c}{\partial x^2} \cong \frac{c_{i+1}^{l+1} - 2c_i^{l+1} + c_{i-1}^{l+1}}{\Delta x^2} \tag{13-2}$$

注意到空间导数是在下一时间($l+1$)处进行估计的,因此该方法有时被称为**后向时间-中心空间**的隐格式算法。

当将式(13-1)和式(13-2)代入原始的偏微分方程时,得到的差分方程同时包含多个未知数。因此不能像在显格式方法中那样,通过简单的公式整理直接求解出未知值。相反,整个方程组必须同时求解。这是可能实现的,原因在于加上边界条件,会形成一组与未知数相同的隐格式线性代数方程组。因此隐格式方法最终归结为下一时刻的所有空间网格点未知值的同时求解问题,即同时求解一组联立方程组。

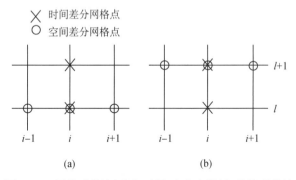

图 13-2　显格式算法(前向时间-中心空间)与隐格式算法
(后向时间-中心空间)的计算网格点

现在,我们来解析如何建立基于控制体积法的隐格式求解算法。针对对流项使用加权差分,即:

$$
\begin{aligned}
V_i \frac{c_i^{l+1} - c_i^l}{\Delta t} = &W_i^{l+1} + Q_{i-1,i}(\alpha_{i-1,i} c_{i-1}^{l+1} + \beta_{i-1,i} c_i^{l+1}) - \\
&Q_{i,i+1}(\alpha_{i,i+1} c_i^{l+1} + \beta_{i,i+1} c_{i+1}^{l+1}) + E'_{i-1,i}(c_{i-1}^{l+1} - c_i^{l+1}) + \\
&E'_{i,i+1}(c_{i+1}^{l+1} - c_i^{l+1}) - k_i V_i c_i^{l+1}
\end{aligned} \tag{13-3}
$$

对方程各项进行归并后得到:

$$
c_i^l + \frac{W_i^{l+1}\Delta t}{V_i} = -\frac{\Delta t}{\Delta i}(Q_{i-1,\,i}\alpha_{i-1,\,i} + E'_{i-1,\,i})c_{i-1}^{l+1} +
$$

$$
\left[1 + \frac{\Delta t}{V_i}(-Q_{i-1,\,i}\beta_{i-1,\,i} + Q_{i,\,i+1}\alpha_{i,\,i+1} + E'_{i-1,\,i} + E'_{i,\,i+1} + k_i V_i)\right]c_i^{l+1} -
$$

$$
\frac{\Delta t}{V_i}(-Q_{i,\,i+1}\beta_{i,\,i+1} + E'_{i,\,i+1})c_{i+1}^{l+1} \tag{13-4}
$$

对各项参数为常量的情形,该关系式可由中心差分近似 $(\alpha = \beta = 0.5)$ 进一步简化,得到:

$$
c_i^l + \frac{W_i^{l+1}\Delta t}{V_i} = \left[-\frac{U\Delta t}{2\Delta x} - \frac{E\Delta t}{(\Delta x)^2}\right]c_{i-1}^{l+1} + \left[1 + \frac{2E\Delta t}{(\Delta x)^2} + k\Delta t\right]c_i^{l+1} +
$$

$$
\left[\frac{U\Delta t}{2\Delta x} - \frac{E\Delta t}{(\Delta x)^2}\right]c_{i+1}^{l+1} \tag{13-5}
$$

该方程式适用于除第一个和最后一个内部节点以外的其他所有节点;对第一个和最后一个计算节点,方程须根据边界条件进行修改。针对边界条件的处理方式类似于稳态情况(请参阅第 11.2 节)。当针对所有单元列出式(13-5)时,相应得到 n 个未知数的 n 个线性代数方程。对于此处描述的一维问题,该方法还有一个额外的优点,即方程组矩阵符合三对角矩阵形式。因此,我们可以利用求解三对角矩阵的高效算法进行数值求解。

采用类似于专栏 12.1 中的分析方法,可以得出式(13-5)的数值离散值是:

$$
E_n = U\Delta x\left[(\alpha - 0.5) + \frac{U\Delta t}{2\Delta x}\right] \tag{13-6}
$$

该方程式再次表明,当我们使用中心空间差分时,不存在空间数值离散。但是,由于时间导数项的离散会引起偏差(即后向差分形式),所以会引起时间尺度上的数值扩散:

$$
E_n = \frac{U^2 \Delta t}{2} \tag{13-7}
$$

注意,该形式与简单显格式的结果[见式(12-31)]正好相反。因此,应将实际物理离散值减去一个等同于式(13-7)的数值离散值,作为模型中使用的离散值。

【例题 13-1】　简单隐格式模拟

使用后向时间-中心空间算法来模拟在例题 12.1 中描述的泄漏事件。计算采用的时间步长为 0.025 h。

【求解】　数值离散值可由式(13-7)确定:

$$
E_n = \frac{(2\ 400)^2 0.025}{2} = 72\ 000\ \text{m}^2 \cdot \text{h}^{-1}
$$

这意味着数值计算中实际采用的离散值为 $150\ 000 - 72\ 000 = 78\ 000\ \text{m}^2 \cdot \text{h}^{-1}$。

基于后向时间-中心空间法得到的结果如图 13-3(a)所示。可以看到,尽管存在一些误差,但数值解符合解析解的总体趋势,并且比图 12-4(b)中不稳定显格式方法的结果要好得多。

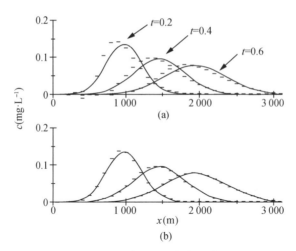

图 13-3　污染泄漏入河问题模拟

(a)解析解(实线)与基于后向时间-中心空间法的隐格式数值解(水平短划线,时间步长为 $\Delta t = 0.025$

h)对比;(b)解析解(实线)与基于克兰克-尼科尔森法的隐格式数值解(水平短划线)对比

　　尽管简单的隐格式方法是无条件稳定的,但是使用大的时间步长会降低计算精度。因此,它并没有比显格式方法有效得多。只有在针对稳态问题时才显示出该方法的优势。

　　回顾第 12 讲,可以采用矩阵求解方法获得稳态解。另外一种方法是开展随时间变化的非稳态模拟,直至结果达到稳定状态为止。在这种情况下,由于不精确的中间模拟结果不会对最终的稳态结果造成影响,因此隐格式方法允许使用较大的时间步长。实际上,这里介绍的简单隐格式方法特别适合求解稳态问题,原因是它可以快速收敛(在这方面它优于克兰克-尼科尔森法)。因此,水质模型 QUAL2E(Brown 和 Barnwell, 1987)采用隐格式法来求得稳态解。

13.1.2　克兰克-尼科尔森法

　　上一讲中介绍了前向时间-中心空间的显格式方法。本讲前面的章节中,又介绍了另一种算法,即后向时间-中心空间法。两种方法都具有时间和空间导数差分不同步的不足:尽管空间上是采用中心差分,但是时间上却不是中心差分的形式。

　　克兰克-尼科尔森(Crank-Nicolson)法通过使用中心时间-中心空间差分的策略来克服这一不足(图 13-4)。本质上,空间导数的估计是在当前和未来时间上同时进行的。然后对这两个估计值求平均,以获得对应于时间步长中间点的空间导数估计值。

　　接下来将阐述这一方案是如何实现的。在参数恒定和中心空间差分的条件下:

$$\frac{c_i^{l+1} - c_i^l}{\Delta t} = -U\left(\frac{\dfrac{c_{i+1}^l - c_{i-1}^l}{2\Delta x} + \dfrac{c_{i+1}^{l+1} - c_{i-1}^{l+1}}{2\Delta x}}{2}\right) +$$

$$E\left[\frac{\dfrac{c_{i+1}^l - 2c_i^l + c_{i-1}^l}{(\Delta x)^2} + \dfrac{c_{i+1}^{l+1} - 2c_i^{l+1} + c_{i-1}^{l+1}}{(\Delta x)^2}}{2}\right] - k\left(\frac{c_i^l + c_i^{l+1}}{2}\right) \tag{13-8}$$

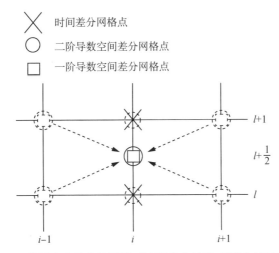

图 13-4　基于中心差分法近似对流项的克兰克-尼科尔森法示意图

虚线表示当前时间(l)和下一时间$(l+1)$的空间导数平均值来求得中间时间

$\left(l+\dfrac{1}{2}\right)$的估计值

对各项进行归并整理得到：

$$-(\lambda+\gamma)c_{i-1}^{l+1}+2(1+\lambda+k\Delta t)c_i^{l+1}-(\lambda-\gamma)c_{i+1}^{l+1}$$
$$=(\lambda+\gamma)c_{i-1}^l+2(1-\lambda-k\Delta t)c_i^l+(\lambda-\gamma)c_{i+1}^l \tag{13-9}$$

式中，

$$\lambda=\frac{E\Delta t}{(\Delta x)^2} \tag{13-10}$$

$$\gamma=\frac{U\Delta t}{2\Delta x} \tag{13-11}$$

　　该方程式适用于除第一个和最后一个内部节点以外的其他所有节点；对第一个和最后一个计算节点，方程须根据边界条件进行修改。针对边界条件的处理方式类似于稳态情况（请参阅第 11.2 节）。当针对所有单元列出式(13-9)时，相应得到 n 个未知数的 n 个线性代数方程。对于此处描述的一维问题，该方法还有一个额外的优点，即方程组矩阵符合三对角形式。因此，我们可以利用求解三对角系统的高效算法进行数值求解。

　　【例题 13-2】　克兰克-尼科尔森法模拟

　　使用克兰克-尼科尔森算法来模拟例 12.1 描述的泄漏排放入河问题。采用的时间步长为 0.025 h。

　　【求解】　因为在时间和空间上都使用中心差分，所以对于克兰克-尼科尔森法而言不会产生数值离散问题。因此，数值计算过程中不需要对方程中的物理离散项进行修正。采用例 12-1 中给出的其他参数，从而得到克兰克-尼科尔森法的模拟结果如

图 13-3(b)所示。可以看出,尽管存在一些偏差,但数值解遵循解析解的趋势,且优于例题 13-1 中简单隐格式法的计算结果,并且比图 12-4(b)中不稳定显式格式法的结果要好得多。

尽管克兰克-尼科尔森法对于求解线性问题是有效的,但是应用到非线性水质模型时它的计算效率较低。在这种情况下,由于方程组包含非线性项,无法使用矩阵代数方法直接求解。为此,需使用高级的显格式方法。

13.2　麦科马克法

麦科马克(MacCormack,1969)方法是一种预估-校正方法,与第 7.2 节中描述的亨氏法密切相关。图 13-5 给出了该方法的原理示意。

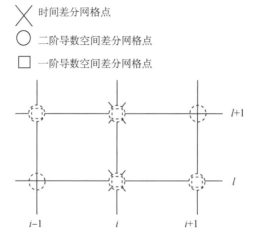

✕　时间差分网格点

◯　二阶导数空间差分网格点

▢　一阶导数空间差分网格点

图 13-5　基于麦科马克法的计算网格示意

首先使用下式对某一空间步长起点的斜率进行初步预测:

$$s_{1, i} = -U \frac{c_{i+1}^l - c_i^l}{\Delta x} + E \frac{c_{i+1}^l - 2c_i^l + c_{i-1}^l}{(\Delta x)^2} - kc_i^l \tag{13-12}$$

然后将该斜率与欧拉方法结合,生成下一时间的预测值:

$$c_i^{l+1} = c_i^l + s_{1, i} \Delta t \tag{13-13}$$

注意这是第一次在对流项上使用前向空间差分。

然后使用该预测值对该空间步长终点的斜率进行估计:

$$s_{2, i} = -U \frac{c_i^{l+1} - c_{i-1}^{l+1}}{\Delta x} + E \frac{c_{i+1}^{l+1} - 2c_i^{l+1} + c_{i-1}^{l+1}}{(\Delta x)^2} - kc_i^{l+1} \tag{13-14}$$

注意到现在对对流项使用后向差分。

最后,用两个斜率的平均值来得到最终的校正方程:

$$c_i^{l+1} = c_i^l + \left(\frac{s_{1,i} + s_{2,i}}{2}\right) \Delta t \tag{13-15}$$

麦科马克法的优点是它比第 12 讲中的前向时间-中心空间方法更稳定。此外,它不受数值离散的影响。因此,麦科马克法会以合理的计算代价得出良好的预测结果,如下面的案例所阐述。

【例 13-3】 麦科马克模拟

使用麦科马克算法来模拟例题 12-1 中描述的泄漏事件。使用时间步长 0.025 h 进行计算。

【求解】 如同克兰克-尼科尔森方法一样,由于在时间和空间上都使用中心差分,因此麦科马克法不会产生数值离散问题。相应可以直接使用实际的物理离散值。使用例 12-1 中的其他参数,得到模拟结果如图 13-6 所示。可以看到,尽管麦科马克方法结果存在一些误差,但数值解遵循解析解的趋势,且其性能与克兰克-尼科尔森方法相当、优于例 13-1 中的简单隐格式方法。另外,数值计算结果也比图 12-4(b) 中不稳定显格式方法的结果要好得多。

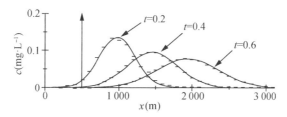

图 13-6 污染泄漏入河问题模拟

实线表示解析解,水平短划线表示基于麦科马克法的数值解(时间步长为 $\Delta t = 0.025$ h)。

需要注意的是,麦科马克方法的不同之处在于:预测阶段使用后向差分;校正阶段使用前向差分。进一步,对于考虑离散项的情形,可以采用中心空间差分。

麦科马克法是一种良好和适用性强的水质模拟方法。首先,它是一种中心时间-中心空间方法,因此具有可靠的准确度。其次,该方法是显格式的,因此相对容易编程实现。尤其是,麦科马克方法不涉及方程的联立求解,因此它可以直接处理非线性问题。

该方法的缺点在于是有条件稳定性。尽管它的稳定性约束条件比简单的显格式方法(前向时间-后向空间或前向时间-中心空间)更为宽松,但也存在时间步长的限制。一旦时间步长超过限定值,数值求解将无法收敛。接下来的内容将对比分析该方法和其他数值求解方法之间的优缺点。

13.3 总结

表格 13-1 总结了前面两讲中所有数值求解方法的特点。

表 13-1 求解一维水质模型的数值计算方法比较

方法	数值离散值	稳定性	编程复杂程度	
			线性	非线性
显式格式：				
前向时间-后向空间 （后向空间差分欧拉法）	$\frac{1}{2}U\Delta x - \frac{1}{2}U^2\Delta t$	有条件	容易	容易
前向时间-中心空间 （中心空间差分欧拉法）	$-\frac{1}{2}U^2\Delta t$	有条件	容易	容易
麦科马克(亨氏法)	无	有条件	容易/中等	容易/中等
隐式格式：				
后向时间-中心空间 （简单隐格式法）	$\frac{1}{2}U^2\Delta t$	无条件	中等	难
克兰克-尼科尔森法	无	无条件	中等	难

显格式方法：这类方法的主要优点是对于线性和非线性问题都容易编程实现。最简单的版本是欧拉方法的表现形式。对流项的空间导数通常有两种处理方法：前向时间-后向空间和前向时间-中心空间法。前者会同时产生空间和时间数值离散项，而后者仅具有时间数值离散项。两种类型的数值离散都是关于空间步长（Δx）、时间步长（Δt）和流速的函数。由于这些参数尤其是空间步长和流速通常不是常数，这意味着数值离散值是变化的。除了计算精度方面的考虑之外，欧拉法的主要缺点是有条件稳定性问题。简而言之，为了提高空间尺度上的计算精度，就必须以更长的运行时间为代价。

通过将时间导数采用中心差分的形式，麦科马克法消除了所有的二阶时间数值离散项。此外，尽管它是有条件稳定的，但其稳定性约束条件比简单显格式法更为宽松。加之该方法对线性和非线性模型都容易编程实现，使其成为一种有吸引力的数值计算手段。

隐格式方法。通常我们使用两种隐格式方法。简单的隐格式方法将所有空间导数项（输移项）在下一个时刻进行求解。因此，所得方程组是隐式的，相应的，必须通过联立求解方程组来获得数值解。尽管隐格式方法是无条件稳定的，但是对于对流作用占主导的系统，需要使用较小的时间步长以获得精确解。此外，它会产生与时间步长相关的数值扩散项。尽管这些问题对非稳态水质模拟会造成严重的影响，但是在稳态水质模拟时基本不会造成影响。因此，在稳态水质模拟中可以使用较大的时间步长，原因是中间计算结果不会对最终的稳态计算结果造成影响。此外，在稳态条件下数值离散效应也会消除。最后，可以使用诸如克兰克-尼科尔森之类的二阶方法。尽管这些方法不会产生与时间步长有关的数值离散项，但它们的应用仅限于线性模型。

最后需要指出的是，表 13-1 中的所有方法都具有三阶截断误差。这些截断误差在模型模拟中表现为振荡和偏斜现象，在模拟陡峰问题时将会变得十分明显。尽管通常水质模拟中并未强调这些问题，但在模拟泄漏和瞬时流动问题时，此类陡峰问题应引起关注。Hoffman (1992)对此作了论述。

习 题

13-1 某一河口具有如下特征：

水深＝4 m

流量＝100 000 m³·h⁻¹

流速＝250 m·h⁻¹

横截面面积＝400 m²

宽度＝100 m

离散系数＝1 000 000 m²·h⁻¹

10 kg 非保守性污染物($k＝0.1$ d⁻¹)泄漏排放到水体中。试利用(a)简单隐格式，(b)克兰克-尼科尔森和(c)麦科马克算法来模拟河口中污染物的浓度分布。

13-2 混合流反应器长 10 m，宽 2 m，深 1 m，且具有以下水力特性：$E＝2$ m²·h⁻¹、$U＝1$ m·h⁻¹。该反应器最初包含未受污染的纯净水。$t＝0$ 时，一种 $c_{in}＝100$ mg·L⁻¹ 的化学物质以阶跃式负荷投入，且该化学物质以一级动力学 $k＝0.2$ h⁻¹ 衰减。确定该化学物质沿反应器长度方向的非稳态浓度分布。采用的数值计算方法为中心空间差分以及：

(a) 简单隐格式法；

(b) 克兰克-尼科尔森法；

(c) 麦科马克法。

13-3 针对习题 12.2 所描述的问题，计算 2 kg 保守物质泄漏排放入河流之后，在下游 20 km 长的博尔德河河段中污染物浓度随时间变化。采用的数值计算方法为

(a) 简单隐格式法；

(b) 克兰克-尼科尔森法；

(c) 麦科马克法。

第三部分　水质环境

　　第三部分旨在介绍与水质模型相关的一些典型环境。大部分内容涉及这些环境的物理因素。正如第 2 讲介绍了反应动力学基础知识一样，这一部分讲述了另一个与水质建模相关的主要方面——输移，包括对基本知识和模拟技术的介绍。

　　前三讲介绍了水质模型建模中的三种主要天然水体：河流，河口和湖泊。第 14 讲介绍了河流和溪流中的流动和混合特征，包括如何利用测定数据来估计模型参数，以及如何模拟系统的水力条件。第 15 讲介绍了河口和潮汐河流的流动和混合特征，尤其关注由潮汐运动引起的混合。第 16 讲介绍了湖泊和水库的物理特性。除了湖泊水量收支外，还介绍了评估近岸区域污染物浓度分布的相关模型。这些模型还可以应用于其他水体(即宽阔的河流和河口)以及海洋河口环境中的污染物排放模拟。

　　第 17 讲介绍了和大多数水质模型建模相关的"额外"环境——沉积物，包括了悬浮和底部沉积物的相关知识。

　　最后，在第 18 讲中讲述了一种完全不同的环境——"建模环境"。介绍了模型建模时经常遇到的一些问题，包括模型率定，验证和灵敏度分析。

第 14 讲

河流与溪流

简介：本讲在简要描述河流类型的基础上，讲解了低流量值的选取方法和河流离散系数、流速等参数的确定方法。此外，简要介绍了有关河流水动力学的基础知识。

如第 1 讲所述，最初水质模型关注的是河流和溪流的污染问题。原因是许多大城市都是依河而建，因此河流提供了饮用水和航运的功能，且是污水排放的受纳水体。除了承载城市点源污染排放外，河流还为农业、工业和电力供应等其他用途提供水源。所有这些用途都可能影响到水质。

若抛开河流的使用功能不谈，干净的河流和溪流本身是美丽的。当人们在瀑布脚下沉思或漫步于清澈小溪两岸时，可以尽情欣赏它的美，并感受到这一切对提高生活质量的意义。

因此，河流和小溪仍然是引起人们极大关注的水体环境。本讲旨在介绍有关这些系统的背景知识，尤其是重点阐述与水质模型相关的河流输移相关知识。

14.1 河流类型

河流可以通过多种方式分类。在此我们主要关注河流的水力地形特性。也就是说，要对河流进行建模，我们必须知道河流的水力（流量，流速，离散）和地形参数（深度，宽度，坡度）。表 14-1 列出了不同空间尺度的河流和溪流及其水力几何参数。

表 14-1　基于流量大小排序的若干河流及其水力几何参数（Fischer 等人，1979）

河流	平均水深（m）	河宽（m）	坡度	流速（m·s⁻¹）	流量（m³·s⁻¹）	离散系数（10⁵ cm²·s⁻¹）
密苏里河（Missouri）	2.70	200	0.000 21	1.55	837.0	150.00
萨宾河（Sabine）	3.40	116	0.000 13	0.61	254.6	49.30
温德河/比格霍恩河（Windy/Big Horn）	1.63	64	0.001 35	1.22	144.1	10.10

河流	平均水深 （m）	河宽 （m）	坡度	流速 （m·s⁻¹）	流量 （m³·s⁻¹）	离散系数 （10⁵ cm²·s⁻¹）
亚德金河（Yadkin）	3.10	71	0.000 44	0.60	140.1	18.50
克林奇河（Clinch），田纳西州	1.68	53	0.000 54	0.70	74.5	3.83
约翰迪河（John Day）	1.53	30	0.002 39	0.92	41.8	3.95
诺克萨克河（Nooksack）	0.76	64	0.009 79	0.67	32.6	3.50
科切拉运河（Coachella Canal），加利福尼亚州	1.56	24	—	0.71	26.6	0.96
巴尤阿纳科科河（Bayou Anacoco）	0.93	32	0.000 50	0.37	10.9	3.60
克林奇河（Cinch），弗吉尼亚州	0.58	36	—	0.21	4.4	0.81
鲍威尔河（Powell），田纳西州	0.85	34	—	0.15	4.3	0.95
科珀河（Copper），弗吉尼亚州	0.56	17	0.001 30	0.32	3.6	1.51
科米特河（Comite）	0.43	16	0.000 59	0.37	2.5	1.40

　　除了空间尺度大小外，河流物理性质的另一个重要方面是流量随时间的变化。流量时间序列通过一年中的流量与时间关系图来予以量化，该图也被称为**年水文过程线**。图 14-1 展示了四种类型的年水文过程线。

　　第一幅图[图 14-1(a)]对应于温带气候地区**常年**流动溪流。美国东部和中西部的许多河流表现为十分典型的这种流动状态；最早的水质模型也是针对该地区河流开发的。可以看到河流径流量峰值主要发生在降雨丰沛及融雪的春季期间。更重要的是，在温暖的夏季月份出现了一个水流相对稳定的低流量时期，这也是早期水质模型建模关注的角度。对水质而言，这种温暖的低流量时期通常是最为关键的。低流量时期为早期针对污染负荷分配的研究提供了稳定的设计条件。

　　图 14-1(b)展示了相对更加湿润的美国东南部溪流常年水文过程线。图中径流量变化剧烈的情形是由暴雨引起的，而径流量的小幅度波动趋势反映了河流的**基流**，与地下水交换有关。该情况下，夏季和春季之间的河流流量差异不那么明显，原因是一年中降水分布更加均匀、且没有融雪。尽管夏季看起来处于低流量时期，但径流量很容易受到暴雨天气影响。

　　图 14-1(c)展示了大量融雪相关的河流水文过程线。大部分径流峰值是发生在大量冰雪融化的初夏季节。在一年中的其余时间段，河流径流量主要受到基流和缓慢融化的残留冰雪影响，因而其流量基本稳定。

　　最后，图 14-1(d)展示了干旱地区的**间歇性**河流。这种情况下，河流会有很长一段时间是干涸的，只是在流域内发生暴雨时，河流中才会形成径流量。

　　人类活动可以进一步改变河流水文过程线，具体表现为以下几种重要方式：

　　·蓄水。通过修建大坝对河流进行调节，使得河流流量的季节性波动趋于缓和，也能够改变流量最小值和最大值的出现时间。例如,不受调控的河流可能在春季出现流量峰值,而在修建大坝蓄水削峰后,春季蓄存的水量可能在夏季释放出来以供农业使用。

　　·城市化和渠道化。城市排水系统服务区域往往被不透水的地表如人行道和停车场覆盖。因此,径流量会变得更大,原因是降水几乎不能被土壤和植被吸收。此外,雨水管道具有快速收集城市街道径流的功能,并将雨水径流快速排放到受纳河流中。另外,许多河流已被渠道化,以便于其快速行洪和防止洪水泛滥。所有这些因素都使得年水文过程线的峰值效应更加明显。此外,受到地下水补给不足的影响,旱季流量通常会降低。

　　·人类用水。许多河流被广泛用于灌溉。在植物生长季节,受到农民从河道取水和排水的影响,河流流量表现出显著的时空变化。当河流用于水力发电或冷却水用途时,流量也会呈现波动性。相对于其他用途,与能源消耗相关的取水和排水往往更具有周期性特点。之所以如此,是因为人类对能源的需求通常以可预测的每日、每周或每年周期形式表现出来。

　　总之,河流流量具有很大的可变性。对于其中的一些河流系统,其表现出的经典性夏季低流量流动,为河流污染控制尤其是点源污染控制提供了可靠的水文设计条件。对于其他的河流系统而言,由于其具有的高度瞬时变化特性并加之人类活动和污染类型(例如非点源形式的径流污染)的影响,以上水文设计方法不能简单照搬。本讲接下来的大部分内容将讨论稳态模拟的问题。在最后一节中,将讨论非稳态模拟问题。

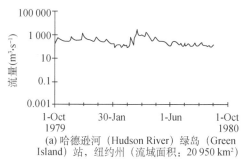

(a) 哈德逊河(Hudson River)绿岛(Green Island)站,纽约州(流域面积:20 950 km²)

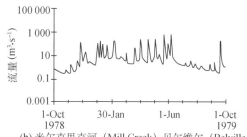

(b) 米尔克里克河(Mill Creek)贝尔维尔(Belville)站,得克萨斯州(流域面积:974 km²)

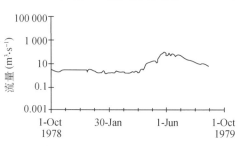

(c) 东河(East River)阿尔蒙特站(Altmont),科罗拉多州(流域面积:748 km²)

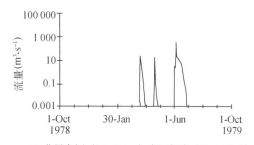

(d) 弗里奥河(Frio River)尤瓦尔迪(Uvalde)站,得克萨斯州(流域面积:1 712 km²)

图 14-1　河流年流量过程线

(a)温带地区的常年流动河流;(b)潮湿地区的常年流动河流;(c)融雪补给河流;(d)间歇性河流

14.2　溪流水文地形

　　溪流的水文地形包括水文特征(流速，流量，离散)和地形形状(深度，宽度，横截面积，底坡)。可以通过两种方法确定这些参数:单点估计和河段估计。

14.2.1　点估计

　　顾名思义,点估计是在河流的某一具体站点进行参数估计。通常,水深和速度的测量是在河流横断面上进行的(图 14-2)。

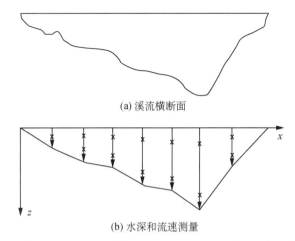

(a) 溪流横断面

(b) 水深和流速测量

图 14-2　溪流横断面以及用于计算平均水深、流量和其他水文地形参数的横断面方向水深和流速测量

图中浅水区的流速测量点位(x)位于水面下 60％的深度,而深水区的流速测量点位(x)分别位于水面下 20％和 80％的深度

　　深度数据也用于估计平均深度和横断面面积,即通过以下的积分公式实现:

$$A_c = \int_0^B z(x)\,\mathrm{d}x \qquad (14\text{-}1)$$

$$H = \frac{A_c}{B} \qquad (14\text{-}2)$$

式中：A_C——横断面面积(m^2);

　　　x——沿横断面方向的距离(m);

　　　$z(x)$——距离 x 处测得的水深(m);

　　　H——平均水深(m);

　　　B——溪流宽度。

　　在每次测量水深时,都可以进行相应的流速测量。目前,已有几种确定流速的方法(Gupta,1989),其中最常用的方法是:

　　(1) 对于较深的水体,即深度大于>0.61 m(2 英尺)时,可取总水深 20％和 80％处

的实测流速作为流速平均值。

（2）对于较浅的水体，即深度＜0.61 m 时，可只在总水深的 60% 处进行一次流速测量。

专栏 14.1 给出了上述方法的数学依据。

【专栏 14.1】　两点和 0.6 倍深度法的数学基础

流速沿水深的典型分布如图 14-3 所示。Dickinson（1967）提出河流中流速垂向分布可用下面的简单幂律公式拟合，即：

$$U(z) = U_0 \left(\frac{z_b - z}{z_b - z_0} \right)^{1/m} \tag{14-3}$$

式中：$U(z)$——水深 z 处的流速；

　　　U_0——距离水表面深度 z_0 处的已知流速；

　　　z_b——河底深度；

　　　m——常数，随雷诺数的变化其取值范围在 6～10 之间，通常取值为 7（Daily
　　　　　　和 Harleman，1966）。

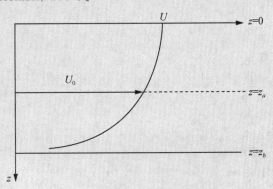

图 14-3　流速沿水深的典型分布

将该方程积分可以得到平均流速：

$$\overline{U} = \frac{1}{z_b} \int_0^{z_b} U(z) \mathrm{d}z = \frac{1}{z_b} \int_0^{z_b} U_0 \left(\frac{z_b - z}{z_b - z_0} \right)^{1/m} \mathrm{d}z = \frac{m}{m+1} U_0 \left(\frac{z_b}{z_b - z_0} \right)^{1/m} \tag{14-4}$$

现在假设沿水深平均流速对应于距离河底 Z 处的流速。令式（14-3）中的 $z_b - z = Z$，则该点的流速代表断面平均流速，且与式（14-4）给出的平均流速相等，即：

$$U_0 \left(\frac{Z}{z_b - z_0} \right)^{1/m} = \frac{m}{m+1} U_0 \left(\frac{z_b}{z_b - z_0} \right)^{1/m} \tag{14-5}$$

由此可以解出：

$$Z = \left(\frac{m}{m+1} \right)^m z_b \tag{14-6}$$

当 m 介于 $6\sim10$ 时，基于此方程可以确定出 $Z\cong0.4z_b$。因此，总深度约 60% 处的单点测量值，能够很好地近似沿整个深度的平均流速。

可以采用类似的分析来确定两点法对应的最佳水深点位。在这种情况下，平均流速是通过总水深 20% 和 80% 处流速的平均值得到的(Gupta, 1989)。

有趣的是，两点法的纯数学依据来自高斯求积(Gauss quadrature)的数值积分方法。如果函数的积分区间在 -1 到 1 之间，那么最佳积分估计等于 $1/\sqrt{3}$ 和 $-1/\sqrt{3}$ 处函数值的加和(Chapra 和 Canale, 1988)。相应积分区间内的计算结果平均值为：

$$\bar{f}=\frac{\int_{-1}^{1}f(x)\mathrm{d}x}{1-(-1)}=0.5f\left(\frac{1}{\sqrt{3}}\right)+0.5f\left(\frac{-1}{\sqrt{3}}\right) \tag{14-7}$$

现在，通过简单的积分区间改变，我们可以看到在 $-1\sim1$ 区间上的 $-1/\sqrt{3}$ 对应于 $0\sim z_b$ 区间上的大约 $0.22 z_b$；同理，$-1\sim1$ 区间上的 $1/\sqrt{3}$ 对应于 $0\sim z_b$ 区间上的大约 $0.78z_b$(图 14-4)。这一点有力地支持了总水深 20% 和 80% 处流速取平均作为水深平均流速的结论。

高斯积分方法的一个好处是它比前面的推导更通用。也就是说，它不依赖于方程(14-3)所展示的幂函数形式。因此，不管流速分布如何，该方法都是成立的。

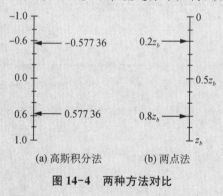

图 14-4　两种方法对比

一旦得到了横断面上每个点的沿水深平均流速 $\overline{U}(x)$，那么沿横断面积分就可以得到流量：

$$Q=\int_{0}^{B}\overline{U}(x)z(x)\mathrm{d}x \tag{14-8}$$

最后就可以用连续性方程计算出整个断面的平均流速：

$$U=\frac{Q}{A_c} \tag{14-9}$$

以下的示例对该方法进行了解释。

【**例 14-1**】　**点估计**

已收集某河流的断面数据见表 14-2:

表 14-2　断面数据

x(m)	0	4	8	12	16	20
z(m)	0	0.4	1	1.5	0.2	0
$U(x)_{0.2}$(m·s^{-1})	0		0.2	0.3		0
$U(x)_{0.6}$(m·s^{-1})	0	0.05			0.07	0
$U(x)_{0.8}$(m·s^{-1})	0		0.12	0.2		0
$\overline{U}(x)$(m·s^{-1})	0	0.05	0.16	0.25	0.07	0
$\overline{U}(x)z$(m^2·s^{-1})	0	0.02	0.16	0.375	0.014	0

用该数据确定(a)面积(b)平均水深(c)流量(d)流速。

【**求解**】　(a) 因为采样点是等间距分布的,所以可使用辛普森(Simpson)准则 (Chapra and Canale,1988)对式(14-1)进行积分。其中,$\frac{1}{3}$ 法则应用于前两个间隔,$\frac{3}{8}$ 法则应用于后三个间隔,即:

$$A_c = (8-0)\frac{0+4\times 0.4+1}{6}+(20-8)\frac{1+3(1.5+0.2)+0}{8}=12.617 \text{ m}^2$$

(b) 使用式(14-2)来计算平均深度:

$$H=\frac{12.617}{20}=0.630\,8 \text{ m}$$

(c) 可以使用辛普森准则对式(14-8)进行积分,从而获得流量估计:

$$Q=(8-0)\frac{0+4\times 0.02+0.16}{6}+(20-8)\frac{0.16+3(0.375+0.014)+0}{8}$$
$$=2.310\,5 \text{ m}^3\cdot\text{s}^{-1}$$

(d) 使用式(14-9)来计算断面平均流速:

$$U=\frac{2.310\,5}{12.617}=0.183\,1 \text{ m}\cdot\text{s}^{-1}$$

可以对沿河流的多个横断面重复上述过程。然后将求得的各项参数沿河流长度作图,并确定平均断面参数(图 14-5)。

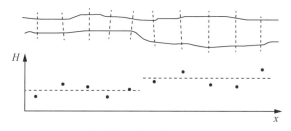

图 14-5　各横断面参数与河段长度的关系

14.2.2 河段估计

河段估计是一种点估计的替代方法。这种方法通常是基于一个普遍应用且有效的假设，即河流宽度的变化小于水深的变化。如果这一点成立的话，那么可以将河流划分成一系列宽度相对恒定的河段。在确定每一河段的宽度后，河段终点的流量将由点估计来确定。此外，水文测站也可以提供同样的估计。

接下来，在某一河段的起始端注入示踪剂（如染料），然后观测染料流经该河段所需要的时间。由此可以计算出该河段的平均流速为：

$$U = \frac{x}{t} \tag{14-10}$$

式中，x 为河段长度；t 为流经该河段的时间。

流速和流量已知时，可以进一步确定平均横断面面积：

$$A_c = \frac{Q}{U} \tag{14-11}$$

以及确定平均水深：

$$H = \frac{A_c}{B} \tag{14-12}$$

【例 14-2】 流速与平均深度的河段估计

假设例 14-1 中的点估计断面位于长度为 2 公里的河段下游终点处。已知该河段的平均宽度为 22 m。例 14-1 中流量的点估计值为 2.310 5 $m^3 \cdot s^{-1}$。通过染料示踪研究测定出染料流经 2 公里河段的时间为 3.2 个小时。使用河段估计法来确定该河段的流速、横断面面积和平均水深。

【求解】 平均流速可由下式计算得出［式(14-10)］：

$$U = \frac{2 \text{ km}}{3.2 \text{ h}} \left(\frac{1 \text{ h}}{3\ 600 \text{ s}} \frac{1\ 000 \text{ m}}{\text{km}} \right) = 0.173\ 6 \text{ m} \cdot \text{s}^{-1}$$

在流量和流速已知的条件下，可进一步利用式(14-11)确定平均横断面面积：

$$A_c = \frac{2.310\ 5}{0.173\ 6} = 13.3 \text{ m}^2$$

以及在此基础上确定平均水深［式(14-12)］：

$$H = \frac{13.3}{22} = 0.605 \text{ m}$$

通常河段估计方法对于浅水系统特别有效，原因是通常此类溪流在宽度上的变化比在深度上小得多。相比而言，横断面法常用于水深较深的系统。

14.3 低流量分析

如在本讲的前言中所述,传统的水质模型使用稳定的夏季低流量时间段作为设计条件。这就涉及一个问题:如何确定低流量条件。

通常将 10 年一遇的最小连续 7 天流量,作为标准设计流量,以 7Q10 表示,该设计流量可以分全年、月份或季节等不同时间段来确定。我们假想低流量发生在 7 月~9 月的夏季期间。

计算 7Q10 的第一步是获得模拟地点的长期流量记录。对于此处讨论情形,我们在对每年流量数据进行分析的基础上,确定出夏季期间连续 7 天最枯流量。

接下来,我们将 n 个流量最小值按升序列成表格,并给它们分配相应的排序 m。相应累积出现概率为:

$$p = \frac{m}{N+1} \tag{14-13}$$

由此定义重现期为

$$T = \frac{1}{p} \tag{14-14}$$

通过绘制图 14-4 中所示的概率图可确定 7Q10。具体在下面的例题中予以解释。

【例 14-3】 计算 7Q10

某河流的 7 日低流量见表 14-3。

表 14-3 流量

1971	1.72	1976	4.23	1981	4.48	1986	5.39
1972	3.03	1977	4.11	1982	3.03	1987	3.00
1973	2.76	1978	1.92	1983	2.84	1988	2.50
1974	1.65	1979	2.14	1984	3.66	1989	2.47
1975	2.00	1980	1.48	1985	1.87	1990	3.07

利用这些数据来确定 7Q10。

【求解】 将这些数据排序,并分别计算出累积出现概率(表示为百分比)和重现期,如表 14-4 所示。

表 14-4 概率和重现期

等级	流量	概率	重现期	等级	流量	概率	重现期
1	1.48	4.76	21.00	5	1.92	23.81	4.20
2	1.65	9.52	10.50	6	2.00	28.57	3.50
3	1.72	14.29	7.00	7	2.14	33.33	3.00
4	1.87	19.05	5.25	8	2.47	38.10	2.63

等级	流量	概率	重现期	等级	流量	概率	重现期
9	2.50	42.86	2.33	15	3.07	71.43	1.40
10	2.76	47.62	2.10	16	3.66	76.19	1.31
11	2.84	52.38	1.91	17	4.11	80.95	1.24
12	3.00	57.14	1.75	18	4.23	80.71	1.17
13	3.03	61.90	1.62	19	4.48	90.48	1.11
14	3.03	66.67	1.50	20	5.39	95.24	1.05

在正态概率纸上绘制上述数据，如图 14-6 所示。可以发现对应 7Q10 的流量约为 $1.66\ m^3 \cdot s^{-1}$。

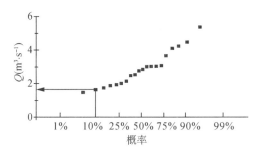

图 14-6   例 14-3 中河流的累积频率曲线与连续 7 日最小流量关系图

14.4   离散和混合

在河流中，我们研究两种混合机制。首先，对于一维模型，我们关心沿水流流动方向的混合，又称纵向混合。这一过程由离散系数进行参数化表征。此外，我们还对沿河流横断面的混合感兴趣，又称为横向混合。这里我们想评估一个假定的合理性，即点污染源排放在横向上瞬时完成混合。为此，需要量化达到横向混合时的纵向流动长度。

14.4.1   纵向离散

目前已建立了多个用来估计溪流和河流纵向离散系数的经验公式。Fischer 等人（1979）给出了如下的公式：

$$E = 0.011 \frac{U^2 B^2}{H U^*} \tag{14-15}$$

式中：E——纵向离散系数（$m^2 \cdot s^{-1}$）；

　　　U——流速（$m \cdot s^{-1}$）；

　　　B——宽度（m）；

　　　H——平均水深（m）；

U^*——剪切速度$(m \cdot s^{-1})$，与以下更基本的参数有关,即:

$$U^* = \sqrt{gHS} \qquad (14\text{-}16)$$

式中,g 为重力加速度$(m^2 \cdot s^{-1})$;S 为渠道坡度(无量纲数)。

表 14-1 给出了若干溪流和河流的纵向离散系数测量值。图 14-5 显示了这些测量值与式(14-15)给出的预测值之间的比较。可以看出,预测值在测量值的 $1/5 \sim 5$ 倍之内。

McQuivey 和 Keefer(1974) 提出了另一种公式:

$$E = 0.058 \frac{Q}{SB} \qquad (14\text{-}17)$$

式中,Q 为平均流量$(m^3 \cdot s^{-1})$。他们是针对流量在 35 到 33 000 $ft^3 \cdot s^{-1}$ 之间的河流进行研究后,给出上述公式的。该公式适用于弗劳德数(Froude number,$F = U/\sqrt{gH}$)小于 0.5 的河流。基于该模型的预测结果也显示在图 14-7 中。与 Fischer 公式[式(14-15)]一样,预测值近似于测量值的 $1/5 \sim 5$ 倍范围之内。

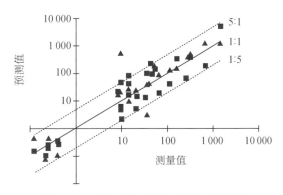

图 14-7   纵向离散系数测量值和预测值

测量值(表 14-1)与式(14-15)的预测值(▲)和式(14-17)的预测值(■)之间的比较。实线表示预测值和测量值之间完全吻合,而虚线对应 1∶1 实线的 1/5 倍和 5 倍。注意到图中还包含了表 14-1以外的其他数据;这些数据来自一些实验室水槽和运河的测量结果(Fischer 等人,1979)

14.4.2   横向混合

点源排放的横向混合是一维河流水质模型建模中的另一个关注点。Fischer 等人(1979)建立了以下公式来估计河流的横向离散系数:

$$E_{lat} = 0.6HU^* \qquad (14\text{-}18)$$

式中,H = 为平均深度;U^* = 为剪切速度$(m \cdot s^{-1})$。横向扩散系数可用来计算达到横断面完全混合时的流经长度。对于岸边排放的情形,计算公式为:

$$L_m = 0.4U \frac{B^2}{E_{lat}} \qquad (14\text{-}19)$$

对于河道中心排放的情形有：

$$L_m = 0.1U \frac{B^2}{E_{lat}} \tag{14-20}$$

Yotsukura (1968)提出了针对岸边排放的另一种计算公式：

$$L_m = 8.52U \frac{B^2}{H} \tag{14-21}$$

式中：L_m——为混合长度(m)；

  U——流速(mps)；

  B——河宽(m)；

  H——水深(m)。

【例 14-4】 纵向离散和横向混合

以下数据描述了科罗拉多州的博尔德河水文地形特征。该河流上游接纳博尔德污水处理厂的尾水排放。

$U=0.3$ mps $B=15$ m $H=0.4$ m

$S=0.004$ $Q=1.8$ cms

利用这些数据来确定纵向离散系数和达到横向完全混合时的流经距离。

【求解】 将以上数据代入式(14-16)和式(14-15)得到：

$$U^* = \sqrt{9.8(0.4)0.004} = 0.125 \text{ m} \cdot \text{s}^{-1}$$

$$E = 0.011 \frac{(0.3)^2(15)^2}{0.4(0.125)} = 4.45 \text{ m}^2 \cdot \text{s}^{-1}$$

利用 McQuivey 和 Keefer 方程[式(14-17)]也可以计算得到：

$$E = 0.059\,37 \frac{1.8}{0.004(15)} = 17.8 \text{ m}^2 \cdot \text{s}^{-1}$$

因此,本案例中纵向离散系数的估值相差约 2.5 倍。

混合长度可由式(14-18)和式(14-19)确定：

$$E_{lat} = 0.6(0.4)0.125 = 0.03 \text{ m}^2 \cdot \text{s}^{-1}$$

$$L_m = 0.4(0.3) \frac{15^2}{0.03} = 898 \text{ m}$$

或由式(14-21)得到：

$$L_m = 8.52(0.3) \frac{(15)^2}{0.4} = 1\,438 \text{ m}$$

结果表明:大约需要流动 1 km 的距离才能达到横向完全混合。

实际上,美国地质调查局的测量站点正好位于排污口的下方。该站点的堰坝造成了水流断面的明显收缩,从而直接导致了该站点处的横向完全混合。

14.5 流量、水深和流速

假设某河流的一段长度上,断面形状和底坡是恒定的。若河流的上游来水流量 Q 保持不变,那么经过足够长时间后,河流将达到恒定、均匀流状态。也就是说,水流在时间和空间上是恒定的。

这种情况下,河流的水深和速度也是恒定的。可通过连续性方程建立起水深、速度和流量之间的联系,即:

$$Q = UA_c \qquad (14\text{-}22)$$

式中,A_c 为横断面面积;U 为断面平均流速。

式(14-22)的求解遇到了一个难题:流量与水深、速度都有关系,而这两个参数都是未知的。因此还需要更多信息才能求得两者的确定值。如下所述,有两种方式来进一步建立流量和水深、速度之间的关系,分别是流量系数法和曼宁公式。

14.5.1 流量系数

可利用幂函数建立流量与平均流速,深度和宽度之间的关系(Leopold 和 Maddock,1953),即:

$$U = aQ^b \qquad (14\text{-}23)$$

$$H = \alpha Q^\beta \qquad (14\text{-}24)$$

$$B = cQ^f \qquad (14\text{-}25)$$

式中,H 为平均水深;a,b,α,β,c,f 为经验常数,由水位-流量关系曲线确定(通常以对数-对数图表示)。

因为流量、水深、流速是相互关联的,所以这些经验系数不是完全独立的。例如,因为 $Q = UA_c$,以及 $A_c = BH$,所以式(14-23)~式(14-25)中各个指数的和应该等于 1,即 $b + \beta + f = 1$。表 14-5 列出了各个指数的平均值及变化范围。

表 14-5　表征水文地形相关性的幂函数公式中指数平均值和变化范围

相关关系	指数	取值	范围
流速-流量	b	0.45	0.3~0.7
深度-流量	β	0.4	0.1~0.6
宽度-流量	f	0.15	0.05~0.25

14.5.2 曼宁公式

曼宁方程是从渠道动量平衡方程推导得出的。它提供了一种将流速与河道特性参数关联的方法,即:

$$U = \frac{C_0}{n} R^{2/3} S_e^{1/2} \tag{14-26}$$

式中:C_0——常数(公制单位=1.0,英制单位=1.486);

　　n——曼宁粗糙系数(表 14-6);

　　R——河道水力半径(米或英尺),$R = A_c/P$;

　　P——湿周;

　　S_e——河道能量梯度线的变化,即河道坡度[①](无量纲数)。

表 14-6　不同明渠的曼宁粗糙系数取值(Chow, 1959)

材料	n
人工明渠:	
混凝土	0.012
底部砾石,侧面:	
混凝土	0.020
抹灰浆石头	0.023
乱石堆砌	0.033
天然河道:	
干净、顺直河道	0.030
干净、弯曲河道	0.040
含杂草和水塘、弯曲河道	0.050
含密集灌木丛和树木	0.100

将曼宁公式代入连续性方程中,可计算出流量:

$$Q = \frac{C_0}{n} A_c R^{2/3} S_e^{1/2} \tag{14-27}$$

如果流量已知,且横断面面积和水力半径可以表示为深度的函数,那么式(14-27)只有一个未知数,即水深。因此,它作为一个根问题来求解。在水深确定之后可进一步计算出横断面面积。最后,在水深和流量都已知的情况下,可利用连续性方程计算出流速。

为了解释如何使用该方法,假设某一渠道断面为梯形形状(图 14-8),且其横断面尺寸和底坡保持不变。

因为渠道断面是梯形,所以横断面面积和水力半径可以表示为深度 y 的函数,即

$$A_c = (B_0 + sy)y \tag{14-28}$$

$$P = B_0 + 2y\sqrt{s^2 + 1} \tag{14-29}$$

[①]　注意,由于我们假设水流流动是稳态的且横断面是常数,所以能量梯度线与河道坡度是相等的。

$$R = \frac{A_c}{P} = \frac{(B_0 + sy)y}{B_0 + 2y\sqrt{s^2 + 1}} \tag{14-30}$$

图 14-8　梯形渠道的某一横断面参数示意

其中 B_0 为河道底宽，S 为边坡坡度

将式(14-28)和式(14-30)代入式(14-27)后得到：

$$Q = \frac{1}{n} \frac{[(B_0 + sy)y]^{5/3}}{(B_0 + 2y\sqrt{s^2 + 1})^{2/3}} S_e^{1/2} \tag{14-31}$$

如果 Q 已知，那么式(14-31)是只含一个未知数 y 的非线性方程。因此该方程可以重新改写为一个根问题：

$$f(y) = \frac{1}{n} \frac{[(B_0 + sy)y]^{5/3}}{(B_0 + 2y\sqrt{s^2 + 1})^{2/3}} S_e^{1/2} - Q \tag{14-32}$$

解出的根（即对应方程式等于零的 y 值）即为河段深度。

【例 14-5】　曼宁方程

某河道有以下特征：

流量$=6.25\ \mathrm{m^3 \cdot s^{-1}}$　　　河道坡度$=0.000\ 2$　　　河道底宽$=10\ \mathrm{m}$

边坡坡度$=2$　　　　　　　粗糙系数$=0.035$

确定河道水深、断面面积以及流速。

【求解】　将上述数据代入式(14-32)得到：

$$f(y) = 0.404\ 1 \frac{[(10 + 2y)y]^{5/3}}{(10 + 4.472y)^{2/3}} - 6.25$$

可以解出 $y=1.24\ \mathrm{m}$。将该结果代入式(14-28)中计算得到：

$$A_c = [10 + 2(1.24)]1.24 = 15.5\ \mathrm{m^2}$$

将已知的横断面面积和流量代入连续性方程可得：

$$U = \frac{Q}{A_c} = \frac{6.25}{15.5} = 0.403\ \mathrm{m \cdot s^{-1}}$$

一些计算软件包例如 EPA 的河流模型 QUAL2E，使用曼宁方程来模拟河流的稳态流动。为此，会将河流划分成由若干水文地形参数恒定的河段。然后，使用曼宁方程来确定每一段的流速和水深。这些水文信息是利用质量平衡方程模拟污染物组分浓度的基础。

14.6 水流演进与水质(高级主题)

尽管稳态流动条件下的河流流速和水深可以用曼宁方程求得,但是也存在河流流量随时间变化的情形。例如在农业化地区,农民在作物生长期经常抽取和排放灌溉水。另一个与非恒定流动相关的案例是蓄水发电水库的尾水排放。在这种情况下,由于电力需求的变化,流量经常会在小时尺度上发生变化。在这类系统中,污染物随非恒定流动的输移将会成为影响河流水质的至关重要因素。

14.6.1 水流演进

有许多模型可用于模拟溪流的动力波运动。所有这些模型都是建立在圣维南方程组基础上的。该方程组是在一维河道质量守恒和动量守恒基础上推导出来的。对于忽略横向入流、风应力和紊动损失的情形,圣维南方程组表示如下。

连续性方程 (质量守恒):

$$\frac{\partial Q}{\partial x} + \frac{\partial A_c}{\partial t} = 0 \tag{14-33}$$

动量方程 (动量守恒):

$$\frac{1}{A_c}\frac{\partial Q}{\partial t} + \frac{1}{A_c}\frac{\partial}{\partial x}\left(\frac{Q^2}{A_c}\right) + g\frac{\partial y}{\partial x} - g(S_o - S_f) = 0 \tag{14-34}$$

如图 14-9 所示,可以忽略一些项对动量守恒方程予以简化。在本书中,我们针对最简单的动量方程形式即运动波方程进行求解。在该情况下,通过忽略水压梯度项和加速度项,得到以下的微分方程组:

$$\frac{\partial Q}{\partial x} + \frac{\partial A_c}{\partial t} = 0 \tag{14-35}$$

$$S_o = S_f \tag{14-36}$$

$$\frac{1}{A_c}\frac{\partial Q}{\partial t} + \frac{1}{A_c}\frac{\partial}{\partial x}\left(\frac{Q^2}{A_c}\right) + g\frac{\partial y}{\partial x} - g(S_o - S_f) = 0$$

当地加速度　迁移加速度　水压梯度项　重力项　摩擦阻力项

图 14-9　通过忽略公式中的某些项对表征动量守恒的圣维南方程进行简化

基于 Chow 等(1988)的图形重绘

连续性方程表达了以下原理:如果空间中某点的过水断面面积随时间持续增加,那么此时通过该点的流量应沿河道减少,从而平衡由于横断面面积增加而储存的水量。动量方程表明,河道底坡导致的水流加速度效应正好与河道底部摩擦力对水流的阻滞效应相平衡。

针对运动波方程,将 $S_e - S_f$ 以及 $R - A_c/P$ 代入曼宁公式中得到:

$$Q = \frac{1}{n} \frac{A_c^{5/3}}{P^{2/3}} S_o^{1/2} \tag{14-37}$$

可以求得:

$$A_c = \alpha Q^\beta \tag{14-38}$$

其中 $\beta = \dfrac{3}{5}$,以及

$$\alpha = \left(\frac{nP^{2/3}}{\sqrt{S_o}}\right)^{3/5} \tag{14-39}$$

如果河道具有顺直的理想断面形状,那么式(14-39)可以进一步简化。例如对宽度比深度大得多的矩形河道,上式变为:

$$\alpha = \left(\frac{nB^{2/3}}{\sqrt{S_o}}\right)^{3/5} \tag{14-40}$$

因此对于该简化情形,α 为常数。

接下来,式(14-38)的两边对时间求偏导数后得到:

$$\frac{\partial A_c}{\partial t} = \alpha\beta Q^{\beta-1} \frac{\partial Q}{\partial t} \tag{14-41}$$

将其代入式(14-35)得到:

$$\frac{\partial Q}{\partial x} + \alpha\beta Q^{\beta-1} \frac{\partial Q}{\partial t} = 0 \tag{14-42}$$

至此,将式(14-35)与式(14-36)通过以上过程进行处理,生成了具有一个未知数 Q 的微分方程。

采用前向时间-后向空间差分对式(14-42)进行离散后得到:

$$\frac{Q_i^l - Q_{i-1}^l}{\Delta x} + \alpha\beta (Q_i^l)^{\beta-1} \frac{Q_i^{l+1} - Q_i^l}{\Delta t} = 0 \tag{14-43}$$

由此得到显式格式的数值解为:

$$Q_i^{l+1} = Q_i^l + \left\{ \left[\frac{(Q_i^l)^{1-\beta}}{\alpha\beta\Delta x}\right] (Q_{i-1}^l - Q_i^l) \right\} \Delta t \tag{14-44}$$

【例 14-6】　运动波

假设某一矩形河道的参数如下:

流量$=2.5\ \mathrm{m^3 \cdot s^{-1}}$ 河道坡度$=0.004$

河道底宽$=15\ \mathrm{m}$ 粗糙系数$=0.07$

为简化起见,假设该河道的宽度远大于水深,相应满足式(14-40)。在 $x=0$ 处,河道流量随发电厂水量的周期性排放而呈现先增加后减少的特点。发电厂排放水量 Q_e 可用半正弦函数来近似:

$$Q_c = 2.5\sin \omega t \qquad 0 \leqslant t \leqslant 0.25\ \mathrm{d}$$

$$Q_e = 0 \qquad\qquad\quad t > 0.25\ \mathrm{d}$$

其中,$\omega = 2\pi\ (0.5\ \mathrm{d})^{-1}$。

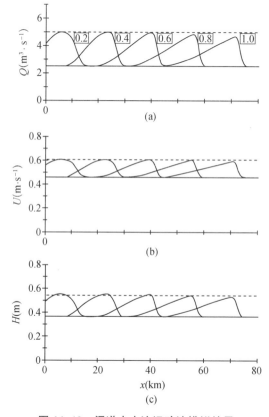

图 14-10   渠道中水流运动波模拟结果

方框中的数字表示发电厂开始排水后的下游河道水流运动波演进时间(单位 d)。虚线表示峰值流量

(a) 计算发电厂排水前的稳态流动条件下河道水深和流速;

(b) 当发电厂向河道排水后,采用显格式数值计算方法预测下游河道水深和流速随水流演进时间的动态变化。

【求解】 (a) 将上述参数代入式(14-40)得到:

$$\alpha = \left[\frac{0.07(15)^{2/3}}{\sqrt{0.004}}\right]^{3/5} = 3.14$$

接下来可通过式(14-38)求得稳态流动情形下的河道横断面面积：

$$A_c = 3.14(2.5)^{0.6} = 5.44 \text{ m}^2$$

进一步可计算出河道水深和流速：

$$U = \frac{2.5 \text{ m}^3 \cdot \text{s}^{-1}}{5.44 \text{ m}^2} = 0.46 \text{ m} \cdot \text{s}^{-1}$$

$$H = \frac{5.44 \text{ m}^2}{15 \text{ m}} = 0.362\ 7 \text{ m}$$

(b) 分别使用时间步长 0.007 d 和空间步长 1 km,使用式(14-44)得到数值解如图 14-10 所示。不出意外,由于使用了前向时间-后向空间差分格式,图 14-8 中的解显示了数值离散现象。对此也可以使用更精确的数值方法来降低这种影响。

在使用上述模型模拟污染物输移之前,还要指出运动波模型的一个重要特征。回顾以前章节,保守污染物的对流质量平衡方程可写为

$$\frac{\partial c}{\partial t} = -U \frac{\partial c}{\partial x} \tag{14-45}$$

将式(14-42)重新整理成相似的表示形式,如下所示

$$\frac{\partial Q}{\partial t} = -U_c \frac{\partial Q}{\partial x} \tag{14-46}$$

式中,

$$U_c = \frac{Q^{1-\beta}}{\alpha\beta} = \frac{\partial Q}{\partial A_c} \tag{14-47}$$

式(14-45)和式(14-46)的比较表明,就像污染物以 U[式(14-45)]的速度沿河道向下移传输一样,水流波以速度 U_c[式(14-46)]的速度移动。速度 U_c 被定义为运动波的波速。

【例 14-7】 运动波的波速

确定例 14-6 中的运动波波速,并使用图 14-8 验证运动波是否以该速度运动。

【求解】 例 14-6 中,渠道中的水流流量在 2.5 到 5 m³·s⁻¹ 之间变化。相应,运动波的速度也会随之变化。对两种边界上的流量情形,将例 14-6 的参数代入式(14-47)中得到:

$$U_c = \frac{2.5^{1-0.6}}{3.14(0.6)} = 0.766 \text{ m} \cdot \text{s}^{-1}$$

$$U_c = \frac{5^{1-0.6}}{3.14(0.6)} = 1.01 \text{ m} \cdot \text{s}^{-1}$$

假设运动波近似为半正弦波,则可以计算出平均速度为:

$$\overline{U}_c = \frac{\int_0^{0.25} [0.766 + (1.01 - 0.766)\sin(\omega t)]\mathrm{d}t}{0.25} = 0.92 \text{ m} \cdot \text{s}^{-1}$$

从图 14-8 中可以看出，$t=0.2$ d 和 1.0 d 时峰值流量分别位于 6 500 和 71 500 m 处。据此可以确定运动波的平均波速为：

$$U_c = \frac{(71\,500 - 6\,500)\,\text{m}}{(1.0 - 0.2)\,\text{d}} = 81\,250\ \text{m} \cdot \text{d}^{-1} \left(\frac{1\ \text{d}}{86\,400\ \text{s}} \right) = 0.94\ \text{m} \cdot \text{s}^{-1}$$

这个结果与基于半正弦波给出的计算平均值非常接近。注意到渠道水流速度大约在 $0.46 \sim 0.6\ \text{m} \cdot \text{s}^{-1}$ 之间变化（图 14-10）。因此，运动波的速度大约是水流速度的 1.67 倍。

上面的例子表明波速和流速是不同的。以下针对宽浅型矩形河道的简单情形，估计两者之间的比值。对于此类河道，水力半径可以用平均深度近似表示：

$$R = \frac{A_c}{P} = \frac{By}{2y + B} \cong \frac{By}{B} = y \tag{14-48}$$

进一步通过曼宁公式计算出流速和流量为：

$$U = \frac{1}{n} y^{2/3} S^{1/2} \tag{14-49}$$

$$Q = \frac{1}{n} B y^{5/3} S^{1/2} \tag{14-50}$$

接下来对式(14-50)求偏微分后得到

$$\frac{\partial Q}{\partial y} = \frac{5}{3} \left(\frac{1}{n} B y^{2/3} S^{1/2} \right) \tag{14-51}$$

对于矩形河道，由于

$$\frac{\partial Q}{\partial A_c} = \frac{1}{B} \frac{\partial Q}{\partial y} \tag{14-52}$$

因此运动波速度等于

$$U_c = \frac{5}{3} U \tag{14-53}$$

即，运动波的传播速度大约是水流速度的 1.6 倍。这一结果证实了例 14-7 的计算结果。虽然这个结果是在简单情形下推导出来的，但运动波的速度比水流速度快的事实也适用于其他河道几何形状。

14.6.2　污染物浓度演进

现在我们研究如何在非恒定流动条件下进行水质模型建模。非恒定流动情形的保守物质质量平衡方程可以写成：

$$\frac{\partial(A_c c)}{\partial t} = -\frac{\partial(Qc)}{\partial x} \tag{14-54}$$

使用前向时间-后向空间差分方法对方程进行离散后得到:

$$\frac{(A_c c)_i^{l+1} - (A_c c)_i^l}{\Delta t} = -\frac{(Qc)_i^l - (Qc)_{i-1}^l}{\Delta x} \tag{14-55}$$

为进一步简化方程,将两边同乘 Δx 得到:

$$\frac{(Vc)_i^{l+1} - (Vc)_i^l}{\Delta t} = (Qc)_{i-1}^l - (Qc)_i^l \tag{14-56}$$

$(Vc)_i^{l+1}$ 项可以按照下式估计:

$$(Vc)_i^{l+1} = [V_i^l + (Q_{i-1}^l - Q_i^l)\Delta t]c_i^l \tag{14-57}$$

可将式(14-57)代入式(14-56)中。由于只有一项是在下一个时间步长上,所以可以得到式(14-56)的显式格式数值解为:

$$c_i^{l+1} = \frac{V_i^l c_i^l + (Q_{i-1}^l c_{i-1}^l - Q_i^l c_i^l)\Delta t}{V_i^l + (Q_{i-1}^l - Q_i^l)\Delta t} \tag{14-58}$$

该方程式有一个直观的解释:分子代表了第 i 个计算单元上,基于欧拉法的下一时间步长质量估计;分母代表了基于欧拉法的下一时间步长体积估计。因此,这个比值提供了对下一时刻的浓度估计。

【例 14-8】　基于运动波模型的水质模拟

假设例 14-7 中的系统中,河道上游来水的保守性污染物质浓度为 $100\ \mathrm{mg \cdot L^{-1}}$ 且保持恒定。若发电厂正弦形式的排水中不含有污染物,试计算河道内污染物浓度的动态变化。

【求解】　基于式(14-58)的计算结果如图 14-11 所示。图中将水流运动波模拟结果也包括在内,以将河道中水量水质模拟结果进行比对。注意到河道水质变化呈现与水流运动波相反的模式。因此,一个稀释的"浓度波"向下游河道运动。

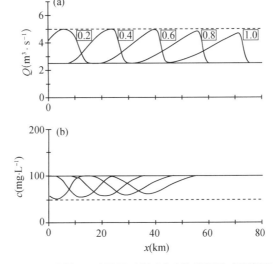

图 14-11　流量(a)以及通过渠道(b)的稀释波或"稀释图"

虽然浓度波和水流波形状相似,但前者比后者移动要慢。事实上,浓度波的运动速度约为水流波的 60%,这与运动波波速与水流速度之间的差异有关。因此,浓度变化的演变速度比水动力学相关因素的变化要慢。

以上例子表明,污染物和水流波在一维河流中以不同的速度传播。对于此处研究的运动波情形,污染物浓度的变化滞后于河道水位的变化。实际应用中这会影响到波周期内的取水。如果忽视了污染物浓度的滞后现象而在流量峰值过后取水,那么在此后的一段时间就会取到污染物浓度最大时的水量。

需要注意的是,以上对河道水力学的讨论是一个非常简化的情形,旨在介绍河道水动力学条件是如何计算的,以及在此过程中会遇到的一些问题。将水动力学条件考虑到水质模型建模中,以实现对水质模型的拓展,是当前的重要研究领域。对此可以查阅其他的水文学文献 (Ponce,1989;Chow 等人,1988;Bras,1990)或与明渠流有关的文献 (Chaudry,1993),从而学习更多的水流-污染物浓度演进的相关知识。

习　题

14-1 1994 年 12 月 23 日在美国科罗拉多州博尔德河采集的水文地形数据如下:

x(ft)	H(ft)	$U60\%(ft \cdot s^{-1})$	$U20\%(ft \cdot s^{-1})$	$U80\%(ft \cdot s^{-1})$
0	0			
3	1.3	0.3		
6	1.25	0.35		
9	0.85	0.48		
12	1.2	0.46		
15	1.85	0.58		
18	1.85	0.66		
21	1.75	0.68		
24	1.9	0.67		
27	2.25		0.4	0.68
30	2.4		0.4	0.62
33	2.1		0.29	0.5
36	1.5	0.37		
39	1	0.25		
42	1.3	0.09		
45	1.2	0.13		
48	1	0.14		
51	0.8	0.08		
54	0	0		

采样地点的河道底坡约为 0.004。使用这些数据与相关计算公式,确定(a)横断面面积,(b)平均深度,(c)流量,(d)平均流速,(e)纵向离散系数,以及(f)横向离散系数。

14-2　假设某河道具有以下特征参数:

河道底宽＝10 m　　　　　　　河道边坡＝1.5

河道底度＝0.004　　　　　　　粗糙系数＝0.07

试利用曼宁公式,建立水深、流速与流量的对数-对数图以及相应的幂函数方程。流量范围为 $1\sim20$ m^3 · s^{-1}。

14-3　以下数据代表 7 日最小流量,单位 m^3 · s^{-1}

1977	0.023	1982	0.311	1987	0.091	1992	0.142
1978	0.105	1983	1.331	1988	0.127	1993	0.340
1979	0.024	1984	0.051	1989	0.089	1994	0.651
1980	0.187	1985	0.065	1990	0.453	1995	0.017
1981	0.010	1986	0.062	1991	0.849		

试确定该溪流的 7Q10。

14-4　某溪流的岸边有一个工厂排放源。已知该溪流的特征参数为:宽度＝30 m,深度＝0.9 m,流速＝0.9 m · s^{-1},坡度＝0.000 2。

(a) 确定污染排放后达到横向完全混合对应的纵向流经距离;

(b) 如果曼宁方程成立且河道大致是矩形形状,那么溪流的粗糙度是多少?

(c) 确定溪流的纵向离散系数。

14-5　1994 年 12 月 29 日在美国博尔德河采集的数据如下:

	KP＝0.5			KP＝5.5				
时间 (h)	Q_1 (m^3 · s^{-1})	c_1	时间 (h)	Q_2 (m^3 · s^{-1})	c_2	时间 (h)	Q_2 (m^3 · s^{-1})	c_2
5.08	0.544	522	5.40	0.716	450	12.75	1.016	
6.88	0.479	597	7.00	0.544	500	13.00	0.994	692
7.87	0.479	639	7.50	0.532	500	13.25	0.929	703
8.00	0.500		7.75	0.524	508	13.50	0.917	710
8.42	0.544	665	8.00	0.507	514	13.75	0.906	709
8.95	0.642	693	8.25	0.490	518	14.00	0.906	707
9.42	0.726	708	8.50	0.481	522	14.25	0.883	700
10.00	0.819	696	8.75	0.470	529	14.50	0.872	694
10.57	0.923	672	9.00	0.453	536	14.75	0.861	684
10.70	0.942		9.25	0.453	543	15.00	0.841	678

KP=0.5			KP=5.5					
时间 (h)	Q_1 (m³·s⁻¹)	c_1	时间 (h)	Q_2 (m³·s⁻¹)	c_2	时间 (h)	Q_2 (m³·s⁻¹)	c_2
11.15	0.999	626	9.50	0.470	550	15.25	0.818	674
11.67	0.923	657	9.75	0.481	557	15.50	0.818	678
12.12	0.887		10.00	0.507	566	15.75	0.818	685
12.37	0.853	706	10.25	0.524	575	16.00	0.830	699
12.75	0.836	712	10.50	0.544	583	16.25	0.818	711
13.43	0.819	717	10.75	0.617	593	16.50	0.810	720
14.00	0.787	723	11.00	0.696	598	16.75	0.810	727
14.67	0.787	723	11.25	0.716	608	17.00	0.798	733
14.80	0.787	723	11.50	0.779	618	17.25	0.798	736
15.23	0.772	723	11.75	0.818	621	17.50	0.798	738
16.17	0.756	722	12.00	0.872	628			
16.80	0.726	720	12.25	0.929	642			
17.23	0.726		12.50	0.982	656			

利用水流运动波模型对该河流的流量和水质进行模拟。假设河流的水力地形参数如下：$B=12$ m，$n=0.04$，$S=0.004\,2$，$E=7\times10^4$ cm²·s⁻¹。需注意 KP 5.5 的模拟结果可能与表中的数据不符。

14-6 某一矩形河道具有如下特征：

流量＝20 m³·s⁻¹ 河道坡度＝0.000 5

河道宽度＝30 m 粗糙系数＝0.025

确定该矩形河道的水深，横断面面积以及流速。

14-7 重复习题 14-6 的计算，但河道断面改为梯形，且其河道底宽为 30 m、边坡坡度为 1.5。

河　　口

　　简介:本讲在简要描述河口类型的基础上,重点讲解了离散问题。尤其是介绍了如何利用盐度梯度来确定离散系数,并比较了河口离散与河流、湖泊的紊动效应。

　　河口位于河流与海洋的交界地带,是人类发展和生物多样性的重要场所。从人类社会发展的角度来看,河口承担了航运港口的功能,因此世界上一些大城市都是沿河口建设。从生物圈角度来看,河口受纳了入流河流带来的大量营养物质。因此,典型的河口生态系统充满了生命。

　　本讲旨在讲述有关河口系统的背景知识。其中,特别关注了与水质建模相关的河口输移。

15.1　河口输移

　　河口是自由流动的河流与海洋汇合的地方。如图 15-1 所描绘,根据对流、离散和盐度的相互作用,河口可以分为若干个区域。在最上游边界处是河流,这里不受海水盐度影响且没有潮汐流动。接下来的区域是感潮河流,在这里潮汐作用开始影响输移,但是水体仍然相对较淡。再接下来是河口本身,其特征是整个水体都会发生涨落潮过程。这里的水被称为**微咸水**,意思是它是盐水和淡水的混合。通常河口会进一步加宽成为海湾。因为其靠近海洋,海湾中的盐度会更高。此外,相比于河口区域海湾会更宽。因此,海湾通常要作为平面二维系统进行模拟。有时海湾也可能很深,相应的,必须作为三维系统进行模拟。在海湾中,由于潮汐和风的作用,淡水入流显得很小。最后,河口系统终止于海洋。

　　一些与河口输移相关的因素直接影响到水质模型建模,其中最主要的是潮汐作用。由于月亮和太阳的引力,潮汐运动导致水流周期性地进出河口。因此,流量、速度和水深是动态变化的。

　　根据所关注问题的时间尺度,潮汐运动的物质输移作用可以主要表现为对流或者离散。对于较短时间尺度的问题,例如快速反应物质排放或溢流的模拟,潮汐运动主要表现为对流作用。在较长时间尺度上,潮汐会以一种周期性的方式往复运动,而这种运动的影响可能表现为离散效应。

本讲主要关注长时间尺度的问题。相应的,我们关注基于潮汐周期平均的稳态问题。较短尺度的问题或者河口的实时输移不在本书的讨论范围内。读者可以查阅其他参考文献以获取更多有关河口水动力学方面的知识(例如 Dailey and Harleman,1972;Officer,1976,1983;Fischer 等人,1979;Lung,1994;等)。

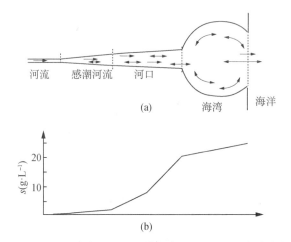

图 15-1　河口系统中不同区域的示意图(a)及其对应的盐度(b)

15.2　河口净流量

河口净流量是指在一个潮汐周期或一定数量的潮汐周期内,以对流运动形式从河口流出的水量。当上游河流流量相比其他水源流量很大时,净流量将与河流流量基本一致。对于更广泛的情形,当点源入流和分散入流例如地表径流和地下水的流量很大时,则必须建立水量平衡。

在对流流动较大的区域,有时可以通过分析潮汐流动来确定净流量。如图 15-2 所示,理想的潮汐流动可以用一对半正弦曲线表示:

$$Q = q_e \sin\left[\frac{\pi(t-\theta)}{T_e}\right] \qquad\qquad \theta \leqslant t \leqslant \theta + T_e \qquad\qquad (15\text{-}1)$$

$$Q = q_f \sin\left[\pi + \frac{\pi(t-\theta-T_e)}{T_f}\right] \qquad \theta + T_e \leqslant t \leqslant \theta + T_e + T_f \qquad (15\text{-}2)$$

式中,下标 e 和 f 分别表示落潮与涨潮。对式(15-1)和式(15-2)进行积分并除以潮汐周期,可以得到潮周期内的平均流量为:

$$Q_n = \frac{\int_{\theta}^{\theta+T_e} q_e \sin\left[\dfrac{\pi(t-\theta)}{T_e}\right]\mathrm{d}t + \int_{\theta+T_e}^{\theta+T_e+T_f} q_f \sin\left[\pi + \dfrac{\pi(t-\theta-T_e)}{T_f}\right]\mathrm{d}t}{T_e + T_f} \qquad (15\text{-}3)$$

可以求得:

$$Q_n = \frac{2}{\pi} \frac{q_e T_e - q_f T_f}{T_e + T_f} \tag{15-4}$$

尽管式(15-4)是有用的,但对于净流量较小的系统应谨慎使用。在这种情况下,分了由两个很大且非常接近的数据相减而得到。因此这种情形很容易产生数据误差。

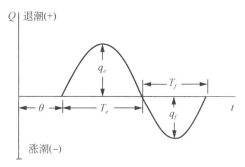

图 15-2　潮汐水流的简单正弦近似,可用于估算河口的净流量

15.3　河口离散系数

可利用自然形成的盐度梯度估算河口的离散系数。对此将在以下章节进行讲述。在第一节中,首先假定河口具有恒定的水文几何特征。虽然河口通常不满足这样的假定条件,但是这些分析有助于深入理解离散系数估算方法。之后,我们将讲述一个更通用的有限差分方法。

15.3.1　恒定参数分析

恒定参数的河口可表示为图 15-3 所示的形式。在此情况下稳态质量平衡方程为:

$$0 = -U \frac{\mathrm{d}s}{\mathrm{d}x} + E \frac{\mathrm{d}^2 s}{\mathrm{d}x^2} \tag{15-5}$$

利用与求解式(9-26)相同的方法,可以得到式(15-5)的解析解为:

$$c = F e^{\lambda_1 x} + G e^{\lambda_2 x} \tag{15-6}$$

其中 λ 为:

$$\lambda_1 = \frac{U}{E} \tag{15-7}$$

$$\lambda_2 = 0 \tag{15-8}$$

已知边界条件为,

$$s = s_0 \qquad @x = 0 \tag{15-9}$$

$$s = 0 \qquad @x = -\infty \tag{15-10}$$

据此可以确定积分常数并求得方程的解为：

$$s = s_0 e^{\frac{U}{E}x} \quad \text{for } x \leqslant 0 \qquad (15\text{-}11)$$

$$s = s_0 \qquad \text{for } x > 0 \qquad (15\text{-}12)$$

式(15-11)提供了一个评估离散系数的模型。将其取自然对数得到：

$$\ln \frac{s}{s_0} = \frac{U}{E}x \qquad (15\text{-}13)$$

因此，如果式(15-11)成立，那么 s/s_0 的自然对数与距离之间的关系图应该是以 U/E 为斜率的直线。相应，在已知 U 的情况下，就可以用该斜率来估计 E。

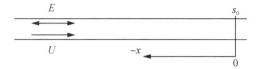

图 15-3　具有海洋边界条件和恒定地形参数的完全混合流动河口系统

【例 15-1】　利用盐度梯度估计离散系数

某一维河口具有如下的恒定地形参数和流量：宽度＝300 m，深度＝3 m，流量＝15 $m^3 \cdot s^{-1}$。沿河口长度方向（注意测量点向海洋方向延伸）测量了氯化物浓度（表15-1）：

表 15-1　氯化物浓度

测点距离(km)	0	3	6	9	12	15	18	21
氯化物浓度(ppt)	0.3	0.5	0.8	1.4	2.2	3.7	6.0	10.0

试确定河口的离散系数，单位为 $cm^2 \cdot s^{-1}$。

【求解】　该河口系统的水流速度为

$$U = \frac{Q}{A_c} = \frac{15}{300(3)} = 0.016\,667 \text{ m} \cdot s^{-1} \left(\frac{86\,400 \text{ s}}{d} \right) = 1\,440 \text{ m} \cdot d^{-1}$$

s/s_0 的半对数图如图 15-4 所示。

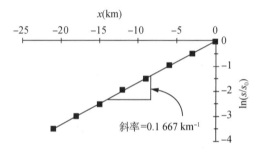

图 15-4　半对数图

图中的斜率可以转换为 1.667×10^{-4} m^{-1}，据此离散系数的估计值为：

$$E=\frac{U}{斜率}=\frac{1\ 440\ \text{m} \cdot \text{d}^{-1}}{1.667\times10^{-4}\ \text{m}^{-1}}\left(\frac{10^4\ \text{cm}^2}{\text{m}^2}\ \frac{1\ \text{d}}{86\ 400\ \text{s}}\right)=1\times10^6\ \text{cm}^2 \cdot \text{s}^{-1}$$

15.3.2　有限差分分析

虽然河口段可能具有恒定的几何形状和水文条件,但这些参数更有可能是变化的。针对这种情形,可以建立一个基于盐度的有限差分模型:

$$0=Q_{i-1,i}(\alpha_{i-1,i}s_{i-1}+\beta_{i-1,i}s_i)-Q_{i,i+1}(\alpha_{i,i+1}s_i+\beta_{i,i+1}s_{i+1})+ \tag{15-14}$$
$$E'_{i-1,i}(s_{i-1}-s_i)+E'_{i,i+1}(s_{i+1}-s_i)$$

式中,

$$\alpha_{j,k}=\frac{\Delta x_k}{\Delta x_j+\Delta x_k} \tag{15-15}$$

$$\beta_{j,k}=1-\alpha_{j,k}=\frac{\Delta x_j}{\Delta x_j+\Delta x_k} \tag{15-16}$$

如果盐度和流量是已知的,那么针对 n 段河口计算单元可以列出 n 个方程,其中包含了 $n+1$ 个未知的离散系数。因此,必须给定其中一个系数。最为常用的处理方式是将分析延伸至河口上游的某个点,在该点处离散可以忽略不计。这样一来,第一个交界面上的离散通量为零,相应方程就可以求解了。

为简化分析,假设河口被划分为一系列大小相等的计算单元,即 $\alpha=\beta=0.5$。稳态情况下第一段的盐度质量平衡可以写成:

$$0=Q_{0,1}(0.5s_0+0.5s_1)-Q_{1,2}(0.5s_1+0.5s_2)+E'_{1,2}(s_2-s_1) \tag{15-17}$$

可以求得:

$$E'_{1,2}=\frac{Q_{0,1}(s_0+s_1)-Q_{1,2}(s_1+s_2)}{2(s_1-s_2)} \tag{15-18}$$

其余的离散系数可以通过求解式(15-14)得到:

$$E'_{i,i+1}=\frac{Q_{i-1,1}(s_{i-1}+s_i)-Q_{i,i+1}(s_i+s_{i+1})+2E'_{i-1,i}(s_{i-1}-s_i)}{2(s_i-s_{i+1})} \tag{15-19}$$

【例 15-2】　利用盐度梯度估计离散系数

切桑比克湾的一个小支流汇入了威科米科(Wicomico)河口。1987 年 Thomann 和 Mueller 在针对该河口的研究中,测定了数据(表 15-2)。试利用这些数据来确定该河口的离散系数。

表 15-2　数据

距离(km)	分段	界面	面积(m²)	流量(m³ · s⁻¹)	盐度(ppt)
1.61	海湾				11.3
0		7,海湾	2 610	2.83	10.1

距离(km)	分段	界面	面积(m²)	流量(m³·s⁻¹)	盐度(ppt)
−1.61	7				9.0
−3.22		6，7	2 322	2.72	8.0
−4.83	6				7.0
−6.44		5，6	1 672	2.66	6.1
−8.05	5				5.2
−9.66		4，5	1 393	2.60	4.35
−11.26	4				3.5
−12.87		3，4	1 208	2.55	2.75
−14.48	3				2.0
−16.09		2，3	929	2.41	1.5
−17.70	2				1.0
−19.31		1，2	836	2.35	0.6
−20.92	1				0.2
−22.53		0，1	650	2.29	0.2
−24.14	0				0.2

【求解】 公式(15-18)可用来求解界面（1，2）的体积离散系数：

$$E'_{1,2} = \frac{2.29(0.2+0.2)-2.35(0.2+1)}{2(0.2-1)} = 1.19 \ \mathrm{m^3 \cdot s^{-1}}$$

由此可以计算出离散系数为：

$$E_{1,2} = E'\frac{\Delta x}{A_c} = 1.19 \ \mathrm{m^3 \cdot s^{-1}} \left(\frac{3.22 \ \mathrm{km}}{836 \ \mathrm{m^2}}\frac{1\ 000 \ \mathrm{m}}{\mathrm{km}}\frac{10\ 000 \ \mathrm{cm^2}}{\mathrm{m^2}}\right)$$
$$= 4.58 \times 10^4 \ \mathrm{cm^2 \cdot s^{-1}}$$

利用式(15-19)可求出界面（2，3）的体积离散系数：

$$E'_{2,3} = \frac{2.35(0.2+1)-2.41(1+2)+2(1.189)(0.2-1)}{2(1-2)} = 3.157 \ \mathrm{m^3 \cdot s^{-1}}$$

从而可以求出离散系数为：

$$E_{2,3} = 3.157 \ \mathrm{m^3 \cdot s^{-1}} \left(\frac{3.22 \ \mathrm{km}}{929 \ \mathrm{m^2}}\frac{1\ 000 \ \mathrm{m}}{\mathrm{km}}\frac{10\ 000 \ \mathrm{cm^2}}{\mathrm{m^2}}\right) = 1.09 \times 10^5 \ \mathrm{cm^2 \cdot s^{-1}}$$

其余的离散系数值也可以依次计算出来，如表15-3所示。计算结果同时以图形显示（图15-5）。

表 15-3 离散系数值

距离(km)	界面	$E'(m^3 \cdot s^{-1})$	$E(cm^2 \cdot s^{-1})$
0	7, 8	12.29	1.52×10^5
3.2	6, 7	10.65	1.48×10^5
6.4	5, 6	8.76	1.69×10^5
9.7	4, 5	6.38	1.48×10^5
12.9	3, 4	4.37	1.16×10^5
16.1	2, 3	3.16	1.09×10^5
19.3	1, 2	1.19	0.46×10^5

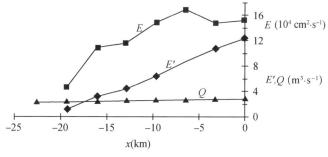

图 15-5 例 15-2 中流量、体积离散系数和离散系数计算结果随距离的变化

采用矩阵法,以上分析可以拓展到二维和三维系统。一个简单的二维系统如图 15-6 所示。

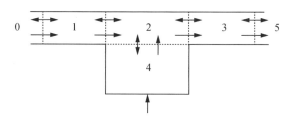

图 15-6 简单的二维河口示意

如果通过第一个交界面的离散通量为零,那么保守物质的质量平衡可以写成:

$$0 = Q_{0,1}(\alpha_{0,1}s_0 + \beta_{0,1}s_1) - Q_{1,2}(\alpha_{1,2}s_1 + \beta_{1,2}s_2) + E'_{1,2}(s_2 - s_1) \quad (15\text{-}20)$$

$$0 = Q_{1,2}(\alpha_{1,2}s_1 + \beta_{1,2}s_2) - Q_{2,3}(\alpha_{2,3}s_2 + \beta_{2,3}s_3) + Q_{2,4}(\alpha_{2,4}s_4 + \beta_{2,4}s_2) + E'_{1,2}(s_1 - s_2) + E'_{2,3}(s_3 - s_2) + E'_{2,4}(s_4 - s_2)$$

$$(15\text{-}21)$$

$$0 = Q_{2,3}(\alpha_{2,3}s_2 + \beta_{2,3}s_3) - Q_{3,5}(\alpha_{3,5}s_3 + \beta_{3,5}s_5) + E'_{2,3}(s_2 - s_3) + E'_{3,5}(s_5 - s_3)$$

$$(15\text{-}22)$$

$$0 = W_4 + E'_{2,4}(s_2 - s_4) - Q_{2,4}(\alpha_{2,4}s_4 + \beta_{2,4}s_2) \tag{15-23}$$

以上四个方程包含了四个未知数。然而,与之前的联立方程求解浓度相比(例如第6讲),此处的未知数是体积离散系数。将方程式各项归并后得到

$$[\Delta S]\{E'\} = \{Q_s\} \tag{15-24}$$

式中,$[\Delta S]$为浓度差矩阵,

$$\Delta S = \begin{bmatrix} s_2 - s_1 & 0 & 0 & 0 \\ -(s_2 - s_1) & s_3 - s_2 & 0 & -(s_2 - s_4) \\ 0 & -(s_3 - s_2) & s_5 - s_3 & 0 \\ 0 & 0 & 0 & s_2 - s_4 \end{bmatrix} \tag{15-25}$$

$\{Q_s\}$为对流项和源项的向量,

$$\{Q_s\} = \begin{Bmatrix} -Q_{0,1}(\alpha_{0,1}s_0 + \beta_{0,1}s_1) + Q_{1,2}(\alpha_{1,2}s_1 + \beta_{1,2}s_2) \\ -Q_{1,2}(\alpha_{1,2}s_1 + \beta_{1,2}s_2) + Q_{2,3}(\alpha_{2,3}s_2 + \beta_{2,3}s_3) - Q_{2,4}(\alpha_{2,4}s_2 + \beta_{2,4}s_4) \\ -Q_{2,3}(\alpha_{2,3}s_2 + \beta_{2,3}s_3) + Q_{3,5}(\alpha_{3,5}s_3 + \beta_{3,5}s_5) \\ -W_4 + Q_{2,4}(\alpha_{2,4}s_2 + \beta_{2,4}s_4) \end{Bmatrix} \tag{15-26}$$

$\{E'\}$为 待求的离散系数向量,

$$\{E'\} = \begin{Bmatrix} E'_{1,2} \\ E'_{2,3} \\ E'_{3,5} \\ E'_{2,4} \end{Bmatrix} \tag{15-27}$$

因为式(15-20)与式(15-23)都只有一个未知数,该特定情形可以用代数运算方法简单地求解。但是,对于更复杂的情形,需要借助更加通用的计算机运算来确定离散系数。

注意到第4段有一个源项。这个源项可以是一个支流入流流量(Q_s)或者污染负荷(W)。本质上所有邻近的上游段都必须有这样的源项,从而能够成功地应用这种估计方法。例如,如果第4段没有源项,它的质量平衡写为

$$0 = E'_{2,4}(s_2 - s_4) \tag{15-28}$$

这表明没有梯度存在,即$s_2 = s_4$。如果是这样的话,段2和段4应合并成一个完全混合的计算单元。

与所有基于数据的方法一样,该方法的结果取决于基础数据的质量。因此,上述方法应谨慎使用。此外,由于离散系数计算是建立在梯度(即盐度差值)基础上的,结果对数据误差特别敏感(回顾图2-7)。然而,即使存在这些因素,该方法还是可以提供离散系数的数量级估计。本讲最后的几个习题与该方法有关。

15.3.3　潮憩采样

潮汐的非恒定流动常常使得河口采样类似于"击中移动目标"。这个问题影响到前述的稳态离散系数计算方法的应用。因此,我们应试图针对一个不断变化的系统定义一个平均条件,从而适用于稳态问题。

潮憩采样提供了一个解决该问题的方法。**潮憩**是指潮汐流向开始转变的时间点,或者说潮汐流量为零的时刻。在某些系统中,这一状态会在河口上方或下方持续移动。因此,如果取样团队有足够快的船(大约 $40 \text{ km} \cdot \text{h}^{-1}$),那么他们可以在潮憩时刻取得样品。

由于既有涨潮也有落潮的潮憩点,这样的调查会产生两个水质"快照":涨潮的潮憩点偏向河口上方,而落潮的潮憩点偏向河口下方。因此,与前面讲述的长历时分析方法对应,需要给出两个"快照"时刻的浓度平均值(图 15-7)。

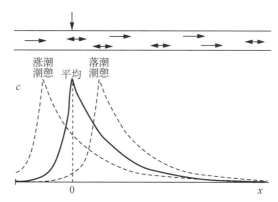

图 15-7　以一级反应模式衰减的污染物排入河口后,在排放点周围的水质采样结果

图中同时给出了涨潮潮憩、落潮潮憩和两个时刻平均值的浓度空间分布曲线

15.3.4　河口与溪流、湖泊和海洋的比较

第 8 讲给出了一个扩散系数的数据点展示图(图 8-13)。该图展示了扩散系数的取值与长度尺度之间的对应关系。借助这一方法,我们来分析一下河流、河口的离散系数与长度尺度之间的关系。

图 15-8 重制了图 8-13,并增加了一些河流和河口的离散系数,并且将渠道宽度作为这些水体的长度尺度。

该图表明,在相同的长度尺度下,河流和河口的混合作用比湖泊和海洋更为强烈。这一点并不奇怪,原因是河流、河口与湖泊、海洋同样受到风应力的作用;湖泊和海洋因此而产生水平紊流。但除此之外,河流和河口中还受其他力的作用从而导致了更强的混合。河流中,重力流动产生的剪切力导致了离散效应;而在河口中,潮汐运动也会增强离散效应。

尽管离散与扩散是不同的过程,图 15-8 中将二者以"苹果和橘子混合的方式"放在了一起。这种展示方式有助于比较三种类型水体的水平混合的数量级。

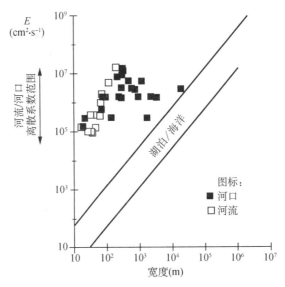

图 15-8　Okubo 扩散图(对应图 8-13)及其一些河流和河口的离散系数取值

【专栏 15.1】　淡水港湾

　　淡水系统例如湖泊和蓄水水库也可以拥有像河口一样的港湾。在第 8 讲中讨论扩散时,我们将这种情形的水体表征为单个完全混合的系统。然而,正如图 15-9 所示,有些系统是伸长型的,这时应将其作为分布式系统考虑。

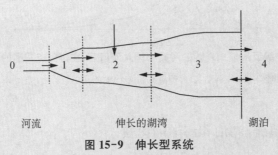

图 15-9　伸长型系统

　　由于这类系统的上游经常接纳受污染的河流来水,相应会形成保守性污染物的浓度梯度。与咸水系统一样,这种梯度可以用来估计紊流扩散系数。然而,与河口中的盐度沿着入海方向增加相反,受污染淡水湖湾中的浓度通常是朝着湖泊主体区域方向下降的。

　　保守物质的质量平衡可以写成:

$$0 = Q_{0,1}s_0 - Q_{1,2}(\alpha_{1,2}s_1 + \beta_{1,2}s_2) + E'_{1,2}(s_2 - s_1) \tag{15-29}$$

$$0 = W_2 + Q_{1,2}(\alpha_{1,2}s_1 + \beta_{1,2}s_2) - Q_{2,3}(\alpha_{2,3}s_2 + \beta_{2,3}s_3) + \atop E'_{1,2}(s_1 - s_2) + E'_{2,3}(s_3 - s_2) \tag{15-30}$$

$$0 = Q_{2,3}(\alpha_{2,3}s_2 + \beta_{2,3}s_3) - Q_{3,4}(\alpha_{3,4}s_3 + \beta_{3,4}s_4) \qquad + \tag{15-31}$$
$$E'_{2,3}(s_2 - s_3) + E'_{3,4}(s_4 - s_3)$$

由于此系统由上游河流补水,通常可以假定交界面(0,1)的扩散通量是可以忽略的。因此,第一个质量平衡方程中只有一个待求解的未知数 $E'_{1,2}$。求解出的结果可以代入第二个方程中得到 $E'_{2,3}$,依次求解。对于更宽和更深的港湾,还可以应用15.3.2节末尾所述的二维和三维方法进行求解。

15.4　垂向分层

本讲大部分内容是建立在河口横向和垂向充分混合假设基础上的。但是,正如针对图 15-1 的讨论所提到的,较宽的河口可能会表现出横向梯度,以及较深的海湾可能会表现出垂向分层。

需要指出的是,海湾并不是唯一会发生垂向分层的水体。在更普遍意义上,垂向输移机制与盐度和热量之间的相互作用有关。

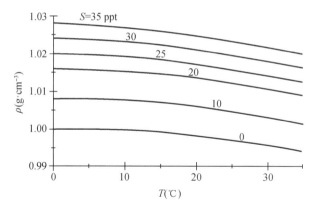

图 15-10　密度与温度、盐度的函数关系图

为理解这种作用机制,Millero 和 Poisson(1981)建立了量化密度与盐度、温度之间相互关系的状态方程:

$$\rho = \rho_0 + AS + BS^{3/2} + CS^2 \tag{15-32}$$

式中,ρ＝密度(g·L^{-1});S＝盐度(ppt),以及

$$A = 8.244\,93 \times 10^{-1} - 4.089\,9 \times 10^{-3}T + 7.643\,8 \times 10^{-5}T^2 \tag{15-33}$$
$$- 8.246\,7 \times 10^{-7}T^3 + 5.387\,5 \times 10^{-9}T^4$$

$$B = -5.724\,66 \times 10^{-3} + 1.022\,7 \times 10^{-4}T - 1.654\,6 \times 10^{-6}T^2 \tag{15-34}$$

$$C = 4.831\,4 \times 10^{-4} \tag{15-35}$$

其中，T 为温度（℃），ρ_0 为淡水的密度。

$$\rho_0 = 999.842\,594 + 6.793\,952 \times 10^{-2} T - 9.095\,290 \times 10^{-3} T^2 +$$
$$1.001\,685 \times 10^{-4} T^3 - 1.120\,083 \times 10^{-6} T^4 + 6.536\,332 \times 10^{-9} T^5$$

$$(15\text{-}36)$$

如图 15-10 所展示的那样，密度随盐度的升高而升高，随温度的升高而降低。注意到淡水的最大密度出现在 4 ℃。

海水的密度比淡水要大，原因是前者具有较高的盐度。此外，在许多情况下，由于海水通常比河水更冷，海水的密度往往更大。因此，如图 15-11 所示，密度较大的海水能够在河口底部形成盐水楔，而密度较低的淡水从盐水楔顶部流过。入海的淡水会与向上游流动的海水混合，因此表层水是微咸的。

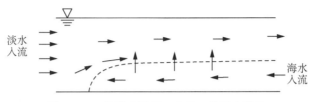

图 15-11　化学分层河口中的二维垂向输移

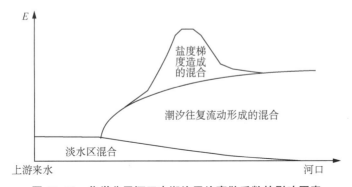

图 15-12　化学分层河口中潮汐平均离散系数的影响因素

最终的结果是楔形区域的纵向混合得到了加强。如图 15-12 所示，河口纵向离散由三个部分组成。淡水区域的纵向离散主要受到河流的剪切流动影响；在河口段，潮汐往复流动加强了混合作用。而在楔形区域，盐度梯度造成了一个混合程度最大的区域。

除了离散外，河口水力学条件包括流量和混合作用会影响悬浮固体输移，从而也对河口水质产生影响。这一影响表现在河水的淡水入流和海洋潮汐流动趋于抵消，从而在河口中形成一个**死水区**。这个区域的存在增强了悬浮物沉降和聚集。

悬浮固体一方面随淡水水流进入河口，另一方面也会由植物生长产生。这些固体颗粒物沉降到底部的盐水层，然后再被输运回上游的死水区。在大多数水质问题中，颗粒物浓度都是重要的因素。例如，许多有毒化合物会优先与固体物质结合。最终，"死水区"也是"沉积区"，相应在该区域中会积聚大量的颗粒态污染物和营养物质。

习　题

15-1　某一维河口具有以下的恒定尺寸和流量：

宽度＝1 000 ft

深度＝10 ft

流量＝500 ft³ · s⁻¹

沿其长度方向测得氯化物浓度如下（注意测点距离朝海洋方向增加）

测点距离（英里）	0	2	4	6	8	10	12	14
氯化物（ppt）	0.3	0.5	0.8	1.4	2.2	3.7	6.0	10.0

试确定河口的离散系数（$cm^2 \cdot s^{-1}$）。

15-2　某潮汐河口具有如下特征：

深度＝5 m

横断面面积＝100 m²

流量＝0.3 m³ · s⁻¹

x（离开河口的距离 km）	−30	−24	−18	−12	−6	0
氯化物（ppt）	0.4	0.7	1.4	2.7	5.2	10

某沉降速率为 0.2 m · d⁻¹ 的污染物在 18 km 点处排放。

试计算离散系数是多少？河口数是多少？

如果最大允许浓度为 1 ppm，可排放多大负荷？

15-3　基于以下参数确定河口净流量：

落潮开始时刻＝0700　　落潮结束时刻＝2000　　落潮峰值流量＝2.5 m³ · s⁻¹

涨潮开始时刻＝2000　　涨潮结束时刻＝3100　　涨潮峰值流量＝2.1 m³ · s⁻¹

15-4　Thomann 和 Mueller（1987）测定了切萨皮克湾河口的盐度数据如下：

与河口的距离（km）	0	5.5	8.6
盐度（ppt）	3.9	2.5	0.32

如果潮周期的净流速为 3 cm · s⁻¹，试确定离散系数（单位 $cm^2 \cdot s^{-1}$）。

15-5　假设在一个垂直分层的河口（图 15-13）中测得了以下数据：

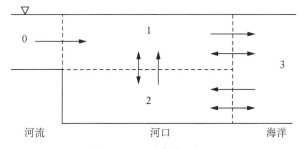

图 15-13　垂直分层河口

$$Q_{01} = 4 \times 10^6 \text{ m}^3 \cdot \text{s}^{-1} \qquad Q_{32} = 2.5 \times 10^6 \text{ m}^3 \cdot \text{s}^{-1} \qquad E'_{01} = 0 \qquad s_1 = 8.5 \text{ ppt}$$

$$s_2 = 14.5 \text{ ppt} \qquad\qquad s_3 = 15 \text{ ppt} \qquad\qquad\qquad s_0 = 0 \text{ ppt}$$

（a）确定体积离散系数 E'_{12}，E'_{13} 和 E'_{23}。假设后两者相等，并且使用后向差分离散对流项；

（b）假设流入河流的保守污染物浓度为 5 mg·L^{-1}，且第 3 段的物质浓度可以忽略不计，试确定第 1 段和第 2 段的污染物浓度。

15-6　针对图 15-13 描述的系统给出了以下数据：

$$Q_{01} = 1 \times 10^6 \text{ m}^3 \cdot \text{d}^{-1} \qquad s_0 = 0 \text{ ppt} \qquad s_5 = 30 \text{ ppt}$$

$$Q_{12} = 1 \times 10^6 \text{ m}^3 \cdot \text{d}^{-1} \qquad s_1 = 1.74 \text{ ppt} \qquad W_4 = 0$$

$$Q_{23} = 1.5 \times 10^6 \text{ m}^3 \cdot \text{d}^{-1} \qquad s_2 = 10.47 \text{ ppt}$$

$$Q_{35} = 1.5 \times 10^6 \text{ m}^3 \cdot \text{d}^{-1} \qquad s_3 = 22.33 \text{ ppt}$$

$$Q_{24} = 0.5 \times 10^6 \text{ m}^3 \cdot \text{d}^{-1} \qquad s_4 = 7.48 \text{ ppt}$$

确定该系统交界面上的体积离散系数。

15-7　如图 15-14 所示，垂向分层的供水水库有一个小港湾。由于自来水公司通常会对水库水进行加氟处理，所以湖水中的氟化物浓度稳定在 1 mg·L^{-1}。为了研究湖泊的混合特性，自来水公司停止了加氟。接下来的几周内，湖水由于自身的净化作用导致氟化物浓度的降低。湖水中测得的氟化物浓度如下：

时间（d）	0	20	40	60	80	100	120	140	160
变温层	1	0.49	0.26	0.15	0.10	0.08	0.05	0.04	0.04
均温层	1	0.98	0.92	0.85	0.78	0.73	0.65	0.60	0.54
湖湾	1	0.93	0.77	0.61	0.47	0.38	0.27	0.20	0.16

湖泊的各部分体积如下：

$$V_e = 3 \times 10^7 \text{ m}^3$$

$$V_h = 8 \times 10^6 \text{ m}^3$$

$$V_b = 3 \times 10^6 \text{ m}^3$$

已知流入＝流出＝1×10^6 m^3，且所有水流都只流过上层的变温层。试利用这些数据来确定穿越温跃层，以及港湾和变温层之间的体积扩散系数。

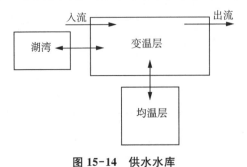

图 15-14　供水水库

15-8　两条支流通过侧向入流进入一个伸长型的蓄水水库(图 15-15)。这些支流和上游入流河流的流量及水质浓度如下：

	流量($m^3 \cdot yr^{-1}$)	氯化物浓度($mg \cdot L^{-1}$)	磷浓度($\mu g \cdot L^{-1}$)
入流	10×10^6	150	30
支流 A	7.5×10^6	400	100
支流 B	5×10^6	100	50

最终的稳态氯化物浓度如图 15-15 所示。

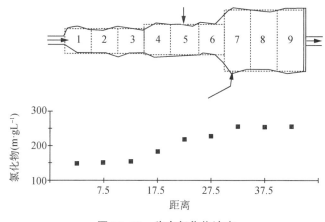

图 15-15　稳态氯化物浓度

下面给出了分段的空间特性参数和氯化物浓度以及对应的交界面：

分段	长度 (m)	宽度 (m)	深度 (m)	氯化物 ($mg \cdot L^{-1}$)	界面	面积 (m^2)
1	500	250	1	150	1-2	250
2	500	250	1	151	2-3	250
3	500	250	1	157	3-4	250
4	500	300	2	200	4-5	600
5	500	300	2	253	5-6	600
6	500	300	2	245	6-7	600
7	500	1 000	5	222	7-8	5 000
8	500	1 000	5	222	8-9	5 000
9	500	1 000	5	222		

(a) 利用这些数据来估计系统交界面的纵向紊流扩散系数；

(b) 如果总磷的沉降速率为 $10\ m \cdot yr^{-1}$，确定总磷浓度在纵向方向上的变化。

湖泊与水库

> **简介:** 本讲在简要介绍湖泊类型的基础上,讲解了湖泊的形态参数确定方法。随后介绍了如何建立水量收支模型,并评述了近岸区模型。

与流动的水体相比,湖泊和水库在水质建模的早期并没有得到重视。这是因为除了像五大湖这样的大型通航系统外,它们在历史上并不是城市发展的主要关注点。

然而,1970 年代以来人们认识到,从娱乐休闲角度来看,天然、人工湖与河口、河流同等重要。此外,它们在供水、水力发电和防洪方面也发挥着重要作用。

本讲旨在介绍有关这些系统的背景知识。首先,在简要概述湖泊类型基础上,介绍了如何量化湖泊形态和水文信息。然后,对污染物在近岸区域的对流和扩散进行了阐述。

16.1 静滞水体

本讲的关注点是静滞水体。这类水体从小型滞留塘到五大湖和贝加尔湖等大型系统。湖泊学家采用了许多方法对湖泊进行分类(详见 Hutchinson,1957 和 Wetzel,1975)。从水质建模的角度,湖泊的输移和归趋与以下三个主要特征有关:

起源。这里指的是水体是天然的(湖)还是人工的(蓄水水库)。尽管这两种类型都表现出很大的可变性,但总体上还是具有一些能够将两者区分开来的特征。尤其是水库往往能控制出流,而天然湖泊是不受控制的。此外,如下面所述,它们通常具有不同的形状。

形状。人工水库几乎都是通过在河流上筑坝而形成的。因此,它们是由淹没的河谷组成的,且往往是细长或树状形状的。相比之下,天然湖泊往往不是细长形而是圆形的。当然也有一些树状和细长的天然湖泊和圆形水库,但这种情况占少数。

尺寸。从尺寸大小的角度,停留时间和水深对水质具有强烈的影响。一般来说,湖泊可以划分为短停留时间($\tau w < 1$ yr)和长停留时间($\tau w > 1$ yr)系统。此外,还可被划分为浅水湖泊($H < 7$ m)和深水湖泊($H > 7$ m)。后一种分类也很重要,原因是深水湖泊在一年中的某些时间段往往会发生热分层。

正如我们将在本讲其他部分所看到的那样,这些属性会对湖泊和水库的建模产生影响。首先是影响到模型的分段。如图 16-1a 所示,完全混合系统通常用于模拟静滞水。

然而,这类系统也可以在垂向[图 16-1(b)]、横向[图 16-1(c)]和纵向[图 16-1(d)]分层、分段模拟。此外,对于图 16-1(e)所示的深水河道型水库,它可以被划分为几个维度。第 18 讲会进一步讨论如何进行模型分段。

16.2　湖泊形态学

描述任何湖泊或水库的第一步是确定其几何形状(亦称作**湖泊形态**)。为此必须绘制湖泊的水深图。**水深图**是标明水深等高线的地形图(图 16-2)。

然后,分析人员可以确定每个深度等值线所包含的区域。这可以用一种叫作**测面仪**的机械设备来完成。如果没有测面仪,另一种方法是将网格叠加在水深图上,然后通过将每个等值线包围的网格单元面积相加来估计总面积。

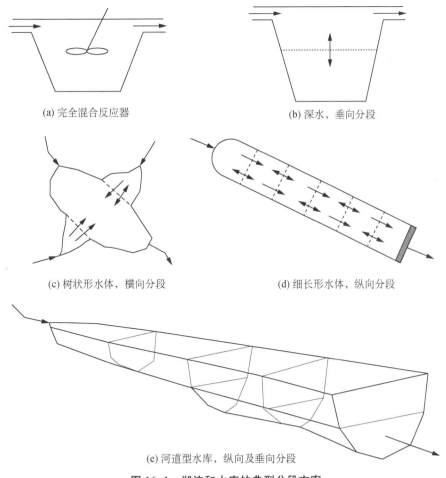

(a) 完全混合反应器

(b) 深水，垂向分段

(c) 树状形水体，横向分段

(d) 细长形水体，纵向分段

(e) 河道型水库，纵向及垂向分段

图 16-1　湖泊和水库的典型分段方案

图 16-3 以表格函数的形式给出了某一水深对应的面积 $A(z)$。整个系统的体积可以通过积分来确定。例如,从水表面($z=0$)到特定深度($z=H$)的体积为:

$$V(H) = \int_0^H A(z)\mathrm{d}z \tag{16-1}$$

另外还可以评估两个深度之间的体积。例如,两个相邻深度之间的体积可以表示为:

$$V_{i,\,i+1} = \int_{H_i}^{H_{i+1}} A(z)\mathrm{d}z \tag{16-2}$$

显而易见的是,由于我们使用的是表格形式的离散数据,所以必须使用数值方法来进行积分估计。通常是对方程式(16-2)采用梯形积分的方式计算出两个相邻深度之间的体积:

$$V_{i,\,i+1} = \left[\frac{A(H_i) + A(H_{i+1})}{2}\right](H_{i+1} - H_i) \tag{16-3}$$

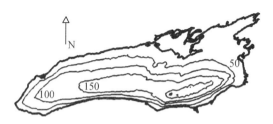

图 16-2 安大略湖水深图

Mike McCormick 提供,五大湖环境研究实验室/美国国家大气海洋管理局

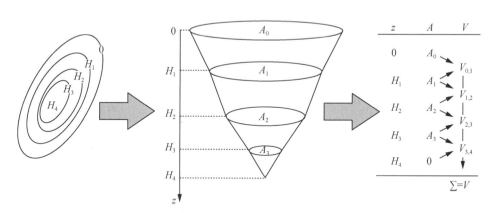

图 16-3 湖泊和水库地形测量学原理

首先是基于水深图确定分层面积,然后制作水深和面积的对应表格,并通过积分方法确定体积

通过这种方式,可以从水面到湖底依次计算每一层的体积。将各单层的体积累加起来,就可以确定某一特定水深的总体积,

$$V_{i+1} = \sum_{j=0}^{i}\left[\frac{A(H_j) + A(H_{j+1})}{2}\right](H_{j+1} - H_j) \tag{16-4}$$

式中,$i+1$ 为某一特定体积对应的水深。

除了可以由面积计算出体积,也可以由体积来确定面积。基于微分和积分的反向关系可以得到:

$$A(H) = \frac{dV(H)}{dz} \tag{16-5}$$

因此,某一点处累积体积的变化率代表了该处面积估计值。

式(16-5)的求解同样需要数值计算方法。一种常用的方法是使用中心差分,即:

$$A_i = \frac{dV_i}{dz} \cong \frac{V_{i+1} - V_{i-1}}{z_{i+1} - z_{i-1}} \tag{16-6}$$

但是,这种方法在沿水深面积不相等的情况下存在缺陷。此外它也不能估算最顶部面积。Chapra 和 Canale(1988)提出了如下公式以克服上述两个缺点,即

$$A(z) = \frac{dV(z)}{dz} \cong V_{i-1} \frac{2z - z_i - z_{i+1}}{(z_{i-1} - z_i)(z_{i-1} - z_{i+1})} + V_i \frac{2z - z_{i-1} - z_{i+1}}{(z_i - z_{i-1})(z_i - z_{i+1})} +$$
$$V_{i+1} \frac{2z - z_{i-1} - z_i}{(z_{i+1} - z_{i-1})(z_{i+1} - z_i)}$$
$$\tag{16-7}$$

【例 16-1】　基于水深图的面积和体积计算

托特(Tolt)水库是位于华盛顿州西雅图的某供水水库。基于该水库的水深图可确定表 16-1 中第二和第三列所示的面积和深度。如果水库水位位于 $z = 0$ 处,试确定其体积。

【求解】　式(16-3)可用来计算水库顶部部分的体积:

$$V_{0,1} = \left(\frac{5.180 \times 10^6 + 4.573 \times 10^6}{2} \right)(6.10 - 0.00) = 29.73 \times 10^6 \ m^3$$

同理可对其他部分(表 16-1)进行类似的计算,并将结果代入式(16-4)后计算出总体积:

$$V_{11} = \sum 29.73 \times 10^6 + 13.44 \times 10^6 + \cdots + 0.493 \times 10^6 = 120.3 \times 10^8 \ m^3$$

累积体积列于表 16-1 的最后一列。

接下来用式(16-6)计算出界面 1 处的面积:

$$A_1 = \frac{dV_1}{dz} \cong \frac{V_2 - V_0}{z_2 - z_0} = -\frac{(43.17 \times 10^6 - 0) m^3}{(9.14 - 0.00) m} = 4.72 \times 10^6 \ m^2$$

可以看到,该结果与表 16-1 的真实面积(4.573×10^6)之间存在差异,其原因在一定程度上与式(16-6)本身的局限性有关。采用式(16-7)则可以提供更好的估计:

$$\frac{dV(6.10)}{dz} \cong 0 + 29.73 \times 10^6 \frac{2(6.10) - 0 - 9.14}{(6.10 - 0)(10 - 9.14)} +$$
$$43.17 \times 10^6 \frac{2(6.10) - 0 - 6.10}{(9.14 - 0)(9.14 - 6.10)} = 4.572 \times 10^6 \ m^2$$

此外,式(16-7)还可以用来确定最顶层的面积:

$$\frac{\mathrm{d}V(0)}{\mathrm{d}z} \cong 0 + 29.73 \times 10^6 \frac{2(0) - 0 - 9.14}{(6.10 - 0)(6.10 - 9.14)} +$$

$$43.17 \times 10^6 \frac{2(0) - 0 - 6.10}{(9.14 - 0)(9.14 - 6.10)} = 5.176 \times 10^6 \text{ m}^2$$

该结果与实测面积(5.180×10^6)基本吻合。

表 16-1   华盛顿托特水库的水深数据和形态计量分析

编号	深度 (m)	面积 (10^6 m²)	体积 (10^6 m³)	累计体积 (10^6 m³)
0	0	5.180	29.73	0
1	6.10	4.573	13.44	29.73
2	9.14	4.249	12.64	43.17
3	12.19	4.047	11.78	55.81
4	15.24	3.683	10.67	67.59
5	18.29	3.318	16.90	78.26
6	24.38	2.226	11.22	95.16
7	30.48	1.457	7.401	106.4
8	36.57	0.971	4.255	113.8
9	42.67	0.425	1.789	118.0
10	48.77	0.162	0.493	119.8
11	54.86	0	0	120.3

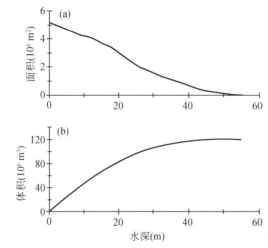

图 16-4   托特水库的(a)面积-水深曲线以及 (b)体积-水深曲线

从例 16-1 的最后部分可以看出,式(16-7)能够有效地基于体积导数反求出面积。但是,由于数值差分方法往往会放大数据误差,因此不建议采用这种方式确定面积。相比之下,图 16-3(水深→面积→体积)描列出的步骤是更为恰当的方法。

需要指出的是,表 16-1 所示结果通常以面积-水深图[图 16-4(a)]和体积-水深图[图 16-4(b)]的形式展现。如上所述,面积-水深图是基础,而体积则通过面积—水深曲线的积分生成。

16.3　水量平衡

完全混合湖泊的水量平衡可以表示为：

$$S = \frac{\mathrm{d}V}{\mathrm{d}t} = Q_{\text{in}} - Q_{\text{out}} + G + PA_{\text{s}} - EA_{\text{s}} \tag{16-8}$$

式中：S——储水量（$\mathrm{m^3 \cdot d^{-1}}$）；

　　　V——体积（$\mathrm{m^3}$）；

　　　t——时间（d）；

　　　Q_{in}——湖泊入流（$\mathrm{m^3 \cdot d^{-1}}$）；

　　　Q_{out}——湖泊出流（$\mathrm{m^3 \cdot d^{-1}}$）；

　　　G——地下水入流（$\mathrm{m^3 \cdot d^{-1}}$）；

　　　P——降水（$\mathrm{m \cdot d^{-1}}$）；

　　　E——蒸发（$\mathrm{m \cdot d^{-1}}$）；

　　　A_{s}——表面积（$\mathrm{m^2}$）。

式(16-8)适用于稳态和非稳态两种情形。以下章节将讨论水量平衡方程在这两种情形中的应用。

16.3.1　稳态

在许多情况下,湖泊和水库（特别是大型水体）的体积在水质模型所关注的时间段内不会发生显著变化。对此,式(16-8)可以简化为：

$$0 = Q_{\text{in}} - Q_{\text{out}} + G + PA_{\text{s}} - EA_{\text{s}} \tag{16-9}$$

大多数情况下,测量湖泊的入流和出流水量比测定平衡方程中的其他项要容易得多。因此,在许多水质模型的应用场景中,其他项被忽略了。然而,这种简化是基于降水与蒸发之间的平衡以及地下水入流可以忽略的假设。

尽管为了方便起见经常采用这种简化方法,但应该注意其有效性。虽然降雨数据在有些情况下可以获得（通常取决于是否可以获取附近气象站的数据）,但蒸发量和地下水流量的直接测量则要困难得多。以下的示例说明了不准确的水量平衡会如何影响模型计算。

【例 16-2】　水量平衡对水质建模的影响

某湖泊具有以下特征：

体积$=1 \times 10^7$ $\mathrm{m^3}$

河流入流量$=1 \times 10^6$ $\mathrm{m^3 \cdot d^{-1}}$

河流出流量$=0.8 \times 10^6$ $\mathrm{m^3 \cdot d^{-1}}$

假设某溶解性污染物以恒定的质量负荷速率（1×10^7 $\mathrm{g \cdot d^{-1}}$）排放到该湖泊中；污染物的一级降解速率为 0.1 $\mathrm{d^{-1}}$。计算两种情况下的湖泊浓度：入流和出流的流量差异分别与（a）与湖水补给到地下水和（b）蒸发有关。

【求解】（a）在这种情况下，湖水外渗会把一部分污染物带入地下水中。因此湖泊总出流量为 1×10^6 m^3 · d^{-1}，相应湖水浓度为：

$$c=\frac{W}{Q+kV}=\frac{1\times10^7}{1\times10^6+0.1(1\times10^7)}=5 \text{ mg} \cdot \text{L}^{-1}$$

（b）在这种情况下，蒸发不会把污染物带入大气中。因此总流出量为 0.8×10^6 m^3 · d^{-1}，相应湖水浓度为：

$$c=\frac{1\times10^7}{0.8\times10^6+0.1(1\times10^7)}=5.556 \text{ mg} \cdot \text{L}^{-1}$$

因此，根据造成湖泊入流和出流之间水量差异的假设，计算结果产生了约10%的差异。

当然，如果蒸发或地下水流量占比不大，那么情况就会大大简化。例如如果湖泊位于不透水的基岩上，就可以假定湖泊与地下水之间的交换无关紧要。在这种情况下，如果入流、出流和降水量已知，可直接应用公式（16-9）来估计蒸发速率。

16.3.2　蒸发

虽然可以通过湖泊入流量和出流量的差值来估计蒸发量，但在许多系统中这是不可能的。这种情况下需要通过直接测量和模型方程来确定蒸发水量。

最常用的直接测量方法是在平底锅中放满水。所述的平底锅可以漂浮在水面上，也可以放置在靠近水体的陆地上。通过逐日监测水量损失（降雨期间需要对数据进行修正），可以得到平锅蒸发速率 E_p（cm · d^{-1}）。然后引入修正因子 k_p——平锅系数对测量结果进行调整，从而将结果外推到自然水体中。由此可以计算出蒸发作用的损失水量，

$$Q_e=0.01k_pE_pA_s \tag{16-10}$$

式中，Q_e 为蒸发水量（m^3 · d^{-1}）；A_s 为湖泊表面积（m^2），在美国 k_p 的取值范围为 0.64~0.81，平均值为 0.70，0.01 用于 cm 和 m 之间的单位转换。

另外还有一些基于气象和湖泊条件计算蒸发水量的公式。例如，蒸发产生的热量通量可以通过下式计算：

$$H_e=f(U_w)(e_s-e_{\text{air}}) \tag{16-11}$$

式中，$f(U_w)$ 为表征风应力对蒸发作用的函数；e_s 和 e_{air} 分别为水和露点温度的蒸汽压（mmHg）。进一步可将热量通量转换为蒸发水量

$$Q_e=0.01\frac{f(U_w)(e_s-e_{\text{air}})}{L_e\rho_w}A_s \tag{16-12}$$

式中，L_e 为蒸发的潜在耗热量（cal · g^{-1}）；ρ_w 为水的密度（g · cm^{-3}）。式中的 0.01 表示单位转换系数，即将蒸发量单位转换为 m^3 · d^{-1}。潜在耗热量和风应力函数可以表示为

$$L_e = 597.3 - 0.57T \tag{16-13}$$

以及 (Brady，Graves，和 Geyer，1969)

$$f(U_w) = 19.0 + 0.95U_w^2 \tag{16-14}$$

式中，T 为温度(℃)；U_w 为水面以上 7 m 处测得的风速，单位为 m·s^{-1}。蒸气压可由以下公式确定 (Raudkivi，1979)

$$e = 4.596e^{\frac{17.27T}{237.3+T}} \tag{16-15}$$

将湖水表面水温和露点温度代入式中，可分别计算出 e_s 和 e_{air}。

根据这些公式可最终估计出由于蒸发而损失的水量。将计算出的蒸发量与入湖流量、出湖流量和降水量一起代入式(16-9)中，可进一步估算出地下水交换量。

【例 16-3】　蒸发量计算

某湖泊具有以下特征：

表面积$= 1 \times 10^6$ m^2

风速$= 2$ mps

水温$= 25$ ℃

露点温度$= 20$ ℃

试计算蒸发水量。

【求解】　与计算蒸发量相关的参数可以确定如下：

$$L_e = 597.3 - 0.57(25) = 583.05 \text{ cal·g}^{-1}$$

$$f(U_w) = 19.0 + 0.95(2)^2 = 22.8$$

$$e_s = 4.596e^{\frac{17.27(25)}{237.3+(25)}} = 23.84$$

$$e_{air} = 4.596e^{\frac{17.27(20)}{237.3+(20)}} = 17.59$$

将上述参数值代入式(16-12)可以求得蒸发水量：

$$Q_e = 0.01 \frac{22.8(23.84 - 17.59)}{583.05(1)} l \times 10^6 = 2\,440.8 \text{ m}^3·\text{d}^{-1}$$

注意：正号表示湖泊中的水量损失。

需要指出的是，还有许多可用来计算蒸发量的方法。一些水文学方面的优秀著作中 (例如，Chow 等人，1988；Ponce，1989；Bras，1990) 都包含了对该主题的广泛讨论。另外，第 30 讲对热量模型的讨论中，也会提供更多有关蒸发方面的知识。

16.3.3　非稳态

为简单起见，假定降水量和蒸发量大致相等且地下水交换量可以忽略不计。相应的，式(16-8)简化为：

$$\frac{dV}{dt} = Q_{in} - Q_{out} \tag{16-16}$$

如果已知初始体积和入流量随时间的变化,那么式(16-16)的解取决于出流水量变化。当然,如果出水受到调控或者出流量已知,那么求解就会变得简单。然而在许多情况下无法给定出流量。对此必须确定出流量和体积之间的关系。要实现这一点,须建立水库出流量与水头(容积)之间的函数关系。

针对某些泄洪道结构,已经发展了相应的方程式来建立这种关系。这些公式通常具有如下形式:

$$Q_{\text{out}} = CLH^a \tag{16-17}$$

式中:C 与 a——系数;

L——泄洪道长度;

H——总水头或水位。

对于没有现成公式可以利用的情形,就需要通过实测出流水量和水位来建立这种关系。在任何情况下,式(16-16)都可以写为:

$$\frac{\text{d}V}{\text{d}t} = Q_{\text{in}}(t) - Q_{\text{out}}(H) \tag{16-18}$$

由于必须建立水深和容积之间的关系,式(16-18)的求解变得复杂。原因是:

$$\text{d}V = A(H)\text{d}H \tag{16-19}$$

因此,必须建立面积—水深关系 $A(H)$(参见图 16-4a)。在此基础上,将式(16-19)代入式(16-16)中可以得到:

$$\frac{\text{d}H}{\text{d}t} = \frac{Q_{\text{in}}(t) - Q_{\text{out}}(H)}{A(H)} \tag{16-20}$$

该方法有时被称作水位-出流演算技术。

【例 16-4】 基于水位-出流演算技术的水库出流量计算

某小型滞留塘的表面积为 2 公顷且具有垂直岸边。已知出流量和水位之间的测量结果如表 16-2 所列。

表 16-2 测量结果

水位(m)	出流量($\text{m}^3 \cdot \text{s}^{-1}$)
0.0	0.0
0.5	0.0
1.0	0.0
1.5	1.7
2.0	5.0
2.5	9.0
3.0	14.0
3.5	20.0
4.0	26.0

注意到水位低于 1 m 时没有任何出水,对应的体积称为**死水蓄容**。一场暴雨事件产生了如图 16-5 所示的进水流量过程线。试使用水位-出流演算方法,计算该蓄水塘的出水流量变化。假设滞留的初始水深为 1 m。

【求解】　图 16-5 给出了基于水位-出流演算方法的出流量计算结果。从图中可以看到,出流的峰值水量相对入流降低,且出流过程更为平缓。$t = 50$ min 时出现了 10 m³·s⁻¹ 的进水峰值流量;而出水峰值流量出现在 $t = 78$ min 时,流量大约为 4.5 m³·s⁻¹。

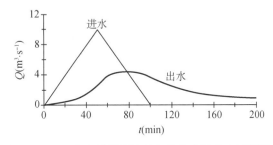

图 16-5　一个小型滞留塘的入流和出流水文过程线

出流过程线通过水位-库容演算方法求得

在学习了蓄水塘出水水量计算方法的基础上,我们就可以模拟该系统中污染物的输移和归趋。通常污染物质量平衡表示为:

$$\frac{\mathrm{d}M}{\mathrm{d}t} = Q_{\mathrm{in}}(t)c_{\mathrm{in}}(t) - Q_{\mathrm{out}}(H)\frac{M}{V} - kM \qquad (16\text{-}21)$$

　累积　　流入　　　　　　　流出　　　　反应

此处污染物的降解遵循一级反应动力学模式。

需要注意的是,由于体积随时间变化,方程是采用质量而不是浓度来表示。针对这一问题,须同时对式(16-20)和式(16-21)进行积分,以计算出每个时间步长的质量和体积。这样就可以进一步确定出蓄水池中的污染物浓度,即:

$$c = \frac{M}{V} \qquad (16\text{-}22)$$

【例 16-5】　基于水位-出流演算技术的污染物浓度计算

针对例 16-4 中的滞留塘,假设进水中的污染物浓度恒为 100 mg·L⁻¹,且其沉降速率为 1 m·d⁻¹。计算出流浓度和出流质量速率。假设 $t = 0$ 时,$c = 0$。

【求解】　基于水位-出流演算方法的计算结果如图 16-6 所示。可以看到,当污染物随入流进入系统后,出水浓度迅速增加。峰值入流量过后,由于沉降成为主要的去除机制,出流浓度缓慢降低。相比之下,出水的质量速率变化更接近出流水文过程线(图 16-5);也就是说,这种情况下,出流质量速率主要由出流流量变化决定。

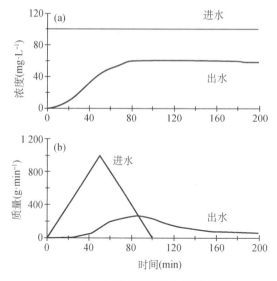

图 16-6　小型滞留塘的入流和出流

(a)浓度；(b)单位时间质量

16.4　近岸模型(高级主题)

由于许多污染物是沿湖泊或者其他水体的周边排放的,因此另一个重要的水质问题是在污染物排放点或河流附近区域的污染物分布。由于近岸区域通常是沙滩或者其他休闲场所的所在地,人们对这些区域的水质管理格外关注。

污染物进入水体后首先会由于排放口射流的紊动效应而发生混合(见 Fischer 等人 1979 年的著作中关于射流和羽流模型的讨论)。在射流产生的初始动量消失后,污染物随湖泊水流流动输移并通过水体中的生化反应过程而发生迁移转化。对垂向完全混合且水深恒定的水层(如分层湖泊的变温层),当污染物降解遵循一级反应动力学时,表征污染物浓度分布的模型方程为:

$$\frac{\partial c}{\partial t} = -U_x \frac{\partial c}{\partial x} - U_y \frac{\partial c}{\partial y} + E_x \frac{\partial^2 c}{\partial x^2} + E_y \frac{\partial^2 c}{\partial y^2} - kc \tag{16-23}$$

式中,x 轴和 y 轴分别表示平行和垂直于湖岸线的坐标轴 (图 16-7)。以下章节对方程式(16-23)的求解进行讨论。

无限空间中的稳态解(无对流作用)。当对流作用可以忽略时,式(16-23)的稳态形式为(假设扩散系数各向同性):

$$E\left(\frac{\partial^2 c}{\partial x^2} + \frac{\partial^2 c}{\partial y^2}\right) - kc = 0 \tag{16-24}$$

O'Connor (1962) 将该方程转换为极坐标系形式并对其进行了求解,如图 16-7 所示。如果 r 是径向坐标轴,则式(16-24)变为:

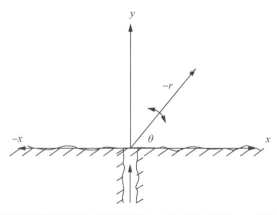

图 16-7　近岸区域模型建模中使用的笛卡尔直角坐标系(x,y)和极坐标系(r)

$$\frac{\partial^2 c}{\partial r^2} + \frac{1}{r}\frac{\partial c}{\partial r} + \frac{1}{r^2}\frac{\partial^2 c}{\partial \theta^2} - \frac{k}{E}c = 0 \tag{16-25}$$

假设 c 对于给定的 r 保持不变,那么 $\partial c/\partial \theta$ 和 $\partial^2 c/\partial \theta^2$ 为零,相应的,式(16-25)简化为零阶贝塞尔方程[①] ＊:

$$\frac{\mathrm{d}^2 c}{\mathrm{d}r^2} + \frac{1}{r}\frac{\mathrm{d}c}{\mathrm{d}r} - \frac{k}{E}c = 0 \tag{16-26}$$

该方程的解为:

$$c = B I_0 \sqrt{\frac{kr^2}{E}} + C K_0 \sqrt{\frac{kr^2}{E}} \tag{16-27}$$

式中,B 和 C 是积分常数;I_0 和 K_0 分别是第一类和第二类修正贝塞尔函数。若引入如下边界条件:

$$c(r_0) = c_0 \tag{16-28}$$

以及

$$c(\infty) = 0 \tag{16-29}$$

O'Connor 求得式(16-27)的解为

$$\frac{c}{c_0} = \frac{K_0 \sqrt{\dfrac{kr^2}{E}}}{K_0 \sqrt{\dfrac{kr_0^2}{E}}} \tag{16-30}$$

O'Connor 给出的第一个边界条件[式(16-28)]是距离原点 r_0 处的浓度值保持恒

[①]　特殊形式的微分方程[如式(16-26)]被称为贝塞尔方程。这些方程的解称为贝塞尔函数。这些函数可从许多数学参考书和手册中查阅。此外,许多计算机系统中包括了便于计算贝塞尔函数的库函数。

定。该距离可以认为是混合区的边缘。该公式的缺点是无法与 $r=0$ 处的污染排放建立直接联系，然而也避免了 r 趋于零时、式（16-30）的解趋于无穷大的问题。式（16-31）给出了式（16-26）的另一种形式解：

$$c = \frac{W}{\pi HE} K \cdot \sqrt{\frac{kr^2}{E}} \qquad (16\text{-}31)$$

式中，H 为水深。当 r 趋于零时，该解趋于无穷。原因是数学上，污染源是从岸线上无限小厚度的一点排放（或者更准确地说是一条线，因为污染源是在垂向上沿水深排放的）。Di Toro（1972）对该问题进行了分析，并给出了排放原点处的非无穷解列表。因此，读者一方面可查阅 Di Toro 的论文，另一方面也可利用式（16-30）和式（16-31）来求出许多情形的合理近似值，如以下例题所示。

【例 16-6】 基于极坐标系的细菌模型

O'Connor（1962）使用式（16-30）求出了密歇根湖印第安纳港附近的细菌浓度分布。混合区的半径取为 45.7 m，大约为港口出口宽度的一半。表征紊动混合的扩散系数取值为 2.6×10^6 $m^2 \cdot d^{-1}$（3×10^5 $cm^2 \cdot s^{-1}$）。两个衰减速率 0.5 和 3.0 d^{-1} 用于估算夏季温度条件下细菌死亡速率的范围。

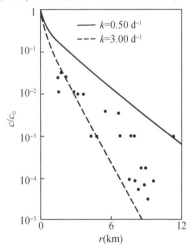

图 16-8 O'Connor（1962）计算的密歇根湖印第安纳港附近细菌浓度随径向距离 r（km）变化过程线。

图中浓度针对混合区边缘浓度进行了归一化；r 表示离开混合区边缘的距离；线条表示基于两个细菌死亡速率限值的模型计算结果；实际数据是基于 6～8 月的 3 个月监测结果平均值

【求解】 基于 O'Connor 模型的模拟结果如图 16-8 所示。可以看出细菌浓度的模拟结果与 3 个月份（6～8 月）的实测平均值基本一致。

无限空间中的稳态解（沿湖岸线存在对流作用） 虽然前面所述方式在紊流混合占主导传输机制的情况下是合适的，但是一些湖泊具有持续的单向流动，从而可以将污染物沿岸线输运。对应这种情形，稳态条件的方程（16-23）表示为：

$$U_x \frac{\partial c}{\partial x} = E\left(\frac{\partial^2 c}{\partial x^2} + \frac{\partial^2 c}{\partial y^2}\right) - kc \qquad (16\text{-}32)$$

式中 U_x 为沿湖岸线的流速。Boyce 和 Hamblin（1975）给出了以下的解析解：

$$c = \frac{W}{\pi HE} e^{\frac{U_x x}{2E}} K_0 \left[r\sqrt{\frac{k}{E} + \left(\frac{U_x}{2E}\right)^2} \right] \qquad (16\text{-}33)$$

式中

$$r = \sqrt{x^2 + y^2} \qquad (16\text{-}34)$$

可以看到当 $U_x = 0$ 时，公式（16-33）进一步简化为式（16-31）。

有限空间中的稳态解 上述求解适用于污染物反应快速和（或）水流输运作用弱和（或）湖面很宽以至于湖对岸对求解结果不产生影响的情况。例如，方程式（16-31）和

(16-33)对于分析大肠菌群排放到五大湖的情况是有效的,因为细菌会在离湖岸几公里的范围内死亡,而大湖的宽度大约有 100 km。然而,对于狭窄的湖泊,或反应缓慢或保守性的物质,必须考虑对面岸线的影响。在该情况下,式(16-33)直接用笛卡尔直角坐标表示为

$$c(x,\ y)=\frac{W}{\pi HE}\mathrm{e}^{\frac{U_x x}{2E}}K_0\sqrt{(x^2+y^2)\left[\frac{k}{E}+\left(\frac{U_x}{2E}\right)^2\right]} \tag{16-35}$$

当已知湖泊宽度 Y 时湖泊,可采用迭代公式法求解(Boyce 和 Hamblin,1975),

$$c=c(x,\ y)+\sum_{n=1}^{\infty}\left[c(x,\ y+2nY)+c(x,\ y-2nY)\right] \tag{16-36}$$

在该解析解中,对岸湖岸线的限制效应可以用式(16-36)的后半部分无穷级数的加和来描述。在实际应用中只需要较一个较小的 n 值($\cong 2$ 或 3)就可以达到满意的模拟结果。

【例 16-7】 包含对流项和扩散项的细菌模型

某市政污水厂以 4×10^4 m^3·d^{-1} 的流量沿湖岸线排放污水。废水中的大肠菌群浓度为 30×10^6 个·(100 mL)$^{-1}$,且其死亡速率为 1.0 d^{-1}。针对以下情形,计算垂向完全混合的变温层($H=20$ m)中大肠菌群浓度分布:

(a)湖泊无限长和无限宽,水平向扩散($E_x=E_y=5\times 10^6$ m^2·d^{-1})是唯一的传输机制;

(b)在(a)条件的基础上,增加流速为 0.5×10^4 m·d^{-1} 的自东向西水流流动;

(c)在(b)条件的基础上,湖泊具有 4 km 的有限宽度。

【求解】(a)污染物负荷 W 由排放水量和浓度的乘积求得,即:

$$W=(4\times 10^4\ \mathrm{m}^3\cdot\mathrm{d}^{-1})(30\times 10^6\ 个\cdot(100\ \mathrm{mL})^{-1})$$

进一步可通过式(16-31)确定湖中的污染物浓度:

$$c=\frac{(4\times 10^4)(30\times 10^6)}{\pi(20)5\times 10^6}K_0\sqrt{\frac{r^2}{5\times 10^6}}$$

图 16-9(a)显示了湖中部分区域的浓度场。

(b)在该情形下,使用式(16-33)计算湖中的污染物浓度:

$$c=\frac{(4\times 10^4)(30\times 10^6)}{\pi(20)5\times 10^6}\mathrm{e}^{\frac{(0.5\times 10^4)x}{2(5\times 10^6)}}K_0\left\{r\sqrt{\frac{1}{5\times 10^6}+\left[\frac{(0.5\times 10^4)}{2(5\times 10^6)}\right]^2}\right\}$$

结果如图 16-9(b)所示。

(c)该情形下在使用式(16-35)和(16-36)计算湖中的污染物浓度,且此处取 $n=2$。结果如图 16-9(c)所示。

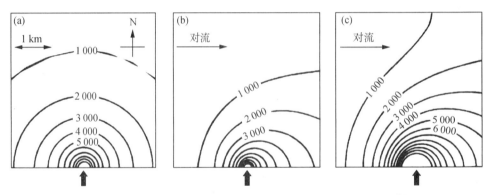

图 16-9　三种情形下湖泊岸边排放的大肠菌群浓度[个・(100 mL)⁻¹]等值线

(a)无限空间中的流体,考虑扩散作用;(b)无限空间中的流体,考虑对流和扩散作用;(c)有限空间中的
流体,考虑对流和扩散作用

【例 16-8】　伊利湖的细菌模型

Boyce 与 Hamblin(1975)推导了式(16-35),并用它来模拟伊利湖中心区域的稳态氯化物浓度(图 16-10)。他们认为,湖泊的控制尺度(即最窄宽度)决定了最大的紊流效应,相应,此处的紊动扩散达到最大化。对于长期模拟而言,若将最窄宽度作为空间特征长度,则可以利用图 8-11 来估算扩散系数的数量级。举例来说,伊利湖中心地区的最小宽度约为 80 km。从图 8-11 可以看出,该特征长度对应的扩散系数范围约为 $5 \times 10^5 \sim 8 \times 10^6$ cm² · s⁻¹。图 16-10b 显示了 Boyce 与 Hamblin(1975)基于式(16-35)的模拟结果,式中取 $E = 1.5 \times 10^6$ cm² · s⁻¹ 和 $n = 2$。

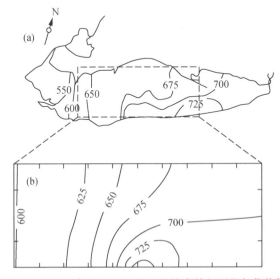

图 16-10　Boyce 与 Hamblin (1975)给出的伊利湖氯化物模型

(a)1970 年伊利湖的氯化物浓度(μM)等值线;(b)基于式(16-35)的模拟结果

如例 16-8 所述,图 8-11 提供了长期模拟的水平紊动扩散系数范围初步估计。然

而,与其他任何默认系数一样,建议采用诸如保守物质示踪等方法对其进行校准。Boyce 与 Hamblin 利用氯化物浓度等值线对模型的校准,就是这种方法的一个很好示例。

习 题

16-1　以下给出了美国华盛顿州扬斯湖(Lake Youngs)的水深-面积数据:

深度(m)	0	6	14	28	31
面积(m²)	2 830 000	2 405 500	1 188 600	424 500	0

(a) 确定湖泊完全蓄满水时的体积;

(b) 如果湖泊在水深 10 m 处被垂向分为两层,试确定变温层和均温层的体积。

16-2　以下给出的多项式用来确定美国爱达荷州卡斯克德(Cascade)水库的面积:

$$A(z) = 0.167\,533\,3(z-1\,453)^4 - 7.446(z-1\,453)^3$$
$$+ 115.571\,7(z-1\,453)^2 - 101.05(z-1\,453)$$

式中 $A(z)$＝表面面积(10^4 m²),z＝水深(m)。注意 $z=1\,453$ m 对应水库的底部,且水深向上增加。

(a) 确定湖泊蓄满水时的体积($z=1\,473$ m);

(b) 如果该湖在离湖底 10 m 处($z=1\,463$ m)被垂向分为两层,试确定变温层和均温层的体积;

(c) 建立一个多项式来预测该水库体积随水深的变化。

16-3　以下是美国明尼苏达州沙河湖的实测数据:

水深(m)	0	2	4	6	8	10	12
体积(%)	100	68	41	19.5	4.45	1	0

如果湖泊总容积为 53×10^6 m³,利用以上数据确定湖泊的面积-水深曲线。

16-4　假设针对某池塘开展的研究中,在夏季测定了以下数据:

体积＝1×10^5 m³　　　　　　　表面面积＝1×10^5 m²

出水流量＝3×10^3 m³·d⁻¹　　　降雨量＝0.1 cm·d⁻¹

进水流量＝1×10^3 m³·d⁻¹

测得平底锅的蒸发速率为 0.25 cm·d⁻¹。假设平底锅系数为 0.7,确定与地下水之间的流量交换。

16-5　计算习题 16-4 中池塘的蒸发水量,假设

风速＝1 m·s⁻¹

水温＝30 ℃

露点温度＝25 ℃

16-6   图 16-11 为一个圆锥形采矿井的示意图。该矿井所在地区的降水量可以忽略。已知矿井的半径与深度之比为 20∶1。如果地下水以 $1 \times 10^4 \ \text{m}^3 \cdot \text{d}^{-1}$ 的恒定速度注入矿井中,那么它的最终水深将是多少？相关的气象参数如下:

风速 = 1 m·s^{-1}

水温 = 30 ℃

露点温度 = 25 ℃

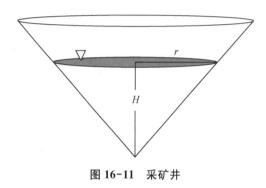

图 16-11 采矿井

16-7   针对例 16-4 和例 16-5 所示池塘,利用下表所示的入流水量和浓度过程线数据,计算其出流水量和出流浓度过程线。此处污染物为保守性物质。

时间(min)	0	20	40	60	80	100	120	140
入流(m$^3 \cdot$ s^{-1})	0	4	10	10	4	2	1	0
浓度(mg·L^{-1})	0	10	20	10	0	0	0	0

16-8   某污染物恒定排放到一个大型湖泊中。已知污染物在湖中的降解遵循一级反应($k = 0.1 \ \text{d}^{-1}$)。如果混合区半径为 100 m 且对流作用可以忽略,试确定污染物浓度降至初始值 5% 时对应的半径大小。湖水中的扩散系数为 $10^5 \ \text{cm}^2 \cdot \text{s}^{-1}$。

16-9   一个市政污水厂以 $1 \times 10^5 \ \text{m}^3 \cdot \text{d}^{-1}$ 的流量在湖岸线上某点排放污水。污水中含有大肠菌群[200×10^6 个·(100 mL)$^{-1}$],且其死亡速率为 0.5 d^{-1}。针对以下情形,计算完全混合的表层水体中($H = 10$ m)大肠菌群浓度分布:

(a) 湖泊无限长和无限宽,且横向扩散($E_x = E_y = 5 \times 10^6 \ \text{m}^2 \cdot \text{d}^{-1}$)为唯一的输运作用机制;

(b) 除了(a)条件外,湖泊以 $10^4 \ \text{m} \cdot \text{d}^{-1}$ 的速度自东向西流动;

(c) 除了(b)条件外,湖泊的宽度限制为 5 km。

第 17 讲

沉 积 物

> **简介:** 本讲在对沉积物输移和悬浮固体进行概括介绍的基础上,讲述了沉降的机理,包括观测值和斯托克斯定律两方面的知识。在介绍底部沉积物背景知识之后,对下方具有均一沉积层的完全混合湖泊,建立了简单收支模型。之后讨论了基于垂向分布式系统表征的沉积层数学模型。最后对沉积物的再悬浮进行了介绍。

在水质模型的发展历程中,很长一段时间我们关注溶解性物质如何在水体中随水流输移。因此,对水动力学和水量收支的合理表征,一直是我们研究领域的重要组成部分。

近20年来,人们越来越关注污染物与固体物质的相互作用。最初的研究中,人们关注富营养化过程中的有机颗粒物沉降及其在底部沉积物中的分解过程。现如今,人们认识到许多毒性物质与固体物质之间存在着联系,这更加凸显了悬浮物和底部沉积物模拟的重要性。另外,在某些体系中,固体本身也被认为是一种污染物。例如,一些濒危鱼类的繁殖可能会受到沉降到产卵河床上的沉积物影响。

综上,底部沉积物和悬浮固体代表了一种"环境":对这种环境的理解是有效模拟污染物迁移与归趋的基础。本讲介绍了这种环境的基础信息。

17.1 沉积物输移概述

悬浮物进入天然水体后,其迁移转化受到多种机制的影响。一部分有机固体会因分解而损耗,其余的有机颗粒物与无机固体会受到一系列输移过程的影响。

这些颗粒物将会随着水流而发生横向输移。与此同时,由于颗粒物之间粒径大小和密度的差异,会发生差异化的沉降。尽管有一部分颗粒物会永久沉积在底部,但也有一部分会随水体紊动导致的再悬浮重新进入上覆水中。这种再悬浮现象往往与水流流速较快和浅层水体中的风生流有关。

尽管沉积物输移问题非常复杂,但是我们还是能够总结出一些规律。尤其是细颗粒沉积物往往聚集在低能量区域。针对前面三个讲座中讨论的水体环境,沉积物输移表现出不同的特点。

对于溪流[图 17-1(a)],沉积区往往形成在低能量区域,如静滞区和弯曲河流的凸岸侧。而在河口[图 17-1(b)]中,上游来水和涨潮水流相互抵消,会形成一个**零流速区域**。这一区域的典型特征是水中颗粒浓度高和大量沉积物的堆积。

在湖泊[图 17-1(c)]中,风应力和水流引发的紊流会导致浅水区域的粗颗粒物累积和深水区域的细颗粒物累积。这个过程被称为**聚集**,意味着在湖中心将形成一个细颗粒物沉积区。

如图[17-1(d)]所示,坝前蓄水水库会呈现两种效应:第一,在紊动河流入库处(该处的能量很低),会形成三角洲区域。第二,非常细小的沉积物可以被水库底部的密度流带动绕过三角洲区域,最终沉降到水库的底部。这种对流效应最终会导致坝前的水库底部区域中,堆积有大量的细颗粒固体物质。

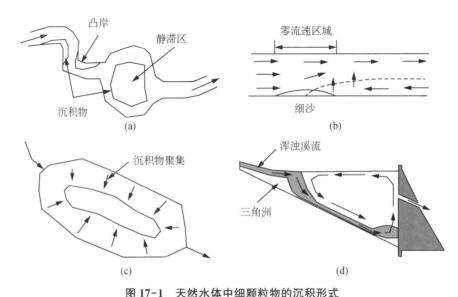

图 17-1　天然水体中细颗粒物的沉积形式

(a)河流俯视图;(b)河口侧视图;(c)湖泊俯视图;(d)蓄水水库侧视图

最后,所有上述沉积形式都会受到人类活动和极端自然事件的影响而发生改变。例如,废水排放口附近经常形成底部沉积层。此外,洪水和大风会冲刷、扰动底部沉积物,从而导致沉积物的空间再分配。

针对图 17-1 的建模细节,超出了本书的范围。在本讲接下来的章节中,将介绍悬浮物和沉积物的知识点和一些简单模型。这些内容与水质模型建模直接相关。

17.2　悬浮固体

我们从悬浮固体开始讨论。首先介绍悬浮固体的特性,包括典型浓度、颗粒物大小和密度。之后,介绍表征沉降机制的理想模型——斯托克斯定律。

17.2.1 悬浮固体特性

天然水体中的悬浮固体浓度是以干重形式表示的。浓度范围从非常清洁水中的 $1\ mg \cdot L^{-1}$ 以下水平到高度混浊系统的 $100\ mg \cdot L^{-1}$ 以上水平。污水和雨水溢流中的悬浮物浓度水平可能更高。表 17-1 列出了一些典型浓度值。

表 17-1　天然水体和污水中的悬浮固体浓度(**Di Toro** 等人, **1971; O'Conner,**
1988c; Lung, 1994; Thomann 和 Mueller, 1987)

系统	悬浮固体浓度($mg \cdot L^{-1}$)
大湖	
苏必利尔湖/休伦湖	0.5
萨吉诺湾	8.0
伊利湖西半湖	20.0
密歇根州弗林特河(Flint River)	8-12
南达科他州拉皮德河(Rapid Creek)	158
密歇根州克林顿河(Clinton River)	10-120
纽约州哈德逊河(Hudson River)	10-60
波托马克河口(Potomac Estuary)	5-30
弗吉尼亚州詹姆斯河口(James Estuary)	10-50
加利福尼亚州萨克拉门托-圣华金(Sacramento-San Joaquin)三角洲	50-175
未处理污水	**300**

虽然悬浮固体是以干重(即单位体积水的固体干重)表示的,但对其动力学认识依赖于悬浮物组分的深入表征。对此,需要对悬浮固体的来源进行分析。

天然水体中的固体有两个主要来源:流域和光合作用过程。来自这两种来源的颗粒物分别被称为**外来**固体和**原生**固体。根据它们的颜色,它们也被非正式地分别称为"棕色"和"绿色"固体。

两种类型的固体在以下几个方面有所不同。

有机碳含量。原生固体是有机物,因此有机碳含量高新;相比之下,外来固体通常源于土壤侵蚀。因此,外来固体的有机碳含量比光合作用新产生的固体低得多,因为外来固体 ①包括来自岩石风化的无机固体,其有机碳含量低;②它们的有机碳含量在分解过程中逐渐降低。此外,两种固体物质的有机碳组成也不同。刚生长出来的植物由各种有机碳化合物组成,但在它们死亡后,易分解的有机质部分首先转化为无机质。随着时间的推移,剩余部分将变得更难降解。因此,外来固体中的有机碳通常活性较低。

密度。密度是指单位体积内的颗粒物质量。因此密度和浓度具有相同的单位,例如水的密度约为 $1\ g \cdot cm^{-3}$。由于无机矿物质的密度比有机碳更大,因此原生固体的颗粒物密度往往比外来颗粒物密度小得多。此外,新生有机物的含水量较高。如表

17-2 所示,有机质物如细菌或植物的密度与水的密度非常接近。

尺寸。图 17-2 给出了颗粒物尺寸的通用分类方案。图中外来固体通常会涵盖宽泛的粒径范围。有机颗粒物的粒径大小也各不相同,但大多数原生固体(细菌和漂浮的单细胞植物即浮游植物)的粒径较小,位于粒径区间范围的低端。然而,应该注意的是,无机和有机颗粒都可以聚集形成更大的集合体,称为絮状物和群落。这种聚集效应将对颗粒的沉降特性产生影响。

最后需要指出的是,水中的化学作用会增强沉降。尤其是当植物光合作用降低了水中二氧化碳含量并提高 pH 值时,硬水系统会产生碳酸钙或方解石沉淀。这些情形下有时会有大量的碳酸钙产生,通常被称为"发白";原因是水的外观呈现牛奶状。有机化合物会被吸附到这些颗粒上,同时浮游植物也可以作为碳酸钙生成体的内核部分。因此,当这些无机颗粒物沉降时,它们会携带有机物一起沉降。Wetzel(1975)对这一机制进行了讨论。

表 17-2 水和颗粒物质的密度

物质	悬浮固体浓度(mg·L^{-1})
水	1
有机质	
湿重	1.02~1.1
干重	1.27
硅质矿物	2.65
石榴子石沙	4

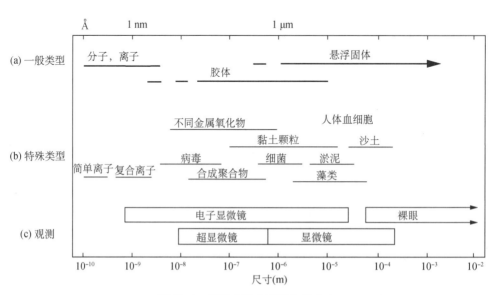

图 17-2 天然水体中颗粒物的大小

17.2.2 沉降和斯托克斯定律

颗粒物的沉降速度可以用斯托克斯定律来估算：

$$v_s = \alpha \frac{g}{18} \left(\frac{\rho_s - \rho_w}{\mu} \right) d^2 \tag{17-1}$$

式中：v_s——沉降速度（cm·s^{-1}）；

α——反映颗粒形状对沉降速度影响的无量纲因子（对于球体 α 为 1.0）；

g——重力加速度（981 cm·s^{-2}）；

ρ_s 和 ρ_w——颗粒物和水的密度（g·cm^{-3}）；

μ——动力黏滞系数（g·cm^{-1}·s^{-1}）；

d——有效粒径（cm）。

Thomann 和 Mueller（1987）进一步将斯托克斯定律表达为一个简便的形式：

$$v_s = 0.033\ 634\alpha(\rho_s - \rho_w)d^2 \tag{17-2}$$

式中，v_s 以 m·d^{-1} 表示；密度以 g·cm^{-3} 为单位表示；d 以 μm 为单位表示；假定水的黏度为恒定值 0.014 g·cm^{-1}·s^{-1}。

根据斯托克斯定律，沉降速度与颗粒物密度呈线性关系，与颗粒物直径呈二次多项式关系。图 17-3 显示了不同颗粒物粒径和密度对应的沉降速度值。以下例题对此进行了解释。

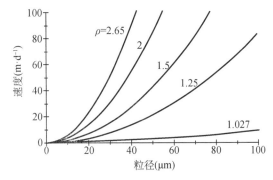

图 17-3 不同颗粒密度的粒径与沉降速度曲线图

假设颗粒物是理想球体（$n = 1.0$，$d =$ 直径）

【例 17-1】 利用**斯托克斯定律计算**

（a）浮游植物（$\rho_s = 1.027$ g·cm^{-3}）和（b）淤泥（$\rho_s = 2.65$ g·cm^{-3}）在粒径为 10 μm 和 20 μm 情形下的沉降速度。假设所有颗粒物都是理想球体（$a = 1.0$，$d =$ 直径）。

【求解】 基于斯托克斯定律式（17-2）求出 10μm 浮游植物的沉降速度为

$$v_s = 0.033\ 634(1.027 - 1)10^2 = 0.09 \text{ m·d}^{-1}$$

同理可求出其他情形的沉降速度。结果见表 17-3。

表 17-3 结果

	$d=10\ \mu$m	$d=20\ \mu$m
浮游植物($\rho_s=1.027$ g $\cdot$ cm^{-3})	0.09	0.36
淤泥($\rho_s=2.65$ g $\cdot$ cm^{-3})	5.55	22.20

注意粒径和密度的增加导致了更大的沉降速度。

通常天然水体中的颗粒物粒形状复杂(导致 α 值低于1)。因此,浮游植物和其他颗粒物的沉降速度计算结果将低于例 17-1 中给出的数值。如表 17-4 所示,浮游植物和有机固体的沉降速率实测值平均约为 0.25 m $\cdot$ d^{-1},范围在 0.1~1 m $\cdot$ d^{-1} 之间。对有方解石沉淀的系统,沉降速度平均值可以增加至 0.5 m $\cdot$ d^{-1} 的水平。

表 17-4 天然水体中颗粒物的沉降速度(Wetzel, 1975; Burns 和 Rosa, 1980)

颗粒物类型	直径(μm)	沉降速率(m $\cdot$ d^{-1})
浮游植物		
梅尼小环藻 *Cyclotella meneghiniana*	2	0.08(0.24)[1]
纳氏海链藻 *Thalassiosira nana*	4.3~5.2	0.1~0.28
四尾栅藻 *Scenedesmus quadricauda*	8.4	0.27(0.89)
华丽星杆藻 *Asterionella formosa*	25	0.2(1.48)
轮状海链藻 *Thalassiosira rotula*	19~34	0.39~2.1
线形圆筛藻 *Coscinodiscus lineatus*	50	1.9(6.8)
阿卡西直链球菌 *Melosira agassizii*	54.8	0.67(1.87)
粗根管藻 *Rhizosolenia robusta*	84	1.1(4.7)
颗粒态有机碳	1~10	0.2
	10~64	1.5
	>64	2.3
黏土	2~4	0.3~1
淤泥	10~20	3~30

括号内的数字表示生长停滞阶段的沉降速度(见第 32 讲中微生物不同生长阶段的解释)

实际上,很少有模型直接使用斯托克斯定律来确定有机物的沉降速度。首先,斯托克斯定律是层流流动的假设,而大多数天然水体的流动是紊流。具有生命特征的颗粒物如浮游植物等内部含有气泡,从而会产生上浮。此外,此类颗粒物的沉降速度会随其生理条件状态而变化。例如,如表 17-3 所示,浮游植物颗粒物会表现出不同的沉降速度,这与它们的生长状况有关。最后,絮状物的生成和沉降也限制了斯托克斯定律的直接应用。

沉降速度也取决于模型的计算单元划分(见第 18 讲)。粗略的一维垂向模型(即将水体在垂向上划分为两层)通常会使用比二维和三维模型更低的沉降速度值。这是因为一维模型不能较好描述上升流和挟带等流体动力学现象,而这些现象往往会减缓沉降效应(Scavia 和 Bennett,1980)。因此,一维模型中较低的沉降速度可以弥补动力学机制方面的缺失。

鉴于上述因素的影响,大多数水质模型的建模中通常通过实测或模型率定来确定沉降速度。然而,斯托克斯定律提供了一个有用的理论参考,特别是在评估颗粒物密度、粒径和形状对沉降速度的相对影响时具有参考价值。此外,随着对水动力特性的进一步精细化表征和水质建模时更多涉及无机固体模拟,未来斯托克斯定律可能会被直接应用到沉降问题的分析中。

17.3 底部沉积物

一些悬浮固体会最终沉积下来,成为水体底部沉积物的一部分。本节讨论如何对底部沉积物进行量化。

17.3.1 孔隙度

前面讲座描述的所有模型中,我们只讨论了水柱。天然水体通常是作为溶质的稀释液体考虑[图 17-4(a)],因此我们将浓度表示为单位水体积中的化学物质或固体质量是合理的。我们现在来讨论底部沉积物,这与之前讨论的情形明显不同,这是因为沉积物的很大一部分体积是固体[图 17-4(b)]。这种系统被称为多孔介质,为此需要新定义几个参数。

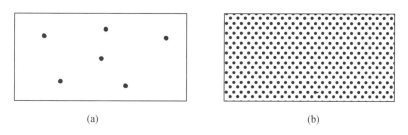

(a)   (b)

图 17-4 天然水稀释后的悬浮物和底部沉积物之间的对比

在建立沉积物-水系统的质量平衡时,必须考虑(b)中的大量固体物质

孔隙度是指沉积层中相互连通的液体部分体积(Engelhardt, 1977)。严格地说,这个定义排除了固相中一部分的孤立孔隙空间。然而,由于在细粒沉积物中很少存在这样的孤立孔隙(Berner, 1980),因此实际使用时孔隙度 ϕ 被定义为液相占总体积的比例:

$$\phi = \frac{V_l}{V_2} \tag{17-3}$$

式中,V_l 为沉积层中液体部分体积(m^3);V_2 为沉积层总体积(m^3)。请注意,式中下标 2 用于表示沉积物,因为我们会在后续模拟沉积物-水的相互作用时用到这个命名法(图 17-5)。

相应固相中沉积物的比例为:

$$1 - \phi = \frac{V_p}{V_2} \tag{17-4}$$

式中,V_p 为沉积层的固相或颗粒相的体积(m^3)。

17.3.2　密度和沉积层固体浓度

表征多孔介质的另一个定量指标是密度,可以用更基本的参数来表示,即

$$\rho = \frac{M_2}{V_p} \tag{17-5}$$

式中,ρ 为密度($g \cdot m^{-3}$);M_2 为沉积层中固相的质量(g)。

基于上述公式可以进一步定义若干模拟沉积物-水相互作用所需的参数。首先,我们可以回想到悬浮物浓度是水中固体含量的重要度量。相应可以定义沉积层中的"悬浮物"浓度 m_2,即:

$$m_2 = \frac{M_2}{V_2} \tag{17-6}$$

由式(17-5)可以解出:

$$M_2 = \rho V_p \tag{17-7}$$

由式(17-4)可以解出:

$$V_2 = \frac{V_p}{1 - \phi} \tag{17-8}$$

进一步将式(17-7)和式(17-8)代入式(17-6),得到:

$$m_2 = (1 - \phi)\rho \tag{17-9}$$

因此,我们可以将沉积层中的固体浓度与传统意义上表征多孔介质的孔隙度之间建立联系。这个表达式可以用来计算沉积物-水系统的固体收支平衡。从下面的讨论中可以看出,用 $(1 - \varphi)\rho$ 表征底部沉积层的"悬浮物"浓度具有重要作用。

17.4　简单固体收支模型

在对悬浮物和底部沉积物有基本了解的基础上,我们就可以建立一个固体模型。为简单起见,该模型是针对完全混合湖泊中外来固体物质建立起来的。如图 17-5 所示,将考虑两种情形。第一种情形下,模型中考虑了沉积物的单向质量损失。对此可以通过添加沉积物再悬浮作用,实现沉积层和水系统之间的耦合。

对于图 17-5(a),水相中的质量平衡方程如下:

$$V \frac{dm}{dt} = Q m_{in} - Q m - v_s A_s m \tag{17-10}$$

式中，v_s 为沉降速度$(\mathrm{m \cdot yr^{-1}})$；$A_s$ 为沉积层-水界面之间的面积$(\mathrm{m^2})$。稳态情况下式
(17-10)的解析解为：

$$m = \frac{Qm_{\mathrm{in}}}{Q + v_s A_s} \tag{17-11}$$

现在我们给模型添加一个沉积物层[图 17-5(b)]。水和沉积层中固体物质的质量
平衡可以写为：

$$V_1 \frac{\mathrm{d}m_1}{\mathrm{d}t} = Qm_{\mathrm{in}} - Qm_1 - v_s A_s m_1 + v_r A_s m_2 \tag{17-12}$$

$$V_2 \frac{\mathrm{d}m_2}{\mathrm{d}t} = v_s A_s m_1 - v_r A_s m_2 - v_b A_s m_2 \tag{17-13}$$

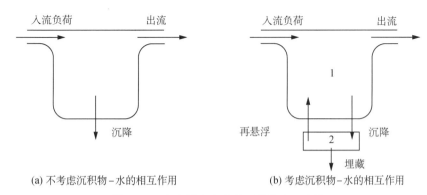

(a) 不考虑沉积物–水的相互作用　　　　　　(b) 考虑沉积物–水的相互作用

图 17-5　完全混合湖泊的固体收支示意图

(a)无沉积物再悬浮；(b)有沉积物再悬浮

式中，v_r 为再悬浮速度$(\mathrm{m \cdot yr^{-1}})$；$v_b$ 为埋藏速度$(\mathrm{m \cdot yr^{-1}})$。将上式的沉积层"悬浮
物"浓度 m_2 以孔隙率的形式表示[式(17-9)]，并进一步去掉 m_1 的下标，可以得到稳态
情形下的固体质量平衡方程为：

$$0 = Qm_{\mathrm{in}} - Q_m - v_s A_s m + v_r A_s (1 - \phi)\rho \tag{17-14}$$

$$0 = v_s A_s m - v_r A_s (1 - \phi)\rho - v_b A_s (1 - \phi)\rho \tag{17-15}$$

式(17-15)的解为：

$$(1 - \phi)\rho = \frac{v_s}{v_r + v_b} m \tag{17-16}$$

将其代入式(17-14)中得到：

$$m = \frac{Qm_{\mathrm{in}}}{Q + v_s A_s (1 - F_r)} \tag{17-17}$$

式中 F_r 是再悬浮因子，定义为：

$$F_r = \frac{v_r}{v_r + v_b} \tag{17-18}$$

可以看出式(17-17)与之前介绍的完全混合湖泊模型解析解非常相似。另外,模型中添加沉积层的效果在无量纲参数 F_r 中并没有反映出来。这一参数代表了再悬浮速率和沉积层中固体总消耗速率(即埋藏和再悬浮速率之和)之间的平衡。因此,如果埋藏作用远大于再悬浮作用($v_b \gg v_r$),那么 $F_r \sim 0$,并且公式(17-17)将变为无沉积层的完全混合模型。反之,如果再悬浮作用远大于埋藏作用($v_b \ll v_r$),那么 $F_r \sim 1$,并且公式(17-17)将变为 $m = m_{in}$。换句话说,当再悬浮相对占主导地位时,水中的悬浮固体浓度将接近入流浓度,因为所有沉淀的固体会立即再悬浮。

上述解为参数已知情形下的模拟模式。虽然固体模型能够以这种方式得以应用,但更通常的方法是使用模型来估计一些参数。下一节中对此进行阐述。

17.4.1 参数估计

模型中的参数是 ρ、φ、m、m_{in}、Q、A_s、v_s、v_r 和 v_b。对于稳态情况,公式(17-14)和式(17-15)代表一对联立代数方程。因此,在其中七个参数已知的情况下,我们可以对其余两个参数进行估计。虽然可以为这个问题开发一个算法,但我们从另外一个角度求解这一问题。我们将尝试评估哪些参数值的获取是最为困难的,然后阐述如何使用模型来估计它们。

在九个参数中,我们假设 ρ 和 φ 是已知的。细颗粒沉积层的典型取值为 $\rho = 2.4 \sim 2.7 \times 10^6 \ \text{g} \cdot \text{m}^{-3}$,$\varphi = 0.8 \sim 0.95$,另外假设流量和面积即 Q 和 A_s 是已知的。

因此,剩下 5 个未知参数:m、m_{in}、v_s、v_r 和 v_b。在这 5 个参数中,有一个是很难测定的,即 v_r;这是参数估计的重点。通常会出现以下两种情况。

第一种情形,我们测定了 m 和 m_{in} 的浓度。此外,通过直接测量或者参考文献确定了沉降速度 v_s。例如,$2.5 \ \text{m} \cdot \text{d}^{-1}$ 值代表外部输入细颗粒物的典型值(O'connor,1988)。将式(17-14)和式(17-15)相加后得到:

$$0 = Qm_{in} - Qm - v_b A_s (1 - \phi) \rho \qquad (17\text{-}19)$$

由此可以估算出 v_b 为:

$$v_b = \frac{Q}{A_s} \frac{m_{in} - m}{(1 - \phi)\rho} \qquad (17\text{-}20)$$

第二种情形,埋藏速度有时是通过直接测量获得的;通常可以用沉积物年代测定技术获得(见专栏 17.1)

无论是采用直接测量还是计算的方法,一旦给出了 v_b 的近似值,就可以通过式(17-15)的稳态解来估算再悬浮速度

$$v_r = v_s \frac{m}{(1 - \phi)\rho} - v_b \qquad (17\text{-}21)$$

【例 17-2】 固体收支

Thomann 和 Di Toro (1983)给出以下与安大略湖固体收支相关的数据:

体积 $= 1\ 666 \times 10^9 \ \text{m}^3$

悬浮物浓度＝0.5 mg・L^{-1}

悬浮物输入负荷＝4.46×10^{12} g・yr^{-1}

流量＝212×10^9 m^3・yr^{-1}

面积＝19 485×10^6 m^2

他们假设悬浮物沉降速率为 2.5 m・d^{-1}（912.5 m・yr^{-1}），沉积层中 $\rho=2.4$ g・cm^{-3}，$\varphi=0.9$。试用质量平衡法确定埋藏速度和再悬浮速度。

【求解】　首先，可以确定入流悬浮物浓度为

$$m_{in}=\frac{4.46\times10^{12}}{212\times10^9}=21 \text{ mg・L}^{-1}$$

由式（17-20）可以求出

$$v_b=\frac{212\times10^9}{19\,485\times10^6}\frac{21-0.5}{(1-0.9)2.4\times10^6}=0.000\,929 \text{ m・yr}^{-1}=0.929 \text{ m・yr}^{-1}$$

将此结果代入式（17-21）得到：

$$v_r=912.5\frac{0.5}{(1-0.9)2.4\times10^6}-0.000\,929=0.000\,972 \text{ m・yr}^{-1}=0.929 \text{ m・yr}^{-1}$$

上述的简单收支模型结合污染物质量平衡模型，可用来模拟湖泊中有毒物质的动力学过程（见第 40 讲）。这个模型提供了认识完全混合湖泊中固体物质动力学的简化表示方式。尤其是让我们认识到沉积物再悬浮不是一个恒定不变的过程。相反，它是偶然发生的，通常与湖泊中的强风和河流中的快速流动有关。在本讲的最后部分，将介绍一个模拟湖泊中沉积物再悬浮过程的模型。

17.5　表征为分布式系统的底部沉积层

在前一节中，我们将底部沉积层概化为单层。虽然这种单层模型已被证明在毒性污染物模型建模中是有用的，但沉积物也可以被表征为分布式系统。如图 17-6 所示，最简单的方法是将底部沉积层视为垂直一维连续体。

图 17-6 中描述了三个过程。模拟的物质遵循简单的一级降解反应，另外还假设它在孔隙水中扩散。最后，上覆水中的固体物质沉降到底部以后被埋藏。因此，尽管沉积物层不会发生物理移动，但某一层与沉积物-水界面的距离会随着颗粒物在底部的不断累积而增加。实质上，沉积物-水界面是向上平移的。然而，从模型建模的角度，可以认为沉积物-水界面静止不动，而沉积物是向下输移的。

对于溶解性污染物，上述三种机制可以用以下质量平衡方程描述：

$$\frac{\partial c}{\partial t}=-v_b\frac{\partial c}{\partial z}+\phi D\frac{\partial^2 c}{\partial z^2}-kc \tag{17-22}$$

式中，c 为溶解态污染物的浓度（mg・L^{-1}）；v_b 为埋藏速度（m・yr^{-1}）；D 为沉积层孔隙水中的有效扩散系数（m^2・yr^{-1}）。

此处假设式(17-22)中的参数为常数,而实际上不一定如此。就垂向输移过程而言,由于上层沉积物的重量压在下层沉积物上,沉积层会被压实。这直接意味着埋藏速度和孔隙度都会随深度变化。在大多数水质模拟中,这种影响假定是可以忽略的。但是可以通过修正式(17-22)来解释这一现象(Rob-bins 和 Edgington,1975,Chapra 和 Reckhow,1983)。

式(17-22)与描述混合-流动反应器或河口的式(10-23),在形式上相同。事实上,如果把河口沿侧向转动的话,以上介绍的沉积物模型就相当于式(10-23)的一维对流离散模型表示形式。因此,本书之前部分相关的所有解析解和数值解都适用于本节介绍的沉积物模型。

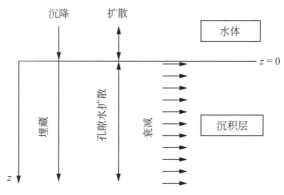

图 17-6   描述为垂向分布系统的沉积层示意图

17.5.1   稳态浓度分布

假定在经历足够长的时间后,沉积物-水界面的孔隙水浓度保持在一个恒定值 c_0;相应沉积物达到稳定状态。在这种情况下,式(17-22)变成:

$$0 = -v_b \frac{\mathrm{d}c}{\mathrm{d}z} + \phi D \frac{\mathrm{d}^2 c}{\mathrm{d}z^2} - kc \tag{17-23}$$

其边界条件为:

$$c(0, t) = c_0 \tag{17-24}$$

$$c(\infty, t) = 0 \tag{17-25}$$

使用第 9 讲描述的方法,得到方程的解析解为:

$$c = c_0 \mathrm{e}^{\lambda_z} \tag{17-26}$$

$$\lambda = \frac{v_b}{z \phi D} \left(1 - \sqrt{1 + \frac{4k\phi D}{v_b^2}} \right) \tag{17-27}$$

【例 17-3】   沉积层中稳态浓度分布

已知污染物在沉积物-水界面的孔隙水中浓度为 $10 \ \mu\mathrm{g} \cdot \mathrm{L}^{-1}$。如果污染物的半衰期为 10 年,且 $\phi D = 0.9 \times 10^{-5} \ \mathrm{cm}^2 \cdot \mathrm{s}^{-1}$ 和 $v_b = 2 \ \mathrm{mm} \cdot \mathrm{yr}^{-1}$,那么它会渗透到沉积物

中多远的位置?

【求解】 首先计算反应速率,并将其他参数用相对应的单位表示,即:

$$k=\frac{0.693}{10 \text{ yr}}=0.069 \ 3 \text{ yr}^{-1} \quad v_b=2 \text{ mm} \cdot \text{yr}^{-1}\left(\frac{\text{m}}{1 \ 000 \text{ mm}}\right)=0.002 \text{ m} \cdot \text{yr}^{-1}$$

$$\phi D=0.9\times10^{-5} \text{ cm}^2 \cdot \text{s}^{-1}\left(\frac{\text{m}^2}{10^4 \text{ cm}^2} \frac{86 \ 400 \text{ s}}{\text{d}} \frac{365 \text{ d}}{\text{yr}}\right)=0.028 \ 38 \text{ m}^2 \cdot \text{yr}^{-1}$$

在计算浓度之前,首先确定河口数(见 10.5 节),以确定是对流还是扩散起主导作用,即:

$$\eta=\frac{k\phi D}{v_b^2}=\frac{0.069 \ 3(0.028 \ 38)}{0.002^2}=492$$

由此可见,扩散起主导作用。为计算沉积层中的浓度分布,首先计算特征值:

$$\lambda=\frac{0.002}{2(0.028 \ 38)}\left[1-\sqrt{1+4(492)}\right]=-1.528 \text{ m}^{-1}$$

将其可以代入式(17-26)得到:

$$c=10\text{e}^{-1.528z}$$

计算结果绘制于图中,如图 17-7 所示。

可以得出 95% 的穿透深度为

$$x_{95}=\frac{3}{1.528}=1.96 \text{ m}$$

因此,污染物渗透进入沉积物的距离约 200 cm。

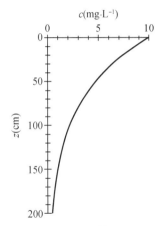

图 17-7 计算结果

17.5.2　非稳态浓度分布

虽然解析解可适用于一系列理想化的情况(Carslaw 和 Jaeger,1959),但相比之下数值求解方法的适用性更广。式(17-22)可以采用第 12 讲和第 13 讲中描述的任一种有限差分方法离散化。对于式中对流项可以忽略的情形,简单的显式前向时间-中心空间方法(第 12 讲)可以将其表示为:

$$c_i^{l+1}=c_i^l+\left(\phi D\frac{c_{i+1}^l-2c_i^l+c_{i-1}^l}{\Delta z^2}-kc_i^l\right)\Delta t \tag{17-28}$$

在沉积层的顶部和底部,可分别建立针对边界条件的有限差分方程。在沉积层的顶部(即沉积物-水界面处),最简单的情形是采用狄利克雷边界条件。这种情况下,差分方程为:

$$c_1^{l+1}=c_1^l+\left(\phi D\frac{c_2^l-2c_1^l+c_0^l}{\Delta z^2}-kc_1^l\right)\Delta t \tag{17-29}$$

其中下标 0 表示上覆水的浓度。

在沉积层的底部(下标＝n),可以假设其梯度为 0,即下边界的净输移量为零:

$$c_n^{l+1} = c_n^l + \left(\phi D \frac{c_{n-1}^l - c_n^l}{\Delta z^2} - kc_n^l \right) \Delta t$$

【例 17-4】 沉积层中非稳态浓度分布

针对例 17-3 的系统进行分析。假设 $t=0$ 时,沉积物中不含污染物,但上边界处浓度立即上升到 10 mg·L⁻¹ 的水平。使用简单的显式差分方法来计算沉积物堆积过程中的污染物浓度垂向分布。

【求解】 首先设定满足数值计算稳定性的时间步长。此处采用的空间步长为 2.5 cm,相应可根据式(12-16)求得时间步长:

$$\Delta t = \frac{0.25^2}{2(0.028\,38) + 0.069\,3(0.25)^2} = 1.1 \text{ yr}$$

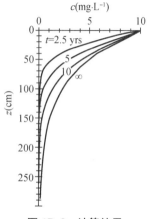

图 17-8　计算结果

因此,计算使用的时间步长为 0.25 年。结果计算如图 17-8 所示。可以看出,经过 10 年的堆积后,沉积层垂向剖面的污染物浓度达到例 17-3 中计算的稳态值。

本节中,我们将研究情形限制在单一、溶解性化合物。需要指出的是,许多研究情形涉及多种化合物。在第 25 讲的沉积物耗氧量讨论中,将涉及在一个沉积物系统中存在多种反应物的情形。

此外,许多污染物会吸附到颗粒态物质上,相应扩散效应会降低。在某些情形下,例如放射性核素铅-210 很容易被吸附,以致扩散可以忽略不计(专栏 17.1)。我们将在第七部分讨论沉积层中有毒物质的建模时,详细描述这种吸附效应。

【专栏 17.1】 用铅-210 测定沉积物年龄

铅-210(²¹⁰Pb)是一种自然界中的**放射性核素**(一种不稳定同位素)。假设它以恒定的沉降通量输移到沉积物-水界面。因为它很容易被吸附且半衰期长(但不是太长,为 19.4 年),所以是一个量化分析湖泊和其他静止水体沉降速度的有效手段。

对于污染物只随固体输移而不考虑扩散的情形,式(17-23)可表示为:

$$0 = -v_b \frac{dv}{dz} - kv \tag{17-30}$$

式中,v 为每单位质量固体中的污染物量。当以固体质量为基础衡量污染物浓度时,v 的单位可能是 µg·g⁻¹。对于 ²¹⁰Pb 这样的放射性核素,其质量以居里计量(关于居里和其他放射性单位的更多细节,请参阅第 43 讲),相应 v 的单位为 Ci·g⁻¹。除了浓度表示单位的变化外,可以看出扩散项已经从模型中去掉。因此,由于放射性物质不能在孔隙水中自由移动,模型就变成了推流形式。

若沉积物-水界面处的放射性物质浓度为 v_0,且埋藏速率和衰减速率为常数,则由式(17-30)求得:

$$v = v_0 e^{-\frac{k}{v_b} z} \tag{17-31}$$

该式表明放射性物质随沉积层深度呈指数递减。因此,如果模型成立的话,将浓度的半对数与沉积层深度作图会产生一条截距为 v_0、斜率为 $-k/v_b$ 的直线。由于 ^{210}Pb 的半衰期已知,可以利用斜率来估算埋藏速度。本讲例 17-5 就是一个这样的计算案例。

^{210}Pb 除了可以估算埋藏速度外,还可以用来测定沉积层的年代。一旦知道了埋藏速度和衰减率,就可以通过时间和沉积层深度关系式 $v_b = x/t$,确定沉积物-水界面以下的每个沉积层埋藏时间。习题 17-5 与该计算有关。

最后需要指出的是,还有其他可用来测定沉积物年代和估算埋藏速率的方法。其中有一组技术是建立在对水生和陆生生物遗骸鉴定的基础上的。这种方法类似于基于化石残骸的考古年代测定。

例如,某流域的花粉可能由于农田的开垦、疾病或外来植物的引入而突然改变。比如,北美许多地区的种植业都伴随着仙果或普通豚草的突然生长。如果农业种植的年代能够被确定下来,那么花粉首次出现的沉积层就与那个年代有关。Wetzel(1975)对该方法和其他方法进行了充分的讨论。

17.6 再悬浮(高级主题)

如图 17-9 所示,沉积物再悬浮是多个因素的函数。这个过程始于风应力施加于水体表面的能量。能量的大小既与风速有关,也与风区范围有关。后者是指风应力方向上影响的水面长度。

风能作用产生波浪。通常风速和风区范围越大,波浪高度和周期就越大。在水面以下,水以环形漩涡运动,相应漩涡的能量随水深增加而耗散。这些环流(或大漩涡)在水体底部施加剪切应力,相应产生沉积物的冲刷或再悬浮。这个效应与应力大小和底部沉积物类型有关。

工程师和科学家已经开发出一系列公式来量化沉积物冲刷作用。以下介绍 Kang 等(1982)提出的方法,该方法用来模拟伊利湖中的波浪作用和底部剪应力。

波高、周期和长度。Ijima 和 Tang(1966)开发了预测浅水中波浪高度和周期的计算公式。该式与水体平均深度、风速和风区有关,即:

$$\frac{gH_s}{U^2} = 0.283 \tanh\left[0.53\left(\frac{gH}{U^2}\right)^{0.75}\right] \tanh\left\{\frac{0.0125\left(\frac{gF}{U^2}\right)^{0.42}}{\tanh\left[0.53\left(\frac{gH}{U^2}\right)^{0.75}\right]}\right\} \quad (17\text{-}32)$$

$$\frac{gT_s}{2\pi U} = 1.2 \tanh\left[0.833\left(\frac{gH}{U^2}\right)^{0.375}\right] \tanh\left\{\frac{0.077\left(\frac{gF}{U^2}\right)^{0.25}}{\tanh\left[0.833\left(\frac{gH}{U^2}\right)^{0.375}\right]}\right\} \quad (17\text{-}33)$$

式中，H_s 为有效波高(m)；T_s 为有效波周期(s)；U 为风速(m·s^{-1})；H 为平均深度(m)；F 为风区长度 f(m)。

注意，双曲正切函数是 Fortran 以及其他软件如电子表格程序中的内嵌函数，可用指数函数表示：

$$\tanh(x) = \frac{e^x - e^{-x}}{e^x + e^{-x}} \quad (17\text{-}34)$$

波长可通过以下方程求出：

$$L = L_0 \tanh\left(\frac{2\pi H}{L}\right) \quad (17\text{-}35)$$

式中，L 为波长(m)；Lo 为深水波长，可以由以下公式估算：

$$L_0 = \frac{gT_s^2}{2\pi} \quad (17\text{-}36)$$

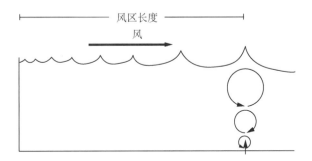

图 17-9　风应力引发沉积物再悬浮的简单模型示意

环流速度　波浪引起的环流速度可表示为：

$$\overline{U} = \frac{\pi H_s}{T_s} = \frac{100}{\sinh(2\pi H/L)} \quad (17\text{-}37)$$

式中，$\overline{U}$ 为环流速度(cm·s^{-1})，双曲正弦可表示为：

$$\sinh(x) = \frac{e^x - e^{-x}}{2} \quad (17\text{-}38)$$

剪切应力 浅水湖泊中水流流速一般较小,相应的,剪切应力可以近似表示为:

$$\tau = 0.003\overline{U}^2 \tag{17-39}$$

式中,τ 为剪切应力(dyne·cm^{-2})。

底部冲刷 底部冲刷的沉积物质量可由以下公式计算:

$$\varepsilon = 0 \qquad\qquad \tau \leqslant \tau_c$$

$$\varepsilon = \frac{\alpha_0}{t_d^2}(\tau - \tau_c)^3 \qquad \tau > \tau_c$$

式中,ε 为沉积物冲刷质量(g·m^{-2});$\alpha_0 = 0.008$;$t_d = 7$;τ_c 为临界剪切应力(达因 cm^{-2})。

悬浮固体浓度和挟带速率 实验表明,在恒定的剪切应力下,悬浮物的挟带过程大约持续一小时。在此时间内挟带速率(g·m^{-2}·h^{-1})为常数,之后挟带速率可以忽略不计,即:

$$E = \frac{\varepsilon}{1\ \text{h}} \qquad t \leqslant 1\ \text{h}$$

$$E = 0 \qquad t > 1\ \text{h}$$

由此产生的悬浮物浓度可以用下式计算:

$$c = 10\ 000\ \frac{\varepsilon}{H}$$

式中,c 为悬浮固体浓度(mg·L^{-1})。进一步再悬浮速度可表示为:

$$v_r = \frac{E}{(1-\phi)\rho}$$

式(17-39)和式(17-40)表明:低于临界剪应力时,将不会发生再悬浮。但是,剪切应力大于临界值时,再悬浮与环流速度的六次方有关。极端暴雨情况下,冲刷效应尤为突出。

【例 17-5】 沉积物再悬浮的计算

如图 17-10 所示,均匀风应力施加于一个矩形的水体。

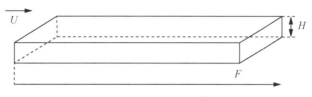

图 17-10 矩形水体

已知临界剪应力等于 1 dyne·cm^{-2}。若风速和水深分别等于 20 m·s^{-1} 和 5 m,试确定水体下游 10 km 处的沉积物是否会发生再悬浮。

【求解】 首先,利用式(17-32)和式(17-33)来确定有效波高和周期:

$$H_s = \frac{20^2}{9.8} 0.283 \tanh\left[0.53\left(\frac{9.8 \times 5}{20^2}\right)^{0.75}\right] \tanh\left\{\frac{0.012\,5\left(\frac{9.8 \times 10\,000}{20^2}\right)^{0.42}}{\tanh\left[0.53\left(\frac{9.8 \times 5}{20^2}\right)^{0.75}\right]}\right\} = 1.03 \text{ m}$$

$$T_s = \frac{2\pi(20)}{9.8} 12 \tanh\left[0.833\left(\frac{9.8 \times 5}{20^2}\right)^{0.375}\right] \tanh\left\{\frac{0.077\left(\frac{9.8 \times 10\,000}{20^2}\right)^{0.25}}{\tanh\left[0.833\left(\frac{9.8 \times 5}{20^2}\right)^{0.375}\right]}\right\} = 3.82 \text{ s}$$

将上述参数代入式(17-35)得到:

$$L = 22.810\,25 \tanh\left(\frac{31.416}{L}\right)$$

将 L_0 作为 L 的初始猜测值,通过迭代求解方程得到结果如表17-5所列。

表 17-5   结果

迭代	L	误差%
0	22.810	
1	20.081	13.59
2	20.897	3.91
3	20.660	1.14
4	20.730	0.336
5	20.710	0.098 3
6	20.716	0.027 8
7	20.714	0.008 43

将该结果代入式(17-37)得到环流速度为:

$$\overline{U} = \frac{\pi(1.03)}{3.82} \frac{100}{\sinh[2\pi(5)/20.714]} = 39.15 \text{ cm} \cdot \text{s}^{-1}$$

进一步计算出剪切应力为:

$$\tau = 0.003\overline{U}^2 = 0.003(39.15)^2 = 4.6 \text{ dyne cm}^{-2}$$

据此可以计算出沉积物的侵蚀速率:

$$\varepsilon = \frac{8 \times 10^{-3}}{49}(4.6-1)^3 = 0.007\,6 \text{ g} \cdot \text{cm}^{-2}$$

将上述结果归一化到水深,从而得出水中悬浮物浓度:

$$c = 10\,000 \frac{0.007\,6}{5} = 15.22 \text{ mg} \cdot \text{L}^{-1}$$

也可计算出再悬浮速度：

$$v_r = \frac{0.007\ 6\ \mathrm{g \cdot cm^{-2}\ h^{-1}}}{(1-0.9)2.5\ \mathrm{g \cdot cm^{-3}}} = 0.030\ 4\ \mathrm{cm \cdot h^{-1}}$$

习　题

17-1　用斯托克斯定律计算表 17-3 中浮游植物和无机固体(黏土和淤泥)的沉降速度。假设形状因子是 1。绘制出实测速度与估算速度的关系图,包括浮游植物生长期和静滞期的沉降速率。在图上用不同的符号来区分无机固体、生长期和静滞期的浮游植物并对此做出讨论。

17-2　重复例题 17-1 的计算。但是使用沉积区面积(10 000 km^2)而不是湖表面面积来表征垂向传质的实际交界面。

17-3　如图 17-11 所示,一个湖泊接纳两条河流的来水水量。入湖河流的固体输送速率分别为 0.1×10^9 和 0.2×10^9 g·yr^{-1},出流的固体输送速率为 0.05×10^9 g·yr^{-1}。湖泊的沉降面积为 10^6 m^2。

(a) 如果沉积层的 $\rho = 2.5 \times 10^6$ g·m^{-3} 和 $\varphi = 0.9$,确定其埋藏速度。

(b) 湖泊中设置了沉积物捕集器(面积为 250 cm^2),由此测得固体物质的年均累积速率为 20 g·yr^{-1}。此外,测得的水中悬浮物平均浓度为 5 mg·L^{-1}。试确定沉降速度。

(c) 估算再悬浮速度。

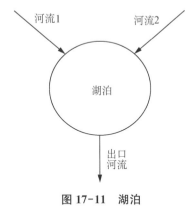

图 17-11　湖泊

17-4　湖泊中某溶解性物质的稳态浓度为 100 ug·L^{-1};该物质半衰期为 28 年。假设沉积层也处于稳定状态,且其埋藏速度可以忽略,根据以下的沉积层数据($\rho = 2.5 \times 10^6$ g·m^{-3} 和 $\varphi = 0.9$)确定分子扩散系数。

深度(cm)	0	50	100	150	200
浓度(ug·L^{-1})	100	60	40	20	15

17-5　根据以下提供的 ^{210}Pb 数据,确定密歇根湖的埋藏速度和沉积层沉积通量

(假定 $\rho = 2.5 \times 10^6$ g · m^{-3} 和 $\varphi = 0.85$)。此外,如果沉积物芯样是在 1975 年采集的,确定 3 厘米深度处沉积层的沉积日期。

深度(cm)	0	0.5	1.5	2.5	3.5	4.5	5.5
浓度(10^{-12}Ci g^{-1})	8.1	7.2	5.4	3.6	1.5	0.6	0.5

17-6 假设 5 居里的溶解性放射核素(半衰期=20 年)排放到 5 米深的湖中。该湖的水力停留时间为 10 年,表面积为 2×10^6 m^2。试计算放射核素排放后 10 年间的湖底沉积层剖面浓度。假设埋藏速度可以忽略不计,扩散系数为 5×10^{-6} cm^2 · s^{-1}。

17-7 基于例 17.5,湖泊风速范围为 0 至 20 m · s^{-1} 时,绘制悬浮固体浓度与风速的关系图并对结果进行讨论。

第 18 讲

"模型"环境

简介:本讲主要讲述水质模型建模的各个环节。在此基础上进一步针对水质模型建模的两方面任务包括灵敏度分析和模型率定,介绍了相关技术。最后介绍了模型时间、空间和动力学尺度之间的相互关系。

因为教科书的主要目的是给读者提供一个有组织的知识体系,所以很多教科书会把世界描述成井井有条的样子。事实上,"现实世界"充满了模糊性,通常不会像每讲末尾的问题那样以同样"非黑即白"的方式得到答案。

水质建模特别容易倾向过简单化。事实上,在开发出现实世界的模型之前,读者必须吸收大量理论、数学和数值计算的知识。新手不掌握相关知识的话,就会误认为模型只是关于质量平衡方程和求解微分方程的问题。

现实情况是,数学方程只是开发模型和应用模型去解决水质问题的一个方面(尽管是很重要的方面)。本讲的任务就是全面地介绍水质模型的建模过程。

18.1 水质模型建模过程

水质模型是流域水环境管理中的一个环节(图 1-2)。然而水质模型本身并不是凭空产生的,它是模型开发和模拟应用的诸多步骤基础之上的结果(图 18-1)。

本讲旨在介绍模型开发过程的基本信息,从而给读者提供一个全景化视角。为此本讲介绍了诸如模型率定和验证的知识,这些内容的掌握是将模型应用于管理决策的前提。另外还介绍了与模型应用相关的技术包括灵敏度分析等。

18.1.1 问题描述:入门知识

如图 18-1 所示,模型建模的首先环节是问题描述,之后才是给出模型方程。换句话说,水质模型工程师必须能对客户目标给予清楚的描述。这些客户可以是个人,也可以是决策机构,例如公司、市政部门或管理机构。建模开发者通常具有水质方面的广泛专业知识,所以具备描述客户目标的能力。当决策部门需要另外的技术专业来帮助其更好解释最终目标时,模型工程师的参与尤为重要。

注意到这一阶段有两个主要信息源。首先是管理目标、方案选项和约束条件,其中

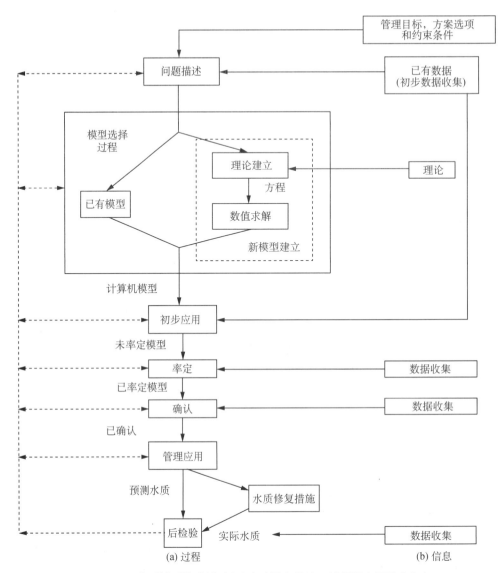

图 18-1　水质模型的建模过程(a)以及实现这一过程的必要信息(b)

约束条件可能包括了物理约束以及法律、管理和经济方面的约束。

　　第二个信息源是与水体及其流域汇水区物理、化学和生物过程相关的数据,通常这些信息比较少或者不存在。这种情况下可以进行一些初步的建模前数据收集工作。

　　上述阶段完成后,模型开发者应对问题目标及其与评估目标可达性有关的模型变量有一个清楚的了解。此外,根据现有的数据,还应对系统现状有一个初步的认知。尤其是模型开发者应清楚与研究问题匹配的时间、空间和动力学尺度上的模拟精度要求。本讲最后部分将对模拟精度这一主题进行详细阐述。

　　最后需要指出的是,在这个阶段模型开发者通常会利用一些简单公式来开展粗略的计算(见专栏 4.1)。这些计算有助于确定研究问题的边界和对系统行为进行粗略估计。

18.1.2 模型选择

在明确了目标之后,下一步工作就是建模。在某些情况下,模型建模可以通过现有的软件包来完成。这显然是首选路线,有两方面原因:第一,其他人之前已经做过此项工作;第二,一些被广泛使用的模型在立法和管理者当中具有认可度,因此在法官和其他决策者的眼中这些模型是可信的。

不过这些已有的软件包对许多水质问题是不能胜任或不可用的,其中既有反应动力学方面的原因(例如,它们不能准确模拟所关注的污染物),也有时间—空间尺度方面的原因。例如,当前人们对非点源污染的关注促使水质模型中内置有水动力学计算模块。即便如此,这些水质模型也不适用于天然水体中的所有污染物。在建模过程中还可能会遇到以前从未见过的新问题,这种情况下就必须从头开始开发模型。这项工作包括两个阶段:理论提出阶段以及数值计算与模型校验阶段。

理论提出。首先,必须提出表征研究问题的变量、参数及相关的连续性方程理论。最常见的连续性方程是质量和/或能量方程形式。有些情况下还需模拟水动力学条件,这时还应包括动量平衡方程。

理论设计阶段的最重要考虑之一是模型复杂性问题。如图 18-2 所示,在模型复杂性、不确定性和获取信息之间存在权衡关系。图中直线代表了一个潜在假设,即如果预算不受限制的话,那么模型越复杂其可靠性就越高。本质上当增加模型的复杂性时(即更多的方程和对应的更多参数),我们认为能够有足够资金来支撑所必须的现场和实验室研究,以确定这些增加的参数。事实上,这个假设本身就不正确,因为我们用数学来描述自然界复杂性的能力是有限的(有点像生态学的"海森堡不确定性原理")。然而,即使不能完全描述一个天然水系统的特征,我们通常会坚信这样一个理念:获取的信息越多和越可靠,模型准确度就越高。

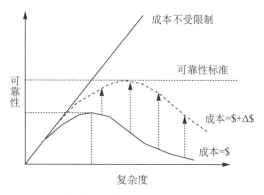

图 18-2 模型可靠性和复杂性之间的权衡关系

现实问题是我们不可能有足够的预算去追求复杂度上的极限。相反,我们通常是要利用有限的采样和化验预算来完成建模任务。这种情况下会出现两种极端结果:第一种极端是模型非常简单和不切合实际,因此无法得出可靠的预测结果;第二种极端是模型非常复杂和具体,但是无法获取足够的数据来支撑。因此,受模型参数不确定的影响,第二种模型同样是不可靠的。如图 18-2 所示,这两种极端情况之间会产生一个中间点,在这个点处模型能够达到的复杂程度与可获取的信息量是一致的。

讲到此处,有必要再增加第三个维度:模型需要达到的可靠度要求。一种显而易见的情况是,模型达到了与可获取数据对应的最佳状态,但是对所关注的问题而言其可靠度还是不能满足要求。因此,必须收集更多的数据以使得模型能够达到预期的可靠度要求。

上述讨论都基于这样一个事实:我们应该始终致力开发与数据和所关注问题相对应的最简单模型。这句格言有时被解读为将"奥卡姆剃刀"应用于模型。爱因斯坦也表达过这一观点。用他的话来说,"每个模型都应该尽可能简单,但不能更简单"。

数值计算与验证。在理论分析的基础上,进一步利用计算机求解模型方程。这一阶段包括几个分步骤:算法设计(即数据结构和数值求解技术的规定)、计算机语言编程、调试、测试和文档编制。数值计算方法选取的原则是以最小的计算工作量产生足够稳定和精确的数值解。

在此有必要阐述一下数学模型程序的测试问题。新上手程序员最常犯的一个错误是,如果模型产生了"合理的"结果,那么就认为模型经过了充分的测试。他们通常会认为:如果模拟结果是正值(诸如浓度之类的变量不应该是负值)和相对平稳,并且计算结果数量级符合预期,则认为计算是正确的。

事实上,这样的标准并不能保证模型是正确的。例如,违反质量守恒却仍然获得平滑以及满足数量级范围的正值是相对容易的。因此,模型还应经过一系列测试,以确保它在数学意义上是正确的。这种情况有时被称为数值计算验证(Oreskes 等人,1994)。以下是确保模型计算有效的一些具体建议:

质量平衡。应检查模型是否满足质量平衡。也就是说,在计算时间段内累积量的变化应该等于源质量项减去汇质量项的积分(即求和)。一些水质模型将此项工作作为其算法的一部分。例如,美国陆军工程兵团的二维水库模型 CE-QUAL-W2(Cole 和 Buchak,1995)在每次模拟运行时,都会同时自动产生一个质量平衡检查。

简化求解。针对一些具有闭式解析解的简单情形,将模型输出结果与解析解进行比较。例如,非稳态模型可以简化为稳态模式运行,然后将其结果与闭式稳态解进行比较。对于理想化的几何形状和线性反应动力学,有时也可以得到类似的解析解或闭式解。在此基础上可以将数值解与这些解析解结果进行对照,以评估两者之间的吻合程度。

条件改变。尽管上述建议有助于识别模型的主要缺陷,但不能确保模型在宽泛的条件下仍能得到理想的结果。因此,应通过将模型应用于不同初始条件、边界条件和负荷输入的各类系统,来进一步测试模型的可靠性。

结果图形化。尽管图形本身并不能解决特定的问题,但它在评估模型性能和识别模型缺陷方面是非常有用的。例如,除非出现负的结果,轻微的不稳定性(即数值计算产生的振荡)很难通过表格形式的数值计算结果输出予以识别。然而,当计算结果以图形形式输出时,这种现象是容易看得到的。

基准测试。最后,基准测试或"beta 版本测试"能够让大量用户来运行模型。这一过程不仅可以识别错误,还可以对如何修改模型给出指引,以便于使其更充分地满足用户需求。

18.1.3 初步应用

模型建模的接下来环节是对系统进行初步模拟。虽然往往会缺乏一些必要数据，但该步骤对发现数据方面的不足和理论缺陷是非常有用的。尤其是这个环节能够为现场和实验室研究提供重要的线索，从而克服这些潜在的建模不足。

除了识别信息方面的重点需求外，这个阶段还可以识别最为重要的模型参数。当预算有限时，认识到哪些模型参数会对预测结果产生最大影响十分重要。如果能做到这一点，就可将可用资源重点用于这些参数的确定。

识别重要参数的一种方法是模型灵敏度分析。最简单的情况下，**灵敏度分析**将每个参数改变一定的百分比，以此来观察预测结果如何变化。本讲的后续各节将详细介绍这方面的内容。

18.1.4 率定

在初步应用基础上，接下来的环节是率定或"调整"模型以使得模拟结果与给定的实测数据集符合。这个环节包括调整模型参数，以获得模型结果和实测数据集之间的最佳吻合效果。

用于模型率定的数据集应与研究问题的设计条件尽可能相似。例如，如果该模型用于分析污水排放对溪流的影响，设计条件通常是夏季低流量（即 14 讲中的夏季7Q10）。因此，夏季低流量条件下收集的数据集将是最为合适的，而将春季径流期间收集的数据集用于模型率定往往达不到预期效果。

在利用数据集来率定模型时，会涉及很多模型参数的调整。然而，我们并不是任意调整所有参数，而是需要通过一个系统的方法来达到最佳拟合效果（图 18-3）。为了理解这一系统流程图的工作原理，首先要认识到有几类信息必须被输入模型中。

这些信息包括：

驱动函数和物理参数；

  边界条件和输入负荷；

  初始条件；

  物理参数；

率定参数；

  动力学参数。

注意到我们已将动力学参数与其他参数区分开来。本质上，我们假设已经获取了合理定义其他参数的足够信息。因此，在开始模型率定之前，必须尽可能准确测量系统的输入负荷、边界条件和初始条件，原因是我们希望这些参数对模拟结果的不确定性尽可能不造成影响。同样，必须对系统的几何形状和水力特性予以精确表征。在此基础上，这些物理参数就不应再变化。

此后，模型率定的焦点就变成了动力学参数的调整。这一过程也应以系统性的方式进行。例如，如果已经以合理的方式直接测量了某些动力学参数，那么它们在模型中的赋值应该被固定下来。另外还有一些参数可以根据状态变量的测量值来估计。最

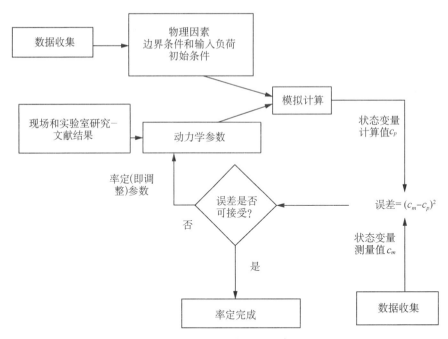

图 18-3　模型率定过程示意图

后,剩余的参数可以在合理范围内变化,直到达到模拟值与实测值的最佳拟合。换句话说,直到模拟结果与实测数据达到最佳匹配效果时,参数调整才到此结束。

目前已有几种用来调整参数的方法。最直接的方式是采用试错法。另外可以采用诸如最小二乘回归之类的自动化技术。本讲后面的例题中将解释这两种方法的应用。

18.1.5　模型确认和稳健性

在完成模型率定后,模型也只是对某一组数据集具有理想的吻合效果。但是在我们有信心将模型应用于水质管理和水质预测时,还必须对模型进一步确认。为此,应利用率定后的模型,再针对物理参数和驱动函数发生变化的新数据集(理想情况下应有几个数据集),来分析模拟值和实测值的吻合程度。然而,动力学参数应与模型率定值保持一致。如果新的模拟结果与新的数据集匹配,那么该模型对率定数据和确认阶段数据所定义的条件范围具有适用性,在此范围内模型会给出理想的模拟结果。如果不匹配,则通常需要对模型进行分析以找出差异性的可能原因。这可能会导致在模型中增加其他的表征机制和相应的模型改进。

即使模型被认为得到了充分确认,模拟结果也不会与确认阶段的数据集完全匹配。因此,一些研究人员会在模型确认后对模型进行微调,使其与率定数据和确认阶段数据都达到最佳匹配。

需要注意的是,过去水质模型开发者将此阶段称为"验证"。这一行业术语意味着,一旦模型成功模拟了一个独立的数据集,它就代表了"真理"的建立;也就是说,它代表了对物理现实世界的准确表征。事实上,模型从来都不可能做到对现实世界的准确反映。所有这一切工作最多只能说明：通过我们的测试，发现模型不是错误的（Oreskes 等人，1994）。

讲到这里就引出了模型稳健性的概念。如果永远无法彻底验证一个模型，那就只能依靠于模型确认来提高模型的质量或稳健性。正如 Oreskes 等人（1994）所言，"确认阶段的数据越多和场景越丰富，模型就越有可能没有缺陷"。这样的模型被认为是稳健的。因此，模型确认阶段的实际目标应该是建立模型的稳健性。

18.1.6　水质管理中的应用

基于模拟预测结果，通常会实施相应的许多水质改善措施。例如，可能会建造或升级污水处理厂，或实施河道曝气复氧或疏浚等环境治理工程。通过修改模型参数和驱动函数并重新运行模型，可以预测状态变量变化对水质的影响，从而评估工程措施的有效性。

18.1.7　后期检验

在实施水质改善工程之后，可以进一步检验模型预测结果是否有效。对于后期检验工作而言，模型预测结果与实际水质之间高度吻合的情况很少见，大多数情况下会出现差异。尽管这些差异会让模型开发者感到困惑，但这一点也是非常有价值的：通常它们能够启发我们考虑建模时忽略的机理机制和有关信息，从而有助于模型开发者改进模型架构以提高其可靠性。

【专栏 18.1】　大湖地区的刚毛藻（Cladophora）模型

在过去 40 年间，五大湖受到了一系列水质问题的威胁，其中最受关注的问题之一是不受欢迎的丝状藻类生长。这些藻类附着在岩石、防波墙、浮标和其他与水岸线相连接的构筑物上，并在营养丰富的水域大量生长。这一水域通常是人们接触最频繁的近岸区域，因此这一问题尤其麻烦。

在 20 世纪 70 年代末和 80 年代初，Ray Canale 教授（密歇根大学）和 Marty Auer（密歇根技术大学）针对这些生物体，重点开展了观测和模型研究。他们绘制了五大湖的刚毛藻分布图，但模型研究主要集中在休伦湖的哈伯比奇港区域。

这项研究不仅是大型水生植物建模的一个里程碑，从模型开发的角度来看也具有重大意义。主要有以下两个原因。

第一，模型方程建立后，并没有进行传统的模型率定。相反，Canale 和 Auer 在实验室或现场直接测量了所有的模型参数反应速率。例如，为了确定模型中的植物光合作用和呼吸速率，他们与威斯康辛大学的 Jim Graham 博士合作，在一个称为 BIOTRON 的环境受控房间内种植水生植物（Graham 等人，1982）。该设施能够对植物在不同光照和温度条件下的生长进行动态测量，在此基础上依据测量结果来确定模型参数，其方式类似于前面第 2 讲中的动力学分析。通过对所有反应速率进行独立测量，Canale 和 Auer 避免了模型参数率定环节。因此，无论结果好坏，模型给出的结果是确定性的。

第二,Canale 和 Auer 使用该模型对污染削减前后的水质响应进行了模拟。换句话说,他们利用模型分别模拟了 1979 年的污染条件和 1980 年的污染条件。在此期间污染物的减少是因为在哈伯比奇港区域污水厂增加了除磷设施。这两种情况的模型参数均是在实验室和现场测量获得的,因此模型仅是通过调整污染负荷输入和光照、温度等物理参数来模拟两年间的水质差异。

模型的模拟结果如图 18-4 所示。该模型能够很好模拟水中可溶性活性磷的浓度变化。尽管刚毛藻直立作物(以生物量表示)对磷负荷削减的响应看起来并不那么精确,但是生物量的测量本就比磷等化学物质的准确度低得多。如果将此因素考虑在内,模型总体上能够捕捉生物量在磷负荷削减后的减少,尤其是在问题最为严重的排污口附近(距离=0.0)。

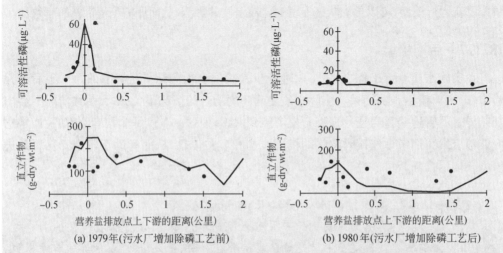

图 18-4   休伦湖哈伯比奇港排放口上下游的溶解活性磷与生物量沿程分布图

基于 Canale 和 Auer(1982)数据重新绘制,这些图形反映了哈伯比奇港污水处理厂增加除磷工艺前后的数据变化

综上所述,Canale 和 Auer 针对休伦湖刚毛藻的研究实现了机理参数直接测量与模型的耦合,这一点具有独特优势。Auer 教授针对这项研究工作编辑了《大湖研究杂志》专辑(Auer,1982)。除了在藻类生长模型领域的重大贡献,该研究也提供了一个与本讲模型开发和应用相关的典型案例。

18.2   模型灵敏度

在模型模拟之前,有必要理解水质模型的总体行为。其中一种分析方法叫作**灵敏度分析**,对此可以采用多种手段。其中两种最常用的方法是简单参数扰动和一阶灵敏度分析,此外还有更为通用的蒙特卡罗方法。以下各节将逐一介绍这些方法。

18.2.1 参数扰动

为简化起见,参数扰动和一阶灵敏度分析的讲解都是针对完全混合湖泊的简单质量平衡方程:

$$v \frac{\mathrm{d}c}{\mathrm{d}t} = Q c_{\mathrm{in}} - Qc - kVc \tag{18-1}$$

稳态条件下方程的解析解为:

$$c = \frac{Q}{Q + kV} c_{\mathrm{in}} \tag{18-2}$$

基于该公式可以看到,c 是关于各模型参数和驱动因子的函数,即 $c = f(Q, k, V, c_{\mathrm{in}})$。因此,一种直观表达模型解与各变量(例如 k)相关性的方法是绘制 c 与 k 的关系图(图 18-5)。

顾名思义,**参数扰动**是指改变其中一个模型参数(例如提高或降低某一固定百分比),与此同时所有其他参数项保持不变。相应的,状态变量的变化量反映了模型解对参数变化的敏感性。因此,如果我们想量化公式(18-2)对反应速率 k 等参数的敏感度,仅需将 $k - \triangle k$ 和 $k + \triangle k$ 代入公式(18-2)来计算 $c(k - \triangle k)$ 和 $c(k + \triangle k)$。据此计算出预测误差为:

$$\triangle c = \frac{c(k + \triangle k) - c(k - \triangle k)}{2} \tag{18-3}$$

式(18-3)的含义如图 18-5(a)所示。

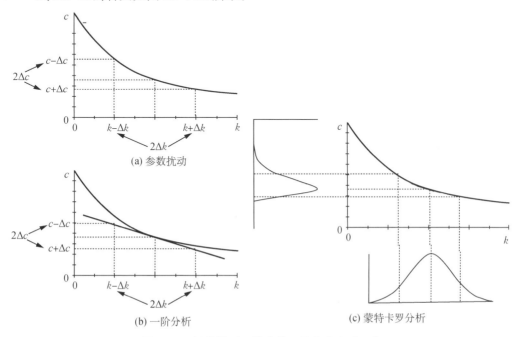

图 **18-5** 评估模型灵敏度的三种方法图形示意

18.2.2　一阶灵敏度分析

另一种能够产生相似效果的技术是**一阶灵敏度分析**。该方法采用水质模型解对模型参数的导数来估计灵敏度。一种求导方法是在参数值的附近,针对模型解式(18-2)进行一阶泰勒级数展开。例如,前向和后向展开形式分别表示为:

$$c(k + \Delta k) = c(k) + \frac{\partial c(k)}{\partial k} \Delta k \tag{18-4}$$

$$c(k - \Delta k) = c(k) - \frac{\partial c(k)}{\partial k} \Delta k \tag{18-5}$$

从式(18-4)减去式(18-5)后得到

$$\Delta c = \frac{c(k + \Delta k) - c(k - \Delta k)}{2} = \frac{\partial c(k)}{\partial k} \Delta k \tag{18-6}$$

注意,该公式中,导数符号表示参数值的正向变化究竟是导致正向还是负向变化的预测结果变化。如图 18-5(b)所示,由于近似表达的直线斜率为负值,则 k 值增加会导致 c 的减少。

为了对参数扰动和一阶灵敏度分析的表达方式进行改进,Chapra 和 Canale (1988)提出了**条件数**。对于一阶灵敏度分析,将式(18-4)两边同时除以 c 可以得出条件数。若进一步将公式右侧乘以 k/k,那么有:

$$\frac{\Delta c}{c} = CN_k \frac{\Delta k}{k} \tag{18-7}$$

式中,CN_k 是参数 k 的条件数:

$$CN_k = \frac{k}{c} \frac{\partial c}{\partial k} \tag{18-8}$$

由式(18-7)可知,条件数是一个传递函数,其作用是将参数的相对误差传播到预测值的相对误差中。注意到虽然导数是用于一阶灵敏度分析,但也可用于扰动分析。然而,用于扰动分析时对导数需采用差分离散的形式:

$$CN_k = \frac{k}{c} \frac{\Delta c}{\Delta k} \tag{18-9}$$

【例 18-1】　灵敏度分析

如图 18-6 所示,两种化学物质在湖泊中发生反应。这两种反应物的质量平衡方程写为:

$$V \frac{\mathrm{d}c_1}{\mathrm{d}t} = Qc_{\mathrm{in}} - Qc_1 - k_{12}Vc_1 + k_{21}Vc_2$$

$$V \frac{\mathrm{d}c_2}{\mathrm{d}t} = -Qc_2 - k_{12}Vc_1 - k_{21}Vc_2 - v_s A_s c_2$$

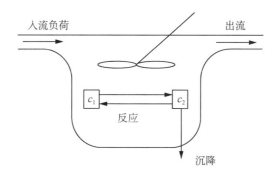

图 18-6　两种化学物质在湖泊中反应

式中：V——湖泊体积 $=50\ 000\ \mathrm{m}^3$；

$\quad\quad Q$——入流$=$出流$=50\ 000\ \mathrm{m}^3$；

$\quad\quad A_s$——湖泊沉积层表面积$=16\ 667\ \mathrm{m}^2$；

$\quad\quad k_{12}$——c_1 到 c_2 的一级转化速率$=1\sim4\ \mathrm{d}^{-1}$；

$\quad\quad k_{21}$——c_2 到 c_1 的一级转化速率$=0.5\sim0.7\ \mathrm{d}^{-1}$；

$\quad\quad v_s$——c_2 的沉降速率$=0\sim1\ \mathrm{m}\cdot\mathrm{d}^{-1}$。

参数范围取自文献中的数据。c_{in} 项代表上游溪流的入流浓度$(\mathrm{mg}\cdot\mathrm{L}^{-1})$，研究期间平均入流浓度约为 $10\ \mathrm{mg}\cdot\mathrm{L}^{-1}$。基于以上信息，采用一阶灵敏度分析法估计模型对三个参数 k_{12}、k_{21} 和 v_s 的灵敏度，并将结果列表表示为条件数。

【求解】　首先，给出两种化学物质的稳态浓度解析解：

$$c_1=\frac{k_q^2+k_q k_{21}+k_q k_s}{k_q^2+k_q k_{21}+k_q k_s+k_q k_{12}+k_{12}k_s}c_{\mathrm{in}}$$

$$c_2=\frac{k_q k_{12}}{k_q^2+k_q k_{21}+k_q k_s+k_q k_{12}+k_{12}k_s}c_{\mathrm{in}}$$

式中：k_q——Q/V；

$\quad\quad k_s$——v_s/H；

$\quad\quad H$——平均深度$=V/A_s$。

对于以上的参数取值范围，因为我们无法得知哪一个取值是更好的，所以此处采用参数范围值的平均值。例如，$k_{12}=(1+4)/2=2.5\ \mathrm{d}^{-1}$，同理得出 $k_{21}=0.6\ \mathrm{d}^{-1}$，$k_s=0.5/3=0.166\ 7\ \mathrm{d}^{-1}$。将这些参数值代入公式，可以得出预测浓度平均值：

$$c_1=\frac{1^2+1(0.6)+1(0.166\ 7)}{1^2+1(0.6)+1(0.166\ 7)+1(2.5)+2.5(0.166\ 7)}10=3.772\ \mathrm{mg}\cdot\mathrm{L}^{-1}$$

$$c_2=\frac{1(2.5)}{1^2+1(0.6)+1(0.166\ 7)+1(2.5)+2.5(0.166\ 7)}10=5.338\ \mathrm{mg}\cdot\mathrm{L}^{-1}$$

据此还可以得出总浓度 $c_T=c_1+c_2=9.110\ \mathrm{mg}\cdot\mathrm{L}^{-1}$。

现在开展一阶灵敏度分析，为此须求出偏导数。例如 k_{12} 的变化对 c_1 的影响为：

$$\frac{\partial c_1}{\partial k_{12}} = \frac{-(k_q^2 + k_q k_{21} + k_q k_s)(k_q + k_s)}{(k_q^2 + k_q k_{21} + k_q k_s + k_q k_{12} + k_{12} k_s)^2} c_{\mathrm{in}}$$

将上式以及其他已知数据代入式(18-8)后得到：

$$CN_{1, k_{12}} = \frac{-k_{12}(k_q + k_s)}{k_q^2 + k_q k_{21} + k_q k_s + k_q k_{12} + k_{12} k_s} = -0.623$$

可依次求出其他条件数，见表18-1。

表 18-1　条件数

	k_{12}	k_{21}	k_s
c_1	-0.623	0.212	-0.030
c_2	0.377	-0.128	-0.125
c_T	-0.037	0.013	-0.086

根据以上结果可得出如下一般性结论：

• 转化速率 k_{12} 对两种化学物质浓度的影响最大，但对两者的影响正好相反。c_1 与 k_{12} 成反比，而 c_2 与 k_{12} 成正比。

• k_{21} 对水质影响与 k_{12} 相反。具体来说，当 k_{21} 升高时，c_1 升高而 c_2 下降。然而，k_{21} 对水质的影响幅度小于 k_{12}。

• 沉降速率导致两种化学物质浓度同时下降，但对 c_2 的影响大约是 c_1 的 4 倍左右。

• 各参数对 c_T 的影响远小于对单个组分的影响，原因在于水力交换是主要的输入输出机制(见习题18-1)。在所有参数中，总浓度对参数 v_s 最为敏感，该参数对输入—输出有着直接的影响。

上述案例的问题是没有考虑参数估计的不确定性。由于采用了恒定扰动，我们认为每个参数的不确定性是相同的。但是由于每个参数存在取值范围，它们会表现在明显不同的不确定性。例如，k_{21} 的不确定性要比 k_{12} 或沉降速率低得多。其中一种改进方法是通过扰动或一阶灵敏度分析来传递每个参数取值变化对水质的影响。对此可直接利用公式(18-7)完成，即将每个参数的相对误差传递到预测结果的相对误差中。

【例 18-2】　不确定性分析

对例18-1所描述情形，计算模型参数不确定性导致的预测浓度不确定性。

【求解】　计算出参数 k_{12} 的相对误差为：

$$\frac{\Delta k_{12}}{k_{12}} = \frac{4-1}{2(2.5)} = 0.6$$

进一步将其通过条件数传递到 c_1 的不确定性估计：

$$\frac{\Delta c_1}{c_1} = -0.623(0.6) = -0.374$$

同理可计算出其他参数不确定性造成的水质不确定性,见表 18-2。

表 18-2　其他参数

	k_{12}	k_{21}	k_s
c_1	-0.374	0.035	-0.030
c_2	0.226	-0.021	-0.125
c_T	-0.022	0.002	-0.086

以上结果表明:

• k_{12} 的不确定性是导致 c_1 和 c_2 变化及其不确定性的重要因素。但是,由于不确定性仅在 c_1 和 c_2 之间转移,对总浓度 c_T 影响不大。

• k_{21} 的不确定性对各水质组分或总浓度的不确定性影响不大。

• 沉降参数对 c_2 的不确定性影响较大,并且对总预测浓度的不确定性具有显著影响。

根据以上简要分析,可以确定的是,应尽量缩小 k_{12} 和 k_s 参数估计值的范围。

18.2.3　蒙特卡罗分析

顾名思义,蒙特卡罗分析与机会游戏有关。该分析方法不是描述参数的取值范围,而是描述参数的分布。

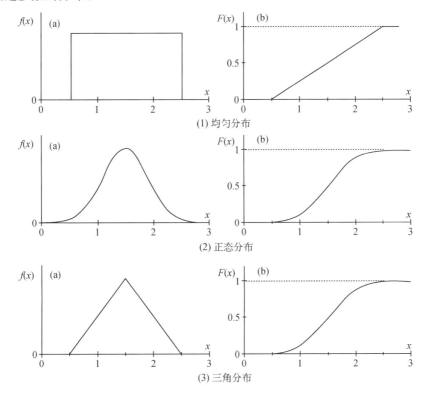

图 18-7　(a)概率密度和(b)累积分布函数

对应于表征水质模型参数不确定性的三种典型分布:(1)均匀分布;(2)正态分布;(3)三角分布

　　使用随机数会生成满足概率分布的一系列参数估计值。然后将每一个参数值代入模型中运算,相应模拟结果展示为浓度概率分布[图 18-5(c)]。

　　图 18-7(a)显示了几个表征水质模型参数可变性的理想概率分布。概率密度函数[以 PDF 表示,见图 18-7(a)]表示了 $f(x)$ 出现频率与参数值 x 之间的关系。因此,概率密度函数下包围的面积等于 1,意味着该面积已经包含了所有事件发生的总概率。

　　图中,**均匀分布**假定某区间内事件发生的概率相等,通常用在参数取值范围已知的情形。相比之下,**正态分布**假定事件出现概率符合对称的钟形曲线形状。因此越靠近中心位置事件发生概率就越大,而越远离中心位置事件发生概率越低。**三角分布**由于其灵活性,可用于描述各种形状。图 18-7 的对称形三角分布可用于近似描述正态分布。但是,由于三角分布的峰值不一定要求位于中心,它也可用来表示偏心或"偏斜"的概率分布。

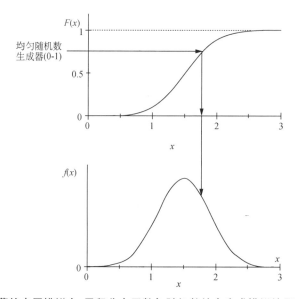

图 18-8　蒙特卡罗模拟中,累积分布函数与随机数结合生成模拟结果的图形描述

　　累积分布函数(以 CDF 表示)表示为概率密度函数积分的形式:

$$F(x) = \int_{-x}^{x} f(x)\,\mathrm{d}x \tag{18-10}$$

　　该积分为参数值小于 x 时的 $f(x)$ 出现概率。通过对式(18-10)求微分的形式,还可以反向通过累计概率分布 $F(x)$ 求得概率分布 $f(x)$:

$$f(x) = \frac{\mathrm{d}F(x)}{\mathrm{d}x} \tag{18-11}$$

　　换句话说,事件发生概率 $f(x)$ 等于参数变化率导致的累积分布函数 $F(x)$ 变化率。

　　如图 18-8 所示,累积概率分布提供了开展蒙特卡洛分析的关键性工具。可借助计算机生成 0 到 1 之间的随机均匀分布数,然后可通过累积概率密度函数曲线确定参数 x 的值。重复此过程,将生成一系列满足概率密度的参数 x。进一步将其用于水质模型中来模拟浓度分布。

【例 18-3】 蒙特卡罗分析

对于例 18-1 的情形,分析参数 k_{12} 不确定性造成的浓度不确定性。假设参数服从二角分布:

$$f(x) = 0.444\ 4(x - 1) \qquad 1 \leqslant x < 2.5$$
$$f(x) = -0.444\ 4(x - 4) \qquad 2.5 \leqslant x < 4$$

【求解】 将上述公式积分后可求得累积概率分布函数的方程式:

$$F(x) = 0.222\ 2(x - 1)^2 \qquad 1 \leqslant x \leqslant 2.5$$
$$F(x) = -0.444\ 4(0.5x^2 - 4x + 5.75) \qquad 2.5 \leqslant x \leqslant 4$$

概率分布函数和累计概率密度分布分别如图 18-9 所示。

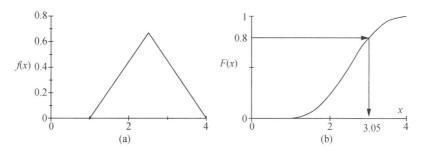

图 18-9　概率分布函数和累计概率密度分布

借助计算机可以生成 0 到 1 之间的随机数。例如可能会生成 0.8 的随机数,将其代入累积概率分布函数中得到:

$$0.8 = -0.444\ 4(0.5x^2 - 4x + 5.75)$$

进一步整理方程后得到:

$$0 = -0.222\ 2x^2 + 1.777\ 6x - 3.355\ 3$$

对二项式求解得到 $x = 3.051\ 5$。(该二项式还会有另一个解 4.948 5,因超出参数范围 1~4 被忽略。)将该值与其他参数的平均值一起代入模型中(回顾例 18-1),从而得到 $c_1 = 3.317$ 和 $c_2 = 5.729$。对其他随机数可重复上述过程。图 18-10 展示了基于 400 次随机模拟的浓度分布。注意到尽管浓度平均值与例 18-1 中的结果差不多,但浓度分布是偏斜的。

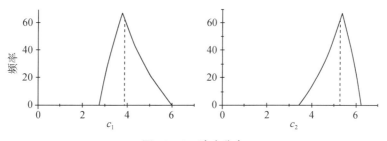

图 18-10　浓度分布

18.3 模型性能评估

如 18.1.4 节所述,模型率定的目的是通过调整参数,使得模拟值与观测值之间达到最佳拟合效果。为此就需要定义"最佳拟合"的含义。评估模型率定质量的方法一般有两种:主观法和客观法。主观评估是将模拟结果与实测值的对比以可视化形式展现出来;通常是对每个状态变量单独绘制时间序列图。模型开发者调整参数,直到认为模型输出和观测数据之间"看起来"是充分吻合的。

相比之下,客观法致力于开发一些表征拟合质量的定量度量技术(通常是对误差的定量度量)。采用该方法时,其出发点是通过调整模型参数来达到最佳的拟合效果(通常是误差最小)。

有很多种度量方法可以用来评估拟合度。在此我们聚焦于残差平方和的最小化:

$$S_r = \sum_{i=1}^{n} (c_{p,i} - c_{m,i})^2 \qquad (18-12)$$

式中,$c_{p,i}$ 为第 i 个模型预测浓度,$c_{m,i}$ 为第 i 个测量浓度。

当模型预测值和测量值一致时,残差平方和应该最小化。因此,它提供了评估参数调整效果的一个评分值。

需要指出的是,满足模拟结果最佳的模型参数调整也有两种方式。第一,与主观方法一样,可以采用试错法的方式进行。除了采用可视化评估外,最佳度量[见公式(18-12)]也是一种判定模型参数调整效果的方法。第二,可采用基于目标优化的数值计算方法来自动调整模型参数。以下例题对这两种方法进行了阐述。

【例 18-4】 模型率定

对于例 18-1 中的系统,在 5 天采样调查中收集了数据(表 18-3)。

表 18-3   数据

t(d)	c_1(mg $\cdot$ L^{-1})	c_2(mg $\cdot$ L^{-1})	c_R(mg $\cdot$ L^{-1})
0.0	7.0	4.0	11.0
0.5	7.3	3.5	10.8
1.0	6.6	4.7	11.3
1.5	8.9	4.0	12.9
2.0	6.6	5.0	11.7
2.5	6.2	3.1	9.3
3.0	3.3	4.3	7.6
3.5	4.7	2.2	6.8
4.0	3.75	3.9	7.7
4.5	6.1	1.3	7.4
5.0	6.0	4.0	10.0
平均值	6.03	3.64	9.67

在此期间入流浓度 c_{in} 可用正弦函数表示:

$$c_{in} = 10 + 5\sin\left(\frac{\pi}{2}t\right)$$

此外,期间进行了两次现场实验以直接估算 k_{12}。两次观测的参数估计值分别为 $1.05\ \text{d}^{-1}$ 和 $1.55\ \text{d}^{-1}$。基于这些信息(以及所掌握的其他技术)来估算三个模型参数 k_{12},k_{21} 和 v_s。

【求解】 如例 18-1,在缺少更多信息的条件下,模型参数的最大似然平均值为:$k_{12}=2.5\ \text{d}^{-1}$,$k_{21}=0.6\ \text{d}^{-1}$,$v_s=0.5\ \text{m}\cdot\text{d}^{-1}$。将这些参数值及其他已知值代入模型中,得到模拟结果如图 18-11(a)所示。可以看到,模拟结果与总浓度实测值吻合接好,但 c_1 模拟值曲线偏低,而 c_2 模拟值偏高。模拟结果和实测数据之间的差异很大,残差平方和(c_1 和 c_2 两者的总和)为 97.69。

c_1 模拟值偏低和 c_2 模拟值偏高这一现象表明,k_{12} 可能是一个需要优先调整的参数(见例 18-1 末尾部分的分析)。因此,将 k_{12} 的直接测量结果取平均值即(1.05 $+1.55$)/2=$1.3\ \text{d}^{-1}$,然后再重新进行模拟。将新的 k_{12} 值与其他参数的平均值一起代入模型计算,可得到新的预测结果如图 18-11(b)所示。可以看到模拟结果有了很大改善(SSR 降低至 18.35)。

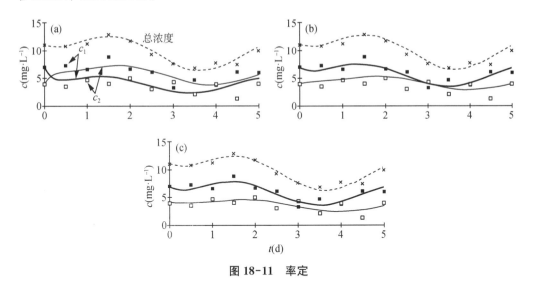

图 18-11 率定

(a)基于参数平均值的初始拟合;(b)基于 k_{12} 测量值的改进拟合;(c)最终率定

接下来,可以尝试提高 v_s 的估计效果。通过将对 c_1 和 c_2 两个微分方程相加,可获得 v_s 的粗略估计:

$$V = \frac{\mathrm{d}c_T}{\mathrm{d}t} = Qc_{in} - Qc_T - v_s A_s c_2$$

该方程描述了湖泊内总质量随时间变化与输入-输出质量之间的关系。由于方程描述的是瞬时变化,因此 c_T 和 c_2 的模拟结果是持续振荡的。但分析数据后发现,c_T 和

c_2 的模拟结果最终趋近于设定的初始值。因此该方程可以在稳态条件下求解,即:

$$v_s = \frac{Q\bar{c}_{in} - Q\bar{c}_T}{A_s\bar{c}_2}$$

式中,上横线表示浓度值取模拟期间的平均值。将平均值代入上式可得

$$v_s = \frac{50\ 000(10.67 - 9.67)}{16\ 667(3.64)} = 0.82\ \text{m} \cdot \text{d}^{-1}$$

可以看到湖内的总浓度和平均入流浓度非常接近。这表明水力交换或者水力冲洗是主要的作用机制,而沉降只截留了总进水污染物的一小部分。这也表明沉降速度的估计值具有不确定性。由于模型参数估计值处于预期值范围内,可将该范围内的其他参数值代入模型中进行新的模拟计算。如预期的那样,新的沉降速率参数值对模拟结果的影响很小。

因此,只剩下一个须指定的参数 k_{21}。图 18-7(b)显示 c_2 模拟值仍然过高。因此,适当增加 k_{21} 值看起来是可行的。通过试错法或优化器对模型参数进行调整,得到的结果是 $0.7\ \text{d}^{-1}$。将此参数值代入模型中,得到了图 18-7(c)所示的最终率定结果校准。最终的残差平方和为 14.95。

最后使用优化器反复率定,以实现数学意义上的残差平方和最小化(见例 2-3)。参数率定结果是 $k_{12} = 1.24\ \text{d}^{-1}$,$k_{21} = 0.74\ \text{d}^{-1}$,$v_s = 0.93\ \text{m} \cdot \text{d}^{-1}$,对应的残差平方和为 14.23。因此自动率定形成的结果与手动方法接近。但是,需要注意的是 k_{12} 估计值超出了例 18-1 中 0.5~0.7 之间的预期范围。这种情况会发生在无约束参数估计的模型自动率定中。

在上面的案例中,手动率定和自动率定两种方法得出了相似的结果。第一种是循序渐进的试错法,在此过程中采用了一些特定参数的直接测量结果。第二种是全自动的最小二乘法。虽然这两种方法在当前的案例中得到了几乎相同的参数估计值,但在其他情况下可能会产生截然不同的参数估计值。当一些关键状态变量表现为高度不确定性时,就会出现这种情况。

表面上看客观评估法可能更好。但是,由于第一种方法(主观法)包括了更多的信息,所以更为优越。此外,主观的可视化评估方法用到了建模者的直觉经验,因此也具有重要价值。基于现代交互式计算机图形技术与优化算法软件的结合,在未来可以将上述两种方法更好地集成到模型界面中。

18.4　分割和模型精度

最后,还需要讨论与水质模型开发相关的分割和模型精度问题。如前所述,**分割**是将空间和物质分割成一系列增量的过程。空间上水体可以划分成不同的体积,并针对每个体积写出质量平衡方程。在每个体积内,又可以依据物质的不同化学和生物组分形式分别进行模拟,从而进一步建立针对不同组分的方程式。因此,如果水体在空间上被划分为 n 个单元,以及将物质分为 m 个组分,那么就需要用 $m \times n$ 个质量平衡方程来定义这个系统。

除了空间和物质分割外,由于质量平衡方程可用于模拟给定时间段内的水质非稳态响应,相应还需要考虑时间分割。在随后针对实际问题的模型开发中,时间分割的概念会愈加清晰。正如模型可以通过更多的分段来细化对空间浓度场和物质的表征,模型也可以针对质量平衡方程使用更短的"有限周期"或**时间步长**,来提高时间尺度上的模拟精度。例如,由于营养负荷的长期增加,水体可能正在经历显著而渐进的变化[图 18-12(a)]。同时,如图 18-12(b)所示,浮游植物生长可能随一年内光照和温度等因素的波动而发生季节性变化。通过调整时间步长,模型可以捕捉到部分或全部可变性。在某种意义上,这可以被认为是时间分割。

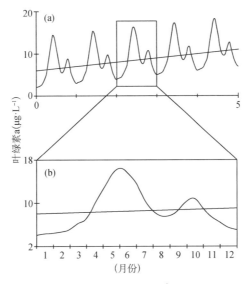

图 18-12 叶绿素浓度(μg·L⁻¹)随时间变化图

(a) 潜在季节性周期(波浪线)条件下的长期趋势(直线)描述;
(b) 潜在长期趋势(直线)条件下的季节周期(波浪线)变化

空间、时间和物质被分割的程度称为模型分辨率。这个概念类似于摄影,在此过程中调整相机的镜头以将不同的视野纳入相框:有时近景很重要,而有时后景不可忽视。

就当前话题展开讨论,模型"聚焦"或精度对水质分析有两方面的重要作用。首先,精细尺度上的现象表征可能对较大尺度上的模拟预测产生直接的影响,这主要取决于物质的性质和系统的物理特性。例如某些污染物(例如肠道细菌)在进入水体后迅速死亡,因此它们通常在污水排放口附近河段的浓度较高,之后浓度快速下降,相应在湖泊和河口等开阔水域中的浓度将接近于"背景"水平。因此,近岸细菌污染模拟需要在排污口附近区域进行相对精细的时空分割。相比之下,惰性物质或反应缓慢物质模拟时的时空分割可以较粗略,此时可将整个水体作为一个完全混合单元。

系统的物理特性也决定了模型计算单元精细化程度。例如对于带有许多港湾的树枝形湖泊而言,须将其分割为多个单元进行模拟。另外,富营养化①问题受到热分层的

---

① 过度施肥导致植物大量生长。

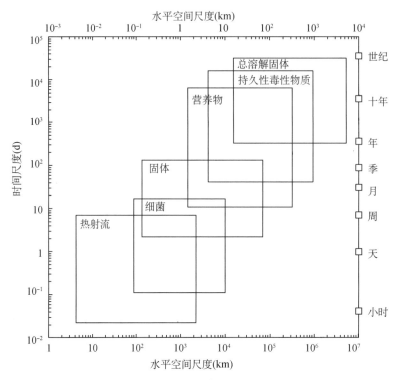

图 18-13 不同水质问题的近似时间和空间尺度

强烈影响,相应地需要在垂向分为多层模拟以准确表征这一影响。

模型精度的意义还表现在研究问题背景对尺度选择的影响。例如,尽管浮游植物的生长周期以季节为时间尺度,且在较小空间的尺度上表现出不均匀性,但是水质规划者可能没有足够资金开发模型来模拟这种短期变化。当有大量的小型湖泊需要模拟时,尤其会遇到这种情况。就规划者关注的问题而言,空间和时间的精细化分割程度并不会对规划结果产生显著影响。这种情况下管理人员可能会选择较粗略的模型。对于其他情形如海滩受到细菌污染,则需要更精细的模型来有效模拟影响范围和程度。

研究问题的时间、空间和动力学尺度通常是相互关联的。如图 18-13 所示,快速动力学过程诸如热量出流的射流混合或细菌死亡,往往在局部(即较小的)时间和空间尺度上就会显现出来。相比之下对于慢反应问题(如持久性污染物的降解),我们更倾向关注系统的整体和长期效应。

习 题

18-1 针对例 18-1 中的入流水量和入流浓度,建立条件数。

18-2 图 18-14 中描述的港湾-湖泊系统具有以下特征:

$$V_1 = 2 \times 10^7 \text{ m}^3 \qquad\qquad V_2 = 5 \times 10^6 \text{ m}^3$$

$$A_{s,1} = 2 \times 10^6 \text{ m}^2 \qquad\qquad A_{s,2} = 1 \times 10^6 \text{ m}^2$$

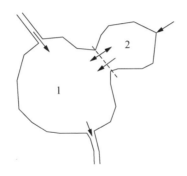

图 18-14　港湾-湖泊系统

已知湖泊主体的出流水量为 1×10^7 m³ · yr⁻¹,港湾到湖泊主体的流量为 0.2×10^7 m³ · yr⁻¹。湖泊接纳的某物质入流浓度为 10 μg · L⁻¹,且其在湖中以一级动力学发生反应(半衰期＝1 年)。港湾上游有一个工业工厂,其排放流量为 0.1×10^7 m³ · yr⁻¹、浓度为 100 μg · L⁻¹。湖泊主体和港湾之间的交界面横截面面积为 250 m²、混合长度为 200 m。

（a）使用 Okubo 扩散图(图 8-11)估算该系统的紊动扩散系数范围。已知长度为 500 m。除了扩散系数范围之外,基于 Okubo 图中的最小值和最大值,估算几何平均值的最可能结果。几何平均值可以表示为:

$$GM = \sqrt{E_{\min} E_{\max}}$$

其中,$E_{\min}$ 和 $E_{\max}$ 分别是 Okubo 图中的最小和最大扩散系数。注意到当参数为对数正态分布时(即参数的对数值遵循正态分布),几何均值与统计分布中心点对应的数据相当;

（b）使用平均扩散系数以及其他数据来估算湖泊主体和港湾的浓度;

（c）使用一阶敏感性分析来对预测结果进行不确定性分析;

（d）使用三角分布来近似扩散系数的对数正态分布,并采用蒙特卡罗分析计算港湾浓度的分布。

18-3　稳态条件下湖泊总磷质量平衡方程的解析解为:

$$p = \frac{W}{Q + vA_s}$$

式中: p——总磷浓度(mg · m⁻³);

　　　W——总磷输入负荷(mg · yr⁻¹);

　　　Q——出流水量(m⁻³ · yr⁻¹);

　　　v——表观沉降速度(m · yr⁻¹);

　　　A_s——湖体表面积。

（a）应用该模型计算初 1970 年代早期安大略湖的总磷浓度($Q = 212 \times 10^9$ m³ · yr⁻¹,$V = 1634 \times 10^9$ m³,$A_s = 19\,000 \times 10^6$ m²,$W = 10\,000$ mta)。假定沉降速度为 12.4 m · yr⁻¹;

（b）假设进一步收集了沉降速度数据后，得出沉降速度范围为 4～40 m·yr^{-1}。结合该数据范围和一阶灵敏度分析，对总磷浓度进行不确定性分析。

18-4　某池塘中发生的一级动力学反应与例 18-1 相同。已知该池塘的参数如下：$V=20\,000\ \text{m}^3$，$Q=50\,000\ \text{m}^3\,\text{d}^{-1}$，$A_s=50\,000\ \text{m}^2$。以下表格给出了 10 d 采样期间获得的数据：

$t(\text{d})$	$c_1(\text{mg}\cdot\text{L}^{-1})$	$c_2(\text{mg}\cdot\text{L}^{-1})$
0	1.7	7.3
1	3.5	6.9
2	2.5	10.5
3	3.9	10.2
4	2.6	13.6
5	4.6	12.8
6	2.8	13.6
7	3.3	11.0
8	1.3	11.9
9	2.9	7.2
10	0.7	8.8

在此期间入流浓度 c_{in} 可用正弦函数表示：

$$c_{\text{in}}=15+10\sin\left(\frac{\pi}{6}t\right)$$

但是并没有直接测定任何一个模型参数。利用上述观测值来估计三个参数 k_{12}，k_{21} 和 v_s。

18-5　三角函数一般表示为图 18-15 的形式：

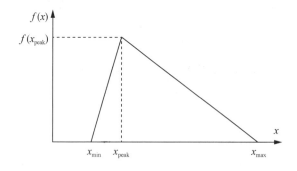

图 18-15　三角函数

（a）确定 $f(x_{\text{peak}})$，使得该函数包围的面积等于 1；
（b）建立描述 $f(x)$ 的方程式；
（c）建立描述 $F(x)$ 的方程式。

第四部分 溶解氧和病原体

第四部分旨在介绍水质模型建模的第一个问题:溶解氧模拟。此外还介绍了另一个经典的水质建模问题:细菌污染模拟。

前两讲描述了溶解氧模型的基本框架。第 19 讲介绍了生化需氧量(BOD)。此外,还涉及了溶解氧饱和度。第 20 讲是对气体转质的一般性讨论,其中重点讨论了大气复氧。

在讲述这些基础知识后,接下来的两讲介绍了 Streeter-Phelps 溶解氧模型。第 21讲介绍了点源排放情形的模拟;第 22 讲介绍了分散源排放情形的模拟。

随后一讲为原始 Streeter-Phelps 框架的改进。这些改进涵盖了硝化作用(第 23 讲),植物的光合作用和呼吸作用(第 24 讲)以及沉积物耗氧(SOD)(第 25 讲)。

接下来是对溶解氧模型的计算机求解讨论。第 26 讲首先介绍了通用的计算机求解方法,其中的重点是河口模型求解。之后,介绍了基于 QUAL2E 软件包的溶解氧模拟。

最后,在第 27 讲中探讨了水中病原体模拟。本讲着重于讲解天然水域和沉积物中肠道细菌输移、归趋的经典性一级反应动力学框架。另外,还探究了用于原生动物模拟的新型模型。

第 19 讲

生化需氧量和饱和溶解氧

简介: 在简要介绍溶解氧问题的基础上,讲解了如何将生化需氧量(BOD)用于量化污水中有机物分解的耗氧量。建立了间歇式反应器系统中 BOD 的简单质量平衡模型。在简要回顾亨利定律的基础上,还对水中的饱和溶解氧进行了总体介绍。

正如第一讲所述,历史上工程师开发水质模型的目的是评估污水排放对受纳水体水质的影响。现在我们就来学习这些以问题为导向的水质模型。为了便于更好理解模型,首先介绍生物圈中有机物生成和分解的循环过程。

19.1 有机物生成–分解循环

如图 19-1 所示,生物圈可以看作是一个生长与死亡的循环。以太阳能作为能量,自养①生物(主要是植物)将简单的无机物转化为复杂的有机分子。通过**光合作用**,太阳能以化学能的形式储存在有机分子中,与此同时消耗二氧化碳并释放出氧气。

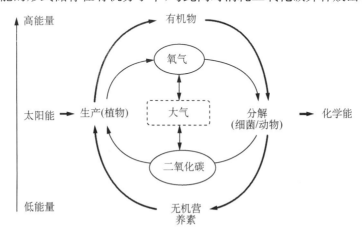

图 19-1　有机质生产和分解的自然循环

---

① 术语"自养"是指植物类的生物,其生命活动不需要其他生物体作为营养物供给。相比之下,异养生物包括动物和大多数细菌,其生命活动依赖于有机质供给。

此后,在逆向的呼吸和分解过程中,异养生物(细菌和动物)以有机物作为能量来源并将其转换为简单的无机物。在分解过程中,消耗氧气和释放出二氧化碳。

上述循环可以采用如下的简单化学式表示:

$$6CO_2 + 6H_2O \underset{\text{呼吸作用}}{\overset{\text{光合作用}}{\rightleftharpoons}} C_6H_{12}O_6 + 6O_2 \qquad (19\text{-}1)$$
$$\underset{\text{二氧化碳}}{} \quad \underset{\text{水}}{} \qquad\qquad\qquad \underset{\text{糖}}{} \quad \underset{\text{氧气}}{}$$

根据这一可逆反应过程,正向反应中二氧化碳和水被用来合成有机物(葡萄糖),并产生氧气。逆向的呼吸和分解反应中有机物被降解,与此同时消耗了氧气。

有机物生成-分解循环的化学表达远比式(19-1)复杂得多。例如,在这一过程中会有许多有机化合物生成和分解,此外还涉及碳、氢和氧以外的其他元素。后面几讲将予以更全面的介绍。然而,式(19-1)为量化这一循环过程奠定了基础。

19.2 溶解氧氧垂效应

在对自然界有机物生成-死亡循环有一个总体印象的基础上,我们把该循环与污水排放点下游的溪流环境联系起来(图19-2)。如果溪流本底没有受到污染,那么污水排放口上游的溶解氧浓度将接近饱和。未处理污水的排入将会增加溶解性和颗粒态有机质的浓度。这会产生两方面的影响。首先,固体物质使水体变浑浊,因此光线无法穿透溪流,从而导致植物生长受到抑制。一些固体在排污口下游沉降后,形成释放有害气体的河流沉积物层[图19-3(a)]。其次,有机质为异养微生物提供了营养,因此图19-1所示循环的右侧部分成为主导。大量异养微生物分解了水中的有机物,并在此过程中消耗了溶解氧。此外,沉积物中有机质分解消耗了孔隙水中的溶解氧,并最终导致了水中溶解氧的消耗。

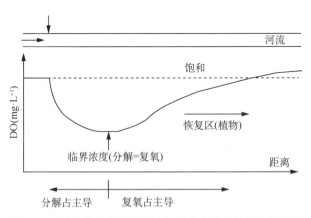

图19-2 污水排放点下游溪流河段中发生的溶解氧"氧垂"

随着溶解氧浓度的降低,大气中的氧气进入水中以弥补水中溶解氧的不足。最初,水中有机物分解耗氧和底泥分解对上覆水中溶解氧的消耗,要大于**大气复氧**。然而,随着有机物分解和河流中溶解氧浓度的下降,将会出现水中溶解氧消耗和大气复氧的平衡点,在该点处溶解氧浓度达到最低值或称之为"临界"水平。在该点的下游,大气复氧占主导地位,从而溶解氧浓度上升。在有机物该恢复区,由于污水排放出的大部分固体物质已经沉淀,水体将变得较为清澈。此外,分解过程中释放出的无机营养物会很高,因此恢复区往往是植物生长占主导。此时图 19-1 中循环的左侧过程就会更显著。

污水排放除了引起化学变化外,还会对河道的生物群产生重要影响。如图 19-3(b)和 19-3(c)所示,在排放口附近霉菌和细菌数量占优。此外细菌本身也为纤毛虫、轮虫和甲壳类组等一系列有机体提供了食物来源。在排放口下游的降解区和活性分解区,高等有机物的多样性急剧下降。与此同时有机物的总数增加[图 19-3(d)和图 19-3(e)]。随着水质的恢复,这些变化趋势将发生逆转。

所有这些化学相互作用导致了独特的溶解氧"氧垂",如图 19-2 所示。氧垂的关键特征是临界浓度或最小浓度。临界浓度的位置和大小取决于许多因素,包括污染负荷强度、溪流流量和地形、水温等。以下建立的模型旨在模拟溶解氧氧垂与这些因素之间的函数关系。

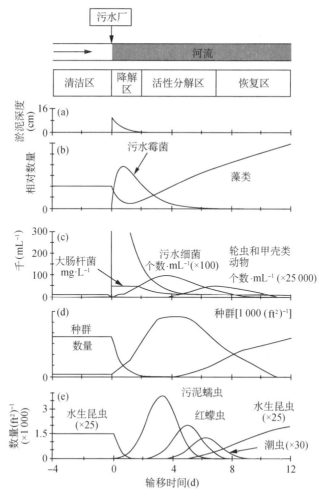

图 19-3　污水处理厂尾水排放点下游河段的生物群落变化

基于 Bartsch 和 Ingram(1977)的数据重新绘制

19.3 实验

模拟溶解氧氧垂的第一步是表征污水降解强度。为此我们将重点将放在生长-死亡循环的呼吸/分解部分,其一般化学表征式为[式(19-1)]:

$$C_6H_{12}O_6 + 6O_2 \xrightarrow{\text{呼吸作用}} 6CO_2 + 6H_2O \qquad (19\text{-}2)$$

设想在一个密闭的间歇式反应器中开展实验,以探究有机物的分解效应(参考第 2 讲)。设想将一定数量的糖放入初始溶解氧浓度为 o_0 的一瓶水中。另外添加少量细菌并将瓶子密封。假设分解过程遵循一级反应,则葡萄糖的质量平衡可以可表示为:

$$V\frac{\mathrm{d}g}{\mathrm{d}t} = -k_1 V g \qquad (19\text{-}3)$$

式中,g 为葡萄糖浓度(mg-葡萄糖·L^{-1});k_1 为反应容器中的葡萄糖分解速率(d^{-1})。如果葡萄糖的初始浓度为 g_0,则该方程式的解析解为

$$g = g_0 \mathrm{e}^{-k_1 t} \qquad (19\text{-}4)$$

接下来可写出溶解氧的质量平衡方程为

$$V\frac{\mathrm{d}o}{\mathrm{d}t} - r_{og} k_1 V_g \qquad (19\text{-}5)$$

式中 o 为溶解氧浓度(mgO·L^{-1}),r_{og} 为葡萄糖分解消耗溶解氧的化学计量比(mgO·mg-葡萄糖$^{-1}$)。将式(19-4)代入式(19-5)得到:

$$V\frac{\mathrm{d}y}{\mathrm{d}x} = -r_{og} k_1 V g_0 \mathrm{e}^{-k_1 t} \qquad (19\text{-}6)$$

如果溶解氧的初始浓度为 o_0,则上式的解析解为:

$$o = o_0 - r_{og} g_0 (1 - \mathrm{e}^{-k_1 t}) \qquad (19\text{-}7)$$

根据式(19-7),容器中的初始溶解氧浓度为 o_0;此后溶解氧浓度将呈指数递减并逐渐逼近:

$$o \rightarrow o_0 - r_{og} g_0 \qquad (19\text{-}8)$$

在继续学习后续内容之前,我们先来看一个例子。

【例 19-1】 密闭式间歇反应系统中的耗氧

在 250 mL 的瓶子里放入 2 mg 葡萄糖。然后加入少量细菌,并将瓶子其余部分装满水后密封。已知溶解氧的初始浓度为 10 mg·L^{-1}。如果葡萄糖以 0.1 d^{-1} 的速率分解,计算该封闭式间歇反应系统中的溶解氧浓度随时间变化。

【求解】 首先确定葡萄糖的初始浓度为:

$$g_0 = \frac{2 \text{ mg}}{250 \text{ mL}} \left(\frac{1\ 000 \text{ mL}}{L} \right) = 8 \text{ mg} \cdot L^{-1}$$

接下来确定单位质量葡萄糖分解所消耗的溶解氧量。基于式(19-2)的化学计量关系,计算得出:

$$r_{og} = \frac{6(32)}{6 \times 12 + 1 \times 12 + 6 \times 16} = 1.066\ 7 \text{ mgO mg-葡萄糖}^{-1}$$

因此,葡萄糖完全分解将消耗的溶解氧量为:

$$r_{og} g_0 = 1.066\ 7 \times 8 = 8.533\ 3 \text{ mg} \cdot L^{-1}$$

反应器中的溶解氧浓度最终将接近[式(19-8)]:

$$o \rightarrow 10 - 8.533\ 3 = 1.466\ 7 \text{ mg} \cdot L^{-1}$$

进一步可利用式(19-7)来计算溶解氧浓度随时间的变化。计算结果和对应的反应器中剩余葡萄糖浓度[根据式(19-4)计算,以溶解氧当量表示]如表 19-1 所示。

表 19-1　浓度

时间(d)	葡萄糖(mgO·L^{-1})	氧气(mgO·L^{-1})
0	8.533 3	10.000 0
4	5.720 1	7.186 7
8	3.834 3	5.300 9
12	2.570 2	4.036 9
16	1.722 9	3.189 5
20	1.154 9	2.621 5

将上述结果绘图表示,如图 19-4 所示。

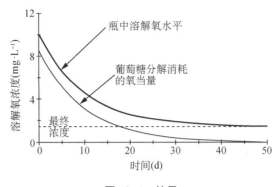

图 19-4　结果

19.4　生化需氧量

上一节末尾部分的实验旨在展示如何对简单的间歇式反应器系统中降解过程进行

模拟。表面上,可基于这种类似方法来模拟污水降解过程中的溶解氧消耗。然而,这种方法是有问题的。正如前面所说,污水不是由简单的葡萄糖组成。因此,要严格应用这一方法,必须确定每个污水样本中各种有机化合物的浓度。我们还要进一步确定每个降解反应的化学计量参数,并最终确定每种化合物的不同降解速率。很明显这种严格的做法是不切实际的。

在水质模型发展的早期,由于受到有机化合物表征技术的限制,应用该方法的限制条件更为严格。因此,最早的水质分析人员采取了经验方法,即直接忽略了污水中的各种成分。如同例 19-1 中所做的简单实验一样,分析人员将一些污水放入间歇反应器,然后仅仅测量污水分解过程中的溶解氧消耗量。由此产生的定量测量结果被称为**生化需氧量**或 **BOD**。

为了建立对上述简化过程的模型表征,我们定义一个新的变量 $L(\mathrm{mgO \cdot L^{-1}})$,即反应器中剩余的可被氧化有机物量,以氧气当量表示。间歇反应器系统中,针对 L 的质量平衡方程为

$$V\frac{\mathrm{d}L}{\mathrm{d}t} = -k_1 VL \tag{19-9}$$

如果初始浓度是 L_0,那么方程的解析解为

$$L = L_0 \mathrm{e}^{-k_1 t} \tag{19-10}$$

注意到污水降解过程中的氧气消耗量定义为

$$y = L_0 - L \tag{19-11}$$

或将其代入式(19-10),可以得到

$$y = L_0(1 - \mathrm{e}^{-k_1 t}) \tag{19-12}$$

式中,y 为 $\mathrm{BOD}(\mathrm{mgO \cdot L^{-1}})$。可以看到,$L_0$ 值定义为可被氧化有机物的初始浓度(以氧气量为单位表示),或者最终的 BOD 值。对这一概念的进一步解释如图 19-5 所示,包括了对式(19-10)和式(19-12)的描述。

接下来建立溶解氧的质量平衡方程

$$V\frac{\mathrm{d}o}{\mathrm{d}t} = -k_1 VL_0 \mathrm{e}^{-k_1 t} \tag{19-13}$$

如果溶解氧的初始浓度是 o_0,方程的解析解为

$$o = o_0 - L_0(1 - \mathrm{e}^{-k_1 t}) \tag{19-14}$$

根据该方程,反应器中最初的溶解氧水平为 o_0,此后,溶解氧浓度呈指数级递减,并逐渐接近

$$o \rightarrow o_0 - L_0 \tag{19-15}$$

注意到该表示形式与葡萄糖实验的结果是相同的。事实上,葡萄糖实验可以用 BOD 来模拟,即引入下面的表征关系

$$L_0 = r_{og} g_0 \tag{19-16}$$

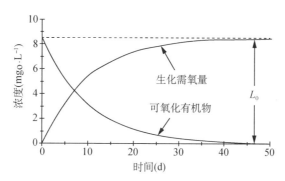

图 19-5　L_0 值定义为可被氧化有机物的初始浓度或最终 BOD

因此,通过引入 BOD 来忽略有机质的确切组成,就避免了表征具体有机物及其溶解氧消耗化学计量参数的难题。

最后需要指出的是,虽然污水中有机物的确切组成无法表征,但可以直接测量有机碳的含量。这种情况下,可对式(19-16)进行转换,将其表示为 BOD 与有机碳含量之间的关系,即:

$$L_0 = r_{oc} C_{org} \tag{19-17}$$

式中,C_{org} 为污水中有机碳的浓度($mgC \cdot L^{-1}$);r_{oc} 为单位质量碳分解的溶解氧消耗量($mgO \cdot mgC^{-1}$)。仍以式(19-2)的葡萄糖分解反应为例,该反应给出了单位质量碳分解耗氧的一个参照值:

$$r_{oc} = \frac{6(32)}{6(12)} = 2.67 \ mgO \cdot mgC^{-1} \tag{19-18}$$

最后需要指出的是,除了含碳有机物分解耗氧外,氨氮转化成硝酸盐的硝化过程中也会进一步产生溶解氧消耗。硝化作用的耗氧量有时被称为**氮化 BOD**(nitrogenous BOD)或 NBOD,以区别于上述的**碳化 BOD**(carbonaceous BOD, CBOD),第 23 讲将详细讲述硝化和 NBOD。

19.5　溪流 BOD 模型

现在我们将模型应用于污水处理厂排放点下游的溪流 BOD 模拟。在模型建模过程中,我们必须考虑到除了有机物分解外,颗粒物沉降作用也能够去除 BOD。因此,对于流量和几何地形恒定的渠道,BOD 的质量平衡方程可以写为

$$\frac{\partial L}{\partial t} = -U\frac{\partial L}{\partial x} - k_r L \qquad (19\text{-}19)$$

式中，k_r 为 BOD 总去除率（d^{-1}），由分解速率和沉降速率组成：

$$k_r = k_d + k_s \qquad (19\text{-}20)$$

其中，k_d 为溪流中 BOD 的分解速率（d^{-1}），k_s 为 BOD 的沉降去除率（d^{-1}）。需要理解的一点是河流中 BOD 分解过程与反应器实验中 k_1 代表的过程是相同的［见式（19-3）和式（19-9）］，但是式（19-20）中使用了不同的下标，旨在强调自然环境（例如河流）中的 BOD 降解速率通常有别于反应器中 BOD 的降解能力。此外，还需要注意到沉降速率与更多的基础参数相关：

$$k_s = \frac{v_s}{H} \qquad (19\text{-}21)$$

式中，v_s 为 BOD 沉降速度（$\mathrm{m \cdot d^{-1}}$）；H 为水深（m）。

稳态条件下，式（19-19）变成：

$$0 = -U\frac{\mathrm{d}L}{\mathrm{d}x} - k_r L \qquad (19\text{-}22)$$

假设在排放口处断面发生完全混合，则断面初始浓度可以通过入河污染负荷（下标 w）和上游来水 BOD 负荷（下标 r）的流量加权法计算［见式（9-42）］：

$$L_0 = \frac{Q_w L_w + Q_r L_r}{Q_w + Q_r} \qquad (19\text{-}23)$$

以此值为初始条件，求解出式（19-22）的解析解为：

$$L = L_0 \mathrm{e}^{-\frac{k_r}{U}x} \qquad (19\text{-}24)$$

因此，在 BOD 随水流向下游输移的过程中，其浓度会因降解和沉降而降低。

对于参数恒定的推流式溪流，式（19-24）除了可模拟点源排放口下游的 BOD 浓度分布外，还提供了估算此类系统污染物去除率的方法学架构。为实现这一功能，对式（19-24）两边取自然对数：

$$\ln L = \ln L_0 - \frac{k_r}{U}x \qquad (19\text{-}25)$$

因此如果上式成立的话，$\ln L$ 对 x/U（即水流流经时间）作图会产生一条斜率为 k_r 的直线。

图 19-6 展示了受纳原生污水排放的河流中，可能会观察到的几种典型 BOD 浓度分布模式。可以观察到污水排水口附近的下游断面 BOD 去除速率较快，通常是由易分解有机物的快速降解和污水中固体颗粒的沉降造成的。

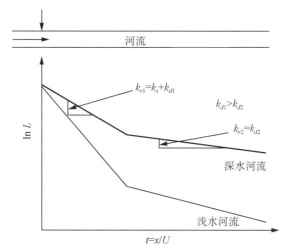

图 19-6　原生污水以点源形式排入水文地形恒定的推流式河流后,在下游断面的 **BOD** 浓度沿程分布

在排放点附近的河段,沉降和易降解有机物的快速分解导致 BOD 去除率很快。再往
下游河段,难降解有机物以较慢速率分解,导致了 BOD 去除率的降低

19.6　BOD 负荷、浓度和去除速率

在继续学习溶解氧模型的其他知识前,先介绍一些与生化需氧量相关的参数。

19.6.1　BOD_5(5 日 BOD)

如表 19-2 所示,反应器中 BOD 降解速率的典型范围为 $0.05 \sim 0.5 \ d^{-1}$,对应的几何平均值约为 $0.15 \ d^{-1}$。据此可以估算出反应器实验中的 95% 响应时间为:$t_{95} = 3/0.15 = 20 \ d$。由于如此长的测试时间对于水质化验人员而言难以接受,早期时他们采用了 5 d BOD 测试。

虽然将培养时间缩短至 5 d 使化验工作变得可行,但必须有一种将 5 d 结果外推至最终 BOD 浓度的方法。对此,一般要通过长历时的 BOD 测定实验来估计其衰减速率。如果一级降解模型成立,基于式(19-12)可求得

$$L_0 = \frac{y_5}{1 - e^{-k_1(5)}} \qquad (19\text{-}26)$$

式中,y_5 为 5 d 生化需氧量。表 19-1 给出了 5 d 生化需氧量与最终生化需氧量比值的典型数据。

19.6.2　BOD 负荷和浓度

表 19-3 给出了美国和发展中国家污水排放量和 BOD 浓度的典型数据。总体上美国的人均污水排放量较高,原因是用水量通常随着生活水平的提高而增加。像美国这样的发达经济体,由于其生活污水中残渣处理和其他配套设施较为完备,因此人均

BOD 的产生量也更高。而发展中国家的生活污水平均浓度通常更高,究其原因是这些国家用水量较少,导致人均 BOD 排放量反而高于美国的水平。

表 19-2　反应器实验中不同处理程度污水的 BOD 降解速率典型数据

处理	$k_1(20\ ℃)$	BOD_5/BOD_u
未处理污水	0.35 (0.20—0.50)	0.83
一级处理后污水	0.20 (0.10—0.30)	0.63
活性污泥工艺处理后污水	0.075 (0.05—0.10)	0.31

BOD_u 是指最终 BOD。此处的值是 CBOD

表 19-3　未经处理生活污水的典型负荷率

	人均污水排放量 $(m^3 \cdot 人^{-1} \cdot d^{-1})$	人均 CBOD 排放量 $(g \cdot 人^{-1} \cdot d^{-1})$	CBOD 浓度 $(mg \cdot L^{-1})$
美国	0.57 (150)*	125 (0.275)*	220
发展中国家	0.19 (50)*	60 (0.132)*	320

*加仑·人$^{-1}$·d^{-1};*磅·人$^{-1}$·d^{-1}

19.6.3　BOD 去除速率

　　反应器实验获取的数据提供了天然水域中 BOD 去除速率的初步估计。如表 19-1 所示,BOD 去除速率与污水排放前的处理程度有关。未经处理的污水是一系列化合物的混合体,既包括了含易降解的糖类也包括了较长时间才能分解的难降解物质。因为污水处理往往倾向于选择性地去除前者,所以实验室测得的处理后污水 BOD 去除速率往往较低。

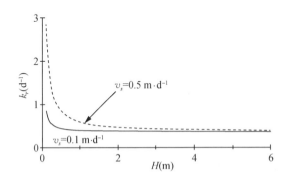

图 19-7　BOD 总去除速率与溪流水深的关系图

(对应 50%BOD 为可沉降形式)图中给出了沉降速度的范围。另外降解速率取值为 0.35 d^{-1}

　　正如预期的那样,基于反应器实验的 BOD 去除速率很少直接应用于河流,因为烧杯环境不能很好模拟河流。事实上,只有在深水和流速缓慢的河流中,其环境和实验室条件才会类似。在大多数河流中,自然环境因素往往使得 BOD 去除速率高于实验室结

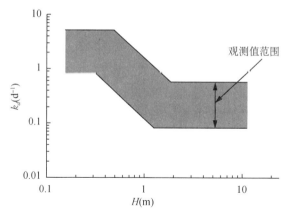

图 19-8　溪流中 BOD 降解速率与水深关系图

（Bowie 等，1985）

果，主要与沉降和河床效应有关。

　　沉降。沉降效应与污水中含有大量有机固体物质有关。河流中 BOD 总去除率是沉降速率和降解速率两者之和［见式(19-20)和(19-21)］：

$$k_r = k_d + \frac{v_s}{H} \tag{19-27}$$

　　根据图 19-7 提供的沉降速率典型数据，可以看到浅水溪流中（即水深＜1 m）污水 BOD 沉降速率对总去除速率的影响尤为明显。

　　河床效应。在其他条件相同的情况下，附着细菌对有机物的分解效果往往高于自由悬浮细菌。河底的有机物分解可采用 BOD 传质通量表征。因此与沉降作用类似，浅水系统中河底降解效应更为明显，原因是单位体积水中的有机物降解量相对更大。

　　图 19-8 展示了水深对降解速率的作用趋势，可采用下面公式拟合（Hydroscience，1971）：

$$\begin{aligned} k_d &= 0.3\left(\frac{H}{2.4}\right)^{-0.43} & 0 \leqslant H \leqslant 2.4 \text{ m} \\ k_d &= 0.3 & H > 2.4 \text{ m} \end{aligned} \tag{19-28}$$

　　因此，当水深小于约 2.4 米（8 英尺）时，有机物降解速率会随着水深的增加而减小。水深大于 2.4 m 后，降解速率趋于稳定，此时可参照反应器实验给出的数据。

　　最后，根据式(2-44)($k = k_{20}\theta^{T-20}$)，BOD 降解速率还可以外推到其他温度情形，其中 $\theta \cong 1.047$。

　　总之，BOD 的去除速率往往随温度升高而增加，并且在点源排放口附近的下游河段较高。对于未经处理的污水，后者的效应更为明显。此外，浅水系统中由于有机物沉降和河床效应的增强，相对于深水系统而言对 BOD 的去除率更高。

19.7 亨利定律和理想气体定律

如图 19-9 所示,如果将一个装有蒸馏水且不含气体的烧杯敞口放置,氧气、二氧化碳和氮气等气体化合物会穿过空气-水界面进入水溶液中。这一过程将一直持续到大气中气体分压与水相中的气体浓度达到平衡为止。这种平衡可由亨利(Henry)定律量化,表示为:

$$H_e = \frac{p}{c} \tag{19-29}$$

式中:H_e——亨利常数(atm·m^3·mol^{-1});

$\quad P$——大气分压(atm);

$\quad c$——水中的溶解性气体浓度(mol·m^{-3})。

表 19-4 总结了水质建模中一些常见气体的亨利常数。

若引入理想气体定律,式(19-29)也可以用无量纲形式表示:

$$c = \frac{p}{RT_a} \tag{19-30}$$

式中,R 为通用气体常数[8.206×10^{-5} atm·m^3(K·mol)$^{-1}$];T_a 为绝对温度(K)。因此,理想气体定律提供了一种将大气分压表示为 mol·m^{-3} 的方法。将式(19-30)代入式(19-29)并进行重新整理,得到无量纲形式的亨利常数:

$$H'_e = \frac{H_e}{RT_a} = \frac{c_g}{c_l} \tag{19-31}$$

式中,c_g 和 c_l 分别表示气相和液相的气体浓度(单位:mol·m^{-3})。

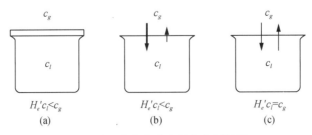

图 19-9 大气向水中的氧传质过程

密闭系统中的(a)溶解氧浓度处于非饱和状态。若系统敞开后与外界大气相通(b),
氧气进入水溶液直至达到平衡(c)。亨利定律提供了量化平衡条件的方法

表 19-4 水质模型中一些常见气体的亨利常数(改编自 Kavanaugh 和 Trussell, 1980)

成分	化学式	亨利常数(20 ℃)	
		(无量纲)	(atm·m^3·mole^{-1})
甲烷	CH_4	64.4	1.55×10^0

(续表)

成分	化学式	亨利常数(20 ℃)	
		(无量纲)	$(atm \cdot m^3 \cdot mole^{-1})$
氧气	O_2	32.2	7.74×10^{-1}
氮气	N_2	28.4	6.84×10^{-1}
二氧化碳	CO_2	1.13	2.72×10^{-2}
硫化氢	H_2S	0.386	9.27×10^{-3}
二氧化硫	SO_2	0.028 4	6.84×10^{-4}
氨气	NH_3	0.000 569	1.37×10^{-5}

应注意到,亨利定律指出在平衡状态下,气体的气相浓度与液相浓度之比保持恒定。在此条件下水中某种特定气体的浓度水平称为饱和浓度。以下给出了确定饱和溶解氧浓度的案例。

【例 19-2】　亨利定律和饱和溶解氧浓度

测定 20 ℃时的水中饱和溶解氧浓度。已知海平面附近的清洁、干燥空气中氧气体积约占 20.95%。

【求解】　假设道尔顿(Dalton)定律成立,计算出氧气分压为

$$p = 0.209\ 5(1\ atm) = 0.209\ 5\ atm$$

然后将该值与表 19-4 中的亨利常数值一起代入式(19-29),得到

$$c = \frac{p}{H_e} = \frac{0.209\ 5}{0.774} = 0.270\ 7\ mole \cdot m^{-3}$$

或者以质量单位表示,

$$c = 0.270\ 7\ mole \cdot m^{-3} \left(\frac{32\ g—OXYGEN}{mole} \right) = 8.66\ mg \cdot L^{-1}$$

19.8　饱和溶解氧浓度

上例所计算的天然水中饱和溶解氧浓度约为 10 mg · L^{-1}。一般来说,环境中有几个因素会影响到饱和溶解氧浓度。从水质建模的角度来看,其中最重要的是:
- 温度
- 盐度
- 海拔引起的分压变化

已经有几个经验方程来预测这些因素如何影响饱和溶解氧浓度。以下各节将对这些内容进行介绍。

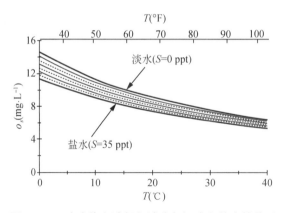

图 19-10 水中饱和溶解氧浓度与温度和盐度的关系

19.8.1 温度效应

下式可用来计算温度对饱和溶解氧浓度的影响（APHA，1992）：

$$\ln o_{sf} = -139.344\,11 + \frac{1.575\,701 \times 10^5}{T_a} - \frac{6.642\,308 \times 10^7}{T_a^2}$$
$$+ \frac{1.243\,800 \times 10^{10}}{T_a^3} - \frac{8.621\,949 \times 10^{11}}{T_a^4} \tag{19-32}$$

式中，o_{sf} 为 1 个大气压下淡水中的饱和溶解氧浓度（$\mathrm{mg \cdot L^{-1}}$）；T_a 为绝对温度（K），表示为：

$$T_a = T + 273.15 \tag{19-33}$$

其中，T 为温度（℃）。根据该式，饱和溶解氧浓度随温度升高而降低。如图 19-10 所示，淡水中的饱和溶解氧浓度在 $7.6\,\mathrm{mg \cdot L^{-1}}$（对应 30 ℃）～$14.6\,\mathrm{mg \cdot L^{-1}}$（对应 0 ℃）之间变化。

19.8.2 盐度效应

下式可用来计算盐度对饱和溶解氧浓度的影响（APHA，1992）：

$$\ln o_{ss} = \ln o_{sf} - S\left(1.767\,4 \times 10^{-2} - \frac{1.075\,4 \times 10^1}{T_a} + \frac{2.140\,7 \times 10^3}{T_a^2}\right) \tag{19-34}$$

式中，o_{ss} 为 1 个大气压时海水的饱和溶解氧浓度（$\mathrm{mg \cdot L^{-1}}$）；S 为盐度（$\mathrm{g \cdot L^{-1}}$，数量级为千分之一，ppt，有时以‰表示）。

盐度与氯化物之间有如下的近似关系：

$$S = 1.806\,55 \times \mathrm{Chlor} \tag{19-35}$$

式中，Chlor 为氯化物浓度（ppt）。盐度越高，水中的溶解氧浓度就越低（图 19-9）。

【例 19-3】　河口的饱和溶解氧浓度

某河口的温度为 20 ℃,盐度为 25 ppt,计算该河口的饱和溶解氧浓度。

【求解】　根据式(19-32)计算出:

$$\ln o_{sf} = -139.344\,11 + \frac{1.575\,701 \times 10^5}{293.15} - \frac{6.642\,308 \times 10^7}{293.15^2}$$
$$+ \frac{1.243\,800 \times 10^{10}}{293.15^3} - \frac{8.621\,949 \times 10^{11}}{293.15^4} = 2.207$$

对应的淡水中饱和溶解氧浓度为:

$$o_{sf} = e^{2.207} = 9.092 \text{ mg} \cdot \text{L}^{-1}$$

基于公式(19-34)来校正盐度的影响。盐水中的饱和溶解氧浓度为:

$$\ln o_{ss} = 2.207 - 25 \left(1.767\,4 \times 10^{-2} - \frac{1.075\,4 \times 10^1}{293.15} + \frac{2.140\,7 \times 10^3}{293.15^2} \right) = 2.060$$

最终得出:

$$o_{ss} = e^{2.060} = 7.846 \text{ mg} \cdot \text{L}^{-1}$$

因此,盐水中的饱和溶解氧浓度相当于淡水中的 86%。

19.8.3　大气压效应

下面公式可用来计算大气压对饱和溶解氧浓度的影响（APHA,1992）:

$$o_{sp} = o_{s1} p \left[\frac{\left(1 - \dfrac{p_{uv}}{p} \right) (1 - \theta p)}{(1 - p_{uv})(1 - \theta)} \right] \tag{19-36}$$

式中:p——大气压(atm);

o_{sp}——对应大气压 p 的饱和溶解氧浓度(mg·L^{-1});

o_{s1}——1 个大气压时的饱和溶解氧浓度;

p_{uv}——水蒸气分压(atm)。

p_{uv} 可通过下式计算:

$$\ln p_{uv} = 11.857\,1 \frac{3\,840.70}{T_a} - \frac{216\,961}{T_a^2} \tag{19-37}$$

参数 θ 的计算公式为:

$$\theta = 0.000\,975 - 1.426 \times 10^{-5} T + 6.436 \times 10^{-8} T^2 \tag{19-38}$$

注意,公式中的温度是用摄氏度而不是开氏度表示。

Zison 等人(1978)建立了一种基于海拔高度的便捷计算方法:

$$o_{sp} = o_{s1} [1 - 0.114\,8 \times \text{elev(km)}] \tag{19-39}$$

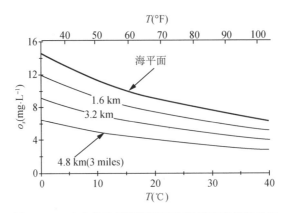

图 19-11 水中饱和溶解氧浓度与温度和海拔的关系

或者以英制单位表示：

$$o_{sp} = o_{s1}[1 - 0.000\,035 \times \text{elev(ft)}] \qquad (19\text{-}40)$$

式中，elev 为海拔高度。图 19-11 展示了这一关系，即随着海拔的升高，大气压下降和相应的饱和溶解氧浓度降低。

习 题

19-1 用分离变量法求解式(19-6)和式(19-7)。

19-2 由于一辆罐式卡车失控冲出了公路，3 万升葡萄糖糖浆泄漏后流入一个小型的高山湖泊。已知糖浆浓度为 100 g 葡萄糖·L^{-1}。

（a）计算泄漏的 CBOD 量，以克数表示；

（b）确定湖泊的饱和溶解氧浓度($T = 10\ ℃$；海拔 11 000 英尺)。

19-3 一个带有港湾的湖泊具有以下特征：

	湖泊	港湾
平均水深	8 m	3 m
表面积	$1.6 \times 10^6\ \text{m}^2$	$0.4 \times 10^6\ \text{m}^2$
入流量	50 000 $\text{m}^3 \cdot \text{d}^{-1}$	4 800 $\text{m}^3 \cdot \text{d}^{-1}$
入流 BOD 浓度	0 mg·L^{-1}	57 mg·L^{-1}

现计划建造一个可容纳 1 000 人的社区，并将未经处理的污水直接排放到港湾中。每人的污水和 CBOD 排放量分别为 0.568 $\text{m}^3 \cdot \text{人}^{-1} \cdot \text{d}^{-1}$ 和 113.4 g·$\text{人}^{-1} \cdot \text{d}^{-1}$。

（a）港湾的入流氯化物浓度为 50 mg·L^{-1}。湖泊和港湾中的氯化物浓度分别为 5 和 10 mg·L^{-1}。确定湖泊和港湾之间的体积扩散系数；

（b）如果 BOD 以 0.1 d^{-1} 的速率衰减并以 0.1 m·d^{-1} 的速率沉降，确定湖泊和港湾的稳态 BOD 浓度，以 mg·L^{-1} 表示。分别针对社区建成前后的情形进行计算。

19-4 针对未经处理污水以点源形式排入河流的情形,下表数据给出了溶解性 BOD 和总 BOD 的沿程分布:

x(km)	0	5	10	15	20	25	30	35
溶解性 BOD(mg·L^{-1})	20.0	17.0	14.7	12.9	11.6	10.5	9.6	8.9
总 BOD(mg·L^{-1})	40.0	29.4	22.5	17.8	14.6	12.3	10.7	9.6
x(km)	40	45	50	60	70	80	90	100
溶解性 BOD(mg·L^{-1})	8.3	7.8	7.3	6.6	6.0	5.5	5.1	4.7
总 BOD(mg·L^{-1})	8.7	8.0	7.5	6.7	6.0	5.5	5.1	4.7

使用这些数据估算河流的 BOD 去除速率(k_r, k_s 和 k_d)。已知流速和水深分别为 6 600 m·d^{-1} 和 2 m。

19-5 确定(a)氮气(大气中的体积为 78.1%)和(b)二氧化碳(0.031 4%)在 20 ℃时的饱和浓度。

19-6 某活性污泥处理工艺的污水厂将流量为 2 m^3·s^{-1} 和 BOD$_5$ 浓度为 10 mg·L^{-1} 的出水排放到流量为 5 m^3·s^{-1} 和 BOD 浓度为 0 的溪流中。该溪流的特性为:$k_{r,20}$ = 0.2 d^{-1},横截面面积=25 m^2,T=28 ℃。

(a)排放点处断面混合后的 BOD 浓度为多少?

(b)污水从排放点处进入河流后,在下游多远距离上溪流 BOD 浓度降至原始值的 5%?

19-7 某河口处测得的温度、盐度和溶解氧浓度为:

距离海洋距离(km)	30	20	10
温度(℃)	25	22	18
盐度(ppt)	5	10	20
溶解氧	5	6.5	7.5

计算三个站点处的溶解氧饱和百分比。

19-8 某盐水湖(主要含氯化钠)的海拔高度为 1 km、盐度为 10 ppt、温度为 25 ℃,计算该湖的饱和溶解氧浓度。

第 20 讲

气体传质和复氧

> **简介:** 本讲介绍了气体传质的两种理论:双膜模型和表面更新模型,并展示了如何将其用于天然水体中氧气传质的模拟。此外,还综述了溪流中大气复氧预测的公式。

假设一个开口的瓶子中装满了不含溶解氧的蒸馏水。从上一讲可知,此时大气中的氧气进入水中,经过足够的时间后水中的溶解氧浓度将达到亨利定律定义的饱和水平。同样如果水中氧气过饱和,氧气会不断离开溶液,直到恢复到饱和溶解氧水平。

关键问题是:"这一过程需要多长时间?"或者说我们希望评估这一进程的速度如何。现在设想一个实验来定量回答这个问题。

我们已经在开口的瓶子中装满了不含溶解氧的蒸馏水。如图 20-1 所示,在瓶子中放入一个搅拌装置。除了瓶子的狭窄瓶颈处之外(此处气体传质由分子扩散控制),该反应器的其余容积处于完全混合状态。

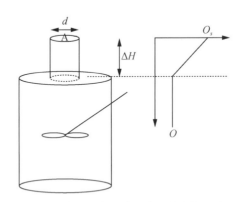

图 20-1 敞开和窄口的完全混合容器示意图

此种情形下气体传质由分子扩散主导

为了模拟该系统,假设空气-水界面处的水中溶解氧处于饱和状态。此种假设下反应器内溶解氧的质量平衡可以写为:

$$V = \frac{\mathrm{d}o}{\mathrm{d}t} = DA \frac{o_s - o}{\Delta H} \tag{20-1}$$

式中：D——水中溶解氧的分子扩散系数$(m^2 \cdot d^{-1})$；

　　　A——瓶颈的横截面面积(m^2)；

　　　o_s——饱和溶解氧浓度$(mg \cdot L^{-1})$；

　　　o——反应器内的溶解氧浓度$(mg \cdot L^{-1})$，

　　　ΔH——瓶颈长度(m)。

该模型也可表示为：

$$V \frac{do}{dt} = K_L A(o_s - o) \tag{20-2}$$

式中，K_L 为氧气传质速率$(m \cdot d^{-1})$，表示为：

$$K_L = \frac{D}{\Delta H} \tag{20-3}$$

将式(20-2)的两边同时除以体积并重新整理后得到：

$$\frac{do}{dt} + k_a o = k_a o_s \tag{20-4}$$

式中，k_a 为复氧速率(d^{-1})，等于 $K_L A/V$。若初始条件为 $t=0$ 时 $o=0$，式(20-4)的解析解为：

$$o = o_s(1 - e^{-k_a t}) \tag{20-5}$$

【例 20-1】　瓶内的氧气传质

图 20-1 所示的 300 mL 瓶子内装满了不含溶解氧的水。如果 $D = 2.09 \times 10^{-5} \, cm^2 \cdot s^{-1}$，$d=2$ cm，$\Delta H = 2.6$ cm，计算水中溶解氧浓度随时间变化。假设系统温度为 20 ℃，饱和溶解氧浓度为 9.1 $mg \cdot L^{-1}$。

【求解】　首先确定传质速率：

$$K_L = \frac{2.09 \times 10^{-5} \, cm^2 \cdot s^{-1}}{2.6 \, cm} \left(\frac{1 \, m}{100 \, cm} \frac{86\,400 \, s}{d} \right) = 0.006\,945 \, m \cdot d^{-1}$$

接下来计算大气复氧系数：

$$k_a = \frac{0.006\,945 \, m \cdot d^{-1} [\pi(0.01)^2] m^2}{300 \, mL} \left(\frac{10^6 \, mL}{m^3} \right) = 0.007\,273 \, d^{-1}$$

将其代入式(20-5)，得到：

$$c = 9.1(1 - e^{-0.007\,273t})$$

据此可以计算出不同时间的瓶内溶解氧浓度如表 20-1 所示。

表 20-1　瓶内溶解氧浓度

时间	0	80	160	240	320	400
溶解氧	0.00	4.01	6.25	7.50	8.21	8.60

计算结果绘图表示如图 20-2 所示：

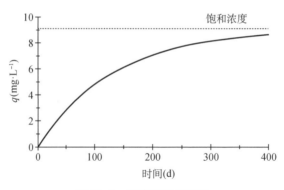

图 20-2 瓶内溶解氧浓度

经过较长一段时间后，水中溶解氧浓度接近饱和值。所需时间可通过 95％ 响应时间予以量化：

$$t_{95} = \frac{3}{0.007\,273} = 412\ \text{d}$$

因此，根据该模型，要达到 95％ 饱和溶解氧浓度需花费一年的时间。尽管自然界中的复氧并没有这么慢，但自然水体中的气体传质包含了一系列与反应器建模相关的原理。

20.1 气体传质理论

现在介绍两种广泛应用于天然水体气体传质的理论，包括双膜理论和表面更新理论。虽然这两种理论都可用于溪流、河口和湖泊，但双膜理论更广泛适用于湖泊等静止水域，而表面更新理论更常用于流动水体如溪流等。

20.1.1 惠特曼双膜模型

一种简单的气体交换模型是惠特曼（Whitman）的双膜或双阻力模型（Whitman，1923；Lewis 和 Whitman，1924）。

如图 20-3 所示，假定气相和液相的主体部分为紊动完全混合状态且各向同性。根据双膜理论，两相之间物质的移动在两个层流边界层处遇到最大阻力，此处传质是通过分子扩散进行的。通过单个膜的质量传质将是传质速度以及界面—两相主体之间浓度梯度的函数。例如，通过液膜的传质可以表示为：

$$J_l = K_l(c_i - c_l) \tag{20-6}$$

式中：J_l——从液相主体到界面的质量通量（$\text{mol} \cdot \text{m}^{-2} \cdot \text{d}^{-1}$）；

$\quad\quad K_l$——液相层流边界层中的传质速率（$\text{m} \cdot \text{d}^{-1}$）；

$\quad\quad c_i$ 和 c_l——空气-水界面处和液体主体中的液体浓度（$\text{mol} \cdot \text{m}^{-3}$）。

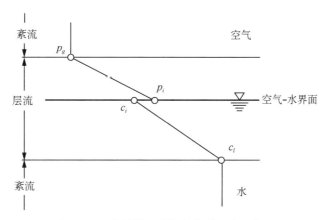

图 20-3　惠特曼双膜气体传质理论示意图

假定交界面处的液体和气体浓度处于亨利定律定义的平衡状态。薄膜中的梯度控制着气液两相之间的气体传质速率

类似地,通过气膜的传质可以表示为:

$$J_g = \frac{K_g}{RT_a}(p_g - p_i) \tag{20-7}$$

式中:J_g——从界面到气相主体的质量通量($\mathrm{mol \cdot m^{-2} \cdot d^{-1}}$);

　　　K_g——气相层流边界层中的传质速率($\mathrm{m \cdot d^{-1}}$);

　　　p_g 和 p_i——气相主体和空气-水界面处的气体压力(atm)。

注意,式(20-6)和式(20-7)中,正通量都表示向水中的传质。

传质系数可通过更为基础的参数予以表示:

$$K_1 = \frac{D_1}{z_1} \tag{20-8}$$

$$K_g = \frac{D_g}{z_g} \tag{20-9}$$

式中:D_l——液体中的分子扩散系数($\mathrm{m^2 \cdot d^{-1}}$);

　　　D_g——气体中的分子扩散系数($\mathrm{m^2 \cdot d^{-1}}$);

　　　z_l——液膜厚度(m);

　　　z_g——气膜厚度(m)。

双层膜理论的一个关键假设是空气-水界面处达到平衡状态。也就是说,空气-水界面处满足亨利定律(式 19-29):

$$p_i = H_e c_i \tag{20-10}$$

将式(20-10)代入式(20-6),得到:

$$p_i = H_e \left(\frac{J_l}{K_l} + c_l \right) \tag{20-11}$$

式(20-7)的解析解为:

$$p_i = p_g - \frac{RT_a J_g}{K_g} \tag{20-12}$$

将式(20-11)和(20-12)联立,求得传质通量为:

$$J = v_v \left(\frac{p_g}{H_e} - c_l \right) \tag{20-13}$$

式中,v_v 为通过空气-水界面的净传质速率(m·d^{-1}),可通过下式计算:

$$\frac{1}{v_v} = \frac{1}{K_l} + \frac{RT_a}{H_e K_g} \tag{20-14}$$

式(20-13)给出了一种根据气相和液相两主体之间浓度梯度来计算传质的方法。此外还得出了净传质速度的公式[式(20-14)],表达为环境特性 K_l 和 K_g 和气体特性参数 H_e 的函数。对式(20-14)求倒数,可直接计算出净传质速率为:

$$v_v = K_1 \frac{H_e}{H_e + RT_a(K_l/K_g)} \tag{20-15}$$

请注意此处略微修改了命名法,即使用"v"而不是"K"表示传质速率。这样做的目的是使系数命名与速度单位一致。下标 v 旨在表示该系数是挥发传质速率。

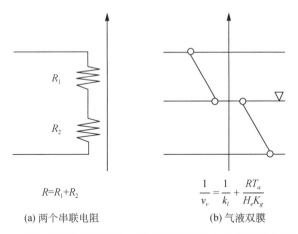

$R = R_1 + R_2$

(a) 两个串联电阻

$$\frac{1}{v_v} = \frac{1}{k_l} + \frac{RT_a}{H_e K_g}$$

(b) 气液双膜

图 20-4　气体传质的双膜理论类似于描述电路中两个串联电阻的公式

式(20-14)类似于电路中两个串联电阻的计算公式:

$$\frac{1}{R} = \frac{1}{R_1} + \frac{1}{R_2} \tag{20-16}$$

虽然式(20-14)从表面上看也是这种形式,但需要认识到每个薄膜中的阻力实际上是其传质速率的倒数。因此,式(20-14)实际上类似于求电路中两串联电阻的电阻和(图 20-4)。

如式(20-15)所描述,气体传质的总阻力是液体和气体边界层中各阻力的函数。根

据 K_l，K_g 和 H_e 的大小，液体、气体或双边界层均可成为气体传质的控制或限制因素。基于式(20-15)可得出如下公式以量化传质阻力(Mackay，1977)：

$$R_l = \frac{H_e}{H_e + RT_a(K_l/K_g)} \qquad (20\text{-}17)$$

式中，R_l 为液相边界层阻力与总阻力之比。对于湖泊，K_g 的变化范围约为 $100 \sim 12\ 000\ \mathrm{m \cdot d^{-1}}$，而 K_l 的变化范围为 $0.1 \sim 10\ \mathrm{m \cdot d^{-1}}$(Uss，1975；Emerson，1975)。$K_l$ 与 K_g 的比值通常在 $0.001 \sim 0.01$ 之间，其中小型湖泊中的比值较高，主要是由于避风效应下的 K_g 较低。R_l 与 H_e 关系图(图 20-5)给出了对应不同溶解度污染物的液膜、气膜和双膜阻力控制情形。通常亨利常数越高，气体传质就越受到液膜阻力的影响。还要注意的是和大型湖泊相比，小型湖泊的气体传质更多受到气膜阻力的控制。

如前所述，双膜理论通常较好适用于湖泊等静止水域。接下来我们学习另外一个理论。该理论将双膜理论扩展到诸如溪流等强对流流动系统。

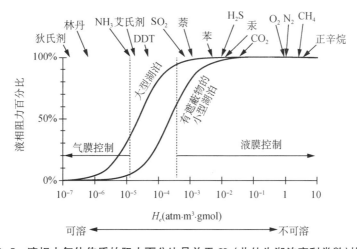

图 20-5 液相中气体传质的阻力百分比是关于 H_e(此处为湖泊亨利常数)的函数

图中给出了一些对环境有重要影响的气体和有毒物质 H_e 值[基于 Mackay(1977)的图形修改]

20.1.2 表面更新模型

该模型采用了与上一节中双膜模型不同的气体传质表征方法。与静止薄膜不同，该系统被认为是由一定时间段内被带到表面的水团组成。水团到达水面时，气液两相之间发生气体传质，之后水团离开水面并与液相主体混合(图 20-6)。

Higbie(1935)提出，当水团和气体首次接触时，液膜与液体主体中的气体浓度相等。因此，在双层膜理论成立之前(图 20-2)，溶解的气体必须穿透液膜层。因此，我们将这一理论称为**穿透理论**。

图 20-7 中的一系列虚线描述了这种穿透作用的演变过程。如果该过程不中断，将达到惠特曼双膜条件(图中实线)。

如专栏 20.1 所述，穿透理论可用于估算穿过空气-水界面的气体通量。

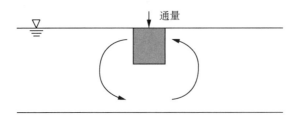

图 20-6　气体交换的表面更新模型描述

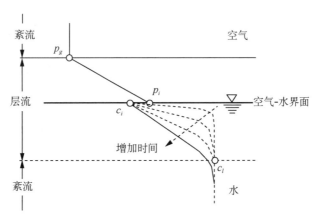

图 20-7　液膜与大气立即接触后的时间演变

$$J = \sqrt{\frac{D_l}{\pi t^*}}(c_s - c_l) \tag{20-18}$$

式中：D_l——液体中的分子扩散系数；

c_s——空气-水界面处的浓度；

c_l——液相主体的浓度；

t^*——流体团在界面处的平均接触时间。

这个方程本身价值不大，因为界面处的平均接触时间很难测量。然而，式(20-18)给出了一个有价值的理念，即如果穿透理论成立，传质速率与气体分子扩散系数的平方根成正比。

【专栏 20.1】　穿透理论的推导

假设有水团移动至空气-水界面(图 20-5)。可将水团理想化为一维半无限介质，如以下方程所描述：

$$\frac{\partial c}{\partial t} = D_1 \frac{\partial^2 c}{\partial z^2} \tag{20-19}$$

方程的初始和边界条件为：

$$c(z, 0) = c_l \qquad \text{初始条件}$$
$$c(0, t) = c_s \qquad \text{空气-水界面的边界条件} \qquad (20\text{-}20)$$
$$c(\infty, t) = c_l \qquad \text{底部边界条件}$$

式中，D_l——液体中的分子扩散系数；

　　　c_s——空气-水界面处的浓度；

　　　c_l——液相主体浓度。

　　基于上述条件，可以求出式(20-19)的解析解为：

$$c(z, t) = (c_s - c_1) erfc \left(\frac{z}{2\sqrt{D_1 t}} \right) \qquad (20\text{-}21)$$

式中 $erfc$ 是余误差函数。$erfc$ 等于 $1 - erf$，其中 erf 是误差函数（请阅读第 10.3.2 节和附录 G）：

$$\text{erf}\phi = \frac{2}{\pi} \int_0^\phi e^{-\xi^2} d\xi \qquad (20\text{-}22)$$

　　界面($z = 0$)处可应用菲克第一定律来计算空气-水界面的传质通量：

$$J(0, t) = -D_1 \frac{\partial c(0, t)}{\partial z} \qquad (20\text{-}23)$$

　　平均通量由如下公式计算：

$$J = \frac{\int_0^{t^*} J(0, t) dt}{t^*} \qquad (20\text{-}24)$$

　　式中 t^* 为流体团在界面处的平均接触时间。对方程(20-21)求微分并将其代入式(20-23)和式(20-24)，最终求解出：

$$J = \sqrt{\frac{D_1}{\pi t^*}} (c_s - c_t) \qquad (20\text{-}25)$$

　　Higbie 理论的一个基本假设是，所有水团在界面处的接触时间是相同的。Danckwerts (1951)假设水团随机到达和离开界面，从而修正了该方法。也就是说，水团与空气的接触可用统计分布进行描述。这种方法称为表面更新理论，据此推导出：

$$J = \sqrt{D_l r_l} (c_s - c_l) \qquad (20\text{-}26)$$

式中，r_1 为液体表面更新率，单位为 T^{-1}。

　　表面更新理论也可以应用于界面的气态一侧，即假设气体团也以随机的方式与空气-水界面接触。因此，液相和气相的传质速率可以表示为：

$$K_l = \sqrt{r_l D_l} \tag{20-27}$$

$$K_g = \sqrt{r_g D_g} \tag{20-28}$$

将上述表达式代入式(20-14)式或式(20-15),可估算出界面处的总传质速率。

可以看到,双层膜理论与表面更新理论之间的主要区别在于液膜和气膜的传质速率如何计算。双膜理论中传质速率与 D 成正比[见式(20-8)和(20-9)],而表面更新理论中传质速率与 D 的平方根成正比[见式(20-27)和(20-28)]。

本书后面在介绍有毒物质时,将会重新回到气体传质的话题。届时,会给出关于有毒物质亨利常数和交换系数的相关信息。在此,我们只聚焦于氧气传递问题。

20.2 大气复氧

至此我们得到了描述任一种气体传质通量的通用方程[方程(20-13)]:

$$J = v_v \left(\frac{p_g}{H_e} - c_l \right) \tag{20-29}$$

现在我们将上式应用于大气复氧。由于氧气的亨利常数(较高,$\cong 0.8\ atm \cdot m^3 \cdot mol^{-1}$),绝大多数情况下氧气的传质速率是由液膜控制的。相应 $v_v = K_l$,以及式(20-29)变为:

$$J = K_l \left(\frac{p_g}{H_e} - o \right) \tag{20-30}$$

式中,o 为水中的氧气浓度。此外,由于氧气在大气中非常丰富,因此氧气分压是恒定的。这种情况下得到:

$$J = K(o_s - o) \tag{20-31}$$

式中,o_s 为饱和溶解氧浓度。

将公式(20-31)两边同时乘以氧的分子量($32\ g \cdot mol^{-1}$),可以将摩尔通量转换为质量通量,并将液体浓度以质量而非摩尔浓度单位表示。若方程两边同时乘以暴露于大气中的液体表面积,可将公式从通量转换为单位时间的质量。因此,对于完全混合的开放间歇式系统,氧气的质量平衡方程可写为:

$$V \frac{do}{dt} = K_l A_s (o_s - o) \tag{20-32}$$

式中,A_s 为水体表面积。

最后需要说明的是,许多情况下(尤其是溪流和河流)传质速率表示为一级反应速率。对气-水界面不受限制的情形(图 20-1 中的反应器不属于这种情形),水体的体积为:

$$V = A_s H \tag{20-33}$$

式中 H 为平均水深。相应式(20-32)可以表示为：

$$V \frac{\mathrm{d}o}{\mathrm{d}t} = k_a V(o_s - o) \tag{20-34}$$

其中 k_a 为复氧速率，等于：

$$k_a = \frac{K_l}{H} \tag{20-35}$$

不论氧气传质速率怎样参数化，式(20-32)或式(20-34)都提供了认识氧气复氧机制的视角。传质的方向和大小取决于水中溶解氧饱和值和实际值之间的差值。如果水中溶解氧未达到饱和($o<o_s$)，那么氧气大气进入水中以试图将水体恢复到饱和状态，此时传质为正(水中的氧气量增加)。反之，如果水中溶解氧过饱和($o>o_s$)，那么氧气从水体释放进入大气中，此时传质为负(水中的氧气量减少)。

氧气复氧速率可以外推到其他温度，即：

$$k_{a,T} = k_{a,20} \theta^{T-20} \tag{20-36}$$

式中，$\theta \cong 1.024$。

20.3　复氧速率公式

已有许多研究人员推导了用于预测溪流和河流复氧的公式。有关这方面的综述可参阅一些文献(Bowie 等人，1985)。本节将介绍一些天然水体复氧速率估算的最常用公式。

20.3.1　河流和溪流

人们已经提出了许多公式来模拟溪流的大气复氧。其中奥康纳-多宾斯(O'Connor-Dobbins)公式、丘吉尔(Churchill)公式和欧文斯-吉布斯(Owens-Gibbs)公式是三个最常用的公式。

奥康纳-多宾斯公式。20.1.2 节讲到了表面更新模型。基于此模型，氧气传质速率可按下式计算：

$$K_l = \sqrt{r_l D_l} \tag{20-37}$$

O'Connor 和 Dobbins(1956)假设表面更新速率可近似表示为平均流速与深度的比值，即：

$$r_1 = \frac{U}{H} \tag{20-38}$$

这一假设已被实验测量证实。将该值代入式(20-37)，得到：

$$K_1 = \sqrt{\frac{D_1 U}{H}} \tag{20-39}$$

上述关系式通常表示为复氧速率的形式：

$$k_a = \sqrt{D_1}\,\frac{U^{0.5}}{H^{1.5}} \qquad (20\text{-}40)$$

溶解氧在天然水体的扩散系数约为 $2.09 \times 10^{-5}\,\mathrm{cm^2\ s^{-1}}$。因此，奥康纳-多宾斯公式可以表示为：

米制单位

$$k_a = 3.93\,\frac{U^{0.5}}{H^{1.5}}$$

单位：$k_a(\mathrm{d^{-1}})$，$U(\mathrm{m \cdot s^{-1}})$，$H(\mathrm{m})$

英制单位

$$k_a = 12.9\,\frac{U^{0.5}}{H^{1.5}}$$

单位：$k_a(\mathrm{d^{-1}})$，$U(\mathrm{ft \cdot s^{-1}})$，$H(\mathrm{ft})$

$(20\text{-}41)$

丘吉尔公式　Churchill 等人（1962）提出了更具经验性的方法。他们发现田纳西河流域的一些水库出水溶解氧低于饱和浓度。据此他们测量了这些大坝下游河段的溶解氧浓度，并计算出相应的复氧速率。然后他们将计算结果与水深和速度相关联，从而得出：

米

$$k_a = 5.026\,\frac{U}{H^{1.67}}$$

英尺

$$k_a = 11.6\,\frac{U}{H^{1.67}}$$

单位与式（20-41）相同

$(20\text{-}42)$

欧文斯-吉布斯公式　Owens 等人（1964）也使用了一种经验方法，但他们是在大不列颠的几条溪流中加入亚硫酸盐以引起溶解氧的消耗。然后他们将结果与田纳西河的数据综合分析，得出了以下公式：

米制单位

$$k_a = 5.32\,\frac{U^{0.67}}{H^{1.85}}$$

英制单位

$$k_a = 21.6\,\frac{U^{0.67}}{H^{1.85}}$$

单位与公式（20-41）相同

$(20\text{-}43)$

不同公式之间的比较　如表 20-2 所示，奥康纳-多宾斯公式，丘吉尔公式和欧文斯-吉布斯公式是针对不同类型溪流发展而来的。Covar（1976）发现，这三个公式可以结合起来使用，从而预测不同水深和速度范围的河流大气复氧量（Zison 等人，1978）。由图 20-8 可看出，奥康纳-多宾斯公式适用性最广泛，可用于水深从中等到较深的中低流速河流。丘吉尔公式适用于类似水深但流速更快的河流。欧文斯-吉布斯公式适用于较浅河流。

表 20-2　用于溪流大气复氧预测的奥康纳-多宾斯公式、丘吉尔公式和
欧文斯-吉布斯公式适用范围(水深和速度条件)

参数	奥康纳-多宾斯公式	丘吉尔公式	欧文斯-吉布斯公式
水深, m	0.30～9.14	0.61～3.35	0.12～0.73
英尺	1～30	2～11	0.4～2.4
速度, $m \cdot s^{-1}$	0.15～0.49	0.55～1.52	0.03～0.55
$ft \cdot s^{-1}$	0.5～1.6	1.8～5	0.1～1.8

需要注意的是,奥康纳-多宾斯公式通常比丘吉尔公式和欧文斯-吉布斯公式得出
的计算值低。一种可能的解释是,奥康纳-多宾斯公式更适用于流速较慢和较深的河
道,但这样的河流相比流速快、水深较浅的河流比较理想化(即更像水槽),而在后者情
形,跌水结构和湍急的水流会增强复氧效果。

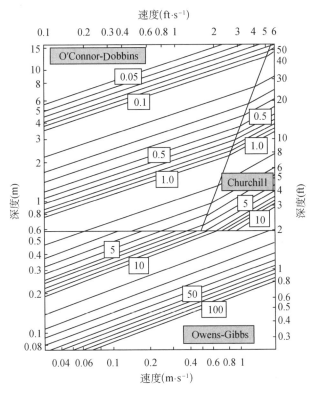

图 20-8　大气复氧速率(d^{-1})与流速和深度的关系图(Covar, 1976 和 Zison 等, 1978)

其他公式　除了奥康纳-多宾斯公式,丘吉尔公式和欧文斯-吉布斯公式之外,还有
许多其他的大气复氧公式。Bowie 等(1985)对这些公式进行了全面整理,并列出了评
述和对比这些公式的相关文献。

此外,除了允许用户直接指定大气复氧值外,EPA 的 QUAL2E 模型等软件包还提
供了根据公式自动计算大气复氧速率的选项。在 26 讲中介绍 QUAL2E 模型时,将给

出这些公式。

20.3.2　瀑布和堤坝

溪流中的氧气传质会受到瀑布和水坝的显著影响。Butts and Evans (1983) 对这方面的工作进行了评述，并建议采用如下公式：

$$r = 1 + 0.38abH(1 - 0.11H)(1 + 0.046T) \qquad (20\text{-}44)$$

式中：r——坝上下游的溶解氧氧亏比值；

　　　H——水位差 (m)；

　　　T——水温 (℃)；

　　　a 和 b——水质和大坝类型的校正系数。

适用于不同条件的 a 和 b 值如表 20-3 所示。

表 20-3　用于预测大坝对溪流复氧影响的公式 (20-24) 系数值

水质系数	
污染状态	a
重度污染	0.65
中度污染	1.0
轻度污染	1.6
无污染	1.8
坝型系数	
水坝类型	b
平坦的宽顶规则台阶	0.70
平坦的宽顶不规则台阶	0.80
平坦的宽顶垂直面	0.60
平坦的宽顶顺直坡面	0.75
平坦的宽顶曲面	0.45
圆形的宽顶曲面	0.75
尖顶的顺直坡面	1.00
尖顶垂直面	0.80
闸门	0.05

20.3.3　静滞水体和河口

对于静滞水体如湖泊、水库和宽阔的河口，风应力是导致复氧的主要原因。

湖泊。许多公式将氧传质系数表示为风速的函数。例如根据 Broecker 等人

(1978)推导的公式,两者之间呈现线性关系:

$$K_l = 0.864U_w \tag{20-45}$$

式中：K_l——氧气传质系数（m·d^{-1}）；

　　U_w——水面以上 10 米处得的风速（m·s^{-1}）。

还有一些人试图描述风速增加时空气-水界面产生的不同紊流状态。例如,可采用如下的经验公式(Banks,1975；Banks 和 Herrera,1977):

$$K_l = 0.728U_w^{0.5} - 0.317U_w + 0.037\,2U_w^2 \tag{20-46}$$

可以看出,在风速较高时,氧气传质由风速的二阶项主导(图 20-9)。

与河流复氧公式一样,湖泊中氧传质公式同时具有经验和理论依据。例如,Wanninkhof 等人(1991)利用湖泊中的气体示踪实验建立了以下公式:

$$K_l = 0.108U_w^{1.64}\left(\frac{600}{Sc}\right)^{0.5} \tag{20-47}$$

式中,Sc 为施密特(Schmit)数,水中溶解氧的施密特数约为 500。如果采用该值,则 Wanninkhof 公式简化为 $K_l = 0.118\,3U_w^{1.64}$。

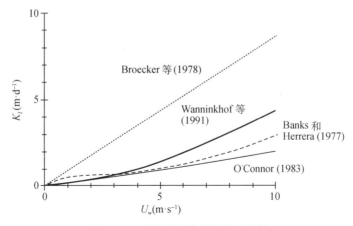

图 20-9　基于风速的复氧公式比较

最后,O'Connor(1983)提出了一系列基于风速的理论公式来计算低溶解度气体的传质。该公式适用于氧气传质。

需要指出的是,有许多基于风速计算氧气传递的公式。许多这方面的工作来自 Bowie 等(1985)的文献。正如图 20-8 所显示,这些公式涵盖了宽泛的范围。因此,在将这些公式应用于模型计算之前,建议获取实地测量值以核查公式的有效性。这项工作可借助于人工示踪剂研究,如 Wanninkhof 等人(1991)给出的相关案例（见 20.4 节）。此外,也可借助天然水体中的耗氧来获取直接测量结果(见专栏 20.2)。

【专栏 20.2】　湖泊复氧的直接测量

温带地区的许多湖泊在夏季会出现热分层,即分为上层(变温层)和下层(均温层)。一般来说,表层水体的溶解氧浓度接近饱和。如果上层水体表现为生产性(即植物生长较快),植物沉降后聚集在均温层。植物分解会大量消耗底层水体的氧气。当秋季湖水发生翻转时(即由于水温下降和风力增加而导致的垂向混合),上下层水体的混合有时会导致湖泊中的溶解氧浓度远低于饱和浓度。

在某些情况下,湖泊可以被假定为一个开放的间歇式反应器:也就是说,入流和出流的氧气传质作用可以不予考虑,而只考虑湖面的气体传质。若再忽略其他的一些氧气源汇项(例如沉积物耗氧),那么可以写出湖水翻转后的溶解氧质量平衡,如下所示:

$$\frac{\mathrm{d}o}{\mathrm{d}t} = k_a(o_s - o) \tag{20-48}$$

如果湖水翻转后的饱和溶解氧浓度是恒定的,那么方程的解析解为($t=0$ 时 $o=o_i$):

$$o = o_i \mathrm{e}^{-k_a t} + o_s(1 - \mathrm{e}^{-k_a t}) \tag{20-49}$$

因此,如果能够测出随时间变化的溶解氧浓度,那么就可利用该模型来计算复氧速率。

Gelda 等人(1996)将该方法应用于纽约州锡拉丘兹的奥农达加湖(Onon Daga Lake)。图 20-10 显示了 1990 年秋季翻转后湖中的溶解氧浓度以及基于式(20-49)的拟合曲线,据此推算出的复氧速率为 0.055 d^{-1}。此外,该图还显示了基于风速对复氧速率修正后的模拟结果。考虑可变风速的模拟结果与实测值的吻合程度更好,这表明风速变化对于湖泊中的气体传质模拟非常重要。

Gelda(1996)等人的方法不需要向环境中投加示踪剂和染料,这一点是尤其值得肯定的。该方法是通过直接测量整个湖泊的溶解氧浓度来估算复氧速率,因此那么这种直接测量比经验性的公式估计更为优越。

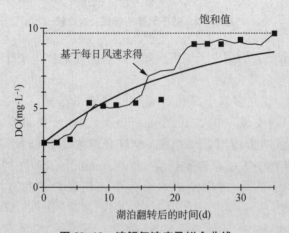

图 20-10　溶解氧浓度及拟合曲线

河口　因为河口的气体传质受到水流和风速两方面的影响,所以河口复氧速率的计算需要综合考虑与水流和风速相关的经验公式。

水流速度效应通常用奥康纳-多宾斯公式计算[式(20-40)]:

$$k_a = \frac{\sqrt{D_1 U_o}}{H^{3/2}} \qquad (20\text{-}50)$$

式中,U_0 为一个完整潮汐周期内的平均潮汐流速。

风应力效应可使用本讲前面部分的静止水体中经验公式来计算。例如,可根据式(20-46)来计算复氧速率,即:

$$k_a = \frac{0.728 U_w^{0.5} - 0.317 U_w + 0.037\,2 U_w^2}{H} \qquad (20\text{-}51)$$

Thomann 和 Fitzpatrick(1982)综合了以上两个公式来研究同时受到潮汐流速和风应力影响的河口复氧速率:

$$k_a = 3.93 \frac{\sqrt{U_o}}{H^{3/2}} + \frac{0.728 U_w^{0.5} - 0.317 U_w + 0.037\,2 U_w^2}{H} \qquad (20\text{-}52)$$

20.3.4　其他气体传质系数推算

如前所述,本书后面对有毒有机物进行建模时,将再次讨论气体传质的内容。然而,除了有毒物质,其他一些常见气体在环境工程问题研究中也应引起关注。

其中最重要的是二氧化碳和氨气。前者在 pH 计算中很重要,而后者与氨的毒性问题有关。

Mackay 和 Yeun(1983)提出了一种基于常用气体(如氧气和水蒸气)经验公式来推断其他气体传质速率的方法。例如,气体的液膜交换系数可表示为:

$$K_l = K_{l,\,O_2} \left(\frac{D_l}{D_{l,\,O_2}} \right)^{0.5} \qquad (20\text{-}53)$$

式中,K_l 和 D_l 分别为交换系数和扩散系数,下标 O_2 表示氧气的交换和传质系数。类似地,气体的气膜交换系数与水蒸气的对应系数之间满足一定比例关系

$$K_g = K_{g,\,H_2O} \left(\frac{D_g}{D_{g,\,H_2O}} \right)^{0.67} \qquad (20\text{-}54)$$

Mills 等(1982)提出了以下公式来近似计算水的气膜交换系数:

$$K_{g,\,H_2O} = 168 U_w \qquad (20\text{-}55)$$

式中,$K_{g,\,H_2O}$ 的单位为 m・d^{-1},U_w 为风速(m・s^{-1})。

Schwarzenbach 等(1993)将扩散系数与分子量联系起来。25 ℃时他们给出的方程为

$$D_1 = \frac{2.7 \times 10^{-4}}{M^{0.71}} \tag{20-56}$$

$$D_g = \frac{1.55}{M^{0.65}} \tag{20-57}$$

另外一些研究人员将式(20-53)～式(20-56)联系起来,直接得出了交换系数与分子量之间的函数关系。基于此方法,Mills等人(1982)得出了如下公式:

$$K_l = K_{l,\,O_2} \left(\frac{32}{M}\right)^{0.25} \tag{20-58}$$

以及

$$K_g = K_{g,\,O_2} \left(\frac{18}{M}\right)^{0.25} \tag{20-59}$$

20.4 基于示踪剂的大气复氧测量

除了公式外,还可以通过现场观测直接确定复氧速率。常用的方法有四种。前三种方法是基于质量平衡模型和实测溶解氧数据的复氧速率反向推演技术,包括:

• 稳态溶解氧平衡。如果能够分别确定导致溶解氧氧亏的相关参数(即耗氧速率、沉积物耗氧量等),那么控制氧垂曲线的唯一变量为复氧系数。但是,由于其他因素很难准确测量,以这种方式获得的估计值通常是高度不确定的。然而,正如 Churchill 对田纳西河的研究一样[见式(20-42)的讨论],这种方法对某些特定问题会有较好的效果。专栏20.2给出了湖泊中会发生的此类情形。

• 亚硫酸钠耗氧。如 Owens 对英国河流的研究,通过向河流中添加亚硫酸钠可人为降低溶解氧浓度。在相对清洁的系统中,由于其他效应可忽略不计,这种方法尤为适用。

• 昼夜溶解氧波动。在某些河流中,植物的生长会引起溶解氧浓度的昼夜波动。Chapra 和 Di Toro(1991)已经阐述了如何使用这些数据来估算复氧速率。第24讲讨论光合作用对溶解氧的影响时,将介绍这种方法。

• 第四种现场测量复氧速率的方法与前面几种截然不同。与直接测量溶解氧不同,在系统中加入了一种挥发性物质。选择这类物质的原因是①挥发方式类似水中氧气向大气的传递;②水体中不发生反应;③浓度测量的成本较低。最常见的是放射性物质(如氪-85)、碳氢化合物(如乙烯、丙烷、甲基氯等)和无机示踪剂(如六氟化硫)。这些示踪剂通常与保守性、不挥发的示踪剂(氚、锂)一起加入系统,用以确定离散系数(见10.4节)。

通常采用的投加方式是连续或脉冲实验。对于连续投加实验,示踪剂以恒定速率投加到水体中,直至下游两个站点的浓度都达到稳定。此时基于式(10-36)可估算出气体传质的一级速率:

$$k = \frac{1}{\bar{t}_2 - \bar{t}_1} \ln \frac{M_1}{M_2} \tag{20-60}$$

式中,下标 1 和 2 表示上游和下游站点位置,$\bar{t}$ 表示到这两个站点之间的示踪剂平均流经时间,M 是示踪剂的质量。因为实验是连续的,所以质量应该等于每个站点的流量乘以浓度。因此,该方程可以表示为(假设流量恒定):

$$k = \frac{1}{\bar{t}_2 - \bar{t}_1} \ln \frac{c_1}{c_2} \tag{20-61}$$

类似的方法可用于脉冲实验,不同的是式(20-60)中的质量需通过积分确定(见第 10 讲)。

一旦估算出气体的一级传质速率,就可将计算结果外推至氧气的传质速率。一种实现方法是利用经验公式(20-58)和式(20-59)来确定气体和氧气传质之间的相关关系。尽管这种方法是可行的,但人们在开展示踪剂研究的同时,还建立了以下的比例换算公式来直接确定氧气传质速率:

$$k_a = Rk \tag{20-62}$$

式中,R 为气体-示踪剂交换速率与复氧速率之间的换算系数(表 20-4)。

表 20-4　气体—示踪剂交换速率与大气复氧速率之间的换算系数

示踪物	R	参考
乙烯	1.15	Rathbun 等人(1978)
丙烷	1.39	Rathbun 等人(1978)
氯甲烷	1.4	Wilcock (l984a, b)
六氟化硫	1.38	Canale 等人(1995)
氪	1.2	Tsivoglou 和 Wallace (1972)

习　题

20-1　由于一辆罐车失控后冲出公路,3 万升葡萄糖糖浆泄漏后排入一个小型的山地湖泊中。糖浆浓度为 100 g 葡萄糖 $\cdot \text{L}^{-1}$。该湖在泄漏后的一段时间内具有以下特征:停留时间$=30 \text{ d}$、深度$=5 \text{ m}$、面积$=5 \times 10^4 \text{ m}^2$、海拔$=11\,000$ 英尺、风速$=2.235 \text{ m} \cdot \text{s}^{-1}$、温度$=10 \text{ ℃}$。假设湖泊完全混合,且泄漏事故发生前 $\text{BOD}=0$ 和溶解氧处于饱和状态。另外入流河流的溶解氧也处于饱和状态。使用 $k_d = 0.2 \text{ d}^{-1}$ 和式(20-46)计算:

(a) 溢出的 CBOD 量,以克数表示;

(b) 泄漏事件发生后的湖水中 CBOD 和溶解氧浓度变化;

(c) 该系统中溶解氧浓度最低点的出现时间。

20-2　美国某湖泊的表面积为 $5 \times 10^5 \text{ m}^2$,平均深度为 5 m,停留时间为 1 周。如

果 BOD 降解速率为 0.1 d^{-1}，以及湖泊中期望的溶解氧浓度为 $6 \text{ mg} \cdot \text{L}^{-1}$，夏季期间（风速 $=0.8 \text{ m} \cdot \text{s}^{-1}$，温度 $=30$ ℃，海拔 $=1 \text{ km}$）可以向该系统排放多少量的污染物？假设污水的溶解氧浓度为零，且污染物不会发生沉降。此外，将结果以允许的污水入流浓度表示。

20-3 假设例 20-1 描述的 300 毫升瓶子有一个图 20-11 所示的开口顶部。重新计算例 20-1。类似瓶颈效应，假设通过液膜的气体传质由分子扩散控制。

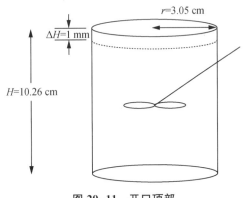

图 20-11　开口顶部

20-4 在污水排放口下游的污染严重河段上，有一座平坦的宽顶堰式阶梯坝。已知坝的跌水高度为 2 m。该河流的海拔高度为 2 km。如果上游来水的溶解氧浓度为 $2 \text{ mg} \cdot \text{L}^{-1}$ 以及水温为 26 ℃，试确定坝下的水中溶解氧浓度。

20-5 基于式(20-56)与式(20-53)，推导出式(20-58)。

20-6 某染料示踪研究得出了以下随时间变化的乙烯浓度数据：

站点 1(6 km)

t(min)	0	10	20	30	40	50	60	70	80	90	100
$c(\mu\text{g} \cdot \text{L}^{-1})$	0	9	69	81	78	74	71	80	80	80	80

站点 2(13.5 km)

t(min)	9	9.5	10	10.5	11	11.5	12	12.5
$c(\mu\text{g} \cdot \text{L}^{-1})$	0.0	0.0	1.4	2.9	3.4	4.6	3.4	3.0
t(min)	13	13.5	14	14.5	15	15.5		
$c(\mu\text{g} \cdot \text{L}^{-1})$	2.9	2.3	2.1	1.1	1.1	0.6		

另外，开展的罗丹明染料和锂示踪剂研究得出，上下游站点的流经时间和离散系数分别为 0.5 d 和 $8.3 \times 10^4 \text{ cm}^2 \cdot \text{s}^{-1}$。河流具有以下特征：$Q = 3.7 \text{ m}^3 \cdot \text{s}^{-1}$，$B = 46$ m，$T = 21$ ℃。

(a) 估算河流的大气复氧速率，并将估算结果与符合河流参数范围的大气复氧速率公式进行对比；

（b）基于式(10-24)计算站点 2 处乙烯浓度随时间变化。把计算结果与实测数据绘制在同一张图上以进行比较。

20-7　将六氟化硫连续排放到几何参数恒定的河流中。在排放点下游 0.5 和 4 km 处分别测得六氟化硫的浓度为 400 pptr 和 150 pptr。如果该河段的流速为 $0.2 \text{ m} \cdot \text{s}^{-1}$，利用上述数据估算河流的复氧速率。

20-8　在湖泊发生垂向翻转后，对平均水深 12 米的受污染湖泊进行观测，得到了以下数据：

时间(d)	0	4	8	12	16	20	24	28	32
溶解氧($\text{mg} \cdot \text{L}^{-1}$)	5	6.4	6.8	7.8	8	8.5	8.5	8.5	8.5

若采样期间的饱和溶解氧浓度为 $9 \text{ mg} \cdot \text{L}^{-1}$，计算其复氧速率和氧气传质系数。

20-9　某溪流流速为 $0.4 \text{ m} \cdot \text{s}^{-1}$，水深为 0.3 m，温度为 23 ℃。估计(a)氧气的复氧速率和(b)将其与二氧化碳的传质速率进行比较。

20-10　某矩形断面溪流具有以下特性：$S = 0.001$，$B = 20$ m，$n = 0.03$，$Q = 1 \text{ m}^3 \cdot \text{s}^{-1}$，$T = 10$ ℃。一个点污染源以 $0.5 \text{ m}^3 \cdot \text{s}^{-1}$ 的流量排入溪流中（$T = 25$ ℃）。确定排放口下游河段的复氧速率。

20-11　某湖泊变温层($H = 7$ m)的水温为 16 ℃，恒定风速为 $2 \text{ m} \cdot \text{s}^{-1}$。

（a）估算氧气的复氧速率（以 d^{-1} 表示）；

（b）估算氨气的传质速率（以 $\text{m} \cdot \text{d}^{-1}$ 表示）。

假设式(20-46)成立。

20-12　一条宽阔河流(200 m 宽)的流量为 $800 \text{ m}^3 \cdot \text{s}^{-1}$，平均水深 2.7 m。已知风速为 $1.5 \text{ m} \cdot \text{s}^{-1}$，平均水温为 25 ℃，

（a）确定复氧速率（以 d^{-1} 表示）；

（b）确定氨气的传质速率（以 $\text{m} \cdot \text{d}^{-1}$ 表示）。

假设式(20-47)成立。

第 21 讲

Streeter-Phelps 模型:点源排放

> **简介:** 本讲针对单点源的 CBOD 排放,推导了经典 Streeter-Phelps 方程并给出了模型参数率定方法。随后介绍了如何将该方程应用于多个点源排放情形的模拟,并阐述了针对单个点源排放建立溶解氧质量平衡时应注意的事项。之后阐述了厌氧条件对模型的影响。最后将推流模型与适用于存在明显离散效应的河口等系统的混合-流动模型,进行了对比。

Streeter-Phelps 模型把影响受纳污水排放的溪流中溶解氧浓度的两种主要机制联系在一起:有机物分解和河流复氧。因此,它为预测点源和非点源形成的有机污水排放对河流和河口溶解氧影响,提供了一个分析框架。本讲聚焦于点源污染排放的模拟分析。

21.1 实验

在探讨了气体传质表征方法的基础上,我们再回到第 19 讲的有机物降解实验。回忆实验的场景:我们把一定量的有机质放入密封的反应器或瓶子中,然后模拟溶解氧消耗直至耗尽的过程。现在我们进行同样的实验,但是瓶子是向大气敞开的。

BOD 和溶解氧的质量平衡可写为:

$$V \frac{\mathrm{d}L}{\mathrm{d}t} = -k_d VL \tag{21-1}$$

以及

$$V \frac{\mathrm{d}o}{\mathrm{d}t} = -k_d VL + k_a V(o_s - o) \tag{21-2}$$

在求解方程之前,先通过一个变换对质量平衡方程予以简化。为此,引入一个新的变量:

$$D = o_s - o \tag{21-3}$$

式中,D 称为氧亏。对式(21-3)两边求微分得到:

$$\frac{\mathrm{d}D}{\mathrm{d}t} = -\frac{\mathrm{d}o}{\mathrm{d}t} \tag{21-4}$$

将式(21-3)和(21-4)代入式(21-2)，得出：

$$V \frac{dD}{dt} = k_d V L - k_a V D \tag{21-5}$$

因此，氧亏的引入简化了微分方程的表达。

若 $t=0$ 时 $L=L_0$，$D=0$，那么式(21-1)式(21-5)的解析解为：

$$L = L_0 e^{-k_d t} \tag{21-6}$$

$$D = \frac{k_d L_0}{k_a - k_d}(e^{-k_d t} - e^{-k_a t}) \tag{21-7}$$

如图 21-1 所示，将反应器盖子打开后，水中溶解氧首先会减少，然后随着复氧补充了耗氧量而逐渐恢复。

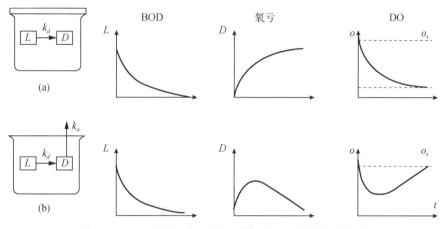

图 21-1　BOD 降解对(a)封闭系统和(b)开放系统的影响

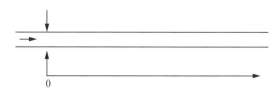

图 21-2　地形和水文参数恒定的溪流中点源排放情形

21.2　点源排放的 Streeter-Phelps 方程

现在我们把上述理论应用到天然水体中。具体来说，对单点源 BOD 排入溪流的情形进行模拟。如图 21-2 所示，河段处于稳态条件，表现为水文和地形参数恒定的推流流动。这是经典的 Streeter-Phelps 模型的最简化情形。

质量平衡可以写为：

$$0 = -U \frac{\mathrm{d}L}{\mathrm{d}x} - k_r L \tag{21-8}$$

$$0 = -U \frac{\mathrm{d}D}{\mathrm{d}x} + k_d L - k_a D \tag{21-9}$$

式中 $k_r = k_d + k_s$。

若 $t = 0$ 时 $L = L_0$，$D = D_0$，则求得方程的解析解为

$$L = L_0 e^{-\frac{k_r}{U}x} \tag{21-10}$$

$$D = D_0 e^{-\frac{k_a}{U}x} + \frac{k_d L_0}{k_a - k_r} \left(e^{-\frac{k_r}{U}x} - e^{-\frac{k_a}{U}x} \right) \tag{21-11}$$

这些方程构成了经典的"Streeter-Phelps"模型，也是描述图 19-2 中"氧亏"曲线的方程式。

除了适用于推流系统外，这些方程与式(21-6)和式(21-7)的不同之处还表现在两个主要方面：首先，只有部分 BOD 的去除会对氧亏产生影响。其次，氧亏具有一个初始氧亏值。

21.3 排放点处断面的氧亏平衡

引入氧亏来简化模型会使得混合点处的边界条件确定变得复杂化，因为大多数污水流入与流出时温度有明显不同，从而使得氧饱和度也会不同。因此，直接进行氧亏平衡计算得到的结果将是错的，可以用下面的例题证明。

【例 21-1】 排放点处断面的氧平衡

某位于海平面的溪流接纳了点源排放。已知点源和溪流的特征如表 21-1 所示：

表 21-1 特征

指标	点源	河流
流量($m^3 \cdot s^{-1}$)	0.463	5.787
温度(℃)	28	20
DO ($mg \cdot L^{-1}$)	2	7.5
氧饱和度($mg \cdot L^{-1}$)	7.827	9.092
氧亏($mg \cdot L^{-1}$)	5.827	1.592

假定排放点处断面发生完全混合，基于质量平衡方程求解该断面的水温和溶解氧浓度。

【求解】 假设水的密度和热容相对恒定，可采用类似于质量平衡的方式，列出排放点处断面的热量平衡表达式：

$$T_0 = \frac{5.787(20) + 0.463(28)}{5.787 + 0.463} = 20.59 \text{ ℃}$$

该断面的溶解氧浓度可直接通过氧气质量平衡求出:

$$o_0 = \frac{5.787(7.5) + 0.463(2)}{5.787 + 0.463} = 7.093 \text{ mg} \cdot \text{L}^{-1}$$

20.59 ℃时的饱和溶解氧浓度为 8.987 mg·L^{-1}。因此,可以计算出排放点处断面的氧亏为 $D_0 = 8.987 - 7.093 = 1.894$ mg·L^{-1}。这是一个正确的结果。

如果直接进行氧亏平衡计算,将会得到以下结果:

$$D_0 = \frac{5.787(1.592) + 0.463(5.827)}{5.787 + 0.463} = 1.906 \text{ mg} \cdot \text{L}^{-1}$$

可见出现了 $1.894 - 1.906 = -0.012$ mg·L^{-1} 的差异。出现这一误差的原因是什么呢? 原因在于温度和饱和溶解氧是通过式(19-32)以非线性方式相关联的。

还应指出的是,对于饱和溶解氧随温度、海拔或盐度而发生纵向变化的系统,也会出现前面章节所阐述的误差,例如对于海拔变化显著的系统(高原河流)或河口。对于这样的系统,若计算时处理不当,基于交界断面氧亏平衡的方式可能会导致微小差异。在本讲末尾的几个习题中涉及这方面的问题。

值得幸运的是使用氧亏平衡法产生的差异通常不大,因为溶解氧与温度、海拔和盐度之间的关系在我们通常遇到的环境参数范围内不是高度非线性的(见图 19-10 和图 19-11)。因此氧亏平衡法的计算误差并不明显。此外,随着计算机技术的广泛应用,可以直接对溶解氧(而非氧亏)进行模拟,相应地就不需要再关注氧亏平衡的计算误差问题。

21.4　多点源排放

在学习了如何针对单点源排放建立质量平衡的基础上,我们来学习如何针对多点源排放进行水质模拟。通常的做法是将河流划分为一系列均匀河段,且分割点位于点源排放口处断面。计算开始于最上游的点源排放口,此处定义了边界条件。在此基础上就可利用模型方程[式(21-10)和式(21-11)]来计算下游的浓度分布。

计算一直持续到遇到新的边界条件为止。通常会出现两种类型的边界。第一种情形是系统参数发生改变,例如底坡的改变会导致渠道的流速、水深、复氧速率等的变化。这种情况下,上游河段的终点浓度可直接作为参数修正后的下一河段模型方程初始浓度。第二种情形是新的点源排入系统,此时需要重新建立质量平衡方程来确定下一河段的起始断面浓度。以下例题介绍了该方法的应用。

【例 21-2】 多点源排放

图 21-3 显示了一条河流。该河流在 100 公里(KP 100)处接纳了污水处理厂的尾水,并在 KP 60 处接纳支流汇入。已知渠道断面为梯形。20 ℃时 CBOD 的耗氧速率等于 0.5 d^{-1}。在污水厂下游的 20 公里的河段,CBOD 沉降速率为 0.25 d^{-1}。

假设奥康纳-多宾斯复氧公式成立且溪流位于海平面,计算该系统中的溶解氧浓度。为简化计算,单独建立了热量平衡方程。此外还计算了系统的水文地形参数和反应动力学参数,如表 21-2 和 21-3 所示。

表 21-2　水文地形参数

参数	单位	KP>100	KP100-60	KP<60
深度	m	1.19	1.24	1.41
	(ft)	(3.90)	(4.07)	(4.62)
面积	m^2	14.71	15.5	18.05
流量	$m^3 \cdot s^{-1}$	5.787	6.250	7.407
	$m^3 \cdot d^{-1}$	500 000	540 000	640 000
	$(ft^3 \cdot s^{-1})$	(204)	(221)	(262)
速度	$m \cdot s^{-1}$	0.393	0.403	0.410
	$m \cdot d^{-1}$	33 955	34 819	35 424
	$(ft^3 \cdot s^{-1})$	(1.29)	(1.32)	(1.35)

表 21-3　反动力学参数

参数	KP>100	KP100-80	KP80-60	KP<60
$T(℃)$	20	20.59	20.59	19.72
$o_s(mg \cdot L^{-1})$	9.092	8.987	8.987	9.143
$k_a(d^{-1})$	1.902	1.842	1.842	1.494
$k_r(d^{-1})$	0.50	0.764	0.514	0.494
$k_d(d^{-1})$	0.50	0.514	0.514	0.494

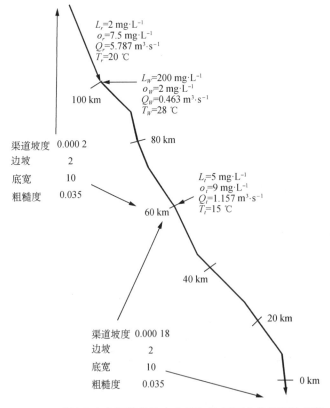

图 21-3　受纳两个点源排放和水文几何特征可变的某溪流河段

【求解】　首先计算出每个河段的 CBOD 浓度。KP 100 处的 CBOD 质量平衡为：

$$L_0 = \frac{40\,000(200) + 500\,000(2)}{540\,000} = 16.667\ \text{mg} \cdot \text{L}^{-1}$$

在 KP 100 下游，CBOD 浓度沿程不断降低：

$$L = 16.667\mathrm{e}^{-\frac{0.514 + 0.25}{34\,819}x}$$

在 KP 80（即排放点下游 20 km）处，BOD 值将降至：

$$L = 16.667\mathrm{e}^{-\frac{0.764}{34\,819}20\,000} = 10.75\ \text{mg} \cdot \text{L}^{-1}$$

在接下来的河段，BOD 不会发生沉降，但会持续降解。在 KP 60 处，BOD 浓度降至：

$$L = 10.75\mathrm{e}^{-\frac{0.514}{34\,819}(40\,000 - 20\,000)} = 8\ \text{mg} \cdot \text{L}^{-1}$$

考虑到 KP60 处有支流流入，重新建立质量平衡：

$$L_0 = \frac{540\,000(8) + 100\,000(5)}{640\,000} = 7.53\ \text{mg} \cdot \text{L}^{-1}$$

相应，KP60 处下游断面 BOD 持续衰减。因此，在 KP0 处 BOD 的值将下降至：

$$L = 7.53\mathrm{e}^{-\frac{0.494}{35\,424}(100\,000 - 40\,000)} = 3.26\ \text{mg} \cdot \text{L}^{-1}$$

对于溶解氧，KP 100 处的质量平衡为：

$$o_0 = \frac{40\,000(2) + 500\,000(7.5)}{540\,000} = 7.093\ \text{mg} \cdot \text{L}^{-1}$$

相应初始氧亏为：

$$D_0 = 8.987 - 7.093 = 1.894\ \text{mg} \cdot \text{L}^{-1}$$

使用 Streeter-Phelps 公式计算下一河段（KP 100～KP 80）的溶解氧氧亏：

$$D = 1.894\mathrm{e}^{-\frac{1.842}{34\,819}x} + \frac{0.514(16.667)}{0.764 - 1.842}\left(\mathrm{e}^{-\frac{1.842}{34\,819}x} - \mathrm{e}^{-\frac{0.764}{34\,819}x}\right)$$

例如，KP80 处的溶解氧氧亏是：

$$D = 1.894\mathrm{e}^{-\frac{1.842}{34\,819}20\,000} + \frac{0.514(16.667)}{0.764 - 1.842}\left(\mathrm{e}^{-\frac{1.842}{34\,819}20\,000} - \mathrm{e}^{-\frac{0.764}{34\,819}20\,000}\right) = 3.02\ \text{mg} \cdot \text{L}^{-1}$$

对应的 KP80 处溶解氧浓度为：

$$o = 8.987 - 3.02 = 5.97\ \text{mg} \cdot \text{L}^{-1}$$

计算出下一河段（KP80 至 KP60）的溶解氧氧亏为：

$$D = 3.02\mathrm{e}^{-\frac{1.842}{34\,819}(x - 20\,000)} + \frac{0.514(10.75)}{0.764 - 1.842}\left(\mathrm{e}^{-\frac{1.842}{34\,819}(x - 20\,000)} - \mathrm{e}^{-\frac{0.764}{34\,819}(x - 20\,000)}\right)$$

在 KP60 处（即点源排放口下游 40 公里处），溶解氧氧亏为：

$$D = 3.02 e^{-\frac{1.842}{34\,819}(40\,000-20\,000)} + \frac{0.514(0.75)}{0.514-1.842}\left(e^{-\frac{1.842}{34\,819}(40\,000-20\,000)} - e^{-\frac{0.514}{34\,819}(40\,000-20\,000)}\right)$$

$$= 2.70 \text{ mg} \cdot \text{L}^{-1}$$

对应的 KP60 处溶解氧浓度为：

$$o = 8.987 - 2.70 = 6.29 \text{ mg} \cdot \text{L}^{-1}$$

考虑到支流流入，重新建立该断面处的质量守恒：

$$o_0 = \frac{540\,000(6.29) + 100\,000(9)}{640\,000} = 6.71 \text{ mg} \cdot \text{L}^{-1}$$

将该结果连同基于质量平衡重新求得的 CBOD 浓度一起作为下一河段的边界条件。最终结果如图 21-4 和表 21-4 所示。

表 21-4　结果

KP	CBOD(mg·L^{-1})	氧亏(mg·L^{-1})	DO(mg·L^{-1})
−10	2.000	1.592	7.500
0	16.667	1.894	7.093
10	13.384	2.814	6.173
20	10.748	3.022	5.965
30	9.274	2.918	5.997
40	7.532	2.433	6.710
50	6.553	2.391	6.752
60	5.700	2.260	6.883
70	4.959	2.085	7.059
80	4.314	1.891	7.252
90	3.753	1.696	7.447
100	3.265	1.509	7.635

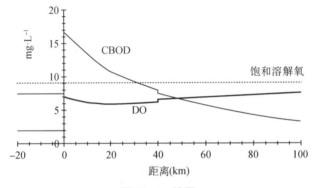

图 21-4　结果

21.5　**Streeter-Phelps 模型分析**

本节对简单的 Streeter-Phelps 模型进行剖析，以试图了解该模型的机理。这对模型校准尤为重要。为了简单起见，下面的方程是关于水流流动时间的函数。前面已经给出了方程的基本形式为：

$$D = D_0 e^{-k_a t} + \frac{k_d L_0}{k_a - k_r}(e^{-k_r t} - e^{-k_a t}) \tag{21-12}$$

对式(21-12)求微分并使其为零，可求得临界氧亏的出现时间为：

$$t_c = \frac{1}{k_a - k_r} \ln\left\{ \frac{k_a}{k_r}\left[1 - \frac{D_0(k_a - k_r)}{k_d L_0} \right] \right\} \tag{21-13}$$

可计算出临界氧亏为：

$$D_c = \frac{k_d L_0}{k_a}\left\{ \frac{k_a}{k_r}\left[1 - \frac{D_0(k_a - k_r)}{k_d L_0} \right] \right\}^{-\frac{k_r}{k_a - k_r}} \tag{21-14}$$

这些结果表明，初始氧亏的存在导致临界氧亏更大，且临界点位于远离排放口的下游。为了更深入认识临界氧亏，假设 $D_0 = 0$ 以简化分析。这种情况下式(21-13)和式(21-14)变为：

$$t_c = \frac{1}{k_a - k_r} \ln \frac{k_a}{k_r} \tag{21-15}$$

$$D_c = \frac{k_d L_0}{k_a}\left(\frac{k_a}{k_r} \right)^{-\frac{k_r}{k_a - k_r}} \tag{21-16}$$

据此我们可以发现更多的临界氧亏特征。首先，可以看到临界氧亏出现时间仅取决于有机物去除速率和复氧速率。为了理解这一相关关系，绘制不同复氧速率 k_a 条件下的 t_c 与 k_r 关系图，如图 21-5 所示。由此可以得出一个基本结论，即增加 k_r 或者 k_a 中的任一个参数或者同时增加两个参数，都会导致氧亏的临界点更接近于排放点。

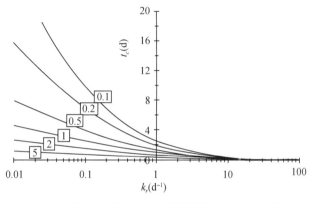

图 21-5　不同 k_a 值(方框中的数据)的 t_c-k_r 关系曲线

另外,从公式(21-16)可以发现临界氧亏的大小与 k_d 和 L_0 呈线性相关。这个现象是合理的,因为每一个参数都与可降解的 BOD 量呈线性关系。

21.6 参数率定

在已知临界时间和氧亏的条件下,以上建立的关系式对模型率定是非常有用的。例如,如果初始 BOD 浓度和复氧速率已事先确定,那么可以利用式(21-15)和式(21-16)来计算 k_d 和 k_r 的值。

【例 21-3】 参数估计

某条溪流接纳了点源污染排放。该溪流的海拔高度为 1 524 m(5 000 英尺),且具有如表 21-5 所示的特征:

表 21-5 特征

指标	点源	河流
流量($m^3 \cdot s^{-1}$)	0.707 8	3.398
温度(℃)	22.7	14.6
BOD($mg \cdot L^{-1}$)	40	5
DO($mg \cdot L^{-1}$)	2	8

在排水点下游的 32 km 河段上,溪流宽度保持相对恒定,其宽度和平均水深分别为 61 m 和 1.83 m。沿程测得的 DO 浓度如表 21-6 所示:

表 21-6 DO 浓度

下游距离(km)	DO($mg \cdot L^{-1}$)	下游距离(km)	DO ($mg \cdot L^{-1}$)
1.61	2.9	16.09	4.8
3.22	1.7	19.31	5.6
4.83	1.5	22.53	6.2
6.44	1.7	25.75	6.7
8.05	2.1	28.97	7.0
9.66	2.7	32.19	7.3
12.87	3.8		

若溪流复氧速率可通过 O'Connor-Dobbins 公式计算,基于上述数据确定总去除速率(k_r)和耗氧速率(k_d)。

【求解】 在排放口处断面建立质量平衡方程,可求得:$L_0 = 11$ mg $\cdot$ L^{-1},$o_0 = 6.97$ mg $\cdot$ L^{-1},$T_0 = 16$ ℃。将求得的断面水深代入式(19-32)和式(19-39),计算出 $o_{so} = 8.143$ mg $\cdot$ L^{-1}。据此可计算出 $D_0 = 1.173$ mg $\cdot$ L^{-1}。最后,利用 O'Connor-Dobbins 公式和温度校正公式求得 $k_a = 0.277$ 5 d^{-1}。

表中的 DO 实测数据可用于确定排放口下游的氧亏。基于这些数据可计算出临界氧亏为 6.643 mg·L^{-1},对应的临界时间为 1.517 天。将这些参数值代入式(21-13)得到

$$1.517 = \frac{1}{0.277\,5 - k_r} \ln \left\{ \frac{0.277\,5}{k_r} \left[1 - \frac{1.173(0.277\,5 - k_r)}{k_d(11)} \right] \right\}$$

以及代入式(21-14)得到

$$6.643 = \frac{k_d(11)}{0.277\,5} \left\{ \frac{0.277\,5}{k_r} \left[1 - \frac{1.173(0.277\,5 - k_r)}{k_d(11)} \right] \right\}^{-\frac{k_r}{0.277\,5 - k_r}}$$

同时求解以上两个非线性方程,得出 $k_r = 1.159$ d^{-1}, $k_d = 0.97$ d^{-1}。将这两个参数值连同其他参数一起代入 Streeter-Phelps 模型进行模拟;模拟结果和实测数据的拟合效果如图 21-6 所示。

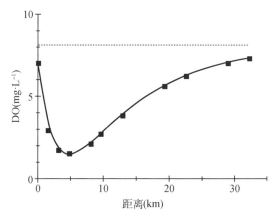

图 21-6　模拟结果和实测数据拟合

21.7　厌氧条件

当水中 BOD 浓度过高时,可能会导致水中溶解氧浓度为 0。这种情况下必须对 Streeter-Phelps 模型进行修改。Gundelach 和 Castillo (1970)曾对此类情形给出了很好的解决方案。

为简单起见,再次将方程表示为流动时间的函数关系。另外假设 $k_d = k_r$(即没有沉降损失)。对此情形 Streeter-Phelps 模型表达为:

$$L = L_0 \mathrm{e}^{-k_d t} \tag{21-17}$$

$$D = D_0 \mathrm{e}^{-k_a t} + \frac{k_d L_0}{k_a - k_d} \left(\mathrm{e}^{-k_d t} - \mathrm{e}^{k_a t} \right) \tag{21-18}$$

系统出现厌氧的时间点可通过求解方程(21-18)来确定,对应于 $D = o_s$。对此可通

过数学求解实现。换句话说,厌氧时间点对应于下式等于 0 的情形:

$$f(t) = D_0 \mathrm{e}^{-k_a t} + \frac{k_d L_0}{k_a - k_d} \left(\mathrm{e}^{-k_d t} - \mathrm{e}^{-k_a t} \right) - o_s \tag{21-19}$$

到达这一时间点时,溶解氧消耗将不再以 $k_d L$ 的速率进行。相反,它将受到气-水界面的大气复氧作用限制,即:

$$\frac{\mathrm{d}L}{\mathrm{d}t} = -k_a o_s \tag{21-20}$$

因此,一旦氧气消耗殆尽,反应就变成零级。设定初始条件为 $t = t_i$ 时 $L = L_i$,可以计算出流动时间 $t_1 \sim t_f$ 的河段 BOD 浓度为:

$$L = L_i - k_a o_s (t - t_i) \tag{21-21}$$

因此,与所有零级反应一样,BOD 浓度以线性方式降低。

最后我们来确定厌氧区的终点。在这一点上,

$$k_a o_s = k_d L_f \tag{21-22}$$

综合式(21-21)和式(21-22),可求得:

$$t_f = t_i + \frac{1}{k_d} \frac{k_d L_i - k_a o_s}{k_a o_s} \tag{21-23}$$

【例 21-4】 厌氧条件

重复计算例 21-3,但处理厂出水 BOD 浓度加倍。也就是说,将 BOD 浓度增加到 80 mg·L^{-1},同时假设没有沉淀发生(即 $k_r = k_d = 0.97$ d^{-1})。假定其他参数与例 21-3 中给定的数据相同。

【求解】   须重新计算排放点处断面的 CBOD 浓度,以反映污水高浓度排放对河流的影响。计算结果为 17.93 mg·L^{-1}。将其与其他参数一起代入方程(21-18),得到:

$$D = 1.173 \mathrm{e}^{-\frac{0.2775}{3182} x} + \frac{0.97(17.93)}{0.2775 - 0.97} \left(\mathrm{e}^{-\frac{0.97}{3182} x} - \mathrm{e}^{-\frac{0.2775}{3182} x} \right)$$

当 $D = o_s$ 时,基于该方程可以求出溶解氧浓度降为零的时间点为 0.589 天,对应向下游的流动距离 $x = 1.87$ 公里。此处 BOD 浓度降低至 10.13 mg·L^{-1}。将此数据作为 L_i 的值,并根据式(21-21)和式(21-23)计算。

缺氧段的长度根据式(21-23)计算:

$$t_f = 0.589 + \frac{1}{0.97} \frac{0.97(10.13) - 0.2775(8.143)}{0.2775(8.143)} = 4.04 d$$

对应于 $x = 12.85$ km。此处 BOD 浓度根据公式(21-21)计算:

$$L = 10.13 - 0.2775(8.143)(4.04 - 0.589) = 2.33 \text{ mg·L}^{-1}$$

将此作为边界条件,利用 Streeter-Phelps 模型计算其余河段的浓度。BOD 和溶解

的最终计算结果如图 21-7 所示。注意到 BOD 浓度在最初呈现急剧的指数型下降后，随后进入缺氧区域以线性方式较为缓慢下降。随着溶解氧浓度的恢复，当其浓度值大于零后，BOD 再次以指数方式快速下降。

对于溶解氧的模拟，图中除了给出缺氧情形的校正结果外，还给出了低 BOD 负荷和未对缺氧情形校正的高 BOD 负荷模拟结果（也就是说，模型结果为负值）。注意到校正作用使得低溶解氧区域因降解作用的减弱而扁平化。

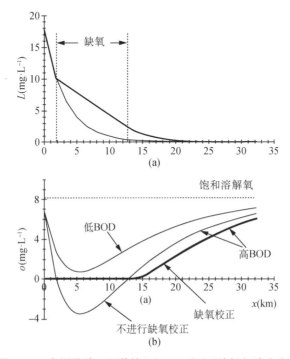

图 21-7　点源排放口下游的(a) BOD 和(b)溶解氧浓度分布

图中溶解氧浓度降至零

21.8　河口 Streeter-Phelps 模型

对于离散作用明显的河口等系统，Streeter-Phelps 方程可以写为：

$$0 = E\frac{\mathrm{d}^2 L}{\mathrm{d}x^2} - U\frac{\mathrm{d}L}{\mathrm{d}x} - k_r L \tag{21-24}$$

以及

$$0 = E\frac{\mathrm{d}^2 D}{\mathrm{d}x^2} - U\frac{\mathrm{d}D}{\mathrm{d}x} - k_d L - k_a D \tag{21-25}$$

可求得 BOD 的解析解为：

$$L = L_0 \mathrm{e}^{j_{1r}x} \qquad x \leqslant 0 \tag{21-26}$$

$$L = L_0 e^{j_{2r}x} \qquad x \leqslant 0 \tag{21-27}$$

以及氧亏的解析解为：

$$D = \frac{k_d}{k_a - k_r} \frac{W}{Q} \left(\frac{e^{j_{1r}x}}{\alpha_r} - \frac{e^{j_{1a}x}}{\alpha_a} \right) \qquad x \leqslant 0 \tag{21-28}$$

$$D = \frac{k_d}{k_a - k_r} \frac{W}{Q} \left(\frac{e^{j_{2r}x}}{\alpha_r} - \frac{e^{j_{2a}x}}{\alpha_a} \right) \qquad x \leqslant 0 \tag{21-29}$$

式中，

$$L_0 = \frac{W}{\alpha_r Q} \tag{21-30}$$

$$\alpha_r = \sqrt{1 + \frac{4k_r E}{U^2}} \tag{21-31}$$

$$\alpha_a = \sqrt{1 + \frac{4k_a E}{U^2}} \tag{21-32}$$

$$\begin{matrix} j_{1r} \\ j_{2r} \end{matrix} = \frac{U}{2E}(1 \pm \alpha_r) \tag{21-33}$$

$$\begin{matrix} j_{1a} \\ j_{2a} \end{matrix} = \frac{U}{2E}(1 \pm \alpha_a) \tag{21-34}$$

结果如图 21-8 所示，同时图中还给出了推流情形的模拟结果。可以看到离散作用导致了溶解氧曲线的相对平坦化。

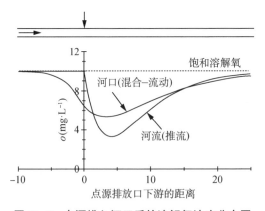

图 21-8 点源排入河口后的溶解氧浓度分布图

图中还给出了推流情形的模拟结果以进行比较

类似于式(21-15)和式(21-16)的推导方式，可以确定临界氧亏和出现距离，如下所示：

$$x_c = \frac{\ln\left(\frac{\alpha_r}{\alpha_a}\frac{j_{2a}}{j_{2r}}\right)}{j_{2r}-j_{2a}}$$ (21-35)

$$D_c = \frac{k_d}{k_a - k_r}\frac{W}{Q}\left(\mathrm{e}^{j_{2r}x_c} - \mathrm{e}^{j_{2a}x_c}\right)$$

可以看到,与推流情况一样,临界氧亏与输入负荷和降解耗氧速率呈线性关系。此外临界氧亏的出现位置仅取决于污染物降解速率和复氧速率。与推流模型一样,较高的污染物降解速率和大气复氧率使得临界氧亏位置点更接近排污口。

习　题

21-1　由于一辆罐车失控冲出公路,3 万升葡萄糖糖浆泄漏后流入一个小型的山地湖泊中。已知糖浆浓度为 100 g-葡萄糖·L^{-1}。该湖在泄漏事件后的一段时间内具有以下特征:停留时间＝30 d,深度＝5 m,面积＝5×10^4 m^2,海拔＝11 000 英尺,风速＝2.235 m·s^{-1},温度＝10 ℃。假设湖泊完全混合,以及泄漏前的湖泊本底 BOD＝0 和溶解氧处于饱和状态。计算泄漏发生后湖泊中的溶解氧浓度。

21-2　在密闭反应器中加入一定量的有机物,使得总有机碳的初始浓度为 4 mg·L^{-1}。根据先前的研究,20 ℃有机物的降解耗氧速率为 0.2 d^{-1}。

（a）若当前温度为 15 ℃,预测反应器中 BOD 浓度随时间的变化。将计算结果绘制表示。

（b）预测密闭反应器内溶解氧和氧亏随时间的变化。将计算结果绘制表示。

（c）将密闭反应器打开与外界大气相通,重新计算（a）和（b）部分。已知实验室海拔高度为 2 km;实验期间反应器上方的微风风速为 1 m·s^{-1},水深为 1 米。

21-3　某溪流位于海平面处。在该溪流的污水厂排污口处下游河段,测定了如下数据:

输移时间(d)	0	2	4	6	8	10	12	16	20
CBOD(mg·L^{-1})	50	38.9	30.0	23.0	17.7	13.9	11.4	6.7	3.7
DO(mg·L^{-1})	10.0	5.3	2.7	1.6	1.3	1.6	2.2	4.0	5.7

如果河流水温为 10 ℃,计算复氧速率和有机物耗氧速率。

21-4　某淡水溪流具有以下特征参数:$Q_f=7$ m^3·s^{-1}, $S_f=1$ ppt, $o_f=12$ mg·L^{-1}, $T_f=10$ ℃。该溪流流入盐水溪流中($Q_s=2$ m^3·s^{-1}, $S_s=15$ ppt, $o_s=3$ mg·L^{-1}, $T_s=18$ ℃)。假定两条溪流交汇处的断面发生了完全混合,计算该断面处的溶解氧浓度和氧亏。已知海拔高度为 1.5 公里。

21-5　某点污染源($Q_w=10$ m^3·s^{-1}, $L_w=200$ mg·L^{-1}, $o_w=2$ mg·L^{-1}, $T_w=25$ ℃)排入到一条溪流($Q_r=10$ m^3·s^{-1}, $L_r=2$ mg·L^{-1}, $O_r=10$ mg·L^{-1}, $T_r=15$ ℃)中。排放点下游河段的流速为 0.3 m·s^{-1},水深为 0.3 m。假设溪流位于

海拔 5 500 英尺处,且水中 BOD 以 1 d^{-1} 的速度衰减,计算下游断面的 BOD 和溶解氧浓度,并确定最大氧亏值和出现位置。

21-6 某溪流位于海平面处。根据图 21-9 所示参数计算溪流中的 BOD 和溶解氧浓度分布。

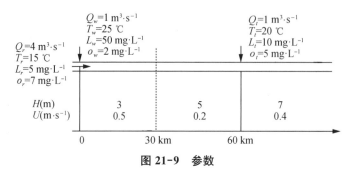

图 21-9   参数

Streeter-Phelps 方程:分布源排放

> **简介:** 本讲介绍了分布源的输入对 Streeter-Phelps 方程中 BOD 和溶解氧氧亏的影响。首先介绍了不考虑入流流量的分布源排放模拟,然后介绍了考虑入流流量的分布源排放模拟。

截至目前,本书还是围绕点源排放进行讨论。现在我们来看一下非点源或分散源排放情形。顾名思义,此类负荷输入以分散的方式进入系统中。对于一维的河流和河口,这意味着污染负荷沿长度方向以线源的方式输入。

本讲重点介绍两种类型的分散源:一种不考虑流量的源强输入,另一种考虑流量的源强输入。在此之前先简要描述如何将分散源排放速率参数化。

22.1 分布源的参数化

回顾第 9 讲中分布源[图 22-1(a)]排放情形下的稳态质量平衡方程。该方程适用于水力条件和几何形状不变的推流系统,即:

$$0 = -\frac{dc}{dt} - kc + S_d \qquad (22\text{-}1)$$

式中,S_d 为分布源排放速率$(\text{g} \cdot \text{m}^{-3} \cdot \text{d}^{-1})$;$t$ 为推流系统中的流动时间。若 $t=0$ 时 $c=0$,那么:

$$c = \frac{S_d}{k}(1 - e^{-kt}) \qquad (22\text{-}2)$$

如图 22-1(b)所示,随着流动时间的增加,下游河道河道浓度逐渐趋近于 S_d/k。

虽然式中分布源排放速率的单位是 $\text{M} \cdot \text{L}^{-3} \cdot \text{T}^{-1}$,但需要说明的是,分布源的输

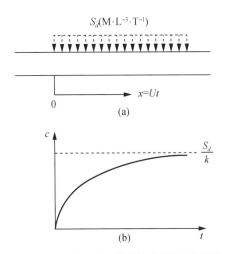

图 22-1　均匀分布源排放的浓度随时间变化

(a) 均匀分布源;(b)污染物一级降解时的浓度响应曲线

入一般有三种方式。分布源进入系统的方式决定了如何将其参数化。如图 22-2(a)所示,

一些分布式负荷从河流侧岸以线源的方式进入水体,例如河岸侵蚀或垃圾填埋场浸出等情形。此类负荷输入参数化的最佳方法是将其以单位长度污染负荷 S_d''（$M \cdot L^{-1} \cdot T^{-1}$）计。对于式（22-1）中的排放速率,可以转换为以单位体积表示的形式,即

$$S_d = S_d'' \frac{L}{V} = \frac{S_d''}{A_c} \tag{22-3}$$

式中,L 为总长度;V 为体积;A_c 为受纳负荷河段的横断面面积。

因此,将河流横断面面积归一化,意味着将单位长度排放速率转换为单位体积排放速率。

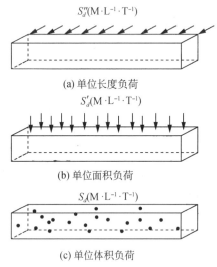

S_d''（$M \cdot L^{-1} \cdot T^{-1}$）

(a) 单位长度负荷

S_d'（$M \cdot L^{-1} \cdot T^{-1}$）

(b) 单位面积负荷

S_d（$M \cdot L^{-1} \cdot T^{-1}$）

(c) 单位体积负荷

图 22-2 分布式负荷进入一维水体的方式

如图 22-2(b)所示,一些分布式负荷以面源的方式从系统底部或表面区域输入,例如底部沉积物源、大气输入源和根系植物氧气通量传递等情形。此类负荷输入参数化的最佳方法是将其以单位面积污染负荷 S_d'（$M \cdot L^{-2} \cdot T^{-1}$）计。对于式（22-1）中的排放速率,可以转换为以单位面积表示的形式,即:

$$S_d = S_d' \frac{A_s}{V} = \frac{S_d'}{H} \tag{22-4}$$

式中,H 为水深。

最后,如图 22-2(c)所示,一些分布式负荷是直接进入整个水体中。例如浮游植物产氧等情形。由于此类输入是直接以单位体积排放速率表示,因此参数化过程中不需要进行单位换算。

22.2 不考虑流量汇入的分布源

本节介绍以干负荷形式输入的分布源情形(即只考虑质量但不考虑分布源的流量)。虽然此情形主要应用于表征氧气的输入,但如上所述,此情形同样也可适用于 BOD。

22.2.1 BOD

将 BOD 以干负荷(流量可忽略)形式输入系统中的情形主要发生在与多孔介质的相互作用中。如受污染的底部沉积物孔隙水中含有很高浓度的溶解性有机物。若孔隙水中 BOD 远大于河流中 BOD 浓度,那么孔隙水向上覆水的扩散可被表征为流量可忽略的干负荷输入源。在此情况下,质量平衡方程与式（22-1）相类似,即:

$$0 = -\frac{dL}{dt} - k_r L + S_L \tag{22-5}$$

式中，S_L 为 BOD 分布源的源强（g·m^{-3}·d^{-1}）；k_r 为 BOD 衰减速率（d^{-1}）。注意此处使用 k_r 而不是 k_d。这样做是为了完整性，尽管实际上沉积物或浸出源以溶解态存在且不发生沉降损失。若 $t=0$ 时 $L=0$，则解析解为：

$$L = \frac{S_L}{k_r}(1 - e^{-k_r t}) \tag{22-6}$$

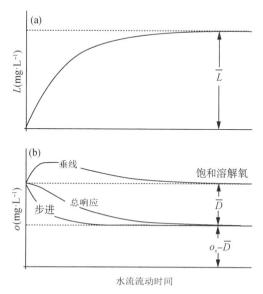

图 22-3　分布源输入情形下的(a)BOD 和(b)溶解氧响应曲线

可以看出 BOD 以步进方式增加并逐渐逼近稳态值 $\overline{L}$［图 22-3(a)］，此时 BOD 输入与降解相平衡：

$$\overline{L} = \frac{S_L}{k_r} \tag{22-7}$$

氧亏质量平衡方程可以写成：

$$0 = -\frac{dD}{dt} - k_a D + \frac{k_d}{k_r}S_L(1 - e^{-k_r t}) \tag{22-8}$$

可以看出，BOD 以强制函数的形式作用于溶解氧氧亏。对于 $t=0$ 时 $D=0$ 的情形，方程的解为：

$$D = \frac{k_d S_L}{k_r k_a}(1 - e^{-k_a t}) - \frac{k_d S_L}{k_r(k_a - k_r)}(e^{-k_r t} - e^{-k_a t}) \tag{22-9}$$

让我们感兴趣的是在式(22-9)中，氧亏过程包含一个步进响应和一个垂线响应。如图 22-3(b)所示，由于垂线项的作用，初始响应呈 S 形。此后，氧亏以步进方式增加，最终逼近稳态值：

$$\overline{D} = \frac{k_d S_L}{k_r k_a} \tag{22-10}$$

22. 2. 2 溶解氧

传统意义上,不考虑流量的溶解氧源汇是最常见的分布式负荷形式。已知的植物光合作用产氧-呼吸作用耗氧和沉积物耗氧,是溶解氧的分布式负荷表示形式。这种情形质量平衡方程可以写为:

$$0 = -\frac{\mathrm{d}D}{\mathrm{d}t} - k_a D - P + R + \frac{S'_B}{H} \tag{22-11}$$

式中,P 和 R 分别为植物光合作用和呼吸作用的单位体积氧气传递速率($\mathrm{g \cdot m^{-3} \cdot d^{-1}}$);$S'_B$ 为单位面积的沉积物耗氧速率($\mathrm{g \cdot m^{-2} \cdot d^{-1}}$);$H$ 为水深(m)。

若 $t=0$ 时 $D=0$,则氧亏的解析解为:

$$\overline{D} = \frac{-P + R + (S'_B/H)}{k_a}(1 - \mathrm{e}^{k_a t}) \tag{22-12}$$

因此,氧亏以步进响应的方式增加,并最终逼近稳态值 $\overline{D}$。 此时净溶解氧消耗量与大气复氧量达到平衡(图 22-4),即:

$$\overline{D} = \frac{-P + R + (S'_B/H)}{k_a} \tag{22-13}$$

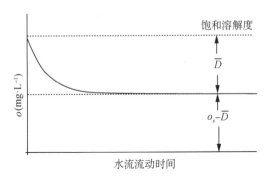

图 22-4 由分布式氧负荷引起的水中溶解氧浓度响应图

22. 2. 3 总 Streeter-Phelps 模型

现在我们已经建立了针对点源和非点源负荷输入的 BOD 和 DO 解析解公式。这些公式可以组合成一个综合的 Streeter-Phelps 模型来反应两种类型污染源共同作用下的水质浓度。对于上游有点源排放且沿岸有分布源汇入的河流,BOD 和溶解氧氧亏浓度计算公式可表示为:

$$L = \underset{\text{点源}}{\underline{L_0 \mathrm{e}^{-k_r t}}} + \underset{\text{分布源}}{\underline{\frac{S_L}{k_r}(1 - \mathrm{e}^{-k_r t})}} \tag{22-14}$$

$$D = D_0 \mathrm{e}^{-k_a t} + \frac{k_d L_0}{k_a - k_r}(\mathrm{e}^{-k_r t} - \mathrm{e}^{-k_a t}) + \frac{-P + R(S'_B/H)}{k_a}(1 - \mathrm{e}^{-k_a t})$$

$$\underset{\substack{\text{点源} \\ \text{导致的氧亏}}}{} \qquad\qquad \underset{\substack{\text{点源} \\ \text{BOD}}}{} \qquad\qquad\qquad \underset{\substack{\text{分布源} \\ \text{导致的氧亏}}}{} \qquad\qquad (22\text{-}15)$$

$$+ \frac{k_d S_L}{k_r k_a}(1 - \mathrm{e}^{-k_a t}) - \frac{k_d S_L}{k_r(k_a - k_r)}(\mathrm{e}^{-k_r t} - \mathrm{e}^{-k_a t})$$

$$\text{BOD 分布源}$$

上述方程式提供了多点源和分布源负荷输入情形的稳态解框架（类似 21.4 节的介绍）。

22.3　考虑流量汇入的分布源

以上介绍了不考虑流量输入的分布源排放对河流水质的影响。虽然这是河流传统溶解氧模型中常用的方法，但随着对非点源污染的关注，我们需要进一步考虑有流量输入的分布源排放问题。

本节首先介绍一些理想化稳态情况下的闭式解，以此展示此类分布源排放对水质的影响。后续进一步介绍适用性更强的数值求解方法。

22.3.1　解析解

对于流量不可忽略的分散源，其质量平衡方程可表示为（Thomann，1972；Thomann 和 Mueller，1987）：

$$\frac{\partial(A_c c)}{\partial t} + \frac{\partial(Qc)}{\partial x} = \frac{\partial Q}{\partial x} c_d - k A_c c \qquad (22\text{-}16)$$

式中，A_c 为横断面面积（m^2）；c 为浓度（$\mathrm{mg \cdot L^{-1}}$）；t 为时间（s）；Q 为流量（$\mathrm{m}^3 \cdot \mathrm{s}^{-1}$）；$x$ 为距离（m）；c_d 为分散源的排放浓度（$\mathrm{mg \cdot L^{-1}}$）；k 为一级降解速率（s^{-1}）。

注意到此处使用秒作为时间单位，以与本节后续部分保持一致。实际上，更常用的单位是天或小时。

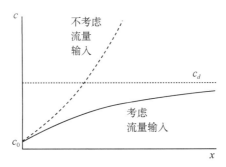

图 22-5　考虑流量输入的保守性非点源污染物质排放与河道水质响应图

这种情形下河流浓度逐渐趋近于非点源污染物排放浓度。另外，对比给出了不考虑流量输入的分布源排放情形；此种情形下河流中污染物浓度以指数函数形式上升

在稳态条件下,公式(22-16)可变为:

$$0 = -\frac{\mathrm{d}(Qc)}{\mathrm{d}x} + \frac{\mathrm{d}Q}{\mathrm{d}x}c_d = kA_c c \qquad (22\text{-}17)$$

O'Connor(1976)提出了针对溶解性固体($k=0$)的稳态解和非稳态解。他将流量的沿程增加以理想化的指数型函数表示,即:

$$Q = Q_0 e^{q'x} \qquad (22\text{-}18)$$

式中,Q_0 为 $x=0$ 时的流量($\mathrm{m^3 \cdot d^{-1}}$);$q'$ 为流量增加的指数速率($\mathrm{m^{-1}}$)。

将式(22-18)代入式(22-17)得:

$$\frac{\mathrm{d}c}{\mathrm{d}x} + q'c = q'c_d \qquad (22\text{-}19)$$

若边界条件为 $x=0$ 处 $c=c_0$,则得到解析解如下:

$$c = c_0 e^{-q'x} + c_d(1 - e^{-q'x}) \qquad (22\text{-}20)$$

如图 22-5 所示,该模型预测河流浓度将逐渐逼近非点源污染物浓度。由于流量和质量以同样的速率输入,河流中保守性物质浓度将最终稳定在非点源污染物的浓度值。

上述情形可与不考虑流量输入的分布源排放情形进行对比,如图 22-5 所示。可以看出保守性物质浓度呈指数型函数增长,原因是持续增加的污染物质量无法被进一步稀释。

上述介绍了保守性物质排放对河流水质的影响,接下来转向非保守性物质排放的情形。毫无疑问,反应项的增加会使分析变得复杂,因为必须考虑分散源流量输入对河道水文和几何特征的影响。特别需要注意的是,流量的增加会影响河道水流流速和断面面积(图 22-6)。

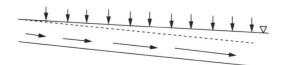

图 22-6　分布源流量的输入导致渠道中流速增大和水位升高

早期对分散源排放的模拟没有考虑上述影响。多数情况下,假定断面面积和流速二者其中一个保持恒定,另一个随之发生变化(如 Thomann 和 Mueller,1987)。事实上,如第 14 讲介绍的,河道水流流速和断面面积都会随着分散源流量的增加而增大。

为反映上述影响,使用线性函数来表征流量的增加:

$$Q = Q_0 + qx \qquad (22\text{-}21)$$

式中,q 为反映流量线性增加的速率常数($\mathrm{m^2 \cdot d^{-1}}$)。将式(22-21)代入式(22-17)得到:

$$0 = -(Q_0 + qx)\frac{\mathrm{d}c}{\mathrm{d}x} - (q + kA_c)c + qc_d \tag{22-22}$$

选择线性函数来表征流量的增加[代替式(22-18)的指数模型]有两个原因。首先,尽管流量在很远距离上可以呈现指数型增加趋势,这种趋势同样也可以用线性函数来表征。尤其在研究非保守性污染物时,在较短距离上用线性函数表征就更为合适。其次,下一节介绍的数值方法也假定了流量以线性方式增加。在讨论河流的实际水力学特征之前,首先介绍极端情况下公式(22-22)的两种解析解。方法 1 假设断面横截面积是恒定的,这样分布源流量输入导致了断面流速的沿程增加,由此得到:

$$c = c_0 \left(\frac{U_0}{U_0 - vx}\right)^{\frac{k+v}{v}} + c_d \frac{v}{v + k}\left[1 - \left(\frac{U_0}{(U_0 - vx)}\right)^{\frac{k+v}{v}}\right] \tag{22-23}$$

其中

$$v = \frac{q}{A_{c0}} \tag{22-24}$$

式中,A_{c0} 为初始断面面积(m^2)。

方法 2 假定流速是恒定的,这样分布源流量输入导致了过流面积的沿程增大,由此可得:

$$c = \left[c_0 \mathrm{e}^{-\frac{k}{U_0}x} + c_d \frac{v}{k}(1 - \mathrm{e}^{-\frac{k}{U_0}x})\right]\frac{U_0}{U_0 + vx} \tag{22-25}$$

两种方法的解析解如图 22-7 所示。可以看出,假定流速恒定条件下,稳态浓度趋近于 0;相比而言,假定断面面积恒定条件下,稳态浓度逐渐趋近于恒定浓度 c,即:

$$c = c_d \frac{v}{v + kA_{c0}} \tag{22-26}$$

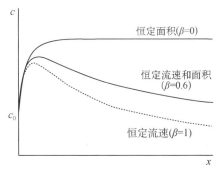

图 22-7　三种情形下的浓度随时间变化曲线:断面面积恒定、
断面面积和流速随曼宁方程变化、断面流速恒定

由于污染物衰减的影响,最终浓度始终小于分散源的排放浓度,但不会趋于 0。实际上,最终浓度是分散源排放浓度的一定比例;这个比例值与水流速率(v)和衰减速率(k)有关。

显然,实际结果是介于这两个极端情况之间。为了量化实际结果,我们假定曼宁方程能够合理表征河道稳态流动条件下的动量平衡,即:

$$Q = \frac{C_o}{n} A_c R^{2/3} S_e^{1/2} \tag{22-27}$$

式中,C_o 为常数,以 m 为单位时取值为 1,以 ft 为单位时取值为 1.486;n 为曼宁粗糙系数;R 为渠道水力半径(m 或 ft),$R = A_c/P$,其中 P 为湿润(m 或 ft);S_e 为河道的能量梯度线(无量纲数)。

稳态流动条件下,S_e 近似等于河道的底坡坡度 S_o。

若采用米制单位,可得到式(22-27)的解为:

$$A_c = \alpha Q^\beta \tag{22-28}$$

式中,B 取值为 3/5。对于宽浅型顺直河道的情形,α 可表示为:

$$\alpha = \left(\frac{n B^{2/3}}{\sqrt{S_o}} \right)^{3/5} \tag{22-29}$$

式中,β 为渠道宽度。对于此种简化情形,α 为恒定值,因此可建立流量和断面面积之间的简单函数关系。

另外需注意的是,参数 β 表征断面面积与流速之间的关系。恒定断面面积和恒定流速两种极端的情形分别对应 β 值为 0 和 1。

通过采用特征线法,原来的偏微分方程(22-16)可简化为耦合的常微分方程组:

$$\frac{\mathrm{d}x}{\mathrm{d}t} = U \tag{22-30}$$

$$\frac{\mathrm{d}c}{\mathrm{d}t} = -kc + \frac{q}{A_c} c_d - \frac{q}{A_c} c \tag{22-31}$$

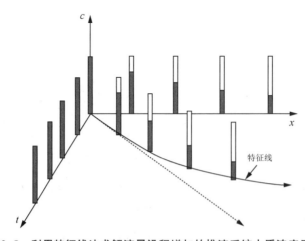

图 22-8   利用特征线法求解流量沿程增加的推流系统水质浓度示意图

如图 22-8 所示,第一个方程描述了待求解的特征轨迹,即空间和时间之间如何通过流速建立联系；第二个方程描述了污染物沿特征线运移的过程中，其浓度随时间如何发生变化。换句话说，第一个方程表示当观察者以水流速度持续移动时，所达到的空间位置；第二个方程表明观察者在移动过程中察觉的浓度变化。

将式(22-21)和式(22-28)代入式(22-30)和式(22-31)得到：

$$\frac{\mathrm{d}x}{\mathrm{d}t} = \frac{1}{\alpha}(Q_0 + qx)^{1-\beta} \tag{22-32}$$

$$\frac{\mathrm{d}c}{\mathrm{d}t} = \frac{q(c_d - c)}{\alpha(Q_0 + qx)^\beta} - kc \tag{22-33}$$

若设定初始条件为 $t=0$ 时 $x=0$、$Q=Q_0$，求解式(22-32)得出：

$$x = \left[\left(\frac{\beta q}{\alpha}t + Q_0^\beta \right)^{1/\beta} - Q_0 \right] \frac{1}{q} \tag{22-34}$$

虽然式(22-33)无法求得闭式解，却很容易进行积分求解，如图 22-7 所示。可以看出，求得结果位于恒定面积和恒定流速两种情形的浓度值之间。

需要注意的是，浓度值将最终趋近于 0。针对保守性物质($k=0$)，由于分散源的排放速率最终抵消了稀释效应，因此浓度最终趋近于分散源的排放浓度。相比之下，对于非保守性物质，反应项中断面面积的不断增大意味着分母项不断增大，因此浓度最终趋近于 0。

22.3.2　数值求解方法

以上介绍的解析解适用范围较为有限。相比之下，面向计算机的数值求解方法适用范围更广。

以下介绍的数值求解方法与 QUAL2E 模型相似。首先将河流划分为一系列几何形状一致的河段，进一步将每个河段划分为一系列等长的计算单元。这个过程与第 11 讲中介绍的控制体积法类似。

基于上述的计算单元划分方法，就可以建立起系统各单元之间的流量与质量平衡关系。如图 22-9 所示，某一河段中分布源的总输入流量为 Q_d；若将该河段划分为 n 个计算单元，则每个单元的输入流量为 Q_d/n。该方法实际上是前述部分[见式(22-21)]线性流量输入的离散化表示形式。若每一计算单元的长度为 Δx，则 Q_d 与 q 的关系可表示为：

$$Q_e = \frac{Q_d}{n} = q\Delta x \tag{22-35}$$

式中，Q_e 为每一计算单元的输入流量($\mathrm{m}^3 \cdot \mathrm{d}^{-1}$)。

从最上游的第一个计算单元开始，依次针对逐个单元进行物质输送量的计算。首先，针对每个单元进行流量平衡的计算。以第一个计算单元为例：

$$Q_1 = Q_0 + Q_e \tag{22-36}$$

式中，Q_1 为第一个计算单元的出流水量。

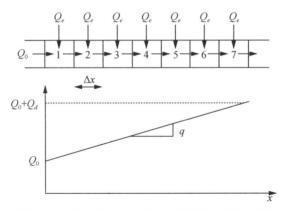

图 22-9 均匀分布负荷输入的有限差分法示意图

接下来,对于宽浅矩形河道,可利用式(22-28)的表示方式来确定计算单元的体积:

$$V = \Delta x A_c = \Delta x \alpha Q^\beta \tag{22-37}$$

一旦确定了计算单元的流量和体积,就可使用后向差法来建立污染物的质量平衡方程。如 BOD 和 DO 的平衡方程可表示为:

$$0 = Q_{i-1} L_{i-1} - Q_i L_i + Q_e L_{d,i} - k_{r,i} V_i L_i \tag{22-38}$$

$$0 = Q_{i-1} o_{i-1} - Q_i o_i + Q_e o_{d,i} - k_{d,i} V_i L_i + k_{a,i} V_i (o_{s,i} - o_i) + P_i V - R_i V - S'_{b,i} A_s \tag{22-39}$$

因为采用后向差分法求解,可以依次求得各计算单元 BOD 和 DO 浓度:

$$L_i = \frac{Q_{i-1} L_{i-1} + Q_e L_{d,i}}{Q_i + k_{r,i} V_i} \tag{22-40}$$

$$o_i = \frac{Q_{i-1} o_{i-1} + Q_e o_{d,i} - k_{d,i} V_i L_i + k_{a,i} V_i o_{s,i} + P_i V - R_i V - S'_{b,i} A_s}{Q_i + k_{a,i} V_i} \tag{22-41}$$

模型计算结果如图 22-10 所示。本例中忽略了光合作用、呼吸作用和底部沉积物耗氧量。另外,边界条件设定为 $L_0 = 0\ \text{mg} \cdot \text{L}^{-1}$、$o_0 = 10\ \text{mg} \cdot \text{L}^{-1}$。分式 BOD 和 DO 源项的排放浓度分别为 $80\ \text{mg} \cdot \text{L}^{-1}$ 和 $0\ \text{mg} \cdot \text{L}^{-1}$。可以看出,BOD 浓度的数值解与先前得到的解析解十分吻合。DO 的浓度曲线与经典的氧垂曲线相似,但由于输入的是分布源,因此曲线的下垂段距离更长。

需要注意的是,该数值求解方法对应的数值离散数[见式(11-40)]为:

$$E_n = \frac{\Delta x}{2} U \tag{22-42}$$

如 14.4.1 节所述,实际河道中存在离散现象。因此,若给定物理扩散值 E,可通过

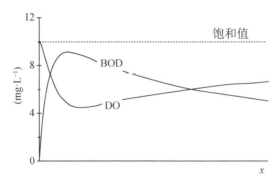

图 22-10　考虑流量输入的分布源排放情形下 BOD 和 DO 浓度的沿程分布

式(22-42)计算空间步长的上限值：

$$\Delta x = \frac{2E}{U} \tag{22-43}$$

　　如果使用该步长，后向差分法产生的数值离散值 E_n 与实际的物理离散值 E 相等。然而，因为流速是不断变化的，这意味着每个计算单元需要不同的 Δx 来满足 E_n 等于 E。由于稳态流动中对流占主导作用，使用恒定的 Δx 不会导致显著的误差。

　　最后需要说明的是，实际河流中的水文和断面几何形状通常不是均匀的，这一点与本讲讨论的案例有所不同。为此以上采用的算法通常是以逐段方式实现的。此时首先需要将系统划分为一系列水文和地形特征相同的河段，然后针对每一个河段计算。同上，上一个河段的质量输出作为下一个河段的质量输入，依此逐段求解。

习　题

　　22-1　某未被污染的小型河流穿过一垃圾填埋场，流经距离为 10 km。河段末端的污染物浓度为 2 μg·L^{-1}，且污染物半衰期为 5 d。若河流流速为 0.1 m·s^{-1}，断面面积为 10 m^2，试计算该河段分布源的排放源强（单位：mg·m^{-1}·d^{-1}）。

　　22-2　某 10 km 长的河段中，沿程沉积物耗氧速率为 5 g·m^{-2}·d^{-1}。试计算河流沿程的溶解氧浓度。已知该河流饱和溶解氧浓度为 8 mg·L^{-1}，流速为 0.2 m·s^{-1}，河宽为 50 m，河道底坡坡度为 0.000 2，粗糙系数为 0.03。河道断面可概化成矩形。

　　22-3　某河流 20 km 长的河段上，由于附着植物的光合作用，河段末端出现溶解氧过饱和现象（高于饱和溶解氧 2 mg·L^{-1}）。已知该河流流速 $U=0.2$ m·d^{-1}，水深 $H=0.5$ m，大气复氧速率 $k_a=2$ d^{-1}，假定该河流流经附着植物区域前，其溶解氧浓度处于饱和状态。确定这些植物的净光合作用产氧速率（单位：g·m^{-2}·d^{-1}）。

　　22-4　某河流受到 BOD 负荷点源输入以及氧亏分布源的影响，如图 22-11 所示。试计算图示河段 BOD 和 DO 的浓度沿程分布。

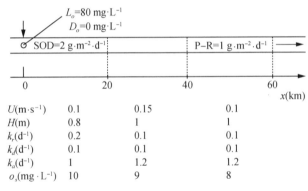

图 22-11 河流

22-5 某条河流中，20 km 长的河段沿岸被周边居民非法占据。该河流上游来水流量为 2 $m^3 \cdot s^{-1}$，水体清澈且良好且溶解氧饱和。该河段相关参数为：

$B = 20$ m, $S = 0.001$, $n = 0.035$, $q = 0.000\,06$ $m^2 \cdot s^{-1}$, $L_d = 0$, $o_d = o_s$。

政府部门正致力于评估满足该地区可持续发展的人口数量。试计算，该河段溶解氧浓度不低于 2 $mg \cdot L^{-1}$ 情形下的允许人口数。假设该地区位于海平面，温度（20 ℃）不受居民污染排放影响。使用 O'Connor-Dobbins 公式作为大气复氧模型；假定居民产生的所有 BOD 负荷和污水都排放到河流中，且排放的污水中溶解氧浓度为 0。

22-6 某溪流流经一垃圾填埋场，填埋场渗滤液以分布源的形式排放到河流中。已知单位长度分布源的流量为 0.000 01 $m^2 \cdot s^{-1}$；分布源的 CBOD 浓度为 50 000 $mg \cdot L^{-1}$，DO 浓度为 0 $mg \cdot L^{-1}$。接纳分布源的河段长度为 5 km。试确定自排放点到下游 20 km 的溪流 BOD 和 DO 浓度。溪流基流流量为 10 $m^3 \cdot s^{-1}$。

（a）假定排放的渗滤液流量对河流水深和流速不会产生显著影响。

（b）假定排放的渗滤液流量对河流水深和流速会产生显著影响。

河道断面可概化成矩形。其他相关参数取值如下：

$o_s = 10$ $mg \cdot L^{-1}$ $\qquad$ $o_0 = 10$ $mg \cdot L^{-1}$ $\qquad$ $L_0 = 0$ $mg \cdot L^{-1}$ $\qquad$ $T = 20$ ℃

$k_d = 0.1$ d^{-1} $\qquad$ $B = 20$ m $\qquad$ $S = 0.000\,5$ $\qquad$ $n = 0.03$

第 23 讲

氮

> **简介**:本讲介绍并模拟了氮对溪流中溶解氧的影响。在概述氮和水质的基础上,描述了氮对溶解氧的作用机制:硝化反应。之后提出了描述硝化反应的两个模型框架:氮化 BOD 模型和硝化模型。最后简要介绍了氮的毒性。

本书开头介绍了"盲人摸象"的寓言故事。如这个故事想要传达的一样,由于至少有 4 个具体且相互关联的水质问题与氮有关,因此研究氮对水质的影响时不能以偏概全。尽管本讲的重点是溶解氧,但首先对氮污染进行评述。

23.1 氮和水质

图 23-1 描述了天然水体中的氮循环。可以看出,这一循环过程影响了水体中的氧浓度。此外,氮循环还会引发其他的水质问题。如下文所阐述,这些问题可分为两类。第一类问题是硝化-反硝化和富营养化;对这类问题,氮是产生问题的根源而不是问题本身。第二类问题是硝酸盐污染和氨的毒性;这种情形下氮素表现为实际污染物。虽然我们可以用这种方式将问题划分为两类,但如下所述,所有这些问题之间是相互关联的。

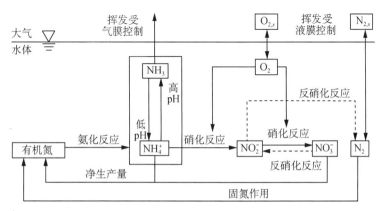

图 23-1　天然水体中的氮循环

虚线箭头表示厌氧条件下发生的反硝化反应。需要注意的是,尽管图中没有描述,但有机氮的净产量会对水体中的溶解氧含量造成影响

硝化-反硝化。如图 23-1 所示,氨氮来自负荷的直接输入和有机氮的水解。氨氮的氧化分为两个阶段:先转化为亚硝酸盐(NO_2^-),再转化为硝酸盐(NO_3^-)。该过程会消耗水中的溶解氧,严重时导致水中的氧气消耗殆尽。若处于厌氧条件,硝酸盐会被还原成亚硝酸盐,之后亚硝酸盐又通过反硝化反应被还原为自由态氮。由于自由氮是以气体形式存在的,上述反应过程导致氮从水体释放到大气中,从而水中氮含量会有所减少。此外,自由氮可以被某些固氮藻类和细菌所利用。

富营养化。除了氮的其他特性。它还是植物生长的必需营养物质。因此它是植物生长的一种肥料,并且会造成植物的过度生长,对此称之为富营养化。这种过度生长会直接影响水质(如难看的浮渣、河道堵塞等),或间接加剧了其他的水质问题(如溶解氧含量、氨毒性等)

硝酸盐污染。如图 23-1 所示,硝化过程的最终产物是硝酸盐。若饮用水中的硝酸盐浓度过高,会对婴儿产生严重甚至致命的影响。硝酸盐污染在农业区尤其严重。在这类地区除了点源排放通过硝化作用形成硝酸盐外,来自施肥的非点源污染负荷也会产生高浓度的硝酸盐负荷。

氨毒性。氨在天然水体中以两种形态存在:铵根离子(NH_4^+)和非离子态氨(NH_3)。虽然在大多数天然水域中铵根离子是无害的,但离子氨对鱼类是有害的。两种形态之间的平衡主要由 pH 决定。在高 pH 下(其次在高温下),氨主要以有毒、非电离态的形态存在。例如,在温度适中(约 20 ℃)和 pH 高于 9 的情况下,非离子态氨占总氨的 20% 以上。当污水处理厂尾水排入浅水溪流时,在排放点下游的复氧区会出现这种情况。此时溪流中悬浮物浓度低而氨浓度较高,因此会引发植物大量生长。午后植物的光合作用会消耗水中的二氧化碳,导致水体的 pH 值大幅升高。同时午后也是一天中水温较最高的时候,因此高 pH 值和温度导致非离子态氨浓度的升高。

总之,氮引发的水质问题是相互关联且多方面的。首先,氨氮可以通过硝化反应消耗水中的溶解氧。硝化反应的副产物之一是硝酸盐,而硝酸盐本身就是一种污染物。此外,受温度和 pH 值影响,氨会以对水生生物有害的非离子态存在。最后,氨和硝酸盐都是光合作用必需的营养物质。因此,它们可以刺激植物过度生长,这本身就导致了水质问题且加剧了其他一些问题。

在上述概述的基础上,本讲后续部分侧重于硝化反应的介绍,并用较少的篇幅介绍硝酸盐污染和氨毒性。后续讲座将介绍水体富营养化问题。尽管这种讲解方式有无法全面了解"整只大象"的风险,但溶解氧是目前讨论的重点,且硝化反应是天然水体氮循环中模拟的首要关注点。希望通过后续所有相关内容的介绍,读者能够对水体氮问题形成整体认识。

23.2 硝化反应

除了碳化 BOD 外,污水中含氮化合物也会消耗河流中的溶解氧(图 23-2)。通常污水中的氮会分解形成有机氮化合物(如蛋白质、尿素等)和氨氮。随着时间的持续,有机氮的进一步水解也会增加氨氮含量。自养细菌消化氨氮,将其转化为亚硝酸盐

（NO_2^-）和硝酸盐（NO_3^-）。

氨氮向硝酸盐的转化统称为硝化反应。它包含了一系列反应（Gaudy 和 Gaudy，1980）。第一阶段，亚硝酸细菌将铵离子转化为亚硝酸盐：

$$NH_4^+ + 1.5O_2 \longrightarrow 2H^+ + H_2O + NO_2^- \tag{23-1}$$

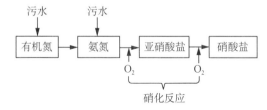

图 23-2　污水处理厂尾水排放点下游的含氮化合物分解

据此基于一系列一级反应来模拟过程氮的转化过程

第二阶段，在硝化细菌的作用下，亚硝酸盐转化为硝酸盐：

$$NO_2^- + 0.5O_2 \longrightarrow NO_3^- \tag{23-2}$$

亚硝酸细菌和硝化细菌的生长速率通常比异养细菌慢（h^{-1} 与 d^{-1} 的区别）。此外，亚硝酸盐转化为硝酸盐的速率快于氨氮转化为亚硝酸盐的速率。这反映了一个现象，即第二阶段需要消耗大约第一阶段 3 倍的基质量以产生同样的能量。

两个阶段耗氧量计算如下：

$$r_{oa} = \frac{1.5(32)}{14} = 3.43 \text{ gO gN}^{-1} \tag{23-3}$$

$$r_{oi} = \frac{0.5(32)}{14} = 1.14 \text{ gO gN}^{-1} \tag{23-4}$$

式中，r_{oa} 和 r_{oi} 分别表示每克氨氮氧化为亚硝酸盐的耗氧量，以及每克亚硝酸盐氮氧化为硝酸盐的耗氧量。整个硝化过程的耗氧量可以表示为：

$$r_{on} = r_{oa} + r_{oi} = 4.57 \text{ gO gN}^{-1} \tag{23-5}$$

式中，r_{on} 为在整个硝化过程中每氧化 1 g 氨氮所需消耗的氧气量。需要注意的是，部分氨氮被用于细菌细胞的生长。因此，每 1 g 氨氮氧化的实际耗氧量接近 4.2 g（Gaudy 和 Gaudy，1980）。

除了氨氮以外。硝化反应还受到其他一些因素的影响。主要的辅助因子包括：

（1）硝化细菌的数量，与污水处理程度和溪流类型有关。例如，如果污水经过二级处理后排放，那么在污水处理厂尾水排入河道之前，已经发生了部分硝化反应。对溪流类型而言，底部多岩石的浅水河流通常会提供一个有助于硝化细菌更好生长的基质环境。

（2）碱性的环境（最佳 pH 约为 8.0）。这有助于中和硝化反应形成的酸性条件从而促进反应的进行。

（3）足够的溶解氧浓度（大于 $1\sim2$ mg·L^{-1}）。

参照上述讨论，在污水排放点附近的下游河段，硝化反应会受到抑制。究其原因，在此区域溶解氧和 pH 都会降低。此外对于较深的河流，硝化细菌数量受到其相对缓慢的生长速度以及基质缺乏的不利影响。因此，硝化反应耗氧会滞后于碳化有机物耗氧，并且通常在下游更远处产生。

与碳化有机物降解一样，硝化反应也会导致溪流中的溶解氧氧亏。图 23-3 显示了有机碳和氮分解对河流溶解氧的综合影响。从图 23-3(a)可以看出，碳化 BOD 浓度在污水排放口处断面突然升高，之后随着 CBOD 的降解和沉降沿程浓度逐渐降低。CBOD 分解和复氧的共同作用产生了下图中所示的氧垂曲线。

如图 23-3(b)示，氮的排放和分解也会产生溶解氧氧垂。然而，由于硝化反应滞后于 CBOD 分解，氧垂曲线的最低点相比于图 23-3(a)出现在下游更远处。此外，上述讨论的硝化反应辅助因子也会导致氧垂垂线的最低点出现在下游的更远位置。

图 23-3(c)显示了碳和氮综合效应导致的总溶解氧消耗。可以看到溶解氧临界浓度较碳和氮单独作用时更低，且临界点位置处于两种情形之间。

早期学界曾尝试引入 NBOD 来表征硝化反应。近年来新开发的机理模型则能够直接模拟有机氮、氨氮和硝酸盐。下面分别介绍这两种方法。

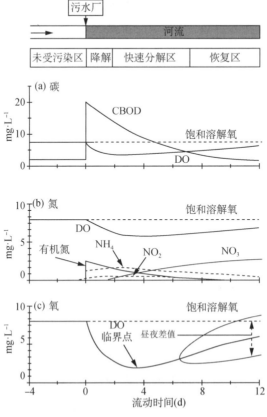

图 23-3　污水厂尾水排放点下游河段的碳、氮、氧变化趋势

23.3　NBOD 模型

图 23-4 显示了含有大量有机碳和氮的污水耗氧量曲线。注意到第二阶段的 BOD 耗氧与硝化有关。据此早期的模型开发提出 NBOD 来表征硝化耗氧量。因此,直接类比于 CBOD,可以建立并求解 NBOD 和氧亏的质量平衡方程。

NBOD 可以直接通过 BOD 实验室测定来确定。此外,它还可以通过硝化过程公式来间接确定。首先,水体中可被氧化的氮为有机氮和氨氮之和。实际中可通过对总凯氏氮(Total Kjeldahl nitrogen,TKN)的测量来量化表征。由式(23-5)可知,每 1 g 总凯氏氮完全氧化需要消耗 4.57 g 氧气。因此 NBOD 可估算为:

$$L_N = 4.57\ \mathrm{TKN} \tag{23-6}$$

式中,L_N 为 NBOD 的浓度($\mathrm{mg \cdot L^{-1}}$);TKN 为总凯氏氮浓度($\mathrm{mgN \cdot L^{-1}}$)。

对于推流系统,NBOD 和氧亏的质量平衡可采用类似 CBOD 的形式表示。对于点源,若 $t=0$ 时 $LN=LN_0$、$D=D_0$,那么质量平衡方程的解析解为:

$$L_N = L_{No}\,\mathrm{e}^{-\frac{k_n}{U}x} \tag{23-7}$$

以及

$$D = D_0\,\mathrm{e}^{-\frac{k_a}{U}x} + \frac{k_n L_o}{k_a - k_n}\left(\mathrm{e}^{-\frac{k_n}{U}x} - \mathrm{e}^{-\frac{k_a}{U}x}\right) \tag{23-8}$$

式中,k_n 为 NBOD 的降解速率($\mathrm{d^{-1}}$)。因此,可以模拟出硝化作用的氧垂曲线。由于质量平衡方程是线性的,可以将 CBOD 和 NBOD 的模拟结果叠加,从而得到碳和氮综合作用下的总氧亏。

在较深的水体中,k_n 通常在 $0.1 \sim 0.5\ \mathrm{d^{-1}}$ 之间变化。在较浅的溪流中,有时 k_n 可达 $1\ \mathrm{d^{-1}}$ 以上。

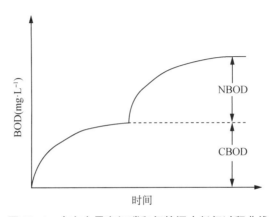

图 23-4　含有大量有机碳和氮的污水耗氧过程曲线

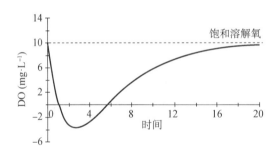

图 23-5　NBOD 模拟

图 23-5 显示了初始条件为 50％有机氮和 50％氨氮的模拟结果。饱和溶解氧设定为 10 mg・L^{-1}，NBOD 降解速率取 0.25 d^{-1}，复氧速率取 0.5 d^{-1}。模拟过程中溶解氧出现了负值，这实际上是不现实的。注意到最大氧亏为 −3 mg・L^{-1}，此时污水在排水口下游河段的流动时间为 2.5 天。

尽管 NBOD 模型将硝化过程引入了 S-P 模型架构，但它也存在一些严重的缺陷。特别是它不能准确模拟实验室实验和天然水体中观察到的硝化反应氧亏滞后现象。从 NBOD 表征实际硝化过程所隐含的假设中，我们可以更好理解这一问题产生的原因：

（1）如果将有机氮和氨氮的耗氧量统一用 NBOD 表示，则从有机氮到氨氮的转化速率被忽略了。因此，当有机氮含量很高时，氧亏的时间滞后效应将无法得以正确反映。

（2）如果使用单一的 NBOD 一级降解速率，则忽略了氨氮向亚硝酸盐再向硝酸盐的两阶段转化过程。尽管第二步（亚硝酸盐到硝酸盐）的反应速度相对较快缓解了这一不足，但第一步反应的时间滞后效应还是被忽略了。

（3）最后，也可能是最重要的一点，NBOD 这一概念没有直接考虑影响硝化作用的其他辅助因素（细菌、pH 和溶解氧的影响）。

上述三个不足意味着直接使用 NBOD 模型，将导致模拟的临界氧亏发生在离尾水排放点太近的地方。可以两种人为方法来克服这一问题。首先，可以采用较小的 NBOD 降解速率。其次，可以人为增加模型模拟的停滞时间。但两种补救方法都是不充分的：第一种方式有悖于现实；第二种方式尽管可以充分考虑当前条件下的氧亏滞后现象，但一旦污水得以处理就无法估算滞后时间的相应变化了。因此，NBOD 模型已被逐渐弃用，取而代之的是下面的更为机理性的硝化模型。

23.4　硝化模拟

假定硝化反应遵循一级动力学模式，则硝化过程可用一系列一级反应表征：

$$\frac{\mathrm{d}N_o}{\mathrm{d}t} = -k_{oa}N_o \tag{23-9}$$

$$\frac{\mathrm{d}N_a}{\mathrm{d}t} = k_{oa}N_o - k_{ai}N_a \tag{23-10}$$

$$\frac{\mathrm{d}N_i}{\mathrm{d}t} = k_{ai}N_a - k_{in}N_i \tag{23-11}$$

$$\frac{\mathrm{d}N_n}{\mathrm{d}t} = k_{in}N_i \tag{23-12}$$

式中,N_o、N_a、N_i、N_n 分别为有机氮、氨氮、亚硝酸盐和硝酸盐浓度,$mg \cdot L^{-1}$。相应的,氧亏平衡方程可表达为:

$$\frac{\mathrm{d}D}{\mathrm{d}t} = r_{oa}k_{ai}N_a + r_{oi}k_{in}N_i - k_aD \tag{23-13}$$

因为式(23-9)~式(23-12)对应的反应是依次进行的,可以借鉴第 5.2 和 5.3 节中介绍的前馈式反应器控制方程求解方法。若 $t=0$ 时 $N_o = N_{o0}$ 和 $N_a = N_{a0}$,各个氮组分方程的解析解为:

$$N_o = N_{o0}\mathrm{e}^{-k_{oa}t} \tag{23-14}$$

$$N_a = N_{a0}\mathrm{e}^{-k_{ai}t} + \frac{k_{oa}N_{o0}}{k_{ai} - k_{oa}}(\mathrm{e}^{-k_{oa}t} - \mathrm{e}^{-k_{ai}t}) \tag{23-15}$$

$$N_i = \frac{k_{ai}N_{a0}}{k_{in} - k_{ai}}(\mathrm{e}^{-k_{ai}t} - \mathrm{e}^{-k_{in}t})$$
$$+ \frac{k_{ai}k_{oa}N_{o0}}{k_{ai} - k_{oa}}\left(\frac{\mathrm{e}^{-k_{oa}t} - \mathrm{e}^{-k_{in}t}}{k_{in} - k_{oa}} - \frac{\mathrm{e}^{-k_{ai}t} - \mathrm{e}^{-k_{in}t}}{k_{in} - k_{ai}}\right) \tag{23-16}$$

$$N_n = N_{o0} + N_{a0} - N_{o0}\mathrm{e}^{-k_{oa}t} - N_{a0}\mathrm{e}^{-k_{ai}t}$$
$$- \frac{k_{oa}N_{o0}}{k_{ai} - k_{oa}}(\mathrm{e}^{-k_{oa}t} - \mathrm{e}^{-k_{ai}t}) - \frac{k_{ai}N_{a0}}{k_{in} - k_{ai}}(\mathrm{e}^{-k_{ai}t} - \mathrm{e}^{-k_{in}t})$$
$$- \frac{k_{ai}k_{oa}N_{o0}}{k_{ai} - k_{oa}}\left(\frac{\mathrm{e}^{-k_{oa}t} - \mathrm{e}^{-k_{in}t}}{k_{in} - k_{oa}} - \frac{\mathrm{e}^{-k_{ai}t} - \mathrm{e}^{-k_{in}t}}{k_{in} - k_{ai}}\right) \tag{23-17}$$

因此,可以用类似的方式求出氧亏(见习题 23-3)。此外,微分方程可用数值积分求解。

图 23-6 为初始条件为 50% 有机氮和 50% 氨氮的模拟结果。饱和溶解氧设定为 10 mg · L^{-1},k_{in} 取 0.75 d^{-1},复氧速率取 0.5 d^{-1},除此之外的其余速率均取 0.25 d^{-1}。与图 23-5 对比,临界氧亏从 -3 mg · L^{-1} 升至 0 mg · L^{-1},对应该位置污染物已从排放口向下游流动了 4 天多一点的时间。因此使用硝化顺序反应的反应动力学模型能够模拟出氧垂曲线的相对平坦化以及临界时间滞后现象(图 23-6)。

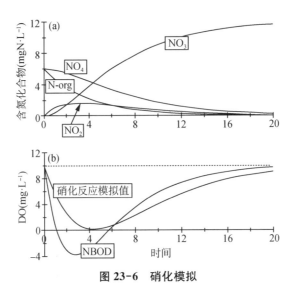

图 23-6 硝化模拟

23.4.1 硝化抑制

尽管硝化反应的直接模拟比概化的 NBOD 模型更贴近现实,但仍存在不足之处。主要问题是它没有考虑硝化反应的抑制因子。为克服这一缺点,需考虑溶解氧浓度不足对硝化反应的抑制作用。将以下因子乘以硝化反应速率 k_{ai} 和 k_{in},可表征硝化抑制效应(Brown 和 Barnwell,1987):

$$f_{nitr} = 1 - e^{-k_{nitr}o} \tag{23-18}$$

式中,k_{nitr} 为一级硝化反应的抑制系数,$k_{nitr} \approx 0.6\ \mathrm{L \cdot mg^{-1}}$。如图 23-7 所示,当溶解氧浓度约大于 3 $\mathrm{mg \cdot L^{-1}}$ 时,抑制因子接近于 1。当溶解氧浓度较低时,二者接近线性关系。因此当溶解氧浓度趋近于 0 时,硝化反应停止,相应抑制因子为 0。

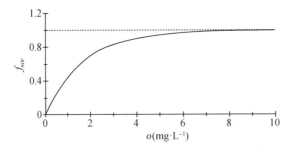

图 23-7 硝化反应抑制因子与溶解氧关系曲线

图 23-8 对比显示了不考虑抑制作用(图 23-6)和考虑抑制作用的模拟结果。注意到后者采用数值计算(四阶 Runge-Kutta 法)求得。考虑抑制因子后,临界氧亏大约为 2 $\mathrm{mg \cdot L^{-1}}$。此外,后者的模拟结果也使得氧垂曲线相对平坦化并延长了溶解氧的恢复过程。

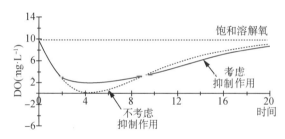

图 23-8　低溶解氧水平下,考虑抑制作用的硝化过程模拟

23.5　硝化与有机质分解

除了硝化过程的耗氧计量外,将硝化与有机质降解联系起来讨论,可以发现一些有价值的信息。在前面章节我们以葡萄糖($C_6H_{12}O_6$)表征有机物,相应有机物耗氧降解可用下面的简单公式表示:

$$C_6H_{12}O_6 + 6O_2 \xrightarrow{\text{呼吸作用}} 6CO_2 + 6H_2O \tag{23-19}$$

由于有机物中还含有氮,因此需要更为综合的有机物表达式。Redfield 等人(1963)进一步提出了包括碳、氮、磷在内的更为完整的有机质化学计量关系式,即:

$$(C_1H_2O_1)_{106}(NH_3)_{16}(H_3PO_4)_1 = C_{106}H_{263}O_{110}N_{16}P_1 \tag{23-20}$$

基于该公式,可以建立更全面的呼吸作用化学表达式(Stumm 和 Morgan,1981):

$$C_{106}H_{263}O_{110}N_{16}P_1 + 107O_2 + 14H^+ \xrightarrow{\text{呼吸作用}} 106CO_2 + 16NH_4^+ + HPO_4^{2-} + 108H_2O \tag{23-21}$$

可以看到利用式(23-21)计算得到的每克有机碳降解耗氧量与式(23-19)计算结果接近[也可回顾式(19-18)],即:

$$r_{oc} = \frac{107(32)}{106(12)} = 2.69 \text{ gO gC}^{-1} \tag{23-22}$$

尽管氨氮的来源途径很多(如肥料),此处我们将其来源仅限制于有机物分解。根据式(23-21),可以计算出每克有机物分解的氮产率为:

$$a_{nc} = \frac{16(14)}{106(12)} = 0.176 \text{ gN gC}^{-1} \tag{23-23}$$

将这一计算结果与公式(23-5)联系起来,进一步计算出每克有机物分解产氮的硝化反应耗氧量为:

$$r_{on}a_{nc} = 4.57 \text{ gO gN}^{-1}(0.176 \text{ gN gC}^{-1}) = 0.804 \text{ gO gC}^{-1} \tag{23-24}$$

因此单位质量有机物分解产氮后的硝化反应耗氧量大约是碳化有机物分解耗氧量

的 30%。

最后我们来讨论污水中的情形。美国的原生生活污水总氮浓度约为 44 mgN·L^{-1}，由 17.5 mgN·L^{-1} 的有机氮和 26.5 mgN·L^{-1} 的氨氮组成（Metcalf 和 Eddy，1991；Thomann 和 Mueller，1987）。按照硝化作用需氧量 4.57 mgO·mgN^{-1} 计算，对于生活污水中的 NBOD 浓度约为 200 mgO·L^{-1}。因此未经处理污水的 NBOD 与 CBOD 值（约为 220 mgO·L^{-1}，见表 19-2）相当。

如果生活污水组分为式（23-20）所示的有机物形式，那么 NBOD 浓度仅相当于 CBOD 浓度的 30%。有几个因素可以解释这种差异性。例如，BOD 测定实验条件下并非所有有机物都可以分解。此外，生活污水中的氮除了来自有机物外，还来自于其他赋存形态。无论如何，上述的简单估算表明：①生活污水中的 NBOD 相对于 CBOD 而言，也是很显著的；②污水并不是仅由易降解的有机物组成。

23.6 硝酸盐和氨的毒性

如本讲开始时所介绍，一些形态的氮本身就是水体中的污染物。硝酸盐和氨就符合这种情形。

23.6.1 硝酸盐污染

饮用水中高浓度的硝酸盐被认为是**高铁血红蛋白血症**或"蓝婴儿综合征"的诱因。这种疾病主要发生在 6 个月以下的婴儿群体，但 6 岁以下的儿童都有患病可能。硝酸盐浓度大于 10 mgN·L^{-1} 时，会引发该症状（Salvato，1982）。

由于硝酸盐是好氧条件下氮循环的最终产物，且未经处理的污水中含有约 40 mg·L^{-1} 总氮，因此不经脱氮处理时点源排放口下游断面可能会产生硝酸盐污染。此外，农业种植中的氮肥以非点源形式排放进入水体，也会加剧硝酸盐污染。

本讲建立的硝化模型为硝酸盐污染的分析奠定了基础。然而，更先进的模型框架还应考虑硝化反应之外的其他硝酸盐源和汇。例如，植物使用硝酸盐作为营养来源，并在腐烂时释放出氮。此外，缺氧条件下反硝化反应可以作为硝酸盐的汇项。这一过程通常发生在溶解氧浓度下降至零或接近零的情形。进一步，即使水中含有溶解氧，反硝化也会在缺氧的底泥和生物膜中发生。在第 25 讲中介绍底泥耗氧时，我们将讨论这些过程。

23.6.2 氨的毒性

天然水体中有氨氮根离子（NH_4^+）和非离子态氨（NH_3）两种形态存在：

$$[NH_3]_T = [NH_4^+] + [NH_3] \qquad (23-25)$$

式中，括号表示摩尔浓度，$[NH_3]_T$ 为总氨氨浓度。当浓度足够高时（约 0.01～0.1 mgN·L^{-1}），非离子氨对鱼类是有害的。因此，术语"氨毒性"与非离子态氨有关。

两种形态的含量可以通过电离反应平衡方程来表示：

$$NH_4^+ \rightleftharpoons NH_3 + H^+ \tag{23-26}$$

其中反应物与产物的比率由平衡系数确定：

$$K = \frac{[NH_3][H^+]}{[NH_4^+]} \tag{23-27}$$

反应的平衡系数与温度有关(Emerson 等，1975)：

$$pK = 0.090\,18 + \frac{2\,729.92}{T_a} \tag{23-28}$$

式中，T_a 为开尔文温度；$pK = -\lg_{10}(K)$。

进一步引入分配比例的概念。对式(23-27)求得铵根离子的浓度，并将其代入式(23-25)中进一步得到(见习题 23-4)，

$$[NH_3] = F_u[NH_3]_T \tag{23-29}$$

式中，F_u 为总氨中非离子态氨占比

$$F_u = \frac{1}{1 + ([H^+]/K)} \tag{23-30}$$

由此可以看出，F_u 是水中 pH 和温度的函数。虽然式(23-29)中是以摩尔浓度为单位，但由于氨氮和铵根离子具有相同的摩尔质量，因此也可将其直接转化为氮表示的质量浓度。

【例23-1】 非离子态氨计算

某溪流断面的总氨浓度为 $1\ \text{mgN} \cdot \text{L}^{-1}$，pH 为 8.5，温度为 30 ℃。确定该断面的非离子态氨浓度。

【求解】 温度已知时可求得平衡系数：

$$pK = 0.090\,18 + \frac{2\,729.92}{303.15} = 9.095$$

$$K = 10^{-pK} = 10^{-9.095} = 8.03 \times 10^{-10}$$

基于 pH 值可计算出氢离子浓度：

$$[H^+] = 10^{-pH} = 10^{-8.5} = 3.16 \times 10^{-9}$$

将上述结果代入式(23-30)得到：

$$F_u = \frac{1}{1 + [(3.16 \times 10^{-9})/(8.03 \times 10^{-10})]} = 0.202$$

由此可求得非离子态氨浓度为:

$$NH_3 = 0.202(1) = 0.202 \text{ mgN L}^{-1}$$

图 23-9 总结了一定温度和 pH 范围内的非离子态氨占比。可以看出,pH 和温度越高,总氨中非离子态氨占比也就越高。

与针对硝酸盐污染的讨论一样,23.4 节建立的硝化模型为非离子态氨模拟奠定了基础。简单来说,硝化模型提供了不同输入负荷和水流输移条件下的总氨浓度模拟方法,在此基础上可通过式(23-29)进一步确定总氨中非离子态氨占比。虽然这是一种简化的模拟方法,但该模型能够为天然水中非离子态氨达标方案的制订提供依据。

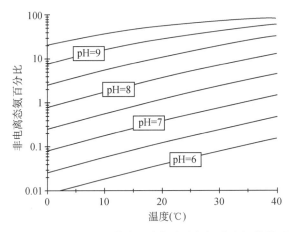

图 23-9　不同 pH 下非离子态氨占比与温度之间的关系

习　题

23-1　某一点源具有以下特征:

$N_o = 6 \text{ mg} \cdot \text{L}^{-1}$ 　　　　　　　$N_a = 6 \text{ mg} \cdot \text{L}^{-1}$

$Q_w = 2 \text{ m}^3 \cdot \text{s}^{-1}$ 　　　　　　　$k_{oa} = 0.05 \text{ d}^{-1}$

$k_{ai} = 0.075 \text{ d}^{-1}$ 　　　　　　$k_{in} = 0.2 \text{ d}^{-1}$

若受纳水体的流量为 $5 \text{ m}^3 \cdot \text{s}^{-1}$,且氮的本底浓度值可忽略不计,计算污水厂排放口下游河段的各个氮组分浓度沿程分布。已知 $n = 0.03$, $S = 0.001$, $B = 20 \text{ m}$。忽略温度的影响。

23-2　某污水处理厂处理后的尾水排入河流。排放点处断面发生完全混合后,断面的有机氮和氨氮浓度分别为 $5 \text{ mgN} \cdot \text{L}^{-1}$ 和 $1 \text{ mgN} \cdot \text{L}^{-1}$,溶解氧氧亏为 $2 \text{ mgO} \cdot \text{L}^{-1}$。排放点下游河段的相关参数如下:

$U = 0.2 \text{ m} \cdot \text{s}^{-1}$, $H = 0.5 \text{ m}$, $o_s = 10 \text{ mg} \cdot \text{L}^{-1}$, $k_a = 2 \text{ d}^{-1}$。

(a) 给定下列降解速率:$k_{oa} = 0.25 \text{ d}^{-1}$, $k_{oi} = 0.2 \text{ d}^{-1}$, $k_{in} = 0.6 \text{ d}^{-1}$,确定下游河段的溶解氧氧垂曲线。

（b）已知下游河段 pH 为 8，温度为 15 ℃，计算非离子态氨的最大浓度。

23-3　对于 $t = 0$ 时 $D = D_0$ 的情形，对式（23-13）求积分以求得溶解氧氧亏随时间变化的闭式解。

23-4　基于 23.6.2 节公式（式 23-30）计算总氨中的非离子态氨占比 F_u，F_u 是关于氢离子浓度和平衡常数的函数。此外，进一步求解铵根离子占比 F_i，$F_u + F_i = 1$。

23-5　某小型滞流塘（水深为 1 m，面积为 1×10^5 m²，停留时间为 2 周）的入流有机氮和氨氮浓度分别为 5 和 2 mgN·L^{-1}。若 $k_{oa} = 0.1$ d^{-1}，$k_{ai} = 0.075$ d^{-1}，$k_{in} = 0.25$ d^{-1}，确定稳态条件下所有氮组分的浓度。

光合-呼吸作用

简介:本讲聚焦于如何测定溪流及其他天然水体中的光合作用和呼吸作用速率。首先介绍了植物类型、相关单位和光强等背景知识。之后介绍了光合作用和呼吸作用速率的三种测量方法:直接测量法(黑白瓶法),生物量法和 Delta 法。

植物光合作用和呼吸作用能够增加或者消耗水中的溶解氧。如第 22 讲所述,可将光合作用和呼吸作用效应以零级分布源嵌入 S-P 模型框架中。这种情况下可计算出氧亏为

$$D = \frac{R-P}{k_a}(1 - e^{-k_a t}) \qquad (24\text{-}1)$$

当水质模型主要用于评估原生污水排放的影响时,零级分布源的表征方式是可行的。然而,随着污水处理程度越来越高以及对非点源污染的日益增加,这种表征方式已经被弃用。

本书后续部分将介绍与营养物质、光照和其他环境因素相关的植物生长、死亡(以及对溶解氧影响)机理理论。本讲主要着重于光合作用和呼吸作用速率及其对溶解氧影响的定量化评估。

24.1 基础知识

在介绍光合作用和呼吸作用速率的测定方法前,先介绍一些基础知识。首先是简要介绍溪流中的植物生长活动,随后介绍光合速率和呼吸速率的测量单位和参数化表征方式。最后介绍如何对光合作用的主要决定因子——光照予以量化。

24.1.1 溪流中植物生长活动

第 19 讲中介绍了原生污水排放口下游的溪流环境。可以回想到紧邻排放口的下游河段,微生物活动主要表现为异养细菌的作用。也就是说,占主导的异养细菌等有机体通过分解有机物来获得能量,并在此过程中消耗溶解氧。由于浊度导致的消光等诸多因素,该区域的植物生长受到抑制。

再往下游,随着河流中的溶解氧开始恢复,氮和磷等营养物质浓度将会大幅升高。

此外大多数固体颗粒将会沉淀下来,从而水质得到净化。因此,通常在该区域自养型植物生长占主导。

因为光合作用产氧以及呼吸作用耗氧,植物将对溪流中的溶解氧含量产生影响。同时光合作用具有光依赖性,从而会造成溶解氧浓度的季节性和昼夜间变化。

从季节性的角度,光合作用往往在植物生长季节占主导地位,而呼吸作用和植物分解则在非生长季节占主导。因此从日平均的角度,植物生长会提高或降低水中的溶解氧浓度,具体取决于处于一年中模拟的时间段。

在生长季节,昼夜光照的变化会引起溶解氧的波动。因此,溪流中溶解氧浓度可能在下午达到过饱和,而在黎明前耗尽。

最后,根据水深不同,植物生长分为两种类型。对于较深的溪流,浮游植物会占主导;对于光照可以达到水深较深处的浅水溪流,底栖植物在植物生物量中往往占优主导。这些底栖植物包括生根和附着的大型水生植物以及微小的附着藻类。

相对于浮游植物,固着植物对溪流溶解氧的影响更大,主要包括两点原因:

(1)固着植物通常位于较浅的水体中,所以它们往往对溶解氧含量产生更大的影响。也就是说,同等的生长或呼吸速率条件下对浅水系统的影响更大。

(2)因为固着植物在空间上是固定的,所以它们往往在河流纵向方向上更加聚集。

此外,如下文将要介绍的,固着植物和浮游植物的光合和呼吸作用速率参数化方式是不同的。

24.1.2 单位和参数化表征

本书在最初介绍溶解氧模型时,采用了以下的简单化学反应式来表示有机物合成和分解:

$$6CO_2 + 6H_2O \Longleftrightarrow C_6H_{12}O_6 + 6O_2 \tag{24-2}$$

基于该反应式可进一步计算出单位质量机碳降解的耗氧量,即:

$$r_{oc} = \frac{6(32)}{6(12)} = 2.67 \ \text{gO gC}^{-1} \tag{24-3}$$

可以看出,式(24-3)给出的化学计量关系除了能够表征有机质分解的耗氧外,还能够确定光合作用合成单位质量有机碳同时的氧气产生量。

有机物和氧气含量之间化学计算关系使得光合作用速率和呼吸速率可用单位质量氧或碳表示。具体选择哪一种单位通常由问题场景决定。早期开发溶解氧水质模型时采用氧作为质量单位,而后期发展起来的富营养化模型则倾向于碳作为质量单位。若使用下标 c 来表征碳作为质量单位,两种质量单位的表达方式可直接通过式(24-3)中的化学计量关系进行换算。因此,对于光合作用有:

$$P = r_{oc} P_c \tag{24-4}$$

第二个须关注的问题是速率单位的归一化,这与植物类型是浮游植物还是附着植物有关。前者使用单位体积$(M \cdot L^{-3} \cdot T^{-1})$表示较为合适,而后者用则优先使用单位面积($M \cdot L^{-2} \cdot T^{-1}$)表达。如前面讲座所述,两个单位之间可通过水深建立联系。因此,对于光合作用有:

$$P = \frac{P'}{H} \tag{24-5}$$

式中,P 表示单位面积光合作用速率。上述转换关系和参数化方法也适用于呼吸速率。

24.1.3 光照和光合作用

在大多数水质模型中,光合作用速率被假定与光能成正比,即:

$$P(t) \propto I(t) \tag{24-6}$$

式中,$I(t)$ 为可利用光(兰利 d^{-1}),其中 1 个兰利(ly)等于 1 卡 cm^{-2}。

对于式(24-6)的讨论,涉及光强的昼夜变化。这种变化可用半正弦曲线来理想化表示。因此,假设式(24-6)成立,光合作用速率也可用半正弦曲线表示(图 24-1)。

$$
\begin{aligned}
P(t) &= P_m \sin[\omega(t - t_r)] && t_r < t < t_s \\
P(t) & && t \geqslant t_s \text{ 或 } t \leqslant t_r
\end{aligned} \tag{24-7}
$$

式中,P_m 为速率最大值($g \cdot m^{-3} \cdot d^{-1}$);$\omega$ 为角速度$[= \pi/(fT_p)]$;t_r 为日出时刻(d);t_s 为日落时刻(d);f 为日照时间在一天中的占比(光照时长);T_p 为一个周期时长($= 1\ d$ 或者 24 h 等,取决于时间单位)。

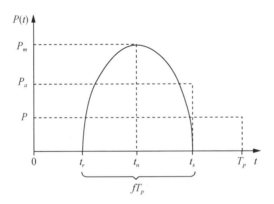

图 24-1　与光强半正弦曲线相关的光合作用速率昼夜变化

光照时长与其他参数有关:

$$f = \frac{t_s - t_r}{T_p} \tag{24-8}$$

以及正午时刻可表示为:

$$t_n = \frac{t_r + t_s}{2} \tag{24-9}$$

最后,除了光合作用速率最大值外,基于式(24-7)的平均值也是我们所关心的。可以建立两种光合作用平均速率的计算方法。一是日均光合作用速率,可通过下面的积分公式计算:

$$P = \frac{\int_0^{T_p} P(t)\,\mathrm{d}t}{T_p} = P_m\frac{2f}{\pi} \tag{24-10}$$

二是每日光照时间段内的平均光合作用速率,可由下式计算:

$$P_a = \frac{\int_0^{T_p} P(t)\,\mathrm{d}t}{fT_p} = P_m\frac{2}{\pi} \tag{24-11}$$

因此,无论光照时间是多长,光照时间段内的平均光合作用速率都是最大速率的 63.7%。若一天的光照时长为 12 h,则日均光合速率为最大速率的 32%;若一天的光照时长为 8~16 h,对应的日均光合作用速率为最大速率的 20%~40%。

【例 24-1】　光合作用速率及化学计量

O'Connor 和 Di Taro(1970)提供了美国密歇根州格兰德河(Grand River)1960 年 8 月 30 日的相关数据(表 24-1):

表 **24-1**

水深(m)	0.58
日出时刻(h)	0700
日光照时长	0.541 7(13 h)
正午时刻(h)	1 330
日均光合作用速率(mgO·L^{-1}·d^{-1})	17.3

确定日落时间,以及最大和光照时间段平均光合作用速率。光照时间段平均光合速率作用以单位面积含碳量计。

【求解】　根据式(24-9)计算出日落时间为:

$$t_s = 2t_n - t_r = 2(13.5) - 7 = 20$$

因此,日落时刻为 2000(下午 8:00)。

根据式(24-10)计算出最大光合作用速率:

$$P_m = 17.3\left[\frac{\pi}{2(0.541\ 7)}\right] = 50.17 \text{ g m}^{-3} \text{ d}^{-1}$$

以及根据式(24-11)计算出每日光照时间段内的平均光合作用速率:

$$P_a = 50.17\frac{2}{\pi} = 31.94 \text{ g m}^{-3} \text{ d}^{-1}$$

最后,可根据式(24-4)式(24-5),将每日光照时间段内的平均速率换算成以单位面积含碳量表示的计量形式:

$$P'_c = \frac{P}{r_{oc}}H = \frac{17.3 \text{ gO m}^{-3} \text{ d}^{-1}}{2.67 \text{ gO gC}^{-1}} 0.58 \text{ m} = 3.76 \text{ gC m}^{-2} \text{ d}^{-1}$$

一般而言,单位面积的日均光合作用速率范围为 $0.3 \sim 3$ gO·m^{-2}。高生产率系统可以达到 $3 \sim 20$ gO·m^{-2}。接下来的各节将探讨光合作用速率的测定方法。

24.2 测量方法

至此读者已对光合作用和呼吸作用速率的大小有了初步的了解。本节将介绍这些反应速率的测量方法。首先介绍在天然环境中的直接测量——**实地**测定方法;进一步将介绍两种间接测定方法:第一种是结合浮游植物生长理论模型的生物量测定方法;第二种是基于昼夜溶解氧数据的测定方法。

24.2.1 黑白瓶法

第一种测量方法被称为黑白瓶法,其思路和第 19 讲中介绍的 BOD 实验测定法非常相似。也就是说,这两种方法均从小的实验瓶角度来模拟水体中的化学环境。

使用该方法时,取天然水体水样放入两个实验瓶:一个是透瓶的瓶子或称作"光照瓶"(白瓶),在瓶子里植物可同时进行光合作用和呼吸作用;另一个是不透光的瓶子或者称作"黑瓶",在瓶子中植物由于得不到光照而只能进行呼吸作用。测定每个瓶中的溶解氧浓度后,将其盖上盖子并放入水中。过一段时间后打开瓶子,再次测定溶解氧浓度。黑白瓶溶解氧浓度的差异即可用于计算光合作用速率和呼吸速率,如下所述。

假设实验持续时间为 t,白瓶中溶解氧初始浓度和最终浓度分别为 o_{li} 和 o_{lf}。由于假定光合作用速率为零级反应,净光合作用作用速率可直观表示为:

$$P_{net} = \frac{o_{lf} - o_{li}}{t} \tag{24-12}$$

式中 P_{net} 定义为:

$$P_{net} = P_b - R_{cm} \tag{24-13}$$

式中,下标 b 表示 P_b 为"瓶子"实验;呼吸作用速率的符号以下标 cm 表示,以此表征"群落"速率,即不仅包括植物呼吸速率,还包括细菌呼吸等导致的其他耗氧反应。

黑瓶中的呼吸速率(即群落呼吸速率)可用类似的方法表示。假设黑瓶中溶解氧初始和最终浓度分别为 o_{di} 和 o_{df},且实验持续时间同样为 t,则群落呼吸速率可表示为:

$$R_{cm} = \frac{o_{di} - o_{df}}{t} \tag{24-14}$$

R_{cm} 值与式(24-13)得到的 P_{net} 值相加即为 P_b 值。

若采用过滤后的水样开展培养实验(BOD 浓度为 L_f),则可对群落呼吸速率进行校正从而获得植物呼吸速率,即:

$$R_b = R_{cm} - \frac{L_f}{t} \tag{24-15}$$

式中,校正项可通过反应器中的降解速率实验求得,即 $L_f/t = k_1 L_{fi}$,其中 L_{fi} 为过滤后的 BOD 初始值。

上述计算结果为实验时间段内的平均速率。然而,光合作用速率呈现半正弦曲线变化[式(24-7)]。因此,需要进一步确定最大和平均光合作用速率。具体计算方法见下面的例题。

【例 24-2】　黑白瓶法

一个黑白瓶实验从上午 9:00 开始,共持续了 8 小时。期间测得了以下数据:

$$o_{li} = 7 \text{ mg} \cdot \text{L}^{-1} \quad o_{lf} = 12 \text{ mg} \cdot \text{L}^{-1} \quad o_{di} = 7 \text{ mg} \cdot \text{L}^{-1} \quad o_{df} = 6.5 \text{ mg} \cdot \text{L}^{-1}$$

已知日出和日落时间分别为上午 6:00 和下午 6:00,过滤后水样的 BOD 为 2 mg·L^{-1},BOD 耗氧速率为 0.05 d^{-1}。使用以上数据计算溪流的光合作用速率和呼吸速率。

【求解】　根据式(24-12)和式(24-14)计算出净光合作用速率 P_{net} 和群落呼吸速率 R_{cm}:

$$P_{net} = \frac{(12-7) \text{ mg} \cdot \text{L}^{-1}}{0.33 \text{ d}} = 15 \text{ g} \cdot \text{m}^{-3} \cdot \text{d}^{-1}$$

以及

$$R_{cm} = \frac{(7-6.5) \text{ mg} \cdot \text{L}^{-1}}{0.33 \text{ d}} = 1.5 \text{ g} \cdot \text{m}^{-3} \cdot \text{d}^{-1}$$

将上述结果代入式(24-13)得到:

$$P_b = 15 + 1.5 = 16.5 \text{ g} \cdot \text{m}^{-3} \cdot \text{d}^{-1}$$

植物呼吸速率为:

$$R_b = 1.5 - 0.05(2) = 1.4 \text{ g} \cdot \text{m}^{-3} \cdot \text{d}^{-1}$$

在实验起始和终止时刻 $t_1 \sim t_2$ 之间,对式(24-7)求积分可计算出最大光合作用速率。令积分结果等于 $P_b(t_2 - t_1)$:

$$\int_{t_1}^{t_2} P_{in} \sin\left[\frac{\pi}{fT_p}(t - t_r)\right] dt = P_b(t_2 - t_1)$$

对方程左边项求积分,可得到最大光合作用速率为:

$$P_m = P_b(t_2 - t_1) \frac{\pi}{fT_p\left\{\cos\left[\dfrac{\pi}{fT_p}(t_1 - t_r)\right] - \cos\left[\dfrac{\pi}{fT_p}(t_2 - t_r)\right]\right\}}$$

$$= 20.66 \text{ g} \cdot \text{m}^{-3} \cdot \text{d}^{-1}$$

最后根据式(24-10)可计算出日均光合作用速率:

$$P = P_m \frac{2f}{\pi} = 20.66 \frac{2(0.5)}{\pi} = 6.6 \text{ g} \cdot \text{m}^{-3} \cdot \text{d}^{-1}$$

　　有多种现场开展黑白瓶测量的方法。对于底栖植物占主导的浅水河流,须使用透光和不透光的沉积物箱室。如图 24-2(a)所示,通常会放置探头和自动记录器以获取箱室内的溶解氧连续读数。对于较深的河流,需要在垂向放置一系列黑白瓶[图 24-2(b)]以确定不同水深消光效应导致的光合作用速率变化。然后对垂向测量结果积分求得沿水深平均的光合作用速率。

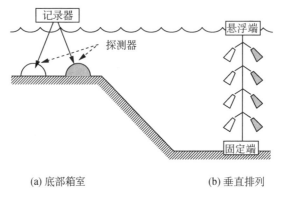

(a) 底部箱室   (b) 垂直排列

图 24-2　现场黑白瓶测试法的区别

(a) 测定底栖植物速率的水底箱室;(b) 测定较深河流中浮游植物速率的垂向黑白瓶阵列

24.2.2　生物量估算法

　　正如本讲开始时所提到的,浮游植物生长理论将在后续章节中讨论。本讲中只引用该理论的一些结果,以通过植物生物量测量来估算光合作用速率依据。

　　在污水厂尾水排放口的下游河段,通常营养物质不是光合作用的限制因素。这种情形下,植物的日均光合作用速率可按照下式计算:

$$P = r_{oa} G_{max} 1.066^{T-20} \phi_l a \tag{24-16}$$

式中,r_{oa} 为每单位质量植物生物量的产氧量,范围为 0.1 到 0.3 mg-Chla^{-1};G_{max} 为最佳光照和营养物质过量条件下的最大植物生长速率,范围为 1.5 至 3.0 d^{-1};T 为水温(℃);a 为植物生物量浓度(mg-Chl$a \cdot m^{-3}$);ϕ_l 为光照限制因子。

　　水深为 H 时的光照限制因子计算公式为(其完整推导见第 33 讲)

$$\phi_l = \frac{2.718 f}{k_e H}(e^{-\alpha_1} - e^{-\alpha_0}) \tag{24-17}$$

式中,

$$\alpha_1 = \frac{I_a}{I_s} e^{-k_e H} \tag{24-18}$$

$$\alpha_0 = \frac{I_a}{I_s} \tag{24-19}$$

式中,I_a 为日均光照强度(ly·d^{-1});I_s 为植物最佳生长时的光强,范围为 250 至

$500 \text{ ly} \cdot \text{d}^{-1}$；$k_e$ 为消光系数(m^{-1})。

需要注意的是,消光系数还受其他参数影响如塞氏盘透明度(m),表达式如下:

$$k_e = \frac{1.8}{SD} \qquad (24\text{-}20)$$

式(24-17)的计算结果在 0 至 1 之间。该结果表征了光照对植物生长的影响。若该值为 0,表示植物生长完全被抑制;若该值为 1,式(24-16)的计算结果对应最佳光强下的产氧量,即:

$$P_s = r_{oa}G_{\max}1.066^{T-20}a \qquad (24\text{-}21)$$

式中,下标 s 代表"饱和"光强。Thomann 和 Mueller(1987)提出,对于 $T = 20 \text{ ℃}$、$r_{oa} = 0.125 \text{ g} \cdot \text{mg}^{-1}$ 以及 $G_{\max} = 2 \text{ d}^{-1}$ 的情形,式(24-21)可简化为:

$$P_s = 0.25a \qquad (24\text{-}22)$$

该公式称为"拇指法则",是一个被广泛使用的经验公式。

植物呼吸速率可通过下式估算:

$$R = r_{oa}k_{ra}1.08^{T-20}a \qquad (24\text{-}23)$$

式中,k_{ra} 为植物的呼吸速率,范围为 0.05 到 0.25 d^{-1}。Thomann 和 Mueller(1987)还提出了另外一个常用的经验公式,即

$$R = 0.025a \qquad (24\text{-}24)$$

在 $r_{oa} = 0.25 \text{ g} \cdot \text{mg}^{-1}$,$T = 20 \text{ ℃}$ 的条件下,式(24-23)等同于式(24-24)。

【例 24-3】 **光合作用和呼吸作用的生物量估计**

某溪流的浮游植物量为 20 g 干重 $\cdot \text{m}^{-2}$,其中碳的含量约占 40%。根据该生物量来估算 9 月份晴天时的单位面积日均光合作用速率。已知 9 月份平均温度为 16 ℃,每日光照时长约为 12 小时,日均太阳辐射强度为 485 $\text{ly} \cdot \text{d}^{-1}$。该溪流水深约为 1 m,消光系数约为 0.5 m^{-1}。假定 $Is = 300 \text{ ly} \cdot \text{d}^{-1}$,$r_{oa} = 0.15 \text{ g} \cdot \text{mg}^{-1}$,$G_{\max} = 2 \text{ d}^{-1}$。

【求解】　日均光强为:

$$I_a = 485\frac{24}{12} = 970 \text{ ly} \cdot \text{d}^{-1}$$

将参数值代入式(24-17)计算出光照抑制因子为:

$$\phi_l = \frac{2.718(0.5)}{0.5(1)}(\text{e}^{-1.954} - \text{e}^{-3.233}) = 0.276$$

已知有机碳含量为:$0.4 \times 20 = 8 \text{ gC} \cdot \text{m}^{-2}$。由于以碳含量为计算单位,故需使用 r_{oc}[式(24-3)]代替式(24-16)中的 r_{oa},即:

$$P' = 2.67 \text{ gO gC}^{-1}(2 \text{ d}^{-1})1.066^{16-20}(0.276)8 \text{ gC m}^{-2} = 9.1 \text{ gO m}^{-2} \cdot \text{d}^{-1}$$

24.2.3 氧亏变化幅度法

40 多年前,Odum(1956)提出光合作用产率可使用质量平衡模型并结合昼夜溶解氧浓度测定来估算。随后,许多学者(如 O'Connor 和 Di Toro,1970;Hornberger 和 Kelly,1972;Erdmann,1979a,1979b;Schurr 和 Ruchti,1975,1977 等)扩展并完善了该理论。近年来 Chapra 和 Di Toro(1993)提出了 Odum 理论的简单图形表达形式。此外,他们还将该方法延申到河流复氧的估算。本节重点介绍该方法,即氧亏变化幅度法。

氧亏变化幅度法受到关注的原因在于:它是一种直接测定方法,因此相对于上一节介绍的生物量法更具有优势。此外,它的成本较低,适用于水深很浅的系统。因此与黑白瓶法相比,该方法也具有优势。

正如 O'Connor 和 Di Toro(1970)所提出的,溪流中氧亏质量平衡方程可表示为:

$$\frac{\partial D}{\partial t} = -U\frac{\partial D}{\partial x} - k_a D + R - P(t) \tag{24-25}$$

式中,D 为氧亏(mg·L^{-1});t 为时间(d);U 为溪流流速(m·d^{-1});x 为距离(m);k_a 为复氧速率(d^{-1});R 为呼吸速率(mg·L^{-1}·d^{-1});$P(t)$为初级生产率(mg·L^{-1}·d^{-1})。

若在一段足够长的距离上($>3U/k_a$)植物均匀分布,且氧亏沿程不发生变化($\partial D/\partial x \cong 0$),则式(24-25)可简化为

$$\frac{\mathrm{d}D}{\mathrm{d}t} + k_a D = R - P(t) \tag{24-26}$$

植物初级生产率可用半正弦曲线来近似[见式(24-7)和图 24-3a]。需要注意的是,当前的推导假定零时刻对应于日出时间。O'Connor 和 Di Toro(1970)提出式(24-7)可表示为傅里叶级数的形式,即:

$$P(t) = P_m\left\{\frac{2f}{\pi} + \sum_{n=1}^{\infty} b_n \cos\left[\frac{2\pi n}{T_p}\left(t - \frac{fT_p}{2}\right)\right]\right\} \tag{24-27}$$

式中,

$$b_n = \cos(n\pi f)\frac{4\pi l f}{(\pi/f)^2 - (2\pi n)^2} \tag{24-28}$$

二阶傅里叶近似结果同时叠加在图 24-3a 中。

此处假设内源性呼吸速率 R 是恒定的。这也是早期模型中的传统假设(如 Odum,1956)。根据目前的观点(Wetzel,1983),它被认为是合理的初步近似。

假设初始条件的影响已经消失,则以式(24-27)为驱动函数,求解式(24-26)得出:

$$D(t) = \overline{D} - P_m\left\{\sum_{n=1}^{\infty}\frac{b_n}{\sqrt{k_a^2 + (2\pi n/T_p)^2}}\cos\left[\frac{2\pi n}{T_p}\left(t - \frac{fT_p}{2}\right) - \tan^{-1}\left(\frac{2\pi n}{k_a T_p}\right)\right]\right\}$$

$$\tag{24-29}$$

式中,$\overline{D}$ 为日均氧亏($\mathrm{mg \cdot L^{-1}}$):

$$\overline{D} = \frac{R - P}{k_a} \tag{24-30}$$

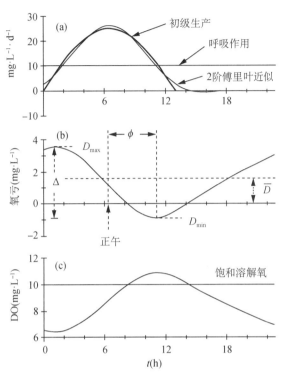

图 24-3 光合-呼吸作用与溶解氧浓度变化

(a) 植物初级生产率和呼吸速率($\mathrm{mg \cdot L^{-1} \cdot d^{-1}}$);(b)氧亏曲线($\mathrm{mg \cdot L^{-1}}$);(c)溶解氧浓度随时间变化曲线(h)。注意到(a)中同时绘制了光合作用的半正弦曲线以及二阶傅里叶级数近似曲线(经美国土木工程师协会许可后重新绘制)

 将计算结果绘图,如图 24-4 所示。为了便于解释,图中纵坐标值采用了高于饱和溶解氧的绝对值而不是氧亏表示。此外呼吸速率设为 0。

 在复氧系数 k_a 较大时,求解结果与饱和溶解氧浓度没有太大差异。此外,解析解的曲线形状近似于驱动函数 $P(t)$,并在正午前溶解氧浓度达到最高(氧亏最小)。随着 k_a 的降低,求解结果逐渐远离饱和溶解氧浓度值。此外,解析解的曲线形状也偏离了驱动函数,变得更加正弦化。溶解氧最高浓度出现在午后不久,最小值出现在黎明后。实际上,较小的 k_a 值会延迟传质速率,从而使得前一天的延迟效应会延续到第二天。这一效应导致最小溶解氧浓度出现在黎明不久后(最大氧亏)。图中对应较小 k_a 值的情形,水中溶解氧浓度的下降速度在晚间趋缓,直到黎明时刻也只是发生了轻微衰减。因此黎明时刻,溶解氧含量仍高于饱和浓度值。日出后溶解氧的源项逐渐增大并大于耗氧速率,使得水中溶解氧浓度再次升高。

 综合分析式(24-29)和图 24-4,可以得到关于模型的一些通用结论。如图 24-3(b)

所示,氧亏曲线具有 3 个基本特征:平均垂向位移、垂向变化幅度和水平位移。整个曲线的平均垂向位移 $\overline{D}$ 受复氧速率、初级生产率和呼吸速率三者相互作用的影响,如式(24-30)所示。垂向氧亏变化幅度 Δ 由复氧速率和光合作用速率的时间变化函数 $P(t)$ 决定。最后,正午时刻与氧亏最小值出现时刻之间的时间滞后 ϕ 只是复氧速率的函数。以上分析结论为依次估算复氧速率、初级生产率和呼吸作用速率,提供了便捷的方法基础。

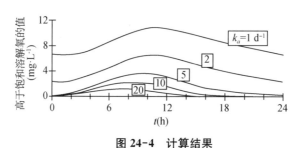

图 24-4 计算结果

基于式(24-29)得出的大于饱和溶解氧浓度差值-时间关系曲线。假定 $P_m = 25 \text{ mg}^{-1} \cdot \text{d}$,$f = 13 \text{ h}$, $R = 0 \text{ mg} \cdot \text{L}^{-1} \cdot \text{d}^{-1}$。方框中的数字表示不同的复氧速率(经美国土木工程师协会许可后重新绘制)

复氧速率 因为时间滞后 ϕ 仅由复氧速率决定,因此 k_a 与 ϕ 具有唯一的函数关系。但由于函数关系式中包括了超越方程,因此难以获得解析解。基于此,需直接采用数值求解方法。

数值解如图 24-5 所示。图中将复氧速率表达为滞后时间 ϕ 的函数。从图中可以看出,k_a 较小时滞后时间 ϕ 较大。当滞后时间大于 3 h 后,复氧速率对光照时长特别敏感。

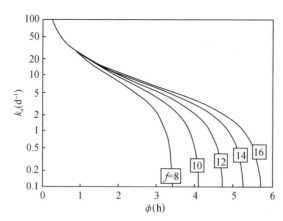

图 24-5 不同光照时长的 $k_a (\text{d}^{-1})$ 与 $\phi(\text{h})$ 关系曲线图

图中光照时长的单位为 h(经 ASCE 许可后重新绘制)

注意到对于滞后时间 ϕ 较短(即复氧速率较高)的情形,数值解对数据误差极其敏感。因此,ϕ 的不确定性在复氧速率估算中会被放大。这种情况下可能需要其他方法以获得精度足够高的复氧速率,如通过直接测定或模型预测方程来确定(见 20.3 节)。

初级生产率　与复氧速率的估算相同,氧亏垂向变化幅度 Δ 和初级生产率的函数方程也难以获得解析解,但其数值解容易获得。

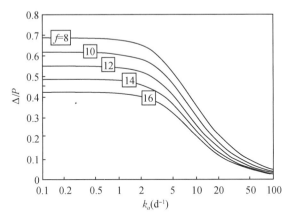

图 24-6　不同光照时长的 Δ/P 与 $k_a(\mathrm{d}^{-1})$ 关系曲线图

图中光照时长的单位为 h(经 ASCE 许可后重新绘制)

如图 24-6 所示,数值解表明比值 Δ/P 受到光照时长和复氧速率的共同影响。在复氧速率较低的情况下(即 $k_a < 1.0\ \mathrm{d}^{-1}$),比值 Δ/P 完全取决于光照时长;反之,复氧速率高的溪流,Δ/P 主要由复氧速率决定,而光照时长的影响可以忽略。

需要注意的是,若 f 和 k_a 已知,该图有两种使用途径。如果有昼夜溶解氧监测数据,可基于图 24-6 估算初级生产率。反之,如果能够通过其他方法(黑白瓶等)计算出初级生产率,则可利用该图估计 Δ 值。

呼吸速率　在获取复氧速率和初级生产率估算值后,可通过式(24-30)的变换求得呼吸速率,即

$$R = P + k_a \overline{D} \tag{24-31}$$

【例 24-4】　氧亏垂向变化幅度法

O'Connor 和 Di Toro(1970)在密歇根州格兰德(Grand)河某一站点的实验结果,如表 24-2 所示。该站点水生植物丰富且距离兰辛(Lansing)污水处理厂足够远,因此满足空间上溶解氧浓度梯度不变的假设($\partial D/\partial x \cong 0$)。使用表 24-1 中的数据和氧亏垂向变化幅度法求解光合作用和呼吸速率。

【求解】　该站点的溶解氧昼夜变化数据如图 24-7 所示。从图中可以看出日均溶解氧浓度约为 $8\ \mathrm{mg} \cdot \mathrm{L}^{-1}$,振幅约为 $4\ \mathrm{mg} \cdot \mathrm{L}^{-1}$。此外,溶解氧浓度的最低点和最高点分别出现在上午 5:00 和下午 6:00,对应的时间滞后约 4 h。

尽管可以通过图形观察来估算参数趋势趋势,但回归分析更有助于减少主观性。例如可以用最小二乘法来拟合正弦曲线(Chapra 和 Canale,1988)。最终的参数估计结果为:$\overline{D} = o_s - \overline{o} = 8.128 - 8.4 = -0.272\ \mathrm{mg} \cdot \mathrm{L}^{-1}$,$\Delta = 8.4\ \mathrm{mg} \cdot \mathrm{L}^{-1}$,$\phi = 3.93\ \mathrm{h}$。

表 24-2 1960 年 8 月 10 日美国密歇根州格兰德河(兰辛污水处理厂下游 38 km 处)的相关数据。数据来源为 O'Connor 和 Di Toro(1970)

参数	符号	参数值	单位
(a) 实测值			
水深	H	0.58(1.9)	m(ft)
流量	Q	8.35(295)	$m^3 \cdot s^{-1}$(cfs)
水温	T_n	25.9	℃
饱和溶解氧	o_s	8.13	$mg \cdot L^{-1}$
日出时刻	t_r	07:00	h
光照时长	f	0.54(13)	d(h)
正午时刻	t_n	1 330	h
(b) 计算值			
复氧速率	k_a	5.5	d^{-1}
初级生产率			
最大值	Pm	50	$mgL^{-1} \cdot d^{-1}$
均值	P	17.3	$mgL^{-1} \cdot d^{-1}$
呼吸速率	R	16	$mgL^{-1} \cdot d^{-1}$

注:基于 O'Connor 和 Dobbins(1958)公式。

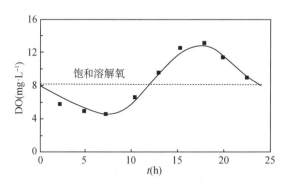

图 24-7 1960 年 8 月 10 日格兰德河的溶解氧浓度 $mg \cdot L^{-1}$)曲线

数据点上叠加的曲线基于例 24-4 的参数估计结果并代入式(24-29)求得(经 ASCE 许可后重绘)

(■ 观测值;---- 拟合曲线)

图 24-5 中,当 $f=13$ h 时,基于 $\varnothing = 3.93$ h 可估算得 $k_a = 2.7$ d^{-1}。根据图 24-6,对应复氧速率估算值的 $\Delta/P = 0.47$。据此可进一步估算出 $P = 17.0$ $mg \cdot L^{-1} \cdot d^{-1}$。最后,将初级生产率 P 和复氧速率 k_a 代入式(24-31),得出 $R = 17.2$ $mg \cdot L^{-1} d^{-1}$。

以上介绍的参数估算方法相较于 O'Connor 和 Di Toro 模型的复杂估算方法更具

有优势。两种方法给出的 k_a 值差异最大:分别为 $2.7\ d^{-1}$ 和 $5.5\ d^{-1}$。需要注意的是,O'Connor 和 Di Toro 使用公式来计算 k_a 值。然而若时间滞后 ϕ 的估计值取 $3.5\ h$,则根据图 24-5 求得 k_a 约为 $5\ d^{-1}$。

氧亏重向变化幅度法有三个不足之处,其中一个与高复氧速率系统有关,另外两个缺点则更具有普遍性。如 Chapra 和 Di Toro(1991)所提出,滞后时间较低时复氧速率敏感度比较高,由此估算的复氧速率具有相当大的不确定性。这种情况下,可能需要通过直接测定或模型预测方程来估算复氧速率。

该方法更普遍的缺点是参数的确定具有顺序性,也就是说,每个参数的估计取决于前面参数的估算结果。在所有应用场景下,这都会成为一个问题。在复氧速率快的系统中,该缺点尤为明显,原因在于该系统中不确定性最大的复氧速率是第一个被估算的参数。因此 k_a 的误差被传播到 P,然后再传播到 R。针对此问题的替代解决方法是通过非线性回归对所有参数同时进行拟合。

该方法还受限于我们的假设,即光合作用可通过半正弦曲线来合理表征。这一假设使得该方法不适用于遮荫情景,如阴天或峡谷溪流。若遮荫效应可以量化,则可进一步采用 Odum 理论框架中的其他一些更为复杂表达式。例如 Schurr 和 Ruchti(1975)提出将云量纳入模型框架。

尽管存在上述缺点,但由于其使用方便,氧亏重向变化幅度法在水质模型建模中仍具有应用价值。对于受物理或经济条件限制而无法充分获取植物生长活动和复氧速率数据的情形,该方法提供了一种定量估计相关参数的快速、廉价方法。对于现场采样能够满足要求的情况,它可提供对参数估计值的简单和独立检验。

习　题

24-1　某溪流具有以下特征:水深为 $0.8\ m$,日出时刻 6:00,正午时刻为 13:00,最大光合作用速率为 $10\ gC\cdot m^{-2}\cdot d^{-1}$。确定日均光强和日均光合作用速率(单位: $gO\cdot m^{-3}\cdot d^{-1}$)。

24-2　一个黑白瓶实验从上午 8:00 开始,并持续了 $10\ h$ 时间。实验数据如下:

$o_{li}=8\ mg\cdot L^{-1}$　$o_{lf}=14\ mg\cdot L^{-1}$　$o_{di}=8\ mg\cdot L^{-1}$　$o_{df}=5.5\ mg\cdot L^{-1}$

已知日出和日落时刻分别为上午 5:00 和下午 7:00,水样过滤后的 BOD 浓度为 2 $mg\cdot L^{-1}$,BOD 耗氧速率为 $0.05\ d^{-1}$。基于以上数据计算溪流的光合作用速率(平均值和最大值)和呼吸速率。

24-3　某湖泊变温层的浮游植物生物量为 $5\ \mu g$-叶绿素$\cdot L^{-1}$。浮游生物的碳与叶绿素含量比值约为 $40:1$。根据该生物量估算 9 月份的晴天日单位面积日均光合作用速率和呼吸速率。已知 9 月份平均温度为 $22\ ℃$,每日光照时长约为 $12\ h$,日均太阳辐射强度为 $500\ ly\cdot d^{-1}$。变温层水深约为 $7m$,塞氏盘透明度为 $3.6\ m$。假定 $I_s=350$ $ly\cdot d^{-1}$, $r_{oa}=0.15\ g\cdot mg^{-1}$, $G_{max}=2\ d^{-1}$。

24-4　1987 年 9 月 21 日和 22 日,在博尔德溪某站点(博尔德污水处理厂下游约 8.5 英里处),测得温度和溶解氧数据如下:

时间	T (℃)	DO (mg·L^{-1})	时间	T (℃)	DO (mg·L^{-1})	时间	T (℃)	DO (mg·L^{-1})
0400	12.4	6.0	1200	17.2	11.0	2000	18.5	6.7
0500	12.6	6.2	1300	19.2	11.2	2100	17.4	6.8
0600	12.6	6.2	1400	20.8	11.2	2200	16.9	5.4
0700	12.6	7.4	1500	21.5	10.6	2300	16.2	5.1
0800	12.8	8.2	1600	21.6	9.2	2400	15.6	5.4
0900	12.4	8.8	1700	21.3	8.8	2500	14.9	5.2
1000	12.4	10.8	1800	21.0	8.2	2600	14.0	5.3
1100	15.6	11.0	1900	19.2	6.9	2700	14.0	5.4

监测点海拔高度约为 5 500 ft,水流速度约为 0.8 ft·s^{-1},水深约为 0.75 ft。使用垂向氧亏变化幅度法确定该点位的复氧速率、初级生产率(最大和日均值)和呼吸速率。初级生产率和呼吸速率以 g·m^{-2}·d^{-1} 为单位。已知光照时长约为 13 h,正午时刻为下午 1:00。

24-5 某溪流复氧速率为 1 d^{-1},饱和溶解氧浓度为 10 mg·L^{-1};日均光合作用速率 $P=6$ mg·L^{-1}·d^{-1},呼吸速率 $R=5$ mg·L^{-1}·d^{-1}。已知光照时长为 10 h,日出时刻为上午 7:00,试确定溪流的最大溶解氧浓度及其出现时间。

24-6 将一系列黑、白瓶放置于 8 m 深的湖泊变温层中。计算得出日均光合作用速率和呼吸速率为:

水深(m)	0	2	4	6	8
表面积(m^2)	$1×10^6$	$0.95×10^6$	$0.9×10^6$	$0.83×10^6$	$0.7×10^6$
o_s(mg·L^{-1})	1	6	10	8	5
SOD(g·m^{-2}·d^{-1})	0.5	1	1	4	10

基于上述数据,确定湖泊变温层的光合作用速率和呼吸速率。

第 25 讲

沉 积 物 耗 氧

简介:本讲综述了天然水体中的典型沉积物耗氧速率观测值,并给出了模拟沉积物耗氧的机理模型。首先推导了基于经典 Streeter-Phelps 模式的简单模型。之后介绍了一个更符合实际的模型框架以解释沉积物中气体形成等现象,从而为模拟天然水体中沉积物耗氧提供了更先进的方法。

沉积物耗氧(sediment oxygen demand,SOD)是指沉积物中有机质氧化分解对溶解氧的消耗。底部沉积物或"淤泥床"来源途径有很多种。污水中的颗粒物质以及其他外来颗粒物(植物落叶和流失进入水体的富含有机质土壤)都会导致沉积层富含有机质成分。此外,在高生产力环境如富营养化的湖泊、河口和河流中,光合作用产生的植物会沉淀并在水体底部累积。不管来源如何,累积在底部的有机质氧化都会导致溶解氧消耗。

如第 22 讲所述,早期模型中将 SOD 作为零级反应或恒定源项。当水质模型主要用于评估原生污水处理后的水质变化时,这种表征方法被认为是合理的。然而,随着污水处理程度的提高以及对非点源污染的日益重视,这种表征方法越来越显得不合理。究其原因,是无法有效描述 SOD 如何随污水排放削减而发生变化。

两种最常见的处理方法是:①保持 SOD 不变;②假设 SOD 与污染负荷的削减比例呈正向线性关系。在对一级和二级处理后的污水排放影响进行粗略评估时,若假定不需考虑真正的机理过程,以上两种简单的处理方法是合理的。但是,当水质模型用于深度处理后的污水排放影响评估时,上面处理方法的不足之处就会暴露无遗。

上述方法的缺点在于,零级表征方法将 SOD 视为模型输入而不是计算变量,如图 25-1 所示。回顾先前介绍的 Streeter-Phelps 水质模型,我们采用了 k_s 表征污水中颗粒物沉降产生的损失。此后,在模型中增加了零级反应项 SOD 来模拟沉积物中沉降有机质分解导致的溶解氧消耗。然而,沉积物中有机质和溶解氧消耗之间存在着链条缺失,如图 25-1 示。也就是说,基于零级 SOD 的表征模式忽视了沉积物中有机质耗氧的作用机理。

本讲旨在阐述如何通过模型来弥补这一缺失链条。为此,首先概述了天然水体中的 SOD 观测值以及影响 SOD 的主要因素。在此基础上,构建了一个简单的"Streeter-Phelps"SOD 模型。虽然该模型并不符合实际,但为后续的讨论奠定了基础。最后介绍了最新提出的 SOD 理论模型框架。

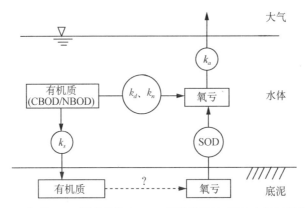

图 25-1　经典 S - P 模型理论中 BOD 沉降损失和 SOD 之间的链条缺失

25.1　沉积物耗氧量观测

　　SOD 通常通过 3 种方式进行测定：其中的两种方法基于溶解氧浓度模拟，另一种方法基于直接测定。对于第一种基于模型的方法，首先是建立溶解氧水质模型，然后是确定除 SOD 之外的所有其他反应速率。通过调整 SOD 使得模型预测值与观测值相吻合，以此确定最终的 SOD。这种率定方法在水质模型发展的早期被广泛采用，但是也存在缺陷。主要问题在于该方法假定其他模型参数（如复氧速率、耗氧速率等）都是已知并且可靠的，但这是很少见的情形。因此基于该方法求得的 SOD 并不会优于数量级估计法。

　　第二种基于模型的方法是为分层湖泊设计的。对于此类系统，深层水体（或均温层）可以被理想化为一个封闭的系统，相应均温层的单位面积的耗氧量可表示为

$$AHOD = \frac{o_2 - o_1}{t_2 - t_1} H_h \tag{25-1}$$

式中，$AHOD$ 为均温层的单位面积耗氧量（$gO \cdot m^{-2} \cdot d^{-1}$）；$o_1$ 和 o_2 为湖泊分层期间在 t_1 和 t_2（d）两次测定的均温层溶解氧浓度（$mg \cdot L^{-1}$）；H_h 为均温层的平均水深（m）。

　　若假定该层中溶解氧消耗主要是来自沉积物内部或表面有机物的分解，夏季分层期间的耗氧量即为 SOD 的估算值。也就是说，我们假设 $S_B' \cong AHOD$。

　　这种方法的基本假设也会带来一系列问题。首先，它没有区分水相和沉积物中有机物的分解。这种方法是基于水相有机物分解显著低于沉积物中有机物分解的假设，但是在水深较深的系统中这种假设可能是不合理的。其次，尽管强烈的温度梯度减少了表层和底层之间的传质，但传质过程不会完全消失。需要指出的是，可以对温跃层的传质过程进行修正（Chapra 和 Reckhow，1983）以考虑上述影响。然而目前的研究中很少对其进行修正，大多数文献的 AHOD 值通常低于实际值。

　　最后的估计方法是直接测定。实施步骤为将沉积物和一些上覆水放置在一个封闭的箱室内，然后监测上覆水中溶解氧浓度随时间变化。该方法可在实验室或实地完成。与所有实验室测定方法一样（如 BOD 或黑白瓶法测定），该方法的缺点是将水封闭在箱

室内,从而导致测定的环境与自然环境有所差别。

表 25-1 给出了 SOD 的典型值。总体上,SOD 范围在 1 到 10 g・m^{-2}・d^{-1} 被认为是底泥富集的指示。另外表 25-1 中包括了 *Sphaerolitus*,以表明除细菌以外的底栖生物也可分解来自上覆水的有机物并产生 SOD。

表 25-1　沉积物耗氧数据(Thomann, 1972; Rast 和 Lee, 1978)

沉积物类型和位置	$S'_{B,20}$ (g・m^{-2}・d^{-1})	
	平均值	范围
Sphaerolitus(10 g-干重 m^{-2})	7	—
市政污水中的沉积物:		
排水口附近	4	2^{-1}0
排水口下游,沉积物"老化"	1.5	1^{-2}
河口淤泥	1.5	1^{-2}
沙质河底	0.5	0.2^{-1}
矿质土壤	0.07	0.05^{-1}
湖泊均温层的单位面积耗氧量(AHOD)		0.06^{-2}

温度对 SOD 的影响可表示为

$$S'_B = S'_{B,20}\theta^{T-20} \tag{25-2}$$

式中,$S'_{B,20}$ 为 20 ℃时的单位面积 SOD 速率;θ 为温度修正系数。Zison 等人(1978)提出 θ 的范围为 1.04~1.13,通常 θ 值为 1.065。此外,温度低于 10 ℃时,SOD 衰减比式(25-2)的预测结果更快。在 0 到 5 ℃的范围内,SOD 接近于 0。

【专栏 25.1】　ZOD 或 "斑马贻贝耗氧量"

我们注意到表 25-1 中除了列出了各种环境参数外,还包括了有机体——*Sphaerolitus*。这些有机物是附着、丝状的高等细菌,通常被误称为 "污水真菌"。它们通常生长在受纳原生污水的渠道中未经处理污水直排的收纳水体,如前所述其呼吸作用导致高耗氧量。

其他底栖生物也有类似的效果,其中最 "出名" 的是通常被称为斑马贻贝的淡水软体动物。斑马贻贝原产于里海/黑海地区,然而 20 世纪 80 年代一艘来自欧洲的船将压舱水排放到圣克莱尔湖(Ludyanskiy 等,1993, Mackie, 1991),由此将其引入美国大湖地区。这种淡水软体动物附着在湖泊和河道底部、渠道和管壁上。迄今为止,斑马贻贝造成的最大问题是堵塞饮用水和冷却水的取水管道。另外,最新证据表明它们也会对水质产生显著影响。

这种情形出现在美国纽约州瑟内佳河(Seneca River),该河流是安大略湖的一条支流。1993 年,位于纽约州锡拉丘兹(syracuse)的北纽约州淡水研究所对一条 16 公里长且布满了贻贝的河段进行了研究。Steve Effler、Clifford Siegfried 和 Ray Canale 对该河段溶解氧进行了监测和模拟。他们的研究结果表明了贻贝对水体溶解氧的影响。

他们测得的该河段贻贝平均密度为 6 000 个·m^{-2}。此外他们还测得单个贻贝生物呼吸速率为 0.9 mgO·个$^{-1}$·d^{-1}，相应该河段单位面积的贻贝耗氧量为 5.4 gO·m^{-2}·d^{-1}；Canale 教授将其给了一个"绰号"为"ZOD"。基于单位面积贻贝耗氧量及其他模型参数，他们采用了式(22-12)所示的简单模型对该河段溶解氧进行了模拟。模型预测结果表明在河段末端溶解氧浓度将降至 3.9 mg·L^{-1}。如图 25-2 所示，模拟值与实测值吻合良好，且模拟结果表明 80% 的耗氧量来自斑马贻贝的呼吸作用。

斑马贻贝对该系统中的营养盐水平也具有显著影响。贻贝以 60 m^3·s^{-1} 的流量将水过滤后排出，这一有机体"流量"达到了河道流量的 2 倍！贻贝过滤水的同时吸收并食用浮游植物。由此，河段中的叶绿素 a 浓度从 45 下降至 5 μg·L^{-1}。与此同时，贻贝的排泄物中含有溶解态磷和氨氮，导致河段的磷和氨氮浓度分别增加 48 μgP·L^{-1} 和 0.4 mgN·L^{-1}。尽管磷的实测浓度增量与模拟结果一致，但由于硝化作用，氨氮浓度的实测值小于模拟值。

总之，除了斑马贻贝本身的不利影响外，它还可通过其代谢和对有机质的吸收、分解直接影响水化学和水质。在本书下一部分介绍富营养化时，将进一步详细阐述这种生物代谢作用。

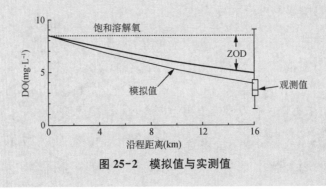

图 25-2　模拟值与实测值

除温度外，影响 SOD 的另两个因素是沉积物中的有机质含量和上覆水溶解氧浓度。Baity（1938）和 Fair 等（1941）首先揭示了沉积物中的有机物含量如何影响 SOD。他们的研究表明 SOD 和沉积物挥发性固体之间呈平方根关系。图 25-3(a) 展示了这一函数关系，即 SOD 与底泥 COD 之间的平方根曲线。

AHOD 似乎和湖泊中的总磷浓度也呈现平方根关系[图 25-3(b)]。因为磷含量高的湖泊往往具有高初级生产率，预计沉积物中的有机碳含量也会相应升高。因此图 25-3(b) 同样显示了 SOD 与沉积物中有机碳含量的平方根关系。总之，基于图 25-3 的数据可以得出一个基本结论：随着沉积物的富集，单位质量有机碳中 SOD 值减小。

溶解氧含量是影响 SOD 的另一个因素。很显然，如果水中溶解氧浓度降至 0，SOD 将会停止。反之，若高于某一浓度水平，则通常假定 SOD 与上覆水中的溶解氧浓度无关。Baity（1938）提出，当溶解氧浓度大于 2 mg·L^{-1} 时就可认为上覆水中的溶解氧浓度与 SOD 无相关性。一些学者试图通过半饱和常数公式来表征溶解氧含量对 SOD 的影响，即

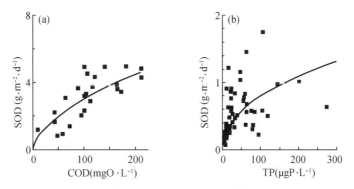

图 25-3 两组观测数据表明 SOD 和沉积物有机碳含量之间呈现平方根关系

(a)SOD 与表层沉积物 COD 的关系曲线(Gardiner 等,1984);(b)AHOD 与总磷浓

度的关系曲线(Rast 和 Lee,1978;Chapra 和 Canale,1991)

$$S'_B(o) = \frac{o}{k_{so} + o} S'_B \tag{25-3}$$

式中,$S'_B(o)$ 为受溶解氧含量影响的 SOD 速率;o 为上覆水中溶解氧浓度(mg·L^{-1});k_{so} 为 SOD 降至最大值一半时的溶解氧半饱和常数(mg·L^{-1})。

Lam 等(1984)建议 k_{so} 值为 1.4 mg·L^{-1}。Thomann 和 Mueller(1987)拟合 Fillos 和 Molof(1972)提供的数据后得出 $k_{so} = 0.7$ mg·L^{-1}。据此认为溶解氧浓度大于 3 mg·L^{-1} 时 SOD 与溶解氧之间无相关性。

25.2 基于 Streeter-Phelps 模式的"原始"沉积物耗氧模型

在 SOD 机理模型发展的早期阶段,沉积物层中 SOD 模拟采用了与水相中 S-P 模式相似的机制。图 25-4 所示给出了沉积物 SOD 模型的机理。注意到下标 w 和 2 分别表示水相和沉积物。此外水相的浓度不再作为状态变量进行模拟,而是作为沉积物层的边界条件。最后我们假定水相和沉积物层的表面积以及温度相同。

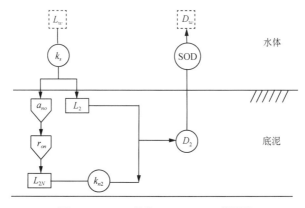

图 25-4 SOD 的"Streeter-Phelps"模型

注意到水中的 BOD 和溶解氧氧亏作为边界条件而不是状态变量

接下来基于一级反应动力学模型,建立沉积物中 CBOD 和 NBOD 的质量守恒方程。对于 CBOD,可建立以下方程:

$$V_2 \frac{\mathrm{d}L_2}{\mathrm{d}t} = k_s V_w L_w - k_{d2} V_2 L_2 \tag{25-4}$$

式中,k_{d2} 为沉积物中有机质的降解速率(d^{-1})。稳态条件下式(25-4)的解析解为:

$$L_2 = \frac{k_s H_w}{k_{d2} H_2} L_w \tag{25-5}$$

式中,H 为水相或沉积物层深度(m)。

同理,可建立针对 NBOD 的质量守恒方程:

$$V_2 \frac{\mathrm{d}L_{2n}}{\mathrm{d}t} = a_{no} r_{on} k_s V_w L_w - k_{n2} V_2 L_{2n} \tag{25-6}$$

式中,a_{no} 为沉降到沉积物中的 BOD 分解产氮化学计量参数$(\mathrm{gN \cdot gBOD^{-1}})$;$r_{on}$ 为每克氮发生硝化作用的溶解氧消耗量,$r_{on} = 4.57 \ \mathrm{gBOD \cdot gN^{-1}}$;$k_{nz}$ 为沉积物中的硝化速率(d^{-1})。

根据式(23-21)所示的化学计量关系,有机质分解的氮产率为:

$$a_{no} = \frac{16(14)}{107(32)} = 0.065 \ 4 \ \mathrm{gN \ gBOD^{-1}} \tag{25-7}$$

稳态条件下,式(25-6)的解析解为:

$$L_{2n} = 0.3 \frac{k_s H_w}{k_{n2} H_2} L_w \tag{25-8}$$

式(25-8)已经将 a_{no} 和 r_{on} 的值代入并对其进行了合并。根据这一简单模型可以看出,颗粒态的 CBOD 沉降分解之后,进一步发生的硝化作用额外增加了 30% 的沉积物耗氧量。

最后氧亏平衡可表示为:

$$V_2 \frac{\mathrm{d}D_2}{\mathrm{d}t} = k_{d2} V_2 L_2 + k_{n2} V_2 L_{2n} - S'_B A_s \tag{25-9}$$

式中,A_s 为沉积物-水界面之间的面积(m^2)。稳态条件下式(25-9)的解析解为:

$$S'_B = 1.3 k_s H_w L_w \tag{25-10}$$

通过引入下面的表征式,可进一步对该方程简化:

$$J_{C^*} = k_s H_w L_w = v_s L_{pw} \tag{25-11}$$

式中,J_c^* 为以溶解氧当量形式表示的有机碳垂向沉降通量$(\mathrm{gO \cdot m^{-2} \cdot d^{-1}})$;$v_s$ 为颗粒态有机物的沉降速度$(\mathrm{m \cdot d^{-1}})$;$L_{pw}$ 为水中颗粒态 BOD 的浓度$(\mathrm{mg \cdot L^{-1}})$。

将式(25-11)代入式(25-10)得:

$$S'_B = 1.3 J_{C*} \tag{25-12}$$

式(25-12)给出了相当简洁明了的结果,即稳态 SOD 大约相当于 BODu(完全 BOD)垂向沉降通量的 1.3 倍。表 25-2 给出了天然水体中典型有机质沉降速率和颗粒态 BOD 浓度范围的 SOD 数值。因此基于推导出的简单模型,可以得出天然水体中 SOD 通常在 0.05 至 65 g m^{-2} · d^{-1} 之间。表中该范围的上限远超出其他典型值,出现这一现象的原因是式(25-12)认为 SOD 与有机质垂向沉降通量之间呈线性关系。这一点与图 25-3 所示的平方根关系不符。因此可以得出这样一个结论,即基于 S-P 模式的"原始"SOD 模型不适用于高生产率系统的底泥耗氧预测。但是,该模型至少提供了底泥耗氧的上限值。为此,以下介绍能够模拟平方根函数关系的更为复杂模型架构。

表 25-2 基于"原始"S-P 模式的 SOD 模型计算结果(单位:g · m^{-2} · d^{-1})

颗粒态 CBOD (mg · L^{-1})	沉积速度 (m · d^{-1})		
	0.1	0.2	0.5
0.5	0.065	0.13	0.325
1	0.13	0.26	0.65
5	0.65	1.3	3.25
10	1.3	2.6	6.5
50	6.5	13	32.5
100	13	26	65

25.3 沉积物中的好氧和厌氧消化

Di Toro 等在 1990 年开发了一个具有里程碑意义的 SOD 模型,从机理层面模拟了图 25-3 所示的平方根关系。在介绍模型的数学表达式之前,首先阐述更为贴近实际的有机碳分解(或成岩)导致底泥耗氧的过程。

图 7-30 的底泥层可分为好氧(氧化)区和厌氧(还原)区。在这两个区域中有机碳和氮的转化都会最终导致底泥耗氧,以下对此分别作出阐述。

碳。颗粒态有机质(particulate organic matter,POM)由于沉降作用达到底泥层。在底泥的厌氧区内,有机质的分解会产生溶解性甲烷:

$$CH_2O \longrightarrow \frac{1}{2}CO_2 + \frac{1}{2}CH_4 \tag{25-13}$$

式中 CH_2O 是有机物的简化表示形式。甲烷向上扩散到好氧区后会被氧化:

$$\frac{1}{2}CH_4 + O_2 \longrightarrow \frac{1}{2}CO_2 + H_2O \tag{25-14}$$

在此过程中产生了沉积物耗氧。沉积物好氧区中未被氧化的甲烷扩散到上覆水中,并进一步被氧化。

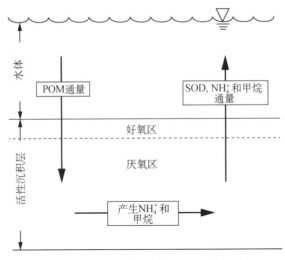

图 25-5　Di Toro(1990)提出的 SOD 理论框架示意图

对上述反应过程模拟时,涉及到了几种化学组分: CH_2O、CH_4、O_2。因此根据式(25-13),沉积物的厌氧区中 1 g 有机碳分解会产生 0.5 g 甲烷形式的碳;进一步根据式(25-14), 0.5 g 甲烷碳在沉积物好氧区会消耗 2.67 g 氧气。

若将所有物质组分以氧气当量(即物质完全氧化的需氧量)表示,则可以避免上述转化关系。Di Toro 采用符号 O^* 来区分氧气当量和实际溶解氧浓度。基于这一规则,$1\ gO^*$ 的有机物会产生 $1\ gO^*$ 的甲烷,并消耗 $1\ gO^*$ 的氧气。这样一来,化学计量转换关系就不需要了。需要指出的是这并不是本书中第一次提到氧当量的表示方法。实际上之前的章节中已采用了 CBOD 和 NBOD 来表示有机碳和氮的氧当量。

图 25-5 所示的双层模型架构也会影响氮的转化。沉积物的厌氧区内,有机氮通过氨化作用转变成氨氮。由于浓度梯度差效应,氨氮向沉积物好氧区扩散。好氧区中氨氮的硝化反应伴随着溶解氧的消耗,对此表示为 NSOD。没有转化为硝酸盐的氨氮扩散到上覆水中。

沉积物好氧区中氨氮的氧化可表示为:

$$NH_3 + 2O_2 \longrightarrow HNO_3 + H_2O \tag{25-15}$$

该反应中每 1 g 氮硝化消耗 4.57 gO。若再考虑有机质分解的氮产率($0.065\ 4\ gN \cdot gO^{-1}$),那么就会得出先前式(25-8)表示的氮化需氧量计算结果。

然而,与前面章节中的简单模型相比,硝化并非底泥中的最终反应。事实上大量硝酸盐会通过反硝化转变成氮气。若假定反硝化过程的碳源是 CH_4,则反应方程式可表示为:

$$\frac{5}{8}CH_4 + HNO_3 \longrightarrow \frac{5}{8}CO_2 + \frac{1}{2}N_2 + \frac{7}{4}H_2O \tag{25-16}$$

综合式(25-14)~式(25-16),整个反应过程可被压缩成一个反应表达式:

$$NH_3 + \frac{3}{4} O_2 \longrightarrow \frac{1}{2} N_2 + \frac{6}{4} H_2O \tag{25-17}$$

据此含氮物质的耗氧量为：

$$r'_{on} = \frac{0.75(32)}{14} = 1.714 \ \text{gO} \cdot \text{gN}^{-1} \tag{25-18}$$

式中，r'_{on} 为基于反硝化反应校正的硝化过程耗氧量。

式(25-18)给出了一个极为重要的结果，因为该公式表明沉积物中硝化反应的耗氧远低于通常认为的 4.57 gO·gN^{-1}。造成这一现象的原因是反硝化过程对甲烷的消耗。因此式(25-12)修正为

$$S'_B = 1.11 J_{C^*} \tag{25-19}$$

因此，硝化反应并非增加了 30% 的 SOD，而是减少到约 11% 的 SOD 增量。

综上，虽然以上结果并不会造成对简单 S-P 模型的明显修正，但是反硝化反应削弱了 NSOD 效应。接下来将介绍沉积物中的反应物垂向分布以及产气模拟，这个知识点更有助于建立底泥实际耗氧量的计算方法。

25.4　沉积物耗氧模型(解析解)

Di Toro 和他的同事采用之前章节描述的理论框架来解释 SOD 与底泥有机碳含量之间的平方根关系。他们提出的理论如图 25-6 所示。本质上，当底泥有机碳含量升高时，厌氧层的产甲烷量会超出其溶解度从而形成气泡。

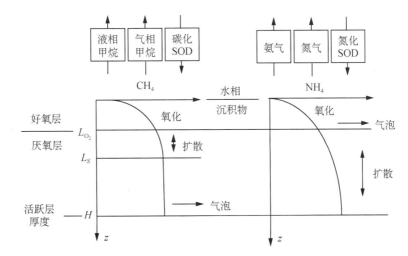

图 25-6　Di Toro 提出的 SOD 模型示意图

由 Di Toro 等人于 1990 年重绘

这些气泡在浮力作用下向上运动，从而导致了有机碳的损失并减少了沉积物耗氧量。这是导致 SOD 与沉积物中有机碳含量成平方根关系的一个原因。

以下章节旨在阐述 Di Toro 方法。考虑到这一理论框架有些复杂,将此分成了几个部分描述。希望这样的讲解形式有助于更透彻地理解该理论,并从中体会理论之美。

25.4.1 简单的甲烷质量平衡

在提出完整的理论框架之前,首先开发一个简化版本的模型以形成对 Di Toro 方法的认识。为此,我们将模型框架首先聚焦于碳,而在后续章节再将其扩展至包括氮在内的完整架构。

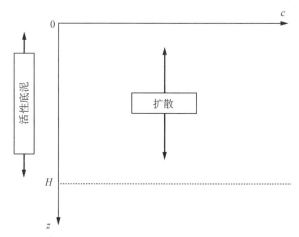

图 25-7 表征活性沉积物层中某组分垂向分布的一维系统示意图

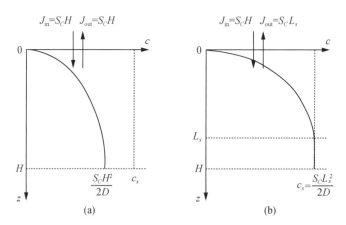

图 25-8 不超出(a)和超出(b)饱和浓度时的孔隙水中甲烷浓度分布

如图 25-7 所示,活性沉积物层可被理想化为厚度为 H 的一维垂向系统。底泥孔隙水中溶解性甲烷的质量平衡可表示为:

$$0 = D \frac{\mathrm{d}^2 c}{\mathrm{d}z^2} + S_C \tag{25-20}$$

式中,D 为甲烷在沉积物孔隙水中的扩散系数($\mathrm{m}^2 \cdot \mathrm{d}^{-1}$);$C$ 为以氧当量表示的甲烷浓度$(mgO \cdot L^{-1})$；z 为沉积物层厚度(m)；S_c 为甲烷的恒定源项$(mgO \cdot L^{-1} \cdot d^{-1})$

式(25-20)可分为两种情形进行积分。第一种情形是甲烷未达到饱和。因此所有甲烷均以溶解态形态存在，且没有气泡产生。这种情形下可采用以下的假定边界条件：

$$c(0) = 0 \qquad\qquad (25-21)$$

$$\left.\frac{dc}{dz}\right|_{z=H} = 0 \qquad\qquad (25-22)$$

第一个条件表示上覆水中甲烷浓度为 0；第二个条件规定通过活性沉积物层底部的传质通量为 0。

基于以上边界条件得出式(25-20)的解析解为：

$$c = \frac{S_C H z}{D} - \frac{S_C z^2}{2D} \qquad\qquad (25-23)$$

如图 25-8(a)所示，式(25-23)的解为抛物线形式，即在沉积物-水界面处浓度为 0，而在活性沉积物层底部浓度达到最大值：

$$c(H) = \frac{S_C H^2}{2D} \qquad\qquad (25-24)$$

对式(25-23)求微分并将其代入菲克第一定律，得到氧当量形式表示的甲烷向上覆水释放通量为：

$$J_{out} = D\frac{dc}{dz} = S_C H \qquad\qquad (25-25)$$

正如所预期的那样，沉积物中甲烷向上覆水的释放通量等于沉积物中的所有甲烷生成量。由于假定沉积物中的所有有机碳来自于水相中颗粒态有机质的沉降，因此可以认为沉降通量等于向上覆水的释放通量。因此若甲烷永远不能达到饱和，则上节介绍的线性模型是有效的。

接下来我们看一下第二种情形，即沉积物中有机碳浓度足够高，以至于甲烷过饱和并导致了气泡生成。这种情形下，除了式(25-21)规定的表层边界条件外，还满足以下的底部边界条件：

$$c(L_s) = c_s \qquad\qquad (25-26)$$

$$\left.\frac{dc}{dz}\right|_{z=L_s} = 0 \qquad\qquad (25-27)$$

第一个边界条件规定在深度 L_s 处，甲烷浓度达到饱和浓度 C_s；第二个边界条件则规定该深度处的净传输通量为 0。

基于以上边界条件，式(25-20)的解析解为：

$$c = c_s - \frac{S_C}{2D}(L_s - z)^2 \qquad z \leqslant L_s \qquad (25\text{-}28a)$$

$$c = c_s \qquad\qquad z > L_s \qquad (25\text{-}28b)$$

如图 25-8(b)所示,式(25-23)的解同样为抛物线形式。不同的是,在高于沉积层底部的深度 L_s 处甲烷浓度达到饱和。令 $z=0$ 时 $C=0$ 并将其代入式(25-28a),可求得深度 L_s 为:

$$L_s = \sqrt{\frac{2Dc_s}{S_c}} \qquad (25\text{-}29)$$

沉积物层-水界面的甲烷释放通量可以表示为:

$$J_{out} = S_C L_s \qquad (25\text{-}30)$$

由于 $L_s < H$,这种情况下 SOD 将低于式(25-25)的计算结果,原因是一部分有机质以甲烷气体形式释放,其释放量可定量表示为:

$$J_{gas} = S_C(H - L_s) \qquad (25\text{-}31)$$

最后将式(25-29)代入式(25-30)和式(25-31),可得到更为有用的释放通量公式:

$$J_{out} = \sqrt{2Dc_s S_C} \qquad (25\text{-}32)$$

$$J_{out} = \sqrt{2Dc_s S_C} \qquad (25\text{-}33)$$

还可以进一步对式中的两个参数作出改进。一是可认为甲烷产生速率与进入底泥的碳通量相关联,即:

$$S_C = \frac{J_C}{H} \qquad (25\text{-}34)$$

式中,S_c 和 J_c 均以氧当量计。

二是将扩散系数通过传质系数表示:

$$\kappa_D = \frac{D}{H} \qquad (25\text{-}35)$$

若假定甲烷在沉积物-水界面的薄好氧层内完全被氧化,则最大碳化 SOD 为:

$$CSOD_{max} = \sqrt{2\kappa_D c_s J_{C^*}} \qquad (25\text{-}36)$$

【例 25-1】 沉积物中有机碳降解耗氧量(carbonaceous SOD, CSOD)的最大值

基于上述模型确定活性沉积物层 10 cm 深度处甲烷浓度达到饱和时,有机碳的沉降通量。基于计算结果绘制 $CSOD_{max}$ 与有机碳沉降通量的关系曲线。已知甲烷扩散传质系数 $\kappa_D = 0.001\,39\ \text{m} \cdot \text{d}^{-1}$,$C_s = 100\ \text{mgO} \cdot \text{L}^{-1}$。

【求解】 综合式(25-24)(式中 $c(H) = cs$)、式(25-34)和式(25-35),可以求得:

$$J_{C^*} = 2\kappa_D c_s = 2(0.001\,39)(100) = 0.278\ \text{gO} \cdot \text{m}^{-2} \cdot \text{d}^{-1}$$

因此当有机碳沉降通量低于该值时,线性 SOD 模型成立。有机碳沉降通量较高时,则需要基于式(25-36)的平方根函数关系来确定 CSOD。计算结果如图 25-9 所示。

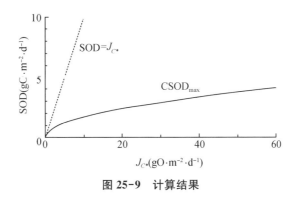

图 25-9　计算结果

以上分析的重要价值在于对 SOD 与有机碳沉降通量之间的平方根关系给出了解释。简而言之,在高有机碳浓度时,甲烷气体释放引起的碳损失导致了二者间的平方根关系。

25.4.2　好氧区的氧化

前述章节我们假定沉积物表面的薄好氧层内溶解性甲烷完全被氧化。然而,基于氧化反应和扩散传质的相对强度,这一假设可能并不成立。例如,甲烷的氧化速率远低于垂向输移速率时,大量甲烷将仅仅是通过好氧区而不会在其中被氧化。这种情况下沉积物耗氧量将低于式(25-36)的计算结果。

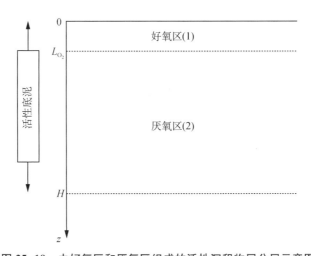

图 25-10　由好氧区和厌氧区组成的活性沉积物层分层示意图

为了表征好氧区甲烷被氧化的效应,在上一小节模型框架基础上考虑甲烷氧化(图 25-10),则甲烷质量平衡模型表示如下:

$$0 = D\frac{\mathrm{d}^2 c_1}{\mathrm{d}z^2} - k_C c_1 \tag{25-37}$$

$$0 = D\frac{\mathrm{d}^2 c_2}{\mathrm{d}z^2} + S_C \tag{25-38}$$

式中，c_1 和 c_2 分别为好氧区和厌氧区的溶解性甲烷浓度；k_c 为好氧层内溶解性甲烷的氧化速率。注意到式(25-37)中省略了源项(S_c)。虽然此假设忽略了好氧区甲烷气体的产量，但它极大地简化了分析。下面我们会讨论到，好氧区的深度比厌氧区小得多，相应好氧区的甲烷产量将远小于厌氧区的甲烷通量。因此，源项的省略是合理的。

这些微分方程满足以下四个边界条件为：

$$c_1(0)=0 \qquad\qquad \text{沉积物-水边界处甲烷浓度为 } 0 \qquad (25\text{-}39)$$

$$c_1(L_{O_2})=c_2(L_{O_2}) \qquad\qquad \text{好氧-厌氧交界面处甲烷浓度相等} \qquad (25\text{-}40)$$

$$-D\frac{dc_1}{dz}\bigg|_{z=L_{O_2}}=-D\frac{dc_2}{dz}\bigg|_{z=L_{O_2}} \qquad \text{厌氧-好氧界面通量相同} \qquad (25\text{-}41)$$

$$c_2(L_s)=c_s \qquad\qquad \text{对应饱和深度 } L_s \text{ 处浓度为 } C_s \qquad (25\text{-}42)$$

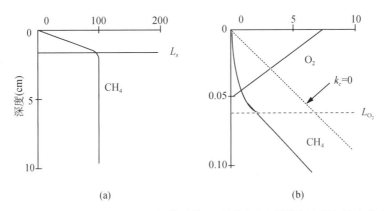

图 25-11 基于 Di Toro 底泥耗氧模型的(a)甲烷和(b)甲烷和溶解氧浓度分布

注：虚线表示好氧区内不发生氧化的情形(基于 Di Toro 等(1990)的结果重绘)

活性底泥层中甲烷浓度分布的数值解如图 25-11(a)所示。图中给出了两种情形：考虑氧化作用(实线)和不考虑氧化作用(虚线)；可以看出氧化作用对整体的甲烷浓度分布几乎没有影响。但是图 25-11(b)中好氧区内不考虑氧化效应的曲线相对于考虑氧化效应的曲线明显上扬，表明氧化反应对好氧层甲烷浓度分布有明显影响。图 25-9b 还给出了好氧层内溶解氧浓度分布，表明：①好氧层深度(数量级在 1 mm)比活性层(10 cm)或非饱和层(2 cm)深度都小得多；②好氧层内溶解氧浓度近似线性分布。

尽管图 25-11 给出的浓度分布加深了我们对活性底泥层的理解，我们还关心好氧区内氧化作用对 SOD 的影响。为了量化这一效应，Di Toro 等人(1990)给出了式(25-37)~式(25-38)的解析解。对该解析解求微分并将其代入费克第一定律，可得到溶解性甲烷在沉积物-水界面通量的计算公式：

$$J_{out}=\sqrt{2\kappa_D c_s J_{C^*}}\ \text{sech}(\lambda_C L_{O_2}) \qquad (25\text{-}43)$$

式中，

$$\lambda_C = \sqrt{\frac{k_C}{D}} \qquad (25\text{-}44)$$

双曲线正割可表示为：

$$\mathrm{sech}(x) = \frac{2}{\mathrm{e}^x + \mathrm{e}^{-x}} \qquad (25\text{-}45)$$

此外，Di Toro 等给出了甲烷气体通量的计算公式：

$$J_{\mathrm{gas}} = J_{C^*} - \sqrt{2\kappa_D c_s J_{C^*}} \qquad (25\text{-}46)$$

以及 CSOD 计算公式：

$$\mathrm{CSOD} = \sqrt{2\kappa_D c_s J_{C^*}} \left[1 - \mathrm{sech}(\lambda_C L_{O_2})\right] \qquad (25\text{-}47)$$

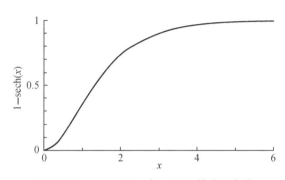

图 25-12　$1 - \mathrm{sech}(x)$ 与 x 之间的关系曲线

与式(25-36)比，式(25-47)增加了 $1 - \mathrm{sech}(x)$ 项，用来表示好氧区甲烷氧化对 CSOD 的修正。如图 25-12 所示，$1 - \mathrm{sech}(x)$ 项的初始值为 0，并随着 x 的增大趋近于 1。针对此处讨论的情形，随着 λ_C 与 L_{O_2} 的增加，式(25-47)将接近于式(25-36)。由于 λ_C 与 k_C 成正比而与 D 成反比，λ_C 增加的条件是客观存在的。因此随着氧化速率增加或者扩散系数降低，式(25-47)的计算结果将达到最大值。同样，L_{O_2} 增加的情形也是合理的，此时较深的好氧区增加意味着更多的氧化作用。

【例 25-2】　CSOD

对于例 25-1 所示的活性沉积物系统，绘制有机碳沉降通量与 CSOD 的关系曲线，并计算好氧层的厚度。假定上覆水中溶解氧浓度是 $o(0) = 4\ \mathrm{mg \cdot L^{-1}}$，反应系数 $\kappa_C = 0.575\ \mathrm{m \cdot d^{-1}}$。溶解氧扩散系数约为 $2.1 \times 10^{-5}\ \mathrm{cm^2 \cdot s^{-1}}$。

【求解】　本例题中假定沉降通量为 $10\ \mathrm{gO \cdot m^{-2} \cdot d^{-1}}$。将该参数值连同其他模型参数代入式(25-55)中，得到：

$$f(\mathrm{CSOD}) = 1.667\,3\left[1 - \mathrm{sech}\left(0.575\,\frac{4}{\mathrm{CSOD}}\right)\right] - \mathrm{CSOD}$$

该方程的根可以由多种方法确定。本例中采用改进割线法来求解，即：

$$CSOD = CSOD - \frac{\varsigma CSOD f(CSOD)}{f(CSOD + \varsigma CSOD) - f(CSOD)}$$

式中，ς 表示低扰动分数。根据式(25-36)可获得理想的初始估计值。具体针对本例，$CSOD$ 的初始估计值为：

$$CSOD_{max} = \sqrt{2(0.001\ 39)100(10)} = 1.667\ 3$$

可将该值代入改进割线法的计算公式。若令 $\varsigma = 0.1$，迭代计算结果如表25-3所示。

表 25-3   结果

迭代	CSOD	近似误差(%)
0	1.667 3	
1	1.155 7	44.27
2	1.192 8	3.1
3	1.192 6	0.015

可计算出好氧层厚度为：

$$
\begin{aligned}
L_{O_2} &= 2.1 \times 10^{-5}\ cm^2 \cdot s^{-1} \left(\frac{4\ g \cdot m^{-3}}{1.192\ 6\ g \cdot m^{-2} \cdot d^{-1}} \frac{m}{100\ cm} \frac{10\ mm}{cm} \frac{86\ 400\ s}{d} \right) \\
&= 0.608\ mm
\end{aligned}
$$

基于其他沉降通量的SOD计算结果如图25-13所示。图中同时给出了例25-1中的最大CSOD值。可以看到本例中CSOD值小于例25-1的计算结果，原因是部分溶解性甲烷在被氧化之前已经向上覆水释放。

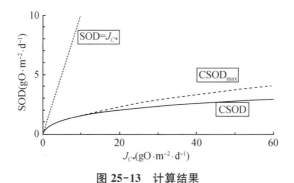

图 25-13   计算结果

25.4.3   CSOD

最后，我们来分析好氧区深度 L_{O_2} 对CSOD的影响。对此，可通过建立总SOD与底泥-水相界面的孔隙水中溶解氧浓度梯度关系来进行分析。基于菲克第一定律，有：

$$\mathrm{SOD} = -D_o \frac{\mathrm{d}o}{\mathrm{d}z} \bigg|_{z=0} \tag{25-48}$$

式中，D_o 为水中的溶解氧扩散系数。式(25-48)中的导数项可通过一阶有限差分近似表示(即线性差值)：

$$\frac{\mathrm{d}o}{\mathrm{d}z} \bigg|_{z=0} \cong \frac{o(0) - o(L_{\mathrm{O}_2})}{0 - L_{\mathrm{O}_2}} = -\frac{o(0)}{L_{\mathrm{O}_2}} \tag{25-49}$$

将式(25-49)代入式(25-48)中，可求得 L_{O_2} 为：

$$L_{\mathrm{O}_2} = D_o \frac{o(0)}{\mathrm{SOD}} \tag{25-50}$$

基于式(25-50)和式(25-44)可重新表达式(25-47)中的双曲线项，即：

$$\lambda_C L_{\mathrm{O}_2} = \kappa_C \frac{o(0)}{\mathrm{SOD}} \tag{25-51}$$

式中，

$$\kappa_C = \sqrt{k_C \frac{D_o^2}{D_c}} \tag{25-52}$$

式中采用了下标 c 来区分甲烷扩散系数(D_c)和溶解氧扩散系数(D_o)。

最后式(25-51)代入式(25-47)，得到 CSOD 最终模型表达式为：

$$\mathrm{CSOD} = \sqrt{2\kappa_D c_s J_{C^*}} \left\{ 1 - \mathrm{sech}\left[\kappa_C \frac{o(0)}{\mathrm{CSOD}} \right] \right\} \tag{25-53}$$

注意到对于低碳通量($J_{C^*} < 2\kappa_D C_s$)的情形，式(25-53)的平方根项可采用 J_{C^*} 代替：

$$\mathrm{CSOD} = J_{C^*} \left\{ 1 - \mathrm{sech}\left[\kappa_C \frac{o(0)}{\mathrm{CSOD}} \right] \right\} \tag{25-54}$$

由于上述方程式的两边都存在 CSOD，因此式(25-53)实际上是根问题的数值求解，即：

$$f(\mathrm{CSOD}) = \sqrt{2\kappa_D c_s J_{C^*}} \left\{ 1 - \mathrm{sech}\left[\kappa_C \frac{o(0)}{\mathrm{CSOD}} \right] \right\} - \mathrm{CSOD} = 0 \tag{25-55}$$

数值求解方法见下面例题的介绍。

25.4.4　氮和总 SOD

基于与 CSOD 相似的分析方法，Di Toro 等(1990)还评估了硝化作用对 SOD 的影响。如图 25-5b 所示，与碳不同之处在于沉积物底部有机氮水解形成的氨氮不会出现饱和并以气体形式释放，然而有机碳分解形成的甲烷则会以气体形式向上覆水释放。

CSOD 和 NSOD 的差异可通过下面公式表征。式中给出了包括碳、氮在内的总 SOD 表示形式：

$$\text{SOD}=\underbrace{\sqrt{2\kappa_D c_s J_{C^*}}\left\{1-\text{sech}\left[\kappa_C \frac{o(0)}{\text{SOD}}\right]\right\}}_{\text{CSOD}}+\underbrace{r'_{on}a_{no}J_{C^*}\left\{1-\text{sech}\left[\kappa_N \frac{o(0)}{\text{SOD}}\right]\right\}}_{\text{NSOD}}$$

$$(25\text{-}56)$$

式中，

$$\kappa_N =\sqrt{k_N \frac{D_o^2}{D_n}} \tag{25-57}$$

式中，k_N 为氨氮转化为氮气的氧化速率；D_n 为铵离子在孔隙水中的扩散系数。同前，低碳通量条件下（$J_{C^*}<2\kappa_D C_s$）式（25-56）中的平方根项可采用 J_{C^*} 代替

$$\text{SOD}=J_{C^*}\left\{1-\text{sech}\left[\kappa_C \frac{o(0)}{\text{SOD}}\right]\right\}+r'_{on}a_{no}J_{C^*}\left\{1-\text{sech}\left[\kappa_N \frac{o(0)}{\text{SOD}}\right]\right\} \tag{25-58}$$

从式（25-58）中可以发现 NSOD 在数学表达形式上与 CSOD 相似。不同之处在于 NSOD 中增加了有机物分解的氮产率系数（a_{no}）和硝化耗氧量计量参数（r'_{on}），另外厌氧区没有氮气产生导致了平方根项缺失。然而如同 CSOD 一样，NSOD 也具有双曲正割曲线的形式，即考虑了好氧区内氧化/扩散的竞争关系以及低溶解氧水平对 SOD 的抑制。如同式（25-53）和式（25-54），由于公式（25-56）和（25-58）左右两边都存在 SOD 项，因此只能采用数值解方法求解 SOD 的根值问题。

【例 25-3】 总 SOD

针对例 25-1 和例 25-2 所示的同一活性底泥系统。绘制总 SOD 与有机碳沉降通量的关系曲线。假定参数如下：$\kappa_N = 0.897\ \text{m}\cdot\text{d}^{-1}$，$r'_{on}=1.714\ \text{gO}\cdot\text{gN}^{-1}$，$a_{no}=0.065\ 4\ \text{gN}\cdot\text{gO}^{-1}$。

【求解】 如例题 25-2 所示，假定有机碳沉降通量为 $10\ \text{gO}\cdot\text{m}^{-2}\cdot\text{d}^{-1}$。将该参数值和其他模型参数代入公式（25-56），得到：

$$f(\text{SOD})=\sqrt{2(0.001\ 39)100(10)}\left[1-\text{sech}\left(0.575\frac{4}{\text{SOD}}\right)\right]+$$

$$1.714(0.065\ 4)(10)\left[1-\text{sech}\left(0.897\frac{4}{\text{SOD}}\right)\right]-\text{SOD}$$

该方程的根值问题可基于改进的正割线法求解。SOD 的初始估计值为：

$$\text{SOD}_{\text{max}}=\sqrt{2\kappa_D c_s J_{C^*}}+r'_{on}a_{no}J_{C^*}$$

将初始估计值代入公式中，采用改进的正割线法求解。同理可计算出其他沉降通量对应的 SOD。计算结果如图 25-14 所示。此外图中还给出了水中溶解氧浓度为 $10\ \text{mg}\cdot\text{L}^{-1}$ 的情形，此时 SOD 也相应增加。

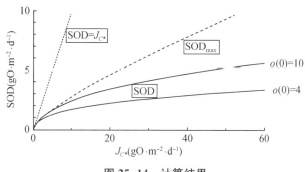

图 25-14　计算结果

在继续讲解新的内容之前,我们来重新归纳上述解析解模型给出的 SOD 一般结论:

(1) 如果上覆水中存在溶解氧,甲烷和氨氮将在底泥-水界面的极薄好氧层内发生氧化反应。

(2) 在薄好氧层内,氧化反应和扩散之间存在竞争。式(25-58)中的 1－sech 项反映了这种竞争关系,以及上覆水中溶解氧浓度较低时的 SOD 抑制效应。

(3) 沉积物厌氧区内甲烷可能会超出它的饱和浓度。此时甲烷气体会从厌氧层释放,这一效应可通过式(25-58)中的平方根项表征。由于沉积层的 pH 范围内氨氮不会以气相形式存在,NSOD 与有机质沉降通量(以氧当量通量表示)之间为线性关系。

通过建立 SOD 与外部负荷(有机碳沉降通量)之间的函数关系,Di Toro 模型框架对之前的理论模式进行了重大改进。早期建模者将 SOD 作为常数项或者认为 SOD 随外来负荷的削减而线性降低:前者过于保守而后者则过于乐观。与之相比 Di Toro 模型更接近实际。与早期的两种方法相比,Di Toro 模型是一种更符合实际物理意义的第三条路线(或称中间路线),从而有助于形成更好的管理决策方案。更重要的是,SOD 可以用一种机理性的方法而不是预先设定的参数值或经验方式来确定。目前 Di Toro 模型已用于美国切桑比克湾的水质模型建模(Cerco 和 Cole,1993;Di Toro 和 Fitzpatrick,1993)。毫无疑问,今后该模型的数值求解版本将会与许多水质模型集成,从而为 SOD 估算提供更有力的支持。

25.5　数值解的 SOD 模型

尽管解析解模型具有使用简单和指导性强的特点,但数值求解技术将提供更大的灵活性和更广泛的适用性。本节介绍的数值模型与 Di Toro 和 Fitzpatrick(1993)提出的河口模型,在原理上是相似的。但本节我们将讨论聚焦于淡水系统。在本节最后部分将阐述河口系统与淡水系统之间的差别。

本节将首先介绍一个有机物产氨氮和硝化耗氧的简化 SOD 模型,在此基础上再把碳和其他元素加入该模型架构。

如图 25-15 所示,将活性沉积物层表征为两个完全混合层。注意到与解析解模型不同的是,数值解模型中有机物的沉降通量以碳为单位(而不是氧当量)。

下部沉积层的有机碳质量平衡可表示为：

$$V_2 \frac{dc_2}{dt} = J_C A_s - k_{c2} V_2 c_2 \tag{25-59}$$

式中，c_2 为有机碳浓度（$gC \cdot m^{-3}$）；J_c 为来自上覆水的有机碳沉降通量（$gC \cdot m^{-2} \cdot d^{-1}$）；$A_s$ 为沉积物-水界面的表面积（m^2）；k_{c2} 为有机碳的一级降解速率（d^{-1}）。

由于所有垂向分层的表面积都等于 A_s 且 $V_2 = A_s H_2$，将质量平衡方程式两边同除以 A_s 后得到：

$$H_2 \frac{dc_2}{dt} = J_C - k_{c2} H_2 c_2 \tag{25-60}$$

据此将质量平衡方程以通量（$M \cdot L^{-2} \cdot T^{-1}$）而不是传质速率（$M \cdot T^{-1}$）的形式表示。针对氨氮可建立类似的质量平衡方程：

$$H_2 \frac{dn_2}{dt} = a_{nc} k_{c2} H_2 c_2 + v_{dn12} (n_1 - n_2) \tag{25-61}$$

以及

$$H_1 \frac{dn_1}{dt} = v_{dn12} (n_2 - n_1) - v_{dnw1} n_1 - k_{n1} H_1 n_1 \tag{25-62}$$

式中，n 为氮表示的氨氮浓度（$gN \cdot m^{-3}$）；v_{dnl2} 为两个沉积层之间的扩散传质系数（$m \cdot d^{-1}$）；v_{dnw1} 为上层沉积物层（好氧层）和上覆之间的扩散传质系数（$m \cdot d^{-1}$）；k_{n1} 为上层沉积物层（好氧层）的氨氮硝化速率（d^{-1}）。

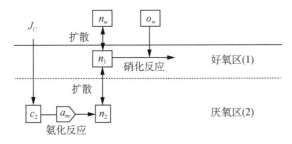

图 25-15 基于控制体积法的 NSOD 模型示意图

需要注意的是，式(25-62)假定上覆水中的氨氮浓度可忽略不计。尽管这一假定不一定正确，但其适用于解析解模型架构。另外我们可以将传质系数以更基本的参数表示，即

$$v_{dn12} = \frac{D_n}{H_{12}} \quad v_{dnw1} = \frac{D_n}{H_{w1}} \tag{25-63}$$

式中，D_n 为水中氨氮的扩散系数（$m^2 \cdot d^{-1}$）；H_{12}、H_{w1} 分别为两个扩散传质过程的混合长度（m）。

如后面章节所述，针对上述质量平衡方程，可通过数值求解方法来模拟浓度随时间的变化。在此之前首先探究其解析解。一方面可以通过解析解认识模型的工作原理，

另一方面将其与集总式的数值解以及 Di Toro 提出的分布式解析解进行对比。

令式(25-60)~式(25-62)为稳态条件,式(25-60)的解析解为:

$$c_2 = \frac{J_C}{k_{c2} H_2} \tag{25-64}$$

将其代入式(25-61)得到:

$$0 = a_{nc} J_C + v_{dn12}(n_1 - n_2) \tag{25-65}$$

将式(25-65)(稳态情形)和式(25-62)相加后可以消除 n_2 项,

$$0 = a_{nc} J_C - k_{n1} H_1 n_1 - v_{dnw1} n_1 \tag{25-66}$$

求解式(25-66)得到:

$$n_1 = \frac{a_{nc} J_C}{k_{n1} H_1 + v_{dnw1}} \tag{25-67}$$

将式(25-67)代入式(25-62)后得到:

$$n_2 = \frac{v_{dn12} + k_{n1} H_1 + v_{dnw1}}{v_{dn12}(k_{n1} H_1 + v_{dnw1})} a_{nc} J_C \tag{25-68}$$

因此,式(25-64)、式(25-67)和式(25-68)提供了与有机碳沉降通量相关的各变量稳态解。

考虑到上层沉积物层(好氧层)中的溶解氧浓度非常接近线性分布,可将耗氧量引入模型框架中。因此,基于菲克第一定律[式(25-50)],沉积物-水界面的 SOD 可表示为:

$$\mathrm{SOD} = \frac{D_o}{H_1} o_w \tag{25-69}$$

式中,D_0 为溶解氧扩散系数($\mathrm{m^2 \cdot d^{-1}}$)。SOD 也可用氨氮氧化速率来表示:

$$\mathrm{SOD} = r'_{on} k_{n1} H_1 n_1 \tag{25-70}$$

式中,r'_{on} 为硝化/反硝化的需氧量[根据公式(25-18),$r'_{on} = 1.714\ \mathrm{gO \cdot gN^{-1}}$]。假定 $H_{w1} = H_1$,将式(25-67)和式(25-69)代入式(25-70)并经过运算得到:

$$\mathrm{NSOD} = r'_{on} a_{nc} J_C \frac{1}{1 + \dfrac{D_n \mathrm{NSOD}^2}{D_o^2 o_w^2 k_{n1}}} \tag{25-71}$$

式中,我们已将 SOD 改为 NSOD,以对应氨氮氧化的情形。通过数值求解方式可求得 NSOD。将求得结果与式(25-69)联立,可确定好氧层的厚度。

因此,式(25-71)提供了 NSOD 的简单有限差分表征,具体对应于解析解形式的式(25-56)第二部分

$$\mathrm{NSOD} = r'_{on} a_{nc} J_C \left[1 - \mathrm{sech}\left(\sqrt{k_{n1} \frac{D_o^2}{D_n}} \frac{o_w}{\mathrm{NSOD}} \right) \right] \tag{25-72}$$

【例 25-4】 集总式和分布式 NSOD 模型的计算结果比较

针对例 25-1～例 25-3 所示的活性底泥层,基于分布式和集中式 NSOD 模型绘制有机碳沉降通量与 NSOD 的关系曲线。假定参数取值如下:$o_w = 10 \text{ mg} \cdot \text{L}^{-1}$,$\kappa_N = 0.897$ $\text{m} \cdot \text{d}^{-1}$,$r'_{on} = 1.714 \text{ gO} \cdot \text{gN}^{-1}$,$D_o = 1.73 \times 10^{-4} \text{ m}^2 \cdot \text{d}^{-1}$,$D_n = 8.47 \times 10^{-5} \text{ m}^2 \cdot \text{d}^{-1}$,以及 $a_{nc} = 0.176 \text{ gN} \cdot \text{gC}^{-1}$。

【求解】 首先,根据式(25-57)确定硝化速率:

$$k_{n1} = \kappa_N^2 \frac{D_n}{D_o^2} = 0.897^2 \frac{8.47 \times 10^{-5}}{(1.73 \times 10^{-4})^2} = 2\,282 \text{ d}^{-1}$$

进一步可将相关参数值代入式(27-72),以求得分布式解。例如,对于 $J_{c*} = 10 \text{ gO} \cdot \text{m}^{-2} \cdot \text{d}^{-1}$(相当于 $J_c = 3.75 \text{ gC} \cdot \text{m}^{-2} \cdot \text{d}^{-1}$)的情形:

$$\text{NSOD} = 1.714(0.176)3.75\left\{1 - \text{sech}\left[\sqrt{2\,282\frac{(1.73 \times 10^{-4})^2}{8.47 \times 10^{-5}}\frac{10}{\text{NSOD}}}\right]\right\}$$

通过迭代求解,可求得 $\text{NSOD} = 1.130 \text{ gO} \cdot \text{m}^{-2} \cdot \text{d}^{-1}$。

类似地,可针对式(25-71)建立集总式 NSOD 模型:

$$\text{NSOD} = 1.714(0.176)3.75 \frac{1}{1 + \dfrac{8.47 \times 10^{-5}\text{NSOD}^2}{(1.73 \times 10^{-4})^2(10)^2\,2282}}$$

可以求得 $\text{NSOD} = 1.113 \text{ gO} \cdot \text{m}^{-2} \cdot \text{d}^{-1}$。因此,两种方法得到的 NSOD 基本相同。进一步将求解结果绘图表示,如图 25-16 所示。

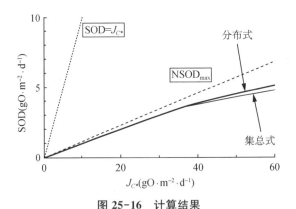

图 25-16 计算结果

25.6 其他 SOD 模型问题(高级主题)

本书出版时,SOD 模型是一个活跃和快速发展的研究领域。因此有一系列当前尚未解决的相关问题,对此前面章节并未涉及。但这些问题与 SOD 未来如何计算高度相关,因此本节将予以介绍。

25.6.1　甲烷气泡的形成

尽管前面部分讲解了如何建立有限差分数值模型,但并未涉及底泥厌氧区中的甲烷气泡生成问题。最简单的方法是将甲烷类比于氨氮模拟,即:

$$H_2 \frac{\mathrm{d}c_2}{\mathrm{d}t} = J_C - k_{c2} H_2 c_2 \tag{25-73}$$

$$H_2 \frac{\mathrm{d}m_2}{\mathrm{d}t} = k_{c2} H_2 c_2 + v_{dm12}(m_1 - m_2) \tag{25-74}$$

$$H_1 \frac{\mathrm{d}m_1}{\mathrm{d}t} = v_{dm12}(m_2 - m_1) - v_{dmw1} m_1 - k_{m1} H_1 m_1 \tag{25-75}$$

若好氧区深层的甲烷过饱和,甲烷浓度将维持在饱和浓度值,相应式(25-75)转化为:

$$H_1 \frac{\mathrm{d}m_1}{\mathrm{d}t} = v_{dm12}(c_s - m_1) - v_{dmw1} m_1 - k_{m1} H_1 m_1 \tag{25-76}$$

类似于式(25-71)的推导,可通过式(25-76)直接求解得甲烷浓度和 SOD。

尽管该方法具有一定优势,但也存在一个主要缺陷:一旦甲烷浓度过饱和,CSOD 就会变为常量。因此,解析解中描述的平方根关系无法得到体现。由于低有机碳通量下通常会出现甲烷过饱和,这一方法的缺陷将更加明显:不仅 CSOD 达到上限值,而且该值处在一个不切合实际的低水平。

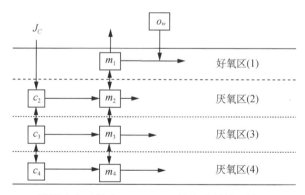

图 25-17　模拟淡水系统中 CSOD 及甲烷生成的控制体积方法示意图

针对上述问题的解决方案如图 25-17 所示。通过将厌氧区划分为多层,甲烷的饱和将分阶段出现而不再是一个恒定值。换句话说,最底层甲烷浓度率先饱和,然后甲烷浓度维持恒定。此后中间和顶层厌氧层依次达到饱和。当所有厌氧层都达到饱和时,CSOD 达到固定值,此时得到的计算结果与解析解更加吻合。此外,该近似求解方法还可以模拟出更高的 CSOD。

25.6.2　SOD 非稳态计算

至此我们已经介绍了稳态计算。但对于多数水质模拟问题,非稳态解相对于稳态解至少是同等重要的。最直接的方法是使用显式或隐式算法对方程进行离散求解,如第 7 讲、11～13 讲中所述。例如,可对式(25-60)～式(25-62)进行离散求解,确定 NSOD 的非稳态解。

尽管该方法是可行的,但也存在问题。较薄的表面好氧层与较厚的厌氧层相比需要更精细化的时间差分(即更小的时间步长),以获得稳定的数值解。数值计算方法中,将此情形称为"刚性"解。

针对该问题也有一种简单的求解方法。Di Toro 和 Fitzpatrick(1993)提出:由于好氧层极薄,因此相对于较厚厌氧层模拟的时间变化尺度范围,可将表面好氧层视为稳态。

因此,可求得式(25-62)的稳态解为:

$$n_1 = R_{12} n_2 = \frac{v_{dn12}}{v_{dn12} + v_{dnw1} + k_{n1} H_1} n_2 \tag{25-77}$$

式中,R_{12} 为好氧(1)与厌氧层(2)中氨氮浓度比值。将该值代入式(25-61)中得出:

$$H_2 \frac{dn_2}{dt} = a_{nc} k_{c2} H_2 c_2 + v_{dn12} (R_{12} - 1) n_2 \tag{25-78}$$

因此,并不需要对 3 个微分方程都进行离散求解(其中一个方程的稳定性低于其余两个),而只需要对稳定性更强的两个常微分方程[式(25-60)和式(25-78)]求数值解。在此基础上通过式(25-77)的代数运算求得第 3 个未知量 n_1。注意到这一技巧同样适用于沉积层中甲烷、CSOD 和其他元素的计算。

25.6.3 水相边界层

针对例题 25-4 的情形,需要很高的硝化速率才能达到符合实际的 NSOD 模拟结果。同样的条件适用于 CSOD 模拟。一般来说,生物作用条件下的硝化和甲烷氧化速率通常在 0.01 至 5 d^{-1} 数量级,而不是例 25-4 中使用的 1 000 至 10 000 d^{-1} 的范围。

高反应速率的一个原因是,沉积物比水中具有更多的细菌生物量,第二个原因与 Di Toro 假定有关,即所有的降解都发生在沉积物的薄好氧层内。尽管这一假定在 Di Toro 看来无疑是有效的且与其得到的结论不相违背,但若将机理性 SOD 模型集成至大的水质模型框架中时,就必须重新对该假定进行检验。

如图 25-18 所示,除了两个沉积层外,还存在着一个上覆水的层流边界层。两个沉积层的厚度与反应过程有关。沉积物好氧层的厚度与耗氧和扩散传质之间的平衡有关,如式(25-69)和式(25-70)所示。相比之下上覆水边界层的厚度受紊流强度影响。因此,对于较深的缓流水体(如深水湖泊和河口),上覆水的层流边界层是明显的。这时候需要将该边界层作为一个独立的单元考虑,并模拟其中发生的额外耗氧量。

针对上述分层结构,同样可采用前述的有限差分法进行数值求解。例如,氨氮的质量平衡方程可表示为:

$$H_2 \frac{dn_2}{dt} = a_{nc} k_{c2} H_2 c_2 + v_{dn12} (n_1 - n_2) \tag{25-79}$$

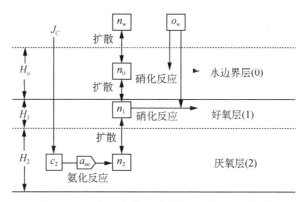

图 25-18　考虑水体层流边界层的 NSOD 模型

$$H_1 \frac{\mathrm{d}n_1}{\mathrm{d}t} = v_{dn12}(n_2 - n_1) + v_{dn01}(n_0 - n_1) - k_{n1}H_1 n_1 \qquad (25\text{-}80)$$

$$H_0 \frac{\mathrm{d}n_0}{\mathrm{d}t} = v_{dn01}(n_1 - n_0) + v_{dnw0}(n_w - n_0) - k_{n0}H_0 n_0 \qquad (25\text{-}81)$$

此处注意观察如何将上覆水中的氨氮浓度 n_w 引入模型。

稳态条件下，可同时求解上述方程[连同式(25-60)]以得到各层的有机碳和氨氮浓度。将上面两层的氨氮浓度代入下式可求得 SOD：

$$\text{SOD} = r'_{on}(k_{n1}H_1 n_1 + k_{n0}H_0 n_0) \qquad (25\text{-}82)$$

该式还可与式(25-69)结合，从而通过迭代运算方法求得 SOD。

上述分析展示了水相层流边界层在 SOD 模拟中的重要价值，但是必须确定该边界层的厚度。更进一步的方法是将水相边界层的传质与上覆水的流速联系起来，对此已有相关研究工作(Nakamura 和 Stefan，1994)。

25.6.4　硝酸盐和磷酸盐

围绕本讲关注的底泥中溶解氧消耗问题，前文已经介绍了对 SOD 产生直接影响的化合物如氨氮、甲烷等。然而，还有其他一些化合物也受到氧含量的显著影响，对此也需要引起重视。

硝酸盐。 硝酸盐是硝化过程中产生的重要植物营养物质。到目前我们假定硝酸盐通过反硝化完全还原为氮气。尽管该假定对许多系统是合理和有效的，一种更深入的观点认为只有部分硝酸盐通量会发生反硝化反应，而其余部分会释放到上覆水中。Di Toro 和 Fitzpatrick(1993)通过对先前介绍的 SOD 模型略作修正，有效解决了这一问题。

首先，我们可以直接建立针对硝酸盐的模型。具体对于双层沉积物模型，质量平衡方程可表示为：

$$H_2 \frac{\mathrm{d}i_2}{\mathrm{d}t} = v_{dn12}(i_1 - i_2) - k_{i2}H_2 i_2 \qquad (25\text{-}83)$$

以及，

$$H_1 \frac{\mathrm{d}i_1}{\mathrm{d}t} = v_{dn12}(i_2 - i_1) + v_{dnw1}(i_0 - i_1) + k_{n1} H_1 n_1 - k_{i1} H_1 i_1 \qquad (25\text{-}84)$$

式中，i 为硝酸盐浓度（$\text{mgN} \cdot \text{L}^{-1}$）；$k_i$ 为反硝化速率（d^{-1}）。稳态条件下，可基于上述方程求得 i_1 和 i_2。将 i_1 和 i_2 代入下式可计算出沉积层中产生和释放的氮气通量：

$$J_N = k_{i1} H_1 i_1 + k_{i2} H_2 i_2 \qquad (25\text{-}85)$$

进一步可利用 J_N 值换算反硝化过程的碳源（甲烷）消耗量，从而对碳通量进行修正。甲烷浓度未饱和条件下，最终得到的 SOD 模型为：

$$\text{SOD} = r_{oc}(J_C - a_{cn} J_N) \frac{1}{1 + \dfrac{D_c \text{SOD}^2}{D_o^2 o_w^2 k_{m1}}} + r_{on} a_{nc} J_C \frac{1}{1 + \dfrac{D_n \text{SOD}^2}{D_o^2 o_w^2 k_{n1}}} \qquad (25\text{-}86)$$

式中，a_{cn} 为反硝化反应引起的甲烷消耗量，$a_{cn} = 1.07 \text{ gC} \cdot \text{gN}^{-1}$。另外，由于在 CSOD 中已经直接考虑了反硝化碳源部分的折减量，因此 NSOD 中的硝化需氧量 $r_{on} = 4.57$ $\text{gO} \cdot \text{gN}^{-1}$。

磷酸盐。磷是另一种受底泥中氧含量影响显著的植物营养物质。然而，与硝酸盐相比，磷的精准模拟需要对 SOD 模型进行较大改动。尤其是磷的动力学过程受到沉积物中颗粒物的显著影响。

Mortimer(1941，1942)以来的许多学者研究发现，沉积物表面好氧层的磷会被氢氧化铁沉淀物吸附，从而阻碍了磷释放到水中。当溶解氧含量下降时，氢氧化铁沉淀物发生溶解。这一现象导致溶解态磷释放到沉积物孔隙水中，并进一步扩散到上覆水中。

上述效应可集成到 SOD 模型中，即在磷的质量平衡模型中考虑吸附作用机理：

$$H_2 \frac{\mathrm{d}p_2}{\mathrm{d}t} = a_{pc} k_{c2} H_2 c_2 + v_{dp12}(F_{d1} p_1 - F_{d2} p_2) + v_{dp12}(F_{p1} p_1 - F_{p2} p_2)$$
$$+ v_b(p_1 - p_2) \qquad (25\text{-}87)$$

$$H_1 \frac{\mathrm{d}p_1}{\mathrm{d}t} = v_{dp12}(F_{d2} p_2 - F_{d1} p_1) + v_{dp12}(F_{p2} p_2 - F_{p2} p_1)$$
$$+ v_{dpw1}(F_{dw} p_0 - F_{d1} p_1) \qquad (25\text{-}88)$$

式中，F_d 和 F_p 分别是两个沉积物层中的溶解态和颗粒态物质占比。本书后续讲座在讨论有毒物质时，将讲解 F_d 和 F_p 的推导过程。此处我们先给出计算公式：

$$F_d = \frac{1}{\phi + k_{dp}(1-\phi)\rho} \qquad F_p = \frac{k_{dp}(1-\phi)\rho}{\phi + k_{dp}(1-\phi)\rho} \qquad (25\text{-}89)$$

式中，φ 为沉积物孔隙度，$\varphi \cong 0.8$ 至 0.95；ρ 为沉积物密度，$\rho \cong 2.5 \times 10^6 \text{ g} \cdot \text{m}^{-3}$；$k_{dp}$ 为磷吸附系数（$\text{m}^3 \cdot \text{g}^{-1}$）。

吸附系数是磷模型的关键参数。当吸附系数较大时（$k_{dp} \cong 0.01 \sim 0.001 \text{ m}^3 \cdot \text{g}^{-1}$），溶解态磷的浓度将会变低，相应孔隙水中的扩散也会降低。反之，当吸附系数较小时

（$k_{dp} \cong 0.000\,05 \sim 0.000\,5\ \mathrm{m^3 \cdot g^{-1}}$），孔隙水中溶解态磷浓度和扩散程度都会变高。

　　除吸附特性外，式(25-87)和式(25-88)所示的磷模型还包含了 3 个特性。第一，方程中包含了颗粒物混合项。这一输移作用是由底栖微生物的扰动和其他活动造成的。第二，方程中考虑了对流项，用以考虑颗粒物的沉降累积效应以及由此导致的颗粒物远离底泥-水界面现象。最后需要指出的是，由于磷的扩散效应不是恒定的，对于磷采用稳态模型求解是不合适的；这一点与前面针对所有组分的稳态求解不同。因此，除非上覆水始终处于好氧环境（这种情况下磷的通量可能可以忽略），否则必须采用非稳态模拟来求解厌氧层中的磷浓度分布。

25.6.5　河口模型

　　由于河口中硫占主导作用，该系统往往发生与湖泊和河流等淡水系统不同的碳化学反应。本质上，SOD 与硫酸盐(SO_4)还原产硫化物(H_2S)有关。关键反应为(Barnes 和 Goldberg，1976)：

$$2CH_2O + H_2SO_4 \longrightarrow 2CO_2 + H_2S + 2H_2O \qquad (25\text{-}90)$$

　　在厌氧区，会有硫化物产生。一部分硫化物与铁反应形成颗粒态硫化铁[FeS(s)]。剩余部分扩散到好氧区，其中一部分会被氧化。此外，部分颗粒态的硫化铁又通过颗粒物混合作用传输到好氧区，并在其中通过氧化作用形成氧化铁[Fe_3O_4(s)]。在此过程中再次消耗了溶解氧。

　　因此，河口模型在形式上与磷的质量平衡非常相似，区别在于：

　　(1) 将模拟组分磷采用硫化物代替；

　　(2) 硫化物在底泥好氧层会发生氧化反应；

　　(3) 比起磷酸盐吸附作用，硫化物的沉淀反应不受溶解氧含量影响。

　　DiToro 和 Fitzpatrick(1993)对上述硫化物模型以及本讲讨论的所有其他元素的 SOD 模型都作了非常详尽的描述。

　　最后需要指出的是，硫在许多淡水系统的沉积物中扮演了重要角色。将来，硫的动力学将会被嵌入淡水系统的 SOD 模型框架中。

习　题

　　25-1　某小型池塘位于海拔 10 000 ft 处，其相关参数如下：

停留时间＝1 周

面积＝$1 \times 10^5\ \mathrm{m^2}$

平均水深＝2 m

池塘的入流 CBOD 浓度为 50 mg·L^{-1}。CBOD 不发生沉降，但在 20 ℃ 时以 0.05 d^{-1} 的速率衰减。池塘温度为 15 ℃；池塘上方的风速为 2 m·s^{-1}。池塘入流温度为 10 ℃；入流溶解氧的氧亏为 3 mg·L^{-1}。其中一半的底泥不消耗溶解氧，而另一半底泥在 20 ℃ 时的 SOD 为 0.2 g·m^{-2}·d^{-1}。求解以下参数（需考虑温度校正系数）：

(a) 池塘中的 CBOD 浓度；

(b) 池塘中的饱和溶解氧浓度（参考附表 B）；

(c) 15 ℃时池塘的复氧速率（以 d^{-1} 为单位）；

(d) 池塘中的溶解氧浓度。

25-2 湖泊变温层的颗粒态有机碳浓度为 $1\,mg \cdot L^{-1}$、溶解氧浓度为 $9\,mg \cdot L^{-1}$。有机碳的沉降速率为 $0.05\,m \cdot d^{-1}$，且在均温层中以 $0.05\,d^{-1}$ 的速率被氧化。已知变温层的扩散传质系数为 $0.05\,m \cdot d^{-1}$，以及均温层深度为 5 m。该湖泊如图 25-19 所示。

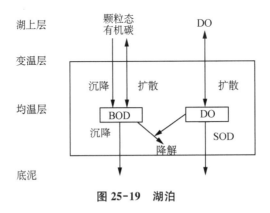

图 25-19 湖泊

(a) 计算均温层中 CBOD 和溶解氧的稳态浓度。假定变温层浓度恒定，且沉淀到湖泊底部的颗粒态有机物不产生沉积物好氧。

(b) 对于(a)中的情况，使用 25.2 节中介绍的 S-P 模式"原始"SOD 模型，计算从均温层沉降到沉积物中的颗粒物 SOD。假定颗粒有机物在沉积物中被完全氧化。将 SOD 计算结果以 $g \cdot m^{-2} \cdot d^{-1}$ 形式的单位表示。

25-3 重新计算习题 25-2。但是设定垂向沉降通量为 $20\,gO \cdot m^{-2} \cdot d^{-1}$，以及水中溶解氧浓度为 $3\,mg \cdot L^{-1}$。

25-4 某湖泊的颗粒态有机碳浓度为 $5\,mg \cdot L^{-1}$，且其沉降速率为 $0.25\,m \cdot d^{-1}$。若上覆水中溶解氧浓度为 $4\,mg \cdot L^{-1}$，确定稳态条件下的 SOD 以及好氧层厚度。已知活性底泥层厚度为 10 cm，且假定硝化作用产生的硝酸盐经反硝化后全部变为氮气逸出。假定没有水相边界层。

(a) 基于解析解回答以上问题；

(b) 基于数值解回答以上问题，其中将沉积物中厌氧区划分为 4 层。

25-5 重新计算习题 25-4，但是增加一个 1 cm 厚的水相边界层。假定沉积物好氧层和水相边界层中的扩散和反应过程是一致的。

第 26 讲

计算机求解方法

简介:本讲综述了溶解氧平衡模型的一些计算机数值求解方法。首先建立了基于 Streeter-Phelps 模型框架的稳态系统响应矩阵,然后介绍了 QUAL2E 模型。在概述 QUAL2E 的历史背景之后,介绍了该模型的结构。之后阐述了 QUAL2E 模型在溪流溶解氧浓度模拟中的应用,其中重点关注 BOD 和 SOD 导致的溶解氧氧亏。

尽管之前我们接触了一些计算机模拟方法,但截至目前有关溶解氧的模拟还是采用闭式的解析解。本讲将拓展溶解氧模拟方法,即利用计算机的数值求解方法来进行模拟计算。首先介绍一种对线性 DO 模型稳态求解具有重要价值的矩阵法,然后介绍美国国家环保局(EPA)开发的 QUAL2E 软件包。

26.1　稳态系统响应矩阵

第 6 讲和第 11 讲建立了稳态系统响应矩阵,以表征线性水质模型中的污染负荷与水质响应关系。在这些章节中,系统的稳态质量平衡采用了一组线性代数方程表示。可求得方程组的解为:

$$\{C\} = [A]^{-1}\{W\} \tag{26-1}$$

式中,$\{C\}$ 为未知浓度向量;$\{W\}$ 为负荷向量;$[A]^{-1}$ 为逆矩阵或稳态系统响应矩阵。

第 6 讲和第 11 讲还阐述了 $[A]^{-1}$ 的含义,即 $[A]^{-1}$ 的每个元素表征了计算单元 j 上单位质量负荷改变导致的单元 i 中水质变化。

现在我们来讨论如何将上述方法拓展应用到 BOD-DO 模型。为此我们首先将水质模型限定于一维系统中 CBOD 和 DO 的变化模拟。在此基础上该方法也很容易扩展到多维系统、NBOD 或硝化反应线性模型。稳态条件下,计算单元 i 中的 CBOD 质量守恒方程可表示为:

$$0 = W_{Li} + Q_{i-1,i}(\alpha_{i-1,i}L_{i-1} + \beta_{i-1,i}L_i) - Q(\alpha_{i,i+1}L_i + \beta_{i,i+1}L_{i+1}) + E'_{i-1,i}(L_{i-1} - L_i) + E'_{i,i+1}(L_{i+1} - L_i) - k_{ri}V_iL_i \tag{26-2}$$

给定上、下游边界条件时，n 个计算单元组成的系统矩阵方程可表示为：

$$[A]\{L\} = \{W_L\} \tag{26-3}$$

求得：

$$\{L\} = [A]^{-1}\{W_L\} \tag{26-4}$$

进一步，观察式(26-4)中矩阵$[A]$的系数，分别是：

$$a_{i,i-1} = \underbrace{-\alpha_{i-1,i}Q_{i-1,i} - E'_{i-1,i}}_{\text{输移项}} \tag{26-5}$$

$$a_{i,i} = \underbrace{\alpha_{i,i+1}Q_{i,i+1} - \beta_{i-1,i}Q_{i-1,i} + E'_{i-1,i} + E'_{i,i+1}}_{\text{输移项}} + \underbrace{k_{ri}V_i}_{\text{反应项}} \tag{26-6}$$

$$a_{i,i+1} = \underbrace{\beta_{i,i+1}Q_{i,i+1} - E'_{i,i+1}}_{\text{输移项}} \tag{26-7}$$

可以看出所有标注"输移"的项在形式上都是相同的，这一性质不取决于具体污染物。因此系数矩阵$[A]$可分解为两个部分，即：

$$[A] = [T] + [k_r V] \tag{26-8}$$

式中，$[T]$是"输移"矩阵。当矩阵$[A]$中只包括输移项时，$[T]$与$[A]$是相同的。$[k_r V]$是对角矩阵方阵，即对角线上元素为 $k_{ri}V_i$ 项，而非对角线上元素为 0。

基于类似的方法，可以写出溶解氧氧亏的质量平衡方程（Thomann 和 Mueller，1987）。但是，对于饱和溶解氧可变的系统（回顾第 21 讲内容），需对该方法中的氧饱和值参数进行调整以避免计算误差。因此，溶解氧的质量平衡方程为：

$$
\begin{aligned}
0 = &\ W_{oi} + Q_{i-1,i}(\alpha_{i-1,i}o_{i-1} + \beta_{i-1,i}o_i) - Q_{i,i+1}(\alpha_{i,i+1}o_i + \beta_{i,i+1}o_{i+1}) + \\
&\ E'_{i-1,i}(o_{i-1} - o_i) + E'_{i,i+1}(o_{i+1} - o_i) - k_{di}V_iL_i + \\
&\ k_{ai}V_i(o_{si} - o_i) + P_iV_i - R_iV_i - S'_BA_{si}
\end{aligned}
\tag{26-9}
$$

给定合适的上、下游边界条件，n 个计算单元组成的系统矩阵方程可表示为：

$$[B]\{o\} = \{W_o\} + \{PV\} - \{RV\} - \{S'_BA_s\} + \{k_aVo_s\} - \{k_dVL\} \tag{26-10}$$

式中，

$$[B] = [T] + [k_a V] \tag{26-11}$$

对式(26-10)中的源汇项合并，得到整理后的系统矩阵方程为：

$$[B]\{o\} = \{W'_o\} - [k_d V]\{L\} \tag{26-12}$$

式中，$\{W^i_o\}$是包含所有外部溶解氧源、汇项的矩阵，即：

$$\{W_0'\} = \{W_0\} + \{PV\} - \{RV\} - \{S_B'A\} + \{k_aVo_s\}$$
源、汇项　　负荷输入　光合作用输入　呼吸作用消耗　沉积物耗氧　大气复氧

(26-13)

将等式两边同乘 $[B]$ 的矩阵逆,得到:

$$\{o\} = [B]^{-1}\{W_0'\} - [B]^{-1}[k_dV][A]^{-1}\{W_L\} \tag{26-14}$$

或

$$\{0\} = [B]^{-1}\{W_0'\} - [C]^{-1}\{W_L'\} \tag{26-15}$$

式中,$[C]^{-1}$ 是将 BOD 负荷排放与 DO 之间的系统响应矩阵,即

$$[C]^{-1} = [B]^{-1}[k_dV][A]^{-1} \tag{26-16}$$

【例 26-1】　DO 模拟的矩阵法

某一维河口具有以下特征:

流量 $=1\times10^7$ m^3·d^{-1}　　　　　　　BOD 降解速率 $=0.2$ d^{-1}

河宽 $=1\,500$ m　　　　　　　　　　　复氧速率 $=0.25$ d^{-1}

水深 $=5$ m　　　　　　　　　　　　　饱和溶解氧 $=8$ mg·L^{-1}

离散系数 $=1\times10^7$ m^2·d^{-1}

河口长度为 100 km,上下游边界条件均为 $L=0$ 和 $o=o_s$。在距河口 35 km 处(站点 KP35)有一入流源;入流 BOD 和 DO 负荷分别为 300 000 kg·d^{-1} 和 100 000 kg·d^{-1}。采用中心差分法对空间进行离散。

(a) 若计算单元长度为 10 km,计算河口 BOD 和 DO 分布曲线。

(b) 若河口的 DO 浓度最小值提高到 5 mg·L^{-1},计算 BOD 负荷的削减量。

【求解】　(a)基于给定的参数值,可以建立和求解 DO 和 BOD 质量平衡方程。计算结果如图 26-1 所示。

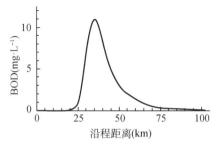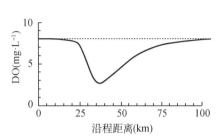

图 26-1　计算结果

(b) 图 26-1 中可以看出,最低 DO 浓度为 2.84 mg·L^{-1}。因此为满足最低 DO 浓度为 5 mg·L^{-1},DO 浓度需提高 $\Delta o = 5-2.84 = 2.16$ mg·L^{-1}。通过逆矩阵 $[C]^{-1}$ 中对应的行列值可将 DO 浓度增量转换为污染负荷削减量,即

$$
[C]^{-1} = \begin{bmatrix}
1.64E-08 & 2.66E-09 & 3.25E-10 & 3.53E-11 & 3.61E-12 \\
1.33E-08 & 1.80E-08 & 2.84E-09 & 3.43E-10 & 3.71E-11 \\
8.12E-09 & 1.42E-08 & 1.81E-08 & 2.85E-09 & 3.44E-10 \\
4.42E-09 & 8.58E-09 & 1.42E-08 & 1.81E-08 & 2.85E-09 \\
2.25E-09 & 4.64E-09 & 8.60E-09 & 1.42E-08 & 1.81E-08 \\
1.11E-09 & 2.36E-09 & 4.65E-09 & 8.60E-09 & 4.42E-08 \\
5.28E-10 & 1.16E-09 & 2.36E-09 & 4.65E-09 & 8.60E-09 \\
2.47E-10 & 5.51E-10 & 1.16E-09 & 2.36E-09 & 4.65E-09 \\
1.14E-10 & 2.57E-10 & 5.51E-10 & 1.16E-09 & 2.36E-09 \\
5.00E-11 & 1.14E-10 & 2.47E-10 & 5.28E-10 & 1.11E-09
\end{bmatrix}
$$

$$
\begin{bmatrix}
3.54E-13 & 3.38E-14 & 3.17E-15 & 2.92E-16 & 2.56E-17 \\
3.78E-12 & 3.70E-13 & 3.53E-14 & 3.29E-15 & 2.92E-16 \\
3.72E-11 & 3.78E-12 & 3.70E-13 & 3.53E-14 & 3.17E-15 \\
3.44E-10 & 3.72E-11 & 3.78E-12 & 3.70E-13 & 3.38E-14 \\
2.85E-09 & 3.44E-10 & 3.72E-11 & 3.78E-12 & 3.54E-13 \\
1.81E-08 & 2.85E-09 & 3.44E-10 & 3.71E-11 & 3.61E-12 \\
1.42E-08 & 1.81E-08 & 2.85E-09 & 3.43E-10 & 3.53E-11 \\
8.60E-09 & 1.42E-08 & 1.81E-08 & 2.84E-09 & 3.25E-10 \\
4.64E-09 & 8.58E-09 & 1.42E-08 & 1.80E-08 & 2.66E-09 \\
2.25E-09 & 4.42E-09 & 8.12E-09 & 1.33E-08 & 1.64E-08
\end{bmatrix}
$$

与污染负荷削减量计算对应的是矩阵第 4 行第 4 列：$C_{44}^{-1} = 1.81 \times 10^{-8} (\text{mg} \cdot \text{L}^{-1})/(\text{g} \cdot \text{d}^{-1})$。注意列的位置表示污染负荷的输入点位,行的位置表示对应点位的水质响应浓度。据此可以计算出

$$
\Delta W_L = \frac{2.16\ \text{mg} \cdot \text{L}^{-1}}{1.81 \times 10^{-8}\ \dfrac{\text{mg} \cdot \text{L}^{-1}}{\text{g} \cdot \text{d}^{-1}}} \left(\frac{\text{kg}}{1\,000\ \text{g}} \right) = 119.337\ \text{kg} \cdot \text{d}^{-1}
$$

因此需要削减 40% BOD 负荷,才能达到溶解氧浓度恢复的要求。

矩阵法适用于线性模型。尽管该方法对于经典的 S-P 模型而言其是合理的,但改进的溶解氧模型中出现了非线性项,从而限制了矩阵法的应用。从这一点上看上述的矩阵法似乎过时了。但是矩阵法不会因此而被淘汰,有以下 3 点原因:

(1) 即使模型中出现非线性项,一些新的机理并不是高度非线性的。因此一些机理可通过泰勒级数展开近似为线性项。对于此类情形应用矩阵法并不会造成明显的误差。

(2) 尽管经典的 S-P 模型看似有些过时,但应用于一级和二级污水处理效果评估时仍然是有用的。在发展中国家,基于这种污水处理程度的水质管理场景仍然是存在的。

(3) 以上给出的矩阵法对于除了溶解氧之外的水质问题也是适用的。例如用于评估毒性污染物质的许多模型是线性的,因此矩阵法仍有其用武之地。

26.2　QUAL2E 模型

　　QUAL2E 软件包是目前使用最为广泛的溪流水质数值模拟模型之一。该模型适用于树枝状和横向、垂向完全混合的溪流水质模拟，可模拟 15 个水质参数（表 26-1）。它的功能特点是可以考虑多个污水排放点、取水点支流汇入以及沿程增加的（即分布式）入流与出流。

　　QUAL2E 最早源于 1970 年 F. D. Masch 和他的同事以及等人以及得克萨斯州水管理部门（Texas Water Development Board）开发的 QUAL-Ⅰ 模型。1973 年美国美国水资源工程公司（Water Resources Engineers Inc.）与美国环保局签订了合同，对 QUAL-Ⅰ 模型进行了改进与功能扩展，从而形成了 QUAL-Ⅱ 模型的最早版本。此后，QUAL-Ⅱ 模型进行了多次改进（如 Roesner 等，1981a，1981b）。目前的版本是人们熟知的增强型 QUAL-Ⅱ 模型版本（Brown 和 Barnwell，1987）或简称为 QUAL2E。该模型目前由位于佐治亚州雅典市的美国环保局水质模型中心负责维护。

　　需要注意的是，QUAL2E 早期开发时期时是采用打孔卡作为数据输入介质。在软件被应用到分时操作系统以及随后的个人计算机普及过程中，运行程序的输入文件仍保留了打孔卡编程的数据结构。1995 年，Lahlou 等开发了方便文件输入和结果查看的用户友好界面版本。该界面进一步提升了模型的可操作性和广泛适用性。尽管该界面采用了易于使用的电子表格输入形式，但实际上其输入信息与原始版本完全一致。因此，本讲（以及第 36 讲中关于 QUAL2E 应用的描述）都使用了原始文件格式。无论使用原始版本或是用户友好的界面版本，数据输入文件都可以提供 QUAL2E 模型运行所有必须信息的简明表示。

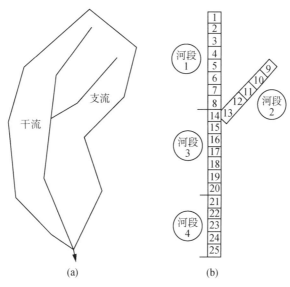

图 26-2　QUAL2E 模型对研究区域概化

（a）河流汇水区；（b）QUAL2E 模型中的河段和计算单元表征

表 26-1　QUAL2E 模型的 15 个水质模拟组分

序号	变量名称	序号	变量名称	序号	变量名称
1	溶解氧	6	氨氮	11	大肠菌群
2	生化需氧量	7	亚硝酸盐氮	12	自定义非保守性物质
3	温度	8	硝酸盐氮	13	保守性物质Ⅰ
4	叶绿素 a	9	有机磷	14	保守性物质Ⅱ
5	有机氮	10	溶解态磷	15	保守性物质Ⅲ

26.2.1　空间离散化与模型概述

如图 26-2 所示,QUAL2E 模型将河流划分为一系列的河段,且每个河段都有恒定的水文地形特征。每一个河段又进一步一系列等长度的计算单元或控制体积。

针对表 26-1 中所列的各种水质组分,可分别建立质量平衡方程。质量平衡方程的通用形式为

$$V \frac{\partial c}{\partial t} = \underbrace{\frac{\partial \left(A_c E \frac{\partial c}{\partial x}\right)}{\partial x} \mathrm{d}x - \frac{\partial (A_c U c)}{\partial x} \mathrm{d}x}_{\text{输移}} + V \frac{\mathrm{d}c}{\mathrm{d}t} + s \qquad (26\text{-}17)$$

累积　　　离散　　　　对流　　　反应　外部源/汇

式中,V 为体积;c 为水质组分浓度;A_c 为计算单元的横截面面积;E 为纵向离散系数;x 为距离;U 为断面平均流速;s 为水质组分的外部源项(正值)、汇项(负值)。

接下来的章节将具体阐述质量平衡方程右边的 3 个项。

26.2.2　输移

如式(26-17)所示,输移由对流和离散两部分组成。前者是指污染物组分随水流向下游的流动而同步运移的现象;后者为剪切流中流速分布不均匀性引起的污染物质分散。

对流。QUAL2E 模型中假定水流为恒定非均匀流。**恒定流**是指河道任一横断面的水流流量不随时间变化;**非均匀流**是指流量在空间上发生变化。对于此种假定情形,计算单元 i 的入水量平衡关系表示为

$$Q_{i-1} \pm Q_{x,i} - Q_i = 0 \qquad (26\text{-}18)$$

式中,Q_{i-1} 为上游计算单元的来水水量;Q_i 为第 i 个计算单元的出流水量;Q_{xi} 为第 i 个计算单元的旁侧入流(正值)或者出流(负值)水量。

在建立流量平衡关系后,还需要确定每一个计算单元的其他水文地形参数,尤其是需要确定流速、水深和横断面面积。各计算单元中其他水文地形参数与流量的相关关系可通过两种方式确定(回顾第 14 讲)。

（1）采用幂函数方程建立平均流速、水深与流量之间的关系，即：

$$U = \alpha Q^b \tag{26-19}$$

$$H = \alpha Q^\beta \tag{26-20}$$

式中，H 为平均水深；a、b、α 和 β 是基于水位-流量关系曲线得到的经验常数。在流速已知的基础上，可通过连续性方程计算出横断面面积，即：

$$A_c = \frac{Q}{U} \tag{26-21}$$

（2）曼宁公式提供了一种将渠道特征和流量之间建立关系的方法。当采用米制单位时：

$$Q = \frac{1}{n} A_c R^{2/3} S_e^{1/2} \tag{26-22}$$

式中，R 为渠道的水力半径（m）；S_e 为渠道的能量梯度线（无量纲数）。注意到模型中假定水流为恒定流动且横断面形状保持不变，因此能量梯度线与渠道底坡平行。QUAL2E 中假定渠道为梯形横断面（图 26-3 所示），因此横断面面积和水力半径都可以表达为水深的函数。当流量已知时，可以看出式（26-22）为非线性方程，据此可通过数值求解方式求得水深。利用水深可求得横断面面积，并可根据式（26-21）求得断面平均流速（见例 14-5）。

图 26-3　定义梯形渠道的三个关键参数

$B_0 = $渠道底宽，$s_1$、$s_2$ 为边坡

离散。QUAL2E 模型利用下式来建立纵向离散系数与渠道参数之间的函数关系（Fischer 等人，1979）：

$$E = 3.11\, KnUH^{5/6} \tag{26-23}$$

式中，E 为纵向离散系数（$m^2 \cdot s^{-1}$）；n 为渠道粗糙系数（无量纲数）；U 为断面平均流速（$m \cdot s^{-1}$）；H 为平均水深（m）；K 为离散参数（无量纲数）。定义为：

$$K = \frac{E}{HU^*} \tag{26-24}$$

式中，U^* 为剪切流速（$m \cdot s^{-1}$）。不同于式（14-15）和式（14-17）中可通过渠道参数直接计算出纵向离散系数，式（26-23）和式（26-24）具有循环嵌套关系。但一旦确定了 K 值，式（26-23）和式（26-24）就直接表达了离散系数与非均匀流动条件之间的函数关系。因此 QUAL2E 模型中要先给定 K 值。

26.2.3 反应动力学

受篇幅所限,本讲仅讨论两个水质模型组分:碳化 BOD(CBOD)和 DO。QUAL2E
模型中关于 CBOD 和 DO 的反应动力学过程描述如图 26-4 所示,其数学表达式为:

$$\frac{\mathrm{d}L}{\mathrm{d}t} = -K_1 L - K_3 L \tag{26-25}$$

$$\frac{\mathrm{d}o}{\mathrm{d}t} = K_2(o_s - o) - K_1 L - \frac{K_4}{H} \tag{26-26}$$

式中,L 为 CBOD 浓度($\mathrm{mg \cdot L^{-1}}$);K_1 为 CBOD 的降解速率($\mathrm{d^{-1}}$);K_3 为 CBOD 的沉
降速率($\mathrm{d^{-1}}$);o 为溶解氧浓度($\mathrm{mg \cdot L^{-1}}$);K_2 为大气复氧速率($\mathrm{d^{-1}}$);o_s 为饱和溶解氧
浓度($\mathrm{mg \cdot L^{-1}}$);K_4 为沉积物耗氧速率($\mathrm{g \cdot m^{-2} \cdot d^{-1}}$)。

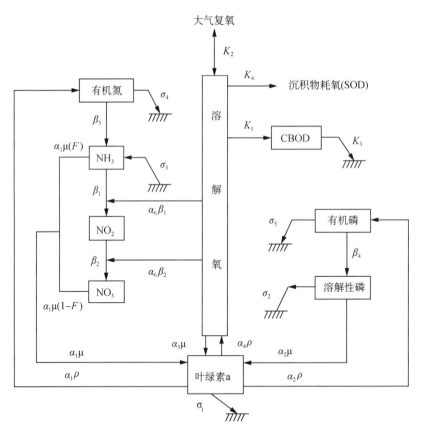

图 26-4 QUAL2E 模型动力学过程

图中突出部分为本讲介绍的 CBOD 和 DO 反应动力学过程
第 36 讲将拓展至模型框架其余参数和过程的讨论

注意式中所有速率(K)都需要进行温度修正,即:

$$K = K_{20}\theta^{T-20} \tag{26-27}$$

式中，K 为温度为 T 时的速率；K_{20} 为 20 ℃时的速率；θ 为温度校正因子。

式（26-25）和式（26-26）中所有反应速率都可以直接输入 QUAL2E 模型中。此外，大气复氧速率也可以通过模型中附带的 8 个不同计算公式求得。这些计算公式如表 26-2 所示。

表 26-2　QUAL2E 模型中的复氧速率公式。注意到由于舍入误差的原因，其中的一些公式（公式 2、3、4）与第 20 讲中的版本略有差异

序号	作者	$k_2 \, (\mathrm{d}^{-1}, 20 \, ℃)$	单位
1	用户自定义值		
2	Churchill 等（1962）	$5.03 \dfrac{U^{0.969}}{H^{1.673}}$	$U(\mathrm{m \cdot s^{-1}})$ $H(\mathrm{m})$
3	O'Connor 和 Dobbins（1958）	$3.9 \dfrac{U^{0.5}}{H^{1.5}}$	$U(\mathrm{m \cdot s^{-1}})$ $H(\mathrm{m})$
4	Owens 等（1964）	$5.4 \dfrac{U^{0.67}}{H^{1.85}}$	$U(\mathrm{m \cdot s^{-1}})$ $H(\mathrm{m})$
5	Thackston 和 Krenkel（1966）	$24.9 \dfrac{(1+\sqrt{F})u_*}{H}$，式中 F 是 Froude 数，$F = \dfrac{u_*}{\sqrt{gH}}$，$u_*$ 是剪切流速。	F（无量纲数）$u_*(\mathrm{m \cdot s^{-1}})$ $U(\mathrm{m \cdot s^{-1}})$ $H(\mathrm{m})$
6	Langbien 和 Durum（1967）	$5.13 \dfrac{U}{H^{1.33}}$	$U(\mathrm{m \cdot s^{-1}})$ $H(\mathrm{m})$
7	用户自定义的指数函数	aQ^b	$Q(\mathrm{cm \cdot s^{-1}})$
8	Tsivoglou 和 Wallace（1972）；Tsivoglou 和 Neal（1976）	$c \dfrac{\Delta H}{t_f}$，其中 ΔH 是计算单元中水位的变化，t_f 是计算单位的水流流经时间，c 是与流量相关的逃逸系数：$c = 0.36$，对应 $0.028 \leqslant Q \leqslant 0.28$ cm $\cdot$ s^{-1}；$c = 0.177$，对应 $0.708 \leqslant Q \leqslant 85$ cm $\cdot$ s^{-1}	$c(\mathrm{m^{-1}})$ $H(\mathrm{m})$ $t_f(\mathrm{d})$

26.2.4　数值算法

在理解了 QUAL2E 模型的主要水质组分基础上，我们进一步来讨论 QUAL2E 模型的数值求解方法。为此，将等式（26-17）两边同除以体积 V 后得到：

$$\frac{\partial c}{\partial t} = \frac{\partial \left(A_c E \dfrac{\partial c}{\partial x} \right)}{A_c \partial x} - \frac{\partial (A_c U c)}{A_c \partial x} + rc + p + \frac{s}{V} \tag{26-28}$$

可以看到公式中将反应项拆分为两个独立项：

$$\frac{\mathrm{d}c}{\mathrm{d}t} = rc + p \tag{26-29}$$

方程式右边的第 1 项表示反应项,与浓度呈线性相关关系;第 2 项表示系统内部的水质组分源和汇项(如底栖生物源、藻类生长的营养盐损失等)。后者中一部分是常数项,另一部分是水质组分浓度的非线性函数。

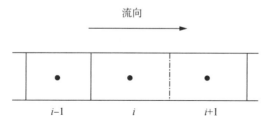

图 26-5　QUAL2E 模型中的计算单元

QUAL2E 中计算单元划分如图 26-5 所示。在计算单元 i 内,采用后向差分对方程(26-28)进行离散求解,即:

$$\underset{\text{加速度项}}{\frac{\partial c_i}{\partial t}} = \underset{\overset{\text{进}\qquad\text{出}}{\text{离散项}}}{\frac{-\left(A_c E\,\dfrac{\partial c}{\partial x}\right)_{i-1} + \left(A_c E\,\dfrac{\partial c}{\partial x}\right)_i}{V_i}} + \underset{\overset{\text{进}\qquad\text{出}}{\text{对流项}}}{\frac{(A_c U c)_{i-1} - (A_c U c)_i}{V_i}} \tag{26-30}$$

$$+\ \underset{\overset{\text{一级}}{\text{反应项}}}{r_i c_i}\ +\ \underset{\overset{\text{内部}}{\text{源／汇项}}}{p_i}\ +\ \underset{\overset{\text{外部}}{\text{源／汇项}}}{\frac{s_i}{V_i}}$$

进一步,采用后向差分对式(26-30)中的空间导数项进行离散近似:

$$\frac{\partial c_i}{\partial t} = \frac{(A_c E)(c_{i+1} - c_i)}{V_i \Delta x_i} + \frac{(A_c E)(c_{i-1} - c_i)}{V_i \Delta x_i} + \frac{Q_{i-1} c_{i-1} - Q_i c_i}{V_i} + r_i c_i + p_i + \frac{s_i}{V_i} \tag{26-31}$$

最后对时间项采用后向差分近似,得到:

$$\frac{c_i^{l+1} - c_i^l}{\Delta t} = \frac{(A_c E)_{i,\,i+1}\left(c_{i+1}^{l+1} - c_i^{l+1}\right)}{V_i \Delta x_i} + \frac{(A_c E)_{i-1,\,i}\left(c_{i-1}^{l+1} - c_i^{l+1}\right)}{V_i \Delta x_i} + \tag{26-32}$$

$$\frac{Q_{i-1} c_{i-1}^{l+1} - Q_i c_i^{l+1}}{V_i} + r_i c_i^{l+1} + p_i + \frac{s_i}{V_i}$$

对式(26-32)的各项进行归并,得到如下线性关系式

$$e_i c_{i-1}^{n+1} + f_i c_i^{n+1} + g_i c_{i+1}^{n+1} = z_i \tag{26-33}$$

式中,

$$e_i = -\left[(A_c E)_{i-1} \frac{\Delta t}{V_i \Delta x_i} + \frac{Q_{i-1} \Delta t}{V_i} \right] \tag{26-34}$$

$$f_i = 1 + \left[(A_c E)_{i-1} + (A_c E)_i \right] \frac{\Delta t}{V_i \Delta x_i} + \frac{Q_i \Delta t}{V_i} - r_i \Delta t \tag{26-35}$$

$$g_i = -\left[(A_x E)_i \frac{\Delta t}{V_i \Delta x_i} \right] \tag{26-36}$$

$$z_i = c_i^n + \frac{s_i \Delta t}{V_i} + p_i \Delta t \tag{26-37}$$

式(26-33)~式(26-37)形成了三对角线矩阵,据此提供了高效求解浓度随时间变化的方法。注意到方程式中将外部源、汇项(s_i 项)视为常数。如前所述,s_i 中部分项为其他组分浓度的非线性函数。对此,QUAL2E 求解算法在处理非线性项时,在每一个时间步长中将其动态更新为驱动函数中的恒定贡献。

QUAL2E 模型提供了两种求解模式:

稳态模式。作为一种传统的 QUAL2E 模型运行模式,该模式下模型持续运行直至达到稳态。因此,稳态模式实际上是非稳态算法达到稳定运行时的计算结果(见第 13 讲中 BTCS 法的讨论)。

非稳态模式。QUAL2E 模型也可在非稳态模式下运行。目前该模式只限于每日尺度的动态模拟。

至此我们对 QUAL2E 软件包有了基本的了解,下面通过一个具体案例来介绍 QUAL2E 如何应用。

26.3　QUAL2E 的应用

某河流在下游 100 km 处有污水处理厂尾水汇入,在 60 km 处有支流汇入,如图 26-6 所示。已知渠道断面为梯形,其断面参数如图所示。20 ℃时 CBOD 的耗氧速率为 0.5 d^{-1}。污水厂下游 20 km 处 CBOD 的沉降速率为 0.25 d^{-1}。此外,河段沉积物耗氧量为 5 g·m^{-2}·d^{-1}。假定 O'Connor-Dobbins 复氧公式成立,且该河流位于海平面。河道几何和水力参数取值见表 26-3,动力学参数和水温取值见表 26-4。

表 26-3　水文几何参数

参数	单位	KP>100	KP 100—60	KP<60
水深	m	1.19	1.24	1.41
	(ft)	(3.90)	(4.07)	(4.62)
面积	m^2	14.71	15.5	18.05
流量	$m^3 \cdot s^{-1}$	5.787	6.250	7.407
	$m^3 \cdot d^{-1}$	500 000	540 000	640 000
	(cfs)	(204)	(221)	(262)

（续表）

参数	单位	KP＞100	KP 100－60	KP＜60
流速	$m^3 \cdot s^{-1}$	0.393	0.403	0.410
	$m^3 \cdot d^{-1}$	33 955	34 819	35 424
	$(ft \cdot s^{-1})$	(1.29)	(1.32)	(1.35)

表 26-4 温度和反应动力学参数

参数	KP＞100	KP 100－80	KP 80－60	KP＜60
$T(℃)$	20	20.59	20.59	19.72
$o_s(mg \cdot L^{-1})$	9.092	8.987	8.987	9.143
$k_a(d^{-1})$	1.902	1.842	1.842	1.494
$k_a(d^{-1})$	0.5	0.767	0.514	0.494
$k_a(d^{-1})$	0.5	0.514	0.514	0.494
$k_a(d^{-1})$	0	0.254	0	0
$SOD(g \cdot m^{-2} \cdot d^{-1})$	0	5.175	0	0

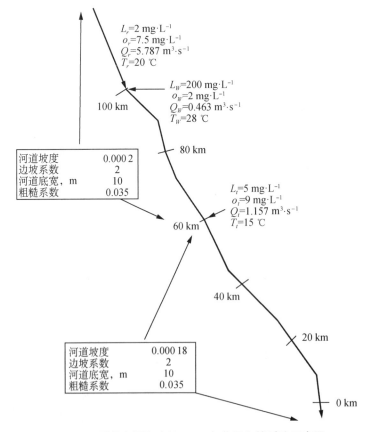

图 26-6 受纳点源和支流 BOD 负荷汇入的溪流示意图

构建 QUAL2E 水质模型的第一步是针对模拟区域进行空间离散化。这一过程包括了将系统划分为一系列水文地形参数恒定的河段;进一步将每个河段划分为一系列等长度的计算单元。

本案例中的分段方案如图 26-7 所示,可以看到该系统被划分为 6 个河段,分别命名为:

1. MS-HEAD
2. MS100-MS080
3. MS080-MS060
4. MS060-MS040
5. MS040-MS020
6. MS020-MS000

每一河段的命名是为了便于用户识别,因此仅起到标识的作用。采用缩写"MS"来表征我们正在模拟干流,而不再专门对支流模拟。还要注意到我们使用距离桩号(以公里表示)来识别每一河段的长度。然而,我们此处定义的距离桩号与常规方式是相反的。也就是说,距离桩号从系统的末端开始向上游定义,而不是从河流起始点向下游定义。这一修改与 QUAL2E 模型中对距离的定义保持一致。

从图 26-7 中还可以看出计算单元的长度为 2 km。组成每个河段的计算单元编号从源头向下游依次递增。此外,还需每个计算单元的类型。QUAL2E 中定义了 7 种类型:

1. 源头单元
2. 标准单元
3. 交汇点上游单元
4. 交汇点单元
5. 末端单元
6. 入流单元
7. 取水单元

本案例中仅使用了 4 种类型单元:第一(1)和最后(51)单元分别对应类型 1 和 5。单元 2 和 22 单元都有点源汇入,因此对应类型 6。其余单元均属于标准单元(类型 2)。

一旦定义了系统分段后,就可以创建一个数据文件来运行 QUAL2E。与当前案例对应的输入文件如图 26-8 所示。需要注意的是 QUAL2E 是用 FORTRAN77 语言编写的,因此文件中的数据必须严格按照图中所示的格式输入(当然要排除行号和阴影部分)。每一行输入对应 80 列的输入卡格式,与早期 FORTRAN 程序的打孔卡有关。

需要指出的是,Lahlou 等(1995)开发了方便文件输入和结果查看的用户友好界面。该界面所需信息与图 26-7 中给出的信息完全一致。因此,无论是使用原始版本或是用户友好界面版本,图 26-8 都可作为 QUAL2E 模型模拟运算的技术指引。

标题数据。标题数据规定了模型运行和模拟水质组分的标识信息。注意到我们对

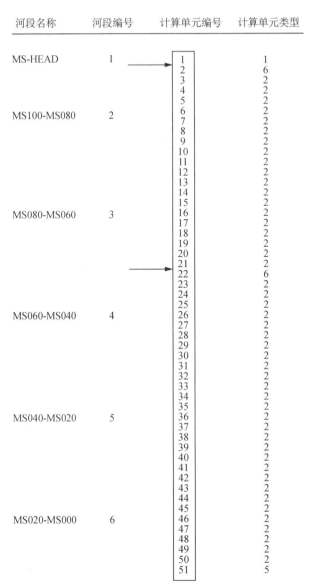

河段名称	河段编号	计算单元编号	计算单元类型
MS-HEAD	1	1	1
		2	6
		3	2
		4	2
		5	2
MS100-MS080	2	6	2
		7	2
		8	2
		9	2
		10	2
		11	2
		12	2
		13	2
		14	2
		15	2
MS080-MS060	3	16	2
		17	2
		18	2
		19	2
		20	2
		21	2
		22	6
		23	2
		24	2
		25	2
MS060-MS040	4	26	2
		27	2
		28	2
		29	2
		30	2
		31	2
		32	2
		33	2
		34	2
		35	2
MS040-MS020	5	36	2
		37	2
		38	2
		39	2
		40	2
		41	2
		42	2
		43	2
		44	2
		45	2
MS020-MS000	6	46	2
		47	2
		48	2
		49	2
		50	5
		51	5

图 26-7   与图 26-6 所示河流对应的 QUAL2E 模型分段示意图

BOD 和溶解氧的选择为"YES",而其他水质组分的选项为"NO"。

程序控制(数据类型 1)。程序控制卡片由两部分组成:第一部分定义了程序控制选项;第二部分设置了溪流系统几何形状特征以及用来模拟温度的一些地理及气象参数。大部分参数的标记信息都是一目了然的。针对不需要考虑的参数,可将其忽略或设为 0。例如,当我们不对温度进行模拟时,就不需要考虑纬度信息。"MAXIMUM ROUTE TIME(HRS)"(最长运行时间)选项另有附加解释。当执行稳态计算时,该输入项为数值计算中的最大迭代次数。当达到设定的迭代次数后,即使计算结果仍不收敛,模型依然会停止运行。基于对 QUAL2E 的应用实践,迭代次数为 30.0 通常能够达到理想的计算结果。当然,针对不同复杂程度的系统,该参数可能需要进行调整。

```
                        Columns                              Data types
0         1         2         3         4         5         6         7         8
1234567890123456789012345678901234567890123456789012345678901234567890123456789 0
TITLE01              EXERCISE 1. QUAL-2EU WORKSHOP: SIMPLE CBOD/SOD
TITLE02              Steve Chapra, May 18, 1994
TITLE03     NO       CONSERVATIVE MINERAL   I
TITLE04     NO       CONSERVATIVE MINERAL  II
TITLE05     NO       CONSERVATIVE MINERAL III
TITLE06     NO       TEMPERATURE
TITLE07     YES      BIOCHEMICAL OXYGEN DEMAND
TITLE08     NO       ALGAE AS CHL-A IN UG/L
TITLE09     NO       PHOSPHORUS CYCLE AS P IN MG/L            Title data
TITLE10              (ORGANIC-P; DISSOLVED-P)
TITLE11     NO       NITROGEN CYCLE AS N IN MG/L
TITLE12              (ORGANIC-N; AMMONIA-N; NITRITE-N;' NITRATE-N)
TITLE13     YES      DISSOLVED OXYGEN IN MG/L
TITLE14     NO       FECAL COLIFORM IN NO./100 ML
TITLE15     NO       ARBITRARY NON-CONSERVATIVE
ENDTITLE
NO LIST DATA INPUT                                      Program control
NO WRITE OPTIONAL SUMMARY                                (data type 1)
NO FLOW AUGMENTATION
STEADY STATE
TRAPEZOIDAL CHANNELS
NO PRINT LCD/SOLAR DATA
NO PLOT DO AND BOD
FIXED DNSTM CONC (YES=1)=      0.    5D-ULT BOD CONV K COEF =    0.25
INPUT METRIC          =        1.    OUTPUT METRIC          =      1.
NUMBER OF REACHES     =        6.    NUMBER OF JUNCTIONS    =      0.
NUM OF HEADWATERS     =        1.    NUMBER OF POINT LOADS  =      2.
TIME STEP (HOURS)     =        0.    LNTH. COMP. ELEMENT (KM) =    2.
MAXIMUM ROUTE TIME (HRS) =    30.    TIME INC. FOR RPT2 (HRS)=
LATITUDE OF BASIN (DEG) =     00.    LONGITUDE OF BASIN (DEG)=     00.
STANDARD MERIDIAN (DEG) =     00.    DAY OF YEAR START TIME =      0.
EVAP. COEF.,(AE)   = 0.0000000      EVAP. COEF.,(BE)       = .0000000
ELEV. OF BASIN (METERS) =      0.    DUST ATTENUATION COEF. =    0.00
ENDATA1
ENDATA1A
ENDATA1B
STREAM REACH   1. RCH= MS-HEAD        FROM    102.0  TO   100.0   Reach identification
STREAM REACH   2. RCH= MS100-MS080    FROM    100.0  TO    80.0      and river
STREAM REACH   3. RCH= MS080-MS060    FROM     80.0  TO    60.0   Mile/kilometer data
STREAM REACH   4. RCH= MS060-MS040    FROM     60.0  TO    40.0    (data type 2)
STREAM REACH   5. RCH= MS040-MS020    FROM     40.0  TO    20.0
STREAM REACH   6. RCH= MS020-MS000    FROM     20.0  TO     0.0
ENDATA2
ENDATA3
FLAG FIELD RCH=  1.     1.      1.                              Computational
FLAG FIELD RCH=  2.    10.      6.2.2.2.2.2.2.2.2.2.              elements
FLAG FIELD RCH=  3.    10.      2.2.2.2.2.2.2.2.2.2.            Flag field data
FLAG FIELD RCH=  4.    10.      6.2.2.2.2.2.2.2.2.2.             (data type 4)
FLAG FIELD RCH=  5.    10.      2.2.2.2.2.2.2.2.2.2.
FLAG FIELD RCH=  6.    10.      2.2.2.2.2.2.2.2.2.5.
ENDATA4
HYDRAULICS RCH=  1.    0.00    2.0    2.0    10.    .0002   .035  Hydraulics data
HYDRAULICS RCH=  2.    0.00    2.0    2.0    10.    .0002   .035   (data type 5)
HYDRAULICS RCH=  3.    0.00    2.0    2.0    10.    .0002   .035
HYDRAULICS RCH=  4.    0.00    2.0    2.0    10.    .00018  .035
HYDRAULICS RCH=  5.    0.00    2.0    2.0    10.    .00018  .035
HYDRAULICS RCH=  6.    0.00    2.0    2.0    10.    .00018  .035
ENDATA5
ENDATA5A
REACT COEF RCH=  1.    0.00   0.000   0.000  1.   0.000  0.0000  0.0000   BOD and DO
REACT COEF RCH=  2.    0.50   0.250   5.000  3.   0.000  0.0000  0.0000    reaction
REACT COEF RCH=  3.    0.50   0.000   0.000  3.   0.000  0.0000  0.0000  Rate constants
REACT COEF RCH=  4.    0.50   0.000   0.000  3.   0.000  0.0000  0.0000   (data type 6)
REACT COEF RCH=  5.    0.50   0.000   0.000  3.   0.000  0.0000  0.0000
REACT COEF RCH=  6.    0.50   0.000   0.000  3.   0.000  0.0000  0.0000
ENDATA6A
ENDATA6B
INITIAL COND-1 RCH=  1.  22.00  8.11  0.0  0.00  0.00  0.00  0.000  0.0  Initial conditions-1
INITIAL COND-1 RCH=  2.  20.59  8.11  0.0  0.00  0.00  0.00  0.000  0.0   (data type 7)
INITIAL COND-1 RCH=  3.  20.59  8.11  0.0  0.00  0.00  0.00  0.000  0.0
INITIAL COND-1 RCH=  4.  19.72  8.11  0.0  0.00  0.00  0.00  0.000  0.0
INITIAL COND-1 RCH=  5.  19.72  8.11  0.0  0.00  0.00  0.00  0.000  0.0
INITIAL COND-1 RCH=  6.  19.72  8.11  0.0  0.00  0.00  0.00  0.000  0.0
ENDATA7
ENDATA7A
INCR INFLOW-1 RCH=  1.  0.000  00.00  0.0  0.0  0.0  0.0  0.0  0.0  0.  Incremental inflow-1
INCR INFLOW-1 RCH=  2.  0.000  00.00  0.0  0.0  0.0  0.0  0.0  0.0  0.   (data type 8)
INCR INFLOW-1 RCH=  3.  0.000  00.00  0.0  0.0  0.0  0.0  0.0  0.0  0.
INCR INFLOW-1 RCH=  4.  0.000  00.00  0.0  0.0  0.0  0.0  0.0  0.0  0.
INCR INFLOW-1 RCH=  5.  0.000  00.00  0.0  0.0  0.0  0.0  0.0  0.0  0.
INCR INFLOW-1 RCH=  6.  0.000  00.00  0.0  0.0  0.0  0.0  0.0  0.0  0.
ENDATA8
ENDATA8A
ENDATA9
HEADWTR-1 HDW=  1   UPSTREAM     5.7870  20.0  7.50 2.0  00.0  0.0  0.0  Headwater sources-1
ENDATA10                                                                 (data type 10)
ENDATA10A
POINTLD-1 PTL=  1. MS0    0.00  0.463  28.0  2.00 200.0  0.0  0.0  0.0   Point load-1
POINTLD-1 PTL=  2. MS60   0.00  1.157  15.0  9.00   5.0  0.0  0.0  0.0   (data type 11)
ENDATA11
ENDATA11A
ENDATA12
ENDATA13
ENDATA13A
```

FIGURE 26.7
QUAL2E input file.

图 26-8　QUAL2E 的输入文件格式

　　河段识别和河流英里/公里数据(数据类型 2)。通过河段名称和河流英里/公里数据来完成河流的概化。后者为各河段断面至河道末端断面的距离,从河流上游至下游按降序排列。

计算单元标记字段数据(数据类型 4)。该组卡片定义了每一河段每个计算单元的类型。

水力数据(数据类型 5)。因为在数据类型 1 的卡片 5 中定义了"TRAPEZOIDAL CHANNELS",故使用曼宁公式来确定每个河段的水文、几何特征。相应,这些卡片包括了曼宁系数计算所需的参数(即渠道坡度、边坡、粗糙度等)。

BOD 和 DO 反应速率常数(数据类型 6)。该组卡片包括了反应信息,包括 BOD 衰减速率常数、沉降速率、沉积物耗氧量以及复氧速率的计算方法。

初始条件(数据类型 7)。该组卡片为每一河段设置了一张卡片,规定了系统中每一河段的温度、DO、BOD 和三种保守性物质的初始值。无论是否对温度进行模拟,都必须为其设置初始值。本案例中不模拟温度,但也设置了温度初始值以确定反应速率常数的温度校正因子。对于稳态模拟,其余参数值可设为 0。

沿程入流量(数据类型 8)。即使模拟案例中不涉及沿程增加的入流量,也必须包括这些卡片。本案例中,所有的沿程入流量设为 0。

源头来水(数据类型 10)。该组卡片为每一个源头来水设置一张卡片,用来定义源头来水的流量、温度、溶解氧、BOD 和保守性物质浓度。需要注意的是,源头来水是从最上游开始向下游连续编号(起始编号为 1),因此其编号方式和河段或计算单元的编号并不一致。

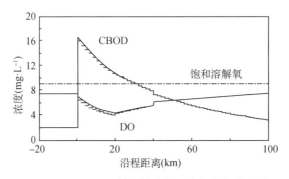

图 26-9 QUAL2E 模型输出结果与解析解的比较

点源负荷-1(数据类型 11)。该组卡片为每一个排放点源或者取水口设置一张卡片,用来定义处理比例、入流量或取水量、温度、溶解氧、BOD 和保守性物质浓度。需要注意的是点源负荷是从最上游开始向下游最远处连续编号(起始编号为 1),因此其编号方式和河段或计算单元的编号并不一致。

模型输出。模型运行之后的输出数据包括:
- 水力模拟结果汇总
- 反应系数汇总
- 水质参数
- 溶解氧数据

QUAL2E 模型对 CBOD 和溶解氧的模拟输出结果如图 26-9 所示。总体上

QUAL2E 模拟结果与解析解是吻合的。

　　然而模拟值与解析解在 KP100 桩号处存在差异,这与 QUAL2E 中使用的有限差分近似有关。我们通过 CBOD 来分析产生差异的原因。在前面章节的解析解求解中,混合点处的质量平衡可表示为:

$$Q_r L_r + Q_w L_w - (Q_r + Q_w) L_0 = 0$$

由此可以计算出[图 26-10(a)]:

$$L_0 = \frac{40\ 000(200) + 500\ 000(2)}{540\ 000} = 16.667\ \text{mg} \cdot \text{L}^{-1}$$

混合点下游的 BOD 衰减按照下式计算:

$$L = 16.667 e^{-\frac{0.514 + 0.254}{34\ 819} x}$$

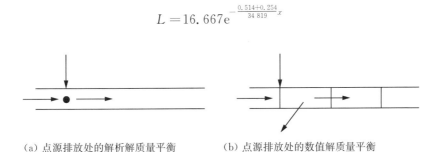

(a) 点源排放处的解析解质量平衡　　　　(b) 点源排放处的数值解质量平衡

图 26-10　点源排放处断面的混合求解方法对比

因此,下游 1 km 处的 BOD 浓度降低至:

$$L = 16.667 e^{-\frac{0.767}{34\ 819} 1\ 000} = 16.304\ \text{mg} \cdot \text{L}^{-1}$$

相比之下,QUAL2E 模型中,污染负荷输入整个完全混合单元[图 26-10(b)]。因此质量平衡必须包括该控制体积内的源、汇项:

$$Q_r L_r + Q_w L_w - (Q_r + Q_w) L_0 - (K_1 + K_3) V L = 0$$

据此计算得到

$$L_0 = \frac{40\ 000(200) + 500\ 000(2)}{540\ 000 + (0.76) 31.01 \times 10^3} = 15.98\ \text{mg} \cdot \text{L}^{-1}$$

　　因此,由于混合点处计算单元的数值离散,解析解和数值解存在一定差异。第 11.7 节中已对数值计算进行了充分的讨论,其中提到计算网格的划分需要足够小,以确保数值离散误差不会对模型应用和管理决策造成显著的影响。

　　综上,QUAL2E 模型为溪流中溶解氧平衡的模拟分析,提供了便捷的工具手段。在本书后续章节讨论富营养化问题时(即第五部分),将再次用到该软件。

习 题

26-1 假定某垂向分层的河口具有以下特征(图 26-11):

$Q_{01} = 4 \times 10^6 \ m^3 \cdot d^{-1}$ $Q_{32} = 2.5 \times 10^6$ $Q_{21} = 2.5 \times 10^6$ $Q_{13} = 6.5 \times 10^6$

$E'_{01} = 0 \ m^3 \cdot d^{-1}$ $E'_{32} = 2.5 \times 10^6$ $E'_{21} = 1.2 \times 10^6$ $E'_{13} = 2.5 \times 10^6$

假定 BOD 的耗氧速率和复氧速率分别为 $0.1 \ d^{-1}$ 和 $0.2 \ d^{-1}$,确定 BOD 和 DO 的稳态系统响应矩阵。如果要维持所有河段 BOD 浓度不高于 $4 \ mg \cdot L^{-1}$,利用响应矩阵计算河段 1 允许的 BOD 负荷排入量。假定河段 0 和 3 中 BOD 输入可忽略,且溶解氧浓度处于饱和状态($o_s = 10 \ mg \cdot L^{-1}$)。此外,河段 2 的 SOD 为 $1 \ g \cdot m^{-2} \cdot d^{-1}$,表面积为 $1 \times 10^6 \ m^2$。河段 1 和 2 的体积为 $5 \times 10^6 \ m^3$。

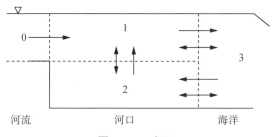

图 26-11 河口

26-2 某污染点源($Q_w = 1 \ m^3 \cdot s^{-1}$,$L_w = 200 \ mg \cdot L^{-1}$,$o = 2 \ mg \cdot L^{-1}$,$T_w = 25 \ ℃$)排入一条溪流中($Q_r = 10 \ m^3 \cdot s^{-1}$,$T_r = 2 \ mg \cdot L^{-1}$,$o_r = 10 \ mg \cdot L^{-1}$,$T_r = 15 \ ℃$)。排放点下游的溪流断面为矩形,其地形参数为:粗糙系数 $= 0.03$,坡度 $= 0.000\,5$,底宽 $= 20 \ m$,边坡系数为 3。假定 BOD 降解速率为 $1 \ d^{-1}$,利用 QUAL2E 模拟排放点下游的 BOD 和 DO 浓度沿程分布,并确定最大氧亏值及其出现位置。

26-3 某河流位于海平面,其相关水文地形参数如图 26-12 所示。利用 QUAL2E 模拟该河流的 BOD 和 DO 浓度沿程分布。

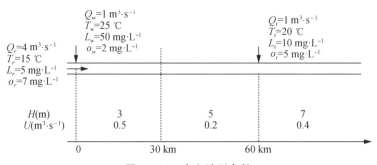

图 26-12 水文地形参数

26-4 如图 26-13 所示,某河流在 KP0 点位处接纳污水处理厂尾水,在 KP70 处从河道中取水。在下游 150 km 处,该溪流汇入一条更大的河流。已知河道断面为梯形,断面参数如图中所示。20 ℃ 时 CBOD 的耗氧速率为 $1 \ d^{-1}$。污水厂下游 20 km 处,

CBOD 的沉降速率为 $2\ d^{-1}$。此外,该河段的沉积物耗氧速率为 $4\ g\cdot m^{-2}\cdot d^{-1}$。假定 Churchill 复氧速率公式成立,且该河流位于海平面,以及离散系数恒定为 0。利用 QUAL2E 模拟对应该情形的 CBOD 和 DO 浓度沿程分布。

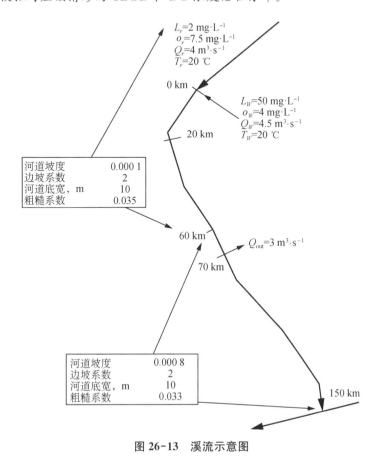

图 26-13　溪流示意图

某溪流示意图:上游受纳 BOD 点源负荷排入,下游有一取水口

病　原　体

> **简介:** 本讲介绍了有关病原体的知识,其中重点介绍了细菌损失速率的计算方法。在此基础上,建立了一个小型湖泊的质量平衡模型,其中考虑了沉积物-水界面的相互作用。另外还讲述了病原性原生动物模型。

水污染控制的最初动力是源于人们对介水疾病的关注。发达国家已经采取了很多措施来减少天然水体中致病生物对人们健康的威胁。然而,由于人们对娱乐用水的接触,细菌、原生动物和病毒仍然会造成疾病的传播。此外,大多数欠发达和发展中国家仍然面临着与病原体相关的重大水问题挑战。

27.1　病原体

水体污染是许多传染病传播的诱因。引起这些疾病的主要微生物被称为**病原体**。这些致病生物体能够在宿主体内生长繁殖。一些病原体通过皮肤进入人体内。更常见的情形是病原体通过饮用水进入人体内。

病原体可分为几种类型。表 27-1 列出了与水污染相关的最常见病原体群落。

虽然表中列出的微生物均能够引发介水疾病,但它们的浓度通常很难检测。因此,如下所述,通常利用指示生物来识别和追踪病原体。

表 27-1　介水病原体列举

分类	描述	种群
细菌	微小、没有成形细胞核和叶绿素的单细胞生物	霍乱弧菌 沙门菌 志贺菌 军团菌
病毒	一种极其微小的感染性病原体(10~25 nm)。病毒主要由围绕核酸核的蛋白鞘构成,因此其携带了自身复制的所有信息,但是其需要依赖宿主才能生存。	甲型肝炎病毒 肠道病毒 脊髓灰质炎病毒 艾柯病毒 柯萨奇病毒 轮状病毒

（续表）

分类	描述	种群
原生动物	通过细胞分裂方式繁殖的单细胞动物	贾第鞭毛虫 痢疾变形虫 隐孢子虫 耐格里变形虫
寄生虫 （肠道蠕虫）	肠道蠕虫和蠕虫状寄生虫	线虫 埃及血吸虫
藻类	一类非维管植物，其中某些种群会产生毒素。因此大量繁殖会引起毒害	水华鱼腥藻 铜绿微囊藻 水华束丝藻

27.2　指示微生物

由于直接检测某单种病原体通常非常困难和昂贵，水质管理和建模基本是聚焦于指示生物的存在水平。这些指示微生物更加容易被检测，其大量存在于人类和动物粪便中。如果它们在水体中被检测到，那么相应病原体也可能存在。

27.2.1　类型

指示细菌主要有三种：

（1）总大肠菌群（Total coliform，TC）。是指一群厌氧、革兰氏阴性、无芽孢杆状细菌。这类细菌在35 ℃、48 h 能发酵乳糖产气。它们存在于受污染和未受污染的土壤中，以及温血动物的粪便中。埃希大肠杆菌（Escherichia coli 或 E. coli）和产气杆菌（Aerobacter aerogenes）是分别出现于生物体和土壤中的常见菌种。

（2）粪大肠菌（Fecal coliform，FC）。是指来自温血动物肠道的细菌菌群，属于总大肠菌群的一种。由于其不包括土壤微生物，因此粪大肠菌的检测相比总大肠菌更加简单适用。粪大肠菌与总大肠菌的检测标准方法相同，区别在于粪大肠菌检测时的培养温度升至44.5 ℃。一般来说，FC 与 TC 的比值约20%（Kenner，1978），但是这一比值波动范围较大。

（3）粪链球菌群（Fecal streptococci，FS）。包括存在于人体内的粪链球菌以及家养动物包括牛粪便内的牛链球菌和马粪便内的马链球菌等。

尽管总大肠菌群一直是最广泛应用的污染指示物，但由于总大肠菌群包含非粪便来源的大肠菌群，使其无法确切反映是否存在粪便污染。因此，人们越来越关注粪大肠菌群和粪链球菌群的指示用途。

此外，粪大肠菌群和粪链球菌群的比值（FC/FS）一直被用来判断污染来源是人类粪便还是动物粪便。通常来说，FC/FS>4 表示是人类粪便污染，而 FC/FS<1 则表示其他温血动物粪便污染。然而，FC 和 FS 菌群存活时间存在差异，在使用比值判断法时须注意到这一因素可能造成的影响。因此，随着污水排放后在下游河道的流动距离

不断增加,FC/FS 比值会发生改变,相应基于这个比值的简单判读可能无法反映实际的污染排放来源。

27.2.2　浓度

表 27-2 总结了三种指示菌的人均排放速率,其具体浓度取决于用水量水平。例如,在人均用水量很高的美国,未经处理的污水中总大肠菌群数量约为 20×10^6 TC・100 mL^{-1}。相比之下,在人均用水量较低的巴西,污水中检测到的总大肠菌群数量为 200×10^6 TC・100 mL^{-1}。

此外,非点源排放中也会含有指示细菌。例如,城市雨水径流中的总大肠菌群平均浓度约为 0.3×10^6 TC・100 mL^{-1}。由于其污染来源主要是动物粪便(啮齿动物、狗、猫等),这类污染源对应的 FC/FS 比值往往较低(<0.7)。相比之下,合流制管道溢流收集雨污混合水,因此相应的 FC/FS 比值较高(>4)。此外,由于管道溢流中存在污水,因此其总大肠菌群数通常较高,平均值约为 6×10^6 TC・100 mL^{-1}。

表 27-2　温血动物肠道细菌的平均排放速率（Metcalf 和 Eddy,1991）

类型	TC	FC $\times 10^6$个・人$^{-1}$・d^{-1}	FS	FC/FS
人类	100 000~400 000	2 000	450	4.4
鸡		240	620	0.4
牛		5 400	31 000	0.2
鸭		11 000	18 000	0.6
猪		8 900	230 000	0.04
羊		18 000	43 000	0.4
火鸡		130	1 300	0.1

表 27-3　总大肠菌群和粪大肠菌群的浓度标准

用途	TC(个数・100 mL^{-1})	FC(个数・100 mL^{-1})
饮用水	0	0
有壳类动物繁殖水体	70	14
渔业用水	1 000~5 000	100~1 000
与人体直接接触的娱乐用水	1 000~5 000	100~1 000

最后,表 27-3 总结了几种不同用途水体的细菌学指标浓度标准。可以看到,这些数值比污水中的典型浓度值要小得多。例如,表中的最低标准为渔业用水和与人体直接接触的娱乐用水,对应的总大肠菌群浓度限值为 1 000~5 000 个・100 mL^{-1},这比美国污水中的总大肠菌群浓度大约低 4 个数量级(20×10^6 个・100 mL^{-1})。

27.3 细菌损失速率

总大肠菌群损失速率可以表示为

$$k'_b = k_{b1} + k_{bi} + k_{bs} \tag{27-1}$$

式中：k'_b——总损失速率（d^{-1}）；

k_{b1}——基准衰亡速率（d^{-1}）；

k_{bi}——太阳辐射造成的损失速率（d^{-1}）；

k_{bs}——沉降损失速率（d^{-1}）。

值得注意的是，该公式考虑了最大化的总大肠菌群损失速率，因为其包括了输移机制的影响，即沉降作用。在后面的讲座中，当模拟沉积物与水之间的相互作用时，将把这种影响与实际的死亡率分开。

27.3.1 自然死亡和盐度

可利用下式计算总大肠菌群的自然死亡率（Mancini，1978；Thomann 和 Mueller，1987）：

$$k_{b1} = (0.8 + 0.006 P_s)1.07^{T-20} \tag{27-2}$$

式中 P_s 为海水比例。因此，该公式假定淡水中总大肠菌群自然死亡速率为 $0.8\ d^{-1}$。公式在淡水损失率的基础上补充了在咸水中的损失率；这一数值与盐度成正线性关系。相应，盐水中的总损失速率范围为 $0.8 \sim 1.4\ d^{-1}$。式中的总损失速率进一步根据温度进行修正。在第 2 讲中指出，温度修正系数取值为 1.07 时意味着受温度的影响较大（即温度上升 $10\ ℃$、损失率加倍）。

如果假定海水的盐度为 $30 \sim 35$ ppt，那么式（27-2）改写成：

$$k_{b1} = (0.8 + 0.02S)1.07^{T-20} \tag{27-3}$$

式中，S 为盐度（ppt 或 $g \cdot L^{-1}$）。

27.3.2 光强

光照对细菌损失率的影响可以表示为（Thomann 和 Mueller，1987）：

$$k_{bi} = \alpha \overline{I} \tag{27-4}$$

式中：k_{bi}——光照导致的细菌衰减速率（d^{-1}）；

α——比例常数；

$\overline{I}$——平均光强度（$ly \cdot h^{-1}$）。

根据 1974 年 Gameson 和 Gould 的数据，Thomann 和 Mueller（1987）推断 α 可以近似视为常数。

如图 27-1 所示，完全混合层中光强随水深的变化呈指数衰减趋势，可以用朗伯-比尔定律来表示：

$$I(z) = I_0 e^{-k_e z} \tag{27-5}$$

式中：$I(z)$——水深 z 处的光能量（$ly \cdot h^{-1}$）；

I_0——水表面的光能量（$ly \cdot h^{-1}$）；

k_e——消光系数（m^{-1}）；

z——水深（m）。

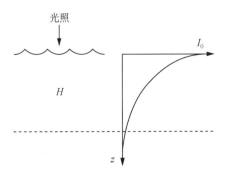

图 27-1　完全混合水体中光照的指数衰减

需要注意的是，消光系数与颗粒物数量和水体色度也相关。消光系数与塞氏盘深度 SD（m）的关系可以表示为：

$$k_e = \frac{1.8}{SD} \tag{27-6}$$

以及与悬浮物浓度 m（$mg \cdot L^{-1}$）的关系可以表示为（Di Toro 等，1981）：

$$k_e = 0.55m \tag{27-7}$$

对混合层沿水深积分，可以得到平均光强为：

$$\overline{I} = \frac{\int_0^H I_0 e^{-k_e z} dz}{H} = \frac{I_0}{k_e H}(1 - e^{-k_e H}) \tag{27-8}$$

将式（27-8）代入式（27-4）可以得到：

$$k_{bi} = \frac{\alpha I_0}{k_e H}(1 - e^{-k_e H}) \tag{27-9}$$

27.3.3　沉降

沉降损失与附着在颗粒上的微生物数量有关。为了模拟这一过程，首先必须区分自由浮动和附着细菌数量，即：

$$N = N_w + N_p \tag{27-10}$$

式中，N_w 为自由浮动的细菌浓度（个 · 100 mL^{-1}）；N_p 为附着在颗粒物上的细菌浓度

（个·100 mL^{-1}）。

附着在颗粒物上的细菌数量通常用质量浓度 r（个·g^{-1}）表示。因此,附着在颗粒物上细菌数体积浓度可以表示为:

$$N_p = 10^{-4} rm \tag{27-11}$$

式中,m 为悬浮物浓度（mg·L^{-1}）,10^{-4} 表示将体积换算为 100 mL。

细菌附着在颗粒物上的能力也可以用线性分配系数来表示,即:

$$K_d = 10^{-4} \frac{r}{N_w} \tag{27-12}$$

式中,K_d 为分配系数（m^3·g^{-1}）,10^{-4} 同样表示将体积换算为 100 mL。

如果细菌在颗粒物上的吸附速率和脱附速率很快,那么可假定达到吸附平衡。将式(27-11)和式(27-12)代入式(27-10)得到:

$$N = N_w + K_d m N_w \tag{27-13}$$

由此可以求出:

$$N_w = F_w N \tag{27-14}$$

式中,F_w 为自由浮动的细菌所占比例:

$$F_w = \frac{1}{1 + K_d m} \tag{27-15}$$

将式(27-14)代入式(27-10)可以得到:

$$N_p = F_p N \tag{27-16}$$

式中,F_p 为附着在颗粒物上的细菌所占比例:

$$F_p = \frac{K_d m}{1 + K_d m} \tag{27-17}$$

若颗粒物的沉降速率为 v_s（m·d^{-1}）,则沉降作用造成的细菌损失速率可以表示为:

$$k_{bs} = F_p \frac{V_s}{H} \tag{27-18}$$

27.3.4　总损失率

将公式(27-3)、式(27-9)、式(27-18)代入式(27-1),可以得到总损失率为:

$$k_b' = \underbrace{(0.8 + 0.02S)1.07^{T-20}}_{\text{自然死亡}} + \underbrace{\frac{\alpha I_0}{k_e H}(1 - e^{-k_e H})}_{\text{光照损失}} + \underbrace{F_p \frac{v_s}{H}}_{\text{沉降损失}} \tag{27-19}$$

【例 27-1】　完全混合湖泊的细菌模型

一个万人社区正在沿河开发建设。已知人均污水产生量为 0.5 m^3 人$^{-1}$·d^{-1};污水中大肠菌群排放速率为 $1×10^{11}$ 个·人$^{-1}$·d^{-1}，SS 排放速率为 100 g·人$^{-1}$·d^{-1}。对某一污水样品经离心处理后，得到 $K_d=0.05$ m^3·g^{-1}。

计划污水首先经过一个小型的人工湖泊，然后再排入河流。人工湖的参数如下：体积 $V=2.4×10^4$ m^3，平均水深 $H=4$ m，表面积 $A_s=6×10^3$ m^2。

试计算平静天气期间，污水流经人工湖后的悬浮物和大肠菌群削减比例。假定湖中的固体沉降速率为 0.4 m·d^{-1}，并且平静天气时沉积物不会再悬浮。另外，假定水温 $T=25$ ℃，日平均光强度为 350 兰利·d^{-1}。

【求解】 首先，计算出该新建社区的污水产生量为：

$$10\ 000 \text{ 人} × 0.5 \text{ m}^3 · \text{人}^{-1} · \text{d}^{-1} = 5\ 000 \text{ m}^3 · \text{d}^{-1}$$

相应污水在人工湖中的水力停留时间为 $24\ 000/5\ 000=4.8$ d。

入流和湖中的 SS 浓度分别为：

$$m_{in}=\frac{10\ 000 \text{ 人} × (100 \text{ g} · \text{人}^{-1} · \text{d}^{-1})}{5\ 000 \text{ m}^3 · \text{d}^{-1}}=200 \text{ mg} · \text{L}^{-1}$$

$$m=\frac{5\ 000}{5\ 000+0.4(6\ 000)}200=(0.67)200=135 \text{ mg} · \text{L}^{-1}$$

因此该人工湖可以去除 33% 的悬浮物 SS。

计算出消光系数 $k_e=0.55(135)=74.3$ m^{-1}，以及附着在悬浮物上的细菌占比为：

$$F_p=\frac{0.05(135)}{1+0.05(135)}=0.871$$

将该数值和其他参数代入式(27-19)中得到：

$$k'_b=(0.8)1.07^{25-20}+\frac{350/24}{74.3(4)}(1-e^{-74.3(4)})+0.87\frac{0.4}{4}$$

$$=1.122+0.049+0.087=1.258 \text{ d}^{-1}$$

进一步计算出入流细菌浓度和湖中细菌浓度：

$$N_{in}=\frac{10\ 000 \text{ 人} × (1×10^{11} \text{ 个} · \text{人}^{-1} · \text{d}^{-1})}{5\ 000 \text{ m}^3 · \text{d}^{-1}}\left(\frac{10^{-4} \text{ m}^3}{100 \text{ mL}}\right)=20×10^6 \text{ 个} · 100 \text{ mL}^{-1}$$

$$N=\frac{5\ 000}{5\ 000+1.258(24\ 000)}20×10^6=2.84×10^6 \text{ 个} · 100 \text{ mL}^{-1}$$

因此，尽管 85% 的细菌将被去除掉，但排入河流的细菌数量仍然很多。

27.4　沉积物-水体相互作用

之前的分析中指出，细菌会由于沉积物的沉降作用而发生损失。但是对于浅水系统，沉积物中的细菌可能会由于暴风天气造成的水体扰动而再悬浮。为了认识这一机制，首先必须重新改写计算式(27-19)，以将沉降和死亡造成的细菌损失区分开来，则：

$$k_b' = k_b + F_p \frac{v_s}{H} \tag{27-20}$$

式中，k_b 为死亡率：

$$k_b = (0.8 + 0.02S)1.07^{T-20} + \frac{\alpha I_0}{k_e H}(1 - e^{-k_e H}) \tag{27-21}$$

一旦定义了上述公式，那么可以建立水体和沉积物的质量守恒方程如下（图 27-2 示）：

$$V_1 \frac{dN_1}{dt} = QN_{in} - QN_1 - F_p v_s A_s N_1 - k_b V_1 N_1 + v_r A_s N_2 \tag{27-22}$$

$$V_2 \frac{dN_2}{dt} = F_p v_s A_s N_1 - k_{b2} V_2 N_2 - v_r A_s N_2 - v_b A_s N_2 \tag{27-23}$$

式中，下标 1 和 2 分别表示湖泊和沉积物，v_r 和 v_b 分别表示再悬浮速率和埋藏速率。

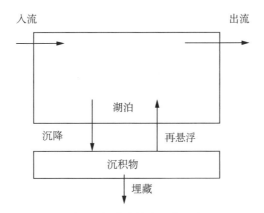

图 27-2　湖泊水体和下部沉积层

稳态时式（27-23）的解为：

$$N_2 = R_{21} N_1 \tag{27-24}$$

式中 R_{21} 表示沉积物和湖泊水中的细菌浓度比：

$$R_{21} = \frac{F_p v_s}{v_r + v_b + k_{b2} H_2} \tag{27-25}$$

将上式代入式（27-22）可以得到：

$$N_1 = \frac{q_s}{q_s + F_p v_s + k_{b1} H_1 - v_r R_{21}} N_{in} \tag{27-26}$$

式中 $q_s = Q/A_s$。

【例 27-2】　完全混合湖泊和沉积层的细菌模型

针对例 27-1 描述的人工湖，(a)计算平静天气时的池塘底部沉积物中细菌浓度（即不考虑再悬浮)。假设细菌被局限在 5 mm 厚的表层沉积物中,另外,不考虑埋藏造成的细菌损失,表层水温为 15 ℃,并且忽略光照对沉积物-水界面的影响。(b)计算暴雨过后的水体细菌浓度,在此期间表层 2 mm 沉积物层发生再悬浮。

【求解】 (a) 沉积物层中的细菌死亡速率可以用式(27-21)进行估算:

$$k_b = (0.8)1.07^{15-20} + 0 = 0.57 \text{ d}^{-1}$$

沉积物和湖水中的细菌浓度比值为:

$$R_{21} = \frac{0.87(0.4)}{0 + 0 + 0.57(0.005)} = 122$$

将上述比值和例 27-1 中的 $N_1 = 2.84 \times 10^6$ 个·100 mL^{-1} 代入式(27-24)得到:

$$N_2 = 122 \times (2.84 \times 10^6) = 347 \times 10^6 \text{个} \cdot 100 \text{ mL}^{-1}$$

因此,沉积物中细菌浓度比湖水中的细菌浓度高得多。

(b)暴雨作用可以概化为一个脉冲荷载。计算出再悬浮作用进入水中的细菌总数为:

$$V_2 N_2 = 30 \times 10^6 \text{ mL} \times (347 \times 10^6 \text{个} \cdot 100 \text{ mL}^{-1}) \times 0.4 = 4.17 \times 10^{13}$$

由此得出湖中单位体积的细菌浓度增量为:

$$\Delta N_1 = \frac{V_2 N_2}{V_1} = \frac{4.17 \times 10^{13} \text{ 个}}{24\,000 \times 10^6 \text{ mL}} \frac{100 \text{ mL}}{(100 \text{ mL})} = 0.174 \times 10^6 \text{ 个} \cdot 100 \text{ mL}^{-1}$$

27.5　原生动物:贾第鞭毛虫和隐孢子虫

正如本讲所提及,细菌一直是过去一段时期病原体防控的焦点。然而,正如表 27-1 所示,还有其他导致介水疾病的微生物。特别是两种寄生原生动物包括贾第鞭毛虫和隐孢子虫(简称"两虫"),已经在饮用水病原体防控中受到很大关注。

贾第鞭毛虫于 1681 年由 Leeuwenhoek 首次发现,是在他自己的粪便中发现的(Schmidt 和 Roberts,1977)。目前,贾第鞭毛虫是美国最常见的引起肠道疾病的寄生虫(Smith 和 Wolfe,1980)。若将这种寄生虫摄入体内会感染贾第鞭毛虫病,其症状包括腹泻、恶心、腹痛、脱水和头痛等。

隐孢子虫于 20 世纪初首次被发现,其命名与宿主有关。比如,微小隐孢子虫是在老鼠体内发现的,这也是引发人们疾病的主要隐孢子虫物种。目前,隐孢子虫的物种数量存在争议,因为来自某一动物宿主的隐孢子虫也能够传染到另一动物宿主包括人类的身上。一般来说,隐孢子虫病和贾第鞭毛虫病有相似的症状,这些症状在免疫功能正常的健康人群中可以被治愈。但是,对于免疫功能受损的人群(比如艾滋病患者),目前还没有应对这些症状的有效药物。

在休眠期的贾第鞭毛虫和隐孢子虫分别被称为包囊和卵囊。当其被摄入体内时,会在宿主胃肠道内生长并大量繁殖,进而出现相关症状。包囊和卵囊的形状从球形到卵形不等。1995 年 LeChevallier 和 Norton 报道贾第鞭毛虫的宽度 8.6 μm（6.6～11.9），长度 12.3 μm（8.6～16.5），这相当于有效直径约为 10 μm（7.5～14）。隐孢子虫卵囊较小，有效直径在 5 μm 左右（3～7）。两者的比重均在 1.05～1.1 之间。

27.5.1　负荷

一般来说，水体中贾第鞭毛虫数量的增加主要与污水排放有关，而隐孢子虫与非点源污染排放更为密切（LeChevallier 等，1991）。然而，这两种寄生原生动物均与点源和非点源污染排放有关。

Sykora 等人（1991）研究发现未经处理的污水中贾第鞭毛虫的年平均浓度约为 1 500 个包囊 · L^{-1}（约为 650～3 000 个包囊 · L^{-1}）。他们的研究数据也显示了贾第鞭毛虫浓度的显著季节性波动：从 10 月到 1 月份的浓度值（约 2 500 个包囊 · L^{-1}）比其他月份（约 1 000 个包囊 · L^{-1}）要高。对于污水的二级处理工艺，他们认为活性污泥法（90%～100% 去除率）优于生物滴滤池（40%～60% 去除率）。Gassmann 和 Schwartzbrod（1991）研究发现污水中贾第鞭毛虫浓度范围为 800～14 000 个包囊 · L^{-1}；同样在冬季和早春几个月份浓度相对较高。

Rose（1988）研究表明，美国西部未经处理的污水和处理后的污水中隐孢子虫平均浓度分别为 28.4 个卵囊 · L^{-1} 和 17 个卵囊 · L^{-1}。高浓度值来自美国亚利桑那州，在该州的未经处理和处理后污水中隐孢子虫浓度分别为 1 732 个卵囊 · L^{-1} 和 489 个卵囊 · L^{-1}。Madore 等人（1987）研究发现，未经处理的污水和污水处理厂出水中隐孢子虫平均浓度更高，分别为 5 180 个卵囊 · L^{-1}（850～13 700）和 1 063 个卵囊 · L^{-1}（4～3 960）。

Hansen 和 Ongerth（1991）研究了华盛顿不受污水排放影响的两个流域。如表 27-4 所示，研究发现隐孢子虫输出系数在受保护流域的雪松河和不受保护流域的斯诺夸尔米河之间有很大差异。此外，在斯诺夸尔米河流域，隐孢子虫输出系数随土地利用和季节的影响发生显著变化。

表 27-4　隐孢子虫输出系数（Hansen 和 Ongerth，1991）

流域	土地利用类型	汇水面积 （ha）	输出系数 （卵囊个数 · ha^{-1} · d^{-1}）
雪松（Cedar）河流域	受保护的多山林地	31 077	7.72×10^3
斯诺夸尔米（Snoqualmie）河流域（上游）	未受保护的多山林地；存在大量娱乐设施的用地	97 115	1.04×10^5
斯诺夸尔米（Snoqualmie）河流域（下游）	未受保护的牧场	59 046	$1.20 \times 10^{6*}$ $5.41 \times 10^{6**}$

* 整个研究期间
** 径流量大的时间段

27.5.2 天然水体中的浓度

LeChevallier 等人(1991)针对美国和加拿大的地表水源净水厂,检测了进厂原水中的贾第鞭毛虫浓度。85 个样本中有 69 个检出贾第鞭毛虫,其平均浓度为 2.77 个包囊·L^{-1};浓度范围在 0.04 到 66 个包囊·L^{-1} 之间不等。若将检出下限定为 0.04,则贾第鞭毛虫的平均浓度将降低至约 1 个包囊·L^{-1}。这与 Rose 针对美国西部河流和湖泊的研究结果基本一致。他的研究结论为贾第鞭毛虫平均浓度约 0.9 个包囊·L^{-1}。

LeChevallier 等人(1991)报道了关于隐孢子虫浓度的研究结果。研究表明,85 个样本中有 74 个检出隐孢子虫,其平均浓度为 2.7 个包囊·L^{-1}(0.07~484)。若将检出下限定为 0.07,则平均浓度降低至约 1.7 个包囊·L^{-1}。上述结果符合其他研究者给出的隐孢子虫浓度范围,即 0.002~112 个包囊·L^{-1}。

综上,隐孢子虫和贾第鞭毛虫的环境浓度都在 1 个包囊·L^{-1} 或 1 个卵囊·L^{-1} 的数量级,从未受污染水体的 0.05 个·L^{-1} 到受污染水体的 100 个·L^{-1}。总体而言,隐孢子虫的浓度水平相对更高。LeChavallier 指出,隐孢子虫的浓度水平通常是贾第鞭毛虫的 1.5 倍。

需要指出的是贾第鞭毛虫包囊和隐孢子虫卵囊在一定环境条件下会丧失活性。因此,只有一部分包囊或卵囊保留感染性。通常,两种原生动物包囊或卵囊的活性随温度的升高而降低(Wickramanayake 等,1985;deRegnier,1989)。

27.5.3 饮用水处理和可接受风险水平

1989 年美国环境保护署规定贾第鞭毛虫病的可接受风险水平为 10^{-4},即每年每 10 000 人有一人感染。为了满足这一风险水平,饮用水中贾第鞭毛虫的年平均浓度不应超过 $7×10^{-6}$ 个包囊·L^{-1}。对于隐孢子虫而言,可接受的风险水平为年平均浓度不应超过 $3×10^{-5}$ 个卵囊·L^{-1}(Rose 等,1991;Regli 等,1991;LeChevallier 和 Norton,1995)。

图 27-3 总结了上述的所有浓度水平信息,并表明达到可接受风险水平需要对饮用水进行多级处理。目前的传统过滤技术对两种原生动物去除率可以达到 99%~

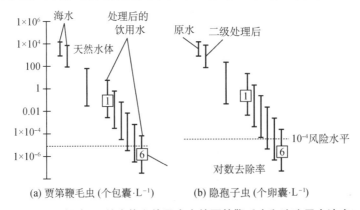

图 27-3 污水、天然水体和饮用水中的贾第鞭毛虫和隐孢子虫浓度

99.9％（以对数去除率表示为 2lg～3lg）。因此，若未经处理的饮用水受到污水和非点源径流污染的影响，则将需要进一步处理。由于氯可以有效杀灭贾第鞭毛虫，但无法有效杀灭隐孢子虫，这使得原水处理问题更加复杂。因此，为了降低原水处理成本，需要进行水质管理以改善原水质量。下文描述的水中原生动物模型对水环境管理具有指导作用。

27.5.4 贾第鞭毛虫和隐孢子虫模型

对于分层湖泊，可以建立贾第鞭毛虫和隐孢子虫的简单模型。在接下来的讨论中使用术语——包囊来代表贾第鞭毛虫包囊和隐孢子虫卵囊。在热分层的湖泊中，表层和底层的质量平衡方程可以写为：

$$V_e \frac{\mathrm{d}c_e}{\mathrm{d}t} = Qc_{\mathrm{in}} - Qc_e - v_{s,e}A_1c_e + E_t'(c_h - c_e) \tag{27-27}$$

$$V_h \frac{\mathrm{d}c_h}{\mathrm{d}t} = v_{s,e}A_1c_e - v_{s,h}A_1c_h + E_t'(c_e - c_h) \tag{27-28}$$

式中，下标 e 和 h 分别代表湖面变温层（表层）和湖底均温层（下层），0V 为体积（m^3），t 为时间（d），c 为浓度（个包囊·L^{-1}）；A_t 为分割上下两层水体的温跃层面积（m^2）；E_t' 为紊流作用的温跃层体积扩散系数（$\mathrm{m}^3 \cdot \mathrm{d}^{-1}$）。需要注意的是表层和下层的沉降速度并不相同。由于表层水温较高，相应黏度较低，因此沉降速率更快。

【例 27-3】 贾第鞭毛虫和隐孢子虫模拟

一饮用水原水水库的表层和下层容积分别为 $V_e = 3 \times 10^7 \ \mathrm{m}^3$ 和 $V_h = 1 \times 10^7 \ \mathrm{m}^3$。试模拟湖泊对下列季节变化参数的响应（表 27-5）。

表 27-5 季节变化参数

参数	不分层 （$t \leqslant 120$ d）	径流 （$120 < t \leqslant 120$ d）	分层 （$150 < t \leqslant 300$ d）	不分层 （$300 < t \leqslant 360$ d）
T_e	4	6	20	6
T_h	4	6	8	6
E_t'	∞	∞	1.2×10^4	∞
Q	3×10^5	15×10^5	3×10^5	3×10^5
$C_{v,in}$	10	50	10	10
$C_{n,in}$	10	50	10	10
$v_{s,e}$—隐孢子虫	0.08	0.08	0.12	0.08
$v_{s,h}$—隐孢子虫	0.08	0.08	0.08	0.08
$v_{s,e}$—贾第鞭毛虫	0.3	0.3	0.475	0.3
$v_{s,h}$—贾第鞭毛虫	0.3	0.3	0.3	0.3

注：沉降速率是基于斯托克斯定律计算得出的

【**求解**】 将式(27-27)和式(27-28)积分求解,得到如图 27-4 所示的贾第鞭毛虫和隐孢子虫浓度-时间曲线。总体来说,两种原生动物的浓度变化规律是相似的,即(1)在有降雨径流汇入湖泊时浓度较高,(2)在夏季湖泊分层期间,均温层的浓度更高。不同之处在于,隐孢子虫浓度比贾第鞭毛虫浓度相对更高。此外,春季降雨径流汇入对湖中隐孢子虫浓度的影响时间更长。以上两个结果都与隐孢子虫的沉降速率较慢有关。

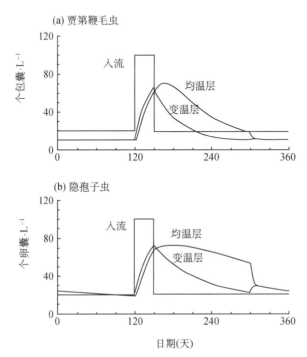

图 27-4　贾第鞭毛虫和隐孢子虫浓度-时间曲线

以上案例中包含了一些满足饮用水中原生动物浓度达标的潜在管理策略。首先,在水温分层期间建议从变温层水体取水,因为该层水温较高,相应水力交换速度和沉降速度会更快。第二,建议根据季节调整处理工艺,即在降雨期间和降雨事件后需要另外采取其他的水处理措施。

控制策略的制定也会受到其他饮用水处理需求的综合影响,例如需要同时考虑对消毒副产物(消毒过程中产生的三卤甲烷)、味道和气味的控制。在某些情况下,控制病原体的策略也适用于对其他上述问题的控制。然而,也可能存在与之前的建议截然相反的控制策略,例如,从湖泊的均温层取水以获得温度较低的水,以减少三卤甲烷的形成。

总之,病原性原生动物的控制与管理受到许多因素的影响。特别地,它们很难检测(尤其是与它们的活性有关),从原水到处理后出水的浓度范围跨越多个数量级。但是,目前已经收集到足够的数据资料,从而可以建立简单模型来估计天然水体中的浓度数量级。

习 题

27-1 某城市 10 万人产生的生活污水排放到河流中。已知总大肠菌群的人均排放速率为 1.5×10^{11} 个·人$^{-1}$·d^{-1}，人均污水排放速率为 0.5 m^3·人$^{-1}$·d^{-1}。污水和排放点上游的河水温度分别为 25 ℃和 15 ℃。假定污水和河水混合后，河水水温度保持恒定。已知最大光照强度为 650 cal·cm^{-2}·d^{-1}，光照周期为 13 小时；排放点上游的河流来水流量为 100 000 m^3·d^{-1}，且上游河水中大肠菌群和悬浮物浓度可以忽略不计（消光系数为 0.5 m^{-1}）。

(a) 假设瞬时完全混合，计算排放点处的温度。

(b) 在瞬时完全混合情况下，计算排放点处的大肠菌群浓度。

(c) 计算混合点下游的河水流速；已知河流宽度 20 m，水深 0.5 m。

(d) 计算混合点下游河段中的细菌基准死亡速率（k_{b1}）。

(e) 计算混合点下游河段中细菌的光照损失速率（k_{bi}）。

(f) 计算排放点下游 10 km 处的河滩处细菌浓度。

27-2 含有细菌的点源排入某连接河口的渠道中。该渠道的参数如下表所示：

	数值	单位
离散系数	10^6	m^2·d^{-1}
流量	5×10^4	m^3·d^{-1}
宽度	200	m
水深	2	m

已知河口环境温度为 27.5 ℃；日平均光强度为 200 cal·cm^{-2}·d^{-1}，消光系数为 0.2 m^{-1}。渠道的水量中有 50%是海水。若不考虑细菌的沉降作用：

(a) 求细菌的死亡速率。

(b) 稳态条件下，如果连接河口渠道的允许细菌浓度为 1 000 个·mL^{-1}，求允许排入的细菌负荷量，用个·d^{-1} 表示。假设在渠道中发生横向和垂直方向的完全混合。

27-3 某湖泊的水力停留时间为 2 个月（入流＝出流），水深 7 m，面积 5×10^5 m^2。水表面的平均辐射强度为 200 ly·d^{-1}，温度为 22 ℃。湖泊中悬浮物浓度 SS 为 2 mg·L^{-1}，沉降速率为 0.3 m·d^{-1}，消光系数为 0.4 m^{-1}。细菌在颗粒物上的分配系数为 0.005 m^3·g^{-1}。若湖泊中总细菌浓度不能超过 1 000 个·100 mL^{-1}，试确定允许入湖的细菌负荷量。

27-4 针对习题 27.3 中给出的湖泊，若维持沉积物中细菌浓度为 10 万个·100 mL^{-1}，确定排放入湖的细菌负荷量。假设沉积物厚度为 10 cm，再悬浮和沉积作用忽略不计。光照对沉积物中细菌的影响也忽略不计。

27-5 利用 27.5 节中的给出的直径和密度数据，基于斯托克斯定律计算贾第鞭毛虫和隐孢子虫的平均沉降速度和沉降速度范围。淡水的密度和黏度按照 20 ℃水温时的数据计算。

27-6 （a）含贾第鞭毛虫的污水排入某小型湖泊中。已知该湖泊的水力参数为：水力停留时间为 1 个月，体积为 10×10^6 m^3，平均深度为 2 米。若仅考虑水力交换和沉降作用（$v_s = 0.4$ $m \cdot d^{-1}$），且湖中的贾第鞭毛虫浓度标准为 0.1 个包囊 $\cdot L^{-1}$，试计算贾第鞭毛虫的允许入湖负荷，以允许的入流贾第鞭毛虫浓度表示。

（b）若饮用水的贾第鞭毛虫可接受风险水平为 10^{-4}，试计算湖水的处理程度（以对数去除率表示）。

第五部分　富营养化和温度

前文介绍了有机物分解过程,现在我们来讨论水环境中生长-死亡循环的完整过程。富营养化问题将是以下几个讲座的重点。此外,我们还会学习热量平衡模型的基本知识,这对于热分层系统是非常重要的。

第 28 讲将介绍富营养化问题,以及促进天然水体中植物生长的一些营养物质。第 29 讲将介绍总磷负荷概念以及在此基础上发展的简单湖泊富营养化模型。

考虑到热分层对富营养化具有显著影响,随后两讲将介绍温度模型。第 30 讲将描述热量如何随着大气—水交互作用进入和离开水体。之后,第 31 讲将阐述如何对热量收支和热分层进行模拟。

接下来将探究营养物和有机生物体之间的相互作用。第 32 讲介绍了微生物生长动力学模型。该部分内容涉及藻类以及其他有机体如细菌等。然后将微生物生长模型应用于藻类生长模拟(第 33 讲),其中重点介绍了光合作用中的光照效应。第 34 讲介绍了存在于有机体之间的捕食者-被捕食者相互作用。

最后构建了一个总的营养物-食物链模型框架,并将其应用于湖泊(第 35 讲)和溪流(第 36 讲)模拟。第 36 讲中还介绍了如何使用 QUAL2E 模型来同时模拟热平衡和溪流富营养化。

第 28 讲

富营养化问题和营养物

简介: 本讲介绍了富营养化问题的背景信息。在概述水体富营养化表现形式的基础上,讨论了促进富营养化的主要营养物质。还介绍了植物的化学计量关系和氮磷比。

人们每年都要给草坪和花园进行多次施肥,从而促进绿草和新鲜蔬菜的生长。类似地,在天然水体中投加营养物质也会促进植物的生长。营养物质少量添加时对水体是有益的。例如,由于密歇根湖流域的人口较多,它相比苏必利尔湖受纳了更多的营养物质。因此,密歇根湖中植物生长更为繁茂,从而最终促进了更多的鱼类繁殖。

然而,生活中的大多数事情都遵循"物极必反"的规律,水体中的营养盐也是如此。当湖泊、溪流、河口等水体中营养物质过度输入(过度施肥)时,就会导致植物过度生长,并引起严重的水质问题。

"过度施肥"现象通常被称为富营养化。这个专业术语最初是用来描述从湖泊到沼泽再到草地的自然衰亡过程。这一自然过程通常需要历经数千年的时间。然而,由于人类活动的过量营养物质输入,这一过程会被大大加快。这一加速过程有时被称为人为富营养化。

水体通常可按照其营养状态进行分类,包括:

- 贫营养(营养不良)
- 中营养(中等营养)
- 富营养(营养良好)
- 重度富营养(营养过剩)

虽然这些术语最初是针对湖泊发展而来的,并且最常用于湖泊,但它们也适用于溪流和河口。

28.1 富营养化问题

一般来说,富营养化会对水体产生许多不利影响。这些影响包括:

- 浮游植物过度生长。浮游植物的过度生长会降低水体透明度;其中一些物种还会形成难看的浮渣。另外,某些浮游植物会堵塞自来水厂的滤池,而根系植物的过度生长会堵塞水道,从而妨碍航行和娱乐活动。

 · 对水体化学特性造成影响。植物生长和呼吸作用会直接影响水体的化学特性。最为显著的是,植物生长活动直接影响溶解氧和二氧化碳浓度水平。溶解氧对鱼类等水生生物的生存具有潜在影响,特别是死亡植物的分解会造成热分层系统的底部水体溶解氧消耗殆尽。二氧化碳浓度变化会影响水体 pH 值。

 · 对水生生态造成影响。富营养化影响生态系统的物种组成。由于富营养化导致的生产力加快,原生的自然生物群落可能会被过度生长的水生植物取代。某些藻类物种的腐烂降解会引起饮用水中出现异臭味问题。另外,某些蓝绿藻会产生毒素,对水生生物和人体健康造成危害。随着水体富营养化程度的增加,这些问题越来越突出。

现在我们对富营养化导致的各类问题已经有了认识,接下来我们来探究富营养化产生的机理。首先,将介绍合成植物体内生物质的原料——无机营养物质。

28.2 营养物

无机营养物质为水生系统有机体的生存提供了必备元素。一些元素是细胞生长大量需要的,因此被称为常量营养元素。这些元素包括碳、氧、氮、磷、硫、硅和铁。植物生长需要量较少的被称为微量元素,如锰、铜和锌;这些元素也是维持生命活动不可或缺的。水质模型模型关注四种常量元素:磷、氮、碳和硅。

28.2.1 磷

磷是所有生命的必需元素。在诸多功能之中,值得强调的是它在遗传系统的信息表达、细胞能量的贮存和转化方面扮演着关键作用。

磷在水环境中也很重要,因为与其他常量元素相比,磷通常供不应求。磷的稀缺主要与三个因素有关:

(1) 磷在地壳中含量较少,并且磷酸盐矿物很难溶于水。

(2) 磷不以气体的形式存在。因此与碳和氮相比,大气中不存在磷的来源。

(3) 磷很容易被吸附在细颗粒物上。细颗粒物及其有机颗粒物的沉降过程中携带磷,将其从水中转移到底部沉积物中。此外,从上覆水扩散进入孔隙水中的磷,也很容易被沉积物捕获。

虽然自然界中磷是稀缺资源,但许多人类活动将磷排入天然水体。人类和动物的排泄物中都含有大量的磷。一段时期以来,含磷洗涤剂的使用加剧了人类活动的磷排放。此外,来自农田和城市地表径流的非点源排放也会导致水体中的磷过量。非点源或分散源中的磷含量较高在一定程度上与人们开发利用土地过程中对化肥和其他含磷化学品的使用有关。另外,土地开发利用造成了土壤的侵蚀,进一步增强了磷向水体的输移。

天然水体中磷的划分有几种不同的方式。其中的一种划分方法与常规的磷测量方法和建模层面的需求有关,如图 28-1 所示。

 · 溶解性活性磷。溶解性活性磷也被称为正磷酸盐或溶解性无机磷,是植物可以吸收利用的磷形态,包括 $H_2PO_4^-$, HPO_4^{2-} 和 PO_4^{3-} 。

　　•颗粒态有机磷。这种磷形态主要存在于存活的植物、动物、细菌以及有机腐殖质中。

　　•非颗粒态有机磷。这种磷形态是指包含磷的溶解性和胶体有机化合物,其主要来源是颗粒态有机磷的分解。

　　•颗粒态无机磷。这种类型包括富含磷酸盐的矿物(如磷灰石)、吸附性正磷酸盐(如吸附在黏土上的磷)以及磷酸盐和固体物质(如碳酸钙沉淀物、氢氧化铁)的络合物。

　　•非颗粒态无机磷。这种磷形态包括缩合磷酸盐,如洗涤剂中的磷。

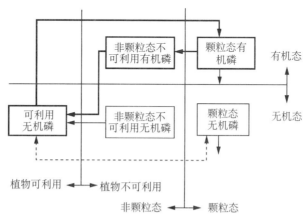

图 28-1　天然水体中磷的各种形态

加粗方框表示生产/分解的主要方式

　　不同形态磷有各自的测定方法。溶解性活性磷的测量是在水样中加入钼酸铵,与磷酸盐作用后形成带颜色的络合物。有机磷的测定须先进行水解,即在加热和强酸条件下将有机磷消解转化为正磷酸盐。另外,过滤可用于分离颗粒态磷和非颗粒态磷。最后,若将测定溶解性活性磷的方法应用于消解后的未过滤水样,则可以测定样品中总磷浓度。正如本讲和后续讲座将要讲述的内容,总磷的测定已被广泛应用于富营养化的定量表征。

　　如上所述,图 28-1 中各种磷形态的划分是基于目前的测量方法和建模需求。图中对颗粒态磷和非颗粒态磷进行了区分,其中前者可以通过沉降选择性地去除。图中还区分了可利用磷和其他形态磷,因为前者是唯一可以被植物直接吸收利用的磷形态。必须知道的是,其他形态磷并非绝对不能利用。它们首先需要转化为溶解活性磷酸盐,然后才能被植物吸收利用。

　　还需要指出的是,图 28-1 并不是磷形态划分的最终结果。事实上从严格的科学依据层面考虑,每种形态磷都可以被进一步细分。但是从水质建模的角度来考量,某些形态磷被合并,而其他形态磷被划分为更加精细的成分。例如,通常不需要区分对无机和有机不可利用磷形态。也就是说,它们被归为不可利用的颗粒态磷和不可利用的非颗粒态磷。从精细划分的角度,一个例子是我们通常需要区分颗粒态的活性有机磷和非活性有机磷。换句话说,浮游植物、浮游动物等生物种群需要分别进行模拟。在这种情况下,上述生物种群中的磷含量通常需要从颗粒态磷中扣除。在后续的水质模型建模章节中,将会再次探讨这个话题。

28.2.2　氮

第23讲中已经介绍了氮循环。氮的主要存在形态包括:

· 自由氮(N_2)

· 铵(NH_4^+)/氨氮(NH_3)

· 亚硝酸盐(NO_2^-)/硝酸盐(NO_3^-)

· 有机氮

如图28-2所示,有机氮可以进一步分解为颗粒态和溶解态组分。

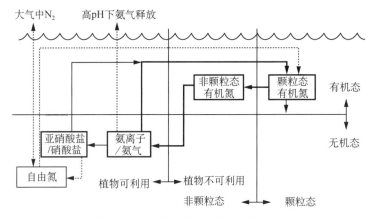

图 28-2　天然水体中氮的各种形态

加粗方框表示生产/分解循环的主要方式

影响氮循环的主要过程包括:

· 氨氮和硝酸盐的吸收。这一过程包括了浮游植物对无机氮的吸收。虽然浮游植物同时吸收利用氨氮和硝态氮,但有研究证明其对氨氮的偏好程度更高(Harvey,1955;Walsh 和 Dugdale,1972;Bates,1976)。

· 氨化。氨化是有机氮转化为氨氮的过程。这是一个复杂的转化过程,涉及细菌分解、浮游动物排泄、细胞死亡后自溶等多种机制。

· 硝化。硝化是指将氨氮氧化为亚硝酸盐以及将亚硝酸盐氧化为硝酸盐的过程,这一过程是借助于特定的好氧细菌菌组完成的。该过程需要好氧条件,且通常表现为经典的一级反应。亚硝酸盐转化为硝酸盐的速度相对较快,因此在某些营养物/食物链模型中使用一个函数方程来同时包含硝酸盐和亚硝酸盐。对于此类情形,硝化过程采用氨氮氧化为硝酸盐的动力学方程表征。

· 反硝化。厌氧条件下,例如在一些湖泊的沉积物和缺氧均温层中,硝酸盐可作为特定细菌的电子受体,形成中间体亚硝酸盐,然后最终还原成为氮气。

· 固氮。自然界中有许多固氮微生物。从食物链模型的角度,一个重要的藻类群落是具有异形囊胞的蓝绿藻。对于磷含量高的湖泊,浮游植物的生长使得氮浓度降低,从而导致浮游藻类生长表现为氮限制。蓝绿藻具有固定空气中自由氮的能力,当氮短缺时它们就处于有利的竞争地位。蓝绿藻一旦成为优势种群,就会对水体水质产生潜在影响。许多蓝绿藻物种具有不利的影响,例如会在水面形成漂浮的浮渣。

尽管氮和磷都是生命中必不可少的要素,但氮与磷相比有三个不同之处:

(1) 氮具有气态形式。某些特定的蓝绿藻具有固定自由氮的功能。因此当其他形式的氮缺乏时,这些蓝绿藻就会处于有利的竞争地位。现实中的一种情形是污水经过进一步的脱氮处理后排放水体,此时水体中的蓝绿藻会成为优势藻类。

(2) 相对于磷而言,无机氮不容易被固态颗粒物吸附。尽管颗粒态氮会通过沉降作用进入沉积物中,但也很容易重新释放到水体中。此外,无机氮(特别是硝酸盐)在地下水中的存在更为广泛。

(3) 相对于磷而言,反硝化是氮特有的作用机制。由于反硝化作用只在氧气不足的条件下发生,该作用对许多地表水体而言并不重要。然而,在一些生产力高的水体中,底部缺氧沉积物中会发生反硝化反应,从而会导致氮的供应不足。

如同磷一样,氮向天然水体的排放也与人类活动密切相关。人类和动物的排泄物中都含有大量的氮。此外,农田和城市地表的非点源径流也会向水体贡献过量的氮。如上所述,硝酸盐等形式的无机氮在颗粒物上的吸附性不强,因此它们也很容易随着地下水的流动交换而进入地表水体。

以上介绍的知识内容支持这样一个结论,即磷是淡水水体中富营养化的主要限制性营养物质。然而,河口往往表现为氮限制的特点。

28.2.3　碳

水质模型中碳的作用有三点:

(1) 浮游植物生长的限制性营养物质。如同磷和氮一样,碳也是一种营养物质。然而,尽管一些模型中(Chen, 1970;Chen 和 Orlob, 1975)将碳作为浮游植物生长的限制性因素,但大多数情况下模型开发者假设碳不是限制性因素。一些有关藻类生长的碳限制研究认为,不同藻类光合作用所需的碳形态各有不同(Goldman 等,1974;King 和 Novak, 1974)。也有研究表明,绿藻和蓝绿藻具有利用不同形式无机碳的能力,能够在部分程度上解释富营养化的天然水体中从绿藻向蓝绿藻的演替(King,1972;Shapiro, 1973)。上述研究及其他一些研究进展(见 Goldman 等人(1974)的文献)表明,碳可能也是一些特定水体中初级生产量的重要限制因素之一。

(2) 生物量表征。碳通常在有机化合物中占据很大的质量比例,因此它可以作为生物量的表征。

(3) 污染物表征。最后,碳可以作为富营养化之外的其他污染问题重要表征指标。首先,正如第四部分中详细阐述的,有机碳降解会导致水中溶解氧浓度降低。其次,研究发现许多毒性物质会优先与有机物结合。因此水环境中毒性物质的动力学过程与有机碳的生成、输移和转化密切相关。最后,天然生成的有机碳本身也可以转化成一种有毒物质。例如,氯可与有机化合物结合生成有毒的三卤甲烷。

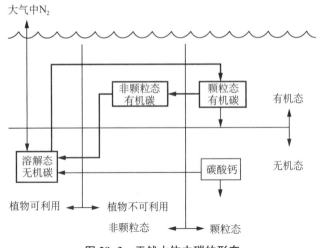

图 28-3 天然水体中碳的形态

加粗方框表示分解-循环的主要方式

图 28-3 表征了天然水体中的碳循环。需要注意的是,溶解态无机碳实际上包括了几种物质组分:二氧化碳(CO_2)、碳酸氢盐(HCO_3^-)和碳酸盐(CO_3^-)。

28.2.4 硅

尽管硅可能被认为是一种次要的营养物,但它在浮游植物动力学中具有重要作用,原因是硅是一种重要的浮游植物群落—硅藻中细胞的主要构成元素。硅藻利用溶解性活性硅[主要是 $Si(OH)_4$],在其细胞周围形成藻壳或"玻璃壁"。藻壳中的硅不能够被其他硅藻利用,因此周围环境中的可利用硅浓度可以降到很低从而限制了硅藻的进一步生长。

迄今为止的大多数模型中,都不将硅作为模拟元素。在考虑硅的模型中,硅通常被视为一个单一组分如溶解态无机硅(Lehman 等,1975),或者划分为两个组分,例如可利用的硅和不可利用的硅(Scavia,1980)。

28.3 植物化学计量学

除了营养物质外,富营养化过程的另一个关键部分是食物链。如第 19 讲中的图 19-1 所示,生产者和消费者之间的物质交换形成一个循环。也就是说,生产过程将无机物转化为有机物,而分解过程是一个将有机物转化为无机物的逆向过程。

这一物质循环过程的一个重要因素是有机质的化学计量组成。虽然不同植物的物质组成各不相同,但其干重[①]组分可通过下面的光合-呼吸作用表达式予以理想化表征(Stumm 和 Morgan,1981)[②]:

[①] 干重是指有机质脱水后的质量。

[②] 该公式适用于氨氮作为无机氮来源的情形。对于硝酸盐作为无机氮来源的情形,上述反应式修正为:

$$106CO_2 + 16NO_3^- + HPO_4^{2-} + 122H_2O + 18H^+ \rightleftharpoons C_{106}H_{263}O_{110}N_{16}P_1 + 138O_2$$

$$106CO_2 + 16NH_4^+ + HPO_4^{2-} + 108H_2O \Longleftrightarrow C_{106}H_{263}O_{110}N_{16}P_1 + 107O_2 + 14H^+$$
$$\text{"藻类"} \tag{28-1}$$

基于该公式可确定碳、氮、磷的质量比：

$$
\begin{array}{ccc}
碳 & ： \quad 氮 & ： \quad 磷 \\
106 \times 12 & ： \quad 16 \times 14 & ： \quad 1 \times 31 \\
1\,272 & ： \quad 224 & ： \quad 31
\end{array} \tag{28-2}
$$

通常干重计量的植物原生质中，磷的质量比例约为 1%。因此以磷的质量为基准，干重计量的碳、氮、磷质量百分比为：

$$
\begin{array}{ccc}
碳 & ： \quad 氮 & ： \quad 磷 \\
40\% & ： \quad 7.2\% & ： \quad 1\%
\end{array} \tag{28-3}
$$

根据该比例关系式，1 g 干重有机质中约含有 10 mg 磷、72 mg 氮、400 mg 碳。最后需要指出的是干重生物质的密度约为 $1.27\ \text{g} \cdot \text{cm}^{-3}$，以及湿重生物质中约含 90% 水分。图 28-4 总结了细胞化学计量学的基本信息。其他信息尤其是有关生物质组成的数据变化可参考 Bowie 等(1985)的文献。

虽然上述信息提供了一种将生物质分解为单独组分的方法，但是还需要获取更多的信息，原因在于浮游植物的含量经常以其他质量单位而不是干重的形式表示。若以有机碳表示浮游植物含量的情形，那么上述化学计量关系可以直接利用。更为普遍的情况是将浮游植物的含量以叶绿素 a 表示。通常叶绿素与碳的比值范围在 $10 \sim 50\ \mu g\ \text{Chl}a \cdot \text{mgC}^{-1}$ 之间变化。较低的比值通常对应于光照充分的水体例如贫营养系统。此类系统由于太阳辐射强度高，对浮游植物中叶绿素需求量相对较低。相比之下，对于较少光照的水体例如富营养化和浑浊系统，水中浮游植物的叶绿素含量会相对较高。

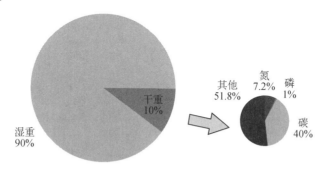

图 28-4　构成平均浮游植物生物量的营养物质和水分百分比饼图

【例 28-1】　浮游植物的化学计量关系

假设某湖泊体积为 $1 \times 10^6\ \text{m}^3$，以及浮游植物浓度为 $10\ \mu g \cdot \text{L}^{-1}$（以叶绿素 a 表示）。如果浮游植物中碳和叶绿素的质量比为 $25\ \mu g\ \text{Chl}a \cdot \text{mgC}^{-1}$，并且所有其他的化学计量参数遵循图 28-4，回答以下问题：(a)重新计算以有机碳计量的浮游植物浓度。(b)如果浮游植物的分解速率为 $0.1\ \text{d}^{-1}$，那么溶解氧的消耗速率是多少？以 $\text{g} \cdot \text{m}^{-3} \cdot$

d^{-1} 表示。(c)氮和磷的释放速率是多少？以 $g \cdot d^{-1}$ 表示。

【求解】

（a）计算出有机碳计量的浮游植物浓度为：

$$10 \frac{mgChla}{m^3}\left(\frac{gC}{25\ mgChla}\right) = 0.40\ gC \cdot m^{-3}$$

（b）如式(19-18)所示，每克有机碳分解需要消耗 2.67 g 氧气。因此浮游植物分解的溶解氧消耗量为：

$$r_{oc}k_dc = 2.67\ \frac{gO}{gC}\left(\frac{0.1}{d}\right)0.40\ \frac{gC}{m^3} = 0.106\ 8\ gO \cdot m^{-3} \cdot d^{-1}$$

（c）计算得出磷的释放速率为：

$$a_{pa}k_dVa = 1\ \frac{mgP}{mgChla}\left(\frac{0.1}{d}\right)1 \times 10^6\ m^3\left(10\ \frac{mgChla}{m^3}\right)\left(\frac{1\ gP}{1\ 000\ mgP}\right) = 1\ 000\ gP \cdot d^{-1}$$

以及氮与叶绿素的质量比为：

$$a_{na} = 1\ \frac{mgP}{mgChla}\left(7.2\ \frac{mgN}{mgP}\right) = 7.2\ \frac{mgN}{mgChla}$$

由此可计算出氮的释放速率为：

$$a_{na}k_dVa = 7.2\ \frac{mgN}{mgChla}\left(\frac{0.1}{d}\right)1 \times 10^6\ m\left(10\ \frac{mgChla}{m^3}\right)\left(\frac{1\ gN}{1\ 000\ mgN}\right) = 7\ 200\ gN \cdot d^{-1}$$

硅藻不同于其他类型的浮游植物，其特点在于生物质的硅含量占据了很大比例。根据藻壳结构的不同，藻类干重中硅的含量可达 20%～50%。对于干重生物质的其他组分，其相对质量比例通常参照式(28-3)。图 28-5 显示了当硅藻干重中硅的含量升高时，其他营养物质的质量百分比相应降低。

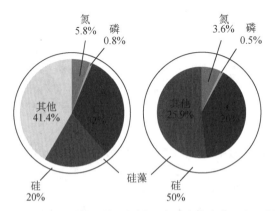

图 28-5　不同硅含量的硅藻"玻璃"细胞壁或藻壳中，以干重计量的营养物质质量百分比饼图

28.4 氮和磷

作为主要的控制营养物,氮和磷一直是控制水体富营养化的焦点所在。

28.4.1 氮和磷的来源

氮和磷的点源形式排放参数如表 28-1 所示。一般来说,含磷洗涤剂的使用对水中磷含量具有重要影响。

表 28-1 美国未经过处理的生活污水中氮和磷含量

营养物质	浓度(mg·L^{-1})	人均污染负荷(g·人$^{-1}$·d^{-1})*
氮	40(20~85)	23
有机氮	15(8~35)	8.5
游离氨	25(12~50)	14.2
磷(含有洗涤剂)	8(4~15)	4.5
有机磷	3(1~5)	1.7
无机磷	5(3~10)	2.8
磷(不含洗涤剂)	4	2.3

括号内的数值代表范围(数据来源:Metcalf 和 Eddy,1991;Thomann 和 Mueller,1987)
* 基于人均污水排放量 0.57 m^3·人$^{-1}$·d^{-1}(即 150 加仑·人$^{-1}$·d^{-1})进行计算

一些典型的氮磷非点源排放形式如表 28-2 所示。值得注意的是,城市和农业用地类型会在很大程度上增加从陆地向水体中的氮磷输送。

表 28-2 美国各种类型非点源的氮磷输出速率(kg·ha^{-1}·yr^{-1})

营养物	森林	农业	城市	大气沉降
氮	3(1.3~10.2)	5(0.5~50)	5(1~20)	24
磷	0.4(0.01~0.9)	0.5(0.1~5)	1(0.1~10)	1(0.05~5)

(括号内的数值代表范围)

28.4.2 氮磷比

我们已经得知在浮游植物的生长过程中,从水体中吸收的无机营养物质与化学计量关系成比例。在水体富营养化管理中,判断哪几种营养物最终决定了水体浮游植物的生长水平是非常重要的。确定这些"限制性营养元素"的第一步是将水体中营养物质浓度水平与细胞化学计量关系进行比较。

通常我们是针对氮和磷进行分析。评估限制性营养物的一个粗略性拇指法则是基于水中的氮磷浓度比值。前面讲过浮游植物生物质中氮磷比大约为 7.2。因此当水体中的氮磷比小于 7.2 时,认为浮游植物生长受氮的限制。反之,若氮磷比大于 7.2,则表示浮游植物生长受磷的限制。这个比值背后的基本原理是通过下面的例题中推导得出的。

【例 28-2】 氮磷比

假定某间歇式反应器中的藻类初始浓度为 $1\ \mu g\ \text{Chl}a \cdot \text{L}^{-1}$。若植物生长符合一级反应动力学 ($k_g = 1\ \text{d}^{-1}$),在不同的营养物初始浓度水平 (a) $n_0 = 100\ \mu g\text{N} \cdot \text{L}^{-1}$, $p_0 = 10\ \mu g\text{P} \cdot \text{L}^{-1}$ 和 (b) $n_0 = 72\ \mu g\text{N} \cdot \text{L}^{-1}$,$p_0 = 36\ \mu g\text{P} \cdot \text{L}^{-1}$ 时,分别计算浮游植物和营养物浓度的变化情况。

【求解】 藻类、氮、磷的质量平衡关系可以表示为

$$\frac{\mathrm{d}a}{\mathrm{d}t} = k_g a \qquad \frac{\mathrm{d}p}{\mathrm{d}t} = -a_{pa} k_g a \qquad \frac{\mathrm{d}n}{\mathrm{d}t} = -a_{na} k_g a$$

上述方程的解析解为

$$a = a_0 \mathrm{e}^{kgt} \qquad p = p_0 - a_{pa} a_0 (\mathrm{e}^{kgt} - 1) \qquad n = n_0 - a_{na} a_0 (\mathrm{e}^{kgt} - 1)$$

(a) 第一种情况的解析解如图 28-6(a) 所示。由于磷的供应相对较少(N∶P =10>7.2),在大约 $t = 2.5\ \text{d}$ 时磷被耗尽。此时藻类不能正常生长,而过量的氮将保留在水中。

(b) 第二种情况的结果如图 28-6(b) 所示。此时氮的供应相对较少(N∶P= 2<7.2),因此这种情况下氮先耗尽。同样地,此时藻类不能再正常生长,而过量的磷将保留在水中。

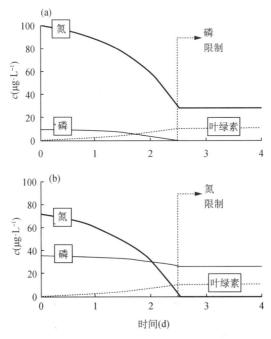

图 28-6 间歇式反应器中初始氮磷比对藻类生长的影响

(a)磷限制(初始氮磷比为 10);(b)氮限制(初始氮磷比为 2)

如表 28-3 所示,污水中一般磷含量较高。因此,污水排放占主导的水体中通常表现为氮限制。类似地,河口中往往也是氮较为缺乏,因此通常表现为氮限制。相比之下,在污水厂除磷后尾水排入和非点源输入的系统中,通常符合磷限制的特点。

虽然表 28-3 给出了一般情形,但针对不同的天然水体必须具体问题具体分析。因此需要构建数学模型来模拟富营养化过程。

表 28-3　点源、非点源和海水中的氮磷比

污染类型	TN/TP*	IN/IP**	限制性营养物
未经处理的污水	4	3.6	氮
活性污泥	3.4	4.4	氮
污水硝化处理后的活性污泥	3.7	4.4	氮
污水除磷后的活性污泥	27.0	22.0	磷
污水脱氮后的活性污泥	0.4	0.4	氮
污水脱氮除磷后的活性污泥	3.0	2.0	氮
非点源	28	25	磷
海水	—	2	氮

＊TN/TP＝总氮/总磷
＊＊IN/IP＝无机氮/无机磷
（数据来源:Thomann 和 Mueller,1987;Omernik,1977;Goldman 等,1973）

习　题

28-1　某污水处理稳定塘具备以下参数:
水力停留时间＝3 星期
水面面积＝1×10^5 m^2
平均水深＝2 m

该稳定塘入流的氮和磷浓度分别为 50 mg·L^{-1} 和 5 mg·L^{-1},由此导致稳定塘中浮游植物浓度为 200 mgChl$a$·m^{-3}。已知浮游植物的沉降速率为 0.5 m·d^{-1},以及氮的反硝化速率为 0.05 d^{-1},计算:

（a）稳定塘中达到稳定状态时的氮和磷浓度;

（b）基于氮和磷的比值,哪一种营养物质是浮游植物生长的限制性物质? 已知浮游植物中叶绿素和磷的比值为 1。

28-2　某河段（流速 $U = 1$ m·s^{-1}）具有均匀的净光合速率,其产率为 10 gO·m^{-2}·d^{-1}。该河段起始断面无机氮和无机磷的浓度分别为 20 mgN·L^{-1} 和 4 mgP·L^{-1}。如果植物生命活动是营养物源/汇的唯一重要来源,计算并绘制该河段氮磷比的沿程变化情况,直到某种营养物质耗尽。

28-3　某湖泊出现热分层现象后,水体中浮可利用的磷和氮（主要是硝酸盐）浓度分别为 10 μgP·L^{-1} 和 100 μgN·L^{-1}。若叶绿素与碳的比值为 25 μgChl·mgC^{-1},试计算:

(a) 以 $\mu g\,Chl\cdot L^{-1}$ 计量光合作用的潜在生物质产生量是多少?

(b) 以 $mgC\cdot L^{-1}$ 计量,光合作用的潜在碳产生量是多少?

(c) 以 $mg\,O\cdot L^{-1}$ 计量,光合作用产生的有机氮进行硝化作用所需消耗的溶解氧量为多少?

28-4 某 2 万人口的小镇向河流排放未经过处理的污水。已知河流流量为 $1\,m^{3}\cdot s^{-1}$。在受纳原生污水之前,如果河流中磷和氮浓度分别为 $10\,\mu gN\cdot L^{-1}$ 和 $100\,\mu gP\cdot L^{-1}$,那么在污水和河水混合点处的氮磷比是多少?排放口上游和下游河段中的浮游植物生长限制性营养物质分别是什么?

磷 负 荷 概 念

> **简介:**本讲首先介绍了磷负荷关系图,可用来对湖泊富营养化的大致程度进行粗略估计。然后建立了一个简单的质量平衡模型框架,并据此探究了负荷图和质量平衡之间的相关性。接下来介绍了一些入湖负荷与湖内浓度的经验关系式,以预测叶绿素 a、均温层耗氧等富营养化症状。最后介绍了两个基于磷负荷方法的机理模型:一个是沉积物-水相耦合的总磷模拟模型;另一个是考虑各种磷形态的水体水质模型。

磷负荷概念的提出是基于这样一个假定——磷是湖泊和水库富营养化的主要限制性营养物。基于该假定,研究者们已经构建了湖泊富营养化预测的若干简单经验模型。最早和最经典的模型是由 Richard Vollenweider 建立的,因此通常被称为"Vollenweider 图"。

29.1 Vollenweider 负荷图

Vollenweider(1968)建立了第一个负荷图。该负荷是基于 Rawson(1955)的研究结论,即认为浅水湖泊比深水湖泊更容易发生富营养化。Vollenweider 收集了世界上北温带地区湖泊的总磷负荷 L_p(mgP·m^{-2}·yr^{-1})和平均水深 H(m)数据。根据这些数据他以 H 和 L_p 分别为横、纵坐标绘制对数坐标图(图 29-1)。然后他标记了每个湖泊的营养状况(贫营养、中营养、富营养),最后在图上划分出了不同营养状态湖泊的分界线。

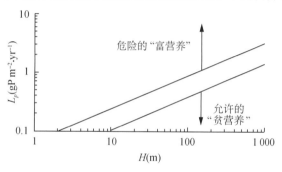

图 29-1 Vollenweider(1968)负荷图

如图 29-1 所示,该负荷图提供了一种简单易用的水质模拟和污染负荷分配估算模型。从模拟计算的角度,可通过入湖负荷和湖泊水深来预测水体的营养状态。从污染负荷分配估算的角度,对于特定平均水深的湖泊,可确定满足某一期望营养状态的允许入湖磷负荷量。

在随后的一篇论文中,Vollenweider(1975)在磷负荷模型中增加了第二个决定性因子。他发现除了水深外,水力停留时间也对富营养化造成影响。本质上来说,相比停留时间短(水力交换快)的水体,停留时间长的湖泊更容易产生富营养化。如同早期版本的功能(图 29-1),为了将这种因素考虑在模型中,他将横坐标变为平均深度和水力停留时间的比值,改进的负荷图既可用于水质模拟,也可用于允许入湖磷负荷的估算。

如图 29-2 所示,同样地在对数坐标图中标记湖泊的营养状态,并得到不同营养状态的分界线。然而,相比直线拟合,将数据点用曲线拟合效果更好。如同早期版本的功能(图 29-1),改进的负荷图既可用于水质模拟,也可用于允许入湖磷负荷的估算。

应该注意的是,平均深度和停留时间不是相互独立的两个要素。实际上,可以发现横坐标 H/τ_w 与水深无关:

$$\frac{H}{\tau_w} = \frac{HQ}{V} = \frac{HQ}{HA_s} = \frac{Q}{A_s} \equiv q_s \qquad (29\text{-}1)$$

式中,q_s 称为水量溢流率$(m \cdot yr^{-1})$。注意到在给水和污水处理中工程师们已经建立了反应池的沉淀效率与溢流速率(表面负荷率)之间的关系式(Reynolds,1982)。

此后,Vollenweider(1976)和 Larsen and Mercier(1976)各自对模型进行了的改进。改进后的负荷图是关于 L_p 与 $q_s(l+\sqrt{\tau_w})$ 的对数曲线图。同样地,使用了曲线形式的分界线对湖泊富营养化程度加以区分。

其他研究人员尤其是 Rast 和 Lee(1978)将 Vollenweider 的方法应用于更大的数据库系统,并将其拓展至营养状态的预测。在第 29.3 节中将介绍这些拓展内容。

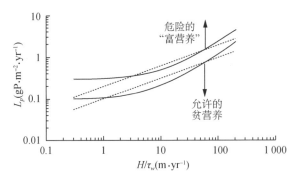

图 29-2　Vollenweider(1975)负荷图

29.2　收支模型

在构建磷负荷模型的早期,人们认识到简单的质量平衡模型可以实现与磷负荷图同样的预测效果。实际上,作为最早的模型开发者之一,Vollenweider(1969)提出了完全混合湖泊的磷质量平衡模型:

$$V \frac{\mathrm{d}p}{\mathrm{d}t} = W - Qp - k_s Vp \tag{29-2}$$

式中:V——体积(m^3);

　　p——总磷浓度($\mathrm{mg \cdot m^{-3}}$);

　　t——时间(yr);

　　W——总磷负荷速率($\mathrm{mg \cdot yr^{-1}}$);

　　Q——出流流量($\mathrm{m^3 \cdot yr^{-1}}$);

　　k_s——一级沉降速率($\mathrm{yr^{-1}}$)。

稳态情形时方程的解析解为:

$$p = \frac{W}{Q + k_s V} \tag{29-3}$$

根据磷的收支核算数据(即磷的入流、出流和系统内的浓度),磷的沉降速率可以表示为:

$$k_s = \frac{W - Qp}{Vp} = \frac{W}{Vp} - \frac{1}{\tau_w} \tag{29-4}$$

在此基础上,Vollenweider 认为磷的沉降速率可近似表示为:

$$k_s = \frac{10}{H} \tag{29-5}$$

Chapra(1975)提出由于磷的损失是颗粒态磷沉降造成的,因此磷的损失项可以表示为:

$$V \frac{\mathrm{d}p}{\mathrm{d}t} = W - Qp - vA_s p \tag{29-6}$$

式中 v 为表观沉降速率($\mathrm{m \cdot yr^{-1}}$)。当满足上述关系式时,稳定状态下式(29-6)的解析解为:

$$p = \frac{W}{Q + vA_s} \tag{29-7}$$

由此可以看出,Vollenweider 估计(即 $k_s = 10/H$)和表观沉降速率在原理上是等同的。实际上,当 $v = 10 \ \mathrm{m \cdot yr^{-1}}$ 时,相当于将式(29-5)代入式(29-6)和式(29-7)中计算。许多研究人员(例如 Chapra,1975;Dillon 和 Rigler,1975;Thomann 和 Mueller,1987)的数据分析表明,磷的沉降速率通常为 $5 \sim 20 \ \mathrm{m \cdot yr^{-1}}$。但是,也有研究认为磷的沉降速率范围从小于 $1 \ \mathrm{m \cdot yr^{-1}}$ 到超过 $200 \ \mathrm{m \cdot yr^{-1}}$。

将式(29-7)的分子和分母同时除以表面积,可将磷负荷图和质量平衡模型之间建立起联系(Chapra 和 Tarapchak,1976):

$$p = \frac{L}{q_s + v} \tag{29-8}$$

$$L = p(q_s + v) \tag{29-9}$$

将公式(29-9)两边取对数,可以得到:

$$\lg L = \lg p + \lg(q_s + v) \tag{29-10}$$

假设在磷限制的系统中,水体的营养状态与磷浓度有关。Vollenweider 和其他研究者认为,中营养型水体中的总磷浓度通常为 $10 \sim 20 \ \mu gP \cdot L^{-1}$(表 29-1 示)。如果这一点成立,那么可以基于式(29-10)作出 L_p 和 q_s 的对数曲线图。如图 29-3 所示,负荷图展示的结果与 Vollenweider(1975)模型的结果非常相似。

表 29-1   基于总磷浓度和其他富营养化表征变量的湖泊营养状态分级

变量	贫营养	中营养	富营养
总磷($\mu gP \cdot L^{-1}$)	<10	$10 \sim 20$	>20
叶绿素 a ($\mu gChla \cdot L^{-1}$)	<4	$4 \sim 10$	>10
透明度(m)	>4	$2 \sim 4$	<2
均温层溶解氧 (%饱和度)	>80	$10 \sim 80$	<10

除了与负荷图之间建立联系外,总磷收支模型还可用于揭示负荷图背后的机理。观察式(29-10)可以发现,该公式中有两条渐近线。对于水力交换作用微弱的情形(q_s 较小),式(29-10)趋近于:

$$\lg L = \lg p + \lg v = 常数 \tag{29-11}$$

因此,水体中磷的净化基本上依赖于沉降作用,相应图 29-3 中曲线的左侧部分趋近于水平线。反之,对于水力交换作用强的情形(q_s 较大),式(29-10)趋近于:

$$\lg L = \lg p + \lg q_s \tag{29-12}$$

此时水体中磷的净化基本上取决于水力交换,相应图 29-3 中的曲线趋近于斜率为 1 的直线。

除了负荷图(Vollenweider(1975))外,Wollenweider(1976)还基于上述理论成果开发了新的模型。该模型表达如下:

$$p = \frac{L}{q_s(1 + \sqrt{\tau_w})} \tag{29-13}$$

对比式(29-8)和式(29-13)可以发现 Wollenweider 模型(1976)中的沉降速率为:

$$v = q_s \sqrt{\tau_w} = \frac{H}{\sqrt{\tau_w}} \tag{29-14}$$

或者表达为一级反应速率:

$$k_s = \frac{1}{\sqrt{\tau_w}} \tag{29-15}$$

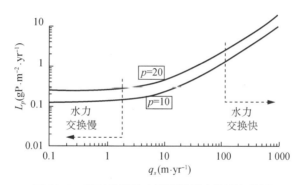

图 29-3 基于总磷收支模型推导出的磷负荷图

根据公式 29-10 和 $v = 12.4$ m·yr^{-1} 得出

29.3 营养状态相关性分析

在前面章节中,我们给出了湖泊总磷浓度的计算方法,并将总磷浓度水平用于作为营养状态的评价。另一种方法是利用磷浓度(或磷负荷)来预测其他营养状态变量;这些变量能够更直接地反映富营养化程度。

如表 29-1 所示,除磷之外的其他变量也可以评估水体营养状态。实际上,由于这些变量能够更直接地反映富营养化对水体的负面影响,因此这些指标相比于总磷的适用性更好。

其中的一种方案如图 29-4 所示。该方法将预测的总磷浓度与其他富营养化表征指

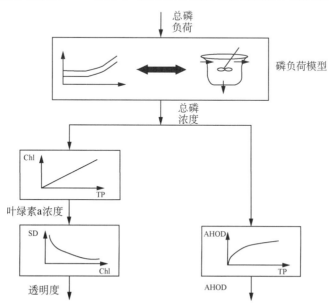

图 29-4 Chapra(1980)根据磷负荷模型预测其他营养状态变量的方法示意图

该方法由许多子模型构成。首先是通过收支模型或负荷图来预测总磷浓度,然后建立起与其他变量的假设因果关系链。图中建立了一系列总磷与其他变量之间的相关关系图,据此可预测富营养化症状如叶绿素 a 浓度、透明度和均温层的耗氧量等

标如叶绿素 a 浓度、透明度和均温层耗氧量（Areal hypolimnion oxygen demand，AHOD）之间进行了相关性分析。如下文所述，每一个环节都是基于经验性的统计模型。

29.3.1 磷—叶绿素 a 相关性

在磷负荷模型的拓展应用方面，最早的成果是建立了总磷浓度与叶绿素 a 浓度之间的相关关系。大多数研究基于双对数坐标图进行分析，例如，

Dillon 和 Rigler(1974)：

$$\lg(\mathrm{Chl}a) = 1.449\lg(p_v) - 1.136 \tag{29-16}$$

Rast 和 Lee(1978)：

$$\lg(\mathrm{Chl}a) = 0.76\lg(p) - 0.259 \tag{29-17}$$

Bartsch 和 Gakstatter(1978)：

$$\lg(\mathrm{Chl}a) = 0.807\lg(p) - 0.194 \tag{29-18}$$

式中：$\mathrm{Chl}a$——叶绿素 a 浓度（$\mu\mathrm{g} \cdot \mathrm{L}^{-1}$）；

p——总磷浓度（$\mu\mathrm{g} \cdot \mathrm{L}^{-1}$）；

p_v——春季总磷浓度（$\mu\mathrm{g} \cdot \mathrm{L}^{-1}$）。

图 29-5 给出了 Bartsch 和 Gakstatter (1978)的模型数据版本。

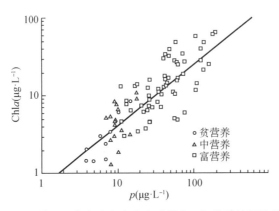

图 29-5 美国一些湖泊和水库中叶绿素 a 与总磷的相关关系

数据来源：Bartsch 和 Gakstatter，1978

上述所有模型都表明，叶绿素 a 浓度随着磷浓度的增加而增加，所有给出的经验公式都是非线性的。然而，Dillon 和 Rigler 模型与其他模型有所不同，表现在其指数大于 1（双对数坐标图的斜率为 1.449）；这意味着污染严重的湖泊中叶绿素 a 含量更高。相比之下，在高生产力的系统中，其他经验公式预测的单位质量总磷中叶绿素 a 含量相对较低。

此外，上述模型都只适用于磷限制的湖泊。对于潜在的氮限制型湖泊，Smith 和 Shapiro(1980)给出了修正的相关性关系式，

$$\lg(\text{Chl}a) = 1.55\lg(p) - b \tag{29-19}$$

其中

$$b = 1.55\lg\left[\frac{6.404}{0.020\,4(\text{TN}：\text{TP}) + 0.334}\right] \tag{29-20}$$

式中 TN：TP 为总氮和总磷的比值。

29.3.2　叶绿素 a—透明度相关性

透明度与叶绿素 a 浓度之间的相关性通常也是基于双对数坐标图进行分析。图 29-6 展示了透明度与叶绿素 a 浓度之间的相关关系,可以用以下公式描述

$$\lg(SD) = -0.473\lg(\text{Chl}a) + 0.803 \tag{29-21}$$

式中,SD 为透明度(m)。

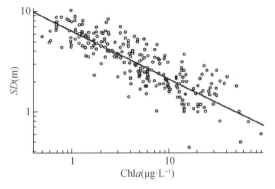

图 29-6　塞氏盘透明度与叶绿素 a 的相关关系

数据来源:Rast 和 Lee,1978

若将上述公式转换到正常的坐标系中,其表示形式变为

$$SD = 6.35\text{Chl}a^{-0.473} \tag{29-22}$$

因此,数据拟合结果为双曲线图,即:叶绿素 a 浓度较低时透明度较高,而叶绿素 a 浓度较高时透明度较低。

还可基于更基础的测量参数—光强来阐述透明度与叶绿素 a 之间的相关关系。天然水体中的光衰减通常可采用 Beer-Lambert 定律表征:

$$I = I_0 e^{-k_e H} \tag{29-23}$$

式中：I——水深 H 处的光强度;

I_0——水表面的光强度;

k_e——水体中消光系数。

许多研究者已经建立了透明度与光衰减的关系。例如,一种粗略的拇指法则是透明度对应于水表面光强衰减 85% 时的水深(Sverdrup 等,1942;Beeton, 1958)。根据

该假设,公式(29-23)变为:

$$0.15 = e^{-k_e SD} \tag{29-24}$$

此外,消光系数通常与叶绿素含量有关。通常采用线性模型来表征两者之间的关系:

$$k_e = k_{wc} + \alpha \text{Chl}a \tag{29-25}$$

式中,k_{wc} 为由水、颜色和非藻类颗粒物引起的光衰减;α 为经验系数（≈ 0.035 L·μg^{-1}·m^{-1})。将式(29-25)代入式(29-24)中,并将公式两边取自然对数得到:

$$\ln 0.15 = -(k_{wc} + \alpha \text{Chl}a) SD \tag{29-26}$$

可以推导出:

$$SD = \frac{1}{1 + \mu \text{Chl}a} SD_{\max} \tag{29-27}$$

式中,$\mu = \alpha / k_{wc}$,$SD_{\max} = 1.9/k_w$。该式中 $SD_{\max}$ 为不含颗粒物的水中初始透明度。之后,叶绿素浓度增加导致光衰减效应的增强,透明度逐渐降低为零。图 29-7 展示了这一现象。

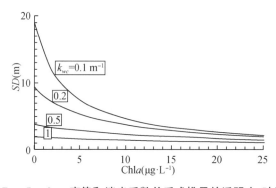

图 29-7　由 Beer-Lambert 定律和消光系数关系式推导的透明度-叶绿素 a 关系图

29.3.3　单位面积的均温层耗氧量

Rast 和 Lee(1978)建立了湖泊均温层中单位面积耗氧量估算的经验公式(图 29-8):

$$\lg \text{AHOD} = 0.467 \lg \left[\frac{L}{q_s (1 + \sqrt{\tau_w})} \right] - 1.07 \tag{29-28}$$

式中 AHOD 为均温层单位面积的耗氧量(gO·m^{-2}·d^{-1})。将上式取反对数得到:

$$\text{AHOD} = 0.085\ 1 \left[\frac{L}{q_s (1 + \sqrt{\tau_w})} \right]^{-0.467} \tag{29-29}$$

因此,尽管该方程从形式上看是阐述了 AHOD 与磷负荷的相关性,但实际上是建立了 AHOD 与湖内总磷浓度之间的相关关系[回顾公式(29-13)]。

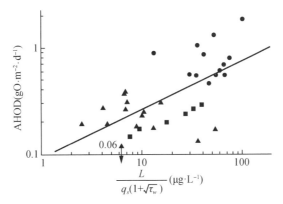

图 29-8　湖泊均温层单位面积耗氧量与磷负荷的相关关系

(Rast 和 Lee,1978)

Chapra 和 Canale(1991)意识到了这一点,因此重新分析了 Rast 和 Lee 的数据,从而建立了 AHOD 与总磷浓度的直接关系,

$$AHOD = 0.086 p^{0.478} \tag{29-30}$$

式中 p 为湖泊中的平均总磷浓度($\mu gP \cdot L^{-1}$)。

若在非变换坐标系下绘图,参考式(25-2b),该公式呈现一条饱和曲线。也就是说在高生产力的湖泊中,AHOD 的增加并不像总磷的增长那样迅速。这与 Fair 的观测结果(Fair 等,1941)是一致的,即沉积物耗氧量与沉积物有机碳含量之间符合平方根关系。此外,这一现象符合 Di Toro 等人(1990)的沉积物耗氧量模型。若假设总磷含量较高的湖泊中,沉积物有机物的含量也较高,则式(29-30)、Fair 的观测结果与 Di Toro 模型之间具有较好的一致性。

29.3.4　总结

基于磷负荷概念的总磷收支模型和总磷—富营养化状态变量之间的经验公式由于其简单易用的特点,已经得到了广泛的应用。这些相关关系具有经验模型固有的优势,即直接反映观察结果——"所见即所得"。

但是任何事物都有两面性,这些模型和经验函数关系也具有以下缺点:

(1) 由于图中均采用双对数坐标且数据比较分散,因此预测误差很大。就本书中给出的数据图而言,这些误差并没有直观地展示出来。因此水质管理者可能会不假思索地使用了一个高度不确定性的经验公式,但是其可靠性却无法得到保证。Rechow(Rechow,1977,1979;Reckhow 和 Chapra,1979,1983)和 Walker(1977,1980)针对这一缺陷进行了详细阐述,并提供了解决方法。实际使用中面临的问题是,由于这些模型非常易于使用,所以很少有人对结果进行不确定性分析。

(2) 这些模型通常是基于广泛的异构数据库发展而来的。例如,通常是把不同地区和不同类型湖泊（例如，完全混合湖泊、狭长型水库、氮限制型系统等）采集得到的数据，放在一起进行相关性分析。由此产生的效应是，预测误差会因区域和湖泊类型的变化而放大。一种解决方法是对湖泊区域和湖泊类型进行分类，再进行相关性分析。

（3）这些模型基本没有涉及富营养化过程的机理。此外，模型的仅限于特定场合的应用，包括湖泊水质模拟和允许入湖污染物量的估算。相反，机理模型可以拓展到环境治理效果的评估（如疏浚、曝气等），并用于指导研究和试验。

尽管具有以上缺点，经验性模型经常可用于数量级尺度上的估计。因此，它提供了一种"纵观全局"的快捷方法。换言之，它提供了一种从宏观视角识别湖泊行为与富营养化程度之间关联性的方法。

29.4　沉积物-水体相互作用

人们已经形成了一个广泛共识，即底部沉积层是湖泊和蓄水水库上覆水的潜在磷来源。因此，沉积层中的磷释放对此类水体的水质恢复具有重要影响。这一效应尤其会在浅层湖泊和具有厌氧均温层的湖泊中体现。

在第 25.6.4 节中已经提及了沉积层中营养物向上覆水的释放。这一机理架构为水质建模提供了依据。本节将采用一种类似于本讲介绍的磷负荷模型来模拟沉积物-水相之间的相互作用。也就是说，通过将半经验公式和水相、沉积层中的总磷收支模型结合，来模拟水体和沉积物的交互作用。这种简化方法通常与诸多水体中采集的数据吻合效果更好。

29.4.1　沉积物-水体模型

本节将构建一个简单的模型框架来模拟分层湖泊中的富营养化问题。这个模型框架是特别为管理应用而设计的，具体包括两个部分：总磷收支模型和均温层中的溶解氧氧亏模型。以下将对两个模型分别进行简要描述。

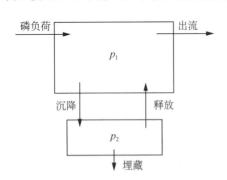

图 29-9　湖泊和下部沉积层的磷收支模型示意图

总磷模型。湖泊水体和下部沉积层的沉积物-水相总磷模型（图 29-9）可表示为

$$V_1 \frac{\mathrm{d}p_1}{\mathrm{d}t} = W - Qp_1 - v_s A_s p_1 + v_r A_s p_2 \tag{29-31}$$

$$V_2 \frac{\mathrm{d}p_2}{\mathrm{d}t} = v_s A_s p_1 - v_r A_s p_2 - v_b A_s p_2 \tag{29-32}$$

式中，下标 1 和 2 分别表示水相和富含总磷的表层沉积层；v_s 为磷从水相到沉积物的沉降速率（m·yr^{-1}）；A_s 为沉积层的表面积（m^2）；v_r 为磷从沉积层再进入水体的质量传质系数（m·yr^{-1}）；v_b 为磷从沉积物表层到深层的埋藏质量传质系数（m·yr^{-1}）。

均温层溶解氧模型。可采用零级模型来模拟湖泊分层期间的下层均温层中溶解氧浓度：

$$o_h = o_i - \frac{\text{AHOD}}{H_h}(t - t_s) \tag{29-33}$$

式中：o_h——下层均温层中的溶解氧浓度($g \cdot m^{-3}$)；

　　　o_i——水体分层时的初始溶解氧浓度($g \cdot m^{-3}$)；

　　　AHOD——单位面积的均温层耗氧量($g \cdot m^{-2} \cdot d^{-1}$)；

　　　H_h——均温层的平均水深(m)；

　　　t——时间(d)；

　　　t_s——分层开始的时间(d)。

如第 25 讲所述，虽然目前正在开发一种基于上覆水水质预测 AHOD 的方法，但经验公式提供了一种更为简单的 AHOD 估计方法。例如，可根据式(29-30)估计 AHOD。

对于一年中湖泊出现两次对流混合的情形(即春季翻转和秋季翻转)，在冬季底层水温高于表层水温的季节也会造成 AHOD。为了模拟这类系统在冬季的溶解氧消耗，在公式(29-30)的基础上可通过引入温度修正进行推算：

$$\text{AHOD}_w = \text{AHOD}_s 1.08^{T_w - T_s} \tag{29-34}$$

式中 T_s 为夏季 AHOD 对应的温度(℃)，T_w 为预测冬季 AHOD 对应的温度(℃)。注意到此处采用了一个相似的温度修正系数值，以表征释放速度的变化。

29.4.2　应用：沙加瓦湖

明尼苏达州的沙加瓦(Shagawa)湖是一个理想的模型应用展示案例。作为最早开展的湖泊沉积物-水相相互作用研究之一，针对该湖的研究发现沉积物对湖泊富营养化具有重要影响。此外，很多学者对该湖泊进行了研究，因此有大量的数据可用于模型率定。在经历了多年的污染之后，在 20 世纪 70 年代初实施了入湖营养物减排项目并取得了显著的削减成效。

模型率定是基于 Larsen、Malueg 及其同事文献中提供的众多数据(例如 Larsen 和 Malueg，1976，1981；Larsen 等，1975，1979，1981；Malueg 等，1975；Bradbury 和 Waddington，1973)。通过入湖营养物减排项目实施前的 1967—1972 年数据，对模型参数进行率定。如下面案例所述，假定在此时间段湖泊已达到稳定状态。

【例 29-1】　沉积物-水相之间的总磷模型率定

沙加瓦湖从 1967 年至 1972 年的参数详见表 29-2 和表 29-3 中。根据总磷的沉积物-水界面数学模型，通过以下数据对模型参数进行求解：(a)埋藏速率；(b)释放速率。

【求解】　若系统处于稳定状态，则总磷的源项和汇项之间满足质量平衡。如图 29-10 所示，埋藏的总磷量应等于入流与出流磷负荷的差值。

表 29-2 沙加瓦湖的数据 (1967—1972)

参数	符号	数值	单位
容积	V_1	53×10^6	m^3
表面积	A_1	9.6×10^6	m^2
平均水深	H_1	5.5	m
均温层厚度	H_h	2.2	m
沉积区面积	A_2	4.8×10^6	m^2
表层沉积物的厚度	H_2	10	cm
入湖总磷负荷	W_{in}	$6\ 692 \times 10^6$	$mg \cdot yr^{-1}$
出流总磷负荷	W_{out}	$4\ 763 \times 10^6$	$mg \cdot yr^{-1}$
水中磷浓度平均值	p_1	56.3	$mg \cdot m^{-3}$
沉积物中磷浓度平均值	p_2	500 000	$mg \cdot m^{-3}$
均温层温度—夏天	$T_{h,s}$	15	℃
均温层温度—冬天	$T_{h,w}$	4	℃
总磷沉降速率	v_s	42.2	$m \cdot yr^{-1}$
夏季均温层中的初始溶解氧浓度	$DO_{i,s}$	8	$mg \cdot L^{-1}$
冬季均温层中的初始溶解氧浓度	$DO_{i,w}$	8	$mg \cdot L^{-1}$

表 29-3 沙加瓦湖的分层数据(1967—1972)

事件	时间(d)
春季混合期的起始时间	120
夏季分层的起始时间	150
秋季混合期的起始时间	255
冬季分层期的起始时间	320

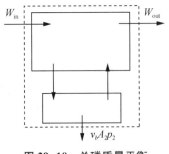

图 29-10 总磷质量平衡

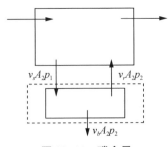

图 29-11 磷含量

因此,可计算出磷的埋藏速率为:

$$v_b = \frac{W_{in} - W_{out}}{A_2 p_2} = \frac{6\,692 \times 10^6 - 4\,763 \times 10^6}{4.8 \times 10^6 (500\,000)} = 8.03 \times 10^{-4} \text{ m} \cdot \text{yr}^{-1}$$

（b）可通过沉积层的总磷质量平衡来估算再悬浮速率，从而确定每年从沉积物释放进入水相中的磷含量（图 29-11）。计算结果以每年的磷释放量表示：

$$v_r A_2 p_2 = v_s A_2 p_1 - v_b A_2 p_2 = 11\,410 \times 10^6 - 1\,928 \times 10^6 = 9\,476 \times 10^6 \text{ mg} \cdot \text{yr}^{-1}$$

接下来，将这个数据在夏季和冬季缺氧期进行分配。为此，需要确定夏季和冬季的 AHOD 速率。夏季时，

$$\text{AHOD} = 0.086(56.3)^{0.478} = 0.590\,5 \text{ g} \cdot \text{m}^{-2} \cdot \text{d}^{-1}$$

将该数据和其他参数代入式（29-33）中，可以确定湖泊分层之后进入缺氧状态（即溶解氧含量小于 1.5 mg $\cdot$ L^{-1}）所需要时间：

$$(t - t_s) = \frac{(o_i - o_{anoxic})(H_h)}{\text{AHOD}} = \frac{(8 - 1.5)2.2}{0.590\,5} = 24.2 \text{ d}$$

这意味着夏季湖泊均温层处于缺氧状态的时间为 $105 - 24.2 = 80.8$ d。采用类似的计算方法［根据式（29-34）进行温度修正］，得到冬季湖泊下部均温层处于缺氧状态的时间为 108.5 d。

一年中沉积物中释放的磷负荷量应等于夏季和冬季缺氧期间释放的磷负荷量之和：

$$W_{recycle} = F_{a,s} v_r 1.08^{T - T_{h,s}} A_2 p_2 + F_{a,w} v_r 1.08^{T - T_{h,w}} A_2 p_2$$

式中 $F_{a,s}$ 和 $F_{a,w}$ 分别表示夏季和冬季湖泊下部均温层处于缺氧状态的时间占全年的比例。该方程的解为：

$$v_r = \frac{W_{recycle}}{A_2 p_2 (\Delta t_{a,s} 1.08^{T_{h,s} - 20} + \Delta t_{a,w} 1.08^{T_{h,w} - 20})}$$

$$= \frac{9\,476 \times 10^6}{4.6 \times 10^6 (500\,000) \left[\dfrac{80.8}{365}(1.08^{15-20}) + \dfrac{108.5}{365}(1.08^{4-20}) \right]} = 0.016\,63 \text{ m} \cdot \text{yr}^{-1}$$

图 29-12 显示了稳态条件下的全年模拟结果。水质此处采用了 1972 年的数据（Larsen 等，1979）。注意到当湖泊下层水体溶解氧含量低于 1.5 mg $\cdot$ L^{-1} 时，沉积层中磷释放速率的增加导致了水体总磷浓度的上升。如果设定模型参数随季节发生变化，则模拟值和实测值的吻合度将更好。但是，图 29-12 中的模拟结果已经可以较好反映数据的总体变化趋势，因此从简化模型率定的角度考虑没有再进行进一步的季节性参数调整。

为了解沙加瓦湖的长期动力学变化，对该湖泊 1880—2000 年间的水质进行了模拟。1967 年至 1979 年期间采用实际流量，其他年份则采用平均流量。

由于 1967 年之前无实测数据，因此建立了长时间尺度的理想化负荷输入情景

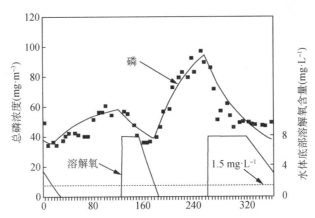

图 29-12　1967—1972 年间(实施入湖污染物减排项目前)沙加瓦湖的总磷和溶解氧浓度曲线

图中数据年份为 1972 年(Larsen 等,1979)

(图 29-13)。1967—1979 年期间采用实际负荷。在 1890 年之前和 1979 年之后,假定其自然背景条件下的平均负荷为 1 311 kg·yr^{-1}(Larsen 等,1975)。

　　1890 年,在该湖流域内建立了一个名为伊利(Ely)的小镇。从 1890 年至今,该小镇的人口一直保持相对稳定,故对该镇的污染负荷贡献进行了理想化假定。该假定情形是伊利小镇建成后,入湖负荷量阶梯性地增加到 20 世纪 60 年代后期的高平均值。尽管实际负荷肯定与假设情景有所不同,但在缺乏实测数据的情况下,这无疑是一个有效的近似方法。

　　长期模拟结果与实测数据的对比如图 29-13 所示。该图表明随着 1973 年后实施入湖污染减排项目,湖泊总磷浓度迅速降低。然而,1974 年之后湖泊水质恢复速度显著变慢,这与沉积物向上覆水的磷释放有关。

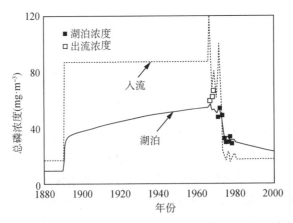

图 29-13　基于总磷-溶解氧模型的沙加瓦湖总磷浓度长期模拟(粗线)

图中还叠加了入流浓度(细线)以与湖内浓度进行对比

　　除了其简单易用性外,采用阶梯状增加的方式来表征历史上总磷负荷输入场景,有助于更好地通过模型来反映湖泊的水质响应。如图 29-11 所示,1890 年排污负荷以阶梯形式增加,水中总磷浓度也迅速增加。之后,随着沉积物中磷释放开始占据主导地位水中总磷浓度的增加速度非常缓慢(大约 $0.2 \ mg \cdot m^{-3} \cdot yr^{-1}$)。到 20 世纪 60 年代初期,湖泊浓度变化趋于稳定状态。虽然当时并没有完全达到稳定状态,但是从模型校准的角度来看,其误差在可接受范围内。

历史上沙加瓦湖的水质模拟结果和实测数据如图 29-14 所示。模型结果反映了以下三个方面的。首先,模拟结果与 20 世纪 70 年代期间的实测数据($50 \sim 60 \ mg \cdot m^{-3}$ 范围)基本上是匹配的。其次,模拟得出的约 $25 \ mg \cdot m^{-3}$ 的初始快速下降和实测的下降幅度非常接近。最后,延迟的水质恢复速率和实测值也相当接近。考虑到模型参数没有完全校准,这样的模拟结果是令人满意的。

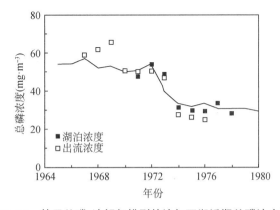

图 29-14 基于总磷-溶解氧模型的沙加瓦湖近期总磷浓度模拟

图 29-15 显示了模型计算的外源性和内源性负荷图。可以看到经过几十年后,20 世纪 60 年代左右湖泊底部沉积物的磷释放达到很高的水平。另外还可以看到在 1973 年建设了污水深度处理设施后,沉积物中的磷释放量经历了一个短历时的快速下降,然后是一个非常平缓的下降过程。这一点表明,尽管持续的沉积物磷释放模型对于短期预测(即小于十年)是可行的,但长期预测必须考虑沉积物中磷释放速率的逐渐降低效应。

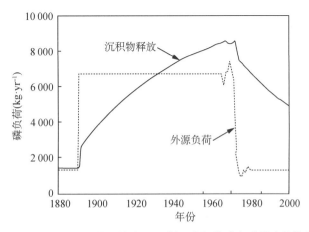

图 29-15 基于总磷-溶解氧模型的沙河湖内源磷释放对水质影响长期模拟(粗线)

图中还叠加了外源磷负荷(细线)以进行比对

总之，上述讨论提供了评估湖泊沉积物中磷释放对水质恢复长期影响的基本模型框架。由于该模型只涉及几个参数，因此提供了一种评估营养负荷对湖泊富营养化长期影响的简单方法。

29.5　最简单的季节性模型

温度变化会对水体内的物质循环产生重要影响。由于湖泊中存在的强烈温跃层现象，水体会被分为明显不同的上下两层（图29-16）。

水体表层（变温层）通常温度较高且光照充分。因此藻类通过光合作用将溶解态的营养物质转化为颗粒态有机质。尽管温跃层的存在阻碍了水体的垂向混合，一些颗粒物质通过沉降以及扩散作用到达底层水体（均温层），之后经分解最终变成溶解态。湖泊上下层的混合作用重新将一些溶解态营养物质输送到表层水体，然后再被浮游植物吸收利用。由于湖泊中许多污染物会吸附到颗粒态有机物上，因此上述循环对污染物的输送与转化具有重要影响。

本节将介绍针对上述磷循环基本过程的模拟方法。该方法的重要特点是将模拟组分划分为两部分。虽然该模型是专门针对磷开发的，这种方法也是其他物质模拟（如特定的毒性化合物）的基本思路，为污染物的季节性动态模拟提供了初步框架。该模型除了可用于物质循环模拟外，还可用于模拟水体中的溶解氧浓度模拟。

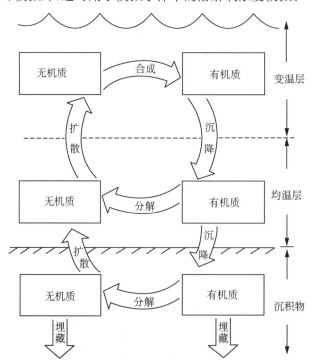

图 29-16　分层湖泊中生产和分解循环过程的理想化表征

该过程对分层湖泊中的物质垂向分布具有重要影响

29.5.1　模型基本原理

之前讲座中介绍的大多数模型旨在对垂向完全混合水体的单一物质动力学过程进行模拟。如前所述,由于水体的热分层现象,许多物质会通过各种化学过程和/或生物过程进行转化。O'Melia(1972)、Imboden(1974)和 Snodgrass（1974）、O'Melia(1975)最早提出热分层水体中磷迁移转化的模型框架。Simons 和 Lam(1980)将这种模型架构称为"最简单的季节性模型"(图 29-17)。虽然研究者们构建的每一种模型都有其独到之处(读者可以参考模型开发者们的原作),但总体上所有这些模型都具有以下特点。

(1)通常将磷被划分为两种组分:溶解性活性磷和非溶解性活性磷。[①] 这种分类方法在实际操作中是可行的,因为溶解活性磷和总磷都是针对磷的最常用测量指标。因此,非溶解活性磷可以通过这两个值的差值来计算,即非溶解活性磷＝总磷－溶解活性磷。在模型中关于溶解活性磷和非溶解活性磷的另一个区别是,假设非溶解活性磷中相当大比例是以颗粒态形式存在的,因此非溶解活性磷会由于沉降作用而造成磷的损失。然而,由于非溶解活性磷也包括了不可沉降的溶解性有机磷,所以这样的分类方式并不完全准确。在本节最后部分,将会再次探讨基于动力学过程的磷形态定义和分类方法。

(2)在空间尺度上,湖泊被划分为混合充分的上下两层,且假设两层深度保持恒定。

(3)将一年划分为两个季节。一是夏季分层季节,此时上下两层水体的紊动交换最低;二是冬季混合季节,此时上下层的紊动交换作用强烈,从而使得湖泊在垂向充分混合。

(4)采用一阶线性微分方程来表征不同组分之间质量交换的输运和动力学过程。如图 29-17 所示,这些物质交换过程包括以下方面:

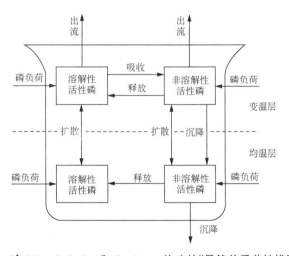

图 29-17　O'Melia、Imboden 和 Snodgrass 构建的"最简单季节性模型"示意图

• 污染负荷输入。溶解活性磷和非溶解活性磷的质量负荷可同时输入变温层和均温层中。

---

① 注意到 Imboden(1974)将磷划分为可用于生物生产作用的溶解态磷和颗粒态磷。因此,他并没有特别考虑溶解态有机磷。在本节最后将进一步详细探讨基于动力学过程的磷形态分类。

· 输移。湖泊出流对污染物的携带作用与单个 CSTR 反应器原理类似(即流量乘以浓度),其不同之处在于湖泊中只是上层水体会产生出流导致的质量损失。在湖泊分层期间,上下两层之间的垂向紊动或扩散传质作用非常弱。冬季湖泊在垂向上发生混合均匀,扩散系数随之增加。

· 沉降。根据定义,只有非溶解活性磷通过沉降作用从水中去除。在湖泊上下两层和不同季节可以分别输入不同的沉降速率。

· 吸收。如前所述,溶解活性磷被浮游植物吸收利用转化为颗粒态物质,该过程可采用一级反应动力学表征。通常假设这种反应机制仅在湖泊变温层中发生,而在湖泊下层则由于光照限制的影响不予以考虑。此外,考虑到夏季的植物生产率最高,可以采用更高的吸收速率。

· 释放。许多作用机制如分解、呼吸、浮游动物摄食等将磷从非溶解活性磷转换为溶解活性磷。通常基于一级反应来近似表征这一现象,此时认为反应速度与非溶解活性磷浓度的一次方成正比。

基于上述讨论,大多数模型的动力学过程表征为某种污染物的简单一级反应。基于简单季节模型,下文将详细地介绍物质间的相互作用。图 29-17 中,不同磷形态通过吸收和释放反应进行转换。例如,在变温层中,非溶解活性磷箱室或"池子"中磷的释放导致了磷的质量损失;与此同时,非溶解活性磷的质量损失转换成了溶解活性磷"池子"中的质量增加量。因此,当我们针对某个特定的"池子"列出质量平衡方程时,图 29-17 中的每个箭头都代表了微分方程中的某一项。例如,变温层中溶解活性磷池的质量平衡方程可表示为:

$$V_e \frac{\mathrm{d}p_{s,e}}{\mathrm{d}t} = W_{s,e} - Qp_{s,e} + v_t A_t(p_{s,h} - p_{s,e}) - k_{u,e}V_e p_{s,e} + k_{r,e}V_e p_{n,e}$$

累积 = 入流负荷 − 水力交换 + 扩散 − 吸收 + 释放

$$(29-35)$$

式中,下标 n 和 s 分别表示非溶解活性磷和溶解活性磷;下标 e 和 h 分别表示变温层和均温层。

尽管方程(29-35)中的反应都是一级反应,这些反应过程可以用更复杂的形式表示。例如,第 33 讲中采用非线性关系来描述浮游植物的生长动力学过程。此外,如果模型中还包括了其他物质(例如其他磷形态或其他营养物质),那么就需要将相应的质量箱室(每个箱室用一个偏微分方程表征)和箭头(每个箭头表示偏微分方程中的某一项)考虑在整个模型架构中。事实上,无论考虑的情形多么复杂,都可以通过一系列微分方程来表示其内在的质量守恒关系。据此可以全面把握所有物质组分的转化过程,包括这些组分在系统内如何转化、何时转化和向何处转化。

表 29-4 磷的最简单季节性模型中参数的典型取值范围

参数	季节	符号	范围[*]	单位
水体表层磷吸收速率	夏季	$k_{u,e}$	0.1~5.0	d^{-1}
	冬季	$k_{u,e}$	0.01~0.5	d^{-1}

（续表）

参数	季节	符号	范围*	单位
水体表层磷释放速率	夏季	$k_{r,e}$	$0.01\sim0.1$	d^{-1}
	冬季	$k_{r,e}$	$0.003\sim0.07$	d^{-1}
水体底层磷释放速率	夏季	$k_{r,h}$	$0.003\sim0.07$	d^{-1}
	冬季	$k_{r,h}$	$0.003\sim0.07$	d^{-1}
沉降速率	全年	v_e,v_h	$0.05\sim0.6$	$m\cdot d^{-1}$

* 表中数据主要来源于 Imboden(1974)和 Snodgrass(1974)

其余三个质量"池"的物质守恒方程可以表示为：

$$V_e\frac{\mathrm{d}p_{n,e}}{\mathrm{d}t}=W_{n,e}-Qp_{n,e}+v_tA_t(p_{n,h}-p_{n,e}) \tag{29-36}$$
$$+k_{u,e}V_ep_{s,e}-k_{r,e}V_ep_{n,e}-v_eA_tp_{n,e}$$

$$V_h\frac{\mathrm{d}p_{s,h}}{\mathrm{d}t}=W_{s,h}+v_tA_t(p_{s,e}-p_{s,h})+k_{r,h}V_hp_{n,h} \tag{29-37}$$

$$V_h\frac{\mathrm{d}p_{n,h}}{\mathrm{d}t}=W_{n,h}+v_tA_t(p_{n,e}-p_{n,h}) \tag{29-38}$$
$$-k_{r,h}V_hp_{n,h}+v_eA_tp_{n,e}-v_hA_tp_{n,h}$$

上述方程中相关参数的定义和典型取值范围见表 29-4。

29.5.2　安大略湖的应用案例

安大略湖的基本参数见表 29-5 和表 29-6。此外，夏季湖泊分层期穿越温跃层的上下两层热交换系数为 $0.074\ 4\ m\cdot d^{-1}$，而在一年中的其他时期水体在垂向上发生充分混合。

表 29-5　1970 年代初安大略湖的基本参数

参数	符号	数值	单位
面积			
湖泊表面	A_s	19 000	$10^6\ m^2$
温跃层	A_t	18 500	$10^6\ m^2$
平均水深			
整个湖泊	H	86	m
变温层	H_e	15	m
均温层	H_h	71	m
体积			
整个湖泊	V	1 634	$10^9\ m^3$

（续表）

参数	符号	数值	单位
变温层	V_e	254	10^9 m^3
均温层	V_h	1 380	10^9 m^3
出流量	Q	212	10^9 m$^3 \cdot$ yr^{-1}
溶解活性磷负荷			
变温层	$W_{s,e}$	4 000	10^9 mg $\cdot$ yr^{-1}
均温层	$W_{s,h}$	0	10^9 mg $\cdot$ yr^{-1}
非溶解活性磷负荷			
变温层	$W_{n,e}$	8 000	10^9 mg $\cdot$ yr^{-1}
均温层	$W_{n,h}$	0	10^9 mg $\cdot$ yr^{-1}

表 29-6　1970 年代初安大略湖中的动力学参数

参数	季节	数值	单位
$k_{u,e}$	夏季	0.36	d^{-1}
	冬季	0.045	d^{-1}
$k_{r,e}$	夏季	0.068	d^{-1}
	冬季	0.005	d^{-1}
$k_{r,h}$	夏季	0.005	d^{-1}
	冬季	0.005	d^{-1}
v_e , v_h	全年	0.103	m $\cdot$ d^{-1}

　　式(29-35)～式(29-38)可以采用四阶龙格-库塔法进行数值求解。计算结果如图 29-18 所示。可以看出,由于夏季的磷吸收速率较大,变温层中的一个主要现象是溶解活性磷组分转化为非溶解活性磷组分。由于生产率较低,水体底部的均温层通常比较稳定,即其浓度在一年之中保持相对稳定。

　　尽管上述模型框架反映了季节变化的许多基本特征,但也有几个缺陷。尤其是模型建立在恒定系数和一级反应动力学基础上,这使得模型的普遍适用性受到限制。水体中的许多物质互相作用过程是非线性的,并且涉及的相关因素在模型中没有反映。例如,变温层的吸收速率取决于光强、温度、浮游植物和溶解性营养物浓度等其他因素。此外植物生长对营养物质的依赖最好是采用非线性关系描述。因此,一些研究聚焦于动力学相互作用的深入机理研究（Imboden 和 Gachter,1978）,以进一步细化式(29-35)～式(29-38)。作为对简单季节性模型的细化,后续讲座将介绍营养物/食物链模型。

　　其他对模型的改进方法将均温层进一步划分为多层,以模拟底层水体的垂向梯度（Imboden 和 Gachter,1978）。此外模型中还增加了第三个分层-温跃层。

　　同样地,磷也可以进一步细分从而更真实地反映其动力学过程。例如,将活性颗粒磷和碎屑磷进行区分,或者将溶解性有机磷和溶解性无机磷进行区分。图 29-19 给出了一些基于动力学过程的磷形态分类方法。

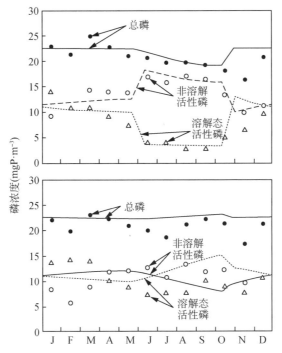

图 29-18　基于最简单季节变化模型的安大略湖中总磷浓度模拟结果及其与实测数据的对比

顶部——变温层;底部——均温层

29.5.3　基于动力学过程的磷形态分类

根据动力学过程的磷形态分类方法主要基于以下三个原则:

·首先,如同溶解性活性磷和非溶解性活性磷的分类方式,磷形态分类应基于现有的测量技术手段。类似地,溶解态和颗粒态的分类方法[图 29-19(b)],在某种程度上是因为这两种组分可以通过过滤的方式区分。

·其次,磷形态分类应当具有机理方面的依据。例如,将物质组分按照其动力学方面的相似性进行划分,有助于确定不同组分之间的输入输出关系和耦合作用机制,同时也便于对其转化进行定量核算。图 29-17(b)中将颗粒态磷划分为浮游植物态磷和碎屑态磷。由于这两种不同形态磷的沉降速度不同且可以分别测量,因此这种划分方式是可行的。

·最后,磷形态分类应对水质管理具有指导作用。例如,若将浮游植物磷单独分离出来,那么可以评估浮游植物对富营养化的危害。

在获取足够的测量数据时,磷形态细分的优点是可以更深入表征输移和反应过程机理。缺点是获取这些实测数据需要花费额外的代价。同时,这些更加"复杂"的表征方法通常会增加编程和计算机运算的工作量,并且更难以被直观理解。此外,随着磷形

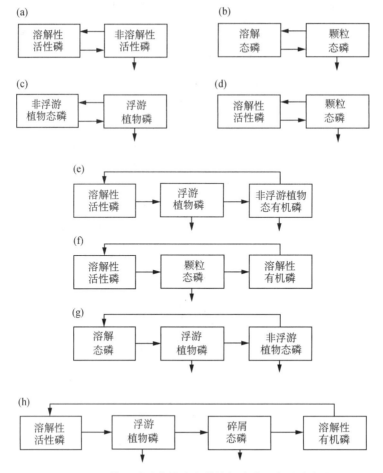

图 29-19 模拟磷季节性动力学的各种磷形态划分方法

态进一步细分,模型复杂程度相应增加,模型预测的可靠性会随之降低(回顾图 18-2)。因此,如果要对基本模型框架(如图 29-17 的形式)进行扩展,则必须全面获取模型中反映的各种因素的信息。

习 题

29-1 某采石公司挖掘了一个 405 公顷的砾石坑,其深度为 1.52 m。该坑中充满了地下水,其注入流量为 100 m³·d⁻¹。已知地下水中没有营养物质。该采石坑对应 607 ha 的较小汇水面积。该汇水区上的降雨径流量为 25 cm·yr⁻¹,对应的磷负荷为 40 kg·km⁻²·yr⁻¹。来自大气中的总磷负荷为 24 kg·km⁻²·yr⁻¹。如果采石坑中的总磷沉降速率为 12 m·yr⁻¹,计算该坑中的总磷浓度。假设蒸发量和降雨量完全相等。

29-2 某湖泊(表面积 $=10^6$ m²,平均水深 $=5$ m,水力停留时间 $=2$ 年)的入流总磷负荷为 2.5×10^9 mg·yr⁻¹。另外,湖水的消光系数 $k_{uc}=0.15$ m⁻¹。

试计算：

（a）入流和湖水中的总磷浓度；

（b）叶绿素 a 浓度；

（c）透明度；

（d）若维持湖泊在贫营养和中营养状态之间，计算允许入湖的磷负荷量。

29-3　某分层湖泊（表面积＝1.5×10^6 m^2，温跃层面积＝1×10^6 m^2，变温层体积＝1×10^7 m^3，均温层体积＝0.8×10^7 m^3，水力停留时间＝3 年）的入湖总磷负荷为 7×10^8 $mg \cdot yr^{-1}$。计算湖中的总磷浓度、叶绿素 a 浓度和透明度。另外，计算在夏季为期 3 个月的水体分层期间，均温层中的 AHOD 值和溶解氧浓度。已知初始溶解氧浓度为 10 $mg \cdot L^{-1}$。

29-4　沙马米什（Sammamish）湖位于华盛顿州。该湖泊的特征参数如下：

湖泊表面积＝19.8 km^2　　　　　　湖泊流量＝2.03×10^8 $m^3 \cdot yr^{-1}$

沉积物表面积＝13.068 km^2　　　　活性沉积物厚度＝10 cm

湖泊体积＝3.5×10^8 m^3　　　　　沉积物孔隙率＝0.9

均温层体积＝9.8×10^7 m^3　　　　沉积物厚度＝2.5×10^6 $g \cdot m^{-3}$

均温层厚度＝7.5 m

在 20 世纪 60 年代该湖受到严重污染，相应的湖泊中总磷浓度约 33 $mg \cdot m^{-3}$。在此期间湖泊的入流总磷浓度约 100 $mg \cdot m^{-3}$；沉积物中总磷浓度约 0.12% 磷。

该湖泊的特点是单循环，湖泊的分层期为第 135～315 天。分层初期的溶解氧含量约 8 $mg \cdot L^{-1}$，以及夏季均温层温度约为 10 ℃。

1969 年入流总磷浓度突然降至 65 $mg \cdot m^{-3}$。下表给出了 1969 年前后的湖内总磷浓度（$mg \cdot m^{-3}$）：

年份	1964	1965	1966	1971	1972	1973	1974
总磷	32	35	32	27	29	32.5	25.5

年份	1975	1979	1981	1982	1983	1984
总磷	20	14	22.5	18.5	16.5	18.5

假设沉降速率为 46 $m \cdot yr^{-1}$，试根据湖泊总磷浓度实测值对模型参数进行率定，并对该湖泊 1960—2000 年间的总磷浓度变化进行模拟。将模拟结果绘图表示。另外，若假定 1969 年入流总磷浓度降至 45 或 25 $mg \cdot m^{-3}$，模拟湖泊对入流总磷浓度变化的响应。

29-5　若安大略湖 1970 年代初期的入湖总磷负荷增加一倍，利用最简单的季节性模型来模拟该湖的年周期浓度变化。

第 30 讲

热 量 收 支

> **简介:**本讲介绍了如何针对完全混合系统建立热量收支模型。重点阐述了水体和大气之间的表面热交换。

上一讲的最后介绍了热分层湖泊模型。从中可以看出热分层对湖泊水质具有显著的影响。因此,理解热量和水温模型是水质模型建模的重要方面。

天然水体中热量的输移转化数学模型一直是一个广泛关注的热点问题。Edinger等(1974)在这方面进行了全面和卓有成效的研究工作。Thomann 和 Mueller(1987)在其水质模型的著作中也总结了热量模型的一些基本方法,原因在于热量与水质模型之间具有关联。

大部分的研究主要聚焦于评估冷却水排放的影响,其研究对象涉及冷却池和大型河流等系统。如今除了诸如发电厂冷却水的点源热量排放影响评估外,对温度模型的研究越来越广泛。与温度和热量相关的几个情景包括:

· 物理过程(如水体热分层)以及生物和化学转化过程对温度变化很敏感。因此,为了充分地描述这些物理、化学和生物过程,需要同时对热量交换进行分析。

· 越来越多的研究正在关注浅水和紊动强烈的溪流中日温度变化;这类系统通常存在于山地区域。虽然这些系统有时会受到人为活动热负荷的影响,但自然因素造成的影响也不可忽视。例如系统物理特征的改变包括河流渠道化和河岸带的剥蚀,对河流的热量机制具有显著影响。对此有研究者提出了逆转这种效应的修复措施(Oswald和 Roth,1988)。数学模型在评估这些物理改动措施的影响方面也具有重要作用。此外,日温度变化与系统中污染物迁移转化模拟有关。例如,氨毒性的水质建模问题就必须考虑日温度变化的影响。

· 温度对生物群落也具有影响,导致其中的一些物种生存受到威胁或濒临灭绝。因此热量管理也是人们关注的问题。除了上文提到的汇水区—流域物理性改动措施,水库泄水对尾水温度也会产生影响。

针对上述问题,热量传递与交换的理论体系为河流、河口和湖泊的温度模拟研究奠定了基础。本章将主要阐述水体表面热交换问题。

30.1　热量和温度

到日前本书讲解的内容聚焦丁天然水体中的物质质量平衡。尢其是我们使用浓度来表征污染物的"强度"。对于体积为 V 的水体,浓度 c 与质量 m 有关,可表示为:

$$c = \frac{m}{V} \tag{30-1}$$

回顾第 1 讲的内容,质量是一个广度量(与体积有关),而浓度是一个强度量(与体积无关)。

同理,可针对热量建立类似的关系式:

$$T = \frac{H}{\rho C_p V} \tag{30-2}$$

式中:T——温度;

$\quad\ \ H$——热量;

$\quad\ \ P$——密度;

$\quad\ \ C_p$——比热。

因此,热量是一个广度量,而温度是一个强度量(图 30-1)。

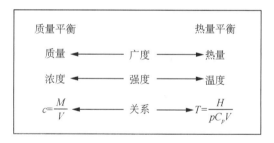

图 30-1　质量和热量的类比

表 30-1　热量单位

	符号	米—千克—秒单位制	厘米—克—秒单位制	英制单位
温度	T	℃ or K	℃ or K	°F or °R
热量	H	焦耳	卡路里	英热
密度	ρ	kg·m^{-3}	g·cm^{-3}	磅·英尺$^{-3}$
体积	V	m^3	cm^3	英尺^3
比热	C_p	J·(kg·℃)$^{-1}$	卡·(g·℃)$^{-1}$	英热·(磅·°F)$^{-1}$

注意到公式(30-2)中的物理量可以使用几种单位制表示,如表 30-1 示。

式(30-2)中的两个参数包括密度和比热,与物质的种类有关。如下面的例子所示,这些参数反映了不同物质加热时的温度升高效应。

【例 30-1】 温度和热量

对于 1 m³ 的空气、水、砖和铁,温度升高 1 ℃各需要多少热量? 这些物质的热量特性参数(Kreith 和 Bohn,1986)如表 30-2 所示:

表 30-2　热量特性参数

物质	密度(kg·m⁻³)	比热[J·(kg·℃)⁻¹]
干燥空气	1.164	1 012
水	998.2	4 182
普通砖块	1 800	840
铸铁	7 272	420

注:所有参数都是对应于 20 ℃温度。

【求解】 对于空气,将式(30-2)重新变换后可计算得到:

$$H = \rho C_p V T = 1.164 \frac{\text{kg}}{\text{m}^3}\left(1\,012\,\frac{\text{J}}{\text{kg}\,\text{℃}}\right)(1\,\text{m}^3)(1\,\text{℃}) = 1\,178\,\text{J}$$

其他物质所需热量也可采用类似的方法计算。所有计算结果如表 30-3 所示。

表 30-3　计算结果

物质	需要热量(J)
干燥空气	1 178
水	4.17×10^6
普通砖块	1.51×10^6
铸铁	3.05×10^6

可以看到空气温度上升所需要的热量相比其他物质少很多,其主要原因是干燥空气的密度较低。另外,虽然水的密度不如固体密度大,但由于水的比热较高,因此需要的热量更多。

30.2　简单的热量平衡

正如针对特定体积的水体可以建立质量平衡外,同理可建立热量平衡。如同质量平衡关系,单位时间内一定体积水体的热平衡可表示为:

累积＝源－汇　　　　　　　　　　　　　　　　　(30-3)

图 30-2 描述了一个假想的完全混合系统。在某时间段内,系统的热平衡可以表示为:

累积量＝入流热量－出流热量 ± 表面热交换　　　　　　(30-4)

该平衡关系式中只有一个输入热量的入流源项。尽管式中标记为"入流",但这一项既包括了溪流支流输入的热量,也包括点源排放输入的热量。上式中还包括了湖泊出流带走的热量,即热量损失项。最后,表面热量交换表示空气-水体界面间相互作用引起的热量变化。基于湖泊和大气间的相互作用,式中的加号或减号表示该项既可能是源项也可能是汇项。

其他的源、汇项也可以包括在热量平衡方程中。例如在很浅的系统中,水体与沉积物的能量交换也很重要。但是,由于大多数天然水体中沉积物与上覆水之间的热量交换并不显著,我们将讨论限制于图 30-2 和式(30-4)中的有关项。

式(30-4)仅仅是描述热量平衡关系,不能直接用于水质模型建模。若要预测热量变化,需要把每一项都表示为可测量变量和参数的函数。

累积。累积表示时间 t 内系统的热量变化,

$$累积 = \frac{\Delta H}{\Delta t} \tag{30-5}$$

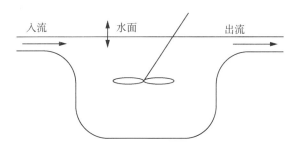

图 30-2　完全混合湖泊的热量平衡

箭头代表热量的主要源、汇项。

将式(30-2)代入式(30-5)后得到:

$$累积 = \frac{\Delta(\rho C_p V T)}{\Delta t} \tag{30-6}$$

此处我们假定水体的密度和比热不随湖泊温度变化而改变。另外,假定湖泊的体积是恒定的。因此可以将这些参数移至括号的外面。最后,当 Δt 趋近无穷小时,式(30-6)变为:

$$累积 = \rho C_p V \frac{\mathrm{d}T}{\mathrm{d}t} \tag{30-7}$$

因此,当温度随时间增加时,热量在系统内累积($\mathrm{d}T/\mathrm{d}t$ 为正);当温度随时间降低时,热量从系统中耗散($\mathrm{d}T/\mathrm{d}t$ 为负)。系统达到稳定状态时,热量保持恒定($\mathrm{d}T/\mathrm{d}t = 0$)。注意到,如同平衡方程式中的所有其他项一样,热量累积项的单位表示为单位时间的热量($\mathrm{J \cdot d^{-1}}$)。究其原因,可通过式(30-7)中各项的单位推导得出,例如:

$$\rho C_p V \frac{\mathrm{d}T}{\mathrm{d}t} = \frac{\mathrm{kg}}{\mathrm{m^3}}\left(\frac{\mathrm{J}}{\mathrm{kg\ ^\circ\!C}}\right)(\mathrm{m^3})\left(\frac{^\circ\!C}{\mathrm{d}}\right) = \frac{\mathrm{J}}{\mathrm{d}} \tag{30-8}$$

入流热量。如同质量平衡方程，我们把湖泊周边的所有点源和非点源热量汇入合并为一项，

$$入流热量 = Q\rho C_p T_{in}(t) \tag{30-9}$$

式中，Q 为所有进入系统的点源和非点源流量之和，$T_{in}(t)$ 为所有这些源项的平均入流温度。此处我们假设入流量是一个常数，并且所有入流热量均随入流温度的变化而相应改变。

出流热量。在如图 30-2 的简单系统中，热量通过出流被带出系统。热量输移速率可表示为出流温度 T_0 的函数。但是，由于假设系统是完全混合的，因此出流温度等于湖泊中的水温（即 $T_0 = T$）。因此出流汇项可表示为：

$$出流热量 = Q\rho C_p T \tag{30-10}$$

表面热交换。湖泊表面的净热量交换可以用热通量表示：

$$表面热交换 = A_s J \tag{30-11}$$

式中 A_s 为湖泊的表面积（m^2）；J 为表面热量通量（$J \cdot m^{-2} \cdot d^{-1}$），其中正值表示系统内的热量增加。

总热量平衡。将上述各项进行汇总，得到完全混合系统的热量平衡方程：

$$V\rho C_p \frac{dT}{dt} = Q\rho C_p T_{in}(t) - Q\rho C_p T + A_s J \tag{30-12}$$

【例 30-2】 完全混合湖泊的热量平衡

某湖泊具有以下特征参数：

体积 = 50 000 m^3

表面积 = 25 000 m^2

平均水深 = 2 m

入流量 = 出流量 = 7 500 $m^3 \cdot d^{-1}$

该湖泊的入流温度为 20 ℃。从大气中吸收的净热量为 250 cal $\cdot cm^{-2} \cdot d^{-1}$。如果没有其他的热量交换，计算系统达到稳态时的水温。

【求解】 首先，将表面热量通量转换成合适的单位：

$$J = 250 \frac{cal}{cm^2 \cdot d} \left(\frac{10\ 000\ cm^2}{m^2} \right) \left(\frac{J}{0.238\ 8\ cal} \right) = 1.047 \times 10^7\ J \cdot m^{-2} \cdot d^{-1}$$

然后，根据式（30-12）可以求得：

$$T = T_{in} + \frac{A_s J}{Q\rho C_p} = 20 + \frac{25\ 000(1.047 \times 10^7)}{7\ 500(998.2)(4\ 182)} = 20 + 8.36 = 28.36\ ℃$$

通过水表面的热量吸收，系统水温增加了 8.36 ℃。

在之前的例子中，我们将大气热交换作为一个单独项进行计算。实际上，如下文所述，表面热交换包括了许多不同的机制。

30.3　表面热量交换

如图 30-3 所示,水体表面的热交换可表示为 5 个过程的综合效应。这些过程可采用两种方式进行分类。首先,可以将其区分为辐射机制和非辐射机制。**辐射**是指能量以电磁波的形式进行传递;该过程不需要介质就可完成。相比之下,热传导和蒸发等过程是分子运动的结果。

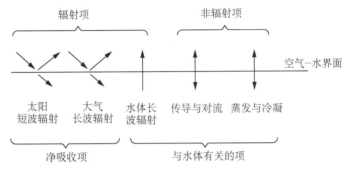

图 30-3　表面热交换的各种过程

另一种对热量交换机制进行分类的方法,是依据其是否受到水温影响。这一划分依据取决于该过程是否作为模型驱动函数,或者是否包括了因变量:水温。太阳短波辐射和大气长波辐射等过程与水体无关,因此这些项作为驱动函数。如图 30-3 所示,这些项构成了水体吸收的净辐射。相比而言,蒸发等过程取决于外界条件(空气温度、湿度、风速等),并且也是关于水温的函数。

水体表面的总热量通量可以表示为:

$$J = J_{sn} + J_{an} - (J_{br} + J_c + J_e)$$

　　　　　　辐射的净吸收　　与水体有关的项 　　　　　　　　(30-13)

式中:J_{sn}——净太阳短波辐射;

　　　J_{an}——净大气长波辐射;

　　　J_{br}——水体的长波反射辐射;

　　　J_c——热传导;

　　　J_e——蒸发。

下文将介绍如何对这些项进行量化。在此之前,将首先介绍两方面的背景信息,即斯蒂芬-玻尔兹曼(Stefan-Boltzmann)定律和大气湿度。这些知识点与式(30-13)中的一些项密切相关。

30.3.1　斯蒂芬-玻尔兹曼定律

所有温度高于绝对零度的物体都会产生辐射。物体温度越高,辐射波长越短,相应单位表面积散发的能量就越多。

基于斯蒂芬-玻尔兹曼定律，数学意义上单位表面积的最大辐射速率可以表示为：

$$J_{rad} = \epsilon \sigma T_a^4 \qquad (30\text{-}14)$$

式中：T_a——绝对温度（K）；

σ——斯蒂芬-玻尔兹曼常量$[=11.7\times10^{-8}\ cal \cdot (cm^2 \cdot d \cdot K^4)^{-1}]$；

ϵ——辐射体的辐射系数。

辐射系数是一个修正因子，用以衡量物体表面以辐射形式释放能量的相对能力，即物体表面单位面积上辐射通量与同温度下黑体辐射通量的比值。本定律是以两个奥地利人的名字命名的，斯蒂芬（Josef Stefan）通过实验建立了该公式，而路德维希·玻尔兹曼（Ludwig Boltzmann）则从理论层面推导出了该公式。

30.3.2　大气湿度

在例题 30-1 中，干燥空气和水有不同的密度和比热。鉴于空气含水量的变化幅度较大，有必要引入一个参数予以表征。空气中的水分含量可以用相对湿度 R_h 来表示，其含义是空气实际含水量与同等温度下饱和含水量的比值：

$$R_h = 100\ \frac{e_{air}}{e_{sat}} \qquad (30\text{-}15)$$

式中 e_{air} 为空气的蒸汽压（mmHg），e_{sat} 为饱和蒸汽压（mmHg）。后者是关于温度的函数，可通过下式计算（对 Raudkivi 1979 公式中的单位进行了修正）：

$$e_{sat} = 4.596 e^{\frac{17.27T}{237.3+T}} \qquad (30\text{-}16)$$

图 30-4 给出了基于式(30-16)的饱和蒸汽压与温度关系曲线图。

最后，露点温度是指在气压和含水量恒定的情况下，使空气冷却达到饱和状态的温度。通常在夜间空气冷却而达到饱和，这也是该命名的由来。日落时若没有降雨，空气中的含水量通常来说低于饱和含水量。太阳落山后，空气通常会冷却并在日出前达到最低温度。根据式(30-16)，当空气冷却时（假设压力和湿度保持相对不变），饱和蒸汽压会随之降低。随着该过程的持续，将会达到气压和饱和蒸汽压相等的临界点，在该点空气湿度将会达到饱和。此时空气不能再容纳更多的水分，从而形成了露点。

如图 30-4 所示，空气蒸汽压等于露点温度对应的饱和蒸汽压：

$$e_{air} = 4.596 e^{\frac{17.27T_d}{237.3+T_d}} \qquad (30\text{-}17)$$

上述概念是非常重要的，因为它们与定量表征蒸发造成的热量损失直接相关。例如，道尔顿（Dalton，1802）提出蒸发通量与空气蒸气压与饱和蒸气压（与表层水温 T_s 有关）的差值成正比：

$$J_e = -f(U_w)(e_s - e_{air}) \qquad (30\text{-}18)$$

式中 e_s 为对应某一表层水温（℃）的饱和蒸汽压；$f(U_w)$ 为传递系数，与水面上一定高度的风速有关。

通常来说,难以直接获取水体上方的空气蒸汽压,而更容易获得空气温度、露点温度以及/或者相对湿度的估计值。如下面例题所述,当获得其中的两个参数值时,就可以计算其余参数值以及空气蒸汽压。

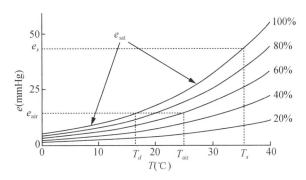

图 30-4　饱和蒸汽压与温度的关系曲线

图中显示了相对湿度线。基于例 30-3 的计算结果,还给出了对应于水、空气和露点温度的蒸气压

【例 30-3】　相对湿度、露点温度和空气温度

已知湖面上方大气的温度为 25 ℃,相对湿度为 60%,水面温度为 35 ℃。根据上述信息计算(a)空气蒸汽压和露点温度;(b)是否会发生蒸发或者冷凝。

【求解】　(a)根据式(30-16)可计算出饱和蒸汽压:

$$e_{sat} = 4.596 e^{\frac{17.27(25)}{237.5+25}} = 23.84 \text{ mmHg}$$

据此可进一步根据式(30-15)求得空气蒸汽压:

$$e_{air} = \frac{R_h e_s}{100} = \frac{60(23.84)}{100} = 14.3 \text{ mmHg}$$

然后将该值代入式(30-17),

$$14.3 = 4.596 e^{\frac{17.27 T_d}{237.3+T_d}}$$

由此求得

$$T_d = \frac{237.3}{\frac{17.27}{\ln(14.3/4.596)} - 1} = 16.7 \text{ ℃}$$

(b)可计算出对应水面温度的饱和蒸汽压为:

$$e_s = 4.596 e^{\frac{17.27(35)}{237.3+35}} = 31.93 \text{ mmHg}$$

由于 $e_s > e_{air}$,根据道尔顿定律,蒸发作用将会从水体带走热量。

30.3.3　净吸收辐射

水体吸收两种来源的辐射和能量:来自太阳的短波辐射和来自大气的长波辐射。

太阳短波辐射。太阳辐射强度与下列因素有关:

·太阳高度角。太阳高度角与日期、一天中的光照时间和地球上所处位置有关。图 30-5 显示了对应不同纬度的太阳辐射季节变化趋势。图 30-6 给出一年中了夏至、冬至、春分和秋分的太阳辐射日变化趋势。

·散射和吸收。太阳光进入大气层时,光线会被灰尘散射和云层反射,同时被大气吸收。

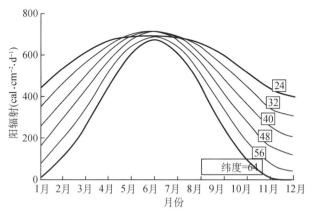

图 30-5　不同纬度地区的一年中每日太阳辐射总量

Kreider, 1982

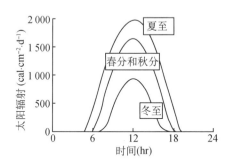

图 30-6　夏至(6 月 21 日)、冬至(12 月 21 日)、春分(3 月 21 日)和秋分(9 月 21 日)时,
北纬 40°N 处水面上的晴天太阳辐射昼夜变化趋势

数据来源:Kreider, 1982

·反射。太阳光到达水体表面后,水面反射作用导致部分辐射能量的散射。水面返回的辐射与到达水体表面总辐射的比值被定义为反射率。如图 30-7 所示,对于平静的水面而言,只有在太阳高度角较小时才会产生较大的辐射散射。此外,天气(晴天/阴天)和水面(如平静/风浪)状况也会影响反射率。

·遮荫。一些溪流位于深谷中,或沿岸被大树包围,这种情况遮荫作用大大降低了太阳辐射。

太阳辐射强度通常通过直接测量或公式计算得到。后者是关于时间、位置和等因素的函数。一些常用的公式可参考相关文献（Eagleson，1970；Bras，1990；Brown 和 Barnwell，1987 等）。

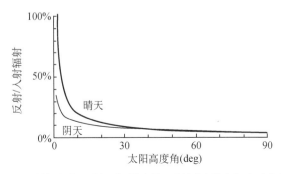

图 30-7　反射辐射与入射总辐射比值（反射率）随太阳高度角的变化

图中同时给出了晴天和阴天的曲线图（Brown 和 Barnwell，1987）

大气长波辐射。大气自身会散发长波辐射。长波辐射可基于修正的斯蒂芬-玻尔兹曼定律计算表征，

$$J_{an} = \sigma(T_{air} + 273)^4 (A + 0.031\sqrt{e_{air}})(1 - R_L)$$

斯蒂芬-玻尔兹曼　　　大气衰减　　　反射　　　　　　　　　　　　　（30-19）

　定律

式中：σ——斯蒂芬-玻尔兹曼常数，其取值为 4.9×10^{-3} J·(m²·d·K⁴)⁻¹ 或者
　　　　11.7×10^{-8} cal (cm²·d·K⁴)⁻¹；

　　　T_{air}——空气温度（℃）；

　　　A——经验系数（0.5～0.7）；

　　　e_{air}——空气蒸汽压（mmHg）；

　　　R_L——反射系数。

　　　公式中反射系数通常较小（$\cong 0.03$）。

30.3.4　与水体有关的项

水体长波辐射。水面的返回辐射也可采用斯蒂芬-玻尔兹曼定律计算，

$$J_{br} = \epsilon \sigma(T_s + 273)^4 \tag{30-20}$$

式中 ϵ 为水体的辐射系数（约为 0.97），T_s 为水面温度。由于水面通常不会发生完全的辐射反射，因此引入辐射系数予以修正。

传导和对流。之前介绍的所有热量交换项都与辐射有关。接下来介绍其余两种传热机制：对流/传导和蒸发/冷凝。这两种情况下的热传递都依赖于介质。

传导。是指当不同温度的物体接触时，热量从分子到分子的传递过程。因此，传导类似于前面在第 8 讲中描述的扩散传质。**对流**是指流体运动导致的热量随流体传递。

两种作用都会发生在空气-水界面处,可以表示为

$$J_c = c_1 f(U_w)(T_s - T_{air}) \tag{30-21}$$

式中,c_1 为鲍恩(Bowen)系数(≈ 0.47 mmHg·℃$^{-1}$)。$f(U_w)$ 项用来表示水面以上风速对热量传质的影响,其中 U_w 为水面上一定高度的风速。Bras (1990)综述了风速的作用效应。Edinger(1974)等建议采用 Brady、Graves 和 Geyer (1969)提出的公式:

$$f(U_w) = 19.0 + 0.95 U_w^2 \tag{30-22}$$

式中,风速为水面以上 7 m 处的测量值,单位为 m·s^{-1}。

蒸发和冷凝。 蒸发作用引起的热损失可以用道尔顿定律表征:

$$J_e = f(U_w)(e_s - e_{air}) \tag{30-23}$$

式中,e_s 为水面的饱和蒸汽压;e_{air} 为水面上方空气的蒸汽压(mmHg)。

30.3.5 总热量收支

将以上讨论的各项代入式(30-13):

$$
\begin{aligned}
J = &\underbrace{J_{sn}}_{\text{净辐射}} + \underbrace{\sigma(T_{air} + 273)^4 (A + 0.031\sqrt{e_{air}})(1 - R_L)}_{\text{大气长波辐射}} - \\
&\underbrace{\sigma(T_s + 273)^4}_{\text{水体的长波返回辐射}} - \underbrace{c_1 f(U_w)(T_s - T_{air})}_{\text{传导热损失}} - \underbrace{f(U_w)(e_s - e_{air})}_{\text{蒸发热损失}}
\end{aligned} \tag{30-24}
$$

基于式(30-24)计算的水面热通量,可进一步被代入完全混合湖泊的热量平衡模型中[式(30-12)]。如下文所述,由此得到的模型方程能够预测热量负荷和大气条件造成的水温响应。

30.4 温度模型

在建立了水面热量交换机理模型的基础上,可根据总热平衡模型来预测天然水体的温度。为简单起见,以下讨论聚焦于本讲开篇时介绍的简单完全混合湖泊。需要指出的是,这种方法也可以很方便地推广到诸如溪流和河口等的其他水体。

30.4.1 稳态模型

稳态条件下,对于图 30-2 所示的完全混合湖泊,可建立如下的热量平衡模型:

$$
\begin{aligned}
0 = &\frac{\rho C_p Q T_{in}}{A_s} + J_{sn} + \sigma(T_{air} + 273)^4 (A + 0.031\sqrt{e_{air}})(1 - R_L) - \frac{\rho C_p Q T_s}{A_s} - \\
&\sigma(T_s + 273)^4 - c_1 f(U_w)(T_s - T_{air}) - f(U_w)(e_s - e_{air})
\end{aligned}
$$

$$\tag{30-25}$$

【例 30-4】　稳态条件下完全混合湖泊的热量平衡

某湖泊具有以下参数：

体积 = 250 000 m^3

表面积 = 25 000 m^2

入流 = 出流 = 7 500 m$^3 \cdot$ d^{-1}

已知该湖泊的入流温度为 10 ℃，另外，与热量平衡计算相关的气象条件如下：

净太阳辐射 = 300 cal $\cdot$ cm$^{-2} \cdot$ d^{-1}

空气温度 = 25 ℃

露点温度 = 16.7 ℃

风速 = 3 m $\cdot$ s^{-1}

相对湿度 = 60%

计算稳态时的湖泊水温。

【求解】　分别计算出稳态热量平衡公式[式(30-25)]的各个源、汇项。

入流：

$$\frac{\rho C_p Q T_{\text{in}}}{A_s} = \frac{1(1)7\ 500 \times 10^6 (10)}{250 \times 10^6} = 300 \text{ cal} \cdot \text{cm}^{-2} \cdot \text{d}^{-1}$$

大气长波辐射：计算该项时需要首先估算 A 和 e_{air}。此处 A 值直接设定为先前建议值范围的中间值，即 $A = 0.6$。空气蒸汽压的计算结果如下

$$e_{\text{air}} = 0.6\left(4.596 e^{\frac{17.27(25)}{237.3 + 25}}\right) = 14.3 \text{ mmHg}$$

基于上述取值和其他已知参数值，可计算出大气长波辐射热量为：

$$\sigma(T_{\text{air}} + 273)^4 (A + 0.031)\sqrt{e_{\text{air}}}(1 - R_L)$$

$$= 11.7 \times 10^{-8}(25 + 273\text{K})^4 (0.6 + 0.031\sqrt{14.3})(1 - 0.03) = 642 \text{ cal} \cdot \text{cm}^{-2} \cdot \text{d}^{-1}$$

出流：

$$-\frac{\rho C_p Q T_s}{A_s} = -\frac{1(1)7\ 500 \times 10^6}{250 \times 10^6} T_s = -30 T_s$$

水体的长波返回辐射：

$$-\varepsilon\sigma(T_s + 273)^4 = -0.97(11.70 \times 10^{-8})(T_s + 273)^4 = -11.35 \times 10^{-8}(T_s + 273)^4$$

传导：首先，计算出风速对热量传质的影响，

$$f(U_w) = 19.0 + 0.95(3)^2 = 27.55$$

将上述计算值和其他参数值代入公式，可计算出传导作用的热量传质，

$$-c_1 f(U_w)(T_s - T_{\text{air}}) = -0.47(27.55)(T_s - 25) = -12.95(T_s - 25)$$

蒸发：首先计算出水的蒸汽压，

$$e_s = 4.596 e^{\frac{17.27 T_s}{237.3 + T_s}}$$

将上式和其他参数值代入式(30-18)后可求出,

$$-f(U_w)(e_s-e_{\text{air}})=-27.55\left(4.596e^{\frac{17.27T_s}{237.3+T_s}}-14.3\right)$$

将上述各项代入总的热量平衡方程中,

$$0=300+300+642-30T_s-11.25\times10^{-8}(T_s+273)^4-$$

$$12.95(T_s-25)-27.55\left(4.596e^{\frac{17.27T_s}{237.3+T_s}}-14.3\right)$$

对上述非线性方程进行数值求解,可求得 $T_s=17.3$ ℃。然后将求得的水温代入热平衡方程,从而可以计算出每一项的相对大小,计算结果如图 30-8 所示。

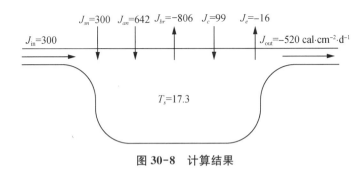

图 30-8　计算结果

30.4.2　非稳态模型

水面热量交换关系式[式(30-24)]也可代入式(30-12)中,从而得到非稳态条件下的热量平衡方程,

$$\frac{\mathrm{d}T_s}{\mathrm{d}t}=\frac{Q}{V}T_{\text{in}}+\frac{J_{sn}}{\rho C_p H}+\frac{\sigma(T_{\text{air}}+273)^4(A+0.031\sqrt{e_{\text{air}}})(1-R_L)}{\rho C_p H}-$$

$$\frac{Q}{V}T_s-\frac{\epsilon\sigma(T_s+273)^4}{\rho C_p H}-\frac{c_1 f(U_w)(T_s-T_{\text{air}})}{\rho C_p H}-\frac{f(U_w)(e_s-e_{\text{air}})}{\rho C_p H}$$

$$(30-26)$$

【例 30-5】　非稳态条件下完全混合湖泊的热量平衡

针对例 30-4 所示的同一湖泊,计算一年中不同月份的湖泊热量收支。表 30-4 给出了逐月的气象条件数据。

表 30-4　热量单位

月份	太阳辐射 (cal・cm⁻²・d⁻¹)	空气温度(℃)	露点温度(℃)	风速 (km・h⁻¹)
一月	169	8.3	2.8	11.6
二月	274	9.0	3.3	11.7

（续表）

月份	太阳辐射 ($cal \cdot cm^{-2} \cdot d^{-1}$)	空气温度(℃)	露点温度(℃)	风速 ($km \cdot h^{-1}$)
三月	414	13.5	4.9	16.4
四月	552	13.9	4.0	15.6
五月	651	21.8	5.3	16.6
六月	684	24.7	7.8	16.7
七月	642	29.4	11.8	12.7
八月	537	26.6	11.5	11.7
九月	397	24.9	7.7	14
十月	259	15.0	6.8	12.9
十一月	160	9.7	6.5	14.8
十二月	127	6.6	2.4	11.6

假设湖泊容积和流量均为恒定值,且入流温度保持在 10 ℃的恒定水平。

【求解】　在模拟计算之前,首先绘制一年中气象条件的变化曲线(图 30-9):

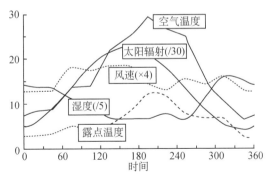

图 30-9　一年中气象条件变化情况

图 30-9 中绘制了相对湿度以及其他气象条件的变化情况。太阳辐射在第 167 天(6 月中旬)达到峰值,而空气温度和露点温度在大约 1 个月后的第 198 天(7 月中旬)达到峰值。春天风速较大,而到了秋天风速会减少。另外,相对湿度在冬季达到最大值。

在已知上述参数的基础上,可采用第 7 讲所述的四阶龙格-库塔法对方程进行求解。模拟结果如图 30-10 示。为了便于比较,图中还绘制了太阳辐射、入流温度、空气温度和露点温度等。可以看出,一年中水温的值与气温峰值出现的时间比较接近。相比之下,太阳辐射峰值出现的时间约早一个月。

最后,图 30-11 显示了热量平衡方程中各项的变化情况。可以看到吸收热量最大的项是大气辐射,而损失热量最大的项是水体的返回辐射。

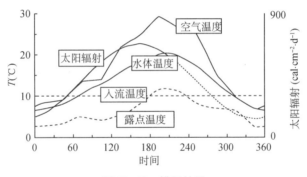

图 30-10 模拟结果

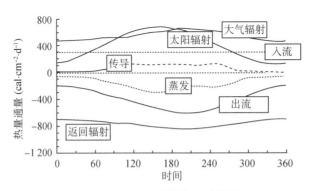

图 30-11 热量平衡的各项计算结果

习 题

30-1 一块 30 cm×10 cm×10 cm 的砖和 1 m³ 的水放置在一个 2 m³ 的容器中。该容器是完全绝热的,并且放入砖块后立即密封。若容器内砖、水和空气的初始温度分别为 50 ℃、10 ℃ 和 20 ℃,确定系统平衡时的温度。在达到平衡前后,砖、水和空气中所含的热量分别是多少?将计算结果以千卡路里(kcal)表示。

30-2 某热源的流量为 7 m³·s⁻¹,温度为 40 ℃。计划建设一个完全混合的冷却塘。假设 J=－200 cal·cm⁻²·d⁻¹,若要满足冷却塘的出口温度为 25 ℃,试确定其表面积大小。

30-3 若要满足例题 30.2 中的湖泊温度为 30 ℃,确定大气表面的净热通量。

30-4 若露点温度为 21 ℃,相对湿度为 30%,计算对应的空气温度。

30-5 若风速为 6 m·s⁻¹,重新计算例 30-4。

第 31 讲

热 分 层

> **简介：** 本讲描述了湖泊水温的垂直分布。之后阐述了如何基于垂向水温分布来量化湖泊等淡水系统的垂向输运。

湖泊的垂向热交换机制对水质模型具有双重意义。正如本书一再阐述的，温度对化学和生物反应速率具有显著影响。另外，温度的重要意义在于，它还可以作为水体输移研究的示踪剂。实际上，热量平衡是估算淡水系统中垂向混合速率的一个主要工具。在讲解这些内容之前，首先简要介绍湖泊水体中的季节性温度变化。

31.1　温带湖泊的热量机制

Hutchinson(1957)将温带湖泊定义为：冬季水温高于 4 ℃、热量梯度明显，以及在春季和深秋存在两个循环周期的湖泊。尽管其他类型的湖泊也可能受到严重污染[①]，但本书目前的讨论聚焦于温带湖泊，原因是世界上许多发达地区地处温带气候带。因此，许多温带气候的湖泊已经受到了污染。因此，大多数工程模型也是基于温带湖泊系统而研发的。

温带湖泊的热量机制主要是两个过程相互作用的结果：(1)通过湖泊水面的热传递和动量传递；(2)湖水重力作用产生的密度差异。随着一年中季节的更迭，由于受到前面章节描述的太阳辐射角、空气温度、相对湿度、风速和云量等多种因素的影响，热传递使得湖泊表面温度升高或降低。湖面风应力造成表层水体的混合，并将热量和能量传递到下部水体。但是，这种混合程度会受到水体浮力的抑制，原因是湖内温度变化造成了不同深度的湖水密度不同(图 31-1)。因此，密度高的湖水分布在湖泊底层，而密度低的湖水分布在湖泊上层。

例如，图 31-2 显示了安大略湖 8 月份的湖水水温。图中表层湖水的温度为 18 ℃、密度为 0.998 6 g·cm^{-3}，而深层湖水的温度为 4 ℃、密度为 1.000 0 g·cm^{-3}。虽然密度差异似乎很小，但是若要使水体垂向充分混合需要相当大的能量去克服重力做功，从

---

① 例如，从不混合(amictic)或不完全混合(meromictic)的湖泊对污染输入非常敏感。另外，随着世界上热带地区城市化和工业化的不断发展，许多非温带区域的湖泊面临着严重的水质问题压力。虽然本讲中的一些方法可为这类系统的模拟提供借鉴，但对于非温带地区湖泊的模拟还需进一步研究。

而使得底层密度高的湖水与表层密度低的湖水混合起来。这些能量可以由风应力来提供。一方面浮力作用会减弱水体紊动混合效应,另一方面风力会增加紊动效应。这两个因素之间的相互作用可以用无量纲参数理查德森数(Richardson Number)来定量表示。理查德森数其表示浮力与剪切力的比值,即:

$$R_i = 浮力 / 剪切力 \frac{(g/\rho)(\partial \rho / \partial z)}{(\partial u / \partial z)^2} \tag{31-1}$$

式中:z——水深(L),向下表示正方向(即水深增加);

$\quad\quad g$——重力加速度($L \cdot T^{-2}$);

$\quad\quad \rho$——流体密度($M \cdot L^{-3}$);

$\quad\quad \partial \rho / \partial z$——密度随水深的梯度($M \cdot L^{-4}$);

$\quad\quad \partial u / \partial z$——水平速度随水深的梯度或剪切力。

若 R_i 显著大于临界值(~ 0.25),那么水体处于比较稳定的分层状态;若 R_i 明显小于 0.25,则表明相对于分层作用而言存在强烈的剪切应力作用,从而使得水体表层和底层之间发生混合。

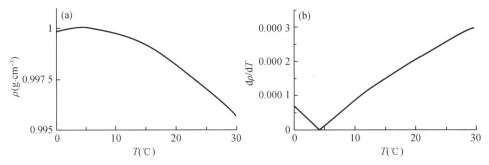

图 31-1　(a)密度 ρ(g · cm^{-3})和(b)单位温度的密度变化速率(g · cm^{-3} · ℃$^{-1}$)与温度(℃)的关系曲线

注意,水在 4 ℃时密度最大

　　图 31-2 描绘了安大略湖泊水温垂向分布的季节变化特点。虽然该湖很深,但其热力学机制具有许多小型温带湖泊的特征。在春天冰层融化后的一段时间,整个湖泊的水温会上升到 4 ℃(水体的密度最大)或者在 4 ℃附近波动。该温度时的湖泊表面热量输入和输出对湖水密度差的影响不大[图 31-1(b)],因此较小的风应力就能使得水体充分混合。根据理查德森数,由于浮力(分子项)较小,因此较小的应力项(分母项)就足以使得 R_i 在临界水平以下。

　　随着春天的持续,太阳辐射增加、空气温度上升,这使得近表层的水体发生热分层现象。但是,此时的密度梯度不够大也不够深,大的风浪就可以造成水体的垂向混合。在春末夏初时段,表层水体的持续升温达到一个临界点,这时混合作用仅发生在上层水体。从理查德森数的角度分析,流体已经达到了一个临界点:由于湖水密度梯度非常大,即使大的风浪也不会使 R_i 低于稳定性。在此阶段,湖泊处于稳定分层状态。这种稳定分层使得湖泊存在三种热力学状态:上层的变温层、底层的均温层,以及两层之间温度梯度较大的狭窄区域—**温跃层**或**斜温层**①。

仲夏期间，湖泊水面的每日净热量通量较低。虽然温跃层逐渐加深，但是水体表层和底层之间的密度梯度仍然较大且相对稳定。尽管存在着穿过温跃层的热量和动量输移，但是这种输移作用较弱，水体上下两层的交换处于最低水平。

在夏末和秋季，受到空气温度降低的显著影响，湖泊中产生了热量净损失。随着水面温度降低，表征水体密度比均温层下部的水体密度更大。此时湖泊处于非稳定状态，在垂向上会发生强烈的对流混合。加之秋季风力增加，施加于水面的风应力会对斜温层造成扰动，从而使得温跃层作用面下沉。随着湖泊水温进一步降低，将会达到一个临界点：此时逐步变深的表层水体密度比底层水体密度更大，从而造成了湖泊的垂向完全混合。这一现象被称为**秋季翻转**。

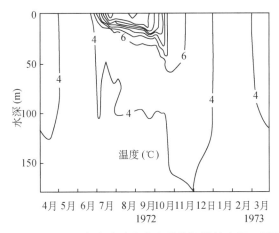

图 31-2　1972—1973 年安大略湖湖心站等温线的水深-时间图(℃)

随着冬季气温的降低，湖泊的完全混合和热量损失会持续下去。在某些情况下，水面温度会降低到 4 ℃以下。由于 4 ℃以下水的密度反而变小，会发生逆分层现象[图 31-1(a)]。如果湖面结冰，这种逆分层现象会更加明显。

综上，温带湖泊的季节性变化即反映在时间尺度上，也反映在空间尺度上。时间尺度上湖泊的循环包括两个阶段：显著分层的夏季期间和强烈垂向混合的非分层期间。空间上夏季的垂向分层可看作是由温跃层界面(此处垂向混合最小)分割开来的上下两层。这些表征为温带湖泊垂向热量和质量分布的实际场景模拟奠定了基础。

31.2　垂向输移估算

在先前的讲座中(例如第 8 讲和第 15 讲)，已经介绍了如何基于保守性物质如氯化物的梯度来估计水平扩散。由于温带湖泊的季节性温度梯度较大，垂向模型中热量具

① 术语"温跃层"或"斜温层"用来表征水温急剧变化的湖泊水层；这两个术语可互换使用。斜温层是一个真正的水层，而温跃层实际是穿过垂向温度下降梯度最大点的一个平面分界面。

有类似的扩散效应。此外,如同污染物随水流输移一样,水体中的热量和质量也会随着水流运动而产生输移。虽然这种类比对于大颗粒物质或稠密溶液并不完全准确,但对于大多数污染物可以提供良好的初步近似。

可以采用与前面讲座中类似的方法,建立热量收支方程。此处考虑最简单的情形,即温带湖泊在仲夏时期的垂向分层。在此时期(图 31-2),变温层和均温层的温度非常均匀,而主要的温度梯度存在于温跃层。虽然在此阶段温跃层会加深,我们假定这一下降过程是非常缓慢的甚至难以察觉。针对该情形可以建立一个简单的概化模型,即湖泊由两个完全混合且厚度恒定的上部变温层和下部均温层组成;上下两层水体由温跃层界面进行分割,在该界面上存在垂向扩散传质(图 31-3)。因此斜温层水层在模型中没有被予以考虑,而是将温跃层平面作为上部和下部水体之间的界面。对于该系统,湖泊变温层和均温层的热量平衡方程可以分别表示为:

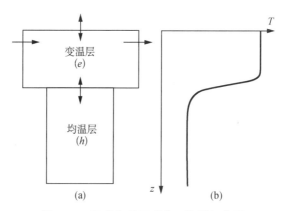

图 31-3　温带湖泊夏季分层期的概化图

(a)湖泊水体被划分为完全混合的变温层和均温层,对应于(b)中的垂向温度分布

$$V_e \rho C_p \frac{\mathrm{d}T_e}{\mathrm{d}t} = Q\rho c_p T_{\mathrm{in}}(t) - Q\rho C_p T_e \pm J A_s + v_t A_t \rho C_p (T_h - T_e) \quad (31\text{-}2)$$

$$V_h \rho C_p \frac{\mathrm{d}T_h}{\mathrm{d}t} = v_t A_t \rho C_p (T_e - T_h) \quad (31\text{-}3)$$

式中,下标 e 和 h 分别表示变温层和均温层;T 为水温(℃);ρ 为密度(g・cm^{-3});C_p 为比热(cal・g^{-1}・℃$^{-1}$);Q 为系统所有各种来水的总流量(g・cm^{-3});$T_{\mathrm{in}}(t)$ 为所有各种来水的入流平均温度(℃);A_s 为湖泊表面积(cm^2);J 为表面热通量(cal・cm^{-2}・d^{-1});v_t 为温跃层传热系数(cm・d^{-1});A_t 为温跃层面积(cm^2)。

需要指出的是,通过温跃层的热量传质可以用垂向扩散系数 E_t 概化,其中 E_t 的单位为 cm^2・d^{-1}。E_t 与传热系数的关系式可表示为:

$$E_t = v_t H_t \quad (31\text{-}4)$$

式中 H_t 为温跃层厚度(cm)。这一关系式可用于比较垂向混合与其他紊动过程的相对大小。但该公式也存在着一个缺点,即需要首先明确温跃层的厚度。

式(31-3)可以用来估算温跃层的传热系数。为此,假设在夏季分层期间,变温层温度是恒定的(图31-4)。如果这一假设成立,那么等式(31-3)可以表示成:

$$\frac{dT_h}{dt} + \lambda_h T_h = \lambda_h \overline{T}_e \tag{31-5}$$

式中 $\overline{T}_e$ 表示变温层温度是恒定的;λ_h 表示均温层的特征值:

$$\lambda_h = \frac{v_t A_t}{V_h} \tag{31-6}$$

式(31-5)在形式上与第4讲中阶跃式负荷输入的完全混合湖泊模型是相同的。若夏季期间开始时的均温层温度为 $T_{h,i}$,式(31-5)的解析解为:

$$T_h = T_{h,i} e^{-\lambda_h t} + \overline{T}_e (1 - e^{-\lambda_h t}) \tag{31-7}$$

对式(31-7)进行变化,还可以估算温跃层的热量交换系数(Chapra,1980):

$$v_1 = \frac{V_h}{A_t t_s} \ln\left(\frac{\overline{T}_e - T_{h,i}}{\overline{T}_e - T_{h,s}}\right) \tag{31-8}$$

式中,t_s 为湖泊分层后的时间,此时对应的均温层湖水温度为 $T_{h,s}$。

【例31-1】 温跃层传质系数

安大略湖在7月、8月和9月会发生强烈的分层现象。在此期间,温跃层位于约水下15米的深度。该时间段变温层的平均水温约为16.74 ℃,温跃层表面积约为15 000×10⁶ m²。均温层(体积为1 380×10⁹ m³)的温度从7月初的4.20 ℃上升到9月底的5.38 ℃(表31-1)。利用式(31-8)估计温跃层的传热系数,另外,若 $H_t = 7$ m,计算温跃层的扩散系数。

表 31-1 安大略湖变温层(0～15 m)和均温层(从15 m深度到水底)的
月均水温(Chapra 和 Reckhow, 1983)

月份	T_e(℃)	T_h(℃)	月份	T_e(℃)	T_h(℃)	月份	T_e(℃)	T_h(℃)
12 月	5.47	5.18	5 月	3.91	3.20	10 月	11.29	5.64
1 月	3.18	3.30	6 月	8.86	4.05	11 月	7.92	5.68
2 月	0.89	2.00	7 月	15.58	4.35	12 月	5.47	5.18
3 月	1.55	2.04	8 月	18.56	4.61	1 月	3.18	3.30
4 月	2.06	2.04	9 月	17.74	5.12			

【求解】 根据公式(31-8)可以求得:

$$v_t = \frac{1\ 380 \times 10^{15}\ cm^3}{15\ 000 \times 10^{10}\ cm^2 (90\ d)} \ln\left(\frac{16.74 - 4.20}{16.74 - 5.38}\right) = 10.1\ cm \cdot d^{-1}$$

据此可以计算出垂向扩散系数:

$$E_t = 10.1 \text{ cm} \cdot \text{d}^{-1}(700 \text{ cm})\left(\frac{\text{d}}{86\ 400\ \text{s}}\right) = 0.082 \text{ cm}^2 \cdot \text{s}^{-1}$$

基于上述系数值与式(31-7),可计算出均温层温度和响应时间。首先,根据式(31-6)求得特征值为:

$$\lambda_h = \frac{10.1(15\ 000 \times 10^{10})}{1\ 380 \times 10^{15}} = 0.001\ 087 \text{ d}^{-1}(=0.397 \text{ yr}^{-1})$$

然后根据式(31-7)可以计算出:

$$T_h = 4.2\text{e}^{-0.001\ 087t} + 16.75(1 - \text{e}^{-0.001\ 087t})$$

将基于该公式的计算结果作图,如图31-4示。可以看出,7~9月间水温变化的拟合结果呈线性关系,原因是均温层的响应时间很长,即:

$$t_{95} = \frac{3}{\lambda_h} = \frac{3}{0.397} = 7.6 \text{ yr}$$

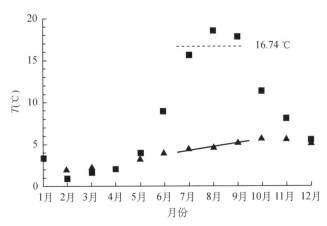

图 31-4 1967 年安大略湖的变温层和均温层月均水温变化图

夏季分层期的变温层平均水温用虚线表示;模拟的均温层水温用实线表示(Thomann 和 Segna,1980)

传质系数也可以用来计算物质在温跃层的垂向质量传质。以安大略湖为例,夏季期间变温层和均温层中的溶解性活性磷浓度分别约为 3.1 和 8.6 μg $\cdot$ L^{-1}。可以估算出均温层向变温层的质量传质为:

$$10.1 \text{ cm} \cdot \text{d}^{-1}(15\ 000 \times 10^{10} \text{ cm}^2)(8.6 - 3.1)\text{mg} \cdot \text{m}^{-3}\left(\frac{\text{m}^3}{10^6 \text{ cm}^3}\right)\left(\frac{365 \text{ d}}{\text{yr}}\right)\left(\frac{\text{mta}}{10^9 \text{ mg} \cdot \text{yr}^{-1}}\right)$$

$$= 3\ 001 \text{ tonnes} \cdot \text{yr}^{-1}$$

已知进入安大略湖的外源总磷负荷量 12 000 吨/年。与其进行比较,可以发现通过温跃层向变温层的扩散传质约相当于外源负荷的 25%。这个结论对于生长季节的湖泊上部水层浮游植物生产管理具有重要意义。

Snodgrass(1974)总结了一系列湖泊的温跃层扩散系数 E_t。他的研究表明温跃层扩散系数与平均深度呈正相关关系(图 31-5),其数值范围在 $0.003\sim2.4\ \mathrm{cm^2\cdot s^{-1}}$ 的几个数量级之间变化。从图中可以推导出以下公式:

$$E_t=7.07\times10^{-4}H^{1.1505} \tag{31-9}$$

式中,E_t 的单位是 $\mathrm{cm^2\cdot s^{-1}}$;$H$ 为平均水深(m)。当已知斜温层的大致厚度时,图 31-5 或式(21-9)可初步估算出湖泊的温跃层扩散系数。

在估算出温跃层扩散系数的基础上,可以相对容易地将双层湖泊模型与前一讲中给出的水面热交换模型进行耦合。

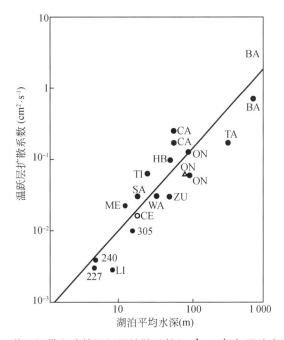

图 31-5　若干温带湖泊的温跃层扩散系数($\mathrm{cm^2\cdot s^{-1}}$)与平均水深关系图

根据 Snodgrass(1974)的数据和其他湖泊(安大略湖(△)和伊利湖中部(○))的数据重新绘制

【例 31-2】　非稳态情形下分层湖泊的热量平衡。

针对例 30-4 和例 30-5 所示的同一湖泊,计算一年间水体温度的变化情况。其他特征参数信息如下:

$$V_e=175\ 000\ \mathrm{m^3}\quad A_t=11\ 000\ \mathrm{m^2}\quad A_s=25\ 000\ \mathrm{m^2}$$

$$V_h=75\ 000\ \mathrm{m^3}\qquad H_t=3\ \mathrm{m}$$

假设空气与水体之间的热量交换仅发生在变温层。利用式(31-9)来确定夏季分层期间(4 月 1 日至 9 月 30 日)的温跃层传热系数。另外假设湖泊在冬季不发生分层。

【求解】　首先,须确定温跃层的传热系数。为此需要求出湖泊的平均水深,即:

$$H=\frac{V}{A_s}=\frac{250\ 000}{25\ 000}=10\ \mathrm{m}$$

然后,利用式(31-9)可计算出扩散系数:

$$E_t = 7.07 \times 10^{-4}(10)^{1.150\,5} = 0.01 \text{ cm}^2 \cdot \text{s}^{-1}$$

由此计算出温跃层的传热系数为：

$$v_t = \frac{E_t}{H_t} - \frac{0.01 \text{ cm}^2 \cdot \text{s}^{-1}}{3 \text{ m}}\left(\frac{\text{m}^2}{10\,000 \text{ cm}^2}\right)\left(\frac{86\,400 \text{ s}}{\text{d}}\right) = 0.028\,8 \text{ m} \cdot \text{d}^{-1}$$

在不分层时期,若要模拟完全混合系统,则需要足够大的传质系数。该系数值的大小可通过试错法估计。

式(31-2)和式(31-3)可以采用第 7 讲介绍的四阶龙格-库塔法进行数值求解。计算结果如图 31-6 所示。图中还对比展示了例 30-5 中单层模型的计算结果。可以看出,单层模型的温度模拟值介于双层模型的上下两层温度模拟值之间。正如预期的那样,由于受到气象条件的影响,分层期间变温层水温高于均温层水温。

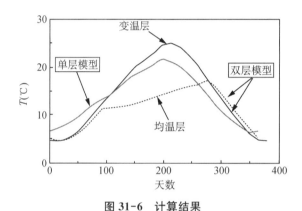

图 31-6　计算结果

31.3　多层热平衡（高级主题）

尽管前面章节中的分层模拟方法得到了广泛应用,一维分布式模拟方法也引起了关注,其主要原因是均温层处于不完全混合状态。事实上,一维模型能够更精准地模拟扩散引起的湖泊垂向热量交换。

然而这种分布式模拟方法对无生产力或很深的系统而言,可能作用不大〔图 31-7(a)〕。对于这类系统,均温层中物质组分的垂向梯度可能并不明显。因此,底层水体的完全混合假定能够满足模拟需要。

但是,对于水深较浅和高生产力的系统,分层期间均温层会出现明显的梯度变化〔图 31-7(b)〕。大多数情况下,这种梯度变化是底泥中物质组分的释放造成的。由于均温层主要受扩散作用控制,沉积物源项造成了浓度的上升。因此,首先是在沉积物-水界面附近浓度较高,之后缓慢地向上覆水中扩散。此时需要通过分布式模型来模拟这种梯度效应以及由此导致的质量传质。

温度的垂向分布模拟有两种方法。第一种是基于紊动扩散法〔图 31-8(a)〕。通过将垂向划分成若干计算单元来进行数值求解。热量首先输送到水体表面,然后再通过

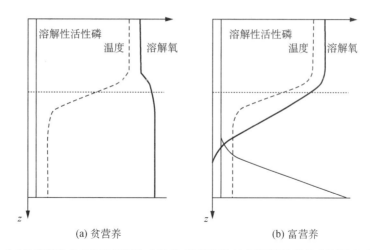

图 31-7 (a)贫营养和(b)富营养湖泊中温度、溶解氧和溶解性活性磷的典型温度垂向分布图

对于贫营养系统,沉积物源不足以使底层水体产生垂向梯度。相比之下,富营养系统中通常有消耗氧气和释放营养盐的高生产力沉积层。因此,该系统通常会出现明显的垂向梯度

扩散作用沿水深传输;类似于本书前面章节中描述的分布式模型(例如第二部分描述的狭长式反应器系统)。

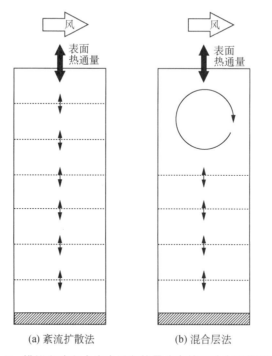

图 31-8 模拟湖泊和水库中垂向热量分布的两种主要模型对比

第二种方法称之为混合层法[图 31-8(b)],采用机理性的能量平衡模型来预测变温层的水深。将变温层作为完全混合系统模拟,而均温层则被划分为一系列计算单元后,通过紊动扩散法进行模拟。

鉴于紊流扩散法较为简单，以下聚焦于该方法的讨论。水体中的一维热量平衡可表示为：

$$\frac{\partial T}{\partial t} = \frac{\partial}{\partial z}\left[E(z)\frac{\partial T}{\partial z}\right] + \frac{J_{sn}(z)A_s}{\rho C_p} \tag{31-10}$$

式中：T——温度；

z——水深，即从水面向下的深度；

$E(z)$——垂向紊动扩散系数；

$J_{sn}(z)$——沿水深变化的净太阳辐射；

A_s——表面积；

ρ——水体密度；

C_p——水的比热。

考虑到太阳辐射随水深变化，可根据下面公式计算：

$$J_{sn}(z) = (1 - F_a)J_{sn}e^{-k_e z} \tag{31-11}$$

式中：F_a——水面立即吸收的太阳辐射比例；

J_{sn}——到达水体表面的净太阳辐射；

k_e——消光系数。

水面和底部的边界条件分别设定为：

$$-E(0)\frac{\partial T}{\partial z} = \frac{J_{sn} - (1 - F_a)J_{sn}}{\rho C_p} \tag{31-12}$$

$$\text{以及}\qquad \frac{\partial T}{\partial z}(H) = 0 \tag{31-13}$$

第一个边界条件明确了空气-水界面的热通量。第二个边界条件设定了底部的绝热条件。

另外从公式(31-11)中可以看到，一部分太阳辐射在水面几厘米内被吸收。其余部分太阳辐射沿水深传递的过程中，以指数衰减形式被水体逐渐吸收。

至此，上述构建的模型只是说明了可以通过混合作用来表征水体的垂向热量分布。模拟分层的关键在于考虑垂向扩散系数沿水深的变化，对此已经建立了很多种方法。Munk 和 Anderson(1948)模型是最早建立的方法之一。该模型假定扩散系数是理查德森数的函数：

$$E(z) = \frac{E_0}{(1 + aR_i)^{3/2}} \tag{31-14}$$

式中：E_0——中性稳定条件下的扩散系数；

R_i——理查德森数；

a——常数。

已有很多公式将 E_0 表达为关于水深和风速的函数。其中最简单的公式为：

$$E_0 = c\omega_\theta \tag{31-15}$$

式中，c 为经验常数，ω_θ 为风应力引发的水流速度：

$$\omega_\theta = \sqrt{\frac{\tau_s}{\rho_w}} \tag{31-16}$$

式中，ρ_w 为水的密度；τ_s 为空气-水界面的剪切应力：

$$\tau_s = \rho_{air} C_d U_w^2 \tag{31-17}$$

式中：ρ_{air}——空气密度；

C_d——拖曳系数，$C_d = 0.00052\, U_w^{0.44}$；

U_w——风速。

除了公式(31-1)，还可以使用其他公式来计算理查德森数。例如：

$$R_i = \frac{-(g/\rho)(\partial p/\partial z)}{w_\theta/(z_s - z)^2} \tag{31-18}$$

式中 z_s 为水面高度(m)。

尽管上述公式[式(31-15)～式(31-18)]看起来比较完整且可以独立运算，但其最终目的还是为了代入式(31-14)中求解沿水深变化的扩散系数。本质上，式(31-14)分子项表示风应力引起的水面动能。因此，正如所预料的那样，湖内垂向扩散系数随着风速的增加而增加。而随着理查德数的增加，扩散系数会随之减小。因此，随着密度梯度的增加或速度梯度的降低，扩散系数会随之减小，相应水体会发生分层现象。

前文介绍了湖泊垂向水温模型，并综述了模拟这种现象的诸多公式中的一种形式（即 Munk 和 Anderson(1948)模型）。更多的知识内容可参阅 Ford 和 Johnson(1986)、Henderson-Sellers (1984)的研究工作。

习 题

31-1 某湖泊具有如下特征参数：

变温层体积＝150 000 m³   温跃层面积＝10 000 m²

均温层体积＝50 000 m³   入流量＝出流量＝5 000 m³·d⁻¹

表面积＝25 000 m²   温跃层厚度＝3 m

已知该湖泊的入流温度为 10 ℃，并且上下两层发生热量交换。另外，该系统的气象条件如下所示：

净太阳辐射＝250 cal·cm⁻²·d⁻¹   露点温度＝15 ℃

空气温度＝20 ℃   风速＝2 m·s⁻¹

计算达到稳定状态时的变温层和均温层水温。

31-2 1967—1972 年的夏季分层期间，伊利湖的中央盆地具有如下一般性特征：

平均水深＝17.8 m   均温层厚度＝4 m

均温层体积＝40 km³   变温层温度＝19.94 ℃

温跃层面积＝10 000 km²   变温层溶解氧含量＝9.66 mg · L⁻¹

温跃层厚度＝7 m   总磷浓度＝20 µg · L⁻¹

另外,从水温和溶解氧的时间变化曲线中抽取了以下数据:

	6 月 1 日	9 月 2 日
均温层温度(℃)	7.77	12.5
均温层溶解氧含量(mg · L⁻¹)	10.72	0.60

(a) 试计算温跃层的扩散系数(单位:cm² · s⁻¹),并将其与 Snodgrass 图中的数据进行比较。

(b) 试计算:

(ⅰ) 表观的 AHOD(单位:g · m⁻² · d⁻¹);

(ⅱ) 基于扩散系数修正的实际 AHOD(单位:g · m⁻² · d⁻¹);

(ⅲ) 基于 AHOD 与总磷浓度的经验公式,计算 AHOD(单位:g · m⁻² · d⁻¹)。

(c) 比较和讨论(b)中的计算结果。

31-3 基于某湖泊特征参数,使用四阶龙格-库塔法计算均温层的温度。已知夏季分层期间的温跃层扩散系数为 0.01 cm² · s⁻¹,另外假定湖泊在冬季不会发生分层现象。变温层温度参照下面的数据。

参数	数据	单位
湖泊表面积	25 000	m²
温跃层面积	11 000	m²
变温层体积	175 000	m³
均温层体积	75 000	m³
温跃层厚度	3	m
变温层厚度	7	m
均温层厚度	6.8	m
入流量＝出流量	274×10⁴	m³ · yr⁻¹
夏季分层期起始时间	120	d
分层期结束时间	290	d

第 32 讲

微生物-基质模型

简介:本讲描述了如何根据基质浓度水平模拟微生物生长过程。在概述细菌生长和微生物分解的基础上,给出了米-门速率方程并阐述了如何利用数据估计其参数值。之后讲解了如何将米-门方程应用于模拟间歇式反应器和 CSTR 中的细菌生长过程。在此基础上介绍了冲洗速率这一概念。最后,介绍了如何将该理论应用于营养物质受限情形下的藻类生长模拟。

已有许多理论用来模拟诸如细菌之类的微生物如何分解有机碳。尽管这一理论主要是用来模拟污水处理过程,但是它与天然水体水质模型建模也有很大的相关性。尤其是它与后面讲座将要讨论的藻类模型有关。

微生物动力学除了可用于藻类模型建模,在水质模型建模中还有其他应用。首先,它提供了一种对传统的一级衰减细菌模型(见第 27 讲)的替代方法。尤其是该方法耦合了生长动力学过程,从而能够对病原体模型进行改进。其次,提出了一种表征常规和毒性污染物模型中微生物分解有机物的理论模式。

32.1 细菌生长

假设某间歇式反应器最初包含了大量可生物降解的有机碳和少量细菌。如图 32-1 所示,随着时间的延长,细菌的数量通常会表现出四个阶段:

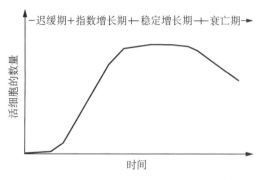

图 32-1 间歇式反应器中细菌的典型生长曲线

- 迟缓期。当细菌添加到反应器后,通常需要一段时间才能使细菌适应新的环境。

- 指数(或对数)增长期。在细菌细胞适应环境后,由于基质(食物)充足,他们通常以最大速率生长。该最大速率仅取决于它们吸收基质的能力。由于细胞以二分裂的方式生长,因此其数量符合指数增长模型。

- 稳定生长期。随着用于细菌生长的营养物质消耗殆尽,细菌增长最终趋于平稳。此时新细胞的增长速度与旧细胞的死亡速度达到平衡,净增长变为零。环境因素如细菌产生的有毒代谢副产物,可能会加速这一过程。

- 衰亡期。随着细菌继续繁殖,死亡的细胞数量最终会超过增加的数量,从而细胞数量逐渐下降。

针对图 32-1 所示的细菌生长过程,首先可以用以下质量平衡式进行简化表征:

$$\frac{\mathrm{d}X}{\mathrm{d}t} = (k_g - k_d)X \tag{32-1}$$

式中:X ——细菌浓度(细胞数 L^{-1});

k_g ——细菌生长速率(h^{-1});

k_d ——细菌死亡速率(h^{-1})。

因此,细菌种群的状况是由生长和死亡的平衡决定的。

需要提醒的是,在上述的简化表达方式中,增长率和死亡率不一定为常数。但是,如果增长速率恒定且死亡速率可以忽略不计,那么方程(32-1)可以恰当地模拟细胞生长的指数增长期。同样,如果死亡率为恒定值且远大于增长率,则该模型可以近似于细胞生长的衰亡期。进一步,若生长速率与食物供应有关,那么该模型可从指数生长模拟拓展到基质耗尽时的稳定生长期过程模拟。

在接下来的章节,我们的关注重点将从指数增长期转向受基质限制的增长段。为此将讨论如何对受基质限制的细菌生长进行模拟。

32.2 基质对细菌生长的限制

细菌增长率和基质浓度之间的关系可通过以下经验模型来描述:

$$k_g = k_{g,\max} \frac{S}{k_s + S} \tag{32-2}$$

式中,$k_{g,\max}$ ——食物充足情况下的最大生长率(h^{-1});

S ——基质浓度($mg \cdot L^{-1}$);

k_s ——半饱和常数($mg \cdot L^{-1}$)。

该模型有时被称作米凯利斯-门顿(Michaelis-Menten)模型,是依据酶反应动力学方程理论建立的。在诺贝尔奖获得者微生物学家雅克·莫诺德(Jacques Monod)率先将其用于模拟微生物生长之后,它也被成为莫诺德模型。

如图 32-2 所示,半饱和常数代表细菌最大生长速率一半时的基质浓度。因此,它表示了细菌生长开始受到限制时的对应基质浓度水平。在基质浓度较低的条件下

$(S \ll k_s)$，增长率与基质供应量成正比：

$$k_g \cong \frac{k_{g,\,\max}}{k_s} S \tag{32-3}$$

相应，式(32-1)中的生长过程变成二级反应形式。

在高基质浓度水平下 $(S \gg k_s)$，增长率变为恒定值且与基质浓度无关：

$$k_g \cong k_{g,\,\max} \tag{32-4}$$

相应，式(32-1)中的生长过程变为一级反应形式。如图 32-2 所示，增长率达到恒定时的基质浓度大约是半饱和常数的 5 倍。因此，式(32-2)中的生长速率随着基质浓度的充足或者缺乏而相应进行变化。

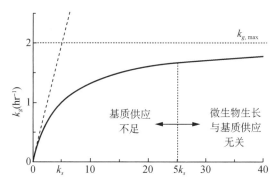

图 32-2　基于米-门或莫诺德模型的微生物生长速率与基质浓度关系曲线

图中，$k_{g,\,\max} = 2\ \mathrm{h}^{-1}$，$k_s = 5\ \mathrm{mg} \cdot \mathrm{L}^{-1}$

在继续学习之前，我们应该思考一下米-门公式与我们之前介绍的反应动力学模型有何根本不同。除了第 2 讲中提到的零级和二级反应之外，迄今为止几乎所有的反应都是一级反应。对于溶解氧模型中的污染物降解模拟，一级反应是一个有效的表征。

但是，对于微生物生长过程的模拟而言，无限的一级生长就变得不足。此时，米-门公式可以将生长限制（基质供应）纳入模型动力学。在接下来要讨论的富营养化模型中也需要引入这种限制性因素，以反映自然界中有限资源对生长的约束作用。

32.2.1　参数估计

在第 2 讲中，介绍了一系列用来估算简单反应速率参数的方法。这些方法同样可以用来对米-门公式的参数进行估计。许多方法的出发点是将公式(32-2)转换为线性表达形式。一种最早期的方法是将式(32-2)两边的分子和分母取倒数，即

$$\frac{1}{k_g} = \frac{k_s}{k_{g,\,\max}} \frac{1}{S} + \frac{1}{k_{g,\,\max}} \tag{32-5}$$

因此，如果米-门模型成立，则 $1/k_g$ 对 $1/S$ 作图会产生一条截距为 $1/k_{g,\,\max}$、斜率为 $k_s/k_{g,\,\max}$ 的直线。进一步，采用线性回归来可以确定系数的估计值。这种方法称为莱恩威弗-柏克（Lineweaver-Burk）作图法。

另一种线性化方法是将公式(32-5)两边同乘以基质浓度,由此得出

$$\frac{S}{k_g} = \frac{1}{k_{g,\,max}} S + \frac{k_s}{k_{g,\,max}} \tag{32-6}$$

该式称为哈内斯(Hanes)方程。S/k_g 对 S 作图会产生一条截距为 $k_s/k_{g,\,max}$、斜率为 $1/k_{g,\,max}$ 的直线。

第三种方法是将式(32-2)两边同乘以 $(k_s+S)/S$,从而得到

$$k_g = k_{g,\,max} - k_s \left(\frac{k_g}{S}\right) \tag{32-7}$$

该式称为霍夫斯泰(Hofstee)方程。k_g 对 k_g/S 作图会产生一条截距为 $k_{g,\,max}$、斜率为 $-k_s$ 的直线。

最后,除了公式线性化方法外,积分/最小二乘法等数值方法(参阅第 2.2.6 节)也可用于系数估计。下面的例题展示了所有方法的应用。

【例 32-1】 米-门模型的参数估计

以下数据是从式(32-2)得到的,其中 $k_{g,\,max}=2$,$k_s=5$。在求得 k_g 的基础上,可对其进行正负误差 0.1 的修正。

采用莱恩威弗-柏克,哈内斯和霍夫斯泰转换以及积分/最小二乘法,对方程式(32-2)的参数进行估计(表 32-1)。

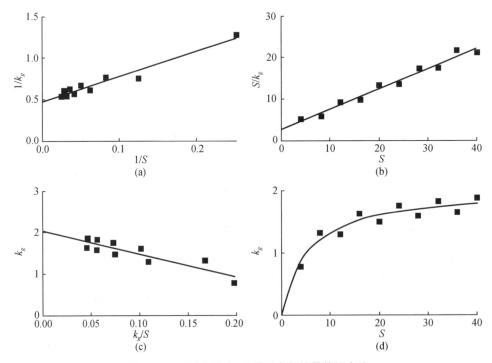

图 32-3 四种估计米-门模型参数的最佳拟合线

(a) 莱恩威弗-柏克;(b)哈内斯法;(c)霍夫斯泰法;(d)积分/最小二乘法

表 32-1 参数

S	k_g	S	k_g	S	k_g
4	0.788 9	20	1.500 0	36	1.656 1
8	1.330 8	24	1.755 2	40	1.877 8
12	1.311 8	28	1.597 0		
16	1.623 8	32	1.829 7		

【求解】 采用莱恩威弗-柏克法绘制 $1/k_g$ 对 $1/S$ 的图形。如图 32-3(a)所示,通过线性回归的方式可以拟合出一条直线,其最佳拟合方程为:

$$\frac{1}{k_g} = 3.031 \frac{1}{S} + 0.472$$

由此可以得出:

$$k_{g,\,max} = \frac{1}{0.472} = 2.117$$
$$k_s = 2.117(3.031) = 6.418$$

采用类似的方式可给出其他方法的数据拟合图,如图 32-3(b)和图 32-3(c)所示。也可使用与例 2-3 类似的方法,基于积分最小二乘法给出数据拟合图如图 32-2(d)所示。表 32-2 汇总了所有方法的参数估计值。

上面的计算案例显示了各种方法的优缺点。在四种方法中,莱恩威弗-柏克法的拟合效果最差。这是因为大部分数据点(即 S 值较高的点)聚集在原点附近;相比之下,那些波动性大的数据点远离原点,因此会对拟合线的斜率产生负面影响。相应,k_s 值的估算效果相对最差。

哈内斯变换法将数据点沿横坐标分散开来,因此具有相对较好的斜率估计值。但是,当截距趋近于原点时,会导致拟合效果较差。因为哈内斯模型的参数估计准确度取决于截距。

霍夫斯泰方法一方面将数据点沿横坐标分散开来,另一方面产生一个相对更好的截距,以此来克服上述提及的两方面问题。但是,由于因变量 (k_g) 同时出现在纵坐标和横坐标上,因此最小二乘回归并不是严格适用的[①]。不过,表 32-2 所示的结果通常能够给出良好的参数估计值。

最后,积分/最小二乘法也提供了很好的拟合结果。此外,它的优点是对方程直接进行拟合而不是方程变换后再拟合。

---

① 最小二乘回归是基于以下假设:自变量("x"轴)是通过精确测量给出的,且假定所有测量误差只反映在因变量上[有关回归方法的其他详细信息请参阅(Chapra 和 Canale,1988)]。

表 32-2   基于米-门模型的四种参数估计方法的计算结果

方法	$k_{g, \max}$	k_s
莱恩威弗-柏克法	2.117	6.418
哈内斯法	2.054	5.767
霍夫斯泰法	2.040	5.521
积分/最小二乘法	2.048	5.551

注:参数估计基于 $k_{g, \max} = 2 \text{ h}^{-1}$ 和 $k_s = 5 \text{ mg} \cdot \text{L}^{-1}$

32.3   间歇式反应器中的微生物动力学

接下来采用米-门模型来模拟间歇式反应器中的细菌和基质动力学过程。为简单起见,我们使用有机碳作为基质并将其作为细菌生物量的量度。

如图 32-4 所示,细菌利用基质进行生长。但是,并非所有被利用的碳都会变成新的细菌细胞。很大一部分有机碳转化成了二氧化碳和水。这一现象通过细胞产率进行量化

$$Y = \frac{gC \text{ 细胞}}{gC \text{ 基质}} \tag{32-8}$$

因此,对于该公式而言,因为细胞和基质中的碳可以用相同的计量单位来衡量,所以细菌产率代表基质中有机碳转化成细胞中有机碳的效率。

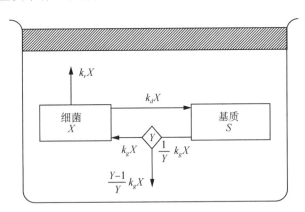

图 32-4   间歇式反应器中细菌与有机碳基质之间动力学相互作用的流程图

图 32-4 中,细胞通过两个过程损失:死亡和分解。死亡代表细胞有机碳释放回基质。相比而言,分解表示细菌生物量的损失;这一过程既不合成新细胞也不释放有机碳(例如呼吸作用)。因此可建立细菌和基质的质量平衡方程如下:

$$\frac{dX}{dt} = \left(k_{g, \max} \frac{S}{k_s + S} - k_d - k_r \right) X \tag{32-9}$$

$$\frac{dS}{dt} = -\frac{1}{Y}k_{g,\max}\frac{S}{k_s+S}X + k_dX \tag{32-10}$$

公式中采用了米-门公式来量化细菌生长对基质浓度的依赖性。

【例 32-2】 间歇式反应器：

某一间歇式反应器的参数如下：

$X_0 = 2\ \text{mgC} \cdot \text{L}^{-1}$　　　　　　　　$S_0 = 998\ \text{mgC} \cdot \text{L}^{-1}$

$k_{g,\max} = 0.2\ \text{h}^{-1}$　　　　　　　　$k_s = 150\ \text{mgC} \cdot \text{L}^{-1}$

$k_d = k_r = 0.01\ \text{h}^{-1}$　　　　　　　$Y = 0.5\ \text{gC 细胞} \cdot (\text{gC 基质})^{-1}$

模拟该反应器中基质、细菌和总有机碳浓度随时间的变化。

【求解】 将上述参数代入式(32-9)和式(32-10)，并用四阶龙格-库塔方法进行数值求解。结果如图 32-5 所示，由于基质浓度远远超过了半饱和常数，细菌首先以指数方式生长。但是，在大约 40 d 后，随着基质浓度的降低，细菌生长受到限制，相应数量趋于平稳。

根据细胞产率系数，预计初始浓度为 998 mgC · L⁻¹ 基质将转化为 449 mgC · L⁻¹ 细菌。然而，由于细菌的分解损失，最后细菌的最大数量仅达到约 443 mgC · L⁻¹。此后，细菌数量逐渐减少，原因是有机碳的分解和同化吸收作用耗尽了反应器内的碳源。

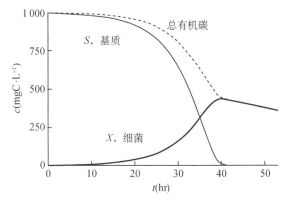

图 32-5　间歇式反应器中细菌生长与基质浓度的关系

32.4　CSTR 中的微生物动力学

尽管间歇式反应器的反应动力学模拟提供了很多信息，但自然系统往往不是封闭的。因此，需要研究 CSTR 中的细菌生长特征(图 32-6)。在式(32-9)和式(32-10)中添加入流和出流条件

$$\frac{dX}{dt} = \left(k_{g,\max}\frac{S}{k_s+S} - k_d - k_r - \frac{Q}{V}\right)X \tag{32-11}$$

$$\frac{dS}{dt} = -\frac{1}{Y}k_{g,\max}\frac{S}{k_s+S}X + k_dX + \frac{Q}{V}(S_{\text{in}} - S) \tag{32-12}$$

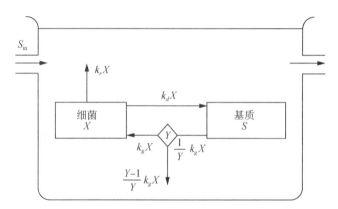

图 32-6　CSTR 中细菌与有机碳基质之间动力学相互作用的流程图

【例 32-3】　CSTR

某 CSTR 与例 32-2 的间歇式反应器具有相同的参数。此外,该 CSTR 还具有以下特征:

$$V = 10 \text{ L}$$
$$S_{in} = 1\ 000 \text{ mgC} \cdot \text{L}^{-1}$$
$$S_0 = 0 \text{ mgC} \cdot \text{L}^{-1}$$

针对以下三个停留时间,模拟该反应器中基质、细菌和总有机碳浓度随时间变化:
(a) $T_w = 20$ h, (b) $T_w = 10$ h, (c) $T_w = 5$ h。

【求解】　将参数代入式(32-11)和式(32-12)中,并使用四阶龙格-库塔方法进行数值求解。求解结果见图 32-7。条件(a)的水力停留时间最长,相应模拟结果与间歇

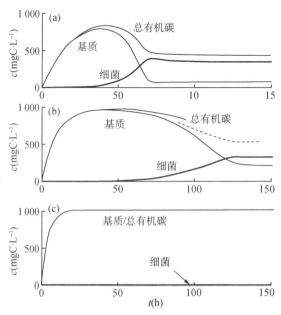

图 32-7　三个停留时间下细菌生长与完全混合反应器基质浓度的关系

(a) $T_w = 20$ h,(b) $T_w = 10$ h 和(c) $T_w = 5$ h

式反应器类似。随着水力停留时间的降低,细菌的数量会逐渐减少。在(c)条件下甚至没有细菌存在了。也就是说,细菌增长速度不足以抵消水力冲洗速度。

图 32-7(c)中描述的情况为"冲洗"。对应的水力停留时间可以通过求解稳态情形下的式(32-11)来确定,即:

$$k_{g,\,max}\frac{S}{k_s+S}=k_d-k_r-\frac{Q}{V} \tag{32-13}$$

可以看出,$S=S_{in}$ 时将对应出现最大可能的生长速率。相应式(32-13)可以改写成:

$$k_{g,\,max}\frac{S_{in}}{k_s+S_{in}}=k_d+k_r+\frac{1}{\tau_{min}} \tag{32-14}$$

式中,τ_{min} 为发生冲洗时的水力停留时间。式(32-14)的解析解为:

$$\tau_{min}=\frac{k_s+S_{in}}{(k_{g,\,max}-k_d-k_r)S_{in}-(k_d+k_r)k_s} \tag{32-15}$$

通过求解稳态情形下的式(32-11)和式(32-12),可以发现另一个有趣的现象。稳态情形下可以求出:

$$\overline{S}=\frac{\left(k_d+k_r+\dfrac{Q}{V}\right)k_s}{k_{g,\,max}-\left(k_d+k_r+\dfrac{Q}{V}\right)} \tag{32-16}$$

和

$$\overline{X}=\frac{\dfrac{Q}{V}(S_{in}-\overline{S})}{\dfrac{1}{Y}k_g-k_d} \tag{32-17}$$

式中 $\overline{S}$ 和 $\overline{X}$ 分别为基质和细菌的稳态浓度,k_g 通过 $S=\overline{S}$ 由式(32-2)得到。因此,最终稳态基质浓度与入流浓度无关。相反,稳态细菌浓度随入流浓度变化而变化。

【例 32-4】　水力停留时间和基质稳态浓度

(a)根据例 32-3 的参数确定反应器 τ_{min}。　(b)针对例 32-3 提供的参数,计算 $\tau_{min}=20$ 小时的基质稳态浓度。

【求解】　(a)由式(32-15)得到 $\tau_{min}=\dfrac{150+1\,000}{(0.2-0.01-0.01)1\,000-(0.01+0.01)150}=$ 6.5 h

(b)由式(32-16)得到 $\overline{S}=\dfrac{(0.01+0.01+0.05)1.50}{0.2-(0.01+0.01+0.05)}=80.77$ mgC $\cdot$ L^{-1}

该结果与数值计算结果一致[图 32-7(a)]。

32.5 营养物质受限时的藻类生长

前面几节的理论可以很容易地扩展到营养物质受限条件下的藻类生长。如图 32-8 描述的 CSTR,可建立藻类和营养物质磷的质量平衡方程为:

$$\frac{\mathrm{d}a}{\mathrm{d}t} = \left(k_{g,\max}\frac{p}{k_{sp}+p} - k_d - \frac{Q}{V}\right)a \tag{32-18}$$

$$\frac{\mathrm{d}p}{\mathrm{d}t} = -a_{pa}k_{g,\max}\frac{p}{k_{sp}+p}a + a_{pa}k_d a + \frac{Q}{V}(p_{\mathrm{in}} - p) \tag{32-19}$$

式中:a 和 p——植物浓度("a"代表藻类)($\mathrm{mgChl}a \cdot \mathrm{m}^{-3}$)和磷的浓度($\mathrm{mgP} \cdot \mathrm{m}^{-3}$);

        k_{sp}——半饱和常数($\mathrm{mgP} \cdot \mathrm{m}^{-3}$);

        a_{pa}——藻类植物中磷与叶绿素 a 的比例($\mathrm{mgP} \cdot \mathrm{mgChl}a^{-1}$)。

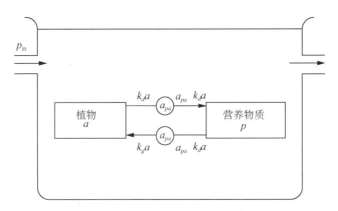

图 32-8   CSTR 中植物与有限营养物之间的动力学作用流程图

图 32-8 所示流程与图 32-6 所示的微生物分解流程之间有两个重要区别:

· 因为植物和营养物质浓度的测量方法不同,必须在两者之间进行化学计量转换。

· 图 32-8 的流程中不涉及类似碳分解的质量损失。因此,化学计量转换不涉及质量损失,仅涉及单位之间的变换。

【例 32-5】 藻类-营养物相互作用

某湖泊在水温分层期间,变温层的相关参数如下:

$a_0 = 0.5\ \mathrm{mgChl}a \cdot \mathrm{m}^{-3}$ $p_0 = 9.5\ \mathrm{mgP} \cdot \mathrm{m}^{-3}$

$p_{\mathrm{in}} = 10\ \mathrm{mgP} \cdot \mathrm{m}^{-3}$ $a_{pa} = 9.5\ \mathrm{mgP} \cdot \mathrm{mgChl}a^{-1}$

$k_{g,\max} = 1\ \mathrm{d}^{-1}$ $k_{sp} = 2\ \mathrm{mgP} \cdot \mathrm{m}^{-3}$

$k_d = 0.1\ \mathrm{d}^{-1}$ $\tau_w = 30\ \mathrm{d}$

假设由于扩散和沉降导致的温跃层质量传质可以忽略不计。(a)模拟藻类和磷浓度随时间变化,(b)计算磷的稳定浓度,以及(c)确定 $\tau_{\min}$。

【求解】 (a)将参数代入式(32-18)和式(32-19),并用四阶龙格-库塔方法进行数值求解。求解结果如图 32-9 所示藻类浓度大约在 4 天内达到 $6.6 \text{ mg} \cdot \text{m}^{-3}$ 的峰值。

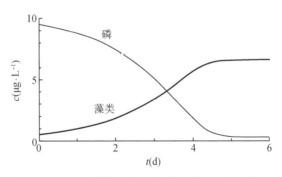

图 32-9 CSTR 中藻类与某种有限营养物的动力学作用

(b) $\bar{S} = \dfrac{\left(k_d + \dfrac{Q}{V}\right) k_s}{k_{g,\text{max}} - \left(k_d + \dfrac{Q}{V}\right)} = \dfrac{(0.1 + 1/30)2}{1 - (0.1 + 1/30)} = 0.308 \text{ mgP} \cdot \text{m}^{-3}$

(c) $\tau_{\text{min}} = \dfrac{k_S + p_{\text{in}}}{(k_{g,\text{max}} - k_d) p_{\text{in}} - k_d k_s} = \dfrac{2 + 10}{(1 - 0.1)10 - 0.1(2)} = 1.36 \text{ d}$

习 题

32-1 以下收集的数据给出了藻类生长速率与无机磷浓度之间的函数关系:

SRP(μgP $\cdot$ L^{-1})	0.5	2.0	3.5	5.0	6.5	8.0	9.5	11.0
k_g (d^{-1})	0.33	0.52	1.15	1.02	1.09	1.28	1.27	1.55

使用(a)莱恩威弗-柏克法和(b)积分/最小二乘法,估算 k_S 和 $k_{g,\text{max}}$。

32-2 假设春季期间湖泊变温层的藻类以 0.025 d^{-1} 的速率死亡。温跃层的扩散可以忽略不计,但浮游植物以 $0.1 \text{ m} \cdot \text{d}^{-1}$ 的速率沉降,且变温层的厚度为 5 m。已知条件如下:

$a_0 = 0.25 \text{ mgChl}a \cdot \text{m}^{-3}$ $p_0 = 20 \text{ mgP} \cdot \text{m}^{-3}$

$p_{\text{in}} = 50 \text{ mgP} \cdot \text{m}^{-3}$ $a_{pa} = 1.5 \text{ mgP} \cdot \text{mgChl}a^{-1}$

$k_s = 2 \text{ mgP} \cdot \text{m}^{-3}$ $\tau_w = 30 \text{ d}$

其他参数取值见例 32-5。计算(a)达到平衡状态的时间,(b)磷和藻类的最终浓度,以及(c)冲洗速率。

32-3 设定 $S_{\text{in}} = 500 \text{ mgC} \cdot \text{L}^{-1}$,重新计算例 32-3 和例 32-4。

植物生长和非捕食损失

> **简介:**本讲综述了促进浮游植物生长的因素:温度、营养物质和光照。之后介绍了如何利用生长速率公式来计算初级生产和植物光合作用产氧等质量速率。最后简要介绍了最新开发的基于可变化碳——叶绿素比率的藻类生长模型。

　　上一讲中,我们学习了如何对微生物动力学进行模拟。在讲座的最后部分,我们讨论了一种特定的微生物种群:藻类。现在我们针对一种重要的藻类群落—自由浮动的微生物或称之为浮游植物,通过开发更为完整的模型来完善植物生长模型框架。特别是,除了考虑营养物质限制外,还将模型框架拓展至光照和温度对浮游植物生长的影响。

33.1　浮游植物生长限制

　　第 19 讲的开始部分,我们使用了一级反应来描述有机质的降解。在此我们可以采用类似的方法表征浮游植物生长。对于间歇式反应器系统,藻类的质量平衡可表达为:

$$\frac{\mathrm{d}a}{\mathrm{d}t} = k_g a \tag{33-1}$$

式中,a 为藻类浓度(mgChla $\cdot$ m^{-3});k_g 为一级生长速率(d^{-1})。如果初始条件为 $t=0$ 时,$a_0=0$,那么式(33-1)的解析解为:

$$a = a_0 \mathrm{e}^{k_g t} \tag{33-2}$$

　　已知浮游植物的生长速度约为 2 d^{-1}。如果藻类初始浓度为 1 mg $\cdot$ m^{-3},那么可通过式(33-2)得到结果(表 33-1)。

表 33-1　结果

t(d)	0	1	10	100
a(mg $\cdot$ m^{-3})	1	7.8	4.85×10^8	7.2×10^{86}

　　因此,仅需要 100 d 的时间就会产生大量的浮游植物。

　　本质上这种藻类浓度水平很难达到。因为浮游植物生长过程中,还会伴随着大量的损失过程。其中的一些损失过程与输运有关,比如沉降和扩散/离散。其他的是动力学过程,包括呼吸、排泄和捕食。此外,生长率本身不是简单的常数,而是随温度、营养物质和光照等环境因素而变化的。低浓度或者低强度条件下,以及在一些特定的高强度或高浓度条件下,这些环境因了都会成为植物生长的限制因素。

　　为了综合考虑上述效应,在式(33-1)基础上的一种更符合实际的藻类生长速率公式为:

$$\frac{\mathrm{d}a}{\mathrm{d}t} = k_g(T, N, I)a - k_d a \tag{33-3}$$

式中,$k_g(T, N, I)$ 表示与温度 T、营养物质 N 和光照强度 I 有关的生长速率,k_d 表示损失速率。在本讲接下来的部分会讲到,损失速率也不是一个简单的常数。但是,在此之前,我们首先聚焦于如何建立生长速率的表达公式。

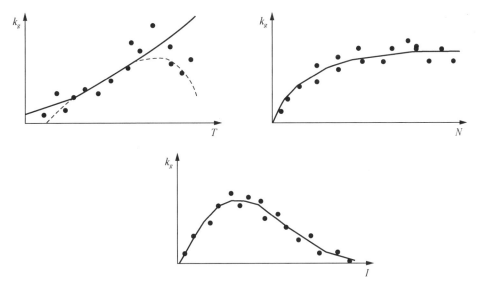

图 33-1　浮游植物生长速率随(a)温度(b)营养物质和(c)光照变化的三种实验结果

图中的实线用来反映离散数据点的总体趋势。

(a) 实验 1:最佳光照、过量的营养物质和变化的温度条件;

(b) 实验 2:最佳光照、固定温度(20 ℃)和变化的营养物浓度条件;

(c) 实验 3:固定温度(20 ℃)、过剩的营养物质和变化的光照条件。

　　式(33-3)中的生长率可进一步表达为:

$$k_g(T, N, I) = k_{g, T} \phi_N \phi_L \tag{33-4}$$

式中,$k_{g, T}$ 为特定温度时的浮游植物最大生长速率(即对应最佳光照和过量营养物质条件);ϕ_N 和 ϕ_L 分别是营养物质和光照限制因子。限制因子的取值为 0~1 之间;规定完全限制为 0,以及没有限制为 1。

　　式(33-4)中的各项(营养物、温度、光照)对浮游植物生长的影响,可以通过试验探究。如图 33-1 所示,在温度、营养物质和光照三个因素之中,通过改变其中一个因素而其他两个因素保持不变,可以探讨其对浮游植物生长的效应。实验表明,总体上所有因素都有助于浮游植物的生长。但是,过高的光照强度和温度对植物生长具有抑制作用。接下来我们讨论如何用数学公式来描述这些作用效应。

33.2 温度

目前已有许多公式来描述温度对植物生长的影响(图 33-2)。最简单的公式是线性模型。该模型设定了最低温度,并且在低于该温度时浮游植物停止生长:

$$
\begin{aligned}
k_{g, T} &= 0 & T \leqslant T_{\min} \\
k_{g, T} &= k_{g, \text{ref}} \frac{T - T_{\min}}{T_{\text{ref}} - T_{\min}} & T > T_{\min}
\end{aligned}
\tag{33-5}
$$

式中,$k_{g, T}$ 为 $T(℃)$ 下的生长速率(d^{-1});$k_{g, \text{ref}}$ 为参考温度 $T_{\text{ref}}(℃)$ 下的生长速率(d^{-1});$T_{\min}$ 为浮游植物生长的最低温度(即低于该温度时停止生长)。

一种更常用的表达形式是第 2 讲描述的模型:

$$
k_{g, T} = k_{g, 20} \theta^{T-20}
\tag{33-6}
$$

Eppley(1972)基于对多种浮游植物物种的大量研究结果,提出 $\theta = 1.066$。回顾第 2 讲,该系数值大致相当于温度上升 10 ℃时速率增加一倍。

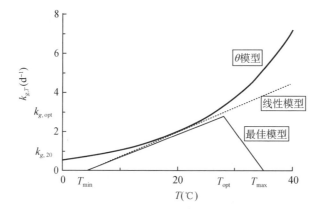

图 33-2 表征温度对浮游植物生长影响的若干模型

另有一些模型用于表征浮游植物生长对温度的依赖性,即:最低温度下浮游植物停止生长;随着温度增加浮游植物生长速率增加,直至最佳温度下生长速率达到最大值;而后随着温度的增加浮游植物生长速率降低。最简单的表达方式是用线性模型:

$$
\begin{aligned}
k_{g, T} &= 0 & T \leqslant T_{\min} \\
k_{g, T} &= k_{g, \text{opt}} \frac{T - T_{\min}}{T_{\text{opt}} - T_{\min}} & T_{\min} \leqslant T \leqslant T_{\text{opt}} \\
k_{g, T} &= k_{g, \text{opt}} \frac{T_{\max} - T}{T_{\max} - T_{\text{opt}}} & T > T_{\text{opt}}
\end{aligned}
\tag{33-7}
$$

其他研究者提出了不同的函数关系式,从而能够更平滑地拟合浮游植物的生长规律[如 Shugert 等人(1974),Lehman 等人(1975),Thornton 和 Lessem(1978),等等]。例如 Cerco 和 Cole(1994)根据正态分布或钟形分布得到了如下公式:

$$k_{g,T} = k_{g,opt} e^{-k_1(T-T_{opt})^2} \qquad T \leqslant T_{opt}$$
$$k_{g,T} = k_{g,opt} e^{-k_2(T_{opt}-T)^2} \qquad T > T_{opt}$$

(33-8)

式中,k_1 和 k_2 分别是温度低于和高于最适温度时,浮游植物生长速率与最佳生长速率之间的换算参数。

哪种方法是最优的? 当将浮游植物作为单个状态变量模拟时,通常采用式(33-6)。这通常意味着,总会有在特定温度下适宜生长的藻类种类。此外,当温度低于特定藻类物种的最佳温度时,也可以采用该公式模拟。

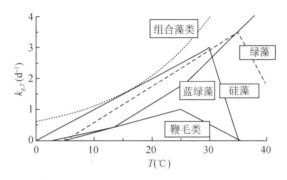

图 33-3　几个藻类种群生长速度对温度的依赖性(Canale 和 Vogel, 1974)

当对几个藻类物种或种群进行模拟时,基于式(33-7)和式(33-8)的模拟可以提供更多的信息。例如 Canale 和 Vogel(1974)指出,主要的藻类种群对温度的敏感程度不同(图 33-3)。他们的结论表明硅藻等藻类种群在低温环境下就能生长。相反,蓝一绿藻在高温条件下生长更快。将这种影响纳入水质模型,可以确定藻类种群之间的相互竞争关系。

33.3　营养物质

如 32.2 节所述,米-门公式是表征营养物质限制的最常用公式

$$\phi_N = \frac{N}{k_{sN} + N}$$

(33-9)

式中,N 是对藻类生长起限制作用的营养物质浓度,k_{sN} 为半饱和常数。在营养物质浓度较低时,ϕ_N 与营养物质浓度呈线性关系;在营养物质浓度较高时 ϕ_N 接近于一个常数(图 33-4)。表 33-2 中总结了营养物质的半饱和常数值。值得注意的是,半饱和常数也可能会随着限制性营养物质的形式而变化(例如磷元素中的溶解性活性磷与溶解性磷;氮元素中的铵、硝酸盐与总无机氮)。

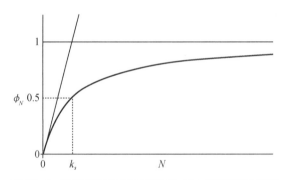

图 33-4   表征营养物质限制的米-门(或莫诺德)模型

表 33-2   限制浮游植物生长的营养物质半饱和常数

营养物质	k_s
磷	$1\sim5\ \mu gP \cdot L^{-1}$
氮	$5\sim20\ \mu gN \cdot L^{-1}$
硅(硅藻)	$20\sim80\ \mu gSi \cdot L^{-1}$

多种营养物质。有几种方法可以表征藻类生长速率公式中的营养物质限制项。最重要的是如何对多种营养物质的综合限制效应进行表征。最常见的营养物质是磷和氮。在这种情况下,应针对每种营养物质分别建立限制因子的计算公式:

$$\phi_P = \frac{p}{k_{sp} + p} \tag{33-10}$$

以及

$$\phi_n = \frac{n}{k_{sn} + n} \tag{33-11}$$

式中,p 和 n 分别表示可利用的磷和氮浓度。

有三种主要方法可用于确定营养物质的综合限制效应:

(1) 乘积法。该方法是将两个限制因子项相乘,即:

$$\phi_N = \phi_P \phi_n \tag{33-12}$$

因此,该方法假定营养物质有协同效应。也就是说,几种营养物质相对于单一营养物质的缺乏,将更严重地影响植物的生长。这种方法一直受到批评,原因在于几种营养物质是限制性因素时,相乘之后的结果会很低。其他缺点还包括,随着更多营养物质被考虑进来,结果将变得更具有限制性。

(2) 最小值法。另外一种极端情况是,最为短缺的营养物质决定着浮游植物生长,

$$\phi_N = \min\{\phi_P, \phi_n\} \tag{33-13}$$

这种方法在本质上类似于利比格最小化法则(Liebig's law of the minimum),是最

普遍接受的形式。

（3）调和平均法。这种方法是将各个限制项的倒数组合在一起,即:

$$\phi_N = \frac{m}{\sum_{j=1}^{m} \frac{1}{\phi_j}} \qquad (33\text{-}14)$$

式中,m 是限制性营养物质的数量。对氮和磷为限制性营养物质的情形,将会得到:

$$\phi_N = \frac{2}{\frac{1}{\phi_p} + \frac{1}{\phi_n}} \qquad (33\text{-}15)$$

这种方法能够考虑许多种限制性营养物质之间的相互作用,与此同时计算结果不像乘积法那样太低。但是,该方法也受到批评(Walker,1983),原因是对于一种营养物质限制的情形其结果是不符合实际的。例如,假设磷是限制性营养物质(接近于 0)而氮过量(接近 1)。这种情况下,式(33-15)接近于 $2\phi_p$ 而不是预期的 ϕ_p。

过量摄取和可变的化学计量比。 大多数水质模型均采用固定化学计量比。然而,研究表明浮游植物的化学计量参数是可变的。

已开发出许多模型来模拟这种现象。它们都是基于同样的理念,即营养物质限制是浮游植物内部而不是水中营养物质浓度的函数。这就需要将营养物质摄取与浮游植物生长机制分开研究(图 33-5)。

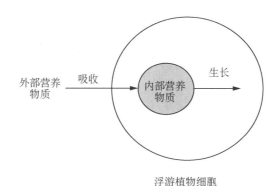

图 33-5　内部营养库与浮游植物模型

最先开展的研究工作是采用米-门公式来模拟营养物质摄取:

$$v = \frac{v_{\max} N}{k_{su} + N} \qquad (33\text{-}16)$$

式中,v ——吸收速率;

$\quad v_{\max}$ ——最大吸收速率;

$\quad k_{su}$ ——吸收过程的半饱和速率。

此外,浮游植物生长限制项可用下式描述(Droop,1974)

$$\phi_N = 1 - \frac{q_0}{q} \qquad (33\text{-}17)$$

式中，q 为植物内部营养物质浓度，以藻类中的营养物质干重表示；q_0 为植物内部最低营养物质浓度。之后的研究人员(如 Auer，1979，Gotham 和 Rhee，1981 等)进一步完善了这种基本方法。

浮游植物细胞内部营养物质库模型还未被广泛使用(当然也有一些面向工程应用的水质模型涉及了这方面的研究，包括 Greeney 等，1973；Bierman，1976；Canale 和 Auer，1982)。但是，目前正在开发的机理模型已考虑了植物细胞内叶绿素含量的变化。这些模型还考虑了营养物含量的变化。本讲的最后将会介绍这种方法。

33.4 光照

光照对浮游植物生长的影响非常复杂，因为必须综合考虑多个因素才能得出总的影响效果。如图 33-6 所示，这些因素包括昼夜水面光照变化，光照随水深的衰减以及生长速率对光的依赖。

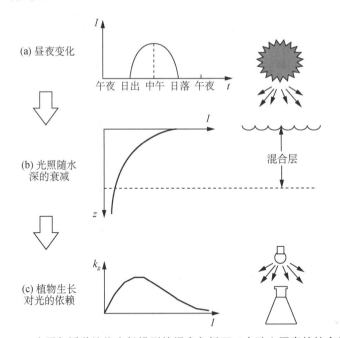

图 33-6 光照与浮游植物生长模型的耦合包括了三个独立因素的综合作用

(a) 水面太阳辐射随时间的变化；(b) 光照穿过模拟水层的衰减；(c) 光照对浮游生物生长的影响

光照对浮游植物生长速率的影响可通过实验予以量化。如图 33-6(c)所示，生长速率在最佳光照条件下达到最大值。目前已经开发出多种模型来模拟植物对光的依赖性。例如，有时会使用米-门公式

$$F(I) = \frac{I}{k_{si} + I} \tag{33-18}$$

式中，k_{si} 为光照的半饱和常数（ly·d^{-1}）。因此，正如应用于营养物限制的公式[式(33-9)]，低强度光照下 $F(I)$ 与光照强度呈线性正相关；而在高强度光照水平下，$F(I)$ 为恒定值。因此，该公式无法反映高强度光照下的浮游植物生长衰减。正如表征温度对生长速率影响的方程[式(33-6)]，如果将浮游植物作为单一种群模拟，这种形式的公式是合理的。在这种情况下，隐含的假设包括：①某些浮游植物种群在任何特定的光照强度范围内都是最适宜生长，并且②浮游植物生长随着光照强度的增加而增加。当实验中采用的光强低于最佳光照强度时，该公式也适用于单个浮游植物种群。

Steel(1965)建立了与上述公式不同的模型。他的模型认为，高光照强度条件下浮游植物的生长受到抑制：

$$F(I) = \frac{I}{I_s} e^{-\frac{I}{I_s} + 1} \tag{33-19}$$

式中，I 为光照水平，I_s 为最适光照水平。注意到 I_s 的范围从大约 100～400 ly·d^{-1} 之间。较低的光照利于适应低光照强度的浮游植物种群生长，而较高的光照条件则利于适应高光照强度的种群生长。

光强随的时间变化可以用半正弦曲线表征。这种情况下，白天的平均光照可以用下式计算[式(24-11)]：

$$I_a = I_m \left(\frac{2}{\pi} \right) \tag{33-20}$$

式中，I_m 为最大光照强度。因此，白天平均光照约为最大光照强度的 2/3。

光照向下通过水柱时的光照强度沿程变化，可采用比尔—朗伯(Beer-Lambert)定律模拟，

$$I(z) = I_0 e^{-k_e z} \tag{33-21}$$

式中，I_0 为水面太阳辐射；k_e 为消光系数。消光系数可以用更基本的参数表示，如下式所示(Riley, 1956)：

$$k_e = k'_e + 0.0088a + 0.054a^{2/3} \tag{33-22}$$

式中，k'_e 为浮游植物以外因素导致的光消减，可直接测量或通过下式计算 (Di Toro, 1978)：

$$k'_e = k_{ew} + 0.052N + 0.174D \tag{33-23}$$

式中：k_{ew} ——不含颗粒物的水和颜色引起的消光（m^{-1}）；

　　　N ——非挥发性悬浮固体（mg·L^{-1}）；

　　　D ——腐殖质（无生命的有机悬浮固体）（mg·L^{-1}）。

所有上述公式都可用于计算完全混合水层的平均光照限制（图 33-7）。例如根据

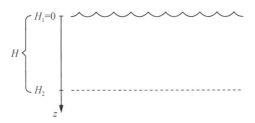

图 33-7 水层的厚度为 $H = H_2 - H_1$

此时表层描述为 $H_1 = 0$

Steele 模型,我们首先将式(33-21)代入到式(33-19)中,得到水深 z 处的光照对藻类生长限制因子公式:

$$F(I) = \frac{I_0 e^{-k_e z}}{I_s} e^{-\frac{I_0 e^{-k_e z}}{I_s} + 1} \tag{33-24}$$

然后将该式在深度和时间上积分,得到平均光照限制因子:

$$\phi_L = \frac{1}{H} \int_{H_1}^{H_2} \frac{1}{T_p} \int_0^{f T_p} \frac{I_0 e^{-k_e z}}{I_s} e^{-\frac{I_0 e^{-k_e z}}{I_s} + 1} \, \mathrm{d}t \, \mathrm{d}z \tag{33-25}$$

求解该双重积分可以得到:

$$\phi_L = \frac{2.718 f}{k_e H} (e^{-\alpha_1} - e^{-\alpha_0}) \tag{33-26}$$

式中,f 为光照时长(占一天内的光照时间比例),以及:

$$\alpha_0 = \frac{I_a}{I_s} e^{-k_e H_1} \tag{33-27}$$

$$\alpha_1 = \frac{I_a}{I_s} e^{-k_e H_2} \tag{33-28}$$

值得注意的是,上述方程式中涉及的光照均为可见光,即光合作用可以利用的光。该值通常约为热量收支(第 30 讲)和光解(第 42 讲)等计算采用的全部标准光谱能量的 40%~50%。例如 Bannister(1974)和 Stefan 等人(1983)建议该值为 44%~46%。需要指出的是,可见光范围之外的几乎所有辐射都在水面以下 1 米内被吸收(Orlob,1977)。

33.5 生长速率模型

根据以上讨论,浮游植物生长的完整模型表达为:

$$k_g = k_{g, 20} 1.066^{T-20} \underbrace{\left[\frac{2.718 f}{k_e H} (e^{-\alpha_1} - e^{-\alpha_0}) \right]}_{\text{光照}} \underbrace{\min\left(\frac{n}{k_{sn} + n}, \frac{n}{k_{sp} + p} \right)}_{\text{营养物质}} \tag{33-29}$$

$\underbrace{\phantom{k_g = k_{g, 20} 1.066^{T-20}}}_{\text{温度}}$

该公式具有广泛的用途。随后的讲座中,该公式将作为营养物-食物链模型的一部分,用来计算浮游植物的生长。此外,该公式还被用于计算其他所关注的物质量。例如,如果浮游植物的数量已知,那么上述公式可用于计算初级生产量:

$$Pr = a_{ca} k_g Ha$$

公式的单位为 $gC \cdot m^{-2} \cdot d^{-1}$,或光合作用的产生氧量:

$$P = r_{oc} a_{ca} k_g a$$

公式的单位为 $gO \cdot m^{-2} \cdot d^{-1}$。最后,该公式可用来理解哪些因素限制了浮游植物生长。下面的例题将探讨这些方面的应用。

【例 33-1】 浮游植物的生长速率

某湖泊变温层具有以下特征参数:

$T = 25 \ ℃$ $I_a = 500 \ ly \cdot d^{-1}$

$I_s = 300 \ ly \cdot d^{-1}$ $k_e' = 0.3 \ m^{-1}$

可利用磷浓度 $= 3 \ mg \cdot m^{-3}$ 磷半饱和常数 $= 2 \ mg \cdot m^{-3}$

可利用氮浓度 $= 20 \ mg \cdot m^{-3}$ 氮半饱和常数 $= 10 \ mg \cdot m^{-3}$

叶绿素 a 浓度 $= 4 \ mg \cdot m^{-3}$ $f = 0.5$

$k_{g,20} = 2 \ d^{-1}$ $H = 5 \ m$

(a) 计算浮游植物的生长速率。假设悬浮固体浓度(浮游植物除外)可忽略不计;

(b) 如果叶绿素 a 与碳的比率为 $20 \ \mu gChla \cdot mgC^{-1}$,计算初级生产率,以 $gO \cdot m^{-2} \cdot d^{-1}$ 的形式表示。

【求解】 (a) 消光系数可以通过下式计算:

$$k_e = 0.3 + 0.008 \ 8(4) + 0.054(4)^{2/3} = 0.471 \ m^{-1}$$

基于该计算结果和光照数据,可以计算出:

$$a_0 = \frac{500}{300} e^{-0.471(0)} = 1.667$$

以及

$$a_1 = \frac{500}{300} e^{-0.471(5)} = 0.158$$

将其代入式(33-29)后得到:

$$k_g = 2 \times 1.066^{25-20} \left[\frac{2.718(5)}{0.471(5)} (e^{-1.667} - e^{-0.158}) \right] \min \left(\frac{20}{10+20}, \frac{3}{2+3} \right)$$

$$2.753 \times 0.383 \ 8 \times 0.6 = 0.634 \ d^{-1}$$

因此,我们可以看出最大生长速率与给定的温度有关,但是光照和营养物质对生长具有抑制作用。此外,上式表明磷是限制性营养物质。

(b) 可通过下式将浮游植物生长速率转化为每日初级生产率:

$$Pr = a_{ca}k_g Ha$$

代入相关数据后得到：

$$Pr = \frac{1\ \text{mgC}}{20\ \mu\text{gChl}a}\left(\frac{0.634}{\text{d}}\right)(5\ \text{m})\left(4\ \frac{\mu\text{gChl}a}{\text{L}}\right)\left(\frac{1\ \text{g}}{1\ 000\ \text{mg}}\right)\left(\frac{1\ 000\ \text{L}}{\text{m}^3}\right)$$

$$= 0.634\text{gC} \cdot \text{m}^{-2} \cdot \text{d}^{-1}$$

33.6　非捕食损失

许多过程导致了公式(33-3)中表示的浮游植物损失速率。在水质模型中,重点强调以下三种损失:

·呼吸。这是与浮游植物光合作用相反的过程,其中植物利用氧气并释放二氧化碳。

·排泄。该过程通常聚焦于营养物质的释放。但是,藻类还可以释放有机碳来作为胞外副产物。

·捕食损失。浮游动物捕食导致的藻类死亡。

因为前两个过程难以分开来单独测量,通常将它们表示为简单的一阶衰减速率公式。据此可将公式(33-3)中的死亡速率进一步扩展,即:

$$k_d = k_{ra} + k_{gz} \tag{33-30}$$

式中,k_{ra} 为呼吸和排泄综合作用造成的损失(d^{-1}),以及 k_{gz} 为捕食损失(d^{-1})。k_{ra} 的值介于 $0.01\sim0.5\ \text{d}^{-1}$,其典型取值大约为 $0.1\sim0.2\ \text{d}^{-1}$。类似于式(33-6)的 θ 模型经常用来修正温度对呼吸/排泄速率的影响。通常取 $\theta=1.08$,即表示强烈的温度效应。

应指出的是,尽管呼吸和排泄经常被作为一个总的过程考虑,但并不意味着呼吸与排泄之间的区别无足轻重。随着营养物质/食物链模型向更加精确的有机碳循环过程表征模型发展,这一点尤为重要正确。这种情况下,产生二氧化碳和释放可利用营养物(呼吸作用)的过程应与释放有机形式的碳和营养物质(排泄作用)的过程区分开来。

至此我们可以将生长和衰减机制集成到模型框架中。采用与式(32-18)和(32-19)类似的形式,可以建立 CSTR 内的限制性营养物质和藻类的质量平衡方程:

$$\frac{\text{d}a}{\text{d}t} = \left[k_{g,T}\frac{p}{k_{s,p}+p}\frac{2.718f}{k_e H}(\text{e}^{-\alpha_1}-\text{e}^{-\alpha_0})-k_{ra}-\frac{Q}{V}\right]a \tag{33-31}$$

$$\frac{\text{d}p}{\text{d}t} = -a_{pa}k_{g,T}\frac{p}{k_{sp}+p}\frac{2.718f}{k_e H}(\text{e}^{-\alpha_1}-\text{e}^{-\alpha_0})a + a_{pa}k_{r,a}a + \frac{Q}{V}(p_{\text{in}}-p)$$

$$\tag{33-32}$$

注意,公式中忽略了捕食损失,对此将在接下来的讲座中予以详细介绍。

【例 33-2】　光照限制条件下的藻类-营养物质相互作用

重新计算例 32-5,但是考虑光照限制作用。注意到在湖泊分层的起始时间,变温层具有如下特征：

$a_0 = 0.5 \text{ mgChl}a \cdot \text{m}^{-3}$ $p_0 = 9.5 \text{ mgP} \cdot \text{m}^{-3}$ $p_m = 10 \text{ mgP} \cdot \text{m}^{-3}$

$a_{pa} = 1.5 \text{ mgP} \cdot \text{mgChl}a^{-1}$ $k_{g,T} = 1 \text{ d}^{-1}$ $k_{sp} = 2 \text{ mgP} \cdot \text{m}^{-3}$

$k_{ra} = 0.1 \text{ d}^{-1}$ $\tau_w = 30 \text{ d}^{-1}$ $f = 0.5$

$I_a = 400 \text{ ly} \cdot \text{d}^{-1}$ $I_s = 250 \text{ ly} \cdot \text{d}^{-1}$ $H = 10 \text{ m}$

$k_e' = 0.1 \text{ m}^{-1}$

假设由于扩散和沉降引起的通过温跃层的质量传质可以忽略不计，模拟藻类和磷浓度随时间的变化。

【求解】 基于式(33-22)和式(33-26)来量化光照作用效应，计算结果如图33-8所示。与图32-9对比，可以发现两个显著的区别。首先，本例中最终的藻类含量会变低，而磷的浓度会升高。其次，由于考虑了光照限制，达到稳态的时间更长。这两者都与光照限制导致的藻类增长速率降低有关。因此，由于生长速率较低，藻类和营养物质之间的最终相对关系相比之前的差异性较为缓和。与此同时，响应时间会变长。

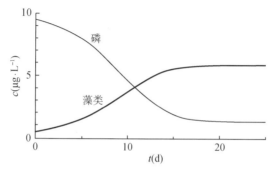

图 33-8　CSTR 中植物与某一限制性营养物质的动力学相互作用

33.7　可变化学计量参数的叶绿素模型（高级主题）

到目前为止，大多数水质模型都使用恒定的化学计量来表征藻类浓度。通常采用易于测量的量如叶绿素 a，作为藻类生物量的量度。然后，通过简单的化学计量转换因子来实现浮游植物与其他模型状态变量（如各种营养物）之间的变换。

尽管这种方法已被证明是一种很好的初步近似，但**藻类学家**（研究藻类的科学家）早已认识到细胞的化学计量参数不是恒定的。在之前关于营养物过量摄取的讨论中，我们已经提到这一点。

此处我们关注的问题与碳和叶绿素有关。尤其是叶绿素与碳的比率不是恒定的，而是根据光照强度和细胞的生理状态而变化。研究文献（如 Bowie 等，1985）表明，叶绿素与碳的比率约在 $10 \sim 100 \ \mu\text{gChl}a \cdot \text{mgC}^{-3}$ 之间变化。

未来基于可变化学计量参数的研究具有重要意义，主要有以下两方面的原因：

• 建模的关注点从营养物质-食物链相互作用，转为有机碳循环过程表征。原因在于，水质模型的应用已从水体富营养化拓展至诸如毒性污染、沉积物-污水相互作用，以及消毒副产物对饮用用水的影响等问题。

• 与过去相比,水质模型将越来越多地用于模拟更加清洁的系统。由于污水处理工程实施后的排放负荷减排,许多水体变得更为清洁。由此,饮用水水质等新的问题正在被引起重视。由于污染严重的水体更为浑浊且透过的光线更为昏暗,因此水中的叶绿素-碳比值往往更为恒定。相比之下,清洁水中大量的太阳光辐射能够穿透完全混合的表层水体,因此水体中通常表现出更为可变的光照强度水平。在一些河口系统和清澈湖泊中存在的水体深处叶绿素层,为这种效应提供了间接的证据。

过去十年中已开发了许多考虑浮游植物中可变叶绿素含量的模型。现如今这些模型正在被集成到水质模型框架中。本节旨在介绍如何实现这种集成。Laws 和 Chalup (1990) 开发了这种形式的模型。在他们的方法中,浮游植物生长和呼吸速率以及叶绿素与碳的比率,被认为是光照和营养物浓度水平的函数。由于 Laws 和 Chalup 的研究聚焦于海洋硅藻,因此他们使用氮作为其限制性的营养物质。因此,他们还计算了浮游植物生物量的氮碳比。

为了推导模型,Laws 和 Chalup 针对浮游植物细胞中的四种类型细胞碳:结构碳,储存碳,光合作用的光照和黑暗条件下参与反应碳,建立了质量平衡方程。最终的模型表示为如下的耦合代数方程:

$$\mu_s = \frac{K_e(1-r_g)(1-S/C)I}{\dfrac{K_e}{f_{p0}} + I\left[1 + \dfrac{K_e}{I_s f_{p0}}\right]} - \frac{r_0}{C} \tag{33-33}$$

$$\frac{r}{C} = \left(\frac{r_0}{C} + r_g\mu\right)(1 - r_g) \tag{33-34}$$

$$\frac{N}{C} = \frac{F + (1-F)(1 - \mu/\mu_s)}{W_N} \tag{33-35}$$

$$\frac{Chla}{C} = \frac{1 - (1-F)\left(1 - \dfrac{\mu}{\mu_s}\right) - \dfrac{S}{C} - \dfrac{\mu + r_0/C}{(1 - r_g)K_e}}{W_{chl}} \tag{33-36}$$

式中:I——入射辐射强度(摩尔量子·m^{-2}·d^{-1});

μ——藻类生长速率(d^{-1});

μ_s——营养物质饱和时的藻类生长速率(d^{-1});

r——每个藻类细胞的呼吸速率($gC \cdot cell^{-1} \cdot d^{-1}$)。

其余模型参数及典型取值列于表 33-3。

将表 33-3 中的数据代入模型方程组,可以更好地理解上述模型。例如可以首先将参数代入式(33-33),得到:

$$\mu_s = \mu_{max}\frac{I}{k_{si} + I} \tag{33-37}$$

式中,μ_{max} 为饱和光照和营养物浓度水平下的最大生长速率,k_{si} 为光照半饱和常数。

对应表 33-3 中给出的参数，$\mu_{max} = 1.94\ d^{-1}$，$k_{si} = 10.7$ 摩尔量子·m^{-2}·d^{-1}。将 k_{si} 乘以约 5 ly（摩尔量子·m^2）的转换因子，可以得到更为通用的单位即 53.5 ly·d^{-1}。因此根据本讲前面介绍的米-门模型[式(33-18)]，营养物质饱和状态下的植物生长与光照水平相关。

表 33-3　用于海洋硅藻巴夫藻(_Pavlova lutheri_)的藻类生长模型参数取值

参数	符号	取值	范围	单位
每个藻类细胞中总光合作用速率变化导致的呼吸速率变化	r_g	0.28	0.03～0.43	gC·$cell^{-1}$·d^{-1}
基础呼吸速率	r_0/C	0.03	−0.11～0.16	d^{-1}
总细胞碳与结构性碳、光照/黑暗反应碳的比值	W_N	6.9	6.2～7.7	gC·gN^{-1}
相对生长速率为 0～1 时 N/C 比值	F	0.22	0.17～0.27	
黑暗条件下每单位质量反应碳的总光合作用速率	K_e	3.6	2.7～4.2	d^{-1}
总细胞碳与叶绿素 a 中光照反应碳的比值	W_{Chl}	17	13～34	gC·$gChl^{-1}$
总碳中的结构性碳	S/C	0.1	−0.2～0.2	
每单位光照强度和每单位光照反应碳的光合作用总速率	f_{p0}	0.28	0.16～0.51	m^2·摩尔量子$^{-1}$
半饱和光照强度	I_s	64	10～122	摩尔量子·m^{-2}·d^{-1}

(Laws 和 Chalup,1990)

如果假设米-门模型也适用于营养物质限制[式(33-9)]，则实际生长速率与饱和生长速率的比值可以表示为：

$$\frac{\mu}{\mu_s} = \frac{n}{k_{sn} + n} \tag{33-38}$$

并且实际生长速率可以表示为式(33-37)和式(33-38)的乘积形式：

$$\mu = \mu_{max} \frac{I}{k_{si} + I} \frac{n}{k_{sn} + n} \tag{33-39}$$

因此我们可以看到，浮游植物生长与光照和营养物质的关系，类似于式(33-4)的形式。也就是说，实际生长速率等于最大生长速率乘以光照和营养物质的衰减系数。

根据表 33-3 和式(33-34)，呼吸作用是关于植物生长速率的简单线性函数：

$$r/C = 0.042 + 0.389\mu \tag{33-40}$$

换句话说，除了 0.042 d^{-1} 的较低基础代谢速率外，呼吸作用速率与生长速率有关：约为实际生长速率的 39%。

根据表 33-3 和式(33-35)，氮碳比与细胞营养状况呈直线关系，即：

$$N/C = 32 + 113\frac{\mu}{\mu_s} \tag{33-41}$$

此处碳氮比的表示形式，从 Laws 和 Chalup 给出的 gC · gN^{-1} 修改为 mgN · gC^{-1}，以与前述章节的单位更加一致。因此，对于生长在贫营养环境（$\mu/\mu_s = 0$）的植物而言，其氮碳比为 32 mgN · gC^{-1}。对于生长在富营养水（$\mu/\mu_s = 1$）的植物，其氮/碳比接近 145 mgN · gC^{-1}。回顾第 28 讲中，我们给出了植物生物量中的平均氮碳比 7 200m gN/40gC = 180 mgN · gC^{-1}，对应于 32～145 mgN · gC^{-1} 范围的上限。因此该模型指出，当浮游植物处于富营养环境时，其氮/碳比处于式（33-41）计算的上限值；当营养物质严重缺乏时，氮碳比下降到上限值的 20% 左右。

最后给出叶绿素-碳的比率：

$$\mathrm{Chl}a/C = 6.378 + 45.882\frac{\mu}{\mu_s} - 22.7_\mu \tag{33-42}$$

式中也把单位从 gChl$a$ · gC^{-1} 变为 mgChl$a$ · gC^{-1}。

该关系式表明营养物质增加会提高叶绿素与碳的比率，而光强增加则会降低该比率。将式（33-37）和式（33-38）代入式（33-42），还可以得到如下的简化公式：

$$\mathrm{Chl}a/C = 6.378 + 45.9\frac{n}{k_{sn}+n} - 44\frac{n}{k_{sn}+n} - \frac{I}{k_{si}+I} \tag{33-43}$$

或者进一步合并方程的项，并假设公式中的 45.9 和 44 可用近似值 45 代替：

$$\mathrm{Chl}a/C = 6.4 + 45\frac{n}{k_{sn}+n}\frac{k_{si}}{k_{si}+I} \tag{33-44}$$

根据该关系式可以得到对模型的新认识。最后一项表示光照对叶绿素-碳比率的负效应是米-门曲线的镜像形式。也就是说，式（33-44）可以表达为

$$\mathrm{Chl}a/C = 6.4 + 45\phi_n(1-\phi_L) \tag{33-45}$$

基于上式的计算结果如图 33-9 所示，表明光线较暗的水域和植物细胞有充足营养物质供应的条件下，叶绿素含量更高。相反，光线充分或营养物质受限时，叶绿素含量较低。

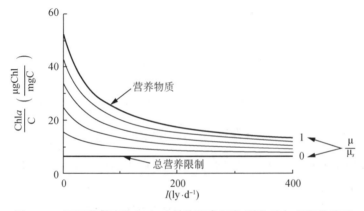

图 33-9　不同营养富集（μ/μ_s）条件下叶绿素-碳比值与光照的关系

接下来我们来讨论如何将该模型集成到更大的藻类模型框架中。对于模拟浮游植物和单一限制营养物质的情形，CSTR 中的质量平衡可以表示为：

$$\frac{\mathrm{d}c_a}{\mathrm{d}t}=0.389\left(1.94\frac{I_{av}}{53.5+I_{av}}\frac{n}{k_{sn}+n}\right)c_a-0.042c_a-\frac{Q}{V}c_a \tag{33-46}$$

$$\frac{\mathrm{d}n}{\mathrm{d}t}=-(N/C)\left[0.389\left(1.94\frac{I_{av}}{53.5+I_{av}}\frac{n}{k_{sn}+n}\right)c_a-0.042c_a\right]+\frac{Q}{V}(n_{in}-n) \tag{33-47}$$

式中：n ——可利用氮浓度（$mgNL^{-1}$）；

c_a ——藻类中的含碳量（$mgC \cdot L^{-1}$）；

I_{av} ——水层的平均光照强度（$ly \cdot d^{-1}$）。

对于光照入射恒定的情形，平均光照强度与水深和消光系数之间的关系为：

$$I_{av}=\frac{I_0}{k_e H}(1-e^{-k_e H}) \tag{33-48}$$

式中，I_0 为水面光强（$ly \cdot d^{-1}$）。

因此，式（33-46）的第一项是净生长速率（光合作用减去呼吸作用），第二项是基础呼吸速率。注意到式（33-47）中，通过 N/C 将浮游植物的光合作用（源项）和呼吸（汇项），转换为营养物质量平衡方程中的源、汇项。

最后，叶绿素与碳比值的作用是什么？在目前的模型框架中，叶绿素与碳比值用于将藻类中的含碳量转化为藻类中的叶绿素含量，以确定式（33-22）中的消光系数。也可以基于叶绿素-碳比值，将碳作为单位的输出结果转换为叶绿素为单位的输出结果，从而与实测的叶绿素浓度进行比较。

【例 33-3】 基于可变叶绿素浓度的藻类—营养物质相互作用

$a_0=0.5$ mgChl$a \cdot m^{-3}$ $n_0=700$ mgN $\cdot m^{-3}$

$k_{g,T}=1$ d^{-1} $k_{sn}=15$ mgN $\cdot m^{-3}$

$k_{d,r}=0.1$ d^{-1} $\tau_w=1\,000$ d

$f=0.5$ $I_{av}=400$ ly $\cdot d^{-1}$

$H=10$ m $k'_e=0.1$ m^{-1}

确定藻类和磷浓度随时间的变化。

【求解】 基于式（33-22），可计算出初始消光系数为

$$k_e=0.1+0.008\,8(0.5)^{2/3}=0.138\ m^{-1}$$

基于该结果和式（33-48），可确定反应器中的平均光照强度，

$$I_{av}=\frac{400}{0.138(10)}(1-e^{-0.138(10)})=216.6\ ly \cdot d^{-1}$$

还可计算出初始营养物饱和状态以及生长速率为

$$\frac{\mu}{\mu_s} = \frac{700}{15+700} = 0.979$$

$$\mu = 1.94\ \frac{216.6}{53.5+216.6}\ \frac{700}{15+700} = 1.94(0.802)979 = 1.523\ \mathrm{d}^{-1}$$

因此,正如事先预计的那样,该系统几乎不受光照或营养物质的限制。初始氮碳比和叶绿素与碳比值可以通过式(33-41)和式(33-42)确定,

$$N/C = 32 + 113(0.979) = 143\ \mathrm{mgN \cdot gC^{-1}}$$

$$\mathrm{Chl}a/C = 6.378 + 45.882(0.979) - 22.7(1.523) = 16.72\ \mathrm{mgChl}a \cdot \mathrm{gC^{-1}}$$

由于营养物质充足,氮碳比接近式(33-41)计算的范围上限(32~145 mgN·gC^{-1})。因为光照强烈的原因,叶绿素与碳比值接近式(33-45)计算结果(或图33-9)的下限值。叶绿素与碳的比值也可用于计算初始藻类生物量(以含碳量表示),

$$C_a = 0.5\ \frac{\mathrm{mgChl}a}{\mathrm{m^3}} \left(\frac{\mathrm{gC}}{16.72\ \mathrm{mgChl}a} \right) = 0.0299\ \mathrm{gC \cdot m^{-3}}$$

基于上述初始条件,可对式(33-46)和式(33-47)积分($Q/V=0$时模拟间歇式反应器)。在每个时间步长,重新计算出N/C和$\mathrm{Chl}a/C$。结果如图33-10所示。

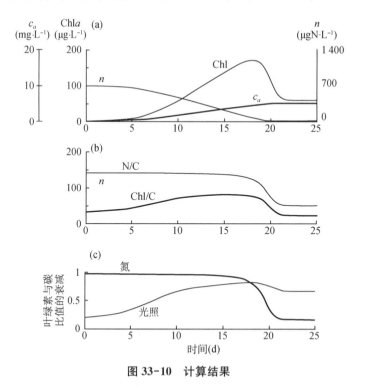

图 33-10   计算结果

从计算结果中可以发现有趣的现象。氮浓度的下降和藻类碳浓度的上升呈S形曲线(即S形),符合之前间歇式反应器模型的输出结果形式。但是,藻类叶绿素浓度先上升至峰值,然后下降。图33-3(c)阐述了这种现象的原因,即光照和营养物质是如何影

响叶绿素-碳的比值。随着模拟时间的增加,由于藻类生物量增加的遮光效应,光照强度减弱。由此导致了叶绿素与碳比值的增加。当营养物质最终耗尽时,叶绿素与碳比值在峰值的基础上会迅速下降。

上述例题旨在说明如何将可变的藻类含碳量整合到水质模型框架中。该架构还揭示了一系列隐含的模型机制。根据这一模型,可以发现:

·由于叶绿素浓度是不断变化的,它是真实生物量的一种误导性度量。这一点实际上是我们不希望看到的,因为叶绿素 a 的测量提供了一种方便且经济的方式来区分天然水体中的植物生物量与其他颗粒物。但是,如果上述模型能够合理地模拟现实情况,那么叶绿素-碳比值提供了一种将叶绿素浓度转化为藻类含碳浓度的方法。

·由于营养物质和光照对叶绿素-碳比值的作用效应是相反的,该机制似乎更有助于模拟浮游植物生长。这一现象使得水质模型能够更好地模拟天然水体中碳和叶绿素浓度的时间和空间梯度。模拟情形包括春季的藻类暴发,深层水体的叶绿素分布和污水羽流排放后的水平浓度梯度。

习　题

33-1　某水体十分清澈,且具有以下参数:

$T = 10\ ℃$　　　　　　　　　均温层的有效磷浓度$= 4\ mg \cdot m^{-3}$

$I_a = 700\ ly \cdot d^{-1}$　　　　　磷的半饱和常数$= 2\ mg \cdot m^{-3}$

$I_s = 250\ ly \cdot d^{-1}$　　　　　$f = 0.5$

$k_e = 0.2\ m^{-1}$　　　　　　$k_{g,20} = 2\ d^{-1}$(变温层和均温层中参数值相同)

计算均温层浮游植物的生长速率。注意,变温层的厚度为 4 m,均温层的厚度为 3 m。假设磷是限制性营养物质。

33-2　如图 33-3 所示,使用(a)式(33-7)和(b)式(33-8)来拟合温度对鞭毛藻类生长的影响。

33-3　在米-门形式公式[式(33-18)]的基础上,推导光照限制公式[类比式(33-26)]。

33-4　重新计算例 33-2,但考虑浮游植物的沉降速率(0.2 m · d⁻¹)。

33-5　对于例 33-2,对下列参数进行敏感性分析(参照第 18 讲),包括:a_0、p_0、p_{in}、$k_{s,p}$、k_{ra} 和 I_s。

33-6　对于停留时间为 30 d 的 CSTR,重复例 33-3 的计算。讨论反应器出流对图 E33-3 中曲线形状的影响。

第 34 讲

捕食者-被捕食者与营养物质-食物链相互作用

> **简介:** 本讲描述了在浮游植物死亡中扮演重要角色的捕食者与被捕食者之间相互作用。为此介绍了捕食者-被捕食者相互作用的数学模型。然后将该理论应用于浮游植物以及它们的关键捕食者:浮游动物。最后,将捕食者-被捕食者之间相互作用与营养物质平衡相结合,形成了一个简单的营养物质-食物链模型。

前一讲列出了限制天然水体中浮游植物生长的一些外部物理和化学因素,如温度、光照和营养物质,并描述了呼吸和排泄等质量损失过程。现在,我们来讨论会造成藻类死亡的因素。具体将聚焦于将藻类为食物来源的捕食者(例如浮游动物)。为了使大家了解这些浮游植物-浮游动物之间相互作用的背景知识,首先介绍模拟捕食者-被捕食者之间相互作用的通用数学模型。

34.1 Lotka-Volterra 方程

除了浮游植物和浮游动物外,还有一些这样的生物对:其中一个生物以另外一种生物为食。例如,在南部海洋中,南极磷虾是须鲸的主要食物来源。驼鹿为封闭岛屿生态系统如苏必利尔湖的皇家岛(Isle Royale)的狼提供了主要食物来源。

1926 年,意大利生物学家 Humberto D'Ancona 根据 1910 年至 1923 年间渔市上销售量,估计了亚得里亚海上游的捕食者和被捕食者数量。根据这些数据,他假设一战期间渔业捕捞的减少导致了捕食者比例增加。他将自己的发现告诉自己的岳父——著名的数学家 Vito Volterra。在接下来的一年中,Vito Volterra 研究了很多数学模型来模拟两个或多个物种之间的相互关系。美国的生物学家 A. J. Lotka 也独立地研究出了许多相同的模型。

这些模型有很多,通常被称为 Lotka Volterra 方程。本节中将讲解最简单的形式。为此,先给出封闭环境下(即没有捕食者,但有充足的食物)单个被捕食物种的生长方程。针对这种情形,可以写出一个简单的一级模型为:

$$\frac{dx}{dt} = ax \tag{34-1}$$

式中,x 为被捕食者的数量;a 为一级生长速率。

接下来,在缺乏食物来源 x 的情形下,可建立单一捕食者 y 的方程:

$$\frac{\mathrm{d}y}{\mathrm{d}t} = -cy \tag{34-2}$$

式中,c 为一级死亡速率。

现在,两个物种之间的相互作用应取决于它们数量的大小。如果捕食者或被捕食者数量太少,那么它们之间的相互作用减弱。表示这种相互作用的一种简单方法是用乘积 xy 表示。因此,把捕食导致的捕食者死亡损失添加到式(34-1)中:

$$\frac{\mathrm{d}x}{\mathrm{d}t} = ax - bxy \tag{34-3}$$

式中,b 为量化这种相互作用对捕食者死亡影响的参数。相反,对于捕食者而言,被捕食者的死亡损失代表了增量:

$$\frac{\mathrm{d}y}{\mathrm{d}t} = -cy + dxy \tag{34-4}$$

式中,d 为量化捕食者-被捕食者相互作用对捕食者生长影响的参数。

对上述公式进行积分,结果如图 34-1 所示,注意到图中呈现了循环形式的曲线。因此,由于最初捕食者的种群数量很少,被捕食者的数量呈指数增长。在某一点处被捕食者数量庞大,导致捕食者的数量开始增长。最终捕食者数量的增加导致被捕食者数量开始下降。而被捕食者数量的下降又导致捕食者数量的降低。最终该过程循环往复。正如所预期的那样,可以看出捕食者的数量峰值滞后于被捕食者的数量峰值。另外可以看出该循环过程具有固定的周期;也就是说,它会以特定的时间段重复出现。

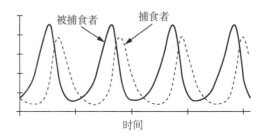

图 34-1 基于 Latka-Volterra 模型的捕食者与被捕食者数量随时间变化

如果更改了图 34-1 的模拟参数,尽管总体的循环形式不会发生变化,但是峰值、滞后时间和循环周期都将发生改变。因此,可能会发生无数个循环。状态空间分析(专栏 34.1)提供了一种认识这些循环内部结构的有效方法。

【专栏 34.1】 动态系统的状态空间表征

可通过一个很简单的模型来解释状态空间法,

$$\frac{\mathrm{d}x}{\mathrm{d}t} = -y \qquad \frac{\mathrm{d}y}{\mathrm{d}t} = x \tag{34-5}$$

若 $t = 0$ 时,$y = a$ 且 $x = 0$,则方程的解为

$$x = a\cos t \qquad y = a\sin t \tag{34-6}$$

如图 34-2(a)所示，x、y 描绘了相位移为 $\pi/2$ 弧度的正弦曲线。由于曲线随时间变化，因此称之为**时域表征**。

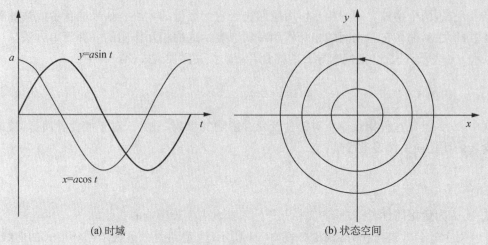

(a) 时域   (b) 状态空间

图 34-2　简单周期模型的(a)时域和(b)状态空间表征

就像捕食者和被捕食者之间的相互作用，不同的参数 a 的值，将产生不同的曲线。状态空间提供了表征所有不同结果的有效方法，对此可通过将两个原始微分方程相除得到

$$\frac{\mathrm{d}y/\mathrm{d}t}{\mathrm{d}x/\mathrm{d}t} = \frac{\mathrm{d}y}{\mathrm{d}x} = -\frac{x}{y} \tag{34-7}$$

由此，除法就消除了模型中的时间项，并得到描述两个状态变量共同变化的一个偏微分方程。通过分离变量法求解得出

$$x^2 + y^2 = 2a \tag{34-8}$$

式(34-8)是一个表征半径为 a 的圆形的方程式。该方程的结果可以展示在二维 $x\text{-}y$ 坐标轴上[图 34-2(b)]。因为该图阐述了状态变量相互作用的方式，所以将其称为**状态空间表征**。通过对 a 取不同的值，可以在一张图上充分地展示所有的解。由于本案例较为简单，结果并不能很好地说明具体问题，但是该表达形式可为解决更为复杂问题提供强有力的工具。这是该方法的优点。

可将类似的方法应用于 Lotka-Volterra 方程。首先，将式(34-3)和式(34-4)相除得到，

$$\frac{\mathrm{d}y}{\mathrm{d}x} = \frac{-cy + dxy}{ax - bxy} \tag{34-9}$$

该方程分离变量后求得

$$a\ln y - by + c\ln x - dx = K' \tag{34-10}$$

式中 K' 为常数积分。通过求幂可对方程进一步简化，

$$(y)^a e^{-by})((x)^c e^{-dy}) = K \tag{34-11}$$

式中 $K = e^{K'}$。式(34-11)定义了图 34 4(b)所示的逆叫钳轨道。

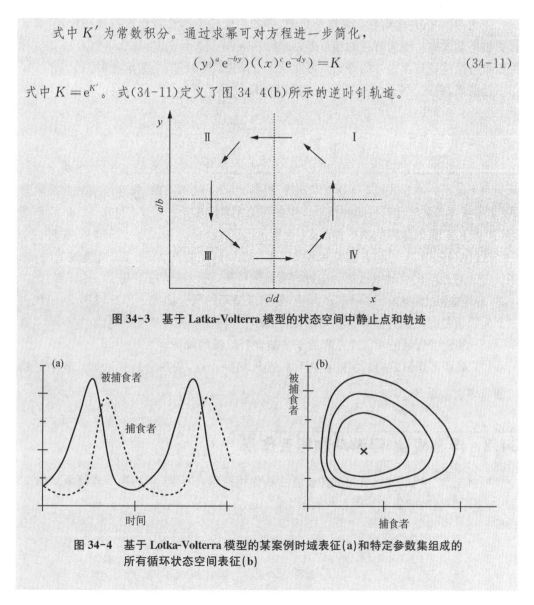

图 34-3　基于 Latka-Volterra 模型的状态空间中静止点和轨迹

图 34-4　基于 Lotka-Volterra 模型的某案例时域表征(a)和特定参数集组成的
所有循环状态空间表征(b)

状态空间方法可以应用于 Lotka-Volerra 模型。首先，我们来检查模型的"静止点"。这些点不随变量值而改变。为了确定这些点，我们将式(34-3)和式(34-4)的导数设为 0，

$$ax - bxy = 0 \tag{34-12}$$

$$-cy + dxy = 0 \tag{34-13}$$

可以求得：

$$(x, y) = (0,0)$$

$$(x, y) = \left(\frac{c}{d}, \frac{a}{b}\right) \tag{34-14}$$

因此,其中的一个解看起来微不足道,即如果既没有捕食者也没有被捕食者,那么什么也不会发生。更为有趣的结果是,如果 $x=c/d$ 且 $y=a/b$,那么导数为 0;相应种群数量将保持稳定。这样的静止点可在状态空间图(图 34-3)上表示出来。

接下来,将式(34-3)和式(34-4)相除后得到:

$$\frac{\mathrm{d}y}{\mathrm{d}x}=\frac{-cy+dxy}{ax-bxy} \tag{34-15}$$

图 34-3 中,通过对 $x=c/d$ 和 $y=a/b$ 的静止点作一条垂直和水平线,可将平面划分为四个象限。观察式(34-15)可以发现,根据 x 和 y 的初始值,每个象限的曲线轨迹斜率(即 $\mathrm{d}y/\mathrm{d}x$)都具有相同的符号。例如在第 Ⅰ 象限中($x>c/d$ 且 $y>a/b$),斜率始终为负值。其他象限的斜率如图 34-3 所示。因此,结果将呈现一个逆时针循环。

通过求解式(34-15)并将结果绘制于图 34-4b,可以更好地认识轨迹线的特点。图 34-4a 对比给出了时域表征。通过方程解的分析,可以得到以下几个结论:

(1)轨迹是围绕 $x=c/d$、$y=a/b$ 静止点循环的闭合曲线。因此,每个轨迹代表一个无限重复的周期性循环。换句话说,捕食者和被捕食者都不会灭绝。

(2)捕食者数量的峰值总是滞后于被捕食者数量的峰值。

(3)周期不是恒定的。实际上随着轨迹远离静止点,周期会持续增加。较小的轨迹曲线周期接近 $2\pi/\sqrt{ac}$。

34.2 浮游植物-浮游动物相互作用

可将上节介绍的捕食者与被捕食者相互作用原理,应用于水质模型建模中。第 33 讲中,将浮游植物的质量平衡方程表示为:

$$\frac{\mathrm{d}a}{\mathrm{d}t}=k_g(T, n, I)a-k_{ra}a-k_{gz}a \tag{34-16}$$
$$\quad\text{生长}\quad\text{呼吸/排泄}\quad\text{捕食损失}$$

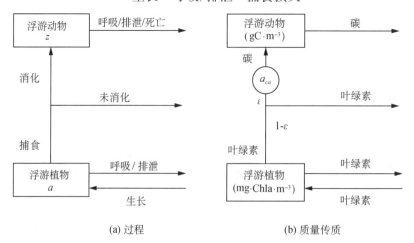

(a) 过程   (b) 质量传质

图 34-5 基于食物链模型的相互作用简单表征

捕食损失速率可以表示为如下的简单形式：

$$k_{gz} = C_{gz} z \theta_{gz}^{T-20} \tag{34-17}$$

式中：C_{gz} ——浮游动物捕食速率（$m^3 \cdot gC^{-1} \cdot d^{-1}$）；

　　　θ_{gz} ——温度校正系数；

　　　z ——浮游动物的浓度（$gC \cdot m^{-3}$）。

注意，$C_{gz}z$ 乘积后的单位为 d^{-1}。因此将式（34-17）代入（34-16）后，捕食损失项的单位为 $\mu gChl a \cdot L^{-1} \cdot d^{-1}$。

需要指出的是，在式（34-17）的基础上已有许多种针对捕食损失速率的精细化表征和改进形式。例如一些研究人员在方程（34-17）中增加了米-门方程项，以考虑浮游植物浓度较高时的浮游动物捕食速率平坦化效应，

$$k_{gz} = \frac{a}{k_{sa} + a} C_{gz} z \theta_{gz}^{T-20} \tag{34-18}$$

式中，k_{sa} 为浮游动物捕食藻类的半饱和常数（$\mu gChl a \cdot L^{-1}$）。其他公式可查阅 Bowie 等人（1985）的总结。

将式（34-18）与式（34-16）结合，可得到藻类的最终质量平衡关系，

$$\frac{da}{dt} = k_g(T, n, I)a - k_{ra}a - \frac{a}{k_{sa} + a} C_{gz} z \theta_{gz}^{T-20} a \tag{34-19}$$

接下来我们来分析浮游动物的质量平衡。如图 34-5 所示，浮游动物通过捕食浮游植物来增加生物量，并通过呼吸、排泄和死亡减少其生物量。基于这些过程可以建立浮游动物的质量平衡方程，

$$\frac{dz}{dt} = a_{ca} \varepsilon \frac{a}{k_{sa} + a} C_{gz} \theta_{gz}^{T-20} za - k_{dz}z \tag{34-20}$$

式中：a_{ca} ——浮游植物生物量中碳与叶绿素 a 的比值（$gC \cdot mgChl a^{-1}$）；

　　　ε ——捕食效率因子；

　　　k_{dz} ——呼吸、排泄和死亡的一级损失速率（d^{-1}）。

此处注意捕食效率因子的范围为 0～1，其中 0 表示没有消化或者捕食作用，1 表示将浮游植物全部消化。因此理论上它可用于确定多少捕食者生物量转化为被捕食者生物量，以及多少生物量作为腐殖质被释放出来。类似地，碳—叶绿素的比值提供了将摄入的叶绿素转化为浮游动物碳的方法。图 34-5b 展示了这两种效果。

现在我们来看一种简化的情形，即温度为常数、半饱和效应可被忽略以及浮游植物净生长速率恒定。这种情况下浮游植物-浮游动物方程表示为，

$$\frac{da}{dt} = (k_g - k_{ra})a - C_{gz} za \tag{34-21}$$

$$\frac{dz}{dt} = (a_{ca} \varepsilon C_{gz}) za - k_{dz}z \tag{34-22}$$

由于所有的参数都是常数,因此上述方程代表 Lotka-Volterra 方程。

【例 34-1】 藻类—浮游动物相互作用

某含有浮游植物和浮游动物的间歇式反应器参数如下:

$a_0 = 1$ mgChl$a$ · m^{-3} $z_0 = 0.05$ gC · m^{-3}

$a_{ca} = 0.04$ gC · mgChl^{-1} $C_{gz} = 1.5$ m^3 · gC^{-1} · d^{-1}

$\varepsilon = 0.6$ $k_g - k_{ra} = 0.3$ d^{-1}

$k_{dz} = 0.1$ d^{-1}

计算浮游植物和浮游动物的若干个循环过程。

【求解】 将式(34-21)和式(34-22)采用四阶龙格-库塔法积分后,计算结果如图 34-6 所示。注意到图中将浮游植物浓度用含碳量表示,以便于直接进行生物量的比较。图中还包含了浮游动物和浮游植物的总浓度。

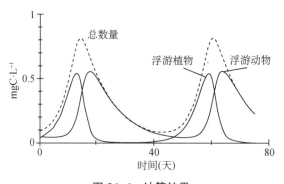

图 34-6　计算结果

总生物量大约每 45 d 出现一次峰值。浮游植物数量达到最大值后约 5 d,浮游动物数量达到峰值。注意到图中循环曲线的形式受参数选择的影响,并与使用的间歇式反应器有关。其他参数包括出流量和沉降等输移过程,也影响峰值的形状和相位。通过本讲最后的习题,读者可以探究这些参数对模拟结果的灵敏度。

34.3　浮游动物参数

捕食速率通常在 0.5 到 5 之间变化,常见的取值范围为 $1\sim2$ m^3 · gC^{-1} · d^{-1}。浮游动物捕食的温度校正系数通常比较高,常用值为 1.08。半饱和常数在 $2\sim25$ 之间,常用值为 $5\sim15$ μgChl · L^{-1}。捕食效率系数通常在 $0.4\sim0.8$ 之间。

受多种因素的共同影响,浮游动物的损失速率须被分解为若干个组成成分。与浮游植物一样,常见的方法是将其分解为非捕食性损失和捕食性损失,

$$k_{dz} = k_{rz} + k_{gzc} \tag{34-23}$$

式中,k_{rz} 为非捕食损失速率(d^{-1});k_{gzc} 为捕食损失速率(d^{-1}),其中下标 c 表示捕食者是肉食性的。还应注意到杂食性浮游动物会同时以动物和植物为食。

非捕食性损失主要包括呼吸和代谢作用。由于这些作用难以单独测量,因此将它

们一起考虑。该速率通常介于 $0.01\sim0.05$ 之间,也有研究报道值为 $0.001\sim0.1$ d^{-1} 之间。

捕食损失速率通常有两种处理方式。如果模型中没有明显的上层食物链,通常将其视为考虑温度校正的常数项。反之,当模型中需要模拟食肉动物等更高等的捕食者时,那么捕食速率的表达方式与式(34-17)类似。接下来的讲座将阐述如何实现建立"食物链"模型。

有关浮游动物捕食参数的数据总结,可查阅 Bowie 等(1985)的文献。该出版物还总结了模拟藻类—浮游动物相互作用的其他方程式和方法。

34.4　营养物质-食物链相互作用

现将限制性营养物质集成到浮游植物-浮游动物模型中,从而形成营养物质-食物链相互作用模型的基本框架。基于图 34-7 中的简单动力学过程,可得到以下方程

$$\frac{\mathrm{d}a}{\mathrm{d}t}=(k_g-k_{ra})a-C_{gz}za \tag{34-24}$$

$$\frac{\mathrm{d}z}{\mathrm{d}t}=(a_{ca}\varepsilon C_{gz})za-k_{rz}z \tag{34-25}$$

$$\frac{\mathrm{d}p}{\mathrm{d}t}=a_{pa}(1-\varepsilon)C_{gz}za+a_{pc}k_{rz}z-a_{pa}(k_g-k_{ra})a \tag{34-26}$$

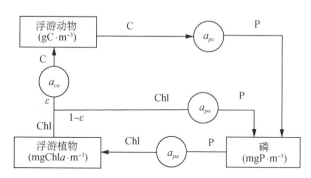

图 34-7　基于营养物质-食物链模型的相互作用简单架构

据此这些方程式形成了一个完全封闭的系统,其中营养物质通过净生产转化为生物量,并通过呼吸和死亡作用形成循环。以下例题解释图 34-7 中三个组分的动力学过程模拟。

【例 34-2】　营养物质-食物链的相互作用

某包含浮游植物、浮游动物和可利用磷的间歇式反应器具有如下参数:

$a_0=1$ mgChl$a\cdot$m^{-3}　　　　　　　　　$z_0=0.05$ gC$\cdot$m^{-3}

$a_{ca}=0.04$ gC$\cdot$mgChl^{-1}　　　　　　$a_{pa}=1$ mgP$\cdot$mgChl^{-1}

$C_{gz}=1.5$ m$^3\cdot$gC$^{-1}\cdot$d^{-1}　　　　　　$\varepsilon=0.6$

$$k_g - k_{ra} = 0.3 \text{ d}^{-1} \qquad\qquad k_{dz} = 0.1 \text{ d}^{-1}$$
$$p_0 = 20 \ \mu\text{gP} \cdot \text{L}^{-1}$$

计算生物体和营养物质的几个循环过程。在浮游植物生长项中增加营养物质的限制作用。半饱和常数设定为 $2 \ \mu\text{gP} \cdot \text{L}^{-1}$。

【求解】 通过修改生长项引入营养物质的限制作用,即

$$k_g = k_{g,m} \frac{p}{k_{sp} + p}$$

式中,$k_{g,m}$ 为饱和营养物质水平下的恒定生长速率。将该关系式代入反应器系统质量平衡方程中,并使用四阶龙格-库塔法积分,得到的结果如图 34-8 所示。注意到图中将浮游植物和磷浓度以当量碳的形式表示,从而可直接进行三种组分浓度值的比较。图中还表示出了三个组分的总浓度。

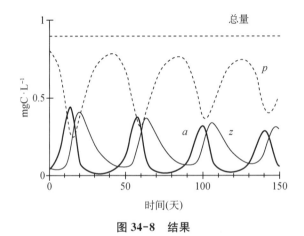

图 34-8 结果

总生物量峰值大约每 42 天出现一次。浮游植物数量达到最大值后约 1 周,浮游动物数量达到峰值。注意到植物数量的减少是被捕食所致,而与营养物质限制(模拟过程中磷浓度一直不低于 $6 \ \mu\text{gP} \cdot \text{L}^{-1}$)无关。在其他情况下,营养物质可能会先被消耗掉。营养物质-食物链模型的一个作用是能够模拟和区分这种效应。与例 34-1 一样,该图的形状受参数的选择以及反应器类型(此处使用了间歇式反应器)的影响。

以上介绍了捕食者-被捕食者动力学相互作用原理,并阐述了如何将其集成到更为全面的营养物质-食物链模型中。为简单起见,本讲我们仅局限于间歇式反应器系统。接下来的讲座中,将进一步扩展模型的框架并将其应用于开放的天然水体—分层湖泊。

习 题

34-1 使用四阶龙格-库塔法以及参数 $a = 1$、$b = 0.1$、$c = 0.5$ 和 $d = 0.02$,对式 (34-3) 和 (34-4) 进行数值积分。初始条件为 $x = 20$ 和 $y = 5$。

34-2　采用第18讲所述方法,对例34-1进行灵敏度分析。分析过程中变换以下参数:净增长速率 $(k_g - k_{ra})$,C_{gz},ε 和 k_{dz}。

34-3　重新计算例34-1,但使用如下参数:

$a_0 = 2$ mgChl$a \cdot$ m^{-3} 　　　　　　　　　　$z_0 - 0.03$ gC $\cdot$ m^{-3}

$a_{ca} = 0.04$ gC $\cdot$ mgChl^{-1} 　　　　　　　$C_{gz} = 2$ m^{3}gC$^{-1} \cdot$ d^{-1}

$\varepsilon = 0.5$ 　　　　　　　　　　　　　　$k_g - k_{ra} = 0.5$ d^{-1}

$k_{dz} = 0.075$ d^{-1}

34-4　修改例34-1的情景,即增加以草食性浮游动物为食的肉食性浮游动物。同时,增加草食性动物捕食藻类的饱和项以对模型进行修正。除了例题中给出的参数外,计算过程中还需要以下参数值:

$z_{co} = 0.02$ gC $\cdot$ m^{-3} 　　　　　　　　$C_{gzc} = 3$ m$^3 \cdot$ gC$^{-1} \cdot$ d^{-1}

$\varepsilon_c = 0.6$ 　　　　　　　　　　　　　$k_{dzc} = 0.1$ d^{-1}

$k_{sa} = 15$ μgChl $\cdot$ m^{-3}

式中下标 c 表示食肉动物。另外,方程中不分别考虑草食性动物的呼吸/排泄/死亡,直接设定呼吸/代谢速率为 $k_{rzh} = 0.01$ d^{-1}。在此基础上模拟肉食性动物的捕食效应。

34-5　将例题34-2中的反应器修改为CSTR系统,其停留时间为20 d,以及入流浓度为 $a_{in} = 0.5$ mgChl $\cdot$ L^{-1} 和 $p_{in} = 10$ mgP $\cdot$ L^{-1}。在此基础上重新进行计算。

34-6　位于苏必利尔湖中的皇家岛(Isle Royale)国家公园是一个210平方英里的群岛,由一个大岛和许多小岛组成。驼鹿大约在1900年来到这个岛;到1930年驼鹿的数量已接近3 000只,对植被造成了破坏。1949年,狼从加拿大安大略省越过一座冰桥来到该岛。自1950年代后期后,研究者一直记录驼鹿和狼的数量(Allen,1973;Peterson 等,1984)。

年份	驼鹿	狼	年份	驼鹿	狼
1960	700	22	1972	836	23
1961	—	22	1973	802	24
1962	—	23	1974	815	30
1963	—	20	1975	778	41
1964	—	25	1976	641	43
1965	—	28	1977	507	33
1966	881	24	1978	543	40
1967	—	22	1979	675	42
1968	1 000	22	1980	577	50
1969	1 150	17	1981	570	30
1970	966	18	1982	590	13
1971	674	20	1983	811	23

（a）使用四阶龙格-库塔方法对 Lotka-Volerra 方程进行积分；计算时间段为 1960 年至 2020 年。确定形成最佳拟合曲线的系数值。基于时间序列法将模拟结果与实际数据进行比较，并对结果予以解释。

（b）基于（a）的模拟结果，使用状态空间法绘图。

（c）在 1993 年之后，假设野生动物管理者每年捕获一只狼并将其运出该岛。预测 1993～2020 年间狼和驼鹿的种群数量变化。以时间序列和状态空间图的形式展示模拟结果。对于该情形［以及（d）］，使用以下参数：$a = 0.3$，$b = 0.011\ 11$，$c = 0.210\ 6$，$d = 0.000\ 263\ 2$。

（d）假设在 1993 年，一些偷猎者潜入该岛并杀死了 50% 的驼鹿。预测到 2020 年，狼和驼鹿的种群数量将如何演变。以时间序列和状态空间图的形式展示模拟结果。

第 35 讲

营养物质-食物链模型

> **简介**:本讲把前面两讲的内容集成到一个完整的框架中,以用于计算分层湖泊中营养物质-食物链的相互作用。

本讲将使用一个垂向双层的简单湖泊模型,以阐述如何将上一讲末尾部分提出的营养物质-食物链框架应用于天然水体。需要强调的是,以下描述的框架只是目前已发展的模拟天然水体营养物质-食物链动态学过程的诸多模型方法之一。读者还可以参考 Scavia(1979)针对该方面研究的评述,以及 Riley(1963)、Steele (1965)和 Mortimer (1975b)的评论性文章。

35.1 空间分段与物理过程

对于本节介绍的营养物质-食物链模型,物理分层(两个垂向层)、入流负荷和输移过程的处理采用与 29.5 节中两组分模型相同的方法。变温层(1)和均温层(2)中的物质质量平衡关系可以写为(图 35-1):

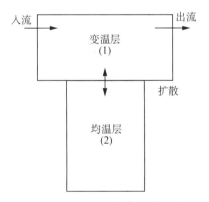

图 35-1　物理分段方案和输移表征

$$V_1 \frac{\mathrm{d}c_1}{\mathrm{d}t} = W(t) - Qc_1 + v_t A_t (c_2 - c_1) + S_1 \qquad (35\text{-}1)$$

和

$$V_2 \frac{\mathrm{d}c_2}{\mathrm{d}t} = \upsilon_t A_t (c_1 - c_2) + S_2 \qquad (35-2)$$

式中：V ——体积；

$\qquad c$ ——浓度；

$\qquad t$ ——时间；

$\qquad W(t)$ ——负荷；

$\qquad Q$ ——出流；

$\qquad \upsilon_t$ ——温跃层传质系数；

$\qquad A_t$ ——温跃层面积；

$\qquad S$ ——源和汇。

35.2 反应过程动力学表征

如图 35-2 所示，营养物质-食物链模型由 8 个状态变量组成。这些状态变量可分为三大类(表 35-1)。针对每一层的每个状态变量，可分别建立其质量平衡方程。每个状态变量的源、汇项描述如下。

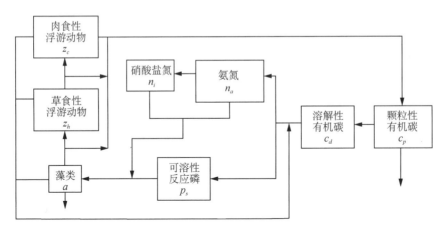

图 35-2 反应动力学表征

表 35-1 模型状态变量

状态变量	符号	单位
食物链		
1. 藻类	a	$\mathrm{mgChl}a \cdot \mathrm{m}^{-3}$
2. 草食性浮游动物	z_h	$\mathrm{mC} \cdot \mathrm{m}^{-3}$
3. 肉食性浮游动物	z_c	$\mathrm{mC} \cdot \mathrm{m}^{-3}$
非生物有机碳		
4. 颗粒态	c_p	$\mathrm{mC} \cdot \mathrm{m}^{-3}$

（续表）

状态变量	符号	单位
5. 溶解态 营养物质	c_d	$mC \cdot m^{-3}$
6. 氨氮	n_a	$mgN \cdot m^{-3}$
7. 硝酸盐	n_i	$mgN \cdot m^{-3}$
8. 可溶性活性磷	p_s	$mgN \cdot m^{-3}$

以下 35.2.1 节和 35.2.2 节中的所有公式是针对一个通用水层的表达形式。因此它们可以既适用于变温层，也适用于均温层。各层的质量平衡方程中唯一可能不同的地方，与沉降性变量（藻类和有机碳颗粒）有关。对于这些变量，给出了具有上覆水层的水体质量平衡方程。当包括这些变量的方程应用于均温层时；变温层的沉降通量作为均温层的质量增量。当应用于表层水体时，这些沉降项则作为质量方程的损失项。

35.2.1 食物链

食物链由单个浮游植物种群和两个浮游动物种群组成。

藻类。如第 33 讲所述，藻类生长是关于温度、营养物质和太阳辐射的函数。对于均温层，藻类的增加还来自表层水体的藻类沉降。汇项包括呼吸/排泄、捕食和沉降损失：

$$V \frac{da}{dt} = k_g(T, n_t, p_s, I) Va - k_{ra}(T) Va - C_{gh}(T, a, z_h) Va + v_a A_t a_u - v_a A_t a$$

$$(35-3)$$

式中：$k_g(T, n_t, p_s, I)$ ——藻类生长速率(d^{-1})；

　　　$k_{ra}(T)$ ——与呼吸和排泄有关的损失速率(d^{-1})；

　　　$C_{gh}(T, a, z_h)$ ——捕食损失速率(d^{-1})；

　　　v_a ——浮游植物沉降速率$(m \cdot d^{-1})$。

以及下标 u 表示上层水体。

生长和捕食速率取决于环境因素，即［见式(33-29)和式(34-18)］：

$$k_g(T, n_t, p_s, I) = k_{g,20} 1.066^{T-20} \left[\frac{2.718f}{k_e H} (e^{-\alpha_1} - e^{-\alpha_0}) \right] \min\left(\frac{n_t}{k_{sn} + n_t}, \frac{p_s}{k_{sp} + p_s} \right)$$

$$(35-4)$$

和

$$C_{gh}(T, a, z_h) = \frac{a}{k_{sa} + a} C_{gh} \theta_{gz}^{T-20} z_h \tag{35-5}$$

式中，n_t 为总无机氮 $= n_a + n_i$，其他参数已在第 33 讲和第 34 讲中定义。

此外,呼吸速率根据温度校正,具体采用 θ 模型形式:

$$k_{ra}(T) = k_{ra,20}\theta^{T-20} \tag{35-6}$$

所有其他与温度有关的反应速率按照类似的方式校正。

草食性浮游动物。一部分藻类被草食性浮游动物吸收。食草动物的质量损失则与食肉动物捕食和其自身的呼吸/排泄有关:

$$V\frac{\mathrm{d}z_h}{\mathrm{d}t} = a_{ca}\varepsilon_h C_{gh}(T, a, z_h)Va - C_{gc}(T, z_c)Vz_h - k_{rh}(T)Vz_h \tag{35-7}$$

式中,a_{ca} 为藻类叶绿素 a 转化为浮游动物碳的化学计量系数($\mathrm{gC \cdot mgChla^{-1}}$)。

肉食性浮游动物。部分草食性浮游动物被肉食性浮游动物捕食后消化吸收。食肉动物的质量损失与呼吸/排泄有关,它们受食物链中更高等生物(主要是鱼类)捕食的死亡可用一级速率表征:

$$V\frac{\mathrm{d}z_c}{\mathrm{d}t} = \varepsilon_c C_{gc}(T, z_c)Vz_h - k_{rc}(T)Vz_c - k_{dc}(T)Vz_c \tag{35-8}$$

35.2.2 非生物有机碳

非生物有机碳被划分为颗粒态和溶解态组分,以便于区分可沉降和不可沉降形式。

颗粒态。无效的捕食(非消化)以及肉食性动物死亡导致了颗粒态非生物有机碳的增加。对于均温层,颗粒态有机碳的增量还来自上部水层的沉降。汇项则包括一级溶解性反应和沉降损失:

$$V\frac{\mathrm{d}C_p}{\mathrm{d}t} = a_{ca}(1-\varepsilon_h)C_{gh}T, a, z_h)Va + (1-\varepsilon_h)C_{gc}(T, z_c)Vz_h + k_{dc}(T)Vz_c -$$
$$k_p(T)VC_p + v_p A_t C_{pu} - v_p A_t C_p$$

$$\tag{35-9}$$

溶解态。溶解性有机碳随一级溶解性反应增加,并由于水解发生而质量损失:

$$V\frac{\mathrm{d}c_d}{\mathrm{d}t} = k_p(T)Vc_p - k_h(T)Vc_d \tag{35-10}$$

35.2.3 营养物质

营养物质分为无机氮和磷。无机氮还可分为氨氮和硝酸盐氮。

氨氮。氨离子的产生与溶解性有机碳的水解和食物链的呼吸作用有关。氨离子的质量损失与植物吸收和硝化作用有关:

$$V\frac{\mathrm{d}n_a}{\mathrm{d}t} = a_{nc}k_h(T)Vc_d + a_{na}k_{ra}(T)Va + a_{na}k_{rh}(T)Vz_h + a_{na}k_{rc}(T)Vz_c -$$
$$F_{am}a_{na}k_g(T, n_t, p_s, I)Va - k_n(T)Vn_a$$

$$\tag{35-11}$$

式中，F_{am} 为从植物吸收无机氮中氨氮所占比例，

$$F_{am} = \frac{n_a}{k_{am} + n_a} \tag{35-12}$$

式中，k_{am} 为氨氮优先吸收的半饱和常数；a_{na} 和 a_{an} 分别为氮—碳、氮—叶绿素的比例。

硝酸盐氮。 硝酸盐氮来自硝化作用，并因植物的吸收而造成质量损失：

$$V \frac{dn_i}{dt} = k_n(T)V n_a - (1 - F_{am}) a_{na} k_g(T, n_t, p_s, I) V a \tag{35-13}$$

溶解性活性磷。 溶解性活性磷的质量增加与有机碳水解和食物链的呼吸作用有关。它的质量损失则与植物吸收有关：

$$V \frac{dp_s}{dt} = a_{pc} k_h(T)V c_d + a_{pa} k_{ra}(T)V a + a_{pc} k_{rh}(T)V z_h + a_{pc} k_{rc}(T)V z_c -$$
$$a_{pa} k_g(T, n_t, p_s, I) V a \tag{35-14}$$

式中，a_{pc} 和 a_{pa} 分别为磷—碳、磷—叶绿素的比例。

35.3　季节性循环模拟

基于式(35-3)～式(35-14)描述的动力学相互作用，可以针对 8 个状态变量中的每个变量写出式(35-1)和式(35-2)形式的方程。得到的 16 个常微分方程使用数值计算方法(例如四阶龙格-库塔方法)同步进行积分。

【例 35-1】 安大略湖的营养物—食物链模型

1970 年代早期安大略湖的物理参数如表 35-2 和图 35-3 所示。注意到均温层的温度通过热量平衡模型模拟给出(见第 31 讲)。表 35-3 汇总了负荷和初始条件；表 35-4 列出了模型参数。

表 35-2　安大略湖的水文参数

参数	符号	数值	单位
表面积	A_s	$19\,000 \times 10^6$	m^2
温跃层面积	A_t	$10\,000 \times 10^6$	m^2
变温层	V_e	254×10^9	m^3
均温层	V_h	$1\,380 \times 10^9$	m^3
温跃层厚度	H_t	7	m
变温层厚度	H_e	17	m
均温层厚度	H_h	69	m
出流	Q	212×10^9	$m^3 \cdot yr^{-1}$

（续表）

参数	符号	数值	单位
温跃层扩散系数	v_t		$cm^2 \cdot s^{-1}$
夏季分层期间		0.13	
冬季混合期间		13	
夏季分层开始时间		100	d
分层建立时间		58	d
分层结束开始时间		315	d
分层结束时间		20	d

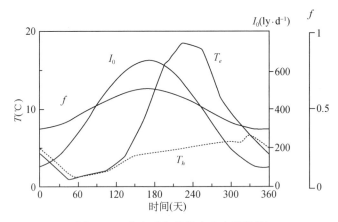

图 35-3　安大略湖的温度和光照数据

表 35-3　1970 年代初安大略湖的边界条件（入湖负荷）和初始条件

变量	单位	负荷*	初始条件*
藻类	$\mu gChla \cdot L^{-1}$	1	1
草食性浮游动物	$mgC \cdot L^{-1}$	0	0.005
肉食性浮游动物	$mgC \cdot L^{-1}$	0	0.005
颗粒态有机碳	$mgC \cdot L^{-1}$	0.8	0.12
溶解态有机碳	$mgC \cdot L^{-1}$	0.8	0.12
氨氮	$\mu gN \cdot L^{-1}$	15	15
硝酸盐	$\mu gN \cdot L^{-1}$	220	250
溶解性活性磷	$\mu gP \cdot L^{-1}$	14.3	12

* 浓度乘以流出量即可转换成质量负荷速率。
* 均温层和变温层中的给定数据相同。

表 35-4　1970 年代初安大略湖水质模拟的模型参数取值

变量	符号	取值	单位
藻类：			
生长速率	$k_{g,20}$	2	d^{-1}
温度因子	θ_a	1.066	
呼吸速率	k_{ra}	0.025	d^{-1}
温度因子	θ_{ra}	1.08	
沉降速率	v_a	0.2	$m \cdot d^{-1}$
最佳光照	I_s	350	$ly \cdot d^{-1}$
磷半饱和系数	k_{sp}	2	$\mu gP \cdot L^{-1}$
氮半饱和系数	k_{sn}	15	$\mu gN \cdot L^{-1}$
本底光消减系数	k'_e	0.2	m^{-1}
草食性浮游动物：			
捕食速率	C_{gh}	5	$L \cdot mgC^{-1} \cdot d^{-1}$
温度因子	θ_{gh}	1.08	
捕食效率	ε_h	0.7	
呼吸速率	k_{rh}	0.1	d^{-1}
温度因子	θ_{rh}	1.08	
藻类半饱和系数	k_{sa}	10	$\mu gChla \cdot L^{-1}$
肉食性浮游动物：			
捕食速率	C_{gh}	5	$L \cdot mgC^{-1} \cdot d^{-1}$
温度因子	θ_{gh}	1.08	
捕食效率	ε_c	0.7	
呼吸速率	k_{rc}	0.04	d^{-1}
温度因子	θ_{rc}	1.08	
死亡速率	k_{dc}	0.04	d^{-1}
温度因子	θ_{dc}	1.08	
食草动物半饱和系数	k_{sh}	0.4	$mgC \cdot L^{-1}$
非生物碳：			
颗粒态沉降速率	v_p	0.2	$m \cdot d^{-1}$
溶解速率	k_p	0.1	d^{-1}
温度因子	θ_p	1.08	
水解速率	k_h	0.075	d^{-1}
温度因子	θ_h	1.08	
营养物质：			
硝化速率	k_n	0.1	d^{-1}
温度因子	θ_n	1.08	
氨优先吸收的半饱和常数	k_{am}	50	$\mu gN \cdot L^{-1}$

【求解】　采用数值计算方法进行了 2 年的模拟。第二年的部分模拟结果如

图 35-4 所示。图 35-4(a)显示了变温层中的食物链模拟结果。注意到浮游动物以叶绿素浓度单位表示,以便于各变量之间的比较。模拟结果表明了捕食者与被捕食者之间的相互作用,其中藻类、草食动物和肉食动物的数量峰值分别出现在大约 160 天、180天和 240 天。

变温层中的无机氮和磷模拟结果如图 35-4(b)所示。根据模拟结果,湖泊在夏季分层期间呈现绝对性的磷限制。当一年中其他时间段水中氮和磷过多时,藻类表现为低生长。

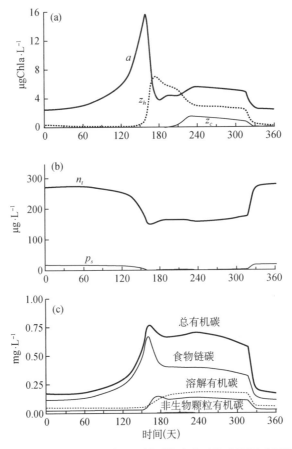

图 35-4　基于营养物—食物链模型的安大略湖变温层水质结果

(a)基于叶绿素浓度表示的食物链各组分;(b)无机营养物质;(c)有机碳

变温层中的有机碳循环如图 35-4(c)所示。该图显示了高生产力的夏季月份和一年中其他月份的明显区别。夏季分层期间高有机碳含量具有几个方面的影响。首先,有机碳的最终分解会影响底层水体的溶解氧含量。相比于安大略湖,这一点对于具有更小均温层(意味着更小的氧气储存量)的水体尤为重要。第二,正如后续讲座将要提到的,毒性物质的运输和归趋与有机物密切相关。

上述的例题阐明了营养物质/食物链模型的三个主要优势:

•富营养化效应的时间尺度精度。这些模型生成了诸如叶绿素峰值浓度等特征的预测,因此能为水质管理者提供极为有用的信息。这是因为公众通常最为关注的是水体发生的极端事件,而不是季节性或长期性的平均状况。由于模拟时间步长是一天,营养物质-食物链模型能够同时生成季节性数据和每天的动态数据。

　　·营养物质和光照限制。识别限制性营养物质或者系统是否受到显著的光照限制,是控制富营养化的关键步骤。通过在模型中考虑几种营养物质和光照作用机理,营养物质-食物链模型提供了识别上述限制性因素的手段。

　　·有机碳循环。通过提供有机碳浓度水平的预测,营养物质-食物链框架提供了一种评估湖泊中氧气含量和有毒物质迁移转化的方法。

35.4　未来方向[①]

　　本讲介绍的模型框架可以通过多种方式予以拓展和完善。首先,可以拓展到其他水体,例如狭长湖泊、溪流和河口。其次,可以包含更多的营养物质和食物链组分。例如,藻类可以被划分为几个功能组(如硅藻、蓝绿藻和绿藻等),或者包括新型生物体如细菌或根系植物。

　　未来改进营养物质-食物链框架的一种基本方法是将关注点从叶绿素转到有机碳。由于对富营养化的关注,早期的营养物质-食物链模型聚焦于植物生长(图 35-5a)。对于此类应用,叶绿素 a 可作为表征生产率提升的便捷指标。

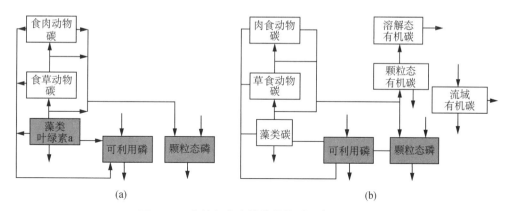

图 35-5　传统与未来的营养物质—食物链模型

(a)传统的营养物质/食物链动力学模型以叶绿素为关注点;(b)未来,此类生产/分解模型可能会转向对有机碳循环过程的深入表征

　　如今,水质管理人员已将关注范围扩大到富营养化以外的其他问题,例如有毒物质和消毒副产物。这种情况下,必须同时表征溶解态和颗粒态的有机碳。此外,如第 33 讲中所述,叶绿素-碳比值的变化会造成叶绿素 a 甚至不能作为颗粒态植物碳的合适量度。因此,如图 35-5(b)所示,有机碳可能成为新一代模型框架的关注点。

[①]　这里所指的"未来"指原书写作时,即 20 世纪 90 年代。

此外,还需要对易降解和难降解形式的碳予以区分。一种潜在的重要情况是,水力停留时间短的蓄水库受到外来的有机质控制。另一种情形与沉积物-水相互作用有关。对于这些情形,区分不同组分是重要的(Berner,1980)。

Di Toro 和 Fitzpatrick(1993)采纳了 Berner(1980)以及 Westrich 和 Berner(1984)提出的沉积物衰减模拟理论,以表示颗粒物的不同反应性质类别。如表 35-5 所示,新鲜的颗粒态有机碳被分为三个"G 组分",分别对应于易于降解、缓慢降解和不可降解的组分。通过分别跟踪每个组分(即分解建立各个组分的质量平衡方程),可以确定不同组分之间的降解差异。

表 35-5　天然水体中自生颗粒物的不同反应活性,可通过将其划分为不同活性的"G 类"
　　　　予以模拟(Berner,1980;Westrich 和 Berner,1984;Di Toro 和 Fitzpatrick,1993)

颗粒物类型	新鲜颗粒比例	衰减速率(d^{-1})
G_1(快速反应)	0.65	0.035
G_2(缓慢反应)	0.20	0.001 8
G_3(不反应)	0.15	0

习 题

35-1　增加安大略湖的入湖磷负荷量,直到藻类春季爆发受到氮或光照的限制。计算湖泊的入流浓度,并确定哪个因子决定藻类的最大浓度水平。

35-2　基于第 18 讲所述的方法,对例 35-1 的模拟结果进行灵敏性分析。尤其是要确定哪些动力学系数对春季浮游植物爆发的时间和峰值具有显著影响。

35-3　格林湖(Green Lake)具有以下参数:

变温层体积=150×10^6 m^3　　　　　变温层水深=10 m

均温层体积=600×10^6 m^3　　　　　表面积=20×10^6 m^2

温跃层面积=10×10^6 m^2　　　　　入流=出流=150×10^6 m$^3 \cdot$ yr^{-1}

温跃层厚度=3 m　　　　　　　　　开始分层的时间=150 d

分层完全建立的时间=30 d　　　　分层破坏的时间=300 d

分层完全结束的时间=30 d　　　　水体/颜色的消光系数=0.2 m^{-1}

表 35-6 总结了该湖泊的收集数据。湖泊的入流可利用磷和不可利用磷浓度为 20 μgP·L^{-1}。假设该湖泊浮游植物生长不受氮限制。使用与安大略湖相同的太阳辐射和光周期数据(图 35-3)。

(a)基于该湖收集的数据,对本讲介绍的营养物质-食物链模型进行率定。

(b)确定湖泊入流的可利用磷浓度,以使得变温层中叶绿素的峰值浓度水平不超过 10 μg·L^{-1}。

(c)确定冲洗速率。

表 35-6

天	T_e (℃)	T_h (℃)	a_e (μg·L^{-1})	z_{he} (mgC·L^{-1})	z_{ce} (mgC·L^{-1})	SRP_e (μgP·L^{-1})	P_{une}^* (μgP·L^{-1})	SRP_h (μgP·L^{-1})	P_{unh} (μgP·L^{-1})
15	3	4.3	4.9	0.01	0.01	13.5	1.1	15	1
45	1	2.3	6.5						
75	2	1.8	9.7						
105	2	2	12	0.05		4.0	1.8	9.0	1.6
135	4	2.8	8.7	0.2	0.005	2.8	3	7.5	2.7
165	7	5	7	0.2	0.04	1.6	4	8.5	3.4
195	15	5.5	6.8	0.07	0.16	0.4	4.3	12.7	2.7
225	20	5.7	7	0.07	0.12	0.4	3.6	15.7	1.8
255	20	5.9	6.6	0.07	0.105	0.49	3.3	17.6	1.3
285	12	6	6.3						
315	8	6.5	6.5						
345	5	6.3	4.8						

* 不可利用磷

* SRP 表示溶解性活性磷

第 36 讲

流动水体的富营养化

> **简介:**本讲介绍了与流动水体富营养化建模有关的一些知识。第一部分介绍了浮游植物模型。在阐述了河流中浮游植物与营养物质相互作用模拟的基本知识之后,介绍了如何利用 EPA 的 QUAL2E 模型来模拟稳态情形下垂向和横向完全混合的河流与河口中浮游植物生长导致的富营养化。介绍了如何模拟水体温度,然后给出了营养物质和植物的动力学过程以及如何利用 QUAL2E 模型对其进行模拟。最后介绍了水生固着植物的模拟方法。

　　建立专门的模型框架用于溪流和河口等流动水体的模拟,主要有两方面的原因。首先,也是最为明显的原因,它们的物理作用与湖泊等静止水体有着根本不同。尤其是必须考虑水平方向的输移。其次,较浅的流动水域可能被固定生长的植物例如大型植物和底部着生生物主导,这一点与我们之前一直强调的浮游植物不同。

　　本讲将讨论上述两方面的内容。首先,介绍如何将先前讲座中给出的浮游植物模型应用于较深的溪流和河口。然后,介绍一些溪流等较浅水体中固定生长植物的模拟方法。

36.1　溪流中的浮游植物-营养物质相互作用

　　本节将讲解如何把先前开发的湖泊浮游植物模型应用于流动水体。首先,给出了一个简单的粗略计算方法,这有利于读者理解接下来要介绍的模型数值解。

36.1.1　浮游植物-营养物质的简单分析

　　Thomann 和 Mueller(1987)开发了一种简单的分析方法。该方法对于理解点源排放对溪流富营养化的影响非常有用。

　　首先,该分析方法要回答的问题是排污口附近河段的植物生长是否受到营养物质限制。回顾表 28-3,除了污水除磷的情形,点源排放的水体中一般都是氮限制性的特点。此外,受纳非点源排放的水体通常表现为磷限制。对于点源排放口上游河段以非点源排放为主导的情形,Thomann 和 Mueller 在排污口处断面建立了简单的质量平衡方程[见式(9-42)],并得出了以下的一般性结论:

- 如果排放水量低于断面混合后总流量的 2%,磷将是下游河段的限制性营养物质。

- 如果排放水量大于断面混合后总流量的 2%,则限制性营养物质将取决于处理过程。尤其是,如果处理工艺对磷的去除效果很低或者没有去除作用,那么溪流往往表现为氮限制。

- 在所有情形下,如果处理工艺对磷具有明显的去除效果,则溪流往往表现为磷限制。

接下来,他们调查了排污口处断面是否会发生营养物质限制。他们在分析中采用了米-门公式(回顾图 32-2)。基于该公式,只有营养物浓度降至饱和常数的 5 倍以下时,营养物质限制的表征才是显著的(回顾图 32-2)。因此,假设 $k_{sn} = 10 - 20\ \mu gN \cdot L^{-1}$ 以及 $k_{sp} = 1-5\ \mu gP \cdot L^{-1}$,他们估计出只有当河流断面的氮和磷浓度分别降至约 $0.1\ mgN \cdot L^{-1}$ 和 $0.025\ mgP \cdot L^{-1}$ 时,才会出现氮和磷限制。由于污水的营养物组分浓度通常在 $mg \cdot L^{-1}$ 范围内(未经处理的污水约为 $40\ mgN \cdot L^{-1}$ 和 $10\ mgP \cdot L^{-1}$),他们得出这样一个结论:若处理工艺没有明显的除磷效果,那么点源排放主导的溪流(即排放水量与河流断面流量之比大于 1%)中,其混合点处断面将会有过量的营养物质。

即使混合点断面的营养物质过量,随后发生的植物生长也往往会降低下游河段的营养物质浓度。因此,溪流的下游河段最终会呈现出营养物质限制。由此会产生两个问题:在下游多远距离会形成营养物质限制? 哪种营养物质会首先成为限制性因子?

为了回答这两个问题,Thomann 和 Mueller 针对具有水力几何特性恒定的下游河段,建立了以下的稳态情形质量平衡方程:

$$U \frac{\mathrm{d}a}{\mathrm{d}x} = \frac{\mathrm{d}a}{\mathrm{d}t^*} = \left[k_g(T, I) - k_d - \frac{v_a}{H} \right] a = k_{net} a \tag{36-1}$$

式中, t^* 为流经时间(d); k_{net} 为浮游植物的净增长速率(d^{-1}),如上式所示取决于生长、动力学损失(呼吸、排泄、死亡)和沉降。注意到公式中的浮游植物生长速率与营养物质无关,这一点与之前的讨论不同。因此,以下的分析仅在 $n \geqslant 0.1\ mgN \cdot L^{-1}$ 和 $p \geqslant 0.025\ mgP \cdot L^{-1}$ 时适用。

若假设植物的化学计量参数恒定,那么氮和磷的质量平衡式如下:

$$\frac{\mathrm{d}n}{\mathrm{d}t^*} = -a_{na} k_g(T, I) a \tag{36-2}$$

$$\frac{\mathrm{d}p}{\mathrm{d}t^*} = -a_{pa} k_g(T, I) a \tag{36-3}$$

此处注意到动力学过程损失和沉降都被假定是最终损失;也就是说,它们不会重新转化为营养物。

若混合点处断面的边界条件为 $a = a_0, n = n_0$ 和 $p = p_0$,方程的解析解为:

$$a = a_0 e^{k_{net} t^*} \tag{36-4}$$

$$n = n_0 + \frac{a_{na} k_g a_0}{k_{net}} (1 - e^{k_{net} t^*}) \tag{36-5}$$

$$p = p_0 + \frac{a_{pa} k_g a_0}{k_{net}} (1 - e^{k_{net} t^*}) \tag{36-6}$$

对于断面流量显著受到点源排放流量影响（即点源排放水量与河流断面流量比值大）的溪流，上述三个方程的结果如图36-1所示。该结果同时反映了浮游植物的净生长，很高的初始藻类浓度和较低氮磷比的点源排放。正如式（36-4）到式（36-6）的预测，营养物质浓度随浮游植物的生长而下降。

从图36-1中还可以关注其他两个特点。首先，在点源排入河流并向下游流经7天后，氮的浓度下降至100 μgN·L^{-1}时，此时氮先于磷成为限制性因素。其次，如果点源出流含有更多的氮以至于不会发生氮限制，该图还表明大约在9.3天后磷成为限制因素。对于平均流速为0.15到0.3 m·s^{-1}（0.5到1 fp·s^{-1}）的溪流，水流流动一周大约相当于90～180公里（60～115英里）。

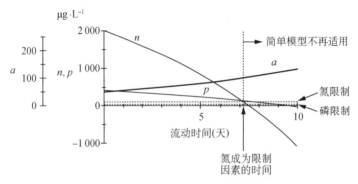

图36-1　点源排放口下游断面的营养物质和浮游植物浓度变化

另有一点，Thomann和Mueller利用方程式（36-5）和式（36-6）准确确定了发生营养物限制的水流临界流动时间，

$$t_n^* = \frac{1}{k_{net}} \ln \left(\frac{n_0' + n_0 - 100}{n_0'} \right) \quad 式中，n_0' = \frac{a_{na} k_g a_0}{k_{net}} \tag{36-7}$$

$$t_p^* = \frac{1}{k_{net}} \ln \left(\frac{p_0' + p_0 - 25}{p_0'} \right) \quad 式中，p_0' = \frac{a_{pa} k_g a_0}{k_{net}} \tag{36-8}$$

式中，t_n^*和t_p^*分别为出现氮和磷元素限制的水流流动时间（d）。

以上两个公式除了可以回答溪流下游多远距离发生营养物限制外，临界流动时间还可以分析营养物质削减是否会影响植物的生长。假设我们关注的溪流长度小于t_n^*和t_p^*对应的流经距离，那么初始营养物负荷的削减可能不会对富营养化产生影响。当然，污染负荷的进一步减少可以使得临界流动时间对应的河段长度某点营养物质受到限制。这些方程可以提供达到该临界点（即水流流经距离不超过关注的溪流长度）所对应的营养物削减水平。

36.1.2　溪流和河口的浮游植物模型

浮游中的植物动力学过程(图 36-2)可以集成到一维溪流或河口的通用模型中,即:

$$\frac{\partial a}{\partial t}=E\frac{\partial^2 a}{\partial x^2}-U\frac{\partial a}{\partial x}+(k_g-k_{ra})a-\frac{v_a}{H}a \tag{36-9}$$

$$\frac{\partial L}{\partial t}=E\frac{\partial^2 L}{\partial x^2}-U\frac{\partial L}{\partial x}-k_d L-\frac{v_s}{H}L \tag{36-10}$$

$$\frac{\partial p}{\partial t}=E\frac{\partial^2 p}{\partial x^2}-U\frac{\partial p}{\partial x}-a_{pa}(k_g-k_{ra})a \tag{36-11}$$

$$\frac{\partial n_a}{\partial t}=E\frac{\partial^2 n_a}{\partial x^2}-U\frac{\partial n_a}{\partial x}-a_{na}(k_g-k_{ra})a-k_n n_a \tag{36-12}$$

$$\frac{\partial n_i}{\partial t}=E\frac{\partial^2 n_i}{\partial x^2}-U\frac{\partial n_i}{\partial x}+k_n n_a \tag{36-13}$$

$$\frac{\partial o}{\partial t}=E\frac{\partial^2 o}{\partial x^2}-U\frac{\partial o}{\partial x}-k_d L-r_{on}k_n n_a+r_{on}(k_g-k_{ra})a+k_a(o_s-o) \tag{36-14}$$

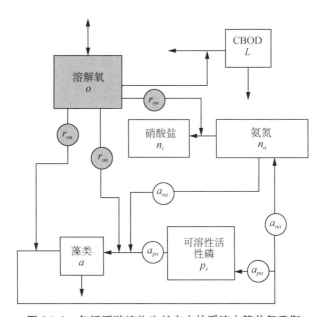

图 36-2　包括浮游植物生长在内的溪流中简单氧平衡

此处建立的模型可直接与上一节给出的粗略估算模型进行比较。某种程度上,该模型是复杂的溪流富营养化模型的简化版本。例如模型假设浮游植物只能利用氨作为氮源。此外,它忽略了更完整模型框架中的有机氮和磷。当然这些机制以及其他机制如沉积物-水相传质,能够被随时添加到模型中。上述方程组可通过数值计算方法予以求解,如下面的例题所阐述。

【例 36-1】 溪流浮游植物的数值模拟

重复图 36-1 中的计算,但是考虑营养物质限制条件。

【求解】 若不考虑 BOD 和溶解氧,并将氨氮和硝酸盐合并为单一的无机氮组分考虑,该模型可直接类比于与 Thomann 和 Mueller 模型。由此得出无光照限制的推流式溪流中质量平衡方程如下:

$$\frac{\mathrm{d}a}{\mathrm{d}t} = -U\frac{\mathrm{d}a}{\mathrm{d}x} + \{k_g(T, I)\min[\phi_p, \phi_n] - k_{ra}\}a - \frac{v_a}{H}a$$

$$\frac{\mathrm{d}n}{\mathrm{d}t} = -U\frac{\mathrm{d}n}{\mathrm{d}x} - a_{na}\{k_g(T, I)\min[\phi_p, \phi_n] - k_{ra}\}a$$

$$\frac{\mathrm{d}p}{\mathrm{d}t} = -U\frac{\mathrm{d}p}{\mathrm{d}x} - a_{pa}\{k_g(T, I)\min[\phi_p, \phi_n] - k_{ra}\}a$$

这些方程也可采用后向空间差分的控制体积法表示:

$$V_i\frac{\mathrm{d}a_i}{\mathrm{d}t} = Q_{i-1, i}a_{i-1} - Q_{i, i+1}a_i + \{k_g(T, I)\min[\phi_p, \phi_n] - k_{ra} - \frac{v_a}{H}\}_i V_i a_i$$

$$(36-15)$$

$$V_i\frac{\mathrm{d}n_i}{\mathrm{d}t} = Q_{i-1, i}n_{i-1} - Q_{i, i+1}n_i - a_{na}\{k_g(T, I)\min[\phi_p, \phi_n] - k_{ra}\}_i V_i a_i$$

$$(36-16)$$

$$V_i\frac{\mathrm{d}p_i}{\mathrm{d}t} = Q_{i-1, i}p_{i-1} - Q_{i, i+1}p_i - a_{pa}\{k_g(T, I)\min\phi_p, \phi_n] - k_{ra}\}_i V_i a_i$$

$$(36-17)$$

式中,i 为某个控制单元的体积。在给定边界条件后,可使用第 11~13 讲介绍的求解方法对这三个方程进行数值积分。图中显示了基于图 36-1 模拟所用相关参数的稳态浓度曲线。

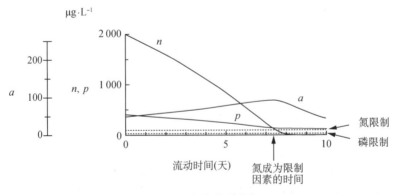

图 36-3 稳态浓度曲线

从图 36-3 中可以看到,在氮成为限制性因素的 $t^* = 7.3$ d 之前时间段,模拟结果与图 36-1 是相同的。在超出临界点($t^* = 7.3$ d)后,简单模型的模拟结果失真了,但是本例中的数值计算模型却是有效的。原因在于随着氮浓度的下降,营养限制项关闭了对植物对氮的吸收。因此氮和磷的浓度都将趋于平稳,而不会是负值。此外,由于浮游植物生长速率低于呼吸和沉降损失,其数量开始下降。

上述内容旨在阐述如何将营养物－食物链动力学集成到一维对流-离散的模型框架。现在我们来学习如何利用 QUAL2E 框架实现类似计算。

36.2　基于 QUAL2E 的富营养化模拟

本节将介绍如何使用 EPA 的 QUAL2E 模型来模拟流动水中的水温和营养物质-藻类动力学过程。

36.2.1　温度和 QUAL2E

QUAL2E 中的通用质量输移方程[式(26-28)]为

$$\frac{\partial c}{\partial t} = \frac{\partial \left(A_x E \frac{\partial c}{\partial x} \right)}{A_x \partial_x} \mathrm{d}x - \frac{\partial (A_x U c)}{A_x \partial_x} \mathrm{d}x + \frac{\mathrm{d}c}{\mathrm{d}t} + \frac{s}{V} \tag{36-18}$$

以类似的方式写出热量平衡方程为

$$\frac{\partial T}{\partial t} = \frac{\partial \left(A_x E \frac{\partial T}{\partial x} \right)}{A_x \partial x} \mathrm{d}x - \frac{\partial (A_x U T)}{A_x \partial x} \mathrm{d}x + \frac{s}{\rho C V} \tag{36-19}$$

注意到方程(36-19)中省略了内部源项。这意味着内部热量的产生或损失(例如能量的黏性耗散和边界摩擦)可以忽略不计。

另外还需指出的是,底部沉积物与溪流之间的热量传质也被忽略了,这一简化通常是合理的。据此,外部源、汇项仅与空气-水界面的传质有关,

$$s = \underbrace{H_{sn} + H_{an}}_{\text{净吸收辐射}} - \underbrace{(H_{br} + H_c + H_e)}_{\text{与水体有关的项}} \tag{36-20}$$

式中:H_{sn} ——净太阳短波辐射;

　　　H_{an} ——净大气长波辐射;

　　　H_{br} ——来自水面的长波反射辐射;

　　　H_c ——传导;

　　　H_e ——蒸发。

式(36-20)中各项计算类似于第 30 讲中给出的方法。但是,太阳辐射是根据纬度和一年中的时间等参数,通过内置函数计算的。这是该模型的一个非常好的特点,因为它不需要用户独立获取此类信息。

将式(36-20)代入式(36-19)可以得到最终的热量平衡方程。QUAL2E 中的其他修改包括:①将热传导交换表示为水温的线性函数;②将非线性热交换项(例如反射辐

射和蒸发)线性化。在完成这些修改后,就可以利用 QUAL2E 的高效求解算法来计算热量收支。

　　针对第 26 讲所述的简单碳化 BOD/溶解氧/沉积物耗氧量系统,QUAL2E 开发了温度模拟的输入文件。图 36-4 中显示了该文件。为了模拟水温,必须修改的卡片项见图 36-4 和下文的描述。

```
                                      Columns                                                    Data types
   0        1        2        3        4        5        6        7        8
   1234567890123456789012345678901234567890123456789012345678901234567890

 TITLE01          HANDS-ON 3a, QUAL-2EU WORKSHOP: TEMPERATURE
 TITLE02          Steve Chapra, May 18, 1994
 TITLE03    NO    CONSERVATIVE MINERAL   I
 TITLE04    NO    CONSERVATIVE MINERAL   II
 TITLE05    NO    CONSERVATIVE MINERAL   III
 TITLE06    YES   TEMPERATURE
 TITLE07    YES   BIOCHEMICAL OXYGEN DEMAND
 TITLE08    NO    ALGAE AS CHL-A IN UG/L
 TITLE09    NO    PHOSPHORUS CYCLE AS P IN MG/L
 TITLE10          (ORGANIC-P; DISSOLVED-P)
 TITLE11    NO    NITROGEN CYCLE AS N IN MG/L
 TITLE12          (ORGANIC-N; AMMONIA-N; NITRITE-N;' NITRATE-N)
 TITLE13    YES   DISSOLVED OXYGEN IN MG/L
 TITLE14    NO    FECAL COLIFORM IN NO./100 ML
 TITLE15    NO    ARBITRARY NON-CONSERVATIVE
 ENDTITLE
 NO LIST DATA INPUT
 NO WRITE OPTIONAL SUMMARY
 NO FLOW AUGMENTATION
 STEADY STATE
 TRAPEZOIDAL CHANNELS

 PRINT LCD/SOLAR DATA

 NO PLOT DO AND BOD
 FIXED DNSTM CONC (YES=1)=      0.        5D-ULT BOD CONV K COEF  =   0.25
 INPUT METRIC            =      1.        OUTPUT METRIC           =     1.
 NUMBER OF REACHES       =      6.        NUMBER OF JUNCTIONS     =     0.
 NUM OF HEADWATERS       =      1.        NUMBER OF POINT LOADS   =     2.
 TIME STEP (HOURS)       =      0.        LNTH. COMP. ELEMENT (KM)=     2.
 MAXIMUM ROUTE TIME (HRS)=     30.        TIME INC. FOR RPT2 (HRS)=
 LATITUDE OF BASIN (DEG) =     40.        LONGITUDE OF BASIN (DEG)=   105.
 STANDARD MERIDIAN (DEG) =     90.        DAY OF YEAR START TIME  =   180.
 EVAP. COEF.,(AE)    = 0.0000062          EVAP. COEF.,(BE)     = .0000055
 ELEV. OF BASIN (METERS) =   1670.        DUST ATTENUATION COEF.  =   0.01
 ENDATA1
 ENDATA1A
 ENDATA1B
 STREAM REACH    1. RCH= MS-HEAD        FROM    102.0   TO    100.0
 STREAM REACH    2. RCH= MS100-MS080    FROM    100.0   TO     80.0
 STREAM REACH    3. RCH= MS080-MS060    FROM     80.0   TO     60.0
 STREAM REACH    4. RCH= MS060-MS040    FROM     60.0   TO     40.0
 STREAM REACH    5. RCH= MS040-MS020    FROM     40.0   TO     20.0
 STREAM REACH    6. RCH= MS020-MS000    FROM     20.0   TO      0.0
 ENDATA2
 ENDATA3
 FLAG FIELD RCH= 1.       1.        1.
 FLAG FIELD RCH= 2.      10.        6.2.2.2.2.2.2.2.2.2.
 FLAG FIELD RCH= 3.      10.        2.2.2.2.2.2.2.2.2.2.
 FLAG FIELD RCH= 4.      10.        6.2.2.2.2.2.2.2.2.2.
 FLAG FIELD RCH= 5.      10.        2.2.2.2.2.2.2.2.2.2.
 FLAG FIELD RCH= 6.      10.        2.2.2.2.2.2.2.2.2.5.
 ENDATA4
 HYDRAULICS RCH= 1.     0.00      2.0     2.0     10.   .0002    .035
 HYDRAULICS RCH= 2.     0.00      2.0     2.0     10.   .0002    .035
 HYDRAULICS RCH= 3.     0.00      2.0     2.0     10.   .0002    .035
 HYDRAULICS RCH= 4.     0.00      2.0     2.0     10.   .00018   .035
 HYDRAULICS RCH= 5.     0.00      2.0     2.0     10.   .00018   .035
 HYDRAULICS RCH= 6.     0.00      2.0     2.0     10.   .00018   .035
 ENDATA5
 TEMP/LCD   RCH= 1.    1670.  0.01  0.25  25.   20.    825.  2.
 ENDATA5A
 REACT COEF RCH= 1.     0.00   0.000   0.000   1.   0.000  0.0000  0.0000
 REACT COEF RCH= 2.     0.50   0.250   5.000   3.   0.000  0.0000  0.0000
 REACT COEF RCH= 3.     0.50   0.000   0.000   3.   0.000  0.0000  0.0000
 REACT COEF RCH= 4.     0.50   0.000   0.000   3.   0.000  0.0000  0.0000
 REACT COEF RCH= 5.     0.50   0.000   0.000   3.   0.000  0.0000  0.0000
 REACT COEF RCH= 6.     0.50   0.000   0.000   3.   0.000  0.0000  0.0000
 ENDATA6
 ENDATA6A
 ENDATA6B
```

Columns									Data types
0　　　　1　　　　2　　　　3　　　　4　　　　5　　　　6　　　　7　　　　8									
12345678901234567890123456789012345678901234567890123456789012345678901234567890									

```
INITIAL COND-1 RCH=    1.   22.00    8.11    0.0    0.00    0.00    0.00   0.000    0.0
INITIAL COND-1 RCH=    2.   20.59    8.11    0.0    0.00    0.00    0.00   0.000    0.0
INITIAL COND-1 RCH=    3.   20.59    8.11    0.0    0.00    0.00    0.00   0.000    0.0
INITIAL COND-1 RCH=    4.   19.72    8.11    0.0    0.00    0.00    0.00   0.000    0.0
INITIAL COND-1 RCH=    5.   19.72    8.11    0.0    0.00    0.00    0.00   0.000    0.0
INITIAL COND-1 RCH=    6.   19.72    8.11    0.0    0.00    0.00    0.00   0.000    0.0
ENDATA7
ENDATA7A
INCR INFLOW-1  RCH=    1.   0.000   00.00    0.0    0.0    0.0    0.0    0.0    0.0    0.
INCR INFLOW-1  RCH=    2.   0.000   00.00    0.0    0.0    0.0    0.0    0.0    0.0    0.
INCR INFLOW-1  RCH=    3.   0.000   00.00    0.0    0.0    0.0    0.0    0.0    0.0    0.
INCR INFLOW-1  RCH=    4.   0.000   00.00    0.0    0.0    0.0    0.0    0.0    0.0    0.
INCR INFLOW-1  RCH=    5.   0.000   00.00    0.0    0.0    0.0    0.0    0.0    0.0    0.
INCR INFLOW-1  RCH=    6.   0.000   00.00    0.0    0.0    0.0    0.0    0.0    0.0    0.
ENDATA8
ENDATA8A
ENDATA9
HEADWTR-1 HDW=    1   UPSTREAM        5.7870   20.0  7.50 2.0  00.0    0.0    0.0
ENDATA10
ENDATA10A
POINTLD-1 PTL=    1. MS0         0.00   0.463  28.0  2.00 200.0   0.0    0.0    0.0
POINTLD-1 PTL=    2. MS60        0.00   1.157  15.0  9.00   5.0   0.0    0.0    0.0
ENDATA11
ENDATA11A
ENDATA12
ENDATA13
ENDATA13A
```

图 36-4　QUAL2E 中温度模拟的输入文件

标题数据。需要修改标题信息以显示对水温的模拟。此外,卡片 6 更改为"Yes",以能够模拟温度。

程序控制(数据类型 1)。此处修改数据类型 1 中的第 6 个卡片,以便于打印输出当地气候数据(Local climatological data,LCD)和太阳辐射。此外,须在该数据类型的第 14 至 18 个卡片添加一系列新的信息。这些信息包括位置(纬度、经度、标准子午线、海拔高度)、时间(一年中的各天)以及与热量收支有关的一些参数(蒸发和灰尘导致的衰减系数)。

温度和当地气象数据(数据类型 5a)。这里使用一张卡片来指定热量收支模拟所需的关键气象数据。另一种方法是为每一个河段指定不同的数据。

基于 QUAL2E 的温度模拟输出结果如图 36-5 所示。图中温度的升高与案例中使用的气象数据有关。另外,从图中还可以观察到支流汇入引起的温度下降。

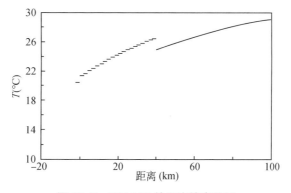

图 36-5　QUAL2E 的温度输出结果

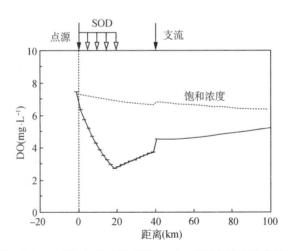

图 36-6 对应不同温度的 QUAL2E 中溶解氧浓度输出结果

图 36-6 显示了 QUAL2E 中的溶解氧浓度模拟输出结果。注意从图中观察温度升高是如何导致了点源排放处下游溶解氧饱和浓度的下降。

最后，如第 26 讲提到的，目前已经开发了填写输入文件和查看计算结果的用户友好界面(Lahlou 等，1995)。用户界面的输入信息与图 36-4 所示信息完全相同。因此，无论是使用原始版本还是具有用户界面的版本，图 36-4 和后续的图 36-8 都可以作为此处讨论的 QUAL2E 模型使用指引。

36.2.2 QUAL2E 中的营养物质和藻类模拟

现在我们将分析扩展到包含营养物质和植物模拟的情形。如图 36-7 所示，QUAL2E 能够模拟营养物质的动力学过程：包括氮和磷。此外，它还可以计算这些营养物质对植物生物量的影响。

这些水质组分的添加对溶解氧具有两方面的影响。首先，在氨氮转化为硝酸盐的硝化过程中消耗了溶解氧。其次，氮和磷能够诱导植物生长。由此产生的植物光合作用和呼吸作用能够增加和消耗水中的溶解氧。有关这两个过程的描述见下面的讲述。

QUAL2E 中营养物质——植物组分的动力学过程可以描述如下。

藻类(A)：

$$\frac{\mathrm{d}A}{\mathrm{d}t} = \mu A - \rho A - \frac{\sigma_1}{H}A \tag{36-21}$$

累积　生长　呼吸　沉降

有机氮(N_4)：

$$\frac{\mathrm{d}N_4}{\mathrm{d}t} = \alpha_1 \rho A - \beta_3 N_4 - \alpha_4 N_4 \tag{36-22}$$

累积　呼吸　水解　沉降

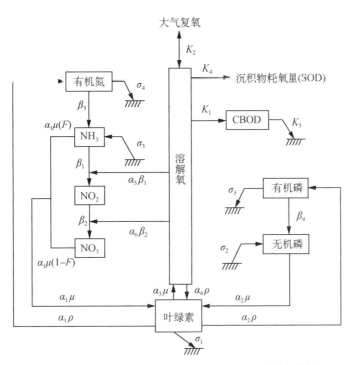

图 36-7   QUAL2E 中营养物质/植物相互作用的动力学过程

氨氮(N_1)：

$$\frac{\mathrm{d}N_1}{\mathrm{d}t} = \beta_3 N_4 - \beta_1 N_1 + \frac{\sigma_3}{H} - F_1 \alpha_1 \mu A \qquad (36-23)$$

　　　　累积　水解　硝化　沉积物释放　生长

亚硝酸盐氮(N_2)：

$$\frac{\mathrm{d}N_2}{\mathrm{d}t} = \beta_1 N_1 - \beta_2 N_2 \qquad (36-24)$$

　　　　累积　硝化　硝化

硝酸盐氮(N_3)：

$$\frac{\mathrm{d}N_3}{\mathrm{d}t} = \beta_2 N_2 - (1 - F_1) \alpha_1 \mu A \qquad (36-25)$$

　　　　累积　硝化　　　生长

有机磷(P_1)：

$$\frac{\mathrm{d}P_1}{\mathrm{d}t} = \alpha_2 \rho A - \beta_4 P_1 - \sigma_5 P_1 \qquad (36-26)$$

　　　　累积　呼吸　衰减　沉降

无机磷(P_2)：

$$\frac{dP_2}{dt} = \beta_4 P_1 + \frac{\sigma_2}{H} - \sigma_2 \mu A \tag{36-27}$$

累积   衰减   沉积物释放   生长

从以上公式可以看到，无需计算溶解氧和 CBOD 即可模拟氮、磷和动力学过程。然而，当模拟了氮、磷动力学过程之后，可以对溶解氧动力学过程进行修正以考虑硝化和植物生长/呼吸作用对其的影响。

碳化 BOD(L)：

$$\frac{dL}{dt} = -K_1 L - K_1 L \tag{36-28}$$

累积   衰减   沉降

溶解氧(O)：

$$\frac{dO}{dt} = K_2(O_s - O) - K_1 L - \frac{K_4}{H} + (\alpha_3 \mu - \alpha_4 \rho)A - \alpha_5 \beta_1 N_1 - \alpha_6 \beta_2 N_2 \tag{36-29}$$

累积   复氧   分解   SOD   生长-呼吸   硝化

目前已经开发了将植物和营养物质集成到温度计算程序的输入文件，如之前的图 36-8 所示。图 36-8 中突出显示的是需要修改的卡片内容，以实现对植物和营养物质的模拟。这些需要修改的内容如下所述。

标题数据。需要更改标题信息。此外，卡片 8 至 12 应变为"YES"。

藻类、氮、磷和光照参数(数据类型 1A)。这些卡片包括营养物质/植物相互作用的所有全局性参数。其中有几个参数需要再予以解释：

• 根据遮荫系数(线性藻类遮荫系数和非线性藻类遮荫系数，LIN ALG SHADE CO 和 NLIN SHADE)的取值，模型允许线性、非线性或者没有自遮荫效应的模拟。

• 可以使用不同函数来表示光照对植物生长的影响。这一特点由相应的系数(光照功能选项，LIGHT OPTION FUNCTION)控制。在本例中使用了 Steele 模型(选项 3)。注意到光照饱和系数(LIGHT SATURATION COEF)的解释取决于选项。

• 提供了几种不同的光照平均选项(每日平均光照选项，DAILY AVERAGING OPTION)。

• 提供了几种不同的选项以考虑光照和营养物质限制的综合影响(藻类生长计算选项，ALGY GROWTH CALC OPTION)。

• 提供了植物生长所需氮源中的氨氮或硝酸盐优先吸收选项(氨氮的藻类偏好，ALGAL PREF FOR NH3-N)。

N 和 P 系数(数据类型 6a)。这些卡片包括了各个河段的营养物数据。

藻类/其他系数(数据类型 6b)。这些卡片包括了各个河段的藻类数据。此外，还可用于其他可能模拟组分(保守/非保守)的数据输入。

初始条件-2(数据类型 7a)。这个卡片组中，每个卡片对应一个河段，以此输入系统中营养物质和藻类的初始值。

				Columns					Data types

```
         0         1         2         3         4         5         6         7         8
         12345678901234567890123456789012345678901234567890123456789012345678901234567890

TITLE01              HANDS-ON 3b, QUAL-2EU WORKSHOP: N/P/ALGAE
TITLE02              Steve Chapra, May 18, 1994
TITLE03     NO       CONSERVATIVE MINERAL   I
TITLE04     NO       CONSERVATIVE MINERAL   II
TITLE05     NO       CONSERVATIVE MINERAL III
TITLE06     YES      TEMPERATURE
TITLE07     YES      BIOCHEMICAL OXYGEN DEMAND

TITLE08     YES      ALGAE AS CHL-A IN UG/L
TITLE09     YES      PHOSPHORUS CYCLE AS P IN MG/L
TITLE10                 (ORGANIC P; DISSOLVED P)
TITLE11     YES      NITROGEN CYCLE AS N IN MG/L
TITLE12                 (ORGANIC-N; AMMONIA-N; NITRITE-N;' NITRATE-N)

TITLE13     YES      DISSOLVED OXYGEN IN MG/L
TITLE14     NO       FECAL COLIFORM IN NO./100 ML
TITLE15     NO       ARBITRARY NON-CONSERVATIVE
ENDTITLE
NO LIST DATA INPUT
NO WRITE OPTIONAL SUMMARY
NO FLOW AUGMENTATION
STEADY STATE
TRAPEZOIDAL CHANNELS
PRINT LCD/SOLAR DATA
NO PLOT DO AND BOD
FIXED DNSTM CONC (YES=1)=       0.     5D-ULT BOD CONV K COEF     0.25
INPUT METRIC            =       1.     OUTPUT METRIC         =     1.
NUMBER OF REACHES      =        6.     NUMBER OF JUNCTIONS   =     0.
NUM OF HEADWATERS       =       1.     NUMBER OF POINT LOADS =     2.
TIME STEP (HOURS)       =       0.     LNTH. COMP. ELEMENT (KM)=   2.
MAXIMUM ROUTE TIME (HRS)=      30.     TIME INC. FOR RPT2 (HRS)=
LATITUDE OF BASIN (DEG) =      40.     LONGITUDE OF BASIN (DEG)=  105.
STANDARD MERIDIAN (DEG) =      90.     DAY OF YEAR START TIME =   180.
EVAP. COEF.,(AE)      = 0.0000062      EVAP. COEF.,(BE)     = .0000055
ELEV. OF BASIN (METERS) =    1670.     DUST ATTENUATION COEF.    0.01
ENDATA1

O UPTAKE BY NH3 OXID(MG O/MG N)=    3.5     O UPTAKE BY NO2 OXID(MG O/MG N)=  1.20
O PROD. BY ALGAE (MG O/MG A)   =    1.6     O UPTAKE BY ALGAE (MG O/MG A)  =  2.0
N CONTENT OF ALGAE (MG N/MG A) =    .085    P CONTENT OF ALGAE (MG P/MG A) =  .013
ALG MAX SPEC GROWTH RATE(1/DAY)=    1.5     ALGAE RESPIRATION RATE (1/DAY) =  0.1
N HALF SATURATION CONST. (MG/L)=    .155    P HALF SATURATION CONST. (MG/L)=  .0255
LIN ALG SHADE CO (1/H-UGCHLA) = .0088    NLIN SHADE (1/H-(UGCHA/L)**2/3)=  .0540
LIGHT FUNCTION OPTION (LFNOPT) =    3.0     LIGHT SATURATION COEF (INT/MIN)=  .2083
DAILY AVERAGING OPTION(LAVOPT) =    3.0     LIGHT AVERAGING FACTOR (AFACT) =  .94
NUMBER OF DAYLIGHT HOURS (DLH) =    0.      TOTAL DAILY SOLAR RADTN (INT)  =  000.0
ALGY GROWTH CALC OPTION(LGROPT) =   2.      ALGAL PREF FOR NH3-N (PREFN)   =  0.5
ALG/TEMP SOLAR RAD FACT(TFACT) =    0.44    NITRIFICATION INHIBITION COEF  =  0.6

ENDATA1A
ENDATA1B
STREAM REACH      1. RCH= MS-HEAD        FROM    102.0   TO    100.0
STREAM REACH      2. RCH= MS100-MS080    FROM    100.0   TO     80.0
STREAM REACH      3. RCH= MS080-MS060    FROM     80.0   TO     60.0
STREAM REACH      4. RCH= MS060-MS040    FROM     60.0   TO     40.0
STREAM REACH      5. RCH= MS040-MS020    FROM     40.0   TO     20.0
STREAM REACH      6. RCH= MS020-MS000    FROM     20.0   TO      0.0
ENDATA2
ENDATA3
FLAG FIELD RCH= 1.        1.         1.
FLAG FIELD RCH= 2.       10.         6.2.2.2.2.2.2.2.2.2.
FLAG FIELD RCH= 3.       10.         2.2.2.2.2.2.2.2.2.2.
FLAG FIELD RCH= 4.       10.         6.2.2.2.2.2.2.2.2.2.
FLAG FIELD RCH= 5.       10.         2.2.2.2.2.2.2.2.2.2.
FLAG FIELD RCH= 6.       10.         2.2.2.2.2.2.2.2.2.5.
ENDATA4
HYDRAULICS RCH= 1.       0.00    2.0    2.0         10.   .0002    .035
HYDRAULICS RCH= 2.       0.00    2.0    2.0         10.   .0002    .035
HYDRAULICS RCH= 3.       0.00    2.0    2.0         10.   .0002    .035
HYDRAULICS RCH= 4.       0.00    2.0    2.0         10.   .00018   .035
HYDRAULICS RCH= 5.       0.00    2.0    2.0         10.   .00018   .035
HYDRAULICS RCH= 6.       0.00    2.0    2.0         10.   .00018   .035
ENDATA5
TEMP/LCD   RCH= 1.     1670. 0.01  0.25  25.   20.   825.  2.
ENDATA5A
```

图 36-8　QUAL2E 中植物和营养物质模拟的输入文件

				Columns						Data types

```
          0         1         2         3         4         5         6         7         8
          1234567890123456789012345678901234567890123456789012345678901234567890123456789012345678 90

REACT COEF RCH=   1.   0.00   0.000   0.000   1.   0.000  0.0000   0.0000
REACT COEF RCH=   2.   0.50   0.250   5.000   3.   0.000  0.0000   0.0000
REACT COEF RCH=   3.   0.50   0.000   0.000   3.   0.000  0.0000   0.0000
REACT COEF RCH=   4.   0.50   0.000   0.000   3.   0.000  0.0000   0.0000
REACT COEF RCH=   5.   0.50   0.000   0.000   3.   0.000  0.0000   0.0000
REACT COEF RCH=   6.   0.50   0.000   0.000   3.   0.000  0.0000   0.0000
ENDATA6
N AND P COEF   RCH=   1.   0.00   0.00   0.00   0.00   0.00   0.00   0.00   0.00
N AND P COEF   RCH=   2.   0.25   0.00   0.15   0.00   0.25   0.10   0.00   0.00
N AND P COEF   RCH=   3.   0.25   0.00   0.15   0.00   0.25   0.10   0.00   0.00
N AND P COEF   RCH=   4.   0.25   0.00   0.15   0.00   0.25   0.10   0.00   0.00
N AND P COEF   RCH=   5.   0.25   0.00   0.15   0.00   0.25   0.10   0.00   0.00
N AND P COEF   RCH=   6.   0.25   0.00   0.15   0.00   0.25   0.10   0.00   0.00
ENDATA6A
ALG/OTHER COEF RCH=   1.   50.0   0.00 0.1   0.00
ALG/OTHER COEF RCH=   2.   50.0   0.10 0.1   0.00
ALG/OTHER COEF RCH=   3.   50.0   0.10 0.1   0.00
ALG/OTHER COEF RCH=   4.   50.0   0.10 0.1   0.00
ALG/OTHER COEF RCH=   5.   50.0   0.10 0.1   0.00
ALG/OTHER COEF RCH=   6.   50.0   0.10 0.1   0.00
ENDATA6B
INITIAL COND-1 RCH=   1.   22.00   0.00   0.0   0.00   0.00   0.00   0.000   0.0
INITIAL COND-1 RCH=   2.   20.59   0.00   0.0   0.00   0.00   0.00   0.000   0.0
INITIAL COND-1 RCH=   3.   20.59   0.00   0.0   0.00   0.00   0.00   0.000   0.0
INITIAL COND-1 RCH=   4.   19.72   0.00   0.0   0.00   0.00   0.00   0.000   0.0
INITIAL COND-1 RCH=   5.   19.72   0.00   0.0   0.00   0.00   0.00   0.000   0.0
INITIAL COND-1 RCH=   6.   19.72   0.00   0.0   0.00   0.00   0.00   0.000   0.0
ENDATA7
INITIAL COND-2 RCH=   1.          0.000
INITIAL COND-2 RCH=   2.          0.000
INITIAL COND-2 RCH=   3.          0.000
INITIAL COND-2 RCH=   4.          0.000
INITIAL COND-2 RCH=   5.          0.000
INITIAL COND-2 RCH=   6.          0.000
ENDATA7A
INCR INFLOW-1   RCH=   1.   0.000   00.00   0.0   0.0   0.0   0.0   0.0   0.0   0.
INCR INFLOW-1   RCH=   2.   0.000   00.00   0.0   0.0   0.0   0.0   0.0   0.0   0.
INCR INFLOW-1   RCH=   3.   0.000   00.00   0.0   0.0   0.0   0.0   0.0   0.0   0.
INCR INFLOW-1   RCH=   4.   0.000   00.00   0.0   0.0   0.0   0.0   0.0   0.0   0.
INCR INFLOW-1   RCH=   5.   0.000   00.00   0.0   0.0   0.0   0.0   0.0   0.0   0.
INCR INFLOW-1   RCH=   6.   0.000   00.00   0.0   0.0   0.0   0.0   0.0   0.0   0.
ENDATA8
INCR INFLOW-2   RCH=   1.   0.00   0.00   0.00   0.00   0.00   0.00   0.00
INCR INFLOW-2   RCH=   2.   0.00   0.00   0.00   0.00   0.00   0.00   0.00
INCR INFLOW-2   RCH=   3.   0.00   0.00   0.00   0.00   0.00   0.00   0.00
INCR INFLOW-2   RCH=   4.   0.00   0.00   0.00   0.00   0.00   0.00   0.00
INCR INFLOW-2   RCH=   5.   0.00   0.00   0.00   0.00   0.00   0.00   0.00
INCR INFLOW-2   RCH=   6.   0.00   0.00   0.00   0.00   0.00   0.00   0.00
ENDATA8A
ENDATA9
HEADWTR-1 HDW=   1   UPSTREAM       5.7870  20.0  7.50 2.0  00.0   0.0   0.0
ENDATA10
HEADWTR-2 HDW=   1.   0.00 000.0   5.00   0.05   0.05   0.02   0.10   0.01   0.01
ENDATA10A
POINTLD-1 PTL=   1. MS0          0.00   0.463  28.0  2.00 200.0   0.0   0.0   0.0
POINTLD-1 PTL=   2. MS60         0.00   1.157  15.0  9.00   5.0   0.0   0.0   0.0
ENDATA11
POINTLD-2 PTL=   1.   0.00   000.  0.00  10.0  15.0  0.05  1.00  0.50  10.0
POINTLD-2 PTL=   2.   0.00   000.  1.00   0.05  0.05  0.02  0.10  0.01  0.01
ENDATA11A
ENDATA12
ENDATA13
ENDATA13A
```

图 36-8(续)

增加的入流量 2(数据类型 8a)。在模拟植物和营养物质时须包括这些卡片。本例中所有这些值都设置为零。

源头来水-2(数据类型 10)。该卡片组中,每个卡片对应于一个源头,用来定义系统上游源头的植物和营养物质边界条件。

点源负荷-2(数据类型 11a)。该卡片组中,每张卡片对应于一个点源排放或者取水点,用来定义植物和营养物质的负荷值。需要注意的是点源负荷与河段或计算单元的编号并不相同。相反,点源或取水点是从最上游到最下游连续编号(起始点为 1)。

QUAL2E 中藻类—营养物质的模拟输出结果如图 36-9 所示。由于硝化作用的影响,溶解氧浓度低于之前的模拟结果。

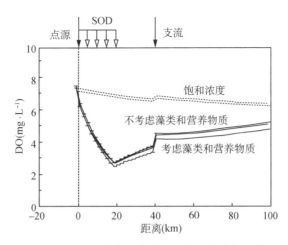

图 36-9　QUAL2E 中添加藻类和营养物质前后的溶解氧模拟输出结果

36.3　溪流中的固着植物

在学习了如何模拟流动水体中浮游植物动力学的基础上,接下来讨论浅水系统中尤为普遍存在的**固着植物**模拟,包括从大型植物到称之为着生藻类的小型微藻。

36.3.1　简单附着植物-营养物质分析

针对水生植物,Thomann 和 Mueller(1987)提出了一种简单的粗略估算方法来模拟附着植物对溪流水质的影响。相比于浮游植物,他们假设根系植物在整个研究范围内具有恒定的生物量。因此,附着植物不是被模拟求得,而是假定被作为营养物质的零级反应汇项考虑:

$$H \frac{\mathrm{d}n}{\mathrm{d}t^*} = -a_{na} k_g(T, I) a' \tag{36-30}$$

$$H \frac{\mathrm{d}p}{\mathrm{d}t^*} = -a_{pa} k_g(T, I) a' \tag{36-31}$$

式中，a' 为单位面积的固着植物生物量（$\mu gChl \cdot m^{-2}$）；H 为水深（m）。

若混合点处断面边界条件为 $n = n_0$ 和 $p = p_0$，这些方程的解析解为

$$n = n_0 - \frac{a_{na}k_g a'}{H}t^* \tag{36-32}$$

$$p = p_0 - \frac{a_{pa}k_g a'}{H}t^* \tag{36-33}$$

注意到，根据式（36-32）和（36-33）可以求出水流临界流动时间，

$$t_n^* = \frac{n_0 - 100}{a_{na}k_g a'}H \tag{36-34}$$

$$t_p^* = \frac{p_0 - 25}{a_{pa}k_g a'} \tag{36-35}$$

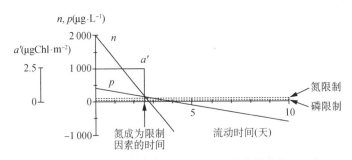

图36-10　考虑固着植物生长的溪流中简单营养物质平衡

对于排放水量与溪流水量之比显著的情形，图36-10给出了模拟结果。模拟结果还反映了排放出流中的氮磷比较低。正如式（36-32）到（36-33）所预测的，营养物质浓度随着植物的生长而下降。然而，与图36-1相比，该下降过程为线性关系。

可以观察到，达到营养物质限制的水流流动时间要低于图36-1所示的结果。这一特殊结果是由于两个图中参数值选取、初始条件以及 Thomann-Mueller 模型假设而造成的。然而应该认识到，在所有其他因素相同的情况下，附着植物的影响往往比浮游植物更为局部化。也就是说，附着植物的生物量和相关效应往往更集中在点源排放口的下游附近河段，因为它们在生长时不会随水流移动。

讨论至此，需要强调的是每种情况都必须根据具体问题来具体分析。特别是上述分析中忽略了光照的影响。因此，如下文所述，对于具体问题的水质评估需要更复杂的质量平衡模型。

36.3.2　附着植物模型（高级主题）

附着植物与浮游植物在以下方面存在根本不同：

顾名思义，附着植物不会随水流向下游移动，也不会沉降。因此，将浮游植物模型［例如，式（36-15）至（36-17）］中的对流项和沉降项去掉后，就可以用来模拟附着

植物。

尽管一些附着藻类可以向上生长从而分布在整个水深方向,但是大多数都位于水体底部或底部附近。因此光衰减效应的考虑有别于浮游植物。回顾浮游植物模型,用于植物生长的光照是通过对生长模型沿时间和水深求积分而确定的[图 36-11(a)]。对于底部植物,生长所需的光照仅取决于传递到植物所在深度的光强[图 36-11(b)]。因此,光照衰减因子可以简单通过固定水深的时间积分来确定,即:

$$\phi_l = \frac{\int_0^{fT_p} F(I)\mathrm{d}t}{T_p} \tag{36-36}$$

式中 $F(I)$ 是与光照相关的某一生长模型。例如,如果采用 Steele 模型,那么将式(33-19)和 Beer-Lambert 定律[式(33-21)]代入式(36-36)并进行积分后得到:

$$\phi_l = \frac{fI_a \mathrm{e}^{-k_e H}}{I_s} \mathrm{e}^{-\frac{I_a \mathrm{e}^{-k_e H}}{I_s}+1} \tag{36-37}$$

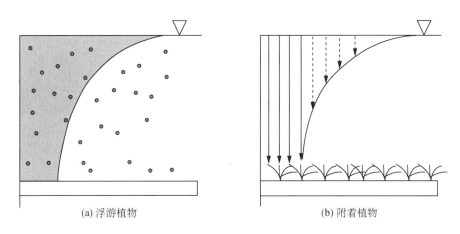

（a）浮游植物　　　　　　　　　　　　（b）附着植物

图 36-11　光照在(a)浮游植物(沿水深积分)和(b)附着植物(在植物生长对应的水深取值)模型中的表征形式对比

该函数形式意味着光照对底部植物的影响要比对浮游植物的影响大得多。尤其是水深在很大程度上决定着对附着植物能否在水中生长。

• 附着植物通常需要特定的底部基质才能生长。有些植物是有根的,因此水体底部需要细颗粒的土壤。一些植物附着在岩石上。因此,如果只是有最佳的光照、营养物质和温度而没有合适的基质,那么一些特定的植物可能也无法生长。

• 附着植物通常存在最大生长密度。该最大值取决于光照限制和自遮荫效应(基质面积有限而导致的空间限制)以及植物无法移动的客观事实。虽然浮游植物也会具有类似的限制,但附着植物往往更容易接近最大密度,尤其是在光照充足且富含营养物质的环境中。

【例 36-2】 溪流中附着植物的数值模拟

重复例 36-1 中的计算,但通过从藻类平衡中去除输移项以表征附着植物。

【求解】 例 36-1 中的模型方程可以修改为:

$$V_i \frac{\mathrm{d}a_i}{\mathrm{d}t} = \{k_g(T, I)\min[\phi_p, \phi_n] - k_{ra}\}_i V_i a_i \tag{36-38}$$

$$V_i \frac{\mathrm{d}n_i}{\mathrm{d}t} = Q_{i-1,i} n_{i-1} - Q_{i,i+1} n_i - a_{na}\{k_g(T, I)\min[\phi_p, \phi_n] - k_{ra}\}_i V_i a_i \tag{36-39}$$

$$V_i \frac{\mathrm{d}p_i}{\mathrm{d}t} = Q_{i-1,i} p_{i-1} - Q_{i,i+1} p_i - a_{pa}\{k_g(T, I)\min[\phi_p, \phi_n] - k_{ra}\}_i V_i a_i \tag{36-40}$$

在给定边界条件后,可以使用第 11~13 讲介绍的数值求解方法对这三个方程进行数值积分。图 36-12 显示了稳态情形的模拟结果,其中模型参数与例 36-1 中使用的参数值相同。

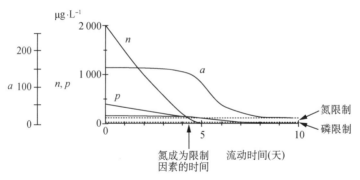

图 36-12 稳态情形模拟结果

注意到模型结果与图 36-1 完全不同。附着植物的模拟浓度要高于浮游植物模型的结果。此外,在到达氮限制的水流流动时间之前,植物浓度一直比较稳定。到达临界点时植物浓度随着死亡而逐渐下降,原因是损失量相对于植物生长占据了主导地位。由此形成的模拟结果曲线与 Thomann 和 Mueller 简化方法中假定的恒定生物量分布非常相似(相比于图 36-10)。

总而言之,需采用不同的模型来模拟流动水体中的浮游植物和附着植物。总体上,在光照条件有利的情况下,附着植物相对于浮动植物往往能够达到更高的生物量水平,并且更容易聚集在点源排放口附近。但是,与水深有关的光照限制以及基质适宜性是附着植物成长的决定性因素。因此,未来溪流富营养化模型框架中应包括上述两种因素。在给定的可变光照、营养物和温度条件下,此类模型将有助于确定究竟是附着植物还是浮游植物占据主导地位。

习　题

36-1　在 36.1.1 节,我们假设动力学损失和沉降都是最终环节;也就是说,它们不会再作为反馈项转化为营养物。在何种条件下这种假设是合理的？如果这种假设是错误的,那么对后续的分析结论会有什么影响(如果有的话)？

36-2　在温带湖泊中发现的浮游植物叶绿素浓度最高值约为 $100~\mu g \cdot L^{-1}$。最大的大型植物密度约为 $50~g$ 干重 $\cdot m^{-2}$。由于这些大型植物的结构碳含量较高,它们通常具有较低的叶绿素-碳比值,大约为 $10~mgChl \cdot gC^{-1}$。它们的典型碳含量约为 $0.4~gC \cdot g$ 干重 $^{-1}$。如果大型植物生长在 1 m 深的水中,试将最大密度转换为体积单位的叶绿素浓度。

36-3　某浮游植物占主导的溪流具有以下特征:

上游来水:

流量 $=0.5~m^3 \cdot s^{-1}$　　　　　　　　　$p = 50~\mu gP \cdot L^{-1}$

$n = 1~000~\mu gN \cdot L^{-1}$　　　　　　　　$a = 50~\mu gChl \cdot L^{-1}$

点源排放:

流量 $=0.75~m^3 \cdot s^{-1}$　　　　　　　　$p = 5~000~\mu gP \cdot L^{-1}$

$n = 25~000~\mu gN \cdot L^{-1}$　　　　　　　$a = 0~\mu gChl \cdot L^{-1}$

使用 36.1.1 节描述的简化分析方法确定(a)营养物质受限制时的水流流经时间,(b)哪种营养物质受限,以及(c)如果采用脱氮工艺将氮排放浓度减少到 $5~000~\mu gN \cdot L^{-1}$,将会发生什么情况。假设以下参数值: $k_g = 0.5~d^{-1}$, $k_n = 0.2~d^{-1}$, $n:p:a = 7.2:1:1$, $k_{sp} = 4~\mu gP \cdot L^{-1}$, $k_{sn} = 15~\mu gN \cdot L^{-1}$。

36-4　使用例 36-1 中描述的控制体积法,重新计算习题 36-3。

36-5　重新计算习题 36-4,但考虑氨氮转化为硝酸盐的硝化作用,且硝化速率为 $0.05~d^{-1}$。假设硝酸盐不可用于浮游植物生长。

36-6　针对习题 26-4 所示的同一条河流,修改文件以对水温进行模拟。模拟日期设定为 9 月 10 日;地点位于北纬 $40°N$、西经 $111°W$;海拔高度为 1 000 m。已知风速为 $2~m \cdot s^{-1}$,大气压为 970 毫巴(mb),以及干湿球气温分别为 30 ℃和 23 ℃。空气中灰尘衰减系数为 0.10;云量为 0.2。基于 QUAL2E 模拟该情形下的河流 CBOD、溶解氧浓度和水温。

36-7　修改习题 36-6 中的文件,对营养物质和植物进行模拟。下表给出了上游来水和点源负荷排放的浓度值。

组分	单位	上游来水(r)	点源负荷排放(w)
有机氮	$mgN \cdot L^{-1}$	0.05	10
氨氮	$mgN \cdot L^{-1}$	0.05	15
亚硝酸氮	$mgN \cdot L^{-1}$	0.02	0.05
硝酸氮	$mgN \cdot L^{-1}$	0.1	1

组分	单位	上游来水(r)	点源负荷排放(w)
有机磷	mgP · L^{-1}	0.01	0.5
无机磷	mgP · L^{-1}	0.01	10
藻类	mgChl · L^{-1}	1.0	0.0

其他所有所需系数的取值同图 36-7 采用的数据。使用 QUAL2E 模拟该情形时的河流 CBOD、溶解氧、温度、氮、磷和藻类浓度。

36-8 针对固着植物,重新计算习题 36-4。

第六部分 化 学

第六部分旨在介绍水化学和水质模型框架结合的基础知识。

第 37 讲阐述了平衡化学的背景。在介绍了化学单位的基础上,综述了化学平衡和 pH 方面的知识。此外列出了化学平衡计算的方法。

第 38 讲阐述了如何将平衡化学和简单的质量平衡模型结合。介绍了局部平衡这一重要概念,并以氨的离解为例进行了讨论。

最后,第 39 讲介绍了 pH 模拟的基本方法。讲解内容聚焦于以碳酸盐化学主导的简单 CSTR 系统。讲解了如何对植物活动和气体传质共同作用下的系统 pH 值进行计算。

第 37 讲

平 衡 化 学

简介：本讲介绍了平衡化学领域的一些基本概念。在简要回顾化学单位和活度的基础上，综述了质量作用定律和化学平衡的概念。随后描述了 pH 值。最后提出了可用来计算间歇式系统中化学浓度水平的一些简单模型。

本书的开头就提出了一个观点，即天然水体中物质的迁移和转化是由它们的物理、化学和生物性质决定的。之前的讲座内容中，化学和生物学是由非常简单的一级动力学来描述的。学习过生物或化学课程的人都知道，这方面的知识点还有很多。在上几个讲座中，我们学习了有关生物学的真实情景建模。现在我们来学习针对水化学问题的建模。

在正式学习如何建模之前，我们首先学习一些基本概念，尤其是平衡化学领域的一些知识，以及相关的计算方法。

37.1 化学单位和转化

到目前为止，我们一直用质量来表示物质的"量"。从化学角度来看，相对更好的选择是使用摩尔或克分子量。**摩尔**是指以克为单位的化合物分子量。例如，可计算出 1 摩尔葡萄糖（$C_6H_{12}O_6$）为：

$$1 \text{ 摩尔} \quad C_6H_{12}O_6 = 6C\frac{12 \text{ g}}{C} + 12H\frac{1 \text{ g}}{H} + 6O\frac{16 \text{ g}}{O} = 180 \text{ g}$$

克分子量很重要，因为无论是什么化合物，每摩尔都包含相同数量的分子。这个数值（6.02×10^{23}）称为**阿伏伽德罗数**（Avogadro's number）。摩尔溶液是指在总体积为 1 升的水中溶解了 1 摩尔物质[①]。

另一种表示浓度的方法是当量每升，或当量浓度。一个当量浓度（指定为 1 N）是指每升溶液中含有一个当量的物质重量。因此，**当量值**定义为：

$$当量值 = \frac{每升质量}{当量质量} \tag{37-1}$$

---

① 该定义有别于质量摩尔溶液，即 1 摩尔物质溶解在 1 kg 溶剂中。

当量质量计算方法为：

$$当量质量 = \frac{分子量}{n} \qquad (37-2)$$

式中，n 取决于被量化的物质类型。天然水体中，n 的取值通常基于以下三个标准之一：

- 离子电荷
- 酸碱反应中传递的水合氢离子(质子)或羟基离子的数量
- 氧化还原反应中传递的电子数

以下例题阐述了如何应用该方法。

【例 37-1】 化学浓度

针对以下反应确定 $30\ mg \cdot L^{-1}$ 碳酸盐(CO_3^{2-})的当量浓度：

(a) $Ca^{2+} + CO_3^{2-} \rightleftharpoons CaCO_3(s)$

(b) $HCO_3^- \rightleftharpoons CO_3^{2-} + H^+$

(c) $CO_3^{2-} + 2H^+ \rightleftharpoons H_2CO_3$

碳酸根的分子量是 60。

【求解】 (a) 对于该情形，反应涉及碳酸盐的电离：

$$当量质量 = \frac{分子量}{n(离子电荷)} = \frac{60\ g \cdot mole^{-1}}{2\ 个当量 \cdot mole^{-1}} = 30\ \frac{g}{当量} = 30\ mg \cdot meq(毫克当量)^{-1}$$

$$当量值 = \frac{每升质量}{当量质量} = \frac{30\ mg \cdot L^{-1}}{30\ mg \cdot meq^{-1}} = 1\ meq \cdot L^{-1}$$

因此，碳酸盐溶液的当量浓度是 1 N。

(b) 这是一个酸碱中和反应：

$$当量质量 = \frac{分子量}{n(质子数量)} = \frac{60\ g \cdot mole^{-1}}{1\ 个当量 \cdot mole^{-1}} = 60\ \frac{g}{当量} = 60\ mg \cdot meq^{-1}$$

$$当量值 = \frac{每升质量}{当量质量} = \frac{30\ mg \cdot L^{-1}}{60\ mg \cdot meq^{-1}} = 0.5\ meq \cdot L^{-1}$$

因此，碳酸盐溶液的当量浓度是 0.5 N。

(c) 这也是一个酸碱中和反应：

$$当量质量 = \frac{分子量}{n(质子数量)} = \frac{60\ g \cdot mole^{-1}}{2\ 个当量 \cdot mole^{-1}} = 30\ \frac{g}{当量} = 30\ mg \cdot meq^{-1}$$

$$当量值 = \frac{每升质量}{当量质量} = \frac{30\ mg \cdot L^{-1}}{30\ mg \cdot meq^{-1}} = 1\ meq \cdot L^{-1}$$

因此，碳酸盐溶液的当量浓度是 1 N。

如上所述，根据反应的不同，一种物质会有不同的当量质量。此外，如(b)和(c)部分所阐述，一种酸或碱可以有一种以上的当量重量。虽然这一点看起来可能难以理解，但用当量单位表示浓度的优势无疑是明显的。这个优点就是当物质反应形成产物时，反应物与产物的当量是等同的。

37.2　化学平衡和质量作用定律

在第 2 讲的反应动力学讨论中,给出了如下反应式[公式(2-1)]:

$$aA + bB \underset{r_b}{\overset{r_f}{\rightleftharpoons}} cC + dD \tag{37-3}$$

其中小写字母表示化学计量系数,大写字母表示反应化合物。

此类反应的动力学表征或者速率可采用**质量作用定律**来定量表示。质量作用定律是指反应速率与反应物的浓度成正比。描述公式(37-3)中正向反应速率 r_f 的一种简单方法是:

$$r_f = k_f [A]^a [B]^b \tag{37-4}$$

式中,括号中的项是反应物的摩尔浓度[①]。逆向反应速率可表示为:

$$r_b = k_b [C]^c [D]^d \tag{37-5}$$

在经历足够长的时间后,逆向反向速率将等于正向反应速率:

$$k_f [A]^a [B]^b = k_b [C]^c [D]^d \tag{37-6}$$

由此得到:

$$K = \frac{k_f}{k_b} = \frac{[C]^c [D]^d}{[A]^a [B]^b} \tag{37-7}$$

式中,K 是反应的平衡常数。

37.3　离子强度、电导率和活度

浓度可以很好地近似表征稀释溶液中的离子化学活度,但对于浓溶液(如盐水)而言是不合适的。对于此类系统,有效浓度或**活度**会由于正离子和负离子之间的引力而减弱。

离子的活度 $\{c\}$,可表示为摩尔浓度 $[c]$ 和活度系数的乘积:

$$\{c\} = \gamma [c] \tag{37-8}$$

式中,活度系数 γ 小于或等于 1。

为了计算溶液的活度,须量化离子间相互作用的强度。Lewis 和 Randall(1921)引入了离子强度的概念来衡量溶液中的电场:

---

① 如下一节的讨论,离子反应速率应根据活度来定义。但是,对于稀释后的水溶液,浓度能够提供合理的近似表征。

$$\mu = \frac{1}{2} \sum_i [c]_i Z_i \tag{37-9}$$

式中，Z_i 是物质 i 的电荷。

目前已建立了一系列计算离子强度的经验公式。这些公式能够在不事先确定溶液中所有离子的情况下计算出离子强度。例如 Langelier(1936)指出，离子强度可通过总溶解固体含量计算：

$$\mu = 2.5 \times 10^{-5} (TDS) \tag{37-10}$$

式中，TDS 是总溶解固体的浓度，单位为 $mg \cdot L^{-1}$。另外一种方法是由 Russell(1976)提出的。他认为离子强度可以根据电导率估算：

$$\mu = 1.6 \times 10^{-5} (电导率) \tag{37-11}$$

式中，电导率的单位以 $\mu mho \cdot cm^{-1}$ 表示。

在量化离子强度的基础上，可通过一系列公式来确定活度系数。其中的一个定律被称为德拜-休克尔极限(Debye-Huckel limiting)定律，该定律适用于离子强度约小于 5×10^{-3} 的溶液：

$$\lg \gamma_i = 0.5 Z_i^2 \sqrt{u} \tag{37-12}$$

对于浓度更高的溶液(离子强度<0.1)，则可以通过另外一种形式的方程计算。该方程被称为扩展的德拜-休克尔近似，其形式如下：

$$\lg \gamma_i = -\frac{A Z_i^2 \sqrt{u}}{1 + B a_i \sqrt{u}} \tag{37-13}$$

式中，a_i 为表征离子尺寸的参数(单位为埃)，如表 37-1 示。此外，

$$A = 1.82 \times 10^6 (\varepsilon T)^{-3/2} \approx 0.5 (25\ ℃\ 水) \tag{37-14}$$

以及

$$B = 50.3 (\varepsilon T)^{-1/2} \approx 0.33 (25\ ℃\ 水) \tag{37-15}$$

其中，ε 为介电常数(水中的取值为 78)，T 是开尔文温度。

表 37-1   不同离子的尺寸参数(Kielland, 1937)

离子	a(埃)
H^+，Al^{3+}，Fe^{3+}，La^{3+}，Ce^{3+}	9
Mg^{2+}，Be^{2+}	8
Ca^{2+}，Zn^{2+}，Cu^{2+}，Sn^{2+}，Mn^{2+}，Fe^{2+}	6
Ba^{2+}，Sr^{2+}，Pb^{2+}，CO_3^{2-}	5
Na^+，HCO_3^-，$H_2PO_4^-$，CH_3COO^-，SO_4^{2-}，HPO_4^{2-}，PO_4^{3-}	4
K^+，Ag^+，NH_4^+，OH^-，Cl^-，ClO_4^-，NO_3^-，I^-，HS^-	3

【例 37-2】　活度校正。碳酸(H_2CO_3)通过以下反应进行电离：

$$H_2CO_3 \Longrightarrow HCO_3^- + H^+$$

25 ℃时该反应的平衡常数为：

$$K_1 = 10^{-6.35} = \frac{[HCO_3^-][H^+]}{[H_2CO_3]}$$

若总溶解固体为 $100\ mg \cdot L^{-1}$，且氢离子浓度为 10^{-7}，确定活度系数校正前后的碳酸氢盐(HCO_3^-)与碳酸比值。

【求解】　首先，可根据公式(37-10)求得离子强度的估计值：

$$\mu = 2.5 \times 10^{-5}(100) = 2.5 \times 10^{-3}$$

由于离子强度小于 5×10^{-3}，活度系数可按照公式(37-12)计算：

$$\lg \gamma_{H^+} = \lg \gamma_{HCO_3^-} = -0.5(1)^2 \sqrt{2.5 \times 10^{-3}} = -0.025$$

$$\gamma_{H^+} = \gamma_{HCO_3^-} = 10^{-0.025} = 0.944\ 1$$

将上述值代入平衡关系式，

$$10^{-6.35} = \frac{0.944\ 1[HCO_3^-]0.944\ 1(10^{-7})}{[H_2CO_3]}$$

可求得：

$$\frac{[HCO_3^-]}{H_2CO_3} = \frac{10^{-6.35}}{0.944\ 1^2(10^{-7})} = 5.011$$

如果不考虑活度，则碳酸氢盐(HCO_3^-)与碳酸的比值是：

$$\frac{[HCO_3^-]}{H_2CO_3} = \frac{10^{-6.35}}{10^{-7}} = 4.467$$

两者大约相差 11%。

37.4　pH 和水的电离

纯水电离会生成氢离子(更确切地说是水合质子，参见 Stumm 和 Morgan 1981 的文献)，即 H^+ 和 OH^-，

$$H_2O \Longrightarrow H^+ + OH^- \tag{37-16}$$

如果反应处于平衡状态，反应物和生成物浓度之间的关系由下式确定：

$$K = \frac{[H^+][OH^-]}{[H_2O]} \tag{37-17}$$

由于稀溶液中水的浓度比离子浓度大得多，并且前者浓度受电离作用影响很小，可以假定水的浓度是恒定的。因此上述，平衡关系通常表示为：

$$K_w = [H^+][OH^-] \tag{37-18}$$

式中,K_w 是离子,或离子化、水的电离产物的表征,在 25 ℃时大约等于 10^{-14}。在其他温度时,K_w 可以由下式(Harned and Hamer,1933)计算:

$$pK_w = \frac{4\,783.3}{T_a} + 7.132\,1\lg_{10}T_a + 0.010\,365\,T_a - 22.80 \tag{37-19}$$

该关系式表明 pK_w 随温度的升高呈缓慢下降趋势。换言之,随着温度的升高水的电离会增加。

对于纯水,其电离会生成等量的 $[H^+]$ 和 $[OH^-]$,因此两者的浓度都约等于 10^{-7}。当将某种酸加入水中时,它的电离会增加氢离子浓度。这种情况下,若公式(37-18)成立的话,氢氧根离子的浓度会相应降低以使得离子浓度的乘积等于 10^{-14}。例如,如果向纯水中加入某种酸使得 $[H^+]$ 从 10^{-7} 提高到 10^{-5},那么 $[OH^-]$ 会降低至 10^{-9}。

考虑到使用 10 的负幂次方计算比较麻烦,通常使用负对数表示:

$$p(x) = -\lg_{10}x \tag{37-20}$$

这种表示方法有时也被称为 $p(x)$ 表示法(Sawyer et al.,1994)。对于氢离子,基于这种表示方法会得到 pH 值(法语 puissance d'Hydrogène 的缩写,翻译过来就是"氢的力量或强度"),即:

$$pH = -\lg_{10}[H^+] \tag{37-21}$$

由于式(37-21)的 $[H^+]$ 对数变换前面带有负号,pH 越大则表示氢离子活度越低,而 pH 越小则代表氢离子活度越高。因此,pH 大小反映了水的酸性或中性(或碱性)条件的强度。如图 37-1 所示,低 pH 为酸性水体,高 pH 为碱性水体,而 pH=7.0 为中性

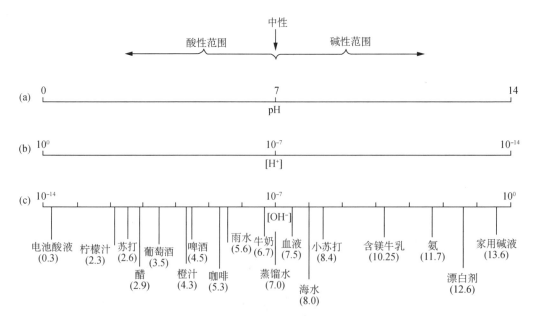

图 37-1   (a)pH 与水中(b)氢离子浓度和(c)氢氧根离子浓度之间对应关系的三种刻度线表示

图的最下方列出了一些常见物质的 pH 值

条件。天然水体的 pH 值从火山湖的 1.7 到封闭碱性系统的 12.0 不等（Hutchinson 1957）。但是，水体 pH 的常见范围是 6.0 到 9.0。

37.5 平衡计算

在定义了上述术语的基础上，接下来将探讨如何使用平衡的概念来估算水体中的化学组分水平。基本思想是首先确定出溶液中的各种物质。在此基础上，确定其中有多少物质是未知的。然后，建立表征这些化合物之间相互作用的方程式。最后，如果方程的数量等于未知物质的数量，就可以求解出这些未知物质的浓度。

本书中主要讨论酸碱体系。对于此类系统，可使用三种类型的方程式：

- 平衡关系
- 浓度条件或质量平衡
- 电中性条件或电荷平衡

通过下面的例题来阐述平衡方法的实际应用。

【例 37-3】 平衡计算。确定 25 ℃ 条件下 3×10^{-4} 摩尔浓度的 HCl 溶液中各物质组分浓度。已指盐酸的电离常数是 10^3。

【求解】 首先，列出如下反应式：

$$H_2O \rightleftharpoons H^+ + OH^- \tag{37-22}$$

$$HCl \rightleftharpoons H^+ + Cl^- \tag{37-23}$$

因此需要确定四种物质组分：HCl、Cl^-、H^+ 和 OH^-。相应，需要建立四个方程。前两个方程由水和盐酸的平衡条件确定，即：

$$[H^+][OH^-] = 10^{-14} \tag{37-24}$$

以及

$$\frac{[H^+][Cl^-]}{[HCl]} = 10^3 \tag{37-25}$$

考虑到这是一个封闭系统，系统中氯的总量应等于最初加入的量。这一约束条件被称为浓度条件，表示为：

$$c_T = [HCl] + [Cl^-] = 3 \times 10^{-4} \tag{37-26}$$

式中，$C_T =$ 氯的总浓度。注意到这个关系式相当于氯的质量平衡。

最后，溶液中的正电荷和负电荷必须平衡：

$$[H^+] = [OH^-] + [Cl^-] \tag{37-27}$$

该条件被称为**电中性条件**。

基于以上四个方程，可以求解出四种物质组分的浓度。注意到方程组为非线性系统。因此，需要依次进行代数运算。首先，通过式(37-25)求解[HCl]：

$$[HCl] = \frac{[H^+][Cl]^-}{10^3} \tag{37-28}$$

然后,将该结果代入式(37-26)得出:

$$[Cl^-] = \frac{3 \times 10^{-4}}{1 + \frac{[H^+]}{10^3}} \tag{37-29}$$

根据式(37-24)可以得到:

$$[OH^-] = \frac{10^{-14}}{[H^+]} \tag{37-30}$$

最后,将式(37-29)和(37-30)代入式(37-27),得到:

$$[H^+] = \frac{10^{-14}}{[H^+]} + \frac{3 \times 10^{-4}}{1 + \frac{[H^+]}{10^3}} \tag{37-31}$$

进一步通过代数运算得到:

$$[H^+]^3 + 10^3[H^+]^2 - 0.3[H^+] - 10^{-11} = 0 \tag{37-32}$$

由此得到了一个$[H^+]$的一元三次方程,从而求得$[H^+] = 3 \times 10^{-4}$,对应的 pH 值为 3.52。其他物质组分也可以分别求得:

$$[OH^-] = \frac{10^{-14}}{3 \times 10^{-4}} = 3.31 \times 10^{-11} M \tag{37-33}$$

$$[Cl^-] = \frac{3 \times 10^{-4}}{1 + \frac{3 \times 10^{-4}}{10^3}} = 2.999\ 999\ 1 \times 10^{-4} M \tag{37-34}$$

$$[HCl] = 3 \times 10^4 - 2.999\ 999\ 1 \times 10^{-4} = 9.06 \times 10^{-11} M \tag{37-35}$$

习 题

37-1 假设以氨离子的形式向一个 300 mL 的烧瓶中加入了 2 mg 氮。之后立即加入蒸馏水填满剩余的体积,并塞住容器。若水温是 25 ℃,确定 pH 值。

已知氨的电离反应式如下:

$$NH_4^+ \Longleftrightarrow NH_3 + H^+$$

式中,反应平衡系数与温度之间的关系式如下:

$$pK = 0.090\ 18 + \frac{2\ 729.92}{T_a}$$

其中,T_a 是开尔文温度。

37-2　确定 25 ℃水温条件下，$10^{-4} M$ 的醋酸水溶液中所有物质组分的摩尔浓度。已知醋酸的电离反应式为

$$CH_3COOH \rightleftharpoons H^+ + CH_3COO^-$$

其中，反应的 pK 是 4.70。

37-3　对于温度 $T = 25$ ℃的情形，采用扩展的德拜-休克尔近似公式重新计算例题 37-2。

37-4　对于水中 pH 为 8.5 和温度为 30 ℃的情形，计算水的氢离子和氢氧根离子浓度。

平衡化学与质量平衡的耦合

> **简介:** 本讲介绍了如何将平衡化学与贯穿全书的质量平衡模型进行集成。为此,引入了局部平衡的概念,并阐述了其在求解快速和慢速联合反应中的应用。之后,扩展了天然系统中化学模拟的方法。

到目前为止,我们已经讨论了模拟天然水体中化学性质的两种不同建模思路(图 38-1)。如图 38-1a 所示,质量平衡模型是本书先前大部分讲座采用的方法。之后在第 37 讲中,我们学习了平衡化学模型(图 38-1b)。我们现在将这两种思路统一起来。在此之前,需要介绍将两种模型结合起来的数学概念:局部平衡。

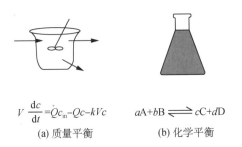

$$V \frac{dc}{dt} = Qc_{in} - Qc - kVc \qquad\qquad a\text{A} + b\text{B} \rightleftharpoons c\text{C} + d\text{D}$$

(a) 质量平衡   (b) 化学平衡

图 38-1 用于表征天然水体中化学性质的两种建模视角

38.1 局部平衡

局部平衡的概念涉及同时包括快速反应和慢速反应的系统。假设对图 38-2 所述的情形进行模拟。该烧杯中含有两种反应物;它们受到消耗系统内质量的两种去除机制影响:水力清洗和降解反应。需要指出的是,水力清洗对两种反应物都有作用,而降解只影响第二种反应物。此外,反应物通过两个一级反应耦合。这两种组分的质量平衡可以写为:

$$V \frac{dc_1}{dt} = Qc_{1,\,in} - Qc_1 - k_{12}Vc_1 + k_{21}Vc_2 \qquad\qquad (38\text{-}1)$$

$$V\frac{\mathrm{d}c_2}{\mathrm{d}t}=Qc_{2,\text{in}}-Qc_2+k_{12}Vc_1-k_{21}Vc_2-kVc_2 \tag{38-2}$$

给定初始条件后，可通过求解上述方程组，给出两种反应物浓度随时间的变化。假设两种反应物之间的转化速率比其他的质量传质和转化要快得多。例如，k_{12} 和 k_{21} 的数量级是 $1\ \text{s}^{-1}$，而其他模型速率的数量级都是 $1\ \text{d}^{-1}$。此外，停留时间（V/Q）可能是 $1\ \text{d}$，第二种反应物的衰减速率也可能是 $1\ \text{d}^{-1}$。如果我们开展以天为单位的时间尺度模拟，由于存在快速的物质间转化反应，必须使用非常小的时间步长以保持计算稳定性。

现在我们进一步讨论上述反应的局部细节。如果这种物质之间的转化反应足够快，那么它们完成反应的速度比其他机制快很多。实际上，逆向反应和正向反应很快会达到平衡。因此，相对于其他过程，整个反应会保持以下平衡：

$$k_{12}Vc_1=k_{21}Vc_2 \tag{38-3}$$

因此，这两种反应物的比率应该固定在一个恒定值。当然，这也是平衡常数反应的思想。对于本例，基于式（38-3）可以推导出：

$$K=\frac{k_{12}}{k_{21}}=\frac{c_2}{c_1} \tag{38-4}$$

式中，K 为表示物质组分比例的平衡常数。

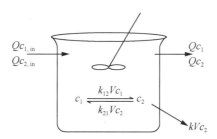

图 38-2　完全混合系统中的两种反应物

如果上述情形成立的话，将两个质量平衡方程式[式（38-1）和式（38-2）]综合后可以得到以下公式（Di Toro，1976）：

$$V\frac{\mathrm{d}c_T}{\mathrm{d}t}=W-Qc_T-kVc_2 \tag{38-5}$$

式中 W 为两种物质组分的总量（$W=Qc_{1,\text{in}}+Qc_{2,\text{in}}$），以及

$$c_T=c_1+c_2 \tag{38-6}$$

注意到式（38-1）和式（38-2）相加后，快速反应项被去掉了。原因是若反应处于平衡状态且式（38-3）成立，那么 $k_{12}Vc_1$ 和 $k_{21}Vc_2$ 两项相等，因此会相互抵消。

现在面临的问题是质量平衡方程虽然简单，但却无法求解，因为它是一个包括两个未知数（C_T，C_2）的方程。为了解决这一问题，需要将式（38-5）和式（38-6）联立求解，由此可以求出 C_1 和 C_2。C_1 和 C_2 与 C_T 相关，因此实际上是两个方程、两个未知数。

例如,通过式(38-4)可以求出:

$$c_2 = Kc_1 \tag{38-7}$$

将其代入式(38-6)后可以求出:

$$c_1 = F_1 c_T \tag{38-8}$$

式中,F_1 表示第一个物质组分浓度占总浓度的分数:

$$F_1 = \frac{1}{1+K} \tag{38-9}$$

将式(38-8)回代入式(38-6),可以求出:

$$c_2 = F_2 c_T \tag{38-10}$$

式中,F_2 表示第二种物质组分浓度占总浓度的分数:

$$F_2 = \frac{K}{1+K} \tag{38-11}$$

最后,将式(38-10)代入式(38-5)可以得出:

$$V = \frac{dc_T}{dt} = W - Qc_T - kVF_2 c_T \tag{38-12}$$

据此,原来的偏微分方程组变成了一个质量平衡方程。基于该平衡方程可以求出系统中总质量随时间的变化。由于消除了偏微分方程中的快速反应项,相应质量平衡方程的求解可以使用合理的时间步长。然后,在每一个时间步长上,可以通过式(38-8)和式(38-10)分别计算两种反应组分的浓度。这些物质组分处于**局部平衡**状态。

38.2 局部平衡和化学反应

前一节中已经模拟了一个如下所示的耦合反应:

$$c_1 \underset{k_{21}Vc_2}{\overset{k_{12}Vc_1}{\rightleftharpoons}} c_2 \tag{38-13}$$

该反应与上一讲中建立的化学方程式是相似的。例如,氨离子的电离可以表示为:

$$NH_4^+ \underset{k_b V[NH_3][H^+]}{\overset{k_f V[NH_4^+]}{\rightleftharpoons}} NH_3 + H^+ \tag{38-14}$$

因此,正向和逆向箭头表示了反应物和产物之间的正向和逆向质量传质。如果反应处于平衡状态,那么有:

$$k_f V[NH_4^+] = k_b V[NH_3][H^+] \tag{38-15}$$

由此得出平衡常数:

$$K = \frac{k_f}{k_b} = \frac{[\mathrm{NH_3}][\mathrm{H^+}]}{[\mathrm{NH_4^+}]} \tag{38-16}$$

现在我们对图 38-3 所示的系统进行建模。氨离子和氨氮的质量平衡可以写成：

$$V \frac{\mathrm{d}[\mathrm{NH_4^+}]}{\mathrm{d}t} = Q[\mathrm{NH_4^+}]_{\mathrm{in}} - Q[\mathrm{NH_4^+}] - k_f V[\mathrm{NH_4^+}] + \tag{38-17}$$
$$k_b V[\mathrm{NH_3}][\mathrm{H^+}] - k_n V[\mathrm{NH_4^+}]$$

$$V \frac{\mathrm{d}[\mathrm{NH_3}]}{\mathrm{d}t} = Q[\mathrm{NH_3}]_{\mathrm{in}} - Q[\mathrm{NH_3}] + k_f V[\mathrm{NH_4^+}] - \tag{38-18}$$
$$k_b V[\mathrm{NH_3}][\mathrm{H^+}] - v_v A_s[\mathrm{NH_3}]$$

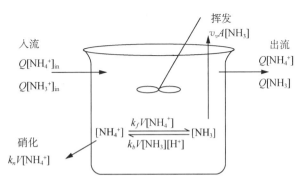

图 38-3　完全混合系统中的铵离子和氨氮

由于该化学反应比其他输移和转化过程要快得多，所以满足局部平衡。据此将两个方程相加后得到：

$$V \frac{\mathrm{d}c_T}{\mathrm{d}t} = Q c_{T,\mathrm{in}} - Q c_T - k_n V[\mathrm{NH_4^+}] - v_v A_s[\mathrm{NH_3}] \tag{38-19}$$

式中，

$$c_T = [\mathrm{NH_4^+}] + [\mathrm{NH_3}] \tag{38-20}$$

以及

$$K = \frac{[\mathrm{NH_3}][\mathrm{H^+}]}{[\mathrm{NH_4^+}]} \tag{38-21}$$

如同本讲前面部分的推导方法，对式(38-20)和式(38-21)可以同时求解：

$$[\mathrm{NH_4^+}] = F_i c_T \quad 其中 \quad F_i = \frac{[\mathrm{H^+}]/K}{1 + [\mathrm{H^+}]/K} \tag{38-22}$$

以及

$$[\mathrm{NH_3}] = F_u c_T \quad 其中 \quad F_u = \frac{1}{1 + [\mathrm{H^+}]/K} \tag{38-23}$$

式中,F_i 和 F_u 分别是离子态和非离子态氮的比例。

最后,将式(38-22)和式(38-23)代入式(38-19)得到:

$$V \frac{\mathrm{d}c_T}{\mathrm{d}t} = Qc_{T,in} - Qc_T - k_n VF_i c_T - v_v A_s F_u c_T \tag{38-24}$$

这样一来,质量平衡方程就用于求解系统中氨离子和氨氮的浓度水平。但是,方程求解时需要用到 pH 值,如下面的例题所解释。

【例 38-1】 湖泊的氨平衡

某湖泊具有以下特征参数:

体积$=50\ 000\ \mathrm{m}^3$

表面积$=25\ 000\ \mathrm{m}^2$

平均水深$=2\ \mathrm{m}$

入流量$=$出流量$=7\ 500\ \mathrm{m}^3 \cdot \mathrm{d}^{-1}$

风速$=3\ \mathrm{m} \cdot \mathrm{s}^{-1}$

已知湖泊的入流氨离子浓度为 6 mgN $\cdot$ L^{-1}。如果湖水的 pH 值为 9 且水温为 25 ℃,确定氨离子和氨氮的稳态浓度。注意到该反应的 pK$=9.25$。此外,挥发速率取值为 $0.1\ \mathrm{m} \cdot \mathrm{d}^{-1}$ 以及硝化速率是 $0.05\ \mathrm{d}^{-1}$。

【求解】 首先将入流浓度换算成摩尔浓度,

$$[\mathrm{NH}_4^+]_{in} = 6\ \frac{\mathrm{gN}}{\mathrm{m}^3} \left(\frac{18\ \mathrm{gNH}_4^+}{14\ \mathrm{gN}} \right) \left(\frac{\mathrm{moleNH}_4^+}{18\ \mathrm{gNH}_4^+} \right) \frac{\mathrm{m}^3}{10^3\ \mathrm{L}} = 0.428\ 6 \times 10^{-3}\ \mathrm{M}$$

利用式(38-22)和式(38-23)可以求出:

$$F_i = \frac{[\mathrm{H}^+]/K}{1 + [\mathrm{H}^+]/K} = \frac{10^{-9}/10^{-9.25}}{1 + 10^{-9}/10^{-9.25}} = 0.64$$

以及

$$F_u = 1 - 0.64 = 0.36$$

稳态条件下,式(38-24)的解析解为:

$$c_T = \frac{Q}{Q + k_n VF_i + v_v AF_u} c_{T,in}$$

$$= \frac{7\ 500}{7\ 500 + 0.05(50\ 000)0.64 + 0.1(25\ 000)0.36} 0.428\ 6 \times 10^{-3}$$

$$= 0.321\ 5 \times 10^{-3} M$$

据此可分别计算出每种组分的浓度:

$$[\mathrm{NH}_4^+] = 0.64(0.321\ 5 \times 10^{-3}) = 0.205\ 7 \times 10^{-3} M$$

以及

$$[\mathrm{NH}_3] = 0.36(0.321\ 5 \times 10^{-3}) = 0.115\ 7 \times 10^{-3} M$$

上述计算结果也可表示为质量单位的形式,即

$$c_i = 0.205\ 7 \times 10^{-3} M \left(\frac{14\ \mathrm{gN}}{\mathrm{mole}} \right) \left(\frac{10^3\ \mathrm{L}}{\mathrm{m}^3} \right) = 2.88\ \mathrm{mgN} \cdot \mathrm{L}^{-1}$$

$$c_u = 0.115\ 7 \times 10^{-3} M \left(\frac{14\ \mathrm{gN}}{\mathrm{mole}} \right) \left(\frac{10^3\ \mathrm{L}}{\mathrm{m}^3} \right) = 1.62\ \mathrm{mgN} \cdot \mathrm{L}^{-1}$$

习　题

38-1　重新计算例 38-1,并绘制总氨及其物质组分与 pH 值的关系图。对于湖泊容积为 100 000 m^3 的情形,重新进行计算并绘图。

38-2　对于例 38-1 所示情形,计算 3 天期间氨离子和氨氮浓度随时间的变化。其中,pH 值随时间呈正弦变化:

$$\mathrm{pH} = 8 + 1.25\cos\left[2\pi(t - 0.25) \right]$$

式中,t 为时间(d);午夜时 $t = 0$。

38-3　某位于海平面的滞留塘水温为 20 ℃。该滞留塘的 pH 为 9.5 以及氨氮浓度为 5 $\mathrm{mg} \cdot \mathrm{L}^{-1}$。该塘的气膜交换系数为 200 $\mathrm{m} \cdot \mathrm{d}^{-1}$,以及氨的亨利常数为 $1.37 \times 10^{-5}\ \mathrm{atm} \cdot \mathrm{m}^3 \cdot \mathrm{mol}^{-1}$。回答以下问题(注意:不能使用表格和经验曲线图计算,而必须使用公式):

(a) 非离子态的氨浓度;

(b) 通过气-水界面的氨通量。

第 39 讲

pH 模 型

> **简介:**在前面讲座的基础上,本讲内容拓展至构建天然水体中 pH 值的模型框架。具体将聚焦于碳酸盐缓冲体系占主导的系统。

现在将前面两个讲座的理论应用到天然水体中 pH 值模拟。因为许多天然水体 pH 受碳酸盐缓冲系统的主导,本讲开篇首先介绍无机碳系统。

39.1 快反应:无机碳化学

由于存在着抗 pH 值变化的缓冲液,天然水体往往保持在相对较窄的氢离子活度范围内。缓冲液通过中和 H^+ 和 OH^- 离子来实现此目的。在许多淡水系统中,大量的缓冲体系与溶解性无机碳组分有关:二氧化碳(CO_2),碳酸氢根离子(HCO_3^-)和碳酸根离子(CO_3^{2-})。

若将二氧化碳加入水溶液,它会与水结合形成碳酸:

$$CO_2 + H_2O \rightleftharpoons H_2CO_3 \tag{39-1}$$

碳酸继而离解成离子形式,即:

$$H_2CO_3 \rightleftharpoons HCO_3^- + H^+ \tag{39-2}$$

由于二氧化碳水合作用的平衡常数[公式(39-1)]很小,反应系统中碳酸的比例可以忽略不计。因此,水合和离解过程通常被视为一个反应

$$H_2CO_3^* \underset{k_4}{\overset{k_3}{\rightleftharpoons}} HCO_3^- + H^+ \tag{39-3}$$

式中,

$$[H_2CO_3^*] = [CO_2] + [H_2CO_3] \cong [CO_2] \tag{39-4}$$

该综合反应的平衡常数为:

$$K_1 = \frac{[H^+][HCO_3^-]}{[H_2CO_3^*]} \tag{39-5}$$

式中，K_1 称为 $H_2CO_3^*$ 的综合酸度常数，或碳酸的第一解离常数。K_1 可表示为绝对温度的函数（Harned and Davis，1943）：

$$pK_1 = \frac{3\,404.71}{T_a} + 0.032\,786T_a - 14.843\,5 \tag{39-6}$$

碳酸氢根离子接下来又解离生成碳酸根和氢离子：

$$HCO_3^- \underset{k_s}{\rightleftharpoons} CO_3^{2-} + H^+ \tag{39-7}$$

该反应的平衡常数为：

$$K_2 = \frac{[H^+][CO_3^{2-}]}{[HCO_3^-]} \tag{39-8}$$

式中，K_2 称为碳酸的第二解离常数。K_2 的取值同样与温度有关（Harned and Scholes，1941）：

$$pK_2 = \frac{2\,902.39}{T_a} + 0.023\,79T_a - 6.498 \tag{39-9}$$

上述无机碳系统由五个未知数组成：$[H_2CO_3^*]$，$[HCO_3^-]$，$[CO_3^{2-}]$，$[H^+]$ 和 $[OH^-]$。因此，需要五个联立方程来求解这些未知数。其中三个方程由平衡关系[式(39-5)、(39-8)]和水的解离常数[式(37-18)]确定。

第四个方程是浓度条件：

$$c_T = [H_2CO_3^*] + [HCO_3^-] + [CO_3^{2-}] \tag{39-10}$$

式中，c_T 为总无机碳浓度。

第五个方程式是建立在溶液必须是电中性的事实基础之上的。这一现象可表示为电荷平衡或电中性方程：

$$c_B + [H^+] = [HCO_3^-] + 2[CO_3^-] + [OH^-] + c_A \tag{39-11}$$

式中，c_B 和 c_A 分别是已添加到系统中的碱和酸的量。由于测量酸和碱的量通常是不切实际的，因此定义一个新的量——**碱度**，用来表示系统的酸中和能力。

碱度可以表示为[①]：

$$Alk = [HCO_3^-] + 2[CO_3^{2-}] + [OH^-] - [H^+] \tag{39-12}$$

综上，五个方程式如下：

$$K_1 = \frac{[H^+][HCO_3^-]}{[H_2CO_3^*]} \tag{39-13}$$

---

① 碱度的定义仅适用于其他缓冲液含量可忽略不计的系统。其他反应也会影响淡水的碱度，但是由于无机碳在许多系统中具有绝对优势，这些反应经常可被忽略。碳酸盐化学不足以描述盐水系统，此时必须考虑其他缓冲成分。

$$K_2 = \frac{[\text{H}^+][\text{CO}_3^{2-}]}{[\text{HCO}_3^-]} \tag{39-14}$$

$$K_w = [\text{H}^+][\text{OH}^-] \tag{39-15}$$

$$c_T = [\text{H}_2\text{CO}_3^*] + [\text{HCO}_3^-] + [\text{CO}_3^{2-}] \tag{39-16}$$

$$\text{Alk} = [\text{HCO}_3^-] + 2[\text{CO}_3^{2-}] + [\text{OH}^-] - [\text{H}^+] \tag{39-17}$$

以及五个未知数:$[\text{H}_2\text{CO}_3^*]$,$[\text{HCO}_3^-]$,$[\text{CO}_3^{2-}]$,$[\text{H}^+]$和$[\text{OH}^-]$。

针对该方程组有许多求解方法。Stumm 和 Morgan(1981)阐述了如何基于式(39-13)和式(39-14)求解方程组:

$$[\text{H}_2\text{CO}_3^*] = \frac{[\text{H}^+][\text{HCO}_3^-]}{K_1} \tag{39-18}$$

$$[\text{CO}_3^{2-}] = \frac{[\text{HCO}_3^-]K_2}{[\text{H}^+]} \tag{39-19}$$

将上述结果代入质量平衡方程[式(39-16)]后得出:

$$[\text{H}_2\text{CO}_3^*] = F_0 c_T \tag{39-20}$$

$$[\text{HCO}_3^-] = F_1 c_T \tag{39-21}$$

$$[\text{CO}_3^{2-}] = F_2 c_T \tag{39-22}$$

式中 F_0、F_1 和 F_2 分别是碳酸、碳酸氢盐和碳酸盐中的总无机碳分数[1]:

$$F_0 = \frac{[\text{H}^+]^2}{[\text{H}^+]^2 + K_1[\text{H}^+] + K_1 K_2} \tag{39-23}$$

$$F_1 = \frac{K_1[\text{H}^+]}{[\text{H}^+]^2 + K_1[\text{H}^+] + K_1 K_2} \tag{39-24}$$

$$F_2 = \frac{K_1 K_2}{[\text{H}^+]^2 + K_1[\text{H}^+] + K_1 K_2} \tag{39-25}$$

接下来,将公式(39-20)~式(39-22)以及式(39-15)代入电荷平衡方程中,得到:

$$0 = F_1 c_T + 2F_2 c_T + \frac{K_w}{[\text{H}^+]} - [\text{H}^+] - \text{Alk} \tag{39-26}$$

尽管该公式看起来无法直接求解,但实际上它是$[\text{H}^+]$的四阶多项式,因此可以求得$[\text{H}^+]$。

【例 39-1】 无机碳系统的 pH

对于碱度为 2 meq·L^{-1} 和总无机碳浓度为 3 mM·L^{-1} 的系统,确定其 pH。假

---

[1] 注意到 Stumm 和 Morgan 使用参数 α_0、α_1 和 α_2 来指定这些比例。此处使用了 F's,以与书中其他地方的符号命名保持一致。

设 $pK_w = 14$，$pK_1 = 6.3$，$pK_2 = 10.3$。

【求解】 对式(39-26)中的各项进行合并，得到$[H^+]$的四阶多项式：

$$[H^+]^4 + (K_1 + Alk)[H^+]^3 + (K_1K_2 + AlkK_1 - K_w - K_1c_T)[H^+]^2$$
$$+ (AlkK_1K_2 - K_1K_w - 2K_1K_2c_T)[H^+] - K_1K_2K_w = 0$$

代入已知量：

$$[H^+]^4 + 2.001 \times 10^{-3}[H^+]^3 - 5.012 \times 10^{-10}[H^+]^2 - 1.055 \times$$
$$10^{-19}[H^+] - 2.512 \times 10^{-31} = 0$$

根据该公式求得$[H^+] = 2.51 \times 10^{-7}$(pH = 6.6)。将该结果回代入公式(39-20)~式(39-22)，得到：

$$[H_2CO_3^*] = \frac{(2.51 \times 10^{-7})^2}{(2.51 \times 10^{-7})^2 + 10^{-6.3}(2.51 \times 10^{-7}) + 10^{-6.3}10^{-10.3}}3 \times 10^{-3}$$
$$= 0.333\,04(3 \times 10^{-3}) = 0.001\ M$$

$$[HCO_3^-] = \frac{10^{-6.3}(2.51 \times 10^{-7})}{(2.51 \times 10^{-7})^2 + 10^{-6.3}(2.51 \times 10^{-7}) + 10^{-6.3}10^{-10.3}}3 \times 10^{-3}$$
$$= 0.666\,562(3 \times 10^{-3}) = 0.002\ M$$

$$[CO_3^{2-}] = \frac{10^{-6.3}10^{-10.3}}{(2.51 \times 10^{-7})^2 + 10^{-6.3}(2.51 \times 10^{-7}) + 10^{-6.3}10^{-10.3}}3 \times 10^{-3}$$
$$= 0.000\,133(3 \times 10^{-3}) = 4 \times 10^{-7}\ M$$

39.2 慢反应：气体传质与植物

无机碳缓冲系统受自然界发生的许多异质反应影响，并且受这些反应的影响而被大大强化。回顾前面讲过的内容，这些异质反应是发生在相与相之间，这一点与单相中发生的均质反应截然不同。对于无机碳系统，异质反应包括大气中的 CO_2 交换，碳酸盐矿物如碳酸钙的溶出和沉淀以及光合-呼吸作用。

图 39-1 给出了无机碳与大气和食物链相互作用的简单示意。二氧化碳通过两个主要途径进入和离开无机碳系统：大气和生物交换过程。注意到图中忽略了其他异质反应，例如碳酸钙溶出以及沉淀。

从图中可以看出，这些反应分为快速和慢速相互作用。在建立模型之前，我们首先回顾这些相互作用。

大气交换。大气交换可定量表示为

$$W_{atm} = v_v A_s([H_2CO_3^*]_s - [H_2CO_3^*])\left(\frac{10^3\ L}{m^3}\right) \tag{39-27}$$

式中，W_{atm} 为大气交换导致的无机碳"负荷"(mole·d^{-1})；v_v 为挥发传质系数(m·d^{-1})；A_s 为气水界面的表面积(m^2)；$[H_2CO_3^*]$ 为二氧化碳的饱和浓度(mol·L^{-1})。

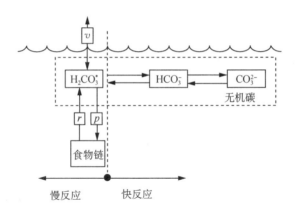

图 39-1 无机碳系统及其与食物链关系的简单表征

图中显示的无机碳组分包括碳酸盐(CO_3^{2-})、碳酸氢盐(HCO_3^{2-})和二氧化碳/碳酸($H_2CO_3^*$)。这些组分之间的反应相对较快,其反应速率通常约为秒~分钟。相比之下与食物链有关的反应(光合作用(p)和呼吸作用(r))以及挥发(v)则通常很慢,其反应速率约为数天

二氧化碳的传质受液膜的绝对性控制,其传质系数与氧气交换系数 K_l($m \cdot d^{-1}$)有关(Mills 等人,1982):

$$v_v = \left(\frac{32}{M}\right)^{0.25} K_l \qquad (39-28)$$

式中,M 为分子量;二氧化碳的分子量为 44。

饱和浓度$[H_2CO_3^*]$是指在给定温度和稳态条件时的水中最高浓度水平,可根据亨利定律估算:

$$[H_2CO_3^*]_s = K_H pco_2 \qquad (39-29)$$

式中,K_H 是亨利常数($mol \cdot L^{-1} \cdot atm^{-1}$),$pco_2$ 为大气中二氧化碳的分压(atm)。

K_H 可表示为温度的函数(Edmond 和 Gieskes,1970):

$$pK_H = -\frac{2\,385.73}{T_a} - 0.015\,264\,2T_a + 14.018\,4 \qquad (39-30)$$

从图 39-2 中可以看出,大气中二氧化碳的分压一直在增加,主要与化石燃料的使用有关。现状值大约为 $10^{-3.45}$ atm($=355$ ppm)。

光合-呼吸作用。除了大气传质作用外,二氧化碳还通过生物反应进入湖泊或者从湖泊向外界释放。为了将这些机制集成到我们建立的无机碳模型中,假设光合和呼吸作用遵循下面的简单公式:

$$6CO_2 + 6H_2O \underset{\text{呼吸作用}}{\overset{\text{光合作用}}{\rightleftharpoons}} C_6H_{12}O_6 + 6O_2 \qquad (39-31)$$

该反应可以表示为碳质量守恒的形式:

$$W_{r/p} = a_{cx}(R - P)A_s \qquad (39-32)$$

式中，$W_{r/p}$ 为呼吸和光合作用共同效应下的净碳负荷(mole·d⁻¹)；R 和 P 为单位面积的呼吸和光合作用速率(g·m⁻²·d⁻¹)；a_{cx} 为质量单位与摩尔数之间的转化因子，根据式(39-31)的化学计量关系以及 R 和 P 的质量单位确定。

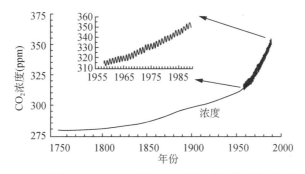

图 39-2　美国夏威夷 Maula Loa 实验室记录的历史近期大气中二氧化碳浓度

图中上方还显示了一年间的二氧化碳浓度循环过程(Keeling 等人，1982；Neftel 等人，1985)

例如，假设 R 和 P 计量单位表示为 $gO_2·m^{-2}·d^{-1}$，即 Streeter-Phelps 模型通常采用的形式。由此计算出转换因子为

$$a_{co} = \frac{6 \text{ mole CO}_2}{6 \times 32 \text{ gO}_2} = 0.031\ 25 \frac{\text{mole CO}_2}{\text{gO}_2} \tag{39-33}$$

式中符号 a_{co} 表示碳和氧之间的转换系数。

总之与大气和食物链发生的异质反应，其反应时间在数小时到数天的时间尺度内变化，并在此过程中向水中补充 CO_2 或者从水中释放出 CO_2。之后 CO_2 参与了无机碳组分之间的快速反应，如以上所讲述的内容。

39.3　天然水体 pH 模拟

在描述影响无机碳系统的主要反应基础上，接下来介绍如何将这些反应用于天然水体的 pH 计算。实现这种耦合的关键在于，主导无机碳组分与水体之间相互作用的异质反应通常要比大气传质和光合/呼吸作用快得多。因此，计算策略(最初由 Di Toro 1976 提出)是使用动态的微分方程和以天为时间步长来计算异质反应对系统总无机碳含量的影响。由于异质反应非常快，因此通常假定在该时间尺度上反应能够达到平衡。这样就可利用代数求解方法求出每一时间步长上的 pH 和各个无机碳组分浓度。

针对无机碳系统中的每个组分，可建立如下的质量平衡方程：

$$V\frac{d[H_2CO_3^*]}{dt} = W_{atm} + W_{r/p} - k_3 V[H_2CO_3^*] + k_4 V[H^+][HCO_3^-] \tag{39-34}$$

$$V\frac{d[HCO_3^-]}{dt} = k_3 V[H_2CO_3^*] - k_4 V[H^+][HCO_3^-] - k_5 V[HCO_3^-] \\ + k_6 V[H^+][CO_3^{2-}] \tag{39-35}$$

$$V \frac{d[CO_3^{2-}]}{dt} = k_5 V[HCO_3^-] - k_6 V[H^+][CO_3^{2-}] \qquad (39-36)$$

由于无机碳组分之间的反应要比大气传质和生物作用引起的质量增加或损失快得多,因此可以给出局部平衡假设。由此将式(39-34)~式(39-36)合并后得到:

$$V \frac{dc_T}{dt} = W_{atm} + W_{r/p} \qquad (39-37)$$

式中,C_T 由公式(39-10)定义。根据公式(39-37)可计算出总无机碳浓度随生物作用和大气传质的动态变化。

【例 39-2】 基于植物活动和大气传质共同作用的无机碳系统 pH 值

针对例 39-1 所示的同一系统,确定其稳态 pH 值。不同之处在于,系统是向大气敞开的($pK_H = 1.46$,$pco_2 = 10^{-3.45}$ atm,$v_v = 0.5$ m·d^{-1}),以及呼吸作用—光合作用的单位面积净负荷为 0.5 gO·m^{-2}·d^{-1}。注意到此处给出的条件意味着呼吸作用强于光合作用,因此植物向水体释放二氧化碳。如同例 39-1 的取值,碱度为 2 meq·L^{-1},并假定 $pK_w = 14$,$pK_1 = 6.3$,以及 $pK_2 = 10.3$。

【求解】 稳态条件下无机碳收支可表示为:

$$v_v([H_2CO_3^*]_s - [H_2CO_3^*]) + a_{co}(R - P) = 0$$

式中,a_{co} 按照式(39-33)的计算结果,即 0.031 25 mol CO$_2$/gO$_2$。可计算出二氧化碳饱和浓度为[见式(39-29)]:

$$[H_2CO_3^*]_s = 10^{-1.46} 10^{-3.45} = 10^{-4.91} = 1.23 \times 10^{-5} \text{ M}$$

将这些数据及其他参数一起代入碳收支方程,

$$0.5 \frac{m}{d} \left(1.23 \times 10^{-5} \frac{mole}{L} - [H_2CO_3^*]\right) \left(\frac{10^3 \text{ L}}{m^3}\right) + 0.031 25 \frac{mole}{g} 0.5 \frac{g}{m^2 d} = 0$$

可以求得:

$$[H_2CO_3^*] = 4.355 \times 10^{-5} \text{ mole·L}^{-1}$$

因此,该情形下碳酸浓度水平是由大气传质和植物活动决定的。讨论至此,仍然有五个方程,但是 c_T 代替 $[H_2CO_3^*]$ 成为其中的一个未知数。

由于二氧化碳浓度已知,根据式(39-20)可求得:

$$c_T = \frac{[H_2CO_3^*]}{F_0} \qquad (39-38)$$

将其代入式(39-26)后得出:

$$0 = ([H_2CO_3^*]/F_0)(F_1 + 2F_2) + \frac{K_w}{[H^+]} - [H^+] - Alk$$

因此,例题 39-2 转换为求解 $[H^+]$。通过数值计算方法可求得 $[H^+] = 1.1 \times 10^{-8}$

（pH＝7.96）。将该结果回代入式(39-38)、(39-21)和(39-22)，可以得出：

$$c_T = \frac{(1.1 \times 10^{-8})^2 + 10^{-6.3}(1.1 \times 10^{-8}) + 10^{-6.3}10^{-10.3}}{(1.1 \times 10^{-8})^2} 4.355 \times 10^{-5}$$

$$= 0.002\ 034\ M$$

$$[HCO_3^-] = \frac{10^{-6.3}(1.1 \times 10^{-8})}{(1.1 \times 10^{-8})^2 + 10^{-6.3}(1.1 \times 10^{-8}) + 10^{-6.3}10^{-10.3}} 2.034 \times 10^{-3}$$

$$= 0.001\ 981\ M$$

$$[CO_3^{2-}] = \frac{10^{-6.3}10^{-10.3}}{(1.1 \times 10^{-8})^2 + 10^{-6.3}(1.1 \times 10^{-8}) + 10^{-6.3}10^{-10.3}} 2.034 \times 10^{-3}$$

$$= 9.011 \times 10^{-6}\ M$$

习　题

39-1　通过将式(39-26)的各项合并，建立$[H^+]$的四阶多项式。

39-2　对于碱度为 3 meq·L^{-1} 和总无机碳浓度为 3.5 mM·L^{-1} 的系统，确定其 pH 值。假定其他参数值与例 39-1 相同。

39-3　针对例 39-1 所示的同一系统，确定其稳态 pH 值。不同之处在于系统对外界是敞开的($pK_H = 1.46$，$pco_2 = 10^{-3.45}$ atm，以及 $v_v = 0.5$ m·d^{-1})，并且系统中没有明显的植物活动。如例 39-1 所示，系统的碱度为 2 meq·L^{-1}。

39-4　对于例 39-2 所示的系统，计算 3 d 内的非稳态浓度。其中，植物的光合作用速率为半正弦曲线的昼夜间变化；光照周期为 0.5 d，且光合作用峰值速率为 3 gO·m^{-2}·d^{-1}。已知呼吸作用速率为 1.5 gO·m^{-2}·d^{-1}，以及系统水深为 3 m。

39-5　某污水处理厂尾水($Q = 1 \times 10^6$ m³·d^{-1}；$T = 25$ ℃；pH＝6.1；Alk＝0.003 eq/L)排入一条河流($Q = 5 \times 10^6$ m³·d^{-1}；$T = 10$ ℃；pH＝7.2；Alk＝0.001 2 eq/L)中。假设尾水入河后瞬时完成混合，计算混合点处断面的(a)碱度；(b)总无机碳浓度；以及(c)pH。

第七部分　毒　性　物　质

本部分介绍和综述了毒性物质的水质模型建模。

第 40 讲介绍了毒性物质问题。在此基础上建立了完全混合湖泊中毒性物质的质量平衡模型,以此来阐述常规污染物和毒性物质水质模型建模之间的不同。本讲特别介绍了悬浮固体和固/液分配在毒性物质模型建模中的作用。之后在模型中添加了湖底沉积层,并建立了沉积物-水系统的固体收支和毒性物质模型。针对该模型给出了稳态和非稳态解,并将其与不考虑沉积物-水体相互作用的完全混合模型计算结果进行了比较。

接下来介绍了环境中毒性物质输移转化的作用机制。第 41 讲介绍了毒性物质在颗粒物上的吸附以及发生于空气-水界面的挥发。第一部分讲解了吸附机理及其量化方法;第二部分讲解了挥发。第 42 讲介绍了毒性物质在水中的衰减反应,包括光解,水解和生物降解。

第 43 讲介绍了放射性核素和重金属的水质模型建模方法。第 44 讲阐述了溪流和河口中毒性物质的建模方法。最后,第 45 讲阐述了毒性物质在有机物和食物链中迁移转化的模拟方法。

第 40 讲

毒性物质模型介绍

简介: 本讲在列出毒性物质问题的主要特征基础上,建立了完全混合湖泊中的简单毒性物质收支模型,其中考虑了吸附和沉积物-水体相互作用对污染物动力学的影响。针对该模型给出了稳态和非稳态解,并将其与不考虑沉积物-水体相互作用的完全混合模型计算结果进行了比较。

以下内容旨在对毒性物质模型进行评述。讲座内容将聚焦于建立完全混合湖泊及其下部沉积层的简单质量平衡。通过这种方式,我们可以分析常规水质模型与毒性污染物模型之间的异同之处。

40.1 毒性物质问题

至此,我们学习的模型几乎都是针对常规污染物。也就是说,这些污染物是人类活动和受到过度刺激的自然界生产/分解循环的副产物。在建立毒性物质水质模型之前,有必要了解毒性物质与常规污染物之间的区别。

40.1.1 常规污染物和毒性污染物的对比

常规污染物和毒性污染物之间的区别,表现在以下四个方面:

(1)天然来源和外来来源的区别。常规污染问题通常与自然界中有机物的生产和分解循环有关(回顾图 19-1)。比如污水的排放将有机质和无机营养物带入水中,细菌分解有机物会导致溶解氧消耗,无机营养物会刺激植物的过度生长。上述情形都是水体中自然循环受过度刺激而导致的。相比之下,许多毒性物质不是自然循环过程产生的,比如农药和其他合成有机物。对于此类"外来"物质,其带来的问题表现为毒性或对自然过程的干扰。

(2)美学问题与健康问题的区别。尽管过度强调常规污染的美学问题是不合理的,但是一个明显的事实是,减轻"视觉"污染一直是常规污染物减排的主要动力之一。相比而言,毒性物质问题几乎完全与健康有关。大多数毒性污染的修复措施聚焦于如何解决(a)饮用水和(b)水产品的污染。

(3)少数物质与很多种物质的区别。常规的水质管理大约涉及到大约 10 种污染物。相比之下，有成千上万种有机化学物质有可能会被排入天然水体。此外，这些物质中的很大一部分是合成的并且在逐年增加（Schwarzenbach 等人，1993）。即使只有其中的一部分被证实是有毒的，这些数量庞大的潜在有毒物质也会对最终的控制策略产生深远的影响。另外，很难获得这些物质在环境中迁移转化影响因素的具体信息。对于溶解氧消耗和富营养化等问题的研究，由于其涉及数量较小的化学物质而较为容易。与之相比毒性物质模型则涉及到数量庞大的污染物，因此更为复杂。

（4）单一组分与固液分配的区别。如前面的讲座所述，通常将常规污染物视为一个水质组分。因此常规污染物对水体的影响程度可通过单一组分的浓度来表征。相比之下，毒性污染物的迁移、转化和对生态系统影响，与这些物质在颗粒物上的分配或结合密切相关；这些颗粒物质既存在于水中，也存在于水体的底部。因此，有毒物质的分析必须区分为溶解态和颗粒态两种形式。考虑到不同机制对溶解态或颗粒态物质产生的作用有着差异显著，这种区分方式对研究毒性物质的迁移转化具有重要影响。例如挥发仅作用于溶解性组分。从生态系统影响评估的角度，这一区分也很重要。如果要评估生物污染，那么每单位生物量的毒性物质量衡量方法，要优于每单位体积水中毒性物质量的衡量。

上面列出的四点是毒性物质建模需要考虑的因素。有别于之前采用的同化能力方法（回顾第 1 讲），有时候需要替换为"筛选"方法。本质上，这种策略旨在确定特定环境中哪些毒性物质的危害程度最大。一种方案是将毒性物质划分为不同的类[1]。

40.1.2　毒性物质的分类

目前已有许多种将毒性物质分类的方法。例如，他们可以按功能（例如杀虫剂，清洁产品，燃料等）或主要的工业门类（农业，石油精炼，纺织等）进行划分。此外，还可以基于化学性质进行分类。

在这些分类方法中，一种分类方法已被广泛应用，即对所谓的"优先污染物"进行分类。作为美国国家环保局（EPA）和许多环境组织法庭和解的产物，EPA 发布了一份"优先污染物"的分类清单。尽管这份清单一直招致批评（参见 Keith 和 Telliard，1979），但在一定程度上它为研究毒性问题奠定了基础。

这份优先污染物清单包括 129 种无机和有机毒性物质。无机物由重金属和其他污染物（如石棉和氰化物）组成。如表 40-1 所示，有机物被分为九类。最终的分类方案综合考虑了使用用途（如杀虫剂）和一些广泛的化学类别。

尽管可以对表 40-1 中的分类进行更为深入的改进、完善和细化，本书中仍借鉴了这种分类方法。在接下来的章节中，将尝试将这些物质的关键化学特征与数学模型相结合，从而评估这些化学物质对湖泊的潜在影响。

---

[1]　需要指出的是，毒性物质迁移转化的合理表征及其预测，通常与化合物的类型有关。Schwarzenbach 等（1993）的文献是这方面的经典之作。

表 40-1　有机优先污染物的种类(CEQ, 1978)

污染物	特性	来源和评述
农药：一般为氯化烃	易被水生动物吸收。脂溶性，通过食物链富集（生物放大）。在土壤和沉积物中持久存在	直接应用于农田、林地、草坪和花园；随径流排入水体。城市径流和工业废水排放也会含有这类物质。几种氯化烃杀虫剂已被 EPA 限制使用，包括：艾氏剂、狄氏剂、DDT、DDD、异狄氏剂、七氯、林丹、氯丹
多氯联苯（Polychlorinated biphenyls, PCBs）：用于电容器、变压器、油漆、塑料、杀虫剂和其他工业产品	易被水生动物吸收。脂溶性；易被生物富集放大。具有持久性，其化学性质与氯化烃相似	垃圾场和填埋场中的市政和工业排放物。TOSCA 在 1979 年 6 月 1 日后禁止这类物质的生产，但是在沉积物中仍然将持续存在。多氯联苯污染使得许多淡水渔业受到影响（例如，Hudson 河下游、Housatonic 河上游、密歇根湖的部分地区）
卤化脂肪族化合物（Halogenated Aromatic Hydrocarbons, HAHs）：用作灭火剂、制冷剂、推进剂、杀虫剂、油脂溶剂和干洗	"优先污染物"中最大的一个单类；会对中枢神经系统和肝脏造成损害，但是其持久性不强	由水的氯化产生，在使用过程中会蒸发。存在于大量的工业化学品中且分布广泛，但是对环境的危害程度低于持久性化学品
醚类：主要用作高分子塑料的溶剂	潜在的致癌物；水生生物毒性和转化机制尚不清楚	在生产和使用过程中会挥发。尽管有些醚具有挥发性质，但在一些天然水中已经检测到醚
邻苯二甲酸酯类：主要用于聚氯乙烯和作为增塑剂的热塑性塑料的生产	水体中常见的污染物，中等毒性，但在低浓度下具有致畸和诱变特性；水生无脊椎动物对其毒性作用尤其敏感；持久性污染物且可被生物富集放大	废物处理及使用过程中的汽化（非塑料材料）
单环芳烃（Monocyclic Aromatic Hydrocarbons, MAHs）（不包括苯酚、甲酚和邻苯二甲酸酯）：用于其他化学品、炸药、染料和颜料，以及溶剂、杀菌剂和除草剂的制造	中枢神经系统抑制剂；会损害肝脏和肾脏	在产品和副产物生产过程中，通过直接挥发和废水进入环境
酚类：存在于大量工业化合物中，主要用于合成聚合物、染料、颜料、除草剂和杀虫剂生产过程中的化学中间体	其毒性随着酚类分子氯化程度的增加而增加；极低浓度就会污染鱼肉，并给饮用水带来不适宜的气味和味道；通过常规处理共畸难以从水中去除；对老鼠具有致癌性	存在于天然的化石燃料中；炼焦、炼油、焦油蒸馏、除草剂和塑料制造废水都含有酚类化合物

污染物	特性	来源和评述
多环芳烃（Polycyclic Aromatic Hydrocarbons, PAHs）： 用作染料、化学中间体、杀虫剂、除草剂、机油和燃料	对动物具有致癌性，与人类癌症有间接联系；大多数研究方向是针其造成的空气污染；需要针对这些化合物的水生毒性开展更多的研究；尽管可以发生生物累积，但其表现为非持久性和可生物降解的特点	化石燃料（使用、泄漏和生产），碳氢化合物的不完全燃烧
亚硝胺： 用于有机化学品和橡胶的生产；使用这些化合物的相关工艺拥有专利	实验室动物实验表明，亚硝胺是最强的致癌物质之一	在食物的烹饪中会自然产生，并被人们吸收

40.2 固-液分配

本书之前的内容聚焦于常规污染物。在所有的例题讨论中，污染物均以总浓度表示。毒性物质与常规污染物的不同之处在于，前者被区分为溶解态和颗粒态两种形式。

将毒性物质进行两种形态划分或者说固液分配的主要原因是，对毒性物质质量平衡从机理上进行更为精确的表征。尤其是一些机理选择性地作用于其中的一种物质形态。例如挥发（即从水中到大气的质量损失）仅与溶解态物质有关；与之相反，沉降仅作用于颗粒态物质。

数学意义上，毒性物质的总浓度 c（$\mu g \cdot m^{-3}$）可分为两个部分：

$$c = c_d + c_p \tag{40-1}$$

式中，c_d 为溶解态组分浓度，$\mu g \cdot m^{-3}$；c_p 为颗粒态组分浓度，$\mu g \cdot m^{-3}$。假定这两种成分在毒性物质总浓度中的比例是固定的，即：

$$c_d = F_d c \tag{40-2}$$

以及

$$c_p = F_p c \tag{40-3}$$

式中，F_d 和 F_p 分别是溶解态和颗粒态组分浓度占毒性物质总浓度的比例。该比例是关于污染物分配系数和湖泊中悬浮物浓度的函数，即：

$$F_d = \frac{1}{1 + K_d m} \tag{40-4}$$

以及

$$F_p = \frac{K_d m}{1 + K_d m} \tag{40-5}$$

式中，K_d 为分配系数（$m^3 \cdot g^{-1}$）；m 为悬浮固体浓度（$g \cdot m^{-3}$）。在下一讲讨论吸附时，将介绍这两个公式的推导。

分配系数量化了污染物与固体物质结合的趋势：

$$F_d + F_p = 1 \tag{40-6}$$

换句话说，溶解态和颗粒态组分的比例之和应等于 1。

式（40-4）和式（40-5）与悬浮固体浓度和分配系数的关系，如图 40-1 所示。悬浮固体的浓度范围从 1 $g \cdot m^{-3}$（清澈湖泊）到 100 $g \cdot m^{-3}$（浑浊河流）。分配系数范围从 10^{-4} 至 10 $m^3 \cdot g^{-1}$ 不等。因此，无量纲参数组 $K_d m$ 的范围约为 0.000 1 至 1 000。随着 $K_d m$ 的增加，颗粒态毒性物质的占比也相应增加。因此，当污染物难以被吸附（低 K_d）且系统中悬浮固体浓度较低（低 m）时，毒性污染物将主要以溶解态形式存在。当污染物容易被吸附且水体浑浊时，毒性污染物则与悬浮固体紧密结合。

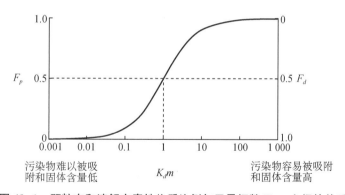

图 40-1　颗粒态和溶解态毒性物质比例与无量纲数 $K_d m$ 之间的关系

40.3　CSTR 中的毒性物质模型

在建立固-液分配关系的基础上，我们可以进一步建立完全混合湖泊或 CSTR 中的毒性物质简单质量平衡。本节中不考虑底部沉积物与水相之间的相互作用。在之后章节中，我们将添加湖底沉积层并评估其效应。

40.3.1　固体物质收支

在先前建立的常规污染物质模型中，需要首先建立水量平衡关系，从而计算水流输移（如入流和出流）对污染物收支的影响。固-液分配表达的含义在于，毒性物质建模中必须同时考虑固体物质的收支平衡。正如流量能够用于确定水流携带的污染物量，固体收支平衡也能够用来估算固体物质输移过程中携带的毒性物质量。

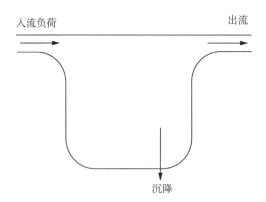

图 40-2   不考虑底部沉积层的完全混合湖泊中固体收支示意图

如图 40-2 所示,颗粒态物质随同支流水量的汇入被带入湖泊中,并通过沉降和出流而造成系统内的质量损失。固体物质的质量守恒可写为:

$$V\frac{\mathrm{d}m}{\mathrm{d}t} = Qm_{\mathrm{in}} - Q_m - v_s A_m \tag{40-7}$$

式中,m_{in} 为入流悬浮固体浓度($\mathrm{g \cdot m^{-3}}$);v_s 为沉降速度($\mathrm{m \cdot yr^{-1}}$)。

稳态条件下,式(40-7)的解析解为:

$$m = \frac{Qm_{\mathrm{in}}}{Q + v_s A} \tag{40-8}$$

式(40-8)还可以转换为传质系数:

$$\beta = \frac{Q}{Q + v_s A} \tag{40-9}$$

由于许多毒性物质的衰减时间很长,解析解公式(40-8)推导时的稳态假设通常是合理的。需要指出的是,该假设对于某些特定系统和物质而言不一定准确。例如,一些湖泊的固体收支具有高度不稳定性;此外一些毒性物质的反应速率很快,相应模型计算的时间间隔应低于一年的时长。在这样的一个时间尺度上,采用稳态的固体物质收支模式是不合适的。

40.3.2   污染物收支

完全混合湖泊中毒性物质的质量平衡如图 40-3 所示。注意到毒性物质被划分为溶解态和颗粒态两种形式,并且挥发和沉降分别选择性地作用于这两种组分。图 40-3 展示的质量平衡可以表达为如下的数学方程:

$$V\frac{\mathrm{d}c}{\mathrm{d}t} = Qc_{\mathrm{in}} - Qc - kVc - v_v AF_d c - v_s AF_p c \tag{40-10}$$

式中,v_v 为挥发传质系数($\mathrm{m \cdot yr^{-1}}$)。注意到公式中采用了参数 F_p 和 F_d 来对反应机制进行修正,从而更准确地描述颗粒态和溶解态物质上的选择性作用机制。

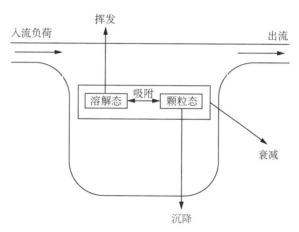

图 40-3　不考虑底部沉积层再悬浮的完全混合湖泊中毒性物质收支示意图

稳态条件下,式(40-10)的解析解为:

$$c = \frac{Qc_{in}}{Q + kV + v_v A F_d + v_s A F_p} \tag{40-11}$$

相应可给出传质系数为:

$$\beta = \frac{Q}{Q + kV + v_v A F_d + v_s A F_p} \tag{40-12}$$

上述结果在结构形式上与常规污染物模型的解析解是相同的。但是,毒性物质模型对机理的表征更为深入,进一步包括了沉降机理的表征和挥发引起的质量损失。式(40-11)、式(40-8)和式(40-4)、式(40-5)组成了毒性物质模型的完整解析解,表征了水流出流、吸附、挥发、衰减共同作用下的完全混合湖泊中毒性物质质量损失机制。

【例 40-1】　休伦湖 PCB 浓度模拟（不考虑湖底沉积层）

休伦湖(图 40-4)的地形和水文信息见表 40-3。模型计算所需要的其他相关数据如表 40-2:

表 40-2　其他数据

参数	符号	取值	单位
悬浮固体浓度	m	0.531	$g \cdot m^{-3}$
悬浮固体负荷	W_s	6.15×10^{12}	$g \cdot yr^{-1}$
PCB 负荷	W_c	5.37×10^{12}	$\mu g \cdot yr^{-1}$

如果忽略湖底沉积物的污染物反馈,确定湖中高分子量的 PCBs 浓度水平。这类毒性物质具有以下特征参数: $K_d = 0.030\ 1\ m^3 \cdot g^{-1}$, $v_v = 178.45\ m \cdot yr^{-1}$。主要确定(a)固体的沉降速度,(b)污染物的入流浓度,(c)传质系数和稳态浓度,以及(d)95%响应时间。

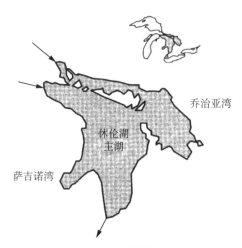

图 40-4 休伦湖

表 40-3 休伦湖的参数

参数	符号	取值	单位
体积	V	$3\,515\times10^{9}$	m^{3}
表面积	A	$59\,570\times10^{6}$	m^{2}
水深	H	59	m
出流量	Q	161×10^{9}	$m^{3}\cdot yr^{-1}$

【求解】 (a) 稳态情形时,通过重新整理式(40-7)可计算出固体的沉降速度为

$$v=\frac{Qm_{\text{in}}-Qm}{A_m}=\frac{6.15\times10^{12}-\left[161\times10^{9}(0.531)\right]}{59\,570\times10^{6}(0.531)}=191.82\ \text{m}\cdot\text{yr}^{-1}$$

该值相当于 0.526 m·d^{-1},处于细颗粒物沉降速率范围的下限(Thomann 和 Mueller, 1987; O'Connor, 1988)。沉降速率较低的一个原因可能是,没有考虑沉降过程中同时发生的再悬浮效应。接下来章节会讨论沉积物-水体之间相互作用的毒性物质模型架构,这时将会在模型中引入再悬浮机制。

(b) 基于休伦湖的 PCB 入流负荷和流量,可求得入流浓度为:

$$c_{\text{in}}=\frac{W}{Q}=\frac{5.37\times10^{12}}{161\times10^{9}}=33.35\ \mu g\cdot m^{-3}$$

(c) 基于式(40-4)和式(40-5)可计算出:

$$F_d=\frac{1}{1+0.030\,1(0.531)}=0.984\,3$$

以及

$$F_p=1-F_d=1-0.984\,3=0.015\,7$$

进一步可基于式(40-12)计算出传质系数：

$$\beta = \frac{161 \times 10^9}{161 \times 10^9 + [178.45(0.984\ 3)59\ 570 \times 10^6] + [191.72(0.015\ 7)59\ 570 \times 10^6]}$$
$$= 0.014\ 9(1.49\%)$$

并可以求出：

$$c = 0.014\ 9(33.35) = 0.497\ \mu g \cdot m^{-3}$$

因此，质量损失机制使得入流浓度降低了近两个数量级。本例中传质系数只有 1.49%，与挥发作用很强有关。从图 40-5 中还可以清楚地看出，挥发在 PCB 总质量中大约占据了 97%。

(d) 可估算出休伦湖的 95% 响应时间为：

$$t_{95} = \frac{3V}{Q + kV + v_v F_d A + v_s F_p A} = \frac{3(3\ 515 \times 10^9)}{10.8 \times 10^{12}} = 0.98\ \text{yr}$$

根据这一计算结果，在停止 PCB 排放后，只需要不到一年时间湖泊浓度就能下降到现有水平的 5%（即湖泊浓度在现有基础上降低 95%）。如同稳态浓度计算结果，响应时间的量级很大程度上取决于挥发。

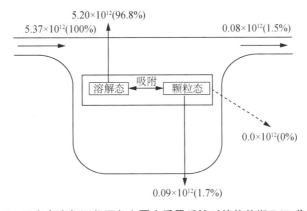

图 40-5　不考虑底部沉积层向上覆水质量反馈时的休伦湖 PCB 收支平衡

40.4　考虑底部沉积层的 CSTR 中毒性物质模型

在对比常规污染物质模型和简单的 CSTR 中毒性物质模型基础上，我们来进一步讨论更为复杂的毒性物质模型，即在模型中加入湖底沉积物。如图 40-6 所示，该模型可概化为一个双层系统，其中上层是完全混合的湖泊水层，下层是完全混合的底部沉积层。接下来的讨论中，将这上下两层分别以下标 1 和 2 表示。

建立水质模型之前，需要回顾第 17 讲中表征沉积层的相关参数，包括孔隙度：

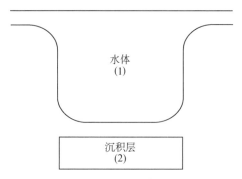

图 40-6　完全混合的湖泊水体与下部沉积层

$$\phi = \frac{V_{d_2}}{V_2} \tag{40-13}$$

式中，V_d 为沉积层中液体部分的体积(m^3)；V_2 为沉积层的总体积(m^3)，以及密度

$$\rho = \frac{M_2}{V_{p2}} \tag{40-14}$$

式中，ρ 为密度($g \cdot m^{-3}$)；M_2 为沉积层中固相的质量(g)；V_{p2} 为固体物质的体积(m^3)。

　　如第 17 讲中所述，上述参数可用来表示沉积层的"悬浮固体"，即：

$$m_2 = (1 - \phi)\rho \tag{40-15}$$

因此，沉积层中固体浓度可借助于多孔介质中常用的参数表示。我们将利用这些参数来开发沉积物-水系统的固体收支模型。

40.4.1　固体物质收支

　　水相和沉积层中(图 40-7)固体物质的质量平衡方程可表示为：

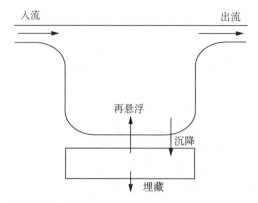

图 40-7　考虑底部沉积层再悬浮的完全混合湖泊固体物质收支示意图

$$V_1 \frac{\mathrm{d}m_1}{\mathrm{d}t} = Qm_{\mathrm{in}} - Qm_1 - v_s Am_1 + v_r Am_2 \tag{40-16}$$

以及

$$V_2 \frac{\mathrm{d}m_2}{\mathrm{d}t} = v_s Am_1 - v_r Am_2 - v_b Am_2 \tag{40-17}$$

式中,v_r 为再悬浮速度($\mathrm{m \cdot yr^{-1}}$);v_b 为埋藏速度($\mathrm{m \cdot yr^{-1}}$)。

上式中 m_2 表示沉积层中的悬浮固体,在式(40-15)中表示为沉积物孔隙率和密度的函数。另外 m_1 的下标可以去掉。由此得到固体物质的质量平衡方程为:

$$V_1 \frac{\mathrm{d}m}{\mathrm{d}t} = Qm_{\mathrm{in}} - Qm - v_s Am + v_r A(1-\phi)\rho \tag{40-18}$$

以及

$$V_2 \rho \frac{\mathrm{d}(1-\phi)}{\mathrm{d}t} = v_s Am - v_r A(1-\phi)\rho - v_b A(1-\phi)\rho \tag{40-19}$$

稳态条件下,式(40-19)的解析解为:

$$(1-\phi)\rho = \frac{v_s}{v_r + v_b}m \tag{40-20}$$

将其代入式(40-18)中,可求得稳态解为:

$$m = \frac{Qm_{\mathrm{in}}}{Q + v_s A(1-F_r)} \tag{40-21}$$

式(40-21)可转换为传质系数:

$$\beta = \frac{Q}{Q + v_s A(1-F_r)} \tag{40-22}$$

式中,F_r 为再悬浮因子。F_r 定义为:

$$F_r = \frac{v_r}{v_r + v_b} \tag{40-23}$$

注意到式(40-21)与式(40-8)非常相似。不同之处在于前者[式(40-21)]包括了无量纲参数组 F_r。该参数表示沉积物再悬浮速率和质量损失总速率(即埋藏和再悬浮)之间的相对关系。如果沉积物埋藏占主导($v_b \gg v_r$),那么 F_r 趋近于 0,相应式(40-21)简化为式(40-8)。反之,若再悬浮占主导($v_r \gg v_b$,F_r 趋近于 1),那么式(40-21)简化为 $m = m_{\mathrm{in}}$。换句话说,当再悬浮作用相对占优时,水中的悬浮物浓度将接近入流浓度,因为所有沉降的固体物质都会立即再悬浮。

以上讨论的是模拟模式,即所有参数都是已知的。尽管这种方式也可应用于固体物质浓度模拟,更为常用的做法是基于固体物质模型来估算其中的一些参数。

参数估计。固体物质模型中的参数包括 ρ、ϕ、m、m_{in}、Q、A、v_s、v_r 和 v_b。稳态

条件下,式(40-18)和式(40-19)为一对联立方程。因此,当给定七个参数时,通常就可以估算出其余两个参数。尽管可开发出用于参数估计的算法,在此我们另辟蹊径——尝试评估哪些参数的数据最难以获取。然后利用模型来估计其中的两个参数。

在九个参数中,假设 ρ、ϕ 已知,其典型取值为 $\rho=2.6\times10^6$ g·m³ 和 $\phi=0.75-0.95$。另外假定流量和面积(Q 和 A)是给定的。

因此还剩下五个未知参数:m、m_{in}、v_s、v_r 和 v_b。其中 v_r 是非常难于测量的,这是参数估计的重点,通常来说会出现以下两种情况。

第一种情况,已经测量出 m 和 m_{in}。此外沉降速度 v_s 可以直接测量或根据文献值估算。比如有机物和黏土颗粒的典型沉降速度为 2.5 m·d⁻¹(O'Connor,1988),表 17-3 中也列出了有机和无机颗粒的沉降速度范围。稳态条件下,将式(40-18)和式(40-19)相加后得到:

$$0=Qm_{in}-Qm-v_bA(1-\phi)\rho \tag{40-24}$$

由此可以估算出 v_b:

$$v_b=\frac{Q}{A}\frac{m_{in}-m}{(1-\phi)\rho} \tag{40-25}$$

第二种情况,埋藏速度有时是可以直接测量的。可借助沉积物年代学技术确定。一旦测得了较为准确的 v_b,就可通过求解式(40-19)的稳态解来估算再悬浮速度

$$v_r=v_s\frac{m}{(1-\phi)\rho}-v_b \tag{40-26}$$

40.4.2 污染物收支

沉积物-水系统中毒性物质的质量平衡如图 40-8 所示。注意到无论是在水体还是沉积层中,毒性物质都被划分为溶解态和颗粒态两部分。诸如埋藏和再悬浮机制同时作用于两种物质形态,而扩散则选择性地作用于溶解态物质。图 40-8 所示的质量平衡可表示为如下的数学方程:

$$V_1\frac{dc_1}{dt}=Qc_{in}-Qc_1-k_1V_1c_1-v_vAF_{d1}c_1-v_sAF_{p1}c_1+ \tag{40-27}$$
$$v_rAc_2+v_dA(F_{d2}c_2-F_{d1}c_1)$$

以及

$$V_2\frac{dc_2}{dt}=-k_2V_2c_2+v_sAF_{p1}c_1-v_rAc_2-v_bAc_2+ \tag{40-28}$$
$$v_dA(F_{d1}c_1-F_{d2}c_2)$$

式中,下标 1 和 2 分别表示水体和沉积层。F_{d2} 表示沉积物孔隙水浓度与沉积物中污染物总浓度之比,可以采用更为基本的沉积物参数表示:

$$F_{d2}=\frac{1}{\phi+K_{d2}(1-\phi)\rho} \tag{40-29}$$

式中,K_{d2} 为沉积层中的污染物分配系数($\text{m}^3 \cdot \text{g}^{-1}$)。在第 41 讲中讨论吸附时,将介绍该公式的推导过程。

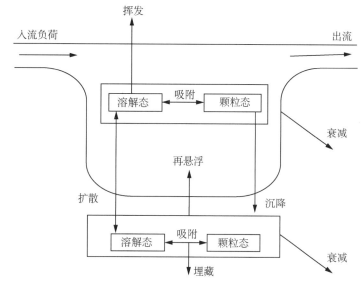

图 40-8　考虑底部沉积层再悬浮的完全混合湖泊毒性物质收支示意图

扩散混合速度 v_d 可采用如下的经验公式估算[Di Toro 等(1981),被 Thomann 和 Mueller(1987)引用]:

$$v_d = 69.35 \phi M^{-2/3} \tag{40-30}$$

式中,M 为化合物的分子量;v_d 的单位为 $\text{m} \cdot \text{yr}^{-1}$。

稳态解。稳态条件下($\mathrm{d}c_1/\mathrm{d}t = \mathrm{d}c_2/\mathrm{d}t = 0$),式(40-27)和式(40-28)可表示为具有两个未知数 c_1、c_2 的两个代数方程组:

$$(Q + k_1 V_1 + v_v A F_{d1} + v_s A F_{p1} + v_d A F_{d1})c_1 - (v_r A + v_d A F_{d2})c_2 = Q c_{\text{in}} \tag{40-31}$$

以及

$$-(v_s A F_{p1} + v_d A F_{d1})c_1 + (k_2 V_2 + v_r A + v_b A + v_d A F_{d2})c_2 = 0 \tag{40-32}$$

方程(40-32)的解析解为:

$$c_2 = \frac{v_s F_{p1} + v_d F_{d1}}{k_2 H_2 + v_r + v_b + v_d F_{d2}} c_1 \tag{40-33}$$

将该解代入式(40-31),可以求出:

$$c_1 = \frac{Q c_{\text{in}}}{Q + k_1 V_1 + v_v A F_{d1} + (1 - F_r')(v_s F_{p1} + v_d F_{d1})A} \tag{40-34}$$

式中,F_r' 为沉积物向上覆水质量传质与总损失量的比值:

$$F_r' = \frac{v_r + v_d F_{d2}}{v_r + v_b + v_d F_{d2} + k_2 H_2} \tag{40-35}$$

因此,对应的传递系数为:

$$\beta = \frac{Q}{Q + k_1 V_1 + v_v A F_{d1} + (1 - F_r')(v_s F_{p1} + v_d F_{d1})A} \tag{40-36}$$

通过比较式(40-34)和式(40-11),可以直观理解沉积物-水相之间的相互作用效应。注意到除了沉降作用外,模型中还引入了扩散传质来反映污染物从水体到底部沉积层的转移。因此水体向沉积层的总质量传质可通过无量纲数 F_r' 予以修正。若沉积物向上覆水的质量传质可忽略不计(即 $F_r' \sim 0$),那么式(40-36)接近于式(40-12)。若沉积物向上覆水的质量传质效应非常明显(即 $F_r' \sim 1$),式(40-36)将趋近于

$$\beta = \frac{Q}{Q + k_1 V_1 + v_v A F_{d1}} \tag{40-37}$$

换句话说,毒性物质的衰减将完全取决于出流、反应和挥发,原因是所有沉降的颗粒态毒性物质会立即返回到上覆水中。

非稳态解。对于所有入流污染负荷终止排放的情形,将质量平衡方程两边同时除以库容并将各项重新整理后得到:

$$\frac{dc_1}{dt} = -\lambda_{11} c_1 + \lambda_{12} c_2 \tag{40-38}$$

$$\frac{dc_2}{dt} = \lambda_{21} c_1 - \lambda_{22} c_2 \tag{40-39}$$

式中,λ_{11} 为反映水体中污染物质量损失的参数组:

$$\lambda_{11} = \frac{Q}{V_1} + k_1 + \frac{v_s F_{p1}}{H_1} + \frac{v_v F_{d1}}{H_1} + \frac{v_d F_{d1}}{H_1} \tag{40-40}$$

λ_{12} 为反映沉积物向上覆水再悬浮和扩散传质的参数组:

$$\lambda_{12} = \frac{v_r}{H_1} + \frac{v_d F_{d2}}{H_1} \tag{40-41}$$

λ_{21} 为反映水体向沉积层质量传质的参数组:

$$\lambda_{21} = \frac{v_s F_{p1}}{H_2} + \frac{v_d F_{d1}}{H_2} \tag{40-42}$$

λ_{22} 为反映沉积层内部质量损失的参数组:

$$\lambda_{22} = k_2 + \frac{v_r}{H_2} + \frac{v_b}{H_2} + \frac{v_d F_{d2}}{H_2} \tag{40-43}$$

若 $c_1 = c_{10}$, $c_2 = c_{20}$,通过拉普拉斯变换可得到式(40-38)和式(40-39)的通解为:

$$c_1 = c_{1f} e^{-\lambda_f t} + c_{1s} e^{-\lambda_s t} \tag{40-44}$$

$$c_2 = c_{2f} e^{-\lambda_f t} + c_{2s} e^{-\lambda_s t} \tag{40-45}$$

式中,$\lambda's$ 为特征值,定义如下:

$$\begin{matrix} \lambda_s \\ \lambda_f \end{matrix} = \frac{(\lambda_{11} + \lambda_{22}) \pm \sqrt{(\lambda_{11} + \lambda_{22})^2 - 4(\lambda_{11}\lambda_{22} - \lambda_{12}\lambda_{21})}}{2} \tag{40-46}$$

以及方程中的系数为:

$$c_{1f} = \frac{(\lambda_f - \lambda_{22})c_{10} - \lambda_{12}c_{20}}{\lambda_f - \lambda_s} \tag{40-47}$$

$$c_{1s} = \frac{\lambda_{12}c_{20} - (\lambda_s - \lambda_{22})c_{10}}{\lambda_f - \lambda_s} \tag{40-48}$$

$$c_{2f} = \frac{\lambda_{21}c_{10} - (\lambda_f - \lambda_{11})c_{20}}{\lambda_s - \lambda_f} \tag{40-49}$$

$$c_{2s} = \frac{-(\lambda_s - \lambda_{11})c_{20} + \lambda_{21}c_{10}}{\lambda_s - \lambda_f} \tag{40-50}$$

可以证明,该模型中 λ_f 总是大于 λ_s,因此 λ_f 和 λ_s 分别被称为"快"特征值和"慢"特征值。"快"和"慢"是指随着时间的推移污染物浓度接近零的速率。

【例 40-2】 休伦湖 PCB 模拟(考虑底部沉积层)

当考虑沉积层-水相之间的相互作用时,计算休伦湖中的高分子量 PCB 浓度水平。重点计算(a)固体物质的埋藏和再悬浮速度;(b)传质系数和稳态浓度;(c)所有污染排放终止后的湖内水质浓度随时间响应。

该系统的相关数据见例 40-1。假设固体的沉降速度为 $2.5 \, \text{m} \cdot \text{d}^{-1}$($912.5 \, \text{m} \cdot \text{yr}^{-1}$)。此外,沉积物孔隙度、密度和厚度分别为 0.9、$2.5 \times 10^6 \, \text{g} \cdot \text{m}^{-3}$ 和 $2 \times 10^{-2} \, \text{m}$。例 40-1 中 PCB 的入流浓度为 $33.35 \, \mu\text{g} \cdot \text{m}^{-3}$。高分子量的 PCB 具有以下特性:$M = 305.6 \, \text{gmol}$,$K_d = 0.0301 \, \text{g} \cdot \text{m}^{-3}$,以及 $v_v = 178.45 \, \text{m} \cdot \text{yr}^{-1}$。

【求解】 (a)可计算出固体颗粒物的入流浓度为:

$$m_{\text{in}} = \frac{6.15 \times 10^{12}}{161 \times 10^9} = 38.2 \, \text{g} \cdot \text{m}^{-3}$$

根据式(40-25)可估算出:

$$v_b = \frac{161 \times 10^9}{59\,570 \times 10^6} \frac{38.20 - 0.53}{(1 - 0.9)2.5 \times 10^6} = 0.000\,407 \, \text{m} \cdot \text{yr}^{-1}$$

再悬浮速度可由式(40-26)确定,即:

$$v_r = 912.5 \frac{0.53}{(1 - 0.9)2.5 \times 10^6} - 0.000\,407 = 0.001\,53 \, \text{m} \cdot \text{yr}^{-1}$$

（b）基于式（40-29）可计算出：

$$F_{d2} = \frac{1}{0.9 + 0.030\ 1(1 - 0.9)2.5 \times 10^6} = 0.000\ 133$$

根据式（40-30）可计算出：

$$v_d = 69.35(0.9)305.6^{-2/3} = 1.376\ \text{m} \cdot \text{yr}^{-1}$$

将休伦湖的参数代入式（40-35），可以求得：

$$F_r' = \frac{0.001\ 53 + 1.376(0.000\ 133)}{0.001\ 53 + 0.000\ 407 + 1.376(0.000\ 133)} = 0.808$$

将计算结果代入式（40-36），求得：

$$\beta = 0.014\ 9$$

由此可进一步求出：

$$c_1 = 0.014\ 9(33.35) = 0.497\ 1\ \mu\text{g} \cdot \text{m}^{-3}$$

沉积物中的 PCB 浓度可通过式（40-33）求得：

$$c_2 = \frac{912.5(0.015\ 7) + 1.375\ 7(0.984\ 3)}{0.000\ 407 + 0.001\ 53 + 1.375\ 7(0.000\ 133)}0.497\ 1 = 3\ 687.3\ \mu\text{g} \cdot \text{m}^{-3}$$

PCB 的质量收支平衡如图 40-9 所示。

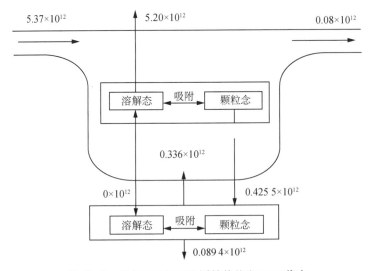

图 40-9 考虑沉积物再悬浮的休伦湖 PCB 收支

（c）通解为：

$$c_1 = 0.462\ 5e^{-3.296t} + 0.034\ 5e^{-0.098\ 7t}$$

以及

$$c_2 = -113.86e^{-3.296t} + 3\ 801.18e^{-0.908\ 7t}$$

　　将上述方程的计算结果绘图,如图 40-10(a)所示。可以看出,水体中 PCB 浓度首先经历了一个快速的下降阶段,与高挥发速率有关。之后,较低的特征值(与沉积物向上覆水的再悬浮和扩散传质作用有关)主导了水质恢复曲线的后半部分。图 40-10b 显示了水质恢复曲线,并将其与例 40-1 的计算情形(将整个系统作为一个 CSTR 系统,不考虑沉积物-水体相互作用)进行了比较。

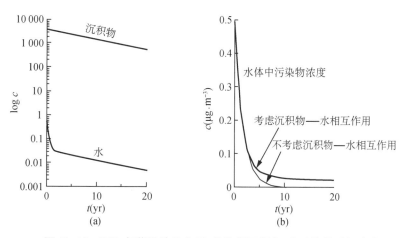

图 40-10　PCB 负荷排放终止后,休伦湖沉积物-水系统的时间响应

(a)水质恢复的半对数图;(b)考虑和不考虑沉积物-水体相互作用时的水中浓度响应

40.5　总结

　　本讲针对所介绍的质量平衡模型框架,已经尽可能给出了各种情形的解析解。从例 40-2 中可以明显看出,系统在垂向上包括了两个空间单元。当模型中引入更多的计算单元时,就需要采用计算机和数值求解技术。尽管如此,本讲介绍的简单模型能够提供认识毒性物质模型的一些视角。希望读者能够独立利用这些简单模型进行模拟运算(或可借助表格程序),从而更好地体验模型和形成毒性物质模型的更深入认识。这个环节可为今后使用其他更为复杂的计算机软件包奠定重要基础。

习　题

40-1　Thomann 和 Di Toro(1983)在研究休伦湖西部区域的固体物质收支平衡时,给出了如下数据:

容积$=23\times10^9$ m^2　　　　　　　　　　　面积$=3\ 030\times10^6$ m^2,

固体负荷$=11.4\times1\ 012$ g$\cdot$yr^{-1}　　　　悬浮固体$=20$ mg$\cdot$L^{-1}

流量$=167\times10^9$ m$^3\cdot$yr^{-1}

假设固体沉降速率为 2.5 m$\cdot$d^{-1}(912.5 m$\cdot$yr^{-1}),以及沉积物的参数为 $\rho=$

$2.4 \text{ g} \cdot \text{cm}^{-3}$、$\phi = 0.9$。确定固体物质的埋藏和再悬浮速率。

40-2　假设某种易于挥发($v_v = 100 \text{ m} \cdot \text{yr}^{-1}$)的毒性物质排入休伦湖中,且其入流浓度为 $100 \ \mu\text{g} \cdot \text{L}^{-1}$。若不考虑底部沉积层的质量交换,确定以下三种情形的湖内毒性物质浓度:(a)弱吸附作用($K_d = 0.002 \text{ m}^3 \cdot \text{g}^{-1}$);(b)中等吸附作用($K_d = 0.1$),和(c)强吸附作用($K_d = 2$)。其他所需参数同例 40-1 和例 40-2。

40-3　某种物质($K_d = 0.02 \text{ m}^3 \cdot \text{g}^{-1}$；$M = 300$)排入湖泊中($c_{\text{in}} = 100 \ \mu\text{g} \cdot \text{L}^{-1}$)。该湖泊具有以下特征参数:

体积$=10^6 \text{ m}^3$　　　　　　　　平均水深$=5 \text{ m}$

停留时间$=1$ 年　　　　　　　　悬浮固体$=10 \text{ g} \cdot \text{m}^{-3}$

沉降速度$=50 \text{ m} \cdot \text{yr}^{-1}$　　　　沉积物沉积速率$=100 \text{ g} \cdot \text{m}^{-2} \cdot \text{yr}^{-1}$

沉积物孔隙度$=0.85$　　　　　　沉积物密度$=2.5 \text{ g} \cdot \text{cm}^{-3}$

(a) 如果沉积物的再悬浮可忽略不计,计算三种挥发强度的湖内稳态浓度:

(1) 高度可溶($v_v = 0$);

(2) 中等可溶($v_v = 10 \text{ m} \cdot \text{yr}^{-1}$);

(3) 不可溶($v_v = 100 \text{ m} \cdot \text{yr}^{-1}$)。

(b) 重新计算(a),但考虑沉积物的再悬浮作用。

40-4　针对密歇根湖,重新计算例 40-1。相关的参数值参照以下参数。

参数	符号	取值	单位
悬浮固体浓度	m	0.5	$\text{g} \cdot \text{m}^{-3}$
悬浮固体负荷	W_s	4×10^{12}	$\text{g} \cdot \text{yr}^{-1}$
PCB 负荷	W_c	10×10^{12}	$\text{g} \cdot \text{yr}^{-1}$
体积	V	4.616×10^{12}	m^3
表面积	A_s	57.77×10^9	m^2
水深	H	82	m
出流量	Q	50×10^9	$\text{m}^3 \cdot \text{yr}^{-1}$

40-5　针对密歇根湖,重新计算例 40-2。相关的参数值参照习题 40-4 中表格。

传质机制:吸附和挥发

> **简介:**本讲解释了吸附和挥发的机制,并阐述了如何对其定量化。之后介绍了吸附等温线,并将其用于推导水体和沉积层中颗粒态和溶解态污染物的比例。讨论了分配系数的估算方法,以及溶解性有机碳对吸附的效应。对于挥发,采用基于双膜理论的数学方程来表示通过气-水界面的毒性物质质量交换。还提出了亨利常数以及液膜和气膜传质系数的估算方法。最后,对于无降解作用机制的情形,给出了评估毒性有机污染物对湖泊水质影响的一种筛选方法。

接下来的两个讲座将讨论天然水体中毒性物质质量损失(即汇项)的作用机制。本讲讨论与输移有关的质量损失过程。首先描述毒性污染物在固体物质上的吸附模型。由于与固体相关的毒性物质会随着颗粒物一同沉降,故该机制与输移有关。其次,描述空气-水界面的挥发损失。之后,在下一讲中将转向介绍与毒性物质转化有关的反应损失。

41.1 吸附

吸附是指溶解性物质转移到固体物质上并与固体物质结合的过程。它既包括了溶解物质在固体表面上的累积(**吸附**),也包括了溶解物质与固体之间的相互渗透或混合(**吸收**)。被吸附的物质称为**吸附物**,而固体称为**吸附剂**。**解吸**是指被吸收的物质从颗粒物释放的过程。

对于中性有机物,其吸附过程与多种机理有关,包括(Schwarzenbach 等,1993):

(1)疏水作用导致吸附物与颗粒态有机质更容易结合,而相比之下吸附物在水溶液中维持则需要较高的自由能;

(2)通过范德华力、偶极-偶极作用、诱导偶极和其他弱分子间力产生了弱表面相互作用;

(3)表面反应使得吸附物与固体结合在一起。

对于带电荷的毒性物质,还受到其他与离子交换相关机制的影响。需要指出的是,除了富含有机质的材料外,中性有机化学物质也会被有机物含量很少或不含有机物的固体吸附。例如,吸附剂中包含了黏土等无机物。但是只有在固体中的有机碳含量非常低时,这种无机固体的吸附作用才是显著的(Schwarzenbach 和 Westall,1981)。

以下章节将首先介绍经典水质模型建模的简单吸附模型。之后阐述了如何基于这些简单吸附模型来推导溶解态和颗粒态污染物比例的计算公式。最后综述了一些特定污染物的吸附参数估算方法。

41.1.1 吸附等温线

某实验容器的溶液中含有一定量的溶解性化学物质。在吸附实验开始之前,将固体加入容器中并进行充分搅拌[图 41-1(a)],每隔一段时间从容器中取出样品,之后进行离心分离,并测量固体上和溶液中的化学物质量[图 41-1(b)],对于大多数化学品而言,在数分钟至数小时内即可快速达到平衡[图 41-1(c)],针对不同的污染物浓度重复进行实验,并将实验结果绘图。

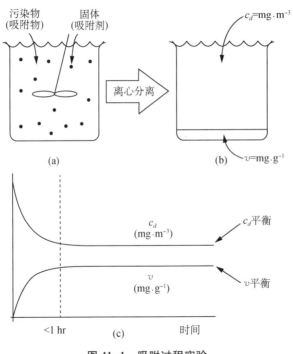

图 41-1 吸附过程实验

(a)固体和污染物在容器中混合。将水样取出并从水中离心分离出固体;(b)测出水中和固体物质上的污染物含量;(c)该吸附实验的时间持续过程。通常会快速达到平衡状态

图 41-2 给出了上述实验的典型结果图。图中显示了固体颗粒上的污染物浓度 $v(\text{mg} \cdot \text{g}^{-1})$ 与溶解态浓度 $c_d(\text{mg} \cdot \text{m}^{-3})$ 之间的相关关系。该曲线称为等温线,表明固体上的污染物浓度随着溶解态浓度的增加而增加,直到在某一临界点处达到饱和。在该点处曲线趋于最大值 $v_m(\text{mg} \cdot \text{g}^{-1})$。

目前已经建立了几种吸附等温线数学模型,其中最常用的是:

(1) 朗格缪尔(Langmuir)吸附等温线

$$v = \frac{v_m b c_d}{1 + b c_d} \tag{41-1}$$

(2) 弗伦德利希(Freundlich) 吸附等温线

$$v = K_f c_d^{1/n} \tag{41-2}$$

(3) BET 吸附等温线

$$v = \frac{v_m B c_d}{(c_s - c_d)[1 + (B-1)(c_d/c_s)]} \tag{41-3}$$

式中，b、B、c_s、K_f 和 n 是吸附等温线的拟合系数。需要说明的是尽管吸附实验结果通常表现为图 41-2 所示的曲线形状，但在特定情况下也会出现其他吸附曲线形式。例如 Schwarzenbach 等(1993)描述了这样的情形：先前吸附在固体上的污染物改变了颗粒物的表面性能，从而使得吸附能力进一步增强。这种情况下吸附等温线的斜率会较之前的曲线有所增加：即在相同的溶解态浓度时，吸附态污染物质浓度会较图 41-2 中的浓度值增加。通过调整弗伦德利希等温线中的指数值，相应可以对吸附曲线斜率增加(指数值＞1)、降低(指数值＜1)或者恒定(指数值＝1)的情形进行模拟。BET 等温线以及其他模型均可对这种效应进行数学表征(Weber 和 DiGiano，1996)。

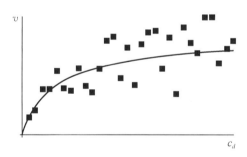

图 42-2　吸附数据和等温线

鉴于朗格缪尔等温线在数学表达上的简单性，它可用来解释图 41-2 中的饱和等温线形式。朗格缪尔等温线与吸附平衡过程有关，即如下的吸附和解吸速率平衡关系：

$$R_{ad} = R_{de} \tag{41-4}$$

式中单位时间内吸附的质量 $R_{ad}(\mathrm{mg \cdot s^{-1}})$ 可表示为：

$$R_{ad} = k_{ad} M_s c_d (v_m - v) \tag{41-5}$$

其中，K_{ad} 为单位质量固体颗粒物从单位体积水中的吸附速率，$[\mathrm{m^3 \cdot (mg \cdot s)^{-1}}]$；$M_s$ 为固体质量(g)。

单位时间内解吸的质量 $R_{de}(\mathrm{mg \cdot s^{-1}})$ 可表示为：

$$R_{de} = k_{de} M_s v \tag{41-6}$$

式中 k_{de} 为一级解吸速率(s^{-1})。

将式(41-5)和(41-6)代入(41-4)中,可求得:

$$v = \frac{v_m c_d}{(k_{de}/k_{ad}) + c_d} \tag{41-7}$$

该式是朗格缪尔模型的一般形式[与式(41-1)比较]。

公式(41-7)的绘图结果见图41-3(a)。注意到图中曲线显示了两个渐近线区域。当污染物含量较高时,曲线表现为零级反应或者恒定吸附速率。当污染物含量较低时,曲线表现为一级反应或者线性吸附关系。通常假定多数天然水体的毒性物质浓度较低,因此对于大多数毒性物质模型是采用后者情形(即一级反应)。

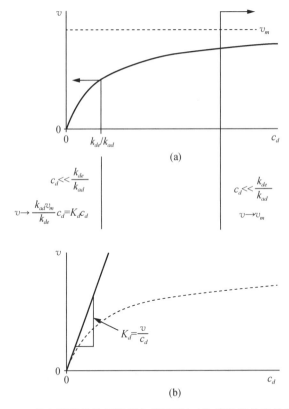

图 41-3　具有渐近线的朗格缪尔等温线(a)和等温线的线性化(b)

当 $v \ll v_m$ 时满足线性吸附关系。此时吸附容量是足够的,因此有

$$R_{ad} = k_{ad} M_s c_d (v_m - v) \rightarrow k'_{ad} M_s c_d \tag{41-8}$$

式中,$K'_{ad} = K_{ad} v_m$,$[m^3 \cdot (mg \cdot s)^{-1}]$。换句话说,吸附速率与固体浓度无关,而是仅与溶解性物质浓度有关。将式(41-8)和式(41-6)代入(41-4)中,可得到:

$$v = K_d c_d \tag{41-9}$$

式中,K_d 为分配系数;$K_d = k'_{ad}/k_{de}$ ($m^3 \cdot g^{-1}$)。如图 41-3(b)所示,分配系数表示等温线线性部分的斜率。

线性等温线意味着如果溶解态毒性物质浓度按一定比例增加或减少,则颗粒态毒性物质浓度将按照相同的比例增加或减少。如下文所讨论,这意味着溶解态和颗粒态毒性物质的比例保持恒定。

41.1.2 吸附态污染物比例

基于以上建立的模型框架,可推导出溶解态(F_d)和颗粒态(F_p)污染物比例与分配系数之间的表达式。为此,需要分别针对溶解态和颗粒态污染物建立 CSTR 中的质量平衡。例如,溶解态污染物的质量平衡为:

$$V \frac{dc_d}{dt} = Qc_{d, \text{in}} - Qc_d + k_{de}M_s v - k'_{ad}M_s c_d \tag{41-10}$$

以及颗粒态污染物的质量平衡为:

$$V \frac{dc_p}{dt} = Qc_{p, \text{in}} - Qc_p - v_s A c_p - k_{de}M_s v + k'_{ad}M_s c_d \tag{41-11}$$

式中,下标 d 和 p 分别表示溶解态污染物和颗粒态污染物。为推导简单,以上模型方程中排除了污染物衰减反应。此外,所有时间单位均以年表示,以与湖泊等系统所关注的时间尺度保持一致。

因为吸附动力学要比其他模型中的其他输入—输出项快得多,式(41-10)和(41-11)可合并为(见 38.1 节中关于"局部平衡"假设的一般性讨论):

$$V \frac{dc}{dt} = Qc_{\text{in}} - Qc - v_s A c_p \tag{41-12}$$

式中,

$$c = c_d + c_p \tag{41-13}$$

以及

$$c_{\text{in}} = c_{d, \text{in}} + c_{p, \text{in}} \tag{41-14}$$

注意到方程合并后,吸附和解吸项已经被消去。此外,式(41-12)的右侧并非仅由因变量 c 表示,还包含了变量 c_p。因此,还需要其他信息才能对方程进行求解。为了使方程只包括一个未知数,还应建立颗粒态污染物浓度与悬浮固体浓度以及单位质量颗粒物上吸附量之间的关系

$$c_p = mv \tag{41-15}$$

式中,m 为悬浮固体浓度,$g \cdot m^{-3}$。

将式(41-9)和式(41-15)与式(41-13)结合后,得到:

$$c = c_d + mK_dc_d \tag{41-16}$$

可以求出:

$$c_d = F_dc \tag{41-17}$$

式中,

$$F_d = \frac{c_d}{c} = \frac{1}{1 + K_dm} \tag{41-18}$$

将该结果代入式(41-13)中,可以求得

$$c_p = F_pc \tag{41-19}$$

式中,

$$F_p = \frac{c_p}{c} = \frac{K_dm}{1 + K_dm} \tag{41-20}$$

由此,推导出了式(40-4)和式(40-5)中的溶解态和颗粒态污染物比例。

对于沉积物可推导出相似的结果。如专栏41.1所述,由于沉积物中的绝大部分体积被固体占据,溶解态和颗粒态污染物比例的关系式与式(41-18)和式(41-20)有所不同。

【专栏 41.1】 沉积物的污染物组成比例

沉积物中吸附态污染物比例的推导有些复杂,原因在于沉积物中的绝大部分体积被固体占据。对此在推导中需要引入孔隙度。与水一样,总浓度分为颗粒态成分和溶解态成分[式(41-13)],其中溶解态浓度现定义为:

$$c_d = \phi c_{dp} \tag{41-21}$$

式中,c_{dp} 为孔隙水浓度(mg·m^{-3})。同理颗粒态浓度定义为:

$$c_p = (1 - \phi)\rho v \tag{41-22}$$

对于沉积物,式(41-9)变为:

$$v = K_{d2}c_{dp} \tag{41-23}$$

将式(41-21)~式(41-23)代入式(41-13)中,得到:

$$c = \phi c_{dp} + (1 - \phi)\rho K_{d2}c_{dp} \tag{41-24}$$

可以求出:

$$F_{d2} = \frac{c_{dp}}{c} = \frac{1}{\phi + \rho K_{d2}(1-\phi)} \tag{41-25}$$

这样我们就推导出了式(40-29)中引入的孔隙水中污染物组成比例。

41.1.3 分配系数估计

许多研究人员已尝试将污染物在颗粒物上的分配与化学物质具体特性之间建立联系。Karickhoff 等(1979)针对中性(即不带电)有机化学品建立了以下表达方式。

假定有机污染物分配系数 K_d($m^3 \cdot g^{-1}$),是固体物质中有机碳含量的函数,即:

$$K_d = f_{oc} K_{oc} \tag{41-26}$$

式中,K_{oc} 为有机碳分配系数,$[(mg \cdot gC^{-1}) \cdot (mg \cdot m^{-3})^{-1}]$;$f_{oc}$ 为固体物质中总碳的质量比例($gC \cdot g^{-1}$)。

进一步,有机碳分配系数 K_{oc} 可根据污染物的辛醇-水分配系数 K_{ow},$[(mg \cdot m^{-3}_{octanol}) \cdot (mg \cdot m^{-3}_{water})]$估算(Karickhoff 等,1979):

$$K_{oc} = 6.17 \times 10^{-7} K_{ow} \tag{41-27}$$

将式(41-26)与(41-27)结合后得到:

$$K_d = 6.17 \times 10^{-7} f_{oc} K_{ow} \tag{41-28}$$

Thomann 和 Mueller(1987)建议 f_{oc} 的范围为 0.001 至 0.1。但是需要指出的是,对于自生颗粒物例如活的浮游植物细胞,其上限值应该提高(有机碳质量比例约为 0.4)。

辛醇-水分配系数可通过多种方式获得。第一种方法是对其进行直接测量。第二种方法是查阅已有的数据表格。第三种方法是基于更容易获取的污染物特征参数,采用公式计算。例如 Chiou 等(1977)给出了如下公式:

$$\lg K_{ow} = 5.00 - 0.670 \lg S'_w \tag{41-29}$$

式中,S'_w 为 $\mu mol \cdot L^{-1}$ 单位形式表示的溶解度,可通过下式计算:

$$S'_w = \frac{S_w}{M} \times 10^3 \tag{41-30}$$

式中 S_w 为溶解度($mg \cdot L^{-1}$);M 为分子量($g \cdot mol^{-1}$)。可查阅公开出版物中的表格数据(例如 Lyman 等,1982;Mills 等,1982;Schnoor 等,1987)获取溶解度。

当 K_{ow}、S_w 已知时,还可通过其他公式估算 K_d 和 K_{oc}。若基于相似的化学结构进行更为细化的分组时,回归公式的精度会进一步提高。Schwarzenbach 等(1993)对各种方法进行了充分、详尽的综述。

假设 f_{oc} 大约为 0.05,式(41-28)可用于计算分配系数,即:

$$K_d = 3.085 \times 10^{-8} K_{ow} \tag{41-31}$$

因此,通过查阅 K_{ow} 数据表格就可求得 K_d。在此基础上,将 K_d 估算值与悬浮固体浓度代入式(41-18)和式(41-20)中,就可求得溶解态和颗粒态污染物比例。计算结果如图 41-4 示。注意到图中还显示了一些主要类别毒性污染物(见表 40-1)的箱型图。如图 41-5 中所述,箱线图(Tukey,1977;McGill 等,1978)利用稳健的统计数据来概括数据样本的相关特征。尤其是这些箱型图提供了数据分布的一维表征。

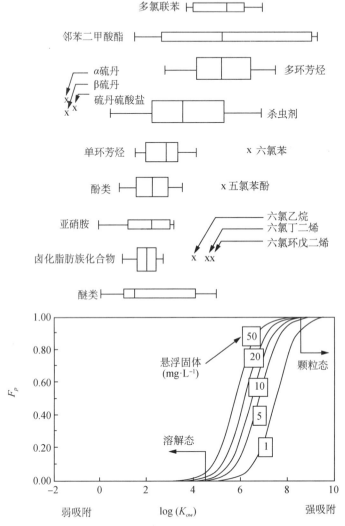

图 41-4 溶解态比例 F_d、颗粒态比例 F_p 与分配系数的关系图(Chapra,1991)

每一条曲线代表某一特定的悬浮固体浓度。图的上方绘制出了九类有机污染物的箱型图(图 41-5)

观察图 41-4 可以得出一些感兴趣的结论。特别是,其中的五类物质(醚,卤代脂肪类,亚硝胺,酚和单环芳族化合物)中的绝大多数呈溶解态形式(即 $F_d \sim 1$)。从保守性角度考虑,若将 $K_{ow} < 10^4$(对应 $K_d < 3.2 \times 10^{-4} \text{m} \cdot \text{g}^{-1}$)作为污染物主要以溶解态形式存在的标准,那么实际上 114 种优先有毒污染物(表 40-1)中约有 65% 可被归为溶解性物质。对于此类污染物,由于可以忽略沉积物与水之间的相互作用,计算将大大简化。此时污染物质量损失只是关于出流、挥发和分解的函数。例如式(40-36)简化为:

$$\beta = \frac{Q}{Q + k_1 V_1 + v_v A F_{d1}} \tag{41-32}$$

这种简化将在本讲末尾部分进一步予以探讨。

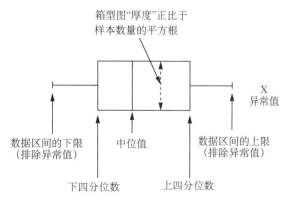

图 41-5　Turkey(1977)箱型图

图中采用诸如中位值和分位数等稳健统计指标来描述数据分布。特别指出的是,箱型图提供了关于数据位置、范围、偏斜程度、尾部长度和异常数据点的可视化表征(Hoaglin 等,1983)。如图中所示,"偏离点"代表了超出正常范围的数据点。有关箱型图的其他信息,以及稳健性和探索性数据分析方法的其他知识点,可查阅相关文献(Turkey, 1977;Hoaglin 等,1983;Reckhow 和 Chapra, 1983,等)

41.1.4　吸附再讨论("第三相"效应)

第 17 讲中,我们将悬浮固体分为外来物质(来自于流域汇水区)或自生物质(通过光合作用在水中产生)。到目前,我们讨论的吸附模型看起来更关注于前一种形式的悬浮固体。也就是说,我们将固体以输入负荷形式表示,并使用分配系数来表征一部分毒性物质吸附在悬浮颗粒物上。

至少对于毒性有机物而言,上述这种认识观点须予以进一步拓展。在上一节中,我们已经看出分配系数是颗粒物中有机碳含量的函数。因此,不仅仅是模拟悬浮固体浓度,还应直接模拟颗粒态有机碳(particulate organic carbon,POC)。这对于具有大量自生固体的系统尤其适用。进一步,从有机碳模拟的视角还面临这样一个问题,即具有生产作用的系统往往具有很高浓度的溶解性(和胶体)有机碳(dissolved organic carbon,DOC)。由于毒性物质往往会同时具有溶解态和颗粒态形式,因此 DOC 是除了溶解相和颗粒相之外的"第三相"(图 41-6)。

为了量化第三相效应,我们首先回顾已经建立的溶解态污染物比例计算公式[式(41-18)]:

$$F_d = \frac{1}{1 + K_d m} \tag{41-33}$$

我们还知道,可以通过以下公式将分配系数与辛醇—水分配系数之间建立联系:

$$K_d = 6.17 \times 10^{-7} f_{oc} K_{ow} \tag{41-34}$$

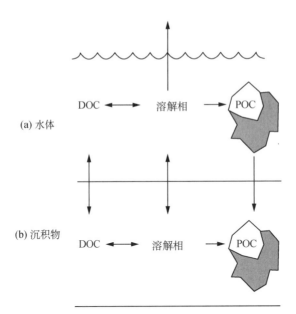

图 41-6 水体(a)和沉积物(b)中 DOC"第三相"和 POC 之间对溶解性毒性物质的竞争关系描述

Thomann 和 Mueller(1987)以及其他研究者指出,上述关系式可以近似表示为:

$$K_d \approx (1 \times 10^{-6} K_{ow}) f_{oc} \qquad (41-35)$$

将该近似关系式代入式(41-33)中,得到:

$$F_d = \frac{1}{1 + (1 \times 10^{-6} K_{ow}) f_{oc} m} \qquad (41-36)$$

或者引入 POC=$f_{oc}m$,从而得到:

$$F_d = \frac{1}{1 + (1 \times 10^{-6} K_{ow}) POC} \qquad (41-37)$$

溶解态物质比例计算公式参数从悬浮固体转变为有机碳的过程如图 41-7 所示。

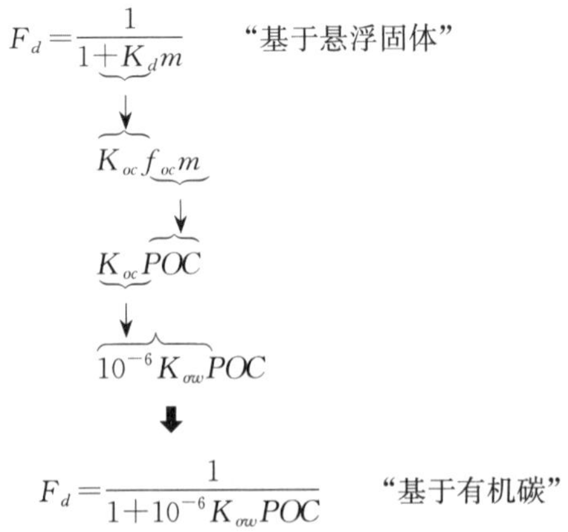

$$F_d = \frac{1}{1 + \underbrace{K_d m}} \qquad \text{"基于悬浮固体"}$$

$$\downarrow$$

$$\underbrace{K_{oc} f_{oc} m}$$

$$\downarrow$$

$$\underbrace{K_{oc} POC}$$

$$\downarrow$$

$$\underbrace{10^{-6} K_{ow} POC}$$

$$\downarrow$$

$$F_d = \frac{1}{1 + 10^{-6} K_{ow} POC} \qquad \text{"基于有机碳"}$$

图 41-7 早期的毒性有机物吸附水质模型中,有机碳如何取代原始"悬浮固体"作为模型参数的描述

现在若假设毒性污染物还与 DOC 结合,那么可将 DOC"第三相"嵌入到毒性物质模型中,并推导出三种物质组分的比例公式:

$$F_{d1} = \frac{1}{1 + (1 \times 10^{-6} K_{ow})(POC_1 + DOC_1)} \tag{41-38}$$

$$F_{p1} = \frac{(1 \times 10^{-6} K_{ow})POC_1}{1 + (1 \times 10^{-6} K_{ow})(POC_1 + DOC_1)} \tag{41-39}$$

$$F_{o1} = \frac{(1 \times 10^{-6} K_{ow})DOC_1}{1 + (1 \times 10^{-6} K_{ow})(POC_1 + DOC_1)} \tag{41-40}$$

式中下标 1 代表水体,F_{d1}、F_{p1} 和 F_{o1} 分别表示水中溶解态以及与 POC 和 DOC 结合的毒性污染物比例。

类似的分析方法还可用于确定沉积层中三种毒性物质组分的比例(见专栏 41.2):

$$F_{dp2} = \frac{1}{\phi + (1 \times 10^{-6} K_{ow})(POC_2 + \phi DOC_{p2})} \tag{41-41}$$

$$F_{p2} = \frac{(1 \times 10^{-6} K_{ow})POC_2}{\phi + (1 \times 10^{-6} K_{ow})(POC_2 + \phi DOC_{p2})} \tag{41-42}$$

$$F_{op2} = \frac{(1 \times 10^{-6} K_{ow})DOC_{p2}}{\phi + (1 \times 10^{-6} K_{ow})(POC_2 + \phi DOC_{p2})} \tag{41-43}$$

式中下标 2 代表沉积物;F_{d2}、F_{p2} 和 F_{op2} 分别为孔隙水中溶解态,与 POC 结合和溶解于孔隙水中 DOC 的毒性物质比例;DOC_{p2} 为孔隙水中溶解性有机碳的浓度($gC \cdot m^{-3}$);POC_2 为以整个沉积物体积为基准的颗粒态有机碳浓度($gC \cdot m^{-3}$)。注意到 POC_2 通常以碳的干重比例衡量,因此更为简便的方式是采用下面的计算公式:

$$POC_2 = f_{oc,2}(1 - \phi)\rho \tag{41-44}$$

式中,$f_{oc,2}$ 为沉积物中有机碳的干重比例($gC \cdot g^{-1}$)。

【专栏 41.2】　沉积物中污染物组分比例公式的推导

如同水中的毒性物质组分划分,沉积物中的毒性物质也可以分为三类:

$$c = c_d + c_p + c_o \tag{41-45}$$

溶解态组分与孔隙水中溶解性污染物浓度有关,即:

$$c_d = \phi c_{dp} \tag{41-46}$$

式中 c_{dp} 为孔隙水中的浓度($mg \cdot m^{-3}$)。类似于式(41-25)的推导方式,颗粒态组分浓度定义为:

$$c_p = (1 - \phi)\rho K_d c_{dp} \tag{41-47}$$

代入式(41-35)后得到:

$$c_p = (1-\phi)\rho(1 \times 10^{-6} K_{ow}) f_{oc} c_{dp} \tag{41-48}$$

由于

$$POC = (1-\phi)\rho f_{oc} \tag{41-49}$$

因此式(41-48)可重新表示为:

$$c_p = (1 \times 10^{-6} K_{ow}) POC c_{dp} \tag{41-50}$$

对于 DOC,

$$c_o = \phi c_{op} \tag{41-51}$$

式中,c_{op} 为孔隙水 DOC 中毒性物质的浓度($mg \cdot m^{-3}$);孔隙水中溶解态和 DOC 形式污染物之间的分配关系定义为:

$$K_o = \frac{c_{op}/DOC_p}{c_{dp}} \tag{41-52}$$

综合式(41-51)与式(41-52)后得到:

$$c_0 = \phi K_o c_{dp} DOC_p \tag{41-53}$$

或代入式(41-35)中,

$$c_0 = \phi(1 \times 10^{-6} K_{ow}) c_{dp} DOC_p \tag{41-54}$$

最后将式(41-46)、(41-50)和(41-54)代入式(41-45)中,从而求得:

$$F_{dp2} = \frac{1}{\phi + (1 \times 10^{-6} K_{ow})(POC_2 + \phi DOC_{p2})} \tag{41-55}$$

进一步还可推导出公式(41-42)和(41-43)。

前述分析对模型计算有何启示? 其意义在于溶解有机碳将毒性物质从颗粒态和溶解态物质中抽走。因此与溶解态和颗粒态污染物有关的机制将会减弱。例如在水中,较高的 DOC 浓度将减弱挥发和沉降的机理,原因是溶解态和颗粒态毒性物质组分将会减少。沉积层中较高的 DOC 浓度会增加孔隙水中的有毒物质浓度。因此沉积物向上覆水的毒性物质释放通量将会增加。

至此,已对吸附进行了简要介绍。然而,我们特意将讨论限制于常用水质模型所需的知识层次。进一步的细节和更全面的描述可查阅 Schwarzenbach 等(1993)和 Lyman 等(1982)的文献。

41.2 挥发

许多毒性物质通过挥发在湖泊中产生质量损失。第 20 讲在关于氧气传质的讨论中,

我们已经学习了如何定量表征这一传质过程。通过气-水界面的气体通量可以表示为:

$$J = v_v \left(\frac{p_g}{H_e} - c_l \right) \tag{41-56}$$

式中,J 为质量通量$(mol \cdot m^{-2} \cdot yr^{-1})$;$v_v$ 为通过气-水界面的净传质速度$(m \cdot yr^{-1})$;p_g 为水面上方空气中气体的分压(atm);H_e 为亨利常数$(atm \cdot m^3 \cdot mol^{-1})$;$c_l$ 为水中气体的浓度,$(mol \cdot m^{-3})$。

传质速度可根据双膜理论计算:

$$v_v = K_l \frac{H_e}{H_e + RT_a(K_l / K_g)} \tag{41-57}$$

式中,K_l 和 K_g 分别为液体和气体薄膜的传质系数$(m \cdot yr^{-1})$;R 为通用气体常数$(8.206 \times 10^{-5} \ atm \cdot m^3 \cdot (K \ mol)^{-1})$;$T_a$ 为绝对温度(K)。

因此,如图 41-8 所示,传质取决于污染物的具体特性(亨利常数)和两个环境有关的性质(液膜和气膜传质系数)。

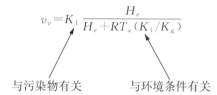

与污染物有关   与环境条件有关

图 41-8 挥发传质速率表示为污染物特性(亨利常数)和环境条件(膜传质系数)有关的函数

通过两种标准计算方法,传质系数可基于更基础的参数予以确定。对于湖泊等静止系统,采用静止条件下的双膜法,

$$K_l = \frac{D_l}{z_l} \qquad K_g = \frac{D_g}{z_g} \tag{41-58}$$

式中,D_l 和 D_g 分别为有毒物质在液体和气体中的扩散系数,z 为静止条件下的膜厚度。

对于河流等紊流系统,采用表面更新模型:

$$K_l = \sqrt{r_l D_l} \qquad K_g = \sqrt{r_g D_g} \tag{41-59}$$

式中,$r's$ 为更新速率。

通过将挥发通量(式 41-56)与表面积相乘,可以将挥发模型集成到质量平衡模型中,即:

$$V \frac{dc}{dt} = v_v A_s \left(\frac{p_g}{H_e} - c_d \right) \tag{41-60}$$

式中,V 为模拟的水体体积(m^3);A_s 为表面积。注意到此处已经更换了 c 的下标形式,以表示"溶解态"。

之前我们讲过,当公式(41-60)用于氧气时(式 20-32),其形式可以简化。原因在

于(a)大气中的氧气含量丰富并且(b)氧气传质受液膜控制。因此公式简化为:

$$V \frac{\mathrm{d}o}{\mathrm{d}t} = K_1 A_s (o_s - o) \qquad (41\text{-}61)$$

式中,o_s 为大气中氧分压的饱和浓度($g \cdot m^{-3}$);o 为以质量单位表示的水中溶解氧浓度($g \cdot m^{-3}$)。

有毒物质与氧气传质方式不同,表现在两个方面。首先,并非所有毒性物质的挥发传质都是受液膜控制的。其次,我们可以做出这样一个假定,即大多数情况下毒性物质在大气中的含量较低。后者假定意味着式(41-56)中的气态浓度为 0。这种情况下式(41-56)变为:

$$J = -v_v c_d \qquad (41\text{-}62)$$

将该公式两边乘以湖泊表面积和毒性物质的分子量,可得到如下形式的质量平衡关系式:

$$V \frac{\mathrm{d}c}{\mathrm{d}t} = -v_v A_s c_d \qquad (41\text{-}63)$$

式(41-63)明显不同于溶解氧的质量平衡关系式(式 41-61)。式(41-63)代表了离开系统的单向损失,而不是在饱和点处趋近平衡。从这个意义上讲,它看起来就像一个沉降机制。然而,与沉降所表征的通过湖底的垂直向下质量输移不同,挥发是一个离开水面的垂直向上质量输移。

41.2.1 参数估计

学习到这里,我们应知道表征挥发损失的关键取决于如何估算 v_v。如式(41-57)所示,这意味着我们必须确定亨利常数以及液膜、气膜传质系数。

分子量和亨利常数。目前许多毒性化合物的分子量和亨利常数值都是已知的。有关这些数据的汇编可以在许多文献中找到(Callahan 等,1979;Mabey 等,1979;Mills 等,1985;Lyman 等,1982;Schnoor 等,1987;Schwarzenbach 等,1993;等等)。

在认定的优先污染物中,它们的分子量范围从卤代脂肪族氯甲烷的 50.6 到杀虫剂—毒杀芬的 430。分子量最小的优先污染物类型(<200)包括卤代脂肪族化合物、酚类、单环芳族化合物、醚类和亚硝胺;分子量最高的是农药,其次是邻苯二甲酸酯和多氯联苯(>200)。多环芳烃分子量居于中间。

不同毒性化合物亨利常数的箱型图绘制于图 41-9 上方。通常来说,有三类化合物是高度不溶的,即卤代脂肪族化合物、单环芳香族化合物和多氯联苯。其他类化合物的溶解度范围相似,其中一些物质相对可溶,而其他物质则中度不可溶。

膜传质系数。传质系数通常是通过将其与典型的传质过程建立关联来估计的。液膜系数通常与溶解氧传质系数有关。气膜系数与水蒸气的蒸发输运相关。

如先前的第 20 讲(式 20-58)所述,液膜传质系数($m \cdot yr^{-1}$)可与氧传质系数 K_L 之间建立联系(Mills 等,1982):

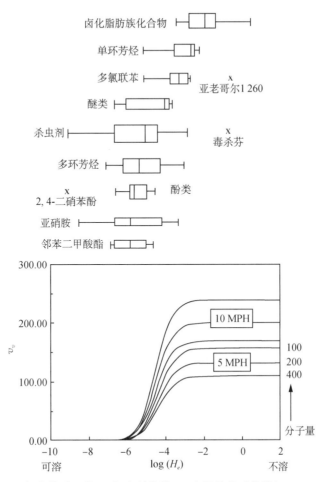

图 41-9　挥发传质系数 V_v 与亨利常数 H_e 之间的关系曲线（Charpa，1991）

每一条曲线代表了一个特定的分子量。九类有机污染物的箱型图（图 41-5）绘制于上方

$$K_l = K_{l,\,O_2}\left(\frac{32}{M}\right)^{0.25} \tag{41-64}$$

式中，M 为化合物的分子量；$K_{l,\,O_2}$ 为氧传质系数，可通过第 20 讲中的复氧速率公式估算。

对于气膜传质速率的估算，Mills 等（1982）建议采用如下公式：

$$K_g = 168 U_w\left(\frac{18}{M}\right)^{0.25} \tag{41-65}$$

式中，U_w 为风速（$m \cdot s^{-1}$）。该公式是基于水蒸汽的气膜传递系数得出的。式中 K_g 的单位为 $m \cdot d^{-1}$。

挥发分析。通过计算不同取值范围亨利常数对应的净传质系数，可以评估挥发的影响。如图 41-9 所示，H_e 值的范围约为 $10^{-8} \sim 1$ atm $\cdot m^3 \cdot mole^{-1}$。这一结果表明，当亨利常数值较高时，净传质系数接近液膜系数。因此，"不溶性"气体（高亨利常数值）会从水中迅速离开，而"可溶"气体（低亨利常数值）则留在溶液中。这也正是术语所表达的含义。

【例 41-1】 **PCB 的动力学参数估计**

估计高分子量 PCB($>$250 g $\cdot$ mol^{-1})的(a)吸附系数以及(b)挥发传质速度。相关化合物的参数如表 41-1 所示:

表 41-1 参数

毒性物质	分子量	Log(K_{ow})	Log(H_e)
亚老格尔(Aroclor) 1016	257.9	5.58	-3.48
亚老格尔 1242	266.5	5.29	-2.42
亚老格尔 1248	299.5	5.97	-2.45
亚老格尔 1254	328.4	6.14	-2.84
亚老格尔 1260	375.7	6.99	-0.60
平均	305.6	5.99	-2.358

假设风速约为 10 m $\cdot$ h^{-1}(=4.47 m $\cdot$ s^{-1}),以及温度为 10 ℃(=283 K)。

【求解】 (a) 将辛醇-水分配系数代入式(41-31)中,得到

$$K_d = 3.085 \times 10^{-8}(10^{5.99}) = 0.030\ 1\ \text{g} \cdot \text{m}^{-3}$$

需要记住一点:式(41-31)是基于 $f_{oc}=0.05$ 的假设得出的。

(b) 液膜交换系数通过氧传质系数计算得出。例如,根据 Banks-Herrera 公式(式 20-46)可计算出,

$$K_{l,\text{O}_2} = 0.728(4.47)^{0.50} - 0.317(4.47) + 0.037\ 2(4.47)^2 = 0.865\ 5\ \text{m} \cdot \text{d}^{-1}$$

将该值代入式(41-64)(经过适当的转换)中,得出:

$$K_l = 365\left(\frac{32}{305.6}\right)^{0.25} 0.865\ 5 = 179.7\ \text{m} \cdot \text{yr}^{-1}$$

气膜交换系数可通过式(41-65)计算,

$$K_g = 61\ 320\left(\frac{18}{30.56}\right)^{0.25} 4.47 = 135\ 038\ \text{m} \cdot \text{yr}^{-1}$$

将上述值及其亨利常数代入式(41-57)中,得出

$$v_v = 179.7 \frac{10^{-2.358}}{10^{-2.358} + [8.206 \times 10^{-5}(283)(179.7/135\ 038)]} = 178.45\ \text{m} \cdot \text{yr}^{-1}$$

41.3 毒性污染物负荷的概念

图 41-4 和图 41-9 分别展示了一些类型毒性污染物的吸附和挥发特性曲线。尽管这些图形提供了认识吸附和挥发的视角,但并不能提供天然水体中物质迁移转化的完

整图像。正如本书开头的盲人摸象寓言一样，对单一机制的关注并不能阐述综合效果。

为了评估"大的图像"，现在将毒性物质吸附、挥发的知识与 40.4 章节中的简单双层沉积物-水体模型结合起来。我们将其称之为"毒性物质负荷模型"，因为该模型本质上类似于 Vollenweider 开发的模拟富营养化的"磷负荷图"（见 29.1 节）。以下分析的具体细节见 Chapra（1991）的文献。

回想之前学过的知识，在完全混合湖泊的水体和沉积层质量平衡模型中，对于水体模型给出了以下关系式（式 40-34）：

$$c_1 = \frac{Q c_{\text{in}}}{Q + k_1 V_1 + v_v A F_{d1} + (1 - F_r')(v_s F_{p1} + v_d F_{d1})A} \tag{41-66}$$

式中，F_r' 为沉积物再悬浮与沉积物中总质量损失的比值：

$$F_r' = \frac{v_r + v_d F_{d2}}{v_r + v_b + v_d F_{d2} + k_2 H_2} \tag{41-67}$$

该模型面临的问题是它与 14 个独立参数有关，因此有必要对模型进行一些变换和简化，以使其更易于使用。首先，将沉积物再悬浮的质量损失比率 F_r'（式 40-23）以再悬浮率 F_r 表示。为此，定义：

$$v_r = F_r v_{sb} \tag{41-68}$$

$$v_b = (1 - F_r) v_{sb} \tag{41-69}$$

式中，v_{sb} 为修正后的沉降速度：

$$v_{sb} = \frac{m}{(1 - \phi)\rho} v_s \tag{41-70}$$

将这些表达式代入式（41-67）中，得到：

$$F_r' = \frac{F_r v_{sb} + v_d F_{d2}}{v_{sb} + v_d F_{d2} + k_2 H_2} \tag{41-71}$$

因此模型不再表示为相互关联参数 v_r 和 v_b 的函数，而是表示为单一参数 F_r 的函数。

接下来我们建立两个简化假设：

（1）降解反应可忽略不计（即 $k_1 = k_2 = 0$）。因此可忽略通过反应将污染物从系统中去除的机制，包括光解、水解和生物降解（将在下一讲讨论）。这是一个保守的假设，因为任何衰减都会倾向于减少系统中有毒物质的含量。因此，排除这些机制意味着模拟结果将会是污染物浓度的上限。

（2）水体中的吸附量等同于沉积物中的吸附量（即 $K_{d1} = K_{d2}$）。如 Chapra（1991）所指出，这一假设意味着沉积物-水相之间的扩散传质要么可以忽略不计，要么导致污染物从水向沉积物的转移。因此，排除扩散机制也会导致模拟预测结果的上限值。

基于这些简化假设，式（41-66）变为：

$$c_1 = \frac{Q c_{\text{in}}}{Q + v_T A} \tag{41-72}$$

式中，v_T 为毒性污染物的净损失速率（$m \cdot yr^{-1}$），代表了除水量出流之外的所有质量损失机制：

$$v_T = v_v F_{d1} + (1 - F_r) v_s F_{p1} \tag{41-73}$$

以上方法是由 Thomann 和 Mueller（1987）提出的，旨在将湖泊出流引起的污染物质量损失和其他与毒性污染物相关的质量损失机制区分开来。作为一种解析解方法，式（41-72）可用来解释不同的出流水量条件下，v_T 的取值对水体污染物浓度的影响。

但是，当前的讨论中我们关注 v_T 自身的作用。如图 41-10 所示，净损失速率提供了将吸附、挥发和沉积物再悬浮效应整合的一种方法。如果 v_T 很大，则表明水中的毒性物质会被很快被去除。如果 v_T 很小，则表明水中毒性污染物去除速度会很慢。

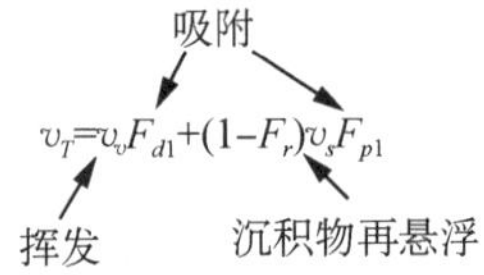

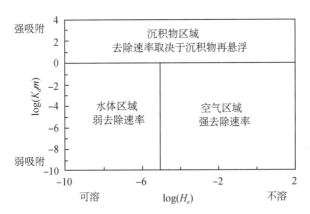

图 41-10　净损失速率提供了整合毒性物质去除机制包括吸附、挥发和沉积物再悬浮效应的一种方法

通过绘制对数形式的吸附（以 $K_d m$ 表示）和挥发（由 H_e 表示）关系图，可评估吸附和挥发对 v_T 的影响。为此我们假设 $T_a = 283$ K，$M = 200$ g $\cdot$ mol^{-1}，$U_w = 2.235$ m $\cdot$ s^{-1}（5 m $\cdot$ h^{-1}），以及 $v_s = 91.25$ m $\cdot$ y^{-1}。基于这种分析方法，Chapra（1991）建议将吸附/挥发关系图划分为三个不同的区域（图 41-11）。

图 41-11　由吸附（$K_d m$）与挥发（H_e）定义的三个区域

图中坐标轴以对数坐标表示

• 空气区域（不溶性弱吸附污染物）。不溶、弱吸附的污染物通常具有高去除率（即 $v_T > 10$ m $\cdot$ y^{-1}）。原因在于它们几乎完全以溶解态形式存在，且极容易挥发。

• 水体区域（可溶性弱吸附污染物）。作为另一个极端，可溶性、弱吸附污染物具有很低的去除速率（即 $v_T < 10$ m $\cdot$ y^{-1}），原因是它们完全以溶解态形式存在但不会挥发。

• 沉积物区域（强吸附污染物）。这些物质的质量损失不取决于挥发性，因为它们不以溶解态形式存在。因此它们的去除直接取决于沉积物-水相的相互作用。如果再悬浮可忽略不计，它们表现出高去除率。如果再悬浮速率高，则它们的去除率变低。

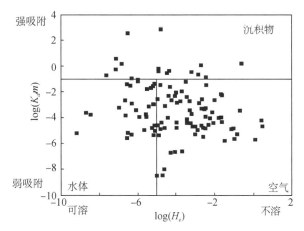

图 41-12　由吸附 $(K_d m)$ 与挥发 (H_e) 定义的有机优先污染物分布图

坐标轴以对数坐标表示。基于 5 g·m^{-3} 的悬浮固体浓度给出图示结果

图 41-12 绘制了有机优先污染物（见表 40-1）的吸附—挥发关系图。图中定位了每一种污染物在吸附/挥发空间中所处的位置。该图与具体使用的悬浮固体浓度有关。此处我们采用 5 g·m^{-3} 的悬浮物浓度来表示湖泊的轻度富营养物条件。该图表明，在 114 种有机优先污染物中，相当大一部分会由于挥发而被快速去除。

Chapra（1991）进一步给出了各个有机优先污染物类别的空间分布图。同样，设定悬浮固体的浓度为 5 g·m^{-3}。尽管对于一些规模较大的类别，它们包含的污染物分布在多个区域（农药、多氯联苯和多环芳烃），但其他类别的污染物往往集中在一个区域内。例如，卤代脂肪族化合物和许多单环芳族化合物和醚类都位于空气区域并表现出强烈的挥发损失。相比之下，大量的酚类、亚硝胺和邻苯二甲酸酯则位于去除作用较弱的水体区域。

图 41-13 提供了一些示例，以此说明如何使用这些图来进一步认识每个类别污染物的行为。图 41-13(a) 显示了农药类污染物在空间上的分布。这种图形可用于毒性污染物的筛选分析。例如，在一个毒性污染物大类中，可通过这种方式来确定哪些化学品具有特定的同化特征。

图 41-13(b) 和 (c) 通过在空间点上附加信息来进一步来阐述其应用效果。图 41-13(b) 中，括号中的数字表示每种多氯联苯类物质-亚老哥尔的含氯百分比。该图表明吸附、挥发和含氯百分比之间存在正相关关系。随着氯的增加，吸附、挥发两种效应共同表现为向"东北"方向的运动。由于氯化程度较高的多氯联苯与颗粒物质的结合更强烈，在一定程度上抵消了增强的挥发作用（特别是对于再悬浮效应强烈的系统）。

图 41-13(c) 将多环芳烃根据其芳香环数量进行了分类。对于这种情形，随着吸附的增加，挥发量减少。因此，随着芳香环的数量增加，图中展示的趋势是向"西北"方向移动。对于再悬浮作用微弱或者不发生再悬浮的湖泊，这意味着系统中会发生强烈的

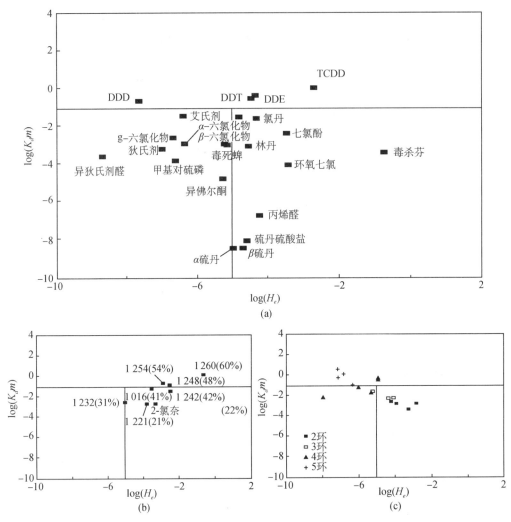

图 41-13　由吸附($K_d m$)与挥发(H_e)定义的杀虫剂(a),多氯联苯(b)和多环芳烃分布图(c)

图中坐标轴以对数坐标表示

"同化吸收"作用,但是沉降将取代挥发成为主要的毒性污染物去除机制。对于再悬浮作用强烈的湖泊,随着污染物芳香环数的增加,"同化吸收"作用会减弱。

　　上述分析力图针对湖泊有机优先污染物建模中的吸附和挥发作用,给出一般性的结论。这种分析是建立在许多假设的基础上的,并强烈依赖于参数值尤其是 K_{ow} 和 H_e 的取值。后者(即 H_e)的取值取决于不同的污染物来源,因此它们明显具有一些不确定性。但是,通过进一步的测量无疑可提高参数取值的可靠性。由于本讲旨在介绍一个全局性方法,这些数据的不确定性不会对以上分析得出的总体趋势产生影响。

　　综上,本讲试图建立了一个评估湖泊中毒性污染物同化吸收的简单、直观框架。如同 Vollenweider 在湖泊富营养化方面的研究工作,本讲基于全局性视角给出了宽泛性的结论。

习　题

41-1　某吸附实验产生了以下数据:

$c_d(\mu g \cdot L^{-1})$	5	10	15	20	25	30	35
$v(mg \cdot g^{-1})$	8	11.5	16	17	19	19	21

(a) 使用朗格缪尔等温线拟合数据。将等温线和数据散点绘图表示。

(b) 基于(a)给出的结果确定 K_d。

(c) 对于悬浮固体浓度为 $10\ g \cdot m^{-3}$ 的系统,基于(b)部分的结果计算水中颗粒态和溶解态毒性物质的比例。

(d) 使用弗伦德利希等温线拟合数据。将等温线和数据散点绘图表示。

41-2　某湖泊及底部沉积层具有以下特征:$m=5\ mg \cdot L^{-1}$, $\phi=0.8$, $\rho=2.5\ g \cdot cm^{-3}$。水体和沉积物固体中有机碳的比例分别 $f_{oc}=0.2$ 和 0.05。

(a) 已知某毒性化合物的 $K_{ow}=10^6$,确定湖水的溶解态物质比例(F_{d1})和沉积物孔隙水中的溶解态物质比例(F_{dp2})。(b)沉积物中的总污染物浓度为 $10\ \mu g \cdot L^{-1}$,计算颗粒态污染物的浓度,以 $\mu g \cdot L^{-1}$ 为单位表示。

41-3　湖泊中的颗粒态物质具有以下特征:$m=5\ mg \cdot L^{-1}$, $f_{oc}=0.4$。若某毒性物质的 $K_{ow}=10^{5.5}$:(a)确定颗粒态毒性物质的比例; F_{p1}。(b)重新计算(a),但是考虑 DOC 的影响。已知 DOC 浓度为 $5\ mg \cdot L^{-1}$。

41-4　某湖泊上方的风速为 $U_w=2\ m \cdot s^{-1}$,水温 $T=20\ ℃$。确定 DDT(分子量 $=350$, $H_e=10^{-4.4}\ atm \cdot m^{-3} \cdot mol^{-1}$)的挥发速率。

41-5　某完全混合湖泊中的悬浮固体浓度为 $0.5\ mg \cdot L^{-1}$。悬浮固体的含碳量为 5%,并且其沉降速率为 $0.2\ m \cdot d^{-1}$。此外湖泊中溶解有机碳浓度为 $1\ mgC \cdot L^{-1}$,以及水温为 $10\ ℃$。

湖泊中的某污染物具有以下特征:$H_e=10^{-5}\ atm \cdot m^3 \cdot mol^{-1}$,以及 $K_{oc}=1\ m^3 \cdot gC^{-1}$。液膜和气膜交换系数分别为 $179.7\ m \cdot yr^{-1}$ 和 $135\ 038\ m \cdot yr^{-1}$。

在沉降与挥发两种污染物的质量损失机制中,确定哪一种机制占主导作用。以沉降和挥发速率的比值来表示。注意:与 DOC 相关的污染物组分既不挥发也不随颗粒物沉降。

41-6　某完全混合的沉积层具有以下特征:$DOC_p=10\ mg \cdot L^{-1}$, $\phi=0.9$, $v_b=0.1\ mm \cdot yr^{-1}$,以及 $\rho=2.5\ g \cdot cm^{-3}$。沉积物中固体中含有 1% 碳。湖泊中 DOC 浓度为 $1\ mg \cdot L^{-1}$;POC 浓度为 $0.5\ mg \cdot L^{-1}$,且以 $0.1\ m \cdot d^{-1}$ 的速率沉降。此外湖泊中的污染物浓度为 $1\ mg \cdot m^{-3}$。如果污染物的 $\lg K_{ow}=5$,确定沉积物孔隙水中和沉积物固体上的污染物浓度。已知污染物的分子量为 300。此外沉积物不发生再悬浮,但是在沉积物孔隙水和上覆水之间存在扩散作用。

41-7　某湖泊系统具有以下参数:$v_s=100\ m \cdot yr^{-1}$, $m=5\ mg \cdot L^{-1}$, $f_{oc}=0.1$, $U_w=2\ mps$, $T=20\ ℃$。对于下表给出的污染物:

	$\mathrm{Log}(K_{ow})$	$\mathrm{Log}(H_e)$	MW
二噁英（TCDD）	6.84	−2.68	322
DDD	6.12	−7.66	320
乙醛异狄氏剂	3.15	−8.70	381
硫丹硫酸酯	−1.30	−4.59	422.9
毒杀芬	3.30	−0.68	430

（a）确定表观沉降速度（$F_p v_s$）和表观挥发速率（$F_d v_v$）；

（b）污染物会落在图 41-11 的哪些区域？使用 Banks-Herrera 公式和式（41-35）进行计算分析。

41-8 评估某湖泊汇水区内是否可以使用三种毒性相当的新杀虫剂。该湖较浅且悬浮固体含量高（$m=5$ mg·L^{-1}，$f_{oc}=0.05$）。此外沉积物的再悬浮效应也非常明显。如果唯一关心点是湖泊生态系统保护，基于毒性污染物负荷概念，确定可以使用哪种毒性物质。

杀虫剂	$\mathrm{Log}(K_{ow})$	$\mathrm{Log}(H_e)$
Sans-a-Roach	7	−4
Gnatmare	2	−8
Bugsr Toast	1	−1

第 42 讲

反应机制:光解、水解和生物降解

> **简介:**本讲介绍了有毒物质转化为其他化合物而得以从水中去除的机制。尤其是讲解了光降解模型,即有机污染物由于光照作用而产生的分解。还介绍了水解和生物降解速率的计算方法。

天然水体中存在着一系列导致污染物转化的过程。一些污染物会通过阳光暴露(光解)、化学反应(例如水解)或者细菌降解等作用产生分解。接下来将讲述这三种过程。

42.1 光解

光解是指光的辐射能量导致的化学物质分解。光可通过两种方式分解有毒物质。第一种是**直接光解**,即化合物本身吸收光以后发生的转化;第二种是间接或**敏化光解**,代表中间化合物吸收光后引发的一组过程。直接光解主要发生在几乎没有外来溶解态或颗粒态物质的系统中,例如清澈湖泊。一些研究人员注意到天然水体中某些化合物的降解比蒸馏水中的降解更快,由此发现了间接光解。因此,在更混浊或高色度的系统中,敏化光解可能是一些特定污染物分解的极其重要机制。

本讲将聚焦于直接光解,原因是它比间接光解作用更容易理解。直接光解速率取决于一系列与化合物特性和环境有关的因素(图 42-1)。

(1)太阳辐射。根据一年中的时间、天气和水体的地理位置,达到水体表面的入射太阳辐射将随之变化。

(2)水中光衰减。悬浮物、色度和其他因素会影响光的穿透和衰减。在静止、浑浊的湖中,光解作用可能仅局限于薄的水体表面层,而在相对清澈的水体中光解能够扩展

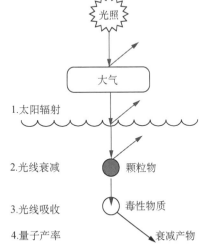

图 42-1 影响天然水体直接光解的四个过程简要示意图

到更深处。

（3）化学物质的吸收光谱。根据化学结构的不同，毒性物质可以不同程度地吸收各种波长的光能。

（4）量子产率。指导致化学反应的吸收光子的比例。

接下来章节将会详细阐述各个因素。之后将讨论如何建立数学模型来预测这些因素对有毒化合物的综合作用。但是在此之前，将首先介绍一些与光有关的基本知识。

42.1.1　光照

到目前为止，本书已经介绍了许多与太阳辐射有关的环境过程。第27讲介绍了光如何影响细菌的死亡。之后，第30讲介绍了太阳辐射如何影响水体的热量收支。最后，第33讲模拟了光照对植物生长的影响。以上讨论均将光当作一个简单的均质实体，并采用兰利(ly，cal·cm^{-2})等能量单位对其进行量化。接下来进一步深化对太阳辐射的讨论，以便于更好理解它对毒性污染物的影响。

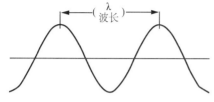

图42-2　两波峰之间的距离定义为波长

光同时具有波粒二相性。从波的角度，光可以被定义为彼此垂直的振荡电场和磁场。一种方法是通过最大振幅之间的距离表征光波。该距离称之为波长(图42-2)，与其他基本特征参数之间的关系为：

$$\lambda = \frac{c}{v} \tag{42-1}$$

式中，λ 为波长(nm)；c 为真空中的光速(3.0×10^8 m·s^{-1})；v 为频率，定义为一秒内通过某个点的完整循环数(s^{-1})。

光的粒子特性表现在光能由离散的能量单位(称为**光子**)组成。光子的能量大小与波长有关，即：

$$E = hv = h\frac{c}{\lambda} \tag{42-2}$$

式中，E 的单位为kJ；h 为普朗克常数，6.63×10^{-34} J·s。由于此处我们讨论化合物，还可以用摩尔单位的形式表示光。因此，1个**爱因斯坦**(einstein)定义为 6.023×10^{23} 光子。相应光能可以重新表达为：

$$E = 6.023 \times 10^{23} h\frac{c}{\lambda} = \frac{1.196 \times 10^5}{\lambda} \tag{42-3}$$

式中，E 的单位为kJ·mol^{-1}。

根据上述两个公式，波长越短则能量越高。结果如图42-3所示。

最后需要提及的是，此处讨论的光源是来自自然环境——太阳。如图42-4所示，太阳能光谱的波长范围很广。对于光解，我们主要关注光谱的可见光和紫外光部分(uv/vis)。

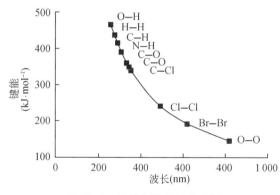

图 42-3　键能与波长的关系图

图右边给出了一些单键对应的能量（数据来源：Schwarzenbach 等，1993）

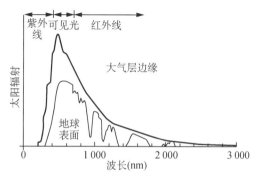

图 42-4　大气吸收和散射对太阳辐射向地球表面传递的影响

［基于 Hutchinson(1957) 和 Mills 等(1985) 的结果重新绘制］

42. 1. 2　太阳辐射

在学习了有关光照的一些背景知识基础上，我们来进一步讨论图 42-1 中列出的各个过程。如同第 30 讲中所讨论的，达到天然水体的太阳辐射量取决于一系列因素。这些因素包括太阳高度，大气散射和吸收，反射和遮荫。相对于其他考虑了光照的模型，光解要求将上述因素考虑为波长的函数。例如需要考虑大气对不同波长光的衰减作用是不同的（图 42-4）。

正如在温度模型的讲座所讨论，只有在太阳高度较低时反射作用才重要的。因此反射作用通常可以忽略不计（<10％）。但在进行季节性（高纬度地区一年中的某些时段）和昼夜变化（一天中的早晚）的太阳辐射计算时，反射作用是重要的。

42. 1. 3　天然水体中的光衰减

如图 42-5 所示，不同波长的光在天然水体中的衰减是不同的。天然水体中光的衰减可以通过比尔-朗伯（Beer-Lambert）定律量化：

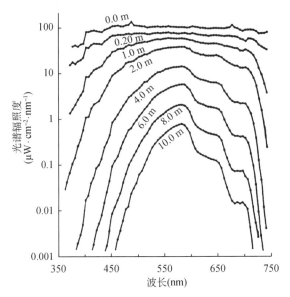

图 42-5　光在天然水体中的衰减

图中给出了圣文森特(San Vincente)湖中不同深度的光谱辐照(引自 Tyler 和 Smith,1970)

$$I(z, \lambda) = I(0, \lambda) e^{-\alpha_D(\lambda) z} \tag{42-4}$$

式中, $I(z, \lambda)$ 为深度; z (cm) 处的光照强度(einstein cm^{-2} · s^{-1}); $\alpha_D(\lambda)$ 为表观或扩散衰减系数,cm^{-1}。在测量水面及水深 H 处光强的基础上,利用变换后的式(42-4),可确定光衰减的经验系数。计算公式如下:

$$\alpha_D(\lambda) = \frac{1}{H} \ln\left(\frac{I(0, \lambda)}{I(H, \lambda)}\right) \tag{42-5}$$

在继续学习之前,我们需认识一个现象,即太阳辐射并不是完全垂直进入水体的。这就是为什么光衰减系数被称为"表观"的原因。实际上,水体中的太阳辐射既包括了直射光(以平行光束传播),也包括了散射光。理想情况下,散射光在水中行进的平均路径长度是平行光束的两倍。为了量化这一效应,引入分布函数 D:

$$D(\lambda) = \frac{l(\lambda)}{H} \tag{42-6}$$

式中, $l(\lambda)$ 为光的平均路径长度。对不含颗粒物的水体, D 值约为 1.2。对含有颗粒物的水体,Miller 和 Zepp(1979)给出的平均 D 值 为 1.6。通过分布函数,可将表观系数和每单位光程长度的光衰减系数 α 之间建立联系,即:

$$\alpha_D(\lambda) = D(\lambda) \alpha(\lambda) \tag{42-7}$$

式中, $\alpha_D(\lambda)$ 的单位为 cm^{-1}。

接下来我们可以确定厚度为 H 的水层中光吸收总量。对此,可首先计算入射光光强在水面和深度 H 处的差值,再除以 H 就可得到单位体积的光吸收率:

$$I = \frac{I(0, \lambda)}{H}(1 - e^{-\alpha_D(\lambda)H}) \tag{42-8}$$

式中,I 的单位 einstein $cm^{-3} \cdot s^{-1}$。

42.1.4 吸收

在定量确定光在水体衰减程度的基础上,我们来进一步探讨光对化合物的影响。首先需要建立化合物吸收光照的表征方法。为此我们通过一个实验来量化化合物自身对光的吸收。

假设将化学品投入不含颗粒物的水中,并将溶液倒入诸如石英比色皿的透明容器中。光向该系统的传输可通过比尔-朗伯定律予以量化:

$$I(l, \lambda) = I(0, \lambda)e^{-[\alpha(\lambda) + \varepsilon(\lambda)c]l} \tag{42-9}$$

式中,$I(l, \lambda)$ 为从系统发出的光(einstein $cm^{-2} \cdot s^{-1}$);$I(0, \lambda)$ 为入射光强(einstein $cm^{-2} \cdot s^{-1}$);$\varepsilon(\lambda)$ 化合物的摩尔消光系数($L \cdot mol^{-1} \cdot cm^{-1}$);$c$ 为化合物的浓度,$mol \cdot L^{-1}$;l 为溶液中光的光程(cm)。

可以通过实验确定每种化合物的吸收光谱。若已知介质的衰减系数和光程,我们可以确定摩尔消光光谱。如图 42-6 示,由于衰减系数通常在几个数量级上变化,因此光谱一般以对数形式表示。

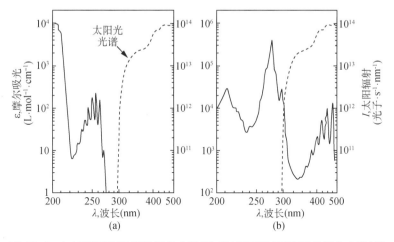

图 42-6 **(a)苯(不可直接光解化合物)和(b)并四苯(可直接光解化合物)的电子吸收光谱(Mills 等,1985)**

虚线是太阳光光谱(Burns 等,1998)

相比于入射光谱,吸收光谱可用于粗略评估是否会发生光解作用。例如,苯的两个光谱不重叠,因此不会发生光降解[图 42-6(a)]。相比之下,并四苯能够发生光解,原因是它可以吸收天然水体中重要波长的辐射[图 42-6(b)]。

至此我们知道了化合物吸光量是波长的函数,还需确定水层中有多少光会被污染物吸收。一种简单的方法是认为总吸光度是污染物和其他因素(例如水、色度和颗粒物)的共同效应。此外,大多数情况下可以做出一个合理假设,即污染物的吸光度会受其他因素影响而变小。

因此,我们可以定义污染物的吸光比例为:

$$F_c(\lambda) = \frac{\varepsilon(\lambda)c}{\alpha(\lambda) + \varepsilon(\lambda)c} \cong \frac{\varepsilon(\lambda)}{\alpha(\lambda)}c \tag{42-10}$$

式中,$F_c(\lambda)$ 为污染物对光的吸收比例。将上式和式(42-8)联立,可确定水体中污染物的吸光量:

$$I_a(\lambda) = k_a(\lambda)c \tag{42-11}$$

式中,

$$k_a(\lambda) = \frac{\varepsilon(\lambda)I(0,\lambda)(1 - e^{-a_D(\lambda)H})}{H\alpha(\lambda)} \tag{42-12}$$

式中,$k_a(\lambda)$ 为光吸收比率,$10^3 \, \text{einstein mol}^{-1} \cdot \text{s}^{-1}$。

42.1.5 量子产率

化合物吸收光并不一定意味着它会发生显著的光解作用。实际上,化合物内部会发生各种物理或化学现象,如图 42-7 所示。

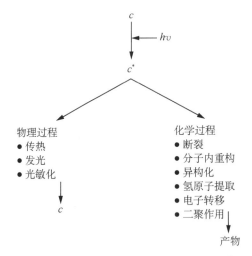

图 42-7   化合物被激发后发生的各种物理化学过程

根据 Schwarzenbach 等(1993)的文献重绘

化学变化是指导致化合物发生实质改变的过程。因此,我们将这些过程称之为**光解**。相比之下物理过程包括了能量损失。例如分子会通过热量损失返回到基态。此外,化学物质会以光的形式释放能量,这个过程称为**发光**。最后,能量可以通过光敏化作用从一个分子转移至另一个分子上。所有这些过程中原来的化合物都不会发生化学变化。

化学转化的程度用量子产率表示,定义为:

$$\Phi_r(\lambda) = \frac{\text{生成产物的摩尔数}}{\text{波长 } \lambda \text{ 处吸收光的光量子总摩尔数}} \qquad (42\text{-}13)$$

注意到此处 $\Phi_r(\lambda)$ 为反应量子产率($\text{mol} \cdot \text{einstein}^{-1}$)。它反映了作用于该化合物的所有光解转化的总效应。目前 $\Phi_r(\lambda)$ 必须通过实验确定。

图 42-1 中的最后一个环节是将式(42-12)和式(42-13)相乘,由此得到:

$$k_p(\lambda) = \Phi(\lambda) k_a(\lambda) = \Phi(\lambda) \frac{\varepsilon(\lambda) I(0, \lambda)\left[1 - e^{-\alpha_D(\lambda)H}\right]}{H\alpha(\lambda)} \qquad (42\text{-}14)$$

式中,$k_p(\lambda)$ 为一级光解速率常数,是关于波长的函数。需要注意的是光照强度 I 的单位必须为 $10^{-3}\text{einstein cm}^{-2} \cdot \text{s}^{-1}$,以使得 $k_p(\lambda)$ 的单位为 s^{-1}。

42.1.6　直接光解模型

基于前面各节介绍的相关知识,现在可以建立一个直接光降解模型。通过对式(42-14)进行积分,就可以得到各吸收波长"加和"的总光解速率:

$$k_p = \int_{\lambda_0}^{\lambda_1} \Phi(\lambda) \frac{\varepsilon(\lambda) I(0, \lambda)\left[1 - e^{-\alpha_D(\lambda)H}\right]}{H\alpha(\lambda)} d\lambda \qquad (42\text{-}15)$$

将式(42-7)代入上式,并假设分布函数和量子产率与波长无关,则上式可简化为,

$$k_p = \Phi D \int_{\lambda_0}^{\lambda_1} \frac{\varepsilon(\lambda) I(0, \lambda)\left[1 - e^{-\alpha_D(\lambda)H}\right]}{H\alpha_D(\lambda)} d\lambda \qquad (42\text{-}16)$$

或者表示为离散形式:

$$k_p = \Phi D \sum_{\lambda=290}^{700} \frac{\varepsilon_\lambda I_{0,\lambda}\left[1 - e^{-\alpha_D(\lambda)H}\right]}{H\alpha_D(\lambda)} \qquad (42\text{-}17)$$

至此,尽管上面的公式提供了计算某具体物质一级光解速率的框架,但公式的使用仍需大量信息。尤其是光衰减、产率和太阳辐射都与波长有关,此外太阳辐射还会随一年和一天内的不同时间而变化。虽然可以通过计算机编程来实现这一过程(Zepp 和 Cline,1977;Zepp,1988),但也可通过简化方法来实现数量级尺度上的估算。下一节将介绍最为常用的方法。

42.1.7　近水面法

上节中搭建的模型框架存在的一个问题是需要获取和处理大量信息。虽然有时候可以获得这些信息,但更多情况下实验数据是以近水面速率常数的方式呈现。如果能将这些近水面实验数据外延,则它们可以发挥更大作用。为此,我们先观察 $\alpha_D(\lambda)H$ 非常小(即接近天然水体表面)时,式(42-17)会如何变化。对于这种情形:

$$1 - e^{-\alpha_D(\lambda)H} \cong \alpha_D(\lambda)H \qquad (42\text{-}18)$$

因此,式(42-17)变为:

$$k_{p0} = \Phi D_0 \sum_{\lambda=290}^{700} \varepsilon_\lambda I_{0,\lambda} \tag{42-19}$$

将式(42-17)和式(42-19)相除,得到:

$$\frac{k_p}{k_{p0}} = \frac{\Phi D \sum\limits_{\lambda=290}^{700} \dfrac{\varepsilon_\lambda I_{0,\lambda}(1-\mathrm{e}^{-\alpha_D(\lambda)H})}{H\alpha_D(\lambda)}}{\Phi D_0 \sum\limits_{\lambda=290}^{700} \varepsilon_\lambda I_{0,\lambda}} \tag{42-20}$$

为了进一步简化上面的公式,假设大多数光解作用发生在窄波长区域。根据这一假设,式(42-20)可进一步简化为:

$$k_p = k_{p0} \frac{I}{I_0} \frac{D}{D_0} \frac{1-\mathrm{e}^{-\alpha_D(\lambda^*)H}}{H\alpha_D(\lambda^*)} \tag{42-21}$$

式中,k_{p0} 为近水面的直接光解速率(d^{-1});I 为水体表面的总太阳辐射($\mathrm{ly \cdot d}^{-1}$);I_0 为对应于 k_{p0} 的总太阳辐射($\mathrm{ly \cdot d}^{-1}$);D/D_0 为辐射分布函数与近水面辐射分布函数的比值(近似为 1.33);$\alpha_D(\lambda^*)$ 为最大光吸收波长 λ^* 处的消光系数(m^{-1})。

因此,使用该方法时需已知三个参数:k_{p0}、I_0 和 $\alpha_D(\lambda^*)$。表 42-1 总结了一些数据。此外,光衰减还可通过以下公式计算:

$$\alpha_D(\lambda) = D[\alpha_w(\lambda) + \alpha_0(\lambda)a + \alpha_c(\lambda)\mathrm{DOC} + \alpha_s(\lambda)m] \tag{42-22}$$

式中,D 约为 $1.2 \sim 1.6$;$\alpha_w(\lambda)$ 为水中的光衰减系数(m^{-1});$\alpha_a(\lambda)$、$\alpha_c(\lambda)$、$\alpha_s(\lambda)$ 分别为与叶绿素 a、溶解性有机碳、无机悬浮固体浓度有关的光衰减系数($\mathrm{L \cdot mg^{-1} \cdot m^{-1}}$);$a$、DOC 和 m 分别为叶绿素 a、溶解性有机碳、无机悬浮固体的浓度($\mathrm{mg \cdot L^{-1}}$)。

表 42-1　某一选定毒性有机物类别的近水体表面直接光解系数
(引自 Mills 等,1985)

化合物	$k_{p0}(\mathrm{d}^{-1})$	$I_0(\mathrm{ly \cdot d}^{-1})$	$\lambda^*(\mathrm{nm})$
萘	0.23	2 100	310
1-甲基萘	0.76	2 100	312
2-甲基萘	0.31	2 100	320
菲	2	2 100	323
蒽	22	2 100	360
9-甲基蒽	130	2 100	380
9,10-双甲基蒽	48	2 100	400
芘	24	2 100	330
䓛	3.8	2 100	320

(续表)

化合物	$k_{p0}(\mathrm{d}^{-1})$	$I_0(\mathrm{ly}\cdot\mathrm{d}^{-1})$	$\lambda^*(\mathrm{nm})$
萘并萘	490	2 100	440
苯并 a 芘	31	2 100	380
苯并 a 蒽	28	2 100	340
胺甲萘	0.32	2 100	313
五氯酚	0.46	600	318
3,3'-二氯联苯胺	670	2 000	280~330

表 42-2 给出了 α 值随波长的变化。

表 42-2　不同波长对应的光衰减相关参数取值

波长(nm)	α_w (m^{-1})	α_a $(\mathrm{L}\cdot\mathrm{mg}^{-1}\cdot\mathrm{m}^{-1})$	α_c $(\mathrm{L}\cdot\mathrm{mg}^{-1}\cdot\mathrm{m}^{-1})$	α_s $(\mathrm{L}\cdot\mathrm{mg}^{-1}\cdot\mathrm{m}^{-1})$
300	0.141	69	6.25	0.35
320	0.084 4	63	4.68	0.35
340	0.056 1	58	3.50	0.35
360	0.037 9	55	2.62	0.35
380	0.022 0	46	1.96	0.35
400	0.017 1	41	1.47	0.35
440	0.014 5	32	0.821	0.35
500	0.025 7	20	0.344	0.35
550	0.063 8	10	0.167	0.35
600	0.244 0	6	0.081	0.35
650	0.349 0	8	—	0.35
700	0.650 0	3	—	0.35
750	2.470 0	2	—	0.35
800	2.070 0	0	—	0.35

注:可通过多项式插值确定中间值,或者从 Mills 等(1985)的文献中获取更详细的数据。

图 42-8 显示了水深和水体透明度对水面光降解速衰减的影响。更多关于毒性污染物的参数取值及其光降解速率估算的其他方法,可查阅相关文献(Lyman 等,1982;Mills 等,1985)。

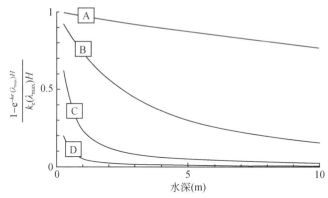

水体类型	Chl$a$ (mg·L^{-1})	DOC (mg·L^{-1})	ss (mg·L^{-1})
A 纯水	0	0	0
B 太浩湖(Lake Tahoe)	0.001	0.1	0.5
C 富营养	0.01	0.5	5
D 营养过剩	0.1	2	20

图 42-8 水深和水体透明度对水面光降解速率衰减的影响

该图对应于最大光吸收波长 340 nm 的情形

【例 42-1】 近水面的直接光解速率

计算萘在(a)贫营养和(b)富营养湖泊变温层(平均深度＝10 m)中的光解速率。水表面的平均光照强度为 500 ly·d^{-1}。

【求解】 （a）根据表 42-1,萘的参数为 $k_{p0}=0.23$ d^{-1},$I_0=2\,100$ ly·d^{-1},$\lambda^*=310$ nm。对表 42-2 中的数据采用立方插值法,估算出 $\lambda^*=310$ nm 时的光衰减系数,结果为 $\alpha_w=0.108$, $\alpha_c=5.41$, $\alpha_s=0.35$。据此可确定总的光衰减系数。由于湖泊中的固体含量较低,可以假设 $D=1.2$。根据公式(42-22)以及图 42-8 中太浩湖(Lake Tahoe)的相应参数值,得出:

$$\alpha_D(310)=1.2[0.108+65.9(0.001)+5.41(0.1)+0.35(0.5)]$$
$$=0.13+0.079+0.65+0.21=1.068 \text{ m}^{-1}$$

因此,由于固体和溶解有机碳含量较低,导致光衰减系数较小。将该数据以及其他参数值代入式(42-21)中,可以求出:

$$k_p=0.23\frac{500}{2\,100}1.33\frac{1-e^{-1.068(10)}}{10(1.068)}=0.006\,82 \text{ d}^{-1}$$

若将该速率以半衰期的形式表示,则半衰期为 $0.693/0.006\,82=102$ d。

（b）基于图 42-8 中富营养化状态的参数,采用同样的方法可计算出:

$$\alpha_D(310)=1.6[0.108+65.9(0.01)+5.41(0.5)+0.35(0.5)]$$
$$=0.173+1.05+4.33+2.80=8.36 \text{ m}^{-1}$$

$$k_p=0.23\frac{500}{2\,100}1.33\frac{1-e^{-8.36(10)}}{10(8.36)}=0.000\,87 \text{ d}^{-1}$$

对应的半衰期为 $0.693/0.000\ 87 = 795$ d。

如上面的算例所示,系统中生产力的增加会降低光降解对化合物的去除。这是因为随着浊度和色度的增加,这类系统的透光率会减小。但值得注意的是,由于富营养化水体中有机质的浓度较高,这类系统更容易发生间接或敏化光解作用。

42.2　二级反应关系式

到目前为止,我们都是采用一级动力学方程来表征模型中的各种反应。这类反应的数学表达式为:

$$反应 = kVc \tag{42-23}$$

该反应是更一般形式反应的一种特例:

$$反应 = k_n Vc^n \tag{42-24}$$

式中,n 为反应级数。此处我们采用术语 k_n 表示反应速率。根据反应级数的不同,k_n 的单位也不同。例如二级反应:

$$反应 = k_2 Vc^2 \tag{42-25}$$

的速率常数为 k_2,其单位为 $L^3 \cdot M^{-1} \cdot T^{-1}$。因此,总反应表达式的单位为 $M \cdot T^{-1}$。

虽然式(42-25)提供了一种表示二级反应的方法,但它并不是毒性物质模型中使用的典型公式。通常来说,毒性物质反应速率表示为两个浓度乘积的函数:

$$反应 = k_2 Vbc \tag{42-26}$$

式中,b 表示除 c 以外影响反应的物质浓度,$M \cdot L^{-3}$。

接下来的两个章节,将讨论生物转化和水解两种机制。针对这两种机制,有时会采用二级反应对其进行模拟。

42.3　生物转化

生物转化是指微生物代谢导致的有机污染物转化。典型的降解微生物包括异养细菌、放线菌、自养细菌、真菌和原生动物。

"生物转化"涵盖了一系列截然不同的过程,包括(Alexander,1979):

(1) 矿化。是指有机化合物转化成无机物。

(2) 去毒性。是指毒性污染物转化成无害副产物。

(3) 共代谢。有机物不作为营养物的化合物代谢过程(不产生矿化,从而有机代谢物得以保留)。

(4) 活化。是指非毒性物质转化成为毒性物质,或者通过微生物活动增加了物质的毒性。

（5）抑制。是指物质在其潜在毒性出现之前，转化为非毒性的代谢产物。

如果微生物群落已经适应了有毒物质，可采用米-门公式表征生物转化速率：

$$k_b = \frac{\mu_{max} X}{Y(k_s + c)} \quad (42\text{-}27)$$

式中，μ_{max} 为微生物的最大生长速率（yr^{-1}）；X 为微生物的生物量（cells·m^{-3}）；Y 为产率系数（去除单位质量毒性物质的细胞产量）；k_s 为半饱和常数（$\mu g·m^{-3}$）。

当 $c \ll K_s$ 时（通常是这种情况），式（42-9）可简化为线性形式：

$$k_b = \frac{\mu_{max}}{Y k_s} X = k_{b2} X \quad (42\text{-}28)$$

式中，k_{b2} 为二级生物转化系数，其单位为 $m^3·(cell·yr)^{-1}$。对于微生物种群相对恒定的系统，式（42-28）简化为一级反应速率。表 42-3 给出了一系列毒性物质的 k_{b2} 值。表 42-4 给出了若干水体环境中细菌浓度的估计值。

表 42-3 选定毒性物质类别的微生物降解二级速率常数（摘自 Mills 等，1985）

化合物	k_{b2} （$mL·cell^{-1}·d^{-1}$）
2,4-D 丁氧乙基酯	1.2×10^{-5}
有机磷杀虫剂	1.1×10^{-6}
氯丙醇	6.2×10^{-10}
呋喃丹	2.4×10^{-8}
阿特拉津	2.4×10^{-8}
2-氯甲苯	6.5×10^{-8}
二甲基	1.2×10^{-4}
二乙基	7.7×10^{-8}
二正丁基	7.0×10^{-7}
二正辛基	7.4×10^{-9}
二-(2-乙基己基)	1.0×10^{-10}
菲	3.8×10^{-6}

表 42-4 天然水体中的典型细菌种群密度（Mills 等，1985）

水体类型	细菌数量
地表水	$50 \sim 1 \times 10^6$ cells·mL^{-1}
贫营养湖泊	$50 \sim 300$ cells·mL^{-1}
中营养湖泊	$450 \sim 1\,400$ cells·mL^{-1}
富营养湖泊	$12\,000 \sim 12\,000$ cells·mL^{-1}

水体类型	细菌数量
富营养水库	$1\,000\sim58\,000$ cells·mL^{-1}
退化湖泊*	$400\sim2\,300$ cells·mL^{-1}
湖底表层沉积物	$8\times10^9\sim5\times10^{10}$ cells·g-dry wt^{-1}
溪流沉积物	$10^7\sim10^8$ cells·g-dry wt^{-1}

* 退化湖泊呈沼泽状,且腐殖酸含量高

若将微生物降解速率的实验数据外推到实际环境中,可能会存在较大问题。Lyman 等(1982)、Mills 等(1982)和 Schwarzenbach 等(1993)就此问题进行了探讨,并给出了一些选定污染物的参数值以及和生物转化相关的其他信息。

【例 42-2】　生物降解速率

计算(a)贫营养型和(b)富营养型湖泊中 2-n-丁基类物质的生物降解速率。该杀虫剂的二级衰减速率约为 7×10^{-7} mL·cells^{-1}·d^{-1}(Mills 等,1985)。

【求解】 (a) 根据表 42-4,我们可以假设贫营养湖泊中的细菌浓度水平为 100cells·mL^{-1}。据此可计算出一级降解速率为

$$k_b = 7\times10^{-7}(100) = 0.000\,07 \ \text{d}^{-1}$$

对应的半衰期为 $0.693/0.000\,07 = 9\,902$ d(27 y)。

(b) 根据表 42-4,我们可以假设富营养湖泊中的细菌浓度水平为 5 000 cells·mL^{-1}。据此可计算出一级微生物降解速率为

$$k_b = 7\times10^{-7}(5\,000) = 0.003\,5 \ \text{d}^{-1}$$

对应的半衰期为 $0.693/0.003\,5 = 198$ d。

上面的算例表明,系统中生产力的增加会提升微生物降解对化合物的去除,与该系统中细菌种群数量的增加有关。这与例 42-1 中直接光解作用的结论相反。

42.4　水解

水解是指分子键断裂后与水分子的氢和羟基结合,从而生成新的化学键的反应。水解反应主要由酸或碱催化;在一些特定情形下也可由水催化[①]。催化效果取决于反应类型和化合物的化学结构。溶液的 pH 和温度也会影响反应速率。

水解速率可以表示为:

$$k_h = k_b[\text{OH}^-] + k_n + k_a[\text{H}^+] \tag{42-29}$$

---

① 除水以外的无机催化剂(如硫酸盐、硝酸盐、碳酸氢盐等)也可以通过类似水解的方式引起转化。尽管相比于水解作用,这些反应通常显得无足轻重,但在某些系统中也是重要的(详见 Schwarzenbach 等,1993)。

式中，k_n、k_a 和 k_b 分别表示中性、酸性和碱性条件下的水解速率。中性水解速率 k_n 的单位是 d^{-1}，而 k_a 和 k_b 的单位是 $mol^{-1} \cdot d^{-1}$。

若将水的电离平衡常数

$$K_w = [H^+][OH^-] \tag{42-30}$$

代入式(42-29)，则水解速率可表示为 pH 的形式：

$$k_h = k_b \frac{K_w}{10^{-pH}} + k_h + k_a 10^{-pH} \tag{42-31}$$

因此，根据系数取值和 pH 值，水解速率可为二级或一级形式(图 42-9)。

水解速率的变化范围为 $10^{-7}\ d^{-1}$ 到 $10^{-1}\ d^{-1}$。有关特定污染物的参数取值和水解的其他知识，可阅读 Mills 等(1982)、Lyman 等(1982)和 Schnoor 等(1987)的文献。

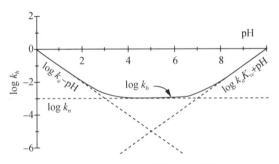

图 42-9 pH 对水解速率的影响

对应于 $k_a = 1$，$k_n = 10^{-3}$，$k_b = 10^4$，$k_w = 10^{-14}$ 时的情形

【例 42-3】 水解速率

计算某湖泊变温层(pH 为 7.5 到 8.5)和均温层(pH 为 6.5 到 7.5)中五氯苯酚($k_n = 5.8 \times 10^{-3}\ d^{-1}$，$k_a = 1.1 \times 10^4\ d^{-1}$，$k_b = 3.3\ mol^{-1} \cdot d^{-1}$)的水解速率。

【求解】 根据变温层中的平均 pH 值，可估算出水解速率为[参照公式(42-31)]：

$$k_h = 3.3 \frac{10^{-14}}{10^{-8}} + 5.8 \times 10^{-3} + (1.1 \times 10^4)10^{-8} = 0.005\ 9\ d^{-1}$$

另外还可计算出水解速率范围为 0.006 15 至 0.005 85 d^{-1}，对应的半衰期为 113 至 119 d。因此，在变温层的 pH 范围内，水解速率是相对恒定的。

对于均温层，平均 pH 值为 7 时的水解速率为 0.006 9 d^{-1}。水解速率的取值范围为 0.009 28 至 0.006 15 d^{-1}，对应的半衰期为 75 至 113 d。因此，底部水体的水解速率变化幅度相对更大。衰减速率与 pH 的关系图(图 42-10)展示了上述计算结果。

如图 42-10 所示，变温层的 pH 值变化范围对应于水解速率曲线的中间平坦处；而均温层的 pH 值变化范围处于酸性条件，此时酸性速率常数将发挥显著作用。当 pH 值较低时，pH 的影响将更加明显。

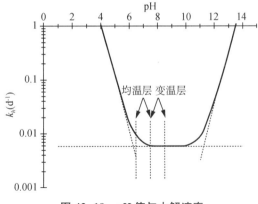

图 42-10　pH 值与水解速率

42.5　其他过程

除上述作用过程外，其他机制也会影响水生环境中有毒物质的迁移转化：

· 氧化/还原。当氧化剂浓度水平足够时，天然水体中会发生化学氧化反应。常见的氧化剂有氯和臭氧。化学氧化速率的一般表达形式为

$$k_0 = k_0' Ox \tag{42-32}$$

式中，k_0' 为二级速率常数；Ox 为氧化剂浓度。如果氧化剂浓度恒定，则公式（43-32）表示一级反应速率。

· 酸碱效应。有机酸和碱（如苯酚，联苯胺等）的特性在很大程度上受到水中氢离子浓度的影响。有关该作用机制的更多知识，可查阅 Mills 等人（1985）的文献。

· 生物富集。有机物吸收化学物质的能力称为生物富集。该作用类似于线性吸附原理，可通过类似于分配系数（第 45 讲）的生物富集因子对其予以量化。

有关这些转化过程的更详细信息，可参考 Lyman 等（1982）和 Schwarzenbach 等（1993）。

习　题

42-1　测得某湖泊水面以下 1 m 和 9 m 处的光照强度分别为 500 ly·d⁻¹ 和 100 ly·d⁻¹。计算表观光衰减系数。

42-2　针对化合物芘，重新计算例题 42-1。

42-3　针对化合物 2,4-D 丁氧基乙酯，重新计算例题 42-2。

42-4　分别针对过度营养化湖泊（$X = 50\,000$ cells·mL⁻¹）中 pH＝7 和 pH＝7.5 两种情形，计算 2,4-D 丁氧基乙酯受水解和生物降解共同作用的半衰期。2,4-D 丁氧基乙酯的相关参数取值为 $k_a = 1.7$ L·mol⁻¹·d⁻¹，$k_n = 5.8 \times 10^{-3}$ d⁻¹，$k_n = 0$ d⁻¹，$k_b = 2.6 \times 10^6$ L·mol⁻¹·d⁻¹

42-5 针对杀虫剂对硫磷($k_n = 3.6 \times 10^{-3}$ d^{-1}, $k_a = 1.3 \times 10^2$ L mol^{-1} d^{-1}, $k_b = 2.46 \times 10^3$ L mol^{-1} d^{-1}),重新计算例题42-3。

42-6 某湖泊具有以下参数:$Q = 50 \times 10^6$ m$^3 \cdot$ yr^{-1}, $V = 200 \times 10^6$ m^3, $H = 10$ m。湖泊的入流固体浓度为 20 mg $\cdot$ L^{-1},以及悬浮固体沉降速率为 0.25 m $\cdot$ d^{-1}。污染物具有以下特性:$\lg K_{ow} = 6$, $k_a = $L $\cdot$ mol$^{-1} \cdot$ d^{-1}, $k_n = 8.16 \times 10^{-4}$ d^{-1}, $k_b = 9\,182.7$ L $\cdot$ mol$^{-1} \cdot$ d^{-1}。注意只有溶解性污染物才会产生水解。挥发、沉积物向上覆水的污染物质量传质和其他降解机制可忽略。系统的 pH 为 7,悬浮固体中含有 5% 的有机碳,以及水的电离常数约为 10^{-14}。计算该湖泊中某污染物的 95% 响应时间。

放射性核素和金属

> **简介:** 本讲介绍了天然水体中无机毒性物质的迁移转化。在介绍此类物质的基础上,建立了一个放射性核素的模型框架,并将其应用于模拟密歇根湖中铯-137的浓度水平。接下来介绍了两种天然水体中金属模拟的两种模型。第一种模型基于前面讲座给出的毒性有机物框架,即将金属划分为颗粒态和溶解态。第二种模型增加了沉积层中金属的沉淀。这种模型阐述了如何将化学吸附平衡模型和质量平衡模型相结合,以实现对金属的更有效模拟。

前面的讲座中已经建立了天然水体中毒性有机物的模型。现在我们来学习如何对无机毒性物质(即金属和放射性核素)进行模拟。

43.1 无机毒性物质

本节将针对两种最常见的无机毒性物质类别建立模型。这两类物质分别是重金属和放射性核素(表 43-1)。重金属通常是指原子序数在 21 到 84 之间的金属。一些非金属(砷和硒)和较轻的金属铝也包括在内。大多数重金属都是天然存在的。然而,由于采矿、电镀、冶炼和制造等工业活动,水中的重金属浓度也会显著增加。

放射性核素(或放射性物质)来自核能发电、核武器开发及一些工业应用。此外一些放射性核素是天然存在的(如铅-210),并被环境科学家用作示踪剂。

表 43-1　水质模型中关注的一些金属和放射性核素列表

金属				放射性核素	
名称	符号	名称	符号	名称	符号
铝	Al	铯	Cs	铯-137	^{137}Cs
铬	Cr	钡	Ba	钚-239,240	$^{239,240}Pu$
镍	Ni	银	Ag	锶-90	^{90}Sr
铜	Cu	汞	Hg	铅-210	^{210}Pb
锌	Zn	砷	As		
镉	Cd	硒	Se		
铅	Pb				

43.2 放射性核素

放射性核素与有机污染物的相似之处在于它们都会被吸附到颗粒物上。但是它们在两方面表现出根本性的不同：

- 表 43-1 中所列的放射性物质不会挥发。

- 放射性物质通过简单的一级放射性衰减动力学进行分解。它们不受光解、生物降解等分解有机物的各种机制影响。

此外，放射性核素是以放射性单位（Ci 或居里）而不是质量单位衡量。1 居里相当于每秒内 3.7×10^{10} 个原子衰变，还约相当于 1g 镭的衰减速率。还有一个相关的单位是贝克勒尔（Bq）；3.7×10^{10} Bq 等于 1Ci。值得注意的是，当采用 Ci 为单位时，天然水体中的典型放射性强度非常小。因此，除了使用常用的 SI 前缀（回顾表 1-1）之外，还需使用微小数量级的前缀（表 43-2）。

表 43-2 放射性核素水质模型中常用的 SI(国际单位制)前缀[*]

前缀	符号	值
pico-	p	10^{-12}
femto-	f	10^{-15}
atto-	a	10^{-18}

[*] 关于前缀的完整列表见附录 A

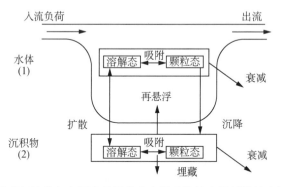

图 43-1 考虑沉淀物向上覆水传质的完全混合湖泊中放射性核素收支示意图

完全混合湖泊中放射性核素的简单模型框架如图 43-1 所示。与有机污染物模拟一样，需建立固体物质收支平衡。在此基础上，水体和沉积层中的质量平衡可表示为：

$$V_1 \frac{kc_1}{dt} = Qc_{in} - Qc_1 - kV_1c_1 - v_sAF_{p1}c_1 + v_rAc_2 + v_dA(F_{d2}c_2 - F_{d1}c_1)$$

$$(43-1)$$

$$V_2 \frac{kc_2}{dt} = kV_2c_2 + v_sAF_{p1}c_1 - v_rAc_2 - v_bAc_2 + v_dA(F_{d1}c_1 - F_{d2}c_2) \quad (43-2)$$

式中,下标 1 和 2 分别表示水和沉积物;t 为时间(yr);c 为浓度(Ci・m^{-3});V 为体积(m^3);c_{in} 为入流浓度(Ci・m^{-3});k 为一级衰减系数;A 为沉积层表面积(m^2);v_s 为固体沉降速率(m・yr^{-1});v_d 为沉积物-水之间的扩散传质系数(m・yr^{-1});v_r 为再悬浮速度(m・yr^{-1});v_b 为埋藏速度(m・yr^{-1})。

溶解态和颗粒态组分比例可按照第 41 讲中推导出的公式计算:

$$F_{d1} = 1 - F_{p1} = \frac{1}{1 + K_{d1}m} \tag{43-3}$$

$$F_{d2} = \frac{1}{\phi + K_{d2}(1-\phi)\rho} \tag{43-4}$$

式中,K_d 为分配系数(m^3・g^{-1});m 为悬浮固体浓度(m^3・g^{-1});ρ 为沉积物密度(m^3・g^{-1});ϕ 为沉积物孔隙率。

衰减速率与半衰期有关,即:

$$k = \frac{0.693}{t_{50}} \tag{43-5}$$

表 43-3 列出了一些常见放射性核素的关键参数。

表 43-3　水质模型中一些常见放射性核素的参数

参数	单位	^{239,240}Pu	^{137}Cs	^{90}Sr	^{210}Pb
半衰期	yr	$4.5×10^9$	30	28.8	22.3
扩散系数	cm^2・s^{-1}	$12.1×10^{-6}$	$12.1×10^{-6}$	$3.8×10^{-6}$	$4.7×10^{-6}$
分配系数	m^3・g^{-1} (L・kg^{-1})	0.5 ($5×10^5$)	0.5 ($5×10^5$)	$2×10^{-4}$ ($2×10^2$)	10 ($1×10^7$)

【例 43-1】　密歇根湖的铯-137 模拟

密歇根湖[不包括格林湾(Green Bay)]具有以下物理特征:

$Q = 40×10^9$ m^3・yr^{-1}　　　　$A_1 = 53\,500×10^6$ m^2　　　　$V_1 = 4\,820×10^9$ m^3

$A_2 = 20\,000×10^6$ m^2　　　　$H_2 = 2$ cm

此外,针对该湖建立了固体收支平衡关系。相关参数如下:

$\phi = 0.9$　　　　　　　　$\rho = 2.5×10^6$ g・m^{-3}　　　　$m = 0.5$ g・m^{-3}

$W_s = 3.8×10^{12}$ g・yr^{-1}　　　$v_s = 1.25$ m・d^{-1}　　　　$v_r = 0.156\,5$ mm・yr^{-1}

$v_b = 0.756$ mm・yr^{-1}

在 20 世纪 50 年代末和 60 年代初,核武器试验导致大量放射性核素的大气沉降通量到达地球表面(见例题 5.3)。^{239,240}Pu 的数据如表 43-4 示。将表格中的数据分别乘以大约 57.9 和 60.9,可将其转换为 ^{90}Sr 和 ^{137}Cs 的通量。预测密歇根湖对沉降入湖铯通量的响应。

表 43-4　大湖中 $^{239,240}Pu$ 的通量($fCi \cdot m^{-2} \cdot yr^{-1}$)

年份	通量	年份	通量	年份	通量	年份	通量
1954	51.5	1960	37.0	1966	36.0	1972	11.5
1955	60.7	1961	53.0	1967	25.3	1973	4.6
1956	73.6	1962	166.0	1968	20.0	1974	4.6
1957	60.7	1963	345.0	1969	25.0	1975	4.6
1958	128.8	1964	255.0	1970	39.1	1976	4.6
1959	161.0	1965	96.6	1971	32.0		

【求解】　对式(43-1)和(43-2)进行积分,模拟结果如图 43-2 所示。

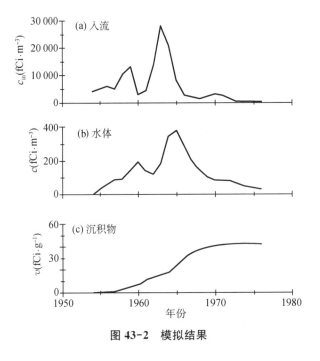

图 43-2　模拟结果

43.3　金属

与毒性有机物和放射性核素一样,金属的归趋也与固体物质的行为密切相关。因此吸附和沉降/再悬浮等输移机制都会显著影响金属的归趋。金属与有机污染物和放射性核素相比,虽然存在相似之处,但仍在以下几个方面有所不同:

(1) 天然本底水平。大多数重金属是天然存在的。因此在评估人为活动来源时,必须考虑其背景值。

(2) 缺乏衰减机制。大多数金属属于保守性物质,因此其总量不会因生物降解、光解或放射性衰变等作用而减小。这些机制的缺乏简化了金属模型的建模。此外,尽管大多数金属没有气相态,但一些非金属的无机毒性物质(如汞)会因挥发作用而损失。

（3）无机吸附。虽然金属也会与颗粒物相结合，但其吸附特性不同于毒性有机物。回顾之前讲过的内容，疏水性有机物对有机碳颗粒具有亲和力。因此，Schnoor 等（1987）将此机制解释为"亲和-溶解-亲和"的特性。金属可与有机配体发生络合作用，因此可以像毒性有机物那样被吸附到有机固体上。但是，重金属还存在其他几个重要的作用，包括(a)固体表面的物理吸附，(b)与配体的化学吸附或结合，(c)离子交换。

（4）化学形态。除了吸附，金属还具有不同的化学形态。不同形态的金属可能具有不同的迁移转化过程和毒性。

虽然以上讨论的某些特性可能会让金属模型比毒性有机物模型更简单（如缺乏衰变机制），但一些特性也会让金属模型框架变得更复杂。在以下章节中，将介绍如何基于毒性有机物的模型框架来搭建简单的金属模型。之后，将介绍如何结合化学吸附平衡模型与质量平衡，来搭建更为复杂的模型。

43.3.1　简单分配模型

与放射性核素一样，假定金属可以被划分为溶解态和颗粒态，那么就可以建立一种非常简单的天然水体金属动力学模型。类似于式(43-1)和(43-2)，完全混合系统中的金属质量平衡方程如下：

$$V_1 \frac{dc_1}{dt} = Qc_{in} - Qc_1 - v_s A F_{p1} c_1 + v_r A c_2 + v_d A (F_{d2} c_2 - F_{d1} c_1) \quad (43-6)$$

$$V_2 \frac{dc_2}{dt} = v_s A F_{p1} c_1 - v_r A c_2 - v_b A c_2 + v_d A (F_{d1} c_1 - F_{d2} c_2) \quad (43-7)$$

可以看到除了不含有衰减项外，这些公式与放射性核素模型是相同的。

稳态情形下，上述方程的解析解为：

$$c_1 = \frac{Qc_{in}}{Q + v_T A} \quad (43-8)$$

$$v_2 = \frac{v_s F_{p1} + v_d F_{d1}}{(1-\phi)\rho(v_r + v_b + v_d F_{d2})} c_1 \quad (43-9)$$

式中，v_T 为净损失速率($m \cdot yr^{-1}$)：

$$v_T = (1 - F_r')(v_s F_{p1} + v_d F_{d1}) \quad (43-10)$$

F_r' 为沉积物向上覆水质量传递与沉积物中总质量损失的比值：

$$F_r' = \frac{v_r + v_d F_{d2}}{v_r + v_b + v_d F_{d2}} \quad (43-11)$$

Thomann(1985)汇编了来自 15 条河流的铜、锌、镉、铬、铅和镍的水中分配系数，其取值范围为 $1 \times 10^{-4} \sim 0.1\ m^3 \cdot g^{-1}$（即 $10^2 \sim 10^5\ L \cdot kg^{-1}$）。根据这一数据范围，Thomann 和 Mueller(1987)总结出金属的 $F_{d1} \cong 0.8 \pm 0.2$。他们还指出沉积物中的分配系数会相对较小。

【例 43-2】　密歇根湖的重金属浓度模拟

根据例 43-1 中的参数,若密歇根湖的锌入流浓度为 $1\ \mu g \cdot L^{-1}$,计算该湖水体和底部沉积层中锌的稳态浓度。假设锌的分配系数为 $2 \times 10^5\ L \cdot kg^{-1}(0.2\ m^3 \cdot g^{-1})$,沉积物-水体的扩散传质系数为 $1\ m \cdot yr^{-1}$。

【求解】　水体和沉积物层中的溶解态和颗粒态比例为:

$$F_{d1} = \frac{1}{1+0.2(0.5)} = 0.909 \qquad F_{p1} = 1-0.909 = 0.090\ 9$$

$$F_{d2} = \frac{1}{0.9+[0.2(1-0.9)2.5 \times 10^6]} = 2 \times 10^{-5}$$

沉积物向上覆水传质与沉积层中重金属总质量损失的比值为(公式 43-11):

$$F_r' = \frac{0.000\ 157 + 1(2 \times 10^{-5})}{0.000\ 157 \times 0.000\ 756 + 1(2 \times 10^{-5})} = 0.189\ 3$$

以及净损失速率为(公式 43-10):

$$v_T = (1-0.189\ 3)[456.25(0.090\ 9) + 1(0.909)] = 34.36\ m \cdot yr^{-1}$$

据此可计算出水体和沉积物中的金属浓度为:

$$c_1 = \frac{4 \times 10^{10}(1)}{4 \times 10^{10} + 34.36(2 \times 10^{10})} = 0.055\ \mu g L^{-1}$$

$$v_2 = \frac{456.25(0.090\ 9) + 1(0.909\ 1)}{(1-0.9)2.5 \times 10^6[0.000\ 157 + 0.000\ 756 + 1(2 \times 10^{-5})]} 0.055\left(\frac{10^3\ \mu g}{mg}\right)$$
$$= 10\ \mu g \cdot g^{-1}$$

43.3.2　化学平衡和质量平衡方法(高级主题)

尽管前面介绍的简单吸附模型在一级动力学模拟计算方面具有价值,但是模型框架还应包括有关金属迁移转化的其他关键机制,从而提高预测精度。一种方法是将化学吸附平衡的计算机代码直接集成到质量平衡框架中。如 Runkel 等人(1996 年 a,b)将 EPA 的 MINTEQ 模型和对流扩散模型结合,以此来研究溪流中的金属动力学。随着计算机的发展,这种应用在将来会变得越来越普遍。

另一种方法在本质上与本讲介绍的其他模型更接近,即首先识别一些关键的平衡—化学机制,再将其与质量平衡方程相结合。例如 Dilks 等人(1995)针对水体-沉积物系统建立了此类模型。与毒性有机物建模一样,这种形式的模型将金属分为颗粒态和溶解态(图 43-3)。但在缺氧的沉积物中,金属容易与硫化氢结合而生成沉淀物。该模型描述了如何将化学平衡机制和质量平衡结合,从而更有效模拟金属的迁移转化。

水体和沉积物中的金属质量平衡方程与式(43-6)和式(43-7)的形式相同:

$$V_1 \frac{dc_1}{dt} = Qc_{in} - Qc_1 - v_s AF_{p1}c_1 + v_r Ac_2 + v_d A(F_{d2}c_2 - F_{d1}c_1) \qquad (43-12)$$

$$V_2 \frac{\mathrm{d}c_2}{\mathrm{d}t} = v_s A F_{p1} c_1 - v_r A c_2 - v_b A c_2 + v_d A(F_{d1} c_1 - F_{d2} c_2) \qquad (43\text{-}13)$$

然而,需要指出的是沉积物中的总金属浓度表示为:

$$c_2 = c_{d2} + c_{p2} + c_{s2} \qquad (43\text{-}14)$$

式中,第三项 c_{S2} 表示和硫化氢结合后沉淀的金属。此外,因子 F_{d2} 也不单纯是吸附的函数,还与沉淀反应有关,这在随后的讲座内容会予以解释。其他的所有参数与常规金属模型中使用的参数相似。

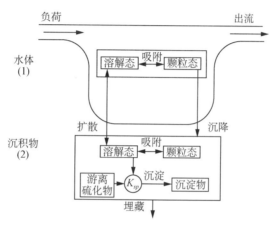

图 43-3　沉积物-水体相互作用的完全混合湖泊中金属收支示意图

需要注意的是,以下为简化起见,所有沉积物浓度均以摩尔浓度(mol・L^{-1})表示。此外,由于以下的推导仅针对沉积物,故删除了下标 2。

和硫化物有关的化学反应关系式如下:

$$H^+ + S^{2-} \Longrightarrow HS^- \qquad\qquad 硫离子反应 \qquad (43\text{-}15)$$

$$H^+ + HS^- \Longrightarrow H_2 S \qquad\qquad 硫化氢反应 \qquad (43\text{-}16)$$

$$MS + H^+ \Longrightarrow M^2 + HS^- \qquad 金属溶解/沉淀反应 \qquad (43\text{-}17)$$

溶解态金属离子 M^{2+} 可通过下面公式与式(43-14)中的有关项建立联系:

$$[M^{2+}] = \frac{c_d}{\phi} \qquad (43\text{-}18)$$

式中将 c_d 除以孔隙度,从而表示孔隙水体积为基准的浓度。

假设 pH 已知,式(43-15)~式(43-17)有五个未知量:$[S^{2-}]$、$[HS^-]$、$[H_2S]$、$[MS]$ 和 $[M^{2+}]$。因此需要五个独立的方程。其中的三个方程可通过基于式(43-15)~式(43-17)的平衡关系给出:

$$K_1 = \frac{[HS^-]}{[H^+][S^{2-}]} \qquad (43\text{-}19)$$

$$K_2 = \frac{[H_2S]}{[H^+][HS^-]} \qquad (43\text{-}20)$$

$$K_s = \frac{[c_d/\phi][HS^-]}{[H^+]} \qquad (43\text{-}21)$$

其余两个方程可通过质量平衡给出。第一个是硫平衡：

$$AVS = [S^{2-}] + [HS^-] + [H_2s] + c_s \qquad (43\text{-}22)$$

式中，AVS(acid-volatile sulfide)是酸挥发性硫化物，用来度量系统中的反应性硫化物(Allen 等，1993)。

第二个是金属平衡，如公式(43-14)所示。该平衡式可表达为模型变量和分配系数的函数，为此需要首先定义如下的平衡分配系数公式：

$$K_d = \frac{c_p}{c_d} \frac{\phi}{(1-\phi)\rho} \qquad (43\text{-}23)$$

将该式重新整理后得到：

$$c_p = \frac{K_d(1-\phi)\rho}{\phi} c_d \qquad (43\text{-}24)$$

将其代入公式(43-14)中，得出：

$$c_2 = c_d + \frac{(1-\phi)\rho}{\phi} K_d c_d + c_s \qquad (43\text{-}25)$$

因此，若已知 pH、c_2、AVS，式(43-19)至(43-22)和(43-25)代表了求解五个未知量的五个方程。尽管目前已有求解上述方程组的计算机程序(Dilks 等，1995)，但由于该方程组形式简单，可直接求解。首先，参照之前讲座中对平衡化学的讲解[回顾公式(39-20)和(39-22)的推导]，将式(43-19)和(43-20)代入式(43-22)后求得：

$$[HS^-] = F_{HS} \frac{AVS - c_s}{\phi} \qquad 式中 \quad F_{HS} = \frac{K_1[H^+]}{1 + K_1[H^+] + K_1 K_2[H^+]^2} \qquad (43\text{-}26)$$

$$[S^{2-}] = F_S \frac{AVS - c_s}{\phi} \qquad 式中 \quad F_S = \frac{1}{1 + K_1[H^+] + K_1 K_2[H^+]^2} \qquad (43\text{-}27)$$

$$[H_2S] = F_{H_2S} \frac{AVS - c_s}{\phi} \qquad 式中 \quad F_{H_2S} = \frac{K_1 K_2[H^+]^2}{1 + K_1[H^+] + K_1 K_2[H^+]^2} \qquad (43\text{-}28)$$

式(43-21)的解为：

$$c_d = \frac{K_s \phi[H^+]}{[HS^-]} \qquad (43\text{-}29)$$

将该求解结果和式(43-26)代入式(43-25)，求得：

$$c_2 = \left[\frac{K_d(1-\phi)\rho}{\phi} + 1\right] \frac{K_s[H^+]\phi^2}{F_{HS}(AVS - c_s)} + c_s \qquad (43\text{-}30)$$

式(43-30)是关于 c_s 的根方程求解。再将此解和公式(43-26)至公式(43-29)相结合，可求得其他四个未知数。

上述方法适用于 c_2 大于 AVS 的情形。此时，硫化物已全部用于沉淀反应，c_s 被固定在 AVS 中。据此，可将五个联立方程简化为四个方程，并对其余四个未知数进行求解。

当金属含量增加到大于 AVS 时，对水质的影响是极大的。首先，过这意味着过量的金属即 c_2－AVS 不会被固定在沉淀物中。由于金属的吸附特性，大部分金属会在孔隙水中累积。除了会增加与底栖生物的直接暴露外，较高的孔隙水中金属浓度意味着"流动性"的增加，即溶解在孔隙水中的金属会随着扩散作用向上覆水释放。

【例 43-3】　沉积物中的沉淀和金属浓度模拟

某沉积物的 pH 为 7，总铅浓度为 0.000 5 mol·L^{-1}，AVS 为 0.001 mol·L^{-1}。计算该情况下的溶解态铅浓度。若总金属浓度增加至 0.002 mol·L^{-1}，计算溶解的铅浓度。计算过程中使用以下参数：$K_s = 2.14 \times 10^{-15}$，$K_d = 0.012\ 5\ \text{m}^3 \cdot \text{g}^{-1}$，$\phi = 0.8$，$K_1 = 6.58 \times 10^{12}$，$K_2 = 8.73 \times 10^6$。

【求解】　将以上参数值代入式(43-26)，求得 $F_{HS} = 0.533\ 9$。将该值和其他参数代入式(43-30)，得到：

$$c_2 = \left[\frac{0.012\ 5(1-0.8)2.5 \times 10^6}{0.8} + 1\right]\frac{2.14 \times 10^{-15}(10^{-7})(0.8)^2}{0.533\ 9(0.001 - c_s)} + c_s$$

通过数值求解得到 $c_s = 0.000\ 5\ \text{mol} \cdot \text{L}^{-1}$。因此几乎所有的铅都与硫结合后沉淀。将计算结果代入式(43-26)中，可计算出：

$$[\text{HS}^-] = 0.533\ 9\frac{0.001 - 0.000\ 5}{0.8} = 3.34 \times 10^{-4}$$

将上述结果代入式(43-29)中，求得：

$$c_d = \frac{2.14 \times 10^{-15}(0.8)(10^{-7})}{3.34 \times 10^{-4}} = 5.13 \times 10^{-19}$$

因此 c_d 可忽略不计。

当 $c_s = 0.002$ 时，可重复上述计算。此时，c_s 与 AVS 浓度水平（=0.001）相同，据此通过式(43-25)可求得：

$$c_d = \frac{c_2 - c_1}{1 + \dfrac{(1-\phi)\rho}{\phi}K_d} = \frac{0.002 - 0.001}{1 + \dfrac{(1-0.8)2.5 \times 10^6}{0.8}0.012\ 5} = 1.27 \times 10^{-7}$$

由此可见，由于还有部分过量金属没有沉淀，孔隙水金属含量增加了 11 个数量级。图 43-4 显示了在总金属浓度范围内，孔隙水金属浓度的变化规律。

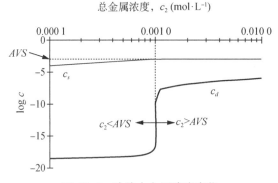

图 43-4   孔隙水金属浓度变化

上述模型还可与水量平衡模型相结合,从而确定环境浓度水平与输入负荷之间的关系。例如,Dilks 等人(1995)将其集成到一个溪流模型中(专栏 43.1)。该模型可应用于多种金属。此时金属会根据其溶解度依次沉淀析出,其中溶解度最低的金属会最先析出。根据 Di Toro 等(1992)的研究,金属析出顺序如下:

	$-\lg(K_s)$	沉淀析出
HgS	38.50	最先
CuS	22.19	
PbS	14.67	
CdS	14.10	
ZnS	9.64	
NiS	9.23	最后

金属将按此顺序沉淀析出,直至 AVS 耗尽。如专栏 43.1 所述,这可能会导致一些值得关注的结果。

【专栏 43.1】 溪流沉积物中的多种金属

Dave Dilks、Joseph Helfand、Vic Bierman 和 Limno-Tech 已将金属—AVS 模型应用于溪流中。此外,他们在模型中还考虑了五种金属(Ni、Zn、Cd、Pb 和 Cu)与可利用硫的竞争关系。

图 43-5 显示了溪流受纳铜和镉点源排放后的两种模拟结果。在距离河道最上游 1 英里处,点源排入河流。对于第一种模拟情形,由于金属排放量低,因此溪流中两种金属浓度都不会超标。因为铜首先沉淀析出,因此铜的浓度较低。

对于第二种模拟情形,铜的排放量增加。正如所预期的那样,沉积物中铜的含量也会增加;但不会超标。相比之下,镉的浓度发生了超标。当铜的排放量增加时,为什么镉的浓度会增加? 这是因为随着铜的增加,金属的含量大于 AVS。之前与镉结合的硫化物转而与铜结合。因此释放出来的镉导致了孔隙水中镉浓度的增加。

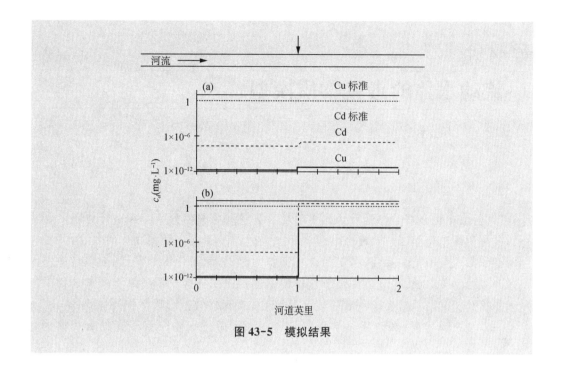

图 43-5　模拟结果

习　题

43-1　针对^{90}Sr，重新计算例题 43-1。根据表 43-4 和例 43-1 给出中的因子（57.9），计算^{90}Sr 的入流浓度。

43-2　针对铜，重新计算例题 43-2。根据 Mills 等（1985）的文献，铜的分配系数（$K_d = 6 \times 10^4$ L·kg^{-1}）小于锌。

43-3　基于例题 43-2 给出的参数，计算密歇根湖的入湖锌浓度削减水平，以使得沉积物中的锌的浓度为 5 μg·g^{-1}。另外计算湖水中的锌浓度。

43-4　针对镉（$\lg K_s = -14.1$），重新计算例题 43-3。

43-5　基于例题 43-1、43-2 和习题 43-2 中给出的参数，计算（a）满足密歇根湖中铜浓度为 0.1 μg·g^{-1} 时的入流浓度。（b）该入流条件下沉积物中的铜浓度是多少？以 μg·g^{-1} 计。已知铜的 $K_d = 6 \times 10^4$ L·kg^{-1}。

流动水体的毒性物质模型

简介:本讲介绍了与流动水体中毒性物质模型相关的知识。第一部分将之前讲座中的湖泊模型应用于河流和溪流。首先介绍了溪流中固体物质的收支,并鉴于沉积层静止的前提条件,提出了简化沉积物-水体相互作用的观点。然后,建立了污染物平衡方程,并给出了混合区中的一些简单稳态解。接下来对河口进行了类似的分析。之后建立了一种同时适用于溪流和河口模型的通用控制体积法。在给出非稳态解的同时,还阐述了如何将稳态系统响应矩阵应用于有毒物质模拟分析。

现在我们把水平输移过程与毒性物质模型结合起来。讲座的重点是一维溪流和河口。但是本讲后面部分还会介绍适用于多维水体的控制体积法。

44.1 解析解

在建立数值求解方法之前,首先介绍几种解析解。正如本书其他部分所讲述的,这些解析解有助于提供认识水环境问题的视角,并可用于污染物浓度的快速粗略估算。首先,将介绍适用于诸多溪流的无离散、推流系统。之后在模型方程中加入离散项,以将模型应用拓展至离散效应显著的一维溪流和河口。

44.1.1 推流系统

如同第 40 讲介绍的湖泊模型,在此将同时建立推流河流和溪流的固体和污染物平衡方程。

固体收支。类似于之前建立的湖泊模型(见 40.4.1 节),对于水力几何特征恒定的推流式系统,稳态情形的固体收支方程可表示为:

$$0 = -U\frac{\mathrm{d}m_1}{\mathrm{d}x} - \frac{v_s}{H_1}m_1 + \frac{v_r}{H_1}m_2 \tag{44-1}$$

底部沉积物方程为:

$$0 = v_s m_1 - v_r m_2 - v_b m_2 \tag{44-2}$$

式中,U 为溪流流速($\mathrm{m \cdot d^{-1}}$);m_1 和 m_2 分别是水体(1)和沉积层(2)中的悬浮固体浓度($\mathrm{g \cdot m^{-3}}$);H 为水深(m);v_s、v_r 和 v_b 分别为沉降、再悬浮和埋藏速率($\mathrm{m \cdot d^{-1}}$)。

由于沉积层不会发生水平运动(式 44-2 没有对流项),可以得出一个重要结论,即式(44-2)等同于湖泊的沉积物平衡。据此可求得:

$$m_2 = \frac{v_s}{v_r + v_b} m_1 \tag{44-3}$$

换句话说,沉积层中固体物质浓度始终是上覆水中固体物质浓度的一个恒定比例。正如我们随后要看到的,这一关系式同样适用于稳态情形的污染物收支,并对非稳态计算具有指导意义。

将式(44-3)代入式(44-1)后得到:

$$0 = -U \frac{\mathrm{d}m_1}{\mathrm{d}x} - \frac{v_s}{H_1} m_1 + \frac{v_r}{H_1} \frac{v_s}{v_r + v_b} m_1 \tag{44-4}$$

合并同类项后,有:

$$0 = -U \frac{\mathrm{d}m_1}{\mathrm{d}x} - \frac{v_n}{H_1} m_1 \tag{44-5}$$

式中,v_n 为净沉降速度:

$$v_n = v_s (1 - F_r) \tag{44-6}$$

式中,F_r 为沉积层中的再悬浮速率和总质量损失速率之比,$F_r = \dfrac{v_r}{v_r + v_b}$。

如图 44-1 所示,式(44-6)一般对应三种情况:

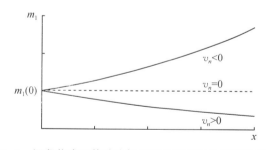

图 44-1　沉积物中固体浓度恒定时的悬浮固体浓度沿程变化

· $v_n = 0$。在浅水溪流中,沉积物的累积通常可忽略不计。因此,鉴于再悬浮和沉降处于平衡状态,水中的悬浮物浓度保持恒定。

· $v_n > 0$。在较深的溪流中,悬浮物会发生沉积,并形成沉积物的净积累。因此,随着沉积物中固体物质的累积,水中的悬浮固体含量随之下降。

· $v_n < 0$。在某些时间段内,会发生水流冲刷并导致底部沉积物的净损失。此时,即使没有外来源输入(如点源排放、支流或非点源径流带来的固体物质),水中的悬浮固体浓度也会增加。

Delos 等(1984)和 O'Connor(1985)分析了溪流河段沉积层中固体浓度恒定的情形,即 $m_2 = (1-\phi)\rho$。此时水中悬浮固体浓度的解析解为:

$$m_1 = m_1(0)e^{-\frac{v_s}{H_1 U}x} + \frac{v_r(1-\phi)\rho}{v_s}(1 - e^{-\frac{v_s}{H_1 U}x}) \qquad (44\text{-}7)$$

如果水体中初始的固体浓度 $m_1(0)$ 较小,则下游的固体浓度趋近稳定值:

$$m_1(\infty) = \frac{v_r(1-\phi)\rho}{v_s} \qquad (44\text{-}8)$$

基于此结果,O'Connor(1985)提出对河流沿程固体悬浮物浓度进行外推分析以求得 $m_1(\infty)$,在此基础上就可以估算出 v_r 值。在本讲最后的例题 44-1 中,我们将探究这一方法。

污染物收支。现在我们把分析扩展到毒性物质。为此假设在研究河段内悬浮固体浓度是恒定的。如果这一假设成立的话,那么针对水力几何特征恒定的推流系统,可建立稳态情形的污染物收支方程为:

$$0 = -U\frac{dc_1}{dx} - k_1 c_1 - \frac{v_v}{H_1}F_{d1}c_1 - \frac{v_s}{H_1}F_{p1}c_1 + \frac{v_d}{H_1}(F_{d2}c_2 - F_{d1}c_1) + \frac{v_r}{H_1}c_2$$
$$(44\text{-}9)$$

以及针对底部沉积物的方程为:

$$0 = v_s F_{p1}c_1 + v_d(F_{d1}c_1 - F_{d2}c_2) - k_2 H_2 c_2 - v_r c_2 - v_b c_2 \qquad (44\text{-}10)$$

式中,k 为一级分解速率(d^{-1});$F's$ 分别为水体和沉积层中溶解态(d)和颗粒态(p)污染物所占的比例:

$$F_d = \frac{1}{1 + K_{d1}m} \qquad F_{p1} = \frac{K_{d1}m}{1 + K_{d1}m} \qquad F_{d2} = \frac{1}{\phi + K_{d2}(1-\phi)\rho} \qquad (44\text{-}11)$$

同样地,由于河床不随水流输移,式(44-10)建立了沉积物与上覆水浓度之间的直接关系:

$$c_2 = R_{21}c_1 = \frac{v_s F_{p1} + v_d F_{d1}}{v_d F_{d2} + k_2 H_2 + v_r + v_b}c_1 \qquad (44\text{-}12)$$

或者以质量比形式的浓度表示:

$$v_2 = \frac{R_{21}}{(1-\phi)\rho}c_1 \qquad (44\text{-}13)$$

将式(44-12)代入式(44-9)中,得到:

$$0 = -U\frac{dc_1}{dx} - \frac{v_T}{H_1}c_1 \qquad (44\text{-}14)$$

式中,v_T 为沉降速率表示的总损失项($m \cdot d^{-1}$):

$$v_T = k_1 H_1 + v_v F_{d1} + (v_s F_{p1} + v_d F_{d1})(1 - F'_r) \tag{44-15}$$

其中，F'_r 为沉积物向上覆水释放与沉积物中污染物总质量损失的比值：

$$F'_r = \frac{v_r + v_d F_{d2}}{v_r + v_b + v_d F_{d2} + k_2 \overline{H_2}} \tag{44-16}$$

给定边界条件 $c_1 = c_1(0)$ 时，可求得式(44-14)的解析解为：

$$c_1 = c_1(0) e^{-\frac{v_T}{H_1 U} x} \tag{44-17}$$

进一步可根据式(44-12)计算沉积物中的污染物浓度：

$$c_2 = R_{21} c_1(0) e^{-\frac{v_T}{H_1 U} x} \tag{44-18}$$

或者以沉积物中颗粒物质的质量比浓度表示：

$$v_2 = \frac{R_{21}}{(1-\phi)\rho} c_1(0) e^{-\frac{v_T}{H_1 U} x} \tag{44-19}$$

因此，水中污染物浓度遵循简单的指数衰减。沉积物中的污染物浓度遵循同样的衰减曲线，但是依照式(44-18)和式(44-19)给出的比例缩放。

临界浓度。在模拟分析溪流中污染物浓度时需要关注初始浓度的计算。通常在排放口处断面浓度最大，这一现象对模拟结果有直接影响。因此这一浓度代表着水体自净能力计算的临界值(参考第 1 讲，尤其是图 1-1)。

假设在排污口处断面发生瞬时混合，可通过简单的质量平衡方程计算出初始浓度，即：

$$c_1(0) = \frac{Q_r c_{1r} + Q_w c_{1w}}{Q_r + Q_w} \tag{44-20}$$

式中，下标 w 和 r 分别表示排污口和受纳水体。

毒性物质的水质标准通常以沉积物中固体物质的质量比浓度来表示。可计算出沉积物中的毒性物质初始浓度为：

$$v_2(0) = \frac{R_{21}}{(1-\phi)\rho} \frac{Q_r c_{1r} + Q_w c_{1w}}{Q_r + Q_w} \tag{44-21}$$

这些方程可用于确定满足水质标准时的允许排放负荷。一种方法是计算满足水中毒性污染物目标浓度 $c_1(0)$ 时的允许污水排放浓度：

$$c_{1w} = \frac{Q_r + Q_w}{Q_w} c_1(0) - \frac{Q_r}{Q_w} c_{1,r} \tag{44-22}$$

第二种方法是计算满足沉积物中毒性物质目标浓度 $v_2(0)$ 时的允许污水排放浓度：

$$c_{1w} = \frac{Q_r + Q_w}{Q_w} \frac{(1-\phi)\rho}{R_{21}} v_2(0) - \frac{Q_r}{Q_w} c_{1r} \tag{44-23}$$

【例 44-1】 点源排放分析(推流)

某毒性物质以点源形式排放到溪流中。该溪流具有以下特征:

$Q_r=0.99 \text{ m}^3 \cdot \text{s}^{-1}$ $c_{1,r}=0 \text{ mg} \cdot \text{m}^{-3}$ $Q_w=0.01 \text{ m}^3 \cdot \text{s}^{-1}$ $c_{1,w}=1\,000 \text{ mg} \cdot \text{m}^{-3}$

$v_s=0.25 \text{ m} \cdot \text{d}^{-1}$ $v_v=0.1 \text{ m} \cdot \text{d}^{-1}$ $U=0.1 \text{ m} \cdot \text{s}^{-1}$ $\phi=0.8$

$\rho=2.5\times10^6 \text{ g} \cdot \text{m}^{-3}$ $H_1=2 \text{ m}$

水中毒性物质的光解损失速率为 0.1 d^{-1}。其他损失过程不予考虑,并且毒性物质强烈吸附在固体物质上(所有 $F'_{ds}=0$)。注意到水中的悬浮固体含量保持 $10 \text{ g} \cdot \text{m}^{-3}$ 的恒定值。(1)确定排放点下游的水中和沉积物中的毒性物质浓度。(2)若沉积物中的毒性物质最大允许浓度为 $250 \text{ }\mu\text{g} \cdot \text{g}^{-1}$,计算允许的入流浓度。

【求解】 首先需对固体收支平衡进行表征。由于悬浮固体浓度是恒定的,所以可假设埋藏速率为零。因此,沉降和再悬浮之间须保持平衡,

$$v_s m_1 = v_r(1-\phi)\rho$$

据此可以求得:

$$v_r = v_s \frac{m_1}{(1-\phi)\rho} = 0.25\frac{10}{(1-0.8)2.5\times10^6} = 5\times10^{-6} \text{ m} \cdot \text{d}^{-1}$$

毒性污染物在水中的初始浓度为:

$$c_1(0) = \frac{0.99(0) + 0.01(1\,000)}{0.99 + 0.001} = 10$$

可计算出毒性污染物在沉积物和水中的浓度比值为(对应 $F_{d2}=0$, $k_2=0$ 且 $v_b=0$, $F'_r=1$):

$$R_{21} = \frac{0.25}{5\times10^{-6}} = 50\,000$$

据此可以求出:

$$v_2(0) = \frac{50\,000}{(1-0.8)2.5\times10^6}10 \text{ mg} \cdot \text{m}^{-3}\left(\frac{10^3 \text{ }\mu\text{g}}{\text{mg}}\right) = 1\,000 \text{ }\mu\text{g} \cdot \text{g}^{-1}$$

在求得 $v_T=0.1(2)=0.2 \text{ m} \cdot \text{d}^{-1}$ 的基础上,可根据式(44-17)和式(44-19)计算排放口下游断面的毒性物质浓度

$$c_1 = 10\text{e}^{-\frac{0.2}{2(8\,640)}x} \qquad v_2 = 1\,000\text{e}^{-\frac{0.2}{2(8\,640)}x}$$

计算结果如图 44-2 所示。

(2) 根据式(44-23)计算出:

$$c_{1w} = \frac{0.99+0.01}{0.01}\frac{(1-0.2)2.5\times10^6}{50\,000}0.25 - \frac{0.99}{0.01}0 = 250 \text{ }\mu\text{g} \cdot \text{L}^{-1}$$

因此,必须将污染物排放浓度从 $1\,000$ 降到 $250 \text{ }\mu\text{g} \cdot \text{L}^{-1}$,才能使得沉积物中的毒性污染物浓度达标。

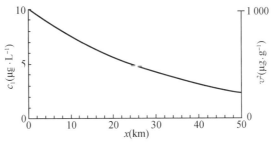

图 44-2　计算结果

金属。对于金属而言,由于忽略了衰减和挥发(汞除外)作用,可以对模型进行简化。此外,若假设水体和沉积物中的吸附是相同的,则可以忽略沉积物-水体之间的扩散作用。此时稳态模型仍然可以采用如下的形式:

$$0 = -U\frac{\mathrm{d}c_1}{\mathrm{d}x} - \frac{v_T}{H_1}c_1 \tag{44-24}$$

但是总去除速率简化为:

$$v_T = v_s F_{p1}(1 - F_r) \tag{44-25}$$

式中,

$$F_r = \frac{v_r}{v_r + v_b} \tag{44-26}$$

对沉积物再悬浮可以忽略的情形,模型可以进一步简化为:

$$0 = -U\frac{\mathrm{d}c_1}{\mathrm{d}x} - \frac{F_{p1}v_s}{H_1}c_1 \tag{44-27}$$

若悬浮固体浓度恒定,该方程的解等同于式(44-17),只是 $v_T = F_{p1}v_s$。但是,当固体浓度可变时,颗粒态金属比例也会沿程发生变化。针对这种情形,Mills 等(1985)给出了如下的解析解:

$$c_1 = c_{10}\,\mathrm{e}^{\left[\ln(K_d m_0 + \mathrm{e}^{\frac{v_s x}{H_1 U}}) - \ln(K_d m_0 + 1) - \frac{v_s x}{H_1 U}\right]} \tag{44-28}$$

【例 44-2】　弗林特河的铜浓度模拟

Mills 等人(1985)调查了 1981 年 8 月密歇根州弗林特河中的悬浮固体和水中铜浓度数据,如表 44-1 所示:

表 44-1　数据

x(km)	1	2.5	7	12	21	30	43	61	63
m(mg·L^{-1})	11.75	10	10	8.5	6.75	5.5	11.5	13.5	11.75
	(4~18)	(5~15)	(7~13.5)	(6~11)	(5.3~8)	(5.3~5.7)	(3~19.8)	(10~16.5)	
c_1(μg·L^{-1})	3	4.2	5.7	5.5	4.2	4.7	8	6	5.75
	(2.8~3.4)	(3.2~5.4)	(4.5~7)	(4.9~5.8)	(2.4~4.8)	(4~5.2)	(4~10)	(4.8~7.3)	(4.5~7)

括号中的数字表示观测数据范围。该河的边界条件和点源排放如表 44-2 所示：

表 44-2　条件和点源排放

	距离 (km)	流量 ($m^3 \cdot s^{-1}$)	悬浮固体 ($mg \cdot L^{-1}$)	铜 ($\mu g \cdot L^{-1}$)
上游边界	0	2.66	13.5	2.9
弗林特污水处理厂	1.3	1.68	4.1	8.3
拉贡(Ragone)污水处理厂	30.9	0.69	58.7	28.5

假设溪流第一段(1.3～30.9 km)的水深和速度分别为 0.5 m 和 0.2 m $\cdot$ s^{-1}。(a)根据悬浮固体浓度计算沉降速度。(b)如果铜的分配系数为 0.06×10^6 L $\cdot$ kg^{-1}，计算溪流中的铜浓度。

【求解】　(a) 首先，通过观察表中的悬浮固体浓度可以发现：在溪流第一段存在净沉降，而在第二段中沉降速率为零。根据第一段的观测数据，可以建立悬浮固体浓度—距离的半对数图，据此可通过斜率确定沉降速率。计算出沉降速率为 0.213 m $\cdot$ d^{-1}。基于该参数值可模拟溪流中的悬浮固体浓度沿程分布，如图 44-3 所示：

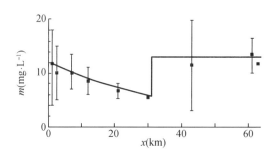

图 44-3　溪流中的悬浮固体浓度沿程分布

注意观察在第一个河段中悬浮固体含量如何随着沉降而减少。基于质量平衡方程，可以确定拉贡污水处理厂排放点处断面的悬浮固体浓度跃升。此后，由于净沉降速率为零，所以悬浮固体浓度保持恒定。

(b) 利用式(44-28)来模拟溪流第一段的水中铜浓度。然后利用质量平衡方程来确定第二个河段的恒定浓度。模拟结果和实测数据如图 44-4 所示。

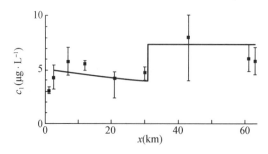

图 44-4　模拟结果和实测数据

本节中没有考虑河流沿程的分布式流量增加。尽管该假设是一些条件下是适用的,但在许多情况下需要考虑分布式流量。O'Connor(l988c)研究了分布式流量排放情形的有机物和金属模拟问题,并针对一些理想情况给出了许多有用的解析解。在本讲的最后一节,将介绍基于分布式流量排放的数学模型数值求解方法。

44.1.2　混合-流动系统

现在我们将上述分析扩展到离散效应不能忽略的系统,如河口和一些河流。若悬浮固体浓度是恒定的,对于水力几何特征恒定的混合-流动系统,可写出稳态条件下的污染物收支方程为:

$$0 = E\frac{\mathrm{d}^2 c_1}{\mathrm{d}x^2} - U\frac{\mathrm{d}c_1}{\mathrm{d}x} - \frac{v_T}{H_1}c_1 \tag{44-29}$$

式中,总去除速度 v_T 见式(44-15)的定义;底部沉积物中的污染物浓度按式(44-12)和式(44-13)计算。式(44-29)的解析解为(见 9.3.1 节):

$$c_{1-} = c_1(0)\mathrm{e}^{\lambda_- x} \qquad x \leqslant 0 \tag{44-30}$$

$$c_{1+} = c_1(0)\mathrm{e}^{\lambda_+ x} \qquad x > 0 \tag{44-31}$$

其中,

$$\begin{matrix} \lambda_- \\ \lambda_+ \end{matrix} = \frac{U}{2E}\left(1 \pm \sqrt{1 + \frac{4v_T E}{H_1 U^2}}\right) \tag{44-32}$$

式中,下标"＋"和"－"分别表示污染物排放点的上游和下游河段。

若假设污水排放流量远小于河口流量,则可以建立排放口处断面的质量平衡方程为:

$$c_1(0) = \frac{W}{Q}\frac{1}{\sqrt{1 + \dfrac{4v_T E}{HU^2}}} \tag{44-33}$$

底部沉积物的质量平衡方程为:

$$v_2(0) = \frac{R_{21}}{(1-\phi)\rho}\frac{W}{Q}\frac{1}{\sqrt{1 + \dfrac{4v_T E}{HU^2}}} \tag{44-34}$$

类似于式(44-22)的形式,可计算出满足水质目标的允许污水排放浓度。若假设排放口上游来水的毒性物质浓度可忽略不计,则允许污水排放浓度为:

$$c_{1w} = \frac{Q}{Q_w}c_1(0)\sqrt{1+4\eta} \tag{44-35}$$

式中, η 为河口数[见式(10-41)],此处定义为 $v_T E/(HU^2)$ 。还可以计算出满足沉积物中污染物目标浓度的允许污水排放浓度:

$$c_{1w} = \frac{Q}{Q_w} \frac{(1-\phi)\rho}{R_{21}} v_2(0) \sqrt{1+4\eta} \tag{44-36}$$

可以看出,因子 $\sqrt{1+4\eta}$ 反映了离散对水体纳污能力的影响[对比式(44-23)与式(44-36)]。

【例 44-3】 点源排放情形的模拟分析(混合-流动系统) 重新计算例 44-1 的(b)问题,但假定系统的河口数为 1。

【求解】 将相应的参数值代入式(44-36),求得:

$$c_{1w} = \frac{1}{0.01} \frac{(1-0.8)2.5 \times 10^6}{50\,000} 0.25 \sqrt{1+4(1)} = 250(2.236) = 559 \ \mu g \cdot L^{-1}$$

因此,由于离散混合作用,允许污水排放浓度可达到例题 44-1 中污水排放浓度的 2 倍以上。

44.2 数值解

虽然解析解可方便地用于粗略计算,但数值解能够提供一种更为通用的方法,尤其是适用于模拟分析多个排放源的情形(图 44-5)。

在某特定控制体积内,可建立毒性物质的质量平衡方程为:

$$V_{1,i} \frac{dc_{1,i}}{dt} = W_i + Q_{i-1,i}(\alpha_{i-1,i}c_{1,i-1} + \beta_{i-1,i}c_{1,i-1}) -$$
$$Q_{i,i+1}(\alpha_{i,i+1}c_{1,i} + \beta_{i,i+1}c_{1,i+1}) + E'_{i-1,i}(c_{1,i-1} - c_{1,i}) +$$
$$E'_{i,i+1}(c_{1,i+1} - c_{1,i}) - k_{1,i}V_{1,i}c_{1,i} - v_{v,i}A_{s,i}F_{d1,i}c_{1,i} -$$
$$v_{s,i}A_{s,i}F_{p1,i}c_{1,i} + v_{r,i}A_{s,i}c_{2,i} + v_{d,i}A_{s,i}(F_{d2,i}c_{2,i} -$$
$$F_{d1,i}c_{1,i})$$

$$\tag{44-37}$$

$$V_{2,i} \frac{dc_{2,i}}{dt} = -k_{2,i}V_{2,i}c_{2,i} + v_{s,i}A_{s,i}F_{p1,i}c_{1,i} - v_{r,i}A_{s,i}c_{2,i} - \tag{44-38}$$
$$v_{b,i}A_{s,i}c_{2,i} + v_{d,i}A_{s,i}(F_{d1,i}c_{1,i} - F_{d2,i}c_{2,i})$$

对系统中的所有体积单元均可建立以上方程,然后同时进行求解以确定整个系统中的污染物浓度分布。方程的非稳态问题求解方法,参照第 12 和 13 讲中的内容。

对于稳态情形,可采用类似式(44-12)的方法求解式(44-38),从而给出每一个体积单元中的稳态浓度值:

$$c_{2,i} = R_{21,i}c_{1,i} \tag{44-39}$$

或以矩阵形式表示为:

$$\{c_2\} = [R_{21}]\{c_1\} \tag{44-40}$$

式中，$[R_{21}]$ 为对角矩阵。将式(44-39)代入式(44-37)中并进行整理变换，得到

$$
\begin{aligned}
V_{1,i}\frac{dc_{1,i}}{dt} = & W_i + Q_{i-1,i}(\alpha_{i-1,i}c_{1,i-1} + \beta_{i-1,i}c_{1,i-1}) \\
& - Q_{i,i+1}(\alpha_{i,i+1}c_{1,i} + \beta_{i,i+1}c_{1,i+1}) + E'_{i-1,i}(c_{1,i-1} - c_{1,i}) \\
& + E'_{i,i+1}(c_{1,i+1} - c_{1,i}) - v_{T,i}A_{s,i}c_{1,i}
\end{aligned}
\tag{44-41}
$$

式中，每个体积单元的 v_T 计算参照公式(44-15)。

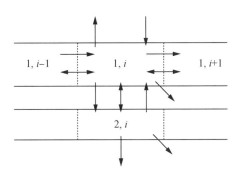

图 44-5　毒性物质模拟的控制体积法单元划分示意图

　　针对水体的所有控制体积单元构建公式(44-41)，并以矩阵形式表示为(回顾方程 11-26)

$$
[A]\{c_1\} = \{W\}
\tag{44-42}
$$

可以求得：

$$
\{c_1\} = [A]^{-1}\{W\}
\tag{44-43}
$$

最后，沉积物中的污染物浓度可通过下式表示：

$$
\{v_2\} = \frac{1}{(1-\phi)\rho}[R_{21}][A]^{-1}\{W\}
\tag{44-44}
$$

或者合并部分项，

$$
\{v_2\} = [S]^{-1}\{W\}
\tag{44-45}
$$

式中，

$$
[S]^{-1} = \frac{1}{(1-\phi)\rho}[R_{21}][A]^{-1}
\tag{44-46}
$$

　　因此，逆矩阵 $[A]^{-1}$ 和 $[S]^{-1}$ 为多维系统纳污能力的反向计算提供了工具，即可以求解多个排放源的允许入流浓度。换句话说，式(44-43)和式(44-45)是式(44-22)和式(44-23)的多维形式推广。

44.3 非点源排放

尽管点源污染控制无疑是很重要的,但许多毒性物质是以非点源或分散方式进入河流和河口。例如城市和农业径流都会携带高浓度的毒性物质。

44.3.1 低流量非点源

对于流量可忽略不计的非点源,恒定参数的推流系统中质量平衡方程表示如下[对比公式 44-14)]:

$$0 = -U \frac{\mathrm{d}c_1}{\mathrm{d}x} - \frac{v_T}{H_1}c_1 + S_d \tag{44-47}$$

式中,总去除速度 v_T 见式(44-15)的定义; S_d 为分布式负荷项(mg·m^{-3}·d^{-1})。方程的闭式解为[回顾公式(9-48)]:

$$c_1 = c_1(0)\mathrm{e}^{-\frac{v_T}{H_1 U}x} + \frac{S_d H_1}{v_T}(1 - \mathrm{e}^{-\frac{v_T}{H_1 U}x}) \tag{44-48}$$

沉积物中的毒性物质浓度可直接通过公式(44-12)和式(44-13)求解。

44.3.2 考虑流量汇入的非点源

尽管非点源的流量可以忽略不计,但有可能也会出现流量很大的非点源排放。对于这种情况,可参照先前 22.3 节的方法进行模拟分析。

例如,可参照 22.3 节中的方法建立流量平衡方程,以此确定各段的流量和水位。之后可采用稳态的控制体积法来建立每一体积单元中污染物质量守恒方程:

$$0 = W_i + Q_{i-1,i}(\alpha_{i-1,i}c_{1,i-1} + \beta_{i-1,i}c_{1,i-1}) - Q_{i,i+1}(\alpha_{i,i+1}c_{1,i} + \beta_{i,i+1}c_{1,i+1})$$
$$+ E'_{i-1,i}(c_{1,i-1} - c_{1,i}) + E'_{i,i+1}(c_{1,i+1} - c_{1,i}) - v_{T,i}A_{s,i}c_{1,i} + Q_e c_{d,i}$$
$$\tag{44-49}$$

式中, Q_e 为第 i 段的分布式入流量(m^3·d^{-1}); $c_{d,i}$ 为第 i 段入流的污染物浓度(mg·m^{-3})。

对于每一河段的 n 个计算体积单元均需建立上述形式的方程。在给定的边界条件下,根据建立的质量平衡方程组可求得每个计算单元的水中污染物浓度。然后可根据式(44-12)和式(44-13)确定出沉积物中的污染物浓度。下面的算例阐述了该方法的应用。

【例 44-4】 考虑流量沿程汇入的分布式排放源对水质影响模拟

对图 44-6 所示情形可建立水质模型。对于该模拟情形,在河流的起始断面存在着点源排入。在点源排放口下游的 10 km 河段,有清洁的恒定非点源流量汇入。之后在点源排放口下游 10 至 30 km 的河段中,某垃圾填埋场径流以分散源方式将毒性物质带入河流。在最后的 20 km 河段,又有清洁的非点源流量汇入溪流。其他的模型参数为: $\Phi = 0.9, \rho = 2.5 \, \mathrm{g·cm}^{-3}, v_s = 0.05 \, \mathrm{m·d}^{-1}, v_r = 0.0006 \, \mathrm{m·d}^{-1}, v_b = 0.0002 \, \mathrm{m·d}^{-1}$。

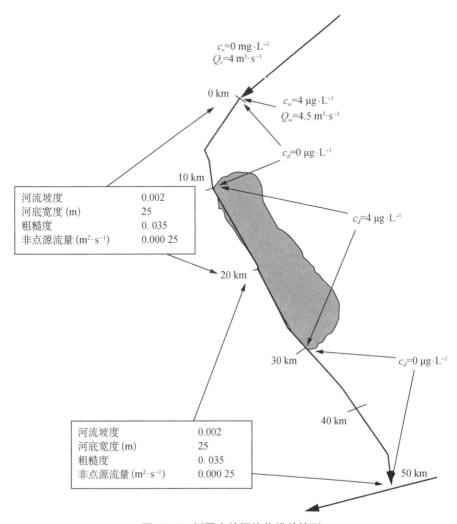

图 44-6　例题中的污染物排放情形

【求解】　模拟结果如图 44-7 所示。水体和沉积物中的毒性污染物浓度单位分别为 $\mu g \cdot L^{-1}$ 和 $\mu g \cdot g^{-1}$。图中包括了两种污染物的衰减情况。第一种情况,假设污染物在水和沉积物中都是保守型的 $(k=0)$。第二种情况,污染物以 $2\ d^{-1}$ 的速率在水中分解。若该物质易于挥发,则会发生后种情形。

可以看出,由于点源污染的排入,溪流中的污染物浓度陡增至高浓度水平。之后由于稀释作用污染物浓度降低;在第二种情形时,还会由于衰减而导致污染物浓度的降低。在垃圾填埋场非点源污染汇入的河段,溪流中的污染物浓度又开始上升。在垃圾填埋场之后的河段,水中污染物浓度会随着稀释和衰减作用而再次降低。如式(44-13)所示,沉积物中的污染物浓度变化遵循与水中模拟结果相同的模式。水中发生的衰减作用会同时导致水体和沉积物中毒性污染物的消耗。

上述分析提供了一个模型工具,可用来评估分布式流量汇入对溪流稳态水质的影响。该模型尤其适用于持续排放的填埋场和受污染地下水等非点源排放对受纳水体水质的影响。这一模拟方法也可用于评估城市和农业径流的长期综合效应。

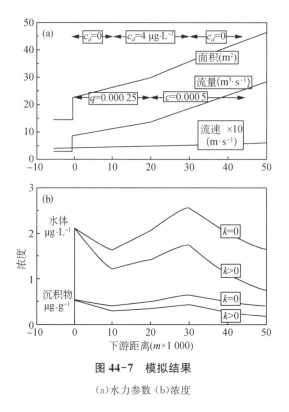

图 44-7　模拟结果

(a)水力参数 (b)浓度

　　综上,本讲一直围绕流动水体的毒性物质动力学模拟进行讲解。本讲的重点在于,稳态条件下沉积物中的污染物浓度变化与上覆水中的浓度变化趋势相同。这一结果与沉积层保持静止不动有关。

　　显然,还有一些问题的求解需要采用比本讲内容更为复杂的方法。特别地,非稳态模拟(如暴雨溢流)以及包含毒性物质在内的溪流和河口富营养化模型框架,代表了更为复杂的应用场景。

习　题

44-1　在某一河流的支流汇入点下游河段,观测到低流量期间的悬浮固体浓度如下表所示。若假设固体以 $0.25\ \mathrm{m \cdot d^{-1}}$ 的速率沉降,计算该河段的沉积物再悬浮速率。其他相关参数为 $\Phi = 0.8$, $\rho = 2.5 \times 10^6\ \mathrm{g \cdot m^{-3}}$, $H_1 = 1\ \mathrm{m}$, $U = 0.1\ \mathrm{m \cdot s^{-1}}$。

距离(km)	0	20	40	60	80	100
悬浮固体(mg·L⁻¹)	10	6	5	3.5	2.5	2.5

44-2　除了铜之外,Mills 等人(1985)还给出了弗林特河中锌的数据。该河流的边界条件和点源排放参数如下:

	千米	锌($\mu g \cdot L^{-1}$)
上游边界	0	7.7
弗林特污水处理厂	1.3	55
拉贡污水处理厂	30.9	84

根据例 44-2 采用的方法，模拟弗林特河中锌的浓度分布。吸附系数取值为 0.2×10^{6} L $\cdot$ kg^{-1}。

44-3　某毒性物质（$K_{ow} = 10^{6}$）以点源形式排放到河口中。该河口具有以下特征：

	取值	单位
离散系数	100×10^{6}	10^{6}
流量	15×10^{3}	m$^{3} \cdot$ d^{-1}
宽度	70	m
深度	10	m

河口的悬浮固体浓度为 5 mg $\cdot$ L^{-1}，且 $f_{oc} = 5\%$。这些固体以 0.25 m $\cdot$ d^{-1} 的速率沉降。底部沉积物具有以下特征参数：厚度 = 10 cm，埋藏速率 = 0.825 mm $\cdot$ yr^{-1}，再悬浮速率 = 1 mm $\cdot$ yr^{-1}，孔隙度 = 0.9，密度 = 2.5×10^{6} g $\cdot$ m^{-3}。除了以 0.2 m $\cdot$ d^{-1} 的速率挥发外，没有其他损失机制。

稳态条件下，若排污口处断面沉积物中的毒性物质最大允许浓度为百万分之一（即 1 $\mu g \cdot$ g^{-1}），则排入该系统的毒性物质负荷量应不超过多少？计算结果以 kg $\cdot$ yr^{-1} 为单位表示。假设排放口处断面在横向和垂向上瞬时完成充分混合。另外假设沉积物与水之间的扩散传质可以忽略不计。

44-4　一条溪流的沿岸 8 km 河段，接纳了毒性物质填埋场的非点源污染排放。每天该河段每单位长度上接纳的填埋场毒性物质渗出量为 50 mg。已知该毒性物质的辛醇-水分配系数为 10^{5}、分子量为 300，并且其挥发受液膜绝对控制。该溪流的悬浮有机碳含量约为 1 mg $\cdot$ L^{-1}。溪流流速为 0.1 m $\cdot$ s^{-1}、水深为 2 m、宽度为 30 m。若吸附是瞬间发生的，计算水中毒性物质浓度沿 16 km 长河段的分布。

毒性物质-食物链相互作用

简介： 本讲介绍了毒性物质如何与生物体之间发生相互作用。这种相互作用主要表现为两种方式。首先，生物可以直接从水中吸收溶解性毒性物质。其次，生物食用被污染的食物。还介绍了这两种形式的相互作用如何集成到一个大的质量平衡框架中，从而将食物链中的污染物浓度水平和输入负荷之间建立联系。

至此，我们建立的模型提供了预测水体和沉积物中毒性物质浓度的方法。由于水质标准通常是用浓度表示，因此预测水质浓度无疑具有重要价值。例如，饮用水标准就是以水中的浓度表示。

然而，有毒物质除了通过饮用水外，还可通过其他路径对人体造成威胁。第一，作为人们食物的生物如鱼类、贝类，其体内的有毒物质会达到有害水平。第二，有毒物质浓度会增加到干扰生态系统自身功能的水平。虽然这两个例子可能都与水质浓度标准有关，但更直接的方法是评估生物体内有毒物质的浓度。

本讲旨在介绍如何实现对生物体内毒性物质浓度的模拟。首先分析单个生物体如何直接从水中吸收和去除污染物。然后增加食物链传质过程，以此显示生物体是如何通过食用被污染的食物而受到影响。

在讲解这些内容之前，本讲首先介绍一些术语。**生物富集**是指水生生物通过鳃和上皮组织(皮肤)直接吸收有毒物质。**生物累积**是范围更广的名词，既包括了从水中的直接生物富集，也包括了对受污染食物的摄取。**生物放大**是指生物累积沿着食物链增加的过程。以下章节将综述量化这些过程的模型框架。

45.1 直接吸收(生物富集)

在建立表达生物富集作用的方程之前，我们首先需要讨论对生物体内毒性物质进行定量表示的合适方式。之前的模型中，我们将质量归一化为单位体积或者单位质量的形式。前者适用于表示水中的浓度，而后者适用于表示沉积物中的浓度。显然，对于生物体而言，基于质量比的表示方法相对更优。

但是，由此带来的一个问题是：采用什么质量作为归一化的依据？早期的毒性物质-生物体模型中，生物体质量是基于湿重的形式表示。这一点与之前讲座中以干重形式表示的固体颗粒物有所不同。以生物体质量的表示方法在有机化学中得到了进一步的完善。对于毒性污染物而言,通常认为它与生物体内的脂质含量有关(Mackay,1982;Connolly 和 Pedersen,1988;Thomann,1989)。因此,量化生物体内污染物浓度的一种方法是:

$$v = \frac{v_{wt}}{f_L} \tag{45-1}$$

式中,v 为基于脂质重量的生物体内毒性物质浓度(μg 毒性物质·kg 脂质$^{-1}$);v_{wt} 为基于湿重的生物体内毒性物质浓度(μg 毒性物质·kg 湿重$^{-1}$);f_L 为脂质重量比例(kg 脂质·kg 湿重$^{-1}$)。

为了测量生物富集量,通常做法是把生物体放入污染物浓度恒定的一个容器中。可通过建立单个生物体周围的质量平衡方程来模拟该过程。如图 45-1 所示,系统中发生的主要过程为(1)通过生物体鳃膜扩散交换的直接吸收和(2)损失。

$$\frac{\mathrm{d}v_m}{\mathrm{d}t} = k_u w_L (c_d - c_B) - K v_m \tag{45-2}$$

$$\underset{\text{富集}}{\qquad} \underset{\text{吸收}}{\qquad} \underset{\text{损失}}{\qquad}$$

式中,v_m 为整个生物体中的毒性物质质量(μg 毒性物质·生物体$^{-1}$);k_u 为化学物质的摄取速率[L·(kg 脂质$^{-1}$·d^{-1})];w_L 为生物体的脂质重量(kg 脂质);c_d 为水体或者孔隙水中的"自由可利用"溶解性化学物质浓度(μg·L^{-1});c_B 为生物体血液中的"游离"化学物质浓度(μg·L^{-1});K 为损失速率(即通过皮肤表面、排泄、化学代谢发生的损失)(d^{-1})。

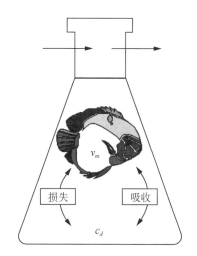

图 45-1　确定生物富集的简单实验示意

图中显示了输入和输出,以确保 CSTR 中的溶解性毒性物质浓度保持恒定

接下来,如果假定毒性物质在生物体组织和血液中的浓度分配与辛醇-水分配系数成正比,则可以定义

$$\frac{v}{c_B} = N_{wl} \approx K_{ow} \qquad (45\text{-}3)$$

式中，N_{wl} 为脂质和血液中的毒性物质浓度比值（L·kg 脂质$^{-1}$）。将该公式代入式(45-2)得到

$$\frac{\mathrm{d}v_m}{\mathrm{d}t} = k_u w_L \left(c_d - \frac{v}{K_{ow}} \right) - K v_m \qquad (45\text{-}4)$$

整个生物体内的毒性物质与其脂质浓度有关，即

$$v_m = v w_L \qquad (45\text{-}5)$$

将其代入式(45-4)，得到

$$\frac{\mathrm{d}(v w_L)}{\mathrm{d}t} + k_u w_L \left(c_d - \frac{v}{K_{ow}} \right) - K v_m \qquad (45\text{-}6)$$

如果生物体内的脂质重量是恒定的，那么可以直接将 w_L 移至括号外面。然而，对于一些生物体如鱼类，通常不适用于这种情形。因此，必须将微分方程式展开：

$$v \frac{\mathrm{d}w_L}{\mathrm{d}t} + w_L \frac{\mathrm{d}v}{\mathrm{d}t} = k_u w_L \left(c_d - \frac{v}{K_{ow}} \right) - K v_m \qquad (45\text{-}7)$$

或者重新整理各项：

$$w_L \frac{\mathrm{d}v}{\mathrm{d}t} = k_u w_L \left(c_d - \frac{v}{K_{ow}} \right) - k w_L v - G w_L v \qquad (45\text{-}8)$$

$$\text{富集} \qquad\qquad \text{吸收} \qquad\qquad \text{损失} \quad \text{生长稀释}$$

式中，G 为生物体的生长速率（d^{-1}），

$$G = \frac{\mathrm{d}w_L / \mathrm{d}t}{w_L} \qquad (45\text{-}9)$$

式(45-8)表示了生物体内单位脂质重量毒性污染物浓度随时间的动态变化[而不是式(45-2)所示的生物体内毒性污染物量随时间变化]。因此，这一变化除了与生物体对毒性物质的摄取和生物体排泄有关外，还与生物体的脂质增长速率有关。后者可以被认为是一种"稀释"效应，原因在于随着生物体重量的增加，单位生物体重量（即脂质重量）的污染物浓度将会相应降低。

式(45-8)可进一步简化为：

$$\frac{\mathrm{d}v}{\mathrm{d}t} + K'v = k_u c_d \qquad (45\text{-}10)$$

式中，K' 表示生物体内鳃膜吸收损失、其他损失和生长稀释速率之和：

$$K' = \frac{k_u}{K_{ow}} + K + G \qquad (45\text{-}11)$$

对于 K 和 G 为 0 的情形，式(45-11)表明总损失与辛醇-水分配系数成反比。也就是说，较高 K_{ow} 的毒性化合物在生物体内的浓度也会越高。

假定生物体在实验开始时未受到污染（$t=0$ 时，$v=0$），那么方程(45-10)的解析解为：

$$v=\frac{k_u}{K'}c_d(1-e^{-K't})\qquad(45\text{-}12)$$

因此，质量比浓度从零开始渐近地接近稳态浓度：

$$v=\frac{k_u}{K'}c_d\qquad(45\text{-}13)$$

注意到稳态浓度可以表示为：

$$N_w=\frac{v}{c_d}=\frac{k_u}{K'}=\frac{k_u}{k_u/K_{ow}+K+G}\qquad(45\text{-}14)$$

$$\left[\text{单位：}\frac{\mu g\ 污染物\cdot kg\ 脂质^{-1}}{\mu g\ 污染物\cdot L\ 水^{-1}}=\frac{L\ 水}{kg\ 脂质}\right]$$

式中，N_w 为生物富集因子。该参数的表示形式与前面讲座内容中的分配系数很相似。不同的是，N_w 不是表示吸附在单位质量悬浮颗粒物上的毒性物质量与水中溶解态浓度之比，而是表示单位脂质重量中的毒性物质量与水中溶解态毒性物质浓度之比。

一个特殊情形是损失速率和生物体生长速率为零。这种情况下式(45-14)简化为

$$N_w=K_{ow}\qquad(45\text{-}15)$$

【例 45-1】　生物富集

某浮游动物被投放于污染物浓度为 $1\ \mu g\cdot L^{-1}$ 的水缸中。计算稳态时浮游动物体内的毒性物质浓度。给定参数如下：$K_{ow}=10^5$；$k_u=31\ 000(L\cdot(kg\ 脂质\cdot d)^{-1})$；$G=0.15\ d^{-1}$；$k_d=0.01\ d^{-1}$。

【求解】 计算出生物体内的污染物总损失速率为（式 45-11）

$$K'=\frac{31\ 000}{10^5}+0.01+0.15=0.47\ d^{-1}$$

以及根据式(45-14)计算出生物富集因子为

$$N_w=\frac{31\ 000}{0.47}=65\ 957\ L\cdot kg\ 脂质^{-1}$$

最后计算出生物体内的毒性物质浓度为

$$v=N_wc_d=65\ 957\ L\ kg\ 脂质^{-1}\left(1\frac{\mu g}{L}\right)=65\ 957\ \mu g\ kg\ 脂质^{-1}$$

45.2　食物链模型（生物累积）

以上讨论的生物富集因子无疑是有用的，但是它们忽略了生物体吸收毒性物质的

第二种方式,即摄取被污染的被捕食者。

许多可能的数学公式表征了食物链中各成分之间的相互作用。如第 35 讲的描述,通常利用高度精细化的非线性模型来模拟生物量的季节性动态变化。但是,对于长期计算而言,这种季节性模型的成本过高,而且难以获得足够的毒性物质现场实测数据来支撑这种精细化模型。一种解决方案是引入一年之中的季节性变化模型,用以长期尺度食物链模型的传质速率估算。Hydroscience(1973)采用这种方法校核了伊利湖西部区域中镉的线性食物链模型。另一种解决方案基于恒定的年平均速率,直接建立长期模型。接下来的介绍与第二种方法有关,主要是基于 Thomann 和 Connolly 的研究成果(Thomann,1981,1989;Connolly,1991;Thomann 等人,1992;Thomann 和 Connolly,1992)。

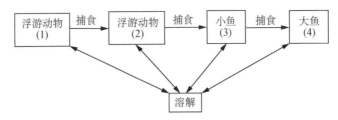

图 45-2　Thomann(1981)最早提出的深水区食物链简化示意图

深水区是指不受岸线和水体底部影响的开放水域

从初步近似估算的角度,远洋区食物链可概化为四个部分(图 45-2)。浮游植物的模拟方式与其他小的颗粒物类似。也就是说,可忽略膜交换作用,从而得到以下平衡方程:

$$\frac{\mathrm{d}v_1}{\mathrm{d}t} = k_{u1}c_d - K_1 v_1 \qquad (45\text{-}16)$$

式中,下标 1 表示浮游植物。

对于高等的生物有机体,则需考虑膜交换作用以及对浮游植物的捕食,相应平衡方程表示为:

$$\frac{\mathrm{d}v_2}{\mathrm{d}t} = k_{u2}c_d + \alpha_{21}I_{L2}v_1 - K_2' v_2 \qquad (45\text{-}17)$$

式中,$\alpha_{j,k}$ 为第 j 级捕食者从 k 级被捕食者中消化吸收化学物质的效率(μg 化学物质吸收量·μg 化学物质摄取量$^{-1}$);I_{L2} 表示基于脂肪重量比的被捕食者消耗速率(kg 被捕食者脂重·kg 脂质$^{-1}$·d^{-1})。

稳态情形下,式(45-16)的解析解为:

$$v_1 = \frac{k_{u,1}}{K_1}c_d \qquad (45\text{-}18)$$

或者以水中生物富集因子表示:

$$N_{1w} = \frac{v_1}{c_d} = \frac{k_{u1}}{K_1} \tag{45-19}$$

式(45-17)的稳态解为:

$$v_2 = N_{2w}c_d + g_{21}v_1 \tag{45-20}$$

式中,

$$N_{2w} = \frac{v_2}{c_d} = \frac{k_{u2}}{K_2'} \tag{45-21}$$

g_{21} 为无量纲形式的食物链放大因子:

$$g_{21} = \frac{\alpha_{21}I_{L2}}{K_2'} \tag{45-22}$$

若将式(45-18)代入式(45-20)中,便可以得到浮游动物中污染物浓度水平与水体浓度的直接相关关系,即:

$$v_2 = N_2 c_d \tag{45-23}$$

式中,N_2 表示浮游动物的污染物总富集因子:

$$N_2 = N_{2w} + g_{21}N_{1w} \tag{45-24}$$

需要指出的是对于浮游植物,

$$N_1 = N_{1w} \tag{45-25}$$

究其原因是浮游植物不通过捕食获取污染物,而对于浮游动物,

$$N_2 \neq N_{2w} \tag{45-26}$$

对于食物链的其他组分也可建立类似的方程。例如针对小鱼的质量平衡方程表示为:

$$N_3 = N_{3w} + g_{32}N_{2w} + g_{32}g_{21}N_1 \tag{45-27}$$

以及针对大鱼的质量平衡方程为:

$$N_4 = N_{4w} + g_{43}N_{3w} + g_{43}g_{32}N_{2w} + g_{43}g_{32}g_{21}N_1 \tag{45-28}$$

更通用的表示形式为:

$$N_n = N_{nw} + \sum_{j=1}^{n-1}\left[\left(\prod_{i=j+1}^{n} g_{i,\,i-1}\right)N_{iw}\right] \tag{45-29}$$

式中,N_n 为第 n 种生物体的生物累积因子。

45.3　参数估计

以上建立的模型框架中,包括了诸多化学和生物参数。现在我们来学习如何估算

这些参数。之后我们将把这些参数用于天然水体中毒性物质浓度的计算。

45.3.1 化学参数

吸收。生物体对毒性化学物质的吸收速率取决于生物体的呼吸速率和通过生物体鳃膜的传质效率。Connolly(1991)建议采用如下公式

$$k_u = 10^6 \frac{r_{oc} a_{cd} \rho}{a_{wd} f_L o_w} \frac{E_c}{E_o} \tag{45-30}$$

式中，r_{oc} 是氧气 - 碳的比例（$\cong 2.67$ kgO·kgC^{-1}）；a_{cd} 是碳 - 干重的比率（$\cong 0.4$ kgC·kg 干重$^{-1}$）；ρ 是生物体的呼吸速率（d^{-1}）；a_{wd} 是湿重 - 干重的比率（kg 湿重·kg 干重$^{-1}$）；o_w 是水中的溶解氧浓度（mg·L^{-1}）；E_c 是化学传质效率；E_o 是生物体内的氧传质效率。

注意到上式中包含了 10^6，以使得 k_u 的单位是 L·kg^{-1}·d^{-1}。

研究指出化学传质效率与许多因素有关，包括生物体内脂质的分配系数、分子量等[可查阅 McKim 等(1985)的综述]。Thomann(1989)建立了基于辛醇-水分配系数和生物体尺寸的化学传质效率分段函数计算方法。Thomann 和 Connolly(1992)进一步提出了与生物体大小无关的 E_c/E_o 简易计算版本，其数学表达方式为：

$$\lg \frac{E_c}{E_o} = -2.6 + 0.5 \lg K_{ow} \qquad\qquad 2 \leqslant \lg K_{ow} \leqslant 4$$

$$\frac{E_c}{E_o} = -3.339 + 0.8976 \lg K_{ow} \qquad 4 \leqslant \lg K_{ow} \leqslant 4.5$$

$$\frac{E_c}{E_o} = 0.7 \qquad\qquad\qquad\qquad\qquad 4.5 \leqslant \lg K_{ow} \leqslant 6.5 \tag{45-31}$$

$$\frac{E_c}{E_o} = 3.3 - 0.4 \lg K_{ow} \qquad\qquad 6.5 \leqslant \lg K_{ow} \leqslant 8$$

$$\lg \frac{E_c}{E_o} = 7 - \lg K_{ow} \qquad\qquad\qquad 8 \leqslant \lg K_{ow} \leqslant 9$$

如图 45-3 所示，传质效率先随着 K_{ow} 的增加先增加，再趋于平稳，之后再随着 K_{ow} 的增加而降低。

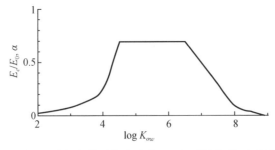

图 45-3　化学传质与溶解氧传质效率比值（E_c/E_o）随辛醇-水分配系数的变化

假定化学传质效率（α）同样满足该函数关系

鳃膜和排泄损失。根据式(45-11)，鳃膜和排泄损失定义为：

$$\frac{k_u\left[E_c(K_{ow}),\rho\right]}{K_{ow}}+K \tag{45-32}$$

式中，符号 $k_u\left[E_c(K_{ow}),\rho\right]$ 表示基于式(45-30)计算的吸收量。

化学吸收效率。通过食物摄取对化学物质的吸收与控制鳃膜输送的因素相类似。因此，Thomann 和 Connolly(1992)假设 α 是 K_{ow} 的函数，并将其近似为图 45-3 所示的函数。

45.3.2　生物体参数

生长和呼吸。生长和呼吸速率都可近似表达为生物体重量的函数。Thomann (1989)给出了如下的生长速率公式：

$$G=0.002\,512w^{-0.2} \tag{45-33}$$

以及呼吸速率公式：

$$\rho=0.009\,043w^{-0.2} \tag{45-34}$$

式中，w 是生物体重量(kg 湿重)。

消耗速率。根据 Connolly(1991)的研究，生物体的能量使用速率可采用如下公式计算

$$P_i=\lambda_i(\rho_i+G_i) \tag{45-35}$$

式中，P_i 是生物体 i 的能量使用速率(cal·kg 湿重$^{-1}$·d^{-1})；λ_i 是生物体 i 的热量密度(cal·kg 湿重$^{-1}$)。能量吸收速率是指能量使用速率除以消化吸收的被捕食者能量比例。因此食物消耗速率可表示为

$$I_i=\frac{\lambda_i}{\lambda_{i-1}}\frac{\rho_i+G_i}{a_{i,i-1}} \tag{45-36}$$

式中，下标 $i-1$ 表示被捕食者；$a_{i,i-1}$ 表示被捕食者 $i-1$ 被捕食者 i 摄取后吸收的比例。如果假定被捕食者和捕食者的干重组织中热量密度相同，则捕食者和被捕食者之间的热量密度差异与湿重—干重比有关。因此，基于脂质重量比的能量消耗速率可采用下式计算

$$I_{Li}=\frac{a_{wd,i-1}}{a_{wd,i}}\frac{f_{L,i-1}}{f_{L,i}}\frac{\rho_i+G_i}{a_{i,i-1}} \tag{45-37}$$

式中，a_{wd} 为湿重与干重之比(kg 湿重·kg 干重$^{-1}$)。

【例 45-2】　毒性物质-食物链

Thomann 等(1992)列出了安大略湖深水区食物链的相关参数，见表 45-1。

表 45-1　参据

生物体	编号	重量 （kg 湿重）	f_L （%脂质）	α	α_{ud}	G （d^{-1}）	ρ （d^{-1}）	I_L （d^{-1}）
浮游植物/腐殖质	1	—	1	—	10	—	—	—
浮游动物	2	1×10^{-5}	5	0.7	5	0.025	0.09	0.154
饵料鱼	3	0.1	8	0.8	4	0.004	0.014	0.016
食鱼性鱼类	4	1	20	0.8	4	0.0025	0.009	0.0058

注意到表中的最后三列已通过式(45-33)、(45-34)和(45-37)计算得出。(a)当毒性物质的 $K_{ow}=10^5$ 以及水中毒性物质总浓度为 $1\ \mu g \cdot L^{-1}$ 时,计算 4 种生物体内的毒性物质浓度水平。假设浮游植物呈现为简单颗粒物的形式,并且

$$N_{1w} \approx K_{ow}$$

已知湖泊中浮游植物/腐殖质浓度约为 $1\ mg \cdot L^{-1}$,且含碳量为 20%。另外假设排泄损失 K 可以忽略不计。(b)当 $\lg K_{ow}$ 介于 $2\sim9$ 时,绘制 4 种生物体内的毒性物质浓度变化。

【求解】　(a) 基于第 41 讲给出的分配系数计算公式(即式 41-37),可首先计算出溶解态毒性物质浓度为

$$c_d = \frac{1}{1+10^{-6}(10^5)0.2(1)}1 = 0.980\ 4\ \mu g \cdot L^{-1}$$

回顾之前讲过的内容,分母中须含有 10^{-6},以使得悬浮固体浓度以 $mg \cdot L^{-1}$ 为单位表示。可计算出小的有机颗粒物(即浮游植物,碎屑)中毒性物质浓度为

$$v_1 = N_{1w}c_d = 10^5(0.980\ 4) = 98\ 039\ \mu g \cdot kg\ 脂质^{-1}$$

接下来确定浮游动物体内的有毒物质浓度。首先,当选取 $E_c/E_o = 0.7$(图 45-3)时,可计算出吸收速率为

$$k_u = 10^6 \frac{2.67(0.4)0.09}{5(0.05)8.5}0.7 = 31\ 814\ L \cdot kg\ 脂质^{-1} \cdot d^{-1}$$

以及总损失速率为

$$K_2' = \frac{31\ 814}{10^5} + 0.025 = 0.343\ 3\ d^{-1}$$

据此可计算出生物富集因子为

$$N_{2w} = \frac{31\ 814}{0.343\ 3} = 92\ 682\ L \cdot kg\ 脂质^{-1}$$

可求得食物链放大因子为

$$g_{21} = \frac{0.7(0.154)}{0.343\ 3} = 0.314\ 18$$

基于该数据以及生物富集因子,确定出浮游动物体内的有毒物质浓度为

$$v_2 = 92\ 682(0.980\ 4) + 0.314\ 18(98\ 039) = 90\ 865 + 30\ 802 = 121\ 667\ \mu g \cdot kg\ 脂质^{-1}$$

同理可计算出饵料鱼和食鱼性鱼类体内的有毒物质浓度,如下图45-4和表45-2所示。

表45-2 浓度

生物体	N_w (生物富集因子)	ν_w	g	ν_{fc}(各组分) 浮游植物	浮游动物	饵料鱼	ν_{fc} (总)	ν	N_w (生物累积因子)
浮游植物/腐殖质	98 039	98 039	—	—	—	—	—	98 039	100 000
浮游动物	92 682	90 865	0.314	30 802	—	—	30 802	121 667	124 100
饵料鱼	90 821	89 040	0.289	8 890	35 117	—	44 006	133 047	135 708
食鱼性鱼类	79 830	78 265	0.325	2 887	11 403	43 205	57 496	135 751	138 476

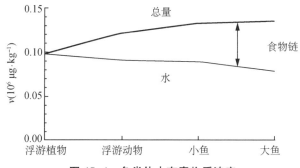

图45-4 鱼类体内有毒物质浓度

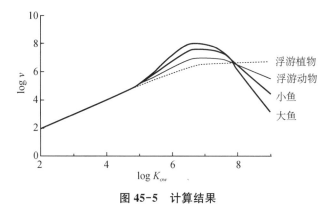

图45-5 计算结果

（b）对应不同 K_{ow} 的计算结果如图45-5所示。注意峰值在大约 $K_{ow} = 6 \sim 7$ 的位置出现。这一结果取决于 α、E_c 与 K_{ow} 之间的关系曲线（图45-3），并与食物中有毒物质浓度随着 K_{ow} 的增加而增大有关。

需要指出的是,浮游植物实际上并不表现为简单的颗粒物,而且对于所有的有机化学物质 N_{1w} 并不一定等于 K_{ow}。例如 Thomann（1989）指出 K_{ow} 低于或等于6时 N_{1w}

与 K_{ow} 大约相等,而在 K_{ow} 大于 6 后 N_{1w} 大约达到 $\lg N_{1w} \cong 6.5$ 的峰值水平。在本讲最后的习题中,我们将探讨 N_{1w} 取值趋于平稳的含义。

45.4 与质量平衡模型的集成

上一节介绍了在给定水中毒性物质浓度的前提下,如何确定食物链中有毒物质的浓度。将食物链模型集成到质量平衡框架中,可以进一步分析毒性污染负荷排放造成的生物体内浓度响应。

若假设食物链除浮游植物以外的其他生物体中毒性物质质量可以忽略,那么仅通过已经建立的毒性物质质量平衡模型,就可以计算出溶解态和颗粒态组分的浓度。若假设颗粒态物质(即浮游植物、有机碎屑)作为食物,那么其浓度水平可用作为食物链模型的驱动函数。

例如,回顾以前讲过的内容,完全混合湖泊水体和下部沉积层中的污染物稳态浓度解析解为[式(40-33)~式(40-35)]:

$$c_1 = \frac{Qc_{in}}{Q + k_1 V_1 + v_v A F_{d1} + (1 - F_r')(v_s F_{p1} + v_d F_{d1})A} \tag{45-38}$$

$$c_2 = \frac{v_s F_{p1} + v_d F_{d1}}{k_2 H_2 + v_r + v_b + v_d F_{d2}} c_1 \tag{45-39}$$

式中,F_r' 为沉积物中污染物向上覆水传质与沉积物中总质量损失的比值:

$$F_r' = \frac{v_r + v_d F_{d2}}{v_r + v_b + v_d F_{d2} + K_2 H_2} \tag{45-40}$$

污染物组分比例通过辛醇-水分配系数表示为:

$$F_{d1} = \frac{1}{1 + (1 \times 10^{-6} K_{ow}) f_{oc} m_1} \tag{45-41}$$

$$F_{p1} = \frac{(1 \times 10^{-6} K_{ow}) f_{oc} m_1}{1 + (1 \times 10^{-6} K_{ow}) f_{oc} m_1} \tag{45-42}$$

$$F_{dp2} = \frac{1}{\phi + (1 \times 10^{-6} K_{ow}) f_{oc2}(1 - \phi)\rho} \tag{45-43}$$

因此,两个与食物链模型有关的定量参数计算如下:

$$c_{d1} = F_{d1} c_1 \tag{45-44}$$

$$v_1 = \frac{F_{p1} c_1}{f_{oc,1} m_1} \tag{45-45}$$

【例 45-3】 毒性物质-食物链模型和质量平衡

安大略湖的流量为 $Q = 212 \times 10^9$ m³ · yr⁻¹,且沉积区面积约为 $10\,000 \times 10^6$ m²。假设湖中的悬浮固体沉降速率为 100 m · yr⁻¹。另外假设污染物除了沉降和出流外没有其他损失;再悬浮、沉积物-水体的扩散效应可以忽略不计。所有其他参数及其假定与例题 45-2 相同。若污染物的 K_{ow} 为 10^5,计算允许的入流浓度,以使得大鱼中毒性物质浓度保持在 10^5 $\mu g \cdot kg^{-1}$ 脂质的水平。

【求解】 当不考虑再悬浮、沉积物-水体扩散和衰减反应时,式(45-38)简化为:

$$c_1 = \frac{Qc_{in}}{Q + v_s F_{p1} A}$$

根据例 45-2,我们已经确定出顶级捕食者的生物累积因子为 138 476。因此,可将该数据乘以水中的溶解态浓度来确定大鱼中的毒性污染物浓度:

$$v_4 = N_4 F_{d1} \frac{Qc_{in}}{Q + v_s F_{p1} A}$$

重新整理上式后可计算出允许入流浓度:

$$c_{in} = \frac{v_4(Q + v_s F_{p1} A)}{N_4 F_{d1} Q} = \frac{v_4}{N_4 F_{d1}} \left[1 + \frac{v_s(1 - F_{d1})}{q_s} \right]$$

式中,$q_s = Q/A$,对于安大略湖 $q_s = 212 \times \dfrac{10^9}{10\ 000} \times 10^6 = 21.2$ m·yr^{-1}。将该数据和其他参数代入上式,得到:

$$c_{in} = \frac{10^5}{138\ 476(0.980\ 4)} \left[1 + \frac{100(0.019\ 6)}{21.2} \right] = 0.668\ \mu g \cdot L^{-1}$$

相应入流浓度需减少 $\dfrac{1}{3}$。

45.5 沉积物和食物网(高级主题)

以上介绍的模型框架可进一步拓展至耦合沉积物-水体相互作用以及食物网。图 45-6 展示了如何通过增加以底部沉积物为食物的生物体来实现上述两方面功能的拓展。

五个食物链组分之间的平衡关系可写成

$$
\begin{aligned}
0 &= k_{u1} c_d - K_1' v_1 \\
0 &= k_{u2} c_d + \alpha_{21} I_{L2} v_1 - K_2' v_2 \\
0 &= k_{u3} c_d + p_{32} \alpha_{32} I_{L3} v_2 + p_{35} \alpha_{35} I_{L3} v_5 - K_3' v_3 \\
0 &= k_{u4} c_d + \alpha_{43} I_{L4} v_3 - K_4' v_4 \\
0 &= [k_{u5}(b_{5s} c_s + b_{5d} c_d)] + [p_{5s} \alpha_{5s} I_{Loc} v_5 + p_{51} \alpha_{51} I_{L5} v_1] - K_5' v_5
\end{aligned}
\tag{45-46}
$$

式中,b_{5s} 和 b_{5d} 分别表示从沉积物和上覆水中摄取的污染物比例,$b_{5s} + b_{5d} = 1$;p_{32} 和 p_{35} 分别表示草鱼对浮游动物和底栖无脊椎动物的偏好因子,$p_{32} + p_{35} = 1$;p_{5s} 和 p_{51} 分别表

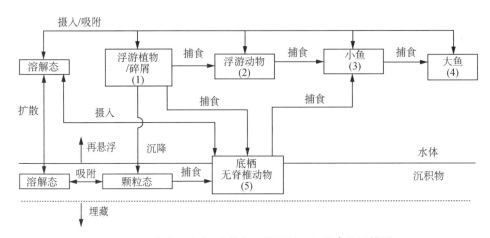

图 45-6   考虑沉积物-水体相互作用的五组分食物网模型

(改编自 Thomann 等,1992)

示底栖无脊椎动物对沉积物和浮游植物的偏好因子,$p_{5s} + p_{51} = 1$;I_{Loc} 表示每千克捕食者脂质消化的每千克有机碳速率(kg 有机碳·kg 脂质$^{-1}$·d^{-1}),可通过下式计算[与式(45-37)比较]:

$$I_{Loci} = \frac{f_{oc,i}}{f_{L,i}} \frac{\rho_i + G_i}{a_{i,i-1} a_{ud,i}} \tag{45-47}$$

式(45-46)显亮表示了一些参数项,以此表明与图 45-2 所示的单纯深水区模型之间的不同。这些不同之处在于:

·使用偏好因子将底栖无脊椎动物和草鱼对不同食物来源的捕食区分开来。通过这种方式将系统形成食物网而不是食物链。

·将底栖大型无脊椎动物与沉积物孔隙水(吸收)和沉积物固体(摄取)联系起来。对于前者,采用 b 项来区分孔隙水和上覆水体中的摄入量。

·重新构建了底栖生物能量消耗速率公式[式(45-47)]。通过该公式将沉积物中的固体污染物采用单位质量碳而不是单位质量脂质的形式表示。

Thomann 等人(1992)将此框架应用于安大略湖,并阐述了底栖作用途径如何对深水生物体的毒性污染物浓度水平造成显著的影响。

综上所述,本讲力图向大家介绍如何构建污染物-食物链相互作用模型,并将其与质量平衡方法集成。尽管我们的关注点是有机有毒物质,但其他污染物如金属和放射性核素的建模遵循类似的方法。也就是说,直接吸收和捕食为化学物质在生物体之间的转移和富集提供了途径。

习　题

45-1   重新计算例 45-1,但是计算草鱼的生物富集因子和脂肪重量比浓度(参数取值见例 45-2)。

45-2　当污染物的 $\lg K_{ow}$ 为 6 时，重新计算例题 45-2 的(a)问。

45-3　重新计算例题 45-2 的(b)问，但 N_{1w} 遵循如下关系：

$$N_{1w} = K_{ow} \qquad 2 \leqslant \lg K_{ow} \leqslant 6.5$$
$$N_{1w} = 10^{6.5} \qquad 6.5 \leqslant \lg K_{ow} \leqslant 9$$

45-4　当化合物的 $\lg K_{ow} = 6$ 时，重新计算例题 45-3。

附 录

转 换 因 子

米制和国际单位制的前缀

倍数	前缀	符号
10^{12}	万亿	T
10^{9}	十亿	G
10^{6}	兆	M
10^{3}	千	k
10^{2}	百	h
10^{1}	十	da
10^{-1}	分	d
10^{-2}	厘	c
10^{-3}	毫	m
10^{-6}	微	μ
10^{-9}	纳	n
10^{-12}	皮	p
10^{-15}	飞	f
10^{-18}	阿	a

时间

1 年(yr)	$=31.536 \times 10^{6}$ s
1 个平均月(mo)	$=30.42$ d

1 天(d)	$=1\ 440$ min
	$=86\ 400$ 秒(s)

长度

1 英尺(ft)	$=0.304\ 8$ m
1 码(yd)	$=0.914\ 4$ m
1 英寸(in)	$=2.54$ cm
1 英里(mi)	$=1.609\ 344$ km
1 海里	$=1.852$ km
1 米(m)	$=3.280\ 8$ ft
	$=39.37$ in
1 埃(Å)	$=10^{-10}$ m
	$=0.1$ nm

面积

1 平方英寸(in^2)	$=6.452$ cm^2
1 公顷(ha)	$=10\ 000$ m^2
	$=2.471\ 0$ 英亩
1 平方千米(km^2)	$=0.386\ 1$ mi^2
1 英亩(ac)	$=43\ 560$ ft^2
	$=0.404\ 685$ ha

体积

1 立方米(m^3)	$=35.314\ 7ft^3$
	$=264.172$ gal(U. S.)
	$=1\ 000$ 升(L)
1 立方英尺(ft^3)	$=7.480$ gal
1 英亩-英尺(ac-ft)	$=43\ 560$ ft^3
	$=1\ 233.49$ m^3
	$=325\ 851$ gal(U. S.)
1 加仑(U. S.)	$=3.785$ L
1 MG	$=10^6$ 加仑
1 油桶(bbl)	$=0.158\ 99$ m^3
	$=42$ gal(U. S.)

1 液体盎司 $\qquad =\dfrac{1}{128}$ gal(U. S.)

速度

1 米/秒(m · s^{-1})　　　$=3.280\ 8$ ft · s^{-1}

$\qquad\qquad\qquad\quad =86.4$ km · d^{-1}

$\qquad\qquad\qquad\quad =2.237$ 英里/小时

1 英尺/秒(ft · s^{-1})　　$=0.681\ 8$ 英里/小时

$\qquad\qquad\qquad\quad =0.304\ 8$ m · s^{-1}

$\qquad\qquad\qquad\quad =16.364$ mi · d^{-1}

1 英里/小时(mph)　　　$=1.467$ ft · s^{-1}

$\qquad\qquad\qquad\quad =0.447\ 0$ m · s^{-1}

$\qquad\qquad\qquad\quad =1.609$ km · h^{-1}

离散/扩散

1 平方厘米/秒(cm^2 · s^{-1})　　$=3.336\times10^{-6}$ mi^2 · d^{-1}

$\qquad\qquad\qquad\qquad\qquad =93$ ft^2 · d^{-1}

1 平方英里/天(mi^2 · d^{-1})　　$=0.299\ 8\times10^6$ cm^2 · s^{-1}

流量

1 立方米/秒(m^3 · s^{-1})　　$=35.314\ 7$ cfs

$\qquad\qquad\qquad\quad =2\ 118.9$ ft^3 min^{-1}(cfm)

$\qquad\qquad\qquad\quad =22.824\ 5$ MGD

$\qquad\qquad\qquad\quad =70.07$ ac-ft · d^{-1}

1 立方英尺/秒(cfs)　　$=0.028\ 316$ m^3 · s^{-1}

$\qquad\qquad\qquad\quad =7.480\ 6$ gal · min^{-1}

$\qquad\qquad\qquad\quad =0.646$ MGD

1 百万加仑/天(MGD)　　$=0.043\ 8$ m^3 · s^{-1}

$\qquad\qquad\qquad\quad =1.547\ 2$ cfs

1 加仑/分钟(gpm)　　　$=6.309\ 02\times10^{-5}$ m^3 · s^{-1}

质量

1 千克(kg)　　　　　$=2.204\ 6$ lb$_m$

$\qquad\qquad\qquad\quad =35.274$ 盎司

1 吨(tonne)	$=1\,000$ kg
	$=2\,204.6$ lb_m
1 磅(1 b)	$=453.6$ g

密度

| 1 g·cm^{-3} | $=1\,000$ kg m^{-3} |
| | $=62.428$ lb_m ft^{-3} |

浓度

1 g·L^{-1}	$=1$ ppt
	$=1‰$
1 mg·L^{-1}	$=8.34$ $lb_m(10^6\ gal)^{-1}$
	$=1$ g·m^{-3}
	$=1$ ppm
1 μg·L^{-1}	$=1$ mg·m^{-3}
	$=1$ ppb
1 ng·L^{-1}	$=1$ μg·m^{-3}
	$=1$ pptr

能量

1 卡路里(cal)	$=4.186\,8$ J
	$=0.003\,968$ Btu
1 焦耳(J)	$=1$ W·s
	$=1$ N·m
1 千瓦·时	$=3\,600$ kJ
	$=860$ kcal
	$=3\,412$ Btu
1 英国热单位(Btu)	$=1.055\,056$ kJ
	$=252$ cal
	$=0.293\,0$ W·h
	$=778$ ft-lb
1 尔格	$=10^{-10}$ kJ

温度

度	$=\dfrac{5}{9}[T(℉)-32]$
摄氏度(℃)	$=\dfrac{[T(℉)+40]}{1.8}-40$
度	$=\dfrac{9}{5}T(℃)+32$
华氏度(℉)	$=1.8[T(℃)+40]-40$
开尔文(K)	$=T(℃)+273.15$
度 朗肯度(°R)	$=T(℉)+459.67$

摄氏度(℃)	华氏度(℉)	摄氏度(℃)	华氏度(℉)
0	32	30	86
5	41	35	95
10	50	40	104
15	59	45	113
20	68	50	122
25	77		

热通量

1 兰利/天(ly·d^{-1})	$=1$ cal·cm^{-2}·d^{-1}
1 Btu·ft^{-2}·h^{-1}	$=3.154\ 591$ W·m^{-1}

压力

1 kPa	$=0.009\ 869\ 2$ 大气压
	$=0.296\ 134$ inHg
	$=7.500\ 615\ 1$ torr(mmHg)
	$=0.145\ 037\ 7$ psi
	$=0.01$ bar
	$=0.010\ 197\ 2$ kg$_f$·cm^{-2}

力

1 牛顿(N)	$=1$ kg·m·s^{-2}

$$=0.224\,8\ \text{lb}_\text{f}$$
$$=7.233\ \text{lb}_\text{m} \cdot \text{ft} \cdot \text{s}^{-2}$$
$$=1 \times 10^5\ \text{dyne}$$

1 达因(dyn) $\qquad =1\ \text{g} \cdot \text{cm} \cdot \text{s}^{-2}$

功率

1 瓦特(W) $\qquad =1\ \text{joule} \cdot \text{s}^{-1}(\text{J} \cdot \text{s}^{-1})$
$$=1\ \text{kg} \cdot \text{m}^2 \cdot \text{s}^{-3}$$
$$=3.412\ \text{Btu} \cdot \text{h}^{-1}$$
$$=1.34 \times 10^{-3}\ \text{hp}$$

粘滞系数(动力)

1 Pa · s $\qquad =1\ \text{kg}\ \text{m}^{-1} \cdot \text{s}^{-1}$
$$=1\,000\ 厘泊(\text{cp})$$
$$=0.672\ \text{lb}_\text{m} \cdot \text{ft}^{-1} \cdot \text{s}^{-1}$$

热容

1 kJ(kg · ℃)$^{-1}$ $\qquad =0.238\,8\ \text{cal}(\text{g} \cdot ℃)^{-1}$
$$=0.238\,8\ \text{Btu}(\text{lb}_\text{m} \cdot ℉)^{-1}$$

导热系数

1 W(m · K)$^{-1}$ $\qquad =0.577\,8\ \text{Btu}(\text{h} \cdot \text{ft} \cdot ℉)^{-1}$
$$=2.388 \times 10^{-3}\ \text{cal}(\text{s} \cdot \text{cm} \cdot ℃)^{-1}$$

传热系数

1 W(m^2 · K)$^{-1}$ $\qquad =0.176\,11\ \text{Btu}(\text{ft}^2 \cdot \text{h} \cdot ℉)^{-1}$

气体常数

R $\qquad =8.206 \times 10^{-5}\ \text{m}^3 \cdot \text{atm}(\text{mol} \cdot \text{K})^{-1}$
$$=8.314\,3\ \text{J}(\text{mol} \cdot \text{K})^{-1}$$
$$=1.987\,2\ \text{cal}(\text{mol} \cdot \text{K})^{-1}$$
$$=10.73\ \text{ft}^3 \cdot \text{psi}(\text{lb}_\text{mol} \cdot \text{R})$$
$$=0.730\,2\ \text{ft}^3 \cdot \text{atm}(\text{lb}_\text{mol} \cdot \text{R})^{-1}$$

饱和溶解氧浓度

温度 (℃)	氯化物浓度(g·L⁻¹)					
	0	5	10	15	20	25
0	14.621	13.726	12.885	12.096	11.356	10.660
1	14.216	13.354	12.544	11.782	11.068	10.396
2	13.830	12.999	12.217	11.482	10.792	10.143
3	13.461	12.659	11.904	11.195	10.528	9.900
4	13.108	12.334	11.605	10.920	10.275	9.668
5	12.771	12.023	11.319	10.656	10.032	9.445
6	12.448	11.726	11.045	10.404	9.800	9.231
7	12.139	11.441	10.782	10.161	9.577	9.025
8	11.843	11.167	10.530	9.929	9.362	8.828
9	11.560	10.906	10.288	9.706	9.157	8.639
10	11.288	10.654	10.056	9.492	8.959	8.456
11	11.027	10.413	9.834	9.286	8.769	8.281
12	10.777	10.182	9.620	9.089	8.587	8.113
13	10.537	9.960	9.414	8.898	8.411	7.950
14	10.306	9.746	9.216	8.715	8.242	7.794
15	10.084	9.540	9.026	8.539	8.079	7.643
16	9.870	9.342	8.843	8.370	7.922	7.498
17	9.665	9.152	8.666	8.206	7.770	7.358
18	9.467	8.968	8.496	8.048	7.624	7.223
19	9.276	8.791	8.332	7.896	7.483	7.092
20	9.092	8.621	8.173	7.749	7.347	6.966
21	8.915	8.456	8.020	7.607	7.215	6.843
22	8.744	8.297	7.872	7.470	7.088	6.725
23	8.578	8.143	7.729	7.337	6.964	6.611
24	8.418	7.994	7.591	7.208	6.845	6.499
25	8.263	7.850	7.457	7.083	6.729	6.392

（续表）

温度 （℃）	氯化物浓度（g·L^{-1}）					
	0	5	10	15	20	25
26	8.114	7.710	7.327	6.962	6.616	6.287
27	7.968	7.575	7.201	6.845	6.507	6.186
28	7.828	7.444	7.079	6.731	6.401	6.087
29	7.691	7.316	6.960	6.621	6.298	5.991
30	7.559	7.193	6.845	6.513	6.198	5.898
31	7.430	7.073	6.733	6.409	6.100	5.807
32	7.305	6.956	6.623	6.307	6.005	5.718
33	7.183	6.842	6.517	6.208	5.913	5.632
34	7.065	6.731	6.414	6.111	5.822	5.548
35	6.949	6.623	6.313	6.016	5.734	5.465
36	6.837	6.518	6.214	5.924	5.648	5.385
37	6.727	6.415	6.118	5.834	5.564	5.306
38	6.620	6.315	6.024	5.746	5.481	5.229
39	6.515	6.217	5.932	5.660	5.401	5.153
40	6.413	6.121	5.842	5.576	5.322	5.079

水 的 性 质

温度 (℃)	密度 (g · cm^{-3})	绝对黏滞系数 [10^{-2} gm(cm · s)$^{-1}$]	运动黏滞系数 10^{-2} cm^2 · s^{-1}	蒸汽压 (mmHg)
0	0.999 87	1.792 1	1.792 3	4.58
2	0.999 97	1.674 0	1.674 1	5.29
4	1.000 00	1.567 6	1.567 6	6.10
6	0.999 97	1.472 6	1.472 6	7.01
8	0.999 88	1.387 2	1.387 4	8.04
10	0.999 73	1.309 7	1.310 1	9.21
12	0.999 52	1.239 0	1.239 6	10.52
14	0.999 27	1.174 8	1.175 6	11.99
16	0.998 97	1.115 6	1.116 8	13.63
18	0.998 62	1.060 3	1.061 8	15.48
20	0.998 23	1.008 7	1.010 5	17.54
22	0.997 80	0.960 8	0.962 9	19.83
24	0.997 33	0.916 1	0.918 6	22.38
26	0.996 81	0.874 6	0.877 4	25.21
28	0.996 26	0.836 3	0.839 4	28.34
30	0.995 68	0.800 4	0.803 9	31.81

附录 D

化 学 元 素

	符号	原子序数	原子量*		符号	原子序数	原子量*
锕	Ac	89	[227]	镓	Ga	31	69.72
铝	Al	13	26.981 5	锗	Ge	32	72.61
镅	Am	95	[243]	金	Au	79	196.967
锑	Sb	51	121.75	铪	Hf	72	178.49
氩	Ar	18	39.948	氦	He	2	4.002 6
砷	As	33	74.921 6	钬	Ho	67	164.930
砹	At	85	[210]	氢	H	1	1.007 9
钡	Ba	56	137.33	铟	In	49	114.82
锫	Bk	97	[247]	碘	I	53	126.904 5
铍	Be	4	9.012 2	铱	Ir	77	192.22
铋	Bi	83	208.980	铁	Fe	26	55.847
硼	B	5	10.811	氪	Kr	36	83.80
溴	Br	35	79.904	镧	La	57	138.91
镉	Cd	48	112.41	铹	Lr	103	[260]
钙	Ca	20	40.078	铅	Ph	82	207.2
锎	Cf	98	[251]	锂	Li	3	6.941
碳	C	6	12.011	镥	Lu	71	174.97
铈	Ce	58	140.12	镁	Mg	12	24.305
铯	Cs	55	132.905	锰	Mn	25	54.938 0
氯	Cl	17	35.453	钔	Md	101	[258]
铬	Cr	24	51.996	汞	Hg	80	200.59
钴	Co	27	58.933 2	钼	Mo	42	95.94
铜	Cu	29	63.546	钕	Nd	60	144.24
锔	Cm	96	[247]	氖	Ne	10	20.180
镝	Dy	66	162.50	镎	Np	93	[237]
锿	Es	99	[252]	镍	Ni	28	58.69
铒	Er	68	167.26	铌	Nb	41	92.906
铕	Eu	63	151.96	氮	N	7	14.006 7
镄	Fm	100	[257]	锘	No	102	[259]
氟	F	9	18.998 4	锇	Os	76	190.2
钫	Fr	87	[223]	氧	O	8	15.999 4
钆	Gd	64	157.25	钯	Pd	46	106.4

	符号	原子序数	原子量*		符号	原子序数	原子量*
磷	P	15	30.973 8	钽	Ta	73	180.948
铂	Pt	78	195.08	锝	Tc	43	[98]
钚	Pu	94	[244]	碲	Te	52	127.60
钋	Po	84	[209]	铽	Tb	65	158.925
钾	K	i9	39.098	铊	Tl	81	204.38
镨	Pr	59	140.907 7	钍	Th	90	232.038
钷	Pm	61	[145]	铥	Tm	69	168.934
镤	Pa	91	[231]	锡	Sn	50	118.71
镭	Ra	88	[226]	钛	Ti	22	47.88
氡	Rn	86	[222]	钨	W	74	183.85
铼	Re	75	186.2	106号元素	Unh	106	[263]
铑	Rh	45	102.905	105号元素	Unp	105	[262]
铷	Rb	37	85.467 8	104号元素	Unq	104	[261]
钌	Ru	44	101.07	107号元素	Uns	107	[262]
钐	Sm	62	150.4	铀	U	92	238.03
钪	Sc	21	44.956	钒	V	23	50.94
硒	Se	34	78.96	氙	Xe	54	131.29
硅	Si	14	28.086	镱	Yb	70	173.04
银	Ag	47	107.868	钇	Y	39	88.905 9
钠	Na	11	22.989 8	锌	Zn	30	65.39
锶	Sr	38	87.62	锆	Zr	40	91.22
硫	S	16	32.066				

* 括号内的值表示最长生命期或最为熟知的同位素质量数。

数值计算方法入门

数值方法涉及到运用计算机求解数学问题。下面的材料总结了环境建模中用到的一些简单数值方法。下面所述方法的更多细节及其他数值计算技术,可查阅 Chapra 和 Canale(1988)的文献。建议读者阅读该文献和其他参考文献,以了解以下所讲技术的细微差别,这一点超出了入门知识的范畴。

方程求根

代数方程或超越方程的根是使方程等于零的变量值。也就是说,x 值产生了

$$f(x) = 0 \tag{E.1}$$

求解根的数值计算方法是对根进行一个或多个猜测,并通过计算机运算逐步提高估计值的精度。具体有两种基本方法:区间法(bracketing method)和开型法(opening method)。

区间法:二分法

顾名思义,区间法基于两个猜想的初始值位于区间的两边。也就是说,该方法定义了一个区间,在该区间内有一个实根。实根的判断依据是区间内是否发生符号变化(符号变化意味着该函数在区间内经过零点):

$$f(x_l)f(x_u) < 0 \tag{E.2}$$

式中,x_l 和 x_u 分别为下限猜测值和上限猜测值。如果可以得出两个这样的猜测,则可以简单地认为该区间的中间值即为根估计:

$$x_r = \frac{x_l + x_u}{2} \tag{E.3}$$

式中,x_r 为根估计。

一旦获得了根估计,就必须定义一个包含根的新区间。为此,需要确定在下限猜测值和根估计之间是否发生符号变化。如果有符号变化,则将根估计定义为新的上限值。如果没有符号变化,则将根估计定义为新的下限值。在重新定义了缩小后的区间后,就可以计算出一个新的中点并重复该过程,直至获得更精准的根估计。

进行迭代计算,直到误差估计值低于设定的停止迭代标准为止。一种用于估算误差的方法是

$$\epsilon_a = \left| \frac{x_r^{\text{new}} - x_r^{\text{old}}}{x_r^{\text{new}}} \right| (100\%) \tag{E.4}$$

式中 ϵ_a 为近似误差,x_r^{new} 和 x_r^{old} 为当前和先前的根估计。实现该算法的一些虚拟代码如图 E.1 所示。

```
SUB Bisect(xl, xu, xr, iter, ea)

  This subroutine must have access to
  the function being evaluated, f(x)

  ASSIGN imax, es
  iter = 0
  DO
    xrold = xr
    xr = (xl+xu)/2
    iter = iter + 1
    IF xr≠0 THEN
      ea = abs((xr-xrold)/xr)*100
    END IF
    test = f(xl)*f(xr)
    IF test = 0 THEN
      ea = 0
    IF test<0 THEN
      xu = xr
    ELSE
      xl = xr
    END IF
  LOOP UNTIL ea<es OR iter>imax

END Bisect
```

图 E.1　二分算法

开型法:牛顿-拉普森(Newton-Raphson)迭代与修正割线

开型法不需要定义根的猜测区间。因此,它们往往比区间法收敛得更快。然而,这种方法也可能使得求解结果偏离真实根。收敛的速度和可能性通常取决于初始猜测值。此外还取决于函数类型。

最常用且最为有效的开型法是牛顿-拉普森方法。它使用函数的导数来定义下一个根估计的路径。该过程可用下面的迭代公式表示:

$$x_{i+1} = x_i - \frac{f(x_i)}{f'(x_i)} \tag{E.5}$$

重复使用此公式,直到相对误差百分比(由公式 E.4 计算)降到指定的误差水平以下。实现该算法的一些虚拟代码如图 E.2 所示。

使用牛顿-拉普森方法的一个问题是需要确定函数的导数。一种不需要导数估计的替代方法是修正割线法。这种方法使用有限差分来估计导数:

$$f'(x_i) \cong \frac{f(x_i + \varepsilon x_i) - f(x_i)}{\varepsilon x_i} \tag{E.6}$$

式中,ε 为一个小的扰动分数(≈ 0.01)。将方程 E.6 代入方程 E.5 后,得到修正的割线公式为

$$x_{i+1} = x_i - \frac{\varepsilon x_i f(x_i)}{f(x_i + \varepsilon x_i) - f(x_i)} \tag{E.7}$$

利用式 E.7 代替牛顿-拉普森公式(式 E.5),就可以把图 E.2 中的算法转换为修正割线法。

```
SUB Newton(xr, iter, ea)

  This subroutine must have access to the
  function being evaluated, f(x), and its
  derivative, f'(x).

  ASSIGN imax, es
  iter = 0
  DO
    xrold = xr
    xr = xr - f(xr)/f'(xr)
    iter = iter+1
    IF xr≠0 THEN
      ea = abs((xr-xrold)/xr)*100
    END IF
  LOOP UNTIL ea<es OR iter>imax

END Newton
```

图 E.2　牛顿-拉普森法

线性代数方程组

这类问题涉及具有 n 个未知数的 n 个线性代数方程求解。这种系统的一个例子是:

$$\begin{aligned}
a_{11}x_1 + a_{12}x_2 + a_{13}x_3 &= b_1 \\
a_{21}x_1 + a_{22}x_2 + a_{23}x_3 &= b_2 \\
a_{31}x_1 + a_{32}x_2 + a_{33}x_3 &= b_3
\end{aligned} \tag{E.8}$$

式中,a_{ij} 是常系数,i 表示行(或方程)以及 j 表示列(或未知量),b 是常数,x 是未知数。

有两种基本的方法可来解未知数:消元(或分解)法和迭代法。

消元法:高斯消元和LU分解

高斯消元法是将方程乘以常数因子,然后将方程相减后实现消元。顾名思义,其目的是消除方程中的未知数。经过消元后,最后一个方程将只有一个未知数,倒数第二个方程有两个未知数,以此类推。然后可以通过回代计算来确定未知量的值。高斯消元的过程如图E.3所示。为了避免被零除,可以在算法中包含部分主元消去法,即通过方程转换以避免被零除。

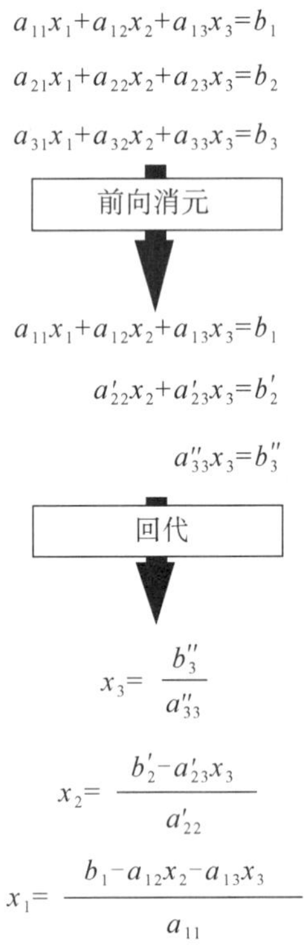

尽管高斯消元法无疑是求解联立方程组的一种有效方法,但对求解具有相同系数(a')的方程组是无效的,即使方程右边的常数(b')不相同也是如此。由于这种情况在水质模型建模中很常见,高斯消去法可用一种称之为 **LU分解** 的格式替代。在这种方法中,首先把用于消去未知量的常数因子乘以方程式左边的系数。然后将它们保存起来,以便之后可以用来乘以方程右侧的各个常数。这个过程首先通过正向减法实现,然后通过反向回代求解。

$a_{11}x_1+a_{12}x_2+a_{13}x_3=b_1$

$a_{21}x_1+a_{22}x_2+a_{23}x_3=b_2$

$a_{31}x_1+a_{32}x_2+a_{33}x_3=b_3$

前向消元

$a_{11}x_1+a_{12}x_2+a_{13}x_3=b_1$

$a'_{22}x_2+a'_{23}x_3=b'_2$

$a''_{33}x_3=b''_3$

回代

$$x_3=\frac{b''_3}{a''_{33}}$$

$$x_2=\frac{b'_2-a'_{23}x_3}{a'_{22}}$$

$$x_1=\frac{b_1-a_{12}x_2-a_{13}x_3}{a_{11}}$$

图 E.3 高斯消元法的求解
策略示意图

高斯消元的LU分解算法计算代码如图E.4所示。

该算法有三个特点:

- 用于前向传递的因子存储在矩阵的下部。之所以可以这样做是因为这些因子与方程系数相乘后都将转换为零,并且对于最终求解是不需要的。这种存储可以节省空间。

- 该算法使用一阶向量o来跟踪转置。因为只有一阶向量(而不是整行)被转置,所以大大加快了算法的速度。

- 该算法可以进行奇异性和非奇异性检验。如果返回一个 er=−1 的值,则检测到一个奇异矩阵,相应计算终止。

图E.4所示算法的一个重要应用是求逆矩阵。通过引入单位向量作为右侧常量,可以求得方程的解,即逆矩阵。例如,如果右侧常数的第一个位置为1,而其他位置为0,

$$\{b\}=\begin{Bmatrix}1\\0\\0\end{Bmatrix} \tag{E.9}$$

那么得到的解将对应逆矩阵的第一列。类似地,如果一个单位向量在第二行为1,$\{b\}^T=\{0\,1\,0\}$,求解结果将对应矩阵逆的第二列。用这种方法生成矩阵逆的虚拟代码如图E.5所示。

```
SUB Decomp (a(), o(), n, eps, er)
  sets up order vector
  DOFOR i = 1 TO n
    o(i) = i
  END DO
  performs decomposition
  DOFOR i = 1 TO n - 1
    CALL Pivot(a(), o(), n, i)
    DOFOR k = i + 1 TO n
      factor = a(o(k), i) / a(o(i), i)
      a(o(k), i) = factor
      DOFOR j = i + 1 TO n
        a(o(k), j) = a(o(k), j) - factor * a(o(i), j)
      END DO
    END DO
  END DO
  checks for singularity
  DOFOR i = 1 TO n
    IF ABS(a(o(i), i)) < eps THEN
      er = -1
      EXIT DOFOR
    END IF
  END DO
END Decomp

SUB Pivot (a(), o(), n, i)
  p = i
  big = ABS(a(o(i), i))
  DOFOR k = i + 1 TO n
    dummy = ABS(a(o(k), i))
    IF dummy > big THEN
      big = dummy
      p = k
    END IF
  END DO
  dummy = o(p)
  o(p) = o(i)
  o(i) = dummy
END Pivot

SUB Subst (a(), o(), n, b(), x(), eps)
  forward substitution
  DOFOR i = 1 TO n - 1
    DOFOR k = i + 1 TO n
      factor = a(o(k), i)
      b(o(k)) = b(o(k)) - factor * b(o(i))
    END DO
  END DO
  back substitution
  DOFOR i = n TO 1 STEP -1
    sum = 0
    DOFOR j = i + 1 TO n
      sum = sum + a(o(i), j) * x(j)
    END DO
    x(i) = (b(o(i)) - sum) / a(o(i), i)
  END DO
END Subst
```

图 E.4　高斯消元/LU 分解

```
Driver program to generate matrix inverse, ai()
  ENTER a(), n
  eps = .000001
  CALL Ludcmp(a(), o(), n, eps, er)
  IF er = 0 THEN
    FOR i = 1 TO n
      FOR j = 1 TO n
        IF i = j THEN
          b(j) = 1
        ELSE
          b(j) = 0
        END IF
      NEXT j
      CALL Substitute(a(), o(), n, b(), x(), eps)
      FOR j = 1 TO n
        ai(j, i) = x(j)
      NEXT j
    NEXT i
    Output ai(), if desired
  ELSE
    PRINT "ill-conditioned system"
  END IF
END
```

图 E.5 逆矩阵

最终的消元法涉及三对角方程组的求解

$$
\begin{aligned}
f_1 x_1 + g_1 x_2 &= r_1 \\
e_2 x_1 + f_2 x_2 + g_2 x_3 &= r_2 \\
e_3 x_2 + f_3 x_3 + g_3 x_4 &= r_3 \\
\vdots \quad \vdots \quad \vdots \quad &\quad \vdots \\
e_{n-1} x_{n-2} + f_{n-1} x_{n-1} + g_{n-1} x_n &= r_{n-1} \\
e_n x_{n-1} + f_n x_n &= r_n
\end{aligned}
$$

$$(E.10)$$

这些方程适用于水质建模的许多领域,特别是偏微分方程的求解。因为很多元素都为零,所以求解此类系统的算法非常有效。此外,这种系统通常不需要转置。图 E.6 显示了一种基于 LU 分解格式的求解三对角系统的算法。

迭代方法:高斯-赛德尔(Gauss-Seidel)法

高斯-赛德尔法提供了一种求解线性联立方程的近似方法。这种方法对于许多环境建模问题非常适用。可以用式 E.8 所示的三个联立方程来阐释该方法。具体使用

```
SUB Decomp(e(), f(), g(), n)
  DO FOR i = 2 TO n
    e(i) = e(i)/f(i)
    f(i) = f(i) - e(i)*g(i-1)
  ENDDO
END Decomp

SUB Subst(e(), f(), g(), r(), x(), n)
  forward substitution
  DO FOR i = 2 TO n
    r(i) = r(i) - e(i)*r(i-1)
  ENDDO
  back substitution
  x(n) = r(n)/f(n)
  DO FOR i = n-1 TO 1 STEP -1
    x(i) = (r(i) - g(i)*x(i+1))/f(i)
  ENDDO
END Subst
```

图 E. 6　三对角系统求解算法

过程中,我们只需通过第一个方程求出 x_1,再通过第二个方程求出 x_2,之后通过第三个方程求出 x_3:

$$x_1 = \frac{b_1 - a_{12}x_2 - a_{13}x_3}{a_{11}}$$

$$x_2 = \frac{b_2 - a_{21}x_1 - a_{23}x_3}{a_{22}} \tag{E.11}$$

$$x_3 = \frac{b_3 - a_{31}x_1 - a_{32}x_2}{a_{33}}$$

这些方程可以迭代求解,直到估计值收敛为止。可以通过式 E. 4 形式的公式来测试其收敛性。执行这些计算的代码见图 E. 7。

只有当被求解的系统是对角占优时,高斯-赛德尔迭代法才能保证计算收敛。这意味着每个方程中对角线元素的绝对值必须大于非对角线元素的绝对值之和。尽管这似乎是一个严格的限制,但碰巧的是,环境建模中遇到的许多线性系统(尤其是那些与偏微分方程有关的线性系统)都具有这一属性。因此,高斯-赛德尔法具有广泛的用途。

此外,它非常适合于所谓的稀疏系统,即大部分矩阵元素为零的联立方程组。在这种情况下,高斯-赛德尔方法仅要求存储和处理非零元素。同样,由于许多环境建模问题表现出稀疏性,因此该技术具有实用性。

曲线拟合

基于数据点的曲线拟合在环境工程中已得到了广泛的应用。最常用的方法有两

```
SUB Gseid(a(), b(), n, x())

  ASSIGN imax, es
  iter = 0
  DO
    flag = 0
    iter = iter + 1
    DOFOR i = 1 TO n
      old = x(i)
      sum = b(i)
      DOFOR j = 1 TO n
        IF i ≠ j THEN sum = sum - a(i,j)*x(j)
      END DO
      x(i) = sum/a(i,i)
      IF flag = 0 AND x(i) ≠ 0 THEN
        ea = ABS((x(i) - old)/x(i))*100
        IF (ea > es) THEN flag = 1
      END IF
    END DO
  LOOP UNTIL flag = 0 OR iter > imax

END Gseid
```

图 E.7　高斯-赛德尔算法

种。对于数据不确定(即它们表现出可变性)的情形,使用回归法来生成通过这些点的
"最佳拟合"线。当已准确获取数据时(例如水的物理性质表),可通过插值来生成连接
这些点的曲线。这种情况下,目标是获得数据点之间的估计值。

线性回归

　　若给定一组数据点(x_1, y_1),(x_2, y_2),$\cdots$,(x_n, y_n),可以计算出使残差平方和
最小的直线斜率和截距估计值。直线的方程为:

$$y = a_0 + a_1 x \tag{E.12}$$

式中,斜率的计算公式为:

$$a_1 = \frac{n \sum x_i y_i - \sum x_i \sum y_i}{n \sum x_i^2 - \left(\sum x_i\right)^2} \tag{E.13}$$

上式中加和符号表示从 $i=1$ 到 n 求和。截距的计算公式为:

$$a_0 = \bar{y} - a_1 \bar{x} \tag{E.14}$$

式中,$\bar{x}$ 和 $\bar{y}$ 分别为所有 x 和 y 的平均值。

有两个统计量可以用来评估拟合效果。第一个是判定系数 r^2，代表回归曲线所解释的误差比例(完全拟合时，$r^2=1$，没有任何拟合时，$r^2=0$)：

$$r^2 = \frac{S_t - S_r}{S_t} \tag{E.15}$$

式中，S_t 为总的平方和，

$$S_t = \sum_{i=1}^{n} (y_i - \bar{y})^2 \tag{E.16}$$

S_r 为回归线周围的残差平方和：

$$S_r = \sum_{i=1}^{n} (y_i - a_0 - a_1 x_i)^2 \tag{E.17}$$

第二个统计量是估计的标准误差 $S_{y/x}$：

$$S_{y/x} = \sqrt{\frac{S_r}{n-2}} \tag{E.18}$$

图 E.8 列出了用于线性回归的计算代码。

```
SUB Regres(x(), y(), n, a1, a0, syx, r2)

  sumx = 0: sumxy = 0: st = 0
  sumy = 0: sumx2 = 0: sr = 0
  DO FOR i = 1 TO n
    sumx = sumx + x(i)
    sumy = sumy + y(i)
    sumxy = sumy + x(i)*y(i)
    sumx2 = sumy + x(i)*x(i)
  ENDDO
  xm = sumx/n
  ym = sumy/n
  a1 = (n*sumxy*sumx*sumy)/(n*sumx2-sumx*sumx)
  a0 = ym - a1*xm
  DO FOR i = 1 TO n
    st = st +(y(i)-ym)²
    sr = sr + (y(i) - a1*x(i) - a0)²
  END DO
  syx = (sr/(n - 2))^0.5
  r2 = (st - sr)/st

END Regres
```

图 E.8　线性回归

多项式插值

    n 阶多项式可用于拟合给定的 $n+1$ 个数据点：(x_0, y_0)，(x_1, y_1)，$\cdots$，(x_n, y_n)。然后便可以使用该多项式来计算该区间上任意点的值。拉格朗日插值多项式提供了一种便捷的计算公式：

$$f_n(x) = \sum_{i=0}^{n} L_i(x) f(x_i) \tag{E.19}$$

式中，

$$L_i(x) = \prod_{\substack{j=0 \\ j=i}}^{n} \frac{x - x_j}{x_i - x_j} \tag{E.20}$$

其中 $\prod$ 表示为"乘积"。图 E.9 给出了执行该算法和确定某一特定 x 值处函数的代码。

```
FUNCTION Lagrng(x(), y(), n, x)

  sum = 0
  DOFOR i = 0 TO n
    product = y(i)
    DOFOR j = 0 TO n
      IF i ≠ j THEN
        product = product*(x - x(j))/(x(i)-x(j))
      ENDIF
    ENDDO
    sum = sum + product
  ENDDO
  Lagrng = sum

END Lagrng
```

图 E.9　拉格朗日插值

计算机微积分

    计算机微积分的最简单形式包括基于表格数据的简单积分和微分。

积分

    积分的一般形式为：

$$I = \int_a^b f(x) \, \mathrm{d}x \tag{E.21}$$

如图 E.10(a)所示，该问题可以想象为判定函数曲线下方的面积。

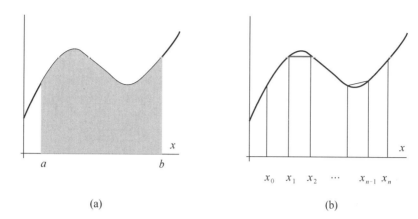

(a)　　　　　　　　　　　　(b)

图 E.10　积分一般形式

（a）函数积分可以表示为函数曲线下方的面积；

（b）基于梯形法则的近似积分示意，即通过梯形面积求和来近似积分

　　一种简单的数值计算方法是将面积近似为一系列梯形［图 E.10(b)］。因此，所有梯形面积的总和表示面积的估计值：

$$I \cong (x_1 - x_0) \frac{f(x_0) + f(x_1)}{2} + (x_2 - x_1) \frac{f(x_1) + f(x_2)}{2}$$
$$+ \cdots + (x_n - x_{n-1}) \frac{f(x_{n-1}) + f(x_n)}{2} \tag{E.22}$$

实现这种估计的代码如图 E.11 所示。

```
FUNCTION Area (x(), y(), n)

  area = 0
  DOFOR i = 1 TO n
    area = area + (x(i)-x(i-1))*(y(i-1)+y(i))/2
  ENDDO

END Area
```

图 E.11　基于多段梯形法则的伪代码

　　其他两个广泛使用的公式（针对空间等距点）是辛普森 1/3 准则，

$$I \cong (x_2 - x_0) \frac{f(x_0) + 4f(x_1) + f(x_2)}{6} \tag{E.23}$$

以及辛普森 3/8 准则，

$$I \cong (x_3 - x_0) \frac{f(x_0) + 3f(x_1) + 3f(x_2) + f(x_3)}{8} \tag{E.24}$$

微分

数值微分是指基于离散数据点确定导数(或斜率)的估计。例如对于空间等间隔的数据,一个简单的方法是中心差分:

$$f'(x_1) \cong \frac{f(x_2) - f(x_0)}{x_2 - x_0} \tag{E.25}$$

虽然这种方法具有实用价值,但也有局限性,因为①它局限于空间等间隔数据;②它只在离散点 x_1 生成导数估计。一种更有效的方法是对数据点进行插值多项式拟合,然后针对拟合公式求偏微分。若将二次多项式运用于三个点,则可以求得微分为:

$$f'(x) \cong f(x_{i-1}) \frac{2x - x_i - x_{i+1}}{(x_{i-1} - x_i)(x_{i-1} - x_{i+1})} + f(x_i) \frac{2x - x_{i-1} - x_{i+1}}{(x_i - x_{i-1})(x_i - x_{i+1})}$$

$$+ f(x_{i+1}) \frac{2x - x_{i-1} - x_i}{(x_{i+1} - x_{i-1})(x_{i+1} - x_i)} \tag{E.26}$$

与方程 E.25 相比,该公式可用于空间间隔不相等的数据点,并可以对区间内的任一点进行导数估计。但是,需要指出的是区间中点附近的求导结果最佳。图 E.12 给出了该计算公式的简单代码。

```
FUNCTION Deriv(x0, y0, x1, y1, x2, y2, x)

t1 = y0 * (2*x-x1-x2)/(x0-x1)/(x0-x2)
t2 = y1 * (2*x-x0-x2)/(x1-x0)/(x1-x2)
t3 = y2 * (2*x-x0-x1)/(x2-x0)/(x2-x1)
Deriv = t1 + t2 + t3

END Deriv
```

图 E.12 用于空间不等间距数据点导数估计的伪代码

贝塞尔函数

以下虚拟代码(摘自 Press 等人开发的程序,1992)定义了程序函数,以便于使用计算机程序评估修正后的贝塞尔函数。另外,还提供了用于求解简单问题的数据表。

```
FUNCTION bessi0 (x)

DOUBLE p1, p2, p3, p4, p5, p6, p7
DOUBLE q1, q2, q3, q4, q5, q6, q7
DOUBLE q8, q9
DOUBLE y, d

p1 = 1.; p2 = 3.5156229
p3 = 3.0899424; p4 = 1.2067492
p5 = .2659732; p6 = .0360768
p7 = .0045813
q1 = .39894228; q2 = .01328592
q3 = .00225319; q4 = -.00157565
q5 = .00916281; q6 = -.02057706
q7 = .02635537; q8 = -.01647633
q9 = .00392377

IF ABS(x) < 3.75 THEN
  y = (x / 3.75) ^ 2
  d = p6 + y * p7
  d = p5 + y * d
  d = p4 + y * d
  d = p3 + y * d
  d = p2 + y * d
  d = p1 + y * d
  bessi0 = d
ELSE
  ax = ABS(x)
  y = 3.75 / ax
  d = q8 + y * q9
  d = q7 + y * d
  d = q6 + y * d
  d = q5 + y * d
  d = q4 + y * d
  d = q3 + y * d
  d = q2 + y * d
  d = q1 + y * d
  bessi0 = EXP(ax) / SQRT(ax) * d
END IF

END FUNCTION
```

```
FUNCTION bessk0 (x)

DOUBLE p1, p2, p3, p4, p5, p6, p7
DOUBLE q1, q2, q3, q4, q5, q6, q7
DOUBLE y, d

p1 = -.57721566; p2 = .4227842
p3 = .23069756; p4 = .0348859
p5 = .00262698; p6 = .0001075
p7 = .0000074
q1 = 1.25331414; q2 = -.07832358
q3 = .02189568; q4 = -.01062446;
q5 = .00587872; q6 = -.0025154
q7 = .00053208

IF x ≤  2 THEN
  y = x * x / 4
  d = p6 + y * p7
  d = p5 + y * d
  d = p4 + y * d
  d = p3 + y * d
  d = p2 + y * d
  d = p1 + y * d
  bessk0 = (-LN(x/2)*bessi0(x)) + d

ELSE
  y = 2 / x
  d = q6 + y * q7
  d = q5 + y * d
  d = q4 + y * d
  d = q3 + y * d
  d = q2 + y * d
  d = q1 + y * d
  bessk0 = EXP(-x) / SQRT(x) * d
END IF

END FUNCTION
```

图 F.1 修正贝塞尔函数的虚拟代码 (改编自 Press 等人, 1992)

表 F.1

第一类修正贝塞尔函数，$I_0(x)$

x	0	0.1	0.2	0.3	0.4	0.5	0.6	0.7	0.8	0.9
0	1.000 000	1.002 502	1.010 025	1.022 627	1.040 402	1.063 483	1.092 045	1.126 303	1.166 515	1.212 985
1	1.266 066	1.326 160	1.393 726	1.469 278	1.553 395	1.646 723	1.749 981	1.863 965	1.989 560	2.127 741
2	2.279 586	2.446 283	2.629 143	2.829 606	3.049 256	3.289 839	3.553 268	3.841 650	4.157 296	4.502 747
3	4.880 790	5.294 488	5.747 203	6.242 625	6.784 807	7.378 196	8.027 676	8.738 607	9.516 876	10.368 94
4	11.301 91	12.323 55	13.442 44	14.667 95	16.010 41	17.481 14	19.092 59	20.858 42	22.793 63	24.914 73
5	27.239 81	29.788 79	32.583 52	35.648 02	39.008 69	42.694 53	46.737 43	51.172 39	56.037 94	61.376 37
6	67.234 20	73.662 56	80.717 65	88.461 26	96.961 31	106.292 5	116.536 9	127.784 9	140.135 6	153.698 4
7	168.593 2	184.952 2	202.920 5	222.657 9	244.340 0	268.160 1	294.330 8	323.086 0	354.682 9	389.404 4
8	427.562 0	469.498 3	515.590 3	566.252 6	621.941 7	683.159 5	750.458 7	824.447 6	905.795 0	995.237 9
9	1 093.586	1 201.733	1 320.659	1 451.446	1 595.284	1 753.481	1 927.479	2 118.866	2 329.388	2 560.967

第二类修正贝塞尔函数，$K_0(x)$

x	0	0.1	0.2	0.3	0.4	0.5	0.6	0.7	0.8	0.9
0	∞	2.427 069	1.752 704	1.372 460	1.114 529	0.924 419	0.777 522	0.660 520	0.565 347	0.486 730
1	0.421 024	0.365 602	0.318 508	0.278 248	0.243 655	0.213 806	0.187 955	0.165 496	0.145 931	0.128 846
2	0.113 894	0.100 784	0.089 269	0.079 140	0.070 217	0.062 348	0.055 398	0.049 255	0.043 820	0.039 006
3	0.034 740	0.030 955	0.027 595	0.024 611	0.021 958	0.019 599	0.017 500	0.015 631	0.013 966	0.012 482
4	0.011 160	0.009 980	0.008 927	0.007 988	0.007 149	0.006 400	0.005 730	0.005 132	0.004 597	0.004 119
5	0.003 691	0.003 308	0.002 966	0.002 659	0.002 385	0.002 139	0.001 919	0.001 721	0.001 544	0.001 386
6	0.001 244	0.001 117	0.001 003	0.000 900	0.000 808	0.000 726	0.000 652	0.000 586	0.000 526	0.000 473
7	0.000 425	0.000 382	0.000 343	0.000 308	0.000 277	0.000 249	0.000 224	0.000 201	0.000 181	0.000 163
8	0.000 146	0.000 132	0.000 118	0.000 107	0.000 096	0.000 086	0.000 078	0.000 063	0.000 063	0.000 057
9	0.000 051	0.000 046	0.000 041	0.000 037	0.000 033	0.000 030	0.000 027	0.000 024	0.000 022	0.000 020

误差函数和余误差函数

b	erf(b)	erfc(b)	b	erf(b)	erfc(b)
0.00	0.000 000	1.000 000	1.00	0.842 701	0.157 299
0.05	0.056 372	0.943 628	1.05	0.862 436	0.137 564
0.10	0.112 463	0.887 537	1.10	0.880 205	0.119 795
0.15	0.167 996	0.832 004	1.15	0.896 124	0.103 876
0.20	0.222 703	0.777 297	1.20	0.910 314	0.089 686
0.25	0.276 326	0.723 674	1.25	0.922 900	0.077 100
0.30	0.328 627	0.671 373	1.30	0.934 008	0.065 992
0.35	0.379 382	0.620 618	1.35	0.943 762	0.056 238
0.40	0.428 392	0.571 608	1.40	0.952 285	0.047 715
0.45	0.475 482	0.524 518	1.45	0.959 695	0.040 305
0.50	0.520 500	0.479 500	1.50	0.966 105	0.033 895
0.55	0.563 323	0.436 677	1.55	0.971 623	0.028 377
0.60	0.603 856	0.396 144	1.60	0.976 348	0.023 652
0.65	0.642 029	0.357 971	1.65	0.980 376	0.019 624
0.70	0.677 801	0.322 199	1.70	0.983 790	0.016 210
0.75	0.711 155	0.288 845	1.75	0.986 672	0.013 328
0.80	0.742 101	0.257 899	1.80	0.989 091	0.010 909
0.85	0.770 668	0.229 332	1.85	0.991 111	0.008 889
0.90	0.796 908	0.203 092	1.90	0.992 790	0.007 210
0.95	0.820 891	0.179 109	1.95	0.994 179	0.005 821

术 语 对 照 表

BOD	biological oxygen demand	生化需氧量
CBOD	carbonaceous BOD	有机碳降解耗氧量
NBOD	nitrogenous BOD	硝化作用耗氧量
DO	dissolved oxygen	溶解氧
CSTR	continuously stirred tank reactor	连续搅拌反应器
PFR	plug-flow reactor	推流反应器
MFR	mixed-flow reactor	混合-流动反应器
FTBS	forward-time/backward-space	前向时间-后向空间
FTCS	forward-time/centered-space	前向时间-中心空间
BTCS	backward-time/centered-space	后向时间-中心空间
SOD	sediment oxygen demand	沉积物耗氧量
CSOD	carbonaceous SOD	沉积物中有机碳降解耗氧量
AHOD	areal hypolimnetic oxygen demand	均温层单位面积耗氧量
PCBs	polychlorinated biphenyls	多氯联苯
HAHs	halogenated aromatic hydrocarbons	卤化脂肪族化合物
MAHs	monocyclic aromatic hydrocarbons	单环芳烃
PAHs	polycyclic aromatic hydrocarbons	多环芳烃
SRP	soluble reactive phosphorus	溶解性活性磷
NSRP	non-soluble reactive phosphorus	非溶解性活性磷
DOP	dissolved organic phosphorus	溶解性有机磷
TP	total phosphorus	总磷
POC	particulate organic carbon	颗粒态有机碳
DOC	dissolved organic carbon	溶解性有机碳
AVS	acid-volatile sulfide	酸挥发硫化物
BCF	bioconcentration factor	生物富集因子
BAF	bioaccumulation factor	生物累积因子
POM	particulate organic matter	颗粒态有机质

参 考 文 献

Ahrens, C. D. 1988. *Meteorology Today*. West Pub. Co. , St. Paul, MN.

Alberts, J. J. and Wahlgren. M. A. 1981. "Concentrations of [239240]Pu, ^{137}Cs, and wSr in the Waters of the Laurentian Great Lakes. Comparison of 1973 and 1976 Values. " *Environ. Sci. Tech.* 15: 94-98.

Alexander, M. 1979. "Biodegradation of Toxic Chemicals in Water and Soil. " In *Dynamics, Exposure and Hazard Assessment of Toxic Chemicals*, R. Haque, ed. , Ann Arbor Science, Ann Arbor, MI.

Allen, D. L. 1973. *Wolves of Minong: Their Vital Role in a Wild Community*. Houghton-Mifflin. Boston.

Allen, H. E, Fu, G, and Deng, B. 1993. "Analysis of Acid Volatile Sulfide (AVS) and Simultaneously Extracted Metals (SEN) for the Estimation of Potential Toxicity in Aquatic Sediments. " *Environ. Toxicol, and Chem.* 12(8): 1441-1453.

American Heritage Dictionary. 1987. Houghton-Mifflin, Boston.

APHA (American Public Health Association). 1992. *Standard Methods for the Examination of Water and Wastewater*, 18 ed. , Washington, DC.

Auer, M. T. 1979. "The Dynamics of Fixed Inorganic Nitrogen Nutrition in Two Species of Chlorophycean Algae. " Ph. D. Dissertation, University of Michigan, Ann Arbor, MI.

Auer. M. T. 1982. Ecology of Filamentous Algae, special issue. *J. Great Lakes Res.* 8(I).

Baity, H. G. 1938. "Some Factors Affecting the Aerobic Decomposition of Sewage Sludge Deposits. " *Sewage Works J.* 10(2): 539-568.

Banks, R. B. 1975. "Some Features of Wind Action on Shallow Lakes/" *J. Environ. Engr. Div. ASCE* 101(EE5): 813-827.

Banks, R. B. and Herrera, F. F. 1977. "Effect of Wind and Rain on Surface Reaeration. " *J. Environ. Engr. Div. ASCE* 103(EE3): 489-504.

Bannister, T. T. 1974. "Prediction Equations in Terms of Chlorophyll Concentration, Quantum Yield, and Upper Limit to Production. " *Limnol. Oceanogr.* 19(1): 1-12.

Barnes, R. O. and Goldberg, E. D. 1976. "Methane Production and Consumption in Anoxic Marine Sediments. " *Geology* 4: 297-300.

Bartsch, A. F. and Gakstatter, J. H. 1978. Management Decisions for Lake Systems on a Survey of Trophic Status. Limiting Nutrients, and Nutrient Loadings in American-Soviet Symposium on Use of Mathematical Models to Optimize Water Quality Management. 1975. U. S. Environmental Protection Agency Office of Research and Development, Environmental Research Laboratory, Gulf Breeze, FL, pp. 372-394. EPA-600/9-78-024.

Bartsch, A. F. and Ingram, W. F. 1967. Biology of Water Pollution, U. S. Dept, of Interior, Water Pollution Control Administration.

Bates, S. S. 1976. "Effects of Light and Ammonium on Nitrate Uptake by Two Species of Estuarine Phytoplankton." *Limnol. Oceanog.* 21: 212-218.

Beeton, A. M. 1958. "Relationship Between Secchi Disk Readings and Light Penetration in Lake Huron." *American Fisheries Society Trans.* 87: 73-79.

Berner, R. A. 1980. *Early Diagenesis.* Princeton University Press, Princeton, NJ.

Bierman, V. J., Jr. 1976. "Mathematical Model of the Selective Enrichment of Blue-Green Algae by Nutrient Enrichment." *In Modeling of Biochemical Processes in Aquatic Ecosystems*, R. P. Canale, ed., Ann Arbor Science, Ann Arbor, MI, p. 1.

Bowie, G. L., Mills, W. B., Porcella, D. B., Campbell, C. L., Pagenkopf, J. R., Rupp, G. L., Johnson, K. M., Chan, P. W. H., Gherini, S. A. and Chamberlin, C. E. 1985. Rates, Constants, and Kinetic Formulations in Surface Water Quality Modeling. U. S. Environmental Protection Agency, ORD, Athens, GA, ERL, EPA/600/3-85/040.

Boyce, F. M. 1974. "Some Aspects of Great Lakes Physics of Importance to Biological and Chemical Processes." *J. Fish. Res. Bd. Can.* 31: 689-730.

Boyce, F. M. and Hamblin, P. F. 1975. "A Simple Diffusion Model of the Mean Field Distribution of Soluble Materials in the Great Lakes." *Limnol. Oceanogr.* 20(4): 511-517.

Bradbury, J. and Waddington, J. C. B. 1973. "Stratigraphic Record of Pollution in Shagawa Lake, Northeastern Minnesota." In *Symposium on Quarternary Plant Ecology*, H. 1. B. Birks and R. G. West, eds., Blackwell, London, pp. 289-307.

Brady, D. K., Graves, W. L., and Geyer, J. C. 1969. Surface Heat Exchange at Power Plant Cooling Lakes, Cooling Water Discharge Project Report, No. 5, Edison Electric Inst. Publication No. 69-901, New York.

Bras, R. L. 1990. *Hydrology.* Addison-Wesley, Reading, MA.

Broecker, H. C., Petermann, J., and Siems, W. 1978. The Influence of Wind on CO_2 Exchange in a Wind-Wave Tunnel, *J. Marine. Res.* 36(4): 595-610.

Brown, L. C. and Barnwell, T. O., Jr. 1987. The Enhanced Stream Water Quality Models QUAL2E and QUAL2E-UNCAS: Documentation and Users Manual, U. S. Environmental Protection Agency, Athens, GA, Report EPA/600/3-87/1007.

Burns, L. A., Cline, D. M., and Lassiter, R. R. 1981. Exposure Analysis Modeling System (EXAMS): User Manual and System Documentation. Environmental Research Laboratory, Environmental Protection Agency, Athens, GA.

Burns, N. M. and Rosa, F. 1980. "In Situ Measurement of the Settling Velocity of Organic Carbon Particles and 10 Species of Phytoplankton." *Limnol. Oceanogr.* 25: 855-864.

Butts, T. A. and Evans, R. L. 1983. Effects of Channel Dams on Dissolved Oxygen Concentrations in Northeastern Illinois Streams, Circular 132, State of Illinois, Dept. of Reg. and Educ., Illinois Water Survey, Urbana, IL.

Callahan, M. A., et al. 1979. *Water-Related Fate of 129 Priority Pollutants*, U. S. Environmental Protection Agency, Washington, DC, Report EPA/440/4-79-029b, 2 vols.

Canale, R. P. and Auer, M. T. 1982. "Ecological Studies and Mathematical Modeling of *Cladophora* in Lake Huron: 7. Model Verification and System Response." *J. Great Lakes Res.* 8(1): 134-143.

Canale, R. P. and Effler, S. W. 1996. A Model for the Impact of Zebra Mussels on River Water Quality (draft manuscript).

Canale, R. P. and Vogel, A. H. 1974. "Effects of Temperature on Phytoplankton Growth." *J. Environ. Engr. Div. ASCE* 100(EE1): 231-241.

Canale, R. P. , DePalma, L. M. , and Vogel, A. H. 1976. "A Plankton-Based Food Web Model for Lake Michigan." In *Modeling Biochemical Processes in Aquatic Ecosystems*, R. P. Canale, ed. , Ann Arbor Science, Ann Arbor, MI, p. 33.

Canale, R. P. , Hinemann, D. F. , and Nachippan, S. 1974. "A Biological Production Model for Grand Traverse Bay." University of Michigan Sea Grant Program, Technical Report No. 37 (Ann Arbor, MI: University of Michigan Sea Grant Program).

Canale, R. P. , Owens, E. M. , Auer, M. T. , and Effler, S. W. 1995. "The Validation of a Water Quality Model for the Seneca River, New York." *J. Water Resour. Plall. Management* 121(3): 241-250.

Carnahan, B. , Luther, H. A. , and Wilkes, J. O. 1969. *Applied Numerical Methods*. Wiley, New York.

Carslaw, H. S. and Jaeger, J. C. 1959. *Conduction of Heat in Solids*. Oxford University Press, London.

CEQ. 1978. *Environmental Quality, The Ninth Annual Report of the Council on Environmental Quality*. U. S. Government Printing Office, Washington, DC.

Cerco, C. F. and Cole, T. 1993. "Three-Dimensional Eutrophication Model of Chesapeake Bay." *J. Environ. Engr. ASCE* 119(6): 1006-1025.

Cerco, C. F. and Cole, T. 1994. Three-Dimensional Eutrophication Model of Chesapeake Bay. Vol. 1: Main Report. U. S. Army Corps of Engineers, Waterways Experiment Station, Tech. Report EL-94-4.

Chapra, S. C. 1975. "Comment on 'An Empirical Method of Estimating the Retention of Phosphorus in Lakes,' by W. B. Kirchner and P. J. Dillon." *Water Resour. Res.* 11: 1033-1034.

Chapra, S. C. 1977. "Total Phosphorus Model for the Great Lakes." *J. Environ. Engr. Div. ASCE* 103(EE2): 147-161.

Chapra, S. C. 1979. "Applying Phosphorus Loading Models to Embayments." *Limnol. Oceanogr.* 24(1): 163-168.

Chapra, S. C. 1980. "Application of the Phosphorus Loading Concept to the Great Lakes." In *Phosphorus Management Strategies for Lakes*, R. C. Loehr et al. , eds. , Ann Arbor Science, Ann Arbor, MI.

Chapra, S. C. 1982. "Long-Term Models of Interactions Between Solids and Contaminants in Lakes." Ph. D. Dissertation, The University of Michigan, Ann Arbor, Ml.

Chapra, S. C. 1991. "A Toxicant Loading Concept for Organic Contaminants in Lakes." *J. Environ. Engr.* 117(5): 656-677.

Chapra, S. C. and Canale, R. P. 1988. *Numerical Methods for Engineers*. 2d ed. , McGraw-Hill, New York.

Chapra, S. C. and Canale, R. P. 1991. "Long-Term Phenomenological Model of Phosphorus and Oxygen in Stratified Lakes." *Water Research* 25(6): 707-715.

Chapra, S. C. and Di Taro, D. M. 1991. "The Delta Method for Estimating Community Production, Respiration and Reaeration in Streams." *J. Environ. Engr.* 117(5): 640-655.

Chapra, S. C. and Reckhow, K. H. 1983. *Engineering Approachesfbr Lake Management*, *Vol. 2: Mechanistic Modeling*. Butterworth, Woburn, MA.

Chapra, S. C. and Sonzogni, W. C. 1979. "Great Lakes Total Phosphorus Budget for the Mid 1970s." *J. Water Poll. Control Fed.* 51: 2524-2533.

Chapra, S. C. and Tarapchak, S. J., 1976. "A Chlorophyll *a* Model and Its Relationship to Phosphorus Loading Plots for Lakes." *Water Resour. Res.* 12: 1260-1264.

Chaudry, M. H. 1993. *Open-Channel Flow*, Prentice-Hall, Englewood Cliffs, NJ.

Chen, C. W. 1970. "Concepts and Utilities of Ecological Models." *J. San. Engr. Div. ASCE* 96 (SA5): 1085-1086.

Chen, C. W. and Orlob, G. T. 1975. "Ecological Simulation for Aquatic Environments." In *Systems Analysis and Simulation in Ecology*, *Vol. Ⅲ*, B. C. Patton. ed., Academic, New York, p. 475.

Chiou, C. T., et al. 1977. "Partition Coefficient and Bioaccumulation of Selected Organic Chemicals." *Env. Sci. Tech.* 11: 475-478.

Chow, V. T. 1959. *Open-Channel Hydraulics*. McGraw-Hill, New York.

Chow, V. T., Maidment, D. R., and Mays, L. W. 1988. *Applied Hydrology*. McGraw-Hill, New York.

Churchill, M. A., Elmore, H. L., and Buckingham, R. A. 1962. "Prediction of Stream Reaeration Rates." *J. San. Engr. Div. ASCE* SA4: 1, Proc. Paper 3199.

Cole, T. M. and Buchak, E. M. 1995. CE-QUAL-W2: A Two-Dimensional, Laterally Averaged, Hydrodynamic and Water Quality Model, Version 2. U. S. Army Corps of Engineers, Waterways Experiment Station, Tech. Report EL-95-x.

Connolly, J. P. 1991. "Application of a Food Chain Model to Polychlorinated Biphenyl Contamination of the Lobster and Winter Flounder Food Chains in New Bedford Harbor." *Environ. Sci. Technol.* 25(4): 760-770.

Connolly, J. P. and Pedersen, C. J. 1988. "A Thermodynamic Based Evaluation of Organic Chemical Accumulation in Aquatic Organisms." *Environ. Sci. Technol.* 22(1): 99-103.

Covar, A. P. 1976. "Selecting the Proper Reaeration Coefficient for Use in Water Quality Models." Presented at the U. S. EPA Conference on Environmental Simulation and Modeling, April 19-22, Cincinnati. OH.

Dailey, J. E. and Harleman, D. R. F. 1972. Numerical Model for the Prediction of Transient Water Quality in Estuary Networks. R. M. Parsons Laboratory, Tech. Report No. 158. MIT, Cambridge, MA.

Daily, J. W. and Harleman, D. R. F. 1966. *Fluid Dynamics*. Addison-Wesley, Reading, MA.

Dalton, J. 1802. "Experimental Essays on the Constitution of Mixed Gases; on the Force of Steam or Vapor from Water and Other Liquids, Both in a Torricellium Vacuum and in Air; on Evaporation; and on the Expansion of Gases by Heat." *Manchester Literary and Philosophical Society Proceedings* 5: 536-602.

Danckwerts, P. V. 1951. "Significance of Liquid-Film Coefficients in Gas Absorption." *Ind. Eng. Chem.* 43(6): 1460-1467.

Danckwerts, P. V. 1953. "Continuous Flow Systems. Distribution of Residence Times." *Chem. Engr. Sci.* 2(1): 1-13.

Deininger, R. A. 1965. "Water Quality Management—The Planning of Economically Optimal Control Systems." *Proc. of the First Annual Meeting of the American Water Resources Assoc.*

Delos, C. G., et al. 1984. Technical Guidance Manual for Performing Wasteload Allocations, Book Ⅱ. Streams and Rivers, chapter 3, Toxic Substances. USEPA, Washington, D. C, EPA-440/4-84-022.

deRegnier, D. P., et. al. 1989. "Viability of *Giardia* Cysts in Lake, River, and Tap Water." *Appl. Environ. Microbiol.* 55(5): 1223-1229.

Dickinson, W. T. 1967. Accuracy of Discharge Determinations. Hydrology Paper 20, Colorado State University, Fort Collins, CO.

Dilks, D. W., Bierman, V. J., Jr., and Helfand, J. S. 1995. "Development and Application of Models to Determine Sediment Quality Criteria-Driven Permit Levels for Metals." In *Toxic Substances in Water Environments: Assessment and Control. WEF Specialty Conf. Series Proceedings*, Cincinnati, OH, Water Environ. Fed., Alexandria, VA.

Dillon, P. J. and Rigler, F. H. 1974. "The Phosphorus-Chlorophyll Relationship for Lakes." *Limnol. Oceanogr.* 19: 767-773.

Dillon, P. J. and Rigler, F. H. 1975. "A Simple Method for Predicting the Capacity of a Lake for Development Based on Lake Trophic Status." *J. Fish. Res. Bd. Can.* 31(9): 1519-1531.

Di Toro, D. M. 1972a. "Recurrence Relations for First-Order Sequential Reactions in Natural Waters." *Water Resour. Res.* 8(1): 50-57.

Di Toro, D. M. 1972b. "Line Source Distribution in Two Dimensions: Applications to Water Quality." *Water Resour. Res.* 8(6): 1541-1546.

Di Toro, D. M. 1976. "Combining Chemical Equilibrium and Phytoplankton Models." In *Modeling Biochemical Processes in Aquatic Ecosystems*, R. P. Canale, ed., Ann Arbor Science, Ann Arbor, MI, pp. 233-255.

Di Toro, D. M. 1978. "Optics of Turbid Estuarine Waters: Approximations and Applications." *Water Res.* 12: 1059-1068.

Di Toro, D. M. and Fitzpatrick, J. J. 1993. Chesapeake Bay Sediment Flux Model. U. S. Army Corps of Engineers, Waterways Experiment Station, Tech. Report EL-93-2.

Di Toro, D. M., Mahony, J. D., Hansen, D. J., Scott, K. J., Carlson, A. R., and Ankley, G. T. 1992. "Acid Volatile Sulfide Predicts the Acute Toxicity of Cadmium and Nickel in Sediments." *Environ. Sci. Technol.* 26(1): 96-101.

Di Toro, D. M., O'Connor, D. J., Thomann, R. V., and St. John, J. P. 1981. Analysis of Fate of Chemicals in Receiving Waters. Phase I. Chemical Manufact. Assoc., Washington, D. C. Prepared by HydroQual Inc., Mahwah, NJ.

Di Toro, D. M., Paquin, P. R., Subburamu, K., and Gruber, D. A. 1990. "Sediment Oxygen Demand Model: Methane and Ammonia Oxidation." *J. Environ. Engr. Div. ASCE* 116(5): 945-986.

Di Toro, D. M., Thomann, R. V., and O'Connor, D. J. 1971. "A Dynamic Model of Phytoplankton Population in the Sacramento-San Joaquin Delta." In *Advances in Chemistry Series*

106: Nonequilibrium Systems in Natural Water Chemistry, R. F. Gould, ed., American Chemical Society, Washington, DC, p. 131.

Droop, M. R. 1974. "The Nutrient Status of Algal Cells in Continuous Culture." *J. Mar. Biol. Assoc.* (U. K.) 54: 825-855.

Eagleson, P. S. 1970. *Dynamic Hydrology*. McGraw-Hill, New York.

Edinger, J. E., Brady, D. K., and Geyer, J. C. 1974. Heat Exchange and Transport in the Environment. Report No. 14, EPRI Pub. No. EA-74-049-00-3, Electric Power Research Institute, Palo Alto, CA.

Edmond, J. M. and Gieskes, J. A. T. M. 1970. "On the Calculation of the Degree of Saturation of Sea Water with Respect to Calcium Carbonate Under *In Situ* Conditions." *Geochim. Cosmochim. Acta* 34: 1261-1291.

Effler, S. W. and Siegfried, C. 1994. "Zebra Mussel Populations in the Seneca River: Impact on Oxygen Resources." *Environ. Sci. Technol.* 28(12): 2216-2221.

Emerson, K., et al. 1975. "Aqueous Ammonia Equilibrium Calculations: Effect of pH and Temperature." *J. Fish. Res. Bd. Can.* 32: 2379.

Emerson, S. 1975. "Gas Exchange in Small Canadian Shield Lakes." *Limnol. Oceonogr.* 20: 754.

Engelhardt, W. V. 1977. *The Origin of Sediments and Sedimentary Rocks*. Halstead, New York.

EPA. 1989. National Primary Drinking Water Regulations; Filtration and Disinfection; Turbidity; *Giardia lamblia*, Viruses, *Legionella*, and Heterotrophic Bacteria. *Fed. Regist.* 54: 27486-27541.

Eppley, R. W. 1972. "Temperature and Phytoplankton Growth in the Sea." *Fishery Bulletin* 70(4): 1063-1085.

Erdmann, J. B. 1979a. "Systematic Diurnal Curve Analysis." *J. Water Pollut. Control Fed.* 15(1), 78-86.

Erdmann, J. B. 1979b. "Simplified Diurnal Curve Analysis." *J. Environ. Engr. Div. ASCE* 105(6), 1063-1074.

Fair, G. M., Moore, E. W., and Thomas. H. A. 1941. "The Natural Purification of River Muds and Pollutional Sediments." *Sewage Works J.* 13(2): 270-307; 13(4): 756-779; 13(6): 1209-1228.

Fillos, J. and Molof, A. H. 1972. "Effect of Benthal Deposits on Oxygen and Nutrient Economy of Flowing Waters." *J. Water Poll. Control Fed.* 44(4): 644-662.

Fischer, H. B. 1968. "Dispersion Predictions in Natural Streams." *J. San. Engr. Div. ASCE* 94 (SA5): 927-944.

Fischer, H. B., List, E. J., Koh, R. C. Y., Imberger, J., and Brooks, N. H. 1979. *Mixing in Inland and Coastal Waters*. Academic, New York.

Fogler, H. S. 1986. *Elements of Chemical Reaction Engineering*. Prentice-Hall, Englewood Cliffs, NJ.

Ford, D. E. and Johnson, L. S. 1986. "An Assessment of Reservoir Mixing Processes." U. S. Army Corps of Engineers, Waterways Experiment Station, Tech. Report. EL-86-7.

FWPCA. 1966. Delaware Estuary Comprehensive Study, Preliminary Report and Findings. Federal Water Pollution Control Federation. Dept. of the Interior, Philiadelphia, PA.

Gameson, A. L. H. and Gould, D. J. 1974. Effects of Solar Radiation on the Mortality of Some

Terrestial Bacteria in Sea Water. *Proc. Int. Symp. on Discharge of Sewage from Sea Outfalls*, *London*, Pergamon, Great Britain, Paper No. 22.

Gardiner, R. D., Auer, M. T., and Canale, R. P. 1984. "Sediment Oxygen Demand in Green Bay (Lake Michigan)." Proc. 1984 Specialty Conf., ASCE, 514-519,

Gassmann, L. and Schwartzbrod, J. 1991. "*Wastewater and Giardia* Cysts." *Wat. Sci. Tech.* 24(2): 183-186.

Gaudy, A. F. and Gaudy, E. T. 1980. *Microbiology for Environmental Scientists and Engineers*. McGraw-Hill, New York.

Gelda, R. K., Auer, M. T., Effler, S. W., Chapra, S. C., and Storey, M. L. 1996. "Determination of Reaeration Coefficients: A Whole Lake Approach." *J. Environ. Engr.* (in press)

Goldman, J. C., Oswald, W. J., and Jenkins, D. 1974. "The Kinetics of Inorganic Carbon Limited Algal Growth." *J. Water Poll. Control Fed.* 46: 554-573.

Goldman, J. C., Tenore, D. R., and Stanley, H. I. 1973. "Inorganic Nitrogen Removal from Wastewater: Effect on Phytoplankton Growth in Coastal Marine Waters." *Science* 180: 955-956.

Gotham, I. J. and G. Y Rhee. 1981. "Comparative Kinetic Studies of Phosphate Limited Growth and Phosphate Uptake in Phytoplankton in Continuous Culture." *J. Phycol.* 17: 257-265.

Grady, C. P. L., Jr. and Lim, H. C. 1980. *Biological Wastewater Treatment*. Marcel Dekker, New York. Graham, J. M., Auer, M. T., Canale, R. P., and Hoffmann, J. P. 1982. "Ecological Studies and Mathematical Modeling of *Cladophora* in Lake Huron: 4. Photosynthesis and Respiration as Functions of Light and Temperature." *J. Great Lakes Res.* 8(1): 100-111.

Grant, R. S. and Skavroneck, S. 1980. "Comparison of Tracer Methods and Predictive Equations for Determination of Stream Reaeration Coefficients on Three Small Streams in Wisconsin." USGS. Water Resources Investigation 80-19. Madison, WI.

Grenney, W. J., Bella, D. A., and Curl, H. c., Jr. 1973. "A Mathematical Model of the Nutrient Dynamics of Phytoplankton in a Nitrate-Limited Environment." *Biotech. BioEngin.* 15: 331-358.

Gundelach, J. M. and Castillo, J. E. 1970. "Natural Stream Purification Under Anaerobic Conditions." *J. Water Poll. Contr. Fed.* 48(7): 1753-1758.

Gupta, R. S. 1989. *Hydrology and Hydraulic Systems*. Prentice-Hall, Englewood Cliffs, NJ.

Hall, C. A. and Porshing, T. A. 1990. *Numerical Analysis of Partial Differential Equations*. Prentice-Hall, Englewood Cliffs, NJ.

Hansen, J. S. and Ongerth, J. E. 1991. "Effects of Time and Watershed Characteristics on the Concentration of *Cryptosporidium* Oocysts in River Water." *Appl. Environ. Microbiol.* 57 (10): 2790-2795.

Harned, H. S. and Davis, R., Jr. 1943. "The Ionization Constant of Carbonic Acid in Water and the Solubility of Carbon Dioxide in Water and Aqueous Salt Solutions from 0 to 50 ℃." *J. Am. Chem. Soc.* 65: 2030-2037.

Harned, H. S. and Hamer, W. J. 1933. "The Ionization Constant of Water." *J. Am. Chem. Soc.* 51: 2194.

Harned, H. S. and Scholes, S. R. 1941. "The Ionization Constant of HCO_3." *J. Am. Chem. Soc.* 63: 1706-1709.

Harvey, H. S. 1955. *The Chemistry and Fertility of Seawater*. Cambridge University Press, Cambridge, England.

Henderson-Sellers, B. 1984. *Engineering Limnology*. Pitman, Boston.

Higbie, R. 1935. "The Rate of Adsorption of a Pure Gas Into a Still Liquid During Short Periods of Exposure." *Trans. Amer. Inst. Chem. Engin.* 31: 365-389.

Hoffman, J. D. 1992. *Numerical Methods for Engineers and Scientists*. McGraw-Hill, New York.

Hornberger, G. M. and Kelly, M. G. 1972. "The Determination of Primary Production in a Stream Using an Exact Solution to the Oxygen Balance Equation." *Water Resour. Bull.* 8(4), 795-801.

Hornberger, G. M. and Kelly, M. G. 1975. "Atmospheric Reaeration in a River Using Productivity Analysis." *J. Environ. Engr. Div. ASCE* 101(5), 729-739.

Hutchinson, G. E. 1957. *A Treatise on Limnology*, *Vol. 1*, *Geography*, *Physics and Chemistry*. Wiley, New York.

Hydroscience, Inc. 1971. Simplified Mathematical Modeling of Water Quality, prepared for the Mitre Corporation and the USEPA, Water Programs, Washington, D. C. , Mar. 1971.

Hydroscience, Inc. 1972. Addendum to Simplified Mathematical Modeling of Water Quality, US EPA, Washington, D. C.

Hydroscience, Inc. 1973. Limnological Systems Analysis of the Great Lakes: Phase Ⅰ — Preliminary Model Design. Hydroscience, Inc. , Westwood, NJ (now HydroQual, Inc. , Mahwah, NJ).

Ijima, T. and Tang, F. L. W. 1966. "Numerical Calculations of Wind Waves in Shallow Water." In *Proc. 10th Coastal Engr. Conf.* , Tokyo, pp. 38-45.

Imboden, D. M. 1974. "Phosphorus Models of Lake Eutrophication." *Limnol. Oceanogr.* 19: 297-304.

Imboden, D. M. and Gachter, R. 1978. "A Dynamic Model for Trophic State Prediction." *Ecol. Model.* 4: 77-98.

International Joint Commission. 1979. "Great Lakes Water Quality 1978, Appendix D, Radioactivity Subcommittee Report." International Joint Commission, Windsor, Ontario.

Jamil, A. 1971. "Raw Sewage Characteristics in Greater Beirut." M. S. Thesis, American University of Beirut, Lebanon.

Kang, S. W. , Sheng, Y. P. , and Lick, W. 1982. "Wave Action and Bottom Shear Stresses in Lake Erie." *J. Great Lakes Res.* 8(3): 482-494.

Karickhoff, S. W. , Brown, D. S. , and Scott, T. A. 1979. "Sorption of Hydrophobic Pollutants on Natural Sediments." *Water Research* 13: 241-248.

Kavanaugh, M. C. and Trussell, R. R. 1980. "Design of Aeration Towers to Remove Volatile Contaminants from Drinking Water." *J. Am. Water Works Assoc.* 72(12): 684-692.

Keeling, C. D. , et al. 1982. As presented in M. C. MacCracken and H. Moses, The First Detection of Carbon Dioxide Effects: Workshop Summary 8-10 June 1981, Harpers Ferry, WV. *Bull. Am. Meteorol. Soc.* 63: 1165.

Keeling, C. D. , et al. 1989. "A Three Dimensional Model of Atmospheric CO_2 Transport Based on Observed Winds: Observational Data and Preliminary Analysis." *Aspects of Climate Variability in the Pacific and the Western Americas*. Geophysical Monograph, American Geophysical Union,

Vol. 55.

Keith, L. H. and Telliard, W. A. 1979. "Priority Pollutants, J. A Perspective View." *Environ. Sci. Technol.* 13(4): 416-423.

Kelly, M. G., Hornberger, G. M., and Cosby, B. J. 1974. "Continuous Automated Measurement of Photosynthesis and Respiration in an Undisturbed River Community." *Limnol. Oceanog.* 19(2), 305-312.

Kenner, B. A. 1978. "Fecal Streptococcal Indicators." In *Indicators of Viruses in Water and Food*, G. Berg, ed., Ann Arbor Science, Ann Arbor, MI.

Kielland, J. 1937. "Individual Activity Coefficients of Ions in Aqueous Solutions." *J. Am. Chern. Soc.* 59: 1675-1678.

King, D. L. 1972. "Carbon Limitation in Sewage Lagoons." In *Nutrients and Eutrophication Special Symposia*, *Vol. 1* (Am. Soc. Limnol. and Oceanog.), pp. 98-112.

King, D. L. and J. T Novak. 1974. "The Kinetics of Inorganic Carbon-Limited Algal Growth." *J. Water Poll. Control Fed.* 46: 1812-1816.

Kreider, J. F. 1982. *The Solar Heating Design Process.* McGraw-Hill, New York.

Kreith, F. and Bohn, M. S. 1986. *Principles of Heat Transfer*, 4th ed. Harper & Row, New York.

Lahlou, M., Choudhury, S., Wu, Yin, and Baldwin, K. 1995. QUAL2E Windows Interface Users Manual. EPA-823-B-95-003. U. S. Environmental Protection Agency, Washington, DC.

Lam, D. C. L., Schertzer, W M., and Fraser, A. S. 1984. Modeling the Effects of Sediment Oxygen Demand in Lake Erie Water Quality Conditions Under the Influence of Pollution Control and Weather Variations. As quoted in Bowie et al. (1985).

Langbien, W. B. and Durum, W. H. 1967. The Aeration Capacity of Streams. USGS, Washington, DC, Circ. 542.

Langelier, W. F. 1936. "The Analytical Control of Anti-Corrosion Water Treatment." *J. Am. Water Works Assoc.* 28: 1500.

Larsen, D. P. and Malueg, K. W. 1976. "Limnology of Shagawa Lake, Minnesota, Prior to Reduction of Phosphorus Loading." *Hydrobiol.* 50: 177-189.

Larsen, D. P. and Malueg, K. W. 1981. "Whatever Became of Shagawa Lake?" In *Restoration of Lakes and Inland Waters. International Symposium on Inland Waters and Lake Restoration.* U. S. Environmental Protection Agency, EPA-440/4-81-010, pp. 67-72.

Larsen, D. P. and Mercier, K. W. 1976. "Limnology of Shagawa Lake, Minnesota, Prior to Reduction of Phosphorus Loading." *Hydrobiologia* 50(2): 177-189.

Larsen, D. P., Malueg, K. W, Schults, D. W., and Brice, R. M. 1975. "Response of Eutrophic Shagawa Lake, Minnesota, U. S. A., to Point Source Phosphorus Reduction." *Verh. Int. Verein. Limnol.* 19: 884-892.

Larsen, D. P., Mercier, H. T, and Malueg, K. W. 1973. "Modeling Algal Growth Dynamics in Shagawa Lake, Minnesota, with Comments Concerning Projected Restoration ofthe Lake." In *Modeling the Eutrophication Process*, E. J. Middlebrooks, D. H. Falkenborg, and T E. Maloney, eds., Ann Arbor Science, Ann Arbor, MI, p. 15.

Larsen, D. P., Schults, D. W., and Malueg, K. W. 1981. "Summer Internal Phosphorus Supplies in Shagawa Lake, Minnesota." *Limnol. Oceanogr.* 26: 740-753.

Larsen, D. P., Van Sickle, J., Malueg, K. W., and Smith, P. D. 1979. "The Effect of Wastewater Phosphorus Removal on Shagawa Lake, Minnesota: Phosphorus Supplies, Lake Phosphorus, and Chlorophyll *a*." *Water Res.* 13: 1259-1272.

Laws, E. A. and Chalup, M. S. 1990. "A Microalgal Growth Model." *Limnol. Oceanogr.* 35(3): 597-608.

LeChevallier, M. W. and Norton, W. D. 1995. "*Giardia* and *Cryptosporidium* in Raw and Finished Water." *J. Am. Water Works Assoc.* 87(9): 54-68.

LeChevallier, M. W., et al. 1991. "Occurrence of *Giardia* and *Cryptosporidium* spp. in Surface Water Supplies." *Appl. Environ. Microbiol.* 57(9): 2610-2616.

Lehman, T. D., Botkin, D. B., and Likens, G. E. 1975. "The Assumptions and Rationales of a Computer Model of Phytoplankton Population Dynamics." *Limnol. Oceanogr.* 20: 343-364.

Leopold, L. B. and Maddock, T. 1953. *The Hydraulic Geometry Channels and Some Physiographic Implications*. Geological Survey Professional Paper 252, Washington, D. C.

Lerman, A. 1972. "Strontium 90 in the Great Lakes: Concentration-Time Model." *J. Geophys. Res.* 77: 3256-3264.

Lewis, G. N. and Randall, M. 1921. "The Activity Coefficient of Strong Electrolytes." *J. Am. Chern. Soc.* 43: 1112-1154.

Lewis, W. K. and Whitman, W. G. 1924. Principles of Gas Absorption. *Ind. Eng. Chern.* 16(12): 1215-1220.

Liss, P. S. 1975. "Chemistry of the Sea Surface Microlayer." In *Chern. Oceanogr.*, J. P. Riley and G. Skirrow, eds., Academic, London.

Loucks, D. P., Revelle, C. S., and Lynn, W. R. 1967. "Linear Programming Models for Water Pollution Control." *Management Science* 14(4): B166-B181.

Ludyanskiy, M. L., McDonald, D., and MacNeil, D. 1993. "Impact of the Zebra Mussel, A Bivalve Invader." *Bioscience* 43: 533-544.

Lung, W. S. 1994. *Water Quality Modeling, Vol. 3 Application to Estuaries*. CRC, Boca Raton, FL.

Lyman, W. J., Reehl, W. F., and Rosenblatt, D. H. 1982. *Handbook of Chemical Property Estimation Methods, Environmental Behavior of Organic Compounds*. McGraw-Hili, New York.

Mabey, W. R., et al. 1979. *Aquatic Fate Process Data for Organic Priority Pollutants*, U. S. Environmental Protection Agency, Washington, DC, Report EPA/440/4-81-014.

MacCormack, R. W. 1969. "The Effect of Viscosity in Hypervelocity Impact Cratering." *Am. Inst. Aeronaut. Astronaut.* Paper 69-354.

Mackay, D. 1977. "Volatilization of Pollutants from Water." In *Aquatic Pollutants: Transformations and Biological Effects*, O. Hutzinger et aI., eds., Pergamon, Amsterdam, p. 175.

Mackay, D. 1982. "Fugacity Revisited." *Environ. Sci. Technol.* 16(12): 654A-660A.

Mackay, D. and Yeun, A. T. K. 1983. "Mass Transfer Coefficients Correlations for Volatilization of Organic Solutes from Water." *Environ. Sci. Technol.* 17: 211-233.

Mackie, G. L. 1991. "Biology of the Exotic Zebra Mussel, *Dreissena polymorpha*, in Relation to

Native Bivalves and Its Potential Impact on Lake St. Clair." *Hydrohiologia* 219: 251-268.

Madore, M. S., et al. 1987. "Occurrence of *Cryptosporidium* Oocysts in Sewage Effluents and Select Surface Waters." *J. Parasitol.* 73: 702.

Malueg, K. W., Larsen, D. P., Schults, D. W., and Mercier, H. T. 1975. "A Six Year Water, Phosphorus and Nitrogen Budget of Shagawa Lake." *J. Environ. Qual.* 4: 236-242.

Mancini, J. L. 1978. Numerical Estimates of Coliform Mortality Rates Under Various Conditions. *J. Water Poll. Control Fed.* 50(11).

McGill, R., Tukey, J. W., and Larsen, W. A. 1978. "Variations of Box Plots." *Am. Stat.* 32: 12-16.

McKim, J. P., Schmeider, P., and Veith, G. 1985. "Absorption Dynamics of Organic Chemical Transport Across Trout Gills as Related to Octanol-Water Partition Coefficients." *Toxicol. Appl. Pharacol.* 77: 1-10.

McQuivey, R. S. and T. N. Keefer, 1974. Simple Method for Predicting Dispersion in Streams, *J. Environ. Engr. Div. ASCE* 100(EE4): 997-1011.

Metcalf and Eddy, Inc. 1979. *Wastewater Engineering*. McGraw-Hill, New York.

Metcalf and Eddy, Inc. 1991. *Wastewater Engineering*. McGraw-Hill, New York.

Miller, G. C. and Zepp, R. G. 1979. "Effects of Suspended Sediments on Photolysis Rates of Dissolved Pollutants." *Water Res.* 13: 453-459.

Millero, F. J. and Poisson, A. 1981. "International One-Atmosphere Equation of State for Sea Water." *Deep-Sea Res.* (Part A). 28(6A): 625-629.

Mills, W. B., et al. 1985. *Water Quality Assessment: A Screening Procedure for Toxic and Conventional Pollutants, Part I.* Tetra Tech, Inc., Env. Res. Lab., Office of Research and Devel., USEPA, Athens, GA, EPA-600/6-82-004a.

Moran, J. M., Morgan, M. D., and Wiersma, J. H. 1986. *Introduction to Environmental Science*, 2d ed. Freeman, New York.

Mortimer, C. H. 1941. "The Exchange of Dissolved Substances Between Mud and Water. I and II." *J. Ecol.* 29: 280-329.

Mortimer, C. H. 1942. "The Exchange of Dissolved Substances Between Mud and Water. III." *J. Ecol.* 30: 147-201.

Mortimer, C. H. 1974. Lake Hydrodynamics. *Mitt. Internal. Verein. Limnol.* 20: 124-197.

Mortimer, C. H. 1975a. "Environmental Status of Lake Michigan Region, Vol. 2. Physical Limnology of Lake Michigan, Part I. Physical Characteristics of Lake Michigan and Its Response to Applied Forces." Argonne National Laboratory, Argonne, IL ANLlEs-40, vol. 2.

Mortimer, C. H. 1975b. "Modeling of Lakes as Physico-Biochemical Systems—Present Limitations and Needs." In *Modeling of Marine Systems*, J. C. J. Nihoul, ed., Elsevier, New York, p. 217.

Mueller, J. A. 1976. Accuracy of Steady-State Finite Difference Solutions. Technical Memorandum, Hydroscience, Inc. (now HydroQual, Inc., Mahwah, NJ).

Munk, W. H. and Anderson, E. R. 1948. "Notes on a Theory of the Thermocline." *J. Marine Res.* 7: 276-295.

Murthy, C. R. 1976. "Horizontal Diffusion Characteristics in Lake Ontario." *J. Physic. Oceanogr.* 6: 76-84.

Nakamura, Y. and Stefan, H. G. 1994. "Effect of Flow Velocity on Sediment Oxygen Demand:

Theory. " *J. Environ. Engr.* 120(5): 996-1016.

Neftel, A., Moor, E., Oeschger, H., and Stauffer, B. 1985. "Evidence from Polar Ice Cores for the Increase in Atmospheric CO_2 in the Past Two Centuries. " *Nature.* 315: May 2.

O'Connor, D. J. and Dobbins, W. E. "Mechanism of Reaeration in Natural Streams" *ASCE Trans.* 86(SA3): 35-55.

O'Connor, D. J. 1960. "Oxygen Balance of an Estuary. " *J. San. Engr. Div. ASCE* 86(SA3): 35-55.

O'Connor. D. J. 1962. "The Bacterial Distribution in a Lake in the Vicinity of a Sewage Discharge. " In *Proceedings of the 2nd Purdue Industrial Wclste Conference*, West Lafayette, IN.

O'Connor, D. J. 1967. "The Temporal and Spatial Distribution of Dissolved Oxygen in Streams. " *Water Resour. Res.* 3(1): 65-79.

O'Connor, D. J. 1976. "The Concentration of Dissolved Solids and River Flow. " *Water Resour. Res.* 12(2): 279-294.

O'Connor, D. J. 1985. Modeling Frameworks, Toxic Substances Notes. Manhattan College Summer Institute in Water Pollution Control, Manhattan College, Bronx, NY.

O'Connor, D. J. 1988a. "Models of Sorptive Toxic Substances in Freshwater Systems. I: Basic Equations. " *J. Envir. Engr.* 114(3): 507-532.

O'Connor, D. J. 1988b. "Models of Sorptive Toxic Substances in Freshwater Systems. II: Lakes and Reservoirs. " *J. Envir. Engr.* 114(3): 533-551.

O'Connor, D. J. 1988c. "Models of Sorptive Toxic Substances in Freshwater Systems. III: Streams and Rivers. " *J. Envir. Engr.* 114(3): 552-574.

O'Connor, D. J. 1989. "Seasonal and Long-Term Variations of Dissolved Solids in Lakes and Reservoirs. " *J. Environ. Engr. Div. ASCE* 115(6): 1213-1234.

O'Connor, D. J. and Di Toro. D. M. 1970. "Photosynthesis and Oxygen Balance in Streams. " *J. San. Engr. Div. ASCE* 96(2), 547-571.

O'Connor, D. J. and Dobbins. 1958. "Mechanism of Reaeration in Natural Streams. " *Trans. Am. Soc. Civil Engin.* 123: 641-666.

O'Connor, D. J. and Mueller, J. A. 1970. "A Water Quality Model of Chloride in the Great Lakes. " *J. San. Engr. Div. ASCE* 96(SA4): 955-975.

O'Loughlin, E. M. and K. H. Bowmer, 1975. "Dilution and Decay of Aquatic Herbicides in Flowing Channels. " *J. Hydrol.* 26: 217-235.

O'Melia, C. R. 1972. "An Approach to the Modeling of Lakes. " *Schweiz. Z. Hydrol.* 34: 1-34.

Odum, H. T. 1956. "Primary Production in Flowing Waters. " *Limnol. Oceanog.* 1 (2), 102-117.

Officer, C. B., 1976. Physical *Oceanography of Estuaries (and Associated Coastal Waters).* Wiley, New York.

Officer, C. B. 1983. "Physics of Estuarine Circulation. " In *Ecosystems of the World, Estuaries and Enclosed Seas*, B. H. Ketchum, ed., Elsevier. Amsterdam, pp. 15-41.

Okubo, A. 1971. "Oceanic Diffusion Diagrams. " *Deep-Sea Res.* 18: 789-802.

Omernik, J. M., 1977. Non-Point Source-Stream Nutrient Level Relationships: A Nationwide Study, Corvallis ERL. ORD. USEPA, Corvallis, OR. EPA-600/3-77-105.

Oreskes, N., Shrader-Frechette, K., and Belitz. K. 1994. "Verification, Validation and

Confirmation of Numerical Models in the Earth Sciences." *Science* 263(5147): 641-646.

Orlob, G. T. 1977. "Mathematical Modeling of Surface Water Impoundments, Vols. I and II." NTIS, PB-293-204.

Oswald, T. and Roth, C. 1988. "Make Us a River." *Rod and Reel* May/June: 28.

Owens, M., Edwards, R., and Gibbs, J. 1964. Some Reaeration Studies in Streams. *Int. J. Air Water Poll.* 8: 469-486.

Peterson, R. O., Page, R. E., and Dodge, K. M. 1984. "Wolves, Moose, and the Allometry of Population Cycles." *Science* 224: 1350-1352.

Pielou, E. C. 1969. *An Introduction to Mathematical Ecology.* Wiley-Interscience, New York.

Ponce, V. M. 1989. *Engineering Hydrology: Principles and Practices.* Prentice-Hall, Englewood Cliffs, NJ.

Press, W. H., Teukolsky, S. A., Vetterling, W. T., and Flannery, B. P. 1992. *Numerical Recipes in FORTRAN*, 2d ed. Cambridge University Press, New York.

Rast, W. and Lee, G. F. 1978. Summary Analysis of the North American Project (US portion) OECD Eutrophication Project: Nutrient Loading-Lake Response Relationships and Trophic State Indices, USEPA Corvallis Environmental Research Laboratory, Corvallis, OR, EPA-600/3-78-008.

Rathbun, R. E., Stephens, D. W., Shultz, D. J., and Tai, D. Y. 1978. "Laboratory Studies of Gas Tracers for Reaeration." *J. Environ. Engr. Div. ASCE* 104(EE1): 215-229.

Raudkivi, A. J. 1979. *Hydrology.* Pergamon, Oxford, England.

Ravelle, C., Loucks, D. P., and Lynn, W. R. (1967) "A Management Model for Water Quality Control." *J. Water Poll. Control Fed.* 39(7): 1164-1183.

Rawson, D. S. 1955. "Morphometry as a Dominant Factor in the Productivity of Large Lakes." *Verh. Int. Ver. Limnol.* 12: 164-175.

Reckhow, K. H. 1977. Phosphorus Models for Lake Management. Ph. D. Dissertation, Harvard University, Cambridge, MA.

Reckhow, K. H. 1979. "Empirical Lake Models for Phosphorus Development: Applications, Limitations, and Uncertainty." In *Perspectives on Lake Ecosystem Modeling*, D. Scavia and A. Robertson, eds., Ann Arbor Science, Ann Arbor, MI, pp. 183-222.

Reckhow, K. H. and Chapra, S. C. 1979. "Error Analysis for a Phosphorus Retention Model." *Water Resour.* Res. 15: 1643-1646.

Reckhow, K. H. and Chapra, S. C. 1983. *Engineering Approaches for Lake Management*, Vol. 1: *Data Analysis and Empirical Modeling.* Butterworth, Woburn, MA.

Redfield, A. C., Ketchum, B. H., and Richards, F. A. 1963. "The Influence of Organisms on the Composition of Seawater." In *The Sea*, M. N. Hill, ed., Wiley-Interscience, New York, pp. 26-77.

Regli, S., et al. 1991. "Modeling the Risk from *Giardia* and Viruses in Drinking Water." *J. Am. Water Works Assoc.* 80: 74-77.

Reynolds, T. D. 1982. *Unit Operations and Processes in Environmental Engineering*, Brooks/Cole, Monterey, CA.

Richardson, L. F. 1926. "Atmospheric Diffusion Shown on a Distance-Neighborhood Graph." *Proc. Royal Soc.* (A) 110: 709-727.

Riley, G. A. 1946. "Factors Controlling Phytoplankton Population on Georges Bank." *J. Mar. Res.* 6: 104-113.

Riley, G. A., 1956. Oceanography of Long Island Sound 1952-1954. II. Physical Oceanography, *Bull. Bingham. Oceanog. Collection 15*, pp. 15-16.

Riley, G. A. 1963. "Theory of Food-Chain Relations in the Ocean." In *The Sea*, M. N. Hill, ed., Wiley-Interscience, New York, pp. 438-463.

Robbins, J. A. and Edgington, D. N. 1975. "Determination of Recent Sedimentation Rates in Lake Michigan Using Pb-210 and Cs-137." *Geochim. Cosmochim. Acta* 39: 285-301.

Roesner, L. A., Giguerre, P. R., and Evenson, D. E. 1981*a*. Computer Program Documentation for Stream Quality Modeling (QUAL-II), U. S. Environmental Protection Agency, Athens, GA, Report EPA/600/9-81-014.

Roesner, L. A., Giguerre, P. R., and Evenson, D. E. 1981*b*. Users Manual for Stream Quality Modeling (QUAL-II), U. S. Environmental Protection Agency, Athens, GA, Report EPA/600/9-81-015.

Rose, J. B. 1988. "Occurrence and Significance of *Cryptosporidium* in Water." *J. Am. Water Works Assoc.* 80: 53-58.

Rose, J. B., et al. 1991. "Risk Assessment and the Control of Waterborne Pathogens." *Am. J. Public Health*, 81: 709.

Runkel, R. L. 1996. Personal communication.

Runkel, R. L., Bencaia, K. E., Broshears, R. E., and Chapra, S. C. 1996*a*. "Reactive Solute Transport in Small Streams: I. Development of an Equilibrium-Based Simulation Model." *Water Resour. Res.* (in press).

Runkel, R. L., McKnight, D. M., Bencala, K. E., and Chapra, S. C. 1996*b*. "Reactive Solute Transport in Small Streams: II. Simulation of a pH-Modification Experiment." *Water Resour. Res.* (in press).

Russell, L. L. 1976. "Chemical Aspects of Groundwater Recharge with Wastewaters." Ph. D. Dissertation, Univ. Calif., Berkeley, CA.

Salvato, J. A. 1982. *Environmental Engineering and Sanitation*. Wiley, New York.

Sawyer, C. N., McCarty, P L., and Parkin, G. F. 1994. *Chemistry for Environmental Engineering*. McGraw-Hill, New York.

Scavia, D. 1979. "The Use of Ecological Models of Lakes in Synthesizing Available Information and Identifying Research Needs." In *Perspectives on Lake Ecosystem Modeling*, D. Scavia and A. Robertson, eds., Ann Arbor Science, Ann Arbor, MI, p. 109.

Scavia, D. 1980. "An Ecological Model for Lake Ontario." *Ecol. Model.* 8: 49-78.

Scavia, D. and Bennett, J. R. 1980. "Spring Transition Period in Lake Ontario — A Numerical Study of the Causes of the Large Biological and Chemical Gradients." *Can. J. Fish. Aquat. Sci.* 37(5): 823-833.

Schmidt, G. D. and Roberts, L. S. 1977. *Foundations of Parasitology*. C. V. Mosby, St. Louis, MO.

Schnoor, J. L., Sato, C., McKechnie, D., and Sahoo, D. 1987. *Processes, Coefficients. and Models for Simulating Toxic Organics and Heavy Metals in Surface Waters*, U. S. Environmental

Protection Agency, Athens, GA, Report EPA/600/3-87/015, 1987.

Schurr, J. M. and Ruchti, J. 1975. "Kinetics of O_2 Exchange, Photosynthesis, and Respiration in Rivers Determined from Time-Delayed Correlations Between Sunlight and Dissolved Oxygen." *Schweiz. Z. Hydrol.* 37(1), 144-174.

Schurr, J. M. and Ruchti, J. 1977. "Dynamics of O_2 and CO_2 Exchange, Photosynthesis, and Respiration in Rivers From Time-Delayed Correlations with Ideal Sunlight." *Limnol. Oceanog.* 22(2): 208-225.

Schuster, R. J. 1987. Colorado River Simulation System Documentation: System Overview, U. S. Bureau of Reclamation, Denver. CO.

Schwarzenbach, R. P. and Westall, J. 1981. "Transport of Nonpolar Organic Compounds from Surface Water to Groundwater: Laboratory Sorption Studies." *Environ. Sci. Technol.* 15: 1360-1367.

Schwarzenbach, R. P., Gschwend, P. M., and Imboden, D. M. 1993. *Environmental Organic Chemistry*. Wiley-Interscience, New York.

Shah, I., 1970. *Tales of the Dervishes*. Dutton, New York.

Shapiro, J. 1973. "Blue-Green Algae: Why They Became Dominant." *Science* 179: 382-384.

Shugart, H. H., Goldstein, R. A., O'Neill, R. V., and Mankin, J. B. 1974. "TEEM: A Terrestrial Ecosystem Energy Model for Forests." *Oecol. Plant.* 9(3): 231-264.

Simons, T. J. and Lam, D. C. L. 1980. "Some Limitations of Water Quality Models for Large Lakes: A Case Study of Lake Ontario." *Water Resour. Res.* 16: 105-116.

Smith, J. W. and Wolfe, M. S. 1980. "Giardiasis." *Amer. Rev. Med.* 31: 373-383.

Smith, V. H. and Shapiro, J. 1981. A Retrospective Look at the Effects of Phosphorus Removal in Lakes, in Restoration of Lakes and Inland Waters. USEPA, Office of Water Regulations and Standards, Washington, DC. EPA-440/5-81-010.

Snodgrass, W. J. 1974. A Predictive Phosphorus Model for Lakes: Development and Testing. Ph. D. Dissertation, University of North Carolina, Chapel Hill, NC.

Snodgrass, W. J. and O'Melia, C. R. 1975. Predictive Model for Phosphorus in Lakes. *Environ. Sci. Technol.* 9: 937-944.

Steele, J. H. 1962. "Environmental Control of Photosynthesis in the Sea." *Limnol. Oceanogr.* 7: 137-150.

Steele, J. H. 1965. "Notes on Some Theoretical Problems in Production Ecology." In *Primary Production in Aquatic Environments*, C. R. Goldman, ed., University of California Press, Berkeley, CA.

Stefan, H. G., Cardoni, J. J., Schiebe, F. R., and Cooper, C. M. 1983. "Model of Light Penetration in a Turbid Lake." *Water Resour. Res.* 19(1): 109-120.

Streeter, H. W. and Phelps, E. B. 1925. A Study of the Pollution and Natural Purification of the Ohio River, III. Factors Concerning the Phenomena of Oxidation and Reaeration. U. S. Public Health Service, Pub. Health Bulletin No. 146, February, 1925. Reprinted by U. S., DHEW, PHA, 1958.

Stumm, W. and Morgan, J. J. 1981. *Aquatic Chemistry*. Wiley-Interscience, New York.

Sverdrup, H. U., Johnson, M. W., and Fleming, R. H. 1942. The *Oceans*. Prentice-Hall, Englewood Cliffs, NJ.

Syskora, J. L., et al. 1991. "Distribution of *Giardia* Cysts in Wastewater. " *Water Res.* 24(2): 187-192.

Taylor, G. I. 1953. "Dispersion of Soluble Matter in Solvent Flowing Slowly Through a Tube. " *Proc. Royal Soc. London Ser.* A 219: 186-203.

Texas Water Development Board 1970. Simulation of Water Quality in Streams and Canals, Program Documentation and User's Manual, Austin, TX.

Thackston, E. L. and Krenkel P. A. 1966. "Reaeration Predictions in Natural Streams. " *J. San. Engr. Div. ASCE* 95(SA1): 65-94.

Thomann, R. V. 1963. "Mathematical Model for Dissolved Oxygen. " *J. San. Engr. Div. ASCE* 89(SA5): 1-30.

Thomann, R. V. 1972. *Systems Analysis and Water Quality Management.* McGraw-Hill, New York.

Thomann, R. V. 1981. "Equilibrium Model of Fate of Microcontaminants in Diverse Aquatic Food Chains. " *Can. J. Fish. Aquat. Sci.* 38: 280-296.

Thomann, R. V. 1985. "A Simplified Heavy Metals Model for Streams. " (in preparation). Manhattan College, Bronx, NY.

Thomann, R. V. 1989. "Bioaccumulation Model of Organic Chemical Distribution in Aquatic Food Chains. " *Environ. Sci. Technol.* 23: 699-707.

Thomann, R. V. and Connolly, J. P 1992. "Modeling Accumulation of Organic Chemicals in Aquatic Food Webs. " In *Chemical Dynamics in Freshwater Ecosystems*, F. A. P C. Gobas and J. A. McCorquodale, eds. , Lewis, Boca Raton, FL, pp. 153-186.

Thomann, R. V. and Di Toro, D. M. 1983. "Physico Chemical Model of Toxic Substances in the Great Lakes. " *J. Great Lakes Res.* 9(4), 474-496.

Thomann, R. V. and Fitzpatrick, J. F. 1982. Calibration and Verification of a Mathematical Model of the Eutrophication of the Potomac Estuary; report by Hydroqual, Inc. , Mahwah, NJ, to DES, Dist. Col.

Thomann, R. V. and Mueller, J. A. 1987. *Principles of SUiface Water Quality Modeling and Control.* Harper & Row, New York.

Thomann, R. V. and Sobel, M. J. 1964. "Estuarine Water Quality Management and Forecasting. " *J. San. Engr. Div. ASCE* 90(SA5): 9-36.

Thomann, R. V. , Connolly, J. P. , and Parkerton, T. F. 1992. "An Equilibrium Model of Organic Chemical Accumulation in Aquatic Food Webs with Sediment Interactions. " *Environ. Toxicol. Chem.* 11: 615-629.

Thornton, K. W. and Lessem, A. S. 1978. "A Temperature Algorithm for Modifying Rates. " *Trans. Am. Fish. Soc.* 107(2): 284-287.

Tsivoglou, E. C. and Neal. L. A. 1976. "Tracer Measurements of Reaeration: III. Predicting the Reaeration Capacity of Inland Streams. " *J. Water Poll. Control Fed.* 48(12): 2669-2689.

Tsivoglou, E. C. and Wallace, S. R. 1972. Characterization of Stream Reaeration Capacity, USEPA, Report No. EPA-R3-72-0l2.

Tukey, J. W. 1977 *Exploratory Data Analysis.* Addison-Wesley, Reading, MA.

Tyler, J. E. and Smith, R. C. 1970. *Measurement ol Spectral lrradiance Under Water.* Gordon and Breach, New York.

Velz, C. J., 1938. "Deoxygenation and Reoxygenation." *Proc. Am. Soc. Civ. Engr.* 65(4): 677-680.

Velz, C. J., 1947. "Factors Influencing Self-Purification and Their Relation to Pollution Abatement." *Sewage Works J.* 19(4): 629-644.

Vollenweider, R. A. 1968. "The Scientific Basis of Lake and Stream Eutrophication with Particular Reference to Phosphorus and Nitrogen as Eutrophication Factors." Technical Report DAS/DSI/68. 27, Organization for Economic Cooperation and Development, Paris.

Vollenweider, R. A. 1975. "Input-Output Models with Special Reference to the Phosphorus Loading Concept in Limnology." *Schweiz. Z. Hydrol.* 37: 53-84.

Vollenweider, R. A. 1976. "Advances in Defining Critical Loading Levels for Phosphorus in Lake Eutrophication." *Mem. 1st. Ital. Idrobiol.* 33: 53-83.

Walker. W. W., Jr. 1977. "Some Analytical Methods Applied to Lake Water Quality Problems." Ph. D. Dissertation, Harvard University, Cambridge, MA.

Walker, W. W., Jr. 1980. "Variability of Trophic State Indicators in Reservoirs." In *Restoration of Lakes and Inland Waters*, U. S. Environmental Protection Agency, EPA-440/5-81-010, pp. 344-348.

Walker, W. W., Jr. 1983. Personal communication quoted in Brown and Barnwell (1987).

Walsh, J. J. and Dugdale. R. C. 1972. "Nutrient Submodels and Simulation Models of Phytoplankton Production in the Sea." In *Nutrients in Natural Waters*, H. E. Allen and J. R. Kramer, eds., Wiley, New York, p. 171.

Wanninkhof, R., Ledwell, J. R., and Crusius, J. 1991. "Gas Transfer Velocities on Lakes Measured with Sulfur Hexafluoride." In *Symposium Volume of the Second International Conference on Gas Transfer at Water Surfaces*, S. C. Wilhelms and J. S. Gulliver. eds., Minneapolis, MN.

Weber, W. J., Jr. 1972. *Physicochemical Processes for Water Quality Control.* Wiley, New York.

Westrich, J. T. and Berner, R. A. 1984. "The Role of Sedimentary Organic Matter in Bacterial Sulfate Reduction: The G Model Tested." *Limnol. Oceanogr.* 29(2): 236-249.

Wetzel, R. G. 1975. *Limnology.* Saunders. Philadelphia.

Wetzel, R. G. 1983. *Limnology.* 2d ed. Saunders, Philadelphia.

Whitman, W. G. 1923. "The Two-Film Theory of Gas Absorption." *Chem. Metallurg. Eng.* 29(4): 146-148.

Wickramanayake, G. B., Rubin, A. J., and Sproul, O. J. 1985. "Effect of Ozone and Storage Temperature on *Giardia* Cysts." *J. Am. Wcaer Works Assoc.* 77: 74-77.

Wilcock, R. J. 1984a. "Methyl Chloride as a Gas-Tracer for Measuring Stream Reaeration Coefficients — I. Laboratory Studies." *Water Res.* 18(1): 47-52.

Wilcock, R. J. 1984b. "Methyl Chloride as a Gas-Tracer for Measuring Stream Reaeration Coefficients — II. Stream Studies." *Water Res.* 18(1): 53-57.

Wright, R. M. and McDonnell, A. J. 1979. "In-stream Deoxygenation Rate Prediction." *ASCE J. Env. Eng. Div.* 105: 323-335.

Yotsukura, N. 1968. As referenced in preliminary report *Techniques of Water Resources Investigations of the U. S. Geological Survey*, Measurement of Time of Travel and Dispersion by

Dye Tracing, Book 3, Chapter A9, by F. A. Kilpatrick. L. A. Martens, and J. F. Wilson, 1970.

Zepp, R. G. , "Environmental photoprocesses involving natural organic matter." In *Humic Substances and Their Role in the Environment*, F. H. Frimmel and R. F. Christman, eds. , Wiley, New York, 1988 pp. 193-214.

Zepp, R. G. and D. M. Cline, "Rates of direct photolysis in aquatic environment." *Environ. Sci. Tecimol*. 11: 359-366 (1977).

Zison, S. W. , Mills, W. B. , Diemer, D. , and Chen, C. W. 1978. Rates, Constants, and Kinetic Formulations in Surface Water Quality Modeling. U. S. Environmental Protection Agency, ORD, Athens, GA, ERL, EPA/600/3-78-105.

习 题 解 答

第 1 讲

1-1 21.25 g

1-2 (a) $Q=0.752\ 3\ \text{m}^3 \cdot \text{s}^{-1}$, $W=4\ 927.5$ 公吨/年　(b) 207.7 mg·L^{-1}

1-3 0.416 7 m·s^{-1}, 7.2 m^2, 0.206 m

1-4 (a) 868.75 $\text{km}^3 \cdot \text{yr}^{-1}$　(b) 4 343.75 公吨/年　(c) 37.5%

1-5 (a) 3.269 $\text{m}^3 \cdot \text{s}^{-1}$　(b) 0.441 mg·L^{-1}

1-6 (a) 0.855 mg·L^{-1}　(b) $m_1=0.946\ 4\times10^{-3}$ g, $m_2=4\times10^{-3}$ g, $m=4.946\ 4\times10^{-3}$ g

1-7 $Q_A=0.444\ \text{m}^3 \cdot \text{s}^{-1}$, $Q_B=3.556\ \text{m}^3 \cdot \text{s}^{-1}$

1-8 (a) 3.33 mg·L^{-1}　(b) 1×10^{-3} g

1-9 5.17 g·m^{-3}

1-10 $2.864\times10^{-4}\ \text{m}^3 \cdot \text{s}^{-1}$

1-11 (a) 500 g $\text{m}^{-2} \cdot \text{yr}^{-1}$　(b) 200 m·yr^{-1}　(c) 2 mm·yr^{-1}

1-12 13.15 mg·$\text{m}^{-2} \cdot \text{d}^{-1}$

1-13 $Q_A=0.137\ 56\ \text{m}^3 \cdot \text{s}^{-1}$, $Q_B=0.356\ \text{m}^3 \cdot \text{s}^{-1}$

1-14 (a) 2 g $\text{m}^{-2} \cdot \text{d}^{-1}$　(b) 2 m·d^{-1}　(c) 6 084 kg

第 2 讲

2-1 $n=2.333$, $k=0.023\ 9$

2-2 略

2-3 1 级, 0.035 min^{-1}

2-4 1.048 9, 0.248 d^{-1}

2-5 3.04 d^{-1}

2-6 (a) 概念模型如下式示: $-kt=\ln\left(\dfrac{c_g-c_i-c}{c_g}\right)$　(b) 0.094 85 d^{-1}

2-7 (a) 0.013 61 d^{-1}　(b) 0.074 87 m·d^{-1}

2-8 8.352 5 yr^{-1}, 4 252

2-9 8×10^9

2-10 0.149 d^{-1}, 1.791 m·d^{-1}

2-11 0.388 wk^{-1}

2-12 675 mg

2-13 30 500 yrs

2-14 2 级,$0.06 \text{ L mol}^{-1} \cdot \text{min}^{-1}$

2-15 0.001

2-16 $k(T) = 0.074\,726(1.06)^{T-20}$

2-17 $n = 1.459, k = 0.049$

2-18 $n = 0.496\,47, k = 0.037$

2-19 $n = 1.46, k = 0.053$

2-20 $3.26 \text{ mgP} \cdot \text{m}^{-3}$

2-21 (a) 2.69 gO/gC (b) $26.9 \text{ gO} \cdot \text{m}^{-3}$ (c) $1\,761 \text{ mgN} \cdot \text{m}^{-3}$

第 3 讲

3-1 (a) $199.7 \text{ g} \cdot \text{m}^{-3}$ (b) $122\,857 \text{ m}^3 \cdot \text{d}^{-1}$,降解(60 000)>冲刷(42 857)>
沉降(20 000)   (c) 0.352   (d) $2.3 \text{ mg} \cdot \text{L}^{-1}, 1.4 \text{ mg} \cdot \text{L}^{-1}$

3-2 (a) $V\dfrac{\mathrm{d}c}{\mathrm{d}t} = W(t) + Qc_{\text{in}} - Qc - kVc$ (b) $124.8 \text{ mg} \cdot \text{L}^{-1}$ (c) 82.78%
(d)(i), (e) 略   (f) $9.45, 14.37, 5.608 \text{ yrs}$

3-3 (a) $49.5 \text{ μg} \cdot \text{L}^{-1}$ (b) $0.075\,1 \text{ m} \cdot \text{d}^{-1}$

3-4 (a) $7.5 \text{ mg} \cdot \text{m}^{-3}$ (b) 传递函数 $B = 0.106\,67$ (c) $89.33 \text{ mg} \cdot \text{m}^{-2} \cdot$
yr^{-1} (d) $0.305 \text{ m} \cdot \text{d}^{-1}$

3-5 $0.385 \text{ d}^{-1}, 1.968 (\cong 2)$

3-6 略

3-7 $6.79 \text{ d}, 11.23 \text{ d}, 14.65 \text{ d}$

3-8 半衰期计算公式为 $t_{50} = \dfrac{1}{kc_o}$

3-9 (a) $0.023\,1 \text{ yr}^{-1}$ (b) 31.62 yr^{-1} (c) $0.056\,53 \text{ yr}^{-1}$

3-10 结果如下图示。

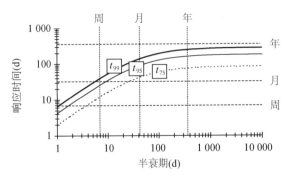

第 4 讲

4-1 略

4-2 略

4-3 略

4-4 (a) 结果如下图示。　　(b) 1.485 d　　(c) 5.7 d

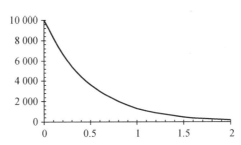

4-5 结果如下图示。

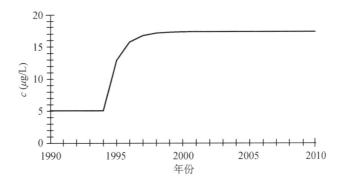

4-6 结果如下图示。

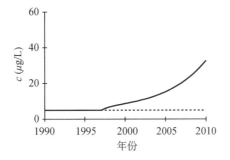

4-7 结果如下图示。

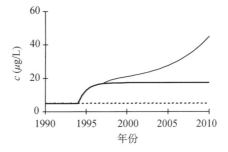

4-8 （a）结果如下图示。 （b）354 d（≅Dec. 20）

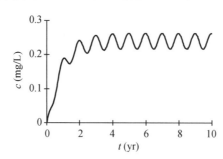

4-9 结果如下图示。

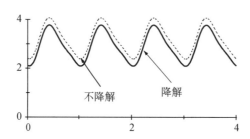

可以看出，发生降解时平均值从 3.2 降至 2.9，但是对峰值和振幅影响微弱。

4-10 略

4-11 结果如下图示。

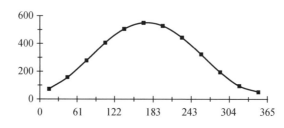

4-12 结果如下图示。

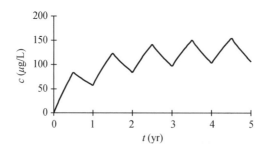

4-13 结果如下图示。

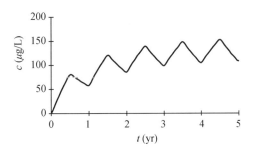

4-14 19.8 yrs

第5讲

5-1 （a）结果如下图示。

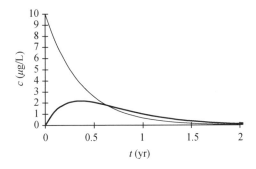

（b）0.359 yr

5-2 （a）2.9 $\mu g \cdot L^{-1}$，7.24 $\mu g \cdot L^{-1}$，4.5 $\mu g \cdot L^{-1}$，32.24 $\mu g \cdot L^{-1}$，24.29 $\mu g \cdot L^{-1}$

（b）结果如下图示。

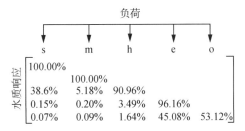

s：苏必利尔湖 m：密歇根湖 h：休伦湖 e：伊利湖 o：安大略湖

5-3 结果如下图示。

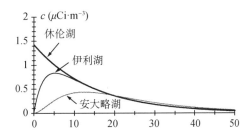

5-4 结果如下图示。

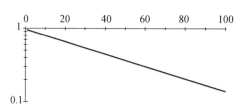

5-5 (a) 3.67×10^5 m^2 (b) 1.42×10^5 m^2 (c) 方案 2,略

5-6 略

5-7 (a) 结果如下图示。 (b) 略

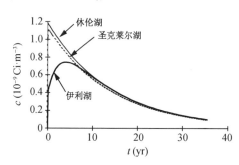

第 6 讲

6-1 $[X][Y] = \begin{bmatrix} 18 & 24 \\ 28 & 40 \\ 46 & 16 \end{bmatrix}$ $[X][Z] = \begin{bmatrix} 40 & 50 \\ 66 & 83 \\ 38 & 39 \end{bmatrix}$ $[Y][Z] = \begin{bmatrix} 12 & 6 \\ 26 & 33 \end{bmatrix}$

$[Z][Y] = \begin{bmatrix} 13 & 4 \\ 44 & 32 \end{bmatrix}$

6-2 (a) 2.9 μg · L^{-1}, 7.24 μg · L^{-1}, 4.5 μg · L^{-1}, 32.24 μg · L^{-1}, 24.29 μg · L^{-1} (b) 0.4 μg · L^{-1} (c) 8.43 μg · L^{-1}

6-3 略

6-4 (a) 54.545 μg · L^{-1}, 181 818 μg · L^{-1} (b) 55 μg · L^{-1} (c) 结果如下图示。

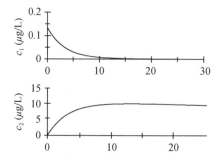

6-5 杀虫剂泄露造成的湖泊水质响应如下图示。

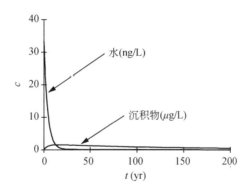

沉积物中净值浓度出现时间为 15 年。

6-6 （a）48.9，27.7，23.4 mg·L^{-1}　（b）结果如下图示。

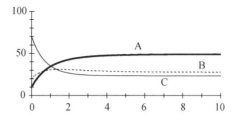

6-7 （a）29.5，27.7，42.8 mg·L^{-1}　（b）结果如下图示。

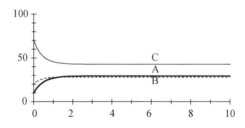

6-8　（a）0.9，4，0.4，5.7，20，5，714.5，300，102，30 mg·L^{-1}
（b）3.982，5.744，5.799，3.989，16.930，4.000，55.916，85.741，93.116，
100.237 mg·L^{-1}　（c）26.617 mg·L^{-1}　（d）6.222，8.976，9.060，6.233，
26.453，6.25，87.368，133.971，145.494 2，156.621 mg·L^{-1}

（e）结果如下图示。

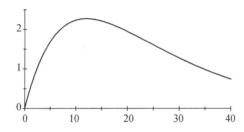

（f）结果如下图示。

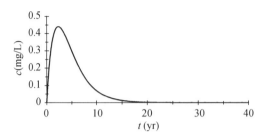

第 7 讲

7-1 t 与 p 的拟合关系式为 $\ln p = 9.21 + 0.073\ 6t$，结果如下图示。

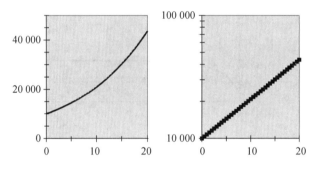

7-2 p 与 t 的关系图如下。

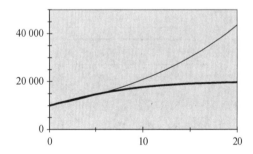

7-3   （a）结果如下图示。 （b）1 月份

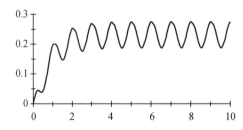

7-4   结果如下图示。

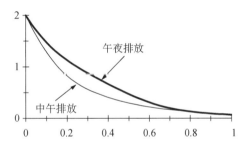

7-5　结果如下图示。

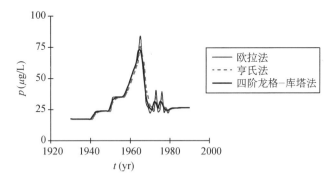

7-6　（a）结果如下图示。　（b）0.38 yr

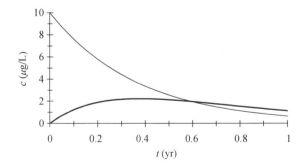

7-7　略

第 8 讲

8-1　（a）92.955 $m^2 \cdot d^{-1}$　（b）0.436×10^5 $g \cdot d^{-1}$

8-2　99.4 d

8-3　40.61，14.8，8.24 $\mu g \cdot L^{-1}$

8-4　（a）23.603 $\mu g \cdot L^{-1}$　（b）8.207 d

8-5　（a）551.5 $cm^2 \cdot s^{-1}$　（b）146.774 $kg \cdot yr^{-1}$　（c）0.2 yr

第 9 讲

9-1　结果如下示：$c_0 = c_1$

9-2　∞，5，1，0

9-3 结果如下图示。

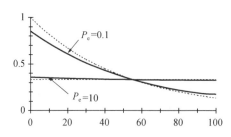

9-4 46.7 km

9-5 1 kg·d^{-1}

9-6 (a) 0.298 d^{-1} (b) 8.79 kg·d^{-1}

9-7 59.018 mg·L^{-1}, 25.649 mg·L^{-1}, 8.53 mg·L^{-1}

9-8 略

9-9 略

第 10 讲

10-1 (a) 0.085 6 (b) 结果如下图示。

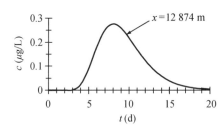

10-2 (a) 998 9 m·d^{-1} (b) 0.617 3 m (c) 22 011 cm^2·s^{-1}

10-3 (a) 结果如下图示。 (b) 250 g

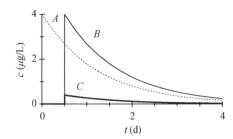

10-4 1.26 d

10-5 (a) 85.6 d (b) 0.000 206 g cm^{-2}·d^{-1}

第 11 讲

11-1 结果如下示。

入口：$0 = W_1 + Q_{01}c_0 - Q_{12}\dfrac{c_1 + c_2}{2} + E'_{12}(c_2 - c_1) - k_1 V_1 c_1$

$$W_1 + Q_{01}c_0 = (Q_{12}/2 + E'_{12} + k_1V_1)c_1 + (Q_{12}/2 - E'_{12})c_2$$

出口:$$0 = W_n + Q_{n-1,n}\frac{c_{n-1}+c_n}{2} - Q_{n,n+1}c_n + E'_{n-1,n}(c_{n-1}-c_n) - k_nV_nc_n$$

$$W_n = -(Q_{n-1,n}/2 + E'_{n-1,n})c_{n-1} + (Q_{n,n+1} - Q_{n-1,n}/2 + E'_{n-1,n} + k_nV_n)c_n$$

11-2 结果如下图示。

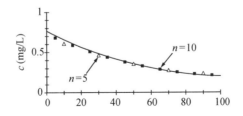

11-3 0.463

11-4 略

11-5 (a)(c) 数值解和解析解对比结果如下图示。 (b) 无量纲数 $0 \sim 16$ km:0.005 79；>16 km:0.007 72

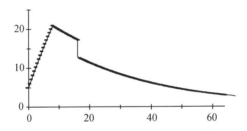

11-6 数值解和解析解对比结果如下图示。

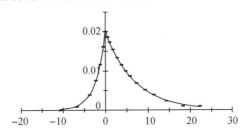

11-7 (a) 19.93 mg·L^{-1} (b) 1.2 (c) 750.05 m (d) 结果如下图示。

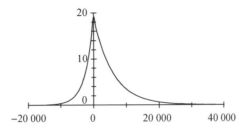

11-8 (a) $c_1 = 12.91$ μg·L^{-1}，$c_2 = 23.24$ μg·L^{-1}，$c_3 = 20.43$ μg·L^{-1}
(b) 1.57 μg·L^{-1}

11-9 如果将该容器沿长度分为 5 段，它们的浓度分别是 60.92，46.21，35.26，

27. 48，22. 90 mg・L^{-1}

第 12 讲

12-1 （a）$\Delta t < 0.125$ min （b）$\Delta t < 0.062\ 5$ min （c）$\Delta t < 0.041\ 667$ min
（d）103 680

12-2 （a）对流为主 （b）19.06 m （c）40.34 s （d）$-4.5\ \text{m}^2 \cdot \text{s}^{-1}$ （e）结
果如下图示。

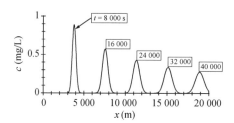

12-3 结果如下图示。

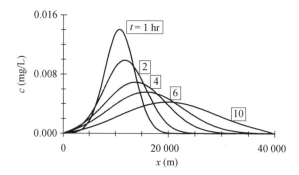

12-4 结果如下图示，其中 $\Delta t = 0.002$ min，$\Delta x = 0.25$ m。

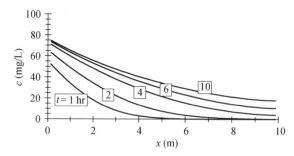

12-5 结果如下图示，时间步长为 0.05 d。

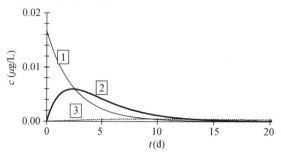

第 13 讲

13-1 结果如下图示。

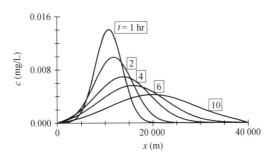

13-2 结果如下图示。

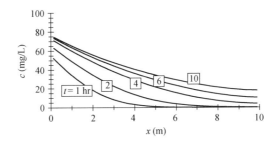

13-3 结果如下图示。

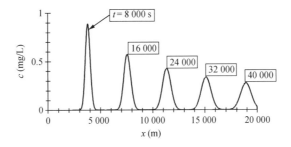

第 14 讲

14-1 (a) 76.5 ft^2 (b) 1.416 67 ft (c) 33.285 ft$^3 \cdot s^{-1}$ (d) 0.435 ft $\cdot s^{-1}$ (e) 0.933 m$^2 \cdot s^{-1}$ (f) 0.034 m$^2 \cdot s^{-1}$

14-2 关系图以及幂函数方程如下图示。

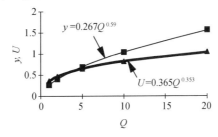

14-3　$0.017 \text{ m}^3 \cdot \text{s}^{-1}$

14-4　(a) 14 286 m　(b) 0.014　(c) $212 \text{ m}^2 \cdot \text{s}^{-1}$

14-5　模拟结果如下图示。

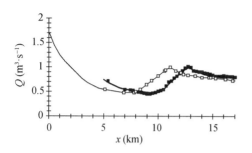 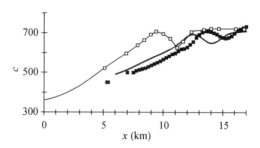

14-6　8.996 m，270 m^2，$0.074 \text{ m} \cdot \text{s}^{-1}$

14-7　7.848 m，328 m^2，$0.061 \text{ m} \cdot \text{s}^{-1}$

第 15 讲

15-1　$9.8 \times 10^5 \text{ cm}^2 \cdot \text{s}^{-1}$

15-2　(a) $2.77 \times 10^5 \text{ cm}^2 \cdot \text{s}^{-1}$　(b) 1.42　(c) $67 061 \text{ g} \cdot \text{d}^{-1}$

15-3　$0.249 \text{ m}^3 \cdot \text{s}^{-1}$

15-4　$1.126 \times 10^6 \text{ cm}^2 \cdot \text{s}^{-1}$

15-5　(a) $E'_{23} = E'_{13} = 2.54 \times 10^6$，$E'_{12} = 4.20 \times 10^5$　(b) $c_1 = 2.18$，$c_2 = 0.161 \text{ mg} \cdot \text{L}^{-1}$

15-6　6×10^5，2×10^6，5×10^5，$1.5 \times 10^5 \text{ cm}^2 \cdot \text{s}^{-1}$

15-7　跨温跃层体积扩散系数为 $4 \times 10^4 \text{ m}^3 \cdot \text{d}^{-1}$，港湾和变温层体积扩散系数为 $5 \times 10^4 \text{ m}^3 \cdot \text{d}^{-1}$

15-8 (a)

分段	E' (m^3/yr)	E (cm^2/s)
0		
1		
	5.00×10^6	3 171
2		
	6.67×10^6	4 228
3		
	6.63×10^6	4 203
4		
	14.4×10^6	3 814
5		
	17.8×10^6	4 707
6		
	18.0×10^6	4 754
7		
	150×10^6	4 754
8		
	150×10^6	4 754
9		

(b) 结果如下图示。

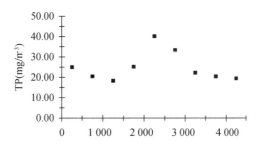

第 16 讲

16-1 (a) 4.2×10^7 m^3 (b) 2.411×10^7 m^3, 1.79×10^7 m^3

16-2 (a) $97\ 363 \times 10^4$ m^3 (b) $18\ 207 \times 10^4$ m^3, $79\ 156 \times 10^4$ m^3

(c) 结果如下式示。

$$V(z) = 0.033\ 5(z - 1\ 453)^5 - 1.862(z - 1\ 453)^4 + 38.52(z - 1\ 453)^3 - 50.525(z - 1\ 453)^2$$

16-3 结果如下图示。

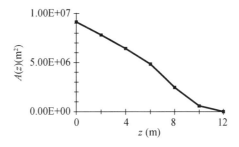

16-4 $2\ 075$ m$^3 \cdot$ d^{-1}

16-5 278 m$^3 \cdot$ d^{-1}

16-6 52.08 m

16-7 结果如下图示。

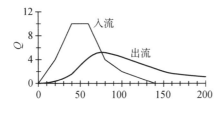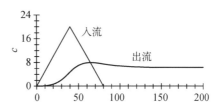

16-8 $4\ 869$ m

16-9 (a) 结果如下图示。

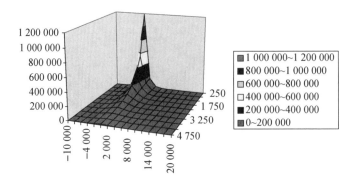

（b）结果如下图示。

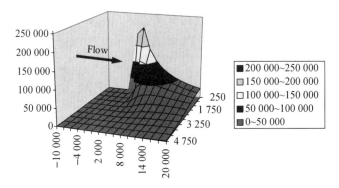

第 17 讲

17-1 结果如下图示。

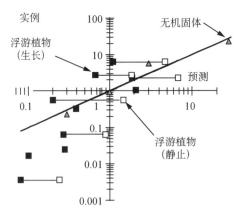

17-2 0.929 mm·yr^{-1}，0.086 9 mm·yr^{-1}

17-3 （a）0.001 m·yr^{-1} （b）160 m·yr^{-1} （c）0.002 2 m·yr^{-1}

17-4 8.19×10^{-6} cm^2·s^{-1}

17-5 0.000 643 m·yr^{-1}，1 928

17-6 125 nCi·L^{-1}

17-7 结果如下图示。

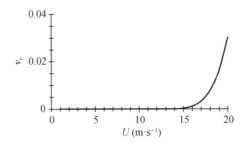

第 18 讲

18-1　略

18-2　(a) $\overline{E} = 2\,500\ \text{cm}^2 \cdot \text{s}^{-1}$　$E_{\min} = 500$, $E_{\max} = 12\,000$　(b) $c_1 = 5.89$, $c_2 = 9.68\ \mu\text{g} \cdot \text{L}^{-1}$　(c) 百分比相对误差为 11.48% 和 -50.1%　(d) 结果如下图示。

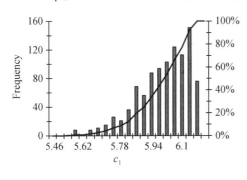
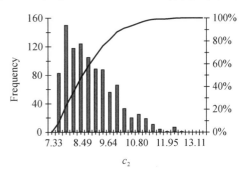

18-3　(a) $22.34\ \mu\text{g} \cdot \text{L}^{-1}$　(b) 略

18-4　$k_{12} = 3$, $k_{21} = 0.49$, $v_s = 0.238$

18-5　(a) $f(x_{\text{peak}}) = \dfrac{2}{x_{\max} - x_{\min}}$

(b)

$$f_1(x) = \frac{2}{(x_{\max} - x_{\min})(x_{\text{peak}} - x_{\min})}(x - x_{\min}) \quad x_{\min} \leqslant x \leqslant x_{\text{peak}}$$

$$f_2(x) = \frac{2}{(x_{\max} - x_{\min})(x_{\max} - x_{\text{peak}})}(x_{\max} - x) \quad x_{\text{peak}} \leqslant x \leqslant x_{\max}$$

(c)

$$F_1(x) = \frac{2}{(x_{\max} - x_{\min})(x_{\text{peak}} - x_{\min})}\left[\frac{x^2}{2} - x_{\min}x + \frac{x_{\min}^2}{2}\right] \quad x_{\min} \leqslant x \leqslant x_{\text{peak}}$$

$$F_2(x) = r_1(x_{\text{peak}}) + \frac{2}{(x_{\max} - x_{\min})(x_{\max} - x_{\text{peak}})}\left(-\frac{x^2}{2} + x_{\max}x - x_{\max}x_{\text{peak}} + \frac{x_{\text{peak}}^2}{2}\right)$$

$x_{\text{peak}} \leqslant x \leqslant x_{\max}$

结果如下图示。

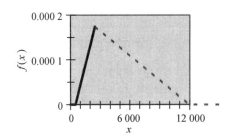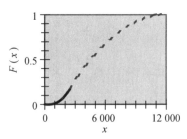

第 19 讲

19-1　$o = o_o - r_{og}g_o(1 - e^{-k_1 t})$

19-2　(a) 3.2×10^{-6} g　(b) 6.94 mg·L^{-1}

19-3　(a) 38 400 m^3 d^{-1}　(b) 建成前分别为 0.038 mg·L^{-1}，1.35 mg·L^{-1}，建成后分别为 0.22 mg·L^{-1}，6.78 mg·L^{-1}

19-4　结果如下图示。

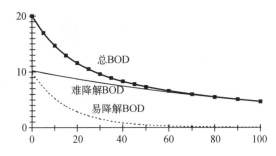

19-5　(a) 31.97 mgN·L^{-1}　(b) 0.507 9 mgC·L^{-1}

19-6　(a) 9.14 mg·L^{-1}　(b) 251 300 m

19-7　62%，79%，89%

19-8　6.91 mg·L^{-1}

第 20 讲

20-1　(a) 3.2×10^{-6} g　(b) 结果如下图示。　(c) 7.13 days

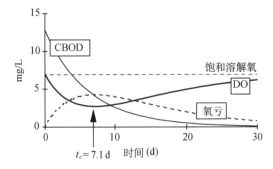

20-2　3.2×10^{-6} g，4.93 mg·L^{-1}

20-3　1.71 d

20-4 $3.6 \text{ mg} \cdot \text{L}^{-1}$

20-5 结果如下图示。

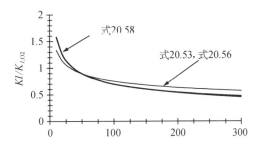

20-6 (a) 4.54 d^{-1} (b) 结果如下图示。

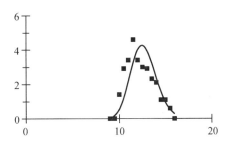

20-7 6.68 d^{-1}

20-8 0.09 d^{-1}, 0.088 d^{-1}

20-9 (a) 28.68 d^{-1} (b) 26.5 d^{-1}

20-10 44.4 d^{-1}

20-11 (a) 0.0707 d^{-1} (b) $0.147 \text{ m} \cdot \text{d}^{-1}$

20-12 (a) 1.75 d^{-1} (b) $0.138 \text{ m} \cdot \text{d}^{-1}$

第 21 讲

21-1 结果如下图示。

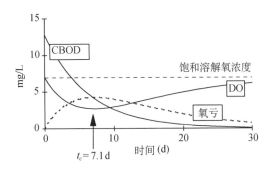

21-2 (a & b) $L = 2.67 c_0 \text{e}^{-k_d t}$, $o = o_o - 2.67 c_0 (1 - \text{e}^{-k_d t})$ ，其中 $c_0 = 7.79 \text{ mg} \cdot \text{L}^{-1}$，$o_0 = 4 \text{ mg} \cdot \text{L}^{-1}$，$k_d = 0.159 \text{ d}^{-1}$，计算结果图略 (c) $o = o_s - \dfrac{k_d 2.67 c_0}{k_d - k_a} (\text{e}^{-k_a t} - \text{e}^{-k_d t})$ ，其中 $k_a = 0.4 \text{ d}^{-1}$

21-3 $k_a = 0.109\ 92\ \mathrm{d}^{-1}$, $k_d = 0.061\ 18\ \mathrm{d}^{-1}$

21-4 $o_o = 10\ \mathrm{mg \cdot L^{-1}}$, $D_o = -1.236\ \mathrm{mg \cdot L^{-1}}$

21-5 浓度分布略，$x_c = 4.2\ \mathrm{km}$

21-6 结果如下图示。

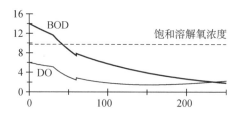

第 22 讲

22-1 $18.7\ \mathrm{mg \cdot m^{-1} \cdot d^{-1}}$

22-2 结果如下图示。

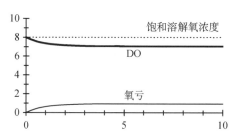

22-3 $2.917\ \mathrm{g \cdot m^{-2} \cdot d^{-1}}$

22-4 结果如下图示。

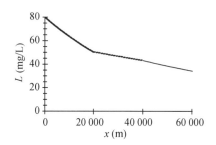 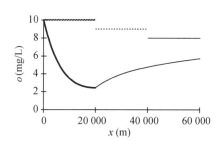

22-5 1.1×10^6

22-6 结果如下图示。

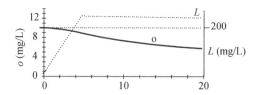

第 23 讲

23-1 结果如下图示。

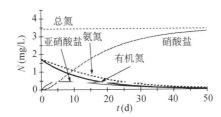

23-2 (a) 结果如下图示。 (b) 0.066 mg $\cdot$ L^{-1}

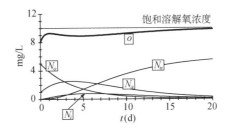

23-3

$$D = D_0 e^{-k_a t} + \frac{C_{ai}}{k_a - k_{ai}}(e^{-k_{ai}} - e^{-k_a}) + \frac{C_{oa}}{k_a - k_{oa}}(e^{-k_{oa}} - e^{-k_a}) + \frac{C_{in}}{k_a - k_{in}}(e^{-k_{in}} - e^{-k_a})$$

23-4 $[NH_3] = \dfrac{1}{1 + \dfrac{[H^+]}{K}}[NH_3]_T$, $[NH_4^+] = \dfrac{1}{1 + \dfrac{[H^+]}{K}}[NH_3]_T \dfrac{[H^+]}{K} = \dfrac{\dfrac{[H^+]}{K}}{1 + \dfrac{[H^+]}{K}}$

$[NH_3]_T$

23-5 $N_o = 2.083$ mg $\cdot$ L^{-1}, $N_a = 2.398$ mg $\cdot$ L^{-1}, $N_i = 0.560$ mg $\cdot$ L^{-1}, $N_n = 1.959$ mg $\cdot$ L^{-1}

第 24 讲

24-1 21.25 gO $\cdot$ m^{-3} $\cdot$ d^{-1}

24-2 26.06 gO $\cdot$ m^{-3} $\cdot$ d^{-1}, 9.68 gO $\cdot$ m^{-3} $\cdot$ d^{-1}, 5.8 gO $\cdot$ m^{-3} $\cdot$ d^{-1}

24-3 3.98 gO $\cdot$ m^{-2} $\cdot$ d^{-1}, 0.919 gO $\cdot$ m^{-2} $\cdot$ d^{-1}

24-4 $k_a = 22.5$ d^{-1}, $P' = 12.78$ gO $\cdot$ m^{-2} $\cdot$ d^{-1}, $P'_{max} = 37.06$ gO $\cdot$ m^{-2} $\cdot$ d^{-1}, $R = 13.69$ gO $\cdot$ m^{-2} $\cdot$ d^{-1}

24-5 溪流最大溶解氧浓度出现时间为下午 3:50.

24-6 6.766 gO $\cdot$ m^{-2} $\cdot$ d^{-1}, 2.484 gO $\cdot$ m^{-2} $\cdot$ d^{-1}

第 25 讲

25-1 (a) 39.12 mg $\cdot$ L^{-1} (b) 10.084 mg $\cdot$ L^{-1} (c) 0.2426 d^{-1} (d) 采用 Banks-Herrera 公式计算结果为 5.297 mg $\cdot$ L^{-1}, 采用 Broecker 公式为 8.057 mg $\cdot$ L^{-1}, 采用 Wanninkhof 公式为 3.478 mg $\cdot$ L^{-1}

25-2 (a) 1.526 mg $\cdot$ L^{-1}, 1.371 mg $\cdot$ L^{-1} (b) 0.343 g $\cdot$ m^{-1} $\cdot$ d^{-1}

25-3 1.246 24 g·m^{-1}·d^{-1}

25-4 (a) 1.083 g·m^{-2} d^{-1}, 0.67 mm (b) 1.23 g·m^{-2} d^{-1}, 0.589 mm

25-5 0.067 g·m^{-2}·d^{-1}, 10.911 mm

第 26 讲

26-1 1.13×10^9 g·d^{-1}.

26-2 结果如下图示。

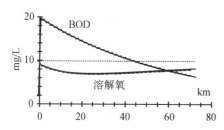

26-3 结果如下图示。

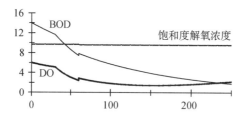

26-4 结果如下图示。

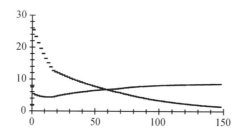

第 27 讲

27-1 (a)18.333 ℃， (b)10×10^6 个·100 mL^{-1} (c) 15 000 m·d^{-1} (d) 0.714 7 d^{-1} (e) 8.263 d^{-1} (f) 25 150 个·mL^{-1}

27-2 (a) 8.7 d^{-1} (b) 2.36×10^{15} 个·d^{-1}

27-3 1.305×10^{14} 个·d^{-1}

27-4 4.02×10^{18} 个·d^{-1}

27-5 隐孢子虫平均沉降速度为 0.09 m·d^{-1}(0.022−0.233 m·d^{-1})，贾第鞭毛虫平均沉降速度为 0.358 m·d^{-1}(0.136−0.931 m·d^{-1})

27-6 (a) 0.708 4 cysts·L^{-1}，(b)−4.15

第 28 讲

28-1 (a) 氮浓度为 20.69 mg·L^{-1},磷浓度为 3.95 mg·L^{-1} (b) $N/P=5.24$,系统为氮限制

28-2 $p(x)=0.4-4.062\times10^{-6}x$, $n(x)=2-2.935\times10^{-5}x$

28-3 (a) 10 mgChl$a$·m^{-3} (b) 0.4 gC·m^{-3} (c) 0.329 gO$_2$·m^{-3}

28-4 (N∶P)$_{above}=10$,(N∶P)$_{below}=5.047$,排放口上游河段为磷限制,下游河段为氮限制

第 29 讲

29-1 3.44 mg·m^{-3}

29-2 (a) 入流中的总磷浓度为 100 mg·m^{-3};湖水中的总磷浓度 $p=41.4$ mg·m^{-3}[利用 Vollenweider(1976)方法估算];湖水中的总磷浓度 $p=16.8$ mg·m^{-3}[利用 Chapra 和 Tarapchak(1976)方法估算] (b) 在 $p=16.8$ mg·m^{-3} 情况下,采用 Dillon/Rigler,Rast/Lee 以及 Bartsch/Gakstatter 方法估算叶绿素 a 浓度分别为 4.35,4.70,6.23 mg·m^{-3};在 $p=41.4$ mg m^{-3} 情况下,采用 Dillon/Rigler,Rast/Lee 以及 Bartsch/Gakstatter 方法估算叶绿素 a 浓度分别为 16.12,9.33,12.92 mg·m^{-3} (c) 在 $p=16.8$ mg·m^{-3} 情况下,采用 Rast 和 Lee 估算结果为 3.06;在 $p=41.4$ mg·m^{-3} 情况下,采用 Rast 和 Lee 估算结果为 2.21 (d) 采用图 29-1,图 29-2,式(29-13)以及式(29-8)所代表的模型的负荷估算结果分别为 70,115,60 以及 149 k·yr^{-1}。这个练习旨在展示经验方法的内在不确定性,模型的选择可以显着影响预测结果的大小。

29-3 (a) 利用 Vollenweider(1976)方法估算,总磷浓度 $p=42.7$ mg·m^{-3};利用 Chapra 和 Tarapchak(1976)方法估算,湖水中的总磷浓度 $p=28.5$ mg·m^{-3} (b) 在 $p=28.5$ mg·m^{-3} 情况下,采用 Dillon/Rigler,Rast/Lee 以及 Bartsch/Gakstatter 方法估算叶绿素 a 浓度分别为 9.36,7.02,9.54 mg·m^{-3};在 $p=42.7$ mg·m^{-3} 情况下,采用 Dillon/Rigler,Rast/Lee 以及 Bartsch/Gakstatter 方法估算叶绿素 a 浓度分别为 16.85,9.55,13.24 mg·m^{-3} (c) 在 $p=28.5$ mg·m^{-3} 情况下,采用 Rast 和 Lee 公式估算结果为 2.53;在 $p=42.7$ mg·m^{-3} 情况下,采用 Rast 和 Lee 模型估算结果为 2.18 (d) 在 p$=42.7$ mg·m^{-3} 情况下,采用 Rast 和 Lee 模型,均温层中的 AHOD 估算结果为 0.491,溶解氧浓度变化为 $o=10-0.491\dfrac{1\times10^6}{0.8\times10^7}t$

29-4 结果如下图示。

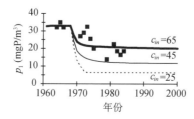

29-5 结果如下图示。

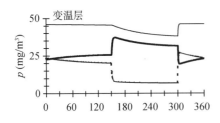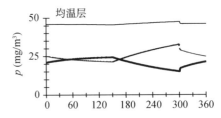

第 30 讲

30-1 10.046 ℃，在达到平衡前，砖、水和空气中所含的热量分别是 54.2 kcal，9 968.6 kcal，5.6 kcal，在达到平衡后，砖、水和空气中所含的热量分别是 10.9 kcal，10 014.5 kcal，2.8 kcal

30-2 4.536×10^6 m²

30-3 299.1 cal·m⁻²·d⁻¹

30-4 42.21 ℃

30-5 18 ℃

第 31 讲

31-1 $T_e = 17.79$，$T_h = 10.13$ ℃

31-2 (a) 0.017 18 cm²·s⁻¹，Snodgrass 模型的结果是 0.019 41 cm²·s⁻¹ (b) (i) 0.435 g·m⁻²·d⁻¹ (ii) 0.529 g·m⁻²·d⁻¹ (iii) 0.36 g·m⁻²·d⁻¹ (c) 略

31-3 结果如下图示。

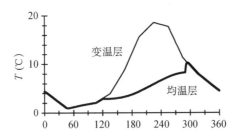

第 32 讲

32-1 采用 Lineweaver-Burk 方法，得出 $k_{g, \max} = 1.392$ d⁻¹ 以及 $k_{sp} = 1.684$ μg·L⁻¹. 采用积分/最小二乘法，得出 $k_{g, \max} = 1.874$ d⁻¹ 以及 $k_{sp} = 3.628$ μg·L⁻¹

32-2 (a) 大约 32 天后，藻类浓度达到其最终稳态值的 95% (b) 0.17 mgP·m⁻³，20.762 5 mgChl$a$·m⁻³ (c) 1.091 d

32-3 结果如下图示。

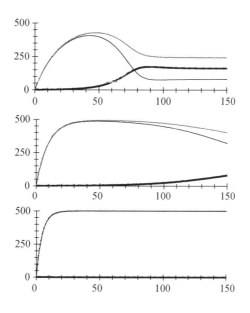

第 33 讲

33-1 0.346 d^{-1}

33-2 结果如下图示。

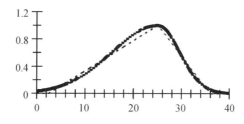

33-3 $\phi_L = \dfrac{f}{k_e H} \ln\left(\dfrac{k_{si} + I_a \mathrm{e}^{-k_e z_1}}{k_{si} + I_a \mathrm{e}^{-k_e z_1}}\right)$

33-4 结果如下图示。

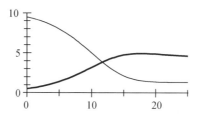

33-5 敏感性分析是通过简单的参数扰动±25%实现的。结果图略。得出的主要结论如下:尽管藻类初始水条件影响达到稳定状态的时间,但对最终水平没有影响;磷的初始条件强烈影响达到稳定状态的时间,然而,最终的藻类和磷浓度不受影响(请注意,如果模拟时间增加,两个扰动模拟会收敛于基本情况);入流磷浓度对藻类的影响比磷水平更显著;达到稳定状态的时间受 $k_{g,T}$ 变化的影响很大,而受 $k_{r,a}$ 影响较小。对于此

示例,结果对 k_{sp} 和 I_s 都相对不敏感。最终磷水平将受到 $k_{g,T}$,k_{sp} 以及 $k_{r,a}$ 的强烈影响。

33-6 使用较短的停留时间会导致藻类峰值和最终浓度更小(新的曲线略),因为冲洗速度更快。

第 34 讲

34-1 结果如下图示。

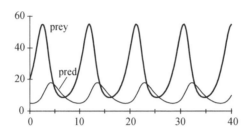

34-2 敏感性分析结果图略。得出的主要结论如下:提高藻类的净生长率,使藻类和浮游动物的峰值升高;增加浮游动物的捕食速率会降低藻类和浮游动物的峰值并加快峰值到来。增加浮游动物的捕食效率会降低藻类的峰值并加快峰值到来;对浮游动物的影响类似,但不那么显著。增加浮游动物死亡率会提高藻类的峰值并加快峰值到来。对浮游动物的影响在时间上是相似的,但在幅度上不那么显著。

34-3 结果如下图示。

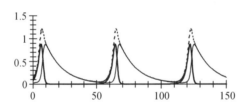

34-4 模拟结果图略。最初,结果按预期进行,即:浮游植物→食草动物→食肉动物。然而,在第一个循环之后,食肉动物的死亡率足够低,以至于藻类再次达到顶峰时它们并没有显著减少。因此,食草动物不会对藻类施加足够的食草压力,然后藻类以无限制的方式生长。

34-5 结果如下图示。

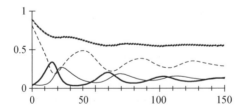

34-6 (a) $a=0.328\ 23$,$b=0.012\ 31$,$c=0.224\ 45$,$d=0.000\ 29$ (b) 结果如下图示。

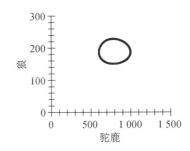

（c）结果如下图示。

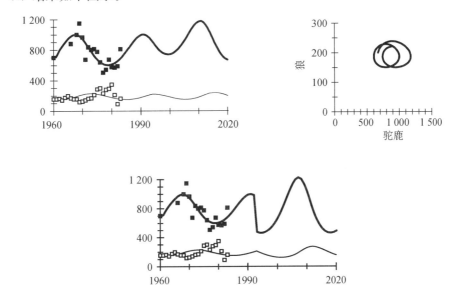

（d）结果如下图示。

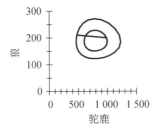

第 35 讲

35-1 当磷负荷增大约 2.3 倍时,湖会变成氮限制。整体看来,光限制是藻类生长最大的限制因素。

35-2 敏感性分析是通过简单的参数扰动±25％实现的。结果图略。得出的主要结论如下:

生长速率对藻类峰值的影响最大。虽然它不会改变幅度,但它对峰值发生的时间有显着影响。更高的速率会导致峰值出现更早。

捕食速率对春季藻类爆发的终止方式有很大影响。高捕食速率会突然终止藻类爆发,而低捕食速率使得藻类持续更长时间。

35-3 模型率定结果如下图示。

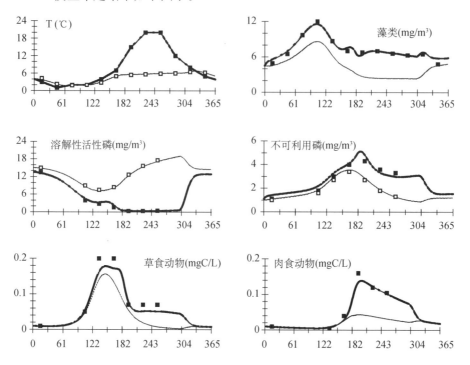

第36讲

36-1 假设非生命有机物质的再循环速率相对于其他模型速率较慢,则可能会证明终端动力学损失是合理的。如果水总是含氧的,终端沉降损失可能是合理的。这将倾向于减少氮和磷向上覆水的反馈。此外,低流量也可能支持这一假设,因为低流量条件往往会减少对底部沉积物的冲刷。如果假设是错误的,则意味着损失本该被考虑反馈到上覆水的可用营养物质库中。这样往往会使藻类的生长持续更长时间。

36-2 2 000 mgChl$a$ · m^{-3}

36-3 (a & b)系统会在18~19天的传输时间后变成氮限制,此时氮的浓度达到75 μgN · L^{-1}以下 (c)如果氮负荷降低到5 000 μgN · L^{-1},系统会在大约11到12天的传输时间后变成氮限制。

36-4 这个问题并不像看起来那么简单,主要问题涉及在氮浓度接近零时数值解的处理,结果略。

36-5 由于氨的硝化损失,与习题36-3和36-4(18~19天)相比,系统比习题36-3和36-4的结果更快地(14天)变成氮限制。类似地,与习题36-3和36-4(11~12天)相比,当氮负荷降低到5 000 μgN · L^{-1}时,限制发生得更快(10~11天)。

36-6 模拟结果如下图示。

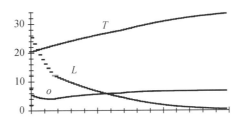

36-7 模拟结果如下图示。

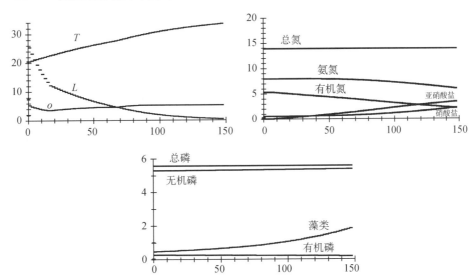

36-8 模拟结果如下图示。

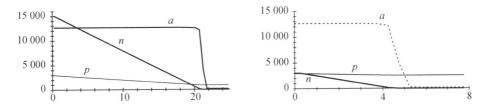

第 37 讲

37-1 pH=11.458

37-2 $[OH^-] = 2.794 \times 10^{-10}$ M, $[CH_3COO^-] = 3.579 \times 10^{-5}$ M, $[CH_3COOH] = 6.421 \times 10^{-5}$ M

37-3 4.957

37-4 $[H^+] = 3.16 \times 10^{-9}$, $[OH^-] = 4.64 \times 10^{-6}$

第 38 讲

38-1 结果如下图示。

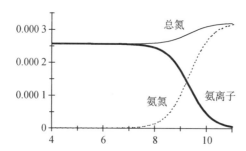

38-2 结果如下图示。

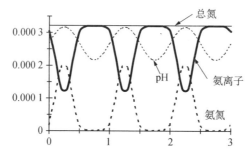

38-3 （a）$[NH_3]=2.78$　（b）$0.317\ g \cdot m^{-2} \cdot d^{-1}$

第 39 讲

39-1 $[H^+]^4 + (K_1 + Alk)[H^+]^3 + (K_1 K_2 + Alk K_1 - K_w - K_1 c_T)[H^+]^2 + (Alk K_1 K_2 - K_1 K_w - 2K_1 K_2 c_T)[H^+] - K_1 K_2 K_w = 0$

39-2 $pH=7.076$

39-3 $pH=8.5$

39-4 结果如下图示。

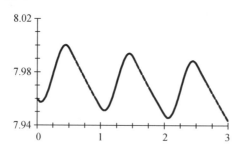

39-5 （a）$0.0015\ eq \cdot L^{-1}$　（b）$0.001172\ eq \cdot L^{-1}$　（c）6.85

第 40 讲

40-1 $11.1\ mm \cdot yr^{-1}$，$64.94\ mm \cdot yr^{-1}$

40-2 （a）$2.63\ \mu g \cdot L^{-1}$　（b）$2.42\ \mu g \cdot L^{-1}$　（b）$1.80\ \mu g \cdot L^{-1}$

40-3 （a）（i）$37.5\ \mu g \cdot L^{-1}$　（ii）$23.08\ \mu g \cdot L^{-1}$　（iii）$5.17\ \mu g \cdot L^{-1}$
（b）（i）$34.68\ \mu g \cdot L^{-1}$　（ii）$21.98\ \mu g \cdot L^{-1}$　（iii）$5.12\ \mu g \cdot L^{-1}$

40-4 (a) 137.6 m・yr^{-1} (b) 200 μg・m^{-3} (c) 0.48%,0.969 μg・m^{-3} (d) 1.34 yr

40-5 (a) 0.000 275 m・yr^{-1},0.001 55 m・yr^{-1} (b) 0.48%,0.97 μg・m^{-3},7181 μg・m^{-3} (c) 略

第 41 讲

41-1 (a) $\nu = \dfrac{28.49c_d}{13.21+c_d}$ (b) 2.156 (c) 溶解态占比 4.4%,颗粒态占比 95.6% (d) $\nu = 3.76c_d^{1/2.022}$

41-2 (a) $F_{dl}=0.5$[利用式(41-18)],$F_{dl}=0.648$[利用式(41-28)],$F_{dp2}=4\times10^{-5}$[利用式(41-18)],$F_{dp2}=6.48\times10^{-5}$[利用式(41-28)] (b) 0.02 μg・g^{-1}

41-3 (a) 0.387[利用式(41-18)],0.281[利用式(41-28)] (b) 0.197[利用式(41-18)],0.165[利用式(41-28)]

41-4 0.14 m・d^{-1}[利用式(41-57)],0.103 m・d^{-1}[利用式(20-47)]

41-5 挥发为主,0.04

41-6 沉积物孔隙水中和沉积物固体上的污染物浓度分别为 1.039 mg・m^{-3} 和 1.039 μg・g^{-1}

41-7 (a)[使用 Banks-Herrera 公式来确定氧气转移率,使用方程(41-35)确定 K_d]二噁英,DDD,乙醛异狄氏剂,硫丹硫酸酯以及毒杀芬的 $F_p v_s$ 分别为 77.574,39.727,0.071,0.000,0.100,它们的 $F_d v_v$ 分别为 24.49,0.03,0.00,37.88,103.65 (b) 二噁英和 DDD 属于沉积物区域,乙醛异狄氏剂和硫丹硫酸酯属于水体区域,毒杀芬属于空气区域。

41-8 Bugs'r Toast 将是最佳选择,因为它主要以溶解形式和挥发形式存在。

第 42 讲

42-1 0.201 m^{-1}

42-2 (a) $k_p=0.894\ 5$ d^{-1},半衰期为 0.775 d (b) $k_p=0.106\ 9$ d^{-1},半衰期为 6.49 d

42-3 (a) $k_p=0.001\ 2$ d^{-1},半衰期为 577.6 d (b) $k_p=0.06$ d^{-1},半衰期为 11.55 d

42-4 pH=7 和 pH=7.5 两种情形的半衰期分别为 0.806 d 和 0.487 d

42-5 变温层水解速率的平均值为 0.006 064 d^{-1},变化范围为 0.004 38 至 0.011 38 d^{-1},对应于 60.9 至 158.2 天的半衰期;均温层变温层水解速率的平均值为 0.003 86 d^{-1},并且在 0.003 72 至 0.004 38 d^{-1} 之间变化,对应于 158.2 到 186 天的半衰期。

42.6 2.718 yr

第 43 讲

43-1 结果如下图示。

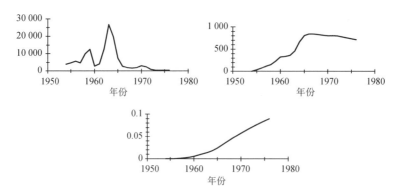

43-2 $0.153\,7\ \mu g \cdot L^{-1}$，$8.95\ \mu g \cdot g^{-1}$

43-3 入湖锌浓度从 1 削减至 0.5 $\mu g \cdot L^{-1}$，湖水中的锌浓度从 0.055 降低到至 $0.027\,5\ \mu g \cdot L^{-1}$

43-4 1.9×10^{-18}，1.28×10^{-7}

43-5 (a) $0.65\ \mu g \cdot L^{-1}$　(b) $5.825\ \mu g \cdot g^{-1}$

第 44 讲

44-1 $1.25 \times 10^{-6}\ m \cdot d^{-1}$

44-2 结果如下图示。

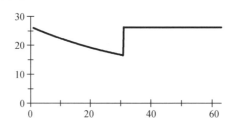

44-3 $18.496\,5\ kg \cdot yr^{-1}$

44-4 kp-8 站点：$c = 0.695\,5\ mg \cdot m^{-3}$　kp-6 站点：$c = 0.563\ mg \cdot m^{-3}$

第 45 讲

45-1 $90\,584\ \mu g \cdot kg$ 脂质$^{-1}$

45-2 浮游植物/腐殖质，浮游动物，饵料鱼以及食鱼性鱼类体内的毒性物质浓度水平分别为 $833\,333$，$2\,044\,195$，$6\,140\,496$，$13\,923\,987\ \mu g \cdot kg$ 脂质$^{-1}$

45-3 结果如下图示。

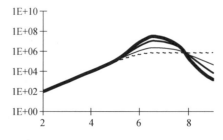

45-4 $0.012\,8\ \mu g \cdot L^{-1}$

致　谢

　　本书是过去 12 年我在德州农工大学和科罗拉多大学的水质建模课程教学成果。首先,我要感谢我的学生们提出了具有挑战性的问题,特别是:James Martin, Kyung-sub Kim, Rob Runkel, Jean Boyer, Morgan Byars, Chris Church, Marcos Brandao 以及 Laura Ziemelis。1995 年春季我的建模课上有几个同学给了我很多建议,并在初稿中发现了很多错误。他们是 Chrissy Hawley, Jane Delling, Craig Snyder, Dave Wiberg, Arnaud Dumont, Patrick Fitzgerald, Hsiao-Wen Chen, Will Davidson 以及 Blair Hanna。1996 年冬天我在密歇根的学生 Ernie Hahn, Murat Ulasir 以及 Nurul Amin 也提供了见解和许多建议。

　　许多同事教给了我大量的关于水质建模的知识。他们包括我的益友良师 Ray Canale 博士（密歇根大学）; Ken Reckhow（杜克大学）; Bob Thomann, Donald O'Connor, Dom Di Toro(曼哈顿学院);以及 Rick Winfield(贝尔实验室)。我也要感谢我在其他国家的朋友,是他们向我介绍了美国以外的水质背景和建模面临的问题。他们包括 Cazares(墨西哥); Monica 和 Rubem Porto, Ben Braga, Mario Thadeu, Rosa 和 Max Hermann(巴西); Kit Rutherford(新西兰); Koji Amano(日本); Hugh Dobson (加拿大); Cedo Maximovich(塞尔维亚); Sijin "Tom" Lee 和 Dong-II Seo(韩国); Spiro Grazhdani 和 Sokrat Dhima(阿尔巴尼亚);以及 Pavel Petrovic(斯洛伐克)。

　　我想感谢我的同事多年来对这份稿件的精心评阅和对建模的讨论:尤其是,Marty Auer(密歇根理工大学)及 Joe De Pinto(纽约州立大学布法罗分校)提出了许多建议,并在他们的课堂上使用了初稿。我想感谢的其他同事是 Bill Batchelor 和 Jim Bonner (德克萨斯农工大学); Greg Boardman(弗吉尼亚理工学院); Dave Clough, Marc Edwards, Ken Strzepek, 和 Joe Ryan(科罗拉多大学); Tom Cole(卫斯理大学), John Connolly(Hydroqual 公司); Dave Dilks 和 Paul Freedman(LimnoTech 公司); Steve Effler(北纽约州淡水研究所); Linda Abriola, Walt Weber, Nick Katapodes, Jeremy Semrau,和 Steve Wright(密歇根大学); Glenn Miller(内华达—里诺大学); Wu-Seng Lung(佛吉尼亚大学); Chris Uchrin(罗格斯大学); Andy Stoddard, Sayedul Choudhury,和 Leslie Shoemaker(美国 Tetra Tech 公司); Jory Oppenheimer 和 Dale Anderson(美国 Entranco 公司); Mike McCormick 和 Dave Schwab(美国国家海洋和大气管理局); Kent Thornton(美国 FTN 合伙人有限公司); Carl Chen(美国 Systech 公司); Bob Broshears, Diane McKnight,和 Ken Bencala(美国地质调查局); Terry Fulp 和 Bruce Williams(美国垦务局);以及 Hira Biswas 和 Gerry LaVeck(美国国家环保局)。Willy Lick 和 Zenitha Chroneer(加州大学圣塔芭芭拉分校)以及 Bill Wood(普

渡大学)提供关于沉积物再悬浮主题的内容和指导。我还要感谢 McGraw-Hill 出版公司的 B. J. Clark，Jim Bradley，David Damstra 以及 Meredith Hart，感谢他们加快了这个项目的进行。我对上述人员的真知灼见和帮助表示感谢，我也对您可能在本书中发现的任何错误单独负责。

最后，也十分重要的是，我想感谢我的家人 Cynthia，Christian 和 Jeff 的支持和爱。他们的鼓励以及他们对我长时间且有点古怪的工作时间的容忍，使这本书成为可能。

Steven Chapra